湖北省公益学术著作出版专项资金
Hubei Special Funds for Academic and Public-interest Publications

水泥与混凝土科学技术5000问

（第4卷）

粉磨工艺与设备

林宗寿　编著

武汉理工大学出版社
·武　汉·

内容提要

本书是《水泥与混凝土科学技术5000问》的第4卷，介绍了粉磨工艺与设备的相关知识。具体内容包括：粉磨工艺、球磨设备与操作、立磨、辊压机、选粉机等。书中共有条目528条，以问答的形式解答了相应领域生产和科研中的多发和常见问题，内容丰富实用。

本书可供水泥行业的生产、科研、设计单位的管理人员、技术人员和岗位操作工阅读参考，也可作为高等学校无机非金属材料工程、硅酸盐工程专业的教学和参考用书。

图书在版编目(CIP)数据

粉磨工艺与设备/林宗寿编著.—武汉：武汉理工大学出版社，2021.8
(水泥与混凝土科学技术5000问)
ISBN 978-7-5629-5821-5

Ⅰ.①粉… Ⅱ.①林… Ⅲ.①水泥－粉化－生产工艺－问题解答 ②水泥－粉化－设备－问题解答
Ⅳ.①TQ172.6-44

中国版本图书馆CIP数据核字(2021)第138780号

项目负责人：余海燕　彭佳佳
责任编辑：彭佳佳
责任校对：余士龙
版面设计：正风图文
出版发行：武汉理工大学出版社
社　　址：武汉市洪山区珞狮路122号
邮　　编：430070
网　　址：http：//www.wutp.com.cn
经　　销：各地新华书店
印　　刷：武汉市金港彩印有限公司
开　　本：880×1230　1/16
印　　张：33
字　　数：1080千字
版　　次：2021年8月第1版
印　　次：2021年8月第1次印刷
印　　数：1000册
定　　价：199.00元

本社购书热线电话：027-87785758　87384729　87165708(传真)

前　言

水泥与混凝土工业是国民经济发展、生产建设和人民生活不可缺少的基础原材料工业。近 20 年来，我国水泥与混凝土工业取得了长足的进步：已从单纯的数量增长型转向质量效益增长型；从技术装备落后型转向技术装备先进型；从劳动密集型转向投资密集型；从管理粗放型转向管理集约型；从资源浪费型转向资源节约型；从满足国内市场需求型转向面向国内外两个市场需求型。但是，我国水泥与混凝土工业发展的同时也面临着产能过剩、企业竞争环境恶劣等挑战。在这一背景下，水泥与混凝土企业如何应对国内外市场的残酷竞争？毋庸置疑，最重要的是苦练内功，切实提高和稳定水泥与混凝土产品的质量，降低生产成本。

在水泥与混凝土的生产过程中，岗位工人和生产管理人员经常会遇到一些急需解决的疑难问题。大家普遍反映需要一套内容全面、简明实用、针对性强的水泥与混凝土技术参考书。“传道、授业、解惑”，自古以来就是教师的天职。20 多年前，本人便开始搜集资料，潜心学习和整理国内外专家、学者的研究成果，特别是水泥厂生产过程中一些宝贵的实践经验，并结合自己在水泥科研、教学及水泥技术服务实践中的体会，汲取营养，已在 10 多年前编著出版了一套《水泥十万个为什么》技术丛书。由于近 10 多年来，我国水泥与混凝土工业又取得了显著的发展，一些新技术、新工艺、新设备、新标准不断涌现，因此其内容亟待更新和扩充。

《水泥与混凝土科学技术 5000 问》丛书，是在《水泥十万个为什么》的基础上扩充和改编而成：删除了原书中立窑、湿法回转窑等许多落后技术的内容；补充了近 10 年来水泥与混凝土工业的新技术、新设备、新工艺和新成果；对水泥与混凝土的相关标准和规范全部进行了更新修改，并大幅度扩充了混凝土和砂浆的内容。

本丛书共分 10 卷：第 1 卷《水泥品种、工艺设计及原燃料》，主要介绍水泥发展史、水泥品种、水泥厂工艺设计及水泥的原料和燃料等；第 2 卷《水泥与熟料化学》，主要介绍熟料率值、生料配料、熟料矿物、熟料岩相结构、熟料性能、水泥水化与硬化、水泥组成与性能、水泥细度与性能、水泥石结构与性能、石膏与混合材等；第 3 卷《破碎、烘干、均化、输送及环保》，主要介绍原料破碎、物料烘干、输送设备、原料预均化、生料均化库、各类除尘设备、噪声防治和废弃物协同处置等；第 4 卷《粉磨工艺与设备》，主要介绍粉磨工艺、球磨设备与操作、立磨、辊压机、选粉机等；第 5 卷《熟料煅烧设备》，主要介绍预热预分解系统、回转窑、冷却机、余热发电与利用、燃烧器与火焰、煤粉及制备过程等；第 6 卷《熟料煅烧操作及耐火材料》，主要介绍水泥熟料预分解窑系统的煅烧操作、煤粉制备与燃烧器的调节、熟料煅烧过程中异常情况的处理、烘窑点火及停窑的操作、耐火材料及其使用与维护等；第 7 卷《化验室基本知识及操作》，主要介绍化验室管理、化学分析、物理检验和生产控制等；第 8 卷《计量、包装、安全及其他》，主要介绍计量与给料、包装与散装、安全生产、风机、电机与设备安装等；第 9 卷《混凝土原料、配合比、性能及种类》，主要介绍混凝土基础知识、混凝土的组成材料、外加剂、配合比设计、混凝土的性能和特种混凝土等；第 10 卷《混凝土施工、病害处理及砂浆》，主要介绍混凝土施工与质量控制、混凝土病害预防与处理、砂浆品种与配比，砂浆性能、生产及施工等。

本丛书采用问答的形式，力求做到删繁就简、深入浅出、内容全面、突出实用，既可系统阅读，也可需要什么看什么，具有较强的指导性和可操作性，很好地解决了岗位操作工看得懂、用得上的问题。本丛书中共有条目 5300 余条，1000 万余字，基本囊括了水泥与混凝土生产及研究工作中的多发问题、常见问题，同时，对水泥与混凝土领域的最新技术和理论研究成果也进行了介绍。本丛书可作为水泥与混凝土行业管理人员、技术人员和岗位操作工，高等院校、职业院校无机非金属材料工程专业、硅酸盐工程专业师生及水泥科研人员阅读和参考的系列工具书。

编写这样一部大型丛书，仅凭一己之力是很难完成的。在丛书编写过程中，我们参阅了部分专家学者的研究成果和国内大型水泥生产企业总结的生产实践经验，并与部分参考文献的作者取得了联系，得到了热情的鼓励和大力的支持；对于未能直接联系到的作者，我们在引用其成果时也都进行了明确的标注，希望与这部分同行、专家就推动水泥与混凝土科学技术的繁荣和发展进行直接的交流探讨。在此，我对原作者们的工作表示诚挚的谢意和崇高的敬意。

本丛书的编写过程中，得到了我妻子刘顺妮教授极大的鼓励和帮助，在此表示衷心的感谢。

由于本人水平有限，书中纰漏在所难免，恳请广大读者和专家提出批评并不吝赐教，以便再版时修正。

林宗寿

2019 年 3 月于武汉

目 录

1 粉磨工艺

Grinding technology

1.1 粉磨的基本原理

粉磨是通过外力挤压、冲击、研磨等作用克服其内部质点及晶体间的内聚力，使之由块状变为粉粒状的过程。物料受外力作用的粉碎机理复杂，既与物料性质如颗粒形态、粉磨特性、入磨粒度和产品细度等有关，也与粉磨设备、生产工艺等关系密切，不同生产条件的影响因素各不相同，很难用一个简单公式加以定义。其中最著名的三个基本原理，从不同角度近似地反映了物料粉磨过程的客观事实。

(1) 第一粉碎原理

雷廷智(Rittinger)1867 年提出的粉碎表面积学说认为，粉碎物料所消耗的能量与物料新生成的表面积成正比。其依据是，任何纯脆性晶体物质的质点之间，具有恒定的分子吸引力。从热力学观点看，粉碎所消耗的能量与物质挥发所需的总能量有关，亦即与用于拆开分子间的引力，产生新表面所需的能量有关。表面积学说可用下式表示：

$$A_F = cG\left(\frac{1}{d_k} - \frac{1}{d_M}\right)$$

式中 A_F——实际能量消耗，J；

d_M、d_k——物料粉碎前、后的边长，cm(物料假设为正立方体)；

G——物料质量，kg；

c——校正系数，取决于物料性质。

(2) 第二粉碎原理

克尔皮乔夫和基克分别于 1874 年和 1885 年提出的粉碎容积或质量学说认为，相同条件下，将几何形状相似的物料粉碎成形状亦相似的成品时，粉碎的能量与物料容积或质量成正比。

克尔皮乔夫的表达式为：

$$A = \frac{\sigma^2 V}{2E}$$

基克的表达式为：

$$A = K\lg\frac{d_M}{d_k}$$

式中 A——物料体积变形所需功；

σ——变形产生的应力；

V——变形物体的体积；

E——物料的弹性模量；

K——系数。

(3) 第三粉碎原理

邦德提出，粉碎物料的有效功与物料生成粉碎粒径的平方根成反比。当物料的原始粒度为 F，成品粒径为 P 时，其表达式为：

$$W = K\left(\frac{1}{\sqrt{P}} - \frac{1}{\sqrt{F}}\right)$$

式中 W——每短吨(907 kg)物料所需的粉磨功，kW · h/t；

P——成品粒径，以 80%通过的筛孔尺寸表示，μm；

F——粉碎前的原始物料粒径，以 80%通过的筛孔尺寸表示，μm；

K——系数。

邦德第三粉碎原理介于前两者即表面积学说和容积学说之间，对水泥生产具有一定的指导意义。我国及许多国家采用的原料易磨性试验、粉磨效率的评估等方法，都以这一原理为基础。

1.2 物料粉磨流程的种类和特点

粗略地讲，物料的粉磨有开路粉磨和闭路粉磨两种流程。前者又称开流粉磨，后者又称闭流粉磨或圈流粉磨。

在粉磨过程中，物料仅在磨内通过一次，卸出来即为成品的流程称为开路粉磨；物料出磨后经分级设备分选，合格的细粉为成品，偏粗的物料返回磨内重磨的流程称为闭路粉磨。闭路粉磨又有一级闭路和二级闭路之分：分级设备与一台磨机组成闭路时称作一级闭路系统；与两台短磨机组成闭路时称作二级闭路系统。分级设备还可与中卸磨组成闭路系统。

开路粉磨的优点：流程简单，设备少，厂房低，投资省，操作容易，管理方便。其缺点是：过粉磨现象严重，粉磨效率低，单位电耗高（粉磨高细水泥时更甚），球耗大，成品温度高，不适于粉磨高标号水泥和同时粉磨易磨性能差别大的几种物料。

闭路粉磨的优点：

(1) 磨内过粉磨现象少，磨机的产量比同规格开路磨高 15%～50%。

(2) 单位电耗较低。产品的比表面积低于 330 m^2/kg 时，闭路磨的单位电耗与开路磨的相同；等于或高于 330 m^2/kg 时，闭路磨的单位电耗明显下降，而且细度越细，单位产品的电耗越低。

(3) 成品的细度波动小。当其他条件不变，0.080 mm 筛筛余为 5%时，细度波动范围一般在±1.0%以内。

(4) 产品细度易于调节。水泥产品的品种变更，或水泥的细度指标需作较大改动时，只需调节分级设备或改变循环负荷即可，比较方便。

(5) 钢材消耗量低。闭路磨的“球料比”比开路磨的小，且物料在磨内的停留时间短，故研磨体耗量比开路磨的低 30%～40%，衬板耗量低 50%左右。

(6) 能进行选择性粉磨。在选粉机的作用下，易磨及活性低的组分（如易磨混合材料和烧结不足的熟料）由于密度小，一旦粒度合格，即被作为细粉选出；而难磨且活性高的熟料组分，由于密度大，不易被作为成品选出而磨得较细，从而有利于水泥强度的发挥。由于具有选择性粉磨作用，闭路系统对粉磨掺混合材料的水泥和立窑熟料（立窑熟料中烧结不足的颗粒比率一般较回转窑熟料的大些）更为适用。

(7) 产品的粒度较均齐，过粗过细的颗粒均较少，颗粒组成比较理想。磨水泥时，由于产品中最有价值部分（即 3～30 μm 的颗粒）的比例较大，在勃氏比表面积比开路磨的低 20～50 m^2/kg 的情况下，水泥的强度等级与开路磨的相同，从而可以降低粉磨能耗；磨生料时，由于产品中无大颗粒，即使适当放宽生料的细度，所烧成熟料的游离石灰含量也不会升高。

(8) 散热面积大，磨内温度低。闭路磨的球料比较小，研磨体彼此冲击产生的热量少；磨内物料通过量大，物料带出的热量多；加上回磨粗粉量大，粗粉在选粉和往返输送过程中已散发了大量的热，使磨内物料的综合温度下降。由于上述原因，磨内温度比开路磨的低 20～30 ℃。因此，磨内的包球现象减轻；水泥因高温使石膏脱水而引起的假凝现象减少；水泥在库内结块的程度减轻（水泥熟料矿物在高温下可与石膏的结晶水作用而形成钾石膏结块）；水泥包装纸袋纤维结构在高温下破坏，致使纸袋破损和包装工人操作环境恶劣的问题得到改善，磨机和粉磨产品输送设备因高温而引起的故障也相应减少。

闭路粉磨的缺点：流程复杂，设备多，投资大，厂房高，操作麻烦，定员多，维护工作量大，系统设备的运转率较低。

管磨机的直径不太小且长径比 L/D 为 3～3.5 时，采用闭路粉磨比较适宜；生产高细度水泥时，宜采用闭路粉磨。

1.3 水泥有哪些粉磨系统，有何特点

水泥粉磨系统主要有开路和闭路两种，辊压机与球磨组成的粉磨系统，以及辊式磨与球磨组成的粉磨系统。

开路粉磨系统的主要优点是流程简单，生产可靠，操作简便，运转率高；缺点是磨内过粉磨严重，粉磨效率低，当粉磨高强度等级水泥，即比表面积超过 320 m^2/kg 时，电耗增加较大，产品细度也不易调节。其较适合粉磨单一品种的水泥。一级开路双仓小钢段粉磨系统的粉磨效率比一般的球磨开路系统有所提高，可磨制比面积较高的水泥。

闭路粉磨系统在水泥粉磨作业中占有较大的比重，以双仓中长磨一级闭路粉磨系统居多。与开路粉磨相比，闭路粉磨设备环节较多，操作维护复杂，厂房面积大，投资多，这些是它的缺点，但它粉磨效率高，产量高，电耗低、磨耗小，水泥温度低，产品细度易于调整，可以适应生产高比表面积和多品种水泥的需要。

辊压机或辊式磨与球磨组成的粉磨系统，同一般闭路粉磨系统相比，产量高、电耗低、消耗少。

根据组成的不同系统，可分辊压机或辊式磨预粉磨、混合粉磨、半终粉磨，主要流程如图 1.1 所示。

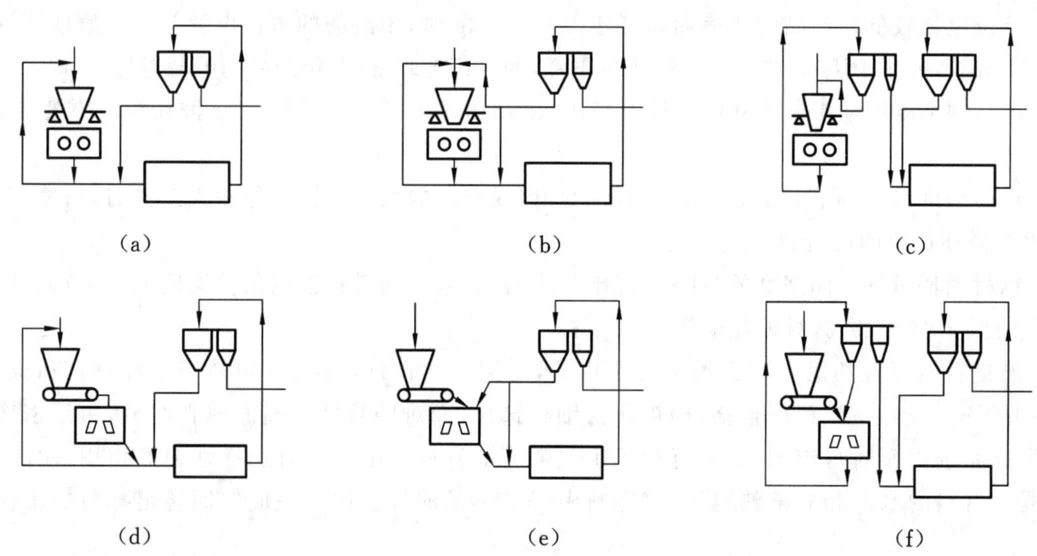

图 1.1 辊压机或辊式磨主要流程图

(a)辊压机预粉磨；(b)辊压机混合粉磨；(c)辊压机半终粉磨；(d)辊式磨预粉磨；(e)辊式磨混合粉磨；(f)辊式磨半终粉磨

辊压机预粉磨可以通过调节部分料饼的再循环来达到和球磨能力相平衡，使入磨粒度均匀，提高料饼易磨性，对磨机操作有利。辊压机预粉磨的特点是流程简单，但辊压机担负的粉磨任务小，故系统节能亦小。

辊式磨预粉磨，将部分出磨物料再循环，当入磨物料粒度、易磨性变动时，可以减少辊式磨功率的波动和磨机的振动。

辊压机混合粉磨，磨后选粉机的部分粗粉可回入辊压机进行再循环，组成混合粉磨的流程。适当的粗粉回料可以使辊压机内料床更密实、辊压效果更好，但是回料比例不能太大，料饼再循环量也不宜太多。此种粉磨系统的辊压机，可以承担的粉磨任务比预粉磨稍大，其节能效果比预粉磨有所增加。

辊式磨混合粉磨的流程一般不用辊式磨出磨的物料再循环，仅用选粉机粗粉循环，循环量不宜太大，否则会引起传动功率波动，料层不稳，增加操作难度。

辊压机半终粉磨的流程是辊压机应用中较理想的流程，辊压机自成系统，料饼经粗选粉机分选出半成品。粗颗粒全部返回辊压机再压，由于细粉已被选出，使辊压更为有效，细粉作为半成品喂入球磨机，因为粒度小而均匀，有利于磨机操作，易于配球。球径小，粉磨效率高。虽然这种系统流程相对复杂，但

辊压机承担的粉磨工作量，比前两种系统大大增加，为此节能效果也更好。

辊式磨半终粉磨的流程，目前还缺乏实践经验。

因此辊压机或辊式磨与球磨组成的不同的粉磨流程，其预粉磨设备在整个系统中承担的任务增加，相应的节能效果提高。选择水泥粉磨系统，可根据生产规模、物料性质、水泥品种、投资条件，结合粉磨系统的特点，经技术经济比较确定。

1.4　粉磨工艺的发展趋势

水泥企业每生产 1 t 水泥需要粉磨的各种物料就有 3～4 t 之多，粉磨成本占水泥生产成本的 35%左右，粉磨电耗占水泥厂总电耗的 65%～70%。随着人们对节能、利废的日益重视，粉磨技术和工艺也得到了飞速发展。刘平成总结了近年来粉磨工艺的发展趋势：

(1) 设备大型化向规模科学化转变

多年来，世界水泥工业发展的动向之一是大型化，各国都在致力于开发大型化设备及其应用技术。因为大型水泥企业生产成本相对较低，劳动生产率高，特别是日产 4000 t 以上熟料的水泥企业(一般指单条生产线)在效益方面有明显优势。但由于资源、市场的集中程度不能完全满足大型化的需要，采购与销售成本往往较高，尽管大型化的生产成本较低，其综合成本却并不低，规模科学化正逐渐成为大家的共识。

(2) 系统自动化向适用化转变

水泥企业自动化程度是衡量其现代化的标志之一。自动化技术的应用，可以提高主机产量和设备运转率，降低热耗、电耗，提高劳动生产率。但部分中小企业往往因人员素质、管理水平跟不上，盲目追求自动化反而影响企业效益。企业从自身人员素质、管理水平等实际情况出发，选择适应企业自身的自动化水平，实现综合效益最大化也已经成为一种趋势。

(3) 工艺简单化向市场化转变

工艺路线中所用的设备数量越少，系统的运转率越高；反之将导致效益有时不高，这已成为大多数水泥企业的共识。如今，水泥工艺路线设计一方面以综合效益最大化为目标，谋求系统总运转率与瞬时效益最大化的平衡点；另一方面加大水泥粉磨系统规格以提高其生产能力，且增加熟料的储备能力。不少水泥企业因此抓住水泥价格较高的销售机遇，放量生产；而在水泥价格较低的时期，利用用电的“峰谷政策”，粉磨系统实行“谷开峰停”，主动适应了水泥市场需求变化与价格波动，收益颇丰。

同时，水泥熟料与水泥生产不仅实现了所处地域上的分离(即在有资源的地域建水泥熟料基地，在有市场的地域建水泥粉磨站)，而且部分实现了其所有权的分离，明显增加了水泥市场竞争的复杂性。尤其是水泥粉磨站，一方面要面对不时出现的熟料价格上涨与水泥价格下降的压力；另一方面要面对熟料供应与水泥销售的不稳定。在粉磨工艺装备技术等方面谋求突破与创新，也就成为其生存与发展的重要动力。

(4) 技术节能化向技术应用遵循效益优先原则方向转变

在粉磨系统中，生料磨采用立磨系统效益显著已经成为大家的共识。熟料磨采用立磨系统已经在新型干法水泥生产线开始使用，其效益有待进一步比较观察(主要是其成品颗粒圆形度相对较低，同样的水泥强度要求则需要更高的比表面积来保证)；水泥磨采用辊压机加管磨机再加高效选粉系统已经成为新型干法系统粉磨技术的显著标志，使其综合能耗明显降低。企业应将眼前利益与长远利益相结合、国家产业政策与企业具体实际相结合。对于符合国家产业政策且企业有相应投资实力的，则考虑投资类似上述的节能项目，但大家不再一拥而上，可见相关企业决策已经趋于成熟。当然，管磨机作为水泥终粉磨尚占主导地位。

(5) 对水泥细度控制由传统的筛余控制向比表面积、颗粒级配、颗粒形状方向转变

水泥粉磨细度不仅关系到水泥粉磨的能耗，更为重要的是对水泥性能有着很大的影响。为了促进水

泥水化，要提高水泥细度，增大与水的接触面积，但粉磨过细会导致能耗大幅度增加，且需水量增加。尽管粉磨细的水泥水化速度较快，有利于强度的发展，但水灰比大往往使其强度下降。如粉磨过细，小于 1 μm 的水硬性颗粒在不到 1 d 时间内完全水化，对龄期强度的增长没有作用。根据国内外应用结果分析，仅从混凝土的角度来说，水泥细度应控制在比表面积为 300～360 m^2/kg 较适宜。

水泥颗粒组成与水泥性能有直接的关系，在水泥产品中，0～3 μm 的颗粒(微粉)决定 1 d 强度；3～25 μm 的颗粒(细粉)影响 28 d 强度，但 3 d 后可与 0～3 μm 的颗粒达到相同强度；25～50 μm 的颗粒(粗粉)对 28 d 强度影响不大，而 90 d 后可同 0～3 μm 的颗粒的强度达到相同值；三者合计称为总体细度。在水泥产品中，一般公认：3～32 μm 的颗粒对强度增进率起主导作用，其占比不能低于 65%，其中，10～24 μm 颗粒对水泥性能尤其重要；小于 3 μm 的颗粒不能超过 10%；大于 64 μm 的粗颗粒活性很小，最好没有。

水泥颗粒的形状近于球形时，其单位质量的比表面积最小，这不仅使形成一定厚度的水膜所需要的水量最少，而且能减少颗粒相互间的摩擦，产生能提高流动性的滚珠效果。经日本有关专家研究证明：当水泥颗粒圆形度(球形为 100%)从 67%提高到 85%以后，流动性的提高减少了用水量，所以混凝土的强度和耐久性都提高了。高的比表面积、颗粒圆形度、合理的颗粒结构与组成有利于大幅度提高混合材的掺加量，实现高利废、高效益。

(6) 传统粉磨工艺正面临实践的挑战

① 过去多数水泥企业水泥细度控制指标均为筛余控制，入磨粒度一般小于 25 mm，磨机产量维持较低水平。尽管新标准对水泥细度提出了更高的要求，但目前不少水泥企业通过降低入磨粒度，增加预破碎及其配套工艺，通过比表面积与筛余控制相结合的方法，已经达到了提高磨机粉磨效率的目的。

② 原有水泥工艺手册上关于设备的匹配平衡关系均不适应目前水泥企业的现状。不少水泥企业的工艺线路明显不协调，有的磨机能力过剩，窑的生产能力不足；而有的则相反。近 15 年来，技术进步使得水泥设备生产能力普遍提高，但提高幅度不同，打破了传统的水泥工艺平衡，影响了水泥企业效益的全面提高。当然，市场需求波动也是一个重要原因。

③ 水泥粉磨工艺手册等资料中管磨机等设备的结构参数、工作参数均不适应水泥企业的现状。管磨机筒体分仓尺寸、隔仓板结构、进出料螺旋等均无法满足现行工艺需要；传统管磨机破碎理论、转速理论、研磨体装载量理论、研磨体级配理论等均不能适应目前粉磨工艺技术的发展要求。

1.5 现代水泥粉磨技术发展有何特点

现代粉磨技术发展历经了两个阶段：第一，20 世纪 50 年代至 70 年代钢球磨机大型化及其匹配设备的优化改进和提高阶段；第二，20 世纪 70 年代至今的挤压粉磨技术发展完善和大型化阶段。其发展特点是：

(1) 在钢球磨系统实现大型化的同时，创新研发挤压粉磨技术和装备

20 世纪 80 年代以来，随着预分解窑大型化，钢球磨系统也向大型化方向发展。用于水泥粉磨的钢球磨机直径已达 5 m 以上，电机功率达 7000 kW 以上，台时产量达 300 t 以上。新设计的巨型磨机直径已达 6 m 以上，传动功率达 12000 kW 以上。采用大型磨机不但可以提高粉磨效率，降低衬板和研磨体消耗，减少占地面积，并且可以简化工艺流程，减少辅助设备，也有利于降低产品成本。长期以来，虽然圈流式钢球磨机作为水泥粉磨设备的基本型式，但由于开流磨机具有工艺流程简单、操作方便和易于进行自动控制等优点，许多小型磨机仍然采用。丹麦史密斯公司在小钢段磨的基础上，把两级磨合并在一个磨机上，开发了康比丹(Combidan)磨，既能用于开流，也能用于圈流。同时苏联、美国、德国等国家还研发了喷射磨、离心磨、爆炸磨、振动磨、行星式球磨等新型磨机。

辊式磨(Roller Mill)的发展主要是 20 世纪 70 年代以来磨机结构和材质上的改进，并研发成功液力压紧磨辊代替弹簧压紧磨辊。辊压机亦称挤压机、双辊磨(Roller Press)，于 1985 年研制成功，用于水泥

工业，并逐渐大型化。20 世纪 90 年代以来，这两种挤压粉磨系统不但在生料、矿渣终粉磨系统得到广泛应用，并且由它们单独或同短型钢球磨、高效选粉机组成的预粉磨、混合粉磨、联合粉磨、半终粉磨及终粉磨系统亦得到比较广泛的推广应用，从而使水泥生产综合电耗由 120 kW・h/t 降低到 90 kW・h/t 左右。

(2) 采用高效选粉设备

为了适应磨机大型化的要求，近年来圈流粉磨作业越来越多，作为其重要的配套设备的选粉机也得到了较大发展。撒料式选粉机（又称机械空气选粉机）是水泥工业应用最早的具有代表性的空气选粉设备，目前其直径已达 11 m 以上，选粉能力达 300 t/h 以上。为了与大型磨机相匹配，各种新型高效选粉机在水泥粉磨作业中也得到了日益广泛的应用，同时亦可利用它进行水泥冷却，其选粉能力已达 500 t/h。目前，选粉机发展的主要趋势是进一步提高分级效率，提高单机物料处理量，结构简单化，机体小型化，可进行遥控操作等。

(3) 采用新型耐磨材料，改善磨机部件材质

在磨机大型化后，无论钢球磨、辊式磨、辊压机都在不断采用新型耐磨材料制造磨机衬板、磨辊、磨盘等部件，力求在改进磨机结构、提高加工精度的同时，进一步提高磨机综合效率和使用寿命。

(4) 添加助磨剂，提高粉磨效率

助磨剂能够消除水泥粉磨时物料的结块及黏糊研磨体及衬板的弊端，改善钢球磨粉磨条件，提高粉磨效率，因而受到越来越多的重视。

(5) 降低水泥温度，提高粉磨效率，改善水泥品质

使用钢球磨机粉磨物料时，会使大部分输入能量转变为热能传递给物料，使粉磨物料的温度上升到 100 ℃以上。这样，不但会使二水石膏脱水，失去作为水泥缓凝剂的作用，而且温度过高还会使物料黏结，黏糊研磨介质，从而降低粉磨效率。因此，为了降低水泥粉磨时的温度，提高粉磨效率，改善水泥品质，近年来广泛采用了许多新的冷却方法，如向磨内喷水，在选粉机内通风冷却和采用水泥冷却器对出磨水泥进行冷却等。

(6) 实现操作自动化

目前，水泥粉磨系统已广泛采用电子定量喂料秤、自动化仪表及电子计算机控制生产，实现操作自动化，以进一步稳定磨机生产，提高生产效率。磨内作业主要利用电耳、提升机负荷、选粉机回粉量及辊式磨内压差等进行磨机的负荷控制，对石膏掺加量等亦可用 X 荧光分析仪、电子计算机进行配料控制。

(7) 采取其他技术措施

如降低入磨物料粒度，保证水泥成品的合理颗粒级配及根据产品标准选择适当的比表面积，改善配料，选择合理的熟料矿物组成，降低入磨物料水分等。

(8) 开发粉状输送的新型设备

在广泛推广应用挤压粉磨的同时，在粉状物料输送方面，研发机械输送粉状的超高超重提升机、密封皮带机、新型空气斜槽等装备，代替气力输送粉体物料旧模式，力求水泥生产综合电耗的进一步降低。

1.6 新型干法水泥生料粉磨系统的发展过程

新型干法生产中，传统的生料粉磨系统是烘干兼粉磨的球磨系统。根据原料的易磨性、含水率以及生产能力的不同，生料粉磨系统有不同的形式。就常用的单纯磨内烘干的风扫式、尾卸式和中卸式而言，粉磨能力大小依次为中卸式、尾卸式、风扫式；烘干能力大小依次为风扫式、中卸式和尾卸式。此外，烘干能力与粉磨能力的比值随磨机直径的 1.5 次方降低。因此，硬质原料、水分适中、大中型磨机宜用中卸磨；硬质原料、水分低、小型磨宜用尾卸磨；软质原料、水分高、大型磨宜用风扫磨。

新型干法生产一般规模较大、原料较硬、水分不太大，所以适合中卸磨。20 世纪 70 年代末、80 年代中期，我国从国外引进设备的生产规模为 3200 t/d、4000 t/d 的工厂，如柳州、宁国、珠江，以及国内开发

的大部分生产规模为2000 t/d、2500 t/d的工厂均采用中卸磨。由于钢球磨粉磨电耗大，一般单位生料主机电耗达15～16 kW·h/t，系统电耗达20～22 kW·h/t，为此逐步让位于立磨，单机规模也停留于当时的水平未再扩大。

立磨系统是当今生料粉磨的主导系统，为首选设备。特别是在大型工艺生产线，可以认为立磨已经取代了传统的球磨。国际上2000年至2002年共出售96套生料磨，其中立磨占84%、球磨占12%、辊压机占1%、筒辊磨占3%。国内大型生产线的发展也显示了这个趋势。特别是20世纪90年代及近年来新建的5000 t/d、8000 t/d、10000 t/d生产线，一般均采用立磨。

立磨之所以得到这么快的发展，一方面是由于其本身的特点。它可以吸引全部出预热器的废气，与大型预分解窑相匹配；集中碎、烘干、粉磨、选粉等工序于一体，流程简单；烘干能力大，可以适应含水率高达20%的原料；料床粉磨能量消耗少，与球磨相比，粉磨电耗仅为后者的50%～60%，系统电耗可降至15～16 kW·h/t。另一方面是因为立磨技术有了新进展，适应高水分、高磨蚀性物料、大产量的要求，工艺系统和工艺参数设计理念有了新变化；应用有限元、热传导和流体力学分析等现代方法解决了大型化的结构难点。当前主要的立磨制造公司均能供货大型立磨。

辊压机粉磨系统是能与立磨竞争的节能粉磨系统。辊压机是20世纪80年代中开发出来的新技术，其节能效果好，发展很快，但主要应用在水泥粉磨上。用于生料粉磨的大部分为部分终粉磨，少量为终粉磨。前者要配后续球磨，节能少，系统电耗较立磨要高。但后者取消了球磨，因此大幅度节能，单位产品电耗可望低于15 kW·h/t。当前辊压机终粉磨系统已能满足4000 t/d生产规模的需要。江西亚东4000 t/d生产线的生料粉磨就采用KHD公司供货的辊压机终粉磨，但再要扩大规格比较困难。此外，辊压机本身没有烘干能力，如原料水分大，只能加大辅机烘干容积，这会带来流程上的麻烦。

筒辊磨是1992年法国FCB公司综合立磨和辊压机特点开发出来的，其节能效果和烘干能力也介于两者之间。当今用于生料的筒辊磨最大规格为ϕ3.8 m，功率为2600 kW，生产能力为230 t/h，能满足3000 t/d生产线的需求。

综上所述，当今水泥生料粉磨系统的主导系统和发展趋向为立磨系统。

1.7 何为开路粉磨，何为闭路粉磨，各有何优缺点 

粉磨工艺流程也称粉磨系统，分为开路和闭路两种系统。在粉磨过程中，当物料一次通过磨机后即为产品时，称为开路粉磨系统，亦称开流；当物料出磨以后经过分级设备选出产品，粗料返回磨机内再粉磨的系统称为闭路粉磨系统，亦称圈流。同时进行烘干和粉磨的系统称为烘干兼粉磨系统，通常为闭路生产。

(1) 开路粉磨

开路粉磨流程简单，物料经烘干后进入磨机，粉磨后即成为产品。开路系统的优点是：流程简单，设备少，操作简便，基建投资少。其缺点是：由于物料必须全部达到成品细度后才能出磨，因此，当要求产品细度较细时，已被磨细的物料将会产生过粉磨现象，并在磨内形成缓冲层，妨碍粗料进一步粉磨，有时甚至出现细粉包球现象，从而降低了粉磨效率，导致产量低、电耗高。由于开路粉磨存在过粉磨现象，所以对于矿渣掺量较高、需要粉磨比表面积较大的水泥，采用开路系统有利于提高水泥的强度。特别是粉磨矿渣粉时，由于颗粒大小比较均齐，又要求比较高的比表面积，所以采用开路系统较好。

(2) 闭路粉磨

闭路粉磨系统如图1.2所示。闭路系统与开路系统优缺点正好相反。其优点是：

① 合格的细粉能及时选出，减少了磨内的缓冲作用，消除了过粉磨现象，因而能提高10%～30%的磨机产量。

② 单位产品电耗较开路粉磨降低10%～20%。

③ 产品细度波动小，并易于调整。当0.08 mm筛筛余为5%时，波动范围能控制在±0.5%以内。

改变粉磨细度，仅需调选粉机而不必改变钢球级配。

④ 由于通过磨机的物料量大，而合格细粉又被及时选出，故出磨产品的温度较低，一般比开路粉磨可低 30 ℃左右。

⑤ 成品颗粒组成较好，理想大小的颗粒较多，太粗太细的颗粒都比较少。

⑥ 钢球衬板的磨耗量均比开路粉磨低。

但是，闭路粉磨的工艺流程较复杂，附属设备较多，维修工作量大，设备运转率相对要低些，操作管理技术要求也高，基建投资大。

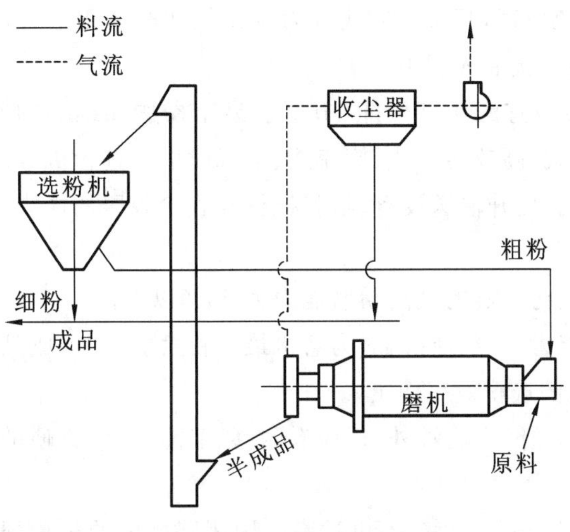

图 1.2　闭路粉磨系统

1.8　闭路钢球磨系统工艺流程及发展 

闭路钢球磨系统工艺流程如图 1.3 所示。它由管磨机、提升机、选粉机和风机等主要设备组成，在粉磨过程中，粗粒物料几次通过磨机，它具有减少水泥过粉磨，避免发生颗粒凝聚和粘仓、粘研磨体等优点，有利于生产高细度水泥，改变生产水泥的品种，提高粉磨效率。

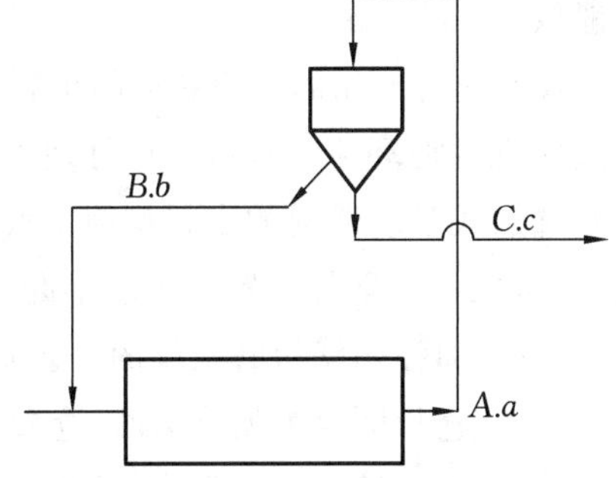

图 1.3　闭路钢球磨系统工艺流程图

随着生产的大型化，磨机直径和生产能力都有很大提高，选粉机规格也必须相应扩大，但是过大规格的选粉机在工艺布置及安装方面都会带来困难，因此有人提出闭路粉磨系统，采用两台或三台选粉机的工艺流程，同时也期望通过采用选粉机并联的办法，降低选粉机负荷，提高选粉效率。由于一次选粉很难将细粉完全分离，在一定喂料细度下，即使降低负荷，回粉细度也变化不大，选粉效率也提高不多。显而易见，如果通过选粉机串联，将第一次选粉后的回料再次选分，就可以避免细粉的循环，改善生产状况，避免出现颗粒凝聚，使选粉机总的选粉效率提高，磨机产量也得到提高，并有利于在不减少磨内物料流量的情况下，生产高细度水泥。H. Jäger 认为：由一台双仓管磨和一台提升机、一台选粉机组成的提升循环磨，是过去水泥工业使用得最为广泛的闭路循环粉磨系统，但从经济观点分析，由于这个系统中，回磨的粗粉中含有大量细粉，对粉磨过程起着负作用，所以并不是一个最佳系统。如果在这个系统中，再加上一台提升机和风动式选粉机，用以处理第一台选粉机的回粉，这样细粉产品就来自两台选粉机，而回磨粗粉则是经过两次净选的粗粉，则不论在提高粉磨能力和节约能耗方面，都会有很大的优越性。如果采用一台提升循环磨、两台提升机和两套由两台风动式选粉机组成的两级选粉粉磨系统，经济效果亦十分优越。当采用这种系统时，磨机的长径比最好保持在 3.2，否则长径比越大，产品中过细物料含量越多。Jäger 也曾进行了选粉机回料中细粉含量对粉磨效率影响的试验，并计算出不同比表面积时，两级串联选粉比一次选粉系统节能的效果好，其结果是：粉磨比表面积为 2700 cm^2/g 的水泥时，可节省电耗 7.8%；粉磨比表面积为 3800 cm^2/g 的水泥时，节电 30%。

1.9 采用闭路粉磨应注意的问题

(1) 磨机、选粉机和输送设备的工艺布置应合理，以减少占地面积，降低土建与设备投资及日常维护费用。就中长磨机的闭路系统而言，其布置方式宜为选粉机在磨体正上方，出磨物料由提升机直接送至选粉机内，选后粗粉则经溜筒直接溜入磨中。

(2) 新建的闭路粉磨系统，宜配用高效能、节电且易于操作和维护的新型高效选粉机，如 O-SEPA 型、HES 型、DS 型、高效涡流式、高效转子式、旋流式、空气喷射式选粉机等。

(3) 与磨机配套的选粉机、提升输送设备、喂料机械和收尘装置的能力，均须与磨机的粉磨能力相适应，并应留有足够的储备能力。

(4) 选粉机的选粉能力应比磨机的最高粉磨能力大 20%以上。

(5) 出磨提升机的提升能力，一般地讲，应为磨机最大粉磨能力(即成品最大产量)的 2.5～3.5 倍或更多(视循环负荷率和选粉机的选粉效率而定)。

(6) 输送设备除应保证输送能力足够外，还应有耐磨、节能、维修方便的特点。链式输送机等比较适合闭路粉磨系统。

(7) 磨内风速以 0.3～0.7 m/s 为宜，不可过高。因闭路磨内的过粉磨现象较轻，若风速太快，物料在磨内停留的时间不足，致使选粉机负荷增大、磨机循环负荷率偏高，且磨内的热量和水蒸气被过多带走，致使磨内温度和湿度太低、水泥中的游离石灰不易消解，在冬春季节，易引起水泥的安定期增长。

(8) 管磨机的设备结构应适应闭路粉磨的要求。如磨头中空轴进料螺旋的能力应加大至满足喂料量增大的需要，隔仓板的过料能力应增大 10%～14%(干法生料磨还可更大些)。为此，干法中长磨隔仓板篦孔宽度可放宽为 8～12 mm，也可改单层隔仓板为双层隔仓板；出料篦缝宽度也可适当放宽；干法磨一般取 7～11 mm。

(9) 选后产品的粗粉和成品出料溜筒上均应设置锁风装置，以使选粉机运转产生的气流不外泄(仅在选粉机内循环流动)，从而更好地发挥选粉作用；还应在出磨物料进入出磨提升机或选粉机的溜筒上，以及选后成品和粗粉的出料溜筒上设置取样装置，以便取样筛分，计算选粉效率和循环负荷率等工艺参数，改进操作。取样装置应力求不漏风。

(10) 加强闭路粉磨系统的工艺管理工作：

① 三仓长磨改为闭路磨时，仓数宜改为两个仓。

② 各仓的填充率应为由粗磨仓至细磨仓逐仓下降。

③ 与开路磨相比，一仓钢球的平均球径应适当提高，以提高球间空隙率，加快物料流速。

④ 尾仓宜装球而不宜装钢段，以适应闭路磨中物料流速快的特点，并减少过粉磨现象。

⑤ 产品的细度控制指标应与开路磨的不同：粉磨生料时，因生料的粗颗粒较少，可适当放宽细度控制指标(0.080 mm 筛筛余可由 10%放宽为 12%)；磨水泥时，因成品中微细颗粒的比例少，0.080 mm 方孔筛筛余值应比开路磨的低 2%～3%。

⑥ 入磨物料的综合水分应控制在 2%以下，以防水分在选粉、收尘系统内结露。

⑦ 入磨物料粒度应符合要求，发现粒度过大，及时处理。

⑧ 喂料操作须与闭路粉磨的特点相适应，即主要根据磨机粉磨能力和系统循环负荷量的大小进行喂料操作。产品细度的调节主要通过调节选粉机来实现。

⑨ 干法磨应保持磨内通风状况良好，并保持收尘系统正常工作。

1.10 熟料预粉碎工艺应注意的几点问题

球磨机是一种能量利用率较低的粉磨设备，尤其是研磨体以抛落状态为主的一仓。用能量利用率较高的其他粉碎设备来代替球磨机一仓的工作，对磨机的优质节能高产是非常有效的。

十几年来，国外许多先进的装备技术被国内引进、消化、吸收，国产预粉碎设备出现一个新的制造高潮。先后用于立窑水泥企业的有细碎颚式破碎机（PEX）、立轴反击式破碎机（PCXL）、高细锤式破碎机（PCX）、立式冲击式破碎机（PLJ）、筛分滚压破碎机（SCP）、喷射式破碎机（PSL）等。

选择细碎破碎机时，首先要看它的结构、工作原理是否先进，即物料进入破碎机后，运动轨迹是否合理，能否在破碎腔内实现多功能复合粉碎。然后，还必须考虑其单产电耗是否经济、金属消耗量是否较低、环保指标能否达标。总之一句话，要使生产可靠性与技术先进性较好地统一起来。此外，挤压机（辊压机）、立式磨、棒磨机也都可以作为预粉碎设备，效果都很好。

预粉碎工艺流程根据预粉碎物料的情况可分为单物料预粉碎和配合料预粉碎。前者是单一的减小某种物料的粒度；而后者不仅减小了物料粒度，而且使配合料的各组分进一步混合均化，有利于粉磨产品的优质高产。

无论是单物料还是配合料的预粉碎，都可以分为开路和闭路两种流程。与普通粉磨工艺一样，开路流程简单，一次性投资省，但产品粒度波动大，对球磨机节能高产幅度有一定限制，使隔仓板的位置及研磨体的级配不可能始终处于十分合理的状态；而闭路流程较复杂，设备投资较多，但产品粒度均齐，细度容易调节、控制，更有利于研磨体的级配优化和球磨机的优质、节能、高产。

采用挤压机（辊压机）作预粉碎设备时，选择闭路流程更为重要。因为国产挤压机出料中未被真正挤压的漏料约占总量的15%左右，这些漏料与挤压机真正产品料饼的物理性能（粒度、易磨性等）差异很大，对球磨机的产量、质量有明显影响。所以，选用打散分级机与挤压机组成预粉碎闭路流程十分必要。打散分级机可以将挤压机的漏料和粒度不合格的粗料选出，待其返回挤压机喂料仓后，既解决了挤压机的边缘效应（漏料）的负面影响，又缓解了挤压机过饱和喂料的需求；同时，依靠打散分级机对预粉碎产品的把关，挤压机可以采用“低压大循环”的运行机制，以减轻辊面磨损、提高安全运转率、延长设备使用寿命。

当球磨机粉磨系统增加预粉碎工艺后，必须及时调节粉磨工艺参数。

（1）钢球级配

在维持装载量不变的情况下，要降低各仓的平均球径。其中，一仓的平均球径以60±5 mm为宜。如果入磨物料粒度均齐，则应将大规格的钢球拣出；如果入磨物料粒度不均齐，则也应减少大球，增补相同装载量的小球。

（2）隔仓板位置

入磨物料粒度减小后，粉磨所需要的破碎能力与空间相应减小，因此根据磨内筛余曲线，适当向磨头方向移动隔仓板位置，有利于保持粉磨速度的均衡和仓位的匹配。

（3）闭路磨出磨物料细度

入磨物料经过预粉碎后，不仅粒度减小，而且易磨性也不同程度地得到了改善，导致出磨物料中的细粉更细且细粉含量更多。为此，应将出磨物料细度指标（筛余），由原来的0.08 mm筛筛余40%±3%调整到0.08 mm筛筛余30%±3%。

（4）系统循环负荷率

增加预粉碎工艺的闭路粉磨系统，应选择高效选粉机来完成产品分级任务，尽量减少粗粉回料量，增加成品细粉量。系统循环负荷率应控制在100%以下，以较高的选粉效率实现球磨机的优质、节能、高产。

1.11 水泥粉磨工艺要求

(1) 入磨熟料、混合材料、石膏应符合质量要求：入磨熟料的温度不超过 80 ℃，最好不超过 50 ℃；入磨熟料、石膏的粒度不大于 30 mm；混合材的水分不大于 2%。

(2) 水泥配料采用微机控制系统，给料设备采用调速式定量给料机，其计量精度应在±1%以内。

(3)研磨体的级配应根据入磨物料的粒度、硬度和成品细度等合理选择，研磨体的冲击能力与研磨能力保持平衡，达到优质、高产、低耗。

(4)常用研磨体的规格：钢球 ϕ30，ϕ40，ϕ50，ϕ60，ϕ70，ϕ80，ϕ90，ϕ100；钢段 ϕ12×12，ϕ14×14，ϕ16×16，ϕ18×18，ϕ15×20，ϕ20×25，ϕ25×30，ϕ30×35。

(5) 研磨体的质量(尺寸、外形、化学成分、硬度等)应符合国家标准(轧制钢球)的规定。

(6) 定期清仓补球。

(7) 进料和卸料装置保持完好，进料和卸料畅通顺利。

(8) 衬板掉角、压条磨平及厚度不足 15 mm 时必须更换。隔仓板、出料篦板的篦孔堵塞时必须清洗，其厚度不足 10 mm 时应更换；不准研磨体窜仓而造成级配失调。篦孔宽度应保持在 6～14 mm。

(9) 闭路操作时要选择合理的技术参数，循环负荷率为 80～250%，选粉效率为 50～80%，充分发挥磨机、选粉机的作用。

(10) 磨内通风，按磨内有效断面风速计，开路磨为 0.5～0.9 m/s，闭路磨为 0.3～0.7 m/s。应密闭堵漏，收尘器内的气体温度在 55 ℃以上，磨头处于负压状态。

(11) 出磨水泥温度不宜超过 120 ℃，可采用磨身淋水降温或者磨内喷雾降温。

(12) 水泥磨系统每年技术标定一次。

1.12 开路和闭路粉磨工艺对水泥颗粒级配有何影响

某厂既有开路水泥粉磨系统，又有闭路粉磨系统。开路磨规格为 ϕ 2.6 m×13 m，其工艺流程如图 1.4 所示。闭路磨规格为 ϕ 3.8 m×12 m，工艺流程如图 1.5 所示。为了对比两种粉磨系统对水泥颗粒级配的影响，王爱琴等对两种粉磨系统水泥的颗粒级配特征进行了较为详细的研究，取得了一些有意义的结果，可供同行参考。

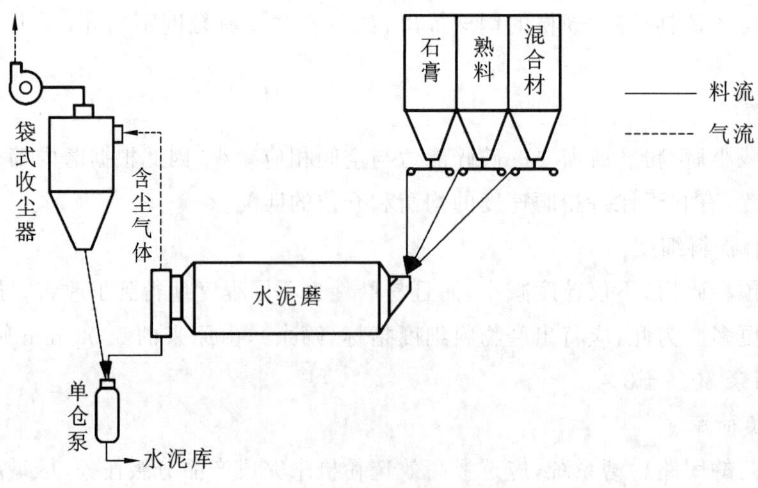

图 1.4 开路粉磨系统流程

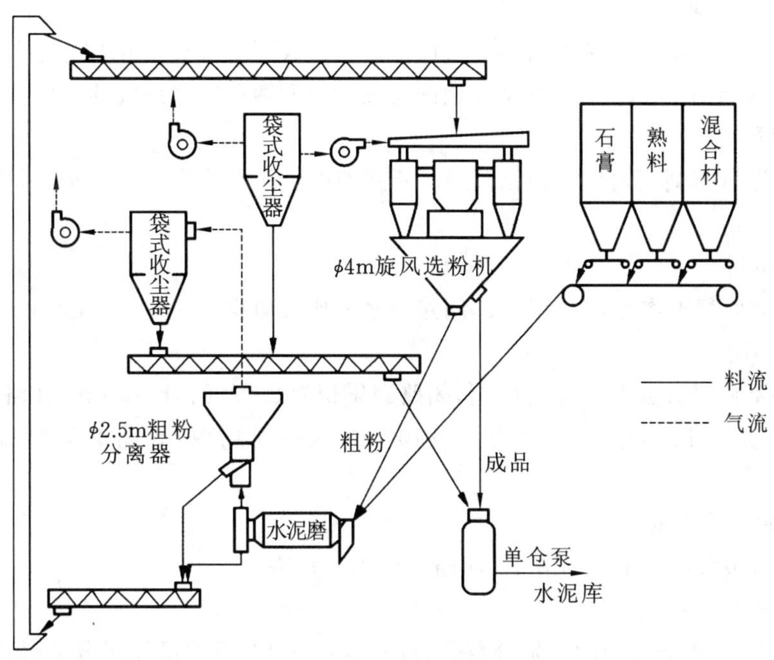

图 1.5 闭路粉磨系统工艺流程

经测定，开路磨 21 组水泥试样和闭路磨 21 组水泥试样颗粒质量分布平均结果见表 1.1 和表 1.2 及图 1.6。并对比两种粉磨系统的颗粒分布情况，得到了如下结果：

表 1.1 开路磨 21 组试样颗粒质量分布平均结果(%)

0～5 μm	5～10 μm	10～15 μm	15～20 μm	20～25 μm	25～30 μm	30～35 μm	35～40 μm
7.02	17.78	14.76	11.18	9.02	7.42	6.05	5.08
40～45 μm	45～50 μm	50～55 μm	55～60 μm	60～65 μm	65～70 μm	70～75 μm	75～80 μm
4.08	3.24	2.88	2.53	2.26	1.99	1.83	1.62

表 1.2 闭路磨 21 组试样颗粒质量分布平均结果(%)

0～5 μm	5～10 μm	10～15 μm	15～20 μm	20～25 μm	25～30 μm	30～35 μm	35～40 μm
2.79	11.89	14.54	12.69	10.68	7.36	5.69	5.63
40～45 μm	45～50 μm	50～55 μm	55～60 μm	60～65 μm	65～70 μm	70～75 μm	75～80 μm
5.34	4.40	4.25	4.07	3.07	2.45	1.53	1.16

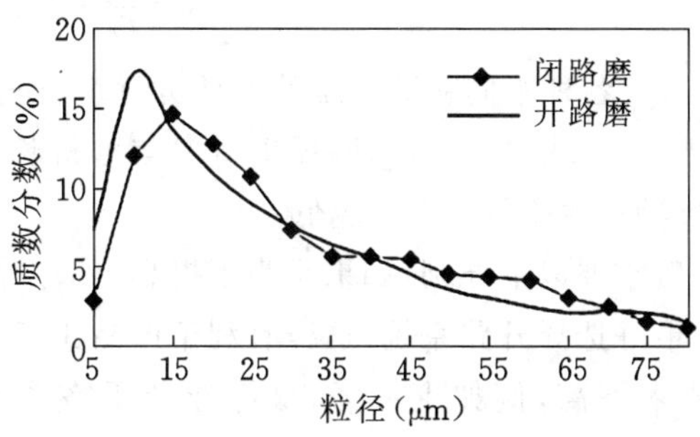

图 1.6 两种粉磨系统水泥的质量分布

(1) 特征粒径 X_0和均匀性系数 n 不同

开路磨 21 个试样平均均匀性系数 n 为 1.34,特征粒径 X_0为 28.89 μm;闭路磨平均均匀性系数 n 为 1.60,特征粒径 X_0为 34.49 μm。从这两个参数的比较可说明两种粉磨系统的总体分布存在较大差别。

(2) 中位径不同

中位径即筛余为 50%时所对应的颗粒粒径。开路磨中位径平均为 21.95 μm,闭路磨中位径平均为 27.34 μm。

(3) 比表面积不同

开路磨水泥比表面积平均为 351 m^2/kg,闭路磨水泥比表面积平均为 377 m^2/kg。

(4) 细粉含量不同

0～5 μm,开路磨质量分数累计为 7.02%,闭路磨累积为 2.79%;5～10 μm,开路磨质量分数累积为 17.78%,闭路磨累积为 11.89%。经计算 0～10 μm 粒径间隔内,开路磨质量分数要比闭路磨高 10.12%。

(5) 质量分数最大值不同

开路磨质量分数最大值在 11 μm 左右,闭路磨在 15 μm 左右。

(6) 总的质量分数分布不同

从图 1.6 可看出,各粉磨系统的质量分数分布:0～15 μm 内,开路磨质量分数远远高于闭路磨;15～30 μm 内,闭路磨却高于开路磨;30～40 μm 内,开路系统略高于闭路磨;粒径大于 40 μm 后,闭路磨的质量分数普遍高于开路磨。

通过前面比较分析,可以认为开路磨的颗粒总体分布范围比较宽,颗粒总体粒径偏小,细粉含量高;闭路磨颗粒分布范围窄,颗粒总体粒径偏大,细粉含量偏少,粗粉含量多。

1.13 如何选择粉磨流程

粉磨流程又称为粉磨系统,有开路和闭路之分。开路系统无分级设备,物料从磨机中出来即为产品;闭路系统配分级设备,出磨物料须经分级设备分选,合格细粉为产品,粗粉返回磨内重磨。

多台粉磨设备串联运行时,构成多级粉磨流程,其中串联的每台设备为一级。多级粉磨系统也有开路和闭路之分。

开路系统,流程简单,设备少,操作简便,基建投资少。其缺点是物料必须全部达到合格细度才能出磨,容易产生过粉磨,并在磨内形成缓冲垫层,妨碍粗料进一步磨细。因而开路系统粉磨效率低,电耗高,产量低。

闭路系统可以消除过粉磨现象,可调控产品粒度,且能提高粉磨效率和产量。其缺点是流程复杂,设备多,基建投资大,操作管理复杂。

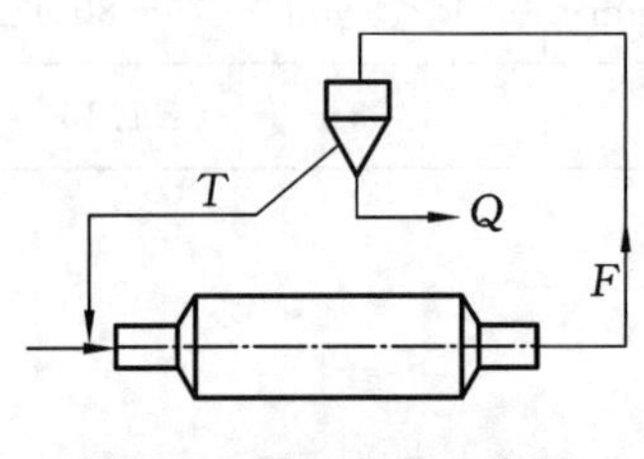

图 1.7 循环负荷示意图

在闭路系统中,分级机的回料量 T 与成品量 Q 之比,以百分数计,称为循环负荷率 K,如图 1.7 所示。

$$K=\frac{T}{Q}\times 100\%$$

各种不同粉磨系统的循环负荷率一般为 50%～300%。

对球磨机而言,循环负荷率与磨机长度有关,磨机越长,则出磨物料越细,循环负荷率就越低。

选择什么样的粉磨系统,一般掌握以下原则:如果是为了提高出磨产品的比表面积,例如为了提高水泥的强度而提高水泥比表面积,最好选择开路系统,这样有利于产品比表面积的提高;如果是为了提高磨机的产量,而对产品比表面积要求不高,例如生料磨,最好选择闭路系统,这样有利于提高产量、降低电耗。

1.14 生料粉磨系统的选型应注意哪些事项

(1) 生料粉磨利用烧成系统的废气余热时，一台窑配一台磨，可以使废气管道简化，操作控制简单，且节省投资。

(2) 各种粉磨系统有不同的特点。对各种原料的物理特性有不同的适应范围。系统选择应根据原料的易磨性和磨蚀性、对系统的产量要求及各种粉磨系统特点等因素比较确定，应优先选用节能的粉磨设备。

(3) 辊式磨系统的特点是磨内设有选粉设备，大大简化流程，粉磨过程合理，可避免过粉碎，且烘干能力强，利用窑尾预热器废气可烘干水分含量为7%～8%的原料，噪声小、漏风少、能耗低。其能耗可较管磨系统降低10%～30%，降低值随原料水分的增加而增加。系统建筑空间小，可露天设置或加单层厂房，土建投资少。其缺点是对辊套材质及衬板材质要求高，选用辊式磨必须做原料磨蚀性试验。

(4) 中卸磨系统的特点是结合了风扫磨和尾卸磨的优点，热风从两端进磨，通风量较大，又设有烘干仓，利用窑尾预热器废气可烘干水分含量为6%～7%的原料，且磨机粗、细仓分开，有利于最佳配球，选粉机回料大部分回入细磨仓，小部分回粗磨仓，有利于冷料的流动性改善，又可便于磨内物料的平衡。其缺点是系统漏风较大，流程也较复杂。该磨系统在国内制造、生产都较成熟。因此，中卸提升循环磨系统也是一种可与辊式磨系统媲美的系统。

(5) 尾卸提升循环磨系统的特点是流程简单，磨内物料用机械方式卸出，磨内风速不能太高，烘干能力较差，利用窑尾预热器废气仅可烘干水分含量为4%～5%的原料，磨机生产能力愈高，烘干能力愈是显得不足，对于水分含量较小的原料，可采用尾卸磨。

(6) 风扫磨系统阻力较小，烘干能力大。利用窑尾预热器废热，可烘干水分含量为8%的原料，但单位功率产量低，能耗较提升循环磨高出10%～12%，尤其是用于含水较少的物料，由于风扫和提升物料所需的气体量大于烘干物料所需的热风量，则更不经济。

(7) 辊压机系统中辊压机适于挤压脆性物料，不宜喂入黏湿性的塑性物料，因此黏湿性物料最好不进入辊压机。如果喂料中含有足够的脆性物料，形成脆性料床，塑性成分仅是充填于脆性料床的空隙中，则对挤压物料的影响不大，允许有少量黏土喂入辊压机。一般情况下，尽量使硅铝质原料(黏土)从辊压机之后喂入粉磨系统。不少水泥厂生料粉磨系统采用辊压机，只有石灰石经过辊压机，其他几种原料不经辊压机而直接进磨。入辊压机的物料，一般认为水分含量为2%～3%较为理想。

1.15 不同粉磨工艺对水泥颗粒形貌有何影响

提高水泥颗粒圆形度，可提高混凝土流动性，减少需水量，从而提高混凝土耐久性和强度。水泥颗粒的圆形度通常采用水泥颗粒圆形系数表示，即与颗粒投影面积相同的圆的周长与颗粒投影周长的比值，圆颗粒的圆形系数为1.0。为了了解不同粉磨工艺对水泥颗粒形貌的影响，王昕等运用电子显微镜详细观察了全国各主要回转窑水泥厂的水泥。这些厂家的粉磨工艺有：一般闭路磨、带高效选粉机的闭路磨、带辊压机预碎的闭路磨、开路磨以及开路高细磨。得到了如下几个结论：

(1) 我国回转窑水泥的颗粒圆形系数变化范围较大，在0.51～0.73之间，各种粉磨工艺的水泥颗粒圆形系数平均值为0.63。

(2) 不同粉磨工艺条件下磨制的水泥颗粒圆形度并不相同。开路磨的水泥颗粒圆形系数较低；而高细磨水泥颗粒圆形系数比一般开路磨要高。各种闭路磨粉磨工艺的水泥颗粒圆形度比较接近。

(3) 由辊压机、球磨机与高效选粉机组成的辊压预碎闭路磨系统磨制出的水泥颗粒形貌并非以片状为主，在球磨机研磨功能的作用下，可以使水泥的颗粒圆形度和颗粒均匀性都很好。它与辊压机终粉磨系统的粉磨效果大不相同。与此相反，有的球磨机水泥样品颗粒形貌却不十分理想。这主要是由于辊压终粉磨系统，物体主要受挤压外力而粉碎，缺少研磨作用，因此粉磨后主要以板状、片状形式出现；辊压预粉磨系统，克服了研磨作用不足的弱点，物体粉磨在前一阶段受到强大的外力而破碎，在后一阶段又在球磨机的研磨作用下，磨削掉颗粒表面的棱角并打破固体受挤压变形出现的薄弱环节，大大改善了颗粒形貌；球磨机粉磨方式有冲击破碎和研磨两种功能，粉磨效果多受研磨体球配制约，研磨体球配不合适，破碎或研磨功能发挥也不同，它既会影响粉磨效果，也会影响物料粉磨的颗粒形貌。值得一提的是，高细磨是球磨机的一种技术革新，它加强了研磨作用，提高了颗粒圆形度。因此可以说，无论哪种粉磨工艺，如果能加强研磨作用，就可以获得较好的颗粒形貌。

(4) 无论哪一种粉磨工艺，水泥颗粒的圆形度都与颗粒大小密切相关，即在一定粉磨工艺下，颗粒尺寸愈小，圆形系数愈大。可见，提高水泥磨机的研磨功能，有利于颗粒的球形化。

(5) 不同粉磨工艺及其磨机状况对磨制的水泥颗粒形貌好坏(包括颗粒级配、均匀性、圆形系数)有一定影响。相比之下，由辊压机-球磨机-高效选粉机组成的闭路磨工艺较其他粉磨工艺要好一些。

1.16 分别粉磨的作用及注意事项 

惯用的混合粉磨方式是把被磨的各种物料按一定比例配合后，把各种物料同时喂入磨内。由于各种被磨物料的易磨性并不相同(甚至相差很大)，易磨性较好的料先被磨细，磨内的过粉磨现象较为严重，导致粉磨效率下降。分别粉磨是把各种被磨物料分别进行粉磨后，按要求的配比进行配合和混匀。它的优点：

(1) 可根据各被磨物料的易磨性分别选择适用的控制参数。

(2) 采用混合粉磨可消除各被磨物料因易磨性差异而出现的相互影响和过粉磨现象。

(3) 可根据质量要求把各种物料分别粉磨至合理细度，以更好地满足工艺要求。煤料分别粉磨工艺，可根据煅烧要求调节煤的粒度，解决全黑生料法因煤粒过细造成的化学不完全燃烧，从而降低烧成煤耗；还可根据煅烧要求及时调整煤量，有利于煅烧操作的稳定和熟料质量的提高。

(4) 产量提高。据试验，以分别粉磨方式粉磨矿渣水泥时，在产品细度相同的条件下，磨机产量比混合粉磨的高 10%左右。

采用分别粉磨方式须注意：各物料分别粉磨至合理的细度；进行配合时，准确控制各物料的配比，并混合均匀。

1.17 生料的分别粉磨 

(1) 生料分别粉磨的概念和意义

分别粉磨这个概念起源于水泥粉磨系统，国内外在这方面已有诸多室内试验和工业使用案例，主要是针对“易磨性相差较大的不同组分”采取的措施，目前在国内外仍有使用的案例。而对于生料粉磨系统，目前确实尚未见到有关这方面的报道。既然分别粉磨，是针对“易磨性相差较大的不同组分”采取的粉磨提效措施，这项技术并没有绑定在水泥粉磨上，那么就生料制备来讲，是否也存在“易磨性相差较大的不同组分”呢？

实际上，就生料粉磨来讲，在不少的厂家，同样存在着“易磨性相差较大的不同组分”。比如硅质原料，特别是采用硬质砂岩配料的企业，其砂岩与石灰石等其他组分，其易磨性就相差很大。这一点在窑灰的成分上就有很好的体现，窑灰的 KH 值明显高于生料的，就说明砂岩与石灰石的易磨性相差很大。因此，也有必要对生料的分别粉磨作一番探讨。

当砂岩与其他组分的易磨性相差较大时，其生料中的组分细度就会有较大差别。生料就会在预热器内发生分选现象，导致窑灰与生料的成分产生了较大的差别，给窑灰的使用带来一定的麻烦，最终导致了含窑灰的入窑生料在成分上的不稳定，势必要干扰窑系统热工制度的稳定。

更重要的是，较大的砂岩颗粒形成了制约固相反应的瓶颈。我们都知道，水泥熟料矿物都是通过固相反应完成的，生料磨的愈细、物料的颗粒愈小、比表面积愈大，组分间的接触面积就愈大，表面质点的自由能也就愈大，就能使组分间扩散和反应能力增强，反应速度加快。

有人做过试验，当生料中粒度大于 0.2 mm 的颗粒占到 4.6%时，在 1400 ℃烧成的熟料的 f-CaO 含量为 4.7%；当生料中粒度大于 0.2 mm 的颗粒减少到 0.6%时，同样在 1400 ℃烧成的熟料，其 f-CaO 含量竟然减少到 1.5%以下。可见粒度对生料易烧性的影响有多么大！

理论上，物料的固相反应速度与其颗粒尺寸的平方成反比，即使有少量较大尺寸的颗粒存在，都会显著延缓其反应过程的完成。所以，生产上，要尽量使生料的颗粒尺寸控制在较窄的范围内，特别是要控制好 0.2 mm 以上的颗粒。

但在实际生产中，生料粉磨得越细电耗就会越高。我们怎么样在尽量减少生料粗颗粒的同时又少增加电耗呢？就是要将生料细度控制在较窄的范围内。对于易磨性相差较大的原料组分，怎么样在将砂岩磨细的同时，又不会把其他组分磨得过细呢？将砂岩与其他组分进行分别粉磨，就完全必要了。

(2) 生料分别粉磨的工业实践

在这方面，江西亚东水泥有限公司(以下简称“江西亚东”)已进行了工业尝试，实践证明，对于同样细度的生料，分别粉磨易烧性得到了大幅度提高，可以节约燃料。换句话说，在同样易烧性的情况下，可以将生料细度放粗，实现节电的目的。

江西亚东由原来外购软砂岩，改采用自有砂岩(硬质结晶)，降低成本约 21 元/t(生料)。使用一套原有 RM56.4 立磨，既研磨砂岩粉又磨石灰石粉，不增加主设备投资。采用砂岩分磨技术后，初步的结果显示，对于熟料的强度有较大的提高，系统运行电耗下降，具体对比见表 1.3。

表 1.3 江西亚东砂岩分磨前后烧成系统运行指标及熟料质量对比

粉磨工艺	窑别	日期	电耗(kW·h/t)	煤耗(kg/t)	3 d 强度(MPa)	28 d 强度(MPa)	产量(t/d)
砂岩分磨前	3 号窑	2012 年 8 月	25.46	133.06	32.4	57.9	5400
		2012 年 9 月	24.85	131.54	32.2	57.7	
		2012 年 10 月	24.96	130.95	31.4	58.6	
		2012 年 11 月	24.54	131.69	31.5	60.5	
		2012 年 12 月	24.19	130.88	32.9	60.0	
	4 号窑	2012 年 8 月	25.7	131.4	32.7	57.1	5500
		2012 年 9 月	23.9	128.3	32.4	57.4	
		2012 年 10 月	23.3	129.5	31.8	58.6	
砂岩分磨后	3 号窑	2013 年 1 月	24.09	133.06	32.4	60.0	5500
		2013 年 2 月	23.77	131.92	33.3	60.8	
	4 号窑	2012 年 12 月	22.8	130	32.4	59.2	5750
		2013 年 1 月	23.2	132	32.5	59.8	
		2013 年 2 月	23.2	130	33.5	60.5	

当然，要实现砂岩与其他物料的分别粉磨，是需要条件或一定投资的，如果不具备条件，又不想作投资，至少也应该严格控制砂岩的入磨粒度，必要时可进行砂岩的预破碎。

1.18 优化粉磨、分别粉磨、混合粉磨对比试验

众所周知，采用不同的粉磨工艺，可以使熟料和矿渣形成不同的粒径分布，从而影响水泥的性能。为了对比不同粉磨工艺对矿渣水泥性能的影响，选用表 1.4 所示的原料，在 ϕ 500 mm×500 mm 实验室小磨上，进行严格的对比试验。试验中，所有水泥试样的实际组成均为：熟料 15%，矿渣 74%，石灰石 8%，石膏 3%。水泥中 SO_3 含量均为 3.62%。原料化学成分见表 1.4。小磨的研磨体级配固定不变，实测小磨的功率为 1.47 kW，每次粉磨的物料质量均为 5 kg，严格按要求粉磨到所需的比表面积，如超出范围则舍弃不用，并准确记录粉磨时间。

比表面积按《水泥比表面积测定方法(勃氏法)》(GB/T 8074—2008)进行测定；密度按《水泥密度测定方法》(GB/T 208—2014)进行测定；水泥标准稠度、凝结时间按《水泥标准稠度用水量、凝结时间、安定性检验方法》(GB/T 1346—2011)进行检验；水泥胶砂强度按《水泥胶砂强度检验方法(ISO)》(GB/T 17617—1999)进行检验。

表 1.4 原料化学成分(%)

原料	Loss	SiO_2	Al_2O_3	Fe_2O_3	CaO	MgO	MnO	TiO_2	SO_3	Na_2O	K_2O	合计
熟料	0.58	21.76	4.56	3.37	65.27	1.93	0.06	0.34	0.97	0.25	0.65	99.74
矿渣	—	34.64	11.87	0.55	39.04	7.56	0.31	2.34	2.61	0.34	0.49	99.75
石膏	3.43	3.23	0.15	0.08	40.02	1.58	—	—	51.27	—	0.05	99.81
钢渣	2.32	13.82	2.31	23.97	43.10	6.31	3.94	0.95	0.30	—	0.02	97.04
石灰石	40.91	4.10	1.24	0.30	51.36	0.72	0.02	0.24	0.25	0.06	0.51	99.71

(1) 优化粉磨

所谓“优化粉磨”，就是根据组成水泥的各原料的特性，采取各组分单独及部分混合粉磨的措施，在满足水泥颗粒级配，能形成最紧密堆积的基础上，又能充分发挥水泥各组分活性的粉磨技术。

本试验所采取的“优化粉磨”，是将一部分熟料与矿渣一起混合粉磨，另一部分熟料(加少量矿渣助磨)单独粉磨，然后与单独粉磨后的钢渣粉、石膏(或加石灰石)粉等混合配制成水泥。由于矿渣的助磨作用，使一小部分熟料磨得很细，优化了矿渣水泥的颗粒分布，从而促进了水泥的水化，提高了矿渣水泥的早期强度，实现了“优化粉磨”。

400 熟料矿渣：将表 1.4 中的熟料破碎通过 3 mm 筛，并把矿渣烘干后，按熟料∶矿渣=15∶74 的比例(质量比)，称取 5 kg，混合粉磨 47 min 后取出，测定密度为 2.96 g/cm^3，比表面积为 401 m^2/kg，物料粉磨电耗为 0.230 kW·h/kg。

450 熟料矿渣：将表 1.4 中的熟料破碎通过 3 mm 筛，并把矿渣烘干后，按熟料∶矿渣=15∶74 的比例(质量比)，称取 5 kg，混合粉磨 58 min 后取出，测定密度为 2.96 g/cm^3，比表面积为 451.8 m^2/kg，物料粉磨电耗为 0.284 kW·h/kg。

500 熟料矿渣：将表 1.4 中的熟料破碎通过 3 mm 筛，并把矿渣烘干后，按熟料∶矿渣=15∶74 的比例(质量比)，称取 5 kg，混合粉磨 72 min 后取出，测定密度为 2.96 g/cm^3，比表面积为 501.3 m^2/kg，物料粉磨电耗为 0.353 kW·h/kg。

石灰石石膏：将表 1.4 中的石膏和石灰石破碎后通过 3 mm 筛，按石灰石∶石膏=8∶3的比例，称取5 kg，混合粉磨 15.8 min 后取出，测定密度为 2.76 g/cm^3，比表面积为 568 m^2/kg，物料粉磨电耗为 0.077 kW·h/kg。

将以上粉磨后的半成品，按表 1.5 的配比混合配制成矿渣少熟料水泥，进行水泥性能检验并计算其

粉磨电耗，结果见表1.5。

表1.5 优化粉磨矿渣少熟料水泥的配比与性能

编号	400熟料矿渣(%)	450熟料矿渣(%)	500熟料矿渣(%)	石灰石石膏(%)	水泥比表面积(m²/kg)	粉磨电耗(kW·h/kg)	标准稠度(%)	初凝(h:min)	终凝(h:min)	3 d(MPa)		28 d(MPa)	
										抗折	抗压	抗折	抗压
D1	89			11	419.4	0.213	26.9	4:02	4:59	3.4	10.4	8.9	35.4
D2		89		11	464.6	0.261	27.1	3:41	4:17	4.3	13.0	9.6	37.1
D3			89	11	508.6	0.323	27.2	3:15	3:56	5.0	15.1	9.7	41.4

(2) 分别粉磨

矿渣：将表1.4中的矿渣烘干后，称取5 kg，单独粉磨51.5 min后取出，测定密度为2.91 g/cm³，比表面积为401.2 m²/kg，物料粉磨电耗为0.252 kW·h/kg。

471熟料石膏石灰石：将破碎并通过3 mm筛后的表1.4中的熟料、石膏和石灰石，按熟料∶石膏∶石灰石＝15∶3∶8的比例(质量比)，称取5 kg，混合粉磨20.7 min后取出，测定密度为3.01 g/cm³ 计，比表面积为471 m²/kg，物料粉磨电耗为0.101 kW·h/kg。

656熟料石膏石灰石：将破碎并通过3 mm筛后的表1.4中的熟料、石膏和石灰石，按熟料∶石膏∶石灰石＝15∶3∶8的比例(质量比)，称取5 kg，混合粉磨34 min后取出，测定密度为3.01 g/cm³ 计，比表面积为656 m²/kg，物料粉磨电耗为0.167 kW·h/kg。

793熟料石膏石灰石：将破碎并通过3 mm筛后的表1.4中的熟料、石膏和石灰石，按熟料∶石膏∶石灰石＝15∶3∶8的比例(质量比)，称取5 kg，混合粉磨51 min后取出，测定密度为3.01 g/cm³ 计，比表面积为793 m²/kg，物料粉磨电耗为0.250 kW·h/kg。

将以上粉磨后的半成品，按表1.6的配比混合配制成矿渣少熟料水泥，进行水泥性能检验并计算其粉磨电耗，结果见表1.6。

表1.6 分别粉磨矿渣少熟料水泥的配比与性能

编号	矿渣(%)	熟料石膏石灰石(%)			水泥比表面积(m²/kg)	粉磨电耗(kW·h/kg)	标准稠度(%)	初凝(h:min)	终凝(h:min)	3 d(MPa)		28 d(MPa)	
比表面积(m²/kg)	401.2	471	656	793						抗折	抗压	抗折	抗压
D4	74	26			419.3	0.213	26.4	4:13	5:21	2.9	10.1	8.2	32.1
D5	74		26		467.4	0.230	26.4	3:15	4:11	3.2	10.6	8.6	34.9
D6	74			26	503.1	0.261	26.7	2:52	3:50	3.5	11.8	8.9	35.5

(3) 混合粉磨

将表1.4的熟料、石膏和石灰石破碎并通过3 mm筛，并将矿渣烘干后，按熟料15%、矿渣74%、石膏3%、石灰石8%的比例，分别混合粉磨不同时间制成D7、D8、D9三个水泥试样，其密度均为2.94 g/cm³。D7试样测定比表面积为421 m²/kg，粉磨时间为42 min，粉磨电耗为0.206 kW·h/kg。D8试样测定比表面积为464 m²/kg，粉磨时间为51 min，粉磨电耗为0.250 kW·h/kg。D9试样测定比表面积为504 m²/kg，粉磨时间为61 min，粉磨电耗为0.299 kW·h/kg。分别进行水泥性能检验，结果见表1.7。

表1.7 混合粉磨矿渣少熟料水泥的配比与性能

编号	熟料(%)	矿渣(%)	石膏(%)	石灰石(%)	水泥比表面积(m²/kg)	粉磨电耗(kW·h/kg)	标准稠度(%)	初凝(h:min)	终凝(h:min)	3 d(MPa)		28 d(MPa)	
										抗折	抗压	抗折	抗压
D7	15	74	3	8	421	0.206	26.0	3:38	4:26	2.7	9.0	8.1	31.9
D8	15	74	3	8	464	0.250	26.2	3:34	4:34	3.0	10.2	8.2	33.4
D9	15	74	3	8	504	0.299	26.4	3:22	4:16	3.2	11.4	8.3	34.5

由表 1.4～表 1.7 可见，优化粉磨的 D1 试样、分别粉磨的 D4 试样和混合粉磨的 D7 试样，水泥比表面积基本相同（420 m^2/kg 左右），但水泥强度最高的试样为优化粉磨的 D1 试样（3 d 为 3.4/10.4 MPa，28 d 为 8.9/35.4 MPa），其次为分别粉磨的 D4 试样（3 d 为 2.9/10.1 MPa，28 d 为 8.2/32.1 MPa），强度最低的为混合粉磨的 D7 试样（3 d 为 2.7/9.0 MPa，28 d 为 8.1/31.9 MPa）。

同样，优化粉磨的 D2 试样、分别粉磨的 D5 试样和混合粉磨的 D8 试样，水泥比表面积基本相同（465 m^2/kg 左右），但水泥强度最高的试样为优化粉磨的 D2 试样（3 d 为 4.3/13.0 MPa，28 d 为 9.6/37.1 MPa），其次为分别粉磨的 D5 试样（3 d 为 3.2/10.6 MPa，28 d 为 8.6/34.9 MPa），强度最低的为混合粉磨的 D8 试样（3 d 为 3.0/10.2 MPa，28 d 为 8.2/33.4 MPa）。

同样，优化粉磨的 D3 试样、分别粉磨的 D6 试样和混合粉磨的 D9 试样，水泥比表面积也基本相同（505 m^2/kg 左右），但水泥强度最高的试样仍然为优化粉磨的 D3 试样（3 d 为 5.0/15.1 MPa，28 d 为 9.7/41.4 MPa），其次为分别粉磨的 D6 试样（3 d 为 3.5/11.8 MPa，28 d 为 8.9/35.5 MPa），强度最低仍然为混合粉磨的 D9 试样（3 d 为 3.2/11.4 MPa，28 d 为 8.3/34.5 MPa）。

从表 1.4～表 1.7 还可见到，优化粉磨的 D1 试样、分别粉磨的 D4 试样和混合粉磨的 D7 试样，水泥粉磨电耗基本相同（0.213 kW·h/kg 左右），而水泥强度最高的试样为优化粉磨的 D1 试样（3 d 为 3.4/10.4 MPa，28 d 为 8.9/35.4 MPa），其次为分别粉磨的 D4 试样（3 d 为 2.9/10.1 MPa，28 d 为 8.2/32.1 MPa），强度最低的为混合粉磨的 D7 试样（3 d 为 2.7/9.0 MPa，28 d 为 8.1/31.9 MPa）。对比优化粉磨的 D2 试样与分别粉磨的 D6 试样，粉磨电耗均为 0.261 kW·h/kg，而 D2 试样强度（3 d 为 4.3/13.0 MPa，28 d 为 9.6/37.1 MPa）高于分别粉磨的 D6 试样（3 d 为 3.5/11.8 MPa，28 d 为 8.9/35.5 MPa）。

由此可见，在水泥比表面积基本相同的条件下，采用优化粉磨工艺的矿渣少熟料水泥强度最高，其次是采用分别粉磨工艺的水泥，强度最低的是采用混合粉磨工艺的水泥。同样，在水泥粉磨电耗基本相同的条件下，采用优化粉磨水泥的强度也高于采用分别粉磨和混合粉磨的水泥。

1.19 粉煤灰水泥的粉磨工艺有哪几种，有何优缺点 

粉煤灰水泥的粉磨工艺，关键是粉煤灰在何处加入，一般来讲，有如下三种：

（1）单独粉磨：将粉煤灰和熟料分别在两台磨机中粉磨，再按一定的比例喂入某一设备中混合。这种方法台时产量高，电耗小，但一次投资大，工艺复杂，且混合不理想。

（2）混合粉磨：这种形式是将一定量的粉煤灰在磨头同熟料一起喂入进行混合粉磨。其工艺简单，易于操作，控制方便，能使粉煤灰和熟料在增加新界面的同时充分混合。但过粉磨现象严重，台时产量难以提高。

有人试图将一定量的粉煤灰加在刚出窑的熟料中，以利用熟料冷却时散发的热量，烘干粉煤灰。但该方案工艺不易布置，配比难以准确，同时，输送距离长，扬尘大，入库后的粉煤灰与熟料离析现象严重。

（3）部分粉磨：它是将粉煤灰在磨机之后、选粉机之前加入，利用选粉机将达到要求的颗粒分选出来，并进行混合，减少了磨内过粉磨现象。此法工艺简单，台时产量高，但粉煤灰的新界面相对减少了许多。

1.20 选择合理的粉磨系统应考虑哪些因素 

粉磨系统是否合理与粉磨产品的产量、质量、电耗、成本都有密切关系，故应认真选择。选择时应考虑的主要因素有：

（1）一条粉磨系统应能满足一台窑的生产需要，以求工艺线简单。

（2）粉磨系统对入磨物料粒度、水分、硬度及杂质含量波动的适应性应较强。

(3) 干法磨和煤磨应尽可能利用热工过程废气的余热，以减少烘干设备、节约烘干热能、简化生产流程。

(4) 产品质量(主要是细度)易于控制。

(5) 操作可靠，易于维护，易损件耐磨。

(6) 粉磨电耗较低。

(7) 易于实现自动化。

(8) 占地面积小，需要的空间少，基建投资低。

1.21 五种新型水泥粉磨系统有何特点

五种新型的水泥粉磨系统如下：

(1) 辊压机半终粉磨系统，其中辊压机分担了一半以上的粉磨功耗，通常可以使水泥粉磨电耗下降到 26 kW·h/t 以下；

(2) 辊压机终粉磨系统，它完全取消了球磨机，由辊压机承担全部的粉磨功耗，其水泥粉磨电耗可进一步减少到 21～22 kW·h/t；

(3) CKP 或 APS 系统，用立式磨(不带选粉)作为预粉磨设备，再用球磨机完成水泥的最终粉磨。这种系统在日本较盛行，其水泥粉磨电耗为 26～28 kW·h/t；

(4) 筒辊磨，1993 年由法国 FCB 公司首先开发应用于水泥粉磨系统，商标名称为 HOROMILL；1995 年丹麦 FLS 公司也推出了 CEMAX 型的筒辊磨系列产品，其水泥粉磨系统电耗约为 25 kW·h/t；

(5) 立式磨，20 世纪 60 年代，人们就曾尝试过采用立式磨粉磨水泥，但因熟料坚硬难磨、磨蚀性强等问题而未获成功。然而，随着立式磨在生料粉磨方面的普遍推广采用，以及耐磨蚀材料的进展，立式磨系统用于水泥粉磨的努力，仍在德国和日本继续试验之中，其正常运转时的水泥粉磨电耗为 24～25 kW·h/t。

以上五种新型的水泥粉磨系统，与传统的球磨系统相比，其特点见表 1.8。

表 1.8 各种水泥粉磨系统之比较

粉碎系统	辊压机终粉磨	辊压机半终粉磨	CKP 或 APS	立式磨	筒辊磨	球磨
粉碎机理	封闭空间内，高压一次性料层间挤压粉碎		非密闭空间内，中压多次性料层间挤压粉碎			开放空间内多次性冲击与研磨
可靠性、耐用性	中等	良	优	中等	良	优
大型化难度	难	中等	中等	中等	易	较难
单机最大产量(t/h)	120	250	250	250	300	200
粉碎压力(MPa)	～150	～150	～50	～60	～75	—
料层厚度(mm)	10～14	10～14	20～25	20～25	25～40	—
挤压角	6°	6°	12°	12°	18°	—
相对粉磨效率(%)	160	140	130	145	150	100
系统电耗(kW·h/t)	21～22	25～26	26～28	24～26	23～25	36

应该说明，辊压机自 1986 年投入工业使用以来，至今已有数百台应用于水泥工业。但因其使用的粉碎压力很高，可能会引起可靠性与耐用性方面的问题，仍难免令人有所顾虑。此外，辊压机终粉磨系统虽然已经基本解决了水泥质量(需水量、凝结时间、早期强度等)问题，但其继续大型化却是一个障碍。因现今最大型的辊压机规格已达 ϕ2.3 m×1.3 m，装机功率为 2×1500 kW，质量达 462 t(不含电机)，而其系

统的水泥产量仅为 160 t/h。这种规格已接近辊压机的极限，如要求再大型化，则在电气和机械方面的难度都会很大。立式磨在可靠性与耐用性方面目前尚未解决好，有待继续试验研究。CKP 或 APS 粉磨系统在日本应用较成功，但其节省电耗似乎还不够多，所以也不很理想。于是筒辊磨被人们寄予厚望。

1.22 分别粉磨矿渣水泥的粉磨工艺

分别粉磨矿渣水泥的粉磨工艺与一般水泥的粉磨工艺有所不同，就是要求矿渣（或掺少量石灰石）必须单独粉磨。一般要求水泥厂要具备两台以上的水泥磨，粉磨矿渣的磨机产能要比粉磨熟料和石膏的磨机产能大 2～3 倍。具体的粉磨工艺如图 1.8 所示。

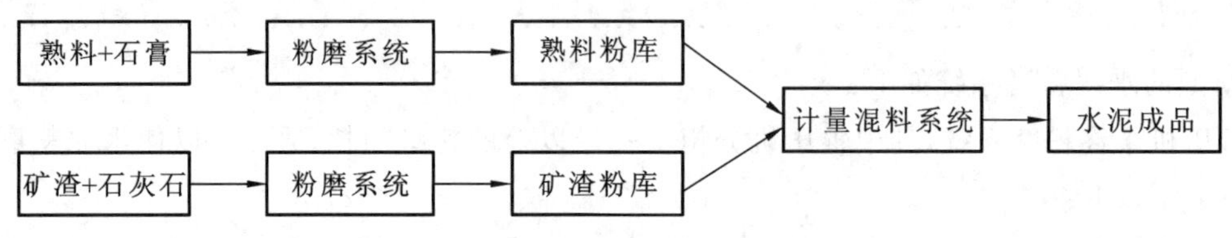

图 1.8 分别粉磨矿渣水泥工艺流程

熟料和石膏（或加少量石灰石）置于一台磨机（熟料磨）内粉磨。矿渣（或加少量石灰石）置于其他几台磨（矿渣磨）内粉磨，两者单独粉磨后再以一定的比例相混合。混合可以在磨尾直接进行，也可将单独分别粉磨的熟料粉（含石膏或石灰石）和矿渣粉（或含石灰石）分别入库，再在库底以一定比例混合。或者将熟料和石膏粉磨后单独入库，再以一定的比例喂入出磨矿渣（或含石灰石）的螺旋输送机中。

采用库底混合工艺时，由于矿渣粉容易在库底结拱造成下料较困难，故在矿渣库底应安装高压吹气破拱装置，以防下料不稳。喂料设备必须要带有报警的微机计量装置，在料库结拱或其他原因造成断料或少料时，能自动报警，避免出现质量事故。

出磨的熟料粉（或含石膏）和矿渣粉（或含石灰石）经混合配成水泥后，应经搅拌机搅拌均匀，然后再经多库搭配和机械倒库后，方可包装出厂。这样可以避免因矿渣比表面积波动或配比不准引起的水泥质量波动而造成的质量事故。严禁未经多库搭配和倒库的水泥直接包装出厂。

熟料（或加石膏、石灰石）粉磨可以采用开路球磨系统，也可以采用立磨粉磨系统，但最好是采用闭路球磨系统。

矿渣（或加石灰石）粉磨可以采用立磨，也可采用球磨。采用球磨时，最好以开路管磨系统较为经济。采用闭路磨时，由于出磨矿渣粉颗粒直径较均齐，选粉的意义不是很大，对矿渣粉产量的提高也不显著。但是，如果矿渣（或加石灰石）磨采用闭路球磨时，选粉机务必要选用高效转子式选粉机。

以下介绍几种常见的分别粉磨矿渣水泥工艺流程。

（1）辊压机＋球磨机和立磨组成的分别粉磨工艺流程

图 1.9 所示为辊压机＋球磨机和立磨组成的分别粉磨矿渣水泥工艺流程。辊压机＋球磨机联合粉磨（或半终粉磨）系统粉磨熟料和石膏（或加石灰石），立磨系统粉磨矿渣，其特点是两个系统比较独立，辊压机＋球磨机粉磨系统既可以生产熟料粉，也可以直接生产水泥成品。在生产水泥时，通过调配库将熟料、石膏和混合材进行配料后进入粉磨系统进行粉磨，水泥成品可以通过输送系统直接送入水泥成品库。

辊压机＋球磨机粉磨熟料粉，既可利用辊压机电耗低的优点，又可利用球磨机粉磨的熟料粉需水量小、强度高、外加剂适应性好的优点。

采用立磨粉磨矿渣具有生产工艺简单、节电效果明显、对矿渣入磨水分的适应性好等特点，烘干、粉

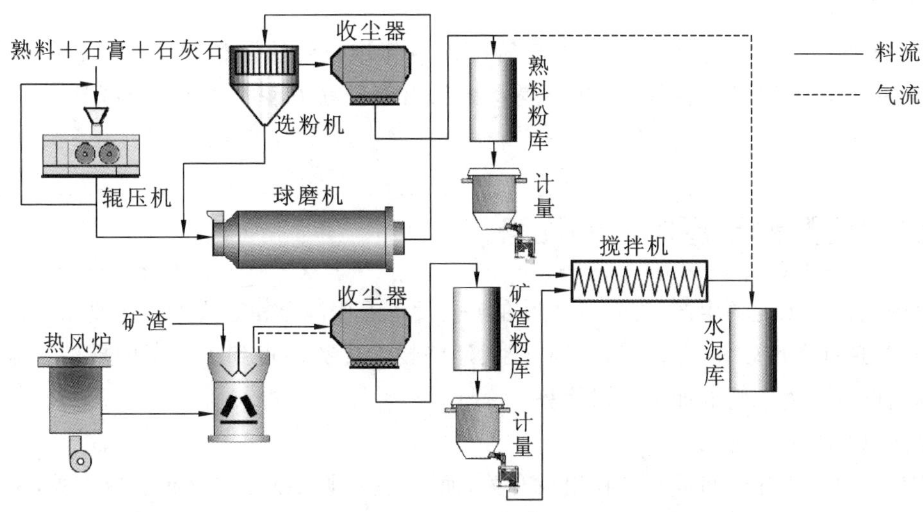

图 1.9 辊压机＋球磨机和立磨组成的分别粉磨工艺流程

磨、选粉均在磨内完成。在粉磨系统中设置有热风炉提供热风将矿渣在磨内烘干，不用单独设置离线烘干设备，且物料的烘干效果好。立磨在操作时为了稳定料层，设计有喷水装置，用立磨粉磨水分在 8%～15%的湿矿渣可以减少粉磨时的喷水量，如果在操作上能够稳定料层，可以不用喷水，降低生产成本。但立磨粉磨矿渣粉，在矿渣粉比表面积相同的条件下，矿渣的活性不如球磨机粉磨的矿渣粉活性高。

(2) 球磨机分别粉磨工艺流程

在图 1.10 所示的球磨机分别粉磨系统中，矿渣磨（或加少量石灰石）为一级管磨开路流程，熟料（加石膏）磨为普通球磨机加高效选粉机一级闭路流程。采用一台球磨机对熟料和石膏进行粉磨，另一台管磨机（长径比 3～7 的球磨机）对矿渣进行粉磨，然后分别送入熟料粉库和矿渣粉库，根据水泥品种需求进行配制生产。管磨机粉磨矿渣时入磨矿渣水分需控制在 2.0%以下，因此矿渣入磨前要有烘干设备进行烘干。

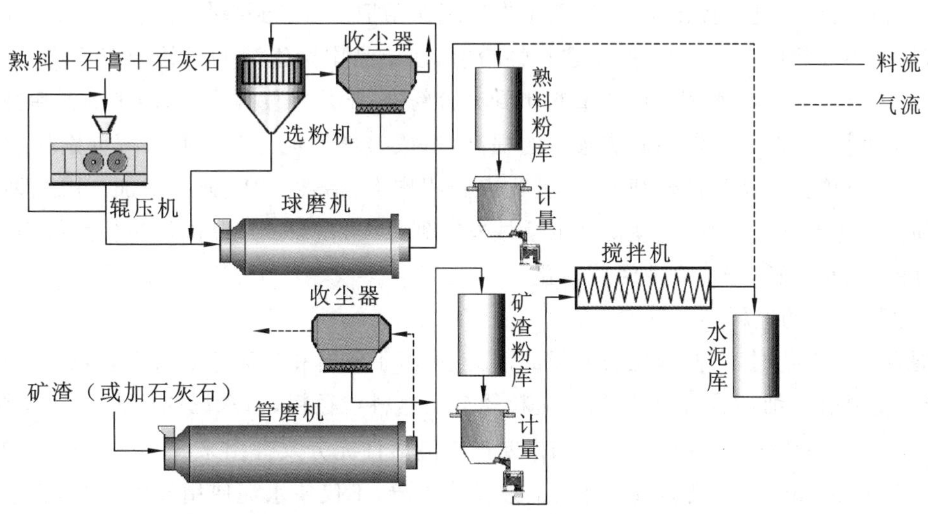

图 1.10 球磨机分别粉磨工艺流程

球磨机分别粉磨生产工艺简单，生产组织灵活，可以获得较高的矿渣粉磨比表面积，使矿渣粉的活性得以充分发挥，有利于水泥强度的提高，缺点是矿渣磨台时产量低、粉磨电耗高。采用球磨机系统生产矿渣粉，在相同工艺装备条件下，当比表面积控制在 400 m^2/kg 时，比粉磨水泥时的产量下降 40%～50%。通常在矿渣中加入 5%～8%的石灰石，可以提高矿渣磨的产量，而对矿渣粉的活性影响不大。但不宜在矿渣磨中加入石膏，因为矿渣磨一仓中往往水分较大，石膏会与矿渣粉反应，生成水化硫铝酸钙，造成矿渣磨内堵塞、糊磨等。

此外,采用管磨机粉磨矿渣粉时,还需要对管磨机内部作必要的调整和改造,如调整研磨体级配,减小平均球径;适当提高研磨体装载量;缩小隔仓板和出磨回转筛篦缝宽度;选择适合粉磨矿渣的衬板等。

1.23 分别粉磨配制矿渣水泥的优势

分别粉磨配制矿渣水泥的生产工艺,虽然说在工艺设备上比混合粉磨生产工艺复杂,对人员素质、技术要求较高,且管理难度也较大,但由于其具有较大经济技术优势而得到了广泛的推广和应用。田力等总结了分别粉磨配制矿渣水泥的如下几点优势:

(1) 实现合理的颗粒级配

水泥的质量不仅与其化学组成和矿物组成有关,而且与其颗粒粒径和分布组成有关,采用不同的粉磨工艺和选粉方式,即使比表面积相同,水泥的强度也会有所差别,其原因在于颗粒级配不同。

水泥颗粒级配对性能的影响在国内外已经进行了长期的分析和研究,并取得了基本结论:对于高等级普通硅酸盐水泥来说,水泥最佳性能的颗粒级配为 3～32 μm,颗粒总量需大于 65%;<3 μm 的细颗粒不可超过 10%;>65 μm 和<1 μm 的颗粒越少越好,最好没有,这样对水泥强度的发挥最好。在水泥生产中不同组分易磨性差异很大的情况下,要实现水泥中熟料、混合材等各组分的最佳颗粒分布,以达到熟料活性的最大利用和混合材活性潜能的充分挖掘,分别粉磨应是最佳的选择。采用分别粉磨配制水泥生产工艺对矿渣和熟料用不同的比表面积控制进行分别粉磨,可以使矿渣磨得更细。这样,一方面可以提高矿渣的反应活性;另一方面矿渣磨细后可以改善水泥的颗粒分布,加大细颗粒矿渣在水泥中的填充作用,增加了水泥颗粒的原始堆积密度,实现水泥各组分的最佳颗粒分布,使熟料的强度得以充分利用,使矿渣优良的潜在水硬活性得以充分发挥,显著提高水泥强度。

(2) 增加混合材的掺加量

矿渣具有较高的潜在活性,将矿渣磨细到最佳细度,就可以提高矿渣的掺加量,减少熟料的消耗量。但要把矿渣的潜在活性完全发挥出来,就需要依靠物理作用把矿渣磨到最佳的细度。采用混合粉磨工艺时,由于矿渣易磨性较熟料差,必然会产生选择性粉磨,使成品中两组分的颗粒分布不均。例如:水泥比表面积控制在 350 m^2/kg 时,水泥中的矿渣得不到充分粉磨,平均粒度偏大,未磨细的低活性矿渣其潜在活性得不到充分发挥,限制了水泥中矿渣掺量的提高,造成熟料消耗上升。而采用分别粉磨配制水泥生产工艺,对矿渣进行单独粉磨至最佳细度,使其比表面积增大,活性增高,强度增加。用这种高活性的矿渣粉与熟料粉配制生产水泥产品,可使矿渣的活性发挥到最大,在保证产品品质指标的前提下,增加矿渣粉的掺加量,降低熟料消耗,增加企业经济效益。

(3) 降低粉磨系统的电耗

在采用混合粉磨工艺时,在同样比表面积的情况下,由于熟料和矿渣的易磨性差异,容易产生易磨物料过粉磨、难磨物料磨不细,混合粉磨后的矿渣粒径会比熟料粒径粗,当水泥的比表面积达到 350 m^2/kg 时,矿渣的比表面积仅有 230～280 m^2/kg;如果要把矿渣活性充分发挥出来,使其达到理想的细度(比表面积需达到 400～480 m^2/kg),又会造成熟料的过粉磨现象,不仅使水泥使用性能变差,而且直接影响粉磨系统的台时产量,使粉磨工序电耗上升、成本增加。采用熟料和矿渣分别粉磨,可以使熟料的粉磨细度因难磨组分减少而更易于控制和提高,从工艺上减轻了矿渣难磨特性对粉磨的影响,达到提高粉磨效率、降低粉磨电耗的目的。

(4) 提高水泥的后期强度

根据矿渣粉活性试验可知,矿渣粉早期强度较低,而后期强度增进率较快,这是加入矿渣的水泥强度发展的一般规律。随着比表面积的提高,矿渣粉活性指数(强度比)相应明显提高。当矿渣粉比表面积达到 400 m^2/kg 时,其 28 d 活性指数达 95%,与水泥基本相当;而当矿渣粉比表面积达到或超过 420 m^2/kg 以上时，其 28 d 活性指数达 100%以上，高于水泥熟料一般比表面积(350 m^2/kg)的活性，因此矿渣粉细磨比熟料粉细磨更有利于强度的增长，当水泥粉磨到一定细度时，掺加矿渣粉后的水泥强度会超过纯硅酸盐水泥的强度，为企业生产高强度水泥创造了条件。

(5) 灵活组织多品种生产

采用分别粉磨配制生产水泥，水泥品种转换的成本相对较低。在水泥储库允许的情况下，可以灵活多变地组织生产多品种水泥，改变过程迅速便捷。既可以生产普通水泥，又可以生产满足客户有特殊需求的水泥。例如，根据矿渣粉掺加量增加后水泥凝结时间延长，特别是掺加量大于 40%后凝结时间明显延长的特性，不用加缓凝剂即可生产用于道路建设的缓凝水泥或其他对凝结时间有特殊要求的工程。根据试验研究，随着水泥中矿渣粉掺加量的增加，当掺加量大于 30%以后，水泥水化热明显降低；当掺加量达到 70%时，水化热仅为硅酸盐水泥的 59%，可满足低热矿渣水泥的生产要求。

(6) 改善水泥的使用性能

水泥中熟料颗粒的大小与水化和硬化过程有着直接的联系，不同粒径的水泥熟料颗粒的水化速度及程度差异很大。在采用混合粉磨工艺生产的水泥成品中，由于小于 3 μm 的熟料细颗粒较多，大量的熟料细颗粒将在很短的时间内水化，产生早期水化热增加以及需水量增大、减水剂相溶性降低等一系列弊端，对水泥的使用性能产生一定的影响。采用分别粉磨工艺，将矿渣粉磨到一定的细度(比表面积≥400 m^2/kg)后，使其玻璃体晶体结构被破坏，促使矿渣的活性得到充分发挥。这些活性组分水化时，在碱性溶液的激发下，进一步生成水化硅酸钙等水硬性物质，配制成水泥后，不仅有利于水泥后期强度增进率的提高，而且可以提高混凝土的早、后期强度和抗渗性、抗冻性等，改善混凝土的性能。分别粉磨的矿渣微粉，还可用于配制高性能的混凝土，调整水泥初期的水化过程，使混凝土的和易性、泵送性、密实性和耐久性得到改善和提高。

1.24 何为烘干兼粉磨系统

烘干兼粉磨系统是将烘干与粉磨两者结合在一起，在粉磨过程中同时进行烘干。主要有风扫磨、提升循环磨、带预破碎兼烘干、辊式磨(立式磨)和挤压磨(辊压机)等系统。在烘干热源的供应上，主要利用悬浮预热器窑、预分解窑或篦式冷却机的废气，以节约能源。

(1) 风扫磨系统

风扫磨系统是借气力提升料粉，用粗粉分离器分选，粗粉再回磨粉磨，细粉作为成品；物料被热风从磨内抽出及在分离过程中进行烘干。该系统多用于煤粉的烘干兼粉磨，有些水泥厂也把它用于烘干粉磨生料。其工艺流程图如图 1.11 所示。

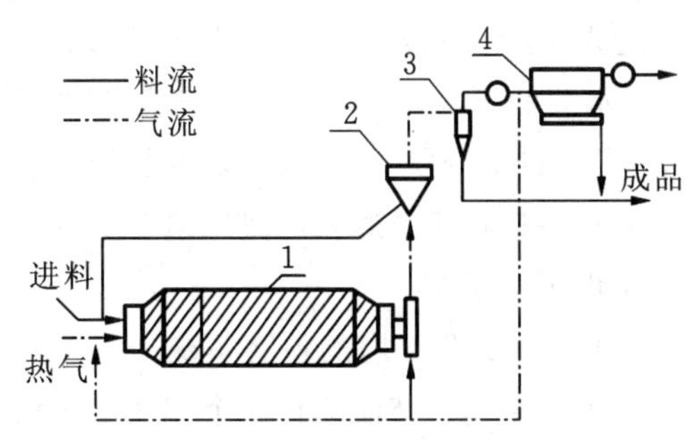

图 1.11 风扫磨系统工艺流程图

1—磨机；2—粗粉分离器；3—细粉分离器；4—收尘器

风扫磨可适用于原料平均水分达 8%的物料的粉磨，若另设热源，可烘干含水量为 15%的原料。其喂料粒度一般宜小于 15 mm，大型风扫磨的喂料粒度可达 25 mm。

(2) 尾卸提升循环磨系统

尾卸提升循环磨与风扫磨的基本区别在于入磨物料通过烘干仓到粉磨仓的尾端用机械方式卸出，用提升机送入选粉机分选，粗粉再回磨粉磨，烘干废气经磨尾抽出，通过粗粉分离器、收尘器排出。其工艺流程图如图 1.12 所示。

这种系统的烘干能力较差，用窑尾低温废气仅能烘干 4%～5%水分的物料，如另设高温热源，可烘干 7%～8%水分的物料。当原料水分较低时，亦可不设烘干仓。粉磨仓有单仓和双仓两种，如果粉磨仓为单仓一般要求入磨物料粒度小于 15 mm，双仓磨的入磨物料粒度则可达 25 mm。由于系统采用提升循环、选粉机分选，选粉效率较高，电耗比风扫磨约低 10%。

(3) 中卸提升循环磨系统

中卸提升循环磨从烘干作用来看是风扫磨和尾卸提升循环磨的结合,从粉磨作用来看相当于两级闭路系统。其工艺流程图如图 1.13 所示。

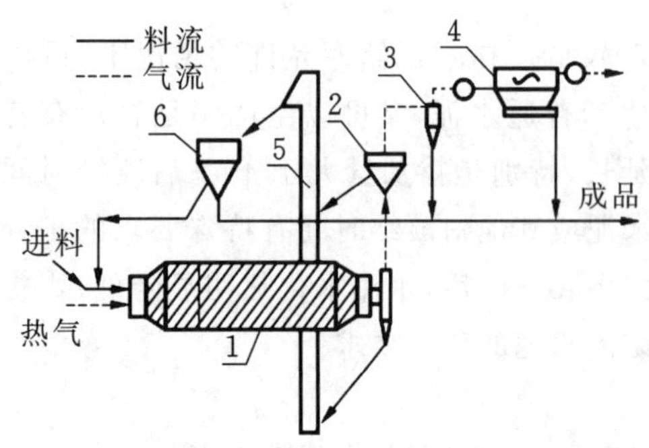

图 1.12　尾卸提升循环磨系统工艺流程图

1—磨机;2—粗粉分离器;3—细粉分离器;

4—收尘器;5—提升机;6—送粉机

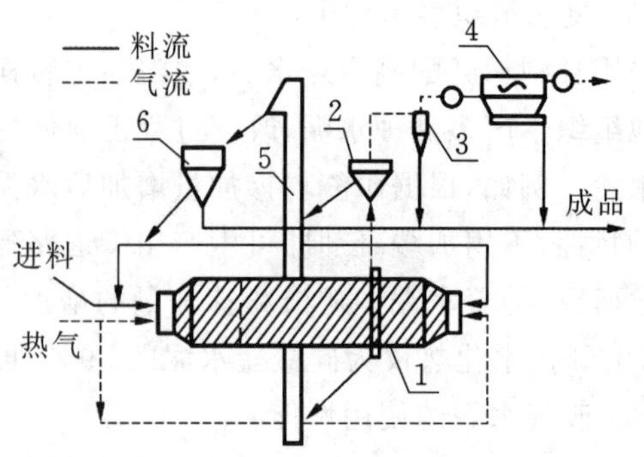

图 1.13　中卸提升循环磨系统工艺流程图

1—磨机;2—粗粉分离器;3—细粉分离器;

4—收尘器;5—提升机;6—选粉机

喂入磨内的物料经烘干仓进入粗磨仓,从磨机中部卸出,由提升机送入选粉机。选粉机回料大部分入细磨仓,小部分回入粗磨仓。入粗磨仓的回料可改善冷料的流动性,同时也便于磨内的物料平衡。中卸磨粗磨和细磨分开,有利于最佳配球,对原料的硬度和粒度适应性较好,入磨粒度可达 25～30 mm,磨内过粉磨少,粉磨效率较高。

这种系统具有较强的烘干能力,可以通入大量热风,大部分风(80%～90%)从磨头进入,小部分从磨尾进入。利用低温废气可烘干物料的水分为 6%～7%,如另设高温热源可烘干含水分 12%～14%的物料。该系统的主要缺点是密封困难,漏风大,流程复杂。为了简化流程,发展了组合式选粉机,将粗粉分离器和选粉机合二为一,它也可以用于尾卸提升循环磨系统。

(4) 选粉烘干系统

它的烘干介质通入选粉机而不进磨,是一种磨外烘干系统。

在这种系统中,热风作为一部分循环气流,进入选粉机内筒,再由内筒进入外筒,然后被排除。细粉因表面积大,迅速被烘干,粗粉仅蒸发出表面水分。回磨粗粉经再次粉碎后,又送入选粉机中烘干。

进入选粉机的热风量不能太大,因此,这种系统只能烘干 3%～4%水分的原料(大型选粉机只能烘干 2%水分的原料)。但是,由于它充分利用选粉机的容积作烘干空间,对磨机没有特殊要求,系统阻力又小,当原料水分较低时,有一定的长处。

为解决选粉机中通入的热风量较少的问题,有的厂同时向选粉机和磨机通入热风,使之成为磨内、磨外同时烘干的系统。

(5) 带立式烘干塔的粉磨系统

这种系统是在磨前增设一个立式烘干塔,构成磨内、磨外同时烘干的系统。前面所述的四种系统都可采用此法。

在这种系统中,原料先进入立式烘干塔,通过烘干塔后,粗物料落入烘干兼粉磨磨内,细物料由旋风筒收集起来,与粗物料一同入磨,出磨物料进行分选。热气体分两路分别进入立式烘干塔和磨机,并分别由排风机排出。

烘干塔是静止设备,它不需动力驱动,通风阻力小,又可预热物料,从而减轻烘干磨内烘干作业的压力。它与烘干磨机配合使用,是使烘干兼粉磨系统适应高水分原料入磨的简易措施。但由于其流程复杂,建筑高度大,用得不多。

(6) 带预破碎和预烘干的烘干兼粉磨系统

这种系统又称坦登系统。它在风扫磨的基础上,增设了一台烘干破碎机。物料先在烘干破碎机中破碎。该机是通入热风、特殊封底的无篦条锤磨机，其进料粒度可达199 mm，出机粒度为0～10 mm。物料在锤破机中，边破碎边烘干，烘干效率高。它的出料和风扫磨的出料一起由气力提升至分离器分选。分离器的回料水分一般小于2%，回料粒度均齐，对磨机有利。

该系统既保留了风扫磨的优点，又可烘干较高水分的原料，如采用高温风，可烘干水分15%以上的原料。由于以锤磨取代了一仓管磨的工作，单位粉磨电耗低。其缺点是对腐蚀性大的物料的适应性差，表现在破碎机锤头磨损大、抢修工作量多，致磨机运转率下降。

这种系统的适应范围和辊磨机相当，但指标不如辊磨，且流程较辊磨复杂。

我国水泥原料的邦德功指数为7～16，大部分为10～12；原料综合水分，北方地区小于5%，南方地区小于8.5%，用砂岩配料时均小于5%。据此，大多数工厂，从发展上看，适宜于采用辊磨。若采用管磨，小型厂宜用尾卸；大中型厂宜用中卸，最好是简化中卸；特大型厂宜采用风扫。选粉烘干系统对水分的适应性小，立式烘干塔的流程太复杂，预破碎烘干系统的指标不如辊磨。

1.25　中卸提升循环磨系统工艺流程及其特点

中卸提升循环磨保持了风扫磨的优点，从烘干作用来说，它是风扫磨和尾卸提升循环磨的结合；从粉磨作用来说，又相当于二级圈流系统。磨机结构示意如图1.14所示。

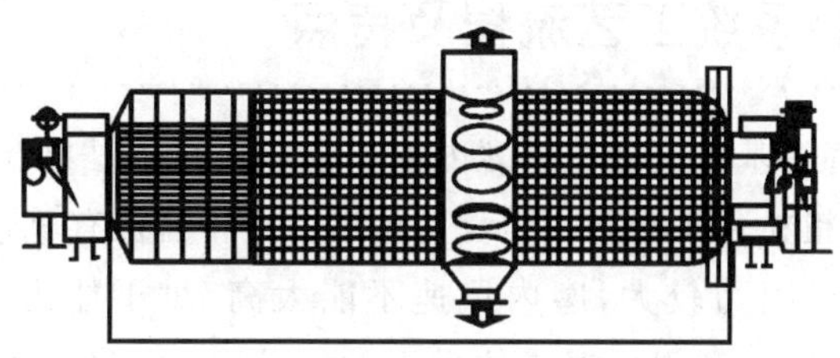

图1.14　中卸提升循环磨结构示意图

中卸提升循环磨有如下特点：

(1) 热风从两端进磨，通风量较大，又设有烘干仓，有良好的烘干效果。

由于大部分热风从磨头进入，少部分从磨尾进入，故粗磨仓风速大，细磨仓风速小，不致产生磨内料面过低的现象，同时有利于除去物料中的残余水分和提高细磨仓温度，防止冷凝。这种磨机系统，利用窑尾废气可烘干含水分8%以下的原料，如另设高温热源，则可烘干含水分14%的原料。

(2) 磨机粗、细磨分开，有利于最佳配球，对原料的硬度及粒度的适应性较好。

(3) 循环负荷大，磨内过粉碎少，粉磨效率较高。

(4) 缺点是密封困难，系统漏风较多，生产流程也比较复杂。

图1.15为伯力休斯公司设计的双路循环中卸磨流程图。磨机规格为ϕ4.6 m×17.25 m，产量为270 t/h，入料粒度为25 mm，产品细度为4900孔筛筛余12%，磨机为双传动，功率为2×1950 kW，利用350 ℃的预热器废气可烘干含水分8%以下的原料，废气用量为1.4～1.5 m^3/kg生料，但如利用辅助高温热源可烘干14%的水分。热气体通过锁风装置后同湿物料一起通过ϕ 2.8 m的空心轴，进入烘干仓，烘干仓中的扬料板使物料充分暴露在热气体中，造成强化烘干；装有提升斗的有缝隔

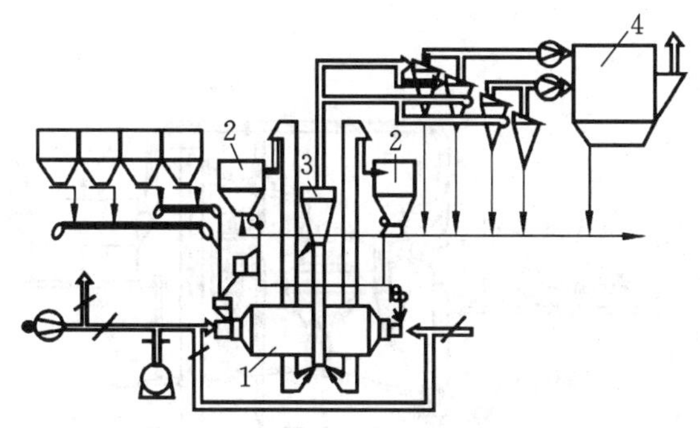

图1.15　双路循环中卸磨流程图

1—磨机；2—选粉机；3—粗粉分离器；4—电收尘器

板可使物料进入粗磨仓，粗磨后的物料通过磨机中部的卸料口离开磨机，然后经空气斜槽、斗式提升机进入空气选粉机；从选粉机出来的粗粉导入细磨仓，但是为了使烘干仓内的物料有较好的流动性，亦有少部分粗粉随着喂入的原料一起再回到粗磨仓中去。

热气体大部分从磨头进入粗磨仓，为了防止冷凝和除去自由水分，亦有少部分热气通过细磨仓。烘干废气则从磨中抽出，经粗粉分离器、旋风收尘器、排风机，最后进入电收尘器净化后排出。

该系统配有两台直径为 7.5 m 的选粉机，一台 ϕ 8 m 的粗粉分离器，总电耗为 63.54 MJ/t 生料；选粉后的粗粉有 2/3 进入细磨仓，1/3 进入粗磨仓，循环负荷为 350%，进料水分为 7.7%，产品水分为 0.5%。系统装有两台 6 kPa(87 ℃)的排风机，出磨气体量为 40 万 m^3/h，废气含水量约为 7%，漏风量占系统总风量的 20%。粗磨仓风速为 7 m/s，细磨仓为 2.5 m/s。由于有大直径的中空轴的特殊出口，磨机阻力仅2.9 kPa，进电收尘器的废气含尘量为 22 g/m^3。

在烘干含水量较大的原料时，中卸磨前亦可增设立式烘干塔，对原料进行预烘干后再入磨机。由于立式烘干塔阻力较小，故在处理含水量较大的原料时，选择这种系统是有利的。

中国邯郸水泥厂干法生料粉磨所选用的 ϕ 3.2 m×8.5 m 中卸提升循环磨系统，烘干热源为烧煤粉的热风炉。宁国水泥厂从日本三菱公司引进的生料制备系统为 ϕ 5.0 m×15.6 m 中卸提升循环磨，烘干热源为预热器废气。

1.26 尾卸提升循环磨系统工艺流程及特点 

尾卸提升循环磨同风扫磨的基本区别在于磨内物料是用机械方法卸出，然后由提升机送入选粉机。烘干废气经磨尾抽出后，通过粗粉分离器和收尘设备排出。这种磨机有单仓及双仓两种，双仓磨分粗、细磨仓，并设有卸料篦子，故通风阻力较大，磨内风速不能太高，烘干能力较差。利用窑废气仅可烘干 4%～5% 的水分，在增设热风炉时，利用高温气体烘干的水分可达 8%。磨机的烘干能力及粉磨能力同磨机直径有以下关系：

$$Q \propto D^{2.5} L$$

而
$$L/D = 常数$$

故
$$Q \propto D^{2.5}$$

同时
$$M \propto Q \propto D^{3.5}$$

$$\omega \propto Q/D^2$$

故
$$\omega \propto D^{1.5}$$

式中 Q——磨的生产能力；

D——磨机内径；

L——磨机长度；

M——磨机烘干能力；

ω——磨内风速。

由上可见，磨内风速随磨机内径的 1.5 次方而增加。实际生产中，磨内允许的风速是有限的，因此，磨机生产能力愈高，烘干能力就愈显得不足。这样，在采用大型磨机而又利用窑的预热器废气作为烘干介质时，就需要增加一些辅助烘干设施。例如，在磨机粉磨仓前增设烘干仓或将选粉机、提升机等设备用于烘干过程，也可以在磨前增设立式烘干塔、预烘干破碎机组等。丹麦史密斯公司带立式烘干塔的泰拉克斯-龙尼丹磨(图 1.16)就是这种类型。

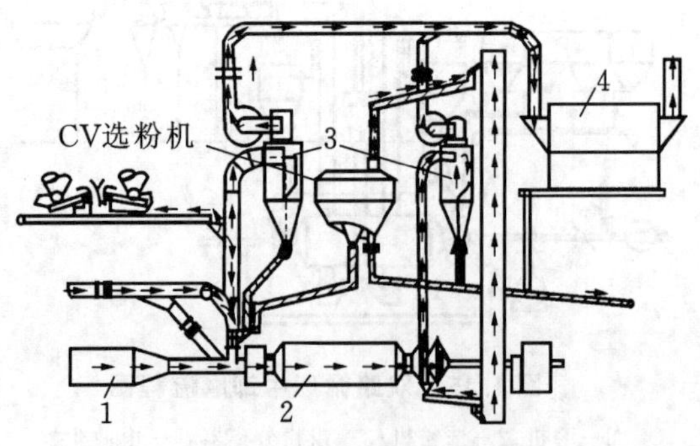

图 1.16 带立式烘干塔的泰拉克斯-龙尼丹磨系统

1—辅助热风炉；2—磨机；3—旋风筒；4—收尘器

1.27 辊式磨(立磨)系统的特点及其发展

辊式磨(Roller Mill)亦称立磨,属风扫磨的一种。第一台莱歇(Loesehe)磨于1925年用于发电站磨制烟煤,1935年在德国用于水泥工业,随后才开始在欧洲、美国、加拿大等国家和地区水泥工业应用。20世纪50年代以前,辊式磨由于结构、材质等原因,仅用于水泥工业的煤粉制备,1960年才开始在欧洲的水泥厂用于粉磨含水量为5%~10%的软质原料。20世纪70年代以来,由于辊式磨在结构及材质上的改进,并且使用液力压紧的磨辊代替弹簧压紧的磨辊,设备逐渐大型化。特别是世界能源危机之后,燃料及电价上升,促进了辊式磨的迅速发展,目前,辊式磨已有十多种类型。

辊式磨粉磨机理和球磨机有着明显的区别,它集中碎、粉磨、烘干、选粉和输送等多种功能于一体,是一种高效节能的粉磨设备。不仅可采用烘干兼粉磨方式用于生料、煤粉、矿渣粉等粉磨,还可用于水泥预粉磨或终粉磨,且其单机设备粉磨能力大于其他磨机,因而被广泛应用,特别是利用辊式磨作为生料终粉磨已成为国内外新建水泥生产线的首选方案。

辊式磨系统与球磨相比,电耗可下降10%~30%;烘干能力大,可烘干水分6%~8%的物料,如采用热风炉供热风可烘干水分15%~20%的物料;入磨粒度可高达100~150 mm,可节省二级破碎系统,节省投资;产品细度调节方便,产品粒度均齐;噪声小;占地面积小。但它不适应磨蚀性大的物料的粉磨,否则设备零部件磨损大,检修量大,影响运转率。

辊式磨流程有多种,具体采用哪种工艺流程应根据工厂的具体条件,经过分析、比较、综合考虑决定。图1.17所示为辊式磨粉磨生料工艺流程示意图。

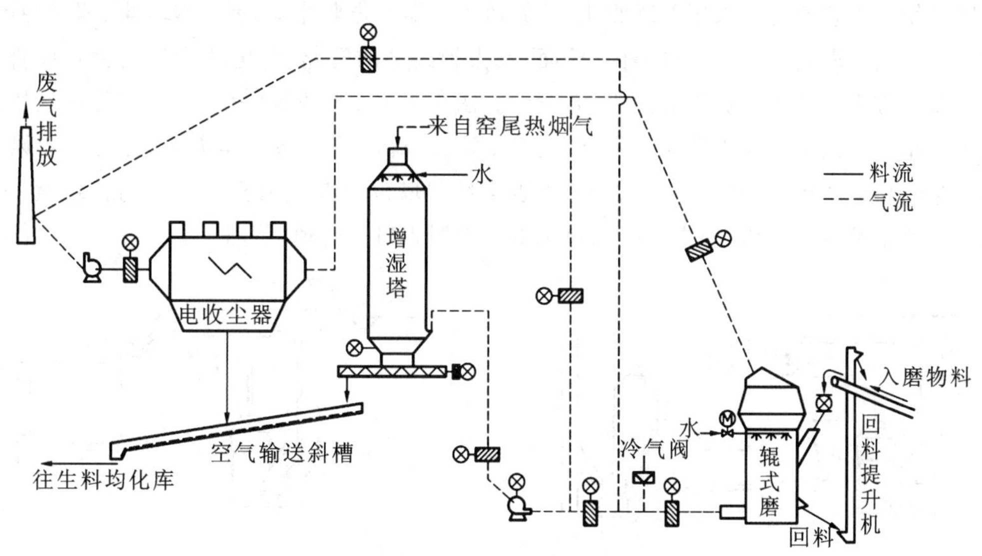

图1.17 辊式磨粉磨生料工艺流程示意图

与钢球磨机相比,辊式磨具有以下优点:

(1) 由于厚床粉磨,物料在磨内受到碾压、剪切、冲击力作用,粉磨方式合理,并且磨内气流可将磨细的物料及时带出,避免过粉碎,物料在磨内停留时间一般为2~4 min(球磨为15~20 min),故粉磨效率较高,能耗较低。从整个磨机系统来讲,电耗可降低10%~30%(其降低值随原料水分的增加而增加),一般为46.8~61.2 MJ/t(球磨为54~93.6 MJ/t)。

(2) 入磨热风从环缝喷入,风速大,磨内通风截面也大,阻力小,通风能力强,烘干效率较高。利用窑废气可烘干水分8%的物料,如设有热风炉可烘干15%~20%水分的物料。

(3) 允许入磨物料的粒度较大,一般可达磨辊直径的5%,大型磨入磨物料粒度可高达100~150 mm,

因而可省略第二段破碎，节约投资。

(4) 磨内设有选分设备，不需增设外部循环装置，可节约日常维修费用。

(5) 物料在磨内停留时间短，生产调节反应快，易于对生料成分及细度调节控制，也便于实现操作自动化。

(6) 生产适应性强，可处理粗细混杂及掺有金属杂物的物料。

(7) 设备布置紧凑，建筑空间小，可露天设置或采用轻结构的简易厂棚，不必采用重型或结构复杂的建筑物，故设备及土建投资均较低。

(8) 磨机结构及粉磨方式合理，整体密封较好，噪声小，扬尘少，有利于环境保护。

辊式磨系按风扫磨的工作原理研制，内部装有空气分离器而构成闭路循环，烘干与粉磨作业同时进行。各种辊式磨的工作原理及基本结构大致相同，都是将两个或多个磨辊的辊轴紧固在摆杆之上，使磨辊在磨盘或碾槽上进行碾压，各种不同类型的辊式磨，主要区别就在于磨辊与磨盘的形式不同。老式或较小的辊式磨的磨辊是靠连接在摆杆上的钢盘弹簧压紧，现代大型辊式磨则是靠液力压紧磨辊碾压物料。

辊式磨原来都是风扫式的，但是近年来为了进一步挖掘节电潜力，国外有不少制造厂商正在进一步研制利用机械方法在磨外循环的辊式磨系统。这样不仅可以减少磨机风量、降低电耗，也更适合于粉磨硬质或易磨性差别较大的物料，因此，机械循环的辊式磨具有良好的发展前景。

1.28 辊式磨的基本工艺流程及选用条件

辊式磨系统的工艺流程可采用两级收尘(即旋风收尘器＋电收尘器)或一级收尘(即采用高效电收尘器或袋收尘器)，增湿塔设置在主风机前面、后面，或去辊式磨的管路上、电收尘器的旁路风管上，由此形成各种工艺布置方案。其基本流程如图 1.18 所示。图 1.18(a)为两级收尘方案，亦可称三风机(即窑主风机＋旋风筒出口风机＋电收尘器出口风机)方案；图 1.18(b)为一级收尘方案，亦可称双风机(即窑主风机＋电收尘器出口风机)方案。①、②、③分别表示增湿塔设置在主风机入口前的管路上、出口至辊式磨机入口的管路上及设在旁路(即窑风机出口至电收尘器入口的管道)管路上。

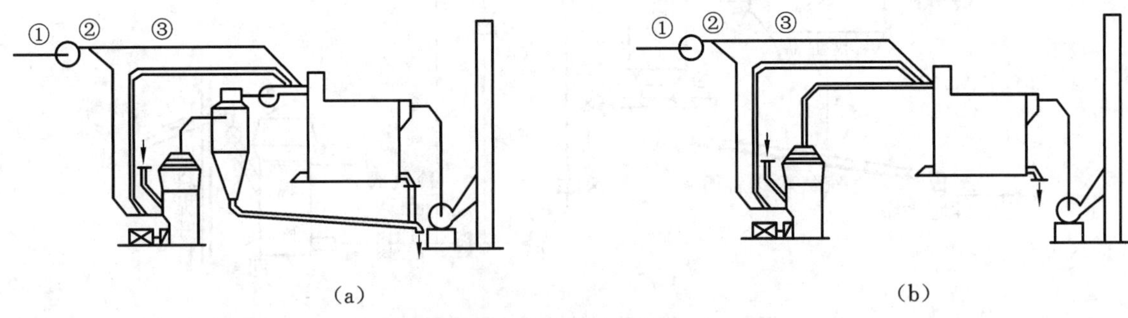

图 1.18　辊式磨的基本工艺流程

(a)二级收尘系统；(b)一级收尘系统

①②③为增湿塔设置的位置

以上工艺布置方案，可根据实际需要选取。

(1) 两级收尘方案

电收尘入口粉尘浓度小、负压小，电收尘出口风机在磨机开停时变化小，旁路阀操作灵活。但工艺设备增多，投资大。

(2) 一级收尘方案

电收尘入口粉尘浓度高、负压大，电收尘出口风机在磨机开停时变化大，旁路阀控制困难。但工艺系统简单。

(3) 增湿塔设在窑主风机入口之前方案

增湿塔处于高负压操作状态,漏风大,但窑主风机磨损小,同时可降低入窑主风机介质温度,减少入主风机工况风量,在漏风不大时有利于降低窑主风机电耗。一般在入磨原料水分较低、窑气需要大幅降温且增湿塔可以有效防止漏风时,采取此方案较为有利。

(4) 增湿塔设在窑主风机出口至入磨机管道上的方案

对窑系统通风稳定有利,同时增湿塔负压小,漏风少。但窑主风机磨损较大,磨机开停时对旁路阀门控制要求较高。

(5) 增湿塔设在窑风机出口至电收尘入口管道上的方案

增湿塔仅处理过剩窑气中的多余热焓,停磨时则处理窑气全部热焓,旁路阀门控制要求高,主风机磨损亦较大。在入磨原料水分较多、对窑气热焓利用要求高时,可选用此方案。系统漏风不仅影响系统工况,并且增大主风机电耗[一般漏风系数 20%相当于 3.6 MJ/t(1 kW·h/t)电耗],因此必须保证设备及管路的密封并加强管理维护,尽力减少漏风。国外设备供应商一般保证磨体漏风在 5%以下,系统漏风控制在 10%以下。

1.29 水平辊磨基本结构及工艺流程

水平辊磨亦称卧式辊磨,英文名称 HOROMILL(简称 HRM),由法国 FCB 公司 1992 年研发成功。其结构如图 1.19 所示。该磨投入运行初期,主要存在刮板断裂、磨损、磨机震动、辊面磨损、轴承发热、物料循环量波动、水泥成品需水量稍高等问题。20 世纪 90 年代末期以来,中国曾组织专家分别到意大利、土耳其、德国、墨西哥等使用该磨机的水泥厂进行实地考察,并由牡丹江水泥厂有限责任公司引进了 HRM 系统。

意大利保芝(BUZZI)水泥公司 1997 年建成了一条 2500 t/d 新型干法生产线的生料制备及水泥粉磨 HRM 系统。两台磨机规格均为 ϕ 3.8 m 磨机,主机功率为 2600 kW,水泥磨选粉机为 TSU-4000 型。投产后技术指标为:水泥磨设计生产能力为 105 t/h(实际为 100~108 t/h),比表面积 420 m^2/kg,主机电耗为17 kW·h/t,系统电耗为 24.5 kW·h/t。当掺用火山灰作混合材时(有时水分高达 25%)可通入 250 ℃冷却机热风作烘干介质。水泥成品质量正常。其工艺流程如图 1.20 所示。

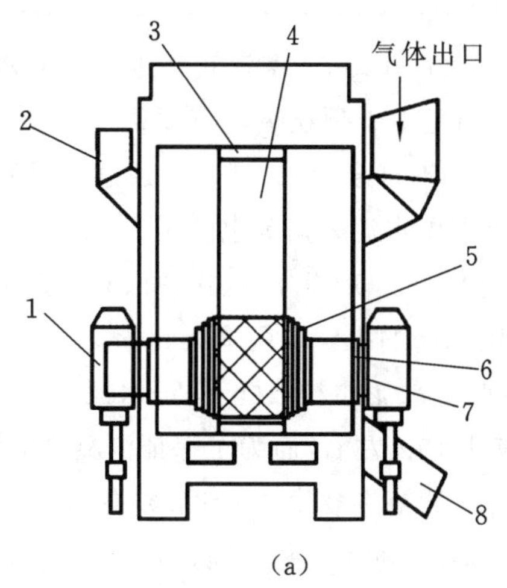

(a)

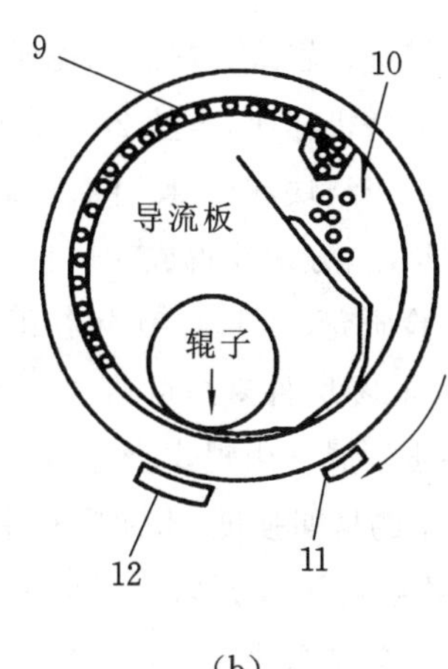

(b)

图 1.19 HOROMILL 结构示意图

1—油压臂;2—物料入口;3—衬板;4—磨筒体;5—辊子;6—轴;

7—滚子轴承;8—物料出口;9—物料层;10—刮板;11—副滑瓦;12—主滑瓦

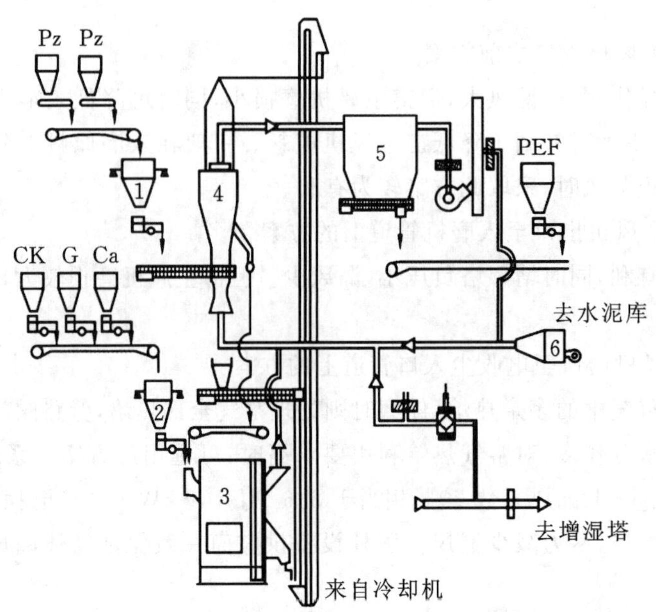

图 1.20 BUZZI 厂 HOROMILL 水泥粉磨系统

1—火山灰喂料；2—熟料、石膏喂料；3—卧式辊磨 ϕ 3800；

4—TSV4.0 选粉机；5—袋式收尘器；6—热风炉

土耳其西门塔斯(CIMENTAS)水泥厂于 1996 年装设一台 ϕ 3.4 m HRM 磨(有效尺寸：ϕ 3.2 m×2.5 m)，磨辊规格为 ϕ 1.6 m×1.2 m，主电机功率为 2200 kW。选粉机粗粉回磨量为 493 t/h，循环负荷为 575%。生产中亦用火山灰作混合材，用冷却机热风作烘干介质。主机单位电耗为 15.8 kW·h/t，系统单位电耗为 22.75 kW·h/t。该机投产后生产正常，产品质量良好，磨辊寿命可达 8000 h。

此外，从对德国柳斯道夫水泥厂 ϕ 3.5 m×4.0 m HRM 及墨西哥水泥公司的考察来看，该磨系统投入市场初期出现的设备与产品质量问题，已经基本得到解决。HRM 系统与钢球磨相比节电可达 33%～39%，是一个有竞争力的磨机系统。

1.30 辊式磨在水泥粉磨系统中的应用状况

德国是最早进行辊式磨粉磨水泥研究的国家，曾利用一台 MPS-32 型辊式磨进行粉磨水泥试验，其磨制的水泥同球磨机相比，虽然 28 d 强度相同，电耗较低，但是由于颗粒级配范围狭窄，致使其早期强度低、需水量大、易于结块和假凝、并有龟裂，混凝土的和易性也不符合要求。随后，通过一系列试验，改善了水泥的颗粒级配，方才获得成功。日本神户钢铁公司、小野田水泥公司等也曾于 1979 年开始用辊式磨生产水泥的试验研究，并于 1981 年在田原水泥厂完成了生产能力 5 t/h 的辊式磨试验。据测定，电耗为 90～104.4 MJ/t；易磨件寿命可达 8000～120000 h，可较钢球磨的维修费用降低 20%。

为了进一步发展利用辊式磨磨制水泥，必须十分重视改善水泥颗粒级配，保证水泥质量。众所周知，为了保证混凝土的早期强度，水泥颗粒中 0～3 μm 颗粒应达 10%左右，而为了保证混凝土后期强度，3～30 μm的水泥颗粒则需 70%以上。辊式磨磨制的水泥颗粒级配范围狭窄，均匀系数高达 1.51(使用球磨机磨制的水泥均匀系数为 1.2 左右)，0～3 μm 颗粒约为 6%，3～30 μm 颗粒高达 82%。所以辊式磨磨制的水泥，虽然后期强度合格，但由于 0～3 μm 颗粒少，从而使其早期水化作用缓慢，孔隙率高，吸收水化反应时的自由水后，导致浆体硬化产生假凝。同时，达到正常稠度时的需水量增大，造成混凝土早期强度低，容易泌水。为了解决辊式磨由于风扫作用而产生的颗粒级配范围狭窄问题，可采取以下措施：一是选用分离精度低的选粉机，以扩大颗粒级配范围；二是将内部物料循环的气体输入辊式磨，改造外部物料循环的机械直流式辊式磨；三是采用球磨与辊式磨分别研磨，然后将不同颗粒级配的水泥按需要配合并搅拌均匀，做到颗粒的合理级配。

用斗式提升机和选粉机进行外部闭路循环的辊式磨，可使单位电耗进一步降低，并可使物料循环次数由内部循环辊式磨的30次降低到10～15次(球磨机为3～5次)，颗粒级配与比表面积可与球磨相仿，水泥质量亦可与球磨相当。但是，由于增加了外部循环装置，也使基建费用及占地面积增加。

伯力休斯公司生产的辊式磨，其性能介于德国ZAB公司的外循环辊式磨与传统的内部循环辊式磨之间，兼用内、外两种物料循环方式作业。磨内的少量气体将已磨细的物料和部分碎粉带进磨内分离器中，而大部分粗料经过磨盘边缘下落到外部的斗式提升机中，经提升机输送返回磨内。所以它既可节能又可保持气力输送辊式磨的优点，可以烘干物料。

20世纪80年代中期以来，随着辊式磨结构及材质方面的改进，利用辊压机作为预粉磨、联合粉磨和终粉磨用于水泥粉磨作业的状况相继出现。中国在20世纪90年代中后期山东大宇(2×200 t/h)、翼东二线(180 t/h)、江苏京阳(2×150 t/h)及其他(120 t/h以下)的辊式磨预粉磨系统相继投产。同时，韩国、泰国在20世纪90年代后期继法国、德国之后也开始将120～174 t/h的大型辊式磨用于水泥终粉磨系统。

1.31 由辊压机组成的不同粉磨工艺对水泥性能有何影响 

影响水泥性能的因素很多，其中水泥粉磨工艺对水泥强度、水泥需水性、混凝土的坍落度损失等有很大的影响。李绍先等通过对辊压机和球磨机采用不同组合方式，以两种不同的粉磨工艺，即半终粉磨工艺A(图1.21)和联合粉磨工艺B(图1.22)生产水泥，并对其产品物理性能进行了比较和探讨，所得结论具有较好的参考价值。

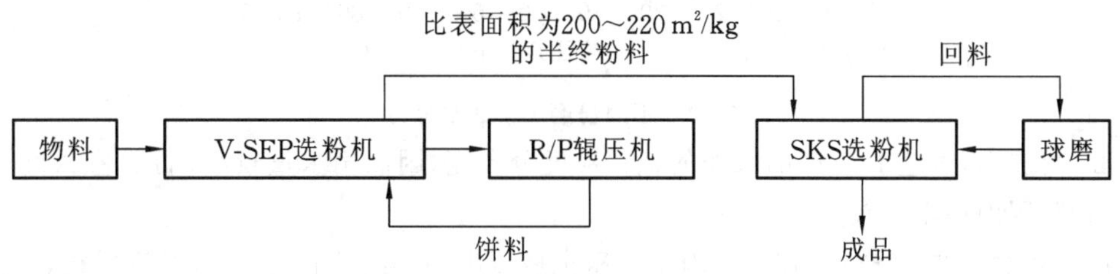

图1.21 半终粉磨(粉磨工艺A)

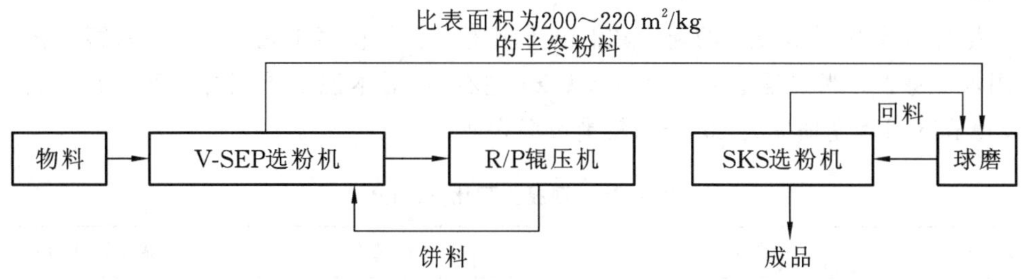

图1.22 联合粉磨(粉磨工艺B)

表1.9是不同粉磨工艺对P·O 42.5R水泥物理性能和产量的影响。从表中可看出粉磨工艺B生产的水泥品质有一定的改善，主要体现在水泥标准稠度用水量小、净浆流动度大、用水量小；粉磨工艺B生产的水泥比表面积比粉磨工艺A生产的水泥比表面积大10 m²/kg左右，而两种粉磨工艺下的水泥强度相当，这主要是因为不同的粉磨工艺生产的水泥颗粒粒度分布是不同的(图1.23)；由于辊压机是挤压粉磨，则水泥颗粒不可能是球形或球形颗粒很少，且其表面较粗糙并有不少微裂缝；而粉磨工艺B强调球磨造粒机理，其粉磨出来的水泥颗粒球形度高，且其表面较光滑，水泥的用水量小。

表 1.9 不同粉磨工艺对水泥物理性能和产量的影响

粉磨工艺		工艺 A	工艺 B
比表面积(m^2/kg)		342	352
标准稠度用水量(%)		27.2	25.6
水泥净浆流动度(mm)		125	160
SO_3(%)		2.10	2.10
安定性		合格	合格
初凝时间(h:min)		2:50	2:54
终凝时间(h:min)		3:36	3:34
抗折强度(MPa)	3 d	5.8	5.6
	28 d	9.0	9.1
抗压强度(MPa)	3 d	27.2	27.6
	28 d	58.1	57.5
平均产量(t/h)		210.4	207.4

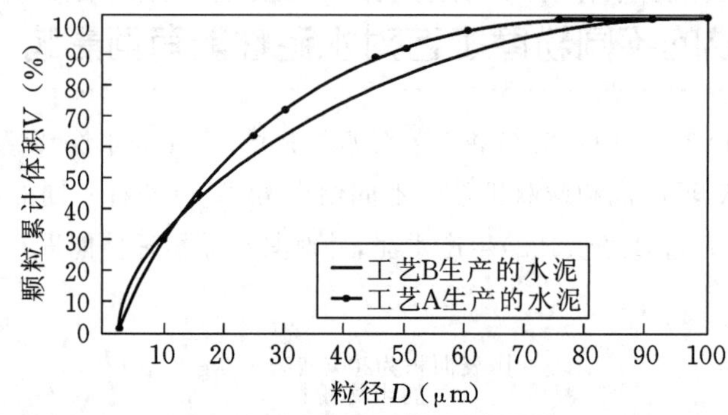

图 1.23 不同粉磨工艺的粒度分布

从图 1.23 可看出,工艺 B 生产的水泥的颗粒粒度分布宽,因而用水量较小;而工艺 A 生产的水泥的颗粒粒度分布窄,因而用水量较大。

实际生产中粉磨工艺 A 产量稍高,原因是辊压机挤压出的半终粉料先入 SKS 选粉机,减少了球磨粉磨系统的负荷;相反粉磨工艺 B 产量低些,原因是辊压机挤压出的半终粉料先进入球磨,增加了球磨粉磨系统的负荷,降低了粉磨产量,但降低较少。

表 1.10、表 1.11 分别是混凝土的配比和混凝土坍落度。与粉磨工艺 A 相比,粉磨工艺 B 生产的水泥标准稠度用水量每立方米混凝土可减少用水 5 kg 左右(针对本混凝土配合比而言),并且其混凝土坍落度损失小,90 min 坍落度损失为 20 mm,较受市场欢迎。

表 1.10 混凝土配比(kg/m^3)

水	水泥	砂	碎石	粉煤灰	矿渣粉	减水剂 FDN-5R
175	210	747	1075	100	70	5.32

表 1.11 混凝土坍落度

项目	实际用水量(kg)	环境温度(℃)	坍落度(mm)			
			0 min	30 min	60 min	90 min
工艺 A	180	35	190	170	150	130
工艺 B	175	35	190	185	170	170

1.32 新型的粉磨设备有哪些

(1) 辊磨　又称辊式磨或立式磨。是以磨辊在水平盘或碾槽上与盘或槽做相对运动粉磨物料的设备。常见的有 LM、FRM、MPS、RM、VR、Atox、Polysius 等。

(2) 辊压机　近期出现的、利用料层粉碎原理粉碎物料的设备。具有粉碎效率高、节能效果显著的特点。它与管磨机和高效选粉机组成粉磨系统，可使磨机产量提高约一倍。一般用作预粉磨设备，有些辊压机已开始用作终粉磨设备。

(3) 康比丹磨　丹麦史密斯公司开发的、用小研磨体粉磨高细水泥的磨机。

(4) 喷射磨　也称射流磨，是一种没有传动部件，利用高速喷射气流(空气、预热气体或蒸汽)使细粒物料互相摩擦而细碎，并把物料的细磨、分级与干燥作业相结合的新型超细干法粉磨设备。可粉磨生料、熟料和煤。据称，其单位电耗只为管磨机的 62%，单位容积产量为管磨机的 10～100 倍，产品的粒度分布窄，可在很大范围内调整。主要用于化工、水泥、建材等工业部门。

(5) NE 磨　一种新型辊磨，内装特殊钢质的中空球形研磨体。可用于微细粉磨，具有钢球与环形磨盘接触面积不变、产量稳定、钢球磨损均匀、振动小、能耗低的优点。这种磨的适应性强：可将 60 mm 左右的块状料磨成 74 μm 以下达 90%以上的细粉；含水 20%以上的原料可同时烘干到含水 1%以下。

(6) E 型磨　实际上是一种辊式磨。它利用 9～10 个钢球的滚动磨细物料，钢球在上下部带圆弧轨道的环形磨盘上滚动，可以调弹簧、液压装置或液压气动装置加压。这种磨的钢球磨损均匀。它的缺点：存在无效磨损；上磨环与钢球间的金属磨损较严重。

(7) JTM 磨　又称塔式磨，是日本塔式粉磨机株式会社推出的一种立式磨。它实际上是一种立式圆筒形球磨机。筒体主轴上装有螺旋搅拌器。搅拌器搅拌筒体内的研磨介质(较大的料块即为研磨介质，也可用 ϕ 10～25 mm 的钢球作研磨介质)和物料，使物料在物料之间、物料与介质之间的相互摩擦下被粉碎，细磨效率相当高。

在塔式磨中，细料被磨内的上升气流带入选粉机中，选粉机选出的细粉经旋风收尘器和袋式收尘器收集起来作为成品，选出的粗粉返回磨内重磨。

该磨以两个传感器进行自动控制：一个传感器监视磨机入口和出口空气的压差，通过喂料量的自动调节，稳定磨内料量；另一个传感器监视磨机入口的压力变化，以便控制通过磨机气体的体积，自动保持产品的颗粒尺寸。

该机的主要特点：

① 节能：产品细度小于 100 μm 时，单位能耗比管磨机低 50%～60%。

② 采用闭路粉磨方式。

③ 产品的颗粒尺寸细而均齐：几乎全部小于 1 μm。

④ 磨矿效率高：磨铀矿时，高 4～7.8 倍；磨原盐时，高 15.2 倍(均与管磨机比)。

⑤ 产生的热量低：产品温度只有 40 ℃左右。

⑥ 设备投资仅为管磨机的 40%，占地面积少。

⑦ 生产费用为管磨机的 50%。

⑧ 产品细度特细(可达 800 m^2/kg 或更细)。

⑨ 噪声低：离磨机 1 m 处，噪声声级低于 90 dB。

(8) 振动磨　又称振动球磨。由磨筒体、激振器和支承弹簧三个主要部件组成。磨筒体不做回转运动，而是在 1500～3000 次/min 的高频下做简谐振动。磨内的研磨体受振后，产生强烈的旋转与冲击使物料在冲击研磨作用下被粉碎。研磨体的填充系数为 65%～85%。振动磨按筒体的个数有单筒磨与多筒磨之分。该磨具有良好的超细粉磨与混合作用。主要用于超细粉磨，一般可获得 1～10 μm 的超细产品。

(9) 行星式球磨机　又称离心球磨机。由两个以上(一般由 4 个)的圆筒组成。圆筒对称地装在一个回转半径上，筒内装小钢球。圆筒既围绕回转半径公转，又绕自身中心线自转。圆筒的公转和自转运动使磨内钢球的运动由重力场变为离心场，球的运动速度成倍增大，从而强化球的冲击研磨作用，提高粉磨效率。该磨的优点：质量轻(仅约为同等生产能力管磨机的 1/25)，制造、安装容易；制造安装费用低；单位电耗低(只为管磨机的 3%左右)；可用调节转速的方式调节产品细度；磨球规格仅为管磨机磨球的 1/4。其缺点是：结构复杂；衬板和研磨体磨损快；通风阻力大；粉磨水泥时的粉磨温度高；连续加料和卸料装置还应改进。

(10) 多筒球磨机　由 4～13 个筒体组成。其中一个为中心磨筒，相当于管磨机的一仓，用来预碎磨内的大块料；3～4 个为均衡筒，用于研磨中心筒卸出的物料；还有 6～8 个为外围筒，研磨均衡筒卸出的物料。这些磨筒均衡地呈径向对称布置，可使磨矿介质和被磨物料产生的相当一部分回转力矩互相平行，从而克服单筒管磨机偏心阻力矩过大的缺陷。当产品的细度与管磨机相同时，这种磨的单位电耗比同规格管磨机的低 40%～50%，生产能力高 80%，出磨水泥温度低 40～60 ℃，单位钢耗少 20%。在产量相同条件下，设备质量比普通管磨机轻 33%左右。噪声明显较低。

(11) 卧式辊筒磨　该磨是在分析了辊磨、辊压机和管磨机的结构、工作原理及存在问题，并利用压碎学说对粉碎机和料层粉碎特性作了研究后，研制出的新型卧式挤压磨。原名为 HOROMILL。该磨的压辊与辊压机的相似，辊压面是平的，压辊与转筒之间的力主要为挤压力，没有剪力。压辊磨损小，压力可不受限制，压力角可增大到 18°，比较稳定。磨内料层厚度比辊磨和辊压机的都厚。在该磨内，物料多次受压，故可以用仅为普通辊磨 1/5～1/4 的压力，即产生较高的粉碎效应。在卧式辊筒磨内，能量的利用率与辊压机相似，产品的颗粒分布介于辊磨与管磨之间，物料在转筒内的滚动有一定的打散团块的功能。由于该磨能以较低的压力和较高的速度进行粉磨，与管磨机相比，节能 30%～50%；由于该磨的长度仅为管磨机的 1/3 左右，一个粉磨循环仅为 3～5 min，调整的滞后时间短，便于控制；与辊压机比较，它的循环负荷小，压力低，易磨件使用寿命长；与辊磨比较，它的操作稳定，效率高，设备可靠。这种磨机问世不久(1993 年才投入运行)，还需要一个完善和发展过程。

(12) 柱磨机　一种新型的立式磨机。它集中了传统管磨机和一些新型磨机的优点，具有结构简单、体积小、运行可靠、能耗低、钢材消耗少、运转噪声低、占地面积少、投资省、生产费用低，以及适宜于老厂改造，也可用于新建系统等特点。既可用作管磨机的预破碎设备，也可用作终粉磨设备。

1.33　何为挤压粉磨系统

挤压粉磨系统简称挤压磨，也称辊压机，是 20 世纪 80 年代中期发展起来的一种新型粉磨设备与技术。开始它主要用于粉磨熟料，之后又推广到生料粉磨，并渐有成为生料粉磨主要系统的趋势。采用辊压机，配以 V 型选粉机和分离设备的挤压生料粉磨系统，可使生料粉磨电耗较之辊式磨系统降低 20%～30%，但挤压粉磨系统对高湿、黏性料适应性较差。由于辊压机挤压粉磨可大幅度降低水泥粉磨电耗，在国内外已得到广泛应用。

辊压机通过两个辊子对物料施以巨大压力(50～500 MPa)，使物料粉碎和压成所谓的“压片”，颗粒内部产生大量裂纹和应力，使其易于进一步粉碎，即通过所谓“预应力粉碎”来显著改善物料的易磨性。

辊压机工作件是两个辊子，一个是固定辊，固定于机架上，另一个是可沿导轨移动的动辊。在液压系统的推力作用下，动辊压在两辊之间的物料及固定辊上，当 30 mm 左右的物料进入两辊之间的楔形空间时，被旋转的辊子夹住并随辊子向下运动，期间受辊子巨大压力作用而压实和粉碎，并从下部排出，如图

1.24 所示。

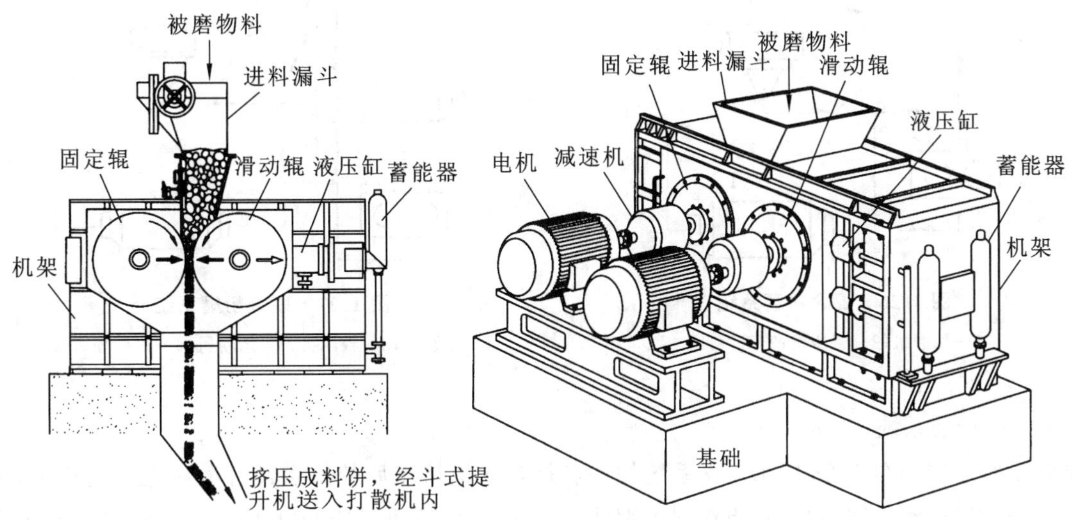

图 1.24　辊压机工作原理示意图

辊压机的应用方案一般采用辊压机预粉磨、混合粉磨、联合粉磨、半终粉磨及终粉磨五种工艺流程。对水泥粉磨而言，当采用球磨机时，主机电耗为 35～40 kW·h/t；采用辊压机循环预粉磨时主机电耗可降至 30 kW·h/t 左右；辊压机联合粉磨系统及半终粉磨时为 28 kW·h/t 左右；水泥终粉磨时为 20 kW·h/t 左右。与此同时，可使粉磨系统产量增加。但是，由于水泥终粉磨系统产品需水量增加，强度有所下降。目前已投产的终粉磨系统虽然采用多次循环方案使产品质量问题有所缓解，但又相应地增大了系统电耗，因此终粉磨工艺方案仍在优化改进之中。

(1) 预粉磨系统

预粉磨系统的特点是物料先经辊压机预粉碎，然后再入钢球磨机粉磨至要求细度，即为成品，如图 1.25 所示。预粉磨一般有两种流程：第一种流程是经辊压机一次挤压后的物料直接进入钢球磨机粉磨，仅经一次挤压的物料颗粒分布较宽，不利钢球磨机粉磨；第二种流程是物料经挤压后，边缘料等粗粒物料再循环入辊压机与新料一起再经挤压，虽然辊压机处理的物料量增加，产量有所降低，但对预粉磨全系统来讲生产效率必然提高，运转中亦可适当降低辊压机挤压压力，有利于系统稳定运转。钢球磨机可采用开路或闭路循环系统。

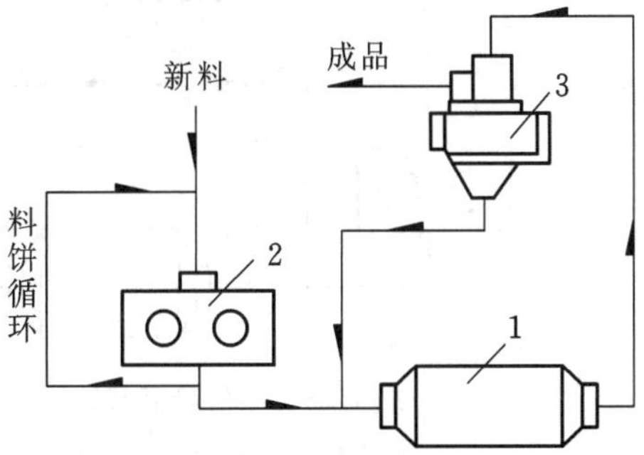

图 1.25　预粉磨系统

1—球磨机；2—辊压机；3—选粉机

(2) 混合粉磨系统

混合粉磨系统如图 1.26 所示。其特点是辊压机同钢球磨机一起组成一个大的闭路粉磨系统，经挤压后的物料入钢球磨机粉磨后再入选粉机。选粉后的细粉即为水泥成品，粗粉一部分回钢球磨机，一部分再入辊压机挤压。

(3) 联合粉磨系统

联合粉磨系统亦称结合粉磨、二次挤压粉磨、二段粉磨系统等，如图 1.27 所示。该系统根据辊压机与钢球磨机的工作特性，使它们分别承担粗碎及粉磨作业。同其他粉磨系统的不同之处是在系统中装设了打散分级机，将挤压后物料中大于 3 mm 的粗粒分级后再送回辊压机挤压，而小于 3 mm 的细粒料，则送入钢球磨机(开流或圈流)磨至成品。

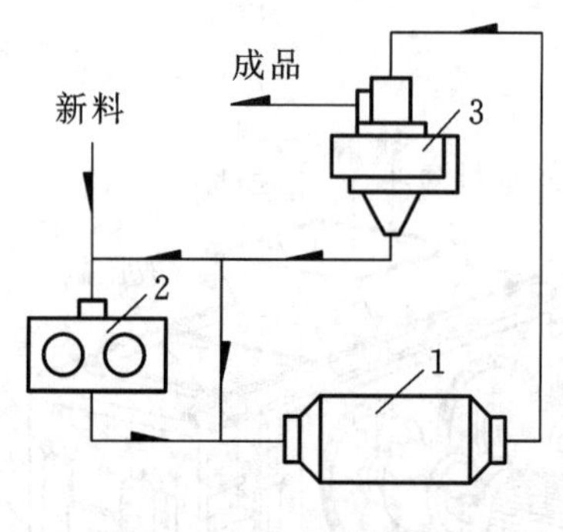

图 1.26 混合粉磨系统

1—球磨机;2—辊压机;3—选粉机

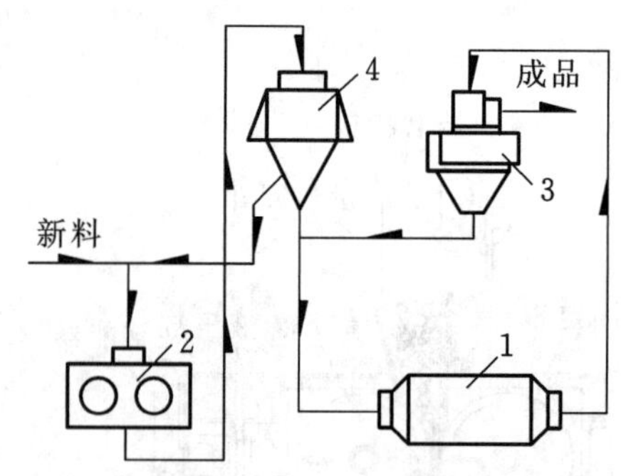

图 1.27 联合粉磨系统

1—球磨机;2—辊压机;3—选粉机;4—粗粉分离器

(4) 半终粉磨系统

半终粉磨系统如图 1.28 所示。该系统的特点是辊压机挤压后的料饼经打散后进入选粉机,选出的细粉不再经过钢球磨机即为成品;粗粉则入钢球磨机粉磨,然后再经选粉机选粉。这样,其成品系由辊压机挤压后的细粉及钢球磨机粉磨的细粉两部分组成。

(5) 终粉磨系统

终粉磨系统如图 1.29 所示。该系统的特点是辊压机挤压后的料饼经打散后直接进入选粉机分选,细粉即为成品,粗粉再返回辊压机挤压。由于该系统的成品全部由辊压机产生,因此要求辊压机具有较高的压力,同时物料必须经多次循环挤压,方可保证细粉产量及具有较好的颗粒级配。

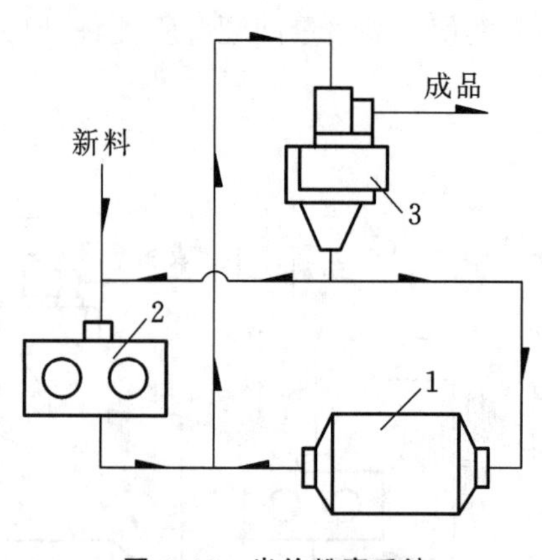

图 1.28 半终粉磨系统

1—球磨机;2—辊压机;3—选粉机

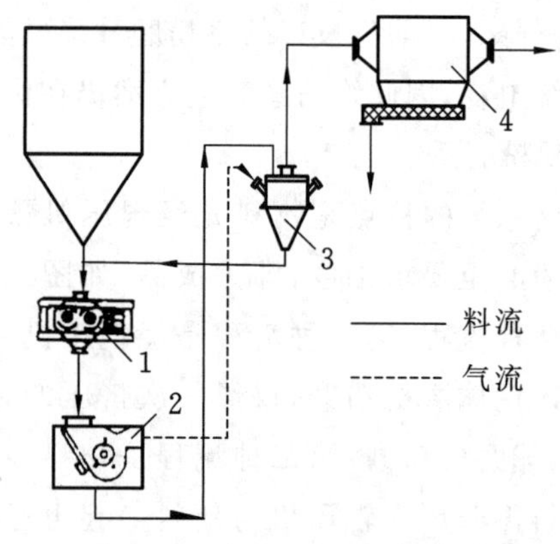

图 1.29 终粉磨系统

1—辊压机;2—打散机;3—选粉机;4—收尘器

1.34 配料方式的种类和优缺点

根据配料设备所处的位置,配料方式分为磨头配料和库底配料两类;按照配料的次数,配料方式有一次配料、二次配料和多次配料之分。

在磨头分别设置各种物料的磨头仓和配料设备,物料进行一次配料后即入磨的,称作磨头一次配料。它具有一物一秤,物料配比调整灵活及时的优点,但由于磨头区面积有限,磨头仓和配料设备密集,布置难度大,而且操作和检修都不方便。以一物一秤原则,一般最多只能配合四种物料,不能用于更多种物料的配料。由于磨头仓的容积太小,引出了下述问题:每仓所均化的料量太少;仓内料位压力波动大而频繁,致物料流量波动频繁且显著,配料成分波动较大而频繁;向仓内补充物料的次数频繁,不仅操作复杂,而且容易发生混料现象。

二次或多次配料是物料在进入磨头仓之前,先作一次、二次或三次配合。

二次和多次配料减少了磨头仓的个数，解决了磨头配料难以配合多种物料的问题。但它既存在磨头配料固有的缺点，又带来了调整滞后期长及配好的物料在进出仓过程中产生离析现象，致瞬间入磨物料的配比和成分与实际配料大不相符，导致生产控制效果差的问题。

库底配料是在各物料贮库的库底分别安装配料计量装置，于一次配料后料直接入磨。与磨头配料相比，它的优点是：

(1) 库的容积大，每库均化的料量多，加上配料比大的物料，如石灰石，还可由2～3个库搭配，入磨物料成分较磨头配料的稳定得多，有利于生产控制，配料质量高。

(2) 每座库下都有配料计量设备，配料比的调整灵活且及时；由于没有磨头仓，消除了多次配料的调整滞后现象。

(3) 设备台数少。据计算，建筑费、设备费、电费与维修费分别约比磨头配料的低15%、4%、6%和0.5%。

(4) 设备布置容易，即使7种或更多种物料配合，布置也不困难。有利于用工业废料、次级原料、复合矿化剂、校正原料等新工艺一次配料的实现。

库底配料方式的缺点是工艺线较长，配料和磨机岗位人员间联系不便；受贮库的直径的限制，一排库下最多只能并列两条配料输送系统。

由于优点突出，缺点易于克服(联系不便问题除采用信号外，还可增设对讲机或直通电话；输送系统条数有限，不能适应多台磨机的需要，可将一条系统的料分成两路，各喂入一台磨内)，所以库底配料方式是发展方向。

1.35 矿渣与熟料的易磨性 

常温下矿渣、熟料和石灰石易磨性相差较大，据资料报道，其邦德功指数分别为：熟料17.25 kW·h，矿渣22.2 kW·h，石灰石10.5 kW·h，矿渣的邦德功指数比熟料高28.7%，说明常温下矿渣比熟料难磨。D. Rose等人采用蔡氏(Zeisel)易磨性试验方法对矿渣和熟料的易磨性进行了比较研究，得出熟料易磨性的平均值(以单位能耗计)比粒状高炉矿渣低大约30%。

土耳其的M. Oner在实验室中对矿渣和熟料的邦德易磨性进行了测定，同时对不同比例的熟料和矿渣的混合样的易磨性也进行了测定。测定结果如图1.30所示，可见矿渣的易磨性(以单位产量计)低于熟料，也就是说，矿渣更难以粉磨。在试验结论中更能引起人们兴趣的是，当对含有不同矿渣掺加量的混合料进行粉磨时，混合料的易磨性数值通常被认为是单组分物料易磨性数值的加权平均值。如果真是这种情况，那么混合料的易磨性数值应该是图1.30中绘制的虚直线所示。然而，这种情况并没有发生，混合料的易磨性数值始终低于这条加权平均值直线，也就是说混合料的易磨性要差于将它们分别粉磨之后的加权值。

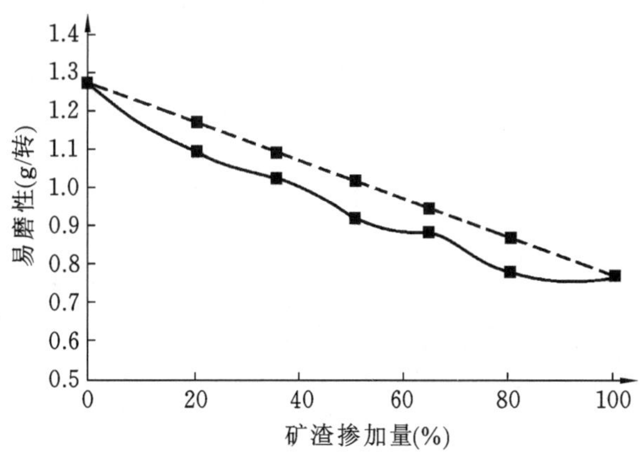

图1.30 矿渣和熟料的邦德易磨性试验

有观点认为，易磨性不同的物料，在相同的条件下粉磨后表现出具有不同的颗粒分布，易磨性好的物料容易产生较宽的颗粒分布，而易磨性差的物料容易产生较窄的颗粒分布。所以当把熟料和矿渣分别粉磨到相同的比表面积时，其颗粒分布就会有较大的差别。矿渣的易磨性比熟料差，将矿渣和熟料分别粉磨至相同的比表面积，则难磨的矿渣将比相对好磨的熟料具有更窄的颗粒分布。如果将矿渣和熟料一起粉磨，那么由于矿渣比熟料难磨，水泥中的熟料成分更容易聚集到细颗粒区，而矿渣则容易聚集到粗颗粒区。

2 球磨设备

Ball milling equipment

2.1 球磨机分类、构造与特性

粉磨机械类型较多，按施力方式有摩擦类、挤压类和冲击类之分。也可按粉磨机械的工作速度，分为慢速磨和快速磨两大类，前者包括各类球磨机、砾磨机和自磨机等；后者包括辊式磨、振动磨、行星磨、搅拌磨、冲击磨和气流磨等。在水泥厂的粉磨作业中，最常用的是球磨机和辊式磨。球磨机根据研磨体、卸料、传动、操作和筒体的不同，分类见表 2.1。

表 2.1　球磨机分类

分类方式	磨机名称	分类依据
按研磨体形状分	球磨机	磨内装入的研磨体是钢球或钢段
	棒球磨机	第一仓装入圆柱形钢棒，后续各仓装入钢球或钢段
	砾石磨	研磨体是砾石、卵石、瓷球，花岗岩、瓷料为衬板
按卸料方式分	尾卸式磨机	物料一端给料，另一端卸出
	中卸式磨机	物料由磨机两端加料，磨体中部卸出
	周边卸料式磨机	物料由磨机的一端加入，磨体周边卸出
按传动方式分	中心传动磨机	减速机输出轴与磨机轴线在同一直线上
	边缘传动磨机	电机经减速机通过大齿圈周边传动驱动磨机回转
按操作方式分	连续式磨机	给料和卸料是连续进行的
	间歇式磨机	给料和卸料是间歇进行的
	湿法磨机	粉磨过程中加入一定量的水，产品以料浆状态排出
	干法磨机	给料水分须控制在很小范围内，产品为干粉状态
	烘干式粉磨机	粉磨过程中通入热风，物料粉磨与烘干同时进行
按筒体长径比分	短磨机	磨机筒体长度与直径之比在 2 以下
	中长磨机	磨机筒体长度与直径之比在 3 左右
	长磨机	磨机筒体长度与直径之比在 4 以上

(1) 球磨机主要结构

球磨机种类较多，但基本结构大体上是相同的，主要由圆柱形筒体、轴承、隔仓板、衬板等部件组成。筒体内装入钢球、钢段或钢棒等研磨体。当筒体转动时，研磨体随筒体上升至一定高度后，呈抛物线轨迹抛落或呈泻落状态下滑，以此来研磨物料，如图 2.1 所示。

安装于磨机内壁的磨机衬板除用以保护筒体免受研磨体和物料的直接冲击和摩擦作用外，还利用其表面形状对研磨体所产生的不同摩擦力和提升能力来调整各仓研磨体的运动状态。衬板的形状对粉磨粒度、效率、产量和金属磨耗量有明显影响。此外，隔仓板用以分隔各仓不同尺寸和形状的研磨体，防止大颗粒物料窜向出料端，并控制磨内物料流速。

(2) 球磨机的性能特点

球磨机对物料的适应性强，且生产能力大；粉碎比高(可达 300 以上)，易于调整产品粒度；可进行干法或湿法操作，也可将干燥与粉磨合并操作；结构较简单、坚固耐用，运行可靠，维护管理方便，且能长期连续运行；密闭性好，可负压操作，基本无扬尘现象。尚存在的问题是：粉磨效率低，大部分能量转变为粉碎过程中的热量和噪声耗散掉，故作业环境较差；机体笨重，造价较高，且需要配置昂贵的减速装置；研磨体和衬板金属磨耗量大，如粉磨水泥时金属磨耗量有时高达 200 g/t 水泥以上，这会给对某些有纯度和白度要求的物料造成掺杂污染。

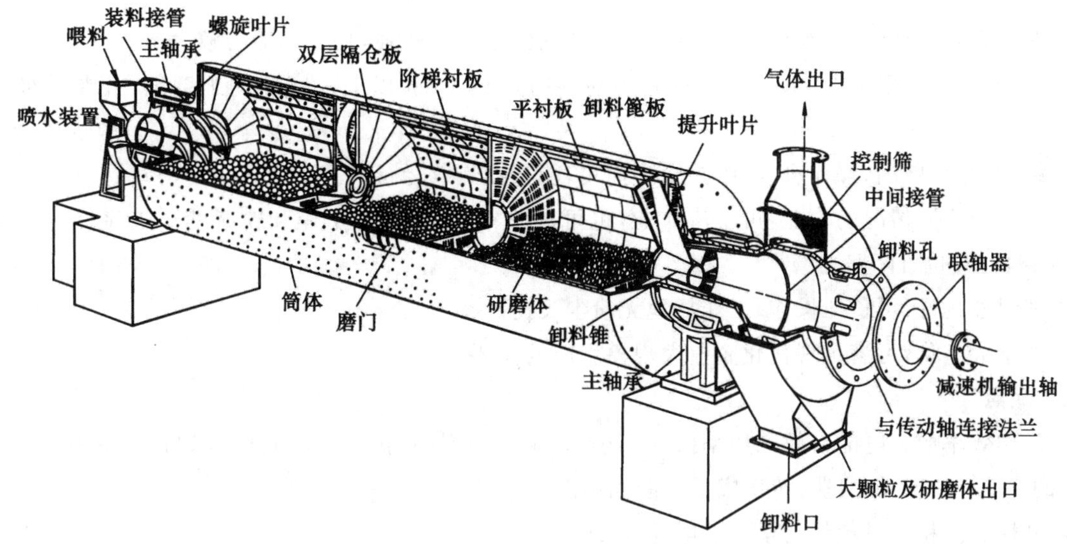

图 2.1 中心传动的水泥磨

2.2 大型球磨机有哪些优缺点

随着水泥回转窑的大型化，球磨机也向大型化发展。日本神户制钢公司为约旦制造的一台水泥磨规格为ϕ5.5 m×13.6 m，传动电机功率8000 kW，实际输入功率为7240 kW，以75%的临界转速13.8 rpm运转，两个室的钢球负荷率都是26%，该磨于1983年投产，闭路作业，循环负荷为50%～150%。选粉机直径为7.5 m。水泥比表面积为330 m^2/kg，90 μm筛的细度为0.8%，产量达202 t/h。

大型球磨机具有下列优点：

① 粉磨效率高；

② 研磨体和衬板消耗低；

③ 单位粉磨费用低；

④ 占地面积小；

⑤ 辅助设备少；

⑥ 自动化设施、计测装置与小型球磨机一样。

球磨机的产量与$D^{2.51}$成比例，因此，直径略微增加一点，产量即明显上升。大小直径的球磨机的粉磨效率(电能利用效率)对比如下：

$$a=\left(\frac{D_1}{D_2}\right)^{0.1}$$

例如，直径4.0 m的磨机与直径2.75 m的磨机相比，粉磨效率提高：

$$\left(\frac{D_1}{D_2}\right)^{0.1}=\left(\frac{4.0}{2.75}\right)^{0.1}=0.04=4\%$$

大型球磨机的缺点是：作业灵活性小，电机启动特性不好，并且对水泥球磨机来说，大型化以后磨内温度升高，超过120 ℃时，就会影响水泥质量。可采用磨内喷水冷却或通过选粉机引入冷风等措施来解决磨内高温问题。

2.3 管磨机有何优缺点

管磨机的规格是用筒体的内径和长度(m)来表示的，如ϕ4.2 m×14 m，ϕ3.0 m×11 m。

(1) 优点

① 对物料物理性质(如粒度、水分、硬度等)波动的适应性较强,且生产能力较大。

② 粉碎比大(一般为 300 以上,进行超细粉磨时可达 1000 以上),产品的细度细,且颗粒级配易于调节。

③ 结构简单、坚固,操作可靠,维护管理简单,能长期连续运行。

④ 可适应不同情况的作业:可干法作业,也可湿法作业,还可把干燥和粉磨两个工序合起来同时作业;可开路粉磨,也可闭路粉磨。

⑤ 密封性良好,可负压操作,工作场地无粉尘飞扬。

⑥ 便于大型化,可满足现代化企业大规模生产的需要。

(2) 缺点

① 工作效率低。电能有效利用率仅为 2%~3%,一般认为小于 3%,安谢耳姆认为只有 0.6%。粉磨能量的 97%~99%被浪费(转变成了热能和声能)。

② 电耗高。粉磨电耗约为全厂总电耗的 2/3。

③ 设备笨重。大型管磨机总质量达几百吨,一次性投资大。

④ 转速低(多为 15~30 r/min)。用普通电动机驱动时需配用减速机,减速机价格高。

⑤ 研磨体和衬板消耗量大。采用普通碳钢球和高锰钢衬板时,每吨水泥的钢材耗量在 0.9 kg 以上。

⑥ 噪声大,并有较强的振动。

2.4 烘干磨磨内装置有何要求 

(1) 磨机合理长径比和分仓

磨机的长径比和直径之间的关系基本上是 L/D 随 D 的增加而降低。不同型式的磨机 L/D 有所差别,同一直径 L/D 也会波动。对于烘干兼粉磨磨机的三种型式,建议基本的长径比按表 2.2 采用。

表 2.2 烘干兼粉磨磨机的长径比

磨机直径(m)		3	4	5
长径比 L/D	风扫磨	1.8~2.2	1.7~2.1	1.6~2.0
	尾卸磨	1.9~2.3	1.8~2.2	1.7~2.1
	中卸磨	2.0~2.4	1.9~2.3	1.8~2.2

磨机的分仓随磨机型式而变。一般风扫磨和尾卸磨为单仓,特殊情况设双仓。对于双仓磨,一仓占 50%~55%。中卸磨为双仓,粗磨仓占 50%~55%,细磨仓占 45%~50%。

(2) 隔仓装置

隔仓装置的作用首先是分仓,满足钢球分开以适应粗细磨的要求,并卡住料块防止其跑向后仓。其次是控制流速,使各仓料位相适应。第三是要利于通风。

隔仓装置可分为单隔仓和双隔仓。前者基本上是溢流排料,料流速度慢,但通风阻力小。后者由篦板和盲板组成,中间设有提升扬料装置,系强制排料,流速快,适合于头仓,但通风阻力大,占空间大。风扫磨和尾卸磨原则上是单仓磨不设隔仓装置,特殊需要也设隔仓装置。中卸磨虽分两仓,但是中间卸料,实质上相当于两个单仓磨。

篦板是隔仓装置的主要部件,篦孔又是关键,必须要满足控制流速,有利于通风,防止堵塞。篦孔排列可分为同心圆和放射状。前者流速慢,不易堵塞,一般用于前仓。后者流速快,易堵塞,一般用于后仓和出料篦板。篦孔的形状沿料流方向应为倒锥形,可减少堵塞。篦孔大小和通料面积大小要配合,既要卡住粗粒又要顺利排料。中卸磨适合的篦缝为12～14 mm,开孔比率为12%～18%。

(3) 衬板

粗磨仓物料的粉碎主要靠冲击,要求衬板对钢球有提升能力,应采用提升衬板。提升衬板有多种型式,大多用阶梯衬板,既能满足提升需要,又能均匀磨损。提升力决定于斜面角β,一般β为10°～18°。细磨仓粉碎主要靠研磨,一般用小波纹。中卸磨就是阶梯和小波纹的设置。对于较长的单仓风扫磨和尾卸磨,则前面用阶梯,后面用平斜间隔的锥形轴向分级衬板。

2.5 球磨机无齿轮直接传动具有哪些优点

球磨机无齿轮直接传动是一种新型的传动方式。它具有下列优点:

(1) 大大地简化了传动装置,有关减速机和齿轮的维护和检修等问题都不存在了。

(2) 可以调节电源的频率,用低速启动,启动电流可以降低到额定电流的2倍以下。这与普通同步电动机很高的启动电流相比,是一个显著的优点,对特大型磨机来说,这个优点就更为重要。

(3) 通过调频装置可以很方便地改变转速,以适应不同的物料、不同的研磨体装载量和不同的衬板型式的需要,从而获得较理想的技术经济指标。

(4) 可以利用调频装置慢速转磨,并停止在需要的位置上,以满足检修或装卸研磨体的需要,而无须另设调位装置。

(5) 占用的厂房面积较小。

2.6 管磨机可分为几类

有七种分类方法,每种分类法都把磨机分成数种。

(1) 按筒体长度与直径之比值可划分为四类

① 圆锥形球磨机　长向为圆锥形,长径比小于1的大直径磨机,水泥工业一般不用。

② 短磨　又称球磨,其长径比为1～2。全磨只有一个仓,用于粗磨物料,或2～3台串联使用。短磨通常又以研磨介质命名,如研磨介质为钢球、钢棒或砾石的磨机分别称球磨机、棒磨机、砾石磨机。

③ 中长磨　系长径比为2～3.5的管磨机,如ϕ3 m×9 m、ϕ2.2 m×6.5 m、ϕ1.8 m×7 m、ϕ1.5 m×5.7 m和ϕ1.2 m×4.5 m等管磨机均属于这一类。这种磨机一般为两个仓。

④ 长磨　长径比在3.5以上,如ϕ2.2 m×13 m、ϕ2.4 m×14 m的磨机。这种磨机一般分成三个或四个仓。水泥厂使用的管磨机多为中长磨和长磨。

(2) 按生产方法可划分为三类

① 干法磨　喂入干料,产品为干粉的磨机。

② 湿法磨　喂料时加入适量的水,产品为料浆的磨机。湿法水泥厂用它粉磨生料浆。

③ 烘干磨　喂入潮湿的物料,在粉磨过程中用外部供给的热气流烘干物料。这种磨又有尾卸烘干磨、中卸烘干磨、风扫磨和立式磨之分。烘干磨把烘干和粉磨结合在一起,简化了流程,又可利用废热气体的余热,能耗低,有发展前途。

(3) 按生产过程是否连续划分为两类

① 间歇式磨　一磨料磨好倒出后才磨第二磨料的磨机。在水泥厂,这种磨只用作化验室的试验磨。

② 连续式磨　连续加料且连续卸料的磨。连续式磨又有开路磨(又称开流磨)与闭路磨(又称圈流磨)之分。闭路磨又有一级闭路磨与二级闭路磨之分。

(4) 按卸料方式有两种划分法

第一种划分法分为尾卸式磨和中卸式磨两类。尾卸式磨的物料由头端喂入,从尾端卸出;中卸式磨的物料从两端喂入，由中部卸出。中卸磨相当于两台磨并联使用，具有设备紧凑、流程简化的优点。

第二种划分法分为中心卸料式磨和周边卸料式磨两类。前者又有带卸料篦板式和不带卸料篦板式之分。

(5) 按传动方式划分为四类

① 中心传动磨　它是以电动机(通过减速机)带动磨机卸料端的空心轴，使磨体回转的磨。减速机出轴中心线与磨机中心线相重合。这种磨又有中心单传动和中心双传动之分。双传动用于磨机需用功率较大的场合。

② 边缘传动磨　电动机通过减速机，带动固定于筒体卸料端的大齿轮驱动筒体运转。小水泥厂用的ϕ2.2 m×6.5 m、ϕ1.8 m×7 m磨均属这一类。这类磨又有三角皮带边缘传动、低速电机边缘传动(不带减速机)和高速电机边缘传动(带减速机)之分。后两者又有边缘单传动和边缘双传动之分。

③ 无齿轮磨　这是传动装置有了新发展的一种磨机。它把大型低频率电动机的转子直接接于磨机筒体上，电动机与筒体之间没有减速机。

④ 摩擦传动磨。

(6) 按磨内所装研磨体的形状和材质分为九类

① 球磨机　只有一个仓，内装钢球。闭路磨虽有几个仓，但都装有钢球。

② 棒磨机　只有一个仓，内装钢棒。

③ 球段磨机　尾仓装钢段、前仓装钢球的双仓磨机。

④ 棒球磨机　第一仓装钢棒，其余仓装钢球(也有的尾仓装钢段)的磨机。

⑤ 棒段磨机　一仓装钢棒、二仓装钢段的双仓磨机。

⑥ 小研磨介质磨　磨内装小规格研磨体的磨。丹麦史密斯公司开发的称作康比丹磨，内装ϕ4～ϕ16 mm的钢段。这种磨用作二级磨，可生产高比表面积水泥，经济效益较高。我国合肥水泥研究设计院开发的高细磨也属于这种磨。

⑦ 砾石磨　以砾石、卵石、瓷球等作研磨介质，以花岗岩、瓷料为衬板的磨机。

⑧ 自磨机　也称无介质磨。它是以被磨物料本身作研磨介质进行粉磨作业的磨机。

⑨ 半自磨机　磨内只装少量球介质的磨机。

(7) 按支承方式可分为主轴承中心支承磨机、托轮支承磨机和滑履托瓦支承磨机。

2.7 优化球磨机磨内结构有何途径

(1) 加强磨内通风

磨内通风对产量和质量都有明显影响，通风好，不仅可将细粉及时排出磨机，以免形成过粉磨，而且还可以带走粉磨热量，降低磨内温度，减少石膏脱水和尾仓糊球堵塞篦板。一般圈流磨内风速为0.8～1.0 m/s，而开流磨由于磨内温度高，风速要比圈流磨的高些。有些厂采用的是20世纪90年代以前设计的球磨机，在结构上一般都存在风路不畅的问题，可以通过在进料口处开通风口、进料口螺旋的改进、下料溜子作成阶梯形、放大隔仓板和出料篦板的中心孔，以及卸料口加强锁风等措施加以改进，不仅解决了堵料现象，而且增加了通风面积。

(2) 改进隔仓板和出料篦板

早期设计的隔仓板及出料篦板，只是为了按功能划分仓室、隔离大小钢球和阻挡研磨体不被排出，而今则具有控制物料流速、平衡首尾仓的粉磨能力、提高料球比和防止反分级的作用，由此增大了研磨体动能的有效利用，从而提高了产量。对老式球磨机便可按物料特性选择带筛分功能的隔仓板和出料篦板。筛分隔仓板是一种能对通过隔仓板的物料进行粗细分级的新型隔仓板，其主要作用是对进入细磨仓的物料进行筛分，阻止粗颗粒进入细磨仓，为细磨仓使用比表面积大、粉磨效率高的微型研磨体创造了条件，即新型隔仓板不仅增加了控制料流及平衡各仓粉碎能力的功能，而且可以实现粗细颗粒的分级和强制提升物料的作用，使较细的物料及早进入细磨仓进行粉磨。

(3) 增加活化装置

为充分发挥磨机的粉磨潜力，磨内还可增设活化装置，为微介质创造三维的运动条件，强化研磨能力，使研磨体的动能得以更充分利用，从而使粉磨效率大幅度地提高。活化装置的主要结构是在磨机衬板上安装与磨机轴向成一定角度的梯形装置，其高度为磨机筒体直径的20%～30%，厚度为40 mm左右，宽度同衬板宽度。视产品的不同要求，沿磨机轴向安装2～5道，纵向与磨机衬板每隔一块衬板安装一道。由于活化装置的作用，研磨体在磨内除沿着磨机衬板做圆周运动外，还做轴向运动。与此同时，离筒体衬板较远的研磨体因磨机衬板不能有效带动而运动程度减弱的滞留区因活化装置的作用可得到消除。

(4) 分级衬板的应用

衬板除起防护作用外主要是用来调节研磨体的动态分布和运动轨迹，它的形式要与磨机转速、物料特性相匹配。各种新型衬板的使用，对研磨体运动状态的调节及对物料的适应性都有了较大的改善。磨机尾仓选用双曲面衬板，在轴向和圆周方向均有倾斜曲面，不仅能够增加钢球的横向分级，还能提高钢段、钢球的研磨效率。

分级衬板可使磨机内研磨体实现分级，形成大球打大料、小球打小料的理想状态。

(5) 提高研磨体装载量

球磨机工况的最佳化，即是指磨内对物料的破碎能力与研磨能力相匹配与平衡。其关键在于磨内研磨体的填充率与级配。传统的球磨机工艺参数，都是以当时的机、电条件和粉磨理论为依据而确定的。如今进相机、变频调速器的使用和大型滚动轴承代替轴瓦，生产实践早已突破了传统的工艺规范：磨内填充率由29%～31%提高到36%～40%，磨机转速也提高了5%～10%，有的甚至接近临界转速，研磨体装载量也相应增加等。磨机优质、节能、高产。

(6) 适当加快磨机转速

适当提高转速对直径较小的磨机比较有效，因为这些磨机由于直径小，钢球的冲击力不强，加快转速后可强化磨机的粉碎能力。

① 加快转速就是增加了磨内每个研磨介质的冲击次数。

② 使磨内研磨介质之间、研磨介质与衬板之间的摩擦、研磨作用加强。

(7) 磨内喷雾水

水泥磨内，由于大量的研磨体之间、研磨体与衬板之间的冲击和摩擦，从而产生大量热量，使水泥温度升高，易引起石膏脱水，使水泥产生假凝，影响水泥的储存、包装，造成包装纸袋发脆，增大破损率，导致工人劳动环境恶化。水泥温度高还易使水泥因静电吸引而聚结，产生包球包段，降低粉磨效率，降低磨机产量。

在水泥磨内喷入雾水，可显著降低水泥磨内的温度，是一种比较理想的磨内降温手段。通过向磨内喷入雾化的水，使其迅速汽化，不会造成水泥的水化而降低水泥的强度。喷入的雾化水吸收磨内热量后，由磨内的通风带出磨外，特别是当磨内处在高温状态，通过向磨机尾仓的高温区喷入雾化的水，其效果立竿见影，可保证出磨水泥温度控制在95 ℃以下，并可显著提高水泥磨机产量。

物料在磨内粉磨，由于磨机的转动和研磨体的带动，许多物料均呈悬浮状态，特别是矿渣微粉磨更是如此。这些悬浮于磨内的物料，研磨体很难磨到，在磨内通风的影响下，很容易被带出磨外，造成磨内物料流速过快，物料在磨内得不到充分的粉磨，使产品的比表面积达不到要求。如果此时向磨内喷入雾水，可让一些悬浮于磨内的物料沉降，可有效提高磨机的粉磨效率，阻止物料过快流动，使物料在磨内得到充分粉磨，显著提高产品的比表面积和磨机产量。对于矿渣微粉磨，采用磨内喷雾系统，通常可提高10%～50%的产量。通过调节喷雾量大小和磨机通风量，可轻易地控制出磨矿渣微粉的比表面积，最高可达650 m^2/kg 以上。

2.8 管磨机衬板的作用和分类

(1) 衬板的作用

① 保护磨机筒内壁和端盖不被研磨体磨损。

② 调整研磨体运动状态,使研磨体在磨机运转过程中获得的能量得到合理利用。例如,在一仓装阶梯衬板或压条衬板可使大研磨体的提升高度增大,使研磨体以较大的动能击碎物料;在细磨仓装波纹衬板或平衬板,可使研磨体的研磨作用增强。

③ 在一定程度上增强筒体的刚度。

④ 分级衬板可使仓内钢球按球径大小沿磨机轴向作正向分级,从而使各直径钢球在粉磨过程中充分发挥作用。

(2) 衬板的分类

① 按照安装部位,可分为磨头端盖衬板、筒体衬板和磨门衬板;

② 按照材质可分为金属衬板、橡胶衬板、铸石衬板等(水泥工业一般使用金属衬板);

③ 按照工作表面形状可分为平衬板、波纹衬板、凸棱衬板、压条衬板、阶梯衬板、半球形衬板、锥形衬板、双曲面衬板、角螺旋衬板、沟槽衬板等;

④ 按照连接方式,可分为螺栓衬板和无螺栓衬板;

⑤ 按照功能可分为普通衬板和分级衬板。

按工作表面形状分类的方法比较直观,采用得较多。

2.9 常见磨机衬板的工作性能

(1) 平衬板

工作表面平整或铸有花纹的衬板均称平衬板。有花纹的又称花纹平衬板。平衬板对研磨体的摩擦力小,研磨体在它的上面产生的滑动现象较大,对物料的研磨作用强,通常多与波纹衬板配合,用于细磨仓。

(2) 波纹衬板

波纹衬板是工作表面呈波浪形的衬板。一块衬板上只有一个波峰的称单波纹或大波纹衬板;有两个波峰的称双波纹或中波纹衬板;有多个波峰的称小波纹衬板或波纹衬板。单波纹和双波纹衬板的带球高度小于压条衬板。波峰处于上升侧时,有向上带球的作用;处于下降侧时,有向下抛球的作用,适用于棒磨机的棒仓。小波纹衬板的波峰和节距都小,带球高度低,适用于细磨仓和煤磨。

(3) 凸棱衬板

凸棱衬板是平衬板工作面上铸有一个半圆形或梯形凸棱的衬板。凸棱可提升研磨体,使其具有较大的冲击作用,用于磨机的第一仓,但不适用于棒磨机或棒球磨机的棒仓。装这种衬板的磨,因衬板凸棱易于磨损,产量不够稳定,所以凸棱衬板逐渐被阶梯衬板所取代。

(4) 压条衬板

压条衬板由平衬板和压条组成。压条上有螺栓孔,螺栓穿过螺孔将压条和衬板(衬板上无孔)固定在筒体内壁上。压条高出衬板,可增大对研磨体的提升作用,使研磨体具有较大的冲击研磨力。适用于一仓,尤其是入磨物料粒度大和硬度高的一仓。在安装压条衬板的仓内,钢球和衬板的磨损较严重,加快转速的磨机不宜采用。

(5) 阶梯衬板

阶梯衬板又称船舵形衬板。它的工作表面呈一倾角,安装后出现很多阶梯,适用于管磨机的头仓。这种衬板可加大对研磨体的推力。它对同一层钢球的提升高度均匀一致;对钢球的牵制力强,能防止不同层研磨体的滑动和磨损,并能减少最外层研磨体与衬板间的滑动和磨损;另外,这种衬板表面磨损均匀，且磨损后表面形状改变不明显。阶梯衬板的薄端，当磨机运转时，处于转向的前方。

(6) 半球形衬板

半球形衬板的工作面上有半个球体。半球形呈品字形排列，能阻止钢球沿筒体滑动，并避免衬板上因磨损而出现环向沟槽，从而减少研磨体及衬板的消耗。适用于粉碎仓。

(7) 锥面分级衬板

锥面分级衬板也称锥形分级衬板。安装之后，仓内从整体上分段地呈现出圆锥形磨碎腔。这种衬板倾斜角的正切值大于或等于钢球的当量滚动摩擦系数。在倾角的作用下，球便沿锥面向磨头滚动，且球径越大，向前的滚动越大，从而实现钢球的正向分级。常见的有卡曼锥面分级衬板、史雷格顿锥面分级衬板和 FLS 型锥面分级衬板等。第一种的工作表面为平锥面，中间一种的工作表面由平锥面和弧形锥面组合而成，最后一种的工作表面由两块平衬板和一块卡曼锥面分级衬板组合而成。

这类衬板可用于开路磨，也可用于闭路磨；可用于生料磨，也可用于水泥磨；可用于干法磨，也可用于湿法磨；可用于钢球的分级，也可用于球段混合介质的分级。这种衬板一般只用于中长磨机的细磨仓。L/D 较小的中长磨，采用预破碎工艺后，入磨物料粒度 d_{80} 缩小为 3 mm 左右时，全磨都相当于细磨仓。这时，可考虑去掉隔仓板，整个磨内都安装锥面分级衬板，以增大磨机的有效容积，降低通风阻力，从而进一步提高磨机产量。据资料报道，管磨机安装锥面分级衬板后，在产品细度基本不变的情况下，产量提高 5%～15%，单位电耗下降 10%～18%。锥面分级衬板的缺点：磨机的有效容积下降；衬板锥面倾角的精度要求高（倾角误差大会影响分级效果），制作难度大；衬板安装比较麻烦。

(8) 角螺旋衬板

角螺旋衬板又称 CZ 衬板，多用于第二仓。安装之后，仓内便形成带四个圆角的正方形截锥面，故又称圆角方形衬板。相邻两圈衬板的方圆角互相错开一个角度，且在轴向形成一定大小的螺旋角（水泥磨一般为 12°～22.5°，生产高标号水泥时约为 36°）。衬板旋转方向与磨机筒体的转向相反。这样，从磨机的全长看，整个筒体内的磨碎腔便构成连续的四头螺旋。衬板圆角内螺旋面对小球的把握力较强，把小球推向卸料端；同时，螺旋角的推力又把大球推向进料端，因此，这种衬板可较好地实现钢球的正向分级，其分级效果优于锥面分级衬板。

仓内安装这种衬板后有下述作用：

① 每层钢球的回转半径都在瞬时发生变化，使同一层球的降落高度、降落点和冲击动能跟着发生变化，从而加强了研磨介质与物料的混合和穿透作用。

② 球、料的回转、下降速度不同，使相邻衬板的“球料幕”面之间发生强烈摩擦。

③ 内旋面的推进力使同球径区域的球产生局部轴向涡流，强化了研磨能力。

④ 对钢球有较好的正向分级作用。过粉磨现象明显减轻（开路磨的减轻程度更为显著）；磨机运转较平稳；传动装置的使用寿命较长。

装这种衬板后，仓的有效容积比装普通衬板时减少 10%～15%，一般在大型（ϕ 3 m 以上）磨机上效果好。这种衬板的安装和拆卸较困难。使用这种衬板时，应适当减少装球量，增大一仓的平均球径；还应严格控制入磨物料的含水率。

(9) 双曲面分级衬板

双曲面分级衬板是一种兼有分级衬板和阶梯衬板两者优点的衬板。它的轴向呈分级衬板状，可使钢球沿轴向进行合理分级。当钢球沿衬板表面曲线做轴向滚动和滑动时，由于大小钢球自身的能量不同，小球被轴向推力推向磨尾，实现钢球的自动分级。这种衬板的表面曲线在磨内形成断续的螺旋线，对物料施以向磨尾的推力，从而加快料流的速度，有效地减轻过粉磨现象。衬板周向呈一定提升倾角的阶梯，可保证抛落的钢球不落于裸露的衬板上从而减少衬板的破坏和损耗。使用这种衬板比使用普通衬板节能 10%。

(10) 螺旋沟槽衬板

螺旋沟槽衬板是工作面上带有倾斜角（角度<12°）的沟槽衬板。安装后，粉碎腔的工作面类似于连

续的多头螺旋(螺旋方向与磨机转向相同)。这种衬板用于细磨仓,既具有沟槽衬板的作用,又具有使钢球沿轴向合理分级的作用。

(11) 组合分级衬板

在同一仓内,以工作表面提升摩擦系数不同的几种衬板相组合,使每圈衬板的平均提升摩擦系数沿物料流向递减,从而实现衬板对研磨体的牵制、提升能力向卸料端递减的目的,使大球向高能量区域推进,实现研磨体的自动分级。联邦德国曾以压条高度不同的压条衬板组成分级衬板,使磨机产量提高5%～10%。做法是将粗磨仓的压条分成 5 排:第一排的压条高 55 mm(16 根),第二排的高 45 mm(16 根),第三排的高 45 mm(8 根),第四排的高 30 mm(8 根),第五排的高 30 mm(4 根),第六排为无压条的平衬板。华新水泥厂曾将阶梯衬板与平衬板以交错排列的方式,使衬板传递给钢球的能量沿料流方向递减,从而消除了钢球的逆向分级现象,磨机产量提高 4%～7%,衬板和钢球的消耗均有所降低。

(12) 双螺旋形状分级衬板

双螺旋形状分级衬板是一种在圆角多边形衬板上,以不同的密度排列出带有倾斜凸棱的衬板。其圆角多边形和倾斜凸棱均沿轴向呈双螺旋状排列,凸棱的密度沿料流方向递减。这种衬板即使衬板表面传递不同的能量,又使衬板和凸棱螺旋角产生轴向推力,使段仓的钢段作很好的正向分级,使球仓的球作正向分级,还可使球段混合仓的研磨体作正向分级。经在 ϕ 2.2 m 以下(包括 ϕ 2.2 m)管磨机中试用,可提高产量 5%～15%,降低电耗 8%～15%;此外,由于这种衬板沿磨机长度方向交错排列,使磨内载荷交替卸落,增强了钢段与物料间的剪切作用,在产品产量不变的情况下,使产品的细度明显提高。

(13) 沟槽衬板

沟槽衬板是单块衬板的工作表面呈若干沟槽的衬板。这种衬板,装于磨内后,便形成环向沟槽,故又称环沟衬板。

沟槽衬板上的沟槽是按使钢球在磨内衬板上呈六方形堆积而设计的。钢球在这种堆积形式下的配位数大,致密度高,球间的有效碰撞概率大;另外,球与衬板的接触,由与平衬板或凸衬板的点接触变为120°的线接触,研磨面积急剧增大。在这种接触条件下,球与衬板间的物料不像装平衬板或凸衬板时那样容易向周围飞溅,而是形成一层不易脱落的料层,在沟槽中被充分研磨,因而研磨效率高。

沟槽衬板有环形沟槽、螺旋沟槽和活化衬板三种形式,根据磨机工况应用,可产生钢球的合理分级,提高粉磨作用。

采用沟槽衬板还有如下作用:

① 研磨体在波纹衬板上的脱离角为 55°,在沟槽衬板上为 60°。由于脱离角增大,磨机的扭矩减小;加上沟槽衬板的质量比一般衬板约轻 10%,磨机需要的功率下降 20%左右。

② 球与衬板间始终存在着一层物料,球与衬板不发生直接接触。不仅钢球与衬板的磨耗率大降,粉磨噪声显著下降,而且,粉磨过程中产生的热量比使用普通衬板低 6%～7%。

③ 由于钢球在沟槽衬板上的脱离角较大,加上沟槽衬板对球的抛泻无额外加速作用,球落下时,砸在趾区内,不直接冲击裸露的衬板,因而筒体衬板和螺栓不易断裂,维修工作量少,且运转噪声和粉磨温度低。

④ 衬板沟槽各部位磨损均匀,因而,衬板从安装到更换的整个期间内,沟槽形状始终不变,磨机的粉碎、研磨效率不因衬板的磨损而变差。

⑤ 沟槽衬板对研磨体的提升高度比阶梯衬板和凸棱衬板的低,且提升高度均匀。因此,磨内的负荷重心向中心偏移,驱动功率下降,磨机的振动小,传动齿轮不易损坏。

⑥ 用于小型磨机时,沟槽衬板磨损后,磨机有效内径的增大率较显著。这时,适当增加研磨体的装载量,可提高磨机产量。

⑦ 衬板的品种少,质量轻,可用螺栓固定,也可镶砌固定,安装简便。由于上述诸因素,磨内安装沟槽衬板可提高产量 7%～20%,降低电耗 8%～20%,减少球耗 15%～40%,延长衬板寿命近 3 倍,降低噪声 4～6 dB。

使用沟槽衬板的条件：

① 仓内须用球作研磨体。闭路磨各仓均装沟槽衬板；开路双仓磨只在一仓装沟槽衬板。

② 沟槽衬板的材质，一般选高铬铸铁、中碳合金钢、低铬铸铁等高硬耐磨材料，视磨机的直径和仓别而定。磨机直径较大时，粗磨仓衬板应有较高的韧性。

③ 磨机转速较高时，采用沟槽衬板的效果更佳。

④ 入磨物料综合水分应小于 2%，以免沟槽内粘料。

⑤ 入磨物料的 d_{80} 应小于或等于 20 mm。

⑥ 沟槽衬板的沟槽尺寸是按最大级球的球径确定的，为突出沟槽效应，宜装大球，不宜采用多级配球。郑州铝厂水泥厂将四级配球改成两级大球各占 50%，长铝水泥厂改成最大级球间隙内填充小球的两级配球，都取得了良好效果。大球间隙中填充小球的做法，小球的直径 $d_1=0.414d$（d 为大球直径，mm）。小球的装载量为该仓装球总量的 4%～5%。

2.10 球磨机衬板按材质可分为几种

（1）高锰钢衬板。

（2）生铁或合金生铁衬板。

（3）铸石衬板。

（4）橡胶衬板。

（5）高铬铸铁衬板。

（6）中碳铬钼合金钢衬板。

2.11 球磨机衬板材料有何发展

（1）奥氏体高锰钢系列

普通高锰钢制作磨机衬板，由于受冲击力小，磨损表面硬度仅为 HB350 左右，深度小于 0.2 mm，因此很容易受物料犁沟、切削磨损。同时由于高锰钢屈服强度低，易产生塑性流变，凸起变形，有时甚至拉断衬板螺栓。作为隔仓板、篦板，由于高锰钢塑性流变，常使篦缝堵塞、变小，影响生产。

但由于它韧性好，使用安全，人们仍使用它。为保持它的高韧性，提高它的屈服强度、原始硬度、加工硬化速率，而研制出各种改进型高锰钢。对于大中型磨机隔仓篦板等部件，应向使用既可靠、寿命又可成倍提高的超强合金高锰钢发展。一些中小磨机使用中锰钢、高锰钢，甚至所谓铸态水淬高锰钢也有明显效果，但要确保产品质量。

（2）中碳多元合金钢

中碳多元合金钢的特点是含碳量在中碳范围内，加入 4%～6%的铬，0.4%～0.8%的钼及 V、Ti、Re 等多元微量元素合金化，经过风冷淬火加回火热处理，金相组织为回火马氏体加弥散碳化物，硬度为 HRC48～HRC56，冲击韧性为 15～25 J/cm^2，抗拉强度≥10 MPa。其在数十家大中小型磨机普通阶梯衬板及角螺旋、沟槽、环沟-双曲面节能衬板上使用，均取得比高锰钢衬板提高寿命 1～2 倍的良好效果。

各类合金钢衬板近年来多有发展。低碳低合金钢热处理采用水淬或油淬，硬度可达 HRC50 左右，但因含 Cr 在 2%左右，金相组织中很少有碳化物存在，所以耐磨性提高不大，采用水淬控制不好，易开裂。高碳中、高合金钢，空淬即可达到 HRC50 以上的高硬度，但韧性相对较低，使用范围受一定限制。因此发展中碳中合金钢是磨机衬板材质的一个方向。

（3）高铬铸铁（钢）及中铬铸铁（钢）

国外 20 世纪 60 年代开始使用具有优异耐磨性的高铬铸铁（钢）制作磨机衬板。因衬板结构为单螺孔小方块，故不易开裂。20 世纪 70 年代西安交通大学、沈阳铸造研究所等单位把高铬材质引入国内制作磨机衬板。由于国内 ϕ 1.83～3.5 m 磨机衬板多为双螺孔、长条形且衬板薄厚差值大，因此限制了其使用。多年来研制单位积极探索，通过调整成分和热处理，不断提高其韧性；在金相组织上尽量减少残余奥氏体量等措施，在 ϕ 2.2～3.0 m 中型磨机上的应用，已比较成功。但因铬、钼等元素含量高、成本高、销售价高，又制约了生产和使用。近年来又发展了中铬铸铁在一定范围应用。高铬铸铁(钢)在矿山和水泥湿法原料磨上应用时，受介质腐蚀作用，耐磨性已不突出。

2.12　球磨机衬板是如何被磨损的 

球磨机的衬板承受磨球和物料的冲击、凿削、挤压和显微切削多方面作用，磨损特征是表面出现凹坑、裂纹和犁沟。磨损程度与物料特性、粒度、锐度和易磨性有关，也与磨机直径大小规格、衬板所处部位有关。

以 ϕ 2.2 m×6.5 m 水泥磨机为例，据电镜观察一仓衬板有许多犁沟和剥落坑，这是因为一仓平均球径为 ϕ 60～70 mm，最大球为 ϕ 90～100 mm，物料平均粒度 25 mm，最大可达 40 mm，且棱角尖锐；二仓球径为 ϕ 30～50 mm 或 ϕ 35 mm×30 mm 以下钢段。物料从一仓被破碎后经隔仓板到二仓，粒度已变成 5 mm 左右，棱角锐度已大大减小，所以二仓衬板主要是显微切削、挤压堆积和冲刷磨损。进料端磨头衬板由于受较大研磨体和物料(粒度大、棱角尖锐)的侧冲击、滑动切削，因此比出料端篦板磨损严重得多。隔仓板既受一、二仓球的侧冲击，又受物料通过筛缝时冲刷的显微切削，因此磨损也比较严重。若要求隔仓板既有抗冲击磨损能力，又要有较高的屈服强度和硬度，抗弯曲，抗物料冲刷，保持篦缝宽度，满足工艺要求，就应选择韧性好、硬度高的材料。

即使是同一块磨机衬板，不同部位磨损也不同，比如端衬板、中部衬板受物料和磨球的冲击严重，尤其是迎料面更甚，而靠近筒体尾部则轻些。筒体衬板不论是阶梯、凸棱、压条等衬板均是迎料球面受切削、冲击较严重，因此在衬板生产工艺中应考虑不同部位的抗冲击磨损的耐磨性问题，或从结构设计中加以改进，如磨头端衬板迎料面加棱；一仓衬板制作成双阶梯；隔仓板磨损部位加厚等。

2.13　管磨机常用各材质衬板的应用性能及选择注意事项 

(1) 常用各材质衬板的应用性能

① 高锰钢衬板　其化学成分为：$w(C)=0.9\%\sim1.3\%$，$w(Si)=0.3\%\sim0.8\%$，$w(Mn)=11.0\%\sim14\%$，$w(P)<0.1\%$，$w(S)<0.05\%$。铸件经水淬处理后为纯奥氏体高锰钢，其冲击韧性好($>150\ J/cm^2$)，硬度 HRC>45。高锰钢的初始硬度低(HRC<20)，必须在高冲击力作用下才能大幅度提高(据试验，可提高至 HRC45 以上)。可用于管磨机粉碎仓，使用寿命短(约为 2 年)，由于屈服强度低，易产生塑性流变而凸起变形，甚至拉断衬板螺栓。不宜用于小型(直径≤2.2 m)管磨机细磨仓(特别是段仓)。因细磨仓研磨体的单重小，冲击力弱，高锰钢的硬度不会猛增，致衬板很快磨损。用高锰钢制作的隔仓板、篦板，易发生篦缝变小和堵塞问题。

② 高铬铸铁衬板　其化学成分为：$w(Cr)=14\%\sim16\%$，$w(Mo)=2.5\%\sim3.0\%$，$w(C)=2.4\%\sim4.8\%$(高碳高铬铸铁 3.2%～3.6%，中碳高铬铸铁 2.8%～3.2%，低碳高铬铸铁 2.4%～2.8%)，$w(S)<0.05\%$，$w(P)<0.10\%$。其性能特点是硬度高(铸态硬度 HRC51～56，淬火硬度 HRC62～67)、耐磨性好(为高锰钢的 4～6 倍)、耐热性强(在 400～700 ℃下长期工作的机械性能变化不大)、有一定的抗腐蚀性，但韧性不足，应力集中敏感性强，价格高。用于大中型管磨机的二、三仓(应力块变小，厚度大)，及直径≤2.2 m 管磨机的各仓。使用寿命可达 6 年以上。结构复杂及壁薄的大块衬板、篦板等不宜采用。

③ 低铬铸铁衬板　含铬 2%～3%，洛氏硬度高(HRC48～55)，具有硬变高、耐磨性较好(为高锰钢

的 2～3 倍)的优点,但韧性不足,可用于管磨机的细磨仓。由于价格较低,采用者多。

④ 中碳低合金钢衬板　它的硬度高(HRC42～48),抗冲击韧性好(25～40J/cm^2),不变形,耐磨性为高锰钢的 1.2～1.5 倍。其适用范围较广,可用于各规格管磨机的各仓,还适宜于制作隔仓板和篦板,价格适中。

⑤ 中碳多元合金钢衬板　这种钢是在中碳钢内加入 4%～6%的铬,0.4%～0.8%的钼及 V、Ti、Re 等微量元素,使之合金化,并经过风冷淬火加回火热处理制成的合金钢。其综合机械性能好,硬度为 HRC48～56,冲击韧性 α_k 为 15～25 J/cm^2,抗拉强度 $\sigma_b \geqslant 10$ MPa。经在普通阶梯衬板及角螺旋、沟槽、环沟-双曲面衬板上使用,其使用寿命均比高锰钢衬板长 1～2 倍。这种衬板的价格适中,可用于管磨机的各仓。

⑥ 低铬合金钢衬板　含铬 2%～3%,洛氏硬度 HRC40～42。冲击强度较好,可用于管磨机的粗磨仓。

⑦ 低合金钢衬板　钢中含 Cr、M 等元素,淬透性好,表里硬度相近,强度高,韧性好,可用于管磨机的各仓。

⑧ 高铬合金衬板　含铬 12%～15%,硬度 HRC50～55,抗拉强度 8.8～11.8 MPa,冲击韧性 4～10 J/cm^2,用于各种规格管磨机的各仓,还可制作隔仓板。使用寿命为高锰钢的 5 倍。这种衬板与高铬球配合使用时,效果更好。

⑨ 白口铸铁或合金生铁衬板　其耐磨性好,但脆性大,只能用于小型磨机的段仓。制成镶砌衬板更好,无螺孔,可弥补抗冲击力差的缺点,又具有抗摩擦力大的优点(段的摩擦力大),使用寿命为高锰钢的 2～3 倍,加上价格远比高锰钢低,经济性好。

⑩ 橡胶衬板　使用温度在 80 ℃以下,仅可用于湿法生料磨。具有质量轻、安装拆卸方便、耐磨性好、使用寿命长(用于细碎和细磨仓时)、噪声低的优点。

⑪ 铸石衬板　又称辉绿岩衬板。它的耐磨性和抗腐蚀性都好,而且质量轻,不粘料,但脆性大,只适用于小型管磨机的小球仓(球径不大于 40 mm)或段仓。其使用温度低于 150 ℃,不宜用于烘干磨,使用寿命为白口铸铁衬板的 2 倍,价格比白口铁低。这种衬板以镶砌法固定。

以上各种衬板中,前 5 种较多使用。

(2) 选择管磨机衬板时应注意的事项

① 需有足够的硬度,以保证在一定的冲击载荷下具有较高的耐磨性。各仓衬板的硬度应是由进料端向出料端逐仓递增:前仓衬板的硬度应为 HRC48～50,中、后仓的应为 HRC50～55。

② 有较好的韧性,以保证在一定的冲击力下不开裂。各仓衬板的韧性应为由进料端向出料端递减:前仓的冲击韧性应为 10～20 J/cm^2 或更大,中、后仓的应为 5～10 J/cm^2(均为大直径磨取大值)。为满足硬度和冲击韧性的要求,大型管磨机一仓宜选中、低碳合金钢衬板,中小型管磨机一仓可选高铬铸铁衬板,各规格磨机二仓可选高硬度耐磨铸钢或合金耐磨铸铁衬板,各类磨机的端盖衬板、隔仓板应以中、低碳合金钢铸造(其硬度为 HRC45～52,冲击韧性为 15～25 J/cm^2),或以加铬高锰钢制作。

③ 衬板硬度应与钢球硬度相匹配。一般应比钢球的硬度低 HRC2～3。

④ 衬板受磨后的硬度应为被磨物料硬度的 0.8～1.3 倍。

⑤ 衬板的铸造和热处理不应有气孔、夹渣、裂纹、淬火不足、过热等方面的较大缺陷,以免影响衬板的使用性能。

⑥ 使用寿命应较长(国外规定应达 20000 h 以上),且价格应适宜。

⑦ 衬板的制造单位应为技术成熟、设备先进、有完整质量保证体系和检测手段的工厂。

2.14 管磨机衬板的安装方法及安装质量要求

安装方法有螺栓固定法和镶砌法两种。

(1) 螺栓固定法

螺栓固定法用于管磨机的各仓,安装注意事项:

① 有方向性的衬板(如阶梯衬板、分级衬板等)须使衬板的方向和磨体旋转与物料流向的要求相符,如阶梯衬板的薄端须对着磨机的转向。

② 各块衬板应交错排列,以免形成环向缝隙;衬板与隔仓板及挡料环相接处的整条环向缝隙须用木楔或钢楔消除。湿法磨衬板下面应垫上一层橡胶板或胶合板,各块衬板间须留 5～10 mm 的缝隙。缝隙过小,衬板受冲击、摩擦后的发热形变可能使螺栓或衬板本身断裂;缝隙过大,可能导致筒体磨损。

③ 衬板与筒体的间隙须充满水泥砂浆(配比 1∶1,水泥强度等级 42.5)。紧固衬板螺栓时,应有多余的水泥砂浆被挤出。安装 24 h 后,应再拧紧螺栓一次。拧紧时,应均匀用力,禁止用锤子打击扳手手柄。螺栓应灵活穿过衬板和筒体,拧紧后,螺栓头应沉没于衬板的凹孔中并旋至极限。棒球磨的棒仓内,螺栓头一定不能露于衬板工作表面之外,以免影响棒的运动。

④ 磨身外表面与螺帽之间应垫以密封填料和耐热胶垫圈(或石棉垫),以防料粉或料浆沿螺孔流出。应加防松垫圈,或用双螺帽防止螺栓松动。

⑤ 橡胶板系成筒贮存和运输,使用前三、四周应打开铺平,让其自由伸长。安装时,橡胶板的长边应顺着轴向(短边顺着圆周方向),各块橡胶板安装后,圆周向接缝的缝隙不得相通。衬板与磨头及隔仓板接触部位的突出点应磨去。螺栓固定后须保证不会窜动。衬板的紧固须拧到规定的力矩(不可过大或过小)。橡胶衬板的安装法基本上属于螺栓固定法。采用挠性连接,且不留安装缝;两块衬板用一根橡胶压条压住。压条通过"T"形压板上的螺栓穿过筒体,套上垫圈后,再用蝶形压盖压紧,以螺帽拧紧。"T"形压板和螺杆焊接成一体。由于压板深埋于压条中,压板和螺栓不直接受研磨体和物料的磨损。

(2) 镶砌法

镶砌法用于长管磨机三、四仓衬板的固定,也可用来固定中长管磨机细磨仓的衬板。镶砌注意事项:

① 安装前须逐块检查衬板的质量。衬板的内外弧面应同心;衬板与筒体的接触面不得有凸起部分;衬板圆周方向两侧面上的凸出部分应小于 1.5 mm(超过时用砂轮打磨),以使衬板贴紧于筒体内表面,并沿圆周方向互相靠紧;衬板的铸造缺陷不得影响衬板的强度;衬板的材质应符合技术要求。

② 安装镶砌衬板前,先装好隔仓板和出料篦板;磨机有挡料环时,还应先装挡料环;磨门衬板也应先装,并将磨门转至最低位置。

③ 安装方法:先在筒体内壁上均匀地铺一层 1∶1水泥砂浆,再沿环向将衬板一块紧挨一块地铺于水泥砂浆上。装时以手锤敲实,使多余的水泥砂浆从衬板通孔挤出。全仓下半周砌完后,用顶杠固定衬板(以一根顶杠顶住位于杠两端的两块衬板,杠的两头和衬板之间应加垫木)。然后,将筒体缓慢转动 45°,并将该角度区域中的衬板砌完,之后,再将筒体转动 45°,砌该区域内的衬板。砌完后,再装上一根顶杠(使其与上一根顶杠垂直)。按上述做法推进,直到把全磨的衬板砌完。砌完后,养护 2 d 以上方可开机。镶砌时,随时检查质量,防止出现衬板拱起或衬板不与筒体接触的现象;所用水泥应具早强性,最好掺入适量的早强剂;各块衬板应交错排列,且应留 5～10 mm 的缝隙;每块衬板都须镶紧(特别是每排衬板头尾及两半圆拱的接头处),必要时须用堆焊法焊牢。

2.15 阶梯衬板安装方式的一种改进方法

据周祖永介绍,一仓安装阶梯衬板的生料磨,如果入磨物料水分较大,细物料将黏附并压紧于两块衬板交接的死角处,形成物料垫,影响磨机的研磨能力。这时,不仅磨机的台时产量下降,而且产品细度不稳定,料粉中往往夹有小石子,还经常发生"饱磨"问题。采用缩小入磨物料粒度,调整钢球级配,装设磨头鼓风机、磨尾小火炉等措施的收效甚微。为消除上述死角,可把两块阶梯衬板有倾角的边相对接,使对接后形成一个波浪形工作面,磨机台时产量即可显著提高,且生料的细度易于控制。即使偶尔因物料水分过大或喂料不当而致磨音沉闷,摇磨时间一般不超过 15 min 即可转向正常生产。

2.16 如何降低球磨机衬板的磨耗

(1) 降低入磨物料粒度。入磨物料的料度降低后,钢球的平均球径即相应减小,研磨体填充率也可减低,衬板的磨耗自然相应减少。

(2) 实现均匀喂料,特别是防止磨内无料或少料。

(3) 采用闭路粉磨。因闭路磨内的料球比大,衬板的磨耗率相应下降。

(4) 控制入磨物料水分在 2%以下,以免物料中的酸性或碱性物质在高温和较多水分下生成腐蚀性物质,加快衬板的磨耗。

(5) 加强磨内通风,以降低磨温,减轻衬板在高温下的塑性变形程度。

(6) 降低入磨物料温度,入磨熟料的温度控制在 50 ℃以下。

(7) 采用助磨剂,改善物料的易磨性,减轻磨损效应。

(8) 对衬板外形进行改进:

① 磨机内同一块衬板的厚度是一致的,但在使用过程中,衬板上有一很小的部位磨损很快,一旦该部位剩余的厚度被磨至允许的最小值时,虽然整块衬板的绝大部分尚属完好,也须更换。改进措施:将磨损较快部位的厚度适当增大。以磨头衬板为例,磨损较快部位的厚度应比其他部位厚 15～30 mm。为此,直径 2～3 m 管磨的磨头衬板可设计成两圈,直径大于 3 m 的可设计成三圈。分圈时,使磨损快的部位集中在某一圈中,并适当加厚该圈衬板的厚度,以延长衬板的更换周期,并减少衬板的磨耗。在进行分圈设计时,还应注意:单块衬板的尺寸和质量都不宜过大,以便于出入人孔和搬动;衬板与端盖上的螺栓孔应均匀分布。隔仓板、出料篦板也可仿照上述措施,适当加厚磨损部位的厚度。

② 国内以前的阶梯衬板多设计成双螺孔长条形,其薄边厚 18～22 mm,厚边厚 70～90 mm,使用过程中易开裂,若用硬度高、韧性差的材质制作,更易开裂。这种衬板国外多设计成单螺孔、小方块型,其薄边厚 55 mm,厚边厚 135 mm。由于厚度厚,且薄边与厚边的厚度差大,不仅带球作用大,而且整体结构强度高,即使用高铬铸铁制作,也不易开裂。

③ 齐纪渝教授将 DTM-287/410 型煤磨机的衬板由每圈 12 块(30°)改为每圈 18 块(20°)后,不仅衬板质量减轻 35.9%,便于安装,而且最大应力降低 41.8%,耐用性显著提高。

④ 用高铬白口铸铁制作管磨机衬板时,其块度应小,结构应简单,凸型衬板的沉头孔应改成椭圆形。

2.17 如何选择球磨机衬板的材质

(1) 有整体均匀的硬度和组织结构。

(2) 高的抗冲击疲劳强度。

(3) 低磨损率、不变形、不破碎。

(4) 在符合水泥粉磨工艺要求的前提下,还要进行合理的结构设计。同时,可根据磨料的特性及不同的粗、细磨仓选择不同的材料。

(5) 技术上可靠。不能片面追求耐磨性而忽略综合力学性能。

(6) 生产上可行。要注重选用材料制造上有较为普通的生产工艺,并且能形成批量生产。

(7) 综合效益好。采用新材料的最终目的是提高经济效益,要以价值工程观念来分析考虑,不能单看某一材质的单价,要分析提高寿命、运转率,减轻劳动强度等多种因素,看整体工程效益来决定。

(8) 科研、生产和使用三方相结合,针对工况进行科学分析、设计、制造和试用,才能取得良好效益。

2.18 球磨机衬板有何要求,橡胶和铸石衬板的优缺点

各种衬板尺寸的大小主要取决于磨门的大小和安装是否方便,尺寸过大,磨门进不去,质量过重,安

装不方便;尺寸过小,螺栓孔增多,降低了磨机筒体强度。最常用的衬板尺寸长为 250～500 mm,宽为 300～400 mm,厚为 40～50 mm,质量为 30～50 kg(小型磨机为 30～40 kg)。

制造衬板的材料要求坚固而耐磨。通常选用高锰钢(ZGMn13)和铸铁(白口铸铁或合金白口铸铁)作衬板材料。钢段仓的衬板可用白口铸铁;球仓衬板常用锰钢或高锰钢制造,不宜采用脆性较大的铸铁。

近年来国外许多工厂使用镍硬质合金衬板和高铬硬质合金衬板,效果较好,比锰钢衬板耐磨。若使用铬、锰、硅合金钢时,其强度和耐磨性更好,相当于镍硬质合金的三倍。

目前国内还采用了橡胶衬板和铸石衬板。橡胶衬板具有质轻,耐磨、使用寿命长,装卸方便,磨机噪声小、电耗低等优点;但它使用的环境温度不能超过 70～80 ℃。否则橡胶易老化,其耐磨性将急剧下降,故只适用于湿法生料磨。同时橡胶衬板造价高,且对研磨体有一定的缓冲作用。

铸石衬板比锰钢有较好的耐磨性,磨内不易产生黏球,有利于提高粉磨效率。但由于它非常脆,故只能用于段仓或球径不大于 40 mm 的球仓内。

2.19 球磨机合金瓦衬和铸铁球面瓦断裂的原因及处理方法

(1) 原因分析

① 球磨机合金瓦衬断裂

球磨机合金瓦衬在运行中突然断裂。造成瓦衬断裂的主要原因是球磨机振动与自然磨损,使得合金材料疲劳,产生微裂纹,逐步延伸、连贯起来,最终导致合金瓦衬的断裂。

② 球磨机铸铁球面瓦断裂

球磨机球面瓦一般是由灰口铸铁 HT20～40 铸造加工,内部通冷却水,内圆有镶嵌或挂轴承合金的瓦衬,外圆为球面,双面都要经过研磨,在受力均匀的情况下是不容易断裂的。但在北方多因冬季突然停水或因误操作停水而结冰,导致球面瓦内部膨胀,在此膨胀应力作用下,球面瓦断裂了。有的瓦是因为在制作过程中留下了致命缺陷如气孔、微裂纹等,致使荷载运行后断裂。

(2) 处理方法

① 球磨机合金瓦衬断裂的抢修方法

如果断裂合金瓦衬的厚度在 5 mm 以上,可采取熔焊的办法进行补焊抢修。具体做法是:

a. 首先将同样材质的轴承合金熔化成焊条(形状不限)。

b. 再用气焊将瓦衬断裂处熔化成槽形。

c. 然后再补焊。焊面要求平整,焊完后要用砂轮磨平再进行刮研。

对于厚度不足 5 mm 的断裂合金瓦衬,一般已没有修复价值,可以更换新瓦衬。

② 球磨机铸铁球面瓦断裂的抢修方法

对于球磨机铸铁球面瓦断裂,可在断裂的部位采用焊接的办法加以修复。具体做法是:

a. 将球磨机铸铁球面瓦断裂处清理干净,除去裂纹及其附近区域的污垢。

b. 将断裂球面瓦拼接在一起(出现断裂裂纹但并未裂断的,找出裂纹起止点),将断裂(或裂纹)处铲出 V 形槽坡口,并将坡口清理干净。

c. 用木炭将球面瓦烘烤加温到 300 ℃左右,在热态情况下用球墨铸铁焊条气焊焊接。焊面要求平整,不能凸起,焊后在室内自然冷却后再用砂轮将焊接面磨平。

d. 安装时还要对球面瓦研磨一次,主要是观察经过焊接的铸铁球面瓦是否变形。如果发现变形了,就要重新研磨,待接触球面有 75%的接触,才能使用。

2.20 球磨机衬板螺栓断裂的原因及处理

在水泥生产过程中,经常发生磨机衬板螺栓断裂故障,螺栓折断脱落后,粉料便顺着螺栓孔漏出,既

污染环境，又加剧了螺栓孔乃至筒体的磨损。螺栓断面特征是，断裂处无显著的塑性变形，可分为光滑和粗糙两个区域。

螺栓断裂现象多发生在磨机的一仓，也见于二仓。冬季停磨数小时或数天后，启动磨机，容易发生螺栓连续断裂现象。

（1）原因分析

螺栓断裂的原因比较复杂，可从三方面去分析：

① 螺栓的材质

衬板螺栓材质一般为 A3F，即甲类普通低碳沸腾钢。这种钢材内部组织比较疏松，杂质和夹杂物较多，冲击韧性较差，在热胀冷缩影响下，容易变脆，从而使强度降低。在冬季，磨机运转时，筒体温度可达到 100 ℃左右，此时衬板螺栓受热膨胀，停磨数小时或数天后，螺栓受气温低的影响而发生收缩，这样材质变脆后导致强度降低，直至最终螺栓断裂。

② 螺栓的加工

衬板螺栓在加工过程中，一般先车螺栓头，后车削螺纹。一般车削后的牙形为尖角形，即牙根处为尖角，这种牙根应力集中较大，加上 A3F 钢极易产生回火脆性，而螺纹加工又无严格要求，致使螺栓疲劳裂纹容易在牙根处形成，最终导致螺栓疲劳断裂。

③ 螺栓的受力分析

磨机运转时，由于一仓钢球直径大，冲击力强，使得衬板在钢球的撞击下极易产生径向向心弓起变形，使螺栓轴向拉应力增大。

另外，当磨机筒体转动时，衬板和筒体发生切向相对位移，使得螺栓在与筒体相切的两个截面上承受剪切力的作用。

随着筒体转动，上述两种力的大小和方向不断变化。在这种交变载荷的作用下，螺栓逐渐疲劳，在应力比较集中的部位，比如螺栓与筒体外周相切的螺纹处产生微观裂纹，并逐渐扩展，断口增大，最终断裂。

（2）处理方法

故障处理对策——衬板螺栓快速更换法。

具体步骤是：

① 将磨机打空后停机，使螺栓折断处位置朝上，露出料面。

② 将磨头检修门打开，清理进料螺旋筒内的物料至看清磨内情况。将一根长铅丝从螺栓孔向磨内穿入，为便于拉出，可将铅丝前端事先做成尖钩状。

③ 用一前端弯成钩形的圆钢筋从磨头检修门穿入，把铅丝拉出来。

④ 在需要更换的螺栓上焊一垫片（也可事先焊好备用），将垫片拴在铅丝上。

⑤ 顺螺栓孔往外拉铅丝，使螺栓套在螺栓孔洞上，再穿上垫圈（可用高压橡胶石棉板制作，也可用废旧皮带制作垫圈）和垫片，拧紧螺母即可。

故障预防对策：

在不改变筒体上的螺栓孔和现有衬板形式及材质情况下，可从以下几方面预防衬板螺栓断裂：

① 将螺栓延长 10 mm，将螺纹长度缩短 10 mm（在螺母下面加 2～3 个垫片，在筒体表面加一高压橡胶石棉板垫或废旧皮带改制的板垫，拧紧螺母后，既可防止漏料又有一定的缓冲性能，从而缓解螺栓所承受的交变应力），使螺栓危险断面（螺纹处）由原来的 M30 螺纹变为 f30 mm 圆柱，断面有效直径增加 3～4 mm，抗拉强度增加了 36％以上，有效地预防了螺栓的断裂。

② 采用 A3 钢（而不用 A3F 钢）制作衬板螺栓。

③ 增大螺纹牙根处圆角半径，减小应力集中，从而提高螺栓的疲劳强度，延长螺栓使用寿命。据测算，增大危险断面有效直径、增大螺纹牙根处圆角半径，两种措施同时采用，可使螺栓抗拉强度增大 60％左右，相当于将螺栓直径增大 7 mm 左右。牙根圆角半径以 $r=(0.18\sim0.22)t$（t 为螺纹节距）为宜。

2.21 影响球磨机主轴瓦温度的因素有哪些 

(1) 摩擦产生热的影响

中空轴和轴瓦相对转动,摩擦生热,严格地说是两者之间的油膜受剪切而产生的热量,使轴承温度升高,其数值相对较小。

(2) 受研磨体粉碎物料时产生热量的影响

磨机在运转时,研磨物料的功仅占总能耗的一小部分,而大部分能量都转变为热能和声能。为此,物料在获得大量热量,流经出料中空轴或滑环时,热量就传递给轴瓦。例如,装有磨内喷水装置的水泥磨出料温度为 120 ℃左右。若无喷水装置,而进磨熟料又未充分冷却时,出磨物料可达 160 ℃以上。如此高温度的物料源源不断地流经中空轴及滑环,具有极大的热量,会使主轴承瓦温大幅度上升,此时轴瓦温度可高达 70～80 ℃或更高。

物料传递给主轴瓦的热量,促使轴瓦温升的比例是最大的。

(3) 受磨机类型的影响

磨机类型不同,对轴瓦温升的影响是不同的。

湿法原料磨加入的是料浆,磨内温升不高,出料主轴承的瓦温是最低的;水泥磨出料主轴瓦的温度是最高的;烘干原料磨及风扫煤磨在进料的同时还要通热风,若用窑尾废气烘干物料,进风温度达 350 ℃;若用辅助热风炉,入磨气体温度达 450 ℃,这样进料主轴承的温度较一般的磨机要高。

(4) 受磨机结构的影响

磨机进、出料螺旋筒(锥套)和中空轴之间设有隔热层,目的是减少物料传递到中空轴乃至轴瓦上的热量。有的磨机隔热层很薄,有的磨机隔热层较厚。对于水泥磨出料主轴承而言,希望有较厚的隔热层来阻隔热量的传递。

又如滑履轴承,挑出筒体外的滑环,因为远离物料,温度较低。而焊接滑环,因为贴近物料,它和衬板之间又无隔热层,因此轴瓦的温度是最高的,最高可达 85～90 ℃。

(5)受磨机周围环境温度的影响

磨机周围环境温度也影响轴瓦的温度。例如季节、地理位置,甚至包括车间的通风程度等。某水泥厂,煤磨无厂房,直接被放置在回转窑旁,环境温度极高,磨机工况十分恶劣,在这种情况下环境温度对瓦温的影响程度急剧增加。

(6) 主轴承冷却水温及冷却水量的影响

磨机主轴承用水包括两个方面,一是主轴瓦内的窜水,二是主轴承稀油站中水冷却器用水。

冷却水的水温及水量对瓦温的影响也是较大的,尤其是水温。因为水源有所不同,有的厂用河水或湖水,有的厂用地下水,因此冷却水的入水温度是有差别的。水温也受季节的影响。某一水泥厂地处太湖边,在炎热的夏季太湖浅水区的水已被晒得发烫,根本起不到冷却水的作用,此时轴瓦温度就会上升。反之,用地下水降温效果就十分明显。

诚然,当瓦温偏高,冷却水入水温度又不能改变时,加大水量进行降温也是可取的。

(7) 外设稀油站的影响

磨机主轴承稀油站有两个作用。第一,供给建立动压油膜所需的油量;第二,带走多余的热量,给轴瓦降温。通常,使主轴承形成动压油膜的油量有 6～10 L/min 就够了,而 FLS 公司用的是 16 L/min。我国通常用 25 L/min,有的甚至于用到 45 L/min。这里便包含了带走热量所需要的润滑油量。

2.22 球磨机衬板有哪几种形式

(1) 平衬板:用于细磨仓,研磨体的上升高度取决于与衬板之间的静摩擦系数。

(2) 压条衬板:用于第一仓,能够使研磨体升得较高,具有较大的冲击能量。

(3) 凸棱衬板:与压条衬板相似。

(4) 波形衬板:适用于棒球磨。

(5) 阶梯衬板:适用于粉碎仓。使用较广,具有以下三个优点:

① 对同一球层提升高度均匀一致。

② 衬板表面磨损均匀。

③ 衬板的牵制能力作用到其他层的研磨体,减少了衬板与最外层研磨体之间的滑动磨损,而且还防止了不同层次的研磨体之间的滑动和磨损。

(6) 半球形衬板:适用于粉碎仓。

(7) 波形衬板:适合细磨仓铺设的无螺柱衬板,其波峰和节距都很小。

(8) 分级衬板:可使钢球自动分级。

2.23 镶砌衬板的垮落原因和防垮措施

(1) 垮落原因

① 筒体厚度偏薄,刚性不够,致筒体在运行中发生交替变形,使衬板在挤紧和松动的交变载荷下脱落,甚至垮塌。

② 筒体的内表面不平、椭圆度过大或内壁焊缝不平整,衬板不能紧贴于筒体。

③ 筒体直径大,但衬板大小头间的尺寸差很小,致使衬板间的成"拱"作用偏弱。

④ 仓的长度大,轴向镶砌的衬板排数多,致使衬板的轴向刚性和整体稳固性差。

⑤ 衬板的尺寸误差大。镶砌后,各块衬板参差不齐,轴向挤紧度差;磨机径向衬板的小头接触过紧,导致衬板大头悬空,"拱"形不牢固。

⑥ 衬板掉角,致镶砌不牢。

⑦ 镶砌的质量要求高,但筒体或衬板的缺陷使施工质量难以满足要求。

(2) 防垮措施

① 在筒体轴向各适当长度段的圆周上各钻一排孔,通过孔安装一圈支撑环。每段的镶砌衬板排数为三或两排,以保证衬板的轴向刚性和整体稳定性。

② 将支撑环的截面设计成倒锥形,同时,衬板的一侧也设计成斜面,做到支撑环紧固时,可通过斜面给衬板传递轴向力,使衬板间相互挤得很紧。

③ 将衬板的四角改成过渡圆角,以免镶砌和筒体运转时,衬板尖角因接触过紧而致断脱。

④ 衬板大小头的尺寸差须符合安装要求。该尺寸差一般为 5 mm 或稍多。

2.24 球磨机如何不拆镶砌衬板更换出料篦板

球磨机的衬板与筒体内表面通常以螺栓连接固定,但在细磨仓里也有用镶砌方式固定的。对于用镶砌方式固定的衬板,一般来说,若不是衬板磨损而更换、平时是很少拆装的。这给磨尾出料篦板的更换、拆装带来诸多不便,特别是遇到细磨仓衬板磨损情况尚好无需更换,而出料篦板已严重磨损必须更换的情况。因为更换出料篦板,先要拆下细仓衬板,而拆细仓衬板带来三个方面的问题,第一是镶砌好的衬板经过磨内研磨体及物料长期的冲击、打压后既产生热膨胀,也产生冷变形,衬板与衬板之间"咬边"较多,拆卸费力;第二是拆下的衬板由于在磨内变形程度不一,形成相邻衬板间的"单配",给第二次安装带来困难,甚至难于重新安装;第三由于衬板是镶砌安装,故在拆卸时必须从头(磨机隔仓板处)开始拆到尾,整副衬板全部拆下,拆、装工作量大,停机时间长,影响设备运转率。针对这个难题,沈东平摸索出一种不拆镶砌衬板更换出料篦板的简易方法,以 ϕ 2.2 m 磨机为例,具体介绍如下。

(1) 情况分析

① 磨机内的出料篦板、隔仓板、磨头衬板在不同的直径上有不同的磨损程度,如图 2.2 所示在靠近磨机筒体一端磨损较少。

② 磨机内的出料篦板安装在细磨仓的磨尾,受研磨体的轴向冲击力并不大,并且出料篦板的背面有扬料板给予支撑,故出料篦板受到的弯曲力矩微乎其微。

③ 出料篦板材质大都采用 ZGMn13,这种低强度的普通钢,可焊性能较佳,其焊接后焊缝区金属性能并不低于母材。

(2) 操作方法

每块出料篦板上有两个固定螺栓,在从靠近筒体内壁的那个螺栓开始到筒体回转中心约 40~50 mm 的地方用气割将篦板割开(图 2.3),取出旧的篦板,然后以取出的旧篦板为样本,在新的篦板上进行放样,用气割将新篦板切割好,并开小坡口,选取合适的焊条和焊机电流进行焊接。

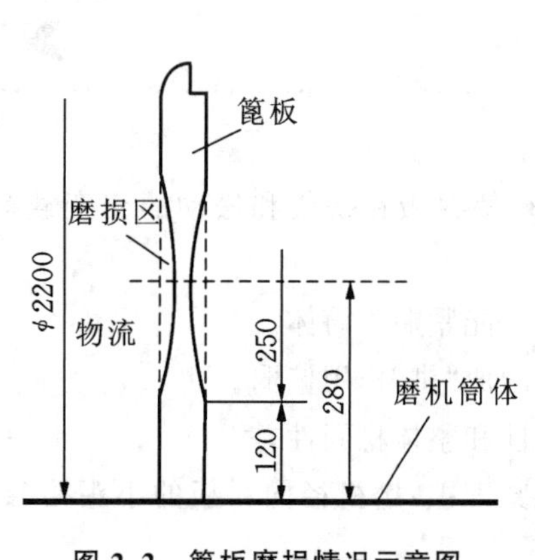

图 2.2 篦板磨损情况示意图

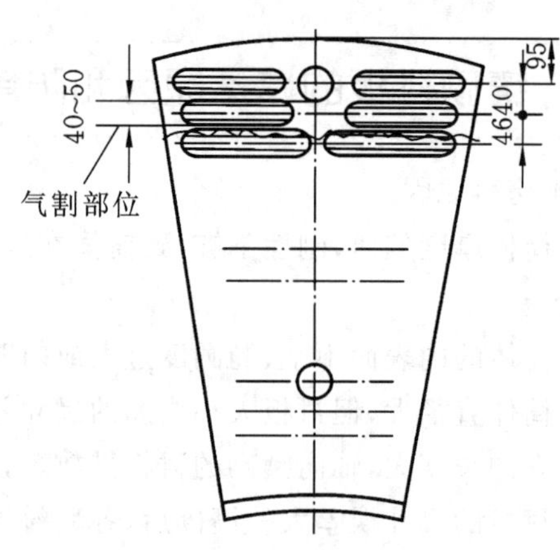

图 2.3 篦板修补示意图

(3) 效益

用此法更换一副 ϕ 2.2 m×6.5 m 磨机出料篦板,3 个人仅需 10 h,省工、省时又省力。同时也避免了拆下细仓衬板后无法再装上使用的麻烦。用此法更换出料篦板已安全运转数年,效果较好。

(4) 注意事项

由于在切割新篦板时是以旧篦板为样本,而每块旧篦板的切割部位又各有差异,故必须保持新旧篦板成一一对应,安装时注意各篦板的单配。

2.25 为什么环状镶砌的衬板会产生塌落

我国现在使用高铬耐磨衬板的厂家越来越多,但因所有的高铬铸铁都是脆性材料,即使经过热处理以后,采用传统的螺栓固定方式,衬板还是容易断裂。因此,高铬衬板一般采用无螺栓的固定方式,而且在实践中证明了环状镶砌的固定方式是最合理的。它利用磨机本身的几何形状,采用力学结构进行双金属组合,利用球磨机生产运行中研磨体的作用,进行预应力自固,实现衬板的整体强化,从而保证高硬度、低韧性的高铬铸铁衬板的稳定性和可靠性。

从理论上讲,这种安装方式适合于任何尺寸的磨机。但就实际使用的情况来看,即使是 ϕ 2.6 m 以下的小型磨机,镶砌衬板仍然会塌落,给工厂的生产和维修带来不便。陈伟就塌落的原因进行了分析,所得结果可供生产和使用高铬镶砌衬板的厂家参考。

(1) 衬板同衬板之间形成内紧外松的现象是衬板塌落的主要原因

由于自固式衬板同其他衬板一样，都是一次浇铸成形，且又难打磨，因此很难保证衬板之间的接缝处从内圆周到外圆周的全面吻合，如图 2.4 所示。

如果出现内松外紧的现象，则运行中不至于因挤压力过大而使衬板翘起，运行中也不会因衬板表面被磨掉而在接缝处形成空隙使衬板松动，因此运行比较安全。反之，如果出现内紧外松的现象，则会因挤压力过大而使衬板翘起。这是因为以顶点为圆心，会产生翘起力矩；另外，当衬板接缝处被磨掉后，衬板与衬板之间要形成一定的间隙，于是衬板便会松动而塌落；如果是使用时间较长的老磨机，筒体变形，衬板更易塌落。

避免衬板接缝处出现内紧外松的最好方法是缩小接缝的高度，将接缝面由波峰改在波谷处，同时将整个面接触改为几个凸台接触，不合乎要求时打磨容易(图 2.5)。其次在安装时用 1～3 mm 不等的铁片垫接缝的接触面。一方面调整了因衬板弧长方向尺寸不一致而出现的歪斜(这也是塌落的原因之一)，另一方面铁片的塑性变形又使接触面接合良好，避免了接触面出现间隙。

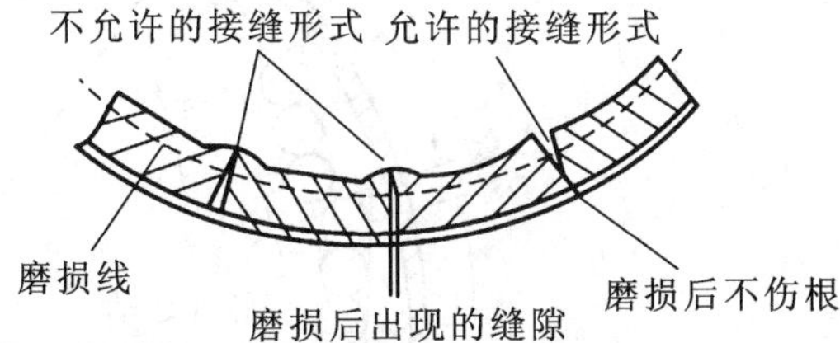

图 2.4 镶砌衬板的合理形式

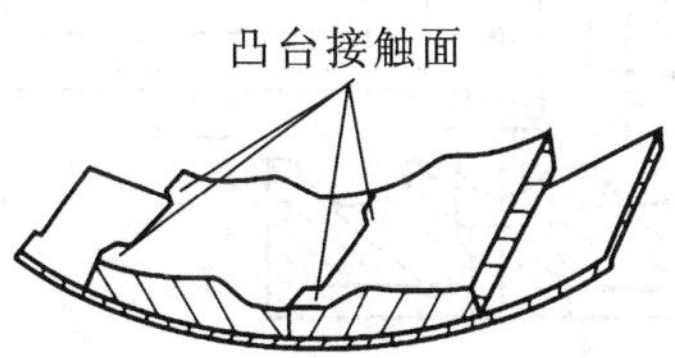

图 2.5 镶砌衬板合理的接触面

(2) 运行中衬板断裂也会造成衬板的塌落

理论上，环状镶砌衬板的最大好处就是利用楔铁的塑性变形而使每块衬板之间在运行中越来越紧，即使断裂也仅相当于使衬板数目多出而已，并不至于形成什么危害。但在实际运行中，因存在以下因素而使衬板同磨机筒体之间形成间隙，如图 2.6 所示。

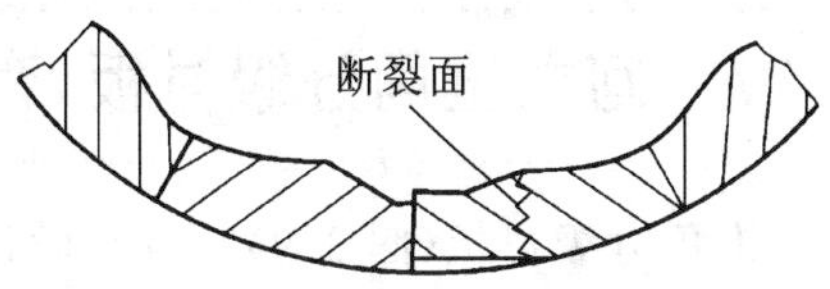

图 2.6 镶砌衬板因断裂而塌落示意图

① 衬板的曲率与磨机筒体的曲率不一致；

② 磨机筒体变形；

③ 磨机筒体内部留下的焊缝。

下面以接缝正常的情况来分析一下镶砌衬板断裂所产生的后果。运行中翘起的衬板断裂，则研磨体和物料的冲击使得断裂的衬板向筒体移动，从而断面处出现间隙使衬板松动而塌落。特别对于运行时间长的老磨，筒体变形严重，则衬板翘起严重，因断裂而塌落的可能性较大。

受衬板材料的限制，断裂是不可避免的。因此，解决因衬板断裂而使衬板塌落的最有效的方法是在设计衬板的时候，尽量减小弧长方向的尺寸，以减小上面所述三点引起的衬板翘起高度。这样，即使断裂也不致形成很大的空隙，避免塌落的产生。安装时，则必须严格把关，如曲率不对、不能紧贴筒体的衬板必须重新打磨。水泥浆应配比合适，充分保证填充质量，以尽量减小衬板和筒体之间的间隙，这本身就能保证衬板不断裂，即使断裂，断裂面基本上也不出现间隙，从而保证衬板不塌落。

2.26 何为凸波沟槽衬板，有何特点

凸波沟槽衬板的形式如图 2.7 所示，主要应用于磨机的粗磨仓。

凸波沟槽衬板有由圆滑波峰与波谷构成的提升角，球体在衬板上运动时既能随筒体衬板公转被提升拖带，又能在提升拖带过程中滚动自转。这样，就有效地克服了传统式凸棱衬板带球能力强而球体自转

能力差，大波纹衬板和平环沟槽衬板球体自转能力强而带球能力偏低的缺点。

这种衬板的特点是使球体从落点向提升点运动时受波峰拨动自转能力增强；球体从提升点向抛落点运动时，受沿磨机环向两峰的挟持而将物料与球拖带到所需工作高度，此时球落下的速度和数量均达到最高值。克服了提升式沟槽衬板（阶梯衬板上设计沟槽）在工作中球体沿磨机环向运动时易出现“死区”而造成粉磨面积减少的缺点；相反，凸波沟槽衬板的波峰曲率却增加了粉磨面积，相当于磨径加大，并克服了球体从提升式沟槽衬板高端滑落到低端时产生的“脉冲运动”加速传动齿轮和减速机轮齿“点蚀”的弊病（图 2.8）。

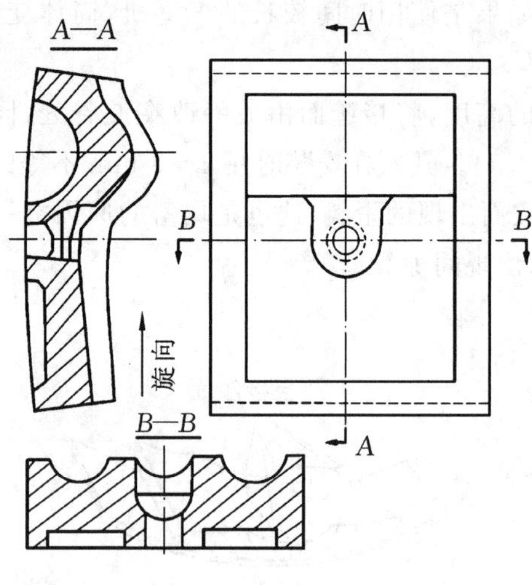

图 2.7　凸波沟槽衬板

死区
死区
旋向
脉冲运动

图 2.8　研磨体在阶梯衬板上的运动状态

2.27　何为锥角分级衬板，有何特点

锥角分级衬板（图 2.9）的波峰设计，介于大波纹和小波纹衬板波峰的两者之间；衬板向进料端的倾角，即衬板的锥角 α 一般情况下可在 7°～12°之间选取。

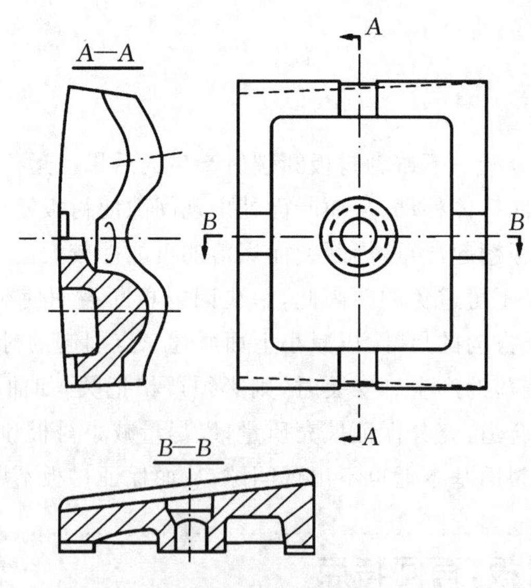

图 2.9　锥角分级衬板

当磨机转速、填充率偏低，以及研磨体采用小球或球段混装时，将衬板波峰与波谷间的提升角和衬板向进料端的倾角设计高些；反之则应低些。同时也要考虑对产品细度、比表面积的要求，相应地增减衬板的设计参数。

衬板这样的设计，是因磨机细磨仓安装了具有一定倾角的衬板，能使研磨体由进料端至出料端由大到小粗略分级，与粉磨物料粒径的下降梯度相适应，衬板有斜率又相当于磨机加长，因而研磨效率高。

2.28 何为螺旋分级衬板

磨内磨球混杂，但靠近衬板的外层，小球居多，小球总是沿外圆运动。为此，在衬板上铸出凸螺旋（图 2.10）或凹槽螺旋（图 2.11），就可将靠近衬板的小球送至磨后端，内层大球就被挤向磨前。

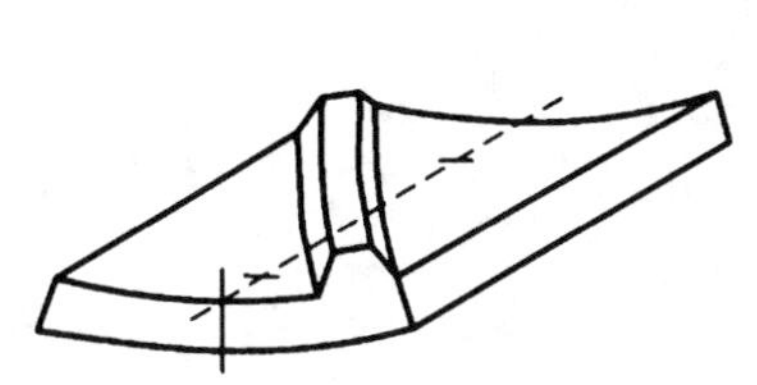

图 2.10 凸螺旋衬板

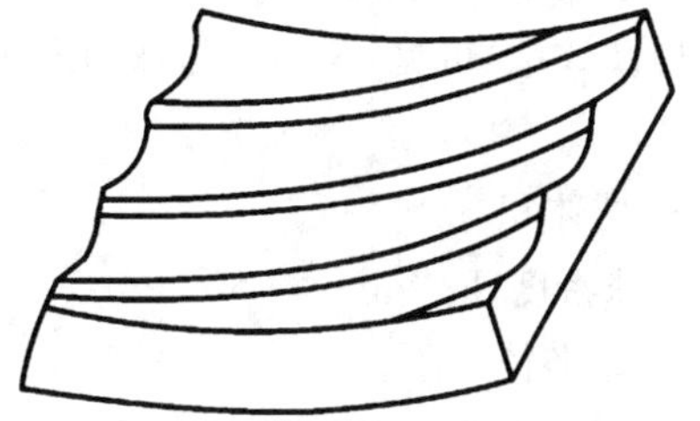

图 2.11 凹槽螺旋衬板

2.29 锥面分级衬板的分级原理是什么

所谓锥面分级衬板，即每块衬板表面向进料端倾斜，其倾角为 α。衬板沿周向依次排列，形成一个截头锥面。

磨机运转中，球的运动轨迹呈瀑布状，可视为层状分布。由于衬板具有提升能力，摩擦力大，贴近衬板的外层球被提得最高，随着摩擦力的递减，内层球仅做翻滚运动。假设外层球是砸到衬板上而内层球是在衬板上滚动，诚然，在正常情况下球是不能砸到裸露衬板上的，只有缺料的情况下才会发生这种情况，下落的球应该砸在料及先前落下的球上。当然，由于衬板有倾角 α，底部的料和球的状态也有 α 倾角的趋势，只是不明显而已。为便于说明问题，将外层球砸在衬板上及内层球在衬板上滚动作为极端情况来分析。中层球不外乎上述两种情况的综合。

锥面分级衬板中磨球受力分析如图 2.12 所示。

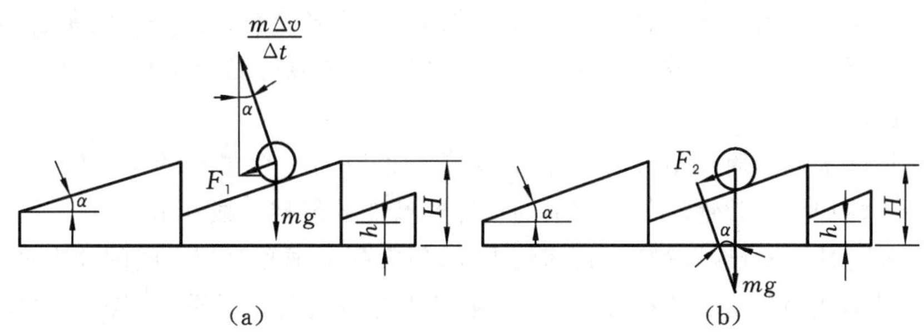

图 2.12 锥面分级衬板中磨球受力分析

图 2.12(a)中，球从上面落下，砸在衬板上，作用在球上使其向前下方运动的力为：

$$F_1=\frac{m\Delta v}{\Delta t}\tan\alpha \tag{1}$$

式中 F_1——由冲量引起的衬板给球的反作用力沿斜面向下的分力，N；

m——球的质量，kg；

Δv——球冲击衬板前后的速度差，m/s；

$m\Delta v$——动量，N · s；

Δt——球冲击衬板的时间，s；

$\frac{m\Delta v}{\Delta t}$——由冲量引起的衬板给球的反作用力，N；

α——衬板倾角，(°)。

图 2.12(b)中，球在衬板上滚动，作用在球上使其向前下方运动的力是重力的分力。

$$F_2 = mg\sin\alpha \tag{2}$$

式中 F_2——由重力引起的，作用在球上沿斜面向下的分力，N；

g——重力加速度，m/s^2。

由式(1)及式(2)可见，F_1、F_2 与球的质量 m 成正比，而球质量 m 为：

$$m = V\rho = (4/3)\pi R^3 \rho \tag{3}$$

式中 V——球体积，m^3；

ρ——球密度，kg/m^3；

R——球半径，m。

由(1)、(2)、(3)式可得出，$F_1(F_2)$与 R^3 成正比，即：

$$F_1(F_2) \propto m \propto R^3 \tag{4}$$

球在向前方行进时，受到前方物料和球的阻挡，其阻力 P 和球的投影面积成正比：

$$P \propto \pi R^2 \propto R^2 \tag{5}$$

将(4)式和(5)式相比得：

$$\frac{F_1(F_2)}{P} \propto \frac{R^3}{R^2} = R \tag{6}$$

设大、小球直径分别为 $R_{大}$、$R_{小}$，前进力分别为 $F_{大}$、$F_{小}$，阻力分别为 $P_{大}$、$P_{小}$，则$\frac{F_{大}}{P_{大}} \propto R_{大}$，$\frac{F_{小}}{P_{小}} \propto R_{小}$。由于 $R_{大} > R_{小}$，说明大球前进力和阻力之比要比小球大，大球更易克服阻力向前进，这样在和小球的“竞争”中便会将小球抛在后面，这就是锥面分级衬板的分级原理。

2.30 何为 SUW 衬板，有何优点

SUW 衬板为日本川崎公司的产品，用于管磨机一仓，其外形如图 2.13 所示。每块 SUW 型衬板的提升面上排列着若干个半球形的凹槽。在磨机轴向的同一行中各个槽是按一定间距连续排列的，而在磨机回转方向上，前、后行的槽又是交替排列的。槽的半球尺寸、深度等是根据磨球的尺寸以及磨机的不同操作条件和粉磨情况决定的。

磨机衬板的作用除了保护筒体不被磨损外，还必须使磨球有一个最佳的运动轨迹。对一仓而言，就是找到磨球运动冲击能如何有效地转化为物料的破碎粉磨能的最佳路线和形式。

磨内球与球之间的冲击对破碎粉磨物料固然重要，但实际上球和衬板之间的冲击也是每时每刻都在发生的。磨机一仓最早使用的是凸棱衬板，现以凸棱衬板为例进行运动分析(图 2.14)。衬板的凸棱将球提升到图 2.14 中的 C 点后，球便鱼贯地落到 A 点，而后由于惯性的作用，球朝磨机转向的相反方向继续运动到 B 点，冲击到积聚在 B 点处的物料而丧失了动能。

但是由于凸棱衬板形状的局限性，球在凸棱上的冲击线是很狭窄的(图 2.15)，因而破碎效果较差。

凸棱衬板在凸棱处提球能力强，但在其余部位，球只能靠它与衬板之间的摩擦力将球提升，因而凸棱衬板的提升能力是不均匀的，这是一个很大的缺点。现在，磨机一仓衬板几乎都采用阶梯衬板来取代凸棱衬板。阶梯衬板是靠其斜面与球之间的摩擦力提升球的，因此各点的提升力都是均匀的，从而对磨内物料粉磨的稳定性起到重要作用。

使用阶梯衬板时(图 2.16)，球落到 A 点时发生了点冲击，由于球向磨机转向相反方向运动时没有受到阻挡，因此大量的冲击能不能有效地施加到物料上，达不到高效破碎粉磨物料的作用。

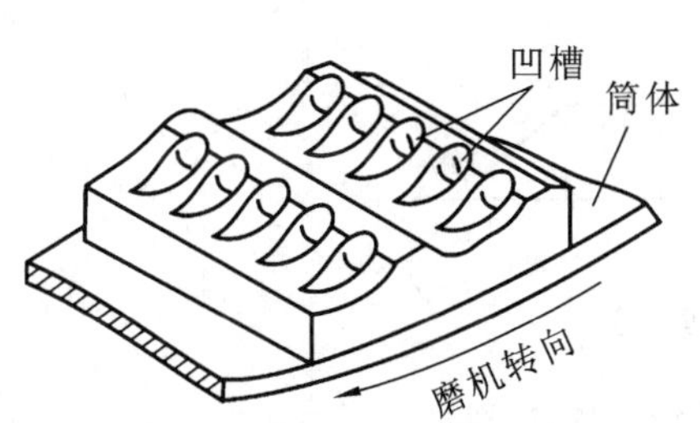

图 2.13 SUW 型衬板示意图

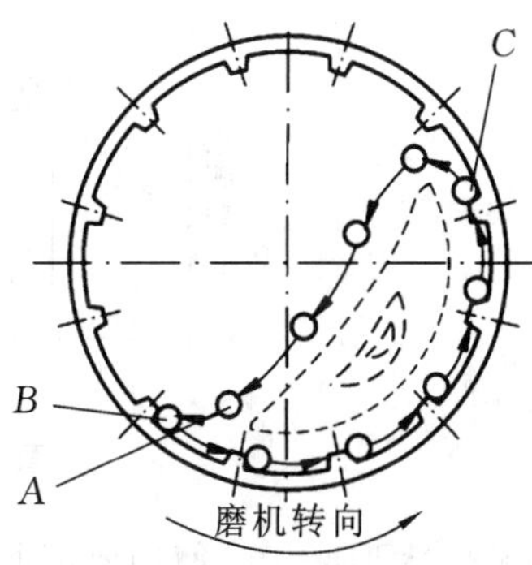

图 2.14 磨机装凸棱衬板时磨球的运动轨迹

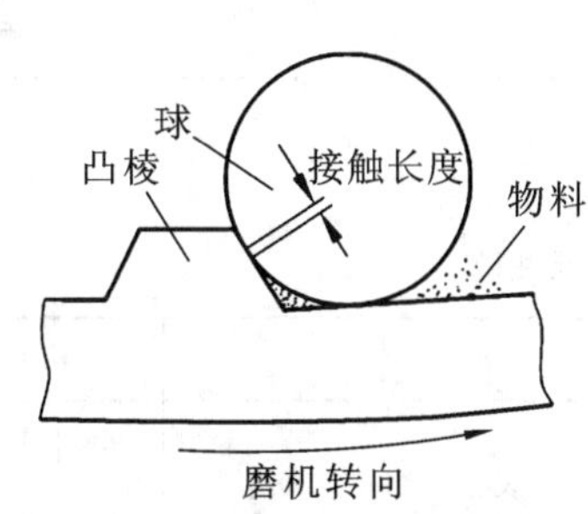

图 2.15 磨球和凸棱衬板的接触

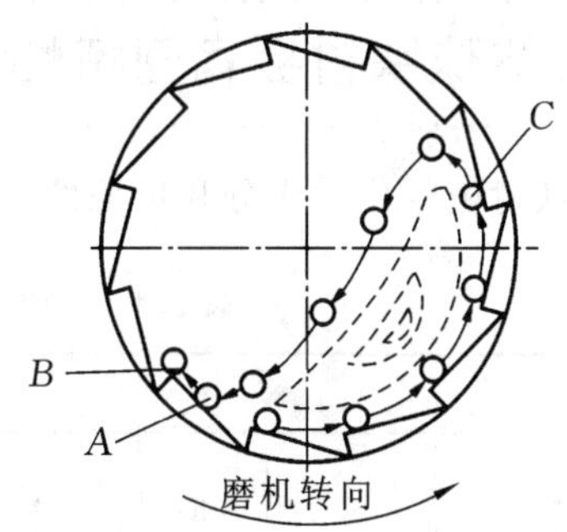

图 2.16 磨机装阶梯衬板时磨球的运动轨迹

综上所述，川崎公司根据以上两种衬板的不同特性研制出 SUW 型衬板，它既有阶梯衬板均匀带球的能力，又有阻挡磨球使之将磨球的动能转化为物料破碎能的结构特性。SUW 型衬板的特征如图 2.17 所示，磨球和衬板之间具有比图 2.15 中凸棱衬板更大的接触面积，因而具有更高的破碎粉磨能力。

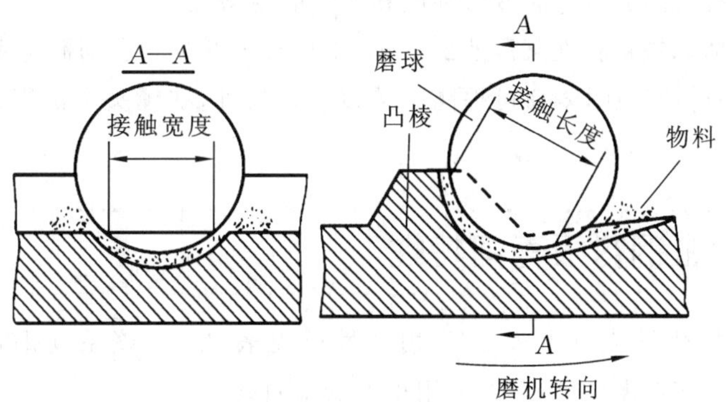

图 2.17 SUW 型衬板和磨球的接触

2.31 高铬白口铁衬板有何特性

高铬白口铁衬板成分见表 2.3、热处理工艺如图 2.18 所示。

表 2.3 高铬白口铁衬板化学成分(%)

C	Mn	Si	Cr	Mo	Cu
2.2～2.7	0.6～0.9	0.6～0.9	12～15	1～1.5	0.5～1.0

高铬白口铁材料属于硬、脆材料，硬度高(HRC58～62)、耐磨、韧性差，应力集中、敏感性强，一般适

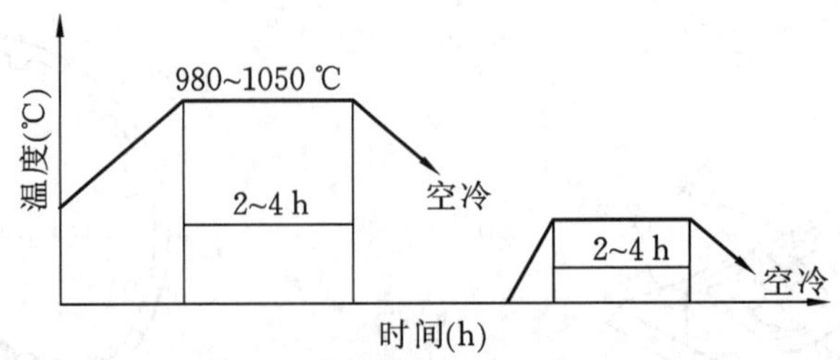

图 2.18 高铬白口铁热处理工艺

用中、小型磨机。大型磨机上使用要把握小而厚的原则,还要注意安装质量。

高铬铸铁主要失效形式是碎、裂,结构复杂及壁薄的大块衬板如端板、篦板等不宜采用。

2.32 贝氏体球铁衬板有何特性 

贝氏体球铁衬板的化学成分和机械性能见表 2.4。

表 2.4 贝氏体球铁衬板的化学成分、机械性能

牌号	化学成分(%)									机械性能	
	C	Si	Mn	P	S	Mo	Cu	Re	Mg	冲击值 α_k(J/cm^2)	硬度(HRC)
BKMJQ-G.R BKMJQ-G.Y	3.2~3.8	2.2~3.3	0.1~0.6	≤0.15	≤0.03	0~1.0	0~1.5	0.02~0.05	0.02~0.05	≥30 ≥10	≥26 ≥40

贝氏体球铁是指基体由贝氏体和残余奥氏体或马氏体组成的球墨铸铁。其生产工艺可以通过对球铁进行等温淬火。它具有较高的抗弯曲疲劳强度和优良的耐磨性。

BKMJQ-G.Y 贝氏体球铁衬板在某厂 ϕ2.3 m×6.5 m 煤磨第一仓与高锰钢衬板混装试用。开机 1 年后停机检测,与高锰钢衬板相比,寿命可提高 1 倍以上。另外,在锤头上试用效果更为明显,为原高锰钢锤头寿命的 2.7 倍。

2.33 多组元低合金钢衬板有何特性 

多组元低合金钢衬板化学成分见表 2.5,力学性能见表 2.6。该系列钢种分中碳(0.3%)、高碳(0.5%)两种,前者采用水淬低温回火,后者采用正火低温回火。

表 2.5 多组元低合金钢系列衬板化学成分(%)

C	Si	Mn	Cr	Mo	P	S
0.3~0.5	0.6~1.0	1.2~1.6	0.5~1.2	0.3~0.4	≤0.04	≤0.04

表 2.6 多组元低合金钢力学性能

钢种	HRC	α_k(J/cm^2)
ZG30CrMnSiMo	47~50	≥120
ZG50CrMnSiMo	50~53	≥50

注:系 10 mm×10 mm×55 mm 方条试样。

某厂在 ϕ2.74 m×3.96 m 高铝水泥球磨机上采用多组元低合金钢衬板，寿命 4 年多，为高锰钢衬板寿命的 4 倍以上，效果很好。高铝水泥中 Al_2O_3 含量较高，磨料硬度也较高，该磨机衬板使用寿命能大于 4 年，说明该衬板具有较好的耐磨特性。

2.34 何为环沟衬板

环沟衬板和一般衬板不一样，它在球磨筒体圆周方向上制成一道一道环沟。

使用普通衬板，钢球和衬板是点接触，物料自钢球两侧挤出，不产生研磨作用，钢球直接冲击在衬板上损坏衬板，并产生热量和噪声。使用环沟衬板，由于物料不会从环沟内挤出，钢球与衬板之间总有物料存在，钢球与衬板间无直接接触，物料在环沟中得到充分的研磨。

在细磨室中，用螺纹环沟衬板可以起到分级钢球的作用。这对物料的细磨是很必要的。在这种情况下，衬板的环沟应是多螺纹线，螺纹线的方向应顺着磨机旋转的方向。

装环沟衬板后，外层钢球抛离衬板要比使用普通衬板稍早。因此，在相同转速下球的提升高度要低。在装球量相同的情况下，提升钢球所需的驱动功率约比使用普通衬板少 18%，磨机发出的热量少 6%～7%，噪声少 5～6 dB(A)，并减少钢球、衬板的磨损。

2.35 矿渣管磨机衬板的改造

由于矿渣颗粒小，易碎难磨，矿渣管磨机内的研磨体运动形式应以研磨为主，没有必要像熟料球磨机那样抛起冲击物料。所以，矿渣管磨机第一仓宜采用平衬板或不带阶梯的沟槽衬板。这样可以降低带球高度，降低电耗，同时增加研磨体与衬板之间的滑动，提高研磨能力。此外，由于平衬板没有像阶梯衬板那样的尖角内槽，在矿渣水分大时，不容易嵌料，所以可以减少矿渣管磨机一仓的糊磨堵塞现象。

矿渣管磨机第二仓和第三仓，可采用小波纹衬板或平衬板。

为了防止研磨体窜仓，隔仓板两边的衬板应制成特殊的 L 形，如图 2.19 所示。最后一圈靠近磨尾篦板的衬板也应采用相同类似的特殊的 L 形状衬板，如图 2.20 所示。磨内两扇隔仓板和磨尾篦板由水泥厂自制，厚度是 60 mm，磨尾出料用的扬料板可由设备厂家提供，结构和尺寸不变。磨尾最后一块 L 形衬板的长度与磨机总长度有关，尺寸应特别订制。

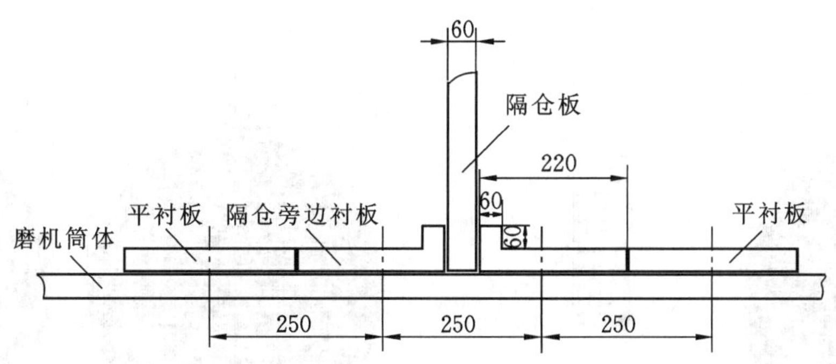

图 2.19　隔仓板安装和衬板的形状示意图

隔仓板安装时，在隔仓的安装位置留下一个环槽，将预先焊好的小块隔仓板嵌入槽内，然后焊接成整扇隔仓板。为了防止隔仓板受热变形，隔仓板与衬板之间不要焊接。

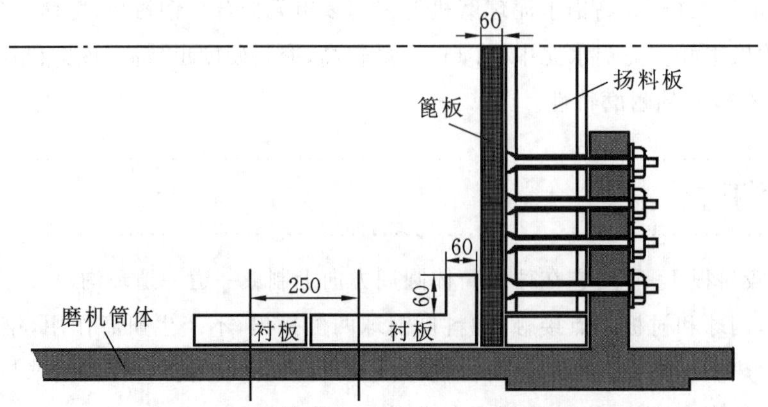

图 2.20 磨尾篦板安装和衬板形状示意图

2.36 矿渣管磨机的隔仓板改造

用管磨机粉磨矿渣粉，由于矿渣粉流动性特别好，在磨内流动很快，很容易造成矿渣在磨内的停留时间缩短，磨内矿渣料位很低，不仅使大量研磨体粉磨不到物料，还会使磨内温度升高，造成研磨体研磨效率大大下降，使矿渣磨不细，出磨矿渣粉比表面积小，磨机产量低。此外，为了提高矿渣的研磨效率，矿渣管磨机后面两仓通常都是采用直径较小的研磨体。

因此，用管磨机粉磨矿渣时，为了控制矿渣在磨内的流速，同时也为了防止研磨体窜仓，管磨机的隔仓板和磨尾篦板的篦缝都应改小(5 mm 左右)。

作者在用管磨机粉磨矿渣的生产实践中，曾进行过多种多样的改造，最终认为较为成功的是用耐磨圆钢并排焊接制成隔仓板的方案最好。

下面以 ϕ 4.2 m×13.5 m 矿渣磨为例，说明管磨机隔仓板的改造技术。

矿渣磨以开路管磨为佳，磨内通常分为三仓，隔仓板采用 ϕ 60 mm 圆钢焊接，材质可选用 40Cr 合金钢。每扇隔仓板大致需要 4.78 t、总长度约为 214 m 的圆钢。制作隔仓板时，先在平地画一个 ϕ 4190 mm 的圆，然后截取相应长度的圆钢，用长 66 mm×宽 60 mm×厚 5 mm 的钢板，垫在圆钢之间进行焊接。管磨机内径是 4200 mm，隔仓板直径做成 4190 mm，是为了防止隔仓板受热膨胀导致隔仓板弯曲变形。隔仓板的篦缝应相互交错，每条篦缝长 400 mm，宽 5 mm。隔仓板焊接缝，每条长 66 mm，宽 60 mm，厚 5 mm。由于磨门宽度有限，焊接隔仓板时，先将隔仓板焊接成几块，最后再拿到管磨内焊接成隔仓板，如图 2.21 和图 2.22 所示。

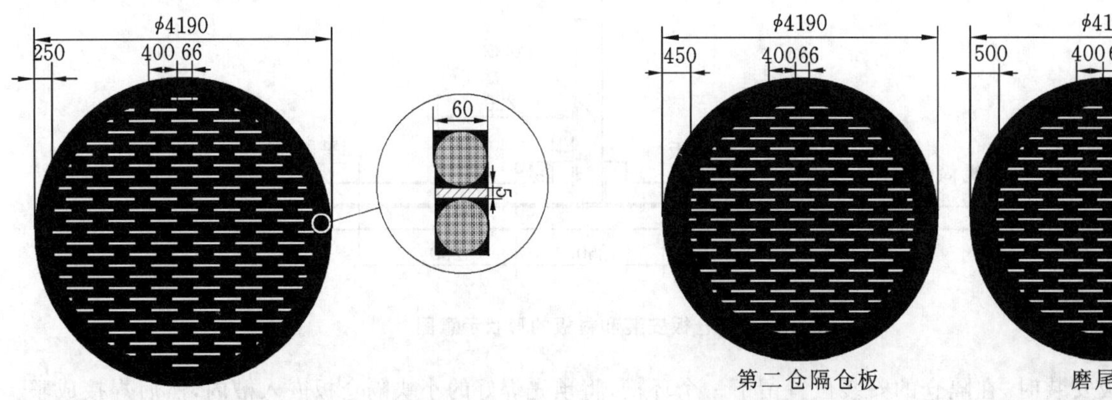

图 2.21 矿渣磨第一仓隔仓板结构示意图

图 2.22 矿渣磨第二仓隔仓板和磨尾篦板结构示意图

在制作隔仓板和篦板时，要特别注意隔仓板和篦板的最低开孔距离(第一条篦缝距磨壁的距离)。由于矿渣在磨内流动性很好，流动很快，如果隔仓板和篦板的最低开孔距离很小，就必然会造成磨内矿渣料位过低，降低粉磨效率，从而降低磨机产量。所以应适当增加隔仓板和磨尾篦板的最低开孔距离以控制物料的流速，增加磨内料位，增加磨机产量。但隔仓板和磨尾篦板的最低开孔距离提得太大，又将影响磨机通风。所以通常将最低开孔距离定为隔仓板半径的12%～24%（250～500 mm）。

由于矿渣在粉磨过程中，温度逐渐升高，因此矿渣管磨内各仓的温度差别较大，往往一仓温度较低，而三仓温度很高。由于矿渣在磨内粉磨过程中水分不断蒸发，各仓矿渣粉的水分含量常常差别很大，因此矿渣在磨内各仓的流动速度也有较大区别。往往是一仓流速较慢，容易饱磨，而三仓流速较快，容易空磨。所以，各仓隔仓板和磨尾篦板的最低开孔距离应有所不同，前仓应小些，而后仓应大些。此外，各仓隔仓板最低开孔距离还应考虑矿渣粉产品的比表面积要求、入磨矿渣的水分大小、研磨体填充率、磨机通风量等因素。总之，欲降低矿渣通过隔仓板的速度，就应提高最低开孔距离；反之应降低最低开孔距离。

2.37 如何快速更换磨机衬板螺栓

当管磨机的衬板螺栓断裂并被砸掉后，就会跑灰，这对使用较长时间的磨机是经常碰到的问题。此时只有等到停磨机时人进入磨机内才能更换新的螺栓并紧固。实践中有的企业发明了一种“钓鱼法”，人不用进磨机便可完成螺栓的更换，而且只需停磨10～20 min，是省时省力的好方法。

具体做法如下：

（1）转动磨机，将所要更换的螺栓转到最上部位。

（2）拆掉漏料的螺母或气割割掉连轴转的螺栓。

（3）从螺栓孔处穿入一根长铁丝，其长度大于磨机仓体长度。从磨头通风口处用一根带钩长杆将铁丝从磨内拉出。

（4）在欲换上的新螺栓的丝扣端焊牢一个直径比螺栓小的螺母，将拉出的铁丝端系在螺母上。

（5）从磨体上方螺丝孔处拉出放入的铁丝，新螺栓将由此铁丝被带到螺丝孔处穿出，此时便可在磨顶外部戴上螺母，并紧固。

2.38 如何应对球磨机衬板的磨损

（1）合理选定钢球和衬板。在硬度方面，球磨机衬板与钢球的硬度比值应控制在0.85～0.9之间，钢球硬度为被磨制煤硬度的1.7倍。在材质方面，ZGMn13衬板热处理后其金相组织为奥氏体。此外，要合理确定钢球的球径。

（2）低负荷运行时，及时调整球磨机的进煤量。

（3）将衬板的固定、拧紧楔孔眼设计成圆弧形，避免该处应力集中。

（4）严格控制煤质，降低煤矸石含量，提高煤的可磨性系数。

（5）对新更换衬板的球磨机，根据其特性，先使用硬度稍低的钢球运行1～2个月，待衬板的硬度和韧性有一定提高后，再使用硬度稍高点的钢球，这样可以提高衬板的使用寿命。

（6）及时消除设备缺陷，防止衬板损坏范围的扩展，确保机组安全经济地运行。

（7）严把衬板的安装质量关。如果衬板与筒体不吻合，可调换衬板或对筒体局部挖补处理。固定拧紧楔不能因螺栓孔不对中而强拧。另外，衬板安装、调试后，应对固定衬板螺栓再复紧，保证固定螺栓具有一定的预紧力，以防运行中螺栓松动。

2.39 如何延长管磨端衬板及衬板螺栓的使用周期

当管磨机的端衬板及衬板螺栓磨损严重，尤其是对于无预粉磨系统的一仓为粗粉磨时，其使用寿命

都不会超过两个月。实践中有的企业摸索出如下切实可行的延长管磨端衬板及衬板螺栓使用周期的办法,不妨一试。

(1) 端衬板的掉边或脱落主要是由于衬板之间的间隙较大(5～15 mm),容易引起衬板的松动,在运行中互相存有挫动和碰撞。为此,用钢盘或垫铁将间隙塞住,并用电焊焊牢,使端衬板成为整体连接,使用周期可延长到 2 年多。

(2) 衬板螺栓磨损严重,主要是衬板在磨内的螺栓孔较大,使暴露出的螺栓头首当其冲受钢球及物料的磨砸,相对于衬板的材质是较硬的耐磨合金钢,当然螺栓磨损很快。为此,用型号为 ϕ 85 mm×65 mm(壁厚 10 mm,此型号可根据螺栓的实际情况确定)的不锈钢无缝钢管截成 25 mm 长的耐磨套,套在露出的螺栓头上,与衬板表面齐平,然后用不锈钢焊条 A402 将套与螺栓头焊牢。

(摘自:谢克平.新型干法水泥生产问答千例操作篇[M].北京:化学工业出版社,2009.)

2.40 隔仓板的作用及种类

(1) 隔仓板的作用

① 分隔研磨体。使各仓研磨体的平均尺寸保持由粗磨仓向细磨仓逐步缩小,以适应大研磨体研磨大料,小研磨体研磨小料的需要,较好地发挥研磨体的粉磨作用。

② 筛析被磨物料。隔仓板的篦缝可把较大颗粒的物料阻留于前一仓内,使其粒度被碎至下一仓可妥善处理后才进入下一仓。

③ 控制物料和气流在磨内的流速。合理选择隔仓板篦缝的宽度、长度、面积、开缝最低位置及篦缝排列方式,对磨内物料的填充程度、物料和气流在磨内的流速,及保持仓内有恰当的球料比,都有较好的作用。

(2) 隔仓板的种类

① 单层隔仓板。由若干块扇形篦板组成。其大端用螺栓固定在磨机筒体上,小端用中心圆板连接在一起。圆板上的孔起通风和防止研磨体窜仓的作用。已磨至小于篦孔的物料,在新喂入物料的推力下,穿过隔仓板上的篦缝,进入下一仓。穿过单层隔仓板前,仓内物料流速较慢,且受下一仓料面高度的影响。单层隔仓板结构简单,占的有效容积少,不易损坏,故采用者较多。生产能力较小的双仓磨,容积较小,产品细度容易偏粗,采用单层隔仓板较为有利。

② 双层隔仓板。由前隔板(又称筛板)和后隔板(又称盲板)组成。前隔板的作用是通过物料,后隔板的作用是保护扬料板不被后一仓的研磨介质碰坏。两层隔板之间装有浆叶。物料经前隔板的筛缝进入双层隔仓板内后,随着磨机的运转,在浆叶的作用下上升,并落于导料锥上,滑入紧接着的仓中。双层隔仓板通常用于生产能力较大的三或四仓管磨,且多用于一、二仓之间。它使前仓物料的前进速度较快,且不受相邻后仓料面高度的影响。双层隔仓板可分为选粉式隔仓板和提升式隔仓板两种。选粉式隔仓板可对物料进行粗略分选,选后的粗粒返回第一仓,细粒则进入第二仓中。提升式隔仓板只可加快磨内物料的流速,通常用于湿法磨机。双层隔仓板的结构复杂,装于磨内后,磨机的有效容积相应较小,加上容易损坏,用得较少。

2.41 隔仓板的安装方法和安装质量要求

安装前一般应在地面上试装,测量其直径是否正确,能否合拢,并编好号码,然后再拆开。将各零件从人孔搬入磨机筒体,对号安装。安装时须注意:

(1) 使篦缝的小口朝着进料端。

(2) 使双层隔仓板的扬料板在运转时能够抄料和扬料。

(3) 不能扩大筒体上的孔径,更不能焊死筒体上原有的孔而另行开孔。

(4) 隔仓板与筒体的结合面间应填满水泥砂浆。

(5) 安装之后，隔仓板在中心固定圆板周向的分布须均匀。

(6) 隔仓板应垂直于筒体，若有倾斜，倾斜度不得大于0.5%。

(7) 各块隔仓板间的间隙不得大于篦孔宽度，且应均匀分布。过大的间隙须以塞进钢筋的方式堵死，且该钢筋须与相接触的那块隔仓板焊成一体。

(8) 所有螺栓均须拧紧，不得有歪斜现象，螺杆露出部分一般不应多于三扣。

出料篦板的安装与隔仓板相同。

2.42 隔仓板篦缝的排列方式有几种 

大体上有同心圆形、辐射形、斜线形、多边形和八字形五种。

以同心圆形排列时，物料沿同心圆弧的切线方向做相对运动(即顺着篦孔运动)，物料可顺着或逆着料流方向穿过篦孔，篦孔不易被堵，对提高产量有利，但容易发生跑粗现象。

以辐射形(又称放射直线形)排列时，被磨物料的相对运动与篦孔的方向垂直，物料通过能力差，对产品细度有利；由于物料不易返回，篦孔易被堵塞。

以斜线形(又称倾斜直线形)排列时，既不易堵塞，也不易出现跑粗现象，但物料的流速比采用同心圆形的低些。

以多边形排列时，有一定克服返料的作用(与采用同心圆形的相比)。

以八字形(又称倾斜人字形)排列时，有斜线形的优点，但有效通过面积比斜线形的少，且构造较复杂。

2.43 隔仓板的篦缝总面积和篦缝宽度应为多少 

隔仓板的篦缝是为通过物料而设计的。隔仓板出口面的篦缝宽度约为进口面篦缝宽度的1.5～2.0倍。篦缝总面积又称隔仓板的有效面积，以隔仓板面积的百分数表示。有效面积大，则物料通过量大，但有效面积过大，隔仓板强度下降。隔仓板进口面的有效面积多为5%～15%，干法闭路生料磨可达20%，湿法磨宜取小值。

篦缝宽度，既关系到物料通过量，又关系到通过物料的最大颗粒尺寸，须注意控制。水泥工业多仓管磨机第一道隔仓板篦缝的有效宽度(即进料口宽度)多为6～14 mm，生料磨有的达16 mm，第二道隔仓板篦缝的有效宽度多为6～10 mm，第三道篦缝的有效宽度多为5～8 mm。我国和国外水泥工业的实践认为，第一道隔仓板的篦缝有效宽度不宜过大，开路干法磨宜为6～8 mm；闭路干法磨宜为8～12 mm；湿法生料磨宜取3～7 mm。

篦缝的长度根据通料面积和篦缝有效宽度计算，一般为300～400 mm，国外最长的达700 mm。

双仓煤磨机隔仓板的篦缝有效宽度一般为5～8 mm。出料篦板的篦缝有效宽度应比隔仓板宽2 mm左右，以利于卸料和排除碎铁屑。

2.44 何为半倾斜式隔仓板，其结构、原理及应用效果如何 

垂直隔仓板的分级能力差，靠近隔仓板的区域为研磨体的滞留带，限制了研磨体冲击研磨作用的发挥。国外发明的倾斜式隔仓板利用隔仓板与磨机中心线的倾斜状态改变了磨内研磨体的运动轨迹，克服了垂直隔仓板对研磨体的牵制作用，提高了研磨体的冲击研磨效率。但这种隔仓板对物料的分级作用较弱，且随着磨机的运转，磨内物料有前后仓窜动的现象，不利于磨内粉磨状态的稳定。另外，这种隔仓板对物料，特别是对后仓物料有推进作用，对长度较短磨机的细磨作用不利。

半倾斜分级隔仓板是为克服上述两种隔仓板的缺点而设计的。它克服了垂直隔仓板与倾斜隔仓板的不足，具有增产节能的效果。

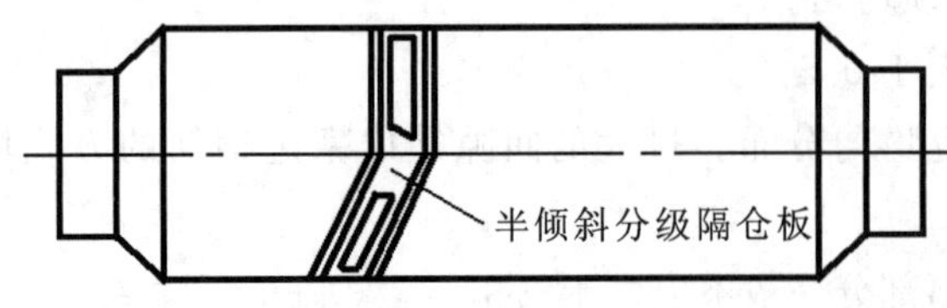

图 2.23　装半倾斜分级隔仓板管磨机的结构示意图

装半倾斜分级隔仓板管磨机的结构如图 2.23 所示。

半倾斜隔仓板由半倾斜篦板和半倾斜盲板组成。其间装有卸料锥和带筛的扬料板。这种隔仓板有如下特点：

(1) 磨内研磨体的运动纵横双向相结合。半倾斜隔仓板，使部分研磨体的工作状态由泻落过渡到抛落，可有效地消除磨内研磨体的不动层，增加研磨体的流动性，从而强化研磨体的冲击研磨作用，提高磨机粉磨能力。

(2) 这种磨的隔仓板为双层分级衬板，物料经半倾斜篦板筛析后，进入双层隔仓板，经带筛网的扬料板再次分级，粗粉返回前仓，细粉进入后仓，从而提高磨机的粉磨能力。

某厂曾在 ϕ 1.83 m×8.046 m 开路水泥磨上做工业性试验。经过近一年的试运行，取得了增产节能的效果。试验数据见表 2.7。

表 2.7　半倾斜隔仓板工业性试验数据

项　目		改造前	改造后
磨机情况	磨机规格(m)	ϕ 1.83 m×8.046 m	ϕ 1.83 m×8.046 m
	系统流程	开路	开路
	电机功率(kW)	240	240
	研磨体装载量(t)	23.0	22.7
试验情况	水泥产品品种	425 号普通硅酸盐水泥	425 号普通硅酸盐水泥
	入磨物料中>25mm 比率(%)	18.1	49.4
	主机电压(V)	6000	6000
	主机电流(A)	26	22
	平均产品台时产量(t/h)	8.4	10.2
	成品 0.08 mm 筛余(%)	12.3	10.92
	单位产品电耗(kW·h/t)	31.5	21.97
比较	平均台时产量比率(%)	100	121.43
	单位产品电耗比率(%)	100	69.75

某厂 ϕ 2.2 m×6.5 m 闭路水泥磨，采用半倾斜隔仓板后，产量提高 40%，电耗下降 29%。

2.45 何为倾斜式隔仓板，其结构、原理及应用效果如何

苏联粉磨专家发现，安装垂直隔仓板的磨机内，过粉磨现象使细粉聚集成团，并黏附在衬板和研磨体上，降低粉磨效率。钢球和衬板上黏附料层达 200 μm 时，冲击能降低 80%。

专家还发现，只有约一半的研磨体参与粉磨，其余的则在磨机的中心部位形成密实层，在粉磨过程中，它们随筒体一起转动，起不到多少研磨作用，因此提出并设计了倾斜隔仓板。

这种隔仓板由一排 ϕ 90 mm 的 A3 圆钢棒组成。它们铺成一个与磨机回转中心成一定角度的平面，钢棒间有一定的间隙。铺成的平面借助焊在两端的凸耳板，用螺栓固定于磨机筒体上。

倾斜隔仓板的工作原理如图 2.24 所示。

由图 2.24 可见，装倾斜隔仓板的磨机运转时，隔仓板顶、底部位置和研磨体与物料的位置都在不断

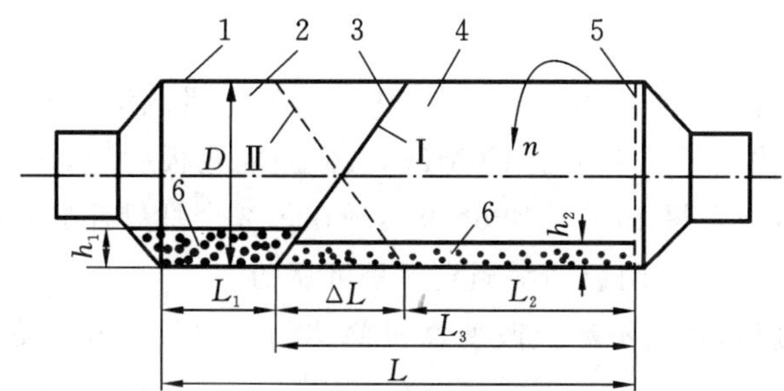

图 2.24 倾斜隔仓板的工作原理

1—筒体;2—粗磨仓;3—倾斜隔仓板装置;4—细磨仓;5—出料篦板;6—研磨体

变化:当隔仓板处于图中Ⅰ处时,粗磨仓长度 L_1 最短,仓内研磨体的堆积高度 h_1 最大;而细磨仓长度 L_3 最长($L_3=L_2+\Delta L$),仓内研磨体的堆积高度 h_2 最小。当磨机筒体旋转 180°,倾斜隔仓板处于位置Ⅱ(图中以虚线表示)时,粗磨仓长度增大 ΔL,变得最大($\Delta L=D/\tan\alpha$,式中 D 为管磨机筒体有效内径,α 为隔仓板与磨机纵轴线间的夹角),这时,粗磨仓内的研磨体和物料在磨内纵向移动距离 ΔL,研磨体在粗磨仓内的堆积高度变为最小。细磨仓的现象却相反:仓长减少 ΔL,变得最小;研磨体堆积高度却增加为最大。这样,在磨机运转过程中,倾斜隔仓板顶部和底部的位置周期性地不断发生变化,仓内研磨体也在周期性地做纵向移动,从而强化粉磨作用。研磨体纵向移动的原因来自隔仓板的安装倾角大于研磨体的自然休止角,不需另加能量。应注意的是:钢段的自然休止角比钢球的大,装倾斜隔仓板的管磨机不宜装钢段,而应装 ϕ 25~30 mm 的小钢球。

倾斜隔仓板篦孔只设在与粗磨仓内物料接触的部位,与细磨仓内物料接触的部位不应设篦孔。这样,在倾斜隔仓板由位置Ⅰ转向位置Ⅱ的过程中,粗磨仓 ΔL 区段内的研磨体和物料均被带起,并沿其表面向下移动。这时,细粒物料便穿过篦孔进入细磨仓,粗粒料则返回粗磨仓的 L_1 区段重行粉磨。

综上所述,装倾斜隔仓板的磨内,不仅消除了研磨体的"静止层",使研磨体的冲击和研磨作用强化,而且还加强了物料在磨内的分级,减少了过粉磨现象,故粉磨效率高。

苏联用 ϕ 4×13.5 m 水泥磨做了装倾斜隔仓板的试验。隔仓板倾角为 42.5°,一仓填充率为 0.30,二仓填充率为 0.25,磨机比转速为 76%,工作转数为 16.3 r/min。在研磨体总装载量减少 60 t 的情况下,产量提高 15.29%,每千克研磨体产量比垂直隔仓板的高 40%;单位电耗下降 25.8%;需用功率下降 14.5%,;主传动装置需用电流由 310A 降为 240A;出磨料温度下降 10 ℃左右;润滑油和主轴承温度下降 10~15 ℃;主传动装置电机轴承温度降低 3~8 ℃;转子和定子相线圈温度降低 10~12 ℃。

我国常熟市建材厂在 MB1577 生料磨和 MB1870 磨上都做了装垂直隔仓板和装倾斜隔仓板的生产性对比试验,结果见表 2.8 所示。

表 2.8 装垂直隔仓板和装倾斜隔仓板的生产性对比试验结果

磨机规格	MB1577		MB1870	
隔仓板形式	垂直隔仓板	倾斜隔仓板	垂直隔仓板	倾斜隔仓板
一仓装球量(t)	4.84	4.3	8.22	7.5
二仓装球量(t)	8.8	9	16	14.7
总装球量(t)	13.64	13.3	24.22	22.2
平均球径(mm)			64.9	64
平均产量(t/h)	3.32	3.7	5.5	7.5
平均产量提高率(%)		11.4		36.4
电流表读数(A)			320	260~280
电流表读数下降值(A)		20		40~60
电流表读数下降率(%)				12.5~18.8

工厂试验还表明：

(1) 由于倾斜隔仓板的面积比垂直隔仓板的大 30%～45%，且倾斜棒的间隙比垂直隔仓板篦缝的间隙大，磨内通风状况改善：磨内负压原来小于 10 MPa，装倾斜隔仓板后为 30～50 MPa。

(2) 研磨体磨耗量下降：原来每 10 d 补加 6～9 t，现在每 2 个月只补加 6 t。

(3) 磨机的运转率高达 89%，表明装倾斜隔仓板是可靠的。

(4) 改垂直隔仓板为倾斜隔仓板不涉及改变磨机筒体的几何尺寸和转数，也不需增大电动机功率，容易实现。

(5) 一仓钢球填充率宜适当减少(可取 20%左右)，以给钢球足够的活动空间，充分发挥其动能。一仓钢球的平均直径应减小 10～20 mm。

(6) 二仓应装钢球。若装钢段，段的装载量应适当增大(约增大 10%)，以使二仓的粉磨能力与一仓平衡。这是因为，在装倾斜隔仓板的磨内，段的流动性差，段仓粉磨能力的提高幅度不如球仓的大。

(7) 倾斜隔仓板与水平的倾角宜取 42°～60°。

(8) 倾斜隔仓板的筛分作用不太理想：隔仓板处于图 2.24 中的Ⅰ处时，前仓研磨体和物料的高度高于后仓，物料大量向后仓流动；隔仓板处于Ⅱ处时，后仓研磨体和物料的高度高于前仓，有大量物料流向前仓。这种现象导致磨内物料的粉磨状态不稳定。另外，倾斜隔仓板与磨机筒体间形成的倾角处是滞留区，区内研磨体的纵向运动受到牵制，研磨作用不能充分发挥。

2.46 何谓隔仓板的有效通风面积，实际生产中如何选择 

隔仓板篦孔断面一般呈锥形，大端孔宽为小端孔宽的 1.5～2.0 倍。小端为进料端，大端为出料端，这可避免物料堵塞篦孔和便于排料。篦孔的宽度一般为 8～12 mm。

隔仓板的物料进口面上的孔隙总面积(即小端孔面积之和)与隔仓板总面积之比(用百分数表示)称为隔仓板的有效通风面积。例如某厂家 ϕ 1.83 m×6.12 m 水泥磨选用同心圆状隔仓板，其小端孔面积之和为 1848 cm^2，隔仓板的总面积为 18756 cm^2，其有效通风面积为：

$$S=\frac{1848}{18756}\times 100\%=9.8\%$$

选择隔仓板的有效通风面积是磨机工艺管理中不可忽视的一项工作。有效通风面积的大小与磨机的全长、仓数、仓长、钢球级配、粉磨物料的种类和物理性能、产品细度要求、通风情况及粉磨形式等因素有关。

一般情况下，在磨制细度细的水泥或易磨性较差的物料时，有效通风面积可取较大值；生料磨或带选粉机的磨机可取较大值。

小型磨机隔仓板的有效通风面积约为 10%～25%，多仓磨机隔仓板的有效通风面积随仓而异。细磨仓所用隔仓板有效通风面积通常只有 3%～10%。

2.47 球磨机隔仓板篦孔宽度为多少合适 

篦孔宽度要适量，宽度过大，则物料流速快，加重后仓负担，细度容易跑粗，而且碎钢段容易通过篦孔窜入第一仓，影响粉碎效率。篦孔过小时，易被堵塞，并且因物料流速慢而易满磨影响磨机产量。篦孔宽度一般 5～10 mm 为宜，为防止篦孔堵塞，隔仓板出口面上的篦孔宽度应为进口面上宽度的 1.5～2 倍。

2.48 防止篦缝堵塞的措施 

某厂 ϕ 2.4 m×13 m 管磨机出口篦板长期存在使用周期短、易堵塞等缺点，影响磨机的正常运转。从图 2.25 中看出原设计的篦板有效磨损厚度为 15 mm，夹角为 53°07′。由于有效磨损厚度薄，使该篦板厚度磨损到 25 mm 时就必须更换。实际使用经验表明，该厚度不是篦板的失效厚度。又由于篦缝夹角小，使粗粒物料和小段很容易在篦缝中卡住，减少了通过面积，有时甚至完全堵死，每隔半月就得清理一次，造成劳动强度增加，对产量、质量都有很大的影响。为改变这种情况，柯俊权对篦缝进行了改进，根据分析试验，将篦板的有效磨损厚度增加了 5 mm，篦缝的夹角增加至 69°04′，如图 2.26 所示。

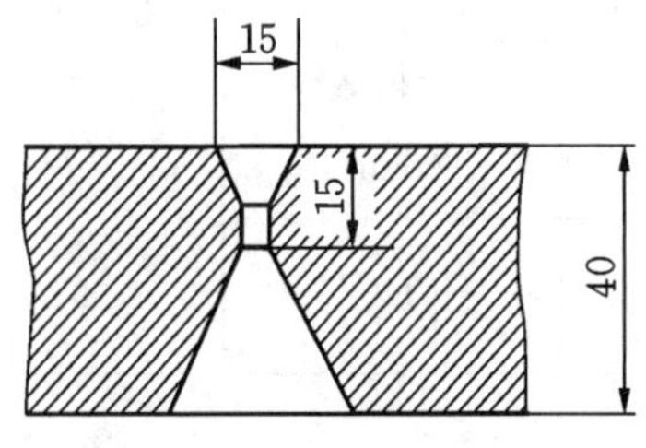

图 2.25 原设计篦板

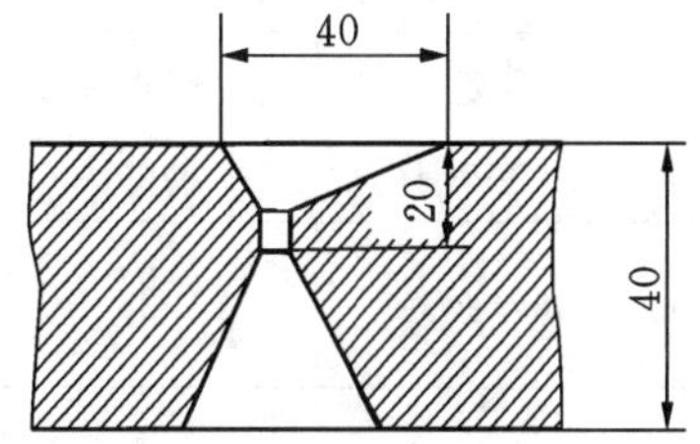

图 2.26 改进后的篦板

通过以上改进，改善了篦板的磨损，卡塞现象明显减少，大大减少了清理篦缝的作业次数，并且使篦板的运转时间由原来的 5286 h 增至 9879 h，产量也有所提高。

2.49 何为 AIRFEEL 隔仓板，有何特点

AIRFEEL 隔仓板是 Slegten 公司为控制管磨机第一仓的物料量，优化磨机操作而设计的一种新型隔仓板。这种隔仓板有下述特点：

(1) 该隔仓板有两层，靠前一仓的一层全部(包括中间部分)开有篦缝。靠后一仓的一层四周开篦缝，中间部分为盲板。后面一层的篦缝宽度比前面一层的大。

(2) 扬料板从筒体向中心呈径向分布，但其长度不超过篦板开篦缝的位置。

(3) 设有圆锥体一类的机械送料装置。

该隔仓板的工作靠气体的流动发挥作用。隔仓板内的物料被扬料板扬起，在隔仓板的空间内与气流相混合。在气体流动下，隔仓板内和前一仓的料量，既不过多，也不过少，从而解决了使用单层隔仓板时，一仓料量总是偏多，使用传统双层隔仓板时，一仓料量总是偏少的问题。

此外，装有这种隔仓板的磨机，通过操作人员调整空气流速，使之与循环负荷相匹配，可生产比表面积不同(如 290 m^2/kg、350 m^2/kg、430 m^2/kg、510 m^2/kg 等)的水泥和多品种水泥。

2.50 康比丹磨隔仓板的特点是什么

(1) 保护衬板形成一个粗筛，将钢球阻拦在第一仓，保护衬板本身是由每块衬板组成的整体结构，用特殊钢铸造，具有很高的冲击强度，耐磨性好。

(2) 保护衬板能阻挡全部最大(2 mm 以上)颗粒，同时在使用期限内每块衬板间的距离保持不变。

(3) 隔仓板的通过面积较普通隔仓板大一倍以上，这样就可以采用很小的篦孔而不影响物料流动，同时因通风面积较大可减少通风阻力。

(4) 隔仓板上装有一个挡料圈，保证粉磨仓中物料和研磨体的适当比例，可避免空转造成衬板及研磨体的磨损。

2.51 延长隔仓板使用寿命的措施

管磨机隔仓板(包括篦板)的使用寿命一般为 10 个月左右。寿命长短主要取决于铸造材料的耐磨性。实际上，除这一重要因素外，隔仓板磨损最严重部位的使用寿命又左右着隔仓板的寿命，而磨损最严重部位的面积在隔仓板面积中所占的比例并不大。因局部区域磨损较快而更换整块隔仓板实在不合理。

为解决这一问题，磨损轻微部位的厚度应适当减薄，磨损严重部位的厚度则适当加厚。通过这样处理，隔仓板的质量比原来稍有增大，但使用寿命却可大大延长。改进后隔仓板的使用效果详见表 2.9。

表 2.9　改进后隔仓板的使用效果

隔仓板	原来隔仓板		改进隔仓板		寿命延长率（%）	质量增加率（%）
	厚度（mm）	可磨损厚度（mm）	厚度（mm）	可磨损厚度（mm）		
磨尾筛板	40，均匀	25	30（微磨损部位） 65（严重磨损部位）	50	100	<10
二、三仓隔仓板	50，均匀	30	40（微磨损部位） 70（严重磨损部位）	50	70	<15
双层隔仓板	盲板 40 磨损区 50 篦板 40	30	40（微磨损部位） 70（严重磨损部位）	5	70	<25
		20	40（微磨损部位） 60（严重磨损部位）	40	100	<15

2.52　高效筛分隔仓板是何结构，有何特点 

该隔仓板的结构如图 2.27 所示，隔仓架是与进、出料篦板有相同形状的扇形钢板组合焊接件，但在装配隔仓板时却与进、出料篦板有一定偏心，偏心量是篦板一边边框实体部分的宽度；扬料板组焊在隔仓架内，使隔仓板强度和稳定性得到加强。相邻两件隔仓架之间装配后形成一个缝隙，插入长方形筛分筛板；在出料端篦板和隔仓架之间增加了扇形挡料筛板。

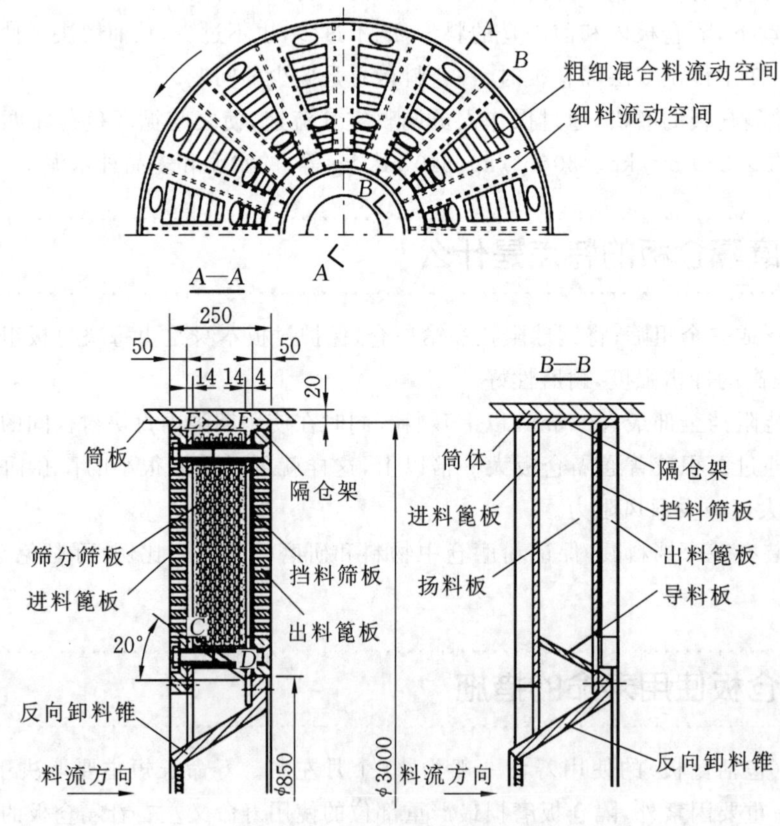

图 2.27　新型高效筛分隔仓板

长方形筛分筛板和扬料板相间布置将隔仓架内的环形空间相间分隔为粗细混合料流动空间和细料流动空间，前仓的粗细料经过进料篦板的篦缝进入流动空间，后仓的物料也经过出料篦板的篦缝和挡料筛板的筛缝进入该空间内；在磨机转动作用下，扬料板带动粗细混合料沿筛分筛板表面流动，小于筛缝的细料在重力作用下通过筛缝，落入隔仓架内的细料流动空间，沿扬料板、导料板进入后仓内；粗料沿筛分筛板、反向卸料锥流动返回前仓。

该隔仓板具有如下特点：

(1) 篦板边框是篦板的支撑载体，每两块篦板相邻处是隔仓板平面上过料和通风的盲区。由于篦板一般为铸件，相邻处的间隙也很难控制达到设计要求，往往形成跑粗的根源。该设计巧妙地利用了相邻篦板边框所对应的隔仓板内的空间，由筛分筛板、扬料板、隔仓架和导料板组成细料流动空间，既不影响篦板过料面积和通风面积，又解决了相邻篦板间隙不易控制的难题。

(2) 长方形筛分筛板的平面与筒体断面垂直，物料位于筛板的上面，在重力作用下进行筛分。在结构上，该件不与其他零件连接，维修更换非常方便。

(3) 出料篦板与隔仓架之间设置了挡料筛板，既可以阻挡后仓的研磨体进入隔仓架内，避免增加筛板的磨损强度；又可以减少后仓返回隔仓板内的物料量，减小筛板的筛料压力；另外，出料篦板后边有了挡料筛板，篦缝尺寸就可以加大，就可以降低篦板铸造成型的难度。

(4) 每块篦板只用 2 个螺栓固定，减少连接螺栓螺母的数量，增大篦缝面积，提高过料和通风能力。

(5) 隔仓架不对称设计，既节约钢材又便于制造。

2.53 扇形筛板型筛分隔仓板的结构与工作原理 

合肥水泥研究设计院首先推出这种隔仓装置，称其为内选粉筛分装置，其结构如图 2.28 所示。

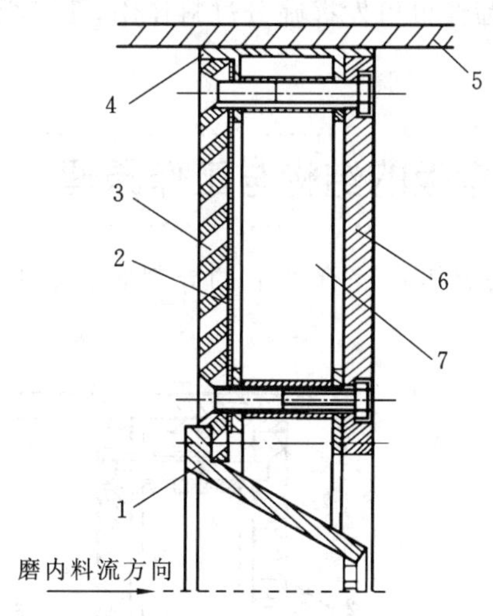

图 2.28 扇形筛板型隔仓板

1—卸料锥；2—扇形筛板；3—进篦板；4—隔仓架；5—筒体；6—出料篦；7—扬料板

其进料篦板的篦缝一般为同心圆环形或平行于弦长的直条形，篦缝较宽，一般为 20 mm。紧贴进料篦板装有形状与其相同、带有 3～4 mm 筛缝的扇形筛板。出料篦板为盲板，或者带有辐射状的篦缝，缝宽尺寸较小，一般为 6～8 mm。隔仓架与扬料板有分离组合型的，有组焊为整体的。

前仓物料在磨体回转作用下，进入进料篦板的宽篦缝内，小于扇形筛板筛缝的物料进入隔仓板内，在扬料板带动下，流向卸料锥的锥面，泻入后仓。大于筛缝的物料，从进料篦板的篦缝返回前仓。

2.54 筛分仓型筛分隔仓板的结构与工作原理 

如图 2.29 所示，在扇形筛板型筛分隔仓板的基础上，为了增加筛板过料面积，提高筛分能力，从结构上进行了改进，将筛板与进料端篦板拉开一定距离（一般为 30～50 mm），在进料篦板与筛板间形成一个小空间，使粗细料在这个空间内进行筛分。

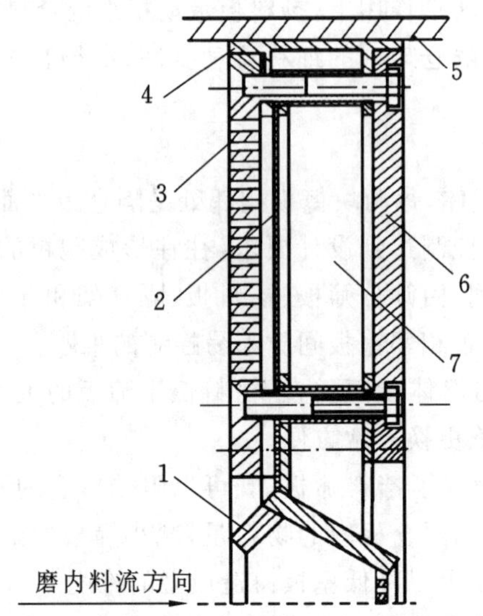

图 2.29　筛分仓型隔仓板

1—双向卸料锥；2—筛板；3—进料篦板；
4—隔仓架；5—筒体；6—出料篦板；7—扬料板

其筛分机理与扇形筛板型隔仓板基本相同，不同的是粗细料经进料篦板的宽篦缝进入筛分仓内进行筛分时，粗料不再从篦缝返回前仓，而是通过扬料板带动，流向卸料锥泻入前仓。由于筛板离开了进料篦板，被进料篦板篦筋所挡住的筛板筛缝也可发挥筛分过料作用，使筛板过料面积增大将近 1 倍多，筛分能力大大增加。

2.55　锥形筛板型筛分隔仓板的结构与工作原理

该隔仓板由进料和出料篦板、焊接在隔仓架上的导料板、双向导料锥以及连接螺栓组成，结构如图 2.30 所示。

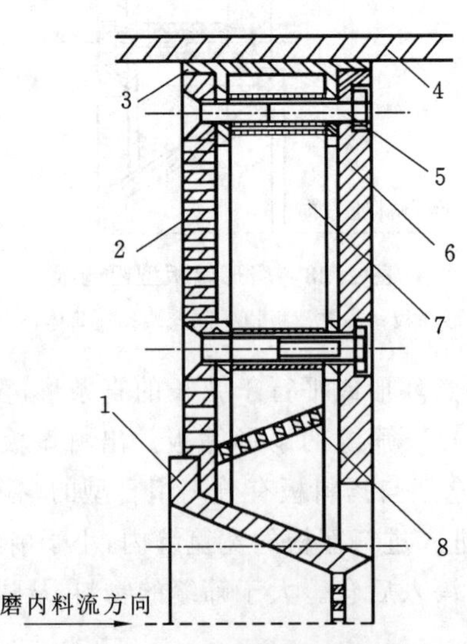

图 2.30　锥形筛板型隔仓板

1—卸料锥；2—进料篦板；3—隔仓架；4—筒体；5—螺栓；6—出料篦板；7—导料板；8—锥形筛板

一仓内已磨好的物料通过进料篦板进入导料板上，随着磨机的回转被提升导向，落到锥形筛板上，细料通过锥形筛板的筛缝落到卸料锥上，流入二仓；而未通过筛缝的粗料，只有沿着锥形筛板的表面流回一仓内，重新粉磨。

2.56 微介质型筛分隔仓板的结构与工作原理 

丹麦史密斯公司制造的康比丹磨又称微介质磨，其适用的隔仓板又称微介质型筛分隔仓板，结构如图 2.31 所示。

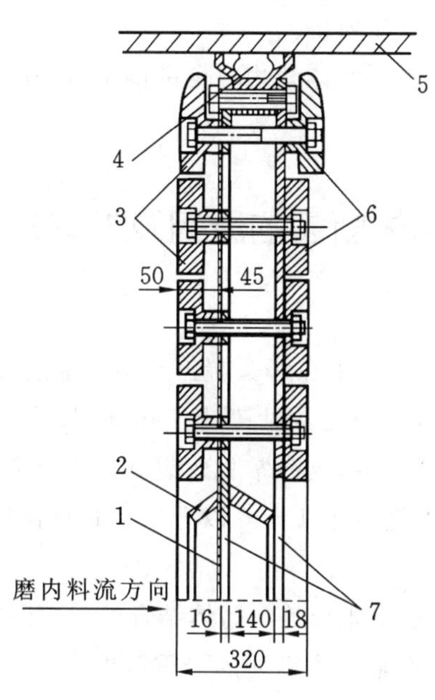

图 2.31 微介质型隔仓板

1—细筛板；2—中心卸料锥；3—粗筛板；4—扇形固定块；5—筒体；6—扇形衬板；7—支撑板

进料侧装有扇形的粗筛板，相邻筛板之间缝隙为 14～20 mm，其后装有 1 层带有 2.5 mm 筛缝的细筛板，隔仓板中心位置装有 1 个中心卸料锥，粗筛板与细筛板距离为 45 mm。支撑板为盲板，扇形衬板保护支撑板不被磨损。

当磨机工作时，前仓物料通过粗筛板之间的缝隙，进入与细筛板之间的空间，随着磨机的回转，细料穿过细筛板的筛缝落到扬料板上再被提升到上部，然后经过中心卸料锥的出料端泻落到后仓；而粗料和小研磨介质等也被类似于扬料板的小抄板带到高处，然后经过中心卸料锥返回到一仓，继续粉磨。

2.57 球磨机筒体变形的原因和预防措施 

(1) 原因分析

球磨机筒体变形的原因主要有两个：

① 磨机长期停止作业时，研磨体和部分物料没有及时卸出，在筒体自重和研磨体及物料重共同作用下，引起筒体变形。

② 正在作业的磨机停磨后，筒体温度(受磨内温度影响)比较高，在自然冷却过程中，由于筒体受力不均匀而导致筒体变形。

(2) 处理办法

① 故障处理方法

a. 在筒体最下部做出标记(可用粉笔等)。

b. 将筒体翻转 180°。

c. 设法往筒体内部通热风。如不具备条件，可在磨机筒体下边放置若干火炉，烘烤筒体(注意在烘烤时火炉不能挨近轴瓦，火苗不能窜上筒体且远近适宜)。

d. 每隔 30 min 将磨运转半圈，直至目测磨机筒体恢复正常为止。

e. 撤出筒体升温装置，对磨内衬板及各部位连接螺栓进行检查，修复由于筒体变形带来的连带故障。

② 故障预防措施

a. 磨机因故停止作业时，若停机时间在 30 min 以上，应在停磨后每隔 30 min 将磨运转半圈，停在原来相反的位置上，直到磨机筒体完全冷却为止。

b. 磨机打算长期停机时，应将磨内研磨体和物料全部倒出(清仓)，再按上述方法操作，直到磨机筒体完全冷却为止。

2.58 球磨机筒体端盖及筒体断裂的原因及处理方法 

(1) 故障现象

① 进料端筒体端盖裂纹、断裂一般发生在磨头端盖与中空轴连接的圆角过渡区，即从中空轴与法兰盘圆弧过渡连接部位断裂。裂纹处或折断处常见铸造气孔、砂眼孔洞和夹砂之类，铸铁颗粒也较粗。也有在进料端盖与补强板外圆的焊缝处开裂，这时常见焊缝表面及边缘十分粗糙，与端盖衔接部位凹凸不平，咬肉较为严重，裂纹深度和宽度都达到了 1 mm 以上。有时端盖整个裂透，从磨内往外看，能见亮光，开机时磨头漏灰严重。

② 料端筒体端盖裂断一般发生在筒体端盖与筒体结合处，呈环向连续分布，沿筒体裂透漏灰。因有油污覆盖而不易被发现，直至造成中空轴脱离筒体的严重后果。

③ 筒体断裂。一般发生在磨机入孔门、衬板螺栓孔处四周，并向环向延伸。

(2) 原因分析

造成磨机筒体端盖及筒体开裂的原因主要有以下几方面：

① 磨机在加工制造、运输和安装过程中不经心形成的沟痕，导致了裂纹、断裂

这种沟痕常常是无意中在磨机筒体或端盖材料中留下的，如用剪子、样冲或别的工具在筒体表面冲打、刻划出沟槽等表面缺陷；再如用火焰割去焊死在筒体上的安装运输辅具时没有磨削平整、消除其表面缺陷；也有焊接时的咬边，或未焊透的焊缝等在磨机荷载后有可能形成裂纹。在磨机制造过程中，由于筒体结构较大，一般制造厂不能进行整体热处理，致使焊接应力残留在焊缝中留下裂缝隐患。如果焊件坡口未清理干净或焊条不干，焊缝内就可能产生气孔、砂眼等缺陷或筒体内表面留有微细裂纹，在交变应力和物料、铁渣的磨削作用下，缺陷形成裂纹，裂纹逐渐延伸加深开裂。

② 不适当的维修导致了断裂

a. 固定端盖的螺栓螺母“粘”在一起，更换衬板时螺母用火焰割掉，同时也割伤了端盖，从螺孔处造成的沟槽渐渐形成裂纹。

b. 应急消除裂纹时，常常采用焊接方法。如果焊接技术不过关，焊接填充金属选择不当，所焊部位容易再次开裂。比如，当用圆形嵌入补钉补焊孔洞时，如果坡口没有完全填满，便在整个焊缝长度上留下凹沟，由此导致裂纹的产生。

③ 选材不当导致了断裂

a. 磨机筒体和端盖受反复交变应力(疲劳应力)作用，故应选用含碳量低较软的钢板材料。如选材不符合技术要求，弯曲强度不够或钢板内早有微小裂纹隐患，使用后在交变应力作用下表面产生纵横交叉的裂痕，就会产生疲劳断裂。

b. 有些使用期较长的磨机，由于筒体个别部位磨损严重，也会造成筒体强度不够，出现裂纹。

④ 磨机超载导致了断裂

经验表明，适当提高研磨体装载量，会提高磨机产量。但提高研磨体装载量后，若导致筒体钢板受力超过设计规范，或因其他原因超载都会引起筒体及端盖裂纹或断裂。另外，磨机作业时磨内温度高、磨内外温差大也会造成热应力，进而加剧了裂纹的扩展。

⑤ 筒体厚度和端盖厚度不足导致了断裂

a. 磨机筒体厚度安全系数虽然较大，但筒体上开设的人孔门是用火焰切割的，且无法进行整体退火消除热应力，残余应力与工作时的弯曲应力组成复杂的应力状态，使筒体产生裂纹。另外，筒体上还开设了许多螺栓孔，使筒体厚度安全系数大打折扣。

b. 一般磨机端盖的平面较大而壁厚相对较薄，铸造时冷却收缩不均匀，产生内应力，加上端盖与中空轴近似垂直相交，浇铸时易产生涡流，质量不易保证，运转时这个圆角部位是承受“变向应力”和“应力集中”最敏感的地方，因此也极易在此断裂。另外，焊缝设计不合理、补强板设计不合理、焊缝质量差等结构不合理因素，也是造成磨机端盖裂断的重要原因。

(3) 处理方法

① 准备工作

a. 准备修复用的各种检修工具、器械，并卸出研磨体，垫高筒体，以免筒体和端盖在受力状态下焊接。

b. 清除裂纹(断裂件)及其周围表面污垢，并用拉线法或平尺测量筒体端盖的平度，同时检查裂纹有无错位。对测位要做好标记，测量数据要记录下来，以便与焊后测量值对比。

c. 进行表面裂纹检查，可用染色渗透法等方法。当发现裂纹只能从一侧看到时，可通过超声波探伤方法检查出裂纹深度。

d. 根据裂纹即断裂件损坏情况，选择修复具体方案，确定采用永久性修理(即优质修理)，还是采用应急修理，抑或更换新件。如不更换断裂件，还需进行 e～i 所述准备工作。

e. 在裂纹两端(包括其分支)钻通孔，一般为 ϕ 5～6 mm，称止裂孔。

f. 加工焊接用坡口。一般选用 V 形坡口，其横截面积的计算如图 2.32 所示。要求在裂纹处和其对称位置按图纸要求采用机械加工或用气刨开成 V 形坡口。

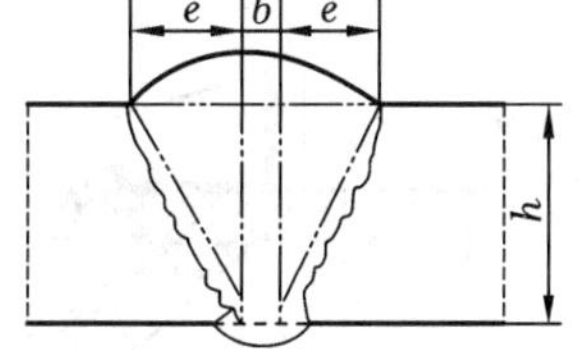

图 2.32　V 形坡口横截面积计算图

对于优质修理方案，坡口横截面积 A 可用公式(1)计算：

$$A \geqslant (b+e)h \quad (1)$$

对于应急修理方案，坡口横截面积 A 可用公式(2)计算：

$$A \geqslant 2eh \quad (2)$$

g. 清除坡口处的杂物如铁锈、碎屑、油污、水分等。

h. 预热母材，条件不允许时要保证室温达到 20 ℃。

i. 选定焊接填充金属并计算其需要量，将焊条在规定温度下烘干。焊接填充金属需要量 Q 可按公式(3)计算：

$$Q=\gamma AL \quad (3)$$

式中　γ——焊接填充金属的密度，kg/m^3；

A——坡口总截面积，m^2；

L——裂纹长度或断裂长度，m。

为防焊接时变形，可沿裂纹长度，每隔 500 mm 焊一块防变形板，骑在裂纹上。

②磨机筒体开裂的修复方法

a. 清洗裂纹处的钢板，找出裂纹的两个端点，在端点处各钻一个止裂孔，避免裂缝继续延伸。

b. 用气刨或电弧气割将裂纹内外两面钢板打成 50°～60°的三角槽。为了减少筒体变形，双面坡口的槽底应相距 2 mm，不要打通。

c. 坡口成型后，用角向磨光机或砂轮打磨，尽量使坡口平整，且保证坡口内无任何杂物，呈现出金属光泽。坡口修整好后，还要用探伤剂探伤，检查是否有其他缺陷，两端裂纹是否消失等。为了防止筒体强度受到削减太多，可采用分段间隔法开坡口，每次坡口长度为 400～500 mm，坡口开在裂纹中间，直至裂纹长度小于 500 mm，能一次补焊到止裂孔为止。

d. 焊接跟随坡口走，如果裂纹过长，可采用分段间隔法。每段长 400～500 mm。焊缝选在磨机一侧向上 45°倾角附近，从下往上爬坡焊。选用 41 号焊条(焊前焊条应在 250 ℃下烘干)或 J427 焊条(焊前焊条应在 350 ℃下烘干 1 h，然后在 150 ℃下保温)。取出焊条后立即焊在筒体内壁三角形槽(V 形槽)里，共焊两层，然后把筒体外壁三角形槽(V 形槽)焊满。

e. 将筒体内壁已焊上的两层劈掉，重新焊满。用角向磨光机或砂轮将焊道磨平，用探伤剂探伤，若有缺陷应去掉重焊；没有任何缺陷后，用风枪(使用圆枪头)将焊道捶击两遍，既清除药皮，又消除应力。

f. 当坡口焊平后，应最后探伤一次，如无任何缺陷，即用高电压小电流慢速施焊最后一层盖面层。盖面层要求焊缝表面光滑，无“咬肉”缺陷，起熄弧部位凹坑应补焊后填平，凸起部分顺焊缝表面磨平，磨削部分不能有磨削棱尖痕迹。

对于筒体因多年使用受损而出现的裂缝，修理时应在原筒体上包上一层 16～20 mm(应视原筒体钢板厚度而定)的钢板，钢板本身沿磨机轴线方向的接口采用单面焊接。钢板与筒体的连接采用铆钉沿钢板的两端边缘铆上 2～3 圈。禁用电焊，因其搭接处的焊缝容易开裂。

③ 磨机筒体端盖与筒体接合处开裂的修复方法(应急修理)

a. 做好一切准备工作。

b. 在筒体内部裂口小于 10 mm 的部位，用氧割割出坡口并清渣，打磨平整。

c. 在筒体内部裂口大于 10 mm 的部位，用 ϕ 8 mm 钢筋适当充填，不再开坡口。

d. 将筒体与端盖间的裂口重新焊合。先焊裂口较宽部位，后焊较窄部位。要求焊缝不要高于筒体内表面，如果高出了筒体内表面，则可用手提砂轮或角向磨光机打磨平整，以便于出料导筋板的安装。

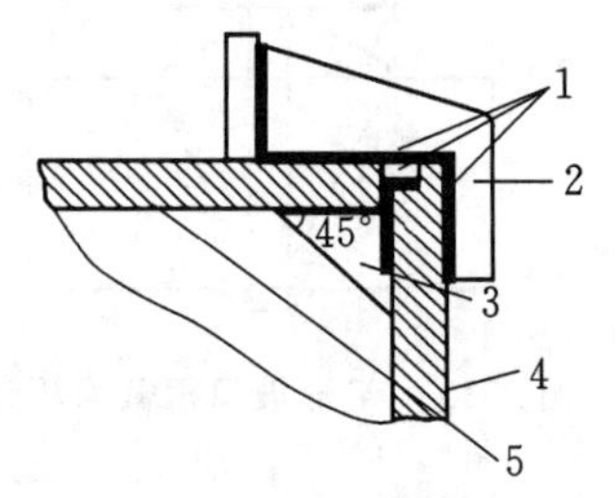

图 2.33　筒体与端盖加固方式示意图(断面)

(材质用 A3、δ14 钢板)

1—焊接部位；2—外加强筋板；3—内加强筋板；4—端盖；5—筒板

e. 在筒体内侧焊接若干块内加强筋板，在筒体外焊接若干块外加强筋板，内外对应，分别为 10～20 块(视磨机规格定，加固方式如图 2.33 所示)，如筒体外原来有加强筋板，应将其去除，再按图 2.33 所示焊装新加强筋板，最好在原位焊接。

f. 检查内外焊缝质量，并打磨光滑。

④ 磨机筒体端盖开裂的修复方法

修复的要点是控制端盖焊后不发生变形。

a. 做好一切准备工作。

b. 把端盖从磨机上拆卸下来，送至修理地点，选定焊接填充金属(焊条)，计算其需用量。有条件的话，可以对端盖进行预热，温度掌握在 150～200 ℃。

c. 查明裂纹脉络，在裂纹的各个分支端部钻孔，打磨焊缝坡口，并使其光亮洁净。

d. 按端盖断裂程度确定焊工人数。按预先计划好的程序分段退焊次序熔敷焊接金属，期间始终采取平焊(俯焊)位置。从焊缝坡口准备到焊接结束全过程，要保持端盖的工作温度在 200 ℃左右。

e. 带分叉裂纹的端盖具体焊接步骤是：首先从外侧对裂至边部的大裂纹施焊；然后把端盖翻转 180°，从内侧对裂至边部的大裂纹施焊(全长施焊)，但仅填充该焊缝坡口高度的一部分；接着对分叉的裂纹部分从内侧施焊，同时将前述内侧大裂纹焊接中的剩余部分焊完；再将端盖翻转 180°，从外侧将带分叉的其余裂纹部分全部焊完。

f. 裂纹焊接完毕后，立即将端盖全部覆盖重新加热，保温 24 h 以上，然后让其在覆盖状态下自然冷却。

g. 焊接前后，可用拉线法或平尺测量端盖的平度，检查裂纹有无错位，打好标记，做好记录，进行焊接前后的对比。

h. 在磨掉焊缝加厚部分后，要对端盖进行超声波检验，也可用探伤剂探伤，检查端盖是否有其他缺陷，裂纹是否消失。必要的话，还要作返工处理。

⑤ 维修质量要求

管磨机筒体及端盖的焊接接头表面质量应不低于《建材机械钢焊接件通用技术条件》(JC/T 532—2007)中1级的规定。

2.59 球磨机筒体开裂的原因及处理方法

球磨机筒体开裂一般是由两方面的原因引起的。其一是筒体本身焊接质量低劣或筒体钢板质量不符合要求，弯曲强度不够，疲劳断裂；其二是生产过程中提高磨机的装载量后，使筒体钢板受力超过设计规范，或其他原因超载引起筒体出现断裂或裂缝。有些使用期较长的磨机，由于筒体内个别部位磨损严重，也会造成筒体强度不够，出现裂缝。

处理的方法是：

(1) 清洗裂缝处的钢板，找到裂缝的两个端点，在端点处各钻一个5～6 mm的通孔，作为止裂孔，避免裂缝继续延伸。

(2) 用气刨或电弧气割将裂缝内外两面钢板打成50°～60°的三角槽。为了减少筒体变形，双面坡口的槽底应相距2 mm，不要打通。

(3) 选用41号焊条(或其他相应牌号的焊条)在烘箱内烘到250 ℃，取出后立即在筒体内壁三角形槽里焊两层，然后把筒体外壁三角形槽焊满。

(4) 将筒体内壁已焊上的两层劈掉，重新焊满。

(5) 如果裂缝过长应分段施焊。

对筒体因多年使用磨损而出现的裂缝，修理时应在原来筒体上包上一层16～20 mm(应视原筒体钢板厚度而定)的钢板，钢板本身沿磨机轴线方向的接口采用单面焊接。钢板与筒体的连接采用铆钉沿钢板的两端边缘铆上2～3圈，禁用电焊，否则在搭接处的焊缝容易开裂。

2.60 球磨机筒体内表面严重磨损的原因及处理方法

(1) 故障现象

① 球磨机筒体环向磨损严重，筒体内部衬板接头形成一条环形沟槽，有物料冲刷痕迹。此故障主要发生在湿法球磨机中，有时也出现在干法球磨机中。严重时可导致筒体断裂。

② 磨机筒体局部磨损，某一段损坏严重。

(2) 原因分析

① 球磨机在装配衬板时有意无意在接头处形成一条环形缝隙，这条环形缝隙经过物料冲刷，磨损会越来越大，致使物料直达筒体内表面，磨损了筒体内表面。

② 衬板在制造时尺寸不够精确，或筒体在运转中发生了局部变形，以致安装磨机衬板时衬板与磨体内壁贴合不严，物料顺衬板接头缝隙或衬板螺栓孔(已磨损成椭圆状的螺栓孔)进入磨机筒体内表面，冲刷磨损筒体内表面。

(3) 处理方法

① 对于已经磨出环形沟槽的磨机筒体内表面，可在沟槽位置的筒体外部焊接一道道环向加固圈和纵向加固板(图2.34)。同时适当减负荷运转。

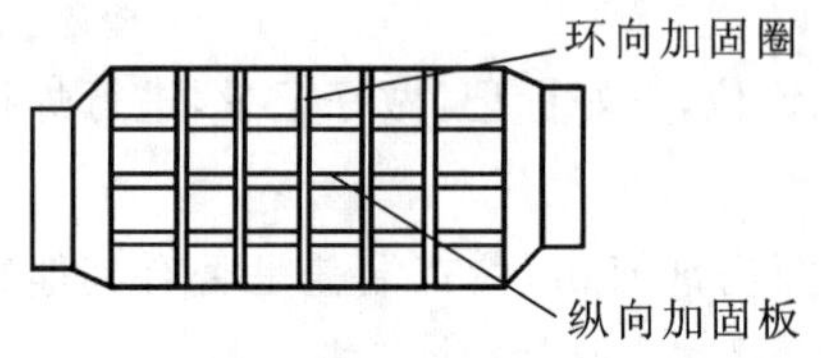

图 2.34 磨机筒体加固示意图

② 对于筒体局部磨损，可将磨损部分挖割掉，补焊一块新钢板，挖补处圆角半径为 100～150 mm。补焊钢板尺寸形状与挖掉部分一致，并开出双面坡口，进行补焊，焊后进行回火处理。注意不能用堆焊方法。

③ 对于筒体某一段损坏严重，应予以更换。

④ 故障预防对策

a. 铺设衬板时，先在筒体内表面涂一层厚约 10 mm 的水泥砂浆，然后装上新衬板，待彻底干燥后开磨。

这种办法对一般球磨机而言可以减轻筒体内表面的渐发性磨损，但对研磨体为球和锻或棒球时，据介绍筒体磨损更为严重。

b. 在装衬板时，先在筒体内表面铺设一层厚 10 mm 的橡胶片（常用废旧输送皮带，进口磨机有的是铺垫一层软木板等），既可以保护筒体内表面不受磨损，又可以降低磨机作业时的噪声，可谓一举两得。

c. 对于新设计的磨体，配置衬板时注意接头处尽量叉开，以避免铺设衬板后留下环形缝隙。同时制造的衬板尺寸要精确，以便与磨体内壁紧密配合。

d. 建立定期检查制度，经常检查磨机筒体内表面磨损情况，及时全面地掌握筒体各部位的厚度。一般可采用超声波测厚仪（如 CCH-10 型）。如不具备条件，可在磨体磨损部位钻几个小孔，测量其厚度，其他部位可估一下，以此分析筒体是否已严重磨损。

⑤ 维修质量要求

a. 钢板材料应不低于《碳素结构钢》(GB/T 700—2006)中有关 Q235 B 级钢的规定；厚度小于 20 mm 的钢板，允许用不低于有关 Q235 A 级钢的规定；厚度大于或等于 30 mm 的钢板，应沿最终下料后的周边进行超声波探伤检验。

b. 筒体上的焊缝须与孔错开，其边缘距离应不小于 75 mm，筒体相邻段节间的纵向焊缝应沿圆周错开，其间隔距离应不小于 600 mm。

c. 筒体的公差：圆周长度为 0～＋10 mm；轴向全长为 0～＋10 mm；圆度为 5 mm；圆柱面素线直线度为 5 mm。

d. 筒体内部焊缝和与端盖相接的焊缝均应磨平，磨削面允许高出母材表面 0～0.5 mm。磨削后表面应光滑，不得有磨削棱痕。筒体焊缝探伤质量应不低于《焊缝无损检测　超声检测技术、检测等级和评定》(GB/T 11345—2013)的 B 级。

e. 钢板厚度 20 mm 及以上的焊接件，焊后须消除焊接应力，但不得降低母材机械性能。

2.61 球磨机中空轴法兰与筒体连接螺栓频繁断裂的原因及处理方法

经常发现，磨机中空轴与筒体的连接螺栓在正常运转中却断裂频繁。有的是从螺栓头的根部，有的是从螺母的附近，还有的是在光杆与螺纹的交接处折断，断口比较平整。每次螺栓断裂后更换新螺栓时都会重新拧紧，但使用不久又会断裂。

(1) 原因分析

引起磨机螺栓断裂的因素很多，概括为：

① 螺栓材质达不到设计要求，螺栓结构设计不当

a. 螺栓材质问题是新投产磨机出现连接螺栓断裂故障的主要原因之一。选材不当，螺杆的热处理工艺选择不当，淬火操作马虎，回火时间控制不当等都易造成螺杆头根部微裂纹。在锻制螺杆头时终锻温度太低也易产生微裂纹。

b. 螺杆头结构设计时，在螺杆头根部有一加工圆角，该圆角在车削加工时往往被忽视，筒体法兰与此圆角相配的螺孔相应部位，没有设计必需的倒角，致使装配时螺杆头平面很难与筒体平面贴紧，局部应力

集中不易消除，导致螺栓断裂。

② 装配质量差

a. 法兰平面垂直度严重超差，或筒体制造时未按正确的制作工艺进行，以至于装配间隙较大，使螺栓连接刚度不足，造成螺栓疲劳裂纹，最终导致断裂。

b. 由于紧固螺栓时，一般是以工人的经验紧固的，很难保证全部螺栓受力均匀，在磨机运转中也会造成螺栓断裂故障。

③ 螺母压紧力衰减，螺母自锁性丧失

a. 由于螺纹配合间隙过大，或者螺距太大，导致自锁性能差。

b. 螺纹粗糙度差，受力后牙扣之间挤压使螺纹中径配合间隙加大，螺母向后退移。

c. 磨机筒体端盖内表面系不加工表面，在磨机运转中，螺栓在载荷作用下，其螺栓头与筒体端盖接触平面的较高点被压平（或被压低），因而个别已拧紧的螺母相对松动，造成全部螺栓受力不均匀。磨机每转一圈，某个或某几个螺栓就受到一次撞击，压在螺栓头下面的端盖钢板被撞击出凹坑，螺栓头变形，而且越松撞击力越大，凹坑和变形越大。

d. 中空轴与筒体端盖连接螺栓是右旋螺纹，磨机转动导致螺母松动。

e. 磨机试运转中产生的螺栓松动现象，一般既没有检查，也不可能采取紧固措施。投入正式生产后，松动日趋严重，法兰间隙随之增大，在两法兰平面间就有了一层薄薄的物料夹层，降低了连接副的刚度，增加了螺栓应力幅值，加上法兰止口的阻挡作用，物料夹层很难消除，从而加速了螺栓的疲劳破坏。

f. 运转中研磨及物料对筒体的冲击，造成磨机回转部分振动，螺母松动。螺母压紧力衰减导致的螺母松动程度不完全一致，而没有松动的螺栓相对就被加大了负荷，发现不及时，就会折断。

④ 铰制孔用的螺栓与镇制孔配合过松，造成中空轴与筒体端盖之间产生径向相对滑移，这时的螺栓（如有个别螺母松动，情况更严重）不仅承受轴向撞击拉力作用，而且受到径向撞击剪切力作用，螺栓受力条件恶劣，导致螺栓在螺栓头与光杆交界处或在光杆处，也有在螺纹内径处断裂。

⑤ 磨机筒体端盖材料刚度差，或者筒体端盖内表面与中空轴大法兰外表面不平行，也会导致螺栓断裂。

⑥ 磨机工作温度高，筒体法兰连接螺栓机械性能降低，有时甚至造成螺栓螺纹牙型变形，连接强度降低而折断。

⑦ 维修方法不当，也会造成螺栓断裂。如无定期检查制度或有制度形同虚设，螺栓松动了，不能及早发现并紧固；再如，已断螺栓没有及时更换，在缺少螺栓的情况下启动磨机，致使相邻部位的螺栓也会折断；还有，更换的螺栓与原设计螺栓材质不同，致使螺栓受力不一致，导致材质差的螺栓折断。

（2）处理方法

故障发生后，特别是螺栓频繁断裂，要查明原因，并采取相应措施。

① 提高螺栓自身质量。

a. 连接螺栓宜采用 45 号中碳钢或 40Cr 调质螺栓，不宜采用 A3 钢、低碳钢或其他强度更低的材料做螺栓。

b. 在加工螺栓和螺母时，螺纹的表面粗糙度起码应达到 1.6，并选用合适的细牙螺纹，注意螺纹的收尾；挑选相配的螺栓螺母配合，使螺纹中径和顶径之间的间隙接近于 0，改善螺母和螺栓的配合，减少螺栓的应力集中，保证螺纹的旋合性和连接强度。

c. 自制螺栓螺母无法进行工件热处理时，可利用化验室高温电炉进行调质处理，随炉加热至 850 ℃，保温 40 min 后机油淬火，在 500 ℃下保温 2 h 取出空冷。为分散工作压力，可在工件下垫一块钢板。

② 建立设备定期检查与不定期巡查制度，发现问题及时解决。

a. 及时更换已断螺栓（对于数量较少如只有 1～2 只螺栓断裂，可安排在计划检修时进行更换，以减少停机时间）；

b. 及时紧固松动的螺栓。

c. 对于螺孔变形如局部变椭圆，有凸肉、毛刺等，在修理时务必仔细挫平，防止装配后形成残余间隙。

d. 对于筒体法兰在中空轴装配上后止口处出现的间隙，可在止口处另加焊一块厚约 10 mm、宽为 80～100 mm 的环形钢板，内径按止口尺寸加工，环向均分为 3～4 块，板上可钻若干个 ϕ 20 mm 圆孔，用钉焊法焊于筒体法兰上以增加强度，避免止口失效。

e. 如采用双螺母防松设计，可用同材质相同规格的普通螺母。必须采用厚薄两种螺母时，宜先上薄的，后上厚的。

f. 如法兰平面的发毛、起刺现象已较严重，可用角向磨光机或手动砂轮机打磨，最后用砂块手工磨平整。

③ 磨机两端中空轴螺栓分别用左、右旋螺纹，以适应磨机的左侧传动和右侧传动，至于左右扣螺纹螺栓如何配置可用如下判别方法：即站在磨机一端，沿中空轴线看其转向，如果是逆时针方向旋转，则中空轴这一端宜用右螺纹螺栓，另一端用左螺纹螺栓；如果是顺时针方向旋转，则中空轴这一端用左螺纹螺栓，另一端用右螺纹螺栓。

④ 在磨机使用过程中，要定期检查中空轴与筒体端盖螺母是否有松动现象。磨机试运转期间，每隔 1～2 h 检查一次，即用最初的扭矩将螺母复拧一遍，如发现松动，应立即拧紧，并更换防松钢丝。如连续三次无松动，即压紧如初，可每隔 24 h 检查一次；如连续三班（即 24 h）无松动，可每隔 24 h 检查 1 次；如连续三个工作日（即 72 h）无松动，可每周检查一次。以后可转向正常，每周查一次。

⑤ 对于断裂螺栓，为使其更换后不再造成新的断裂即螺栓频繁断裂故障，可将所有这一端的连接螺栓彻底更换。故障处理过程如下：

a. 做好一切准备工作。包括准备维修工具、器具，安排人员，备好足够的中空轴连接螺栓和粗加工的配铰螺栓（待配铰后再精车）。

b. 在断螺栓的那个仓，卸掉研磨体，拆下磨尾筛板、扬料板或磨头衬板，松下主轴承盖螺栓，用“千斤顶”使磨体悬空。

c. 松开中空轴连接螺栓，取下中空轴并落地。

d. 清理中空轴与端盖接触面，铲除物料夹层和其他杂物，使其一尘不染，达到“贴合良好，绝无间隙”。

e. 校正装上螺栓，并对称紧固螺栓，8 只紧配螺栓配铰后，装好紧配螺栓，然后装好磨尾筛板、扬料板或磨头衬板，添加研磨体，做好运转准备工作。

f. 磨机检修运转 24 h 后，复紧连接螺栓。

2.62 保护管磨机筒体的措施有哪些

（1）衬板背面与筒体间须加一层衬料（一般为石棉水泥砂浆），使衬板紧贴于筒体内壁。湿法球磨受研磨体和泥浆的冲刷较甚，应在衬板与筒体间加一层木质三合板或 3～4 mm 厚的橡胶板作衬垫。

（2）衬板螺栓必须上得很紧。磨机运转时须经常检查衬板螺栓是否松动和折断。螺栓松动，应及时拧紧；螺栓断裂或衬板脱落须立即停磨处理。

（3）衬板磨损严重或有断裂象征时，须及时更换。

（4）若停磨时间较长，应将研磨体卸出，以防筒体因局部受重压过久而变形。

湿法棒球磨的筒体可采用下述保护措施：

① 在衬板下方铺一层厚约 10 mm 的废旧输送皮带，以保护筒体不被物料磨损，并降低噪声。

② 改进磨机衬板螺栓的密封。螺栓的六角头改成角锥形（衬板螺孔也作相应改进）。上紧螺栓时，角锥形螺栓的六角锥形大端与衬板工作面平齐。螺栓贯穿件的安放顺序（由六角头端算起）为衬板、输送皮带、筒体、特制垫圈和橡胶圈、平垫圈、弹簧垫圈和螺母（如无弹簧垫圈可用双重螺母）。橡胶圈套着特制垫圈，橡胶圈比特制垫圈厚 3 mm，被平垫圈压紧后，可充实空间，从而起密封作用，以防止漏浆，并保护筒体。

③ 将阶梯衬板改成压边衬板。改法是：将衬板靠筒体向的厚端挖去一块。挖去部分的宽度和深度均比薄端的厚度大 3 mm，长度与衬板长度相等；衬板的薄端加长，加长部分的长度与薄端的厚度相同。安装时，薄端的加长部分插入厚端挖去的那部分空间中。经这样改进后，衬板相互间有一定的约束作用，整体结构增强，因而衬板与筒体的相对运动减少，衬板螺栓不易出现断裂和歪斜现象，衬板掉落现象也很少出现。

2.63 管磨机螺旋筒或锥形套筒法兰连接螺栓失效原因及处理方法 

管磨机进料端中空轴内的螺旋筒或锥形套筒法兰连接螺栓失效问题看似简单，但的确是困扰许多水泥厂的一个技术难题。螺栓失效的具体表现是螺旋筒或锥形套筒法兰连接螺栓频繁松动和折断，而且屡紧屡松、屡换屡断，致使管磨机中空轴法兰与螺旋筒或锥形套筒法兰脱离，甚至于螺旋筒或锥形套筒从中空轴中脱出 10～30 mm。物料直接冲刷中空轴，又导致了中空轴磨损。

螺栓断裂部位一般在螺栓头部和柱体过渡部分。折断后的螺杆通常又陷入中空轴的螺孔内无法取出，给更换新螺栓带来诸多不便。

(1) 原因分析

管磨机螺旋筒是依靠中空轴法兰摩擦力带动而旋转的。螺旋筒或锥形套筒与中空轴的接触一般只有两处：

① 靠近磨体与中空轴内壁配合接触的支撑环处。其作用是使螺旋筒受热后能够自由膨胀，并获得一个支撑点。配合间隙一般在 0.5～1.5 mm。但正是这么一点配合间隙，使得螺旋筒呈悬臂状态，并带来螺旋筒或锥形套筒的晃动。

② 螺旋筒或锥形套筒的外端与中空轴的法兰连接处。一般是在中空轴端面法兰上攻内螺纹，用 12～32 个 M16～M30的六角螺栓将螺旋筒或锥形套筒法兰固定在中空轴上。实际上，这是固定螺旋筒或锥形套筒与中空轴的唯一部位。因而，螺旋筒或锥形套筒在理论上是呈悬臂状态安装的。法兰上的一圈螺栓是否紧固就显得尤为重要。

观察螺栓失效情况，发现几乎都是先松后断，即发生连接螺栓断裂前，首先发生螺栓松动现象。而断裂部位又往往发生在螺栓头部和柱体过渡部位。

从断裂痕迹看，螺栓断裂是被拉断的，而不是被剪切断的。这说明螺旋筒或锥形套筒法兰连接螺栓是由于磨机振动，更因为螺旋筒或锥形套筒悬臂端的晃动传递到法兰端，使拧入中空轴法兰的螺栓逐渐松动，进而使两法兰面失去摩擦力而相对脱离，结果造成螺旋筒或锥形套筒从中空轴里缓缓滑出来，并在法兰的反复撞击下，螺栓承受的应力渐渐集中到法兰连接螺栓的头部和柱体的过渡拐角处，导致螺栓在这一部位产生疲劳裂纹，并断裂。

(2) 处理方法

① 建立定期检查制度，发现螺栓松动后，立即拧紧，减少因松动而导致的螺栓折断现象。但这种做法治标不治本，而且不易坚持，螺栓松动问题并未从根本上得到解决。

② 螺栓折断后的应急修理

a. 螺栓折断后，如果螺杆陷在中空轴内掏不出来，可将螺旋筒或锥形套筒与中空轴法兰焊接在一起。但这样做，会给今后更换螺旋筒或锥形套筒带来麻烦。

b. 在螺旋筒或锥形套筒法兰上重新钻孔，在中空轴端面法兰上重新攻出螺纹，并将螺栓紧固好。这种方法也存在一些问题，并且很麻烦。

③ 改进法兰紧固方法

在中空轴上增设外法兰，将原来的中空轴端面法兰攻内螺纹与螺旋筒或锥形套筒法兰用螺栓连接方法改为中空轴外法兰与螺旋筒或锥形套筒法兰连接方法，使用螺栓、螺母和防松垫圈等紧固件固定两个法兰。这一结构可对螺栓产生拧紧力矩，彻底解决了以往螺栓拧不紧问题，即使螺栓断了，也容易更换。

对现有磨机固定方式的改造非常有利，并且容易实施，因而不失为一种简便易行的好办法。

新增的外法兰与中空轴的焊接要严格按焊接质量要求进行。施焊前后应注意以下几点：

a. 要选用质量可靠的紧固件，一般可选用双头螺柱取代螺栓，从而避免螺栓头部和柱体过渡部分通常存在的制造缺陷。

b. 要选取适宜的焊接方法、焊条和焊接电流。施焊时的现场条件如对焊缝的开设及焊接前后的预热和保温等问题也要严格按有关技术要求进行，防止出现焊接裂纹、砂眼、气孔等缺陷。

根据磨头空间狭小的实际情况，新增外法兰与中空轴的焊接以选择角焊或者搭接焊为宜。

④ 在磨机端盖处增加与螺旋筒的刚性连接。即增设能吸收几个毫米的膨胀量的刚性连接结构，使螺旋筒或锥形套筒在端面法兰以外，又多了一个固定支撑点，避免螺旋筒悬臂带来的晃动，使端面法兰螺栓不易松动。

⑤ 对于大中型磨机，可在螺旋筒或锥形套筒上增设弹性板，使其吸收端部晃动产生的外推力，减轻对连接法兰和螺栓的影响，进而减少螺栓松动和折断现象。

2.64 球磨机中空轴损坏原因及处理方法

(1) 磨机中空轴损坏一般表现

① 中空轴颈的椭圆度误差过大或圆柱度误差过大，表面有较深的凹凸痕，以致出现裂纹或孔洞等。

② 中空轴轴向开裂，裂纹从中心位置同时沿轴向向两边延伸，严重时穿透轴壁。通常情况下，裂纹并非垂直于中心，而是不规则的斜线。

③ 中空轴内孔严重磨损，内孔直径变大，有的最大磨损量达 50%以上。

(2) 原因分析

中空轴在经过长期运转后，由于材料疲劳自然会带来中空轴的磨损，但偶尔的保养不良也会加重中空轴的磨损，如有少量物料进入进料端中空轴内孔与螺旋筒之间，就会造成中空轴内孔的严重磨损。磨损到一定程度，没有及时发现并维修，就会造成裂纹、孔洞等，影响到磨机的连续运转，必须加以修复。

(3) 处理方法

① 中空轴颈表面磨损部位的修复

a. 将中空轴或磨头拆下来放在大型立式车床上进行车削加工修理。当中空轴颈有裂纹时，应首先查清裂纹始终点(可用探伤仪和肉眼观察等办法查出所有裂纹，包括一些隐蔽裂纹)，用补焊法修理后再进行车削加工。具体精度要求按原图纸确定。车削后的轴颈，在安装磨头后必须进行必要的磨研。

b. 焊补后就地附加临时支承和刀架进行加工修理，或利用原有轴颈支承进行加工修理。先选轴颈较好部位 C 表面作为支承面，对 D 表面进行车削，再用加工过的 D 表面作为支承面，对 C 表面进行车削，如图 2.34 所示。

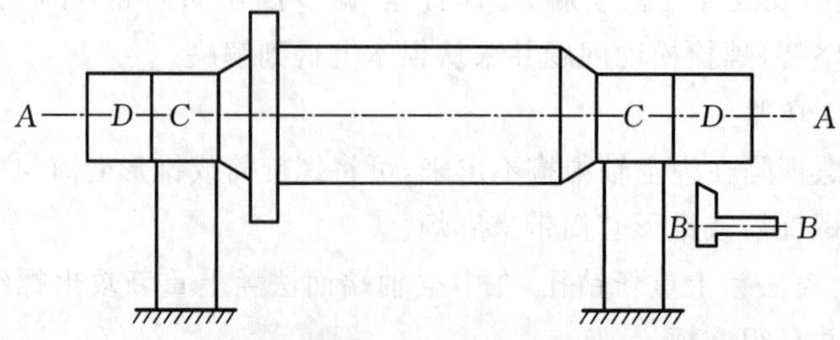

图 2.35 利用原有轴颈切削加工修复轴颈表面示意图

对刀架和筒体位置的要求分别是：刀架的中心线 B 与筒体的中心线 A 平行，刀架的纵向进给和横向进给互相垂直；筒体仍支承在原主轴承上，加工前应限制筒体的轴向窜动。

在修复过程中，如轴承不能正常润滑时，必须采取临时润滑措施。车削后的轴颈，在安装磨头后必须进行磨研。当中空轴颈有裂纹时，应查清裂纹，先行补焊修理，再行车削加工，直至达到修理要求。

② 中空轴轴向开裂的修复方法和步骤

a. 转动磨机使裂缝停留在正顶端，整个修理过程不得转磨。

b. 用氧炔焰切割坡口，坡口形状为圆弧阶梯形，坡口长度大于可见裂纹 60 mm，两端各 30 mm。

c. 坡口切割完毕后清渣，立即施焊。中空轴的温度要保持在 200 ℃左右。采用手工直流电弧焊，底层用 ϕ 3.2 mm 焊条，电流控制在 140 A，然后用 ϕ 4 mm 焊条，电流控制在 160 A，一直到封顶。焊缝高出母材 2 mm。施焊过程中先焊两侧，边焊边用锤击，消除部分应力（当中空轴的材质为 ZG45 中碳钢时，选用 507 结构钢焊条效果好）。

d. 当外缝焊好后，内缝再切割一条小坡口，深度为 5 mm，然后再进行施焊，焊缝高出母材 3 mm。

e. 全部焊好后，把木炭装入特制的铁盒内，对焊接部位进行热处理。壁内壁外同时进行。铁盒的一端用多孔板制成，便于空气流入助木炭燃烧。热处理结束后，用 4～5 层麻袋覆盖，保温 5 h。

f. 用锉刀锉去中空轴外径焊缝高出母材部分，再用油石或手动砂轮研磨。用车削好的样板检验，最后用卡钳测量施焊部分圆周方向各部位，达到技术要求为止。

③ 中空轴内孔严重磨损可用镶嵌衬套法修复（图 2.36）。方法步骤如下：

a. 用 14 mm 厚的钢板卷成圆桶，圆桶直径视磨损程度和中空轴直径而定。

b. 将钢板圆桶割成 3 块，分别压镶在中空轴的内孔上焊牢、焊死。

c. 用石棉绳或破布填塞钢板和筒壁间隙。

d. 用挡板将螺旋筒尾端和中空轴焊死，可杜绝中空轴内孔的继续磨损。

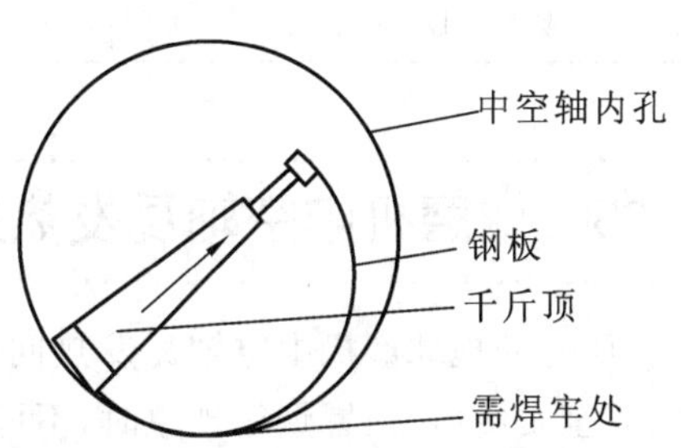

图 2.36　中空轴内镶衬安装法示意图

④ 维修质量要求

a. 中空轴材料应符合下列规定：

铸钢件应不低于《建材机械用铸钢件第 2 部分：碳钢和低合金钢铸件技术条件》（JC/T 401.2—2011）中有关 ZG230-450H 的规定；

钢板件应不低于《碳素结构钢》（GB/T 700—2006）中有关 Q235B 的规定；

小型磨机的中空轴允许用《球墨铸铁件》（GB/T 1348—2009）中的 QT400-18 的规定。

b. 表面粗糙度和探伤质量应不低于表 2.10 的规定。

表 2.10　中空轴承表面粗糙度和探伤质量

部位名称		粗糙度 R_a(μm)	探伤质量
中空轴轴根圆角区	外侧面	1.6	A. 铸钢件内部进行超声波探伤，按 GB/T 7233 中Ⅰ级为合格。 B. 焊缝内部满足《建材机械钢焊接件通用技术条件》（JC/T 532—2007）中的附录 A 的规定或《金属熔化焊焊接接头射线照相》（GB/T 3323—2005）中Ⅱ级的规定。 C. 表面均为《铸钢件渗透检测》（GB/T 9443—2007）或《铸钢件磁粉检测》（GB/T 9444—2007）中的 2 级
	内侧面	6.3	
中空轴轴颈、轴肩圆角区		1.6	

c. 中空轴的公差：

轴颈直径公差为 GB 1802 的 h3 级；

法兰定位圆直径公差为 GB 1802 的 f9 级；

法兰定位圆对轴颈圆的同轴度公差为《形状和位置公差　未注公差值》（GB/T 1184—1996）的 7 级；

法兰端盖对轴颈轴线的垂直度公差为《形状和位置公差　未注公差值》（GB/T 1184—1996）的 7 级；

法兰螺栓孔的位置度公差为 ϕ1 mm。

d. 当切凿面积超过缺陷所在面面积的 6%和裂纹处在重要部位时，不允许焊补；当切凿面积不超过缺陷所在面积的 6%及切凿宽度不超过缺陷所在面宽度的 10%时，中空轴的缺陷允许焊补。

e. 精加工后，中空轴轴颈面 ϕ3 mm×3 mm 以内的气孔不得超过 5 个，气孔间距不小于 150 mm。气孔均须修整圆滑无棱痕，修磨面的粗糙度 R_a 不大于 1.6 μm。

f. 中空轴与筒体装配后，两端中空轴轴颈的相对径向圆跳动公差为 0.2 mm。

g. 大齿轮对中空轴轴颈的径向圆跳动公差不大于节圆直径的 0.25/1000，端面跳动不大于节圆直径的 0.35/1000。

h. 进出料密封摩擦部位圆柱面对中空轴轴颈的径向圆跳动公差为 0.5 mm。

i. 中空轴轴颈与球面瓦的配合接触，参见表 2.11。

表 2.11 配合间隙(mm)

中空轴直径	800	900	1000	1200	1400	1600	1800	2000	2240
侧　　隙	0.12～0.19	0.14～0.21	0.16～0.23	0.21～0.28	0.24～0.32	0.25～0.35	0.29～0.41	0.34～0.46	0.39～0.54

2.65 球磨机中空轴瓦发热是何原因，如何处理 

如何处理球磨机中空轴瓦发热问题，陈国源认为：无论新旧球磨机，一旦出现中空轴瓦温度突然升高，甚至发烫厉害、冒烟等现象时，不可紧急停车，因为这时轴瓦的油膜已被破坏，轴颈和轴瓦直接接触，很容易发生撕脱黏附现象，易造成重大设备事故。首先应紧急停止向磨内加料，同时设法开大窜水瓦的冷却水或者直接向中空轴上浇润滑油，尽量降低轴瓦温度后方可停磨。

对于旧磨机来讲，中空轴瓦的发热原因几乎都和冷却水、润滑油有关。一种情况是冷却不好，这是由于球磨机在运转几年后，始终未对窜水瓦冷却水管进行清洗，管内严重积垢，水管已失去或者部分失去作用从而发热。对于这种情况，应用浓盐酸清洗窜水瓦冷却水管使冷却水保持畅通。另一种情况是润滑的问题，如很长时间未补充润滑油或清洗更换润滑油，带油圈分油板带油或者分油不均，油泵泵出的油无压力等。对于这种情况应视具体问题不同而采取补充润滑油、清洗换油、修带油圈分油板、更换油泵配件等措施，使之达到良好的润滑状态。

新装球磨机中空轴瓦的发热原因比较复杂，一般有如下几种情况：

(1) 球磨机滑动端(入料端)的轴肩间隙不够而引起的轴瓦发热，并且是在轴向力的作用下两块瓦同时发热。出现这种情况是由于安装球磨机时，安装单位未考虑球磨机在运转时产生的热膨胀量 ΔL，只按设备基础图中所标的两轴承纵向中心距安装。解决办法只有拆除一端中空轴承的底座基础(一般取非传动端)，重新安装，使球磨机符合图 2.37 所示的轴肩间隙就可降低轴瓦温度。

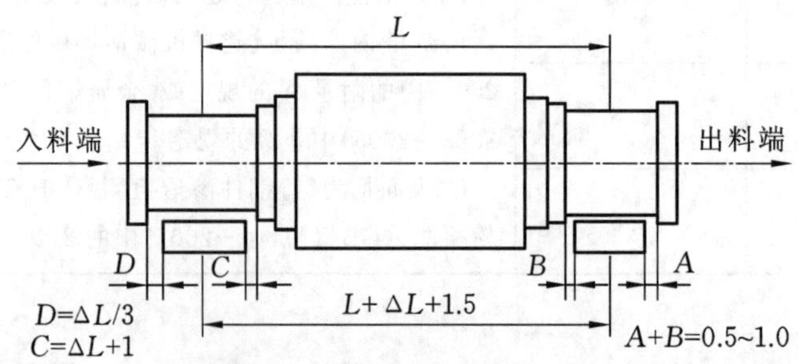

图 2.37 球磨机轴肩间隙示意图

(2) 轴瓦刮研精度不够产生发热。对于这种情况，就要取出轴瓦重新刮研。先刮研轴瓦的接触点使之在每 25 mm×25 mm 方框内有 6～8 个点，同时兼顾中空轴与球面瓦的侧间隙，侧间隙没有或者太小，会影响轴的润滑效果。一般中空轴与轴瓦的侧间隙一定要保持在中空轴直径的1/1000～1.5/1000之间，并且使中空轴与轴瓦的接触角保持在75°～90°范围之内。

(3) 传动不平衡，引起机体振动，影响轴瓦油膜形成而使轴瓦发热。这种情况主要是传动轴纵向中心线与磨体纵向中心线不平行而造成的。处理调整原则应以传动轴纵向中心线平行于磨体纵向中心线为基准，并适当考虑齿轮的咬合情况。

(4) 润滑油的牌号选择不当，黏度过大不能进入中空轴瓦，过小在中空轴瓦形不成压力油膜起不到润滑冷却作用。对于这种情况，只要换上黏度合适的润滑油就能消除轴瓦的发热现象。

2.66 降低球磨机主轴瓦温升过高的途径有哪些 

磨机进、出口主轴承大瓦温升的高低直接影响生产的正常进行。有些厂家，熟料冷却条件不好，入磨物料温度高达150～160 ℃，尤其是近年来出现的将烘干兼粉磨合二为一的各类烘干磨，磨内风温高达300 ℃左右，这就使磨机主轴瓦工况条件更加恶劣。李银锋就如何减少磨机主轴瓦的温升问题，提出以下几点看法。

(1) 磨机主轴瓦产生温升的原因

① 由于中空轴与球面瓦接触面间的摩擦产生热量而引起温升。这是主轴瓦产生温升的主要原因，这部分热量产生的温升不能直接减少，只能间接排除。

② 由中空轴内热物料及热风传递一部分热量，从而引起温升。

③ 由于冷却及散热条件不良而引起温升。一般为冷却水量不够或冷却水管道结垢、堵塞及大瓦通风、散热不良等。

④ 由于润滑条件不良而引起温升。常见原因有润滑油选择不当或油量不足甚至缺油等。

⑤ 由于制造及安装质量问题而引起温升。常见原因为中空轴表面粗糙度不符合要求，安装中刮研轴瓦时出现“夹帮”现象及预留热膨胀间隙量不够等。

(2) 减少主轴瓦温升过高的几个措施

① 在进出料螺旋(或套筒)与中空轴内表面间设置隔热材料来防止热量的传递，从而减少主瓦的温升。

② 改善冷却及散热条件来减少主轴瓦的温升。

a. 利用传统的冷却方式在球面瓦内部铸上蛇形冷却水管或直接铸成冷却水通道。

b. 将轴承壳体向外延伸加长，在延伸的油池中通入冷却水管，起冷却作用。

c. 在主轴瓦瓦盖顶部设置通气孔来提高散热效果。

③ 采用先进可靠的润滑装置，改善润滑条件，从而减少主轴瓦温升。传统的中、小型磨机一般都采用油盘、油勺带油润滑。对于大型磨机、熟料温度偏高的水泥磨及各类烘干磨，可采用标准稀油站集中强制润滑，而油盘及油勺只起辅助作用。目前国内常用的稀油站有XYZ型及XYZ-G型系列产品。稀油站集中润滑是循环润滑过程，根据季节的变化，润滑油在油箱中可以得到加热或者冷却，具有节约润滑油、润滑可靠等优点。

④ 提高制造及安装质量，减少主轴瓦温升。

a. 在加工中对中空轴表面质量要严格控制，保证达到图纸要求。

b. 安装过程中要保证轴瓦质量，保证足够的瓦侧间隙及轴向间隙，以免因接触不好或间隙过小而引起发热。

采取上述措施，对防止主轴瓦温升过高、保证磨机长期安全运行将起到重要作用。除此之外，还要求岗位工要勤检查、勤维护，有条件的可在主轴瓦上安装自动报警装置，当瓦温超过规定值时自动报警，此时停磨检查处理，可避免重大事故发生。

2.67 管磨机传动轴承由滑动轴瓦改为滚动轴承有何效果

管磨机传动轴承滑动轴瓦需用人工加油润滑，瓦内还需通循环水冷却，不但润滑油耗量大，而且维修工作量多，维修费用高，磨机运转率低。琉璃河水泥厂原有 11 台管磨机，传动轴承都是滑动轴瓦，经全部改为滚动轴承后，取得如下效果：

(1) 轴承发热现象消除。即使在夏季最热时，轴承最高温度也只有 60 ℃；振动程度明显减轻。

(2) 滚动轴承的摩擦系数小，磨机启动容易，启动电耗低。

(3) 维护简便，耗油量少。平均每台磨机每年节省润滑油 5 t。

(4) 与用滑动轴瓦相比，每台磨每年节省冷却水 1.7 万 m^3，巴氏合金 150 kg，紫铜管 50 kg，修理工 173 h。由于维修工作量少，设备运转率相应提高。

(5) 环境卫生好。改前，轴瓦漏油严重，不仅传动轴周围油污满地，而且影响混凝土基础的强度和寿命。改后这两个问题得到消除。

(6) $\phi 2.2\ m\times 7\ m$ 管磨机以内调心滚动轴承取代滑动轴瓦，并用锂基润滑脂作润滑剂后，省去了原磨机的机油润滑系统及水冷却系统，粉磨电耗降低 10%以上，年省油 5 t、节水 1.5 万 t，轴承寿命为 18 年。

2.68 小型管磨机采用塑料轴瓦有何优点

塑料轴瓦是布基酚醛改性塑料轴瓦的简称。$\phi 2.2$ m 或直径更小的管磨机采用这种轴瓦有以下优点：

(1) 安装检修方便。这种瓦的重量比合金瓦轻得多，只要将磨体顶起一定高度即可放入；换瓦时不必换瓦衬座；换瓦时间仅为换合金瓦的 1/10～1/5；劳动强度小。

(2) 塑料瓦的加工性能良好。可用切削、刮削方法加工到所需尺寸和表面光洁度，且加工容易。

(3) 耐温性能好。可在 100 ℃下工作，而锡基巴氏合金只能在 70 ℃下工作。

(4) 价格便宜，仅约为合金瓦的 1/2。

(5) 使用寿命长。在干摩擦情况下，塑料轴瓦的耐磨性是巴氏合金瓦的 5～10 倍，是铜瓦的 10～15 倍。加上它的耐水、耐油、耐酸性能强，在正常情况下，使用寿命为 4～10 年，设备运转率相应提高。

(6) 节电。使用塑料轴瓦，用矿物油润滑时，摩擦系数约为巴氏合金的 3/5，磨机的运转电流比使用合金瓦的低 10～20 A，因而可节电。

(7) 发生烧瓦事故时，塑料轴瓦表面会自熄碳化，中空轴颈一般不会损伤；而合金瓦烧毁时，表面熔化，往往损伤中空轴颈，严重时导致中空轴颈报废。

(8) 节约大量有色金属。

2.69 湿法生料磨磨端中空轴内孔面磨损是何原因，如何处理

某水泥厂有 3 台 $\phi 2.2\ m\times 13\ m$ 的湿法生料磨，在长期使用过程中，两端中空轴与进出料衬套相配合的表面都存在不同程度的磨损，仅使用约 10 年，中空轴和进出料衬套的配合面磨损就达到 15%左右。进出料衬套本身属易损件，可随时更换，但是中空轴是生料磨磨体的主要部件，不可能随时更换，如果让中空轴内孔表面磨损后继续使用，不但严重影响生产的正常进行，而且还容易损坏其他设备。经长期的观察和分析，该厂提出一些改进方法，可供大家参考。

(1) 中空轴内表面被磨损的原因分析

为了防止中空轴被磨损和物料流动不畅，中空轴内装有带螺旋的进出料衬套，从而使中空轴不直接同进出物料接触，按理不应被磨损，但考虑到更换衬套时拆装的方便，中空轴与衬套前后两端的配合均采

用间隙配合 H9/e9。中空轴端面上 8 只 M20×115 的双头螺栓将衬套一端法兰紧紧固定在中空轴端面上，它只给衬套恒定的轴向定位紧固的作用力。料浆细度为 900 孔筛筛余 9.7%，对缝隙具有很强的渗透能力，对物体表面具有研磨性和腐蚀性的特征。在生料磨运转过程中，一部分料浆从配合面的间隙中逐渐渗透进入中空轴与衬套的缝隙之中，致使中空轴内表面被逐渐磨损。

(2) 中空轴被磨损后的现象分析

料浆在中空轴衬套的间隙中与各表面研磨，致使中空轴与衬套前后端相配合的间隙不断增大，导致自重为 3500 N 的衬套在中空轴孔内失去了应有的支撑点而产生下坠力。中空轴外部端面的 8 只 M20×115 的双头螺栓本应只承受恒定的轴向力，但此时它额外地受到衬套的自重而引起的径向力的作用。此径向力导致衬套端部法兰的 8 只双头螺栓均受到一个大小不同、向外、斜向上的力的作用。这一斜向上的力就每个螺栓而言都可分为轴向和径向的两个方向的分力，由于每个螺栓所受作用力的力臂不同，在运转过程中力臂不断地变化，位置越高的螺栓所受的径向作用力越大，轴向作用力则相反。另外，中空轴内孔与衬套之间的间隙不断增大，同时使得衬套端部法兰的 8 只 M20×115 的双头螺栓又要受到法兰切向方向的作用力。由于中空轴内孔被磨损，导致衬套端部的螺栓同时要受到三种不同方向、大小不断变化的作用力的作用，每个工作日可达 3 万次以上；长期作用便增大了螺纹之间的配合间隙，迫使螺杆伸长，螺母逐渐松动，在一定范围内螺母越松，作用在螺栓上的力就变得越大，作用力越大螺母就越易松动，一次次地恶性循环一直到螺母完全松动脱落甚至螺栓断裂，使得衬套在轴向窜动，导致进出物料装置的损坏，被迫停止生产。出料端因有出料筛子与衬套相对称起到了一定的平衡作用，情况较进料端要好一些。

(3) 改进方法

① 对已磨损的中空轴，尽可能地消除中空轴与衬套之间的相对间隙，以防止由于衬套的自重而引起的不同方向的作用力对衬套端部 8 只 M20×115 双头螺栓的作用，从而最大限度地减轻螺栓所受到的径向和轴向作用力，使轴向作用力趋于恒定。基于上述设想，在衬套前后两端与中空轴配合的中心位置的圆周上分四等分，使得前后两端的四等分点基本上保持在同一轴线上，在每等分点上钻一个梯形孔，并攻制 M24 螺纹(图 2.38 所示)，每个螺孔内配一相应的螺栓，使得螺栓头部的形状应与中空轴内表面圆弧相似。利用顶紧螺栓使衬套紧固在中空轴内，并保持二者间的同心度。

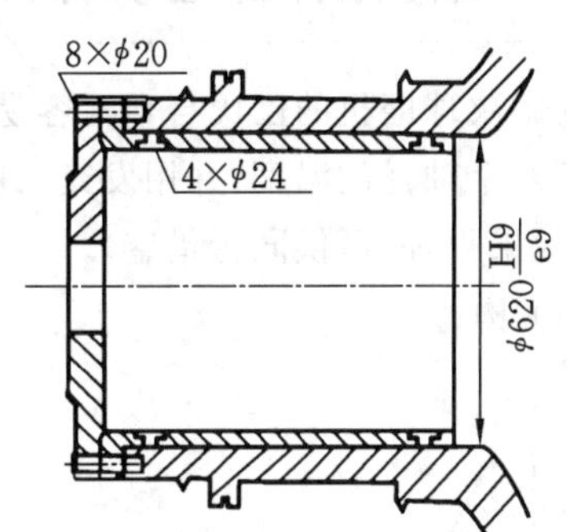

图 2.38　生料磨磨端中空轴与衬套配合示意图

② 提高 8 只 M20×115 的双头螺栓的加工质量，改善其工作条件，须满足如下要求：

a. 螺纹中径和顶径的公差要求 4H(4 h)，增加其承受强度；

b. 螺纹的粗糙度要求 1.6～3.2；

c. 采用止退垫片(弹簧垫也可)，以防衬套松动；

d. 螺栓材质的选用不低于 A3 钢材。

③ 具体的操作方法：首先，把双头螺栓旋入并紧固在中空轴螺孔内；其次，把衬套放入中空轴内，同时把 8 只 M20×115 的双头螺栓套入衬套端部的法兰孔内。最好使得顶紧螺栓成上下左右位置，调整各个衬套内孔中的螺栓，使衬套与中空轴的同心度保持在 0.5%～1%范围之内；再次，紧固衬套端面的 8 只 M20×115 的螺栓的螺母，使端面法兰紧密连接在中空轴端面使得其中密封橡胶略变形，最大限度地防止衬套与中空轴之间可能的相对运动，使衬套牢牢地固定在中空轴内；再次，检查中空轴与衬套的同心度是否符合要求，如果符合规定的要求，则可用电焊把衬套内孔中已经顶紧的螺栓与衬套内壁焊在一起，并把高出衬套内孔表面多余螺栓用氧气割去。如果以后需要更换衬套时，可用氧气把衬套内孔中的顶紧螺栓从衬套内壁上切割掉即可。最后，安装其他部分的装置。

④ 改装之后的效果。自采取上述改装方法以后，效果非常显著，进出料衬套从开始使用到由于衬套

磨损后需要更换之前没有再发生过松动或窜动，基本上消除了因中空轴被磨损，进出料衬套松动所造成的种种不良现象。在重新更换新衬套时，衬套内孔的 8 只顶紧螺栓与中空轴内孔面的接触部位，明显高于其余部位，说明衬套被固定后再没有发生任何松动。

(4) 建议

以上所采取的措施是在中空轴内孔表面磨损之后，为了让中空轴可以继续使用，而克服其磨损所造成的种种不良因素的情况下采取的方法，这种措施并不能消除中空轴继续被磨损的现状。由于目前中空轴内孔与衬套的配合，所采用的是圆柱体的配合，其不足之处是：如果采用间隙配合，那么由于间隙的存在，物料将会渗透进入中空轴与衬套之间的间隙之中，不断磨损中空轴内孔表面；如果采取过度或过盈配合，那么更换衬套的工作难度将会大幅度增加，甚至难以完成安装。为了避免中空轴内孔表面被磨损同时又有利于安装工作，建议将中空轴内孔面与衬套远离法兰一端之间的圆柱体间隙配合改为圆锥体配合(靠近法兰一端仍用 H9/e9 的圆柱体配合)。采用圆锥体配合可以使这个配合面之间的间隙基本上被消除，杜绝物料进入中空轴内孔表面与衬套之间的间隙之中，从而最有效地避免中空轴内孔表面被物料磨损的现象；同时由于使用圆锥体配合，因而大大地降低了装拆的难度；并且其与中空轴内孔与衬套靠近法兰一端的 H9/e9 圆柱体配合结合在一起，极大限度地排除了由于衬套的重量而产生下坠力给法兰端面 8 只 M20×115 双头螺栓所带来的许多副作用，同时又能够保证衬套与中空轴之间的同心度。

2.70 如何制作球磨机轴瓦温升监测报警器

为解决球磨机的巴氏合金瓦容易烧坏问题，某水泥厂自制了一套磨机轴瓦温升监测报警器。它能同时监测六个轴瓦的温度，并用发光二极管分 5 区段(45 ℃、55 ℃、65 ℃、75 ℃、85 ℃)显示出来。使用多年来，效果很好，可供同行借鉴。

(1) 构造

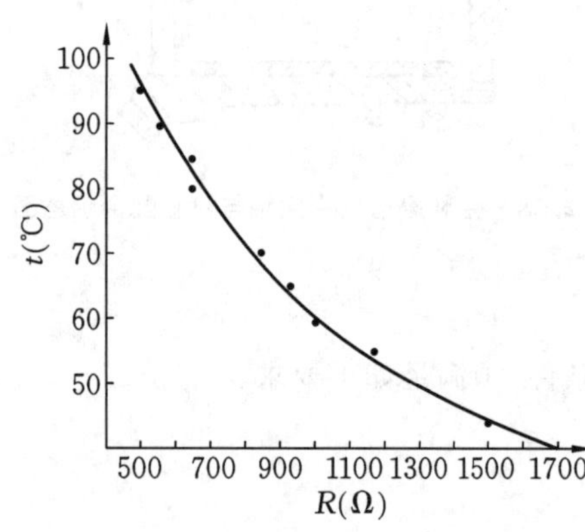

图 2.39 热敏电阻-温度曲线

磨机轴瓦温升监测报警器由测温头、温度显示板、测温电路、报警电路、稳压电路和机箱组成。其中测温头由热敏电阻制成。要求热敏电阻的体积要小，电阻-温度关系曲线在 30～100 ℃区间线性较好。该厂采用的是 1/4 W 的条形热敏电阻，其电阻-温度关系曲线如图 2.39 所示。将二芯屏蔽线的二芯线分别与热敏电阻两端焊接起来。热敏电阻外面套上绝缘套管，如图 2.40(a)所示。在热敏电阻和二芯线外再套上绝缘套管后，将其塞入用铜片制成的图 2.40(b)所示铜管内。固定好引线并将屏蔽线金属网焊在铜片上，如图 2.40(c)所示，为便于将测温头固定在轴瓦上，焊上一螺帽作垫子用。温度显示板由双声道收录机用的电平显示板制成，外形如图 2.41 所示。为测量直流电平，将其输入电容用电阻代替，测温电路如图 2.42 所示。

六轴瓦温升监测报警器框图如图 2.43 所示，其中两个电位器分别用来调整温度显示的上、下限值。

报警电路可发出 2 W 的报警声和 3 Hz 的红色闪光。

稳压电路采用集成三端稳压块，它能提供 9 V、1 A 的稳压电源。

用厚铁片制成密封式机箱。

(2) 原理

磨机轴瓦温度的升高引起热敏电阻的变小，通过测温电路，转化成电压信号，使对应发光二极管发光，定性地显示了轴瓦温度的高低。当温度超过 85 ℃时，发光二极管全亮，同时接通报警电路发出声光报警。整机方框图如图 2.43 所示。

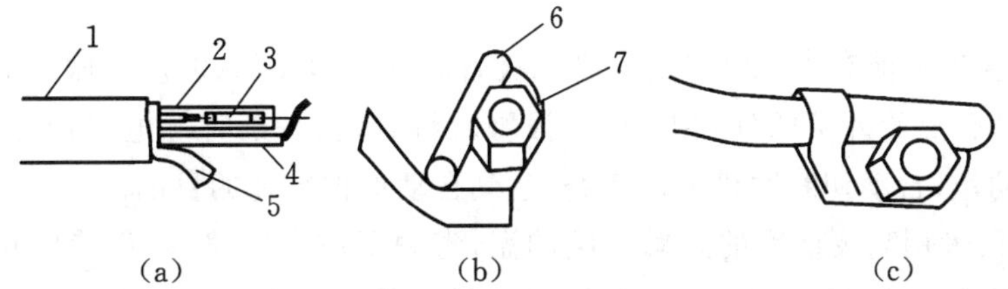

图 2.40 热敏电阻绝缘套管

1—两芯屏蔽线;2—绝缘套管;3—热敏电阻;4—芯线;5—屏蔽网;6—铜片套管;7—螺帽垫片

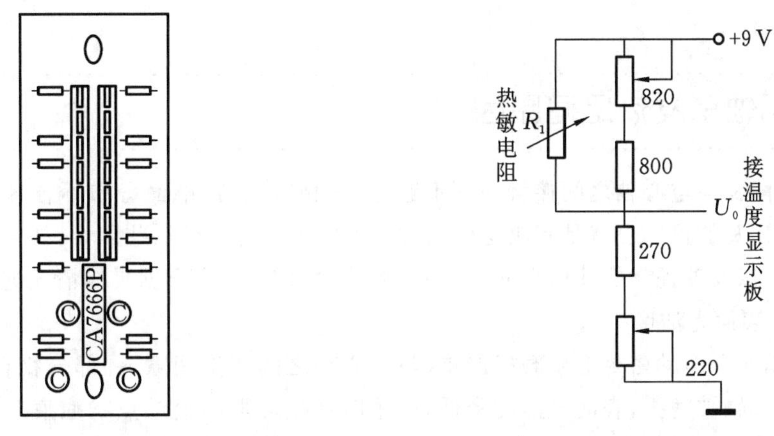

图 2.41 电平显示板外形

图 2.42 测温电路

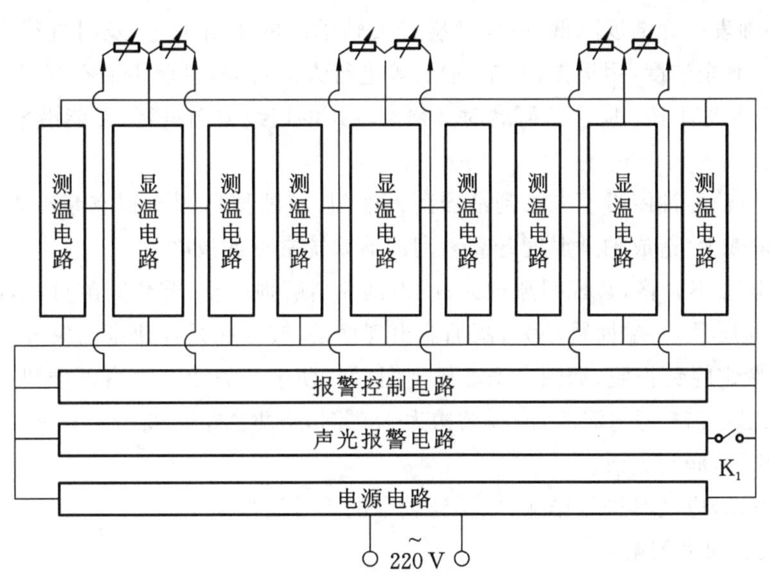

图 2.43 六轴瓦温升监测报警器方框图

(3) 安装要点

测温头用螺栓固定在合金瓦侧面上,引线由装在轴承外壳上的空心螺栓中穿出。

测温头与机箱间采用二芯屏蔽线连接。要求接头处的导线接触电阻要小。

机箱固定在磨机操作台侧前方高 1.5 m 处,便于观察,又不影响操作。

(4) 使用效果

自制轴瓦温度监测报警器在该厂 ϕ 2.7 m×4 m 二级球磨机上使用以来,多次发出报警信号,避免了烧瓦事故。实践表明,本报警器具有以下特点:

① 测温可靠:测温头直接固定在合金瓦上,测温真实可靠。不会像间接测瓦温那样因缺油或环境温

度变化而漏报。

② 报警可靠:温度过限前有直观醒目的发光二极管温度连续显示;温度过限时有刺耳醒目的声光报警;还能提供一对常开触点给外接的延时继电器,报警时触点闭合,延时继电器接通,几分钟内如无人处理事故,延时继电器动作,自动切断磨机电源停磨,达到自动保护轴瓦的目的。

③ 装置稳定可靠:采用高灵敏度的热敏电阻测温,省去了放大电路,工作稳定可靠。由于测温信号为直流信号,热敏电阻输出信号幅度又大,所以抗干扰能力很强。采用集成电路发光二极管电平显示板作温度显示,寿命长,工作稳定可靠。采用密封式的金属机箱,结实可靠,防灰散热。

④ 经济效益明显:本报警器可一机同时监测保护六个巴氏合金轴瓦。构造简单,无易耗件,基本不需维修费用。

2.71 酚醛瓦轴承发热是何原因

一般说来,酚醛瓦与空心轴之间接触面积不够(点接触)或者接触面分布不合理,是造成酚醛瓦轴承发热的主要原因,研瓦的目的也就是解决这个问题。但常常还有另外一些因素,如空心轴的光洁度,刮油器、润滑油的质量,以及轴瓦座的几何尺寸等,都影响着轴承温度,应根据具体情况进行适当处理。

(1) 空心轴的表面光洁度

有的磨机轴承座上面的密封毛毡磨损严重,与空心轴之间产生间隙,一部分物料细粒由此进入大轴承润滑油中,使空心轴被磨损,表面光洁度降低,严重时产生环形沟痕或点状疤痕。这样,空心轴运转时因摩擦力增大使轴承产生热量。而酚醛瓦导热系数很小,热量不能及时通过轴瓦、瓦座传递出去,势必造成轴承发热。

因此,如果空心轴表面光洁度降低,应仔细检查大轴承座的密封毛毡,及时进行更换。同时,应采取措施恢复空心轴的表面光洁度:用板锉、砂布、油石等进行人工打磨,最后用油石细研,使空心轴表面光洁度恢复到原设计的△8 级以上。应注意研磨时必须沿轴颈的切线方向进行,不能沿轴线方向。

(2)刮油器问题

磨机运转时,润滑油经油圈带上来由刮油器刮入油勺(布油器),洒布到空心轴表面。有时会因油圈或刮油器故障使油量减少,造成轴承温度升高。刮油器系统常见的故障有:

① 刮油器加工质量不合格,装配间隙过大;或因刮油器磨损严重,配合间隙过大,刮油量很少。

② 油圈加工装配质量差,端面跳动大,刮油器出现摆动,或卡在某处使刮油失效。

③ 油圈上三个紧定螺钉松脱,油圈在空心轴上“打滑”使带油失效。也有的磨机(如南京水泥工业设计研究院设计的 MBZX2275 型水泥磨)油圈结构为 180°剖分,两个半油圈由 4 只 M16 螺栓连接,因螺栓松动、脱落,使油圈松脱,润滑失效。

如果发现上述故障,应及时进行排除,以保证轴承的正常润滑。

(3) 轴瓦座的几何尺寸影响

轴瓦座是一个中空腔形零件,由灰口铸铁材料制成并经时效处理。出厂时经检验合格,装配出厂。在运行中不受温度、冲击作用的影响,因而正常情况下不会发生几何形状和尺寸的变化。由此引起的轴承温度升高的情况,是极为少见的。

但实际工作中很可能遇到下面两种情况,造成轴瓦座几何尺寸变化,引起轴承发热,必须加以注意:

① 有的厂(特别是北方寒冷地区水泥厂)磨机因冬季冷却水结冰,轴瓦座胀裂,后经焊补或粘补将裂缝修复,但轴瓦座仍然残留微小变形。一般情况下这种变形的结果使轴瓦座内径变小,曲率半径即变小。

② 有的磨机酚醛瓦因缺油,发生严重的烧瓦事故,轴瓦与轴瓦座磨损严重,轴瓦座内曲面局部产生缺损(图 2.44),曲率变小。当更换新轴瓦后,该部位必将产生间隙 δ。在轴瓦受到空心轴重压后,酚醛瓦发生变形,使曲率变小。

以上两种原因所造成的成酚醛瓦曲率变小的结果,就会导致轴瓦“夹帮”(或称“抱轴”)的严重问题。

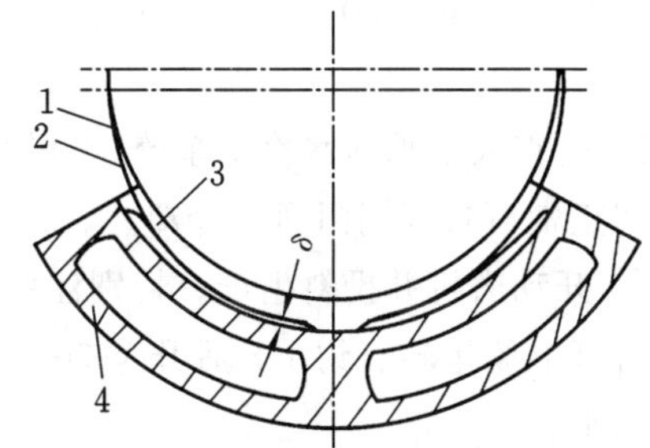

图 2.44 瓦被烧前后空心轴的位置示意

1—空心轴正常工作位置；
2—烧瓦后空心轴位置；
3—酚醛轴瓦；4—轴瓦座

其现象是轴瓦两侧紧紧夹箍在空心轴上，使轴与酚醛瓦两侧润滑失效，形成干摩擦，油温急剧升高。在被迫停机抽出轴瓦检查时会发现轴瓦两侧有烧灼痕迹，而轴瓦中部完好如新，没有磨损及烧灼现象。

实际工作中，在遇到酚醛瓦发生“夹帮”故障时，人们往往忽视轴瓦座发生几何尺寸变形（主要是内曲面曲率变小）对轴瓦工作所产生的不利影响，从而延误了修理时间。有时错误地认为是酚醛瓦的质量问题造成的，于是更换新瓦，但很快又会出现“夹帮”问题。

因此，在酚醛瓦出现“夹帮”故障时，应认真检查轴瓦座的几何尺寸有无变化，如发生变化应积极设法予以恢复。可根据变形程度采取以下两种办法加以处置：

a.“夹帮”不太严重，轴瓦烧灼部位集中在底部时，可用角向磨光机在“夹帮”部位手工打磨，并将轴瓦的瓦口适当开大，使润滑油能在运转时形成油膜，不会因干摩擦造成油温增高。

b.“夹帮”很严重，烧灼部位集中在轴瓦两侧时，则必须对轴瓦座加以处理。在轴瓦座磨损部位垫以厚度为 δ 的薄铁皮，使酚醛瓦背与轴瓦座紧密贴合，消除间隙 δ。这样磨机运转时酚醛瓦就不会产生变形，“夹帮”现象自然就解决了。

（4）润滑油的质量

润滑油质量不好、牌号不对，黏度太大或太小，都将造成轴承温度升高。某厂以前采用 26 号齿轮油，现在采用 N320 号工业齿轮油，冬夏季通用，不更换品种，一般不会出现问题。但油质太脏时（如轴承油池内漏入物料细粉时），则应更换润滑油，否则将造成轴承运行温度的升高。

2.72 实现酚醛树脂轴瓦的快速研瓦有何方法

通常水泥生产厂家都是采用刮研法处理球磨机酚醛树脂层压轴瓦（以下简称酚醛瓦）发热的问题，同时根据磨机出厂说明书的要求，酚醛瓦采用水做润滑剂。山东省青岛崂山建筑材料厂臧泽远等经多年的实践，认为采用刮研法处理酚醛瓦和水润滑存在不少弊病，其主要问题是：

① 工作量大，停机时间长。采用刮研法处理酚醛瓦时，必须将磨机筒体用千斤顶顶起，抽出轴瓦刮研涂红丹，然后放回轴承座，落下筒体，人工盘车使筒体回转。再将筒体顶起，抽出轴瓦再次进行刮研。这样经过多次反复刮研才能使接触面积符合要求。处理好一副轴瓦一般至少需要一天，甚至更长时间。

② 体力消耗大，技术水平要求高。

③ 水润滑造成锈蚀，影响机械寿命。采用水做润滑剂，大轴瓦中常年充满了水，不可避免地对中空轴、轴承座、轴承盖等钢铁零件造成锈蚀。特别是水质不好的地区，水中含有多种盐类，锈蚀作用更加严重，对设备使用寿命造成一定影响。

该厂两台酚醛瓦球磨机，开始也是按照磨机说明书要求进行刮研和水润滑。后来在实践中深感刮研操作费时费力。他们基于酚醛材料遇高温易燃烧的特点，大胆提出用“烧损法”来代替刮研、用油润滑代替水润滑的设想，并在实践中应用成功。

（1）“烧损法”研瓦原理

“烧损法”研瓦原理是利用酚醛树脂燃点比较低（约 250 ℃）的特点，在磨机运转时因轴瓦接触点局部高温，达到燃点时可造成酚醛树脂局部炭化，强度严重降低，伴随着磨机空心轴的旋转，将炭化点逐渐磨平，从而达到所需要的接触面积。

（2）酚醛瓦“烧损法”研瓦的操作程序

① 将大轴承中用作润滑剂的水全部放出。清除轴承底部污泥渍水后，加注 26 号齿轮油。如无 26

号齿轮油夏季加注 30 号、冬季加注 20 号齿轮油(26 号齿轮油可全年使用)。检查油标、油位应符合要求。

② 检查大轴承串水冷却系统,不得有漏水、渗水现象。特别注意轴瓦进、出水两个接头的渗漏情况。如一切正常可打开阀门通水冷却。

③ 开动磨机并投料生产。特别注意轴瓦温度,运转 30 min 后轴瓦温度一般能升到 65°以上,此时不必停磨可继续运转。约 1 h 后升至 70 ℃时应立即停磨(停磨前按常规磨头已停止喂料),但不得中断轴承冷却水。

④ 停机约 1.5～2.5 h 后,轴瓦温度可降至 30 ℃左右。再次启动磨机并继续投料生产,约 1.5～2 h 后轴瓦温度又可升至 70 ℃,再次停磨冷却。

⑤ 经 1.5～2.5 h 后轴瓦温度可再次降至 30 ℃以下,再次启动磨机并正常投料。这样一般停磨 1～2 次后,轴瓦运行温度可稳定在 60 ℃以下,说明瓦已经研好,可投入正常运转。

(3) 在操作中应注意的问题

① 测量轴瓦温度的温度计必须完好。一般各厂采用 WTZ-288 型压力式温度计测量轴瓦温度,应检查是否完好,毛细管是否有被挤压、弯折等损伤,指针指示温度是否正常、灵敏。

② 为观察中空轴运转情况和通风散热,在研瓦时应将轴承盖上面的两个观察孔打开,研好后投入正常运转时再盖好。在研瓦过程中,可看到观察孔里冒出油烟,冬季研瓦油烟更大,属正常现象,不必恐慌。只要温度计工作正常可靠,指数在限定范围内(70 ℃),就不必采取其他应急措施。

实践证明,酚醛瓦"烧损法"研瓦操作简单,工作量小,操作中免除了刮研法研瓦中必须抬起、放下磨机筒体的反复操作,免除了抽瓦、刮瓦、盘车等工序,只有开磨、停磨、看温度计几个简单程序,工作量减少很多。一般情况下一副新瓦只需停机 1～2 次,累计停机时间 3～4 h 即可研好投入正常生产。较之刮研法停机时间可缩短 5 h 以上,因而经济效益十分显著。对工人技术水平要求低,只要参加过 1～2 次"烧损法"研瓦操作,就可独立进行,并且改用油润滑后免除了机件锈蚀问题。

该厂采用"烧损法"研瓦已经有 5～6 年时间,其间轴瓦没有出现任何事故。

2.73 如何确定管磨机的工作转速 

管磨机的临界转速和理论适宜转速都是在假定的前提条件下推导出来的。这些假定条件为:磨内只有处于最外层的研磨体,研磨体上升时没有滑动和滚动现象,磨内装的是平衬板等。

实际上磨内的研磨体并非只是一个或一层,而是许多层;磨内的衬板也不只是平衬板;研磨体在随磨体上升时实际存在着滑动或滚动现象。因此,在实际运用时,还应根据实际情况对理论适宜转速公式进行修正,以其作为磨机的工作转速 n_g。

目前,国内干法管磨机的工作转速 n_g 多用下列公式计算:

$$D>2.0\ \text{m 时},\ n_g=\frac{32.2}{\sqrt{D}}-0.2D$$

$$1.8\ \text{m}<D\leqslant 2.0\ \text{m 时},\ n_g=\frac{32.2}{\sqrt{D}}$$

$$D\leqslant 1.8\ \text{m 时},\ n_g=\frac{32.2}{\sqrt{D}}+(1.0\sim 1.5)$$

式中 D——管磨机的有效内径,m。

应当指出,由于粉磨作业的实际情况很复杂,合理的磨机工作转速难以用一个简单的公式确定,而应是根据下述实际情况对公式稍作变动:

(1) 安装带凸棱衬板的磨机,由于研磨体的提升高度大,且滑动距离小,实际工作转速 n_g 应比装平衬板的稍低一点。

(2) 入磨物料硬度和粒度较大时，磨机的工作转速应比硬度小和粒度小的磨机稍高些。

(3) 湿法管磨机的工作转速应比干法管磨机的高些(一般高2%～5%)。这是因为料浆阻力减弱了研磨体的冲击能力，且湿法磨研磨体的摩擦系数比干法磨的小。

(4) 湿法棒磨机单体钢棒的质量远比单体钢球的大，因此其工作转速应比球磨机的低5%左右。

(5) 在研磨体填充率低的磨内，研磨体的滑动量大些，磨机的工作转速应适当高些；反之，研磨体填充率较高时，磨机的工作转速应适当低些。

(6) 粉磨成品的细度要求较细时，磨机的工作转速应低些，以发挥研磨体的研磨作用。

(7) 干法闭路磨内的过粉磨现象比开路磨的轻些，其工作转速可比开路磨的适当高些。

常见管磨机的临界转速、理论适宜转速和工作转速列于表2.12。

表2.12 常见管磨机的临界转速、理论适宜转速和工作转速

球磨机公称直径(m)	有效内径 D(m)	临界转速 n_0(r/min)	理论适宜转速 n(r/min)	工作转速 n_g(r/min)(按以上修正公式算)
1.2	1.12	40.0	30.4	31.4
1.5	1.42	35.6	27.1	28.3
1.8	1.72	32.3	24.5	25.6
1.83	1.75	32.1	24.4	25.4
2.00	1.92	30.6	23.3	24.3
2.20	2.12	29.1	22.1	21.7
2.40	2.30	27.8	21.1	20.8
2.60	2.50	26.8	20.4	19.9
2.80	2.70	25.9	19.7	19.1
3.00	2.90	24.9	18.9	18.3
3.50	3.40	23.0	17.5	16.8

2.74 如何确定管磨机各仓的长度 

长度大于11 m的开路管磨机多为4个仓，9～11 m的多为3个仓，小于8.5 m的多为2个仓。闭路管磨机多为2个或3个仓。

各仓长度比例的恰当与否，对管磨机的产、质量影响很大。物料进料粒度大或易磨性差时，粗磨仓的长度应适当延长，以增强该仓的能力，实现各仓能力的平衡。仓的长度还应与研磨体的填充率和级配相适应。表2.13是我国闭路水泥磨各仓长度的常见比例。

表2.13 我国闭路水泥磨各仓长度的常见比例

磨机	各仓长度比例(%)		
	一仓	二仓	三仓
双仓磨	30～40	60～70	
三仓磨	25～30	25～30	40～50

(1) 确定磨机各仓长度应考虑的因素

① 粉磨流程。开路磨细磨仓的长度应相应较长，生产细度较细的水泥时更应如此。

② 是否装有分级衬板。装分级衬板仓的长度应适当延长，但装分级衬板磨机的仓数可适当减少。

③ 仓的长度应据螺孔的距离和孔数计算，或先大致确定仓长，再据筒体衬板螺孔的距离加以调整。

④ 一仓长度与水泥产品的标号有关。生产高标号水泥时，一仓长度占全磨长度的比率比生产低标号水泥的约短 2%～4%。

(2) 按经验公式确定

① 双仓管磨机

开路磨：

$$L_1=\frac{L}{3}$$

$$L_2=\frac{2L}{3}$$

闭路磨：

$$L_1=(0.40\sim0.45)L$$

$$L_2=(0.55\sim0.60)L$$

② 开路三仓管磨机：

$$L_1=(0.25\sim0.30)L$$

$$L_2=(0.25\sim0.30)L$$

$$L_3=(0.40\sim0.50)L$$

(3) 用冯修吉教授的建议公式确定

$$L_1=\frac{L}{4}$$

$$L_2=\frac{3L_1}{4}=\frac{3L}{16}$$

$$L_3=L-\frac{7L_1}{4}=\frac{9L}{16}$$

式中 L——管磨机各仓的总有效长度，m；

L_1、L_2、L_3——第一、第二、第三仓的有效长度，m。

上述经验式在一般情况下采用。工艺条件与一般情况显著不同时，应酌情改变。如工厂采用预破碎新工艺后，在仓内钢球平均球径缩小的同时，一仓长度应适当缩短。

2.75 减速机产生地脚螺栓断裂的原因及处理方法

虽然减速机地脚螺栓很少发生断裂，但下列原因可能导致地脚螺栓断裂：减速机由于磨损严重而产生机体振动严重，使其地脚螺栓疲劳断裂；地脚螺栓材料中如碳、硅、硫等成分偏高，内部组织不均匀，材质变脆等情况都可引起地脚螺栓断裂；减速机基础和减速机机体不平，垫铁与机体垫的布局不当，各垫铁受力不均匀，机体与各部垫体之间间隙不等，也会引起地脚螺栓断裂。

减速机地脚螺栓断裂后，可根据断裂情况决定采取何种处理方法，一般情况下，可采用焊接来处理。

2.76 为何大直径磨机比小直径磨机生产效率高

磨机的小时生产能力可按下式计算：

$$Q=K_1D^{2.5}L$$

式中 Q——磨机台时产量，t/h；

D——磨机的有效直径，m；

L——磨机有效长度，m；

K_1——磨机生产能力系数。

$$K_1=5.26\times10^{-3}abcq\sqrt{\varphi\gamma}$$

式中 a——易磨性系数；

b——细度系数；

c——粉磨形式系数，开路或闭路；

q——磨机单位功率产量，kg/(kW · h)；

φ——研磨体填充率，%；

γ——研磨体的单位容积重量。

球磨机的单位容积产量 W 为：

$$W=\frac{Q}{V}=\frac{K_1LD^{2.5}}{(\pi/4)LD^2}=K_2D^{0.5}$$

当其他粉磨条件相同时，由上式可得出直径不同的两种球磨机的相对生产率（即两磨单位容积产量的比值）为：

$$K=\frac{W_1}{W_2}=\frac{K_2D_1^{0.5}}{K_2D_2^{0.5}}=\left(\frac{D_1}{D_2}\right)^{0.5}$$

上式表明：大直径磨机比小直径磨机有更高的生产效率。现以目前立窑水泥厂常用的 ϕ 1.5 m×5.7 m、ϕ 1.83 m×6.1 m 和 ϕ 2.2 m×6.5 m 三种磨机进行比较（单从磨机直径扩大这一点分析）。一台 ϕ 2.2 m×6.5 m 磨机的生产能力，相当于三台 ϕ 1.5 m×5.7 m 的磨机；一台 ϕ 1.83 m×6.1 m 的磨机相当于 1.8 台 ϕ 1.5 m×5.7 m 的磨机。而实际上 ϕ 2.2 m×6.5 m 与 ϕ 1.83 m×6.1 m 磨机的有效容积仅比 ϕ 1.5 m×5.7 m 磨机的有效容积大 2.4 倍与 1.63 倍，即 ϕ 2.2 m 磨机的生产效率比 ϕ 1.5 m 磨机的生产效率提高了 21.6%；ϕ 1.83 m 磨机比 ϕ 1.5 m 磨机提高了 11.0%。因此，在小水泥厂磨机改造中采用较大直径的磨机比增加小直径磨机的台数更为有效，这是小水泥厂磨机改造的正确方向。

2.77 减速机齿圈产生断裂的原因及处理方法

减速机齿圈断裂的原因各有不同，由于减速机运转时间过久，齿圈的材料疲劳而产生裂缝；齿圈因在锻制或轧制的热加工过程中有气孔和收缩被击扁而产生夹层，形成内在的隐患；较大的过盈量装配引起的内应力，零件粗糙，热装时加热不均，齿圈材料中如碳、硅、硫等成分偏高时，齿圈调质后将产生裂纹和变形，甚至增加脆性。此外，如果减速机在操作时启动的次数过于频繁或是启动的速度过快，运转中的严重振动，以及减速机的瞬间或是长期的超负荷运转等都是齿圈断裂的原因。

如减速机发生齿圈断裂，而其他各零件没有损坏时，在一般情况下需要更换齿圈，但因受各种条件的限制不能更换齿圈时，可采用焊接齿圈的方法处理。

焊接齿圈有两种做法：一种是齿圈套在轮芯上焊接，这样可避免齿圈与轮芯的相对位移，并可减少热套齿圈工序，但这种做法焊缝收缩的应力无法消除，这种应力可使焊缝重新裂开；另一种是拆下齿圈焊接，然后热装在轮芯上，此法虽可克服前种缺点，但容易出现齿圈与轮芯的相对位移，并增加热套齿圈工序。故选择何种焊接方法，要根据实际情况决定。减速机的齿轮经焊接之后，要适当地降低磨机负荷。

2.78 减速机断轴的原因及处理方法

减速机断轴的主要表现是轴上产生裂纹或者轴断裂掉下来。

(1) 产生原因

产生轴断裂的原因主要有以下几点：

① 减速机剧烈振动,其动负荷增加,甚至超负荷运转,使轴产生疲劳而断裂。

② 由于轴径差形成的台阶,轴的截面突然改变,或者轴上有键槽,使轴产生应力集中而断裂。

③ 减速机频繁启动,或者启动速度过快等促使轴断裂。

④ 轴材料中碳、硅、硫成分偏高,在调质时引起裂纹或变形,并使脆性增加。另外,在锻造过程中,又没有把轴材料内部的缺陷如结晶偏析、碳化物偏析等改变形态,在以后的调质中就会扩大而形成裂纹,使轴的强度达不到应有强度,在运转中断裂。

(2) 处理方法

① 减速机输出轴在箱体外的部位严重断裂后的修复对策:必须更换新轴。

② 减速机输出轴在箱体外的部位断裂深度不超过轴径的 10%,备件缺少时的抢修对策:可采用焊接的方法,焊好后继续运转一段时间。

焊接方法及技术要求按有关规程执行。

③ 减速机高速轴或齿轮轴发生断裂时的修理对策:必须更换新轴。

特殊情况,也可采用镶接法接轴。

2.79 适当加快磨机转速对磨机产量和粉磨电耗有何影响

(1)磨机提高转速的试验结果

适当加快磨机的转速(一般由临界转速的 76%左右提高至 80%~85%),可增加研磨体冲击物料的次数,还可增大研磨体的提升高度,从而提高研磨体冲击物料的能力,提高磨机的粉磨能力。表 2.14 是某 ϕ 2.2 m×11 m 水泥磨机提高转速的试验结果。

表 2.14 ϕ 2.2 m×11 m 水泥磨机提高转速的试验结果

磨机转速		转速加快率(%)	平均台时产量(t/h)	平均细度(%)	产量提高率(%)	研磨体装载量(t)	单位产品电耗(MJ/t 或 kW·h/t)
转速(r/min)	占临界转速百分率(%)						
22.5	78.7	—	10.3	6.1	—	26	117.0(32.5)
25.3	83.3	19	12.5	6.0	21.4	26	98.6(27.4)

注:括号内为 kW·h/t 的数值,下余同。

(2) 磨机转速与粉磨电耗的关系

在粗碎仓和中碎仓内,研磨体主要以抛落方式冲击物料,在细磨仓内,研磨体主要以泻落方式研磨物料。以泻落方式研磨物料要求的磨机转速比用抛落方式的低,为兼顾各仓的需要,磨机的实际转速较前仓的粗碎能力稍小。适当提高磨机转速虽可提高产量,但从粉磨电耗的角度出发,提高磨机转速并不合理。例如:

① 江南水泥厂的经验归纳见表 2.15。

表 2.15 磨机转速与电耗关系(1)

磨机实际转速与临界转速之比(%)	产品比表面积(m^2/kg)	单位产品电耗(MJ/t 或 kW·h/t)	电耗比(%)
66.7	310	110.16(30.6)	100
68.5	310	115.92(32.2)	104.6
73.7~75.5	310	129.60(36.0)	117.6

② 国外的经验见表 2.16。

表 2.16 磨机转速与电耗关系(2)

研磨体填充率(%)	磨机转速与临界转速之比(%)	单位产品电耗(MJ/t 或 kW·h/t)	电耗比(%)
28	66.02	111.6(31.0)	100
	70.46	119.5(33.2)	103.4
	73.07	123.1(34.2)	106.5
	78.29	131.0(36.4)	113.4
32	66.02	122.8(34.1)	100
	70.46	130.7(36.3)	106.5
	73.07	136.1(37.8)	110.9
	78.29	137.9(38.3)	112.3

(3) 加快磨机转速带来的影响

磨机转速加快过多会引起衬板螺栓断脱加剧,磨机振动增大,传动系统和电动机故障增多等问题。为减轻这些问题,应适当缩小研磨体的平均球径和装载量。

除了磨机本身的转速偏低,或为增加磨机生产能力,使之与窑的生产能力相适应的特殊需要外,一般不宜增大磨机的转速。

在增加磨机转速时,须考虑磨机和电动机的制造和安装质量是否允许,还应调整衬板形状、衬板排列方式、研磨体填充率和级配以及各仓长度比例等,使之与加快转速相适应,以求取得较好的效果。

(4) 加快管磨机转速时应注意

① 细磨仓内宜铺设平衬板,以降低研磨体与衬板间的摩擦系数,强化研磨体的滑动和滚动,提高粉磨效率。

② 适当降低研磨体的填充率(可取 0.25~0.28),以增强研磨体的滑动和滚动作用。

③ 适当增大喂料量,以缩短物料在磨内的停留时间,减少过粉磨现象。

④ 注意使磨内研磨体的冲击作用与被磨物料的要求相适应,转速不宜太高。否则,效果不显著,甚至反而会出现筒体螺栓松动、断脱、筒体振动及断轴等问题。

⑤ 加快转速对磨机的台时产量有利,但对单位产品电耗的降低并无明显效果。

⑥ 实践证明:磨机的转速率小于 70%时,加快转速对增产有利;转速率为 70%~76%时,可选用适当形式的衬板弥补转速的不足,即转速接近上述范围的下限时,选用压条衬板,接近上限时,选用阶梯衬板;转速率大于 76%时,一般不宜加快。

⑦ 有的资料介绍,仅靠加快磨机转速并不能取得满意效果。一般地说,单加快转速,对提高产量有益,对单位产品电耗改善不大,甚至电耗还有所增大。加快转速须与衬板的形状和排列方式、研磨体级配和装载量、仓长比例等参数配合调整,才能有较好的效果。

2.80 采用高耐磨研磨体对磨机粉磨有何作用 

用高耐磨材料制作的研磨体表面光滑,粉磨过程中不沾料,"缓冲"现象大大减少;物料通过研磨体形成空隙的流速较快。由于这两方面的原因,磨机的产量提高。由于用相同的电量粉磨出了较多的产品,故可以节电。

高耐磨研磨体的硬度高、耐磨性好、不易变形,不仅级配稳定,磨机产量高,而且球的使用寿命长,磨耗费用相对较低;此外,加球、清仓的次数明显减少,工人的劳动强度减轻,磨机的运转率也相应提高。

2.81 管磨机单位研磨体小时产量的定义、计算和应用 

管磨机内每吨研磨体每小时粉磨物料的量称作单位研磨体小时产量。其计算式为:

$$Q_{研}=\frac{1000Q}{G}$$

式中 $Q_{研}$——单位研磨体小时产量，kg/(t·h)；

Q——磨机的小时产量，t/h；

G——磨机的研磨体装载量，t。

小型水泥磨的单位研磨体小时产量一般为 350～400 kg/(t·h)，高者为 450 kg/(t·h)；小型生料磨一般为 350～450 kg/(t·h)，高者为 550 kg/(t·h)。

在实际生产中，单位研磨体小时产量常用来衡量磨机生产所达到的水平。但在使用时，应先把产量换算成细度为 10%的产量。换算式为：

$$Q_{10}=\frac{Q_x}{q_x}$$

式中 Q_{10}——以 0.08 mm 方孔筛筛余 10%作基准的产量，kg/(t·h)；

Q_x——0.08 mm 方孔筛筛余为 x 时的产量，kg/(t·h)；

q_x——细度换算为筛余为 10%的修正系数，见表 2.17。

表 2.17 细度换算为筛余为 10%的修正系数

0.08 mm 方孔筛筛余(%)	2	3	4	5	6	7	8
细度修正系数 q_x	0.59	0.66	0.72	0.77	0.82	0.86	0.91
0.08 mm 方孔筛筛余(%)	9	10	11	12	13	14	15
细度修正系数 q_x	0.96	1.00	1.04	1.09	1.13	1.17	1.21

计算举例：某 ϕ 2.2 m×6.5 m 水泥磨的研磨体装载量为 35 t，月平均台时产量为 12.8 t/h，细度为 6%，问其单位研磨体产量水平如何？

解：该磨的单位研磨体小时产量 $Q_{研}$ 为：

$$Q_{研}=\frac{1000Q}{G}=\frac{1000\times12.8}{35}=365.7\ [\text{kg/(t·h)}]$$

将产量 $Q_{研}$ 换算为产品细度为 10%的产量；查表 2.17，得 q_x 为 0.82，故：

$$Q_{10}=\frac{Q_x}{q_x}=\frac{365.7}{0.82}=446.0\ [\text{kg/(t·h)}]$$

小型水泥磨的单位研磨体一般为 350～400 kg/(t·h)，高者达 450 kg/(t·h)。该磨的单位研磨体小时产量为 446 kg/(t·h)，已达较高水平。

2.82 磨机运转时，磨内小钢球提升高度比大钢球高吗 

磨机的脱离角公式最初形式为：

$$G\cos\alpha\geqslant\frac{G}{g}\cdot\frac{v^2}{R}$$

式中 G——钢球质量，kg；

g——重力加速度，m/s^2；

v——磨身内表面的圆周速度，m/s；

R——磨身净空半径，m。

上式简化成：

$$\cos\alpha\geqslant\frac{v^2}{gR}$$

将圆周速度 $v=\frac{\pi Rn}{30}$代入上式得：

$$\frac{n^2R}{900}\leqslant\cos\alpha$$

这个公式是磨机内钢球运动的基本方程式。从式中可以看出：钢球上升的高度与钢球质量无关，而只与磨机转数 n、磨身净空半径 R 有关。

在实际生产中，同一层的钢球提升高度除了与磨机转速、磨身净空半径有关外，还与衬板形状、研磨体填充率等因素有关。

2.83 磨机理论适宜转速的定义及计算式

磨机的工作转速小于临界转速，磨内研磨体才能不随筒体运转，而是落下来冲击研磨物料。使研磨体产生最大粉碎功的磨机转速称作理论适宜转速。这时，靠近筒壁研磨体层的脱离角为 54°44′，具有最大的降落高度，研磨体对物料产生的冲击粉碎功最大。磨机的理论适宜转速以式(1)计算：

$$n=\frac{22.8}{\sqrt{R}}=\frac{32.2}{\sqrt{D}} \tag{1}$$

式中 n——理论适宜转速，r/min；

R——磨机的有效半径，m；

D——磨机的有效直径，m。

理论适宜转速 n 与临界转速 n_0 之比称作转速比，代号为 ψ，则：

$$\psi=\frac{n}{n_0}=\frac{\frac{32.2}{\sqrt{D}}}{\frac{42.4}{\sqrt{D}}}=0.76 \tag{2}$$

计算举例：某 ϕ 1.83 m 管磨机的净空内径 D 为 1.75 m，试计算其理论适宜转速 n。

代 D 值入式(1)，得：

$$n=\frac{32.2}{\sqrt{D}}=\frac{32.2}{\sqrt{1.75}}\ (\text{r/min})$$

前面所述的理论适宜转速计算式为现行算式。它是按最外层研磨体在最大降落高度时，即最外层研磨体的脱离角为 54°44′的条件下推算出来的。

但以最外层研磨体具有最大降落高度时的转速作为磨机的理论转速不太合理。磨机的理论适宜转速应当是磨内整个研磨体群(包括内层研磨体在内的所有研磨体)具有最大冲击功率时的转速。据此，磨机理论适宜转速 n 计算式应为：

$$n=30\cdot\sqrt{\frac{\sin\theta}{R}}=\frac{23.4}{\sqrt{R}}\ (\text{r/min}) \tag{3}$$

式中 θ——最外层研磨体脱离角的余角，(°)；

R——磨机的半径，即最外层研磨体所在处的圆半径，m。

这样，磨机理论适宜转速 n 与临界转速 n_0 之比 ψ 为：

$$\psi=\frac{n}{n_0}=\frac{\frac{23.4}{\sqrt{R}}}{\frac{29.98}{\sqrt{R}}}=0.78 \tag{4}$$

此值比以现行算式(2)求得的 0.76 大 0.02。

上述以磨内整个研磨体群具有最大冲击功率计算的磨机适宜转速公式是在磨内研磨体填充率为 0.30 的条件下求得的。研磨体填充率不同时，磨机的理论适宜转速也有所变化。研磨体填充率通常为 0.25～0.36，相应的整个研磨体群具有最大冲击功率时的转速比列于表 2.18。

表 2.18　不同研磨体填充率磨机的理论适宜转速比

研磨体填充率	0.25	0.26	0.27	0.28	0.29	0.30
转速比 ψ	0.77	0.77	0.77	0.77	0.78	0.78
研磨体填充率	0.31	0.32	0.33	0.34	0.35	0.36
转速比 ψ	0.78	0.78	0.79	0.79	0.79	0.79

2.84　管磨机进料装置的结构形式

管磨机进料装置的结构形式有三种：

(1) 溜管进料：是一种简单的进料装置。物料经溜管进入位于磨机中空轴颈里的锥形套筒内，再沿旋转着的套筒内壁滑入磨中。溜管的倾角须显著大于物料的自然休止角，以保证物料畅流。进料溜管的结构简单，但喂料量较小。中空轴颈直径较大且长度较短的，磨机可选用溜管进料。

(2) 螺旋进料：物料由进料溜子进入装料接管中。装料接管用螺栓固定在轴颈的端部，随轴颈一起旋转。空心轴颈内，有一钢套保护空心轴颈。钢套里焊有可将物料推向第一仓的螺旋叶片。钢套端面紧贴磨头衬板，以防磨头衬板被入磨物料磨坏。

(3) 勺轮进料：物料经进料漏斗进入勺轮，经勺轮叶提入锥形套内，再溜入磨中。

2.85　球段混装对提高水泥磨的产量有利吗

两仓球磨机的第一仓通常都是装球，对于第二仓，流程不同或者对产品细度要求不同，往往采用装球或者装段。一般两仓圈流水泥磨第二仓采用装球，这对提高产量有利，但在产品要求特别细的情况下，可采用装段，对提高比表面积有利；两仓开流水泥磨第二仓通常是装段，为的是保证产品细度的合格。那么，对于两仓球磨机的第二仓采用球段混装好不好呢？不少厂家反映效果较好。以下介绍的是葛文做的化验室小磨和实际生产的试验数据，可供同行参考。

某公司有 5 台 ϕ 3 m×9 m 圈流水泥磨，生产 P·O 525 水泥(掺加 5%石灰石)时平均台时产量为 33.6 t/h，改为生产 P·L 425 水泥(掺加 22%石灰石)平均台时产量下降到 24.3 t/h，球耗和电耗大幅度增加。为了提高产量、降低电耗，在化验室小磨上对水泥磨不同研磨体配比进行了粉磨对比试验，球段混装的粉磨效果比较好。将其应用在 ϕ 3 m×9 m 圈流水泥磨机的生产上，取得了很好的经济效益。

(1) 化验室小磨试验

试验采用单独装球、单独装段和球段混装 3 种级配方案，各方案中研磨体用量均相同，试样按生产石灰石 P·L 425 水泥的配比，先用化验室 ϕ 500 mm×500 mm 小磨粉磨 30 min，过 0.9 mm 筛，然后把筛余再粉磨 20 min 过 0.9 mm 筛，最后将两次筛下的物料混合均匀，分成 3 份作为试验研磨体粉磨能力的试样。再利用化验室 ϕ 500 mm×500 mm 小磨，分别按 3 种不同研磨体级配做粉磨试验，每隔 3 min 停磨取样做 0.08 mm 筛筛余，直到不同物料细度小于 10%为止，其试验结果见表 2.19。

表 2.19　化验室小磨试验结果

编号	级配(mm)	0.08 mm 筛筛余(%)						
		0 min	3 min	6 min	9 min	12 min	15 min	18 min
B_1	ϕ 30 球，25×20 段各 1/2	60.5	45.6	32.4	20.7	12.1	6.7	3.5
B_2	ϕ 30 球，ϕ 40 球各 1/2	60.5	45.9	34.6	25.0	18.0	13.0	9.5
B_3	30×25，25×20 段各 1/2	60.5	46.6	24.8	25.1	17.4	6.7	7.8

从表 2.19 可以看出 3 种研磨体级配的粉磨能力以球段混装级配好于二级段装级配和二级小球级配。

(2) 实际生产应用

根据上述试验结果，在5台水泥磨二仓内逐渐将研磨体更换为球段混装，配比各为1/2。磨机的粉磨能力有明显的增强，台时产量有较大的提高，水泥的球耗和电耗有所下降，取得了良好的效果。现把水泥磨机1998年1～12月钢段各装1/2和1999年1～9月球段各装1/2的有关技术指标平均完成情况进行统计，见表2.20。

表2.20　5台ϕ3 m×9 m水泥磨机球段混装前后技术指标比较

第二仓研磨体	一仓装载量(t)				装载量(t)	二仓研磨体规格(mm)		装载量(t)	台时产量(t/h)	水泥球耗(g/t)	水泥电耗(kW·h/t)	R0.08细度(%)	比表面积(m^2/kg)	抗压强度(MPa)	
	ϕ90 mm	ϕ80 mm	ϕ70 mm	ϕ60 mm										3 d	28 d
钢段	7	10	9	6	32	30×25	25×20	40	24.6	170	43	3.9	365.0	30.7	57.3
球段	7	10	9	6	32	ϕ30	25×20	40	30.3	175	38	3.2	382.0	31.4	58.9

从表2.20看出，5台ϕ3 m×9 m水泥磨机二仓由钢段改为球段混装后球耗虽稍有所增加，但产量提高幅度和电耗下降幅度均较明显，产量提高23%，电耗下降11.6%，水泥强度有所提高。

2.86　研磨体外形采用正多面体是否有利于提高粉磨效率 

通常研磨体外形是球体，如采用正多面体是否对提高粉磨效率有利，徐明民等为此做了专门的试验，得到了如下结论：

(1) 用正二十面体和正十二面体代替大球，可明显地提高磨机的研磨效率。在相同的研磨时间内，能提高熟料的细度；在相同的细度要求下，能缩短研磨时间，尤以正二十面体的效果更好。

(2) 用正二十面体代替大球作研磨体，有可能在保证研磨效率的前提下，降低研磨体的用量。

(3) 产生上述效果的主要原因是正多面体单位体积的表面积比圆球大，与磨料间由点接触变为面接触；细粉对研磨体的静电吸附作用也较钢球明显减弱。从而使研磨体与磨料间的摩擦力显著增加，使冲击和研磨能力均有所加强。因此，用体积相当的正二十面体代替大球作研磨体，有节电、节能和降低生产成本的乐观前景。

(4) 正二十面体的加工，可采用铸造方法成型。在大批量生产时，其制作成本与球相比不会有明显增加。正二十面体在磨内使用一定时间后，棱角被磨损，尺寸逐渐减少，最终将变成小球，正好用于补充已被磨损的仓内小球。只要适时地在磨中添加一些正二十面体，就能保证磨机正常的工作性能。

(5) 试验未能证实正二十面体的磨损量比球大的推测。但在改变研磨体形状的同时，选用耐磨性强、韧性好的研磨体材质如高铬铸铁，是必要的。

2.87　怎样判断高性价比的研磨体 

(1) 研磨体的技术指标

① 单位水泥球耗

单位水泥球耗指标与被研磨物料的易磨性有关，更与正确操作参数的选择及助磨剂的选用有关。但在这些因素相对固定之后，研磨体自身的硬度就成为判断研磨体性能的重要指标，一般洛氏硬度HRC大于62，最终表现吨水泥研磨体的消耗量应该在30 g以下，目前最先进的单位水泥球耗指标是不大于15 g/t。显然，后者的使用寿命将是前者的一倍。很多水泥企业的应用实践证明，硬度大的研磨体其刚性高，没有弹性缓冲能量的消耗，这很有利于提高磨机产量，并且能提高相同粉磨时间下的产品比表面积。

低球耗指标的实现不仅取决于研磨体原料成分的正确配比，而且还与成型浇铸工艺及热处理工艺有重要关系。用户不要轻易相信制造商许诺的高铬高镍比例，而应当随机取样送到有资质的检验部门检验；也不要轻易相信制造商所介绍的浇铸与热处理工艺，而是应实地了解制造商实施这些工艺的保障设施与装备能力；更要调查已经使用其产品用户的实际应用数据。

② 碎球率

当研磨体硬度较高时，所表现的韧性下降，脆性相应增大，尤其是热处理不好时，内在残存的应力更大，使研磨体炸裂。炸裂后的研磨体不仅不能起到好的研磨作用，还增加了对其他研磨体的磨损。因此，优秀制造商应开展 AK 值的冲击测试，确保该值在 7%以上，这是检验研磨体质量的又一重要指标。与此同时，应该用金相显微镜检测每平方毫米的晶粒数要达 7～8 万个，该晶粒数越多、越均齐，表明材料的韧性越高。只有经过这些检验，才能保证研磨体使用后的碎球率不大于 1%。

碎球率的高低还与用户研磨体的保存及使用条件有关：

a. 研磨体不应露天堆放，不应暴晒雨淋，环境温度不应有剧烈变化。

b. 开磨前应该向磨内喂入适当物料，停磨前不要过分砸磨。为此，那种为了更换粉磨水泥品种而将磨内物料砸空的做法是不可取的，正确做法是严格控制低等级品种在倒库时不要进入高等级品种库内，宁可牺牲部分高等级品种水泥，以作为低等级水泥销售；为了清仓倒球时，同样不要“砸磨”时间过长。清仓倒球之前，应该适当通风冷却。

c. 运行过程中要注意合理配球，保持一定的高料球比，合理控制磨机内物料与研磨体的填充率。为此，应当避免为了压低产品细度，过分减少喂料的操作方法。

d. 不同质量、品牌的研磨体不要混仓使用。

③ 表面光滑度

要求研磨体的表面光滑，浇冒口面积占研磨体的总表面积小，可以降低研磨体在浇冒口处的无效磨耗，同样有利于降低能耗、提高产量。这是识别制造商所拥有的铸造水平高低的主要标准之一。

(2) 高性价比研磨体制造商应当具备的条件

① 先进的铸造工艺装备。采用国际先进的无水化生产工艺，即使用完全干燥的树脂砂敷在金属膜上，完全消除由于水玻璃水分可能引起的气孔、夹渣等铸造缺陷，使产品质量有了质的飞跃；而且改善了铁碳比，充分适应淬火要求。

② 企业具有完善的质量保证体系，认真实施产品质量的检验与控制程序。对进厂的原料必须进行化学成分的分析，不合格者退货；拥有高性能的光谱仪，能对每炉钢水进行浇铸前的炉前分析，当主要元素含量不合格时不能进行浇铸。对出厂成品的检验方法是：拥有洛氏硬度测定仪，可以对研磨体硬度进行抽样测试；每批研磨体在出厂前进行抽样切割检验及无损探伤检验，判断研磨体内部的孔隙率；定期对研磨体进行疲劳性落球试验，确保在 5000 次以上不产生开裂及掉皮。

2.88 如何提高普通管磨改成烘干磨的产量

(1) 从设备条件上讲，应做到：

① 通风管道切实保温，以保证烘干磨正常操作，并降低烘干热耗。磨前热风管道的内壁须镶耐火砖，外壁须敷保温层；出磨废气管道和收尘器外壁保温层的厚度一般不宜低于 20 mm。发现耐火砖或敷设的保温材料损坏须及时补好。

② 加强密封，防止漏风。整个系统的漏风量须控制在 50%以内。管道以法兰连接，法兰紧密地焊接在管道上，两法兰间须加石棉垫；喂料及卸料处应设锁风装置，并保证其正常运转；管道的局部部位磨穿时，须及时焊补，必要时须更换；磨机密封部位的毛毡垫、石棉盘根、密封圈磨损严重时，须及时更换。

③ 烘干仓的扬料板磨损达 1/3 时应更换，掉落时须及时装好；开关因入磨烟道热风闸板损坏变形而失灵时，应及时更换。

(2)从操作上讲,应注意以下事项:

① 保持磨机中空轴的润滑系统和冷却系统正常运行。

② 在磨机轴瓦温度允许的条件下,尽量提高入磨热风温度,一般应达 500 ℃。

③ 热风管道和排风机节流阀的开启度一般保持不变,用改变热风炉热风温度的方法改变入磨的热量。

④ 控制出磨废气温度稳定在 55 ℃以上,以保证出磨废气在排入大气前不结露。

⑤ 勤听磨音,据磨音判断烘干仓的烘干状况,发现问题及时处理。

(3) 从工艺管理上讲,主要应做到以下几点:

① 严格控制入磨物料的平均水分,并加强磨机通风。

② 力求缩小入磨物料粒度,最大喂料粒度应小于 25 mm。

③ 研磨体填充率须适当(应比一般管磨的低);级配须合理;补球、清仓须及时;并应采用优质耐磨研磨体。

④ 利用补球、清仓的机会清除隔仓板和磨尾筛板篦缝中的堵塞物。

⑤ 热风炉出口烟道和收尘器进口水平管道内的灰尘每月清理一次。

2.89 常见的球磨机传动装置有几种类型

磨机传动装置就是将原动力(电能)通过电动机和减速器等一系列部件传递给磨机,使其转动的装置。磨机传动装置的分类较细,常见的磨机主传动形式可分为主减速器位于磨机侧面,由大小齿轮驱动的边缘传动,如图 2.45 所示,包括大齿轮边缘单边双传动(图 2.46),主减速器与磨机同轴线布置的中心传动(图 2.47);以及无齿传动即环形马达传动(图 2.48)三大类。

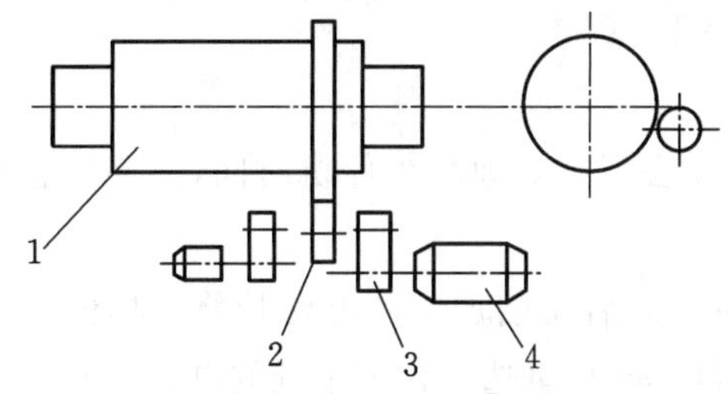

图 2.45 边缘单边单传动

1—磨机;2—大小齿轮;3—主减速器;4—主电机

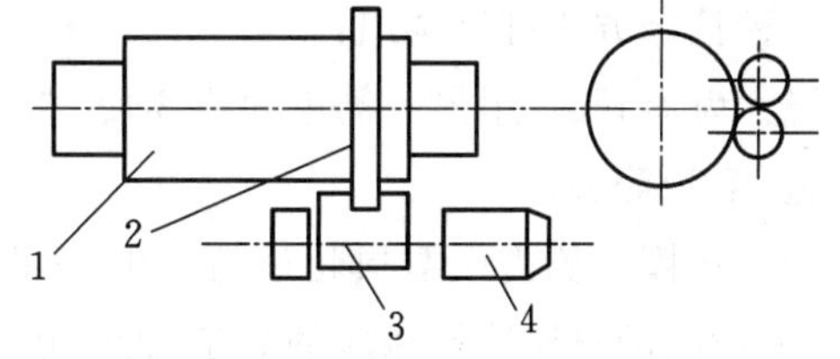

图 2.46 边缘单边双传动

1—磨机;2—大齿轮;3—主减速器;4—主电机

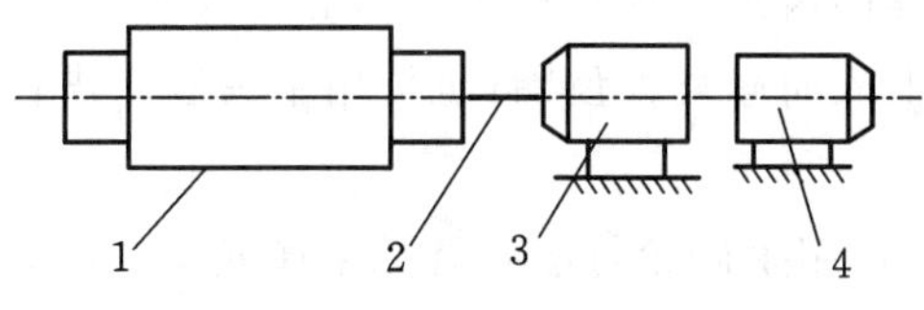

图 2.47 中心传动

1—磨机;2—传动轴;3—主减速器;4—主电机

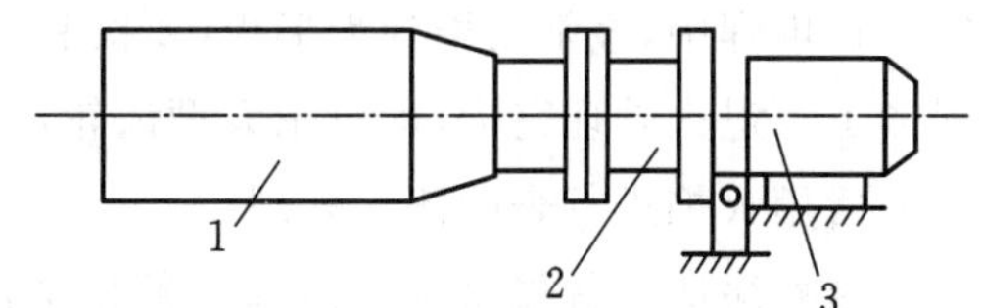

图 2.48 无齿传动

1—磨机;2—主减速器;3—主电机

2.90 影响研磨体磨损的主要因素有哪些

影响研磨体磨损的因素很多。如研磨体与被粉磨物料之间的相对硬度,磨内物料的通过量,磨机内径、转速,衬板型式,研磨体填充率,研磨体材质,以及粉磨细度等。被粉磨物料的硬度和粒度越大,研磨体磨损也越快,因此应尽可能减小物料入磨粒度。同时应在粉磨矿渣水泥时把混入矿渣中的铁渣清除干净。另外,应尽可能采用耐磨性好的新材质研磨体,这是减少磨损、提高产量和提高磨机运转率的最重要途径。

2.91 球磨机大齿轮圈损坏的原因及处理方法

1）故障现象

磨机大齿轮圈在使用过程中可能出现以下一些故障表现：

(1) 齿面严重磨损，磨机在运行中出现异常噪声、振动。磨损分一侧齿面磨损和两侧齿面磨损两种状态。

(2) 轮齿折断，出现异常噪声并使齿轮啮合不平稳。

(3) 大齿轮圈边缘或筋板出现裂纹或断裂。

此外，还有径向跳动误差过大或端面摆动误差过大及对口螺栓断裂等故障表现。

2）原因分析

边缘传动磨机筒体上大齿圈形大体重，一般都由两个半齿圈组成，这样便于拆装。齿圈齿数为偶数，使两半齿圈在齿间准确吻合，齿圈通常是用螺栓固定到筒体或端盖法兰上。在磨机运转过程中，由于材料疲劳、材质有缺陷，连接螺栓松动、螺帽脱落，端面摆动误差、径向跳动误差大，载荷大或者灰尘黏附在大齿圈各个部位，加上齿轮润滑不好（缺油），大小齿轮啮合不平衡等都会导致大齿圈齿面过早磨损、严重磨损、轮齿断裂、轮圈边缘或筋板出现裂纹，甚至断裂。

3）处理方法

(1) 齿面严重磨损的抢修方法

对于齿面磨损，一般可采用微量刮研法和齿形修整加工法来修复。对于严重磨损可区别情况采取相应措施。

① 大齿圈一侧齿面严重磨损。

有三种抢修方法可供选用：

a. 将大齿圈翻面，用另一侧齿面连续使用。采用这种方法可有效地减少停机时间，但要注意将磨损面的翻边、毛刺等去掉。

b. 当大齿圈一侧齿面磨损超过齿厚的一半时，可采用堆焊后切削加工的办法抢修。具体修理方法是：根据大齿圈的材质选择相应的焊条（为防止齿面堆焊后增碳，尽量选用含碳量低的电焊法）；并用小电流对称焊法即一边连续堆焊 2～3 个齿面后，再堆焊相隔 180°的 2～3 个齿面。堆焊时密切注意齿圈的温升和变形，如温升较高，应暂停堆焊，降温后再堆焊。每焊一层，就用小焊锤沿着焊道轻轻地敲击两遍堆焊层。在堆焊中，经常用堆焊齿形板（要留有加工余量）检查焊的齿形。堆焊后进行保温退火处理，以便切削加工。退火处理完毕，即可用大型齿轮加工机床进行加工从而修复大齿圈（也可用牛头刨床进行加工），最后用火焰进行表面淬火处理。

c. 热喷涂法。首先将大齿圈磨损部位清洗干净，擦净油污，用手砂轮打磨到看见金属光泽。然后调整喷涂温度至 1000 ℃左右，调整喷涂枪与工件表面距离至 150 mm 左右，调整乙炔气工作压力至 0.05 MPa，调整氧气工作压力至 0.4 MPa。用两把喷涂枪，分隔 4 齿同时对齿面预热，然后采用喷涂粉末 Ni_2O_3 对大齿圈（材质为 ZG45）进行喷涂（要求喷涂层 HRC≥30，粗度 150 目，并一次喷涂到位）。喷涂后，在齿侧涂上红丹，以三齿样板为基准，分别画出齿廓，先用手砂轮粗磨，再用细锉刀修整。在齿面涂上红丹，观察跑合情况，反复修整达到原大齿圈设计图纸要求为止。

② 大齿圈两侧齿面均已严重磨损。

可采用三种方法修复：

a. 堆焊后切削加工法。参见前述的①项 b 有关内容。该方法经济合理，值得推广。

b. 大型齿轮加工机床变位切削法。具体步骤是：首先车削大齿圈外圆，其车削量可依据大齿圈齿面磨损情况确定。然后切深齿谷，使其深度等于原来正常大齿圈的齿高。在切深齿谷过程中将原齿面磨损部分切去，从而形成新齿面。为了确保大小齿轮的中心距不变，需要重新制造一个齿数不变，而齿顶圈相应增大的变位小齿轮，与变位的大齿围相配合。此方法虽然经济，但需具有设备条件，修理后的齿圈强度有所降低，一般不用。

c.微量刮研法。不进行修理，磨损后只进行微量刮研，使用到极限位置后直接更换配件。该方法省事，所以用得较多。

齿形修整加工法。具体步骤是：首先做好检验样板，然后用手工砂轮或手工剪、锉就地修整，也可将齿圈拆下用机床进行加工，在修整中，边修整边用样板校验。这种方法是针对齿的磨损程度并不十分严重但需对大齿圈全部轮齿齿面进行齿形修整加工时使用的。

(2) 大齿圈轮齿折断的修复方法

① 方法一：将损坏的轮齿转到上边，用扁铲将断口铲平，然后用直径稍小于修整面宽度的钻头定位打孔，孔距为 0.9～1.2 倍孔径。齿形损坏较少时，孔距可适当偏大些。与此同时，选择与孔径配套的丝锥攻丝，深度为 1.5～2.0 倍孔径。每孔内旋入一根长度为孔深加齿高的螺栓，紧固后用堆焊法做出齿形。最后用手工砂轮机打磨，使新焊齿形与原齿形基本相同。此为应急处理方法。注意修补前卸空物料和研磨体，整形过程中避免用锤和扁铲及气焊。为确保修补质量，铸钢大齿圈用冷焊法，铸铁大齿圈用热焊法。有条件的话，可事先将接触小齿轮的那一面齿形做好，焊在螺栓上。

② 方法二：将堆焊部位的周围区域用氧-乙炔火焰加热到 300 ℃左右，然后进行堆焊，并以齿形样板检验。堆焊后可用机床切削加工，也可用手工砂轮、铲、锉修整齿形，用齿形样板校验齿形和齿距，使齿形与原齿形尺寸基本一致。最后用氧-乙炔火焰或其他加热方法进行局部表面热处理即可。

(3) 大齿圈断裂的修复方法

可用补焊法、机械加固法及焊接钢板法加以修复。

当用补焊法修复大齿圈时，应注意以下几点：

① 齿圈如已断开，应用卡箍把齿圈箍紧，消除缝隙后再予修复，并用样板检查齿距。

② 补焊大齿圈裂纹时，为防止焊接时裂纹延伸，可在裂纹各个终点钻 ϕ 6～8 mm 的止裂孔，稍开坡口，用半热焊或用局部加热的冷焊法。

③ 在补焊过程中要保持环境温度为室温，严防冷风侵入。

④ 补焊结束需进行局部退火处理。

⑤ 当焊缝影响轮齿啮合时应予修理。

大齿圈损坏修复后，应达到原设备图纸的设计要求。

2.92 球磨机端面法兰螺栓易断裂是何原因，如何改进

某厂 ϕ 2.2 m×6.5 m 磨机端面连接螺栓经常折断，而且数量较多，断后需停磨。覃刘治通过观察分析，认为进料中空轴法兰嵌进筒体端面深度欠小，配合不太理想，加上中空轴内有一定重量的料，增大了中空轴的径向摆动，引起了法兰的径向位移和径向偏摆，从而螺杆受到一弯曲应力和相对剪切力，螺栓便易折断。

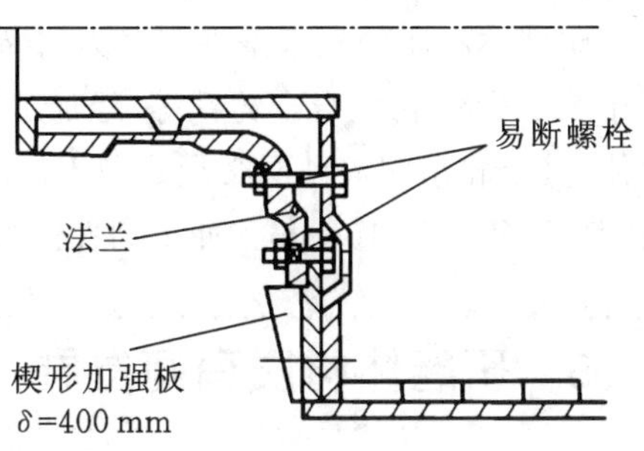

图 2.49 磨机端面楔形钢板布置示意图

由此，采取了加固措施，在端面处用 8 条楔形 40 mm 厚钢板，其头部一面紧贴于法兰圆周，均布排列，然后焊好(在法兰螺栓齐全并拧紧后)，如图 2.49 所示。通过这样的改进后，磨机运转半年未发现异常，螺栓也没有断过一根。

2.93 球磨机对检修质量的要求

（1）磨机中空轴轴承横向中心距，按磨机长度（L）实际尺寸加热膨胀量，其热膨胀量规定见表 2.21。

表 2.21 球磨机热膨胀量规定

磨机类型	湿法生料磨	干法生料磨	水泥磨	风扫煤磨
膨胀量	0.00051	0.0011	0.0011	0.0021

（2）磨机中心水平误差不超过 0.2 mm/m，出料端低于进料端。

（3）磨机筒体法兰应紧密结合，其间隙不得超过 0.05 mm，湿法生料磨应加密封垫防止漏浆。

（4）磨机中心线和传动轴中心线，必须严格保持平行。

（5）衬板、磨头衬板、隔仓板等，必须按图纸要求进行安装。衬板之间的间隙为 6～10 mm，其环向缝隙必须错开。湿法生料磨衬板之间的间隙要尽量缩小，防止料浆磨损筒体。

（6）隔仓板平面与磨仓中心线垂直。

（7）中心轴与轴瓦间，侧面间隙为 0.80～1.0 mm。

（8）磨机固定端（出口）的轴肩间隙为 0.5～1.0 mm，滑动端（入料端）的轴肩间隙靠近磨体一侧，应保持达到总间隙的 2/3，另一侧为 1/3。

（9）研磨轴瓦接触角度为 90°～120°，接触面积应有 1～2 点/cm^2。

（10）传动大齿轮的轴向偏差和径向偏差，不得超过 1.5 mm。

（11）传动大齿轮啮合间隙为 1/5～1/4 的模数应根据实际情况加大齿轮偏差膨胀量，一般加 1 mm 左右。

（12）齿轮啮合接触面的工作深度为 2 倍乘模数，长度为齿宽的 65%～70%，齿轮径向中心线应对准。

（13）传动轴的水平度，要求达到 0.04 mm/m。

（14）传动轴按滑动轴承规定的间隙刮瓦，一般要求轴瓦接触角为 75°～90°，实际应符合图纸要求。

（15）润滑系统的地管及冷却水管，不得漏油或漏水，安装前应进行 4 kg/cm^2 压力试验合格（0.4 MPa）。

2.94 球磨机研磨体的材质应该符合哪些技术条件

目前国内水泥厂使用的研磨体普遍质量不佳。每生产 1 t 水泥要消耗 1.2～1.3 kg 研磨体，有的甚致高达 2 kg，为国外先进水平的 30～50 倍。原因在于钢球材料普遍是未经热处理的低碳钢或中碳钢，其塑性、韧性有余，而强度、硬度不足。因此，研磨体磨损快并产生塑性变形，表面起毛刺，从而黏附物料，造成过粉磨，影响产（质）量。

研磨体材质的技术条件应该为：含碳量大于 0.4%的普通碳素钢、优质碳素结构钢、合金钢或含碳量大于 2.1%的铸铁、合金铸铁等，经加工处理后，洛氏硬度应大于 50（HRC>50）。对由各种钢材加工的研磨体，其金相组织淬硬层必须是马氏体加碳化物，铸铁的金相组织应为马氏体或莱氏体加碳化物。淬硬层深度不得低于 10 mm。冲击韧性值 $A_K \geqslant 1$ kg·m/cm^2。

2.95 研磨体材质有何发展

目前国内外的粉磨研磨体仍以铸球发展较快，低铬、高铬铸球在水泥、电力行业已广泛应用，一些矿山也用低铬球。铬合金铸球耐磨性比锻球高数倍。在水泥工业锻球磨耗为 300～500 g/t 水泥，采用高铬球仅为 40～60 g/t 水泥，采用低铬球为 80～120 g/t 水泥。

高铬、低铬铸球质量好坏取决于生产设备和技术检测手段。铸球生产方法分砂型和金属型。机械化砂型生产铸球时，有的厂采用水玻璃石英砂 CO_2 硬化，水平分型，叠箱造型，群体浇铸；而有的厂采用垂直分型、湿砂块造型流水线生产。金属型生产铸球时，中小厂常采用单模金属型加保温冒口，或直接在上模做出保温冒口；大中厂采用组合金属模群球浇铸，它又分为用漏模机直接打好砂胎及单做多孔内浇道保温冒口再放入上模两种方法，以直接打成砂胎为好。从球的补缩等情况看单金属模好，但效率低。从球的内在质量看，金属型有激冷作用，定向凝固，细化晶粒，因此同等成分比砂型铸球好。

国内也有采用真空负压实体铸造磨球的：用泡沫塑料压成铸球形状，喷涂料加干砂抽真空硬化，浇铸成一串串铸球，铁水将泡沫塑料熔化变成气态排出，铁水成球，生产率高，铸球缺陷少。但该生产工艺较复杂，且干砂冷速慢，球显微组织粗大（本质粗晶粒），耐磨性不如金属型。

金属型浇铸低铬、高铬铸球将是今后的一个发展方向。

2.96 磨球是如何磨损失效的

磨球在球磨机工作中消耗金属是最多的，磨球的磨损失效有以下几种机理：

（1）凿削和切削磨损。磨球在磨内上升阶段与物料相对滑动，被物料中硬而尖锐的颗粒在表面切削出较深沟槽，被软而钝的颗粒切出较浅的沟槽，物料颗粒大小不同，软硬尖锐不同，造成球表面沟槽深浅、宽窄不同，纵横交错。磨球抛落时以一定角度撞击物料，产生局部凿削磨损形成凿削坑。

（2）变形磨损。磨球与物料相对滑动或冲击时除直接切削、凿削外，还有犁沟变形发生，金属被推挤至沟槽和凹坑外侧，在物料反复作用下发生金属变形，由应变疲劳产生裂纹，裂纹扩展、连接，形成犁屑薄片，表面脱落。

（3）脆性剥落。磨球受冲击过程中，材料脆性相（如碳化物）开裂、破碎自表面剥落造成磨屑。

（4）疲劳磨损。磨球在磨机内周而复始的上升、抛落、滑动、滚动和冲击等，在冲击接触压应力、切应力作用下产生疲劳，在亚表层形成相互平行的疲劳裂纹，并向表面延伸形成疲劳剥落层。疲劳裂纹可在亚表层下夹杂物和脆性相下生核，也可在表面硬化层和动态软化层间生核。当在远表层的铸造缺陷和夹杂上生核、扩展时，将导致宏观疲劳剥落，产生大块碎片造成球开裂或失圆。近表层生核则导致微观疲劳剥落，形成显微薄层和剥落坑。

2.97 白水泥厂使用高铬钒钛铸铁耐磨材料有何效果

白水泥厂普遍采用雷蒙磨粉磨生料，卵石磨磨制水泥的生产工艺。由于雷蒙磨台时产量低，机件损坏率高，维修费用高，设备运转率低，造成产品成本较高；卵石磨生产的水泥细度偏粗，水泥的强度与白度也受工艺的制约而不能进一步提高。所以，白水泥生产厂家都试图采用高耐磨性的耐磨材料，来改进生产工艺、降低产品成本、提高产品质量、提高企业经济效益。

由于生产白水泥要求铁质的介入量低，衬板、磨球、段的耐磨性要高，破碎率要低。为此，河北省定州市开元铸造厂认真研究了各合金元素在高铬铸铁中的作用及相互影响，在原有高铬钒钛铸铁的基础上，对其化学成分进行重新设计，生产出了一批高铬钒钛铸铁衬板和磨球。其成分为：

① 磨球、段（%）：$w(C)=2.7\%\sim3.1\%$；$w(Cr)=13\%\sim16\%$；$w(Si)<1.3\%$；$w(Mn)=0.4\%\sim0.6\%$；$w(S,P)\leqslant0.05\%$；含微量 V，Ti。

② 衬板（%）：$w(C)=2.5\%\sim2.8\%$；$w(Cr)=12\%\sim14\%$；$w(Si)=0.8\%\sim1.2\%$；$w(Mn)=0.4\%\sim0.8\%$；$w(S,P)\leqslant0.05\%$；含微量 V，Ti。

经过获鹿县水泥厂白水泥生产线的试用，结果证明：

（1）用高铬磨制备生料，铁质介入量低于雷蒙磨的 59%；

（2）生料细度指标完全能达到和超过雷蒙磨技术标准；

（3）各种消耗比雷蒙磨低 70%。

(4) 高铬磨的台时产量是卵石磨的 2.7 倍;

(5) 高铬磨磨制水泥的细度(0.08 mm 筛筛余为 4.1%)比卵石磨(筛余为 8.1%)低 4 个百分点;

(6) 高铬磨磨制的水泥 3 d 抗压强度为 27 MPa,比卵石磨磨制的水泥 3 d 抗压强度(22 MPa)高 5 MPa;

(7) 高铬磨磨制的水泥白度(83 度)比卵石磨磨制的水泥白度(82 度)高 1 度。

通过试验证明,采用高铬钒钛铸铁衬板、磨球装备管磨代替雷蒙磨和卵石磨粉磨白水泥是成功的、可行的。

2.98 何谓磨机负荷自动控制

磨机负荷自动控制是通过自动控制装置使磨机基本上总在最佳负荷和最高产量下运行。负荷自动控制是现代化水泥厂磨机自动控制的一个组成部分。

这种控制系统的控制过程以方框图示意于图 2.50。

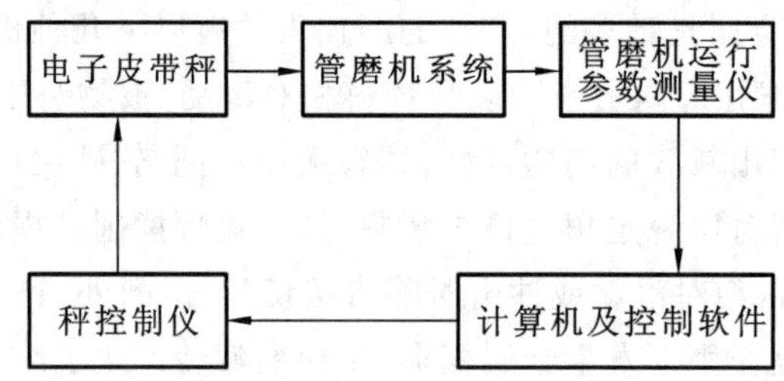

图 2.50 磨机负荷自动控制

采用磨机负荷自动控制,由于有效地防止了饱磨和空磨的产生,可使磨机产量提高 4%~12%,单位电耗下降 5%~10%,表 2.22 是几家水泥厂的实例。

表 2.22 磨机负荷自动控制的使用效果实例

水泥厂名称	磨机台时产量			单位电耗降低率(%)
	使用前(t/h)	使用后(t/h)	提高率(%)	
吉林某厂	59.80	66.38	11.0	8.2
安徽某厂	18.38	19.41	5.6	3.6
湖南某厂	21.34	22.88	7.2	4.7

用磨机负荷自动控制还有如下作用:

(1) 均衡磨机负荷,稳定生产过程,避免人工操作因不能及时发觉物料易磨性变化而造成的磨机负荷和产品细度的大幅度波动。

(2) 稳定各入磨物料配比,有利于提高产品成分和细度的合格率。

(3) 减轻操作工的劳动强度,并改善劳动环境。

(4) 记录磨机的瞬时和累计产量,为科学管理工作提供可靠的依据。

2.99 何谓球磨机的临界转速,其计算式如何推导

磨机的筒体转速假设增加到某一数值,使最外层研磨体升举到最大高度(即脱离角 $\alpha=0$),此时,最外层研磨体开始贴附磨机筒体内壁做圆周运动而不脱离,这一瞬时的磨机转速称为磨机的临界转速,用 n_0 表示。

根据磨机内钢球运动的基本方程式

$$\frac{n_0^2 R}{900} \leqslant \cos\alpha$$

当研磨体升举到最大高度，即 $\alpha=0$ 时，$\cos\alpha=1$，这就是最外层研磨体贴附磨机筒体内壁转动的条件，即得：

$$n_0=\sqrt{\frac{900}{R}}$$

以 $D=2R$ 代入并化简，得：

$$n_0=\frac{42.4}{\sqrt{D}}$$

式中 n_0——磨机的理论临界转速，r/min；

D——磨机筒体的有效内径，m。

在推导公式时，假设研磨体与磨体之间是没有滑动的，也忽视了物料对研磨体的摩擦阻力影响，即认为研磨体在磨内随磨体壁一起旋转，球的圆周速度等于磨体内壁的圆周速度。这种假设与实际情况不符，因此，磨机的实际临界转速比理论计算的临界转速要高。经研究，磨机的实际临界转速可按下式计算：

$$n_{0实}=1.73\times\frac{42.4}{\sqrt{D}}$$

有人把这种实际临界转速称为“超临界转速”。

2.100 何谓球磨机的转速比，多大为宜 

磨机的理论适宜工作转速与理论临界转速之比称为磨机的转速比，以 q 表示。

$$q=\frac{n}{n_0}=\frac{\frac{32.2}{\sqrt{D}}}{\frac{42.4}{\sqrt{D}}}\times100\%=76\%$$

上式说明理论适宜转速为理论临界转速的 76%。

由于理论上推导的临界转速与适宜工作转速没有考虑磨机的一些具体工艺因素，如磨机结构，生产方式，衬板形式，填充率，被磨物料的理化性能，入磨物料的粒度，出磨细度以及研磨体之间的滑动与滚动，物料对研磨体的影响及研磨体对衬板的摩擦等，因而其转速尚不能称为实际的适宜转速，其转速比也不能称为适宜的转速比。

国内外学者对球磨机实际使用的转速公式和转速比有如下建议：

费雪尔计算式：

$$n=\frac{23}{\sqrt{D}}\sim\frac{28}{\sqrt{D}}$$

$$q=\frac{\frac{23}{\sqrt{D}}\sim\frac{28}{\sqrt{D}}}{\frac{42.4}{\sqrt{D}}}\times100\%=55\%\sim66\%$$

列文松、戴维逊计算式：

$$n=\frac{32}{\sqrt{D}}$$

$$q=\frac{\frac{32}{\sqrt{D}}}{\frac{42.4}{\sqrt{D}}}\times100\%=76\%$$

惠特计算式：

$$n=\frac{34.22}{\sqrt{D}}$$

$$q=\frac{\frac{34.22}{\sqrt{D}}}{\frac{42.4}{\sqrt{D}}}\times 100\%=81\%$$

丹麦史密斯公司建议：

$$q=75\%\sim 80\%$$

国内研究人员建议：

$$n=\frac{35}{\sqrt{D}}\sim\frac{36}{\sqrt{D}}$$

$$q=83\%\sim 85\%$$

2.101 如何防止球磨机螺栓螺母的松脱 

球磨机螺栓螺母防松是保证螺栓正常工作的关键，尤其在那些振动冲击较大的设备及其部位。现在，世界上已研制出十余种锁紧螺母，可根据振动冲击的大小进行选用。在我国，筒式磨机衬板固定螺栓的防松密封采用石棉橡胶板和铅油线麻丝、石棉绳等进行密封，效果不理想。有的水泥厂采用双螺母固定，这样不仅使螺母的数量和质量增加一倍之多，而且在安装检修时也费时费力。如冀东水泥厂的 ϕ 4.5 m×15.11 m 水泥磨，仅衬板螺栓就约有 2500 个。若采用双螺母固定，一个 M36 的螺母质量为 0.371 kg，共计增加 927.5 kg，一个按 8 元计，则增加费用 8×2500＝20000 元。并且因为操作人员没掌握背母和锁母的正确使用方法，往往达不到理想的防松效果。采用双螺母后，螺栓的长度也需要适当加长，使螺栓的质量也相应增大，安装拆卸也更费时费力。可见，这也不是一种好方法。

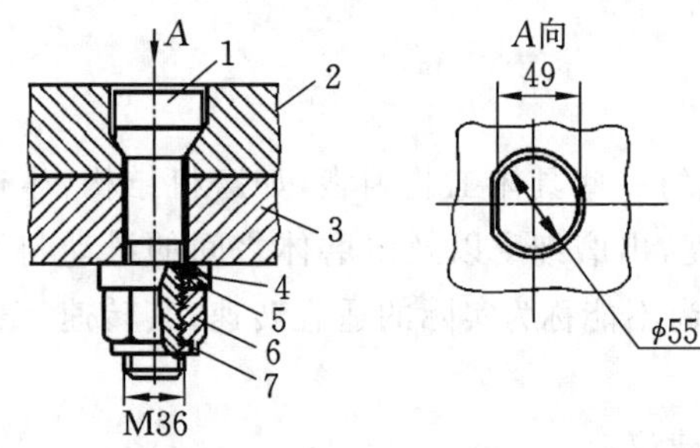

图 2.51　冀东水泥厂磨机衬板螺栓固定密封组装图

1—圆缺头衬板螺栓；2—衬板；3—磨机筒体；
4—优质耐高温橡胶密封圈；5—碟形垫圈；
6—带弹簧片；7—嵌入锁紧螺母中的弹簧片

1983 年河北省冀东水泥厂从日本引进的生料磨、水泥磨和煤磨投入运转。其衬板固定螺栓采用了带弹簧片的锁紧螺母和碟形垫圈加优质耐温橡胶密封圈进行紧固和密封等新型结构，使用以来一直非常理想，如图 2.51 所示。福建省顺昌水泥厂的设备均为澳大利亚 BHP 公司提供，衬板螺栓也采用锁紧螺母紧固。不过，锁紧螺母不带有弹簧片，而是采用尼龙圈进行锁紧。虽然也有锁紧作用，但效果远不及带弹簧片的，而且其不能重复使用，提高了维护费用。

为改变我国衬板等设备螺栓连接固定及密封的落后状况，天津三泰总公司研制出了带弹簧片的锁紧螺母、碟形垫圈和耐高温的优质橡胶密封圈，还有各种螺栓和可调扭紧力矩的大型扭力扳手及其配用的各种接头等，既可以单独供应，也可成套供应，其中锁紧螺母经过冲击振动试验，完全达到了日本进口锁紧螺母的性能，通过天津水泥厂在水泥磨上的使用实践证明，不仅可提高磨机的运转率，减少检修和维护的工作量，而且对保护设备、降低工人的劳动强度、改善车间的环境等都有很大作用。

2.102 高细磨磨尾堵料的改进措施 

高细磨磨内设置的筛分装置对拦截并清除球仓中大颗粒的作用明显，基本可确保进入段仓的颗粒小于 3 mm，经过段的充分研磨，可使出磨水泥细度控制在筛余为 3%～4%、比表面积为 350 m^2/kg 左右。

但存在的问题是磨尾排料经常出现堵料现象，平均每周需停机 1～2 次进行清理。对此，欧金怀等通过改进磨内出料机构、增加料段分离装置等措施，取得了较好的效果。

(1) 堵料的原因分析

堵料主要发生在篦缝为 5 mm 的磨尾排料篦板上，粗颗粒物料和研磨体小段或碎段堵塞了篦板近 30%的过料面，造成排料困难，饱磨、糊磨以至磨头吐料等现象严重。分析认为，堵塞篦板的粗颗粒物料是由磨头喂料不均匀所致。喂料量过大时，球仓的粗碎、粗磨能力以及筛分装置的筛分作用被削弱，使粗颗粒物料进入段仓堵塞篦缝；而段仓中的微段经过长时间的粉磨磨削，尺寸变小或形成少量碎段加剧了篦板的堵塞，因而出现上述情况。

(2) 改进措施

① 严格控制喂料稳定性

重新调校计量设备、仪器的精度，严格执行操作责任制，使物料稳定在 18～19 t/h，定期检查维修筛分装置的板间缝是否脱焊或增大，若增大至 3 mm 以上，应及时处理。控制入磨物料量，避免引起磨机跑粗或过粉磨现象，以减少粗颗粒物料对篦板的堵塞。

② 提高研磨体材质

强调微段用金属模铸造，经热处理，硬度 HRC=45～50，冲击韧度 α_k=2～6 kgf·m/cm^2，磨耗小于 60 g/t，破碎率小于 0.5%，外形无飞边无毛刺。从材质上把好关，减少由碎段引起的篦板堵塞。

③ 改进磨内回段机构

研磨体材质的改善，只能起到降低碎段率和减轻碎段对篦板的堵塞，但微段在长期粉磨中由于尺寸减小而导致堵塞篦板的情况总是存在。因此，改进磨内出料机构，增加能起到料段分离作用的回段装置，才是防止篦板堵塞的根本措施。改进前后的磨尾出料机构如图 2.52 和图 2.53 所示。

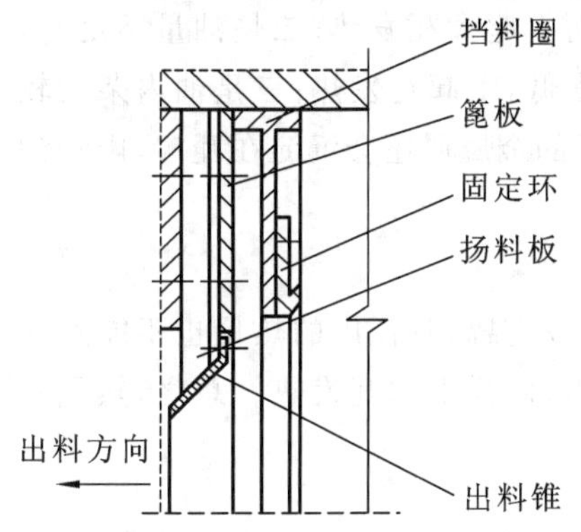

图 2.52 改进前磨尾出料机构

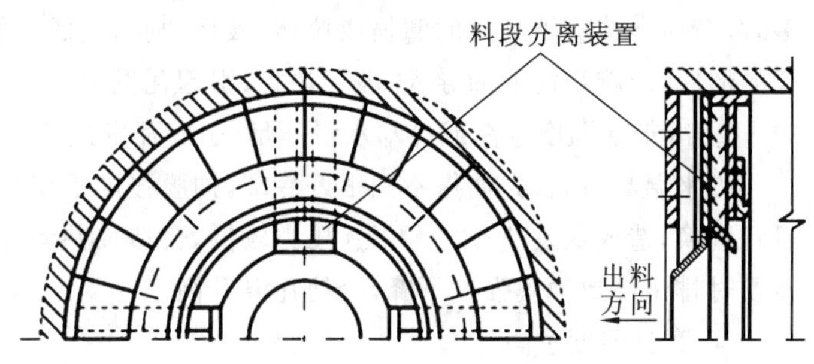

图 2.53 改进后磨尾出料机构

改进后的出料机构，可使粉磨物料、小段和碎段从挡料圈溢入出料小仓，并经篦板和卸料装置排出磨外。未通过篦板的粗料和个别研磨体残体由新增加的料段分离装置返回段仓，起到消除堵塞物的作用。料段分离装置具有扬料和筛分两种功能，篦板的堵塞物可顺着物料筛分板经导板导入尾仓。呈 45°角的斜孔既起导向作用，也起减轻堵塞物对篦板的摩擦、磨损作用，因而篦板的使用寿命长达 2～3 年。料段分离装置的结构如图 2.54 所示。

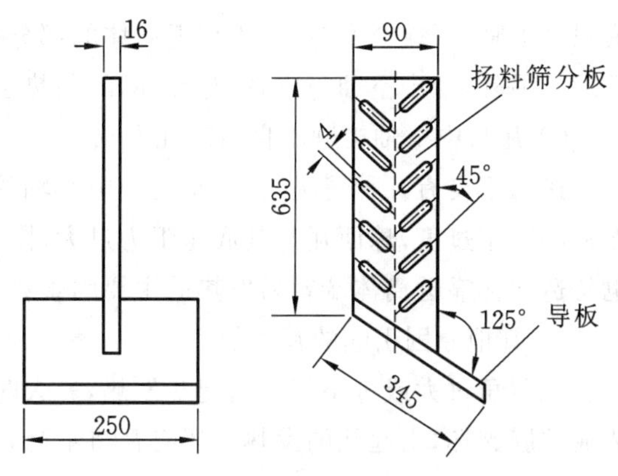

图 2.54 料段分离装置

改进后完全消除了篦板的堵塞情况，基本实现了高细磨的稳定运行。

(摘自：欧金怀. 高细磨磨尾堵料的改进措施[J]. 水泥，2003，9：54.)

2.103 管磨机的辅助传动减速机润滑应如何处理

在设计管磨机的动力与传动系统润滑时，有些制造厂往往不甚重视辅传减速机的润滑。主电动机与主减速器都设有专门的稀油站，然后将辅传的润滑与这两个稀油站之一连接，认为反正辅传多数是在磨机启动及检修或调试时使用，运转率较低，问题不大。然而事实并非如此，当与电动机稀油站相连时，辅传所用润滑油就是电动机要求的运动黏度低、流动性好的高速轴承用油，但这种油并不适合低速重载减速器的要求，在磨机运转时间不长之后，齿轮表面就有一定的磨损；当与主减速器稀油站相连时，由于功率及流量都过大，易造成轴孔内溢油严重。

为此，有的厂根据实际情况对辅传减速器润滑方式进行了改进：对齿轮的润滑为油池润滑，按照大传动比减速器的润滑方式及加油标准，在回油管接口处的上方，开一个 M12 的螺栓孔，并在油面浸过中速齿轮边缘约 50 mm 做上油标，用 N220 齿轮油润滑。对滚动轴承采用 3 号锂基润滑脂润滑，可每两年更换一次。

（摘自：谢克平. 新型干法水泥生产问答千例操作篇[M]. 北京：化学工业出版社，2009.）

2.104 管磨机瓦发热的原因及预防措施

（1）瓦发热的原因

① 润滑不良导致瓦发热

润滑不良包括油质不好、油量不足、杂质较多、黏度较低等。当油黏度不足时，会造成油膜强度低或形不成油膜，瓦与轴就会直接接触，导致摩擦力增大，发热量增多，从而引起大瓦发热；二是油量不足时，不易形成流体润滑，且轴与瓦的摩擦热不能及时排出，造成油温高黏度低，引起瓦发热；三是油内杂质较多时，杂质会造成轴与瓦的磨损或拉伤，破坏油膜，造成接触不良，磨下的金属屑还会沉淀在瓦口，影响油楔的形成，影响润滑油的导入，破坏油膜，引起瓦发热。

② 冷却水温度过高或冷却水量不足，引起瓦发热

当水温高时，首先油得不到很好冷却，油膜强度下降，引起瓦发热；水温高时瓦内的热量也不能及时得到置换，造成瓦发热；水量不足、压力较低，会造成热量不能及时排出，同样引起瓦发热。总之，热量不能及时排出导致油膜强度下降，会使瓦温升高。

③ 磨身温度过高

磨内研磨体与衬板、物料的冲击与摩擦产生很大的热量，一部分通过物料带出去，一部分通过筒体散发出去。中空轴作为磨机的一部分通过润滑油散发了部分热量，磨身温度过高，就会使油温过高，这时油膜强度下降，瓦就会发热，因为靠近筒体的部分双向传热，所以瓦温更高些，多数瓦在这里烧损，就是这个道理。另外，如中空轴与出料装置之间的隔热层损坏，会使更多的热量传到瓦上，引起瓦发热。

④ 瓦与中空轴接触不良引起瓦发热

接触不良有几种情况，首先是瓦与中空轴的接触达不到规范要求，二是球面瓦转动不灵活。比如球面瓦的限位过度，球面瓦与其底座阻力过大，限制了球面瓦随中空轴的转动，造成磨身内侧受力过大，这也是造成瓦靠近筒体端容易发热的主要因素。

⑤ 其他原因引起的瓦发热

瓦包角过大或过小都会引起瓦发热，过大时，不利于润滑油进入轴与瓦之间；过小时，摩擦力大，容易造成油膜破坏，引起瓦的发热。还有瓦口不当，间隙过小，瓦口遭油泥堵塞等，都会促使瓦发热。

（2）瓦发热的预防措施

① 保证油质，必须保证润滑油的杂质不超标，黏度合适，发现超标时，必须对润滑油进行过滤或更换来满足使用要求。同时建议使用中保证供油温度小于 45 ℃，若采用 220 润滑油，回油温度应小于55 ℃，

若采用 320 润滑油，回油温度要小于 65 ℃，这样即便瓦温偏高，也不容易烧瓦。

② 保证冷却水路畅通，定时对球面瓦、冷却器进行除垢，保证水量，同时冷却水供水温度小于 30 ℃。

③ 保证中空轴与出料装置之间的隔热层完好，并按周期检查，保证隔热效果，避免中空轴过热。

④ 通过降低熟料温度，提高磨机作业效率，加强通风，减少循环负荷等措施，降低磨内温度，降低筒体温度。

⑤ 经常或定期清理瓦口油泥，以便润滑油顺利导入。

⑥ 在瓦的修研过程中，必须按标准进行刮研，保证瓦口间隙，保证瓦的包角，保证球面瓦的灵活度，保证瓦的限位满足瓦在瓦座内的自由度，瓦座保证瓦的接触精度。

⑦ 保证足够的油量，使其起到冲洗、冷却的作用。

2.105 管磨机中空轴裂纹处理的几个关键点

(1) 发现裂纹后，必须及早停机，避免裂纹扩大，或事故扩大。

(2) 停机后要先检查裂纹的具体位置、长度、深度，分析确定裂纹的原因，并制定维修方案。

(3) 检测中空轴端面和径向跳动，对照标准，判断是否超出标准范围。若裂纹深度较浅，比如不足厚度的 1/3，长度在 1 m 之内，可直接刨掉裂纹进行焊接处理。

(4) 焊接可用 506 焊条。并按焊条要求进行烘干，做到随烘随用。

(5) 慢转磨机，对中空轴的径向跳动进行检测，并做好记录。

(6) 先把待焊位置转到方便操作的位置，将待焊位置清理干净。用气刨从裂纹中部起，把裂纹刨开，挖到没有裂纹为止，对于裂透的要刨到母材厚度的 2/3，刨开长度 100 mm 左右，若裂纹长度较长，可每隔 500 mm 刨开一段，但需刨一段，焊一段，防止裂缝扩大。

(7) 对于被刨开处，需先打磨刨口到漏出金属光泽，再进行焊接，焊接中，注意每焊一层，要进行敲击焊缝释放应力，焊接电流不宜大，能保证焊条与母材熔和即可。

(8) 以上断续焊接，一是防止裂纹扩大，二是为下一步全面刨开焊缝做准备，三是为了防止大面积焊接时产生较大的收缩，影响中空轴的跳动。

(9) 断续焊接完成后，首先慢转磨机，检查中空轴的径向跳动，若无问题，可对裂纹全面刨开，并按上面方法进行焊接。焊接中间应检查中空轴的跳动情况，若无问题可继续焊接，直到焊满。

(10) 内部裂纹焊接完成后，制作样板进行打磨，达到要求精度。

(11) 内侧焊缝结束后，检测中空轴的径向跳动，若无问题，刨开裂纹外侧，依次焊接并达到满焊，打磨焊缝达到精度要求。

(12) 里外焊缝全部打磨结束，对中空轴径向跳动进行检查，保证符合标准要求。最后对焊缝进行探伤，满足不低于超声波二级要求。

(13) 其他说明：

① 焊接中间若中空轴跳动过大，应停止焊接，实施对面焊接，以达到反变形的目的。

② 焊接期间，应连续不停，保证焊接层间温度，并要采取防风措施，进行适当的棉布保温，防止急剧收缩，产生裂纹。

2.106 一则球磨机磨头护板的改进经验

某水泥厂 ϕ2.4 m×9 m 开路水泥磨磨头护板如图 2.55(a)所示。护板厚度是均匀的，在实际使用过程中，出现了不均匀磨损现象，尤其一仓，球径大，在接近磨机筒体衬板处的研磨体滑动较小，越向中心滑动越大，对护板的磨损也越大，使护板的内半径区成为磨损区，磨损区宽度约 200 mm，如图 2.55(b)所示，虽然护板大部分磨损较小，但由于局部磨损到露筒体，无法补焊，必须更换，缩短了护板的使用寿命。

后来，该水泥厂对磨头护板进行改进，增加了磨损区的厚度，改成如图 2.54(c)所示的形式，护板加厚以后，所需费用提高不多，但护板使用寿命延长了一倍。

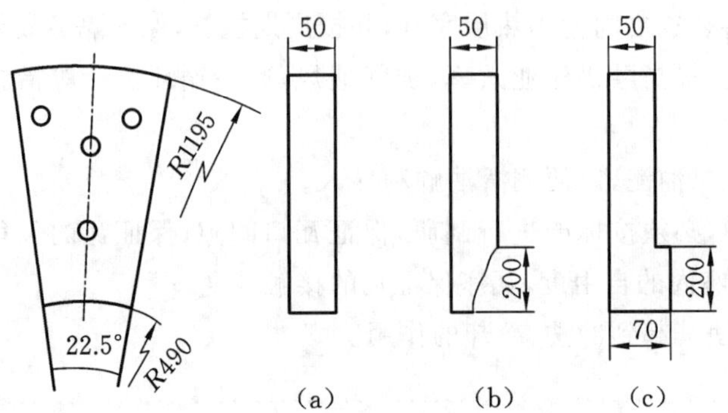

图 2.55 磨头护板的改进示意图

2.107 一则中卸烘干磨篦板固定方法的改进经验

中卸烘干磨集烘干与粉磨两种功能于一身，具有工艺流程简单、占地少、节省投资的优点，特别是它能利用干法窑的窑尾废气余热作为烘干热源，可节省综合能耗。

陈昌朱等通过对某厂 3 台 ϕ3.5 m×10 m 中卸烘干磨中卸篦板固定方法的改进，大大延长了篦板的使用寿命，取得了较很好的效果，可供同行借鉴。

(1) 原中卸篦板的固定方法

中卸烘干磨一般分四个工作仓，即烘干仓、粗磨仓、中卸仓和细磨仓。该厂 ϕ 3.5 m×10 m 中卸磨的中卸仓结构如图 2.56 所示。

从图 2.56 中可看出，篦板有两个固定点：一是与筒体接触的一端，是由椭圆点螺栓紧固在筒体护板上；二是朝筒体中心的一端，是由长螺栓和支撑套筒将粗仓篦板和细仓篦板锁紧连成一个整体。

(2) 原固定方法出现的问题

① 篦板弯曲、裂断

由于粗仓和细仓均装有较多的钢球(总装球量为 75 t)，篦板的中下部承受很大的侧压力；烘干磨正常工作时的磨头磨尾通入热风温度一般在 350～400 ℃左右，经过磨内与物料热交换后，到达磨中的热气流温度在 80～100 ℃之间。在开机下料前的预热、停机磨空料时，短时间内(5～20 min)磨中热气流温度可达 150～200 ℃。因而篦板受热(ZGMn13 热处理硬度 HB179～HB229)，刚度下降，产生软化。在以上两个因素的共同作用下，篦板使用一段时间后，带有篦孔的中间部分就会弯向中卸仓，如图 2.57 所示。

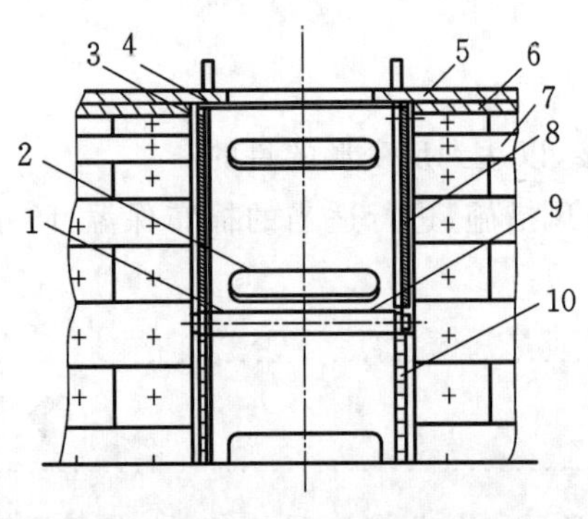

图 2.56 原中卸仓结构图

1—固定长螺栓；2—卸料孔；3—椭圆点螺栓；4—筒体护板；5—磨机筒体；6，7—衬板；8—卸料篦板；9—支撑套筒；10—通风筛网

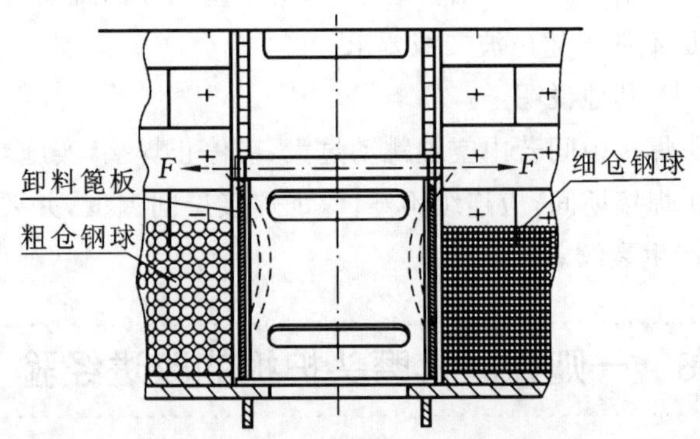

图 2.57 篦板弯曲示意图

篦板弯曲变形后，在铸造时带有缺陷的篦板就会产生裂纹，一般是带有篦孔的中间段的两肋部位开裂或断开，须更换篦板。

② 长螺栓易拉断

如图 2.56 所示，篦板弯曲后，朝筒体中心一端的篦板，产生把长螺栓向两端头对拉的作用力 F，拉断长螺栓。一般是带螺纹的端头被拉断。

③ 容易出现跑球事故

长螺栓拉断后，随着磨机的不断运转，长螺栓与套筒会很快错位、脱落。该篦板就失去了支撑固定点，在两仓球料的挤压下，对应的两块篦板就会倒向中卸仓。这样歪倒的篦板与其他篦板之间就有较大的错位间隙，造成粗、细仓的钢球从中卸仓卸出，并进入提升机、选粉机等系统设备，对提升机斗子、选粉机内风叶、铸石衬板产生破坏作用，而且还把粗、细仓的钢球级配打乱，降低粉磨效率。

由于上述三个损坏过程都是在运转过程中发生的，生产中只能在听到提升机、选粉机内有钢球冲打机壳的声音后，才能判断是篦板出了问题产生跑球。因而从发生跑球到发现后停机，往往要一个过程，其危害性很大。

④ 篦板更换频繁，劳动强度大

该厂共有 3 台中卸烘干磨，在篦板固定方法改变之前，每周至少有一台磨需要停机更换篦板。而且常出现一台磨正在修理之中，另一台磨突发跑球，被迫停机进行抢修。

(3) 篦板固定方法的改进

① 增设篦板固定支架和圆钢顶杆

为了解决上述问题进行如下改进，如图 2.58 所示。

鉴于篦板带有篦孔的中间部分强度低，容易弯向中卸仓，用钢板(厚度与筒体护板一样为 15 mm)割成长 845 mm，宽 65 mm 的辐条 24 根，一个内圆半径 620 mm、外圆半径 750 mm 的圆环，圆环上均布 24 个 ϕ32 mm 圆孔，按图 2.58 所示，焊接二个卸料篦板固定架整体(粗、细仓各一个)。为增强辐条中部的抗弯能力，在粗、细仓篦板架相对应的每对辐条中部，焊一根 ϕ35 mm 实心圆钢顶杆。

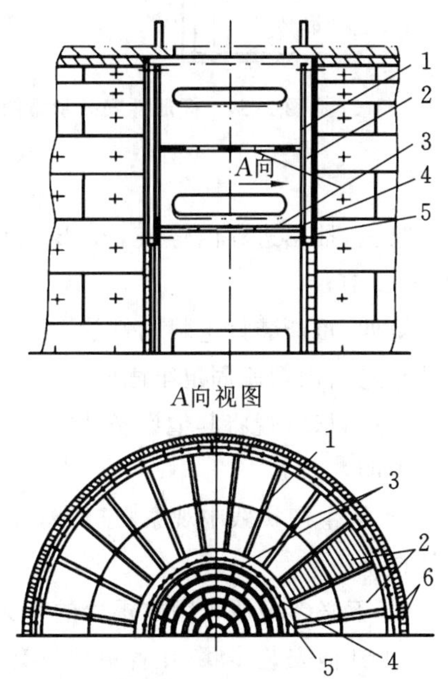

图 2.58　改进后中卸仓结构图

1—支架辐条；2—卸料篦板；3—圆钢顶杆；4—支架带孔圆环；5—椭圆点螺栓；6—筒体护板

② 用圆钢顶杆和椭圆点短螺栓取代长螺栓和支撑套筒

用 ϕ35 mm 实心圆钢 24 根按图 2.58 所示焊接在两个篦板架的圆环钢板上，使两面篦板架连成一体，彻底避免了篦板在料球挤压下弯向中卸仓的现象。由椭圆点短螺栓把篦板锁紧在圆环钢板上，牢固可靠，更换快捷方便。

③ 篦板形状的相应改变

由于局部结构进行上述的改变，篦板的形状要做相应的改变，见图 2.58 中序号 2，比原来的更简单。

(4) 改进后效果

按上述方法改进后，整个篦板支撑固定完好，中卸篦板的平均使用寿命在 2 年左右，生产中偶尔也会出现篦板裂断(每台平均两个月一块)，其中大多数是因个别配件的质量缺陷引起的。而篦板的大面积弯曲裂断和跑球现象已经完全杜绝。据统计，改进后每年平均少用篦板 75 块，更重要的是保证了生产，减轻了工人的劳动强度。

2.108 一种固定磨头进料内螺旋的方法

某水泥厂 ϕ2.2 m×6.5 m 球磨机的磨头进料内螺旋，是靠处于磨头最顶端的 16 个 M20×40 的螺栓固定在磨机中空轴上的。磨机在运转过程中，一仓钢球不断击打内螺旋的里端(即图 2.59 中 A 处)，产生一个向外的力，进料内螺旋向磨内输送物料时又产生一个向外的反作用力，在这两个力的合力作用下，固定螺栓逐渐延伸变形，致使内螺旋松动退出，造成磨头漏料扬尘。

为了彻底解决这一难题，该厂采取了一种新的固定方式，有效地防止了因进料内螺旋松动而使磨头漏料现象的发生。具体做法介绍如下：

首先，制作 4 块如图 2.60 所示楔形件备用。

其次，将内螺旋在中空轴中装好，将制备好的楔形件置入磨内图 2.59 中“楔形件”所示的位置，并 C 向卡紧，然后用粉笔标出楔形件中长圆形孔在进料内螺旋外壁上的对应位置 B。

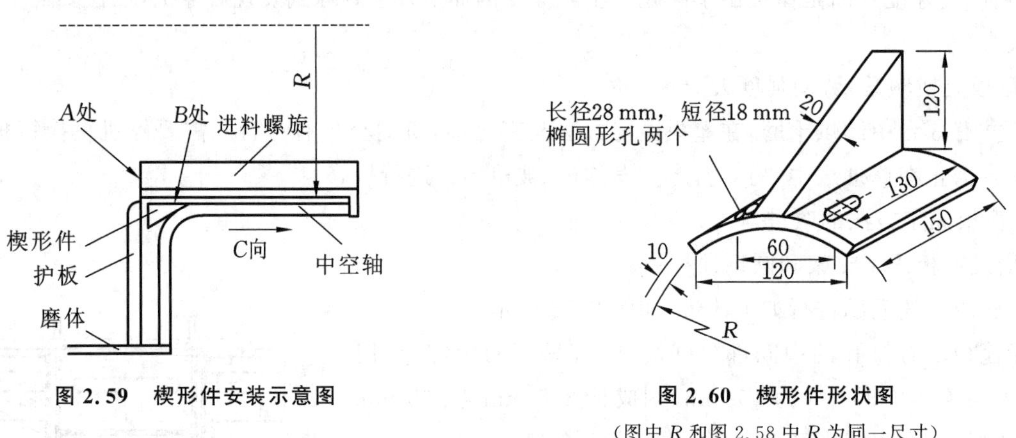

图 2.59 楔形件安装示意图

图 2.60 楔形件形状图

(图中 R 和图 2.58 中 R 为同一尺寸)

第三，抽出进料内螺旋，在 B 处的圆周上钻 4 对 ϕ18 mm 的孔，且使其均布，每对孔的中心距为 60 mm。

第四，重新装好进料内螺旋，将各楔形件照图 2.59 中“楔形件”所示位置 C 向卡紧后，用 M16 的螺丝使其与进料内螺旋固定牢固。

最后，依常规将其他设备装好。

说明：

① 从生产实践中观察，进料内螺旋壁的磨损程度远不及螺旋片，所以楔形件也可以直接焊在进料内螺旋壁上。

② 不必考虑原来固定螺栓的有无。

③ 其他安装步骤，在各单位虽有不同，但均大同小异，此处不再赘述。

2.109 一种水泥出磨除粒的装置

某白水泥厂，在出磨水泥中残留少量熟料的碎渣粒子，影响水泥的使用，用户意见较大。解决的办法主要是改进磨机出口的回转筛，结构示意图如图 2.61 所示。将原来筛外径缩小 100 mm，以保证支撑强度和筛出粗渣块粒。外层筛网改用 1.2 mm×1.2 mm 的钢丝网。纵向均布 4 条 40 mm×4 mm 的扁铁，钢丝网的两端加压块用螺栓紧固。为了达到不塞筛的要求和保证出磨水泥在筛网的通过量，还要改变原来磨尾排风管道。

清除水泥粒子的装置投入运行后，达到了原设计的要求，可将 ϕ1.1 mm 以上的碎渣和粒子全部在筛板及筛网上集中，一起经溜子排出来，从此基本上清除了水泥中的残渣碎粒的问题。

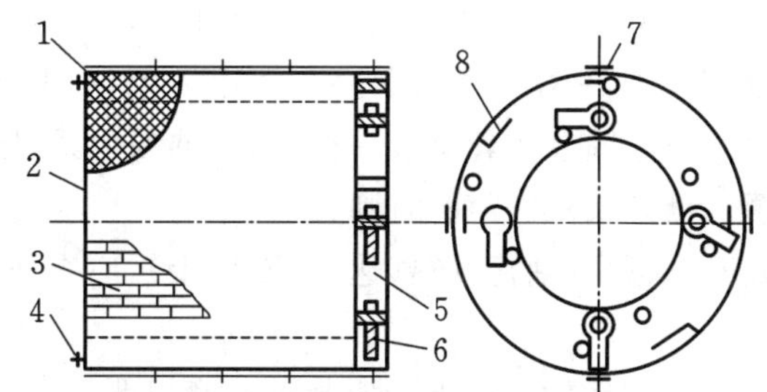

图 2.61 水泥出磨除粒装置结构示意图

1—钢丝网；2—连接磨机中孔法兰；3—筛板；4—紧网夹板；5—振打块固定板；6—振打块；7—钢丝网夹板；8—排粒口

2.110 采用塑料轴瓦应注意什么问题

塑料轴瓦虽有很多优点，但存在一定程度的弹性变形，且导热性能较差，为合金瓦的 1/200～1/100。使用时应注意：

(1) 刮研后再安装

刮研前，先检查塑料瓦背面与球面瓦座的贴合处有无凸出点。若有应以刮刀或锉刀除去，使其与瓦座贴合良好。然后，在塑料瓦面上薄薄地涂一层红丹或其他有色物质，再放入瓦座中，压上筒体。之后用辘轳或手盘方式带动筒体转动 1～2 转，再用千斤顶顶起筒体，取出塑料瓦，刮研瓦上出现的痕迹。如此反复刮研多次，直到接触面达 70%以上。刮研操作与刮巴氏合金瓦相同，只是因塑料瓦有弹性变形的特性，需在轴瓦承受压力的情况下，以盘车的方式检查瓦与中空轴的接触情况。通过多次检查和刮研，使轴与瓦接触部分的圆心角不大于 90°。90°以上至瓦口处需多刮，且向瓦口方向逐渐加大侧间隙，以保证磨机在重负荷下运转时出现的轴瓦变形不致引起抱轴现象，且有足够的润滑剂渗到瓦的底部。

塑料瓦可用“烧损法”刮研。“烧损法”刮瓦具有简单、工作量小、迅速的优点。

(2) 使用新塑料瓦须先进行试运转

试运转时间一般为 56～78 h。在试运转过程中，中空轴的温度比正常运转时的高，须特别加强润滑工作。可用水润滑，在主轴承上盖观察孔处固定一根 1″或 1.5″的橡皮管，当塑料瓦衬做磨合运转时，以自来水喷洒中空轴颈的表面，迅速带走磨合过程中产生的热量。水由放油孔流出，喷水量约为 0.09 m^3/min。

磨合时间见表 2.23。

表 2.23 新塑料瓦衬磨合时间

载荷(以满负荷为 100)	0	30	50	80	100
时间(h)	0	8	8～15	15～30	20～40

试运转过程中，须检查和刮研轴瓦的接触面数次，直至磨机运转正常。清洗轴承后，改用机油或防锈乳化剂润滑。

(3) 正常运转后的维护事项

① 加强润滑：塑料瓦的导热性差，须加强润滑。润滑剂可为机械油、水或防锈乳化液。油的价格高，散热性差。用油作润滑剂时，空心轴的温度比用水或防锈乳化液的高 20 ℃左右。用水作润滑剂的功耗低，轴承温度低，但需水质好、水量充足，也不宜频繁停磨。停磨后，在中空轴承上加点油，以防生锈。用水润滑时，空心轴、轴承座、轴承盖等钢铁件难免不受锈蚀，故还是不用水润滑为好。用防锈乳化液比用机械油经济(两者的价格相近，但乳化液的用量少)，轴承温度低(一般只比室温高 20 ℃)。防锈乳化液可

用防锈乳化油 2%～3%、水 97%～98%配制。配时，加乳化油于水，并不断搅拌，直至均匀。这种乳化液的防锈时间一般在 3 d 以上，使用周期在两个月以上。在使用周期内，只要没有沉淀和臭味，可继续使用。停磨时间较长时，每隔 3 d 向中空轴泵送乳化液一次，以防轴颈生锈，导致启动困难。

② 开磨时先启动润滑剂泵，后启动磨机，停磨时则相反。

③ 经常检查轴承部位的温度，如塑料轴瓦发热(达 70 ℃以上)，应查找原因，及时处理。发热原因主要有以下几点：

a. 空心轴表面光洁度降低，一般多系轴承座上的密封毛毡磨损严重，毡与空心轴间出现间隙，物料细粒经此间隙进入轴承润滑油中，致空心轴被磨损，表面光洁度降低。应更换毛毡，并进行人工打磨，使空心轴的表面光洁度恢复到设计的要求(一般为▽8 以上)。

b. 刮油器有故障，致润滑油量不足。刮油器故障一般有：刮油器加工质量不合格，装配间隙过大，或刮油器磨损严重；油圈加工、装配质量差，端面跳动大；油圈上的紧固螺钉松脱等。

c. 轴瓦座的几何尺寸变形(主要是内曲面曲率变小)，使轴瓦"夹帮"(也称"抱轴")，如"夹帮"不严重，轴瓦烧灼部位集中在底部，可用角向磨光机在"夹帮"部位做手工打磨，并将轴瓦的瓦口适当放大，使润滑油在磨机运行时形成油膜；如"夹帮"严重，烧灼部位集中在轴瓦两侧，须在轴瓦座磨损部位垫薄铁皮，使间隙消除，酚醛瓦背与轴瓦座紧密贴合。

d. 润滑油的牌号不对，黏度不合格，或油中有杂质。应更换润滑油。

(4) 轴与瓦的接触面积太大。长期运转后，应检查轴与瓦的接触面积。若接触面积太大，应在过大部位用刮刀刮出一些花。花应呈梅花形，每平方厘米上约有 1～2 个点。

2.111 何为康比丹磨 

康比丹磨是丹麦史密斯公司在小钢段磨基础上发展起来的。它把小钢段磨两级磨机合并在一台磨上，既能用于开路粉磨也能用于闭路粉磨。

康比丹磨的特点是选用了高效能的隔仓板，这种隔仓板能够将粗颗粒物料拦在粗磨仓中，从而保证细磨仓可以最佳尺寸的研磨体操作(细磨仓的研磨体平均质量为 5～7 g，单个质量最大为 10 g)。

康比丹磨与普通磨机的比较如下：

(1) 在开路系统粉磨波特兰水泥到相同强度时，粉磨效率可提高 19%，每吨水泥电耗降低 18.36 MJ。

(2) 在闭路系统粉磨波特兰水泥到相同强度时，粉磨效率可提高 12%，每吨水泥电耗降低 11.52 MJ。

(3) 在闭路系统粉磨快硬水泥到相同强度时，粉磨效率可提高 27%，每吨水泥电耗降低 33.84 MJ。

2.112 康比丹磨基本结构及其特点 

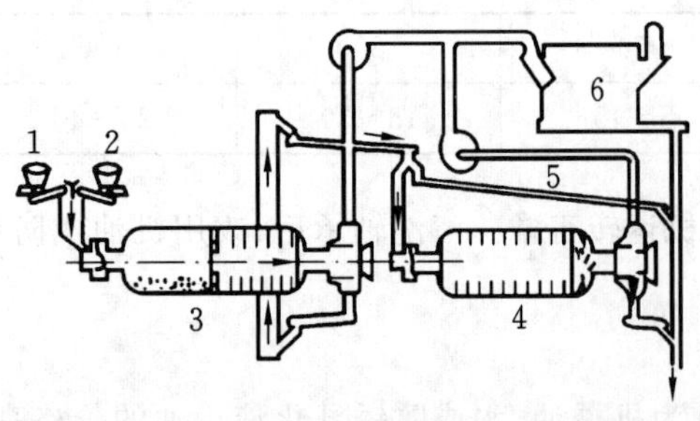

图 2.62 小钢段磨粉磨系统

1,2—喂料机；3—双仓磨；4—小钢段磨；5—成品水泥；6—电收尘器

20 世纪 80 年代，丹麦史密斯公司开发了小型钢段(Minipeb)磨的开路粉磨系统。这种磨机系统采用两台磨机，一台用于粗磨，一台用于细磨，所以又称双管磨机粉磨系统。粗磨磨机先将物料磨至比表面积为 250～300 m^2/kg，再到细磨磨机粉磨至比表面积为 400～600 m^2/kg 的细粉。细磨机为单仓，内装平均直径为 3～4 mm 的钢段。为了控制粉磨温度，粗磨及细磨机内都采用喷水冷却，并使用助磨剂。据丹麦罗尔代尔(Rordal)水泥厂试验，小钢段磨同闭路粉磨系统比较，在生产条件基本相同时，前者能耗稍低，水泥强度较好。图 2.62 所示为双管磨机小段磨系统图。

此后，丹麦史密斯公司在小钢段磨基础上又发展了康比丹磨，它把小钢段磨两级磨机合并在一台磨上，既能用于开路粉磨，也能用于闭路粉磨。

为了获得最佳的粉磨效果，磨机细磨仓的研磨体尺寸应当远小于一般磨机所用的研磨体尺寸。但是，在普通磨机中，由于使用小研磨体容易造成出口篦板堵塞，也难以磨细通过一般隔仓板篦孔的粗粒物料，因此细磨仓中实际使用的研磨体平均质量往往高达 20～40 g。

而试验结果表明，粉磨效果良好时不应超过 10 g。康比丹磨的特点则是选用了高效能的筛分隔仓板。这种隔仓板能够将粗颗粒物料阻拦在粗磨仓中，从而保证细磨仓可以最佳尺寸的研磨体操作。图 2.63 所示为一台 ϕ 4.6 m×13 m 的康比丹磨机，磨机分为两仓，细磨仓的研磨体平均质量为 5～7 g。图 2.64 所示为康比丹磨隔仓板结构图。这种隔仓板结构特殊，篦板的板厚 4 mm，篦孔系冲压而成，孔径只有 2.5 mm，由于篦板较薄，经不起一仓钢球冲击和磨损，故用整块衬板保护。每块衬板之间间隔有足够的距离，可以保证物料和气流通过。并且在防护衬板与篦板之间有一个小的间隔空间，里面堵积的粗粒物料由扬料板送回到粗磨仓中。

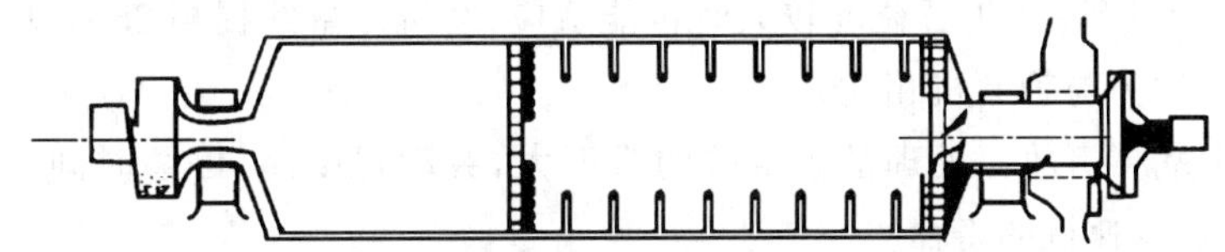

图 2.63 ϕ 4.6 m×13 m 康比丹磨

康比丹磨隔仓板的各个部件可满足不同的设计性能，其具有下列特点。

(1) 保护衬板形成一个粗筛，将钢球阻拦在第一仓中。保护衬板本身是由每块衬板组成的整体结构，用特殊钢铸造，具有很高的抗冲击强度，耐磨性好。

(2) 保护衬板能阻挡大于 ϕ 2 mm 的颗粒，同时在使用期限内每块衬板间的距离保持不变。

(3) 隔仓板的通过面积较普通隔仓板大一倍以上，这样就可以采用很小的篦孔而不影响物料流动，同时因通风面积较大可减小通风阻力。

(4) 隔仓板上装有一个挡料圈，保证粗磨仓中物料和研磨体的适当比例，可避免空转造成衬板及研磨体的磨损。

(5) 康比丹磨的出料口有一个特殊的经过改进的篦板，在篦板前不远的地方装设一个没有直通开口的挡料圈，其作用之一是阻隔研磨体，一些进入分离室(即间隔空间)的研磨体可被导料板送回到细磨仓中。这种出料口的结构如图 2.65 所示。其优点是：

① 出料口篦板虽会受到一些磨损，但仍可保持原来的篦孔宽度不变。

② 由于装有挡料圈，降低了磨内物料的压力，使篦板不致发生堵塞。

③ 挡料圈系用特种耐磨钢制造，可保持较长的使用寿命，以保证细磨仓中物料和荷载的适当比例。

④ 出料口的通风面积较普通磨机出料口的大得多，因而不会影响物料和气流的流动。

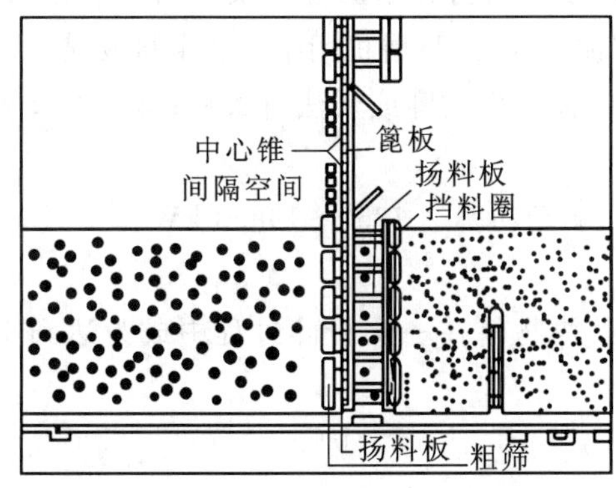

图 2.64 康比丹磨的隔仓板结构

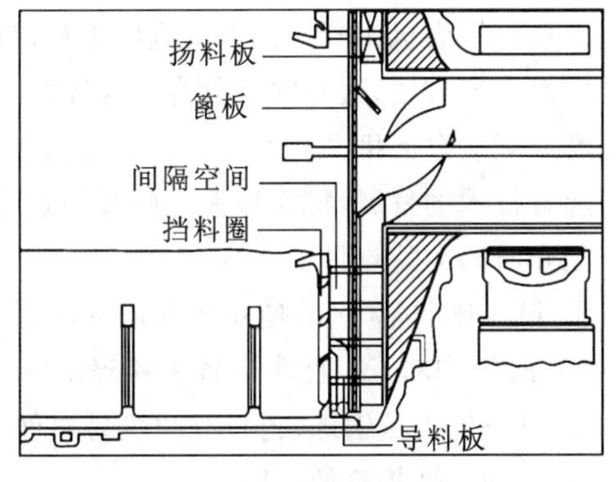

图 2.65 康比丹磨的出料口结构

(6) 康比丹磨用的研磨体尺寸为 12～16 mm，因形状不同可小至 4 mm，所用研磨体的材料要十分耐冲击和耐磨。由于研磨体的磨损随粉磨物料的比表面积增加而增加，故这种研磨体的特殊耐磨性能对康比丹磨来说更为重要。

由于康比丹磨的粉磨效率高，所以，当产量一定时，磨机尺寸较小，需要的电机功率亦较小。但由于研磨体的表面积增加，研磨体所需的费用有所增高。然而，由于磨机尺寸减小和选用耐磨部件，从总的来看，这种磨机的生产费用还是有所降低。

2.113 何为棒球磨机，有何优缺点

一仓装钢棒，其他仓装钢球(有的尾仓装钢段)的磨机称作棒球磨机。它在水泥工业中多用于湿法生料粉磨系统。

棒球磨的优点：产品的颗粒较均齐，过粗的颗粒少，生料的细度指标可适当放宽，料浆的流动性好，料浆的水分可降低 1%～1.5%；石灰石粒度较大时也能适应；磨机产量约提高 25%；单位电耗约降低 26%；研磨体消耗量也较少(均为与管磨机相比)。

它的缺点：易发生乱棒事故。处理乱棒事故的难度大，劳动强度高，停磨时间长；由于棒的回转惯性大，磨机的振动大，影响减速机的寿命。

棒球磨产量高的原因：

(1) 在管磨机中，钢球之间为点接触，钢球以冲击和研磨方式粉碎物料；在棒球磨中，钢棒间为线接触，钢棒主要以挤压和磨剥方式粉碎物料，其粉碎作用比钢球强。

(2) 棒群的磨矿方式具有选择性，在棒仓内，较粗的物料先与钢棒接触而被粉碎，较细的物料则穿过棒间的间隙向出料方向流动。因此，仓内的过粉碎作用小，产品的粒度较均齐，过细微粉少。

(3) 粉碎效率高。棒间间隙为贯穿的长孔，加上棒面光滑，细粉沿棒间间隙移动的速度较快，故过粉碎现象少，粉碎效率高。

(4) 生料的细度可放宽。由于产品中的粗颗料较少，生料的 0.08 mm 筛筛余可由管磨机的 10%左右放宽至 12%～13%。

棒球磨电耗低的原因：棒的提升高度比球小，棒在仓中的填充率比球少(棒仓的填充率一般仅为 20%～25%)，加上棒仓内的存料量较少，磨机的实际需用功率约减少 10%，此外，棒球磨的台时产量比同规格管磨机高，因而其电耗低。

2.114 何谓无介质磨

无介质磨又称自磨机，是磨内不装或只装少量(约为筒体容积的 2%～3%)钢球的大直径短筒体磨机。其直径与长度的比值一般为 2.5～4.5。这种磨机主要以物料自身作研磨体来实现粉磨的目的，其粉磨机理与管磨机相同。该类磨机用于粉碎脆性物料。在水泥工业，这种磨机用于粉磨生料或煤。

根据生产方法，这种磨机分为干式和湿式两种。干式的又称气落式磨或干法自磨机；湿式的又称瀑落式磨或湿法自磨机。

随着技术的发展，特大型无介质磨的直径已达 10～15 m，驱动功率达 7353～19853 kW。

无介质磨的特点是：

① 粉碎比非常大，能使粒径 300 mm 甚至 1 m 以上的大块物料在一次粉碎过程中成为达到小于 0.075 mm 的细粉。因此可以省去粉碎工序。

② 可节省大量钢球、衬板等磨机易损件。

③ 有选择性粉碎的可能。

④ 可同时粉碎与烘干高水分的原料。

⑤ 可剔除矿物中的铁渣等杂物。

在水泥工业中无介质磨可用来粉碎转炉钢渣等炉渣，同时又可清除炉渣中的铁块。

2.115 为何要采用耐磨材料，哪些耐磨材料较好

采用耐磨材料以延长设备的运转周期，减少设备故障和维修时间，保持全系统实现高效率、无事故、持续稳定的安全运转，对提高经济效益十分有利。

在改善易磨部件材料方面，日益广泛地采用各种合金钢材料，提高耐磨性能，降低磨耗率，提高部件和研磨体使用寿命。原来使用耐磨性低的普通钢材时，每吨水泥磨耗的衬板和研磨体达 1000 g 之多，目前一般可降到 100 g 以下。例如，丹麦使用的一种含铬 28% 的铸钢，可使衬板使用寿命达 2 万～4 万 h；我国研制的高铬球耐磨性优良，其寿命比高锰钢高 3 倍以上，比锻钢球使用寿命提高 8 倍以上，吨水泥球耗为 50～80 g，有的厂家吨水泥球耗在 40 g 以下。值得注意的是，当停机清仓时，磨内高铬铸铁球应缓冷后卸出，并要避免与冷水接触以免磨球炸裂。其化学成分见表 2.24。

表 2.24 铬铸铁磨球化学成分(%)

C	Si	Mn	Cr	Mo	S	P	其他
1.8～2.8	0.4～1.0	0.5～1.0	12～17	0.5～1.0	<0.04	<0.1	微量

2.116 一则磨机慢速传动离合器的改进经验

磨机慢速传动是用于维修盘车的设置，主要是便于更换研磨体、衬板、螺栓及检查磨内研磨体、衬板等的磨损情况。某厂 ϕ 2.6 m×10 m 水泥磨慢速传动，采用内外齿式离合器，“离、合”很费劲，要花很长的时间。内外齿式离合器(图 2.66)虽然能传递很大的扭矩，但由于啮合时齿侧隙很小，不到 0.5 mm，慢速传动又采用自锁抱闸式电动机，因而很难保证内外齿对中啮合。磨机内装有大量的研磨体，停机时，不可避免地出现反转现象。这样，当内外齿已啮合，再要脱开时，内外齿侧被磨机的巨大反转力矩所作用，要使其轴向滑脱很难，只有用大锤敲击，需花近两个小时，有时更长。为此，刘纯友等设计制造了斜爪式四齿离合器(又称超越离合器)，如图 2.67 所示，取代了原来的内外齿式离合器。停磨检修时只需用手轻推手柄，即可合上，约几秒钟。不需要人工脱开，磨机停机时的反转力即可将其甩开，使停磨时间大大缩短，运转率提高。

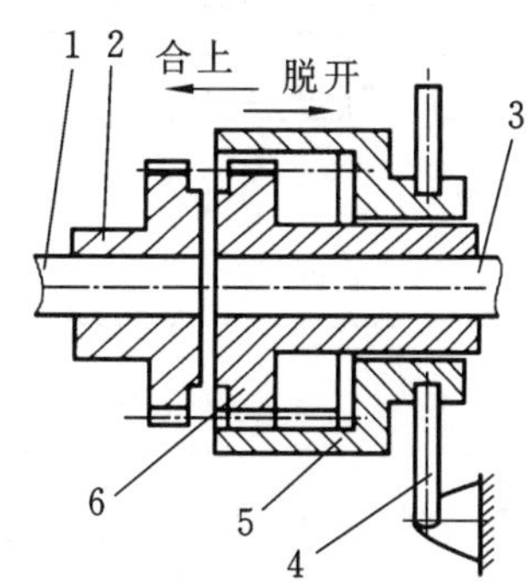

图 2.66 内外齿式离合器(脱开状态)

1—小齿轮轴；2—小齿轮端外齿轮；3—慢转减速机轴；4—推动手柄杆；5—内齿轮；6—外齿轮

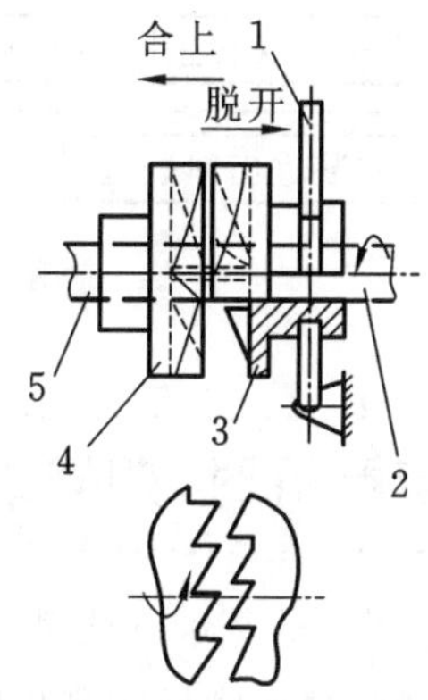

图 2.67 斜爪式四齿离合器(脱开状态)

1—离合手柄杆；2—慢转减速轴；3—慢速端斜瓜轮；4—小齿轮端斜瓜轮；5—小齿轮轴

2.117 常见磨机安装工艺过程

(1) 边缘传动磨机安装施工工艺过程如图 2.68 所示。

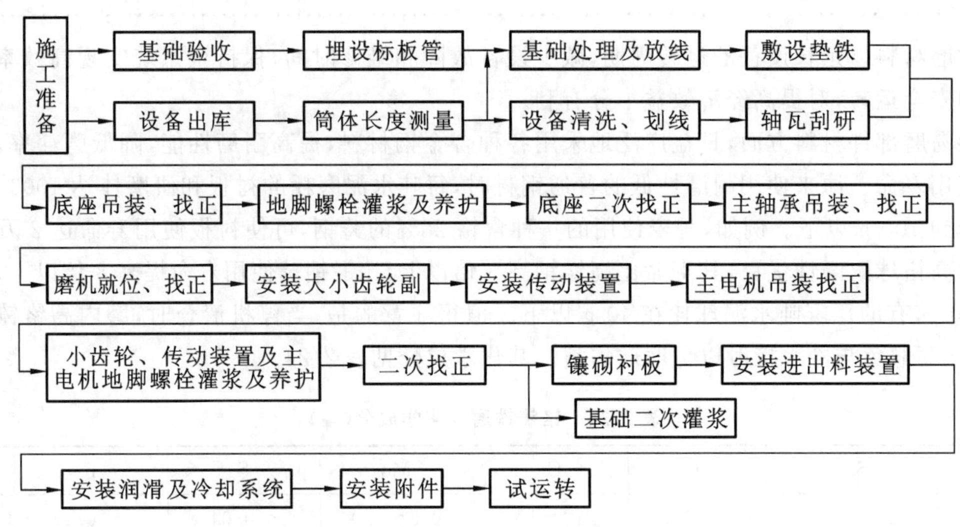

图 2.68 边缘传动磨机安装施工工艺过程

注:镶砌衬板亦可在磨机就位找正后立即进行

(2) 中心传动磨机安装施工工艺过程如图 2.69 所示。

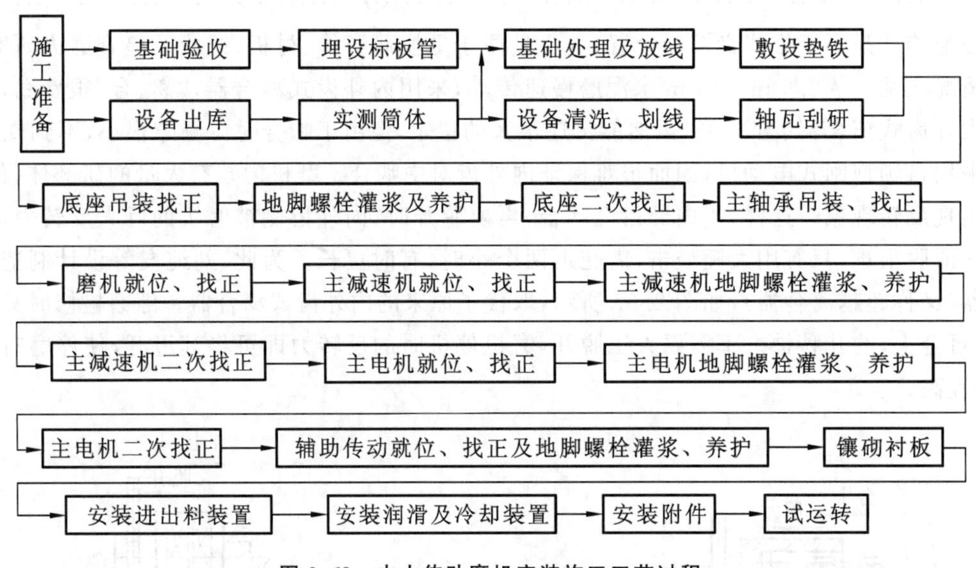

图 2.69 中小传动磨机安装施工工艺过程

2.118 安装磨机时,如何进行基础画线

磨机安装过程中的基础画线是一项细致的工作,画线的正确与否,直接影响磨机的安装的质量。

(1) 画线依据:根据磨机实测长度及图纸中的各相关尺寸。

(2) 画线工具:经纬仪、30 m 钢盘尺、钢板尺、20～30 kg 弹簧秤、2 m 的地规、划针、铅笔、样冲、手锤、墨斗、粉线等。

(3) 画线要求:

① 画出的中心线与图纸给出的纵向中心线偏差不大于 3 mm;

② 两基础上的横向中心线距离偏差不大于 1 mm，对角线偏差不大于 1 mm；

③ 边缘传动磨机的传动齿轮轴线与磨机轴线应平行，不平行度不大于 0.15 mm/m；

④ 两基础的横向中心距离必须以磨机的实测长度加上磨机的膨胀量为准进行测量。

膨胀量可按如下公式计算：

$$S=aL(T_1-T_2)$$

式中 S——膨胀量，mm；

a——膨胀系数，钢一般取 0.000012；

L——磨机实测长度，m；

T_1——磨机工作时磨体的温度，℃；

T_2——磨机安装时的温度，℃。

为简便计算，可按表 2.25 的规定求出磨机的膨胀量。

表 2.25 各种磨机的膨胀量

磨机种类	风扫煤磨	生料磨（干法）	生料磨（湿法）	水泥磨
膨胀量	$0.002L$	$0.001L$	$0.0005L$	$0.001L$

(4) 方法与步骤

① 确定磨机纵向中心线：找出现场土建厂房结构与磨机基础相关的主要柱基的中心线，以确认后的工艺布置图给出的磨机基础的坐标位置，用钢盘尺从找出的主要柱基的中心线向磨机基础方向作垂线，并在垂线上量取图中给出的柱基中心至基础中心的距离，在两个基础上用铅笔划出记号，通过经纬仪将两基础所划的点连成一直线，并反射到所预埋的中心标板上，在标板上打一样冲眼，冲眼直径不大于 1 mm，为醒目在此样冲眼周围半径约 8～12 mm 打一圈小眼（小眼直径可为 1～1.5 mm），此小眼可按 8 或 12 等份来打，然后再在基础上用墨斗借助经纬仪配合打出墨线。

② 在磨机出料端基础上划出其横向中心线：以与磨机基础相关的主要柱基中心线为基准，以工艺布置图给出的磨机基础的坐标位置，用钢盘尺（或钢板尺）进行测量，将测得数据划到基础上，并与纵向中心线交于一点，再用经纬仪或地规过此交点作纵向中心线的垂线，此垂线应通过此基础横向方向两端的预埋中心标板，然后，在两标板上各打一样冲眼（同上）。最后在此基础上用墨斗将两标板样冲眼连线打出墨线。

③ 划出进料端基础上的横向中心线：以出料端基础上的纵横中心线交点为起点，沿磨机的纵向中心线向进料端基础量出其跨距（此跨距数值应为实测磨机长度＋膨胀量），并在基础上的纵向中心线上划出记号，然后借助地规或经纬仪在此点作出纵向中心线的垂线，此线即是进料端基础的横向中心线。其横向中心线应通过本基础横向方向两端的预埋中心标板，将该横向中心线反射到进料端基础上的预埋中心标板上，各打上样冲眼，用墨斗过两样冲眼在基础上弹出墨线。

④ 基础画线时如果与磨机相关联的传动基础、主减速机、电动机基础土建工程都已经完成，应当同时将这几个基础的中心线划出。传动系统基础画线时，应当以磨机出料端主轴承基础的横向中心线为基准，划出小齿轮轴承座、电动机、减速机的横向中心线；以两主轴承基础上的纵向中心线为基准划出它们各自的纵向中心线。

⑤ 在基础画线的同时把垫铁的位置确定出来，并划在基础上。一般情况下，在地脚螺栓孔的两侧各放一组垫铁，垫铁距地脚螺栓 50～150 mm，两垫铁间距为 500～800 mm，如间距过大，应增设垫铁组。

(5) 以某水泥厂粉磨车间为例划出磨机主轴承及传动装置基础的纵、横中心线，如图 2.70 所示。

① 使用工具：

水准仪、钢板尺、钢盘尺、弹簧秤、经纬仪、22# 钢丝、粉线、手锤、样冲、墨斗等。

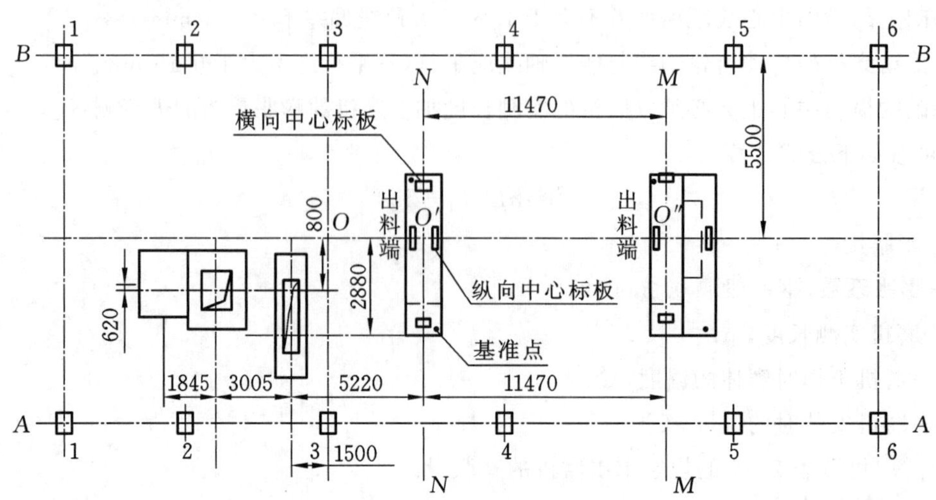

图 2.70　某水泥厂磨机基础画线示例

② 方法

a. 在 A、B 两排柱子中，取 3、5 共 4 根柱子，用水准仪或钢板尺在柱子上高于主轴承基础 100 mm 处，各测出一点，用铅笔作出标记；

b. 在 3—3、5—5 柱子上，通过上面作出的标记点各拉一根 22# 钢丝(或粉线)；

c. 用钢盘尺以 B 柱中心为起点，分别沿两钢丝(或粉线)向基础方向量取 5500 mm，并在钢丝或粉线上作出标记；

d. 用经纬仪或用粉线将两钢丝的标记连接起来，并引到已埋设好的中心标板上，打出样冲眼作永久标记；

e. 用墨斗通过中心标板的样冲眼在基础上打出墨线，此线即磨机基础纵向中心线；

f. 用一套高与主轴承基础相同的临时支架，置于主轴承基础纵向中心线和柱 3—3 中心连线上，并将磨纵向中心线与柱 3—3 中心连线的交点在支架上划出；

g. 以支架上划出的交点 O 为始点，沿纵向中心线向磨机出料端基础量取 5220－1500＝3720 mm，并划出标记 O'；

h. 在出料端基础上过 O' 点作纵向中心线的垂线 $N—N$，使垂线 $N—N$ 贯穿出料端基础上的两横向中心标板，把垂线 $N—N$ 划到标板上，并在标板上打出样冲眼；

i. 用墨斗通过两横向中心标板上的样冲眼在基础上弹出墨线，此线就是出料端基础上的横向中心线；

j. 用钢盘尺以出料端基础上的 O' 点为始点，沿主轴承基础的纵向中心线向磨机进料端主轴承基础量取 11470 mm(此数据应当是磨机的实测长度＋膨胀量)，并划出标记 O''；

k. 在进料端基础上过 O'' 点作纵向中心线的垂线 $M—M$，使垂线 $M—M$ 穿过横向中心标板，并在标板上打出样冲眼，作为永久标记；

l. 用墨斗通过画线中心标板的样冲孔，在基础上弹出墨线来，此线为进料端主轴承基础的横向中心线。

用划出的中心线复查基础上地脚螺栓孔的位置是否正确，如果位置略有偏移，通过调整中心线可以补偿，则对中心线作适当的调整；如果位置偏移太大，只能处理基础孔。

(6) 其他形式放线

施工中常遇到土建工程仅作出磨机的两个主轴承基础，其他皆未施工。此时只能根据图纸、设备的实况及基础本身的相关尺寸进行放线。具体方法如下：

① 划纵向中心线：见图 2.71。

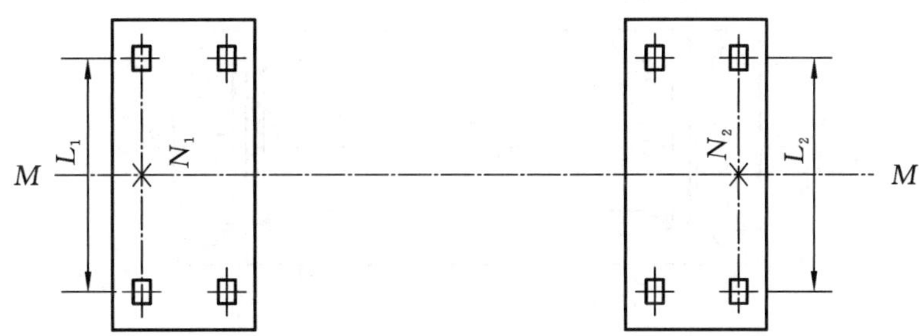

图 2.71 划纵向中心线

分别量出进、出料端两座基础上外侧（磨机轴向方向）两排基础孔的横向中心距离（L_1、L_2），再把其 1/2 处（N_1、N_2）标在基础上，用挂线坠法将标记引到基础的纵向中心标板上（并打上样冲眼），再在基础上弹出墨线 $M—M$，此线即是磨机基础的纵向中心线（用此线复查两基础上内侧两基础孔距划出的纵向中心线是否相等，如相差 20～30 mm，应当适当调整中心线的位置，使其兼顾，让所有基础孔的位置偏差都在要求之内；如果偏差太大，只能处理基础孔）。

② 划横向中心线：见图 2.72。

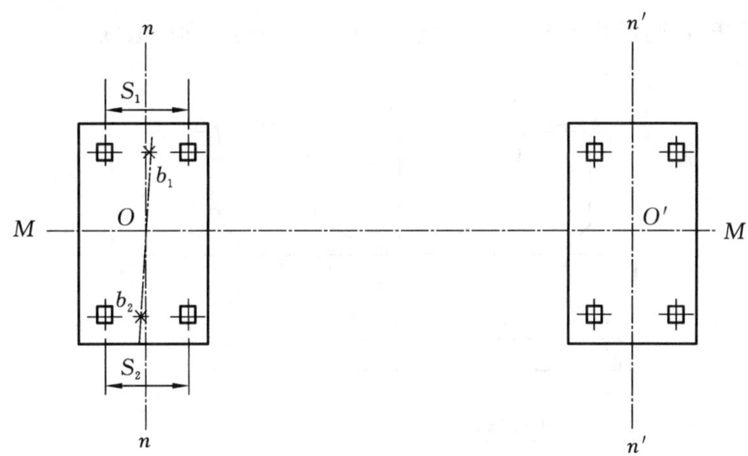

图 2.72 划横向中心线

a. 量出出料端基础上纵向中心线两侧基础孔的纵向中心距离（两侧基础孔的纵向中心线距基础的纵向中心线的距离须调整一致，测量孔的纵向中心距离应当在基础孔的纵向中心线上进行）S_1、S_2，并将其中心距 1/2 处的 b_1、b_2 点标在基础上，连接 b_1、b_2，与纵向中心线 $M—M$ 相交于一点 O。

b. 过 O 点作基础纵向中心线 $M—M$ 的垂线 $n—n$，此线就是出料端基础上的横向中心线。用经纬仪或通过线架挂线坠把此线引到出料端基础上的横向中心标板上，并在标板上用样冲打出标记。

c. 以 O 点为起点，沿基础的纵向中心线 $M—M$ 向进料端基础量取磨机实测长度与膨胀量之和，将此点定为 O' 并标注在基础上。过 O' 点作基础纵向中心线的垂线 $n'—n'$，该线即是进料端基础的横向中心线。同样，要把此线引到进料端基础的横向中心标板上，用样冲打出永久标记。

2.119 安装磨机时，如何进行底座和主轴承座的画线 

(1) 画底座纵、横中心线（图 2.73）

以底座上与主轴承座连接的 T 形螺栓孔为基准画出底座的纵、横中心线。

① 首先以底座上与主轴承座连接的 T 形螺栓孔的半圆孔处为基准画出底座的横向中心线 $a—a$：

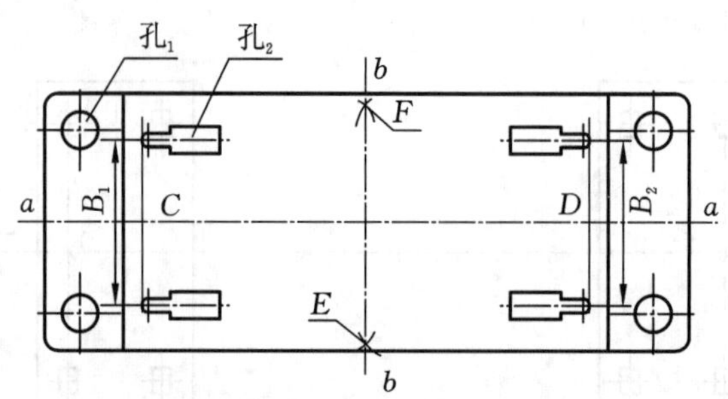

图 2.73　画底座纵、横中心线

a. 用直角尺和钢板尺分别找出四个 T 形孔的横向中心，并画在底座上；

b. 用钢板尺分别量出四个 T 形孔横向中心的两个中心距 B_1、B_2，并各自二等分，得出两个等分点，并将等分点标注在底座上；

c. 用钢板尺连接两等分点并向两边延长，画出直线 $a—a$，即底座的横向中心线。

② 画底座的纵向中心线 $b—b$：

a. 用钢板尺两两连接 T 形孔半圆处的顶点，分别与底座的横向中心线相交于 C、D 两点；

b. 用划规分别以 C、D 两点为圆心，以大于 $CD/2$ 的适当长度为半径，画弧分别交底座于 F、E 点；

c. 用钢板尺连接 F、E 两点并延长，画出直线 $b—b$，即底座的纵向中心线。

(2) 画轴承座的横向中心线(图 2.74)

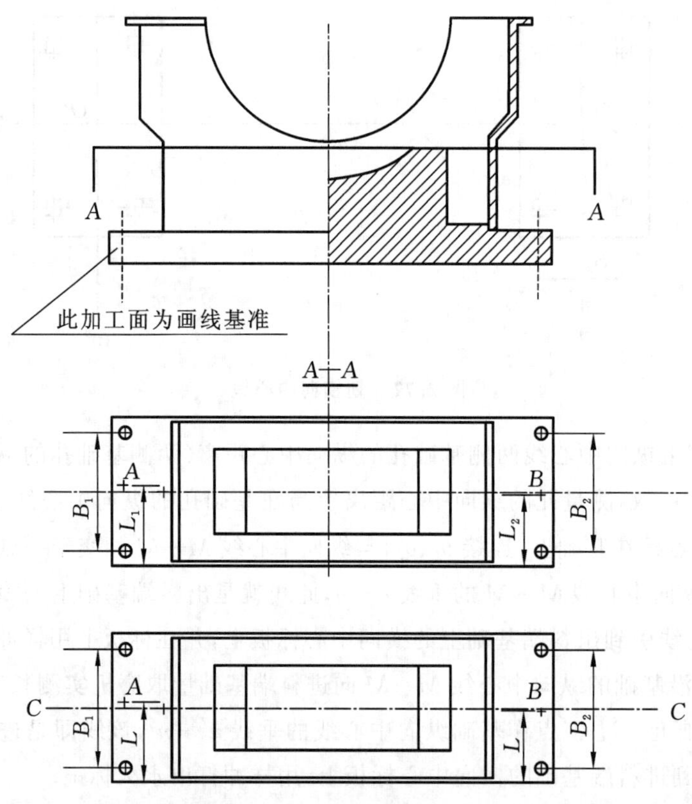

图 2.74　画轴承座的横向中心线

① 轴承座下部铸造部分，与轴承座横向相平行的方向，有一侧是加工面，以此侧为基准面；

a. 用钢板尺分别量出轴承座(纵向中心线)两侧地脚孔的横向中心距 B_1、B_2，并将其二等分，再把等分点 A、B 划在底座上；

b. 分别量取等分点 A、B 到基准面的距离 L_1、L_2，将两距离相加除以 2，得出平均距离 L；

c. 用钢板尺、直角尺分别在底座基准面的两端向另一侧量取 L，并画出标记；

d. 用线坠、平尺(或钢板尺等)将画出的标记连起来，并画在轴承座上，即横向中心线 $C—C$，同时在端部打出样冲眼(连接标记前，须将轴承座在纵向方向找水平)。

进、出料两个轴承座下部垂直磨机轴线方向的加工面，在使用时应当同方向使用。

② 轴承座下部周边没有加工面的情况下，一般用钢板尺分别量出轴承座(纵向中心线)两侧地脚螺栓孔的中心距离 B_1、B_2，二等分 B_1 和 B_2，得出等分点 A 和 B，将等分点 A 和 B 划在底座上。借助线坠、平尺(或钢板尺等)画出轴承座的横向中心线 $C—C$，并在端部打出样冲眼。

(3) 画主轴承座的纵向中心线

① 画法一(图 2.75)

a. 在上盖和下座分界处沿直径方向安置一块厚 15 mm 以上，宽约 50 mm，长应略大于其内径 2～3 mm 的木板，木板中央钉一块厚 0.5 mm 的白铁皮；

b. 分别以 A、B、C、D 四点为圆心(该四点应四等分圆周)，画弧在白铁皮上相交得出 A_1、B_1、C_1、D_1 四点；

c. 分别将 $A_1—C_1$、$B_1—D_1$ 连线，两连线交于 O 点；

d. 以 O 为圆心在水平中心线上取任意长为半径，找出 E、F 两点，$AO=OB$；

e. 分别以 E、F 为圆心，大于 R 为半径在外壳体上画弧，交于 O_1，连接 O、O_1，此为主轴承座的竖向中心线，与另一侧的竖向中心水平相连即为纵向中心线；

f. 用样冲打出永久标记。

② 画法二(图 2.76)

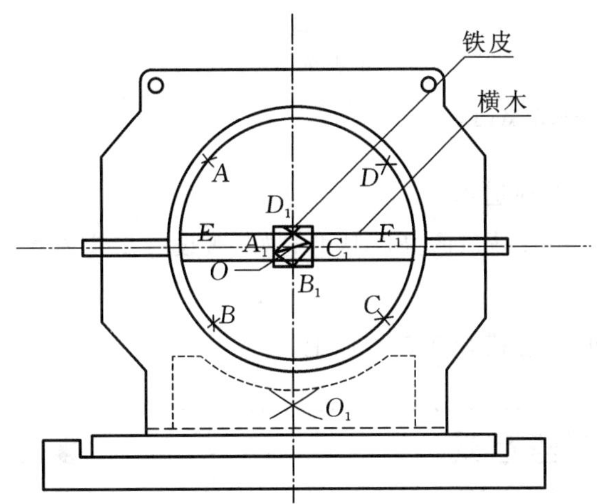

图 2.75 画主轴承座的纵向中心线(画法一)

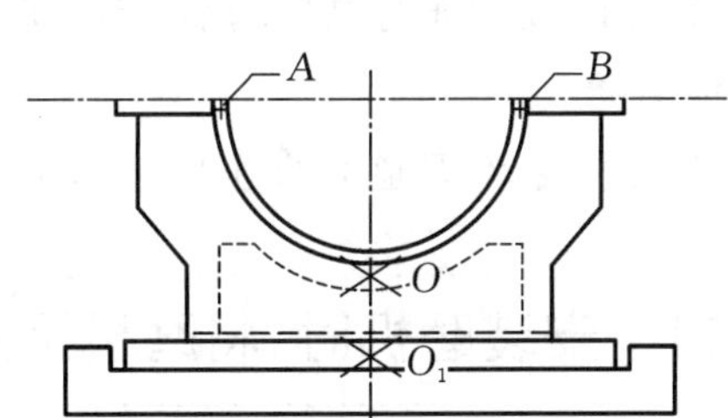

图 2.76 画主轴承座的纵向中心线(画法二)

a. 在主轴承座上平面从加工过的法兰内径各自向外量取同一个尺寸(一般为 5～10 mm)，并用划针在圆法兰的外侧画出记号；

b. 用直角尺在画出的记号处从主轴承座的上平面处向下垂直量取同一个尺寸(5～10 mm)，再打出样冲眼 A、B(此样冲眼可大一些)；

c. 用划规分别以 A、B 两点为圆心，适当长度 L 为半径画弧，交于 O 点，打出样冲眼；

d. 仍分别以 A、B 两点为圆心，以大于 L 的长度为半径画弧，交于 O_1 点，打出样冲眼；

e. 连接 O、O_1，便是主轴承座的竖向中心线。

瓦座另一面的竖向中心线画法与此相同，用钢板尺在水平面内将瓦座两侧的竖向中心线连接并延长，此线即是主轴承的纵向中心线。

(4) 画出球面瓦的纵、横中心线

① 分别在球面瓦的弧面上靠近两个端面处,用钢板尺测出球面瓦的弧长,两等分弧长,将等分点标注在靠近两个端面处的瓦面上,用钢板尺把瓦面上的两个等分点连起来,并用铅笔将连线划出。此线即球面瓦的纵向中心线。

② 分别在两个瓦口的边缘处用钢板尺量取两端面的距离,各自在量出距离的 1/2 处取点画出记号,两点连线即是球面瓦的横向中心线。

2.120 安装磨机时,敷设道木墩、马道应注意哪些事项

(1) 搭设道木墩时地面要平整坚实,搭设的道木墩要平稳、牢固、可靠。

(2) 搭设道木墩的道木要选择同一规格的标准道木,道木本身要平直,不得用扭曲、腐朽的道木。

(3) 每一层道木都要水平,上下两层道木必须贴实,不得有间隙,如有间隙可用薄木板垫实,木板宽度应大于 100 mm,最下一层应满铺道木。

(4) 特殊情况下,道木墩相邻两层道木应呈纵横交错敷设。

(5) 单根道木不够长需接长时,不允许头顶头地接,应当采用两根道木错开搭接,搭接长度在 0.5 m 以上,如图 2.77 所示。

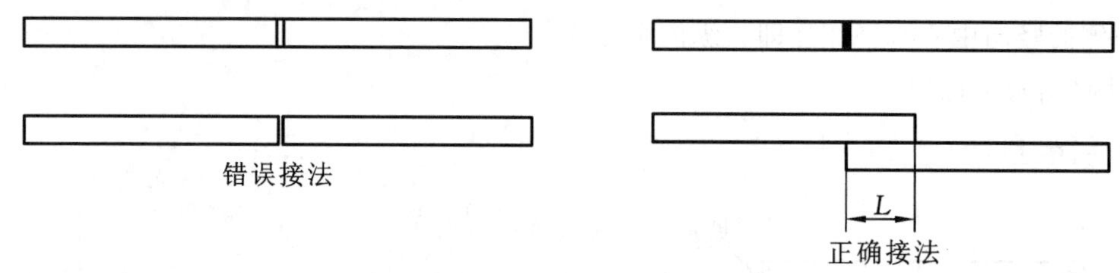

图 2.77 道木接长示意图

(6) 马道由两排分马道组成,每排分马道一般铺 2～3 根道木。

(7) 两排分马道标高应基本一致,高差不大于 100 mm;马道的高度越低越好,敷设一层道木可行的就不铺两层。

(8) 同一排分马道上的道木接头,不可在同一断面上,应错开 0.5 m 以上。

2.121 安装磨机时,将磨机运入厂房有哪些方式

磨机运入厂房的方式,所走路线,运入后所摆的位置都应当给磨机就位创造良好的条件。这一过程要根据实际情况来进行,如根据土建工程的形象进度,厂房的结构形式、相关尺寸,磨机的外形尺寸,施工单位自身的技术、装备等情况来确定。办法有很多,而只要能达到“多快好省”的目的就是好办法。

一般施工现场会遇见的土建进度及厂房结构条件有以下几种(图 2.78):

(1) 土建工程仅把磨机的主轴承基础浇筑出来,而厂房的其他土建工程尚未进行。

(2) 磨机厂房和主轴承基础的土建工程都已施工完毕,厂房内两主轴承基础同一侧与厂房墙柱之间的距离大于磨机筒体直径,两侧门有障碍不能通过。

(3) 磨机厂房和主轴承基础的土建工程都已施工完毕,厂房内两主轴承基础同一侧与厂房墙柱之间的距离小于磨机筒体直径,两侧门有障碍,不能通过;但在其进料端基础所对应的大门有足够的空间使磨机穿过。

(4) 磨机厂房和主轴承基础的土建工程都已施工完毕,厂房内两主轴承基础同一侧与厂房墙柱之间

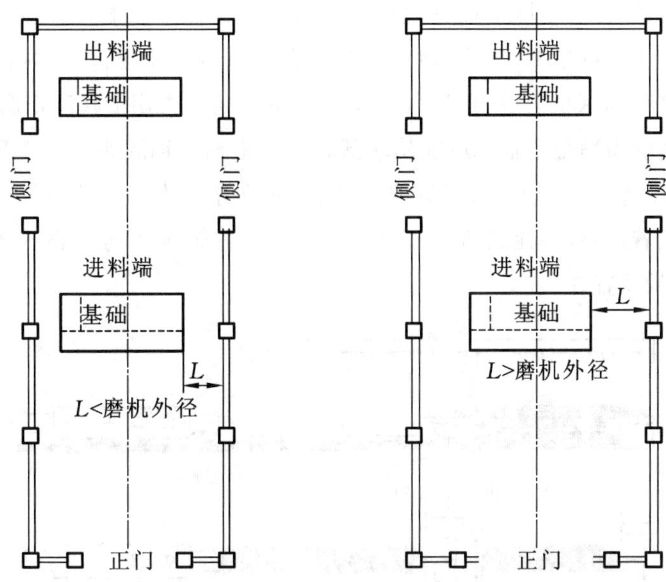

图 2.78 土建进度及厂房结构条件

的距离大于磨机筒体直径，其墙内、外及侧门都无障碍，而在进、出料端所对应的墙和正门障碍较多。

(5) 磨机厂房和主轴承基础的土建工程都已施工完毕，厂房内两主轴承基础同一侧与厂房墙柱之间的距离小于磨机筒体直径，其墙内、外都无障碍，而进、出料端所对应的墙和正门有障碍。

根据以上种种条件作出不同的进磨路线和进磨方案。

在(1)条件下，可有以下几种进磨形式：

① 如果已经将主轴承安装完毕(地脚螺栓已灌浆养护好)，又拥有大吨位吊车，就可以直接用吊车将磨机吊装就位；

② 在没有大吨位吊车的情况下可以采用滚动法或滚杠走排子法把磨机运到两主轴承的一侧，并使两空心轴的中心与两主轴承中心对齐摆好，见图 2.79 中位置 2；

③ 在没有大吨位吊车的情况下也可以用滚动法加走排子法把磨机运进两主轴承之间，使磨机轴线与基础轴线成一夹角摆好，见图 2.79 中位置 1。

在(2)条件下，可从磨房门外向磨房内顺着两基础一侧与厂房墙之间的空当铺设马道，采用走排子或滑移法将磨机运进基础附近，并使磨机空心轴横向中心与基础上主轴承的横向中心对齐摆好，见图 2.80 位置 3。

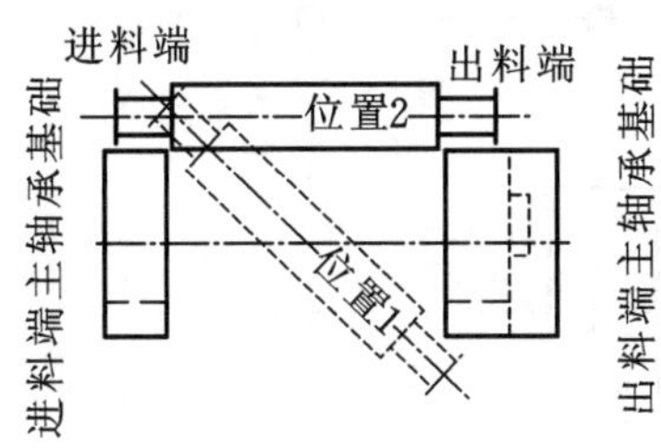

图 2.79 条件(1)进磨示意图

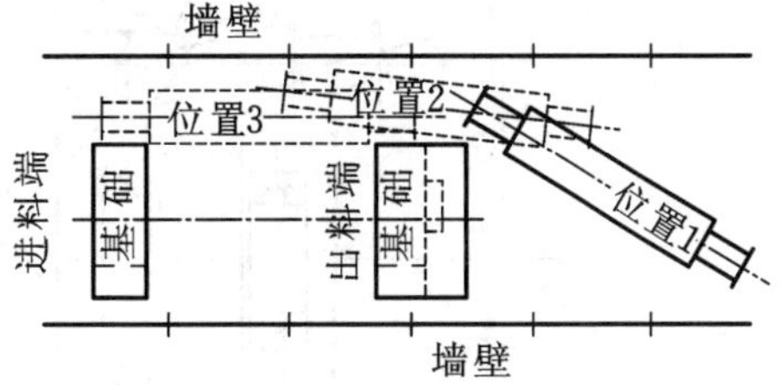

图 2.80 条件(2)进磨示意图

在(3)条件下，因为平行于两基础轴线基础两侧的墙外都有障碍，使磨机筒体不能垂直于基础轴线而运进厂房内；而两基础同一侧与墙柱之间的距离又小于磨机筒体直径，使得磨机不能在基础和墙之间的空当穿过，磨机只能顺着基础轴线，用滑移法或走滚杠将磨机运到进料端，然后将磨机抬高、升起(此时应当将钢板排子固定在磨机上)，当固定在磨机上的钢板排子底面高于基础上主轴承钢底座 300～400 mm 时停止起升，在磨机下沿磨机全长至基础搭设道木墩，在两主轴承基础之间的全长范围内搭设高度、宽度与磨机下面已敷设的一样规模的道木墩，在道木墩上摆好轨道，摆设在中间的 2～3 根轨道应靠紧，两边的均匀布置即可。在钢底座上方的轨道不允许搭头、接头，轨道必须整根跨过钢底座，搭落在两面的道木墩上，钢轨底面与钢底座之间要保证磨机落到钢轨上后仍有 100 mm 以上的距离。再用滑移法把磨机运到两主轴承基础上方，然后顶起磨机，顶起高度需满足主轴承座能从端部就位到主轴承钢底座上。在顶升过程中，当磨机离开钢板排子上的道木时，抽出排子上的道木，拆除钢板排子、钢轨等。随着磨机的顶升，将磨机筒体下的道木垛(靠近两基础的位置)跟着加高，并使磨机空心轴横向中心与主轴承横向中心对齐，摆放在磨机主轴承基础的上方。见图 2.81 中的位置 5。

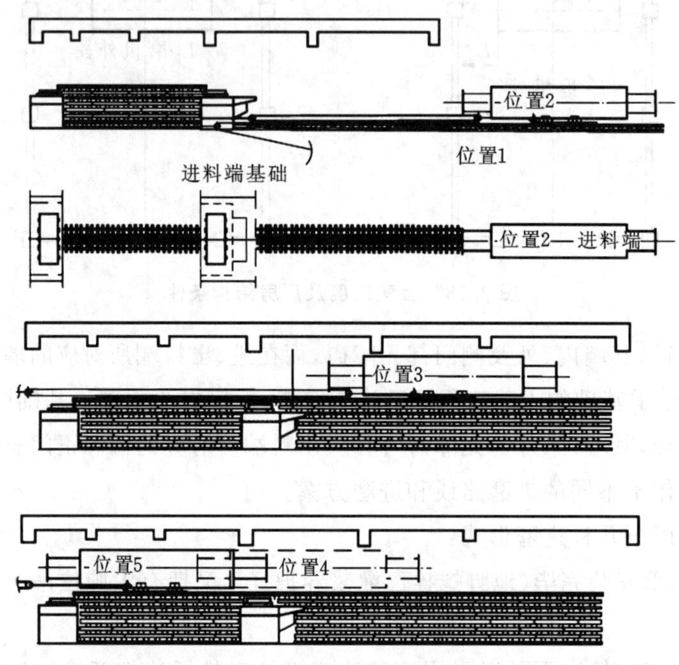

图 2.81　条件(3)进磨示意

在(4)条件下，由于大门堵死，磨机只能从侧面进入，可采用走排子法、钢板滑移法、“夺送”法以及“夺送”“滑移”混合法，把磨机运进厂房。因为(4)条件厂房内较宽，磨机运进厂房后可有两种摆放形式，一种是平行于基础轴线摆放在基础与墙之间，如图 2.82 和图 2.83 所示；另一种是磨机轴线与基础轴线成一夹角摆放在两主轴承基础之间，如图 2.84 所示。

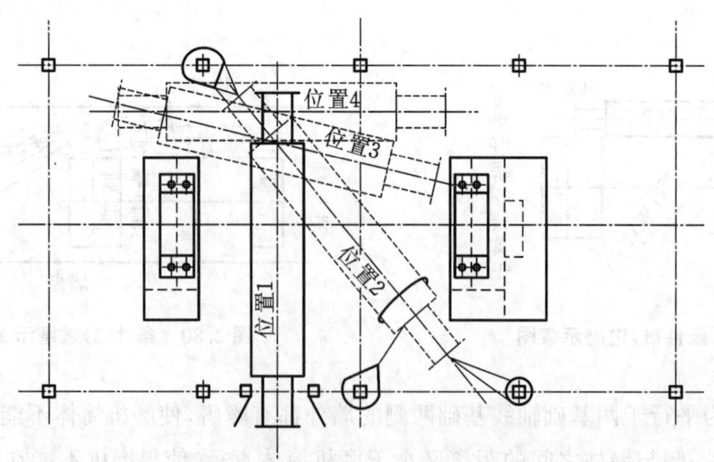

图 2.82　条件(4)进磨后初始磨机平行于基础轴线摆放的位置摆正示意图

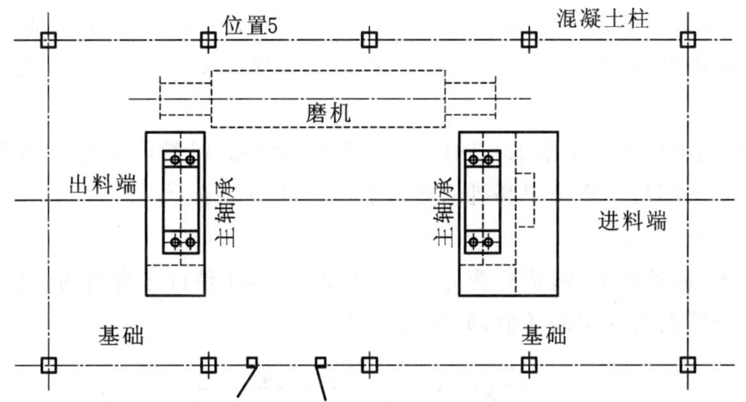

图 2.83　条件(4)进磨后磨机平行于基础轴线摆放的初始位置

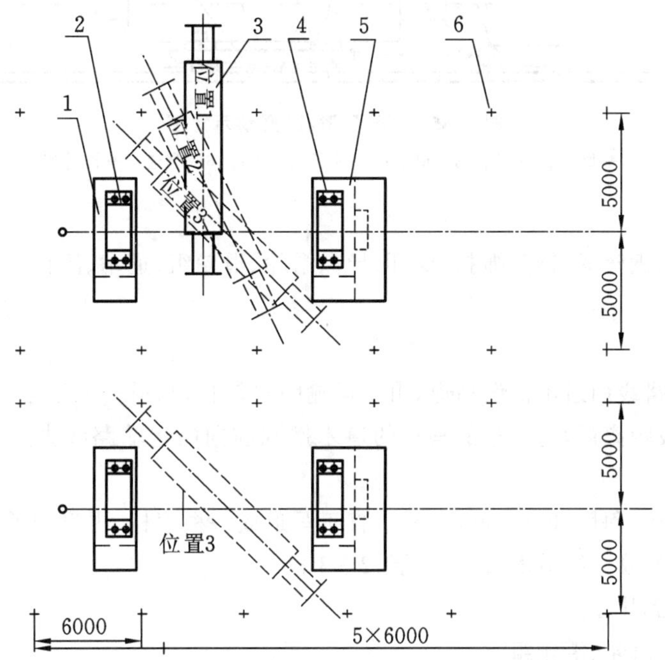

图 2.84　条件(4)进磨后磨机与基础轴线成夹角摆放

1—出料端主轴承基础；2—出料端主轴承；3—磨机；4—出料端主轴承；5—进料端主轴承基础；6—混凝土柱

在(5)条件下，由于大门堵死，也只能从侧面采用(4)条件下的办法把磨机运入厂房，但是由于基础与墙之间空当小于磨机筒体直径，所以只能把磨机与基础轴线呈一夹角摆放在两主轴承基础之间了，如图 2.84 所示。

2.122　安装磨机时，将磨机从堆场运到磨房附近有哪些方法

(1) 拖车搬运

在施工现场、设备堆场、道路等情况良好，适合大型运输车辆行驶的情况下，施工单位又具有大型运输机械和起重能力较大的吊车，采用这种方法是首选。这种方法操作简单、方便、快捷、安全。

① 工、机具：大型拖车(载重量大于等于磨机质量)、吊车(起重能力大于磨机质量)、钢丝绳、倒链、道木、楔子木等。

② 方法及其他：在设备堆场用吊车将磨机吊到拖车上，在磨机两侧沿长度方向首、尾各打两个楔子，再用钢丝绳和倒链封好车，防止磨机在拖车上滚动。当拖车开到磨机厂房附近后，用吊车可直接把磨机吊放到所需的位置。其形式有二：

其一，施工现场仅将磨机主轴承基础施工完毕，而厂房的土建结构尚未进行，此时吊车就可以直接把磨机吊放到主轴承基础附近；如果主轴承已安装完毕，地脚螺栓已灌浆养护结束，此时吊车就可以直接把磨机吊放到主轴承上。

其二，假设施工现场不仅磨机主轴承基础已施工完毕，而且磨机的厂房也已施工完毕。此时应当按着下一步进磨方向的要求用吊车直接把磨机从拖车上吊起放到排子上。

(2) "排子-滚杠"搬运

这是一个比较笨重、原始的方法，费时费力，劳动强度大，但却是行之有效的办法，至今在某些场合还在使用。适用于运输路线曲折狭窄的环境，如图 2.84 所示。

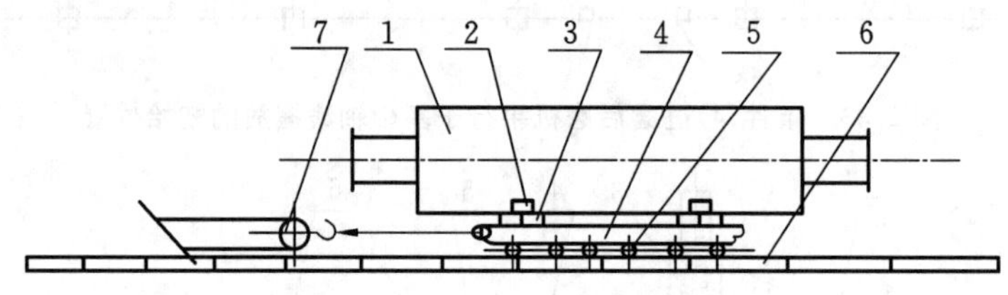

图 2.85 "排子-滚杠"搬动示意图

1—磨机；2—楔子；3—道木；4—排子；5—滚杠；6—马道；7—滑轮组

① 工、机具

卷扬机(或拖拉机)、钢丝绳、钢丝绳扣、卡环、导向滑轮、滑轮组、道木、滚杠、铁排子、楔子木、大锤、铁锹、镐等。

② 方法及其他

a. 按选定好的运输路线用道木搭设马道，由于运输距离较长，马道一般不会一下全部铺完，大多数只铺一段，在排子走过一段距离后，将走过的马道的道木搬到前向的运输路线去用，周而复始，直到完成这次运输。

b. 在马道起始处开始，每隔 300～800 mm 垂直于马道放一根滚杠，再将排子吊到滚杠上。

c. 在排子的两端上各放一组道木，每组一层，2～3 根。

d. 将磨机吊到或滚到排子上。

e. 固定卷扬机、导向滑轮、滑轮组。

f. 启动卷扬机或拖拉机，通过滑轮组牵动排子缓缓前进。

g. 在直道前进时要注意让所有滚杠都与马道相垂直，如有歪斜用大锤及时打正；在拐弯时，应当把弯道外侧露出的滚杠头全部向前打，等逐渐走直线时再逐渐打回来。

采用这种方法如果磨机厂房内工艺布置没有特殊情况，可以一气呵成，将磨机运进厂房内基础附近。

③ 采用"排子-滚杠"搬运的要求及注意事项

a. 走排子所用的滚道(马道)是由两组平行的分马道组成，两组分马道的标高基本一致；

b. 马道的高度尽量降低，一般只铺一层道木；

c. 每组分马道应铺两排道木，两排道木的接头不能在同一断面，应错开 1/3 道木长，接头要平稳过渡；

d. 筒体落上排子后，筒体的纵向中心应与两组分马道中心一致；

e. 分马道应比排子宽 300～400 mm；

f. 滚杠长度应比排子宽 400～500 mm；

g. 滚杠之间最小距离为 100 mm，一般为 300～800 mm；

h. 操作时由一人统一指挥；

i. 行进时，手脚要远离滚杠，以免压伤；

j. 添加摆放滚杠时要格外注意，以免压伤手指；

k. 拐弯时，先把前头的几根滚杠打斜(弯道外侧的滚杠头向行进方向打)然后再逐渐打后面的，不能只把前面的一两根打斜，其余的滚杠不管。

④“排子-滚杠”搬运的牵引力 P 计算

“排子-滚杠”搬运有两种形式：一种是平地搬运，另一种是坡道搬运。由于两种搬运形式存在坡角差异，所以牵引力的计算亦有所不同。

在采用“排子-滚杠”方法运输设备或采用“排子滑移”方法运输设备时，所需最大的牵引力都是在启动的一瞬间，所以只求出启动瞬间的牵引力即可。影响牵引力的因素有：设备及排子的重量，路面的性质、质量、坡度，排子的材质，滚杠的材质、直径等因素，同时也要考虑启动时的启动系数 $K_{启}$ 和种种因素促成的不均衡系数 $K_{不}$。

a. 平地采用“排子-滚杠”搬运的牵引力 P 计算(图 2.86)。

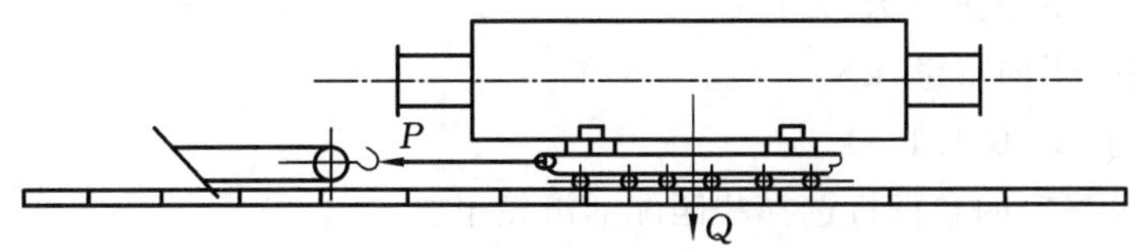

图 2.86　平地“排子-滚杠”的牵引力计算

$$\sum M = 0$$

$$Pd - K_{启} Q_{计}(e_1 + e_2) = 0$$

$$Q_{计} = K_{不} Q$$

得出公式：

$$P = \frac{K_{启} K_{不} Q(e_1 + e_2)}{d}$$

式中　P——牵引力，kN；

$K_{启}$——启动系数，取 2.5～5；钢滚杠与钢排子的启动系数为 1.5；钢滚杠与枕木的启动系数为 2.5；钢滚杠与地面的启动系数为 3～5；

d——滚杠外径，cm；

e_1——滚杠与钢排子的摩擦系数，0.05；

e_2——滚杠与道木的摩擦系数，0.10；

Q——设备及钢排子的重量，kN；

$K_{不}$——不均衡系数，取 1.1～1.3。

b. 坡道走“排子-滚杠”的牵引力 P 计算(图 2.87)。

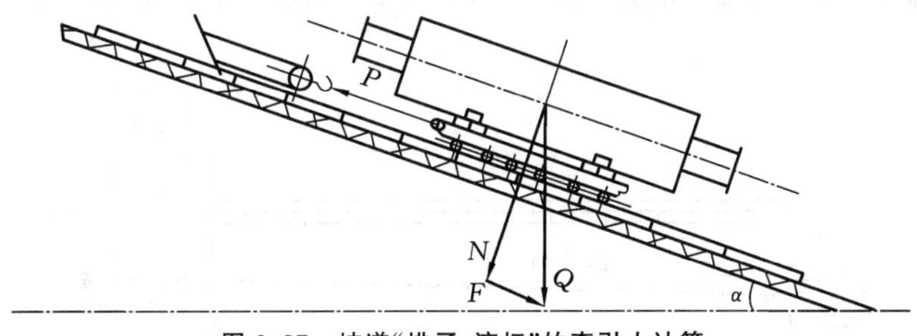

图 2.87　坡道“排子-滚杠”的牵引力计算

$$\sum M = 0$$

$$Pd - K_{启} K_{不}[Q\sin\alpha d + Q\cos\alpha(e_1 + e_2)] = 0$$

$$P = \frac{K_{启} K_{不} Q[\sin\alpha d + \cos\alpha(e_1 + e_2)]}{d}$$

$$P = \frac{K_{启} K_{不} Q\cos\alpha[\tan\alpha \cdot d + (e_1 + e_2)]}{d}$$

因为，这种运输形式坡度都很小，$\cos\alpha \approx 1$。

所以，得出公式：

$$P=\frac{K_{启}\ K_{不}\ Q[\tan\alpha\cdot d+(e_1+e_2)]}{d}$$

式中 P——牵引力，kN；

$K_{启}$——启动系数，取 2.5～5；钢滚杠与钢排子的启动系数为 1.5；钢滚杠与枕木的启动系数为 2.5；钢滚杠与地面的启动系数为 3～5；

d——滚杠外径，cm；

α——坡角；

e_1——滚杠与钢排子的摩擦系数，0.05；

e_2——滚杠与道木的摩擦系数，0.10；

Q——设备及钢排子的重量，kN；

$K_{不}$——不均衡系数，取 1.1～1.3。

再根据牵引力 P 及确定的卷扬机选择相匹配的滑轮组。

【例题】

某安装单位采用钢排子走滚杠的方法，将重 500 kN 的磨机筒体运进车间。已知：钢排子底面与滚杠接触宽度为 400 mm，滚杠选用厚壁无缝管 ϕ 100 mm×8 mm，滚道选用道木敷设，途中最大坡度 $\alpha=4°$，滚杠与钢排子的摩擦系数为 0.05，滚杠与道木的摩擦系数为 0.10，启动系数取 $K_{启}=2.5$，不均衡系数取 $K_{不}=1.3$。求：运输过程中的最大牵引力 P 及所用滚杠根数 n。

【解】

① 求牵引力 P：将已知数据代入公式

$$\begin{aligned}P&=\frac{K_{启}\ K_{不}\ Q[\tan\alpha\cdot d+(e_1+e_2)]}{d}\\&=\frac{2.5\times1.3\times500\times[\tan4°\times10+(0.05+0.1)]}{10}\\&=138(\text{kN})\end{aligned}$$

② 求滚杠根数 n

$$n\geqslant\frac{Q_j}{W_{钢管}B}=\frac{K_{动}\ K_{不}\ Q}{350d\times40}=\frac{1.1\times1.3\times500000}{350\times10\times40}=5.2(根)$$

取 $n=6$ 根。

得出：拖动钢排子所需要的最大牵引力为 138 kN；需要 6 根 100 mm×8 mm 的无缝钢管作滚杠。

③ 滚动搬运(图 2.88)

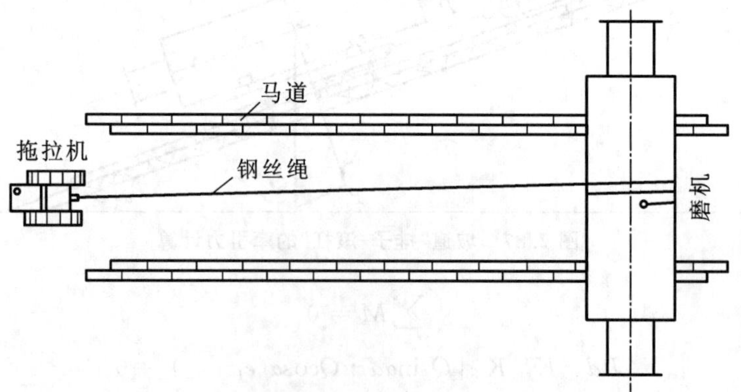

图 2.88　滚动搬运示意图

一般用来搬运圆管状筒体，在垂直于筒体的轴向敷设两排马道，两排马道间距为筒体长度的 1/2～3/5，且距筒体长度中心等距。

所谓滚动搬运，就是用钢丝绳缠在筒体上用卷扬机或拖拉机拉动钢丝绳使筒体滚动前进，达到搬运的目的。这种搬运的方法适用于搬运路线的场地较宽、较直、弯少。采用这种方法搬运，省时省力，操作简单,但需要场地条件较好。

① 工、机具

卷扬机或拖拉机、钢丝绳、道木、铁楔子(或厚 20 mm 以上,300 mm×500 mm 钢板)、木板、铁锹、黄油等。

② 方法与步骤

用钢丝绳在筒体的中部缠几圈,一端固定在筒体上,另一端与卷扬机或拖拉机相接,启动卷扬机或拖拉机,拖动筒体在敷设的两排马道上滚动,而将筒体搬运到磨机厂房附近。如果需要稍作拐弯,可把铁楔子斜面上涂一层油脂放到筒体的一端掩住筒体,继续开动卷扬机,由于筒体的一端被掩住,筒体被掩住的一端只能在铁楔子处打滑原地转动,而另一端则照常向前滚动,使筒体的轴线转动了一个角度,达到拐弯的目的。抽出铁楔子,继续滚磨。

③ 要求及注意事项

滚动搬运也需要铺设两排马道,以便筒体在马道上滚动,对马道的敷设要求如下:

a. 两马道标高基本一致,高差不得大于 100 mm,使磨体滚动时滚动轨迹易于控制;

b. 马道的高度越低越好,敷设一层道木可行的就不铺两层,只要保持两排马道标高基本一致就行;

c. 每排马道一般用 2~3 根道木铺成;

d. 两排马道之间的距离应为筒体长度的 1/2,两排马道应当在筒体(沿长度方向)的中间部位;

e. 同一排马道上道木的接头不可在同一断面上。

2.123 安装磨机时,如何将磨机从厂房附近运到厂房内基础侧 

(1) 排子搬运法

这种办法在上个问题"安装磨机时,将磨机从堆场运到磨房附近有哪些方法"中已经讲过,相同之处不再重复,仅对滚动搬运到车间厂房附近的磨机如何用排子搬运法进入车间作一下说明(图 2.89)。

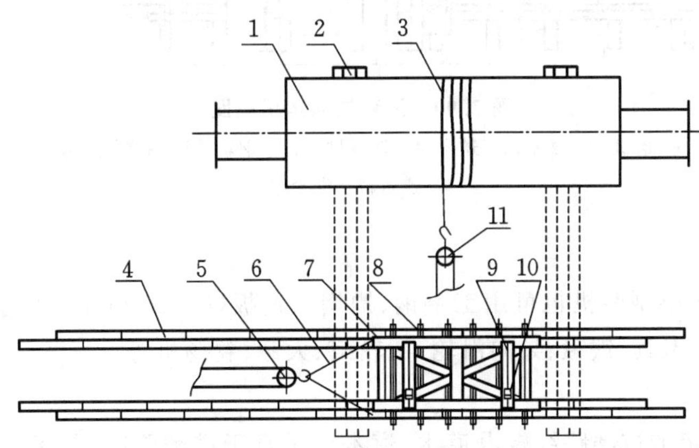

图 2.89 排子搬运法示意图

1—磨机;2—滚磨马道;3—钢丝绳;4—走排子的马道;5—牵引排子的滑轮组;6—绳扣;7—排子;8—滚杠;9—道木;10—楔子;11—滚磨滑轮组

① 要求

a. 进磨时必须考虑磨机进、出料端的方向,不可搞反。

b. 把磨机最终摆放在两主轴承基础一侧,且两空心轴横向中心应与磨机主轴承基础的钢底座横向中心大略对齐。

②工、机具

卷扬机、导向滑轮、滑轮组、钢丝绳、卡具、吊环、道木、滚杠、铁排子、木楔子、大锤、撬棍、铁锹等。

③方法与步骤(图 2.89)

a. 平整场地搭设马道：沿确定的磨机运进厂房的路线用道木敷设两排走滚杠用的马道 4；

b. 将钢滚杠 8 放在马道上，此时滚杠应垂直于马道横放，具体位置如图 2.88 所示；

c. 用吊车把钢排子 7 吊放到滚杠 8 上，再在钢排子 7 上摆设两组道木 9；

d. 敷设把磨机 1 滚到钢排子 7 上的马道 2，此马道 2 要高于已经在滚杠 8 上面的钢排子 7(含上面的一层道木)的高度；

e. 用卷扬机通过滚磨滑轮组 11 牵动磨机 1 转动，顺着马道 2 滚动到钢排子 7 上面的道木 9 上；

f. 用千斤顶将磨机 1 顶起，拆除滚磨马道 2；

g. 撤掉千斤顶，将磨机落到道木 9 上，再在磨机 1 的两侧打上木楔(如果有大起重吊车，可直接把磨机 1 吊到排子 7 上，而省去了滚磨及搭设滚磨的马道等工作)；

h. 启动卷扬机，钢排子 7 在滑轮组 5 的牵引下沿马道 4 缓缓前进，在直道前进时，要注意让所有滚杠都处在垂直于马道的状态，如有歪斜，应用大锤打正；如有滚杠从排子后面出来，应及时拿到排子前面放到马道上，让排子慢慢地把它压住，并带进排子与道木之间；在拐弯时，应将马道外侧露出的滚杠向前打，看到走直线时再打回来；

i. 运到位置后，用千斤顶顶起磨机，撤出排子、滚杠，拆掉马道。

(2) 采用滑移法搬运(图 2.90)

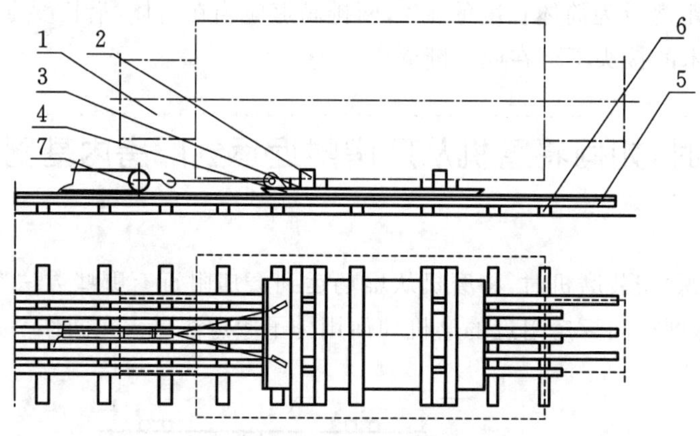

图 2.90 滑移法搬运示意图

1—磨机；2—楔木；3—道木；4—钢板排子；5—钢轨(或工字钢、槽钢)；
6—道木；7—滑轮组

① 工、机具

道木、轻型钢轨(对于小型磨机也可用工字钢、槽钢)、钢板($\delta>25$ mm)、扒钉、轨道压板、连接板、木板、木楔子、钢丝绳、索具、卡具、铁锹、导向滑轮、滑轮组、大锤、卷扬机等。

② 方法和步骤

a. 平整场地，按已确定的进磨路线敷设道木，道木应垂直于进磨路线，要求所有道木在同一标高上，可用砂石、木板进行调整，道木间隔 600～800 mm；

b. 在道木上摆设钢轨并在道轨上涂少量黄油；

c. 把钢板排子吊放到钢轨上，再在钢板排子上面前、后两端垂直于马道横放两组道木，每组一层，一层 2～3 根；

d. 搭设滚磨马道；

e. 在磨机上缠几圈钢丝绳，通过滑轮组与卷扬机相连；

f. 启动卷扬机，通过滑轮组牵动磨机沿马道向前滚动，滚到钢板排子上面的两组道木上；

g. 用千斤顶顶起磨机，拆除马道，再撤掉千斤顶，使磨机落到钢板排子上面的道木上，打紧楔子；

h. 启动卷扬机，通过滑轮组牵动钢板排子使磨机在轨道上向前滑行；

i. 拐弯时，可用倒链拽钢板排子的四个角(在钢板的四个角处可分别割孔，或焊上一弯钩)，调整钢板排子的方向，再继续滑行；

j. 到达位置后，用千斤顶顶起磨机，拆除排子、轨道等(如有大起重能力吊车，可直接将磨机吊到钢板排子上)。

③牵引力 P 的计算

这种采用拖动钢板排子在钢轨上滑行搬运构件的过程中，所需最大的牵引力，是在启动的瞬间，通过计算出的最大牵引力所选择的绳索、吊卡具、滑轮、卷扬机等起重运输机具是安全可靠的。

采用“排子滑移”法运输设备，牵引力受到平道与坡道的影响，计算方法略有差异。

a. 平道“排子滑移”法的牵引力 P 计算：

$$\sum P_x = 0$$

$$P - K_{启} Qf = 0$$

公式：

$$P = K_{启} Qf$$

式中 $K_{启}$——启动系数，取 2.5～5；

f——滑动摩擦系数：钢对钢无润滑为 0.15；钢对钢有润滑为 0.1～0.12。

b. 坡道“排子滑移”法的牵引力 P 计算：

以斜坡为 x 轴

$$\sum P_x = 0$$

$$P - K_{启} Q(\sin\alpha + f\cos\alpha) = 0$$

公式：

$$P = K_{启} Q\cos\alpha(\tan\alpha + f)$$

式中 Q——设备及钢板排子重量，kN；

P——牵引力，kN；

α——坡角，°。

滑移法的特点：节省材料，损耗小，钢轨、钢板排子用后还可使用，道木损耗也少，省时、省力、安全。但不便于长距离运输。

注意：磨机在装上排子时必须注意进、出料端的方向，不可搞反。

(3) 采用“钓夺法”将磨机运进车间

① 工具

吊车(应具备能吊起磨机 2/3 重量的能力)、卷扬机、导向滑轮、滑轮组、钢丝绳、绳扣、卡具、扳手等。

②方法

a. 在车间厂房内于进磨方向路线上的梁和柱子上从前向后依次准备吊点(3 处为好)挂好绳索。

b. 用最前边的吊点挂好滑轮组，然后拴好磨机靠近厂房的一端，磨机的另一端亦拴好绳扣由吊车吊起。此时吊车的吊钩与其吊点连线应当向厂房内倾斜。

c. 启动卷扬机和吊车慢慢起升，由于水平分力的作用使磨机向厂房内移动。当滑轮组与其吊点、吊车吊钩与其吊点的连线都垂直于水平线时，应当松下吊钩和滑轮组。

d. 将磨机上的吊点向后移(厂房外的方向)再挂上吊钩和滑轮组，进行新的一轮起吊，直至磨机大部分进入了厂房内。

e. 用厂房内已准备的吊点拴好滑轮组，采用上述办法斜吊磨机，使磨机吊移到位(图 2.91)。

在采用此种办法时，磨机下面最好放一些滚杠，或者放一钢板，钢板和磨机之间垫一层木板，钢板下面再放一些钢球和槽钢之类，如果在磨机正前方再配合一台卷扬机牵引，效果会更好。

这种办法在施工现场是经常采用的，但是应当首先核算厂房的梁柱的承受能力，如果结构设计承载能力不足，就不能贸然行事。

③ 其他方法

设备的搬运、吊装方法很多，只不过被条件所限，有些方法不常用而已。精明的施工人员都能因时、因地制宜，制定出最佳的施工方案，如：某厂四台原料磨从厂房外运进厂房并直接就位到主轴承上，就是

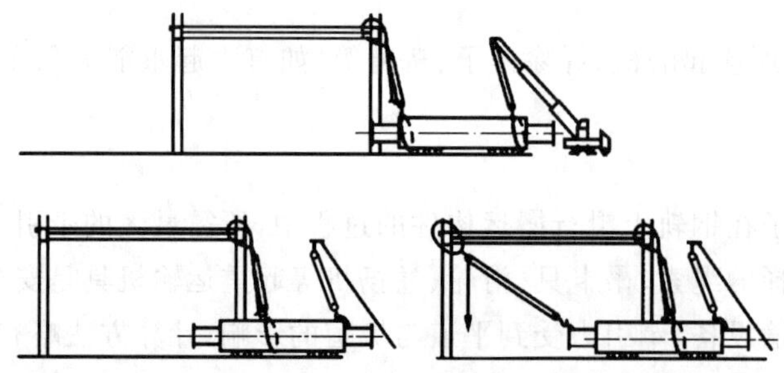

图 2.91 “钩夺法”示意图

根据现场的条件巧妙地利用了龙门吊架的行走机构，仅半个月的时间就将 4 台 ϕ 3.5 m×10 m 的磨机搬运就位。

2.124 安装磨机时，顶、落磨应注意哪些事项 

(1) 千斤顶的中心必须与磨机中心对正。

(2) 千斤顶不应直接顶在磨机上，应通过一弧度与磨机筒体外径一致的胎具顶在磨机上，且在胎具的弧面与磨机之间放薄木片，在胎具与千斤顶之间放置木板，防止滑动。

(3) 千斤顶与道木之间放一块厚大于 25 mm、长 500～600 mm、宽大于 400 mm 的钢板。

(4) 顶、落磨时，两端不可同时进行，应当先顶起一端，铺上一两层道木（或撤掉一两层道木），打紧木楔，再顶起另一端……铺上或撤掉道木后打紧木楔，回掉千斤顶，做好下一轮的准备。再顶另一端……周而复始。

(5) 顶、落磨时一次不可行程过大，一般应当控制在 1～2 层道木的高度。

2.125 安装磨机时，起升磨机有何方法 

(1) 吊车吊起的办法

在条件具备的情况下这是最好的方案。其施工条件是：

① 土建工程仅把两个主轴承基础浇筑完毕，而其他土建工程尚未进行。

② 有起重能力相适应的大型吊车。

(2) 卷扬机吊起的办法

用卷扬机通过挂在厂房建筑物上的滑轮组直接将磨机吊起（一般采用四套滑轮组，靠近磨机的进、出料端各两套）。其中必须注意的是：确定作为吊点悬挂滑轮组的建筑物（梁、柱）应通过设计部门核算，如能达到强度要求，还应得到厂方的允许。

(3) 千斤顶顶升的办法

在磨机的两端各架设一个千斤顶，先将一端顶起敷设一层道木，再顶起另一端敷设一层道木，然后再进行新一轮的磨机顶起及新一轮的道木敷设，周而复始，直至达到高度要求。这种办法劳动强度大，效率低。

(4) 磨机往复滚动攀升的办法

如图 2.92 所示，用道木搭设 10%～15% 的坡道，用卷扬机通过滑轮组拽动磨机从坡道的下端向坡道的上端滚动，滚到极限位置时，为防止磨机向回滚动，在磨机与坡道之间用楔木掩好，松掉滑轮组，在磨机上反方向缠绕钢丝绳重挂滑轮组，再以此时磨机的高度为起点向原坡道的反方向搭设 10%～15% 坡度的坡道，然后用卷扬机通过滑轮组拽动磨机沿着新搭的坡道向上滚动，周而复始。每从低端沿坡道滚到高端磨机就上升一定的高度。这种办法要求磨机往复滚动的现场内不得存在任何障碍。

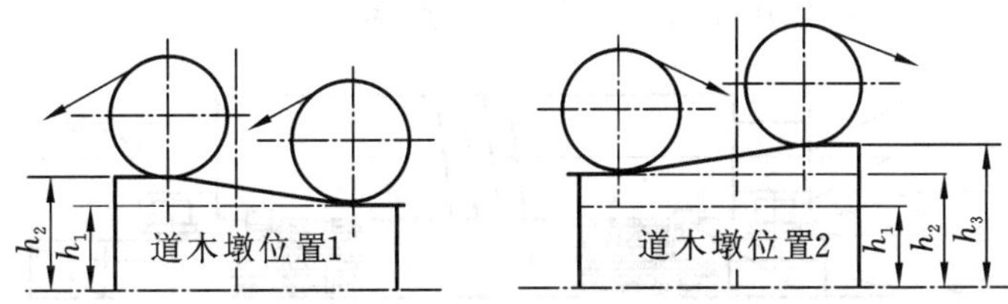

图 2.92　磨机往复滚动攀升示意图

(5) 采用"压翘"法提升磨机

如图 2.93 所示，用吊车或卷扬机吊起磨机的一端，先在磨机下筒体重心对应处，平行于磨机轴线摆一层道木，再在超过磨机重心约 200 mm 处(从吊车或卷扬机侧量起)的第一层道木上面，垂直于磨机轴线放一根道木起支点作用。慢慢松吊钩，由于起支点作用的道木的存在，在力矩的作用下被吊起的一端下沉而将另一端翘起，此时在磨机翘起一端的下面敷设两层纵横交错的道木并在磨机两侧打上木楔。再用吊车吊起磨机，在磨机下中心位置的原道木墩上亦纵横交错敷设两层道木，并在超过磨机重心约 200 mm 处(同上一样)放一根道木，然后慢慢松吊钩进行新一轮工作。周而复始，直至达到要求。

采用这种办法必须注意以下几点：

① 操作的平稳性；

② 吊钩松到最低点时，吊钩必须保持工作状态，不可处于不受力状态；

③ 为防止磨机转动，在磨机被翘起一端的两侧各用倒链拉住。

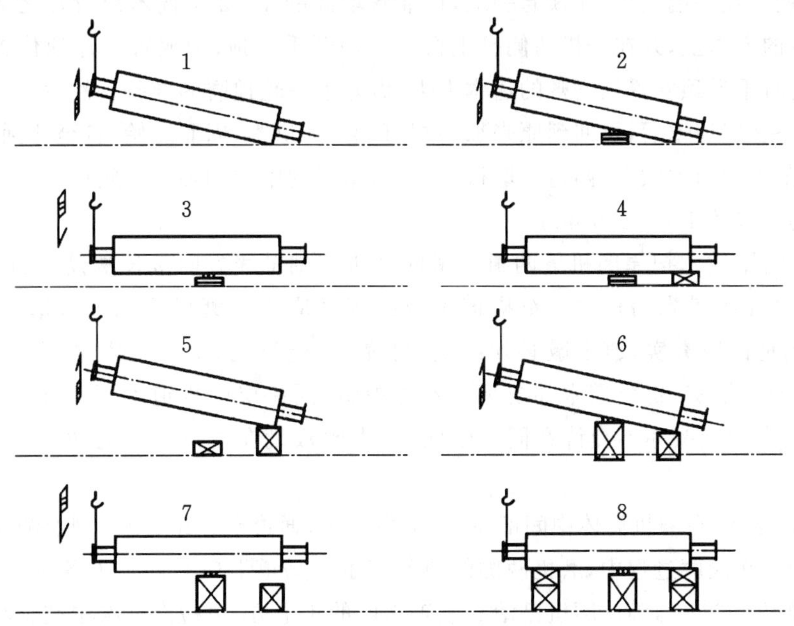

图 2.93　"压翘"法提升磨机示意图

2.126　安装磨机时，磨机就位方式有几种

磨机运进厂房后一般呈三种形式摆放：

① 磨机摆放在两座主轴承基础的一侧，磨机轴线与两主轴承基础的轴线相平行；

② 磨机摆放在两主轴承基础之间，磨机轴线与两基础轴线呈一夹角；

③ 磨机在两主轴承基础的上方，磨机轴线与两基础轴线平行，铅垂方向两轴线相重合。

(1) 在两主轴承基础侧面的磨机用千斤顶就位的方法(图 2.94)

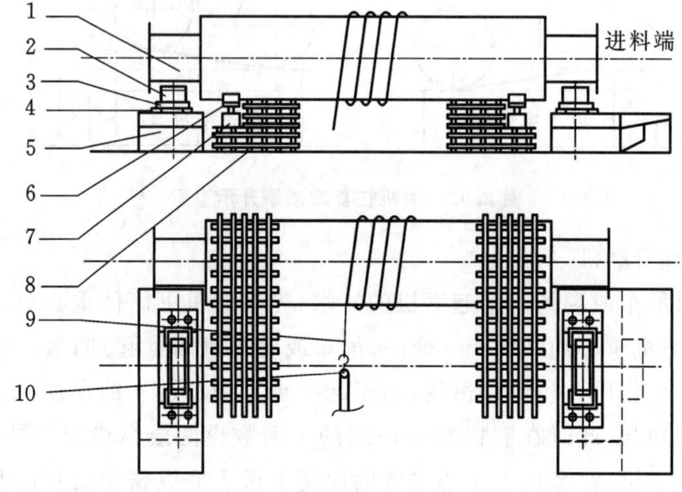

图 2.94 千斤顶就位法示意

1—磨机;2—主轴承座;3—钢底座;4—垫铁;5—基础;6—元宝铁(顶胎);
7—千斤顶;8—道木墩;9—钢丝绳;10—滑轮组

① 将磨机摆正,使出料端中空轴轴颈横向中心与出料端主轴承球面瓦横向中心对齐。

② 用千斤顶、枕木等将磨机顶起,顶升磨机时,每次顶升的高度不宜太高,太高则稳定性不好,但亦不宜太低,一般以能敷设 1～2 层道木为好(道木规格采用 160 mm×200 mm×2500 mm),顶升磨机不允许两端同时顶,只能一端一端地顶,先顶起一端,把准备增高的 1～2 层枕木敷设好之后,回掉千斤顶,让磨机落在增加敷设的道木上,并在磨机两侧打上楔子。搬开千斤顶,把放置千斤顶位置的下面相应地增敷 1～2 层道木,再将千斤顶安置到增敷的道木上去,做好下一轮顶磨的准备。然后,再顶另一端,方法同上将道木墩增加 1～2 层道木后,再回到原来那一端,顶磨,加道木,周而复始,直至达到所要求的高度,撤下千斤顶,使磨机落到两道木墩上,两道木墩被压实后,磨机的中空轴轴颈下底点应高于已安装在基础上的主轴承座壳体的上法兰 150～200 mm。

③ 敷设道木墩:用道木把原磨机下两道木墩向磨机基础轴线方向接长敷设,敷设完的道木墩应越过基础轴线 1/2～3/4 根道木的长度。新搭道木墩的高度应当与磨机下面没被磨机压实时的道木墩高度一致。厂房内地面应夯实,道木墩必须结实、可靠、不能晃动,上下道木之间必须贴紧,不能有缝隙,如有缝隙可用薄板垫实,每层道木都要平整不可歪斜,同一层两排道木不可在同一断面接头,隔层的两层同方向的道木的接头亦不允许在同一断面,道木墩敷设在磨机筒体的两端,但应留出顶磨千斤顶操作的位置。

④ 滚磨:用钢丝绳缠在磨机筒体中间部位,开动卷扬机,通过滑轮组,拽动钢丝绳将磨机沿着新接长的道木墩马道滚动。在滚磨过程中,磨机两侧的两条道木墩马道上应有四个人各拿一木楔,随时给磨打楔子,以防意外,确保安全。当确认磨机已滚到主轴承座的正上方,再检查一次中空轴轴颈的横向中心线是否与主轴承球面瓦的横向中心线对正对齐,如没对齐,测出窜量,来回滚动磨机筒体将其调正。如磨机还需向进料端方向窜动,先将进料端筒体用楔铁掩住,再在出料端筒体上缠钢丝绳,用卷扬机牵引筒体滚动,出料端一边滚动自转一边以楔铁为轴心划出弧形轨迹,当轨迹在轴向的位移与测出的窜量一致时,停止滚磨(此时磨机轴线与基础轴线呈一夹角)。然后把木楔取下拿到对称的一端(出料端)掩住筒体,将钢丝绳也换到另一端(进料端),用卷扬机牵引滚动筒体,当磨机轴线滚到与基础轴线平行时停止滚磨,磨机整体向进料端方向移动了一段距离,在磨筒体两端的两侧打紧楔子,测量核实磨机移动的距离是否满足要求,通过测量认为可以满足要求,去掉楔子,把磨滚到主轴承座正上方,再打上楔子准备落磨。如通过测量认为仍不能满足要求,就进行新一轮的操作,方法相同,直至达到要求为止。为便于操作,可在磨筒体两端各放一块钢板,楔子用钢板制作,其斜面上涂黄油。

注意：当磨机轴线与基础轴线相平行时，如果需要向哪个方向窜动，就先把哪个方向揳住，不要搞反。

④ 落磨：在落磨前仔细检查清理轴承座球面瓦及中空轴。

步骤：

a. 在筒体两端，两个马道墩的外侧搭设两个落磨时支持千斤顶的道木墩，其道木墩纵向中心应在磨机轴线上。

b. 两道木墩上各放一千斤顶，千斤顶上各放一“元宝铁”，在千斤顶与“元宝铁”，“元宝铁”与筒体间都均匀地放上薄木片，以防滑动。元宝铁用钢板制造，外形尺寸及钢板的厚度与磨机的外形尺寸、质量有关。一般在顶升中小型磨机时所用的元宝铁的尺寸为：宽 200 mm、长 350 mm、高 140 mm，顶面呈弧形，曲率与筒体外圆相同，如图 2.95 所示。

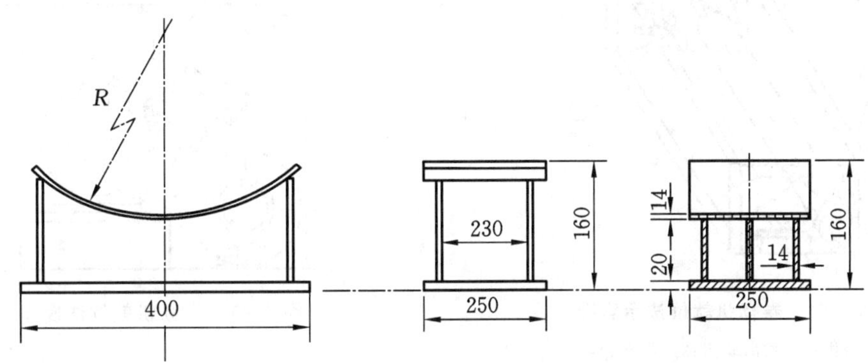

图 2.95 元宝铁外形图

c. 用千斤顶先将出料端顶起，当用手能将这一端最上边 1～2 层的道木抽出时，就停止顶升，抽出 1～2 层道木后，降下千斤顶使出料端筒体落实到道木墩上，在筒体两侧打紧楔木。搬开千斤顶，撤去千斤顶下面的 1～2 层道木，重新安置千斤顶。此时进料端的道木墩上磨机筒体两侧的楔木必须揳牢，再用千斤顶将进料端筒体顶起，顶到能抽动最上一层道木为止，抽掉 1～2 层道木，落下千斤顶，使进料端筒体落到道木墩上，打紧楔木，再进行下一循环，周而复始。

d. 当中空轴落入瓦口时用倒链把球面瓦吊起抱在中空轴上，再继续按 c 所述落磨。

e. 快到位置时，要严格关注磨机筒体的位置，尤其是出料端的位置，先使出料端落到位，然后再将进料端落到位。

f. 摘去倒链，撤掉千斤顶、道木墩等。

g. 落磨要一端一端地进行，先从一端降下 1～2 层道木，然后再从另一端降下 1～2 层道木，周而复始地进行，不能两端同时落，每端每次下降的幅度不宜太多，一般 1～2 层道木。

(2) 摆放在两主轴承基础一侧的磨机，用卷扬机就位方法

选择这种方法使磨机就位，一般是把滑轮组拴在建筑物上一层的梁或柱子上，为了安全必须经土建工程技术人员认真核算其梁或柱子的承载能力，只有承载能力允许才可实施此方案，由于各处的梁柱设计并不完全一样，内部的配置更不同，仅从外观是很难确定它们的承载能力的，所以不允许仅凭主观臆断，图省事擅自决定采用此方案。

由于磨机进入厂房后是放置在两主轴承基础的一侧，就位时须先将磨机垂直吊起适当高度后，才能把磨机“夺”到主轴承基础轴线的上方，所以一般采用四套滑轮组进行作业。其中：两套布置在靠近墙的梁柱一侧，筒体的两端各一套，为乙组滑轮组；另外两套布置在基础轴线正上方的梁上，也是在进、出料端各一套，为甲组滑轮组。

① 使用工具

卷扬机、滑轮组、滑轮、钢丝绳、吊环、索具、绳扣、倒链等。

② 方法步骤(图 2.96)。

a. 确定滑轮组的悬挂点位置,确定磨机的吊点位置(图 2.96)。设:靠墙一侧的"一"、"二"两套滑轮组为乙组滑轮组,其中,"一"滑轮组布置在出料端一侧,"二"滑轮组布置在进料端一侧。"三"、"四"两套滑轮组为甲组滑轮组,悬挂在基础轴线的正上方,其中,"三"滑轮组布置在出料一侧,"四"滑轮组布置在进料一侧。

b. 四台卷扬机同时工作将磨机吊起,此时以靠近墙一侧的两套滑轮组为主,以基础轴线上悬挂的滑轮组为辅。辅滑轮组虽然也有起升作用,但更重要的是向内夺,不使磨机碰墙和柱子,如图 2.97 所示。

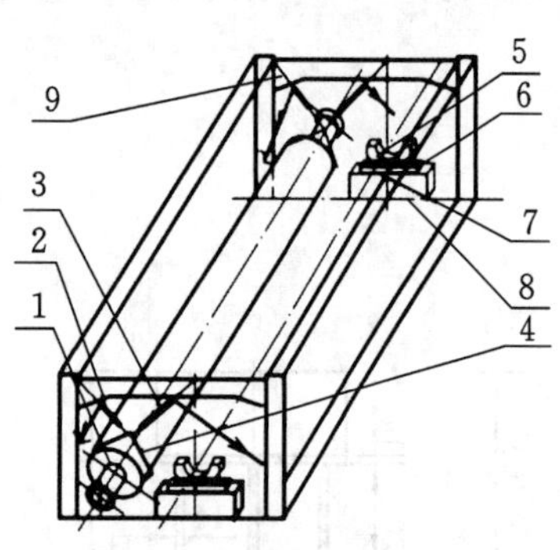

图 2.96　卷扬机就位法示意图

1—磨机;2—乙滑轮组;3—甲滑轮组;
4—吊点索具;5—主轴承座;
6—钢底座;7—垫铁;8—基础;9—拴挂点索具

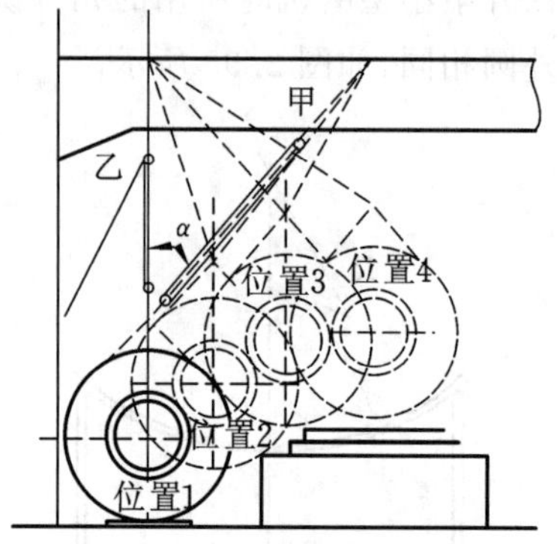

图 2.97　卷扬机就位法操作

c. 当起升到一定高度后,继续起升甲滑轮组,乙滑轮组慢慢松钩,乙滑轮组松钩的原则是磨机不与基础或基础上的主轴承座相碰撞。当乙滑轮组松到不受力时,磨机已被甲滑轮组吊到两主轴承座的上方,拆除乙滑轮组;同时清理空心轴上的灰尘及杂物。

d. 在瓦上涂少量黄甘油,用事先准备好的倒链将主轴承座内的球面瓦吊起与空心轴捆在一起。

e. 回落甲滑轮组,当快要到位时,暂停回落,仔细检查出料端轴颈与轴承座的横向中心是否对齐。如有偏差,可用倒链在轴向调整,直至无误。在球面座上涂少量黄油,先将出料端落实,再回落进料端滑轮组把进料端落实。

注意:无论起升或回落,前、后(进、出料端)两套甲滑轮组要保持同步(两套乙滑轮组也一样),使磨机筒体进、出料端保持起升或降落同步,保持同一高度(上面步骤 e 不在此列)。

在磨机起吊前,再一次检查或清理轴承座内及球面瓦,确认清洁无杂物后,用白布或塑料布把轴承座盖好。

③ 起重机具的选用(图 2.98)

a. 确定甲、乙滑轮组承受的最大载荷

磨机刚刚吊起时,磨机的全部负荷由进、出料端的两套乙滑轮组承担;而两套甲滑轮组不受任何力,此时乙滑轮组受力最大。磨机吊起一定高度后,甲滑轮组向基础方向吊夺磨机,甲滑轮组受力逐渐增大,在不碰撞基础和主轴承座的前提下,逐渐松掉乙滑轮组,当乙滑轮组全部松掉不受力时,磨机的全部负荷由两套甲滑轮组承担,此时两套甲滑轮组受力最大。

无论是乙滑轮组或甲滑轮组,在一定的时间内都会出现单独承担磨机的全部负荷的现象,所以甲、乙滑轮组所受最大的力是相等的,即:$P_1=P_3$,$P_2=P_4$。

根据吊点的位置、磨机的重量,可利用力矩平衡法求出两吊点处的反力:P_1、P_2。先求出载荷的计算重量 Q_J:

$$Q_J=K_1Q$$

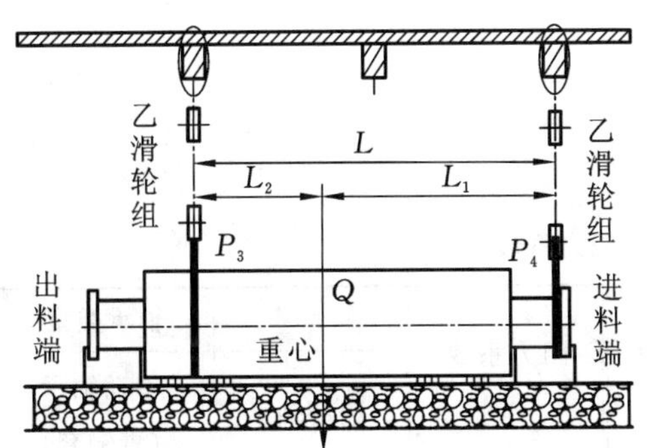

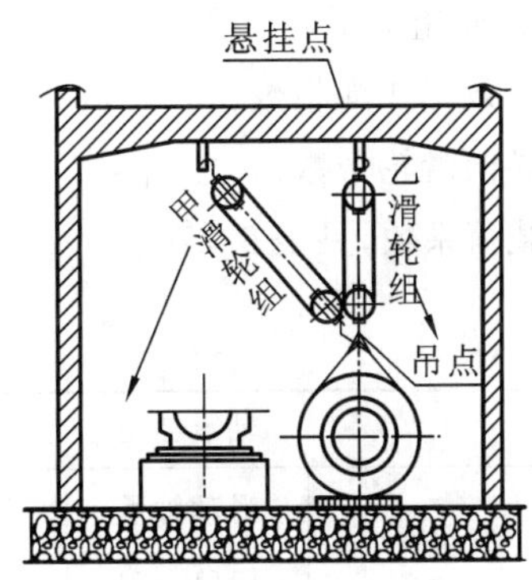

图 2.98 滑轮组受力分析

根据

$$\sum M_{进}=0$$

有：

$$P_1L-Q_J L_1=0$$

整理得到：

$$P_1=\frac{Q_J L_1}{L}$$

根据

$$\sum M_{出}=0$$

有：

$$P_2L-Q_J L_2=0$$

整理得到：

$$P_2=\frac{Q_J L_2}{L}$$

式中 Q——磨机重量，kN；

K_1——动载荷系数，一般取 1.1；

L——磨机出料端吊点至进料端吊点的距离，m；

L_1——磨机轴向重心至进料端吊点的距离，m；

L_2——磨机轴向重心至出料端吊点的距离，m；

Q_J——磨机计算重量，kN；

P_1——出料端吊点处的反力，kN；

P_2——进料端吊点处的反力，kN。

根据以上计算得出的各滑轮组所承担的最大载荷，选择确定各滑轮组。然后，依据现有卷扬机的起重能力选择滑轮组滑轮轮数 m，或依据现有滑轮组的滑轮个数选择牵引能力相匹配的卷扬机。

然后，按下列公式计算引出绳拉力 S。

b. 计算各滑轮组的引出绳拉力 S：

$$S=P\mu^m\mu^k\frac{\mu-1}{\mu^n-1}=P\alpha$$

式中 S——滑轮组引出绳拉力，kN；

P——工作时各滑轮组的最大载拉力，kN；

μ——阻力系数，查表 2.26；

m——滑轮组的滑轮个数；

n——有效工作绳根数；

k——导向滑轮个数；

α——载荷系数，见表 2.27。

表 2.26 阻力系数 μ

阻力系数 μ	轴承类型			阻力系数 μ	轴承类型		
	滚动轴承	滑动轴承（青铜套）	滑动轴承（无套）		滚动轴承	滑动轴承（青铜套）	滑动轴承（无套）
μ^0	1.000	1.000	1.000	μ^{12}	1.268	1.601	—
μ^1	1.020	1.040	1.060	μ^{13}	1.294	1.665	—
μ^2	1.040	1.082	1.124	μ^{14}	1.319	1.732	—
μ^3	1.061	1.025	1.191	μ^{15}	1.345	2.800	—
μ^4	1.082	1.170	1.262	μ^{16}	1.370	2.860	—
μ^5	1.104	1.217	1.338	μ^{17}	1.395	2.948	—
μ^6	1.126	1.265	1.418	μ^{18}	1.420	2.000	—
μ^7	1.149	1.306	1.504	μ^{19}	1.450	2.040	—
μ^8	1.172	1.368	1.594	μ^{20}	1.475	2.160	—
μ^9	1.195	1.423	1.689	μ^{21}	1.500	2.240	—
μ^{10}	1.219	1.480	1.791	μ^{22}	1.530	2.320	—
μ^{11}	1.243	1.539	—				

表 2.27 载荷系数 α

工作绳数	定、动滑轮个数总和	导向滑轮						
		0	1	2	3	4	5	6
1	0	1.000	1.040	1.032	1.125	1.170	1.217	1.265
2	1	0.507	0.527	0.549	0.571	0.594	0.617	0.642
3	2	0.346	0.360	0.375	0.390	0.405	0.421	0.438
4	3	0.265	0.276	0.287	0.298	0.310	0.323	0.335
5	4	0.215	0.225	0.234	0.243	0.253	0.263	0.303
6	5	0.187	0.191	0.199	0.207	0.215	0.244	0.274
7	6	0.160	0.165	0.173	0.180	0.187	0.195	0.203
8	7	0.143	0.149	0.155	0.161	0.167	0.174	0.181
9	8	0.139	0.134	0.140	0.145	0.151	0.157	0.163
10	9	0.119	0.124	0.129	0.134	0.139	0.145	0.151
11	10	0.110	0.114	0.119	0.124	0.129	0.134	0.139
12	11	0.102	0.106	0.111	0.115	0.119	0.124	0.129

续表 2.27

工作绳数	定、动滑轮个数总和	导向滑轮						
		0	1	2	3	4	5	6
13	12	0.096	0.099	0.104	0.108	0.112	0.117	0.121
14	13	0.091	0.094	0.098	0.102	0.106	0.111	0.115
15	14	0.087	0.090	0.090	0.091	0.100	0.102	0.108
16	15	0.084	0.086	0.083	0.083	0.095	0.100	0.104

注：表中的工作绳数以进、出动滑轮绳数计算的，一般跑绳由定滑轮绕出，在计算时应在导向滑轮数量上再加 1，这样定、动滑轮总数 m 等于工作绳数 n。

c. 计算各引出绳的破断拉力 S_p

$$S_p = KS$$

式中　S_p——破断拉力，kN；

S——引出绳拉力，kN；

K——安全系数，查表 2.28。

表 2.28　安全系数 K

起重机类型	使用范围		安全系数 K
各类起重机(缆索式除外)及卷扬机	手动		4.5
	机械传动	轻型	5.0
		中型	5.5
		重型	6.0
1 t 以下手动卷扬机			4.0
缆索式起重机	承重绳		3.5
其他用途钢丝绳	运输热金属，易燃、易爆品		6.0
	捆绑设备		6.0
	缆风绳		3.0
	吊装绳扣		6.0～10.0

d. 确定卷扬机用钢丝绳的规格及用量

【例题】　某水泥厂扩建一条水泥生产线，方案选用四套滑轮组将 ϕ 3 m×11 m 水泥磨磨机的回转部分(不含隔仓板、篦板及衬板)吊装就位。每套滑轮组的引出绳都是通过一个导向滑轮缠绕在卷扬机滚筒上。每台卷扬机的起重能力为 50 kN。方案中磨机在车间内摆放的位置及吊点位置、悬挂点位置如图 2.99 所示。

已知条件：磨机回转部分自重 Q=420 kN，取 $K_{动}$=1.1；吊点间、吊点与重心间的距离 L=11.8 m，L_1=5 m，L_2=6.8 m；导向滑轮个数 k=1，$K_{安}$=3.5～5.5。选择滑轮组，确定动、定滑轮个数；确定滑轮组使用钢丝绳的规格。

【解】　求出各滑轮组的最大作用力 P_1、P_2、P_3、P_4：

$$\sum M_A = 0$$

$$P_2 L - K_{动} Q L_1 = 0$$

$$P_2 = K_{动} \frac{QL_1}{L}$$

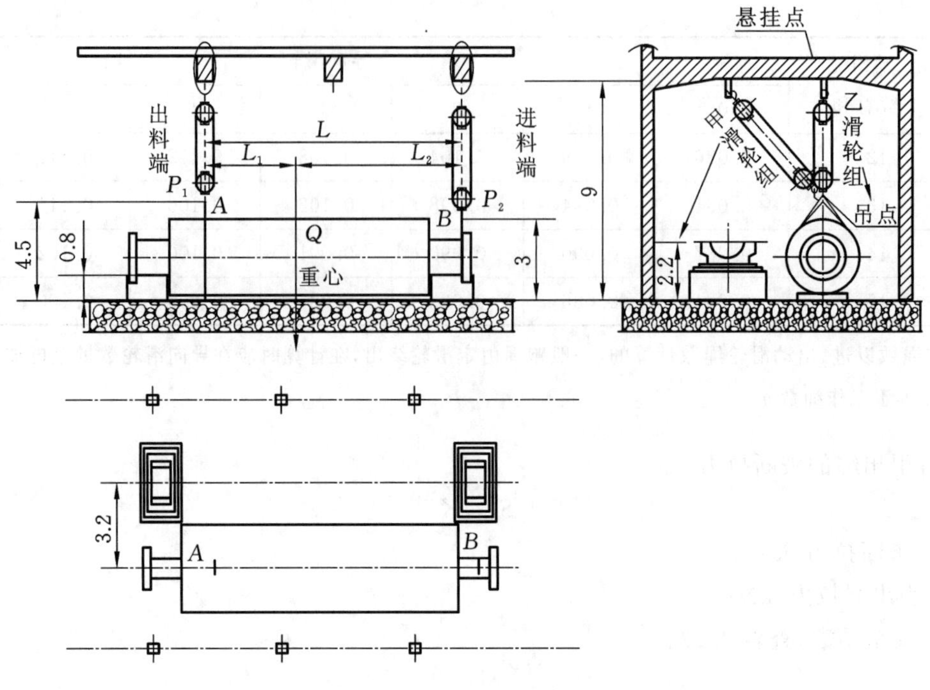

图 2.99　例题图示

$$P_2 = P_4 = K_{动}\frac{QL_1}{L} = 1.1\times\frac{420\times 5}{11.8} = 196(\text{kN})$$

$$\sum M_B = 0$$

$$P_1 L - K_{动}\ QL_2 = 0$$

$$P_1 = K_{动}\frac{QL_2}{L}$$

$$P_1 = P_3 = K_{动}\frac{QL_2}{L} = 1.1\times\frac{420\times 6.8}{11.8} = 266(\text{kN})$$

查表选择滑轮组：

"一"、"三"两套，每套选择型号为 H32×4D 的滑轮组，由 4 个动滑轮、3 个定滑轮组成。起重能力为 320 kN，大于 266 kN；

"二"、"四"两套，每套选择型号为 H20×4D 的滑轮组，为了在吊装作业时，使同一台磨机进、出料端的起升或回落速度同步，利于操作，同样选择 4 个动滑轮和 3 个定滑轮的滑轮组。起重能力为 200 kN，大于 196 kN。

选择钢丝绳：

计算引出绳拉力 S 和破断拉力 S_p，其中：S_1 与 S_3 相同，S_2 与 S_4 相同。

$$S_1 = S_3 = P_{J1}\mu^m\mu^k\ \frac{\mu-1}{\mu^n-1}$$

式中　所用滑轮为青铜套滑动轴承，阻力系数 $\mu=1.04$；

定动滑轮个数 $m=8$；

导向滑轮个数 $k=1$；

有效承载绳数 $n=8$。

查表：$\mu^m=1.368$，$\mu^n=1.368$。

$$S_1 = S_3 = 329\times 1.368\times 1.04^1\times\frac{1.04-1}{1.368-1} = 50(\text{kN})$$

$$S_2 = S_4 = P_{J2}\mu^m\mu^k\ \frac{\mu-1}{\mu^n-1}$$

$$=242\times1.368\times1.04^1\times\frac{1.04-1}{1.368-1}=37(\text{kN})$$

由于每个滑轮组的引出绳拉力都没有超过 50 kN，所以牵引能力为 50 kN 的卷扬机是可以保证安全使用的。

取 $K_{安}=5$，
$$S_{p1}=S_{p3}=K_{安}\ S_1=5\times50=250(\text{kN})$$
$$S_{p2}=S_{p4}=K_{安}\ S_2=5\times37=185(\text{kN})$$

破断拉力 S_{p1}、$S_{p3}=250$ kN 的查表选择：6×19 股(1+6+12)绳纤维芯，抗拉强度为 1700 N/mm²，破断拉力为 257 kN，直径为 20 mm 的钢丝绳。

S_{p2}、$S_{p4}=185$ kN 的查表选择：6×19 股(1+6+12)绳纤维芯，抗拉强度为 1700 N/mm²，破断拉力为钢丝绳 219 kN，直径为 18.5 mm 的钢丝绳。

计算确定各滑轮组及与之相配套的卷扬机用钢丝绳长度 L(四套滑轮组由于吊装的位置不同，受最大拉力的时间先后不同，其长度也各不相同，但由于计算方法一样，仅介绍乙组滑轮组在出料侧的“一”滑轮组及与之相配套的卷扬机用钢丝绳长度的计算，其他几组不再赘述)。

$$L=n(h_1+h_2+3d)+L_0+5$$

其中：滑轮直径 $d=0.28$ m，$L_0=25$ m，查表 2.29，$h_1=1.2$ m。

表 2.29 滑轮组的最小中心距

示意图	起重量(kN)	最小中心距 h_1(mm)
	1	700
	5	900
	10	1000
	15	1000
	20	1000
	25	1200
	30	1200
	40	1200
	50	1200

滑轮组不仅要将磨机起升 1.5 m(起升高度必须大于 1.4 m 才可安全地将磨机吊移到主轴承的上方，所以选取起升高度为 1.5 m)，而且还存在斜吊的情况，所以，

$$h_2=1.5+[\sqrt{(9-4.5-1.5)^2+3.2^2}-(9-4.5-1.5)]=1.5+1.39\approx2.9(\text{m})$$

该绳最短长度

$$L=6\times(1.2+2.9+3\times0.28)+25+5\approx60(\text{m})$$

(3) 磨机与两主轴承基础轴线呈一夹角摆放在两主轴承基础之间的就位方法

① 卷扬机、滑轮组就位的方式

在摆放磨机位置的进、出料端上方各挂一套滑轮组，为甲滑轮组；在基础轴线的上方正对着进、出料端的位置各挂一套滑轮组，为乙滑轮组。在筒体的进、出料端拴好绳扣并与滑轮组拴好挂牢(虽然磨机刚吊起时乙滑轮组不参与工作，也必须同时拴好绑牢)。开启甲滑轮组的卷扬机吊起磨机，吊到适当的高度(即：磨机在空中水平旋转时，不与其他物体相碰)，启动乙滑轮组的卷扬机，磨机在乙滑轮组的拉动下在水平面内转动，逐渐与基础轴线一致，在这一过程中，甲滑轮组逐渐松钩，当磨机轴线与基础轴线相一致时，甲滑轮组不再承受任何负荷，甲滑轮组继续松钩，同时停止乙滑轮组起升。以后操作与前面(2)中相同。

② 采用旋转转盘将磨机转正就位

a. 制作转盘,转盘的形式和外形尺寸见图 2.100。

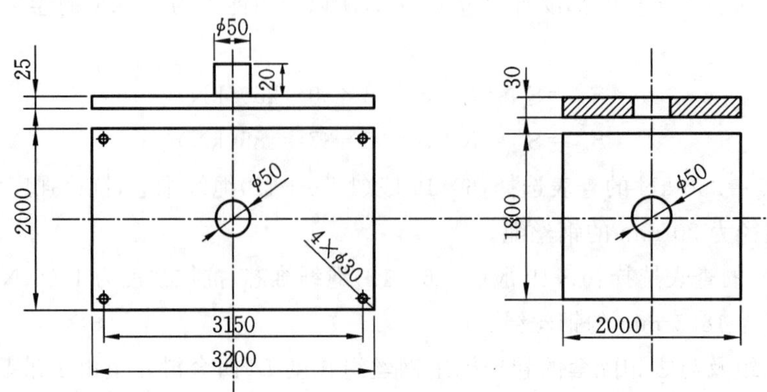

图 2.100　转盘的形式和外形有尺寸

b. 起升磨机。

选用两台起重能力相适应的千斤顶及一定数量的道木等,把磨机顶起,当中空轴法兰高于已安装好的主轴承下壳体的顶面法兰 200～300 mm 时,停止顶升(也可用压撬法起升磨机)。

在磨机的正下方且重心处搭设一道木墩,道木墩的长度方向应垂直于基础的轴线方向,长约与磨机筒体直径相等,宽约等于筒体长度的 1/4～1/3。道木墩搭设要平稳、牢固、可靠。

在道木墩的上面放上一组钢制的转盘,下转盘的立轴中心应大约放在基础纵向中心线的中点处,磨机长度的中心要与立轴对齐,转盘的两钢板间涂上润滑油,在转盘的上面放一层厚度一样的木板,并使木板紧贴磨机。

一端一端缓缓地回下千斤顶,使磨机紧紧压在转盘上面的木板上,在筒体的两侧,筒体与转盘之间打上木楔。把进料端主轴承座及对应的钢底座打上记号,松掉二者的连接螺栓,将主轴承座向外移动。

仔细检查磨机高度,在转动时是否与主轴承座相碰撞,如果相碰,应当再把磨机顶高,直至能使磨体顺利转动,且不与主轴承座相碰撞。

c. 转动磨机。

用两个倒链,一个倒链成水平状态挂在出料端中空轴的法兰上,另一个倒链亦成水平状态挂在进料端中空轴法兰上,同时操作两个倒链拽动磨机以转盘立轴为原点转动,使出料端中空轴逐渐转到出料端主轴承座的上方(进料端中空轴同时也逐渐转到进料端主轴承座的上方)。

d. 落磨。

当磨机筒体轴线与基础轴线一致时,停止转动。在磨机两端靠近基础处搭起道木墩,将磨机顶起,撤去搭在磨机中间的道木墩及转盘,把进料端的主轴承座按记号复位。然后,检查出料端中空轴轴颈的横向中心与出料端主轴承座的横向中心是否对齐,如已对齐,即可进行下一步工作;如相差不多(几十毫米)可在落磨过程中进行调整(方法:如需向进料端窜动就先把进料端稍稍顶起,当该端磨机下的道木能够抽动时,停止顶升,撤掉 1～2 层道木,再把进料端的千斤顶回掉,回到位后,磨机落到道木墩上,打紧楔子,搬开千斤顶,撤去千斤顶下面的 1～2 层道木,重新安置千斤顶,同时用倒链向进料端方向拉住或用千斤顶顶住。然后顶起出料端千斤顶,撤去 1～2 层道木,再将这个千斤顶回掉,使磨机落到道木墩上,搬开千斤顶撤出下面的 1～2 层道木,重新安置出料端千斤顶。再顶起进料端撤道木,周而复始,直至两横向中心对齐为止,在此过程中不要忘记拽紧倒链或沿轴线顶千斤顶)。

然后再用千斤顶一端一端地将磨机落下,最后,应先将出料端轴颈落到主轴承上,再将进料端轴颈落到主轴承上。

(4) 磨机进车间后摆放在两基础正上方的就位方法

其就位方法与前面用千斤顶落磨基本是一样的,不同的是不用转磨而是要先用千斤顶把磨机顶起,拆除钢排子、铁轨及马道，其他与前面千斤顶落磨一样。

2.127 安装磨机时，落磨后如何进行检查及找正

如果磨机采用中心传动，在磨机筒体找正后将传动接管及出料端中空轴两法兰断面清洗干净，并按记号将二者组对在一起，拧紧螺栓，再进行找正。

(1) 磨机检查及找正的技术要求

① 两中空轴标高偏差不得大于 1 mm，且出料端不得高于进料端。

② 中空轴与轴瓦的侧间隙及轴肩间隙，设计无规定时，按如下要求(图 2.101)：

$$C_1=C_2=C_3=C_4=0.001\ D$$

$$S_1=S_2=S_3=S_4=1\ \text{mm}$$

式中 D——中空轴外径。

③ 盘车检查同轴度，在两端轴颈上的全长范围内两中空轴的相对径向圆跳动不大于 0.2 mm(图 2.101)。

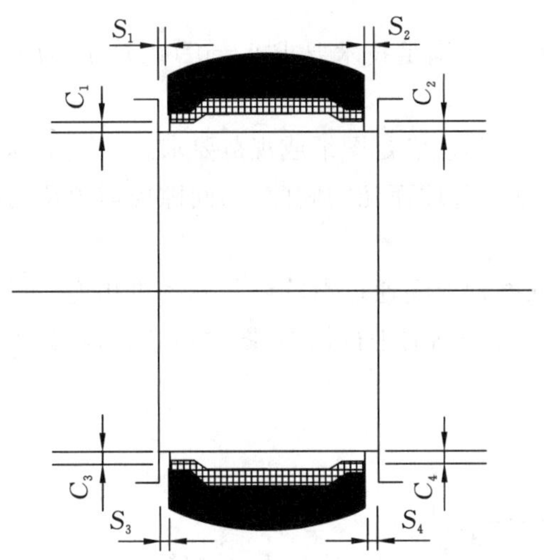

图 2.101 中空轴与轴瓦的侧间隙及轴肩间隙

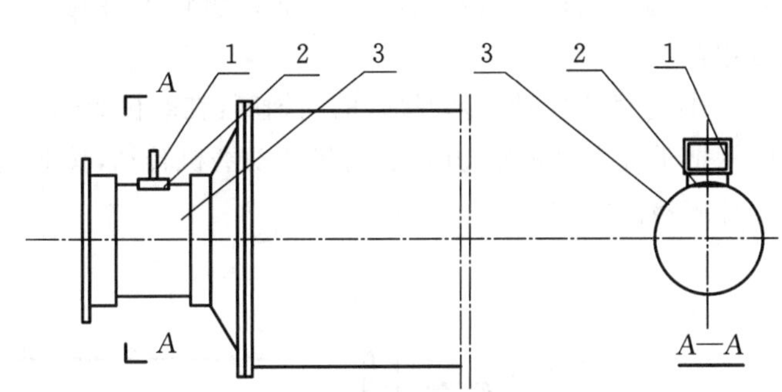

图 2.102 检查同轴度

1—水平仪；2—V 形铁；3—空心轴

(2) 检查找正工具

水准仪、塔尺、钢板尺、直角尺、V 形铁、精度为 0.04 mm/m 的水平仪、塞尺、千分表、划规、大锤、手锤、地脚螺栓专用扳手、滑轮组、卷扬机等。

(3) 找正方法

检查调整两中空轴的标高偏差，由于测量位置不同可用两种不同的办法进行。

① 以中空轴最上面的母线为测量点的检查办法，架设水准仪大致有三种形式：

a. 在厂房内架设水准仪，镜头高度略高于中空轴顶面，且通过旋转镜头能将进、出料端的中空轴全都看见；

b. 在厂房的任意位置架设水准仪，但镜头高度应略高于磨机筒体的顶面且镜头与中空轴之间不能有任何障碍遮挡视线；

c. 在磨机筒体上架设水准仪，然后在两中空轴颈上立标尺，标尺必须立在轴颈的最顶端，标尺必须立垂直。

在架设水准仪的同时应当在中空轴上把其最顶上的母线划出，见图 2.102，方法如下：把 V 形铁扣放在中空轴上，再把水平仪垂直于磨机轴线放在 V 形铁上，顺着中空轴外径来回平移 V 形铁，直到水平仪上的水泡居中且 V 形槽的两条 V 形边沿长度方向与中空轴呈 100%的线接触，用铅笔将 V 形铁前后两

端的宽度中心刻度反到中空轴上，此两点连线便是中空轴最顶上的母线。

测量时把塔尺垂直立在此线上，用水准仪观测塔尺上的读数，然后对照进、出料端的读数，如果一致或进料端高于出料端不到 1 mm，说明合格，不必调整。如果不一致且超出技术要求，就应当通过垫铁进行调整。

② 以磨机进、出料中空轴外端面法兰中心为测量点的检测办法，架设水准仪大致有两种形式：

a. 在磨机筒体里面的中部架设水准仪，镜头应略高于或略低于磨机轴向中心线。

b. 在厂房内正对着磨机的进料端或出料端架设水准仪，镜头高度要略高于或低于磨机的轴向中心线，而且视线可通过一端看到另一端。

在架设水准仪的同时应当在磨机两中空轴外端面法兰处划出中心，方法如下：在中空轴内置一木方或厚木板（30 mm×100 mm），外面与中空轴法兰大致相平即可，木板在中空轴内必须撑紧撑牢。在木板的中心位置钉一块宽与木板同宽，长 150～200 mm 的薄铁板（此铁板应在木板未置入中空轴之前钉好）。用划规在薄铁板上画出磨机的中心及十字中心线。

测量时用直角尺的一边靠在十字中心线的水平线上，用水准仪的镜头观测直角尺的刻度，然后比较进、出料端中心高的数据，作出是否合格、是否需要调整的判断及如何调整的决定。

（4）检查项目及方法

① 用塞尺检查中空轴轴颈与球面瓦的侧间隙 C（图 2.101），应满足技术要求 $C=0.001D$，D 为中空轴外径。

② 检查出料端中空轴轴肩与球面瓦端面的间隙 S（图 2.102），应满足图纸或规范要求。

③ 检查磨机的预留膨胀量，用钢板尺测量进料端中空轴轴肩与球面瓦的间隙，其间隙应与预留的膨胀量相符。

④ 检查两中空轴、传动接管的同轴度：在磨机筒体上缠几圈钢丝绳通过滑轮组与卷扬机相连。再按图所示把千分表固定好，开动卷扬机拽动磨机转动，按 8 或 16 等分圆周进行检测，图中：1、2、3、4、5、A、B 为千分表检测的位置（图 2.103）。

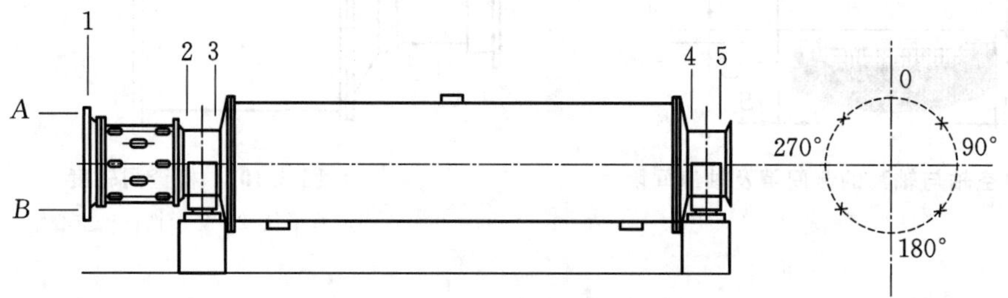

图 2.103　千分表检测的位置示意图

2.128　新磨机如何进行检查及清洗

（1）主轴承部分

① 对照图纸，用钢板尺和钢卷尺检查测量：

a. 钢底座上地脚螺栓孔的孔径和孔距；

b. 钢底座上固定轴承座的螺栓孔的孔径及孔距；

c. 钢底座的厚度。

② 对照图纸，用钢卷尺检查测量地脚螺栓的直径和长度。

③ 用钢板尺、塞尺检查轴承座与底座周围的接触情况，要求：均匀接触，局部间隙不大于 0.1 mm，不接触长度不得大于 100 mm，累计不接触长度不得大于底座周长的 1/4。有的进料端轴承座与底座之间带有辊子的，其辊子与上下面接触应大于 80%，所有辊子都要转动灵活。

④ 检查球面瓦与主轴承球面座的横向中心重合度(检查此项前,球面瓦和主轴承座的纵横向中心线必须已经划出)。常用办法有两种,一种是:

a. 把轴承座通过三组或四组垫铁放在坚实的地面上,将精度 0.04 mm/m 的水平仪放到轴承座与轴承盖连接处的法兰上进行测量,通过垫铁调整使瓦座达到水平状态;

b. 把球面瓦吊入主轴承座内,使球面瓦的球面落到主轴承座的凹形球面座上;

c. 在球面瓦上放一钢板尺,使钢板尺的一边与瓦的轴线(即轴瓦上划出的纵向中心线)对齐,并使钢板尺沿轴向伸出主轴承座壳体外,在钢板尺上挂线坠检查球面瓦与轴承座的纵向中心线是否重合,如不重合,须推动轴瓦将其调整重合;

d. 在球面瓦上沿轴线放一精度为 0.04 mm/m 的水平仪,检查球面瓦在纵向的水平度,必须将球面瓦的水平度调整到 0.04 mm/m 以内;

e. 观察球面瓦与主轴承座的横向中心线是否重合,如重合,说明设备加工无问题,以后工序可以正常进行;如不重合,说明球面瓦的球面或凹形球面座的凹球面加工有问题,量出二者中心线的距离,并做好记录。安装时,应当按这种状态下球面瓦横向中心线的位置修订主轴承座横向中心线的位置。

另一种是:把球面瓦吊入主轴承座内并落到凹形球面座上,通过调整使球面瓦的纵向中心线与轴承座的纵向中心线相重合,在球面瓦上沿横向中心线放一钢板尺,用直角尺量取露出球面瓦两侧的钢板尺至轴承座底面的距离。通过调整使两侧距离相等,然后检查球面瓦与主轴承座的横向中心线是否重合。其他同上。

⑤ 用手压泵对冷却水系统进行打压试验,要求 0.6 MPa 保压 8 min,无渗漏现象(先用水管从进水孔加水,检查出水口是否有水流出,根据出水口水的流速、流量判断冷却系统是否畅通,有无阻塞,如水道畅通,再将出水口封闭,用手压泵打压)。

⑥ 用实木棒、木槌敲打的方法检查轴承合金与球瓦本体结合是否严密牢固,不许有脱壳、裂纹、气孔等缺陷,在瓦体中间部位 90°接触区内不允许有任何缺陷,90°接触区外每一侧脱壳的面积不大于本侧面积的 10%。

⑦ 对于动静压轴承的油路应进行压力试验,需在 32 MPa 压力下,保压 30 min 无渗漏(或按有关技术文件进行)。

(2) 筒体及中空轴部分

① 实测筒体长度 l:磨机的筒体与两个中空轴组装后,测量出料端中空轴承载轴颈沿宽度 1/2 处($l_y/2$),至进料端中空轴承载轴颈内轴肩(靠近筒体侧)加 1/2 轴瓦宽度 l_x 位置的距离,如图 2.104 所示。

$$l=l_1+l_3+l_4=l_2-l_5-l_6$$

② 测量工具:铅笔、500 mm 或 1000 mm 钢板尺、直角尺、20 m 钢盘尺、20 kg 弹簧秤等。

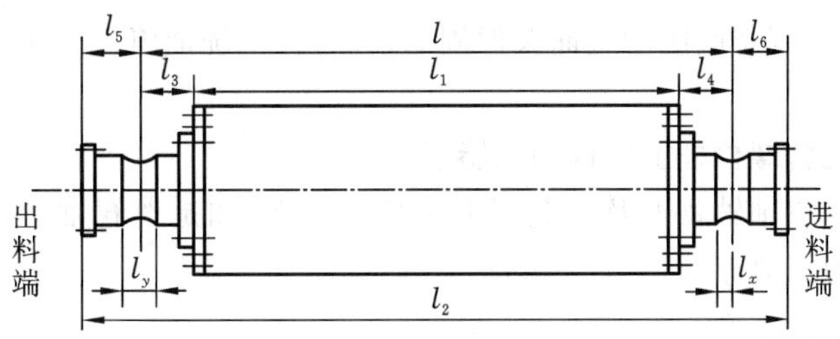

图 2.104 测量筒体长度

③ 测量步骤:

a. 用钢板尺量出出料端中空轴承载轴颈处的长度 l_1,并与图纸对照做好记录;

b. 在承载轴颈上二等分其长度,并用铅笔划在轴颈上;

c. 在进料端中空轴、承载轴颈上以靠近磨机筒体端为起点向外量取 1/2 轴瓦宽度(l_x),并用铅笔划在轴上;

d. 将钢盘尺贯穿进料端中空轴、磨机筒体、出料端中空轴，在钢盘尺的零端挂上弹簧秤，另一端确定一整数值 X（此读数应大于磨机总长 l_2），并将此数据与磨机中空轴的外侧法兰端面对齐；通过弹簧秤把钢盘尺拉紧，当拉力达到许用值时，读出零端（即挂弹簧秤一端）钢盘尺与磨机中空轴外侧法兰端面对齐时的刻度值 x，记录下来，$X-x=l_2$，l_2 即是磨机的总长度；

e. 分别将直角尺沿中空轴母线方向坐靠在进出料端中空轴的承载面上，与所划出的记号对齐，用钢板尺量得 l_5 和 l_6 的尺寸并记录；

f. 将测得的 l_2 减去 l_5 与 l_6 之和，便是我们要测得的磨体长度 l，即：

$$l=l_2-(l_5+l_6)$$

另一种方法的步骤 a～c 与上述方法相同，从 d 开始有所不同。其中：d. 分别将同一母线上的连接磨机筒体与进、出料中空轴的螺栓各拆下一个；e. 将钢盘尺零端的头从筒体外穿入拆卸掉螺栓的螺栓孔，进入筒体，从另一端卸掉了螺栓的孔处出来，并挂上弹簧秤，另一端确定一整数值 X（此读数应大于 l_1），将此整数的刻度值与螺栓孔外端面对齐，通过弹簧秤拉紧钢盘尺，当弹簧秤的拉力达到许用值时，读出零端（即挂弹簧秤一端）钢盘尺与螺栓孔端面对齐时的刻度值 x，并记录，$X-x=l_1$，即是磨机两侧拆掉螺栓处外端面的距离；f. 用直角尺和钢板尺测量出 l_3 和 l_4 的尺寸，并做好记录。

用测得的 L_1、l_3、l_4 数据进行整理得出 $L=L_1+l_3+l_4$

④ 检查中空轴各部位的表面粗糙度：

a. 轴根圆角区外侧面不大于 1.6 μm，内侧面不大于 6.3 μm；

b. 轴颈、轴肩圆角区不大于 1.6 μm。

⑤ 中空轴轴根 R 区不得有裂纹、夹渣、疏松、缩空等缺陷。

⑥ 中空轴轴颈表面不得有裂纹、疏松现象。

⑦ 检查磨机两中空轴的径向跳动，如图 2.105 所示，按圆周 8 等分检查，公差不大于 0.2 mm（此项应在制造厂内完成，安装后进行复查）。

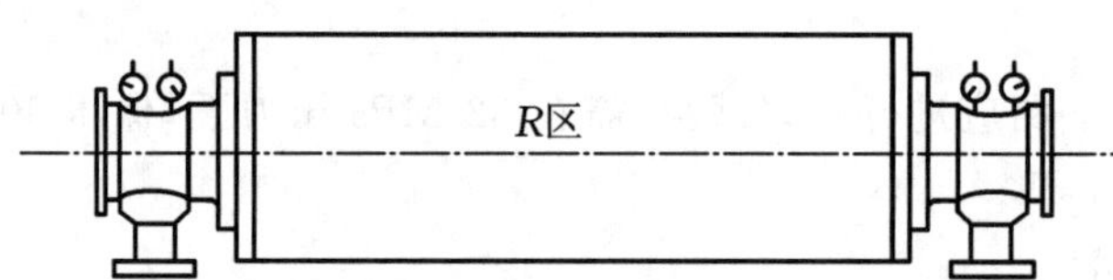

图 2.105　检查磨机两中空轴的径向跳动

(3) 清洗

新磨机到现场的零部件，安装前应将各零部件有配合要求的加工面或打入基础内的零部件外表面以及水路、油路、轴承座的内壁都认真细致地除锈清洗。

① 主轴承底座：用钢丝刷将底座的底面及四周的锈除去，用洗油将底座上表面的防锈油等杂物清洗干净。

② 用碱水或火烧把地脚螺栓杆上的锈和油脂清掉。

③ 用木片或竹片将中空轴轴颈上及乌金瓦大小齿轮表面（如是滑履轴承，滚圈部分及滑履部分）上的防护油刮掉，再用洗油仔细清洗。

④ 主轴承座用洗油清洗干净。

⑤ 润滑系统进出油管，在安装前需进行酸洗。

a. 制作一酸洗槽（$\delta=1\sim3$ mm 钢板）；

b. 将浓度 8% 的硫酸液或 12% 的盐酸液倒入酸洗槽中，先将管子放入槽中，酸洗液需把被酸洗的管子淹没，浸泡 30 min 取出；敲打管子，再用酸洗液冲洗管子，当管子露出金属光泽后，倒出酸洗液，并用清水冲洗；然后将管子用 4‰ 的苛性钠溶液进行中和，浸泡约 2 h 左右，取出管子，用清水反复冲洗，然后擦干净，用压缩空气把管子吹干，再灌入机油，浸泡 20～30 min，把油倒出，将管子两头封好以备后用。待用时间不宜过长。

(4) 酸洗注意事项

① 无论是酸洗液或苛性钠等都有很大腐蚀性，操作人员应穿戴防腐工作服、橡胶手套、脚盖等。

② 对酸洗液或正在酸洗的工件，应轻拿慢放，防止酸洗液飞溅伤人。

③ 调制酸洗液时，应先加水，而后将酸液加入水中，如先加硫酸液，而后向硫酸中加水，容易使硫酸飞溅伤人。

④ 酸洗过程应连续进行，不要间断，否则会影响除锈效果。

2.129 安装磨机时，如何进行主轴承刮研

主轴承的刮研包括球面瓦的球面和球面座的刮研，以及轴瓦的刮研，是磨机安装过程中要求较高、技术性较强的一项工作。刮研的质量关系到设备的运转率和设备的产量。

当前，一般设备生产制造厂在工厂内就已经将"瓦"加工完毕，现场不必再进行刮研；但是，在施工中也常常遇到没有刮研的主轴承，只有现场完成这项工作。

一般常用的工机具：吊车(或卷扬机，室内一般用卷扬机)、倒链、绳、卡具、柳叶刮刀(三角刮刀亦可)、道木、油石、红丹、砂布、角向磨光机。

(1) 技术要求

① 球面瓦刮研后与中空轴轴颈的接触包角不大于 30°，在此包角内沿全瓦宽与中空轴轴颈接触应连续均匀分布，接触点不小于 1 点/cm^2。

② 球面瓦与中空轴轴颈配合的侧间隙为 0.001D，D 为中空轴外径。

③ 磨机主轴承球面瓦"烧瓦"，大部分是球面瓦靠近筒体一侧的环行带发生，其次是远离筒体侧的环行带也常发生。这是由于球面瓦边缘部分受力过大而引起的。为减少故障，当球面瓦上的 30°接触角刮研合格后，把接触角内靠近瓦两侧刮削去一条宽 30～50 mm 的环行带，刮削的深度为 0.05～0.1 mm，要里轻外重(图 2.106)。

④ 球面瓦的球面与轴承座的球面座接触，周向接触角不大于 30°，轴向不大于球面座宽度的 1/3，不得小于 10 mm，接触斑点在上述范围内应均匀连续，点距不大于 5 mm。

⑤ 一般球面座的中间有一环状凹沟，为避免工作时沟槽的边楞被卡，将沟槽的楞边打磨掉。

(2) 方法和步骤(图 2.107)

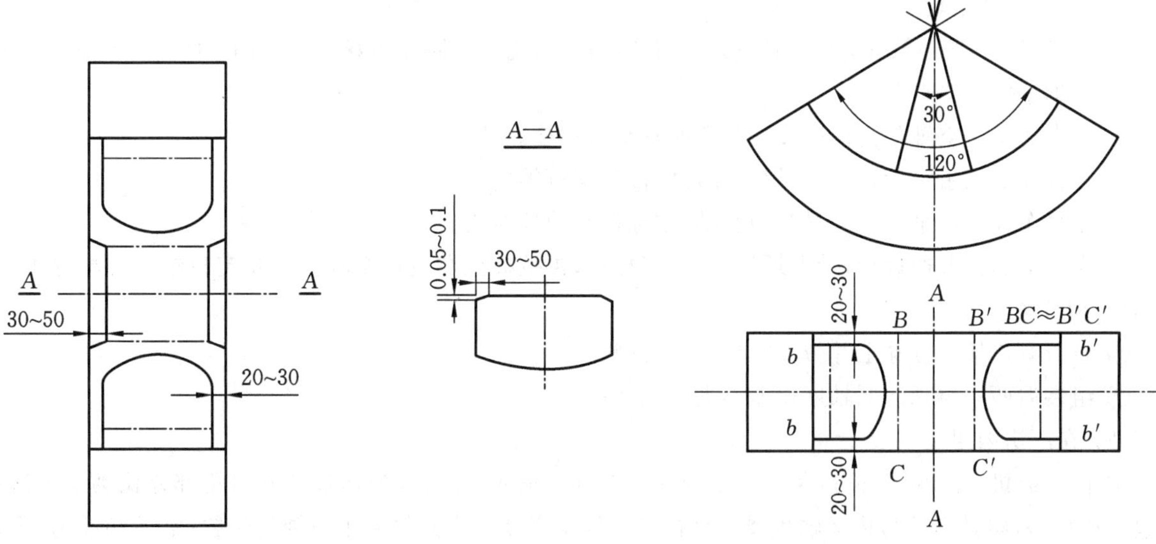

图 2.106 主轴承刮研示意一

图 2.107 主轴承刮研示意二

① 先检查球瓦、球瓦座、球面瓦有无缺陷。

② 操作顺序一般先刮研球面瓦，然后刮研球面瓦的球面部分和球面座。

③ 在球面瓦上找出已划的纵向中心线 $A—A$，以中心线向两侧分别量出 15°对应的弧长，并用笔在瓦上划出这两条平行于纵向中心线的线段 BC 或 $B'C'$；此两条线段内，是轴颈与球面瓦的 30°接触角范围。

④ 在距瓦的侧面 20～30 mm 处，从瓦口的顶端开始用钢板尺顺着瓦的弧面向下划线，划出集油槽。

⑤ 研瓦：用机油调制红丹(稀稠要适度)，再涂抹到轴颈上(涂层不可过厚，也不可太薄)，将瓦吊起扣放到涂好红丹的中空轴上，稍松吊钩，盘动轴瓦沿中空轴的弧面做往复滑动数次。

⑥ 吊下轴瓦，使凹形瓦面朝上，检查接触情况。

⑦ 刮削 30°接触角：先将 BC 与 $B'C'$ 线段以外的接触点刮去，使 30°接触弧面之内逐渐全部接触，然后挑点，使接触点达到设计或规范要求。

⑧ 刮削集油槽：集油槽(蓄油区、油囊等)，要大力刮削，从瓦口向下应循序渐进，不可有陡台，要圆滑过渡，上深下浅。在集油槽的瓦口处，集油槽的深度应比同断面的侧隙大 0.2～0.3 mm；在集油槽的底部，其深度应和同一断面的侧隙尺寸一致。

⑨ 刮削侧间隙：30°接触角以外，至瓦的侧面 20～30 mm 的四条带状弧面为瓦的侧隙区，侧隙不能大，如果大了，已进入集油槽的润滑油没等进入瓦的接触角就从侧隙流掉了，降低了润滑效果，轴承容易发热；侧隙过小又容易发生“抱瓦”。所以要有适量的侧隙，其顶部(瓦口处)的侧隙应为 $0.001D$，D 为中空轴外径；从瓦口至轴与轴瓦接触边缘线 BC 或 $B'C'$，其侧隙逐渐减少，直至与接触角内的接触面一致，此过程要循序渐进，圆滑过渡，不可刮出陡台。

⑩ 把接触角内靠近两侧面宽 30～50 mm 弧形带上的接触斑点刮掉，应注意：外面(靠近侧面)刮削重些，里面轻些，见图 2.106。

2.130 安装磨机时，如何组装中空轴与筒体

磨机的筒体和中空轴通常是在制造厂出厂前就组装在一起了，但有时考虑运输等原因，在出厂时是解体发运的，这样就需要在安装现场进行组装。

组装场地的选择：选择组装场地既要考虑到组装时吊装操作方便，又要考虑到以后磨机如何进入厂房，这就有两种可能：一种是在厂房外组装，另一种是在厂房内组装。

(1) 在厂房外组装

① 应当把磨机筒体放在方便筒体进入厂房的位置，用枕木将筒体垫好垫平(离地面约 400～500 mm)，并在筒体两侧用楔木揳牢。

② 认真清洗中空轴与筒体连接的结合面及组对螺栓。

③ 查找并确认组对标记、定位螺栓孔及定位的销钉螺栓。

④ 用吊车和其他吊装工具吊起中空轴，按标记与筒体对正。

⑤ 先穿上四条普通螺栓，带上螺母，但不用拧紧，再按标记在定位螺栓孔内将定位销钉螺栓穿上，带上螺母，稍拧紧。

⑥ 将所有连接螺栓穿上并带上螺母，依次拧紧。

⑦ 组装后两中空轴的同轴度误差不大于 0.2 mm。

(2) 在厂房内组装

① 由于磨机分解为三部分(两个中空轴、一个筒体)进入厂房，其外形尺寸和自重都要比磨机组装在一起后小得多，将其向厂房内运输也要容易很多。但是必须考虑到吊装中空轴的位置、空间和能力，安排好这三个部件进入厂房的先后顺序及在厂房内临时放置的位置。一般是设备进入厂房路线里端的中空轴先运进厂房，放在不影响筒体进入厂房后所需停放位置的地方，而且还应是满足组装时起重机具容易起吊、容易操作的地方；然后将筒体运进厂房，最好将其安置在筒体轴线与两主轴承基础轴线相平行且筒

体的两端正对两主轴承基础内壁的位置处。将筒体垫好垫平，筒体离地面 400～500 mm，在筒体两侧打上木楔。最后将另一个中空轴运进。

② 其他步骤：同厂房外安装的②～⑦。

2.131 安装磨机时，磨机底座和主轴承座如何就位、找正及灌浆

1）钢底座的就位

(1) 将处理干净并划出中心线的钢底座吊起，在适当高度时，把处理干净的地脚螺栓依次穿入钢底座的地脚螺栓孔内，拧上螺母(螺母带上之后，螺杆应露出螺母 3～5 个螺距)。

(2) 吊起底座，当地脚螺栓底部高于基础时，移至基础上方，使每个地脚螺栓都对准地脚孔，慢慢落下，最后落在垫铁上(也可先把地脚螺栓放进基础的地脚孔里，在基础上适当位置放两组道木，把钢底座吊到基础上方，二者的中心位置大致对齐，将钢底座放到道木上，依次把地脚螺栓提起穿入钢底座的地脚螺栓孔并带上螺母，吊起钢底座，撤出道木，再把钢底座慢慢落在垫铁上)。

(3) 为了使地脚螺栓始终保持在钢底座地脚孔的中心，防止地脚螺栓在灌浆时由于捣固等原因而偏离钢底座地脚孔的中间位置，在钢底座地脚孔与地脚螺栓之间按圆周四等分点各插入一钢丝(钢丝直径应略小于底座地脚孔的半径减去地脚螺栓的半径)，露在钢底座上面的钢丝应掰弯呈水平状态，如图 2.108 所示。

2）钢底座的抄平找正

(1) 技术要求

a. 钢底座的十字中心线应对准中心标板上的十字中心线，偏差不大于 0.5 mm。

b. 进、出料端两钢底座的标高差不得大于 1 mm，且出料端不得高于进料端。

c. 钢底座的水平度为 0.04 mm/m。

d. 两钢底座的跨度与磨机筒体实测长度加膨胀量的数值一致，偏差不大于 1 mm；钢底座横向中心两侧(a 与 b)跨距差不大于 1 mm。对角线(c 与 d)之差不大于 1 mm，如图 2.109 所示。

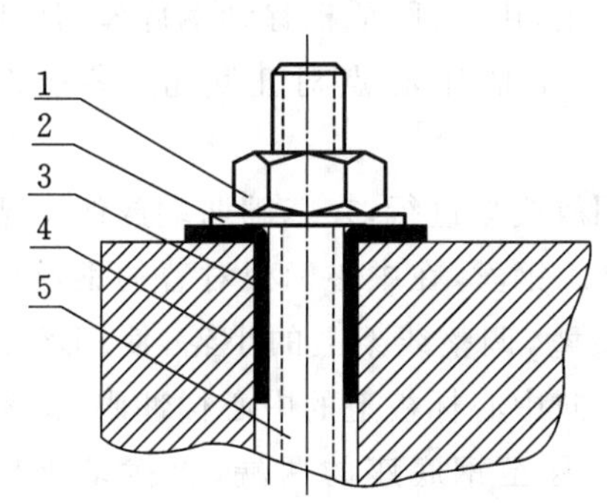

图 2.108 钢底座的地脚螺栓

1—螺母；2—垫圈；3—钢丝；4—钢底座；5—地脚螺栓

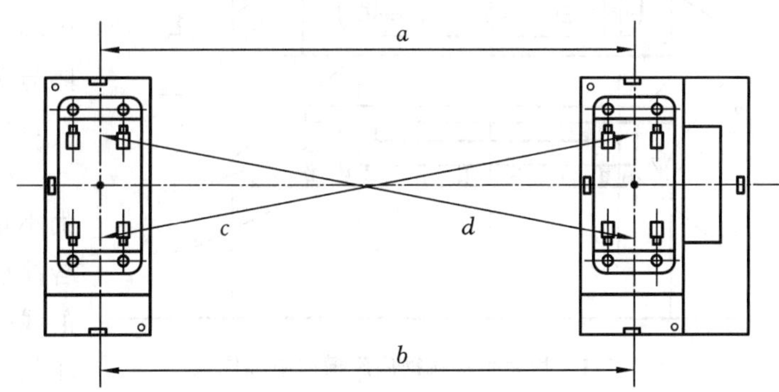

图 2.109 两钢底座间尺寸

(2) 使用的工、机具及检测设备

0.04 mm/m 的水平仪、1 级水准仪、2″经纬仪、30 m 钢盘尺、20 kg 弹簧秤、撬棍、大锤、千斤顶、钢板尺、铅笔。

(3) 操作步骤

① 找标高：用水准仪、塔尺或钢板尺在钢底座上分四点测量标高，塔尺或钢板尺测量的位置应与水平仪所放的位置相同。

② 找水平：用水平仪按示意图 2.110 所示位置找钢底座的水平度，通过垫铁进行调整。

③ 找纵向中心位置：

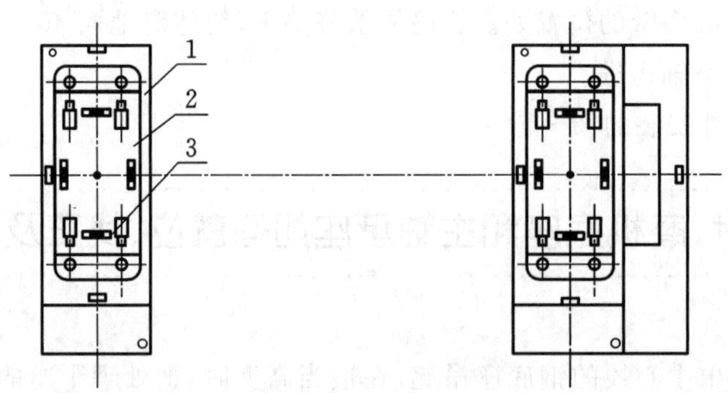

图 2.110 钢底座找水平

1—基础;2—钢底座;3—水平仪

a. 把钢板尺或大平尺沿磨机的纵向放在钢底座上,并使钢板尺或大平尺的一侧与钢底座上的纵向中心线对齐,在大平尺或钢板尺上与钢底座纵向中心线对齐的一侧挂线坠,通过拨动钢底座移动位置,使线坠与中心标板上的中心样冲眼对正为止。

b. 用放线支架挂线坠进行找正:在两个基础沿纵向方向的端部,各埋设一个放线支架,在放线支架的小轮上挂 22# 钢丝,然后在与两个纵向中心标板相对的钢线上各拴挂一个线坠,调整线架上的小轮,使钢线上的线坠对准纵向中心标板上的中心样冲眼,锁紧小轮。将线坠移至钢底座上或在每个钢底座上沿纵向方向的两端相对应的钢丝上各挂一个线坠,这样就须再挂两个线坠,通过千斤顶、撬棍、大锤等工具移动钢底座,直至使钢底座两端的纵向中心线与钢丝上的两线坠对正。

c. 也可用经纬仪进行测量找正。

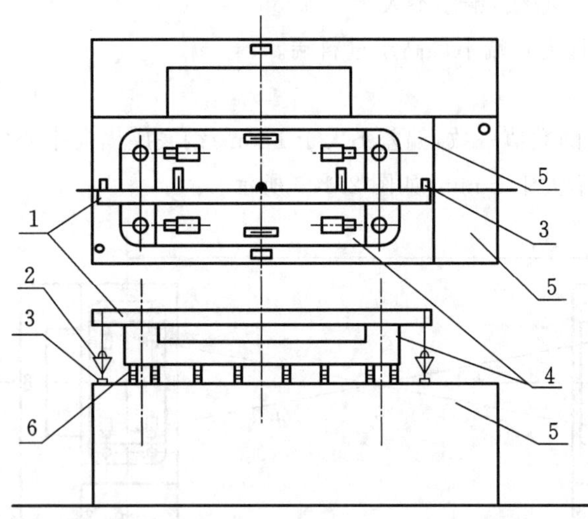

图 2.111 用大平尺找钢底座横向中心位置

1—大平尺;2—线坠;3—中心标板;4—钢底座;5—基础;6—垫铁

④ 找横向中心位置:

a. 把大平尺横放在钢底座上,并使大平尺的一边与钢底座的横向中心线重合,在大平尺上与钢底座横向中心线重合的一边挂上线坠,观察线坠是否通过中心标板上打出的中心点,如线坠与中心点没有对正,用大锤、撬棍移动钢底座,使线坠与中心标板上的中心点对正为止,参照图 2.111。

b. 也可用放线架进行,在基础两端放线支架的小轮上挂 22# 钢丝,在中心标板对着的钢丝处各拴挂一个线坠,调整线架上的小轮,使钢丝上的线坠对准横向中心标板上的中心样冲眼,锁紧小轮。将线坠移至钢底座的两端,再拨动钢底座,使钢底座两端的横向中心线与钢丝上的两线坠对正。

c. 在两个钢底座上分别以纵、横中心线的交点为圆心,以等长为半径,用划规在横向中心线上各划出两个交点。用钢盘尺检测两钢底座的跨度,对角线的误差如超出要求,用调整底座来实现。

以上工作要反复进行,因为当前一工序找好之后,在进行后一工序时,前一工序有可能变动,所以要有耐心,直至全部达到要求。

3) 地脚螺栓灌浆及养护

当将底座的水平位置、标高、水平度调整到设计要求后,即可检查地脚螺栓是否在底座地脚孔的中间,为保证此要求可在地脚螺栓四周(按圆周四等分点)插上铁丝,而后进行地脚螺栓孔灌浆。

地脚螺栓灌浆一般采用细碎石混凝土,碎石粒径在 10 mm 左右为好,灌浆用混凝土强度等级应比基础本体的高一级。灌浆的地脚孔内必须干净，并用水将孔的四壁润湿，每个孔都要一次灌成；在灌浆时应边灌边捣固，捣固时应沿孔的四周进行，不可只在一侧进行，以免使地脚螺栓歪斜；灌浆时，地脚孔不要全部灌满，混凝土灌至距基础表面 100～200 mm 处即可，未灌满的孔洞作为养护时存水用。

灌浆后，每天加水养护，天热时可加草袋盖住再加水，冬季灌浆和养护应采取保温措施。当混凝土养生达到设计强度的 75％以后，方可允许二次找正并拧紧螺栓。

4）钢底座二次找正

地脚孔养护达到要求后，用前面找正时所用的量具、仪器、工具和方法对钢底座进行二次找正，可通过垫铁来调整钢底座的标高和水平度，找正的同时拧紧地脚螺栓。紧固地脚螺栓的顺序，应按从中间向两边的顺序循序渐进拧紧。

5）主轴承安装及找正

钢底座二次找正合格后，进行主轴承的吊装就位。

如果采取第二种用撑实的办法打制砂浆墩垫铁时，砂浆墩也要养护到强度达到 75％后，复查调整底座的水平、标高、跨距等，其方法、步骤、要求与底座安装相同。达到要求后再进行主轴承的吊装就位。

（1）技术要求：

① 轴承座的十字中心线与底座上的十字中心线对正，偏差不得大于 0.5 mm；

② 两轴承的相对标高应当一致，偏差不得大于 1 mm，而且出料端不得高于进料端。水平度不得大于 0.04 mm/m。主轴承的中心标高对基准点标高偏差不得大于 1 mm。

（2）工、机具：卷扬机、滑轮、倒链、钢丝绳、卡具、吊环等。

（3）方法步骤：

① 用吊车或其他起重工具将主轴承座吊起（此时球面瓦已安装在轴承座上），清理主轴承座底面，确认干净后，将轴承座放到底座上（注意不要把进出料端的位置搞错，也不要把方向搞反）；

② 主轴承中心位置找正：把轴承座的十字中心线与底座的十字中心线对齐，偏差不大于 0.5 mm（用 22# 钢丝、线坠、钢板尺、直角尺或经纬仪检查）；

③ 拧紧主轴承与底座的连接螺栓；

④ 找主轴承标高：先调整球面瓦的水平度（图 2.112），用精度为 0.04 mm/m 的水平仪顺着球面瓦上划出的纵向中心线摆放在球面瓦上，进行水平度的测量，水平度不得大于 0.04 mm。

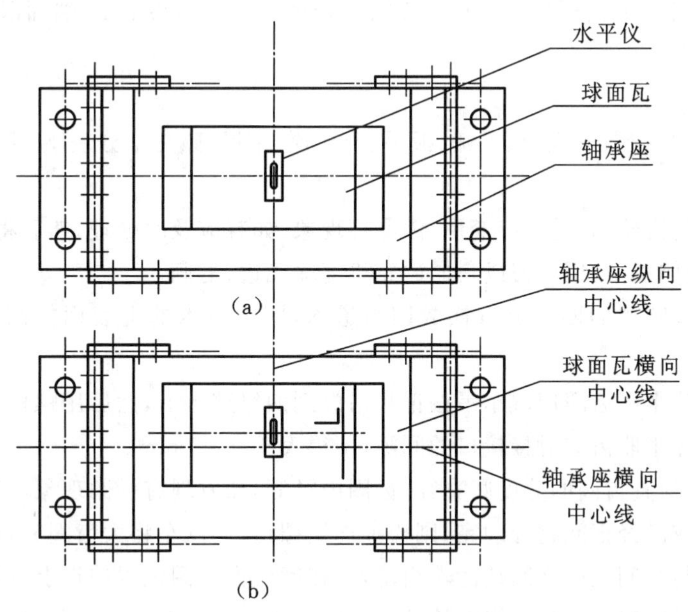

图 2.112 找主轴承标高

此时球面瓦的横向中心线与主轴承座的横向中心线应当重合，如图 2.112(a)所示，就可以进行下一工序的安装。

如不重合[图 2.112(b)]，说明球面瓦的球面与轴承座的球面座加工有误，产生球面瓦和球面座不同心的现象，而使球面瓦的横向中心线与轴承座的横向中心线不在一条线上。由于磨机是一刚体，呈水平状态安放在球面瓦上，这样在安装时应以球面瓦的横向中心线为准，重新调整两主轴承的跨距。

这种做法，只是权宜之计，给以后的检修(更换球瓦或瓦座)带来极大不便。

然后用水准仪在进、出料端的主轴承的球面瓦上测量标高，其标高与设计标高偏差不大于 1 mm，两球面瓦的相对标高差不大于 1 mm，且进料端比出料端高。如标高不能满足规范或技术要求，应用手锤打进或退出斜垫铁进行调整，再用水准仪测量，确认达到要求后，须再复查主轴承的中心位置和水平度，当中心位置、标高、水平度全部达到设计和规范要求后，按规定的预紧力和一定的顺序拧紧地脚螺栓。

以上是在边测量边调整垫铁边紧固地脚螺栓逐次进行的。

如果进料端主轴承与底座之间由辊子支撑时，就应当先把辊子安装在底板上，而后把主轴承安装在辊子上。

其辊子安装时的注意事项：

a. 安装辊子时，检查每个辊子运转是否灵活；

b. 辊子不允许弯曲；

c. 检查辊子轴线是否平行；

d. 检查支承辊子的底座上平面是否平整，如有凸起应予以铲平，连接钢板的埋头螺钉不得露出钢板；

e. 将此支承面及辊子清洗干净；

f. 在与辊子接触的钢板上涂上一层黄油；

g. 吊装主轴承(球面瓦已装上)；找正同上。

2.132 如何安装磨机的大齿圈

(1) 技术要求

① 大齿圈与筒体二者相配合的法兰端面要紧密贴合，间隙不得大于 0.15 mm，两个半齿圈对接法兰处亦要紧密贴合，间隙不得大于 0.1 mm，接口处的齿距误差不得超过 0.005M(M 为模数)。

② 盘磨检查，大齿圈的径向跳动不大于节圆直径的 0.25/1000 mm；端面跳动不大于节圆直径的 0.35/1000 mm。

(2) 使用工具

卷扬机、滑轮组、滑轮、倒链、大锤、手锤、扳手、千斤顶、塞尺、磁力千分表座、千分表等。

(3) 方法和步骤

① 检查清洗干净的齿轮罩，是否有变形、渗漏等现象，如有应及时处理，然后将下罩安装就位。

② 清洗大齿圈、筒体法兰，用锉刀或角向砂轮机清除飞边、毛刺。

③ 在地面按大齿圈圆周的四等分点摆放四组道木，四组道木的上表面标高应一致，高度为 300～500 mm。

④ 把清洗好的两片半联齿圈用汽车吊按记号吊放到四组道木上，然后用螺栓连接成一体。

⑤ 用塞尺检查两片半联齿圈对接接口的间隙，不得大于 0.05 mm。

⑥ 用地规、钢皮尺检查齿圈的分度圆直径、齿圈内径等，如发现有椭圆现象可用千斤顶等进行校正。

⑦ 如果没有问题或已经把问题处理完，则松掉连接螺栓，用汽车将大齿圈分两片运进车间。

⑧ 在磨机的一侧与车间大门之间挂滑轮组①，再在磨机大齿圈位置的正上方挂滑轮组②。

⑨ 把滑轮组①和②同时与一片半齿圈拴挂，见图 2.113 中的步骤 1。用滑轮组①吊起这片半齿圈，见示意图 2.113 中的步骤 2。当半齿圈吊起的高度超过磨机中心高时，滑轮组①停止工作，启动滑轮组②的卷扬机，把半齿圈“夺”到磨机大齿圈安装位置的正上方，见图中的步骤 3(在滑轮组②夺的过程中，

滑轮组①配合慢慢回钩)。滑轮组②停止工作,将半齿圈对正扶稳,先将滑轮组①回钩,再慢慢回滑轮组②的吊钩,使其与筒体上固定齿圈的法兰相接,按标记对正,停止回钩,参见图中步骤4。然后用连接螺栓将该片半齿圈固定在磨机法兰上,拆除滑轮组,见图中步骤5。用卷扬机盘车把磨机转动180°,将固定在磨机筒体法兰上的半齿圈随磨机的转动转到正下方(为防止偏重而引起的磨机瞬时间急转,可再启动一台反方向盘磨的卷扬机进行控制),见图中步骤6。用同样的方法将另一片半齿圈吊到大齿圈安装的正上方,到位后慢慢落下,使这一片半齿圈扣在已安装就位的另一片半齿圈上,见图中步骤7与步骤8。然后穿上两个螺栓,把半齿圈与磨机筒体法兰连接在一起,按标记穿入两片大齿圈的对口定位螺栓并把紧,再穿入两片大齿圈对口的连接螺栓同时拧紧。

⑩ 按标记把大齿圈与筒体相连的定位螺栓穿入,再穿入所有连接螺栓,稍微把紧。

⑪ 在大齿圈的径向和轴向各架设一块千分表,在出料端中空轴法兰端面也架设一块千分表,如图2.114所示。

开动卷扬机通过滑轮组盘动磨机转动,按8或12等分圆周测量大齿圈的轴向及径向偏摆,如果轴向(端面)偏摆超差,应当把大齿圈和磨机相配合的法兰面拆开,检查二者结合面之间是否有杂物或局部凸起等,处理后再找正拧紧;如果径向超差,应当松开螺栓,用千斤顶进行调整,到位后紧上螺栓,再盘车检查;直至达到要求,再拧紧全部螺栓。测量大齿圈的轴向偏摆时,应当同步观察大齿圈和中空轴法兰处的千分表。

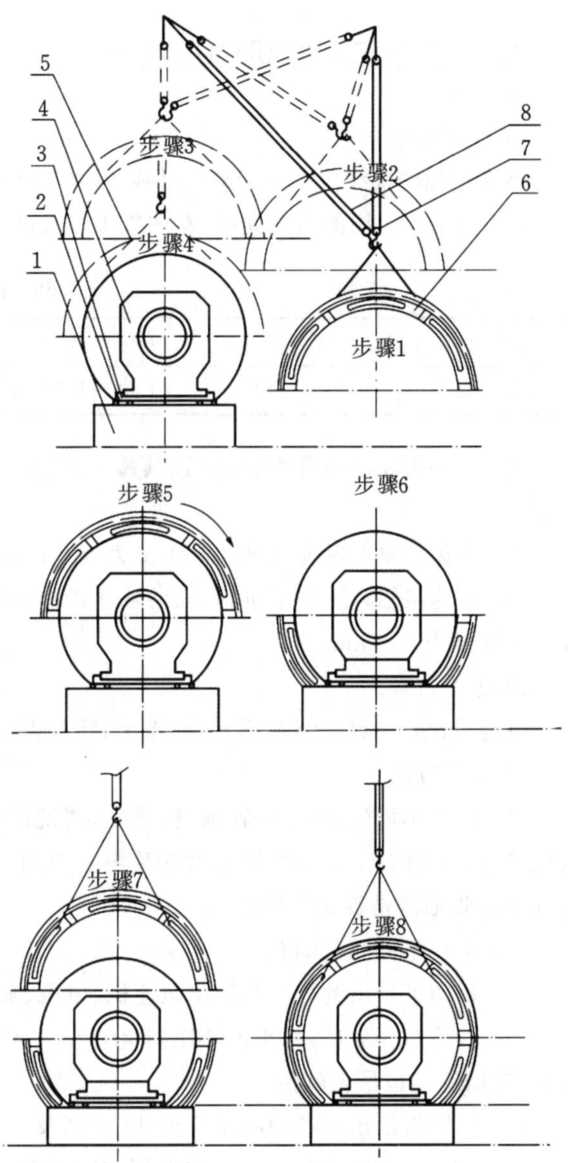

图2.113 齿圈分片吊装示意图

1—基础;2—垫铁;3—钢底座;4—主轴承;5—磨机;6—大齿圈;7—滑轮组①;8—滑轮组②

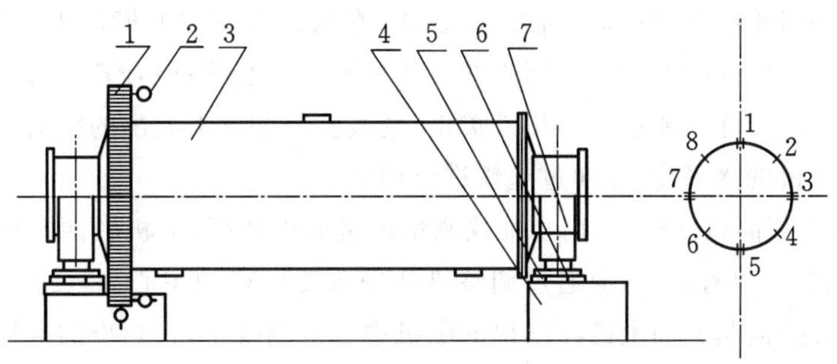

图2.114 千分表架设示意图

1—大齿圈;2—千分表;3—磨机;4—基础;5—垫铁;6—钢底座;7—主轴承

2.133 如何安装磨机的小齿轮

1）技术要求

小齿轮轴的轴线应平行于磨机轴线，小齿轮轴的水平度为 0.04 mm/m，标高差不大于±1 mm。

（1）大小齿轮副的齿侧间隙，在图纸无要求时，可按表 2.30 执行。

表 2.30 齿侧间隙（mm）

中心距	＞1250～1600	1600～2000	2000～2500	2500～3150	3150～4000
齿侧间隙	0.85～1.42	1.06～1.80	1.40～2.18	1.70～2.18	1.70～2.45

（2）大小齿轮副啮合着色，检查其接触斑点：沿齿高不少于 40%；沿齿长不少于 70%，且在齿宽的中部。

（3）小齿轮轴与减速机轴的同轴度为 0.2 mm。

（4）减速机输入轴与电机轴、辅助减速机输出轴的同轴度为 0.2 mm；辅助减速机输入轴与辅助电机轴的同轴度为 0.2 mm。

2）施工机具

倒链、撬棍、大锤、手锤、千斤顶、扳手、螺丝刀、毛刷、水准仪、钢板尺、水平仪、塞尺等。

3）操作方法

（1）清洗小齿轮、小齿轮轴承、轴承座，清洗后将轴承加油，扣盖拧紧螺丝。检查减速机和辅助减速机机箱内是否干净，如需要清洗，清洗后淋上机油。测量检查联轴器的长度，检查减速机输出轴上及小齿轮轴上的联轴器是否安装到位。

（2）清理基础和基础孔。

（3）按图纸给出的标高打制出减速机、电机、辅助传动的砂浆墩。

（4）砂浆墩养生后，将小齿轮连同组装在一起的轴承及轴承座一起吊装就位找正。同时将电机、减速机、辅助传动也吊装就位。

（5）以图纸给出的各中心位置尺寸、标高及水平度要求用钢皮尺、钢板尺、水平仪、水准仪等进行逐一测量；通过千斤顶、大锤、撬棍、垫铁等进行调整，使其达到设计或规范要求。

① 小齿轮就位后，标高在小齿轮两侧的轴径上测量；测量水平度时，把水平仪靠到小齿轮一侧的端面上测量，或在齿轮轴的端面用框式水平仪进行测量，也可在轴承上进行测量。

② 把钢板尺立在减速机输出轴与输入轴两端相对的下壳体与上盖的接合处，通过水准仪测量标高（即减速机的中心高，它应与小齿轮的中心高一致），如达不到要求，可打进垫铁或退出垫铁调整其标高，使其达到要求。用线坠检查减速机的中心位置：在减速机输出轴的轴端，用线坠通过轴端面的中心，垂向基础面上已经划出的小齿轮与减速机输出轴的中心线；在减速机两端的横向中心处（此横向中心应先划出）亦向基础面放线坠，垂向基础面上已经划出的减速机横向中心线；检查各线坠是否与基础上划出的中心线对正，如没有对正，用千斤顶或撬棍等将其拨正，使线坠与基础上放出的线对齐。用框式水平仪在输出轴的端面处测量减速机的水平度，亦通过垫铁进行调整。

③ 在电机轴轴颈的顶面树立标尺，用水准仪测量电机的中心高，电机轴两端的中心高与主减速机输入轴的中心高应当一致，如果有差异，应通过调整垫铁来改变电机的中心高，使之达到要求；在主电机轴前后两轴端的中心位置处向基础面上已经划出的电机中心线垂线坠，在划出的电机横向中心线处向基础上划出的电机横向中心线垂线坠，检查电机的中心位置是否与基础上划出的电机位置相重合，如有差异，用千斤顶、倒链、撬棍等进行调整，直至对齐为止；在电机轴上或电机轴的端面上用水平仪检查主电机的水平度，亦是用调整垫铁的高度来改变主电机的水平度，使之达到要求。

④ 辅助减速机和辅助电动机的找正,与主减速机、主电动机找正的方法相同,不再赘述。

(6) 找正全部合格后进行地脚螺栓灌浆,养护。

(7) 养护期满后,进行传动装置二次找正,找正顺序:小齿轮→主减速机→主电动机→辅助传动,即:以大齿圈为基准找正小齿轮,达到要求后,以小齿轮轴为基准找正主减速机;再以主减速机输入轴为基准找正主电动机及辅助传动。

① 以大齿圈为基准找正小齿轮:

a. 用钢板尺检测小齿轮的横向中心线与大齿圈的横向中心线是否重合,如没重合,可用千斤顶或撬棍等移动小齿轮,使其与大齿圈的横向中心线相重合。

b. 用圆钢车两根直径与齿顶隙一致的长 80～100 mm 的圆棒;把两根圆棒分别在大、小齿轮啮合齿顶隙的两端插入(图 2.115)。向大齿圈方向推动小齿轮,使两齿轮的齿顶和齿根将圆棒夹住,两端夹持的力度要一样,不要过大,要达到:不去碰,圆棒不动,用力又可将圆棒抽动。此时,圆棒必须在大、小齿轮中心连线上。调整后拧紧螺栓。

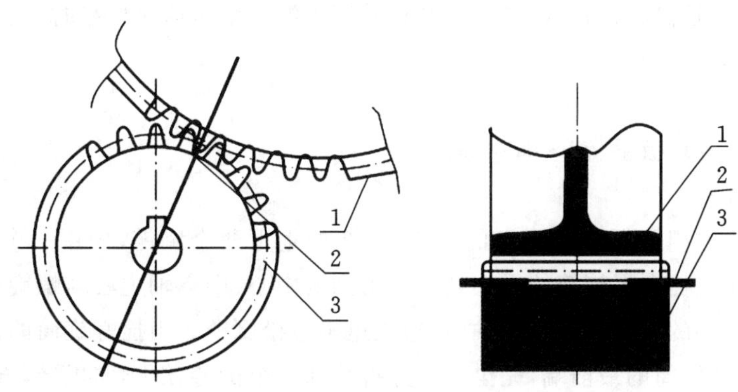

图 2.115 圆棒位置示意图

1—大齿圈;2—圆棒;3—小齿轮

c. 在同一个齿上,沿齿长分 3～4 点,用直径约为所测齿侧间隙 1.5 倍的保险丝,检查齿侧间隙。如侧间隙不能达到要求,应当结合齿顶隙、齿的啮合情况综合分析,再决定是增高还是降低小齿轮标高,或者是向里顶还是向外撤等等。

d. 用着色法检查大小齿轮副啮合齿的接触斑点,用机油把红丹粉调和至稀稠适度,均匀地涂抹在小齿轮的工作面上,盘车,使大齿轮工作面上染色,通过齿面上染色的位置、长短、大小判断齿轮啮合的好坏及确定如何调整。

以上全部达到要求后,将小齿轮座的螺栓全部拧紧。

② 以小齿轮为基准找正主减速机:

a. 根据联轴器的形式、尺寸,做一个千分表架;

b. 将千分表架的一端通过螺栓固定在小齿轮的半联轴器上,另一端装卡两块千分表,检测减速机输出轴上的半联轴器,一块测量径向,一块测量端面;

c. 用卷扬机盘动磨机带动小齿轮转动,使千分表绕减速机输出轴上的半联轴器转动;

d. 沿周向分四点,即上、下、左、右进行检测,从 0 点开始记录,每转 90°记录一次;

e. 根据记录分析判断,作出调整的方案,经调整,使其达到设计或规范要求。

③ 以主减速机为基准找正主电动机:

a. 把磁力千分表座固定在减速机输入轴的半联轴器上,使千分表的测头与电动机输出端半联轴器的外圆接触,并指向半联轴器的中心;

b. 盘动减速机输入轴,带动千分表绕主电机轴上的半联轴器转动;

c. 按四等份测量半联轴器,每转动 90°检测一次,与此同时,用游标卡尺量出两半联轴器间的间隙,一并做好记录；

d. 根据记录，确定如何调整主电动机，使其达到设计或规范要求。

④ 辅助减速机和辅助电机找正的方法与③相同。

每找正完一处，此处的地脚螺栓都应当同时拧紧。

2.134 如何安装磨机进、出料螺旋筒

(1) 要求

① 检查进、出料螺旋筒的螺旋方向是否符合磨机的转向要求。

② 进、出料螺旋筒(或锥形套)与中空轴内壁的接触面必须要顶紧，如有间隙应以薄铁板沿圆周均匀地打入揳紧，不得松动。

③ 根据设计要求在进、出料筒(或锥形套)与中空轴内壁之间加以填充料填死。填充料一般有两种，一种是水泥砂浆，另一种是保温材料，如果设计要求采用水泥砂浆作填充材料时，应先在中空轴内壁表面上涂一层沥青漆，便于以后拆卸。

(2) 使用工具

倒链、撬棍、手锤、铁锹、扳手、钢丝绳扣等。

(3) 方法(图 2.116)

在中空轴法兰正前方相距螺旋筒长度的 1/3～1/2 处垂下两个倒链，先用一个倒链将螺旋筒(锥形套)吊起，此时钢丝绳扣应拴在螺旋筒的重心处。当吊到两中心(中空轴中心与螺旋筒中心)一样高时；把无法兰的一端或外径较小的一端放进中空轴内，边往里推边松倒链。当拴螺旋筒的钢丝绳扣与中空轴相碰时，用另一个倒链吊螺旋筒的最前端，完全松掉并拆除前一个倒链，继续向里推，直至到位，均匀地拧紧螺栓(在吊装的过程中要注意调正中空轴法兰与螺旋筒法兰螺栓孔的位置)。

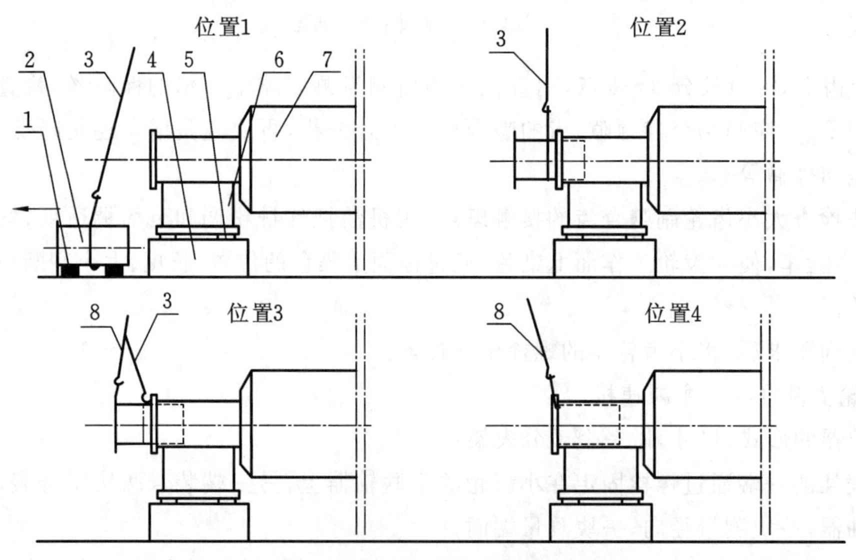

图 2.116 螺旋筒吊装示意图

1—道木；2—螺旋筒；3—倒链 1；4—基础；5—垫铁；
6—主轴承座；7—磨机；8—倒链 2

2.135 如何安装磨机衬板

衬板安装可分为：用螺栓固定衬板的安装，用少量螺栓配合其他条件固定衬板的安装，以及镶砌衬板

的安装。

(1) 要求

① 衬板安装后，端衬板与筒体端盖之间要用强度等级为 42.5 级(即抗压强度不小于 42.5 MPa)的水泥砂浆填满。

② 固定端衬板的螺栓不得让水泥砂浆灌死，应能使之转动或进出。

③ 衬板一般是有方向性的，安装时必须注意，不要安反。

④ 所有环向缝隙弧长不能超过 315 mm，超过的地方均用钢板楔入，将其隔断。

⑤ 相邻衬板的间隙不大于 10 mm。

⑥ 衬板与筒体内表面之间应按设计要求敷设隔层，如无要求，可在二者之间充填抗压强度等级 42.5 MPa的水泥砂浆，尽量充满，多余部分通过紧固衬板螺栓挤压出来，水泥砂浆凝固后再次紧固衬板螺栓。

⑦ 在安装有橡胶垫板的衬板时，安装前 3～4 个星期将成卷的橡胶板打开，使之自由伸长；在使用橡胶板时，应将橡胶板的长边顺着筒体轴向，短边顺着筒体的圆周方向。

⑧ 要仔细检查衬板螺栓孔及衬板螺栓的几何形状，认真清理衬板螺栓孔及衬板螺栓上的飞边、毛刺、凸起，使螺栓能自由穿入到要求的位置。

⑨ 成套的衬板螺栓应当由螺栓、防尘垫圈、平垫圈、弹簧垫圈、螺母组成；为防止漏灰，在使用时不可忘记使用防尘垫。

⑩ 紧固衬板螺栓时应使用力矩扳手进行作业，不同规格的衬板螺栓应按表 2.31 中相对应的紧固力矩要求拧紧。各规格衬板螺栓的紧固力矩见表 2.31。

表 2.31　衬板螺栓的紧固力矩

螺栓规格(mm)	M24×2	M27×2	M30×2	M33×2	M36×3	M39×3	M42×3	M45×3
紧固力矩(N·m)	215	295	440	490	685	930	1420	1765

⑪ 衬板螺栓一般分三次拧紧，初次紧固衬板螺栓时，应当边用大锤敲击螺栓头，边拧紧螺母，紧固力矩达到表 2.31 中规定的 90%即可。当磨机无负荷试运转 8 h 后，再将所有衬板螺栓按 100%的力矩要求紧一遍。负荷试车 12 h 后，再按力矩要求将所有螺栓紧一遍(在磨机运转过程中，如发现有衬板螺栓松动，要及时停车，拧紧已松动的衬板螺栓)。

(2) 常用工具

撬棍、手锤、大锤、扳手、力矩扳手或电动扳手(电动力矩扳手)、铁锹、桶、顶杠等。

(3) 操作方法

螺栓固定的衬板按上述要求将衬板安装即可。

镶砌衬板的操作如下：

镶砌衬板安装在筒体上是靠“拱”的作用固定的，镶砌衬板时难度比较大，搞不好就会塌落，必须高度重视。

① 制作 4～6 根顶杠(图 2.117)。

② 检查每一块衬板，发现衬板与筒体接触的表面上有凸起或衬板在垂直于圆弧的两个侧面有凸起时都要用砂轮打掉磨平。

③ 把磨门转到最低位置，先安装挡料环(有挡料环的磨机)和磨门衬板；然后，在筒体内表面上敷上一层抗压强度等级 42.5 MPa 或抗压强度等级 52.5 MPa 的水泥砂浆，按图 2.118 所示从筒体内最底部开始，将衬板一块紧挨一块地向两边沿环向敷设在水泥砂浆上[图 2.118(b)]，然后用手锤敲实打紧，使多余的水泥砂浆从衬板的通孔及衬板的侧面挤出。当把下半部砌完后(全仓最好)，用顶杠通过木方子将

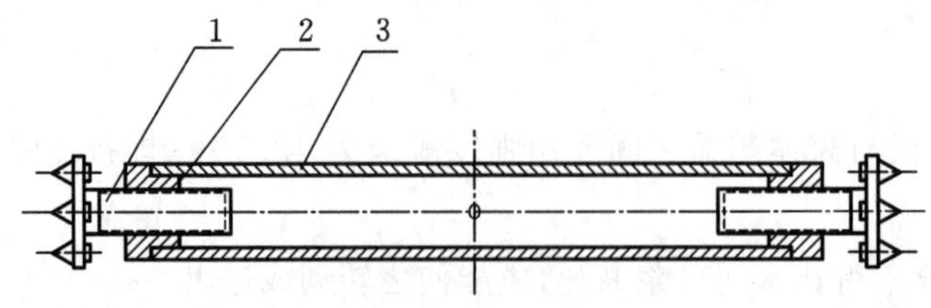

图 2.117 顶杠

1—丝杠；2—螺母；3—无缝钢管

衬板顶住[图 2.117(c)]。

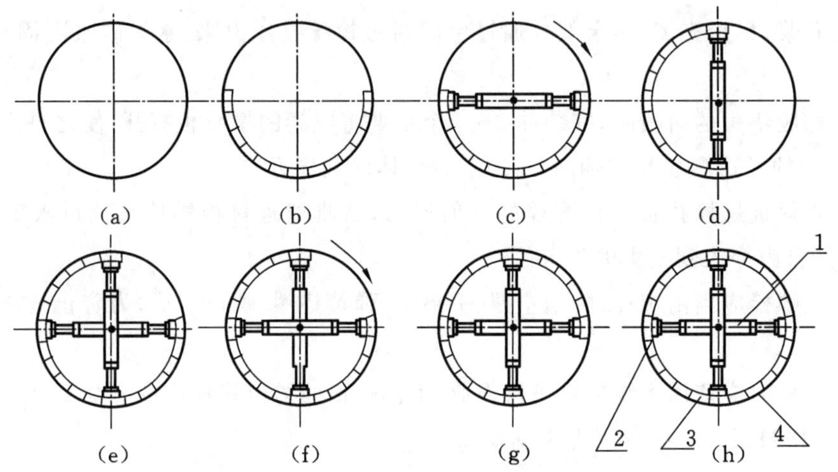

图 2.118 ϕ 3.2 m 以下磨机镶砌衬板示意图

1—顶杠；2—木方子；3—衬板；4—筒体

④ 盘动磨机使筒体转动 90°，将水平线以下 90°内的衬板砌完，再顶上一根顶杠[图 2.118(d)～图 2.118(f)]，再转 90°，将处于水平线以下的衬板砌完[图 2.118(g)、图 2.118(h)]。以上是直径在 3.2 m 以下磨机的镶砌衬板时的方法与步骤。直径在 3.2 m 以上的磨机镶砌衬板时，每次砌筑弧长不可过大，一般控制在与垂直轴线呈 45°夹角为宜，如图 2.119 所示。

(4) 衬板间结合要紧密，不允许有间隙。

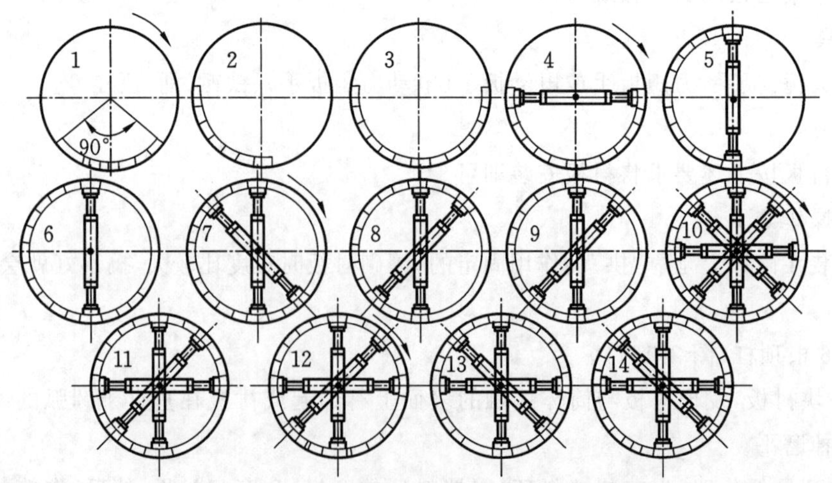

图 2.119 ϕ 3.2 m 以上磨机镶砌衬板示意图

2.136 大型减速器安装应符合哪些要求

(1) 根据工艺图的要求和已经安装好的磨机中心线，在基础上划出减速器的纵横向中心线，并确定基准点标高，应符合下列要求：

① 减速器的纵向中心线与磨机的纵向中心线，应在同一直线上，偏差不应大于 0.5 mm。

② 减速器横向中心线到传动接管端面的距离，应符合设计要求，其距离偏差设计无具体规定时，不应大于 3 mm。

③ 基准点标高的偏差不应大于 0.5 mm。

④ 在纵横中心线上适当的部位设置中心标板。

(2) 垫铁设置及下机体安装

① 根据安装说明书的要求在基础上布置垫铁。当说明书无具体要求时，每根地脚螺栓两侧至少各布置一组垫铁，两根地脚螺栓之间适当部位根据需要增设。

② 减速器基础表面应全部铲成麻面，并清除表面的全部碎屑及杂物。

③ 每组垫铁不能超过四块，斜垫铁的斜度应为 1/25～1/30。

④ 将减速器下机体就位，其纵向中心线严格对准磨机中心线，如图 2.120 所示。

⑤ 使减速器下机体的上表面与磨机的轴心在同一标高上，偏差不应大于 0.5 mm，且减速器应低于磨机，如图 2.121 所示。

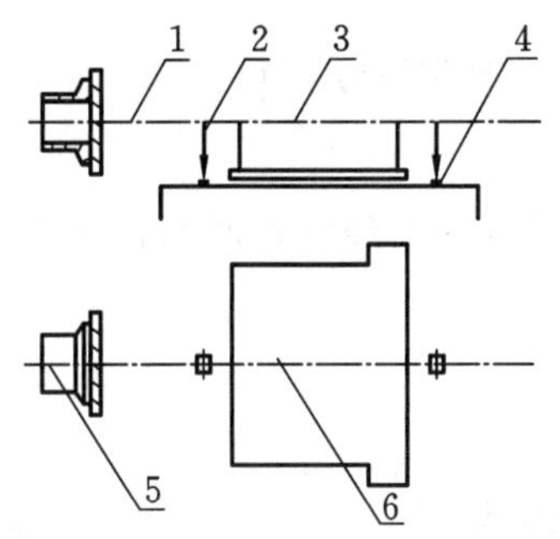

图 2.120 减速机与磨机中心线示意图

1—磨机中心线；2—线垂；3—钢丝；4—预埋板；5—磨机中心线；6—减速机中心线

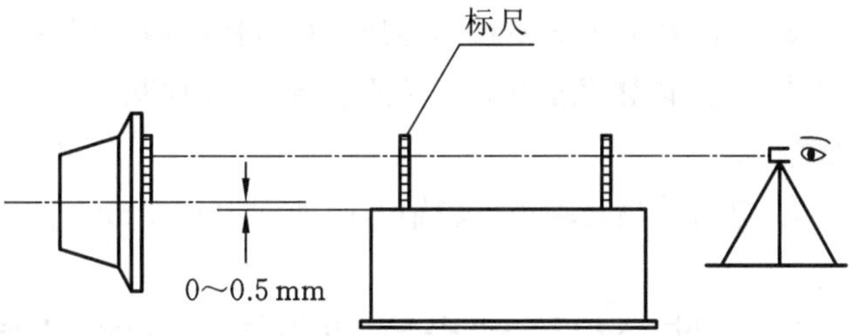

图 2.121 标高测量示意图

⑥ 减速器横向中心与磨机出料端端面之间的距离及偏差，应符合设计要求，当设计无具体规定时，其偏差不应大于 3 mm。

⑦ 在下机体上表面测量水平度。如减速器出厂前制造厂进行过预组装，现场安装时其水平度与工厂提供的数据相比，偏差不应大于 0.04 mm/m。如果制造厂未提供数据，现场安装时，减速器的水平度为 0.04 mm/m。

(3) 齿轮的装配

① 减速器齿轮在进行装配之前，下机壳必须彻底清洗，保证清洁。齿轮表面出厂时涂的防腐材料也须彻底清洗干净。

② 必须严格按照安装说明书规定的顺序进行装配。

③ 齿轮装配前应先将轴承装在机壳上，并清洗干净。

④ 齿轮吊起并往机壳内装配时，应保证齿轮轴处于水平状态。

⑤ 齿轮全部吊入机壳，齿轮轴在轴承内装妥后，测量齿轮轴与轴承的侧间隙，应符合设计要求，如

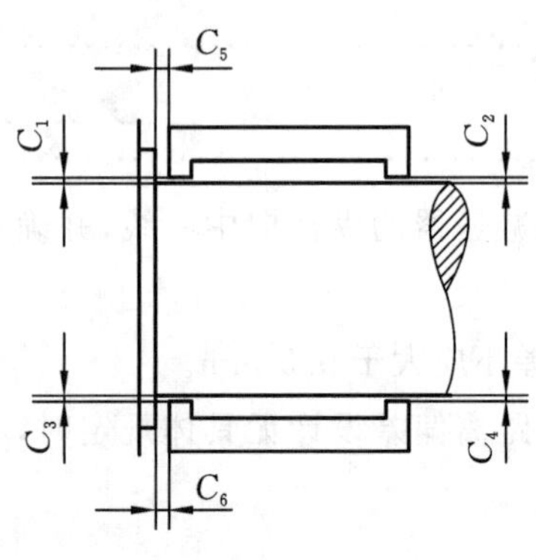

图 2.122　侧间隙示意图

图 2.122 所示。

(C_1+C_3)和(C_2+C_4)应等于制造厂数据 $a^{+0.2}_{-0.1}$ mm，C_5 和 C_6 应等于制造厂数据 $a^{+0.2}_{-0.1}$ mm。

⑥ 检查齿轮轴的水平度，水平度为 0.04 mm/m。

⑦ 上述各项均达到要求后，将全部齿轮轴的上轴承盖装上，并拧紧螺钉。

⑧ 盘车检查齿轮的接触状况、接触长度、接触高度及接触部位，应达到出厂要求。如果齿轮接触状态未达到出厂要求，而减速器设计的结构对齿轮接触情况又能进行调整时，应进行调整。

a. 转动偏心轴承调整齿面的接触情况时，转动的角度应按设计要求，如设计无具体规定时，转动角度一般不应大于 5°。

b. 当齿面的接触是连续均匀的，接触长度与出厂时提供的数据接近时，把轴承的定位挡块用螺钉及止动垫片锁住，并做好调整记录。

⑨ 用压铅丝的方法，测量齿轮的侧间隙，并做好记录。被测齿的数量最好为 3～5 个。

⑩ 齿轮全部装配并检查合格后，再安装机座内的轴承供油管。供油管安装时，首先检查管道内部有无铁粉、灰尘等污物。

⑪ 装配完毕，在内部喷涂防锈油，保证防锈油均匀地涂在整个内部，特别注意齿面要喷涂充分。

(4) 上盖、润滑装置及其他安装

① 上盖就位前在整个接触法兰面上涂上液态密封膏。

② 上盖吊起后尽量保持水平，就位后先用定位销定位，然后按要求拧紧连接螺栓。

③ 润滑站油箱安装时，应彻底检查，保证内部清洁，无任何杂质。

④ 所有润滑管道内部应保证清洁，无任何灰尘及杂质。如果管道安装前经较长时间存放，安装时应彻底清洗。

⑤ 电机与高速端小齿轮轴的同轴度为 0.2 mm。

2.137　球磨机活动半联轴器指爪断裂的原因及处理方法 

球磨机传动部位的减速机出现明显摇动时，应想到联轴器损坏这一故障。拆开联轴器，可发现胶块变形，严重损坏，指爪有擦痕，甚至断裂。

(1) 原因分析

造成磨机活动半联轴器指爪断裂故障的原因主要有：

① 小齿轮轴轴承座基础一端下沉，小齿轮轴失去水平状态，联轴器端面四周间隙不一致，小齿轮轴与减速箱低速轴失去了同轴性。导致活动半联轴器指爪擦伤、裂纹，以致严重时断裂。

② 采用废旧运输带切片相叠替换胶块，固然利废节支、效果不错，但如在切片过程中把方向搞错，使废旧运输带帘布横向织物受力，就会降低其承载能力。运转过程中，"胶块"就会严重变形，使部分活动半联轴器指爪卡死在那里，改变了正常、均衡、单一的受力状态，指爪不堪重负便产生裂纹，直至断裂。

③ 减速机基础因振动而磨损、松脆，焊接件底座变形，使得地脚螺栓起不到紧固作用。这时如果活动半联轴器指爪被卡住了，减速机失去稳定性，就会产生大幅度摇动，使卡住的指爪根部承受巨大的交变力矩作用最终导致其断裂。

(2) 处理方法

① 拆开联轴器，更换已断裂的活动半联轴器与已变形损坏的胶块。两者一般都无修复价值。

② 采用废旧运输带改制"胶块"时，切记剪切方向不能搞错，运输带帘布横向织物不能受力过多。还

要定期更换“胶块”，防止其变形后卡住指爪。

③ 对于已经损坏的减速机基础、轴承座基础等，要重新浇注或采取其他抢修措施，予以修复，以确保稳定运转和同轴性。可用树脂砂浆锚固地脚螺栓或是浇注环氧树脂混凝土捣固。

2.138 球磨机轴瓦抱轴夹帮的原因及处理方法

此故障一般出现在使用酚醛树脂轴瓦的磨机。发生此故障时，酚醛树脂轴瓦两侧紧紧夹箍在磨机空心轴上，使轴与瓦两侧润滑失效，形成干摩擦，瓦背温急剧升高。

当停机抽出酚醛树脂轴瓦检查时发现，轴瓦两侧有明显烧灼痕迹，中部却完好无损。

(1) 原因分析

造成磨机酚醛树脂轴瓦抱轴夹帮的原因主要是以下几方面：

① 新装轴瓦没有进行有效刮研，以致轴瓦与空心轴的接触成点接触或者接触面分布不合理，运转中造成酚醛树脂轴瓦轴承发热，发现不及时就导致了轴瓦抱轴夹帮。

② 酚醛树脂轴瓦本身质量不过关，抗弯曲变形性能不够好，运转中承受到其他负荷作用时，产生了变形，以至于抱轴夹帮。

③ 磨机因冬季冷却水结冰或其他原因而导致轴瓦座胀裂，虽经焊补或粘补修复了裂纹，但轴瓦座留下轻微变形，使轴瓦座内径变小，曲率半径亦变小，即轴瓦座几何尺寸发生变化，导致轴瓦抱轴夹帮。

④ 轴瓦因缺油或其他原因发生了烧瓦事故，轴瓦和轴瓦座磨损非常严重，轴瓦座内曲面产生局部缺损，更换轴瓦后，轴瓦座局部缺损部位与轴瓦间存在间隙，当轴瓦受到中空轴重压后，轴瓦即发生变形，使之曲率变小，最终也导致轴瓦抱轴夹帮。

(2) 处理方法

当发生轴瓦抱轴夹帮故障时，应迅速查明原因，采取相应措施。

① 矫正变形轴瓦。方法步骤如下：

a. 把酚醛树脂瓦反扣在中空轴上，仔细观察瓦轴贴合情况，测出轴瓦中部与轴之间的间隙尺寸。

b. 在轴瓦两侧垫上厚为 2～4 mm 薄钢板垫片。垫片厚度依据空心轴颈尺寸而定。

c. 轴瓦两侧加垫片后，在轴瓦中部施加压力，使轴瓦中部与空心轴之间贴合紧密，不留间隙。与此同时，用氧炔焰对酚醛树脂轴瓦背部均匀缓慢地加热，加热时间控制在 5～10 min 为宜。

d. 停止加热后，保持瓦背压力，使轴瓦自然冷却至室温后，取消瓦背压力，检查轴瓦与空心轴贴合情况，如仍有间隙，需重新矫正；如已无间隙，说明轴瓦已被矫正。

② 轴瓦抱轴夹帮不很严重时的处理方法：

此时轴瓦烧灼部位一般集中在轴瓦底部。可用角向磨光机在轴“夹帮”部位手工打磨，并将轴瓦的瓦口适当开大，使润滑油能在运转时形成油膜。此时一般不必对轴承座进行专门处理。

③ 轴瓦抱轴夹帮很严重时的处理方法：

此时轴瓦烧灼部位一般集中在轴瓦两侧。可在轴瓦座磨损部位垫上厚度为空心轴与轴瓦间隙尺寸大小的薄钢板(或铁皮)，使轴瓦的瓦背与轴瓦座紧密配合，消除间隙，这样就避免磨机运转时轴瓦产生变形而抱轴夹帮。

如果轴瓦座变形较严重，导致轴瓦抱轴夹帮严重，则必须对轴瓦座进行修理，解决其变形问题。

④ 对新装或新换酚醛树脂轴瓦采用下列刮研方法可有效减轻轴瓦发热和抱轴夹帮。

具体方法和步骤是：

a. 卸空研磨体和物料，用“千斤顶”顶起磨机，取出轴瓦。

b. 用三角刮刀对瓦面与空心轴的接触点进行刮研，刮完一遍，在瓦面上涂抹薄薄一层红丹，放入瓦座，放下磨机并转动几圈筒体，观察轴与瓦的接触情况。

c. 再次顶起磨机，取出轴瓦，根据瓦轴接触情况和有关技术要求再次进行刮研，并且对进出料端进行轮流刮研。

d. 按照以上步骤，反复多次，直至接触面符合要求(即达到 70%以上)为上。

e. 重新装配好各部件，用水润滑，空车运转 5 h，并注意观测轴瓦温度和水温，如两者温度相近且均正常，可分别加入 1/3、1/2 研磨体，以 1/3、1/2 生产能力投料，再分别运行 24 h、48 h，并观测轴瓦温度是否正常。如正常，再加入全量研磨体运转，再观测轴瓦是否正常，如正常则可运转下去。

2.139 球磨机主轴承球形瓦烧毁的原因及处理方法

1) 故障现象

磨机主轴承球形瓦烧毁是水泥厂重大事故之一，一旦发生，处理起来费时费力，经济损失严重，甚至影响正常生产。一般球磨机大瓦在烧毁前是有先兆的，一般有以下一些“兆头”：

(1) 磨机主轴承温升较高，烧瓦前温度可达 60 ℃以上，甚至超过 70 ℃。

(2) 球形瓦随磨机运转而摆动(转动)的灵活性不如从前，烧瓦前一般能发现大瓦运转不灵活，甚至根本不动。

(3) 烧瓦前有时还能听到一些杂音。

主轴承球形瓦烧瓦的形貌特征主要有以下几点：

① 烧瓦部位基本是在靠磨机筒体侧面瓦面的边缘一个条带上，偶尔也在瓦面的另一侧边缘出现轻微的一条带。

② 球面瓦表面烧熔，中空轴与轴瓦的接触弧面区域外会被烧熔的巴氏合金填满并高出端面，在瓦面上拉出条条沟槽。

③ 严重时，整个瓦面巴氏合金被熔蚀，1/3 以上瓦面露出底铁。

④ 比较轻微的损坏是球面瓦局部烧损熔化或有裂纹、掉块等现象。

2) 原因分析

导致磨机烧瓦的因素很多，也比较复杂，既有一些必然因素，也有一些偶然因素。例如，筒体挠度过大，永久性弯曲和热变形，瓦面间隙设计不合理，瓦面刮研不当，球面不灵活，润滑油使用不当，缺油，带油圈、刮油器掉落，或油质不洁(油脏)，冷却水不足，入料温度高等，均会引起主轴瓦温升过高而烧毁。具体说有以下几方面：

(1) 筒体弯曲变形和中空轴歪斜引起轴瓦烧毁。

① 当磨内装好衬板和研磨体后，受筒体自重和衬板、研磨体自重影响，筒体自然要产生一个较大的挠度，使两端的中空轴翘起来，如果筒体本身存在弯曲变形，或球形瓦稍不灵活，就会使瓦面受力不均，集中在靠筒体侧的一个环形条带上，这时接触带狭窄，瓦面承受的压力却大大增加，润滑油不易进入，必然造成筒体侧瓦面烧毁。

② 当中空轴歪斜方向与筒体挠度使中空轴歪斜的方向一致时，中空轴翘起的角度最大；当中空轴歪斜与筒体挠度引起的中空轴歪斜方向恰好相反时，中空轴总歪斜角度最小。当由于筒体挠度引起的中空轴歪斜角度小于中空轴不垂直的歪斜角度时，就会使瓦面在远离筒体侧的外缘受力过大，导致轴瓦外边缘一带烧损乃至烧毁。

(2) 润滑系统故障导致轴瓦烧毁。

① 齿轮油泵的零部件损坏后，由于其备用电机和齿轮油泵不能及时启动运行，导致润滑剂在进油管中的循环流量减少或中断，进而导致轴瓦烧毁。此时压力表指示值低于 0.1 MPa，温度计指示值超过 65 ℃。

② 油滤清器或进油管道等被杂物堵塞后，由于其备用系统不能及时启动运行，从而导致润滑剂在进油管中循环量减少或中断，进而导致轴瓦烧毁。此时压力表指示值超过 0.5 MPa，温度计指示值超过 65 ℃。

③ 轴瓦高温报警装置失灵或继电保护功能设计不合理不完善，或者岗位工失职，润滑系统发生故障时没有及时采取有效措施（如先停止磨机主拖动电机，再开启其辅助电机让磨机慢转），以致轴瓦烧毁。

④ 有的磨机主轴承润滑是通过刮油器的刮油体将油圈带上的润滑油刮至油槽中，油槽通过多个小孔将油洒淋到中空轴上来实现。刮油器掉落的原因多是刮油体配合槽宽度因磨损而变大，使刮油器不能平稳悬挂在油圈上，同时导板长方形开口过大也会失去限位作用，使得刮油器油槽尖端下垂而与中空轴接触碰撞，进而导致轴瓦烧毁。

(3) 缺油和油质不佳导致轴瓦烧毁。

① 缺油和油质不佳、油脏或水油混合都会导致油膜不易形成，润滑失效，以致烧瓦。

② 润滑油选用不当，即黏度和黏温特性不适合磨机轴瓦，也会导致轴瓦烧毁。如过去国产磨机主轴承采用 68# ～90# 机械油润滑，因其黏度和黏度指数较低，容易引起轴瓦烧毁。有的厂改用黏度较大的 24# 或 38# 汽缸油，又对启动不利。近年来用极压齿轮油（或相当于 100# ～130# 极压齿轮油的润滑油），黏度指数大于 90，就不易烧瓦。

(4) 球形瓦摆（转）动不灵活导致轴瓦烧毁。

① 主轴瓦球面与轴承座球面的接触面太大，妨碍了球形瓦转动灵活，从而导致烧瓦。

② 轴承座四球面的沟槽产生弹性变形和塑性变形，形成卡棱，影响球形瓦转动灵活，导致烧瓦。

③ 中空轴弹性变形、球形瓦变形，使中空轴轴颈与主轴瓦之间的间隙变小，甚至完全吃掉中空轴与轴瓦的间隙，致使润滑失效，导致轴瓦烧毁。

④ 在磨机安装时，中空轴内端热膨胀间隙预留量不足，磨机负载后，随着运转时间的增加，其筒体热膨胀量不断增大，接近最大值，导致中空轴与轴瓦端面间两个圆角的弧线相接触。中空轴台肩推动轴瓦向外移动，造成轴瓦端面受力不均，局部受力大，油膜难形成，轴瓦过热未及时发现而烧毁。

(5) 刮瓦轴承刮瓦不当导致轴瓦烧毁。

刮瓦轴承把本来是面接触而硬刮成点接触，目的是在刮出的凹坑内能储存一点润滑油，供润滑用。但研究表明，润滑主要靠油膜作用，凹坑内储存的润滑油不能帮助油膜形成，反而使接触点划破油膜，对润滑不利，所以极易烧瓦。瓦面和球面刮研质量低劣时，则更易烧瓦。

3) 处理方法

(1) 新安装磨机主轴瓦的球面必须进行修磨，但不必打花点。倘若制造厂在出厂装配时已经修磨并能满足图纸要求，在水泥厂现场安装时检查也未发现变形，但不需要再次修磨，否则应进行修磨，直到满足图纸要求。据介绍，刮瓦时采用 30°左右的小接触角，弧形导油槽，适当加大瓦面间隙，接触面内瓦边倒坡，控制接触斑点的轻重，减少球面的接触范围（采用小接触面），适当处理球面座沟槽的影响，保证球形瓦转动灵活等，可以有效减少以往不当刮瓦带来的影响。这种新型刮瓦法（又称江氏刮瓦法）的实质内容：一是轴瓦刮研保证油进入吃力面之间，形成良好油膜，并使压力沿瓦宽均布；二是球面刮研与处理保证球形瓦转动灵活。瓦面处理的目的是使其间隙接近不刮瓦轴承（第三代磨机主轴瓦）的工作状态。

(2) 改进磨机油瓦润滑系统继电保护回路，有效地预防烧瓦事故的发生。具体做法是：将电接点压力表和压力式温度计与中间继电器、时间继电器、电铃等合理连接起来，并参照轴瓦润滑与齿轮油泵技术参数要求调整压力表和温度计到正常运行指示范围（如压力 0.1～0.5 MPa，温度 0～65 ℃）。在磨机作业过程中，如果两表之一测示值超出正常运行指示范围，这时继电保护装置立即发出报警声音（电铃响起）、灯光指示，通知岗位工润滑系统存在故障，并在延时 30 s 后自动断电停机，等待排除故障，以避免轴瓦供油间断而导致烧毁。

(3) 在磨机安装时，中空轴内端热膨胀量预留间隙要按图纸安装要求进行，并充分考虑磨机负载、入磨物料温度变化的影响。如已发现此原因引发轴瓦过热，可将轴瓦端面靠筒体侧倒角加大，以防轴瓦端面外圆半径与中空轴端面外圆半径的弧线在筒体受热膨胀伸长后相碰，同时考虑用降温措施，达到减少磨面筒体热膨胀量、降低主轴瓦过热烧毁的目的。

(4) 将刮油器的刮油体槽背适当加高，以提高刮油器的稳定性；并将上部导板开口刮油体的间隙适当缩小，保证其限位作用；定期检查刮油器和带油圈，防止其掉落。这些措施，可预防由于刮油器和带油圈掉落故障引起的烧瓦事故。

(5) 用补焊法快速修复磨机轴瓦。

① 准备工作

a. 材料准备：准备好巴氏合金锭（与原球形瓦材质相同），氯化锌溶液（用废电池壳溶于浓盐酸中），氧气、溶解乙炔、割炬、焊炬，汽油或无水酒精等，三角刮刀、锉刀、铅丝等工具。

b. 焊前准备：先用刮刀和锉刀把附着在轴瓦表面已烧熔的巴氏合金残渣或磨损毁坏处的巴氏合金清理到发出金属光泽为止。然后用汽油或无水酒精或加热的碱性溶液洗去瓦面的油污（有条件的话，可以将轴瓦底部浸入水中，水平面低于补焊面 10～15 mm 左右，用钢架支承球形瓦）。待干后将氯化锌溶液均匀地涂在瓦面上。将补焊用的巴氏合金锭熔铸成 ϕ5～10 mm 的焊条备用。

② 补焊程序及注意事项

a. 对准损坏部分的合金瓦面，用气焊火焰熔化巴氏合金焊条进行补焊。所用氧气压力不大于 3×10^5 Pa，补焊的焊道宽度为 5～10 mm，厚度为 2～3 mm。补焊时须在球形瓦上巴氏合金表面熔化后立即将焊条补上。

b. 补焊时可单层补焊，也可多层补焊。单层厚度不够时，可以一层层按次序补焊，达到巴氏合金厚度余量 1 mm 左右时为止。

c. 补焊时平行于轴瓦端面一行行搭接补焊，有气孔时一定要清除，将熔出的浮渣刮除干净，然后再补上。

d. 在补焊合金瓦缺陷时，为了防止火焰将其他完好部分的合金熔化，最好用石棉垫把合金完好部分包起来。

③ 瓦面刮研步骤和注意事项

a. 粗刮：用三角刮刀采用正前角刮削。将明显凸起部分刮去；然后在球面瓦上涂上显示剂，要求少、薄、匀地涂抹一层；再将球形瓦与磨机中空轴轴颈研磨，观察球形瓦与中空轴的结合斑点符合要求后进行细刮。

b. 细刮。用三角刮刀采用小前角刮削。细刮削刮掉的切屑较薄，应把显示出来的小点子细心刮去。反复与中空轴研磨，并反复刮削，使瓦面每平方厘米有 1～3 个点子为止。但要注意，如中空轴颈有拉伤痕迹，要用油石蘸煤油小心将伤痕除去，以手指感觉光滑为好。

c. 精刮：用三角刮刀采用负前角刮削，刮削的切屑极微小，在合金面不应产生凹痕。刮前应把球形瓦放于主轴承上安装好，涂上显示剂，再把筒体放回主轴承上，人工盘动筒体 2～3 圈，吊起筒体，仔细观察球形瓦，再进行精刮。每刮研一次，都要擦去金属末，使瓦面干净后再涂显示剂，反复多次修刮，直到接触斑点分布均匀、细小，点子数量达到规定要求为止。

通常先刮接触点子，同时照顾接触角，最后刮侧间隙，使侧间隙和接触角都达到允许值。刮研瓦面时，禁用砂布、锉刀等。

刮研瓦时，可采用(1)中所述新型刮瓦法刮瓦。

(6) 用现场浇注法快速修复磨机轴瓦。

以 ϕ2.2 m×6.5 m 磨机为例，介绍现场浇注法修复轴瓦的操作方法。

① 准备工作

a. 材料准备：锡基巴氏合金、1∶1浓盐酸、氯化锌溶液（可用废电池壳溶于浓盐酸自制）、焊锡丝、底模钢板 1 张（规格为 1000 mm×1000 mm×10 mm）、内模钢管 1 根（规格为 ϕ900 mm×330 mm，厚 10 mm）、浇罐 6 个（规格为 ϕ120 mm×200 mm，用 δ6 钢板自制）、刮研样板 1 个（规格为 ϕ900 mm，打制成 1/3 圆弧面，用 δ6 钢板自制），以及型砂、钢丝刷、割炬、锉刀、刮刀等工具。

b. 浇注前准备：将拆去进出轴瓦冷却水管的主轴瓦放于木炭火中烧烤约 2 h 至原巴氏合金熔化，温度约 300 ℃；用钢丝刷刷至瓦面发出金属光泽，将氯化锌溶液均匀涂在瓦面上(此前可趁热用 1∶1浓盐酸冲洗瓦面，并不断用钢丝刷刷洗，直至瓦面上没有巴氏合金和其他污物)，趁热将整个瓦面涂上一层焊锡。与此同时制作好内模钢管、底模钢板、浇罐、刮研样板等，用处理好的旧瓦面制作外模，此时温度保持在 250 ℃。内模、外模之间空隙以设计轴瓦合金厚度为准(参见原设备说明)。内模与底模及端面用角钢焊严实，旧瓦也用相应夹具与底模拴严，并将整个模具用型砂埋好(厚约 350 mm)。

② 现场浇注过程

a. 在旧瓦烧烤同时，将巴氏合金置于自制各浇罐中，放于火上烧烤至合金完全熔融，达到 300 ℃左右，并清除各罐合金表面漂浮的残渣。

b. 几个人同时将熔融的巴氏合金从浇模上端口浇入模内，直到灌满为止。

c. 用割炬将模口上端面合金氧吹成型。然后自然冷却，即可拆模。

③ 瓦面刮研步骤和注意事项

a. 首先要用锉刀将新浇合金表面层均匀锉去。然后以自制刮样板为标准进行刮瓦操作，直到样板圆弧下端面与瓦面的接触面达到 70%以上为上。

b. 在瓦面上涂上红丹，将轴瓦吊至空心轴上研磨，观察轴与瓦之间的接触情况，并反复修刮，直到完全达到技术要求为止。

c. 将轴瓦安装好，即可投入生产。

2.140 球磨机主轴瓦磨损后如何修理 

(1) 当设备和技术力量较好时，可熔去巴氏合金旧衬，重新浇铸、加工，刮研修复。

(2) 不熔去巴氏合金旧衬，用金属喷枪喷上一层新的合金，然后重新进行机加工，刮研修复。但此法需专用喷枪，因此使用不多。

(3) 不熔去巴氏合金旧衬，另在旧衬上用气焊堆焊巴氏合金。此法费用较省，不需专用设备。其操作要点主要是：

① 清理轴瓦表面，使其露出新鲜合金的光泽，严禁表面沾有油污；

② 为防止施焊时瓦底受热变形，可将瓦底放在冷却水槽中施焊；

③ 预热至 70～80 ℃；

④ 用 1 号焊枪(氧气压为 1 表压)把 ϕ 5～6 mm 的巴氏合金棒焊到旧衬表面上，应使焊条的成分与基底合金成分相同或相近，不得悬殊；

⑤ 机械加工后刮研修复。

(4) 不论采用何种方法修复的主轴瓦，安装后都必须达到以下技术要求：

① 中空轴与主轴瓦的接触面，应满足 90°～120°的包角。在此范围内接触斑点不应少于 2 点/cm^2；

② 用塞片检查中空轴与主轴瓦的侧隙，在插入深度为 100～120 mm 时，应满足用下式的计算值：

$$d=0.001D+0.1$$

式中 d——侧隙，mm；

D——中空轴直径，mm。

2.141 如何改进球磨机磨头中空轴的润滑 

某水泥厂 ϕ 3 m×9 m 带烘干仓的磨机中空轴轴瓦采用稀油站单独供油进行润滑。投产后不到两年的时间，磨机进料端靠磨机筒体侧严重漏油，一个班下来，可漏掉达 10 kg 左右的润滑油。漏油的主要原因是磨头主轴承座靠筒体侧的密封件磨损严重，又由于设计问题，密封件无法更换，再加上稀油站供油的压力较高(已调到最低值)，润滑油被打到主轴承座的上盖上，一部分润滑油滴下落入中空轴轴瓦上进行润滑，多余的部分沿着主轴承座上盖向磨机筒体侧移动，然后落到中空轴上(指不与中空轴瓦接触的部分)，润滑油随着中空轴的转动而窜出主轴承座。

根据上述情况，该厂在主轴承座上盖与润滑油管之间，增加一个扇形的圆柱面，并将两端用扇形板封住，使润滑油直接喷到该扇形的圆柱面上，直接落入中空轴轴瓦上，自改进以来，再也没有出现过漏油的现象，其改进前后的结构如图 2.123 所示。

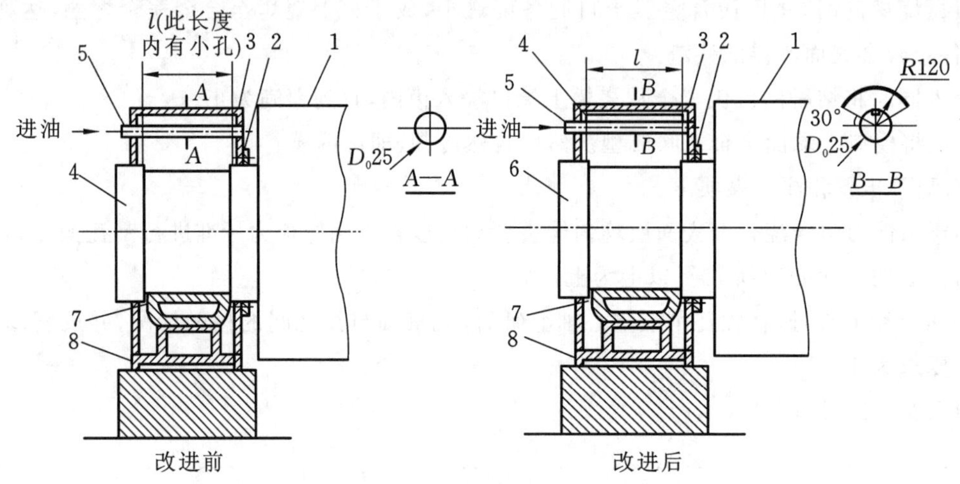

图 2.123 ϕ3 m×9 m 生料磨磨头中空轴改进前后结构

1—磨机筒体；2—密封装置；3—主轴承座上盖；4—扇形挡油板；5—润滑油管；6—磨机中空轴；7—中空轴轴瓦；8—主轴承座

2.142 如何检查管磨机膜片联轴节同心度

管磨机膜片联轴节在减速机出力轴一端镶有膜片钢板，它与磨机中空轴上的法兰相连接。因为它用很多螺栓并配有适当销钉将膜片与法兰紧固，因此在一般情况下是不准随意拆卸的(除非拆卸减速机时，才能按花键联轴节的检查方法进行)。为保证日常检查，可用以下方法进行检查。

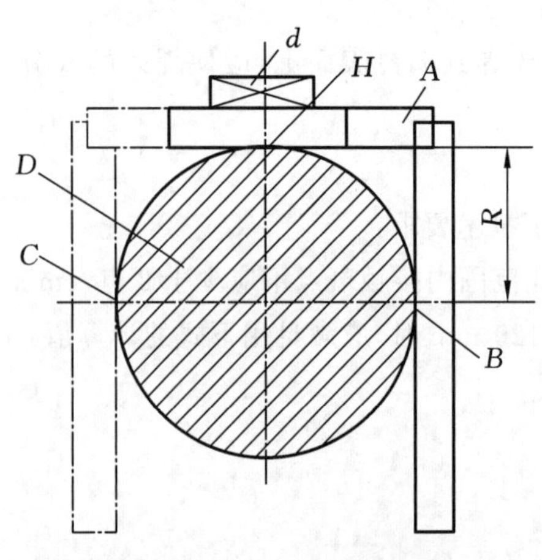

图 2.124 中心高度的测量

(1) 中心高度的测量。

如果安装时在出力轴端的地平面留有记录点和记录数据(此点应和轴的中心相垂直)，可用工具测量记录点与轴的距离，再加上轴的半径，就得知中心高度是否正确。这种检查比较方便。但如果事先没有保留记录点，则无法如此检查，此时只好用以下方法(图 2.124)：

用 90°的角尺 A，将轴的半径 R 引在角尺上划一直线，然后把角尺卡在出力轴 D 上(靠磨端)，并用水准器 d 将角尺调平。这时可将轴的半径 R 点用划针引至轴上的 B 点，其 B 点便是轴的中心位置，为证明 B 点的准确性，可将角尺用同样的做法反向卡在轴上，引出一点为 C 点。然后用水管连通器按减速机的中心高度为基准，分别检查 B、C 两点，如水位相等，证明 B、C 点是轴的中心位置。这样便可得知磨机出口中心高度。入口的中心高度检查和花键联轴节检查均与此法相同。

(2) 中心侧向位移的测量。

可以用挂钢丝线的方法进行。但首先应在出力轴上引出中心，其做法同上。可把出力轴半径 R 用角尺引在轴的上面，留下一点 H，便是中心。或者用划规以 B、C 点为圆心，以 R 为半径分别划弧，两线交叉点就是中心。这时就可用钢丝线检查法将偏差测出。其偏差的调整，可参照花键联轴节的调整方法进行。

（摘自：谢克平. 新型干法水泥生产问答千例操作篇[M]. 北京：化学工业出版社，2009.）

2.143 如何降低水泥磨滑履轴承的温度

水泥磨滑履轴承的温度正常是磨机运行的基本条件，当发现其温度较高时，可以从如下几方面努力：

(1) 严格执行润滑制度，不断改进润滑条件；定时检查轴承（滑履）等各润滑系统运行情况和供油情况，及时补充更换洁净的润滑油；环境温度低时加油或换油，应预热至 25 ℃左右；在滑履罩上方增加淋油管；用优质美孚 634 齿轮油代替 220 号中负荷齿轮油等。

(2) 检查冷却系统是否畅通，要求水、油不能互渗，有必要加大冷却器面积。

(3) 磨尾衬板下面铺设隔热材料，以阻断磨内温度向磨尾滑环的传导。

(4) 增大滑瓦夹板间隙。当滑环有微量轴向位移时，便与夹板产生摩擦，润滑油也不易渗入到摩擦面，导致夹板磨损且生热。加大此间隙，有利于避免此温升。

(5) 当热料入磨温度及环境温度过高时，应设法降低，以改善滑履的工作环境。

（摘自：谢克平. 新型干法水泥生产问答千例操作篇[M]. 北京：化学工业出版社，2009.）

2.144 如何控制管磨机出口主轴瓦的温度

很多管磨机在生产中会遇到出口主轴瓦温度过高频繁报警的情况，尤其是在夏季，强制循环水冷却仍无济于事。根据要求，在进入高温期之前要做好如下工作：

(1) 清洗所有水路及冷却器、油管路及滤油器、喷淋口和回油过滤器，校对压力表，更换润滑油，调整供油量。在允许油压的情况下，尽量调大油量，保证包括轴肩在内的所有润滑面上都充有润滑油，油温保持在 25～40 ℃。

(2) 加强冷却水量的供给。进水压要比回水高 0.5～1 MPa，对冷却器芯子的水管要特别检查其是否畅通。必要时对油箱进行风冷，保证供油温度不高于 40 ℃。

(3) 对轴表面的粗糙度进行检查，打磨存在的划痕和气孔，保证粗糙度达到 $Ra1.6$ 级。

（摘自：谢克平. 新型干法水泥生产问答千例操作篇[M]. 北京：化学工业出版社，2009.）

2.145 如何验收管磨机的制作质量

(1) 材质要求

筒体铜板一般选用低碳钢，如 Q235、锅炉钢 20G、20＃优质结构钢或低合金结构钢 16Mn；中空轴应采用 ZG35；衬板、篦板、隔仓板应不低于 ZGMn13；球面瓦有锡基轴承合金 ZSnSb11Cu6 和铅基轴承合金 ZPbSb16Sn16Cu2 两种。

(2) 组装要求

筒体最短长度不应小于 1 m；筒体内径 D 的公差不得大于 $+0.002D$；筒体内径的不圆度公差不得超过 $0.0015D$；筒体法兰上的钻孔与铰孔，均应分别与其配合件配合加工，并打上印记，对号装配；中空轴颈外表面应精细加工，不得有气孔、砂眼等缺陷，表面粗糙度应在 1.6 μm 之内；轴颈 R 区的设计与加工合理；应该有的加工定位销及定位孔正确并有足够的加工精度，如磨机进料端主轴承座主体与主轴承底板之间应该有 4 个防止横向窜动的定位销及定位孔，检查相关连接螺栓螺母，要求法兰孔尺寸与装配位置相符，防止出现留孔尺寸小于螺栓，甚至法兰周向留孔不等分的情况。

(3) 焊接要求

各相邻段节的纵向焊缝应错开 90°以上；焊缝形成的棱角内拱外陷均不得高于 1.5 mm；焊缝高度，筒体内不允许高出母材 0.5 mm，外筒体不允许超过 1.5 mm；筒体焊缝处不得开人孔门；各螺孔距焊缝的距离不小于两倍螺栓的直径；人孔加固板不允许有焊缝存在；筒体全长的 1/2 处附近不应有圆周方向的焊缝。

(4) 检验要求

筒体及两端法兰全部焊完后，应对焊缝探伤，在证明焊接质量合格的前提下，将筒体进行退火处理，以消除内应力，防止出现裂缝。

（摘自：谢克平. 新型干法水泥生产问答千例操作篇[M]. 北京：化学工业出版社，2009.）

2.146 水泥磨后滑履温度高是何原因，如何解决

球磨机滑履温度升高，使润滑油的黏度降低，承载能力下降，甚至造成干摩擦，严重的还会烧瓦。而滑履的温升主要来源于磨机内部研磨体之间相互撞击和滑动产生的大量热，其一部分由物料和气体带走，另一部分则由筒体散发出去，而筒体的热量传到滑环上，滑履温度随之升高。此外环境温度也是影响滑履温度升高的重要因素。

降低滑履温度的措施：

(1) 球磨机磨内设置喷水装置以降低磨内温度。

(2) 球磨机磨尾衬板下面铺设隔热材料。滑履温度的升高来源于磨内热量的传导，因为磨尾水泥的温度最高，为此需要在磨尾衬板下而铺设一层耐冲击，具有较高强度的隔热材料，以阻断磨内热量向球磨机磨尾滑履的传递，削减热量的温升。

(3) 增加润滑系统的润滑油量，加大冷却器的冷却面积。滑履轴承的润滑是采用高低压供油，一般是在磨机启动前和停磨时由高压系统供油，在正常运转时由低压系统供油。低压系统管路设计成三路，其中两路分别通到两个滑瓦前的油盘里，冷却滑环和供油动轴承润滑；另一路通到滑履罩上方的淋油管，对滑环上部进行冷却降温。良好的润滑能有效降低滑瓦与滑环间的摩擦系数，减少摩擦功耗，减少了摩擦面的发热；同时润滑油经过摩擦面时，能将其中的热量带走。因此设计中将润滑油量大幅度增加，以降低润滑温度能保持良好的润滑能力。

(4) 滑履罩上安装透气罩，增加散热能力。滑履罩的作用是防止灰尘进入滑履影响润滑油的使用以及防止润滑油的外泄，因此设计中采用了密闭形式，使热量不易散发。有些厂家在滑履罩的上方开设透气孔，增加了透气帽，让热气流从上而排出。

(5) 可以在润滑油中添加金属磨损自修复剂或者是能大幅降低轴与瓦的摩擦系数的添加剂。

2.147 水泥磨入料锥套与中空轴连接螺栓频断如何解决

某厂家生产的 ϕ 4.2 m×11 m 水泥磨，入磨锥套和中空轴端面用 24 根 M24 mm×60 mm 法兰螺栓连接，但这些螺栓断裂频繁。

如图 2.125 分析其原因，认为是机械应力与热应力共存所致。机械应力来自锥套Ⅱ上的凸台，和中空轴上的径向配合间隙大到 2.8 mm 时，使这些端面支撑的螺栓成为悬臂受力；同时，磨机筒体端面衬板与锥套Ⅱ之间的间隙又过小，仅有 1～1.25 mm，难免使中空轴端面连接螺栓时刻会受到钢球对端面衬板

的冲击力。热应力是由入料锥套的热膨胀量大于中空轴的热膨胀量引起的，间隙过小时，这种膨胀力必然直接传给螺栓。

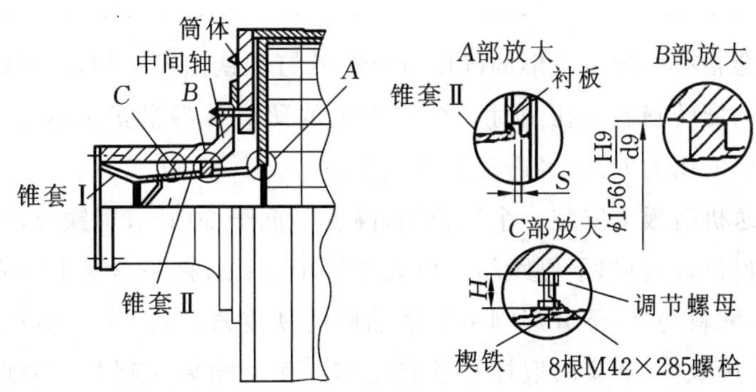

图 2.125 法兰螺栓受力分析示意图

解决的办法如下。

(1) 在锥套Ⅱ与中空轴之间沿圆周方向均匀布置 8 根 M42 的螺栓，在锥套外圆面以连续焊接方式焊接与螺栓对应的特制楔铁，螺栓头焊在楔铁上，焊接中避免对锥套有热应力，楔铁的上表面与中空轴线平行，所用螺栓的长度应比中空轴内表面到楔铁的距离短 10 mm 左右，约 285 mm。厚 45 mm 的螺母旋在螺栓上，与中空轴接触部位全部圆角。千万不能对中空轴有任何焊接与划伤。然后逐个反复调整螺母并紧固，使八根加强螺栓均匀受力支撑住锥套，并保证锥套位于中空轴的中心位置。

(2) 根据测得的端面衬板与锥套Ⅱ之间的间隙值，将锥套Ⅰ和Ⅱ的连接法兰减薄 8 mm，再在其间加入厚度 3 mm 的石棉垫，保证端面衬板与锥套Ⅱ之间的最小间隙大于 5 mm，减少热应力。

(3) 将连接螺栓的材质升级为 M30 mm×60 mm 的高强螺栓，为此要对中空轴原螺纹孔重新铰孔攻丝。

(4) 在入料锥套和中空轴之间的间隙填满隔热材料。

(摘自：谢克平. 新型干法水泥生产问答千例操作篇[M]. 北京：化学工业出版社，2009.)

2.148 磨机填充系数与产量和电耗的关系

研磨体的装载量以质量表示，它决定于填充系数的大小。在一定范围内，增加填充系数，可以提高磨机产量，但单位产品电耗反而增加，对设备的安全运转也不利，因而磨机的填充系数应选择在电耗较低的经济范围。如图 2.126 所示。

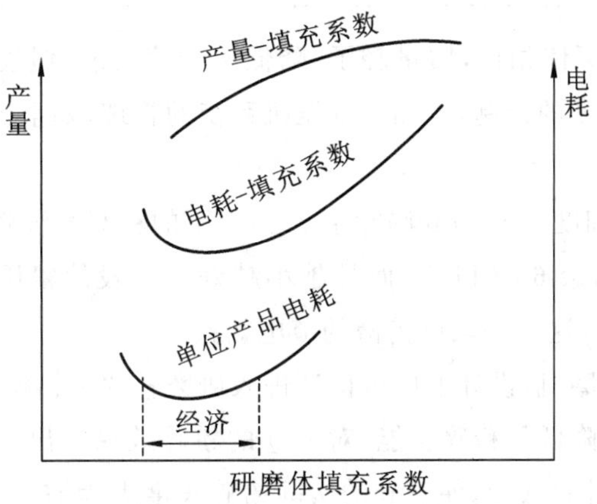

图 2.126 填充系数与磨机产量、电耗之间的关系

2.149 如何清除出磨物料中的颗粒物

通常在磨机出料中会含有一定量扁形的碎段、碎球、铁钉和铁片等硬物，造成螺旋输送机或其他设备磨损或出故障。当磨机的回转筛有小孔洞时就会有更大的研磨体残骸进入输送机而造成更坏的结果。叶胜介绍了一个比较简单实用的办法，可避免上述现象发生。

在磨机尾部螺旋输送机盖板上安装一个沉积箱，高度不低于 30 cm，用铁板焊制。顶部开一进料口，在靠近磨机一侧开一出料口，出料口下侧距箱底应大于等于 8 cm，接一扁形下料管通向螺旋输送机。此管子底部留一小孔，以能漏料为准，下方焊制一个带抽屉的铁皮盒子，用来接小孔漏下的物料，供化验人员取样，这样就能达到连续取样，比瞬时取样要准确得多。积灰箱另一侧开一清理门，可关闭，整体呈扁形长方体，如图 2.127、图 2.128 所示。

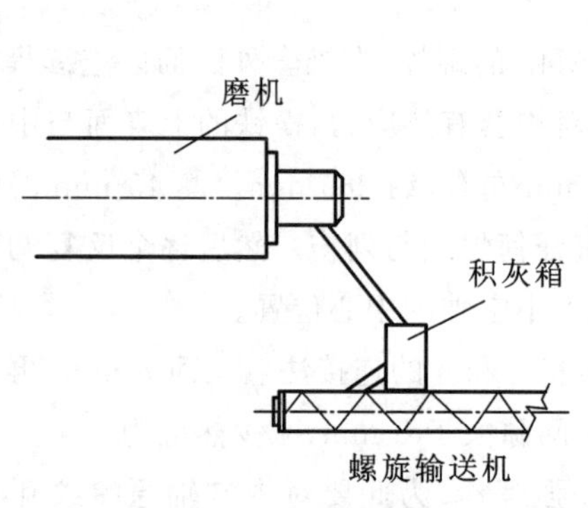

图 2.127 积灰箱装配图

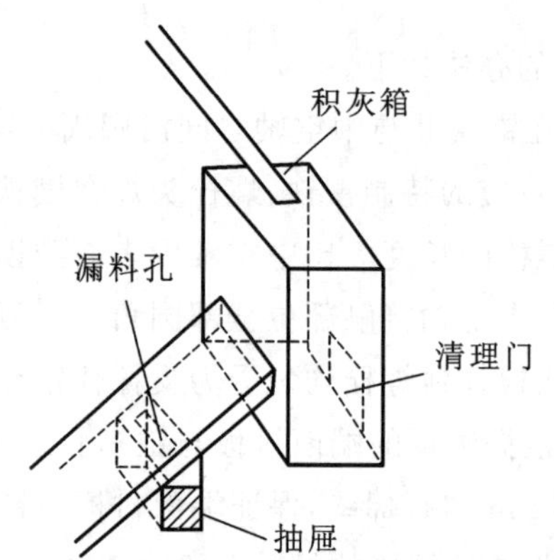

图 2.128 积灰箱结构图

当物料由磨机冲出时，温度较高，流速较大，这样的物料很松、空隙率较大，呈流化状态，物料由进口进入积灰箱中后会自动地由高向低从出口流出而进入螺旋输送机，那些混在物料中少数的扁形碎研磨体及铁钉、铁片等，由于比重大而自动地沉入底部，从而达到分离的作用，阻止了残骸对输送机的损坏，这样处理后即使磨机回转筛有小孔洞，在不影响细度的情况下，也可继续生产，且由于下料管处留有取样盒，达到连续取样效果，给化验室控制产品质量提供了方便。

2.150 使用陶瓷研磨体的注意事项

(1) 陶瓷研磨体与金属研磨体相比，质量轻了，降低了粉碎功能，但表面磨削能力强了，增强了研磨功能。由此更应强调对入磨粒度的控制，要加强辊压机系统的管理，要重视边料效应的影响，辊压机系统也要闭路。

在只更换研磨仓时，入磨细度在 80 μm 筛筛余 70%以下的粉磨系统就可以采用陶瓷研磨体；但最好将入磨细度控制在 80 μm 筛筛余 60%以下，而且越小越好。一般的辊压机 V 选闭路系统都有希望将 80 μm 筛筛余控制在 50%以下，这是一块可挖潜的节电效益。

对于原用金属研磨体的球磨机，设计上应该保证进入研磨仓的物料粒径小于 1.5 mm，在研磨仓使用陶瓷研磨体后，由于质量轻了，降低了粉碎功能，对一仓的粉碎效果提出了更高的要求。实际上，由于进入一仓的物料有 1～1.5 m 的冲料效应，使一仓的实际粉碎长度大为缩水，对于一仓较短的球磨机，应该考虑加长一仓的长度，或在一仓设置挡料环减小冲料影响。

(2) 陶瓷研磨体的效果主要体现在研磨仓上，所以研磨仓比粉碎仓(一仓)的效果更好。但这要看入磨粒度的控制情况，入磨粒度控制得好也是充分挖掘辊压机节电效果的需要。如果入磨细度 80 μm 筛筛余能达到 25%～30%以下，粗磨仓（一仓）也是可以更换陶瓷研磨体的，以获取更大的节电效果。

就多数辊压机联合粉磨系统来讲，V 选的分选粒径通常设计为 1.5 mm，在实际运行中由于多种原因会超过这一数值，一般不宜简单地在一仓使用粉碎功能低的陶瓷研磨体；但对于在 V 选后设有（或增加）动态选粉机的系统，一般设计大于 0.5 mm 的物料回辊压机，由于入磨物料粒径已经远远小于 1.5 mm，在一仓使用陶瓷研磨体是没有问题的。

(3) 由于陶瓷研磨体质量减轻，大幅度降低了球磨机的承载负荷和运行负荷，从机械结构和动力设备上为加大研磨体装载量创造了负荷条件；由于粉磨原理更多地依赖于研磨功能，对研磨体的规则性抛落需求降低，从粉磨机理上为适当提高填充率创造了空间条件。

为了充分发挥球磨机的潜力，利用好已有磨内空间，陶瓷研磨体的填充率要比原用金属研磨体大一些。试验表明，在不改变磨内结构的情况下，陶瓷研磨体的最佳填充率应该在 36%～38%；如果能解决研磨体的窜仓问题，比如给隔仓板的中心孔加筛网，最佳填充率可能更高，已有填充料大于 42%的成功案例。但由于各粉磨系统的工况不同，建议填充率从 32%起步进行逐步增加试验，在生产中寻找本系统的最佳值。

(4) 由于陶瓷研磨体的质量较轻，从做工机理上其“冲击力”比其“表面积”的重要性上升了；由于研磨功能的增强，为适当提高物料流速打下了基础（注意：对没有挡料环的球磨机，一般不需要增大磨内流速）。在配球方案上，平均球径（或段的规格）比原用金属研磨体要适当大一些，配球级数可以适当少一些，更有利于减少过粉磨、提高粉磨效率。

试用初期，可以仍按原有金属研磨体配球方案执行，然后在使用中逐步加大平均球径、减少配球级数，寻求其最佳值。对于研磨仓，一般用＋15 mm、＋20 mm、＋25 mm 三种规格的研磨体配球也就足够了。

至于在研磨仓使用的研磨体，是球好还是段好，这在我们使用金属研磨体时已经争论了多年而难有定论，实际上“难有定论”正说明其差别不大；比如，认为段好的理由之一是说它在运行中处于线接触有利于研磨，但实际上由于段本身的长径比不大，而且球磨机与研磨体的规格比太大，运行中的段也大多处于点接触状态。因此，我们大可不必纠结于用球、用段或是用已经在用的柱球，而是优先考虑其制造工艺和成本为好。

(5) 由于陶瓷研磨体的质量轻了，平均球径大了，配球级数少了，静电效应弱了，粉磨温度低了，这些因素都会导致磨内流速的加快和对磨机通风需求的降低。因此，为了防止磨内流速过快，确保物料有足够的磨内停留时间，对磨尾排风机的阀板开度要适当关小一些（甚至有个案显示，需要关小一半左右）。由于各生产线的工况不同，具体需要在运行中自行摸索。

(6) 由于陶瓷研磨体质量较轻、表面相对光滑，而且填充率提高，使球磨机筒体的带球效果会差一些。试验表明，球磨机的活化环能起到一定的改善作用，活化环的存在更有利于进一步加大研磨体的填充率。

由于陶瓷研磨体的填充率更高，为了适应对活化能力的需要，球磨机内已有的活化环有可能需要适当加高、加密；需要说明的是，球磨机研磨仓已有的这种环，有的叫活化环、有的叫挡料圈，名字不同、结构不同、作用也是不同的，在结构上要同时兼顾活化和挡料两种功能。

(7) 由于研磨体的填充率提高得较多，磨头的进料装置、一二仓之间的隔仓板、磨尾的出磨筛板有可能需要作出相应的改造，以解决相应的进料困难、倒球窜仓、磨尾跑球、出磨跑粗等问题。特别是中心部位的通风孔，或者是改造篦板缩小面积，或者是补加筛板，以阻止研磨体的通过。

(8) 试验表明，陶瓷研磨体的使用效果在粉磨低强度等级水泥时比粉磨高强度等级水泥时要差一些，台时产量降得较多，节电效果也差，而且节电效果差也主要是受台时产量下降的影响。

试验同时表明，在球磨机使用陶瓷研磨体后，对物料的入磨水分含量更敏感一些。低等级水泥掺加的混合材较多，入磨水分含量相对较高，陶瓷研磨体又大幅度降低了磨内温度，等于降低了对水分的烘干能力，影响了磨机产量。

所以，在使用陶瓷研磨体后，要更加重视对入磨物料水分含量的控制。必要时可考虑引入窑系统的热风，或加一个简单的热风炉。

(9) 由于粉磨温度下降得较多，会影响到天然石膏的脱水，影响到水泥的凝结时间和早期强度，这一点要给予关注。石膏有多种形态，它们的溶解度和溶解速率各不相同，势必影响到水泥水化早期水泥颗粒表面钙矾石晶体的形成，继而影响到水泥的流变性和需水量。不过也有例外，粉磨温度的变化对脱硫石膏的溶解影响不大。

石膏的形态通常有生石膏($CaSO_4 \cdot 2H_2O$)、天然硬石膏($CaSO_4$)、半水石膏($CaSO_4 \cdot 0.5H_2O$)、可溶性硬石膏($CaSO_4 \cdot 0.001 \sim 0.5\ H_2O$)，其溶解度和溶解速率是不同的，见表 2.32。粉磨温度的变化会影响石膏的脱水程度，继而影响到其溶解度和溶解速率。

表 2.32 不同形态石膏的溶解度和溶解速率

石膏的形态	化学表达式	溶解度(g/L)	溶解速率	缓凝作用
生石膏	$CaSO_4 \cdot 2H_2O$	2.08	较快	有
天然硬石膏	$CaSO_4$	2.70	较慢	小
α 型半水石膏	$CaSO_4 \cdot 0.5H_2O$	6.20	较快	有
β 型半水石膏	$CaSO_4 \cdot 0.5H_2O$	8.15	较快	有
可溶性硬石膏	$CaSO_4 \cdot 0.001 \sim 0.5H_2O$	6.30	较慢	有

(10) 有的企业只有一台水泥磨，又不愿意废掉换出的金属研磨体，可以在陶瓷研磨体中添加 10%左右的金属研磨体混合使用。有用户担心混合使用会加大陶瓷研磨体的破损率。如果连同规格金属研磨体的冲击都受不了，这本身还是陶瓷研磨体的质量问题。

陶瓷研磨体与钢球(或钢段)混装使用，由于其密度不同、运动轨迹不同，可以在一定程度上强化磋磨效果。实践证明，从产能和能耗上没有太大副作用，只是金属研磨体的消耗将有所增大而已。

(11) 按钢球质量的 60%加装陶瓷研磨体后(填充料约为原金属研磨体的 1.2 倍)，粉磨系统的台时产量试验有增有减不等，但多数都可控制在±10%以内。这里特别强调对入磨细度和入磨水分的控制，要充分发挥好辊压机闭路系统的控制作用，要像管理闭路球磨机系统一样地去用心管理闭路辊压机系统。

实际上，不论是使用陶瓷研磨体，还是使用金属研磨体，加强辊压机闭路系统的管理，都是保证粉磨系统台时产量的一个核心问题。

(12) 在陶瓷研磨体的试验调整结束、达到“最佳效果”的“最大填充率”以后，原有球磨机的动力和传动配置显然是大了，重新选配更换合适的主电机以及减速机，可以获取进一步的节电效果。但由于“最佳效果”和“最大填充率”的不确定性，不建议过早地更换。

以 ϕ4.2 m×13 m 联合粉磨系统为例，主电机功率为 3550 kW，在更换球磨机二仓研磨体后，一般可减小主电机功率 1200 kW，换用小电机可解决大马拉小车问题，这本身就是一项节电措施。

(13) 仍以 ϕ4.2 m×13 m 联合粉磨系统为例，对于只有 1 套粉磨系统的粉磨站，一般(如天瑞鸭河)最大用电负荷在 7200 kV·A 左右，主变压器的容量为 10000 kV·A。在更换主电机的同时减小了系统的装机容量和用电负荷，还可以考虑改用小一点的进厂主变压器，降低变压器的无功损耗和基本电价。

在球磨机主电机减小 1200 kW 以后，粉磨站的最大用电负荷可减小到 6000 kV・A 左右，变压器的容量可减小至 8000 kV・A。按以变压器容量核算基本电费的方式，一般基本电费为 20 元/[(kV・A)・月]，每年又可以节约基本电费：20×(8000－6000)×12＝48 万元。

(14) 关于陶瓷研磨体的磨耗：多数供货商承诺单仓研磨体磨耗保证值为 15 g/t 水泥。实际上这是一个保守的估值，由于陶瓷研磨体的总体试用时间太短，还没有具体的统计数据出来，但可以肯定比现有的金属研磨体小得多(当然，首先是不能破碎)。实际上，有个案显示，陶瓷研磨体在使用一个月后，用卡尺测量其大小，没有测出变化来。

需要注意的是，关于陶瓷研磨体的磨耗，不仅要看使用初期，还需要关注其中长期的磨耗情况。有个案显示，某公司生产的陶瓷研磨体，使用初期的表现很好，但在使用 2 个月后，其磨耗上升、破损率加大，台时产量也随之降低，这与其成型和烧成的内外均质性有关，存在表里不一的情况。

(15) 关于破损率：在开发初期曾遇到过较高的破损率问题，这与原料、成型和烧结工艺有关，这一问题在部分供货厂家已经得到解决。现有质量好的陶瓷研磨体，保证破损率≤0.5%已经没有问题了，关键是要选对供货商。

金属研磨体的破损率一般保证≤0.5%，多数陶瓷研磨体供货商也沿用了这一保证值，但也还没有取得具体的统计数据。问题是大家都在保证，实际上多数供货商没有做到。

(16) 对用户来讲，也应该避免野蛮装卸和野蛮使用问题。现在各企业的球磨机规格都较大，都采用电动葫芦吊装研磨体，入磨落差约达 3 m 以上，陶瓷研磨体跌落在衬板上受到的冲击力较大，空仓装球时应先加入一些物料缓冲一下为好；同样由于球磨机规格较大，研磨体的运行抛落较高，受到的冲击力较大，运行中应该尽量避免空砸磨现象。

(17) 关于节电效果：由于不同工艺、不同规格的粉磨系统，对于不同的粉磨物料，主机电耗占系统电耗的比率不同，故节电效果的百分率差别较大，一般以粉磨系统球磨机主机的粉磨电耗降低 15%为考核指标。

试验表明：球磨机的规格越大，系统的节电效果越好；水泥控制的比表面积越高，节电效果越好；所磨水泥的强度等级越高，节电效果越好。

(18) 关于性价比：为了使这项新技术得以在水泥行业推广应用，考虑到低利润水泥行业的承受能力，生产陶瓷研磨体的厂商在保证上述各项指标的情况下，最好将价格定位在用于水泥磨的研磨体资金基本不变的价位上。

陶瓷研磨体的质量是金属研磨体的一半，其价格大致为金属研磨体的两倍，这是目前供需双方都可以接受的价格。需要强调的是，不要一味地追求廉价产品，高价的不一定是好产品，但价格过低的肯定不是好产品。

(19) 那么，如何判断一个产品的好坏呢？对于用于水泥粉磨的陶瓷研磨体，主要是把控好破损率和磨削能力“两大性能”。需要提醒的是，目前大家关注的焦点都集中在破损率上，对磨削能力还没有引起足够的重视，而磨削能力直接影响到更换研磨体后的台时产量和节电效果。

破损率和磨削能力，在陶瓷研磨体的生产上，是一对相互制约的特性，通常有利于降低破损率的措施，也可能导致磨削能力的降低；提高磨削能力的措施，也可能导致破损率的升高。生产商不能只强调其一而避讳其二，只有两者兼顾的产品才是好产品。比如原料中的 SiO_2 含量，各生产商的控制差别很大，其磨削能力也差别较大，不能仅以破损率论好坏。

(20) 影响陶瓷研磨体破损率的特征指标，并不只是一个抗压强度，不能只以抗压强度判断破碎情况。某经销商在经过一番调研后，对部分较好的陶瓷研磨体做了一次抗压强度检测对比，如表 2.33 所示，虽然谈不上检测的准确性，但应该相信它的公正性。除了 S 公司的抗压强度高、其破损率也低以外，就 J、G、P 三个公司来讲，很难找到其抗压强度与破损率之间的对应关系。

表 2.33 部分陶瓷研磨体的抗压强度

接受日期	试验日期	生产厂家	球(段)规格(mm)	强度平均值(kN)
2016 年 7 月 27 日	2016 年 7 月 27 日	J	ϕ20	18.0
2016 年 7 月 27 日	2016 年 7 月 27 日	G	ϕ13	16.0
2016 年 7 月 27 日	2016 年 7 月 27 日	G	ϕ17	14.1
2016 年 7 月 27 日	2016 年 7 月 27 日	G	ϕ20	23.0
2016 年 7 月 27 日	2016 年 7 月 27 日	S	ϕ20	115.0
2016 年 9 月 2 日	2016 年 9 月 5 日	J	ϕ20	43.6
2016 年 9 月 2 日	2016 年 9 月 5 日	J	ϕ13	14.3
2016 年 9 月 2 日	2016 年 9 月 5 日	J	ϕ15	16.0
2016 年 9 月 2 日	2016 年 9 月 5 日	S	13×15	78.8
2016 年 9 月 2 日	2016 年 9 月 5 日	S	15×17	77.1
2016 年 9 月 2 日	2016 年 9 月 5 日	S	17×19	118.1
2016 年 9 月 2 日	2016 年 9 月 5 日	S	20×21	119.3
2016 年 9 月 5 日	2016 年 9 月 5 日	P	ϕ17	26.1
2016 年 9 月 5 日	2016 年 9 月 5 日	P	ϕ13	23.5

(21) 那么,如何选择陶瓷研磨体供货商呢?最好还是通过考察其业绩后亲自试用。好在试用的时间无需太长,即使试用失败也损失不大,只需把合同签得严谨一些,把控好付款方式也就行了。

3 球磨操作

Ball milling operation

3.1 水泥磨系统的操作

(1) 运转前的准备

① 接到上级开机指令后通知电气值班人员送电,联系总降是否允许开机。

② 通知 PLC 人员将 DCS 系统投入运行,并符合开磨条件。

③ 通知调度室、化验室及巡检工检查确认设备是否具备开机条件;向化验室询要书面质量控制指标及水泥入库号。

④ 进行连锁检查,确认现场所有设备均打到“中控”位置,并处于备妥状态。

⑤ 通知巡检工慢转磨机 360°,然后脱开慢转(辅助传动装置),确保现场工作备妥,安全正常。

⑥ 将化验室下达的质量控制指标、熟料出库分配和水泥入库库号通知巡检工,做好出、入库准备工作。

⑦ 依据化验室下达的配料比例通知单,设定石膏、混合材比率,并将熟料调节置于手动位置,把熟料喂料值调至零。

⑧ 通知水泵房供水、空压站供气,并具备系统工作条件。

⑨ 将系统风机风门调至“零”值,SP 值设定为零,打到“自动”侧,并通知巡检工将一、二次风风门调至合适位置。

⑩ 选粉机转速打到手动位置,SP 值设定为零。

(2) 开机操作

在上述条件确认备妥后,必须严格按顺序启动各机组。严禁两台磨同时启动。

① 将熟料输送机组的袋式收尘机,磨头仓上的袋式收尘机及输送线有关收尘机启动。

② 确定熟料所供应的流向,启动熟料输送机组。

③ 确定各仓的料位后,启动石膏混合材输送机组,注意仓上分料阀的位置。

④ 启动润滑油泵机组,确认正常,30 min 后,磨机方可启动。

⑤ 将成品输送线和入该库的袋式收尘机启动。

⑥ 确认所入库的闸阀位置后,启动水泥输送入库机组。

⑦ 将排风机入口风门关闭,确认选粉机油泵运转正常,启动主排风机、选粉机,待电流稳定后,将排风机入口风门开至 20%左右,选粉机转速设在“自动 ”侧并在 SP 值下设定合适的转速值。

⑧ 现场确认慢转离合器脱开后并确认磨机筒体无摆动时,启动水电阻,15 min 后,启动磨机(如磨机不能启动,应立即停止高压油泵回油,重新启动高压油泵,10 min 后再次启动磨机)。如第一次启动失败,应保证第二次启动的间隔时间足以使水电阻冷却。

⑨ 辊压机喂料前的除铁装置及金属探测器启动成功后,启动辊压机系统设备及喂料系统。

⑩ 加料操作

打开喂料调节组,将熟料喂料值置于“手动”侧,通过设定值缓慢加料至正常喂料的 50%左右,待斗式提升机功率上升稳定后,将熟料喂料值置于“自动”侧,通过设定将熟料喂料自动加料至正常值。对于紧急停车后的加料要视斗式提升机功率而定。加料过程中要防止一次性加料过多、加料速度过快而导致磨机工况不稳,造成满磨。

⑪ 加料结束,操作员应根据运行参数的变化情况及时缓慢地调节风机入口风门开度和选粉机的转速,或现场调节一、二、三次风的风门,使磨机逐渐进入稳定运行状态。

⑫ 开磨初期,为尽快达到磨内合理的料球比、循环负荷量,成品输出量应由小到大逐渐到正常,通过调节选粉机转速和主排风机入口风门的开度,使回粉量和斗式提升机负荷达到正常值。

（3）磨机正常操作

① 认真观察各控制参数的变化，精心操作，使磨机各参数保持在最佳状态，确保磨机稳定、优质、高效运行。

② 正常运转中，操作员应重点监视以下参数在合理的参数范围内：磨机喂料量、回粉量、电流、磨出口负压、出磨斗式提升机电流、入库斗式提升机电流、选粉机电流与转速、主排风机入口风门开度。

③ 水泥磨产品质量指标主要有：细度、比表面积、SO_3 含量、烧失量，这四项质量指标分别影响着水泥不同的性能。在实际生产中，操作员要依据化验室提供的分析化验数据，及时调整操作参数：SO_3 及烧失量通过配料秤调整，细度、比表面积通过辊压机间隙、压力及选粉机转速调整，调整后注意观察化验室的检验结果。

④ 必须严格执行化验室的水泥入库要求，操作中要注意库内料位的变化。换库时要注意各闸板的位置，换库后要注意入库斗式提升机的运行情况。要联系巡检工确认，严防堵塞、漏库、胀库。

⑤ 注意磨内通风，改善磨内的粉磨状况，提高粉磨效率。磨机在运转中要确保磨出口保持一定负压。

⑥ 在整个系统稳定运转的情况下，一般应避免调整选粉机各风门的开度。细度的调整主要是调节选粉机的转速。为避免回粉过多，造成磨尾吐渣量过多，循环负荷率必须控制在一定的范围之内。

⑦ 当发现袋式收尘机有堵塞倾向或已堵塞时，应立即着手处理。视情况减料或断料运行，并通知巡检工检查袋式收尘机下料口及水泥输送相关设备；若短时间内处理不好，应停磨处理。

（4）停机操作

① 在保证各磨头仓料位一定的情况下，停止向磨头仓供料，待袋式收尘机清灰完毕 15 min 后，停止有关输送线的袋式收尘机。

② 将喂料调节组由“自动”转至“手动”，并将喂料调至零，待皮带上的物料排空后，停止喂料机组。

③ 辊压机物料排空后，停止辊压机及除铁器组设备。

④ 当斗式提升机功率降至最低点且趋于平稳后，停止磨机。并通知巡检工按操作规程进行磨机慢转。

⑤ 将风机入口风门关至 15%～20%，并适当的调节一、二次风风门的开度，使系统保持一定的负压。

⑥ 如短时间停机，水泥输送机组及出磨物料分级输送机组，在磨机停止后继续运转 15 min 左右，即可进行停机操作；如长时间停机，则适当地延长时间，但不应超过 1 h，同时通知现场巡检人员反复敲打各空气斜槽、选粉机粗粉下料装置，排空设备内部积灰。

⑦ 待现场排空各设备积灰后，停止出磨物料分级及输送机组、水泥入库机组及库顶袋式收尘机组。

⑧ 磨机低压油泵在停机后运转 48 h，高压油泵运转 72 h 后自动停止。

（5）紧急故障停车

① 某台设备因故障而停机时，为防止相关设备受影响，并为重新启动创造条件，必须立即停止所有上游设备，并联系相关人员检查故障原因，进行紧急处理和调整，下游设备继续运转。若 30 min 内不能恢复的，按停机要领进行停机操作。

② 设备故障造成系统连锁跳停，必须通知巡检工将磨机慢转，以及现场启动风机运转。

③ 磨机喂料机组故障，造成断料 20 min 之内不能恢复的，应立即停磨，其余设备按正常操作要领进行停机或继续运转。

④ 水泥磨系统突然停电时，应立即与电气值班人员联系，启用紧急备用电源，尽快将各润滑油泵启动，并要求巡检工按规程慢转磨机。

⑤ 当有下列情况之一时，应使用系统紧急停机开关，停止当前系统所有设备：

a. 某一设备发生严重故障时；

b. 发生人身事故或有事故苗头时；

c. 其他意外情况必须停机时。

3.2 水泥磨加负荷操作及运行调节

(1) 开机喂料操作

① 设定石膏、石灰石、粉煤灰的喂料比例，喂料量设定为零。

② 启动喂料机组，并设定喂料量。

③ 当磨尾斗式提升机功率上升时，进行第二次加料(重新设定喂料量)；如此反复循环直至达到最终负荷；同时辅以相应的主排风机和选粉机转速及循环风挡板或冷风挡板的调节。

(2) 出磨水泥细度调节(表 3.1)

表 3.1 出磨水泥细度调节

装置措施调节方向 / 现象	选粉机转速	冷风板开度	主排风机风门开度	喂料量	其他
比表面积高、筛余低	↓	↑	↑	↑	降低研磨体装载量；提高平均球径，加强通风
比表面积高、筛余正常	↓	—	—	—	—
比表面积正常、筛余低	—	↑	↑	—	—
比表面积低、筛余高	↑	↓	↓	↓	提高研磨体装载量；降低平均球径

注：“↑”表示提高，“↓”表示降低，“—”表示不变或微调(下同)；
停机过程中除“其他”外还可以对选粉机内部设置进行调节。

(3) 出磨水泥温度调节(表 3.2)

表 3.2 出磨水泥温度调节

调节措施方向 / 现象	主收尘风门	冷风挡板	循环负荷	喂料量	隔仓板	球径	装球量
过高	↑	↑	↑	↑	清理	↑	↓
过低	↓	↓	↓	↓	—	↓	↑

(4) 循环负荷调节

① 运行中调节与成品细度有关。

② 通过选粉机内部结构调整，改变选粉机效率。

③ 磨机装载量高低、磨内平均球径等对磨机循环负荷亦有一定影响。

3.3 水泥磨系统开机注意事项

(1) 磨稀油站控制组在主机启动前 15 min 启动，为中空轴提供保证运行的动、静压油膜。

(2) 现场检查油压是否正常，压差是否过大。

(3) 水泥出磨系统启动时，巡检工必须到现场观察：选粉机供油是否正常，油压是否在正常范围内。

(4) 开启磨主排风机前，主风机风门开度全部关闭，选粉机转速在启动范围(100～150 r/min)。启动完毕后，点击“主风机风门开度”框，根据磨系统负压给定开度，再点击“选粉机转速”框给定选粉机转速。

(5) 开启磨机组之前应在现场对磨机启动慢转 360°，辅助传动装置脱开，点击“磨机启动条件”检查规定启动条件是否满足，如不满足启动条件，通知有关人员检查设备，直到满足条件为止。

(6) 为防止加料过程中，喂料量一次加料过多，加料速度过快而产生磨机堵塞，待磨机各参数稳定后逐步增加喂料量(首先加料至正常喂料的 70%左右)，具体按喂料曲线图控制执行。

(7) 严格按照化验室的要求给定各物料比例。

(8) 磨机加料结束后，操作员根据运行参数变化及时缓慢调节风机挡板开度及选粉机电机转速，使磨机逐渐进入稳定状态，严禁大幅度操作参数造成磨机工况不稳定。

3.4 水泥磨系统异常情况的处置

水泥磨系统某台设备因故障而停机时，为防止相关设备受影响，为重新启动创造条件，必须进行相应的处理，原则如下：

(1) 磨机喂料全部中断或熟料中断(若石膏、辅料有超过 5 min 不下，必须进行止料动作)，20 min 内仍不能恢复时，必须立即停止磨机运转，其余设备根据实际情况按正常操作要领进行停止或继续运转。

(2) 设备故障造成的系统连锁跳停，必须及时现场启动选粉机稀油站、磨机稀油站、主排风机，并按慢转规定启动磨机辅助传动装置。

(3) 主机设备故障跳停进行紧急处理和调整，下游设备继续运转，如 30 min 内不能恢复的按停机要领进行停机操作，紧急处理和调整步骤如下：

① 立即检查故障原因；

② 按慢转规定启动磨机辅助传动装置。

(4) 空压机出现故障不能按所要求的压力供气时，通知启动备用空压机继续供气，如仍不能满足条件须停磨处理。

(5) 当磨机运转异常，并判断有筒体衬板、端盖衬板脱落或发现有衬板破损，螺栓松动较严重、折断，以及隔仓板、出料篦板破损造成研磨体窜仓等情况时，立即停磨处理。

(6) 当发现磨机堵塞，且入口处向外溢料时，立即停止喂料，但磨机要继续运转，待其恢复正常，重新启动喂料机组(若再次出现此情况，停磨检查磨内隔仓板或出磨篦板、钢球的情况，并作出处理)。

(7) 当收尘设备严重堵塞或故障，不能形成系统负压，影响设备的安全生产时，应及时汇报，建议停磨处理。

(8) 从磨机各运转参数判断隔仓板或卸料板严重堵塞，应及时汇报，建议停磨检查处理。

(9) 当磨机的磨音发闷，磨机电流下降，磨尾出料很少而磨头可能出现返料，检查物料的粒度、水分、温度等是否有变化，适当减少喂料量或止料。

(10) 当有下列情况之一时，可使用紧急停机开关：

① 主机和在线关键设备发生严重故障时；

② 发生人身事故或有事故苗头时；

③ 其他意外情况必须紧急停机时。

(11) 当稀油站的泵油压力和供油压力压差较大，且已发出报警信号时，应通知巡检工切换备用过滤器，并清洗过滤器作备用。

(12) 操作必须注意的事项：

① 无论在任何情况下，磨机必须在安全静止状态下方可启动。

② 紧急停机或跳停后，磨机仓内有较多存料时，当再次启动，不要急于马上喂料，要待出磨斗式提升机功率稍有下降再开始喂料。

③ 严禁频繁启动磨机，连续两次以上启动磨机必须征得电气技术人员同意方可操作。

(13) 当系统突然断电时，应立即通知相关人员启动应急备用电源，然后通知现场人员开启各稀油站，按慢转规程启动磨机辅助传动装置。

(14) 磨机饱磨及处理

① 磨机二仓饱磨现象及处理方法(表 3.3)

表 3.3 磨机二仓饱磨现象及处理方法

观察点	出磨斗式提升机电流	磨机功率	一仓磨音	二仓磨音	磨头	磨尾负压	回粉	水泥温度
现象	下降	下降	发闷	发闷	冒灰	下滑	减少	下降
故障原因	1. 喂料量过高； 2. 喂料过快或脉动喂料； 3. 钢球级配不合理或装载量少； 4. 磨内通风过高或过低； 5. 二仓隔仓板堵； 6. 回转筛堵； 7. 一仓和/或二仓隔仓板破			处理方法	1. 如磨尾仍有物料流出,减少喂料或停止喂料,加大循环负荷,待各参数恢复正常后,分析原因,作出相应调整后再逐步加喂到正常值； 2. 如果磨尾已无物料流出,检查回转筛,如堵,停磨清堵； 3. 如果磨尾已无物料流出,回转筛未堵,断喂料,同时加大抽风,15 min 内如有物料流出,按第 1 操作;如在 15 min 内仍无物料出,停磨清理一、二仓隔仓板； 4. 如属故障原因 3,继续操作,大修时处理。如属故障原因 5、6、7,则相应处置			

② 磨机一仓饱磨现象及处理方法(表 3.4)

表 3.4 磨机一仓饱磨现象及处理方法

观察点	出磨斗式提升机电流	磨机功率	一仓磨音	二仓磨音	磨头	磨尾负压	回粉	水泥温度
现象	下降	不确定	发闷	清脆	冒灰	下滑	减少	下降
故障原因	1. 喂料量过高； 2. 喂料过快或脉动喂料； 3. 一仓级配不合理或装载量过低； 4. 磨内通风过高或过低； 5. 一仓隔仓板堵			处理方法	1. 如磨尾仍有物料流出,减少喂料或停止喂料,加大循环负荷,待各参数恢复正常后,分析原因,作出相应调整后再逐步加喂到正常值； 2. 如果磨尾已无物料流出,断喂料,加大磨尾抽风,15 min 内如有物料流出,按第 1 操作;如在 15 min 内仍无物料出,停磨清理一仓隔仓板； 3. 如属级配或装载量原因所致,让步操作,到大修时处理。如属故障原因 5,则相应处理			

(15) “包球”及其处理

包球的特征是磨音低沉发出“呜呜”的响声,磨尾滚筒筛上水汽大,物料潮湿;或者物料太干,而且物料过粉磨,产生静电引起包球。包球时研磨体上有一层细粉,磨机粉磨能力减弱,以至造成磨尾排出大量的粗颗粒物料。

产生“包球”的原因及其解决方法:

① 若因物料水分太大,则应加强物料的烘干,改用干料或临时加入少量干矿渣,使之逐渐消除包球;

② 若风管堵塞,通风不良,磨内水汽排不出引起的包球,这时应清扫风管,改善通风;

③ 若物料太干,磨机温度过高,产量低、物料过粉磨而产生静电引起的包球,应加强通风,降低入磨物料温度,磨头或磨尾喷水,适当增加产量或循环负荷率。或使用助磨剂消除静电,可有效消除包球现象。

(16) 隔仓板篦缝堵塞

隔仓板的篦缝堵塞后物料不能通过,使流速减慢,造成饱磨。其原因是入磨物料水分过大,通风不良，磨内水汽不能排除，使潮湿物料黏结于篦孔中，或因碎铁杂物等堵塞在篦孔中。其处理方法是降低物料水分，清除篦孔堵塞物。

(17) 研磨体窜仓

研磨体窜仓的原因一是隔仓板固定不稳，篦板掉落；二是篦孔被磨大，没有按时更换隔仓板，以及研磨体磨损后直径太小等造成，这些应停磨检查，分别处理。

(18) 磨机轴瓦温度偏高

① 检查润滑油量情况，保证有足够的润滑油；

② 检查润滑油油泵是否正常工作，有故障及时排除；

③ 检查润滑系统的阀门是否到位；

④ 检查油过滤器是否堵塞，及时清洗；

⑤ 检查冷却水量及水温，必须保证足够的冷却水，并控制冷却水温不能过高；

⑥ 如出磨水泥温度过高，控制入磨物料温度，加强磨机通风，调节出磨水泥温度；

⑦ 如中空轴隔热材料缺损，大修中整改；

⑧ 中空轴瓦面检查处理。

3.5 水泥磨系统操作紧急预案

水泥磨系统包括了喂料装置、辊压机、磨机、选粉机、收尘器及其连接管道和辅助设备，当出现紧急情况时，操作首先应考虑现场人员及设备的安全，然后通知巡检工、电工、调度人员马上处理，同时采取得力措施尽量减少停机时间，为现场抢修争取时间。

水泥磨系统出现的紧急情况可分为三类：一是设备跳停，二是堵料、断料，三是参数异常(温度、负压)、设备报警(超电流、温度高、振动值大)。

1) 设备跳停类

设备突然停机时的基本程序：

(1) 马上停掉与之有关的部分程序。

(2) 为防止本系统因气体温度迅速上升而发生故障，必须及时对各阀门进行调整，降低风量和风温。

(3) 尽快查清原因，判断能否在短时间(30 min)内处理完，以决定再次启动的时间，并进行相应的操作。

① 辊压机跳停

止料，关闭辊压机气动棒闸，停配料皮带(称连锁跳停)。如因有大块辊缝超差跳停，通知巡检工先加左右侧压力，再盘车；如是电气原因，通知电工；如长时间无法启动辊压机，通知调度人员，等提升机电流降到空载电流后停磨。注意：辊压机跳停后，在没有盘车的情况下，不要急于将下料螺旋装置关掉，防止内部物料将下料挡板顶坏。

② 入库提升机跳停

停库底配料，关闭辊压机气动棒闸，降低循环风机转速，停入磨斜槽、高浓度收尘风机、成品斜槽。注意：如果磨机系统循环料较多，可直接将磨机停下，把高浓度收尘风机转速降到最低，开启回粉斜槽，慢慢地将循环料放到磨机一仓。

③ 水泥磨跳停

止料，关闭辊压机气动棒闸，停库底配料，停入磨斜槽和回粉斜槽，同时降低选粉机转速；如因稀油站原因跳停，及时通知巡检工；如因电气原因跳停，通知电工处理。注意：如是因为磨机轴瓦和减速机轴瓦温度高导致跳停，需让岗位工和电工检查确认设备自身有没有问题，如有问题切勿盲目开机。

④ 出磨提升机跳停

停库底配料，关闭辊压机气动棒闸，紧急停磨，同时停入磨斜槽和成品斜槽，降低选粉机转速。

⑤ K 型选粉机跳停

止料，关闭辊压机气动棒闸，停入磨斜槽，同时降低高浓度收尘风机转速，通知巡检工、电工、调度人员及时处理。

⑥ 高浓度收尘风机跳停

止料，关闭辊压机气动棒闸，停入磨斜槽，通知巡检工、电工、调度人员及时处理。

⑦ 循环风机跳停

a. 及时止料，停配料秤；

b. 将辊压机的气动棒闸及时关闭。注意：如果配料秤停晚了的话，承重仓里的料会急剧上升，导致满仓，等再次下料时会出现下料不畅甚至不下料；如果气动棒闸关晚了，会导致仓内压力急剧变化，物料下料冲料，导致辊压机跳停。完成上面几项操作后，通知巡检工、电工、调度人员及时处理。

⑧ 回粉斜槽跳停

止料，关闭辊压机气动棒闸，停库底配料，停入磨斜槽，降低选粉机转速。通知巡检工检查斜槽走料情况（透气袋有没有损伤）。

处理完紧急情况，再次启动时需注意：由于系统在紧急情况下停车，各设备内积存有物料，因此再次启动时，不能像正常情况那样立即喂入物料，要在设备内物料粉磨或输送完后，才开始喂料。

2）堵料、断料

（1）旋风筒内堵料

① 现象：

a. 锥体压力突然显示为零，或慢慢负压降低；

b. 承重仓仓位不断上升；

c. 磨机功率上升；

d. 出磨提升机电流急剧下降。

② 原因：

a. 物料水分较大；

b. 循环风较大，入磨物料较粗；

c. 锁风阀不锁风，设计不合理；

d. 斜槽透气袋有损坏，导致物料走料不畅。

③ 处理措施：

a. 止料，关闭辊压机的气动阀；

b. 循环风机降低转速；

c. 通知岗位工检查斜槽和锁风装置；

d. 加大物料的烘干，保证供料的水分在合理范围。

（2）配料秤卡住、断料

① 现象：

a. 秤瞬时无流量反馈；

b. 承重仓仓位不断下降；

c. 物料总流量反馈下降；

d. 秤皮带忽快忽慢。

② 原因：

a. 下料溜子卡大块；

b. 秤皮带跑偏导致物料外流；

c. 电子秤检测承重不准确。

③ 处理措施：

a. 如果发现某一秤出现问题，及时停掉所有的秤，不然会由于某一物料断料导致整体水泥质量的变化；

b. 秤停后注意调节好磨前喂料系统参数；

c. 及时通知岗位工检查处理。

(3) 出料饼提升机溜子堵料

① 现象：

a. 承重仓仓位下降；

b. 料饼提升机电流突然升高。

② 处理措施：

a. 及时将配料皮带停下；

b. 将辊压机的气动棒闸关闭；

c. 降低循环风速。

(4) 入磨斜槽堵料

① 现象：

a. 旋风筒锥部负压变化加大；

b. 磨机功率瞬时上升，出磨提升机电流下降；

c. 承重仓仓位变化波动较大。

② 处理措施：

a. 及时止料，将配料秤停下；

b. 快速将辊压机气动棒闸关闭，同时快速将循环风机的转速降到最低；

c. 通知现场岗位工及时处理通料。

(5) 回粉斜槽堵料

① 现象：

a. 选粉机电流瞬时上升；

b. 磨机功率瞬时升高；

c. 出磨提升机电流变化较大。

② 原因：

a. 锁风装置不锁风；

b. 下料溜子有异物；

c. 透气袋有损坏。

③ 处理措施：

a. 及时止料；

b. 快速将辊压机气动棒闸关闭，同时快速将循环风机的转速降到最低；

c. 将入磨斜槽停下；

d. 降低选粉机转速；

e. 让现场岗位工检查斜槽透气带、下料溜子；

f. 如不能短时间处理好，停磨。

(6) 磨机一仓(粗磨仓)隔仓壁板堵塞

① 现象：

a. 磨机磨音信号降低；

b. 出磨提升机电流下降；

c. 磨机出口负压上升；

d. 现场听粗磨仓声音低沉，细磨仓声音清脆。

② 原因：

a. 隔仓壁板有异物或杂物堵塞；

b. 物料水分过大将壁缝堵塞。

③ 处理措施：

a. 降低或停止喂料进行观察；

b. 增大磨机通风量；

c. 若上述措施无效，停磨检查。

(7) 磨机二仓(细磨仓)堵塞

① 现象：

a. 磨机磨音信号降低；

b. 出磨提升机电流下降；

c. 磨机出口负压上升；

d. 现场听磨机整体磨音低沉。

② 处理措施：

a. 降低或停止喂料，进行观察；

b. 增大磨机通风量；

c. 若上述措施无效，停磨检查。

(8) 入选粉机斜槽堵塞

① 现象：

a. 出磨提升机电流瞬时升高；

b. 选粉机电流瞬时下降。

② 原因：

a. 出提升机溜子有异物卡住；

b. 斜槽透气带有损坏。

③处理措施：

立即止料，停磨检查。

3) 参数异常、设备报警处理措施

(1) 磨机主轴瓦、主减速机轴瓦温度高

① 检查供油系统，看供油压力、温度是否正常，进行调整；

② 检查润滑油中是否有水或其他杂质，检查润滑系统的阀门是否到位；

③ 检查冷却水系统是否运转正常；

④ 如出磨水泥温度过高，调节出磨水泥温度。

(2) 提升机电机功率、电流波动较大

① 原因：斗式提升机掉斗子或损坏，斗式提升机电流或功率呈周期性变化。

② 处理措施：

a. 立即停止磨机和喂料；

b. 提升机采用慢转运行，打开提升机下部检查门，观察斗子运行情况。

(3) 辊压机左(右)侧压力、电流波动变化大

① 原因：

a. 电流突然波动较大，说明下料过程中有大块或铁块进入两辊之间引起辊压机振动；

b. 在正常运行中，如果辊压机的电流和压力一直波动，说明辊压机的喂料很不均匀，或是液压系统有问题。

②处理措施：

a. 多观察，注意辊压机的电流波动频率，如果波动频繁，应及时止料，停机检查物料中是否有铁块或其他异物，否则长时间运转会对辊面造成损害；

b. 慢慢调整下料装置，随时观察电流和压力的变化，调至稳定。

(4) 磨机功率变化较大

① 喂料不均匀，导致入磨的物料忽大忽小，忽粗忽细。措施：及时调整喂料量，均匀喂料，使得磨机循环系统一直处于平衡稳定状态下运行。

② 主电机和主减速机现场运转不正常，主机底座螺栓松动或安装不合理。措施：及时停机处理。

③ 隔仓板破损或倒塌，出磨斜槽中有较大的物料和钢球，斗式提升机功率增大，斗式提升机在现场可听到钢球砸壳的声音。措施：及时停机检查，处理、更换。

3.6 矿渣球磨机的操作

磨机操作对提高磨机产量和产品质量十分重要，相同的磨机，操作好坏，可以有很大的区别，操作工应重视磨机的操作和掌握磨机的操作技术。熟料磨的操作方法与普通的水泥磨一样，此处不再介绍。矿渣磨的操作方法有其特点，基本的操作原则是：磨机各仓磨声正常，不发闷，也不能太响；磨机各仓研磨能力平衡，不能有某个仓磨音特别大或特别响；出磨矿渣粉的比表面积能达到指标要求，磨机产量高。以下详细进行介绍。

(1) 开路矿渣球磨机的操作

对于开路矿渣球磨机的操作，除了听磨音外，还需要特别注意矿渣水分。如磨机一仓磨音很大，出磨矿渣比表面积又偏低，此时应首先观察矿渣水分。如水分较小，说明矿渣比表面积低是由于矿渣水分较低、物料流动速度太快造成。此时不应该减少喂料量，只需在磨头加适量水即可。如果矿渣水分合适，一仓磨音发闷，说明比表面积低是由于喂料量过多、研磨能力不足造成，此时应减少喂料量，以提高比表面积。有时，由于一仓饱磨，隔仓板被糊住，物料通过困难，一仓显示磨音发闷，但一旦糊在隔仓板的物料被打掉，物料会快速冲到二仓及磨尾，也会造成短时间的跑粗现象。

如果磨机尾仓磨音较大，磨内较空，而出磨的矿渣粉比表面积又较小，达不到指标要求，说明磨内物料流速较快，应该增加尾仓喷水量，以提高出磨矿渣的比表面积。

如果磨机尾仓磨音发闷，而出磨的矿渣粉比表面积也较小，此时往往是由于磨机尾仓饱磨造成，应立即减少喂料量。

如果磨机尾仓磨音发闷，而出磨的矿渣粉比表面积较大，高过了指标要求，此时往往是由于磨机尾仓喷水较多或磨机通风量过小，使得矿渣流速太慢造成，应减少喷水量或增加磨机通风量。

矿渣磨的通风量的控制也很关键，通常增加磨内通风量，会使矿渣比表面积下降，但磨内通风量太小，又容易造成磨机饱磨，使产量下降。适宜的磨内通风量，通常是使磨头保持微负压时的通风量。

如果出磨矿渣粉的比表面积特别高，此时多半是由于入磨矿渣水分过大，使一仓饱磨，隔仓板糊死、过料困难，使得二仓很空没有多少物料所造成。此时应检查矿渣水分是否太高，一仓是否饱磨。如果水分过高，一仓极易饱磨，只有降低矿渣水分，才可提高产量，降低比表面积。此时不可盲目增加喂料，否则一仓将出现严重饱磨，以致无法正常生产。

一般情况下，矿渣磨正常运转时，磨机一仓、二仓磨音均较脆，三仓可以听到钢段的摩擦声，入磨矿渣水分控制在 1.0%～2.0%之间。

(2) 闭路矿渣球磨机的操作

对于闭路矿渣球磨机的操作，主要应注意磨音和回粗量。正常生产时，磨音发脆，回粗量适中。如果回粗量增大，此时是出现饱磨的前兆，应及时减少喂料量，否则不用多长时间，磨机就会出现饱磨，矿渣粉的比表面积将大幅度下降。如果回粗量减少，则应增加喂料量，否则磨机磨音会增大，产量低。

闭路磨的矿渣粉比表面积主要受选粉机和矿渣水分的控制，要想增减比表面积，可通过调整选粉机和控制矿渣水分来达到。有时喂料量减少，矿渣粉比表面积反而下降，回粗量大大减少，产量降低，这主要是由于入磨矿渣水分过小或磨尾喷水量过少造成，此时可提高入磨矿渣水分或增加磨尾喷水量。通常闭路磨由于通风较好，矿渣水分可高一些(2%～3%)。提高水分，同时降低喂料量可有效提高矿渣比表面积。如喂料量过大或矿渣水分过高时，磨机回粗量将逐渐增加，磨内物料逐渐增多，直至饱磨。这期间会出现比表面积短暂上升的现象，但不久由于饱磨，研磨效率下降，矿渣粉的比表面积将大幅度下降。因此，在任何情况下，都必须保证磨机有较脆的磨音，才可得到合格的矿渣粉比表面积。如磨机长时间在半饱磨状态下运行，虽然产量可能不低，但矿渣粉比表面积将较低。

对于闭路磨，当选粉机和研磨体级配及矿渣水分固定后，均有一个最佳喂料量，在最佳喂料量时，产量最高，比表面积最大。最佳喂料量可以通过逐步增加喂料量的方法寻找。只要在 1～2 h 内不使磨机出现饱磨，就可以增加一点喂料量，直到达到某一喂料量并运转 2～3 h 后才出现饱磨，说明此喂料量已达极限。比此喂料量稍低一点，通常可作为最佳喂料量。

3.7 提高水泥磨机产量的主要途径有哪些

如何提高水泥磨机的台时产量，进一步降低磨机的单位电耗，是水泥企业必须考虑的问题，方海焱等对此作了一个较系统的介绍，以供大家参考。

1) 改善物料的易磨性

(1) 强化熟料烧成工艺，提高硅酸盐矿物比重，尤其是熟料中硅酸钙(C_3S 和 C_2S)按质量计至少达到 2/3 以上。国外和国内主要新型干法窑厂熟料的 C_3S 和 C_2S 含量均在 77%左右。

(2) 强化熟料的冷却速度，提高熟料的易磨性。

(3) 铁铝酸四钙(C_4AF)高的熟料一般比较难磨，主要用于生产道路水泥；铝酸三钙(C_3A)高的熟料一般比较容易糊磨，降低研磨体的粉磨效率，降低筛分装置的选粉效率。

(4) 选择合适的混合材。粉煤灰和炉渣有一定的助磨作用，矿渣、钢渣等则比较难磨。因此对于易磨性差别大的物料，建议使用分别粉磨方式，而后加以混合。目前很多厂家已将矿渣单独细磨成矿渣微粉，从水泥磨尾直接加入水泥中，使用效果不错。

2) 降低入磨物料粒度

(1) 磨头细碎

磨头细碎的目的相当于给球磨机增加了一个破碎仓，降低磨机本身的负担，而且破碎机的破碎效率明显大于磨机本身的球仓，对于长径比小的磨机效果尤为明显。

(2) 辊压机

辊压机是应用高压料层粉碎的原理，采用单颗粒粉碎群体化的工作方式，使物料粒度迅速减小，小于 0.08 mm 的细粉含量可达 20%～35%，小于 2 mm 的物料达到 70%以上。并且所有经挤压的物料颗粒都存在大量的裂纹，使后续球磨机系统的粉磨状况大为改善，从而大幅度降低粉磨系统的单位电耗。采用挤压联合粉磨工艺对提高磨机的台时产量，效果最为明显，但投资也最大。

(3) 棒磨机

棒磨机的特点是产品粒度均齐，小于 0.08 mm 的颗粒可达 20%以上，运行成本低。新疆天山水泥股份有限公司、新疆屯河水泥有限责任公司、四川峨眉山佛光水泥有限公司均有应用，用户反映良好。不过需要注意的是，在破碎设备和磨机之间必须设置缓冲仓，否则一旦磨机产量降低，破碎设备的产量将随之降低，对设备的运行效率和使用寿命将造成较大的影响。应该指出的是，在安装磨头预破碎设备后，必须配合有磨机仓位的调整，才能达到最佳使用效果。

3）粉磨形式——开流与圈流

(1) 开流磨机方案

对于长径比在13.5以上的较长球磨机均可采用高产高细磨技术。

① 采用筛分隔仓板对磨内物料进行选择性筛分，只有达到一定粒径的物料才能通过筛分装置进入细磨仓，而粗颗粒则返回粗磨仓内继续粉磨。粗磨仓内的细料减少了，相对增加了粗颗粒含量，这样就提高了粗颗粒的破碎概率，减小了细料的缓冲效应，提高了粗磨仓的粉磨效率。

② 细磨仓采用微型研磨介质提高了细磨仓的粉磨效率。由于筛分装置的作用，进入细磨仓中的物料粒径较小，其粉磨速度主要取决于研磨体的冲击次数及研磨体表面积，采用ϕ8～ϕ12 mm的微型研磨介质后，细磨仓中研磨体的总个数和总表面积得到了大幅度提高，1 t微段的总个数约是普通ϕ20～ϕ30 mm钢段个数的20倍，总表面积约是普通钢段的2.5倍，从而提高了冲击次数，提高了细磨仓的粉磨效率。另外，由于大颗粒物料无法进入细磨仓，细磨仓中物料粒度相对均齐，给使用粉磨效率高的微介质创造了条件。

(2) 圈流磨机方案

选粉机的功能是通过将出磨物料中达到一定粒径的颗粒及时选出而达到提高磨机粉磨效率的目的，但选粉机本身只能选粉而不能制粉，因此选粉机的改造应与磨机的改造结合起来进行。当然，一般说来，选粉机的效率高，系统产量也高。

① 离心式选粉机

离心式选粉机是一种相对落后的分级设备(属第一代选粉机)，分级效率和精度较差。加上结构上的限制，已无法进行有效的改进，故这种选粉机应予淘汰。

② 旋风式选粉机

旋风式选粉机属第二代选粉机，所作的改进是将成品的收集功能移至机外的小直径旋风收尘器中进行，比第一代离心式选粉机有所进步。但由于仍然采用水平小风叶旋转来控制分级粒度，分级核心部件仍与离心式选粉机相同，因而效率仍然不高。

③ 笼式选粉机

以O-Sepa选粉机为代表的笼式选粉机是一种分级效率高达80%以上的第三代选粉机，国产主要以DS和HES高效选粉机为代表，其分级机理与离心式和旋风式相比有突破性的改变，选粉机的各环节均达到了相当高的水平，因而整体的选粉效率很高，是一种极具优势的分级设备，在新建生产线和老线改造中得到了广泛采用。

(3) 开流系统与圈流系统的比较

① 开流粉磨系统

其优点是本身流程简单，设备数量少，厂房面积小，操作容易，管理方便，运转率高。

其缺点是：

a. 与圈流粉磨系统相比，由于磨内存在的过粉磨现象严重，合格产品不能及时出磨，因而粉磨效率低、单位电耗高、球耗大。

b. 开流粉磨对水分敏感度大，由于受气候条件和工艺条件制约，一旦入磨物料综合水分大于1.5%，磨机台时产量便大幅度下降。

c. 静电效应影响大，物料在磨内磨得越细，黏结的可能性就越大，加上温度高，造成磨内糊球、糊段，粉磨高比表面积的水泥时情况尤为严重。

d. 生产能力低，单机大型化后差距更大。

e. 成品温度高，一般比圈流磨高20～30 ℃。

f. 尤其不适用于同时粉磨易磨性差别大的混合物料。

② 圈流粉磨系统

优点：

a. 磨内过粉磨现象少。磨机的产量比同规格开流粉磨系统高。

b. 单位电耗低。产品细度要求越细，圈流粉磨系统的单位电耗越低。但是必须指出的是，对于老式选粉机，细度细，并不意味着比表面积高。

c. 成品的细度稳定和调节容易。当其他条件不变时，0.08 mm 筛筛余一般波动范围在±1%以内。当水泥的品种变更或细度指标做大的改动时，只需调节分级设备，相当方便。

d. 能进行选择性粉磨。在选粉机的作用下，易磨及活性低的组分（如易磨混合材和烧结不足的熟料）由于密度小，一旦粒度合格，即被作为细粉选出；而难磨且活性高的熟料组分，由于密度大，不易被作为成品选出而磨得较细，从而有利于水泥强度的发挥。由于具有选择性粉磨作用，圈流粉磨系统对粉磨易磨性差别大的混合物料更为适用。

e. 成品的粒度较均齐，过粗和过细的颗粒均较少，颗粒组成比较理想。磨制水泥时，成品中 3～30 μm 的颗粒的比例较大。

f. 散热面积大，磨内温度低。圈流粉磨系统的料球比小，研磨体彼此冲击产生的热量少；磨内物料通过量大，风速高，在选粉和输送过程中已散发了大量的热。由于上述原因，磨内温度比开流粉磨系统约低 20～30 ℃。

圈流粉磨系统的缺点是：流程复杂、设备多、一次性投资大、厂房面积大、操作复杂、定员多、维护工作量大、系统设备的运转率低。

4）磨内通风

（1）给物料在磨内的流动增加一个推动力。

（2）将磨内的合格细粉及时带出磨外，降低过粉磨现象。

（3）将磨内研磨体产生的热量带到磨外，降低磨内温度和出磨水泥温度。

（4）风速控制：开流磨机磨内风速为 0.2～0.5 m/s，圈流磨机磨内风速大于 1 m/s。早期的水泥磨机的通风曾经采取过自然拔风形式，随着单机设备的大型化，早已不能适应水泥生产的需要。加强磨内通风是提高磨机产量的重要因素之一。

5）仓位设置

磨机分仓的主要作用是分隔破碎和研磨，可实现分级粉磨。仓位的分配要依据物料的特性和粒度情况而定。合理地分配磨机的仓室个数和长度比例，对磨机的产量有重要的影响。这一点尤其不能忽视，甚至可以这么说，在影响磨机产量提高的因素中，除了物料的特性（易碎性、易磨性）之外，磨机的仓位起着举足轻重的作用。有些企业在增加了磨头预破碎设备后，入磨物料粒度有了大幅度的降低，而磨机产量未见有大的变动，其根本原因就是没有进行仓位的重新调整。

6）研磨体级配

研磨体的级配一般是凭借各个生产企业自己的使用经验确定，但目前已可运用市面上的各种“磨机专家系统”进行计算，只需输入磨机规格、原材料性质等简单参数就可自动得到研磨体级配方案。人工计算研磨体级配时，一般是“中间大、两头小”。如果配有磨头预破碎系统，入磨物料粒度较小，但其中还含有一些易碎性差的物料，也可以根据情况采取“中间小、两头大”的方案，有时也能取得意想不到的效果。

7）衬板形式及隔仓板型式

衬板形式无论怎样变化，其主要作用保持不变，除了保护磨机筒体外，在球仓是为了提高磨机对研磨体的提升高度，加强对物料的破碎作用；在段仓则是为了使研磨体更有效地增强对细物料的研磨。在推广高产高细磨技术的过程中发现，圆角方形衬板和角螺旋衬板对降低磨机的运行电流有益，但对细磨仓的粉磨效率有降低的趋势。对于隔仓板的型式，建议一般采用“小篦孔，大流通”的设计方案。

8）筒体淋水与磨内喷水

磨机在生产过程中研磨体会产生大量的热能，如果不能及时排出磨外，将会造成磨内研磨体和篦板、衬板的黏糊，严重恶化磨内的粉磨工况。磨内热量的散失主要靠以下三种方式：粉磨物料带出磨外，磨机通风带出磨外，筒体的辐射散热。因此除了通过提高产量、加强磨内通风外，磨机筒体淋水也起到一个不可忽视的作用。对于大型水泥磨机,不但需要筒体淋水,还需要采用磨内喷水措施,改善磨内粉磨工况和降低出磨水泥温度。

9) 磨机的操作方法(开流磨机)

(1) 保持适当磨音,不要太响也不能饱磨。很多时候,磨机在处于"临界饱磨"或"亚饱磨"的情况下,反而产(质)量俱佳。

(2) 通风不需要太大,磨内风速一般在0.2~0.5 m/s,保持磨头有负压即可。风速太大,细度、比表面积将难以控制。

(3) 在正常停料停磨情况下,各仓必须有正常的存料量。因为物料在磨内粉磨时,实际上由新喂入的物料补充磨内存料,而磨内存料逐渐被排除磨外。如果磨内没有存料或存料太少,则入磨物料的任何变化都将影响到出磨产品的产(质)量,直接表现为台时产量不稳,细度跳动大。因此,保持磨内的存料量,实际上就是使磨内的料球比处于最佳状态。

(4) 磨内筛余曲线。对于三仓磨机,在正常停料停磨情况下,对磨机各仓取样作磨内筛余曲线。根据仓位长度不同,一般一仓出口篦板附近细度 $R80\ \mu m$ 为60%~65%,二仓出口细度 $R80\ \mu m$ 为30%~35%,三仓出口为4%~6%,产品细度 $R80\ \mu m<3\%$。

节能降耗是摆在水泥行业面前的头等大事,在保证水泥质量的前提下,尽可能地提高磨机产量,降低单位电耗,对水泥生产企业来说,具有重要意义。

3.8 出磨水泥温度高有何危害,如何解决

(1) 出磨水泥温度高的原因

① 由于大量的研磨体之间,研磨体与衬板之间的冲击、摩擦,从而产生大量热量,使水泥温度升高。

② 入磨物料温度太高,使出磨水泥温度提高。

③ 磨机通风不好,或者由于工艺条件限制使得通风量不够,不能及时带走磨内热量,出磨水泥温度提高。

④ 由于磨机大型化,单位水泥产量筒体表面的散热的比例变小,不能有效排走热量,从而使得出磨水泥温度提高。

⑤ 水泥细度要求过细,磨机内物料流量下降,物料带走的热量大幅下降,使得水泥温度上升。

⑥ 由于夏季气温高,造成进磨物料温度高和系统散热慢,最终形成磨内和成品水泥温度高的现象。

(2) 出磨水泥温度高的危害

① 引起石膏脱水成半水石膏甚至产生部分无水石膏,使水泥产生假凝,影响水泥质量,而且易使入库水泥结块。

② 严重影响水泥的储存、包装和运输等工序。使包装纸袋发脆,增大破损率,工人劳动环境恶化。

③ 对磨机机械本身也不利,如轴承温度升高,润滑作用降低,还会使筒体产生一定的热应力,引起衬板螺丝折断。甚至磨机不能连续运行,危及设备安全。

④ 易使水泥因静电吸引而聚结,严重的会黏附到研磨体和衬板上,产生包球包段,降低粉磨效率,降低磨机产量。

⑤ 使入选粉机物料温度增高,选粉机的内壁及风叶等处的黏附加大,物料颗粒间的静电引力更强,影响到撒料后的物料分散性,直接降低选粉效率,加大粉磨系统循环负荷率,降低水泥磨台时产量。

⑥ 水泥温度高,会影响水泥的施工性能,产生快凝,混凝土坍落度损失大,甚至易使水泥混凝土产生温差应力,造成混凝土开裂等危害。

(3) 降低出磨水泥温度的方法

① 降低进磨熟料温度

a. 加强物料管理,避免温度很高的熟料入磨头仓,杜绝红料入磨。

b. 冷却机内喷水，降低熟料温度。

c. 进磨熟料皮带上喷水。

以上两项喷水措施降温效果明显，但也有副作用。冷却机内喷水易使部分水汽带入冷却机尾部的破碎机内，水汽捕捉熟料粉尘在破碎机内壁形成黏结，久而久之影响破碎机的正常运转；熟料皮带上喷水，会降低水泥的强度。

② 加强粉磨系统散热

粉磨系统有大量的设备和管道，散热的表面很大。加强系统散热主要是利用系统的表面强化冷却散热，如向选粉机外侧壁喷雾化水，沿螺旋输送机的外侧做水槽等。试验表明，使用该方法水泥温度有所降低但不明显，而且容易造成设备内进水，应当慎用。

③ 掺加助磨剂

磨内温度的降低有利于提高台时产量，同时台时产量的提高又有利于降低水泥温度。针对粉磨系统温度高造成磨内过粉磨现象严重和选粉机选粉效率下降，通过使用助磨剂，降低磨内黏附程度，可提高选粉机效率，从而在一定程度上降低出磨水泥的温度。

④ 加强磨机通风

加强磨机通风，可多带走一部分热量，但根据磨机热量平衡计算，磨机通风带走的热量通常只占磨机总排热的 20%。加强磨内通风虽然可降低物料温度，但是，磨内的通风受到系统的阻力、锁风、漏风等约束限制，还受到产品细度的制约，因此，通过提高磨内通风来降低出磨物料的温度有一定的限度。

⑤ 采用磨机筒体淋水冷却

在小型磨机中，通常采用筒体淋水来降低出磨水泥的温度，根据磨机热平衡计算，在排出磨机的热量中，筒体表面辐射散发的热量约占总热量的 6%左右，因此，其作用是有限的。而且，磨机大型化后，磨机单位产量的筒体表面积下降许多，从磨机筒体表面散发的热量占总热量的比例越来越小。磨机筒体钢板的加厚和衬板的加厚也阻碍热量的传导，传统的对磨机筒体表面淋水以提高散热效率的方法受到限制，对于直径大于 3m 的磨机其作用非常有限，而且随着筒体表面的结垢其效率还会显著下降(1 mm 厚结垢相当于 40 mm 厚钢板的热阻)。筒体表面的淋水浪费资源并污染环境，故在大型粉磨系统中已不再使用。

⑥ 采用水泥冷却器

采用水泥冷却器可以大幅度降低水泥的温度，冷却效果较好，出冷却器的水泥温度能达到 70 ℃以下，容易操作和控制。水泥冷却器的种类很多，有立式螺旋提升式水泥冷却器、热管斜槽式水泥冷却器、热管式流化床水泥冷却器等。水泥冷却器虽然冷却效果很好，但也存在下列缺陷：

a. 水泥冷却器只能冷却出磨以后的水泥，对降低水泥磨内温度、避免石膏脱水、防止包球包段、提高水泥磨产量、避免磨机轴瓦温度超标等没有任何作用。

b. 投资大，所需空间大，冷却水用量大。

c. 由于水泥对冷却设备的磨损，因此存在漏水等安全隐患。

d. 螺旋提升式冷却器还严格要求被冷却的水泥中无颗粒混杂，否则将导致螺旋无法工作。

e. 水泥冷却器长期使用后，因冷却水不纯或含钙量高，与水流接触的筒体外侧表面会积垢和锈蚀。由于空气中潮气在内壁冷凝，与水泥接触的筒体内侧表面会生成一层水泥包裹层。上述现象的出现会导致冷却效率明显下降。

f. 由于螺旋提升式冷却器筒体与螺旋叶片之间间隙很小，而安装螺旋叶片的转子是转动的，对两者的同心度、同轴度要求很高。特别是大直径筒体，其焊接加工难度更高，稍不注意，就会产生焊接变形和运输变形，所以，大型化十分困难。

⑦ 采用磨内喷雾降温系统

磨内喷雾降温技术在国外水泥磨机上已广为采用，是一种成熟的磨内降温手段。要想大幅度降低出磨水泥的温度，最有效的办法是采用磨内喷雾降温系统，从理论上讲，喷雾能够带出所希望带出的热。它是通过向磨内喷入雾化的水，使其迅速汽化，吸收磨内热量后，由磨内的通风带出磨外，特别是当磨内处在高温状态，通过向磨机尾仓的高温区喷入雾化的水，其效果立竿见影，可保证出磨水泥温度控制在95 ℃以下，并可提高水泥磨机产量8%左右。

(4) 采用磨内喷雾降温系统如何确保安全

众所周知，采用磨内喷雾降温系统是降低磨内温度的最有效方法，可显著降低出磨水泥的温度。但许多厂家心有余悸，担心出现意外事故。在实际生产中，也经常由于磨内喷水系统设计不完善，造成生产事故。因此，磨内喷雾降温系统的关键技术是如何确保安全可靠。

为确保万无一失，武汉亿胜科技有限公司的磨内喷雾降温系统采取了如下安全措施：

①采用高压空气雾化防堵喷头，通过高压空气将水雾化，同时将雾化水带入磨内。喷头设计巧妙，独特，防磨损、雾化、防堵效果好。

②采用变频控制高压水泵，实现无级调整喷水量及计量装置。

③ 采用 PLC 控制，通过检测入收尘器的废气温度，并根据该温度自动调整喷水量，实现出磨水泥温度的自动控制，同时可有效防止收尘器结露和管道堵塞。

④ 水泵控制系统与磨机电机联动，停磨时，可自动停止喷水，避免因人为疏忽造成事故。

⑤ 通过检测高压空气的气压，只要发现气压异常或断气，则自动停止喷水，保证入磨水的雾化效果。

⑥ 采取断水保护，发现停水时，可自动关停水泵，同时往喷枪水路中喷入高压空气，清除喷枪中的余水，防止喷头堵塞。

⑦ 可根据需要设定最高喷水量，避免因喷水量过多，增加磨内物料的含水量而影响水泥性能或导致粉磨状态恶化。

⑧ 采取工况异常保护，只要发现有异常情况，即可自动停止喷水，确保万无一失。

3.9 水泥磨内喷雾水有何好处 

球磨机内，由于大量的研磨体之间、研磨体与衬板之间的冲击和摩擦，会产生大量的热量，使磨内温度升高。磨机内温度太高会带来各种危害(参见 3.8 问)，同时磨内温度高，会加快磨内物料水分蒸发。特别是矿渣粉，当含水量低时，流动性特别好，而且大量漂浮于空中，使研磨体研磨不到，会造成粉磨效率大大下降。同时，由于从磨头到磨尾各仓温度不一致，通常是磨头温度低，磨尾温度高，会加大矿渣粉在各仓流速的差别，造成各仓料位高低差距加大，加剧了各仓研磨体研磨能力的不平衡，使磨机产量大幅度下降。

在球磨机内喷入适量雾化水，可显著降低磨内的温度，是一种比较理想的磨内降温手段。

对于水泥磨而言，通过向水泥磨内喷入雾化的水，使其迅速汽化，不会造成水泥的水化而降低水泥的强度。喷入的雾化水吸收磨内热量后，由磨内的通风带出磨外，特别是当磨内处在高温状态，通过向磨机尾仓的高温区喷入雾化的水，其效果立竿见影，可保证出磨水泥温度控制在 95 ℃以下，防止水泥中石膏的脱水，提高水泥与外加剂的相容性，并可显著提高磨机的产量。

物料在磨内粉磨，由于磨机的转动和研磨体的带动，许多物料均呈悬浮状态，特别是矿渣磨更是如此。这些悬浮于磨内的物料，研磨体很难磨到，在磨内通风的影响下，很容易被带出磨外，造成磨内物料流速过快，物料在磨内得不到充分的粉磨，使产品的比表面积达不到要求。如果，此时向磨内喷入雾化水，可让一些悬浮于磨内的物料沉降，可有效提高磨机的粉磨效率，阻止物料过快流动，使物料在磨内得到充分粉磨，显著提高产品的比表面积和磨机产量。

对于矿渣磨，采用磨内喷雾水系统，通常可提高产量 10%～50%。通过调节喷雾水量大小和磨机通风量，可轻易地控制出磨矿渣粉的比表面积，最高可达 650 m^2/kg 以上。相反，如不采用磨内喷雾水系统，用管磨机粉磨矿渣粉，比表面积很难达到 450 m^2/kg 以上。

作者在长期从事矿渣粉磨的生产实践中，深刻领会到磨内喷水的意义和作用，并于 2007 年研发了如图 3.1 所示的磨内喷雾水系统。主要是利用高压空气和水在喷枪头部充分混合，从而实现向磨内喷出雾化水的目的。由于雾化水滴的直径小，汽化很快，不仅降温效果好，而且还不会引起水泥的水化，可有效防止水泥强度的下降。

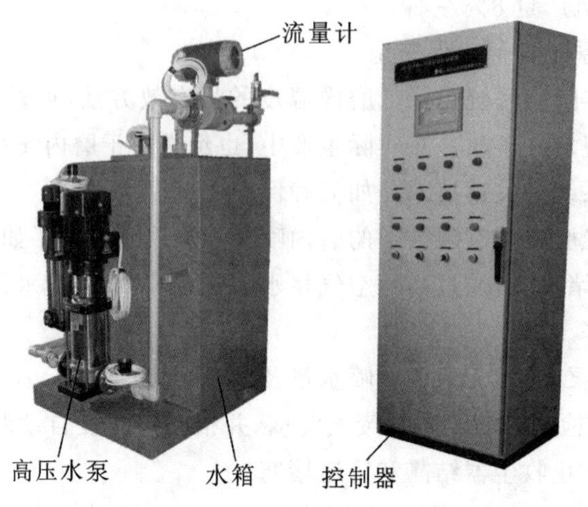

图 3.1 磨内喷雾水系统

喷枪的结构如图 3.2 所示，高压水从中心内管喷入，高压空气从外套管中通过，并在喷枪头部与高压水相遇，将水雾化后喷入磨内。改变喷口的直径，可以调节喷枪的适宜流量，喷枪选型时应根据磨机产量选择合适的喷枪型号。磨机规格不同，所需要的磨头的长度也不同，订货时应根据磨尾篦板到磨尾出料端的距离选择。此喷枪只适应于边缘传动的球磨机，对于中心传动的球磨机，还需要一个安装在中心传动轴上的转换接头，该接头也有厂家专门生产。

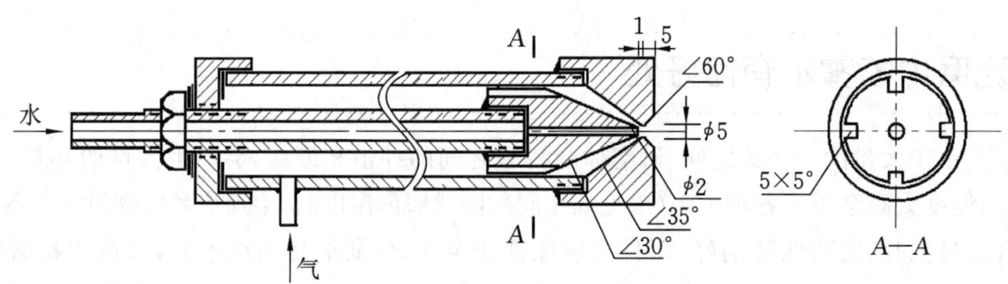

图 3.2 喷枪结构示意图

由于磨尾篦板到磨机出料端罩门的距离很长，通常可达 4～5 m，所以需要一个支撑喷头的保护管，同时为了保护喷枪头部不被研磨体磨损，也需要一个耐磨头进行保护，如图 3.3 所示。为了防止喷枪口处溅水引起结料或堵塞篦板，安装喷枪套管时，应将耐磨头伸入磨内几厘米，以便研磨体可以将结料及时清除。

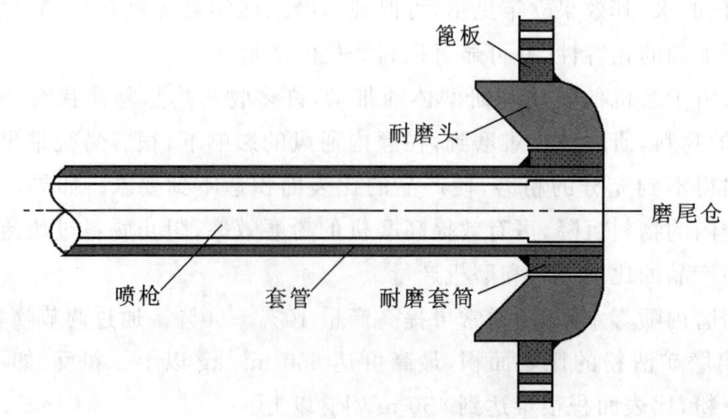

图 3.3 支撑喷枪的套筒及耐磨头

采用磨内喷雾水降温系统是降低磨内温度的最有效方法，可显著降低出磨物料的温度。但许多厂家心有余悸，担心出现意外事故。在实际生产中，也经常由于磨内喷雾水系统设计不完善，造成生产事故。因此，磨内喷雾水降温系统的关键技术是如何确保安全可靠。为确保万无一失，通常要求磨内喷雾水降温系统应具备如下安全保护措施：

① 应采用高压空气雾化防堵喷头，通过高压空气将水雾化，同时将雾化水带入磨内。

② 应采用变频控制高压水泵，可无级调整喷水量及计量装置；或可通过检测入收尘器的废气温度，并根据该温度自动调整喷水量，实现出磨物料温度的自动控制，防止收尘器结露和管道堵塞。

③ 水泵控制系统与磨机电机应联动，停磨时，可自动停止喷水，避免因人为疏忽造成事故。

④ 通过检测高压空气的气压，只要发现气压异常或断气，则自动停止喷水，以保证入磨水的雾化效果。

⑤ 应有断水保护功能，发现停水时，可自动关停水泵，同时往喷枪水路中喷入高压空气，清除喷枪中的余水，防止喷头堵塞。

⑥ 应有设定最高喷水量的功能，避免因喷水量过多，增加磨内物料的含水量而影响水泥性能或导致粉磨状态恶化。

⑦ 应有工况异常保护功能，只要发现有任何异常情况，即可自动停止喷水，确保万无一失。

3.10 何谓球料比，球料比如何测定

球料比就是磨内研磨体的质量和物料质量之比。它说明在一定研磨体装载量下粉磨过程中磨内存料量的多少，也说明在磨机正常运转情况下喂料均匀的程度。磨机内物料是充填在研磨体之间的空隙里的，理论指出，当研磨体的空隙100%被物料充填时，磨机的生产能力达到最大值，因而最有效地利用了能量。实验曾经证实，当研磨体的空隙100%被物料充填时，物料的质量是研磨体质量的14.2%，此时的球料比约等于7(根据一些工厂的生产经验，闭路磨机应低些)。实践证明，当磨机(二仓管磨)正常运转时，钢球露出料面半个球为宜，在细磨仓，研磨体应埋于物料下面1～2 cm。

球料比太大，会增加研磨体之间以及研磨体和衬板之间冲击摩擦的无用功损失，使电耗增加，产量降低；若球料比太小，说明磨内存料过多，就会产生缓冲作用，也会降低粉磨效率。

球料比的测定方法有实测法、计算法和量仓计算法三种。

(1) 实测法：使磨机在正常运转中停下来，分别称量磨内的球和物料的质量，即可算出球料比。

(2) 计算法：根据下式计算：

$$R_a=\frac{G\times 60}{QT}$$

式中 R_a——磨内的球料比；

G——磨内研磨体装载量，t；

Q——磨机产量，t；

T——物料在磨内停留时间，min；可根据实测确定。

闭路系统磨机，当循环负荷率为L(以倍数计)时，球料比为：

$$R_a=\frac{G\times 60}{QT(1+L)}$$

(3) 量仓计算法：在正常喂料时停机打开仓门，量取装有物料的仓高，计算出料、球实际填充率，扣除已知球量的体积，并做各仓物料堆密度测定，即可算出磨内物料量，求出球料比。此法较简便，工作量较少。

3.11 何谓“包球”，有何现象，是何原因，如何处理

“包球”又称糊球，是粉磨作业中常见的不正常现象，多发生在水泥磨上。

磨内温度高时，磨内通风量相应减少，粉磨阻力相应增大。当磨内温度高于 120 ℃、物料比表面积达 120 m^2/kg 时，物料在研磨体的冲击下，即可带上电荷，吸附在研磨体、衬板和隔仓板上；同时，细料本身也会因所带电荷的不同而互相吸附，形成小片状。这种现象称作“包球”。磨内温度越高，物料磨得越细，“包球”现象就越严重。

“包球”发生后，研磨体被物料包裹，衬板上吸附着一层物料。在这种情况下，缓冲作用大为加重，磨音低沉，有时还有“呜呜”声；隔仓板和出料篦板的篦缝被物料堵塞，致喂料量被迫减少，磨机产量下降，产品粒度增粗(但比表面积提高)；同时，磨机和出磨提升机电流下降，出磨物料和出磨气体的温度都上升，产品筛余物中有薄片状物料。这种薄片是在吸附作用下形成的，用手指轻压即成细粉。

“包球”发生后，磨内温度很高，衬板可能翘起，又由于磨内料量很少，钢球对衬板的冲击力增强，一仓衬板螺栓可能断脱；由于磨内温度很高，磨出的水泥“发黏”，输送设备容易堵塞，且磨机出口大瓦温度很高(有的达 80 ℃以上)，可能发生烧瓦事故。

“包球”的根本原因是磨内温度过高，导致磨内温度过高的原因有如下几点：

① 入磨物料(主要是熟料)温度太高。

② 磨内通风不良。

③ 喂料量过少，或磨机在停止喂料条件下运转时间较长。

④ 磨体未淋水，或淋水量太少。

⑤ 研磨体直径太大或磨机各仓粉磨能力不平衡致使磨机后仓装载量过多。

处理“包球”，切不可像处理“饱磨”那样，采用减少或停止喂料的方法，否则，磨内温度更高，“包球”现象更严重。处理方法如下：

① 采取降低磨内温度的措施，如改善磨内通风、加强筒体淋水、降低入磨物料温度等。

② 向水泥磨内加入适量的干矿渣、干炉渣等具有助磨性质的物料。

③ 加入适量的助磨剂，如在入磨熟料上滴加水泥产量 0.2%的三乙醇胺(浓度 30%)，或造纸厂纸浆废液(浓缩至 1.2～2.0 波美)，或 1.5 波美的纸浆废液与三乙醇胺的混合液(三乙醇胺为混合液的1/10)。加入助磨剂几小时之后，磨机的生产即可恢复正常。

④ “包球”若系磨机各仓粉磨能力不平衡造成的，则应取出适量后仓球段或增加前仓钢球；若系球段的平均球径太大造成的，应以适量较小的球段取代等量最大的球段，必要时，需重新进行球段级配。

3.12 水泥磨机的风量如何确定

水泥磨的收尘应首先确定磨机的通风量。磨机通风能及时排出含尘的湿热气体，避免“糊磨”而影响粉磨效率，为此应合理确定磨内通风量。如通风量过大，会影响磨内风速而使气体的含尘浓度增大，使磨尾收尘器的负荷剧增，影响收尘器的正常运行。水泥磨内的风量和风速大小，与磨机产量相关，磨内风速小，则影响磨机产量的提高；磨内风速过大，则产品细度粗，动力消耗大，且设备投资增大。水泥磨机的通风量 Q_m 一般按下式确定：

$$Q_m = 0.785 D_m^2 (1-\varphi) v_m \cdot 3600 \quad m^3/h$$

式中 Q_m——磨机的通风量，m^3/h；

D_m——磨机的有效内径，m；

φ——研磨体的填充率，以百分数表示，参见表 3.5；

v_m——磨内风速，m/s，开流长磨的 $v_m=0.7\sim1.2$ m/s，圈流磨机略低，$v_m=0.4\sim0.7$ m/s。

表 3.5 不同类型管磨机一般的填充率

磨机型式	填充率 φ(%)	磨机型式	填充率 φ(%)
烘干磨(中卸或尾卸)	25～28	一级圈流长磨	30～36
开流长磨	25～30	选粉烘干短磨	35～38
棒球磨的棒仓	20～25	二级圈流短磨	40～45

磨机通风量有的还主张按粉磨每千克水泥需风量 0.4 m^3 计算；有的主张按每分钟通风量为磨机有效容积的 4～5 倍计算；有的主张按每 74.57 kW(100 HP 英制)，每分钟通风量 14 m^3(500 ft^3)计算；有的主张按磨机有效断面风速为 1.0 m/s 来计算。现以 ϕ 2.6 m×13 m(产量 30 t/h，电动机容量 1000 kW)为例，按以上几种方法计算磨机通风量：

(1) 按粉磨每千克水泥需风量 0.4 m^3 计算得 12000 m^3/h。

(2) 按每分钟通风量为磨机有效容积的 4.5 倍计算得 12060 m^3/h。

(3) 按每 74.57 kW(100 HP 英制)，每分钟通风量 14 m^3(500 ft^3)计算得 11260 m^3/h。

(4) 按磨机有效断面风速为 1.0 m/s 计算得 12400 m^3/h。

按上述几种方法计算出的结果相差并不很大，说明这几种方法都是可行的。

按上述方法算出磨机通风量后，尚需考虑 15%～30% 的漏风量和储备能力，作为选择风机的依据。风机的风压，视收尘系统阻力大小而定，一般情况下，一级收尘系统的风压为 1960～3400 Pa；如采用两级收尘系统，其风压为 2400～4140 Pa。

3.13 何为饱磨，何为包球，如何区别

“饱磨”又称“满磨”或“闷磨”，是磨机操作过程中常见的一种不正常现象。“饱磨”主要是由于磨机喂料量太大；或者物料水分过大，造成物料在磨内流速过慢；或者由于隔仓板、篦板篦缝堵塞，使磨内物料过多，造成饱磨。主要征兆表现为：程度轻者磨音由清晰转为低沉，磨尾出料量减少，磨机的进出口风压增大；程度严重时磨音消失，主电动机电流大幅降低，磨尾出料量大减；程度特重者磨头返料，磨尾不出料，磨尾负压急剧变大。

“包球”又称“糊球”，是由于磨内通风不良，磨内温度较高，物料表面带上电荷，从而吸附在研磨体、衬板和隔仓板上；同时，细料本身也会因所带电荷的不同而互相吸附，形成小片状，这种现象称作“包球”。

磨机“包球”和“饱磨”的表面现象很相似，都是磨音发闷，磨机运转电流下降，磨机产量大减，隔仓板篦缝被物料堵塞，研磨体、衬板和隔仓板上黏附大量物料。但也有不同之处：“饱磨”时，出磨物料潮湿，磨尾排风筒下滴水多(开路磨)，收尘器结露；“包球”时，出磨物料和气体的温度高，磨尾筛上冒水蒸气，产品中有薄片状物料；同时，磨机出口大瓦温度很高，出磨水泥“发黏”。

“包球”和“饱磨”的产生原因完全不同，必须区别清楚，以便正确处理。处理“包球”，切不可像处理“饱磨”那样，采用减少或停止喂料的方法，否则，磨内温度更高，“包球”现象更严重。

3.14 球磨机如何优化操作

开流管磨机的操作要求可以概括为“控制粒度、适宜流速、各仓平衡、满载运行”四句话，四者之间应该统一，不能割裂。

控制粒度：是指尽量减小入磨物料的粒度，同时应保证大料块被消灭在第一仓。欲减小入磨物料的

粒度，可采用辊压机、细破机、预磨机等预粉磨设备，有效降低入磨物料的粒度，对提高球磨机的产量、降低粉磨电耗十分有利。欲保证大块物料被消灭在第一仓，应通过第一仓隔仓板篦缝的控制和形式的改变（如采用双层带筛网的隔仓板），迫使大块物料留在第一仓，并调整研磨体的平均球径，提供足够的冲击力以适应入磨物料粒度。如果大块物料在第一仓打不碎跑入后仓，则会因研磨体球径缩小，很难被打碎，就会跑粗、出渣、堵篦孔，导致磨机被迫减产。

适宜流速：开流管磨机中一次就要完成粉磨作业，因此控制物料流速特别重要。大多数情况是流速过快，“咬不住料”导致跑粗，被迫减少喂料又增加了研磨体空打做无用功，还增加研磨体磨损，使产量降低、电耗增加。如果物料流速太慢，磨内料位会增高，使料球比失衡，料太多，球太少，导致饱磨，也会使过粉磨效率下降，产量降低。所以，应该控制适宜的物料流速，可通过隔仓板型式、篦缝大小、研磨体平均球径、磨内通风量、磨内喷水、入磨物料水分、排料方式、前后仓填充率大小等措施的调整，以使物料流速达到适宜流速的目的。

各仓平衡：是指磨内各仓的粉磨能力必须平衡才能发挥出高效率。通常开路磨机采用三个仓，闭路磨机采用两个仓，无论磨机有几个仓，各仓粉磨能力必须要平衡，也就是说每个仓都要有合适的料球比，不能使某个仓的料球比失调而造成该仓物料太多或研磨体太多，使得粉磨能力浪费。如果磨机各仓研磨能力达到平衡了，那么在此装载量的条件下，磨机也就达到最大产量了。例如，有个磨机一仓料球比正常（钢球露出料面半个球），而二仓有较厚的料层。这说明该磨机二仓研磨能力不足，一仓能力浪费，因为在这种情况下，二仓料层太厚，必然会跑粗，磨工必定会降低喂料量直到磨机第二仓料球比合适为止，也就是说降低二仓料层厚度，使粒度合格。但此时，磨机第一仓的料球比已不合适，球一定过多，料太少，磨机运转时，球与球空打，造成浪费，磨机产量必定不高。如果此时，把一仓卸出一部分球，二仓加相同质量的球段，虽然研磨体总装载量没有提高，但第二仓球段增加了，第一仓减的只是多余的不做功的球，磨机产量必定会增加。这就是磨机研磨能力不平衡调整到平衡后，产量提高的基本原理。那么如何确定磨机各仓研磨体是否达到了平衡，常用方法有听磨音、检查球料比、绘制筛余曲线等。

满载运行：研磨体装载量越大，磨机产量就越高，但磨机的运转和启动电流也越大，满载运行是指在磨机电流和设备允许的条件下，应尽可能提高研磨体的装载量，以提高磨机产量。

闭路磨的操作原则上以上经验亦适用。不过因为闭路磨是物料多次通过磨机来完成粉磨作业，由选粉机来控制成品细度，因此要求有所变化，并且有其特殊性。闭路磨是磨机和选粉机联合作业，关键问题是要使选粉能力和粉磨能力相平衡。在一定的选粉机和磨机条件下，操作中就是要寻找出适合该机组条件下的合理循环负荷和相应的选粉效率。不能片面追求过高的循环负荷或过高的选粉效率。

在成品细度一定的条件下，循环负荷实质上是由出磨物料粒度决定的。出磨细度受磨内物料流速及粉磨条件所影响。流速快，物料在磨内停留时间短，出磨物料粗，含细粉少，循环负荷大；流速慢，停留时间长，出磨物料细，循环负荷小。如果应用高效笼式选粉机，则风扫磨一般循环负荷为100%～150%，尾卸磨为150%～200%，中卸磨为200%～250%。

对于烘干兼粉磨的磨机还必须注意烘干能力和粉磨能力的平衡问题。

从操作角度来说，干法粉磨物料必须在干燥的情况下才能磨细。烘干兼粉磨必须保证能烘干。怎样才算烘干能力适合呢？可以从以下几方面考察。粉磨作业正常，没有糊球、粘磨、堵塞；出磨物料和成品干燥，应使水分在0.5%～1.0%之间；出磨废气温度适当，一般在90 ℃左右，这是衡量烘干能力的综合指标，低于此值烘干能力不足，难于保证物料干燥，还可能造成收尘系统冷凝，高于此值浪费热量和电能。

3.15 如何解决湿法棒球磨掉衬板和冲刷筒体等问题

某水泥厂4台ϕ2.6 m×13 m湿法生料磨机，一仓研磨体由钢球改为钢棒，提高了一仓的破碎能力，

使产量、质量有了很明显的改观。但由于钢棒的冲击能力远远大于钢球的冲击力。特别是改变了接触点，使钢球的点接触变成了钢棒的点线混合接触，造成衬板与衬板之间的间隙存不住填充物(研磨体小碴)，衬板的轴向和环向整体得不到有效限制，造成衬板位置移动，使衬板仅靠螺栓固定。在磨机的运转过程中，提升钢棒产生的切向力和研磨体自身的重力使衬板既对固定螺栓产生剪切力——切断螺栓，又使固定螺栓与筒体衬板孔之间产生磨损，使孔径呈椭圆状扩张，加剧了断螺栓、掉衬板、冲刷筒体现象出现，物料泄漏严重，开停磨机频繁。通过几次对一仓筒体的实际检测，衬板间接缝处及环向延伸带均因衬板的位移造成筒体的沟槽型磨损，大大削弱了磨机筒体的使用寿命，直接影响到正常的生产工作秩序。为此，经反复论证，对曲面阶梯衬板进行如下改造。

(1) 改造衬板的结构

改造前后的衬板对照如图 3.4 所示，衬板在筒体内的比较如图 3.5 和图 3.6 所示。

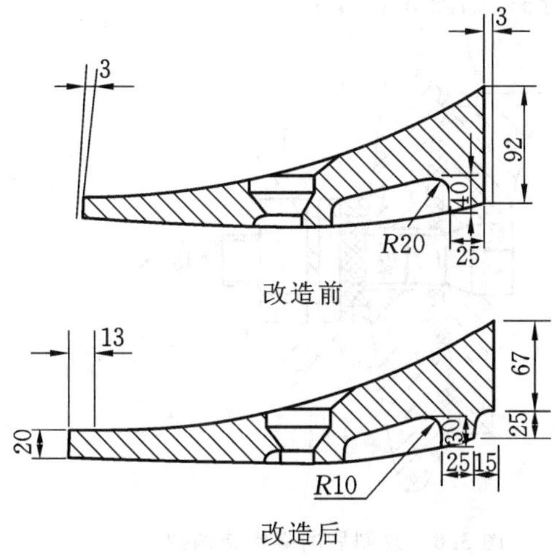

图 3.4　改造前后衬板结构示意图

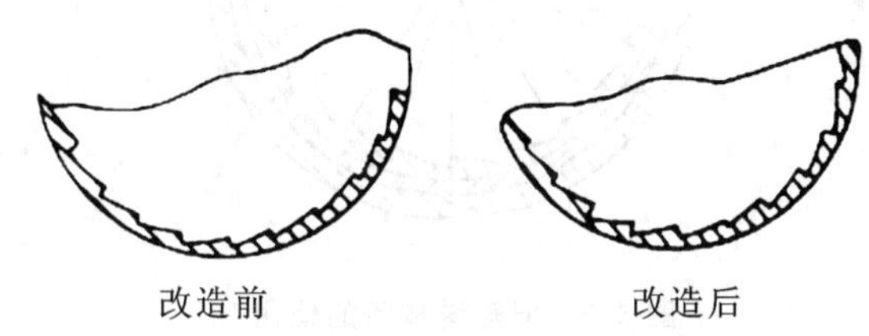

图 3.5　改造前后衬板在筒体内环向排列比较

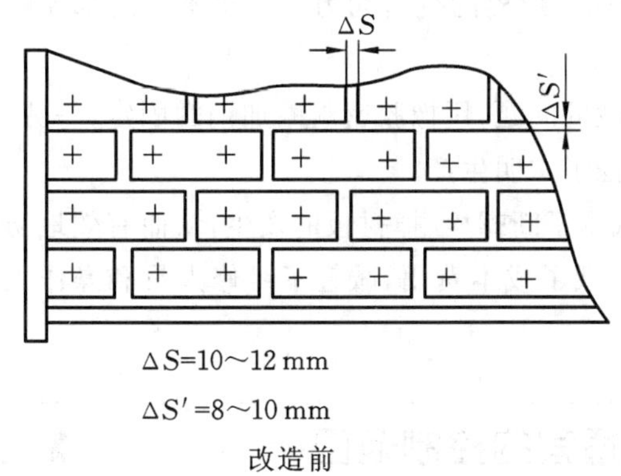

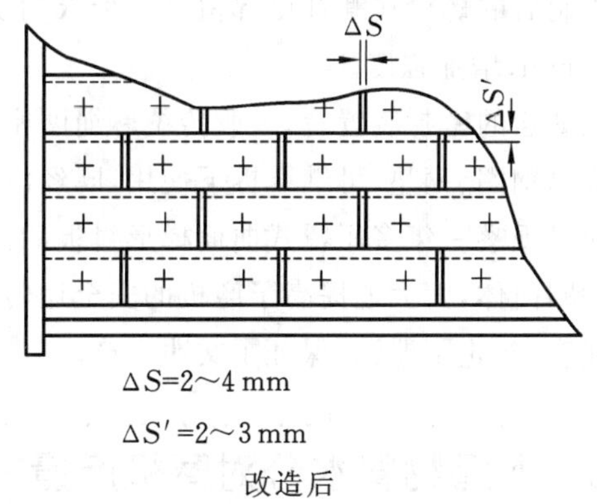

图 3.6　改造前后衬板在筒体内轴向排列比较

众所周知，湿法水泥生产中，磨机输入的功率大部分转变为热能和声能。热能使磨机筒体与衬板、研磨体与料浆温度升高。但随着磨内物料和水的不断补充，以及料浆随研磨体下落时冲击物料所形成的轴向推力，使物料向出料端流动，磨内温度常温下保持不变，不会使衬板产生较大的热胀变化。

湿法生产除了消耗功率大外，最关键的就是在生产过程中如何解决水、浆混合体在磨内因旋转所产生的离心冲刷力和料浆抛落状态所产生的轴向冲击力。图 3.6 所示改造前的衬板在安装过程中环向间隙 ΔS 有 10～12 mm，轴向间隙 ΔS 有 8～10 mm，料浆的离心冲刷力和轴向冲击力，使衬板四周间隙磨损加快，螺栓受力增大了扭曲变形或被切断，筒体受到料浆在衬板四周间隙中不规则地磨损，减少使用寿命。为从根本上解决此缺陷，采用压覆式衬板，减小间隙，使之形成合力，减少衬板螺栓的受力和筒体磨损。另外,加大衬板外形尺寸,把间隙控制在最佳范围内,使料浆冲击力顺轴向流动,减小无谓的冲刷,提高衬板、螺栓、筒体的使用寿命,这种衬板既保证了主要技术参数不变,又使环向和轴向衬板形成合力,减少了螺栓的径向剪切力,延长了使用寿命。

(2) 采用旧皮带保护衬板和筒体

为了增加衬板的抗砸延变形和保护磨机筒体不受磨损。在安装衬板前打破传统的铺水泥矿浆的习惯,改用旧输送皮带(图 3.7),延缓和改变衬板的受力作用,以增加弹性势能,保护衬板和防止冲刷筒体。

(3) 改制螺栓螺纹和密封装置

改制前的螺栓为 M30×3.5 螺距。而且螺栓头在衬板凹内,容易引起冲刷衬板凹槽和螺栓头,造成掉衬板。

改制后的螺栓为 M30×2。在螺栓的尾部加厚 20 mm,使厚度变为 40 mm,以利于螺栓头被研磨砸实在衬板凹槽内,使衬板及螺栓头减少料浆的冲刷,延长使用寿命,如图 3.8 所示。

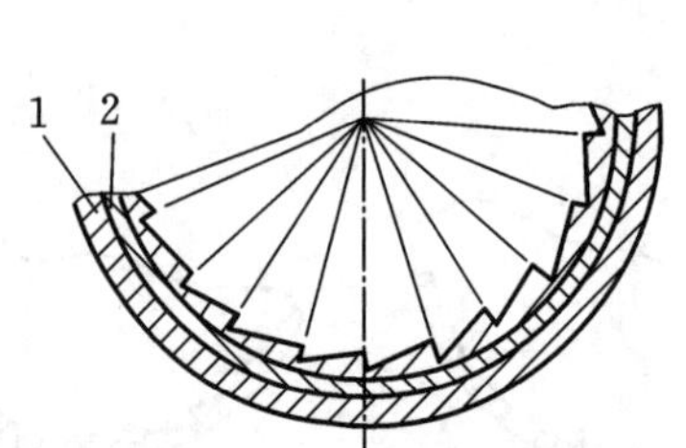

图 3.7 旧输送皮带的使用

1—筒体;2—橡胶板或皮带

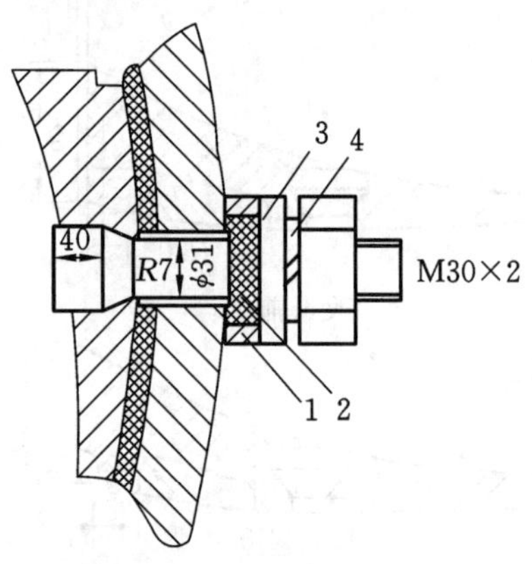

图 3.8 改制后的螺栓结构图

1—外钢圈;2—内胶圈;3—平垫;4—弹簧垫

改制后的螺栓在螺杆尾部留有一个 $R7$ 的过度角,增加了螺栓的抗剪切力。并将螺杆后部无螺纹处加粗 1 mm,增加强度。

从螺栓的密封装置看,一改传统麻绳圈密封易坏、易烂的问题,用橡胶密封圈加钢圈固定,一劳永逸。下次检修钢圈、钢垫,可继续拆下使用,既经济实惠,又保证了文明生产。

通过观察一年多压覆式曲面梯形衬板的使用效果,减少了断螺栓、掉衬板的发生,从而有效地防止了料浆冲刷筒体,大大地提高了磨机的安全运转率。同时降低了成本费用,减轻了维修人员和操作人员的劳动强度;防止了泄漏,保证了文明生产。

3.16 入磨物料水分对磨机产量的影响及适宜的控制范围

潮湿物料的韧性比干物料的大,不易粉磨;另外,物料的湿度大时,磨内细粉易黏附在研磨体和衬板的表面,形成"缓冲垫",降低磨机的粉磨能力;含水细粉还会堵塞隔仓板篦缝,阻碍物料通过,导致磨机产量下降;磨内物料含水量还能引起"饱磨"。

据资料介绍,干法磨的入磨综合水分高于 1.5%时,产量即下降;高于 2.5%时,产量下降 15%～30%;高于 3.5%时,粉磨作业恶化,甚至使选粉、收尘系统故障增多或被迫停机。入磨物料水分高,还会加快选粉、收尘和输送设备的腐蚀。

但是,入磨物料的水分并非越低越好,而应保持在 0.5%～1.5%范围内。物料的含水量太少,将增大烘干煤耗,降低烘干机能力,并增大烘干系统的收尘压力;此外,在管磨机的粉磨过程中,还会因水分蒸发吸收的热量少而致磨内温度过高,引起粉磨效率下降。入磨物料中的少量水分实际上是一种活化剂。

它在粉磨时蒸发汽化，吸收热量，降低磨温，减少静电效应，对提高粉磨效率、增大磨机产量、降低粉磨能耗都有利。

入磨物料平均水分较高对干法小型生料磨产量和电耗都有不良影响，表 3.6 是有关资料介绍的一则试验结果。

表 3.6 入磨物料水分对磨机产量的影响

入磨物料平均水分（%）	磨机台时产量（t/h）	磨机相对产量（以水分 1%时的产量为 100）	单位产品电耗（kW・h/t）	单位产品相对电耗（以水分 1%时的产量为 100）
0.5	8.41	130.04	15.34	76.89
1.0	6.47	100.00	19.95	100.00
1.5	5.24	81.09	24.60	123.31
2.0	4.40	68.09	29.30	140.87
2.5	3.78	58.57	34.05	170.68
3.0	3.32	51.34	38.86	194.79

为保证粉磨作业正常进行，干法小型管磨的入磨物料水分应控制在 1.0%～1.5%。各入磨料的水分含量一般控制值为：石灰石 1.0%，黏土小于 1.5%，煤小于 4%，铁粉小于 4%，熟料小于 0.5%，混合材小于 2%。

3.17 入磨物料水分过高时，有何措施

（1）在生料磨入料端加设烘干仓

ϕ 2.2 m×6.5 m 生料磨可加有效尺寸为 ϕ 2.0 m×0.92 m 的烘干仓。该仓以螺栓固定在磨机中空轴上，随磨机一同旋转；另外，增设热风炉，并为进料端轴承增加隔热装置和冷却油泵系统；磨机电机由 280 kW 改为 380 kW；适当增大隔仓板的通风面积，以加强通风；改自然通风为机械通风，使磨内风速达 0.9～1.0 m/s，并增设收尘系统，同时加强整个系统的密封，并加强通风管道和收尘器的保温，以防结露；还应安装必要的温度、压力检测仪表。

该 ϕ 2.2 m×6.5 m 生料磨入料端加 ϕ 2.0 m×0.92 m 烘干仓并采取上述措施以后，入磨热风温度可达 400 ℃，解决了磨湿料的“饱磨”问题和自然通风磨的通风状况欠佳、收尘器结露问题。在入磨物料水分 4%的情况下，磨机出磨物料水分小于 1%，产量比改造前提高 30%以上。

（2）磨头增设热风炉，并加强磨内通风：

① 磨头设热风炉，炉的出风管伸入磨头中空轴内。

② 改自然通风为强制通风，并设收尘系统。

③ 磨头、磨尾加强锁风（一般采用加翻板阀的措施），管道加强保温。

④ 用油冷和水冷相结合及进料螺旋筒进行隔热处理的措施降低磨机轴瓦温度。在生产中控制入磨热风在 400 ℃以下，且磨尾拔风筒风温在 80～90 ℃，以保证轴瓦温度不过高、拔风筒内不结露。入磨热风温度通过调节热风管道上的冷风门控制。

⑤ 在磨头和磨尾进出风管上安装温度、压力检测仪表。

（3）在磨尾增设小火炉

在磨尾增设小火炉，以小火炉产生的热气流加热拔风筒内的气体，防止其中的水汽结露。拔风筒直径应适当增大（径向断面积应比设计增大 25%以上），并用隔热材料保温。磨尾应彻底锁风，小火炉的加煤口须设炉门，门关闭后不得漏风。排渣炉门要能调节，以便控制风量，磨尾下料溜管内设挡风板。

(4) 用生石灰配料

其原理基于生石灰系富含 CaO 的石灰质原料，且它与磨内物料中的水分发生下述反应：

$$CaO + H_2O \longrightarrow Ca(OH)_2 + 热量$$

发生反应时，100 kg 纯净的生石灰吸水 32.14 kg。一般以入磨总料量 4% 的生石灰取代石灰石进行配料。取代原则：生石灰带入生料的 CaO 与石灰石带入的相等。设生石灰的实际 CaO 含量为 93%，则加入磨料量 4% 的生石灰，即相当于加入 3.72% 的 CaO。此 CaO 量可使磨内物料水分降低 1.2 个百分点。同时，反应产生的热量，可促使水分蒸发，随气流排出磨外。

也可根据上述原理，以使入磨物料综合水分降为 1.0%～1.5% 为原则，以生石灰取代部分石灰石配料。

(5) 采用二级配球法配球

以二级配球法配球时，大球较多，球的冲击能大，冲击产生的热量多，且球间空隙较大，对磨内水分偏高的适应性较好。

(6) 适当增大一仓的平均球径

增大一仓的平均球径以增强钢球冲击物料的能力，增加冲击产生的热量，并提高球间空隙率，让气流多带走一些水汽和已磨细的物料，从而减轻黏附和过粉磨现象，提高粉磨效率。

(7)采用磨头鼓风

采用磨头鼓风，可增大磨内风量，及时、较多地带出磨内的水汽，减轻湿细粉对钢球、衬板和隔仓板表面的黏附，消除或减轻“饱磨”现象；另外，采用磨头鼓风，磨内的风压尤其是一仓风压较高，使粉磨至一定程度的物料，在仓内呈悬浮或半悬浮状态做较快的移动，从而减轻过粉磨观象。因此，可收到提高产量、降低电耗的良好效果，为入磨物料水分较高的管磨机提高产(质)量，降低电耗创造良好条件。

如果从磨头鼓入 70～80 ℃的热风，会取得更好的效果。

采用磨头鼓风应注意：

① 风机的选型：ϕ 1.83 m 磨机可选风量为 800～1200 m^3/h、风压为 1.2～3.9 kPa、功率为 0.5～1.5 kW 的离心式风机；ϕ 2.2 m 磨机可选风量为 1000～1400 m^3/t、风压为 1.2～3.9 kPa、功率为 1.5～2.5 kW 的离心式风机。

② 风机出风管从下料管插入磨机进料螺旋筒中，插入深度为 300～400 mm。

③ 在下料管内装 2～3 道挡风板，以防气流从喂料口喷出，另在喂料口上方设置吸尘罩。吸尘罩出口与磨头风机进风口相通，以便万一有气流从喂料口溢出时，仍能经吸尘罩回入磨中。

④ 磨尾可设抽风、收尘系统。同时加强回转筛、通风管道、收尘器下灰管等处的密封。

(8) 在磨头增设螺旋烘干筒

在磨头增设螺旋烘干筒，让物料在螺旋烘干筒导料的过程中与热气体进行热交换后再进入磨机。大型磨机的螺旋烘干筒与中空轴相连，与筒体一同旋转，烘干筒以托轮支承。

青海水泥厂将 ϕ 3.2 m×8.5 m 中卸烘干磨原有的导料螺旋筒拆除，另装 1 台 ϕ 2.1 m×1.7 m 的螺旋烘干筒后，在入磨黏土水分高达 15%～20% 时，磨机的生产能力仍可保持在设计能力(55 t/h)以上，且热风炉的耗煤量比原来下降 55%。ϕ 2.2 m 以下小磨机可在磨头直接连接 1 个悬臂式烘干筒，并对轴承采取隔热冷却措施。

(9) 增大隔仓板的通风面积

把隔仓板固定圈的中心孔由 ϕ 5 mm 圆孔改成 5 mm×12 mm 条形孔，并适当增大隔仓板篦缝的宽度。

(10) 把磨尾出料篦板的中心圆孔合二为一，使其成为长条形孔。

(11) 增大出料螺旋进风喇叭口的通风面积。

割去喇叭口小口端带通风孔的圆钢板，把喇叭口的大口加大，并在大口端焊接一块带 6 mm 缝隙的圆形钢板。

(12) 加强烘干措施,如加大筒式烘干机的排风量,及时排出物料中蒸发出来的水分;筒内增设扬料板,以提高物料与热气流的接触概率,提高热交换效果;改燃烧室为沸腾炉;燃烧室改为烧煤粉;采用新型烘干设备,加强烘干机的维护管理等。

(13) 加强进厂原(燃)料和混合材的管理,天气干燥时多进,天下雨时不进或少进。

(14) 采用把破碎和烘干结合在一起、对黏土的干燥有良好作用的湿黏土破碎烘干系统。

(15) 规模小的水泥厂还可采取夏日和晴天多晒原料,增加原料贮存量的措施。

(16) 将含水混合材撒在出窑熟料上(控制撒料量适当并力求撒匀),用熟料余热烘干混合材。此法不仅可烘干混合材,还可促进熟料中游离石灰的消解。

3.18 为什么要降低入磨物料的水分和粒度

降低入磨物料的水分和粒度,不仅可以提高配料的准确性,还能充分发挥磨机的粉磨能力,提高磨机的产量,降低电耗。在入磨物料水分高的情况下,由于磨内温度和物料停留时间的影响,物料水分不能完全蒸发,且蒸发的水蒸气也不能及时排出,必然造成粘磨、粘球和堵塞隔仓板、篦板等现象,不但降低了粉磨效率,而且破坏了物料在磨内的平衡状态。又由于各种物料易磨系数的差异,物料在磨内流动速度不同,使容易粉磨的黏土、煤等物料先出磨,而较难磨的石灰石和铁质原料留在磨内,使出磨生料的成分波动或饱和系数时高时低。特别是当粘磨严重,造成饱磨后,在空磨过程中,由于磨内粘着的石灰石相继出磨,使出磨生料的 KH 值显著上升。

此外,由于各种原材料所含水分不同,在用质量法配料时,按一定质量比例配合后,表面上是满足了配料要求,而实际把水分当作了原料。因此,尽管在正常的情况下,而出磨生料的化学成分却不能达到规定的要求。再者,用空气搅拌的生料均化库,如果生料水分超过 1%,生料就无法均化。

入磨物料粒度过大(或严重的不均齐),也会影响出磨生料质量。第一,由于物料粒度过大,在现有的喂料设备中,往往导致喂料量产生较大的波动,使各种物料的配合比,不能按照要求的数量均匀喂料。第二,粒度不均齐的硬质原料(如石灰石、铁矿石等),在磨头仓中易发生粒级的离析,进入生料磨后,磨内的平衡遭到破坏,且各种物料在磨内均匀混合程度较差,所以生料的成分、细度均不易控制。入磨物料水分应达到:石灰石小于 1%,黏土小于 2.0%;入磨煤小于 4%。

3.19 如何改造生料磨衬板和级配,降低入磨物料水分影响

某水泥厂由于烘干设备不配套,没有能够发挥其烘干物料的作用。因此原材料水分较大,入磨综合水分较高,最高时月平均达 3.0%,特别是在雨季,由于气候潮湿及物料水分大等原因,经常发生糊磨现象,造成生料磨台时产量低,有时生料供不上而被迫停窑,磨机循环负荷率低,长期在 60%~90%之间。由于入磨物料水分太高,即使采取降低入磨物料粒度,加高进料螺旋高度,减少漏风和加强磨内通风等措施,增产效果也不会太明显。

该厂经过分析和研究,采取以下措施,使生料磨的产(质)量有了明显的提高,取得了较好的经济效益。

(1) 改进一仓衬板的安装形式,解决糊磨问题

该厂磨机衬板,一仓全部按照标准形式安装阶梯衬板;二仓采用小波纹衬板,如图 3.9 所示。从图 3.9 可以看出,在磨机工作中,球体沿磨机环向运动时两块衬板之间始终存在着一个“死区”,造成粉磨面积减少,粉磨效率降低。在物料入磨水分大的情况下,磨机产量低。在钢球的冲击下,物料沿磨头衬板“死区”(图 3.10)逐渐向磨尾端延伸和扩大。随着时间的延长,黏附在衬板上的物料不断扩大面积和增加厚度形成垫层,使磨内物料流速逐渐缓慢,粉磨效率降低造成糊磨。轻时则停止喂料打空磨,严重时需要倒磨清除。

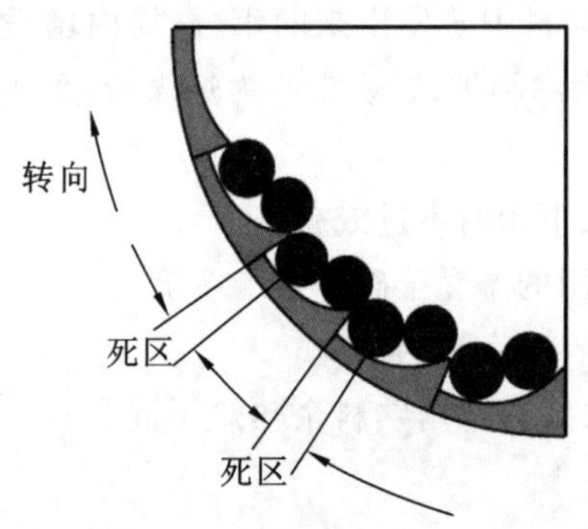

图 3.9 衬板间存在的死区

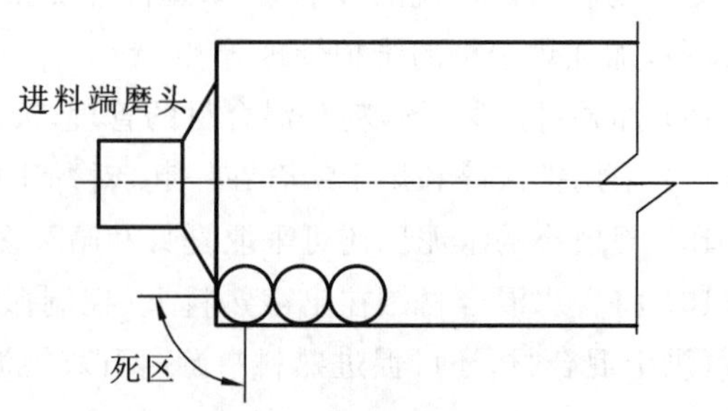

图 3.10 磨头衬板存在的死区

根据以上分析，要解决糊磨问题，首先要解决磨头衬板与阶梯衬板间的“死区”问题。第一步解决磨头衬板“死区”问题。解决的办法是将阶梯衬板的第一圈衬板（ϕ 2.2 m 磨机为 22 块，ϕ 1.83 m 磨机为 20 块）靠磨头这一端，加工成高出阶梯衬板 50 mm 的直角三角形。这样就人为地去掉了磨头衬板的“死区”，改进后衬板安装图如图 3.11 所示。第二步是解决阶梯衬板自身形成的“死区”问题。受凸波衬板优点的启发，决定改变阶梯衬板的安装形式，即一正一反安装，如图 3.12 所示。

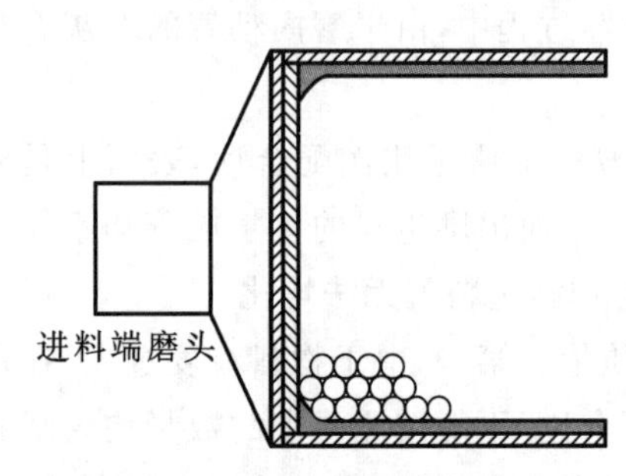

图 3.11 改后衬板安装示意图

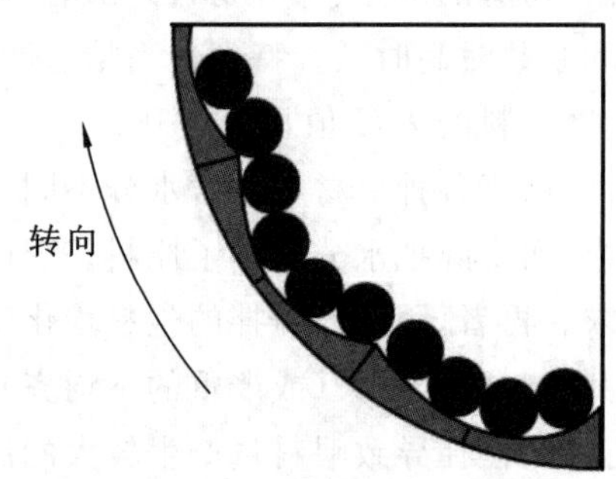

图 3.12 改后阶梯衬板安装图

从图 3.11 和图 3.12 可以看出，采取以上两种办法消除了磨头衬板和阶梯衬板间形成的两个“死区”，结果糊磨现象消除了。由于两个阶梯衬板形成的弧和阶梯衬板特殊加工增加的金属三角，在磨机运转中都能接触研磨体，增加了有效的实际工作区面积，有利于提高磨机的粉磨效率。为了在生产过程中不因改变衬板形式而使钢球的提升高度和钢球的冲击力受到影响，还在改变衬板安装形式的同时，又将原多级配球方案改为二级配球方案，并加大了平均球径。

(2) 更换排风机，增加排风能力

磨机在工作状态下，由于钢球反复地冲击衬板，磨内温度会不断提高，使含水的物料产生水蒸气，磨内产生的水蒸气必须及时排出。若因排风能力不足，漏风系数大等原因，不能把水蒸气及时排出，这样会因水蒸气过大使细粉生料黏附在衬板和钢球上，造成糊球或糊磨。更换风机前磨头经常出现返风现象，便可证明磨内通风不良。因此，把原风机改换成了风量增大约 1/3 的大风机。自生料磨系统配用风机改大以后，磨内通风良好，从未出现过磨头返风现象，但是，换大风机对电收尘器的收尘效率有着不同程度的影响。为此，对电收尘器的控制参数相应地进行了调整，加强电收尘器的技术管理，严格岗位责任制，使之达到良好的收尘效果。

(3) 利用二级配球法，增加磨内物料流速

要提高磨机的粉磨效率，减少过粉磨现象，就必须适当提高循环负荷率。改进前磨机的循环负荷率年平均仅为 73.1%，虽然多次调整钢球级配，仍然效果不大。分析其主要原因是出磨细度过细，多级配球方案平均球径小（ϕ 90 mm、ϕ 80 mm、ϕ 70 mm、ϕ 60 mm、ϕ 50 mm 五级配球，平均球径为 69.3 mm），物料在磨内的流速缓慢，停留时间长，磨内阻力大，有时是由于一仓吃不了、二仓吃不饱等原因造成的。因

此在改变一仓阶梯衬板安装形式的同时，又对一、二仓同时实行了二级配球方案（ϕ 90 mm、ϕ 40 mm 两级配球，平均球径为 85.0 mm），并选用了优质合金钢球。经过以上改进和调整配球方案，使磨机台时产量和生料质量有了明显的提高。

3.20 降低入磨物料粒度有何效果，是何原因

(1) 节电效果

据报道，入磨物料粒度与粉磨电耗有表 3.7 和表 3.8 所示的关系。降低入磨物料粒对降低破碎粉磨系统综合电耗有表 3.9 所示的关系。

表 3.7 在试验磨中入磨物料粒度与粉磨电耗的关系

入磨物料粒度(mm)	80 μm 筛筛余(%)	电耗(kW·h/t)	电耗比(%)
15	10	41.9	100
7.5	10	34.2	81.8
4	10	25.4	60.6

表 3.8 入磨物料粒度与出磨生料电耗的关系

磨机规格(m)	原入磨物料粒度(mm)	降低后的入磨物料粒度(mm)	节电幅度(%)
ϕ 2.4×13	24.6	4.2	22.6
ϕ 1.83×6.12	<10	3	34.4
ϕ 1.83×6.12	20	5	37.6

表 3.9 降低入磨粒度与破碎粉磨系统综合电耗的关系

入磨物料粒度(mm)	破碎电耗(kW·h/t)	粉磨电耗(kW·h/t)	综合电耗(kW·h/t)	综合电耗比(%)
25	—	29	29	100.00
8	1.1	26	27.1	93.44
2	4.4	23	27.4	94.44

国内外的大量统计分析与试验研究表明：降低入磨物料粒度是破碎、粉磨作业节电的有效措施。降低入磨物料粒度，在管磨机粉磨作业方面的节电规律是：闭路粉磨优于开路粉磨；小磨优于大磨；产品细度粗优于产品细度细；入磨物料硬度大优于硬度小。

(2) 增产效果

某水泥厂 ϕ 1.83 m×6.1 m 水泥磨的入磨物料粒度由 25～30 mm 缩小为 15 mm 左右后，产量提高 15%；ϕ 1.83 m×6.1 m 干法生料磨的入磨粒度由 25 mm 缩小为 15 mm 后产量提高 23%。某水泥厂 ϕ 1.83 m×6.4 m开路生料磨的入磨物料粒度由 20 mm 缩小为 5 mm 后，产量由 10.67 t/h 提高为 15.70 t/h，提高 47.1%，单位电耗由 24 kW·h/t 下降为 15 kW·h/t，下降 37.5%。

(3) 节电原因

管磨机的电能有效利用率仅为 1%～2%，破碎机一般为 30%左右，破碎 1 t 熟料的电耗为 1～3 kW·h，粉磨 1 t 熟料的电耗为 20～30 kW·h，可见用磨机做破碎作业将多耗电，而将磨中的破碎作业转给破碎机(即缩小入磨物料粒度)将节省电耗。

(4) 增产原因

入磨物料粒度与磨机产量之间的关系，可用下式表示：

$$K_d=\frac{Q_1}{Q_2}=\left(\frac{d_2}{d_1}\right)^x$$

式中 K_d——相对生产率，又称粒度系数；

Q_1、Q_2——分别为入磨粒度 d_1 和 d_2 时的磨机产量，t/h；

x——指数，与物料的特性、成品粒度和粉磨条件有关，一般在 0.1～0.35 之间。

假设 $x=0.20$，用上式计算，磨机在不同入磨粒度下的相对生产率见表 3.10。

表 3.10　磨机在不同入磨粒度下的相对生产率 K_d

d_1 \ d_2	25	20	15	10	5	3	2
25	1.00	1.05	1.11	1.20	1.38	1.53	1.66
20		1.00	1.06	1.15	1.32	1.46	1.58
15			1.00	1.08	1.25	1.38	1.50
10				1.00	1.15	1.27	1.38
5					1.00	1.11	1.08
3						1.00	1.08
2							1.00

由此可见，磨机的粉磨能力随入磨物料粒度的降低而提高。

3.21　降低入磨物料粒度的方法

(1) 及时调小破碎机出料口的尺寸，如调整颚式破碎机颚板间隙、锤式破碎机篦条间隙及篦条与锤头的距离；调整反击式破碎机反击板锤板的间隙；调小辊式破碎机辊子的间隙等。

(2) 及时检修和更换破碎机的易损零件，如颚式破碎机的颚板、锤式破碎机的篦条和锤头等。

(3) 改变颚板、锤头和篦条的结构形式，以延长其磨损时间，保证出机产品的粒度。

(4) 实行闭路筛选，即在破碎机(一般为末级破碎机)后装一道筛子(通常为滚筒筛)，筛出破碎后物料中的大块，使其返回破碎机中重破。某厂在二级破碎设备 1250 mm×1000 mm 反击式破碎机后增设 1 台 800 mm×2200 mm、孔径 20 mm、回转速度 12 r/min、轴功率 3 kW 的回转筛，令粗粒经提升装置返回反击式破碎机，使入磨石灰石的粒度由原来的 15 mm 缩小为 7 mm。采取此措施后，生料磨的台时产量提高 25%，单位产品电耗降低 12.5%。

(5) 采用多级破碎，即在一级或二级破碎之后，再增加 1 台细碎设备。

(6) 选用破碎比较大的高效节能型破碎设备。

(7) 在管磨机前增设预破碎设备，把入磨物料粒度碎至 5 mm、最好为 3 mm 以下。在我国，可用作预破碎的设备有：PCL 冲击式破碎机、LFP 立式反击式破碎机、LFM 立式破碎机、SPC 离心冲击式破碎机、CXL 冲击细碎机、LFCP 立式复合锤式破碎机、PCL 立轴锤式破碎机、LSP 熟料破碎机、PEX 细碎颚式破碎机、辊压机、柱磨机、预磨熟料棒磨机等。上述预破碎设备用作熟料的预破碎设备时，由于磨损件易坏，选择时应慎重。LSP 熟料破碎机主要是物料自碎设备，预磨熟料棒磨机是以钢棒作破碎物料的单仓磨机，磨损件较少。

3.22　入磨物料粒度以多大为宜

据试验，破碎电耗随入磨物料粒度(即出破碎机物料粒度)的增大而下降；粉磨电耗随入磨物料粒度

的增大而上升；而破碎粉磨的综合电耗，当入磨物料粒度过大或过小时，都会上升。因此，应将破碎和粉磨两个工序视作一个整体，在这个整体中，破碎和粉磨综合电耗最低时的入磨粒度即为最适合的入磨粒度。

据资料介绍，从经济的角度出发，水泥磨的入磨物料粒度可用下式计算：

$$d_{80}=0.005D_i$$

式中 d_{80}——经济的入磨物料粒度，mm，指 80％物料通过的筛孔尺寸；

D_i——磨机的有效内径，mm。

在实际生产中，入磨物料最大粒度一般应控制在下列范围内：

熟料小于 30 mm，石灰石小于 20 mm，石膏小于 30 mm，混合材小于 30 mm，煤小于 30 mm。

但值得注意的是，入磨物料粒度越小，不仅是磨机产量越高，而且制粉工段（包括破碎）的总电耗也越低，所以，应尽量降低入磨物料的粒度。

3.23 开路双仓管磨出磨产品中出现大颗粒的原因及解决措施 

（1）第一仓的冲击能力不足。向一仓补充一些较大直径的钢球。大颗粒量多时，补入的球量应多些。ϕ 1.83 m×6.12 m 管磨机一般补入 80 mm 球 200～500 kg；若一仓衬板的提升能力不足，可于倒磨时采用适量阶梯衬板或凸棱衬板。

（2）一仓的研磨体填充系数比二仓的高出过多，以致仓内的料流速度过快，部分物料未充分击碎即进入二仓。应向二仓补加适量研磨体。若磨内研磨体装载总量已达最大值，应适当取出一些一仓的钢球。

（3）入磨物料水分高，磨内通风也不良，钢球和衬板上粘料，一仓破碎能力不足；或是隔仓板篦缝过宽，致大颗粒进入二仓，加上二仓的冲击力小，大颗粒不能被粉碎，随合格细粉一起卸出磨外，应根据具体原因进行解决。

（4）一仓的长度过短，物料在该仓停留时间不足，部分大颗粒未被充分击碎。必要时，应适当延长一仓长度。

（5）隔仓板和出料篦板的篦缝过宽，或隔仓板和出料篦板上有孔洞，应据实际情况处理。

（6）隔仓板损坏，研磨体窜仓，致全磨特别是一仓的粉磨能力下降。在这种情况下，两个仓的磨音混乱，前仓有细小的研磨声，后仓有较响的冲击声；出磨产品中大颗粒量多且粒度大，应停磨处理。

如果磨机的通风能力较强，也可将靠近筒体端的隔仓板改成没有篦缝的盲板（也可用钢筋堵死处于这一端的篦缝），以使物料在一仓内充分被粉碎，并阻止大颗粒窜入二仓。

3.24 磨机尾部出现很大颗粒的原因 

在磨机产量、质量正常时，磨尾有少量颗粒排出是正常的，但如果出现很多大颗粒，则可能是由于一仓填充系数比二仓大得太多（两仓磨），或隔仓板有破洞、隔仓板与隔仓板之间安装的缝隙太大，一仓较大颗粒的物料跑到二仓，而二仓由于研磨体较小无法破碎，从而从磨尾排出。

3.25 生料细度波动的原因 

生料细度波动的主要原因有：

（1）物料性能的变化

① 入磨物料的粒度

在磨机产量不变的情况下，生料细度将随着入磨物料粒度的增大而变粗。一般控制入磨物料粒度小于 15 mm 为宜。对于大型磨机，因其破碎能力较强，可以将入磨物料粒度提高到 25～30 mm，对于大型立式生料磨粒度可达 100 mm，因此具体的入磨物料粒度应视各种不同条件而异。

② 入磨物料的易磨性

易磨性是物料本身的一种性质，表示该物料被粉磨的难易程度。易磨性的大小可用相对易磨性系数来表示，相对易磨性系数大表示易磨，反之则难磨。易磨性大小又主要体现在其硬度的高低上，物料硬度高则易磨性系数小，反之则大。

生料细度随入磨物料的易磨性系数增大而变细，因此，物料易磨性变化会带来细度的波动。

(2) 入磨物料的水分

普通干法球磨机，入磨物料的水分对出磨生料细度有一定影响。入磨物料的水分过高，会造成糊磨、粘堵隔仓板，从而使粉磨过程难以顺利进行，也就会带来细度的波动。但少量水分可以降低磨温，有利于减少静电效应，加之水的极性劈裂作用将会提高粉磨效率。因此入磨物料的平均水分一般控制在小于 1.5%为宜，对于烘干兼粉磨的设备亦应小于 6%。

(3) 入磨喂料量

喂料配比的波动与喂料量的波动，均会较大影响产品细度。特别是前者常不为人们所重视，只有保持喂料的准确均匀性，才能消除产品细度的波动。

(4) 磨机结构和钢球级配

一般来说，磨机结构对产品细度不会产生波动性影响，但磨机各仓的长度、隔仓板和衬板的形式，都会对产品细度的合理性产生永久性影响。进出料螺旋的磨损、粘物，也都会对细度产生影响。

随着磨机运行，钢球的磨损、消耗，钢球级配的变化，会造成细度变粗；清仓、补球、平均球径的增加，会使产品的细度变细。因此在磨机操作中，随着时间的推移，应适当从喂料口补球，定期进行清仓、补球，保持球量和球的平均直径，以降低细度的波动。

(5) 选粉设备及其循环负荷的变化

闭路粉磨系统选粉设备结构的变更及正常喂料情况下的循环负荷变化，均会导致产品细度的波动。例如，离心式选粉机辅助风叶的增减，控制板插入多少；旋风式选粉机选粉室气流上升速度、主轴转速、辅助风叶的片数等。此外，选粉机内壳破裂、风叶脱落、控制板缺损、内壳下料管堵塞，都会造成产品细度的波动。

3.26 稳定生料细度的办法

对于细度的变化情况，要进行适当的试验，要作数据分析，要调整设备，才能找出稳定细度的办法。

(1) 细度判断法

磨机在正常喂料状态下，出磨物料流量正常，产品细度均匀，控制容易，说明研磨体装载量和级配合理。如果产量不高，细度太粗，超过规定标准，表明磨内物料流速过快，击碎能力过强而研磨能力不足，可用两种办法处理。

① 更新法

把部分大球或大段取出，换入部分小球或小段，这可缩小研磨体间的空隙，增强研磨能力。

② 增减法

减少一仓或增加二仓研磨体的装载量，以增强第二仓的研磨能力。当产品细度过细，出现磨满或磨内物料流动不畅时，则可用增加大球以加强一仓破碎能力和适当减小研磨能力的办法解决。

(2) 球、料观察法

在正常喂料情况下，同时停止喂料装置和磨机的运转，打开磨门观察磨内球、料情况。根据某些水泥厂的经验，如果第一仓钢球大部分露出料面半个球，二仓物料刚好盖过段面，钢球、钢段、衬板和隔仓板都不粘料，出磨物料温度也正常，说明研磨体的装载量和级配比较合理。如果第一仓物料面超过球面很多而磨满时，说明钢球小或装载量不足，球料比过小，物料流速太慢，粉碎能力不足。另一种不正常情况是两仓料层都很厚，产量低，操作时感到细度不好控制，可能是出料篦孔堵塞或出料空心轴内螺旋被湿料糊死，造成磨机卸料困难，应停机处理。一般认为这种判断方法简便，并有一定的准确性。

(3) 筛余曲线法

① 筛余曲线又叫筛析曲线。它的画法是，在正常生产情况下，同时停料停机，从磨头到磨尾每隔适当距离（小型磨机可为 300～500 mm）处沿横截面上共取 4～5 个样（磨机两侧靠近衬板处必须取样），而且隔仓板的两边和前后空心轴处为当然的取样点。把每个取样点取得的试样混合均匀后作为该取样点的平均试样并编号，防止错乱。按测定细度的方法，用 900 孔/cm^2、4900 孔/cm^2 的筛子测出各点样品的筛余百分数。以筛余百分数为纵坐标，沿磨机长度各取样点的距离为横坐标，把各筛余数据标在坐标纸上，分别连成两条筛余曲线。有时也可以不做 900 孔筛的测定。在图中还应用纵线表示出隔仓板所在的位置。某厂磨机筛余曲线如图 3.13 所示。

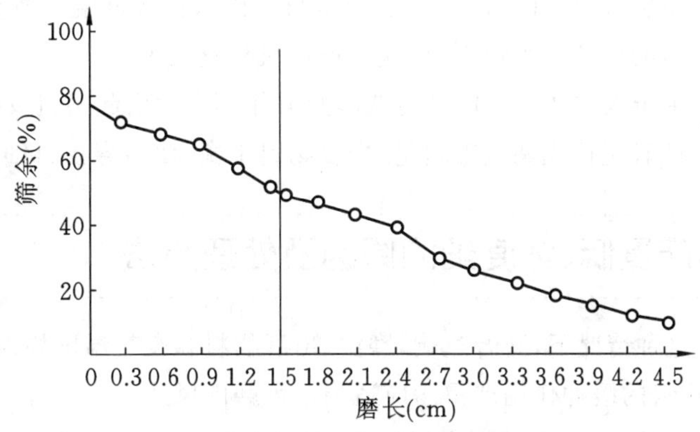

图 3.13 磨机筛余曲线

② 筛余曲线分析

研磨体级配恰当且操作良好的磨机，其筛余曲线的变化应当是在第一仓有突然下降的一段，而在近卸料端一段平斜下降。如果在筛余曲线中有较长的水平线段，表示磨机的作业情况不良，物料在磨内较长一段距离中，其细度变化不显著。这可能是由于研磨体的装载量或级配不适当所造成的，也可能因为仓的长度不合理，所以出现击碎与研磨能力不相适应的现象。处理的方法是，根据水平线段出现的位置，调整研磨体的数量和级配，若调整后效果不显著，则可考虑适当改动仓的长度。

实践表明，在开路粉磨系统的两仓球磨机中，第一仓末的物料 0.08 mm 筛的筛余为 42%～52%、第二仓末为 6%～10%较合适。

(4) 选粉设备的调整处理

① 离心式选粉机调整细度的方法

根据离心式选粉机的分级性能和水泥工厂的实际使用经验，一般采用以下方法来调整产品细度，即增加或减少辅助风叶片数；打进或拉出控制板；改变选粉机喂入物料的细度。

减少选粉机辅助风叶片数和控制板打入尺寸均使产品细度变粗，反之变细。

② 旋风式选粉机调整细度的方法

a. 改变选粉室上升气流速度。提高选粉室上升气流速度，能使水泥细度变粗，反之变细。

改变选粉室上升气流速度有两种方法：一是开大或关小离心通风机进风管上的风门，调节总风量；二是开大或关小空气控制管道上的调节阀门，开大调节阀门时，上升气流速度降低；关小调节阀门时，上升气流速度提高。这是旋风式选粉机常用的一种调节产品细度的方法。

b. 改变辅助风叶的片数。像离心式选粉机一样，改变旋风式选粉机的辅助风叶片数也可以调节产品细度。其规律是:增加辅助风叶片数,产品细度变细;减少辅助风叶片数,产品细度变粗。

c. 改变主轴转速。改变主轴转速便是改变辅助风叶和撒料盘的转速。加快转速,辅助风叶产生的气流侧压力和撒料盘的离心力增大,产品细度则细;减慢转速,气流侧压力和撒料盘的离心力减小,产品细度则粗。

③ 其他特殊情况的处理

a. 内壳破裂。选粉机内壳破裂会造成内壳粗料漏入外壳成品,使成品细度变粗。在这种情况下采取打进控制板或增加辅助风叶片数的办法也会无效,产品细度仍然很粗。这时,就应及时停机检查。在下锥出料管弯曲处最容易出现内壳磨蚀破洞,如有破洞可临时焊补,待定期检修时再彻底处理。

b. 风叶脱落或断裂。辅助风叶脱落时,产品细度会突然变粗且波动较大。此时,选粉机机体有较轻的摆动,应及时停机检查处理。

c. 控制板不齐。在选粉机运转中,也会由于机体振动而发生控制板向内或向外移动,致使产品细度变化。此时也需检查控制板外尺寸是否均齐,以便及时纠正。

d. 内壳下料管堵塞。下料管堵塞时,内壳积存的粗料可以从回风叶溢入外壳成品之中,使产品细度突然变粗。此时出磨提升机的负荷会很快下降,应立即停机检查处理。

e. 磨机出料"跑粗"。由于入磨物料性能变化或喂料操作不当而引起磨机发生"饱磨"或"磨死",致使出磨物料细度突然变粗。此时应首先调整喂料量,恢复物料平衡,使出磨物料细度达到正常控制范围。

3.27 开路管磨机产量低、细度细的原因及处理方法 

(1) 喂料量过少。在这种情况下,磨音过响,磨温、出磨物料和废气温度均偏高。应增大喂料量。

(2) 磨内风速太低,物料的缓冲作用严重。应适当增大磨内风速。

(3) 隔仓板过料面积不足,也可能是隔仓板篦缝被铁屑或杂物堵塞。这时,出磨物料和气体的温度均偏高。应增大隔仓板的过料面积。

(4) 一仓研磨体填充率太低,平均球径太小,同时尾仓的填充率太高,球径太小。在这种情况下,一仓磨音偏低;增大喂料量,可能出现"饱磨"。在磨机电流许可时,宜给一仓补充适量大球,同时尾仓适量减少研磨体,或取出少量过小的研磨体,换成大些的研磨体。

(5) 一仓研磨体的填充率太低,平均球径太小。在这种情况下,一仓磨音低;一旦增大喂料量,产品的细度便增粗,应往一仓中补充适量大球。

3.28 开路管磨机产量高、细度粗的原因及处理方法 

(1) 研磨体直径太大,研磨体间空隙率过大,前仓研磨体填充率比后仓高出很多,致使物料在磨内的流速太快,来不及充分粉碎即卸出磨外。这种情况多发生在长径比较小的小型双仓管磨上。应适当减小粗磨仓内研磨体的尺寸,在保持钢球平均球径和物料尺寸相适应的条件下,尽可能增加一些小球,并适当降低粗磨仓(或提高细磨仓)的研磨体填充率,降低球间空隙率,减慢物料在仓内的流速,增强钢球对物料的冲击研磨作用。

(2) 隔仓板和出料篦板的篦缝过宽,物料未被碎至合理细度即进入下一仓或卸出磨外,应加钢筋焊窄篦缝。

(3) 粗磨仓的长度太短,物料尚未碎至下一仓可以处理的粒度即进入了下一仓。应适当延长粗磨仓的长度。

(4) 喂料量过大。应适当降低料量。

(5) 干法磨的磨内风速太高(如开路磨磨内风速达 1.0 m/s 以上),或湿法磨料浆流速太快,物料尚未磨至需要的细度即将被排出磨外。应适当降低风速或料浆流速。

3.29 闭路磨产品细度突发性增粗或变细的原因及处理方法

闭路粉磨系统在正常生产时，产品细度的波动很小(0.080 mm 筛筛余一般在±2%以内)。细度发生突发性变化的大致原因：

(1) 选粉机方面的原因

① 内筒破损。系受物料长期冲刷所致，多发生在下锥体与出料管连接处。内筒破损后，粗粉漏入外壳，致成品细度明显增粗，且含有大颗粒。这种现象，调节挡风板或增加小风叶安装片数都不能解决。应及时补好孔洞。

② 粗粉出料管磨穿，部分粗粉漏入细粉区，引起产品细度增粗。应补住出现的孔洞。

③ 杂物堵塞了粗粉出口管的闪动阀(无闪动阀时是堵塞了粗粉出料管)，粗粉从回风口进入细粉区，使产品变粗。出现这种情况时，回料输送设备的物料流量明显减少，磨机主电机电流和回料输送设备的电机电流下降。应停机清除堵塞的杂物，检查闪动阀的配重及工作状态，并针对堵塞原因进行处理。

④ 小风叶脱落或断裂。出现这种情况时：第一，小风叶打击料粒的概率降低，部分稍粗的料进入外筒，致产品细度增粗；第二，选粉机内响声大，选粉机有轻微摆动，电流表指针摆动大，应停机处理。

⑤ 小风叶严重磨损，致风叶面积缩小，打击粗粒的概率减少，成品细度增粗。应更换损坏了的叶片。

⑥ 中空轴与护套的紧固圈磨损，或护套上口被磨穿，粗粉通过护套和中空轴间的间隙进入成品区，使产品变粗。

⑦ 选粉机内的入料溜管磨穿。这时，有些刚进入机壳的物料被大风叶或从那里流向外筒的气流带进外筒中。在这种情况下，产品细度增粗严重，且含大颗粒。

上述这些原因引起的产品细度增粗往往是筛余物中有大颗粒，细度变化无规律，产品的颗粒组成不连续。

⑧ 隔风板的伸进程度变动。若隔风板的拧紧情况不好，机体的振动可使其伸进程度不一致，导致选粉机内循环风分布不均，产品细度变粗。发生此种情况时，产品细度变化不太大，且一般伴有选粉机的振动。

⑨ 大风叶磨损。磨损后，风叶面积减少，导致选粉机内循环风量减少，产品变细。

⑩ 三角皮带松弛，致使选粉机主轴转速变慢，机内循环风量减少，成品变细。

(2) 磨机内部结构出现问题

① 隔仓板断裂或脱落。出现此问题时，研磨体窜仓，各仓的粉磨作用显著变差，产品细度增粗，且有大颗粒，并伴有磨音混乱现象。这种问题须及时处理，以防损坏衬板和筒体。

② 出料篦板损坏或脱落。发生这种情况时，产品细度增粗，出磨物料中有碎的甚至整个的研磨体，出磨提升机和选粉机内有异物撞击声。出现这一问题须及时处理，以防输送和选粉设备被损坏。

(3) 工艺条件方面的原因

① 研磨体级配不合理。若产品细度增粗出现在磨机清仓之后，往往是研磨体级配不合理；若细度超标不太大，可用增大隔风板的打进程度或增加小风叶安装片数的办法解决；若增加小风叶的片数不能解决，需减少大风叶的安装片数，或重新进行研磨体级配。

② 入磨物料水分过高或磨内温度太高。水分过高时发生“饱磨”，温度太高时引起“包球”。这两种现象都可使粉磨能力大幅度下降。这时，磨音低沉，磨机电流下降。若系入磨物料水分大，可从降低喂料量、解决入磨物料烘干问题、加强磨内通风、加入助磨物料(生料磨一般加干煤或生石灰，水泥磨一般加干矿渣)等办法处理；若系磨内温度过高，应从控制入磨物料温度、采用磨内喷水、加大磨体淋水量、加强磨内通风、加入助磨物料、降低磨内球料比等方面解决。

3.30 磨机“跑粗”的原因及处理方法

所谓磨机“跑粗”是指出磨产品的细度显著偏粗、难以控制的不正常现象，一般出现在长径比较小的双仓开路管磨上。

粗磨仓的能力过强、细磨仓的能力不足是“跑粗”的主要原因。在这种情况下，即使适当压低磨机产量，产品的细度仍然偏粗。因喂料量偏大引起的产品细度偏粗不属于此列。

粗磨仓粉磨能力显著高于细磨仓的原因：

(1) 粗磨仓研磨体的填充率比细磨仓的高出过多；

(2) 粗磨仓的钢球平均球径太大；

(3) 细磨仓的长度偏短；

(4) 磨内风速过高；

(5) 研磨体级配不合理；

(6) 隔仓板或出料篦板的篦缝过大。

发生“跑粗”时，应查清原因，采取针对措施解决。一般地讲，如原来无此现象，其他条件没变，仅仅是重新配了研磨体，很可能是粗磨仓平均球径过大，填充率过高，或研磨体级配不合理所致。

对于长径比小的小型管磨，在一仓级配中多用 1～2 级小球，或适当增大细磨仓的填充率，适当提高细磨仓衬板的提升能力，可以解决这一问题。提高细磨仓衬板提升能力的措施有：在进料端前一、两圈的衬板上，每隔一块加焊一根可形成 15～20 mm 凸棱的钢筋或方钢；前几圈的衬板由平衬板换成波纹衬板；把磨损严重的平衬板每隔几行换一行新衬板等。

3.31 饱磨的原因及处理方法

“饱磨”又称“满磨”或“闷磨”，是磨机操作过程中常见的一种不正常现象。“饱磨”的征兆：程度轻者磨音由清晰转为低沉，磨尾出料量减少，中卸烘干磨的进出口风压增大；程度严重时磨音消失，主电动机电流降为正常值的 70%左右，磨尾出料量大减；程度特重者磨头返料，磨尾不出料，拨气筒出口连一点气都没有。若打开磨门检查，可发现：

(1) 板上粘料很厚(有的约达 50 mm)，钢球上包着很厚的料层。

(2) 隔仓板篦缝严重堵塞。

(3) 仓内(主要是一仓)约 90%的有效空间被研磨体和物料占据。

“饱磨”的同时还伴有出磨产品细度增粗及化学成分显著改变的现象。化学成分改变的规律：“饱磨”初期，难磨组分的成分(如生料中 CaO)明显减少，“饱磨”逐步消除时，上述成分的含量又显著偏多。

“饱磨”是管磨机进、出料量失去平衡，在短时间内磨内存料量过多所致，其原因有：

① 喂料量过多，研磨体的粉磨能力不能适应。

② 入磨物料的粒度变大或易磨性变差，没有及时减少喂料量。

③ 入磨物料水分过高(在 2.0%以上)，且通风不良，风不能将粉磨过程中产生的水蒸气和细物料及时带出磨外，致物料因湿度大而黏附于钢球和衬板表面，增大缓冲作用降低粉磨效率；同时湿料还阻塞隔仓板和出料篦板的缝隙，引起排料困难。这一原因造成的“饱磨”比较多见。

④ 隔仓板篦缝被碎铁屑和杂物堵死。

⑤ 闭路系统中，选粉机的选粉效率大降，回料量太多，喂料量又未减少，磨机的粉磨能力不能适应。

⑥ 一仓钢球平均球径太小，或填充率过低，或一仓研磨体填充率比二仓低得太多。

⑦ 一、二仓间某一或两块隔仓板局部断脱或穿孔，致研磨体窜仓，粉磨能力大降。

一旦出现“饱磨”，应认真查明原因，加以排除。排除方法一般是减少或停止喂料，并加强磨内通风，使磨机在少料或无料下运转，以产生较多的热量。烘干磨应增大入磨热量，促使水分较快地蒸发，并被热气流带走；同时使钢球上、衬板上和隔仓板篦缝中黏附的物料，在其黏附体的受热膨胀下开裂，并在研磨体反复冲击下剥落。若无效，可在停止喂料的情况下，向磨内加助磨物料（生料磨加干煤或生石灰，水泥磨加干矿渣或干炉渣），待磨音接近正常后，喂入少量物料；磨音正常后，逐步加大喂料量，直到正常喂料。饱磨很严重时，有时需用倒磨的办法处理：倒出仓内的球和料，彻底凿下衬板和钢球上的结皮，清除隔仓板篦缝的堵塞物，然后重新配球或装入倒出的球。在磨机需要清仓时，采用倒磨的这种办法是合适的。

3.32 磨机开路改为闭路系统时的工艺要求 

水泥开路系统改为闭路系统时，通常可增产 15%～30%，干法生料磨可增产 30%～80%，湿法磨增产 15%～25%。当粉磨产品的比表面积小于 330 m^2/kg 时，闭路粉磨较开路粉磨的单位电耗有一定下降；当粉磨产品的比表面积大于 330 m^2/kg 时，闭路粉磨的单位电耗显著下降，且比表面积越高，节电效果越显著。当产品的比表面积为 357 m^2/kg 时，闭路粉磨的单位电耗约比开路粉磨低 25%以上。但开路系统改为闭路系统时，磨机的工艺参数必须作如下调整：

(1) 适当提高一仓研磨体填充率，降低二仓研磨体填充率。

(2) 隔仓板和出料篦孔宽度要增大，采用放射性篦孔比同心圆形篦孔物料在磨内流速快。

(3) 磨尾输送能力应比原来提高 2～3 倍。

(4) 水泥细度要降低 3%～4%（以 0.08 mm 筛的筛余），以保证水泥质量。

(5) 对于小型磨机，一仓长度适当加长，二仓适当缩短。

(6) 增加喂料量。

3.33 如何提高闭路水泥磨的比表面积 

通常闭路磨与开路磨相比，前者水泥的比表面积比较小，但筛余量也比较小，相同规格的磨机产量较高。主要是由于闭路磨过粉磨现象较少，微粉量较少，水泥颗粒分布比较集中。而开路磨通常存在较多的过粉磨现象，既存在相当数量的微粉，又含有不少大颗粒，水泥颗粒分布比较广，因此水泥比表面积比较大而筛余量也比较大。

水泥采用 ISO 标准后，众多厂家纷纷提高出磨水泥的比表面积，以提高水泥的强度。对于开路磨提高比表面积比较容易，通常只需降低喂料量就可达到。但对于闭路磨要提高水泥磨的比表面积，应该首先调节选粉机，使细度变细。随着水泥产品细度变细，选粉机的粗粉回量会增加，磨机的喂料量会减少，磨机产量会降低。此时，往往一仓相对于二仓而言会变得能力过剩，也就是说二仓会显得研磨能力不足，因此，应降低二仓研磨体的尺寸，如把球改成段，大段改成小段，但同时必须要增加二仓的填充率，并注意适当减少二仓出磨篦板的篦缝，延长物料在磨内的停留时间，提高出磨物料的微粉含量。

值得注意的是，对于闭路磨，如果不提高磨机研磨体的装载量，或降低入磨物料粒度，要提高水泥的比表面积，必然会使磨机产量降低，除非原来磨机内两仓研磨体的能力本来就不平衡，经调整后得到了平衡，这样磨机产量才不会降低太多，否则通常都会使磨机台时产量下降。此外，磨机的循环负荷率会降低，出磨水泥也就是进选粉机的水泥的筛余量会减少。对于那些使用高效选粉机的闭路磨系统，有可能使水泥产品的筛余量（0.08 mm 筛）接近零时，应改用比表面积作为日常控制细度的指标。

3.34 闭路粉磨系统的故障判断及处理方法 

以双仓管磨机与旋风式选粉机组成的闭路系统为例，表述于表 3.11。

表 3.11　闭路粉磨系统的故障判断及处理方法

故障名称	检测、判断方法或故障原因	处理措施
磨机喂料量过大	(1)磨音低； (2)磨机电流降低； (3)提升机功率上升； (4)粗粉分离器出口负压上升	降低喂料量，在低喂料量的情况下令系统运转一段时间；待磨音或仪表显示的参数表明磨内较空时，缓慢增大喂料量；当磨音或仪表指示的参数正常后，稳定喂料量
磨机喂料量不足	(1)磨音高； (2)出磨提升机功率降低； (3)粗粉分离器出口负压下降； (4)成品量低	慢慢增大喂料量，待磨机磨音、提升机功率表、粗粉分离器出口压力计的指示值均正常后，稳定喂料量
一仓隔仓板篦缝堵塞	(1)一仓磨音下降，喂料量被迫减少； (2)出磨提升机功率降低； (3)粗粉分离器出口负压上升； (4)二仓磨音增强； (5)磨机通风量不足； (6)一仓物料含水量过高	(1)降低喂料量(或停止喂料)进行观察； (2)增大磨机通风量； (3)若入磨物料含水量多，设法降低； (4)如一仓中喷水，应暂时停止，待正常后再恢复； (5)上述措施无效时，停磨检查处理
二仓隔仓板篦缝堵塞	(1)一、二仓磨音均下降； (2)喂料量被迫减少； (3)出磨提升机功率降低； (4)粗粉分离器出口负压上升； (5)磨机通风量不足； (6)二仓喷水量过大	(1)降低喂料量(或停止喂料)进行观察； (2)增大磨机通风量； (3)降低入磨物料含水量； (4)暂时停止二仓的喷水，待正常后再恢复； (5)上述措施无效时，停磨检查处理
隔仓板破损或掉落	(1)磨音异常； (2)磨音记录曲线中有毛刺状曲线； (3)喂料量被迫陡减，磨头冒灰	立即停磨，检查、处理
出料篦板破损	(1)磨尾出渣装置中有钢球(段)排出； (2)入选粉机的斜槽清渣器中有钢球(段)排出	立即停磨，检查、处理
磨机衬板螺栓或磨门螺栓松动	(1)衬板或磨门的螺栓松动； (2)螺栓松动处有料粉漏出现象	停磨拧紧
衬板掉落	(1)衬板掉落部位有明显的、周期性的研磨体冲击声； (2)磨音记录曲线上有明显的峰值； (3)掉落衬板的螺栓处冒灰严重	立即停磨更换，检查掉落的衬板，并检查筒体是否被砸坏
磨机主轴承、减速机轴承温度偏高	(1)温度指示仪的示值高； (2)高温报警装置报警	(1)检查供油压力和温度，并进行调整； (2)检查油质是否合格，油中是否有杂质或水分，并处理； (3)检查冷却水是否畅通，水质是否合格，并处理
斗式提升机料斗掉落或损坏	(1)提升机壳体有被碰撞的异常声音； (2)提升机功率呈周期性的波动	(1)开提升机机头检查门观察； (2)停机处理

续表 3.11

故障名称	检测、判断方法或故障原因	处理措施
斗式提升机断链	(1)提升机电流大大下降； (2)提升机进料溜筒堵塞； (3)打开检查门实地观察	立即停机修复
入选粉机斜槽堵塞	(1)提升机功率急剧上升； (2)选粉机电流下降	立即停止磨机及提升机机组，并检查、处理
选粉机速度失控	(1)选粉机转速波动显著； (2)电流与速度的指示值不对应	停止选粉机上游设备的运转，检查速度控制器是否有故障，并处理
磨内通风量不足	(1)出磨气体温度高； (2)系统压力上升； (3)产品产量偏低	增大磨机收尘器排风进口阀门的开度
循环风温高	指示仪表的温度偏高	增大选粉机冷风阀的开度
磨内喷水量不当	(1)出磨水泥温度偏高或偏低； (2)产品产量偏低	调节水阀，使喷水量适当
锁风阀动作不灵	观察锁风阀的动作是否灵敏，物料是否畅通	调整重锤位置，使重锤动作灵敏，物料畅通
磨机电机电流明显增大	(1)磨内装球量过多； (2)轴承润滑不好； (3)传动轴瓦水平不一致或联轴器偏斜； (4)齿轮过度磨损	根据具体原因，采取针对性处理措施
磨机启动不起来	(1)电器系统有故障； (2)磨机停机时间长，湿物料在磨内结块； (3)磨机装载量过大； (4)电压过低	处理电器故障，或撬松磨内物料，并取出部分物料和研磨体，待磨机运转正常后再将它们补入
齿轮或轴瓦振动、噪声大	轴瓦盖或轴瓦座的螺丝松动，大齿轮连接螺丝或对口螺丝松动，轴瓦磨损过多，齿轮啮合不当，大齿轮径向或轴向跳动过大等	针对原因处理

3.35 一则解决水泥磨尾中空轴密封填料问题的经验

某厂 ϕ3.8 m×12 m 水泥磨磨尾轴瓦因中空轴与套筒间密封填料损坏及出磨水泥温度偏高(170 ℃以上)等原因，造成轴瓦温度高而影响磨机正常运转 3 个月近 200 次，停磨凉瓦时间 600 h 以上，严重影响了生产的正常进行。水泥磨出料端结构及原密封如图 3.14 所示，中空轴和套筒间的填料材料为超细玻璃棉毡。由于套筒与磨筒体之间在圆周方向存在缝隙 c，水泥细粉窜入缝隙之内直接冲刷玻璃棉毡，玻璃棉毡逐渐被冲刷掉，套筒与中空轴间充满了水泥，水泥的热量直接传递给中空轴，引起轴瓦发热。

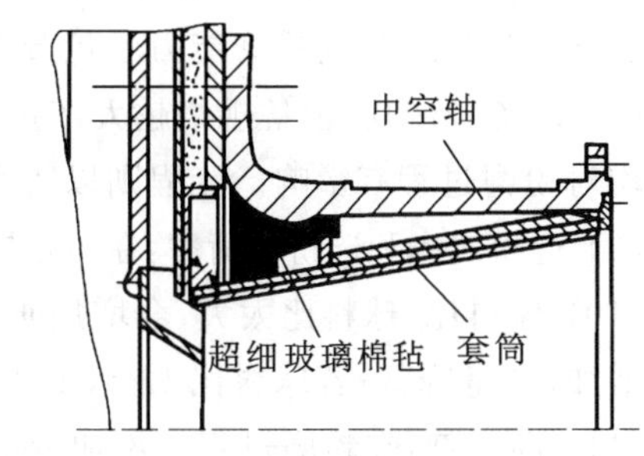

图 3.14 ϕ3.8 m×12 m 水泥磨出料端结构图

解决问题的办法是在套筒上割洞，在套筒外表面及磨筒体端盖上焊“八”字钉，灌浇注料，如图 3.15 所示。具体施工方法如下：在套筒小头端的圆周方向相间 120°位置均匀割三个 300 mm×500 mm 的洞。在电焊钳能伸到的地方于磨筒体端盖及套筒外表面焊“八”字钉。“八”字钉用 ϕ8 mm 或 ϕ10 mm 钢筋制成如图 3.16 所示形状。在电焊钳伸不到的地方，可预先在一长钢筋上焊“八”字钉，将长钢筋穿进两洞之间，两端焊于套筒外表面或磨筒体端盖上。

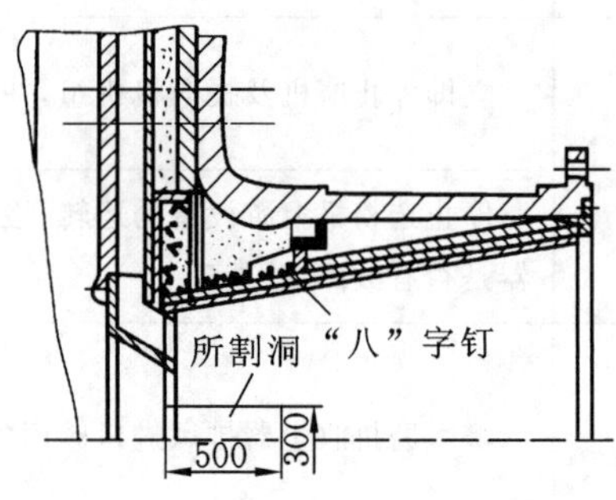

图 3.15　改进后的密封填料图

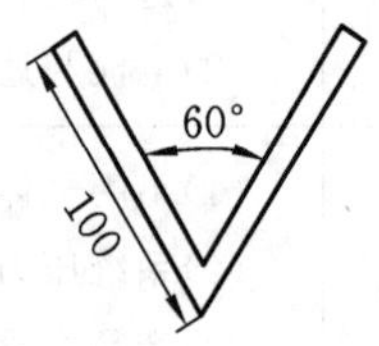

图 3.16　“八”字钢钉形状

灌浇注料时，先灌下半部分，待浇注料凝固 3～4 h 后，转磨 180°，灌另一半，再凝固 6～8 h 即可开磨。只需将浇注料与套筒内表面抹平即可，不需要再焊上割下的钢板。建议浇注料采用钢纤维浇注料或耐碱浇注料。

经改造后，几台水泥磨再没因磨尾瓦温问题而影响磨机运转，即使在每年的最高温时间段，轴瓦温度也未超过 63 ℃。经过近 3 年的使用后，对磨尾密封填料进行检查，发现填料良好，无破损现象，还可继续使用。

3.36　影响磨机产量有哪些因素

（1）入磨物料的粒度：入磨物料粒度的大小对磨机的产量、质量影响很大，粒度小，则下料均匀，粉磨容易，磨机的产量、质量高，电耗低；粒度大，则下料波动，粉磨困难，磨机的产量、质量低，电耗高。

（2）物料的易磨性。物料的易磨性，是指物料被粉磨的难易程度，易磨系数愈大，说明物料愈好磨，反之愈难磨。

（3）入磨物料的水分：对于干磨法来说，入磨物料的水分对磨机的产量、质量影响很大，入磨物料的水分越高，则越难磨，反之则易磨。因此，含水分较大的物料，入磨前的烘干脱水是十分必要的。

（4）入磨物料的温度：入磨物料的温度过高再加上研磨体的冲击摩擦，会使磨内温度过高，发生粘球现象，降低粉磨效率，影响磨机产量。同时磨机筒体受热膨胀影响磨机长期安全运转。因此，必须严格控制入磨物料温度。

（5）出磨物料细度：出磨物料的细度愈细产量愈低，反之，产量则愈高。

（6）磨机各仓长度：各仓长度选择不当，使各仓能力不平衡，从而影响粉磨效率。

（7）喂料的均匀性：均匀喂料是保证磨机正常操作，提高产量的重要因素，喂料少，造成能量和金属的浪费；喂料过多，又因粉磨能力不足造成“饱磨”现象。

（8）设备和流程：设备规格越大产量越高，此外，设备内部结构配置，如各仓长度，衬板、隔仓板的形式等均对粉磨过程有影响。流程则以闭路流程为佳。

（9）选粉效率和选粉负荷率：在闭路操作时，选择恰当的选粉效率与循环负荷率，才能提高磨机产量。

（10）球料比：球料比太大，会增加研磨体之间以及研磨体和衬板之间的冲击摩擦的无用功损失，使电耗增加，产量降低；若球料比太小，说明磨内存料过多，就会产生缓冲作用，也会降低粉磨效率。

（11）助磨剂：在粉磨过程中添加少量助磨剂，可以消除细粉黏附和聚集现象，提高粉磨效率，降低电耗，提高产量。

（12）研磨体：研磨体的形状、大小、装填量、级配以及补充等对磨机产量有明显的影响。

(13) 干法磨机通风：良好的磨内通风可冷却磨内物料，改善易磨性，排出水蒸气，增加极细物料的流速，使之及时卸出磨机。这些都有利于提高粉磨效率和增加产量，但要注意风速不得过大。

(14) 干法磨水冷却：主要是磨内雾化喷水，可有效带出磨内热量，消除静电凝聚，有利于提高产量。

(15) 磨机的操作：喂料量适当且均衡稳定是提高产(质)量的重要措施。先进的操作方法，完善的管理制度有利于提高产(质)量。

3.37 一种改善球磨机主轴瓦润滑的措施 

某厂为了使更多的润滑油进入球磨机主轴和轴瓦间，适当缩短了磨机主轴承淋油管长度，使润滑油基本上淋在中空轴轴颈的中部。同时设计了一个简单的储油槽，利用轴瓦端面原有的螺纹孔安装于主轴瓦的转入面(图 3.17)，储油槽两端的耐油橡胶板与中空轴共同形成储油腔，使淋入的润滑油充满油腔后，再从油腔中溢出。

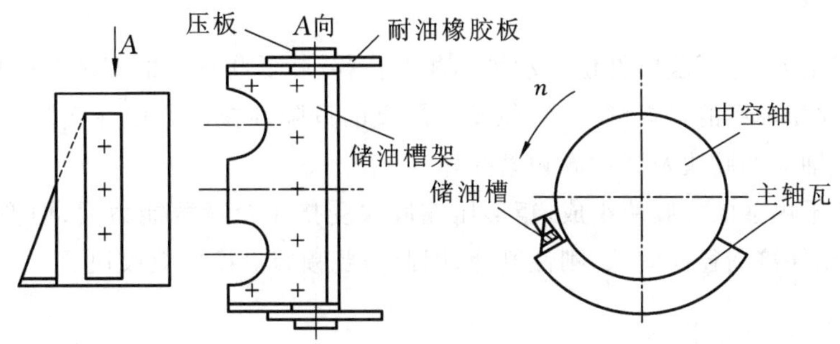

图 3.17 储油槽结构及安装图

储油槽安装于 ϕ 2.6 m×10 m 水泥磨的磨头、磨尾两主轴承后，不仅可以调小淋油量，同时，由于储油腔保持了一定油位，使中空轴轴颈与轴瓦接触的那部分始终同润滑油保持均匀接触，从而增强了中空轴的“泵”油作用，更加有利于润滑油膜的形成。

3.38 大型磨机高压油泵经常损坏是何原因，如何改进 

随着球磨机大型化的发展，高压浮升集中润滑系统的采用越来越普遍。即在磨机启动前先用高压油泵将磨机抬起，在轴瓦上形成一层油膜，使磨机主轴承能在较低的摩擦阻力矩下启动，既保护了轴瓦又降低了能量损耗。

某厂 ϕ 3.6 m×8.5 m 水泥磨使用的是 CY14-1B 轴向柱塞泵作高压油泵，压力为 31.5 MPa。在生产中，该泵经常损坏，曾经在半年内坏掉 5 台，严重影响了生产。经过郭运红等仔细查找原因，并对系统进行改进后，3 年以来未损坏 1 台，取得了较好的效果，可供同行借鉴。

(1) 损坏的主要原因

① 磨机主轴承采用的是 N220(冬季)和 N320(夏季)中负荷极压工业齿轮油作为润滑用油，而柱塞泵在工作温度 40～85 ℃时推荐使用 N100～N150 油品。油的黏度过高，加大了柱塞泵的工作负荷。严重时，在泵启动后无法吸油入泵内，使泵缺乏润滑。

② 由于轴瓦处密封不严，导致灰尘进入油内，污染了润滑油。

③ 溢流阀压力设定过高或失灵，使高压泵超负荷运转。

④ 磨机启动后未及时将高压泵停止，使其长期运转。

(2) 改进措施

① 将自吸式供油改为强制式供油，即将高压泵接在油箱上的进油口去掉，焊接在低压齿轮油泵的供油管上，开车时低压油泵开启后，再开启高压油泵。因低压油是经过滤器向轴承供油的，这样，既去除了

油的杂质，又保证了高压油泵供油充足。

② 在天冷时，开车前一定先将油温加热至 40 ℃，降低油的黏度。

③ 整定溢流阀压力，根据磨机自身情况，以将磨机抬起的压力为准。该厂在 20 MPa 时，即可将磨机抬起 0.15～0.20 mm，因此溢流阀压力设定为 20 MPa。

④ 磨机启动 1 min 后即将高压泵停止，使用低压泵单独供油润滑。

3.39 磨机联轴器胶块、弹性圈损坏的原因及处理方法

联轴器是设备不可缺少的传动部件，在水泥厂设备中常用的联轴器有弹性联轴器、十字滑块联轴器、齿轮联轴器等，其中多使用弹性联轴器。该类型联轴器分为弹性圈柱销式和弹性块式两种形式，在生产中时常发生胶块、弹性圈损坏现象，需要频繁更换失效的胶块及弹性圈，但在更换中也经常发生套管配合孔磨损变形、套管断裂及取出困难等问题。

(1) 原因分析

磨机配用胶块联轴器，除了能够补偿传动轴的相对位移、降低联轴器的安装对中精度要求外，更重要的是能够缓和冲击、改变轴系的自振频率，避免发生严重的危险性振动。但在实际生产中，由于使用、维护、修理不当，往往联轴器的胶块及弹性圈频繁损坏。

胶块联轴器由若干单独的橡胶块组成，矩形压缩胶块受挤压及承载能力大，但弹性差。当胶块变形后，间隙减少或橡胶元件挤满径向间隙，刚性剧增，因此需要频繁更换失效胶块。

(2) 处理方法

① 胶块(胶砖)的应急修理

胶块(胶砖)应急更换，可用废旧输送带剪成胶块(胶砖)相同规格的长方形，叠加在一起，替代胶块。为增强其强度，可在其中加入 3 mm 厚钢板 1 块。

在装拆或更换胶块时，需沿轴向移动两半联轴器，由于结构空间的局限，使装配困难，特别是经过多次拆卸和装配，套管的配合孔磨损变形，导致套管的剪切强度降低而断裂，并且取出困难。为此，可采取取消套管、增大连接螺栓直径的办法。维修时，只要旋出螺栓，就可更换胶块。

② 弹性圈的应急更换

弹性圈的应急更换，可采用以下两种方法：

a. 用与弹性圈直径相当的黑皮胶管截成相应长度，替代弹性圈。若一层厚度不够，可用两层，但第二层应将胶管沿轴线方向剪成两个半圆，套于第一层上即可。

b. 把废旧输送带用相当规格的两只皮带冲子做成若干环形弹性圈，然后将弹性圈叠加起来，套于柱销上使用。

3.40 一则球磨机边缘传动弹性圈柱销联轴器的改进经验

某厂 φ 2.7 m×4 m 生料球磨机边缘传动部曾多次由于振动过大而引起地脚螺栓断裂、轴承座整体掀翻的恶性事故。张松平等经研究分析，认为事故的根源是传动部联轴器上的弹性圈和柱销的失效。该联轴器为 TL 型弹性圈柱销联轴器，内孔径为 φ 178 mm，外径为 φ 500 mm，轴孔深 250 mm，采用 ZG35 加工而成，一侧为 φ 380 mm 的圆上 10 个 φ 88 mm 孔均布，另一侧为 φ 380 mm 的圆上 1∶10 的 10 个锥孔均布，锥孔的大端直径为 φ 46 mm。

改进前连接联轴器的柱销采用 45 号钢加工而成，弹性圈采用 φ 45 mm×85 mm 的标准弹性圈，挡圈外径为 φ 58 mm、内径 φ 46 mm、宽 15 mm，每个柱销上用 5 个弹性圈 1 个挡圈连接，柱销、弹性圈和挡圈结构如图 3.18 所示。

出现的问题有：弹性圈轮廓变小、撕裂、破碎，最后失去作用，形成柱销本身与一侧联轴器直接传递动

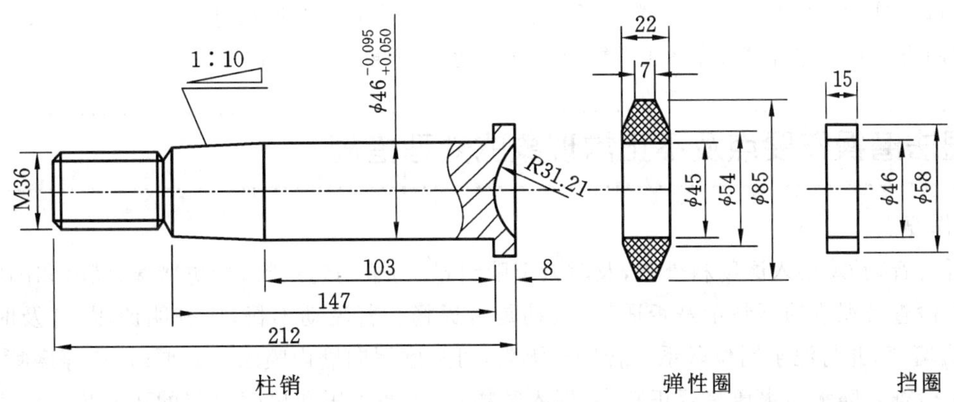

图 3.18　改进前联轴器连接件的尺寸

力，柱销断裂，并波及整个传动轴，地脚螺栓松动、断裂，传动中心线发生位移；柱销长度不够而引起强度不够，易断裂；挡圈外径、宽度过小，易切入弹性圈中，未起到挡圈压紧的作用，并且加速了弹性圈的损坏。据统计，联轴器的连接件只有 1 个星期的使用寿命，主要是弹性圈损坏，以往每年 1 台磨机需更换弹性圈约 1500 件，柱销 100～200 件。改进措施如下：

① 增加柱销的长度，约为 1 个弹性圈的长度(一边联轴器上的孔尚有足够深度)，使柱销总长由 212 mm 变为 239 mm，从而增加了柱销的强度。

② 将弹性圈的外围宽度加宽，由原来的 7 mm 增加到 16 mm，其外围尺寸的变化加大了弹性圈受力的接触面积。

③ 将挡圈外径增大 4 mm，宽度加宽 2 mm，使挡圈不易切入弹性圈中，弹性圈受挤压起到预紧联轴器孔的作用，并能使弹性圈受力均匀、强度一致。

改后的连接件结构如图 3.19 所示。改进前后联轴器的装配如图 3.20 所示。

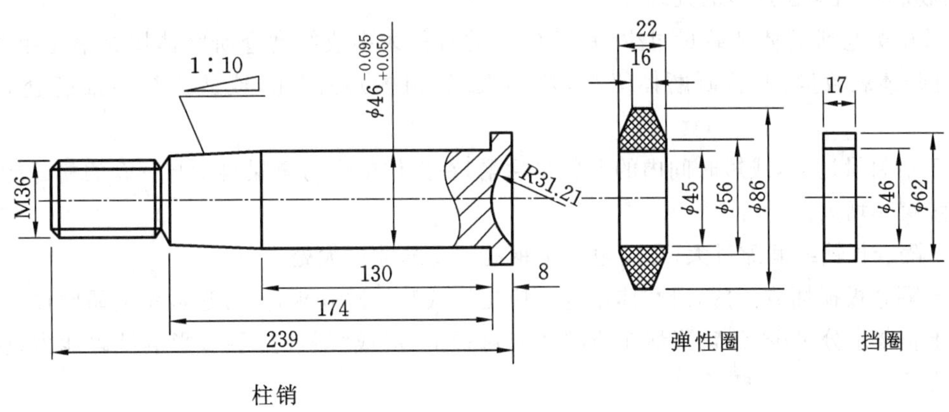

图 3.19　改进后连接件的尺寸

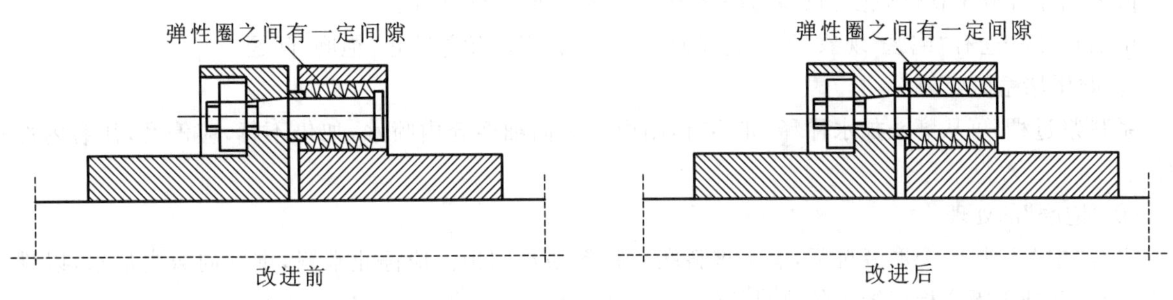

图 3.20　改进前后联轴器的装配

改进后每个柱销上可装 6 个弹性圈、1 个挡圈。由于加大了各部件尺寸，增加了其所承受的扭转力，弹性圈的使用寿命可达半年以上，保证了整个传动部运转平稳。

3.41 湿法磨操作要点及不正常现象的处理措施

(1) 操作要点

① 勤听磨音，勤观察入磨物料外观，及时调节喂料量，力争均匀喂料，严防堵塞、满磨和倒料。

② 经常检查黄泥浆的下料量是否适当，流动是否通畅。若流动不畅，应查明原因，并及时向磨头加水冲洗，以防堵塞，并与泥浆岗位联系。若冲洗无效，可从磨尾向磨内喷水。必要时，应停磨喷水冲洗。

③ 经常检查入磨水箱水压是否正常，并据入磨物料、入磨水压和出磨料浆的质量检查结果及时调整喂料量和加水量，控制料浆水分含量正常，细度合格。

④ 若一仓磨音很低沉、粗磨仓“饱磨”或倒浆，须及时减少喂料量，必要时可停止喂料。但磨内仍继续加水，以防隔仓板堵塞，待磨音正常后恢复正常喂料。

⑤ 发现衬板螺栓或地脚螺栓松动，须及时拧紧。

(2) 不正常现象的处理

① 磨机产量下降的处理

a. 如系入磨物料易磨性变差，应适当减少喂料量。为维持磨机产量，在条件允许时，可适当增大研磨体装载量。

b. 如系入磨物料粒度增大，可减小其粒度，或适当增大一仓平均球径。

c. 如系研磨体装载量偏少(或长期未补充)、平均球径过小，或长期未清仓，致仓内研磨体混乱，过小和碎裂的研磨体过多，应酌情处理。

d. 若系隔仓板篦缝严重堵塞，应疏通。

② 出磨物料中粗颗粒过多的处理

a. 若由于粗磨仓研磨体装载量过少、钢球(棒)的直径太小或细磨仓研磨体填充率比粗磨仓低得太多，应增加研磨体装载量，调整研磨体级配，增加大球(粗棒)的配比，或适当提高细磨仓研磨体的填充率。

b. 若由于喂料量过多，或短时间内的喂料量猛增，在操作中应力争喂料量与一仓的粉碎能力相适应，并防止喂料量突然增大。

c. 若由于隔仓板篦缝间隙过大，可用电焊把钢筋焊于缝隙过大处。

d. 若由于隔仓板损坏或掉落，研磨体窜仓。应更换或装好隔仓板，并分选混淆的研磨体。

e. 若由于料浆水分过少，致料浆粘在研磨体或衬板上，形成“缓冲垫层”，影响破碎能力；应增大料浆水分至适当程度。

f. 若由于入磨物料粒度过大，应缩小粒度，在未解决入磨物料粒度问题之前，适当增大一仓钢球球径，或暂时压低喂料量。

g. 若由于棒仓中铁件较多，致棒的冲能力大减，须及时清除铁件。

h. 若由于一仓有“饱磨”现象，致一仓粉碎能力大减，应消除并防止“饱磨”问题。

③ 磨尾堵塞的处理

系料浆过稠，可从磨头加水稀释，如不行，则由磨尾向细磨仓内喷水，如仍不行，应停磨，往磨内加水冲洗。

④ “饱磨”的处理

出现“饱磨”时，一仓磨音沉闷，磨头进料端有物料随水倒出。应停止喂料，继续向磨内加水，以排除磨内物料，并冲下隔仓板篦缝中的物料。

3.42 管磨机减速机启动和维护应做哪些工作

管磨机减速机启动前须检查润滑油罐内的油量是否充足，各阀门是否处于启动状态。确定无问题后，启动润滑油泵，并检查、调整润滑系统的油压和油量，使其符合要求。润滑系统正常工作后方可启动磨机减速机。

管磨机维护应做的工作如下：

① 检查减速机的供油温度。供油温度一般为 40～50 ℃，若超出此范围，应调节供油量或油冷却器的供水量。

② 重点检查轴承支架的温度，一般情况下第一级小齿轮轴承支架的温度比所供润滑油的温度高 20～50 ℃；其他轴承支架的温度比所供润滑油的温度高 10 ℃左右。若温度过高，应立即停机检查原因。

③ 经常检查润滑油储油箱的油量，保持油量高于油标的最低位置。

④ 向储油箱中补充的润滑油须和原来油的牌号相同。

⑤ 润滑油的回油网每运转 200 h 应清理一次，并做好记录。

⑥ 每天从外观上检查润滑油质量一次，每六个月化验润滑油一次。不合格时，需更换。

⑦ 经常从齿轮箱靠近齿轮啮合部位倾听齿轮有无异常噪声，并从齿轮箱靠近轴承支架座处细听有无噪声，发现问题及时处理。

⑧ 经常检查密封部位有无漏油现象，并及时处理发现的问题。

⑨ 经常检查减速机有无异常振动，机械及电气部位有无异味。

3.43 适当增加研磨体装载量为何能提高磨机产量

磨机的产量与$\left(\dfrac{\text{研磨体装载量}}{\text{磨机有效容积}}\right)^{0.8}$成正比。在磨机的有效直径、有效容积、转速均固定，入磨物料的粒度、易磨性和出磨产品细度基本不变的情况下，增加研磨体装载量就是增大上述因数之值，从而增加磨机的产量。因此，在磨机的动力和机械设备允许时，可适当增加研磨体装载量，以提高磨机产量。研磨体的装载量达到一定限度后，再增加研磨体，磨机产量的提高幅度较小，单位电耗却反而增加。中长磨的研磨体装载量为填充率 25%～35%时，产量较高，为 30%左右时电耗较低。研磨体的装载量过大时，靠近磨机中心部分的球，只是处于“蠕动”状态，不能有效工作；且磨机的负荷过高，振动加剧，衬板螺栓断脱现象增多，机械故障率上升。

管磨机的研磨体装载量增大后，是否可行，可采用下法计算：如果磨机的制造、安装质量和电机的质量都正常，每吨研磨体需用功率可取 10～11 kW，代入下式（B. B. 托瓦洛夫公式），计算电机的储备系数 k，若 k 值在 1.05～1.27 的范围内，则该装载量可行。

$$k=\frac{N\cdot\eta}{0.222V\cdot D_0\cdot n\cdot\left(\dfrac{G}{V}\right)^{0.8}}$$

式中 k——电机储备系数，k=1.05～1.25；

N——电机功率，kW；

η——机械效率系数，边缘传动磨取 0.85～0.90；

D_0——磨机有效内径，m；

G——磨内研磨体总装载量，t；

V——磨机有效容积，m^3；

n——磨机实际转速，r/min。

例如：某 ϕ1.83 m×7 m 管磨机的实际转速为 23.5 r/min，电机功率为 245 kW，有效内径为 1.75 m，有效容积为 16.29 m^3，设计研磨体总装载量为 21.5 t，设备正常，问研磨体最大总装载量可达多少？

解：以每吨研磨体需要的功率为 10～11 kW 估算，该磨最多可装研磨体 24.5 t，取 24.4 t。代各值入上式，得 k 值为 1.07。此值在 1.05～1.27 之内，表明该装载量可行。

涉及电机需用功率的因素很多，且各厂的实际情况出入很大，因此，采用上式核算研磨体装载量最大允许值时，G 值最好不要一下取得太高，而宜通过实践逐步增大。

此外，采用进相机可以提高电机的过载能力，从而可进一步增加磨机研磨体的装载量，提高磨机产量。

3.44 磨内风量、风速对磨机产(质)量有什么影响

干法磨机进行磨内通风，适当加大风量、风速可以冷却磨内物料，改善物料的易磨性；及时排出磨内水蒸气，降低料球和篦板堵塞现象；在粉磨过程中 10 μm 左右的微粉，可以及时地为气流带走，消除了细粉的缓冲作用，因而提高粉磨产品的产(质)量；能降低磨机温度，有利于磨机操作和水泥质量。但如果风速、风量过大则加重磨尾收尘器的负担。对于开流磨流程来说，产品则易"跑粗"。因此，选择适宜的风量、风速是提高磨机产(质)量的重要因素之一。在一般情况下，磨内风速在 0.4～1.2 m/s 之间，经济风速为 0.7 m/s。

3.45 闭路系统选粉机循环负荷率与磨机产(质)量的关系

循环负荷率决定着入磨和入选粉机的物料量和细度，反映磨机和选粉机的配合情况，对磨机产(质)量有很大影响。为了提高磨机的粉磨能力，减少磨内产生过粉磨与过热现象，应适当提高循环负荷率，但必须与磨机的粉磨能力相适应，否则过分提高循环负荷率，可能会使磨内物料过多，反而会降低粉磨效率。若循环负荷率过小，合格的细粉不能及时出磨，则闭路粉磨的优点也不能充分体现出来。因此，闭路磨机必须在适当的循环负荷率下操作，才能提高磨机的产(质)量。

循环负荷率与磨机规格、选粉机的构造以及被粉磨物料的物理性质和产品细度等都有密切的关系。同样规格的旋风式选粉机比离心式选粉机的选粉效率高，因而旋风式选粉机的循环负荷率要小一些。一级闭路系统选粉机的循环负荷率一般为 100%～300%，理想的循环负荷率应通过生产实践不断摸索后才能确定。

3.46 出磨水泥控制参数的对比

出磨水泥控制参数一般用细度、平均粒度、比表面积、颗粒级配、颗粒形貌来表示，最常用的是细度和比表面积。

(1) 细度

水泥的粒度就是水泥的细度。水泥细度直接影响着水泥的凝结、水化、硬化和强度等一系列性能。

在一定的粉磨工艺条件下，水泥强度与其细度有着一定关系。水泥的筛余量越小表示水泥越细，强度越高。

用 80 μm 筛筛余控制水泥细度的不足：

① 当水泥磨得很细时，如 80 μm 筛筛余小于 1%，控制意义就不大了。

② 当粉磨工艺发生变化时，细度值也随之变化。如开流磨筛余值偏大，圈流磨筛余值偏小，很难根据细度来控制水泥强度。

③ 用大于等于 80 μm 颗粒含量对水泥质量控制还不能全面反映水泥的真实活性。

（2）比表面积

水泥比表面积与水泥性能存在着较好的关系。但用比表面积控制水泥质量时，主要还有下述两个方面的不足：

① 比表面积对水泥中细颗粒含量的多少反映很敏感，有时比表面积并不很高，但由于水泥颗粒级配合理，水泥强度却很高。

② 掺有混合材料的水泥比表面积不能真实反映水泥的总外表面积，如掺有火山灰质混合材料的水泥比表面积往往会产生偏高现象。

（3）比表面积与 45 μm 筛筛余相结合

比表面积与 45 μm 筛筛余相结合可有效控制水泥的合理颗粒组成，水泥细度的提高是在大多数企业粉磨工艺比较落后和采用 80 μm 方孔筛筛余控制细度的条件下取得的，因此可以认为多数水泥企业的水泥颗粒组成处于不合理的状态。

水泥的合理颗粒组成是指能最大限度地发挥熟料的胶凝性和具有最紧密的体积堆积密度。熟料胶凝性与颗粒的水化速度和水化程度有关，而堆积密度则由颗粒大小含量比例所决定。采用 45 μm 筛筛余可以使企业了解水泥中有效颗粒的含量，而使用比表面积可及时掌握与水泥需水性等密切相关的微细颗粒的含量。两者相结合进行粉磨工艺参数控制，将使水泥性能达到最优化。

目前公认的水泥最佳性能的颗粒级配为 3～32 μm 颗粒总量不能低于 65%，小于 3 μm 细颗粒不要超过 10%，大于 65 μm 颗粒最好为 0，小于 1 μm 的颗粒最好没有。因为 3～32 μm 颗粒对强度增长起主要作用，特别是 16～24 μm 颗粒对水泥性能尤为重要，含量越多越好；小于 3 μm 的细颗粒容易结团，小于 1 μm 的颗粒在加水搅拌中很快就水化，对混凝土强度作用很小，且影响水泥与外加剂的适应性，易影响水泥性能而导致混凝土开裂，严重影响混凝土的耐久性；大于 65 μm 的颗粒水化很慢，对 28 d 强度贡献很小。

（4）用 45 μm 筛筛余和比表面积相结合

用 45 μm 筛筛余和比表面积控制细度，操作简便、控制有效。在固定的工艺条件下，将水泥的 45 μm 筛余量和比表面积控制在一个合理的水平上时，可限制 3 μm 以下和 45 μm 以上的颗粒，以此获得良好的水泥性能和较低的生产成本。这种细度控制方法与其他方法相比，具有操作简便、控制有效的优点。只要取样进行筛析试验和比表面积测定，就可以为磨机的操作提供可靠的依据，是现代水泥首选的控制参数。

3.47 为什么磨机运转一定时间要进行清仓配球 

磨机经长时间的运转后，研磨体的磨损情况越来越严重，虽定期补充研磨体，但仍不能保持研磨体级配的正确性，有的钢球变了形，有的甚至是被砸碎。矿渣中的铁粒子越来越多，有碍磨机正常生产，粉碎与研磨效率大大降低，这时如不及时清仓倒球，势必影响磨机的产量和产品质量，清仓倒球，拣出不合格的研磨体，按配球方案重新进行级配是一项必要的措施。

清仓时间需根据研磨体的消耗、磨机产量、产品质量情况确定。一般对两仓的水泥磨来说，一仓约一个月，二仓三个月左右清仓一次。有些厂为了减少磨机停机时间，降低劳动强度，磨门上安装磨门筛，把不合格小球、铁渣筛出磨外。根据磨机有效内径 D_i 和通过磨机中心测量从研磨体面到顶部衬板的垂直距离 H，$\frac{H}{D_i}$与填充率 φ 关系表得到磨机内研磨体的填充率，再与设计填充率相比求出补充研磨体的消耗量，筛磨操作需 2～3 h，比清仓倒球节约 8 h 左右。清仓补球也可以用球磨机专家系统进行级配计算。

3.48 水泥粉磨细度与磨机产量的关系

水泥粉磨是决定水泥实物质量的关键环节。以细度为标志，粉磨的作用就是最大限度地满足水泥适宜的粒度分布，从而达到最佳的强度指标。资料表明，水泥强度主要取决于 3～30 μm 颗粒的含量，大于 60 μm 的颗粒仅起微集料的作用。按此衡量，水泥生产中相当部分大于 60 μm 的颗粒实际造成了大量资源和能源的浪费，若将这部分颗粒含量尽可能降低，水泥强度将得到更大发挥。

但降低筛余，粉磨效率也随之下降。以球磨机为例，产品细度在 80 μm 筛筛余 5%～10%的范围内，每降低筛余 2%，磨机产量即降低 5%。当粉磨细度小于 5%时，产量急剧下降。从表 3.12 可看出，以筛余 10%的磨机产量为 100%，而粉磨细度筛余达到 5%的产量降低幅度可达 26%，磨至更细(筛余 1.2%～2.0%)时，产量降低近 50%。可见，粉磨细度与水泥强度、生产效率的关系十分密切，寻求高效率的生产工艺，达到粉磨细度和水泥强度的最佳化，一直是生产、科研关注的焦点。

表 3.12 粉磨细度与磨机产量的关系

物料	80 μm 筛余(%)	磨机产量(%)
水泥	10	100
	5	74
	1.2～2.0	52

3.49 影响管磨机生产能力的因素有哪些

(1) 管磨机自身的因素

① 类型：湿法磨的生产能力比干法磨的高；棒磨的生产能力比球磨的高。

② 直径和长度：大直径磨的生产能力高，且粉磨电耗低(因筒体质量与研磨体质量之比小，克服摩擦力所需之功少)；长度过短，产品细度难以达到要求，长度过长，增加动力消耗，并产生较多的过粉磨现象。水泥工业管磨机的长径比多为 3～6。

③ 衬板形式及排列方式：衬板带起研磨体的能力大时，磨机的生产能力较高；装分级衬板时，磨内研磨体作正向分级，有利于生产能力的提高；装沟槽衬板时，钢球可更好地发挥冲击研磨作用，磨机的生产能力较高。

④ 隔仓板及进出料装置：隔仓板篦孔形状、宽度和有效断面积合理，且与进、出料装置的结构适应时，磨机的生产能力高。

⑤ 转速：我国水泥工业管磨机的转速多为临界转速的 76%左右。转速适当提高可提高生产能力，但粉磨电耗不会明显下降。转速过高，会引起磨体振动加剧，研磨体及衬板磨耗量增大，运转率下降，从而导致生产能力下降。

⑥ 通风：磨内通风良好、风速恰当时，磨机的生产能力高。

(2) 物料的因素

① 物料的硬变：硬度愈大，易磨性愈差，磨机的生产能力愈低。

② 粒度：喂料粒度愈大，粉磨至要求细度的时间愈长，功耗愈多，磨机的生产能力愈低。

③ 水分：入磨物料的含水总量应在 1.0%左右。水分高，磨机的生产能力下降；过高时，会引起"饱磨"，甚至使磨机无法运转。

④ 温度：入磨物料的温度高时，管磨机的生产能力下降；过高时，会发生"包球"现象。

⑤ 产品细度：产品细度太细时，过粉磨现象加剧，磨机的生产能力显著降低。

(3) 研磨体方面的因素

① 研磨体的密度大，表面光滑且不粘料、不破裂、不变形时，磨机的生产能力高。

② 球形和长圆柱形研磨体较立方形、圆盘形、圆锥形等研磨体的生产能力高。

③ 填充率：填充率在合理范围内，且装入的研磨体量可做有效工作时，填充率高则生产能力大。各仓的研磨体填充率呈递减方式分布时，对产量的提高有利。如呈递增方式分布时，对细度的提高有利。

④ 研磨体级配：级配(包括平均球径、最大球径、最小球径、钢球级数)合理时，磨机的产量明显较高。以合理的制度补球清仓时可使磨机的高产时间维持较久。

(4) 喂料操作

喂料量适当且均匀稳定时，磨内保持着较恰当的球料比，磨机的生产能力高。

(5) 粉磨方式

闭路粉磨比开路粉磨的生产能力高。同为闭路粉磨，配用高效选粉机比配用离心式和旋风式选粉机的生产能力高；循环负荷率等参数选择合理时的生产能力比不够合理时的高。

(6) 其他

① 配磨机负荷控制装置可提高磨机的产量。

② 带预破碎设备磨机的产量比不带的高。

3.50 实现管磨机粉磨作业优质、高产、低耗的主要措施

主要措施：严格控制进厂原料、燃料、混合材料、矿化剂、助磨剂的质量，保证符合工艺要求；搞好原料和燃料的预均化；烘干、破碎产品的质量一定达到控制指标；提前掌握入磨物料的成分；完善配料、计量工艺(配好的料，不经中间仓，直接进磨)；采取并检验指导配料的试样；检测方法应快速而有足够的准确性；检测项目应满足配料控制要求；采用黑生料法配料时，须控制其配热量(或配煤量)；检测结果应修正水分含量的影响；实现均匀配料；及时、恰当地进行配料调整；采用合理的出磨产品成分控制策略等。

所谓采取指导配料性试样，是指所取试样全部为本控制周期所入磨的物料，试样应有较充分的代表性，其检测结果可在本检测周期得出。下述做法可供参考：取连续试样，连续试样的采取时间为检测周期时间减去由取样点提取已采好试样至报出检测结果的时间，再减去配料岗位调整物料配比及物料从配料设备配料至运输到取样点所经历的时间，另外，再减去 3～5 min 的富余时间。取样时间由计时器控制。若某检测项目的检测耗时较长，以致前述的连续取样时间少于 3 min 时，可将检测周期延长一倍，以保证取样时间足够，使试样有较强的代表性。

所谓采用合理的出磨产品成分控制策略，是指本控制周期出磨产品的成分指标，应以增大或减小的办法校正前面各控制周期出磨产品成分的累计偏差。

所谓修正水分含量的影响，是指各成分的检测结果，均应换算为配料方案所确定成分指标的状态。

实现管磨机高产、低耗的措施请另参阅本书其他各题。

降低钢材消耗的措施主要有选用耐磨性能良好的研磨体和衬板、搞好研磨体级配、在操作中经常保持磨内有适当的球料比、做好设备的维护保养和计划检修工作。

降低原、燃料消耗主要应从生产工艺和收尘方面进行工作。

各岗位产品产(质)量消耗指标落实到个人(不能到个人的落实到小群体)，并按月考核和奖罚，建立、健全各项规章制度(如厂规、工艺管理规程、设备管理规程、用电管理条例、检修质量标准、岗位责任制、岗位操作规程、安全规程等)并切实执行，提高职工的素质(包括思想品质、业务理论、操作技能和健康水平)等都与磨机的优质、高产、低耗有密切关系。

3.51 如何快速测算管磨机的电耗

可从三个方面测算：

(1) 管磨机实际用电负荷

$$管磨机实际用电负荷=\frac{3600\times 实测电度表转数\times 电压互感器变比\times 电流互感器变比}{电度表铭牌上每度电的转数\times 实测时间(s)}$$

(2)管磨机单位产量电耗

$$管磨机单位产量电耗=\frac{磨机的实际用电负荷(kW)}{磨机的台时产量(t/h)}\ (kW\cdot h/t)$$

(3)本次测定时的节电效果

$$系数=\frac{本次测定时的单位产量电耗(kW)}{上次测定时的单位产量电耗(kW)}$$

若系数小于 1,说明本次测定时的节电效果好于上次;若系数大于 1,说明本次测定时的节电效果比上次的差。

例如:某厂 ϕ3 m×11 m 管磨机的电机功率为 1250 kW,台时产量为 37 t/h,电压互感器变比为 6000/100,电流互感器变比为 200/5,电度表铭牌上每度电的圆盘转数为 2000 r/(kW·h),测定 10 r,秒表读数为 43 s。则:

$$磨机实际用电负荷=\frac{3600\times 10\times \frac{6000}{100}\times \frac{200}{5}}{2000\times 43}=1004.65\ (kW)$$

$$磨机单位产量电耗=\frac{1004.65}{37}=27.15\ (kW\cdot h/t)$$

其他条件均未变,仅于磨内研磨体级配调整后台时产量变为 36 t/h,电度表转 10 r 的秒表读数为 45 s,则:

$$磨机实际用电负荷=\frac{3600\times 10\times \frac{6000}{100}\times \frac{200}{5}}{2000\times 45}=960\ (kW)$$

$$磨机单位产量电耗=\frac{960}{36}=26.67\ (kW\cdot h/t)$$

$$系数=\frac{26.67}{27.15}=0.982<1$$

因为系数小于 1,说明本次研磨体调整的节电效果好于上次。

3.52 减速机启动后怎样维护

减速机启动后,应注意减速机的声音、温升、供油、振动等情况的变化。在正常情况下减速机供油温度一般在 40～45 ℃之间;如超出此范围,应重新调整供油量或油冷却器的供水量。要特别注意轴承支架的温度(一般情况下,第一级小齿轮轴承支架的温度比所供的润滑油温度高 20～50 ℃,其他轴承支架的温度比所供润滑油温度高 10 ℃左右)。如果轴承支架温度过高,应立即停机进行彻底检查,不得贻误。

减速机运转过程中要经常观察润滑油储油箱的储油情况,其油量应高于油标最低位置,否则,应立即停机。补充油量应使用同一牌号的润滑油,严禁不同牌号的润滑油混合使用。减速机润滑装置,每运转 200 h,应清理回油网一次,每 6 个月化验油质一次。

3.53 减速机在什么情况下应紧急停车

(1) 电动机运转不正常,如温升过高、振动较大、电动机内产生火花、有异味、有绝缘击穿等现象。

(2) 减速机润滑系统失灵。

(3) 减速机轴承支架温度突然上升,其温度超过了 80 ℃。

(4) 减速机运转声音不正常,机体振动较大时。

(5) 磨机主轴承温度超过了规定范围以上或振动严重或润滑系统失灵时。

(6) 电动机电压太低、电流太高时。

(7) 有关附属设备或其他各部零件发生故障损坏时。

3.54 减速机在运转中产生振动的主要原因有哪些 

(1) 齿轮的齿面(工作面)磨损、磨偏和出台。

(2) 各齿轮的啮合面接触不良和受力不均,使齿轮的轴向窜动频繁,发生轮齿断裂或齿圈断裂及轮辐裂纹等。

(3) 高速轴和中速轴的滑键磨损或磨出台,轴上的小齿轮连接螺栓松动或断裂。

(4) 输出轴大齿轮的轮心与齿圈松动,侧压板活动或压板螺栓有松动或折断,以及大齿轮的静平衡差或不平衡。

(5) 轴承间隙过大,三支点轴承不水平,滑动轴承合金严重磨损、磨偏以及局部或全部熔化,滚动轴承的滚动体磨成麻面或是固定滚动体位置的固定架磨坏等,亦会造成机体振动。

(6) 轴与齿轮的轴孔配合公差不符合精度要求,如孔过大时,造成轴和齿轮的不同心,或是齿轮与轴装配不当产生松动现象。

(7) 磨机停转之后有时产生轴向窜动,再启动时减速机易发生振动现象,应立即停磨重新启动,即可消除上述现象。

(8) 由于齿轮加工过于粗糙及轴与轴承的磨损,在正常运转中,常常出现齿圈的非工作面受力(啮齿背)。

(9) 各轴与齿轮的配合盈量过大,有时轴常在配合处的轮毂中发生断裂。

3.55 减速机振动大、噪声高的原因及处理方法 

减速机在运转中剧烈振动,并发出较大噪声。有时因振动厉害,使机体产生微裂纹,并由此扩展为裂缝,导致减速机漏油和机壳报废。振动剧烈,还会破坏减速机正常工作状态,导致基础失效、地脚螺栓断裂、齿面胶合、齿轮崩齿、齿圈移位、齿轮轴断裂、轮辐辐板开焊、轮辐损坏、轴承损坏、柱销断裂、运转不平稳等恶性故障。

(1) 齿轮方面故障及处理方法

① 齿轮的齿面磨损、胶合、点蚀、磨偏和出台(尤其是小齿轮转速快,极易磨损)引起减速机振动。

处理方法:及时更换严重磨损的齿轮。一般可采用反向运行方法解决齿面严重胶合。

② 各齿轮的啮合面接触不良和受力不均,使齿轮的轴向窜动频繁,发生轮齿断裂或齿圈断裂,以及轮辐裂纹等,引起减速机振动。

处理方法:更换坏损件;调整齿圈与轮辐间配合;更换齿合磨损超限的齿轮;调整轴承间隙;改善齿轮润滑等。

③ 高速轴和中速轴的滑键磨损出台,轴上的小齿轮连接螺栓有松动或断裂等引起减速机振动。

处理方法:更换滑键和已断螺栓,紧固松动螺栓。

④ 齿轮加工粗糙及轴与轴承的磨损,在正常运转中出现齿圈非工作面受力,引起减速机振动。

处理方法:更换符合加工精度和粗糙度要求的零部件;撤换已磨损的轴与轴承。

⑤ 齿轮与轴的配合过盈量过大,使得轴在配合处的轮毂中断裂引起减速机振动。

处理方法:更换断轴,调整齿轮与轴的配合过盈量。

⑥ 齿轮与轴的轴孔配合公差如孔过大时,造成齿轮和轴不同心,或者齿轮与轴装配不当产生松动现象,引起减速机振动。

处理方法:调整齿轮与轴的轴孔配合公差;精心装配,防止松动。

⑦ 输出轴大齿轮的轮心与齿圈松动，侧压板活动或压板螺栓有松动或折断，以及大齿轮的静平衡差或不平衡，引起减速机震动。

处理方法：紧固轮心与齿圈；紧固压板螺栓，更换折断螺栓；改善大齿轮平衡状态。对 D110A 型减速机采用现场不解体车削平衡轮轨道面，消除疲劳层和凹坑，增加定位圈厚度来补偿轨道面车削的深度，解决轨道面出现的疲劳层和凹坑。

(2) 轴承方面故障及处理方法

① 轴承磨损或轴承间隙过大，引起减速机振动。减速机轴承既要能承受径向力，又要能承受轴向力。轴承磨损或轴承间隙过大时，三支点轴承不水平，滑动轴承合金严重磨损磨偏，局部或全部熔化，滚动轴承的滚动体磨成麻面或固定滚动体位置的固定架磨坏等，都会造成减速机机体振动，发出噪声。

处理方法：使用一段时间，就要检查一下轴承间隙和磨损情况，如轴承磨损轴承间隙超限，要及时调整轴承间隙、更换磨损件。

② ZD 系列减速机轴承多为单列圆锥滚子轴承，外圈可分离，可调整径向和轴向间隙。使用时图方便，将不通盖拿下车削压盖平面，以此增加压入深度调整轴承间隙(通盖端有联轴节不易拿下)，结果造成大小齿轮向相反方向移动，使齿轮一端产生欠磨损台阶，大小齿轮不能正确啮合，从而引起振动，甚至产生断齿现象，使大齿轮报废。

处理方法：轴承间隙调整需在保证齿轮正确啮合情况下进行，不能图省事。最简便的方法是从两端压盖部位增减垫片来解决间隙调整问题。

(3) 磨机停转之后有时产生轴向窜动，再启动时减速机易发生振动，发出噪声。

处理方法：立即停磨，重新启动。

(4) 联轴器安装不正或柱销磨损过多，引起减速机振动，并发出噪声。减速机输出轴中心线与相连的蜗杆中心线不在一条直线上，或联轴器栓销孔中心线与内孔中心线不平行，造成联轴器不正，从而在运转中产生受力不平衡。柱销磨损多，柱销与柱孔有了间隙，当工作阻力突然增大(如立窑卸料阻力突增)时，就会引起减速机的振动。

处理方法：拆下联轴器，重新按要求装配；及时更换磨损柱销。

(5) 减速机底部支承不当、底座平面不稳定、地脚螺栓松动引起机体振动。

① ZD 系列减速机底部结构采用小块钢板支承，使减速机支承时的连接刚性减小，引起机体振动，严重时机壳底部断裂漏油。更有甚者，使用厂家在安装时只用凹形钢板垫于 6 只螺栓处，放弃机底两头支承点，运转时更是振动剧烈，导致漏油、机壳报废。

处理方法：将凹形垫板改成整体垫板，增加支撑刚性；将机底裂纹加以修补；将已报废机壳更换。

② 没有按要求处理底座在混凝土上的固定，垫铁层数过多和垫铁不标准，焊接(点焊)不牢固，甚至没有焊到，运转后垫铁移位，造成底座平面负重时失去水平，减速机与输入输出端的连接失去原有精度，引起机体振动、柱销断裂及橡胶圈加快磨损等。

处理方法：重浇基础，按要求固定减速机底座。

③ 地脚螺栓松动，引起减速机振动。

处理方法：地脚螺栓加弹性垫圈，用双螺母拧紧；经常检查，及时紧固松动螺栓。

3.56 加强干法管磨机的通风对粉磨作业有何作用

干法管磨机加强通风后，磨内微粉及时被气流带走，磨内水蒸气及时被排除，过粉磨粘球和隔仓板篦缝堵塞现象较轻；加上用温度较低的气体取代了热气体，减少了“饱磨”现象，因此，磨机的产量提高，单位产品电耗相应下降。

有人曾在管磨机上用增减磨尾漏风量的方法，探求通风参数对水泥磨和生料磨产(质)量影响的规律，取得了表 3.13 和表 3.14 的结果。

表 3.13 通风参数对水泥磨产(质)量的影响

试验序号	通风参数		磨机产量(矿渣掺量33%)(t/h)	0.08 mm 筛筛余(%)	产品平均粒度(μm)	水泥 28 d 抗压强度(MPa)
	通风量(m^3/h)	风速(m/s)				
1	1972	0.34	6.02	7.82	41.05	34.0
2	3305	0.57	6.18	7.52	39.86	39.7
3	4233	0.73	6.42	8.21	40.49	39.0
4	5161	0.89	7.58	8.46	40.25	44.5

表 3.14 通风参数对生料磨产(质)量的影响

试验序号	通风参数		磨机产量(t/h)	0.08 mm 筛筛余(%)	产品平均粒度(μm)	生料石灰吸收率(%)
	通风量(m^3/h)	风速(m/s)				
1	2826	0.42	8.84	12.64	44.77	96.12
2	3046	0.51	8.87	11.86	44.07	97.47
3	4419	0.74	10.06	12.72	44.43	96.87
4	5494	0.92	12.94	13.19	44.59	96.94

由表 3.13 和表 3.14 可见,在磨内衬板形式、隔仓板技术参数、研磨体级配和填充率、被磨物料性能均相对不变,磨内风速为 0.3~1.0 m/s 的情况下,通风参数对磨机产量和质量的影响有如下规律:

(1) 磨机产量随磨内通风量的增大而提高。水泥磨序号 4 的通风量分别是序号 1、2 和 3 的 2.62、1.56 和 1.22 倍,序号 4 的产量比 1、2 和 3 号的分别提高 25.9%、22.65%和 18.07%;生料磨序号 4 的通风量分别是序号 1、2 和 3 号的 1.94、1.80 和 1.23 倍,其产量比 1、2 和 3 号的分别提高 46.38%、45.88%和 28.63%。这是由于随着磨内通风量和风速的增大,磨内的过粉磨程度和"缓冲垫作用"相应减小,研磨体的冲击研磨作用相应增强。

(2) 产品筛余细度随磨内通风量的增大而变粗,但产品的平均粒径却变小。筛余量增大是因磨内通风量和风速增大后,物料的流速加快;风速达一定程度后,物料以浮动状态出磨,物料在磨内停留的时间减少。平均粒径变小是因浮送状态的浮送作用对浮送物料的颗粒组成有选择性,使产品的细粒含量增多。

(3) 产品性能随通风量的增大而改善。由表 3.13 和表 3.14 可见,通风量增大后,水泥 28 d 抗压强度提高 12%~31%,生料石灰吸收率提高 0.07%~0.82%。这是因为生料颗粒中的细粒含量增多,颗粒均匀性得到改善。

合理加强磨内通风还有下述良好作用:减轻湿物料对设备的黏附和腐蚀;减小设备的故障率;提高设备使用寿命;降低粉磨温度,防止水泥假凝,且降低包装纸袋破损率;减少袋装水泥在输送过程中因纸袋破损而造成的水泥损失;改善包装作业的高温环境。

磨内风速,一般认为:开路干法磨取 0.7~1.0 m/s,闭路干法磨取 0.3~0.7 m/s。有人认为,水泥磨内的风速可据产品细度选择:生产细度较细的 42.5 等级的普通水泥时,可取 0.3 m/s;生产细度较粗的 32.5 等级的普通水泥时,可取 0.9 m/s。

3.57 磨机正常运转为什么要均匀喂料

均匀喂料是磨机优质、高产、低耗的有效措施,是保证磨机有效操作的重要环节。喂料量过少,不仅产量降低,且单位产品的电耗、球耗会相应提高。若喂料过多且为闭路系统时,则磨机负荷量过大,影响选粉机的正常工作。同时还会使提升机等附属设备超负荷运行,产量反而下降,粉磨效率降低或设备事故增加;开路时则易造成满磨、堵磨等现象,影响磨机正常操作。因此均匀喂料是保证磨机有效操作的重要环节。所以在磨机正常运转时,必须均匀喂料。

3.58 磨机正常运转时怎样根据磨音的高低控制喂料量

为了判断磨机各仓粉磨情况,磨机、配料操作人员应经常倾听磨音,一仓磨音更为重要。磨音因研磨体的数量和级配以及磨内结构不同而有区别,当磨机在相对稳定的情况下,磨音的变化可以反映出磨内的粉磨情况,一般粗碎仓的正常磨音是钢球直接冲击到衬板上产生的微弱声,但声不振耳,响而不闷。研磨仓内有沙沙钢段摩擦声,说明磨音正常,喂料量恰当。当喂料量少时,磨音强;喂料量多时,磨音弱。如第一仓声音变弱、发闷,听不到冲击声,或严重时磨机进料端返料,说明物料过多或物料粒度变大,硬度大,或物料水分大,使粉磨效率降低所致。若声音高时,一般多是物料少。因此,应根据磨音的变化,适当调节喂料量,保持粉磨作业正常。

3.59 磨机配料操作的注意事项

(1) 根据入磨物料的粒度、颜色、水分以及产品细度和成分的检测结果,及时、准确地调节各入磨物料的配比和流量,力争出磨产品各控制项目的检测结果符合控制要求,且波动范围小。石灰石色暗,说明水分含量高;铁粉的颜色深则含铁量多,不松散且色暗则水分高;黏土的团块多且色暗是水分高的标志。

(2) 努力实现均匀喂料。均匀喂料是保证磨机优质、高产和低耗的重要条件。喂料量过少,研磨体的研磨作用不能充分发挥,不仅产量低,而且单位电耗、研磨体耗和工耗相应上升;喂料量过多,磨机的负荷大,容易发生“饱磨”,开路磨则产品的细度粗,闭路磨则会导致系统的选粉机作业不正常,磨机和选粉机出机产品的输送设备均超负荷运行。喂料量过大的结果,无论是开路磨或闭路磨,都将被迫降低喂料量或短时停止喂料,最终导致产(质)量下降。为实现均匀喂料,粉磨系统各岗位,尤其是喂料和看磨人员,应密切合作,努力做到:

① 据入磨物料外观(粒度、颜色、流速等)、磨音、磨机运转电流、出磨提升机电流、粗粉回磨设备电流、产品产量、产品成分和细度检测结果等判断磨机粉磨作业的状况,并及时、恰当地调整喂料量和各入磨物料的配比。工厂有条件时,应将磨机电机运转电流表、出磨提升机电流表和粗粉回磨设备电流表引至喂料或看磨岗位(或磨机系统监视站),作为喂料操作的参考。

② 喂料量的调整幅度不可过大。

③ 采用磨头喂料时,磨头仓内须经常保持一定的料量(一般不少于半仓料)。

④ 经常检查喂料设备的运行状况,发现不正常现象及时处理。

⑤ 经常抽查各入磨物料的配比和流量,并及时调整,力求符合要求。

⑥ 保持岗位各设备及工作场所的清洁。

(3) 对于采用生料率值控制系统的磨机喂料控制,由于原料配比完全由系统自动调整,看磨工只要根据入磨物料的粒度、水分和易磨性的变化,及时调整喂料量,保证磨机正常运行,不出现饱磨或空磨,设备不出现故障,下料不堵塞即可保证出磨生料成分稳定和合格。如果生料率值控制系统与磨机负荷自动控制系统配套使用,则只要保证设备不出现故障,下料不堵塞即可保证出磨生料成分稳定和合格。

3.60 管磨机正常操作的注意事项

(1) 定期巡回检查设备的运转情况

① 检查各轴承、齿轮、减速机系统的润滑状况:油量是否适当,油质是否合格。主轴承油温不得超过 60 ℃。冷却水量应适当,出口水温不应高于 35 ℃。传动轴承温度不得高于 55 ℃。轴承的密封必须良

好。有时,主轴承轴颈可能会出现局部温度超过 100 ℃的现象。这时,切不可紧急停磨。因为在这种情况下,轴瓦油膜可能已损坏,而发生了轴颈与轴瓦直接接触,紧急停车很可能发生轴承合金和轴颈粘在一起的现象,而造成重大设备事故。这时,应适当减少喂料量,加大轴瓦的冷却水量,或直接用大量高黏度油冲洗中空轴,以降低轴瓦温度。

② 检查主减速机的运转状况:减速机正常运转时应有均匀的嗡嗡声,若为时有时无的冲击声,则是齿距误差大或齿间隙大;若为叮当声或轧齿声,表明侧向间隙太大,或齿轮齿顶边缘尖,或中心线不平行;若为响亮的噪声或不正常的敲击声,则系齿工作面有畸变,或有局部缺陷;若发出的声音时高时低,且有周期性,则是齿轮与旋转中心呈偏心分布。

③ 经常检查维护大小齿轮的啮合状况。小齿轮振动一般由于:

a. 齿轮表面加工粗糙,齿面接触不良。

b. 大齿轮与磨端盖相连接的固定螺栓及大齿轮对口螺栓松动,或局部螺栓掉落。

c. 大齿轮径向跳动或轴向窜动量过大,致齿轮严重磨损、齿厚磨薄、齿顶间隙过大。

d. 传动小齿轮轴承间隙太大。磨机有轴向窜动,传动轴支点不水平。

④ 检查维护其他传动装置。三角皮带传动磨应检查皮带轮是否平衡,三角皮带是否滑动或断裂,磨机转速是否正常;联轴节间隙应符合规定;电磁离合器动作应灵敏可靠,运转时不应发热,油或水不落入其缝隙中。

⑤ 检查磨机负荷并维护磨机筒体:

a. 经常或定期观察磨机主电机的电流表读数,并据此判断磨机运行中的问题。在电压正常时,若电流下降,表明磨内研磨体量减少;若电流突然大幅度下降,可能有"饱磨"现象,致磨机偏心,力矩变小;如果电流波动特别大,或电流波动周期性地发生,可能是传动装置有故障。

b. 经常观察提升机、喂料设备、磨机负荷自动控制装置的仪表指示情况,并据各仪表的示值判断磨机的工作状况。

c. 经常检查筒体上各连接螺栓是否松动、断落(松动或断落的螺栓处漏灰或漏浆),各地脚螺栓是否松动,并及时拧紧。有淋水装置的应检查淋水量是否适当。

d. 经常检查电机的温度和声音是否正常。若有异常现象,及时找电工处理。

(2) 实现均匀喂料

为此,应经常检查喂料装置的运转是否正常,入磨物料的粒度、流量及水分是否正常;还应勤听磨音,勤自查产品细度(用手指触摸法检查),勤了解化验室的细度检测结果,综合判断喂料量是否恰当,并及时调整,实现磨机的稳产、高产、优质和低耗。

磨机有自动控制喂料装置时,应经常维护该装置,使其正常工作;若没有该装置,应勤听磨音。听时,站在钢球冲击物料侧(在保证安全的原则下,尽量距筒体近些),听最响部位的声音(声音最响的部位,每仓只有 1 个),主要听一仓的磨音。一般地讲,各仓磨音的最响部位,从水平方向讲,多位于距该仓入口 0.3~0.8 m 处;从上下方向讲,多位于筒体水平中心线的下方。据某磨机一仓实测,该点与磨机径向断面圆心的连线,与筒体水平向直径形成 56°56′的夹角。最响点的位置,随磨机的转速、直径、衬板形式根据磨机的实际情况摸索。除重点听一仓最响处的磨音外,每隔一定时间,还应用沿磨身长向缓慢步行的方式,听全磨长度向各处的磨音一次,以听得的结果作为辅助资料。

磨机正常运行时,一仓最响处的声音为清晰的"哗哗"声,伴有轻微的钢球冲击物料声;细磨仓的声音为钢球(段)研磨物料的"沙沙"声。料少时声音大,一仓有"嗒嗒"的钢球冲击声;料多时,声音小。闭路磨的磨音比开路磨的小些。若磨音沉闷,可能是喂料量太多,或入磨物料综合水分太高,且磨内通风不良,致隔仓板篦缝堵塞,钢球和衬板面上粘料;也可能是入磨物料粒度变大,易磨性变差;还可能是钢球平均球径小,或装载量不足;若磨音为响亮的"嗒嗒"声,甚至震耳,则是喂料量过少;若每隔一定时间,即有规律地出现一次强烈的冲击声,则是发出巨响部位处的衬板已掉落。

喂料量的调节幅度不可过猛,应使其逐步与磨机的生产能力相平衡。

在闭路粉磨系统中,应在喂料量较高而合理的原则下,尽量从调整选粉机着手,实现产品细度合格。

(3) 经常检查出磨物料和排风管道内气体的温度

温度高,可能是磨内通风不良,料量太少,或磨体淋水量不足,喷水磨还可能是磨内喷水量不足。有磨内喷水装置的磨机,出磨物料温度高于规定值时应进行喷水,低于规定值时应停止喷水。还应检查通风管道和收尘器壁壳有无磨穿、漏风现象。

(4) 勤了解出磨物料、分级后成品和回磨粗粉的流量与细度。

(5) 经常保持环境卫生良好,实现不漏灰、不漏油、不漏水、设备周围无杂物。

(6) 操作烘干磨时,应根据入磨物料水分调整入磨风温和风量,物料水分高时,入磨风量应适当增大。

综上所述,看磨系统的工人应认真执行"四勤"、"二稳"、"一及时"操作法。

"四勤"是:勤检查物料情况,按物料粒度变化及其物理机械性质进行合理而均匀地喂料;勤听磨音,根据磨音判断磨内粉磨状况;勤检查设备,保证磨机安全运转;勤与上、下工序联系,互通情况。

"二稳"是稳定喂料量,稳定出磨产品质量。

"一及时"是根据喂料量、磨音、产品细度、出磨气体温度等情况,及时进行综合判断,发现并处理生产中出现的问题。

3.61 管磨机运转过程中,遇到哪些情况必须停磨

(1) 磨机主电动机及传动轴承的温度超过规定值,或电动机电流超过规定值。

(2) 边缘传动磨机大小齿轮的啮合声不正常,特别是啮合部位有较大振动时,或大齿圈对口螺栓松动时。

(3) 大小轴承地脚或轴承盖螺栓严重松动,或油圈不带油(或输油泵发生故障)。

(4) 磨机衬板、隔仓板、挡环等螺栓以及电动机地脚螺栓折断、脱落,或衬板掉落时。

(5) 磨机主电机、选粉机、喂料设备或物料输送设备电机的运转电流超过额定值时。

(6) 各辅助设备发生故障时。

(7) 减速机发出异常响声、振动较大,或油温过高时。

(8) 一种或几种入磨物料断料,不能及时供应时。

(9) 主轴承冷却水不通时。

(10) 收尘设备发生故障,收尘风机停止运转,磨机又不能用自然排风方式排风时。

(11) 润滑油圈不转,拨动无效,或输油泵有故障,油管堵塞,致润滑系统不能正常供油时。

(12) 选粉机系统出现故障时。

(13) "饱磨"或"包球"现象严重,用一般方法不能排除时。

(14) 磨体冷却水系统出故障,不能淋水,或磨内喷水系统有故障,致使磨温过高,磨机不能正常运转时。

(15) 湿法磨的入磨水压不稳,入磨水量不能控制,入磨水中断,或磨机有严重漏浆现象时。

停车时,立即停止给料,并切断电机和其他机组的电源。

3.62 管磨机的停车操作及注意事项

管磨机正常情况下的停车程序与正常情况下的开车程序相反。但应注意,磨机停车后,磨机输送设备还要继续运转一段时间,待其中物料送完后方可停车,以防机内存料,给下次启动造成困难,或给检修带来麻烦。

湿法磨停磨时,于停止喂料后,应从喂料口用水把磨内存料冲洗干净,以防料浆干涸后把研磨体粘在一起,导致下次开磨困难。

停磨操作还应注意以下事项：

(1) 干法磨机应关闭主轴承内的水冷却系统。在冬季还应放尽主轴承内的水，以防主轴承和管道内的水结冰，致主轴承和管道开裂。

(2) 静压轴承磨停车后，高压油泵还应运行 4 h，使主轴承在磨体冷缩过程中仍处于良好的“悬浮”状态，不致擦伤轴承表面。

(3) 设有辅助传动装置的磨机，在停磨初期，每隔一定时间，应启动辅助电机一次，使磨机在 0.17～0.20 r/min 转速下运转一段时间，以防筒体变形；没有辅助传动装置的磨机，应将磨内研磨体倒出，或用千斤顶顶磨机筒体，以防止筒体被压弯。

(4) 若因检修需要而停车，应启动辅助传动装置，慢速转动磨体，当辅助电机电流基本达最低值，即球载重心基本处于最低位置时，一次把磨机、磨门停于要求的位置，以免频繁启动磨机。棒磨机的慢转不能超过一圈，以免乱棒。

(5) 若系有计划的长期停车，停车后，按启动前的检查项目检查设备各部位，还应检查磨内衬板、隔仓板、出料篦板是否损坏变形，篦缝是否合格，是否堵塞(特别是倒磨后)。若系临时停车，着重检查运转过程中无法检查的部位，如联轴节螺栓、胶块、胶圈、胶带及减速机油量。

(6) 停磨后即停止向筒体淋水。

(7) 干法磨机停磨后应关闭主轴承的水冷却系统。在冬季或北方的寒冷季节，应放空主轴承和水管内的水，以防主轴承和水管被冻裂。老式主轴承球面瓦内的水，可用虹吸原理用橡皮管放净。

3.63 管磨机隔仓板篦孔堵塞的原因及处理方法 

主要原因：一是入磨物料的含水量过高；二是磨内通风不良；三是碎铁屑或杂物夹塞在隔仓板和出料篦板篦缝中。

物料含水量过高时，料粉潮湿，易粘住篦缝，致磨内通风不良；磨内通风不良时，水汽不能及时被气流带出，物料和气体的含湿量增大使篦缝堵塞现象加重；而篦缝堵塞又加重了通风困难和水分不易排出的问题。这三种原因互相影响，使问题越来越严重。

一般地讲，若隔仓板篦缝被物料堵塞，可用减少或停止喂料的方法，使堵塞的物料层在隔仓板和物料自身受热膨胀的条件下开裂，并在研磨体冲震作用下脱落、排出；若隔仓板篦缝被碎铁屑或杂物堵塞，需停磨，用细钢钎和铁锤从隔仓板的进料侧向出料侧冲出，或用带钩的钢筋从出料侧钩出。

若长期未清仓，磨内碎研磨体和杂物过多，篦缝被堵塞过紧、过甚，应进行清仓。

3.64 管磨机主轴承为何要通水冷却，其用水量和水压各为多少 

管磨机主轴承通水冷却的作用：

(1) 以冷水带走轴与轴瓦因摩擦产生的热量和热物料通过中空轴时传给轴承的热量。

(2) 冷却润滑油。

这两种作用都可防止轴承过热。

干法生料磨和水泥磨每个主轴承的冷却水量一般不少于每分钟 20～25 L。轴承入口水温度达 26 ℃以上时，水量还应当大些。每台磨机轴承的冷却水量一般取每分钟 50 L。进入轴承的水压一般不大于 0.2 MPa。

3.65 磨机“两仓能力”平衡的含义是什么 

当磨机一仓的最大冲击作用所表现出的破碎能力与二仓的研磨作用所表现出的研磨能力两者相适

应时，磨机“两仓能力”达到了平衡，这时磨机发挥了最大的粉磨效率。如一仓的最大冲击作用大于二仓的研磨作用，磨机只能在最大研磨作用的情况下工作，磨机最大冲击作用发挥不出来，这时称一仓能力过大或二仓能力不够。反之若二仓最大研磨作用大于一仓的最大冲击作用，磨机只能在最大冲击作用状态下工作，而磨机的最大研磨作用发挥不出来，这时称二仓能力过大，或一仓能力不足。上述两种情况都属于“两仓能力”不平衡，都需要调整研磨体的数量、级配以及调整两个仓的长度等。调整可根据筛余曲线的情况而适当地进行。

3.66 磨内温度过高对粉磨有何不良影响，如何降低磨内温度

磨内温度过高时，磨内的细粉，因带上电荷而相互聚结，或附于研磨体和衬板上，致粉磨电耗增大。而且磨得愈细，磨内温度愈高，粉磨电耗增大愈甚。粉磨温度及细度对粉磨电耗的影响见表 3.15。

表 3.15 粉磨温度及细度对粉磨电耗的影响

粉磨温度（℃）	粉磨电耗（kW·h/t）	
	磨至 250 m^2/kg 时	磨至 320 m^2/kg 时
40	24	42
60	30	49
80	32	62
100	33	73
120	34	82
150	39	131

资料介绍：水泥磨的入磨熟料温度高于 50 ℃时，磨机产量稍减；高于 80 ℃时，产量下降 10%～15%，单位电耗上升 14%～25%；高于 120 ℃时，磨内黏附现象严重，开路磨的产量比入磨 80 ℃的熟料低 7%～10%。磨内高温持续时间较久时，磨机产量下降 29%～40%，单位电耗上升 39%～61%。水泥磨内过高温度持续时间较长时，还会导致：

① 石膏脱水成半水石膏，使水泥假凝；

② 水泥在库内结块；

③ 包装纸袋因水泥温度高而发脆，致包装、输送过程中的纸袋破损率增大，不仅恶化包装输送作业的劳动条件，而且浪费水泥；

④ 磨机筒体因温度高而增大氧化腐蚀；

⑤ 因磨机筒体的热应力增大，甚至引起衬板螺栓断裂和筒体弯曲变形；

⑥ 磨机主轴承温度升高，致使润滑作用减弱，甚至烧瓦；

⑦ 研磨体和衬板的磨耗率增大；

⑧ 出磨气温上升，致袋式收尘器的滤袋寿命缩短，电收尘器收尘效率下降（因比电阻增大）。

粉磨温度过高时，会产生“包球”事故。

粉磨高细水泥，或以大型管磨机粉磨水泥时，粉磨过程中产生的热量较多，更应注意磨内温度过高的问题。

可采用下述措施降低磨内温度：

（1）降低入磨物料，特别是入磨熟料的温度。一般控制入磨熟料温度在 100 ℃以下，最好低于80 ℃，降低入磨熟料温度的措施：

① 降低出窑熟料温度。回转窑应改进冷却机和冷却机的操作制度，提高冷却效率；立窑应严格控制入窑生料的配煤量和煤的粒度，并应采用小料球、大风、大料、浅暗火、快烧、快冷的煅烧方法，注意稳定底火。

② 在刚出窑的熟料上喷洒适量的雾状水。喷水量不应超过熟料质量的2%，且须喷洒均匀。以免过多的水分与熟料中水化快的矿物（如C_3A、C_3S）反应，降低熟料强度。

③ 在刚入堆场的熟料面上铺盖适量湿矿渣，既用矿渣的水分冷却热料，又用热料的温度烘干矿渣。但铺盖量不得过多，且须铺盖均匀，否则，不但效果不好，还会影响水泥质量。

④ 将熟料作较长时间的露天堆存。

(2) 加强磨内通风。有人主张，水泥磨内的通风量应为400～1200 m^3/t水泥。为增大风量，一般应适当增大各仓篦孔的通风面积，及时对堵塞的篦孔进行清理，适当提高排风能力，并堵塞系统中的漏风点。

(3) 磨体淋水。即沿磨机轴线，在磨体上方安装一根喷水管向磨体淋水。此措施可使出磨产品温度下降10～30 ℃，方法简便。缺点：磨体可能因腐蚀而缩短使用寿命；筒体表面结垢后，冷却作用下降；耗水量大，不经济；水流遍地，污染环境；对大型磨机的降温效果差。

(4) 采用闭路粉磨。闭路磨中的球料比小，粉磨过程中产生的热量少，被磨物料的温度明显较低，加上物料在输送和选粉过程中散去了部分热量，故磨内温度低。

(5) 保持磨内有适当的料量。磨内有适当量的物料，可防止研磨体间及研磨体与衬板间发生剧烈冲击摩擦而产生较多的热量。为此，在质量允许的前提下，可适当放宽产品细度并适当增加混合材料的掺加量。

(6) 采用磨内喷雾化水工艺。对大型磨机，此工艺更为有效。把一定量的雾化水喷入磨内温度较高部位，使雾化水在那里迅速蒸发。通常用压缩空气将水通过喷嘴雾化后喷入磨内，双仓磨通常把喷嘴伸入二仓内，雾化水迅速蒸发成水蒸气带走磨内热量。水蒸气和空气从磨尾排出，经收尘器排入大气。

3.67 磨头为何会“冒灰”，如何处理

磨头“冒灰”的原因是磨内通风不良，磨内负压过小，磨头部位甚至处于正压状态所致。出现磨头“冒灰”时，磨机进料口粉尘飞扬，磨机产量明显下降，磨音低沉，且容易发生“包球”现象。

磨内通风不良多是由于：

(1) 磨尾拔风筒直径偏小或高度不够；

(2) 拔风筒上有漏风缺口；

(3) 磨机出料口至拔风筒的下端严重漏风；

(4) 收尘风机的叶片磨蚀或风量调节装置的开启度过小；

(5) 磨机隔仓板或出料篦板的篦缝被堵塞；

(6) 收尘器本身或前后管道严重漏入空气，管道内有物料堵塞；

(7) 磨头进料螺旋磨损严重，或螺旋筒中卡有异物；

(8) 入磨物料水分大，致粉磨能力下降。

发现磨头冒灰，应查清原因，酌情解决。

3.68 为何合理的研磨体装载量和级配可提高产量，降低电耗

在研磨体装载量和研磨体级配都合理时，即研磨体的总量、各级钢球的比例和平均球径与入磨物料的粒度和易磨性相适应时，各级研磨体的作用都能充分发挥，因而可以提高产量，降低电耗。

下面是几个实例：

(1) 某水泥厂ϕ2.2 m×14 m水泥磨，在适应入磨物料性能的原则下，把一仓平均球径由88 mm降

为 81 mm，在钢球装载量不变的情况下，使钢球个数由 5840 个增为 6940 个；同时，把二仓平均球径由 49.4 mm 降低为 39.1 mm，钢球装载量由 21.3 t 减为 14.7 t。这样调整后，研磨体的总载量减少，但磨机的产量却由 19.38 t/h 提高为 20.43 t/h。

(2) 某水泥厂两台 ϕ2.2 m×6.5 m 闭路水泥磨投产初期，平均单磨台时产量为 8.0～8.5 t/h。根据入磨物料粒度调整研磨体级配及装载量后，平均单磨台时产量达 11.0～11.5 t/h。入磨物料粒度，经两次测定，结果见表 3.16。

表 3.16　入磨物料粒度

入磨物料粒度(mm)		>25	25～15	15～10	<10
第一次测定(样量 6 kg)	质量(kg)	0.6	0.5	1.5	3.4
	质量比(%)	10.0	8.3	25.0	56.7
第二次测定(样量 10 kg)	质量(kg)	1.0	0.9	2.8	5.3
	质量比(%)	10.0	9.0	28.0	53.0

从表 3.16 可见，入磨物料中小于 15 mm 者占 80%以上，小于 25 mm 者占 90%以上，原来的最大级球径为100 mm，一仓平均球径为 77.14 mm(均见表 3.17)。两者均偏大，最大级球径偏大更多(可据最大级球径的选择法和平均球径的确定法核算)，故取消 100 mm 球，减少 90 mm 球量，适当减少研磨体装载量，并把二仓的填充率调为比一仓稍小(原来两仓持平)。详见表 3.17。

表 3.17　研磨体级配调整

项　目		钢球装载量(t)			
		一仓		二仓	
		调整前	调整后	调整前	调整后
钢球球径(mm)	ϕ100	0.5			
	ϕ90	3.0	1.0		
	ϕ80	4.5	5.5		
	ϕ70	4.0	4.5		
	ϕ60	2.0	2.0		
	ϕ50			5.5	5.0
	ϕ40			7.5	7.0
	ϕ30			4.0	4.0
装球量(t)		14	13	17	16
平均球径(mm)		77.14	74.2	40.9	40.6
填充率(%)		32	30.3	32	29

由于钢球的球径与入磨物料的粒度较适应，且二仓球的填充率比一仓的低，适应于闭路磨中物料流动速度较快的特点，虽然两个仓的钢球填充率都比原来低，两磨的平均单磨台时产量却提高 35%以上。这个产量低于设计能力，是由于出磨提升机能力偏小，生料磨的能力比窑的能力小，入磨熟料温度多在80 ℃以上，入磨矿渣水分因烘干机能力不足而偏高等造成的。但是，作者认为：该钢球级配及填充率尚需进一步改进，应进一步降低一仓的平均球径，同时提高磨机的总装载量，将可进一步提高磨机产量。

(3) 某水泥厂 ϕ1.83 m×7 m 开路水泥磨粉磨回转窑水泥熟料，鉴于熟料的硬度大，且磨机电机的运转电流低，采用加大钢球平均球径和研磨体装载量的措施，使磨机的产量显著提高。详见表 3.18。

表 3.18 磨机级配调整

序号			1	2	3
研磨体装载量(t)	一仓装载量(t)	ϕ90	1.2	0.7	1.7
		ϕ80	2.6	2.2	2.6
		ϕ70	—	2.7	3.0
		ϕ60	2.6	1.9	1.3
		ϕ50	1.9	—	—
		合计	8.3	7.5	8.6
	二仓装载量(t)	ϕ25×30	4.0	4.4	5.2
		ϕ20×25	6.7	7.3	8.2
		ϕ15×20	2.6	2.9	3.0
		合计	13.3	14.6	16.4
研磨体填充率(%)		一仓	29.4	30.0	31.0
		二仓	28.4	34.0	35.0
一仓平均球径(mm)			68.3	72.3	75.5
台时产量	实际台时产量(t/h)		4.5	5.5	6.5
	相对台时产量(%)		100	122	144

(4) 某水泥厂 ϕ2.2 m×14 m 水泥磨通过改进钢球级配和填充率，取得了表 3.19 的节电效果。

表 3.19 改进钢球级配和填充率后的节电效果

项目	改进前		改进后	
	一仓	二仓	一仓	二仓
装球量(t)	14.7	21.3	14.7	19.1
平均球径(mm)	88	49.4	81	39.1
填充率(%)	29.5	34.2	29.5	30.6
装球个数(个)	5840	47370	6940	63000
球的相对个数	100	100	119	133
台时产量(t/h)	19.38		20.43	
产品细度(>0.08 mm,%)	5.99		4.90	
产品比表面积(m^2/kg)	320		403	
粉磨电耗[MJ/t(kW·h/t)]	136.5(37.92)		102(28.39)	
相对粉磨电耗(%)	100		74.9	

3.69 如何运用抽检法估算磨机研磨体的磨损量

研磨体磨损的检查，传统的方法有整仓过磅法、仓深测定法、磨机功率推算法等，而抽检法简单易行，结果可靠。

抽检方法为：新球整仓装机时对各球径的磨球随机抽取 50～100 个，并称量，求得各规格磨球的单球原始平均质量；磨机运行一段时间后再同样地抽取磨球并求得此时的单球平均质量；求得各规格磨球单球平均质量变化值，将各变化值乘以仓内相应规格磨球的个数，最后将各乘积相加，即可得该段时间研磨体的磨损总量。

3.70　研磨体窜仓的原因及处理措施

若出磨产品的产量不稳定且较低；产品细度反常，且有大颗粒；磨音混杂，相邻两球仓中前仓有较弱的研磨声，后仓有较强的冲击声；相邻的球段仓中，前仓有“沙沙”的段声，后仓有“嗒嗒”的球声；甚至前后两仓声音相近，还夹杂着大块金属的冲击声，表明磨内的研磨体已窜仓。

研磨体窜仓的原因有四：

(1) 隔仓板的材质不良，在磨机运转过程中被研磨体冲断；

(2) 隔仓板磨损严重，未及时更换，在研磨体的冲击下破损；

(3) 螺栓材质欠佳或紧固不良，隔仓板在磨机运转过程中脱落；

(4) 隔仓板篦缝间的金属因被磨穿而掉落，两条或多条篦缝连成一个空洞。

发生研磨体窜仓应立即停磨，倒出仓内的研磨体，更换损坏的隔仓板。研磨体分选后，重新装入磨内。

3.71　什么叫平均球径

在磨机粗磨仓中配有多种数量和规格的钢球，为了便于比较，就假定有这样一个球的直径能代表该磨仓中所有大小球的球径。这种代表球径称为平均球径，按其质量计算：

$$D=\frac{D_1G_1+D_2G_2+\cdots+D_nG_n}{G_1+G_2+\cdots+G_n}$$

式中　D——钢球的平均球径，mm；

D_1、D_2…，D_n——几种球的直径，mm；

G_1、G_2…，G_n——是相应于直径为 D_1，D_2…，D_n 的钢球质量，t。

3.72　什么叫磨机填充系数，如何测定

装入磨内的研磨体的容积占磨机有效容积的百分比称为磨机的填充系数，又叫填充率。

计算方法：

$$\varphi=\frac{G}{\pi R^2 L\gamma}$$

式中　φ——填充系数；

G——研磨体质量，t；

R——磨机筒体有效半径，m；

L——磨机有效长度，m；

γ——研磨体堆密度（一般取 4.5 t/m³），t/m³；

可用查表法测定计算磨机研磨体的填充率，具体方法如下：

在磨内没有物料的情况下，先测量磨机的有效内径 D_i，再通过磨机中心测量从研磨体面到顶部衬板的垂直距离 H，然后计算 H/D_i 数值，再根据 H/D_i 查表 3.20，得知 φ。

表 3.20 H/D_i 数值与填充率(φ)的关系

H/D_i	0.72	0.71	0.70	0.69	0.68	0.67
φ(%)	22.9	24.1	25.2	26.4	27.6	28.8
H/D_i	0.66	0.65	0.64	0.63	0.62	0.61
φ(%)	30.0	31.2	32.4	33.7	34.9	36.2

3.73 怎样验证研磨体填充率与级配是否合理

可用下列方法进行验证：

(1) 根据磨机产(质)量判断

正确的配球方案能实现优质、高产、低电耗。

(2) 检查磨内物料情况

在正常运转情况下，把磨机停下来检查磨内情况，填充率正常时，第一仓比较大的钢球露出物料覆盖层部分占钢球直径的 1/3～1/2，第二仓物料覆盖研磨体的厚度为 20 mm。一仓若钢球露出太多，说明钢球直径过大，或填充率过大，反之，则说明球径过小或装载量不足。二仓若存料过厚说明填充率不足，反之说明装载量过多。

(3) 听磨音

在正常喂料的情况下，一仓钢球的冲击较强，有“哗哗”的声音。若第一仓钢球的冲击声音特别洪亮时，说明第一仓钢球的平均球径过大或填充系数过大。若声音发闷，说明第一仓钢球的平均球径过小或填充系数过小。此时，应提高钢球的平均球径或填充率。第二仓正常时应能听到研磨体轻微唰唰声。

(4) 测定筛余曲线

正常生产情况下停磨，在磨内长度方向每隔一定距离(大磨 0.5 m，小磨 0.3 m)为取样段，在每段上取 4～5 个样，混合均匀后，用 0.08 mm 方孔筛进行筛析，测取各段的筛余百分数，然后以纵坐标为细度值，横坐标为磨机长度，作出磨机的筛余曲线图。根据筛余曲线图分析各仓各个位置的粉磨和破碎能力的情况，以便正确确定各种球径的比例及各仓的填充率。

正常的筛余曲线，应该从磨头开始一直到磨尾，筛余始终处于不断下降过程。如果某段筛余曲线平缓或者下降不多，说明此段磨机粉磨能力不足，可能是饱磨或者是研磨体装载量过小或者物料流速过慢等原因造成。如果某段曲线下降很快，说明此段磨机研磨能力过剩，会造成研磨体空打，研磨能力浪费，可能是由于研磨体填充率过高或者物料流速过快等原因造成，应该降低填充率或者减小研磨体平均球径，或者减少物料流速。

3.74 定期加球的一般原则是什么

为了补偿研磨体的磨损，磨机运转一定时间后，就要补加一定质量的一种或两种直径的研磨体，这称为定期加球。

确定定期补加研磨体最长的周期，应根据研磨体磨损量不超过总研磨体装载量的 5%的时间而定。

生产实践中，工厂大都根据统计资料，采取以下方法定期补充研磨体：

(1) 根据单位时间消耗量，确定加球周期。

(2) 根据磨机产量与单位研磨体的消耗量，确定加球时间。

(3) 根据磨机电动机的电流所指示的负荷降低情况，决定补充研磨体。

3.75 如何设计球磨机研磨体级配方案

无论是熟料还是矿渣，在球磨机内磨成细粉，是通过研磨体的冲击和研磨作用的结果，因此，研磨体级配(各种直径研磨体的装载量)设计的好坏对磨机产(质)量影响很大。要设计好磨机研磨体级配，必须充分考虑研磨体总装载量、各仓填充率、平均球径、物料水分、物料流动性、物料粒度、隔仓板形式、隔仓板篦缝大小、各仓长度、粉磨流程等因素，一般按以下步骤进行。

(1) 球磨机各仓长度

熟料球磨机各仓的长度通常与粉磨普通硅酸盐水泥的球磨机相同，以下主要介绍矿渣管磨机各仓的长度分配。

矿渣管磨机通常要求分为三仓，第一仓长度为磨机总长度的 20%左右；第二仓长度为磨机总长度的 20%～24%；剩余长度作为第三仓。每个仓至少要求有一个磨门，第三仓较长时，可以设置两个磨门。各磨门应均匀分布在各仓中间位置，不可在隔仓板位置设磨门，否则必须封闭，重新加工设置磨门。

对于采用二仓的矿渣管磨机，第一仓长度为磨机总长度的 27%～30%。

(2) 确定研磨体的填充率

磨机内研磨体填充的容积与磨机有效容积的比例百分数称为研磨体的填充率(用 φ 表示)。填充率设计越高，磨机的装载量就会越高。要提高磨机的产量，应尽可能提高磨机的装载量。但磨机装载量不能无限提高，磨机装载量太高，磨机电机的电流会很高，有可能会烧毁电机或威胁磨机机械设备的安全。另外，研磨体装载太多的话，磨机内研磨体活动空间太小，会影响粉磨效率，降低产量。磨机研磨体填充率设计多少，应充分考虑磨机的机械设备的承受能力以及磨机电机的承受能力。矿渣磨和熟料磨的填充率通常在 32%～42%之间。

在确定了磨机的总装载量后，紧接着就是要确定各仓的填充率，也就是要确定每个仓的装载量。每个仓填充率的确定要考虑的因素较多，主要有物料水分、物料流动性、物料粒度、隔仓板形式、隔仓板篦缝大小、各仓长度、粉磨流程等因素。这主要靠经验和观察确定，但可以掌握一个原则：磨机各仓研磨能力的平衡。如果磨机各仓研磨能力达到平衡了，那么在此装载量的条件下，磨机也就达到最大产量了。那么如何确定磨机各仓研磨体是否达到了平衡，常用方法有听磨音、检查球料比、绘制筛余曲线法。

检查球料比：一般球磨机的球料比(研磨体和物料的质量比)以 6.0 左右为宜。突然停磨进行观察：如两仓开路磨，第一仓钢球应露出料面半个球左右，二仓(和三仓)物料应刚盖过钢段面为宜。

绘制筛余曲线法：在磨机正常喂料运转的情况下，把磨机和喂料机同时突然停止，从磨头开始，每隔一定距离取样，紧挨隔仓板前后处也要取样。然后用 0.20 mm 和 0.08 mm 方孔筛筛析筛余，将筛余作为纵坐标，以各取样点距离为横坐标绘点并连成曲线。正常磨机的筛余曲线变化应是：在一仓入料端有倾斜度较大的下降，在末端接近出磨时应趋于水平。

例如，某粉磨熟料粉的磨机在正常生产时紧急停磨，不空物料打开磨门观察发现：一仓钢球露出料面半个球，二仓有 10 cm 厚的料层。这说明该磨机二仓研磨能力不足，一仓能力浪费，因为在这种情况下，二仓料层太厚，必然会跑粗，磨工必定会降低喂料量直到磨机第二仓料球比合适为止，也就是说降低二仓料层厚度，使细度合格。但此时，磨机第一仓的球料比已不合适，球一定过多，料太少，磨机运转时，球与球空打，造成浪费，磨机产量必定不高。如果此时，把一仓倒出一部分球，二仓加相同质量的球段，虽然研磨体总装载量没有提高，但第二仓球段增加了，第一仓减的只是多余的不做功的球，磨机产量必定会增加。这就是磨机研磨能力不平衡调整到平衡后，产量提高的基本原理。

设计磨机各仓填充率，还要考虑磨机的流程，一般来说对于有选粉机的闭路磨机，磨机内研磨体的球面通常采用逐仓降低的装法，前后两仓球面相差 25～50 mm，这样可增加物料在磨内的流速；没有带选粉机的开路管磨机，研磨体的球面常采用逐仓升高的办法，以控制成品细度。

磨机各仓的填充率还受隔仓板形式和篦缝大小的影响，隔仓板形式和篦缝大小决定物料通过隔仓板的速度，从而影响到磨机内各仓的物料料位的高低，显然，高料位必须用高的填充率，料位低，当然也就不需要那么高的填充率了。此外，物料水分含量、物料流动性质、物料粒度大小都会影响到物料在磨内的流动速度，从而造成磨内各仓料位高低不同，因此，磨机各仓的研磨体填充率也要作相应的调整。

(3) 研磨体平均球径及最大球径的确定

选择研磨体的平均球径和最大球径，需要考虑入磨物料的粒度、水分、硬度、易磨性、产品细度、磨机衬板形式、磨机直径、粉磨流程等因素，通常是根据经验选取。

值得注意的是，决定矿渣磨内最大球径和平均球径大小，主要是考虑物料水分和物料流动性的影响，如果物料水分太高或者物料流动性太差，那么经常会造成一仓磨口附近料位提高，出现饱磨，甚至倒料，磨机产量不高。此时，应提高研磨体的最大球径和平均球径，从而提高物料的流速，可显著提高磨机的产量。

确定了钢球最大球径、平均球径后即可试凑各种直径球的比例，通常在球仓采用3～6种不同尺寸的钢球，每一仓各级钢球的比例，一般是中间大两头小。如果物料的硬度和粒度大，可增加大球百分比，反之可增加小球百分比。一般情况下前后两仓钢球的尺寸应交叉一级，即前一仓最小尺寸钢球是下一仓最大尺寸钢球。

熟料磨往往由于入磨粒度较大，流动性不好，而提高平均球径，相同磨机规格，平均球径高于矿渣磨。

闭路磨由于有回粉入磨，降低了入磨物料的平均粒度，因此第一仓平均球径可比同规格开路磨小些，一般相差10 mm。

(4) 研磨体级配计算

研磨体的级配按下式计算：

$$A=\frac{BD^2L\gamma\varphi\pi}{40000} \tag{1}$$

式中 A——某直径球段的质量，t；

B——某直径球段占该仓所有球段的质量比例，%；

D——该仓磨机有效直径，m；

L——该仓磨机有效长度，m；

γ——研磨体堆积密度，t/m³；

φ——填充率，%。

(5) 研磨体的补充

磨机运转一定时间后，由于钢球的磨损，研磨体级配会产生变化，应经常统计生产数据或根据磨机电机电流大小及时补充研磨体，必要时筛选不合格的研磨体。

统计数据来自以下几个方面：单位时间消耗量；磨机产量、单位产量和研磨体消耗量；电动机电流指示负荷变化；研磨体平面降低高度；筛余曲线分析等。补球时可通过量仓计算出现有的研磨体装载量，然后根据设计的装载量决定补球量，通常都是补最大球径的球，但如果一次性补太多的球时，需要补充一定量次大直径的球。

磨机进行补球时，首先空出磨内物料，然后测量磨机补球仓的有效直径 D，再通过磨机中心测量从研磨体面到顶部衬板的垂直距离 H，计算 H/D，根据表3.21的 H/D 查得该仓的实际填充率 φ，再根据式(1)计算得知该仓的实际装载量，与该仓设计装载量对比，即可计算出该仓需要补充的钢球质量。

表3.21 球磨机 H/D 数值与填充率 φ 的关系

H/D	0.72	0.71	0.70	0.69	0.68	0.67	0.66	0.65
φ(%)	22.9	24.1	25.2	26.4	27.6	28.8	30.0	31.2
H/D	0.64	0.63	0.62	0.61	0.60	0.59	0.58	0.57
φ(%)	32.4	33.7	34.9	36.2	37.35	38.60	39.86	41.17

(6) 熟料磨研磨体级配计算示例

【例 1】 某 ϕ 4.2 m×13 m 两仓闭路熟料磨，一仓有效直径 4.1 m，有效长度 4.5 m，二仓有效直径 4.1 m，有效长度 8 m；主电机功率为 3500 kW，磨机设计总装载量为 240 t；磨前带有闭路辊压机作为预粉磨，入磨物料最大颗粒为 5 mm 左右，要求产品熟料粉的比表面积为 350 m^2/kg 左右，请设计各仓研磨体级配方案。

① 确定研磨体的填充率与装载量

根据磨机设计总装载量，可估算出磨机两个仓的平均填充率为 31.98%。

$$\varphi=\frac{400G}{D^2L\gamma\pi}=\frac{400\times240}{4.1^2\times12.5\times4.55\times3.14}=31.98\%$$

式中 G——磨机设计总装载量，t；

D——磨机各仓平均有效直径，m；

L——磨机各仓合计有效长度，m；

γ——研磨体堆积密度，t/m^3，通常为 4.5～4.7 t/m^3；

φ——填充率，%。

由于磨机是闭路流程，而且产品的比表面积要求不是很高，根据经验确定一仓填充率为 33.2%，二仓填充率为 31.3%，研磨体堆密度为 4.55 t/m^3。

② 研磨体平均球径及最大球径的确定

由于入磨物料最大颗粒直径为 5 mm 左右，根据经验一仓最大球径取 60 mm，采用 ϕ 60 mm、ϕ 50 mm、ϕ 40 mm、ϕ 30 mm 四种钢球级配，平均球径为 43 mm 左右；二仓最大球径取 30 mm，采用 ϕ 30 mm、ϕ 20 mm、ϕ 15 mm 三种钢球级配，平均球径为 21 mm 左右。各仓各种直径钢球的质量比例试凑计算结果，见表 3.22。

表 3.22 熟料磨各仓平均球径试凑计算

磨机	一仓					二仓			
球径(mm)	60	50	40	30	平均球径	30	20	15	平均球径
比例(%)	15	25	35	25	43.0 mm	25	40	35	20.8 mm

注：平均球径为质量加权平均球径。

③ 研磨体级配计算

各仓研磨体的级配可按式(1)计算，结果见表 3.23 所示。

表 3.23 熟料磨各仓研磨体级配计算结果

磨机	一仓					二仓				总装载量(t)
球径(mm)	60	50	40	30	小计	30	20	15	小计	
质量(t)	13.46	22.44	31.41	22.44	89.75	37.58	60.14	52.62	150.34	240.09

④ 研磨体的补充

磨机运转一定时间后，由于钢球的磨损，磨机主电机电流下降，决定进行补球。在基本空出磨内物料的情况下，测量磨机一仓的有效直径 D 为 4.1 m，再通过磨机中心测量从研磨体面到顶部衬板的垂直距离 H 为 2.665 m，计算 H/D 得 0.65，根据表 3.21 的 H/D 查得填充率 φ 为 31.2%，根据式(1)计算得知磨机一仓的实际装载量为 84.32 t，由于磨机一仓设计装载量为 89.75 t，所以需要补充 ϕ 60 mm 的钢球 5.43 t。

同理，在基本空出磨内物料的情况下，测量磨机二仓的有效直径 D 为 4.1 m，再通过磨机中心测量从研磨体面到顶部衬板的垂直距离 H 为 2.706 m，计算 H/D 得 0.66，根据表 3.21 的 H/D 查得填充率 φ 为 30.0%，根据式(1)计算得知磨机二仓的实际装载量为 144.08 t，由于磨机二仓设计装载量为 150.34 t，所以需要补充 ϕ 30 mm 的钢球 6.26 t。

(7) 矿渣磨研磨体级配计算示例

由于矿渣管磨机通常没有预粉磨设备，入磨物料水分波动较大，一仓往往容易饱磨。所以，矿渣管磨机第一仓研磨体的平均球径往往较大，通常可采用 ϕ 80 mm(7%)，ϕ 70 mm(15%)，ϕ 60 mm(29%)，ϕ 50 mm(49%)钢球；第二仓的研磨体级配通常采用 ϕ 18×18 mm(48%)，ϕ 16×16 mm(52%)小钢段；第三仓的研磨体级配可采用 ϕ 14×14 mm(58%)，ϕ 12×12 mm(42%)小钢段。

矿渣管磨机如果采用两仓，第一仓研磨体的级配可采用 ϕ 70 mm(15%)，ϕ 60 mm(28%)，ϕ 50 mm(32%)，ϕ 40 mm(25%)钢球。第二仓的研磨体级配通常可采用 ϕ 18 mm×18 mm(10%)，ϕ 16 mm×16 mm(17%)，ϕ 14 mm×14 mm(23%)，ϕ 12 mm×12 mm(50%)小钢段。

在磨机电机电流和各设备机械强度允许的情况下，应尽量提高研磨体的装载量。采用三仓的矿渣管磨机，通常一仓的填充率为 29%～34%；二仓为 31%～36%；三仓为 33%～38%。对于二仓磨机，通常一仓和二仓的填充率相同，均为 33%～38%。

【例 2】 某 ϕ 4.2 m×13.5 m 开路三仓矿渣管磨机，一仓有效直径 4.1 m，有效长度 3.5 m，二仓有效直径 4.1 m，有效长度 3.0 m；三仓有效直径 4.1 m，有效长度 6.7 m。主电机功率为 3500 kW，磨机设计总装载量为 240 t。要求矿渣粉产品的比表面积为 450 m^2/kg 左右，请设计各仓研磨体级配方案。

① 确定研磨体的填充率与装载量

根据磨机设计总装载量，可估算出磨机三个仓的平均填充率为 30.28%。

$$\varphi=\frac{400G}{D^2L\gamma\pi}$$

式中 G——磨机设计总装载量，t；

D——磨机各仓平均有效直径，m；

L——磨机各仓合计有效长度，m；

γ——研磨体堆积密度，t/m^3，通常为 4.5～4.7 t/m^3；

φ——填充率，%。

由于磨机的总装载量通常都可以超过设计装载量，为了提高磨机的产量，根据实际生产经验，将一仓的填充率定为 30.59%，二仓填充率定为 31.59%，三仓的填充率定为 32.59%，研磨体堆积密度为 4.55 t/m^3。

② 研磨体平均球径及最大球径的确定

由于是三仓开路管磨，第一仓的平均球径通常都比较大，再考虑矿渣水分波动较大，为了避免一仓经常性饱磨，故将一仓最大球径取 80 mm，采用 ϕ 80 mm、ϕ 70 mm、ϕ 60 mm、ϕ 50 mm 四种钢球级配，平均球径为 57.98 mm 左右；二仓采用 ϕ 18 mm×18 mm 和 ϕ 16 mm×16 mm 两种钢段，当量球径为 19.34 mm 左右。三仓采用 ϕ 14 mm×14 mm 和 ϕ 12 mm×12 mm 两种钢段，当量球径为 14.80 mm 左右。各仓各种直径钢球的质量比例试凑计算结果，见表 3.24。

表 3.24 矿渣磨各仓平均球径试凑计算

磨机	一仓					二仓			三仓		
球径(mm)	80	70	60	50	平均球径	18×18	16×16	当量球径	14×14	12×12	当量球径
比例(%)	6.7	15.4	28.8	49.1	57.98 mm	45	55	19.34 mm	48	52	14.80 mm

注：平均球径为质量加权平均球径。

③ 研磨体级配计算

各仓研磨体的级配可按式(1)计算，结果见表 3.25，计算总装载量为 260 t，超过了磨机设计总装载量 20 t，根据生产经验，通常可以安全运转，而且磨机电流不会超过磨机主电机的额定电流。

表 3.25 矿渣磨各仓研磨体级配计算结果

磨机	一仓					二仓			三仓			总装载量(t)
球径(mm)	80	70	60	50	小计	18×18	16×16	小计	14×14	12×12	小计	
质量(t)	4.44	10.14	19.02	32.33	65.93	26.35	32.21	58.56	65.04	70.46	135.50	260

④ 研磨体的补充

磨机运转一定时间后，由于钢球的磨损，磨机主电机电流下降，可进行补球。在基本空出磨内物料的情况下，测量磨机一仓的有效直径 D 为 4.1 m，再通过磨机中心测量从研磨体面到顶部衬板的垂直距离 H 为 2.72 m，计算 H/D 得 0.663，根据表 3.21 的 H/D 并运用内插法查得填充率 φ 为 29.57%，根据式(1)计算得知磨机一仓的实际装载量为 63.73 t，由于磨机一仓设计装载量为 65.93 t，所以需要补充 ϕ 80 mm 的钢球 2.20 t。

同理，在基本空出磨内物料的情况下，测量磨机二仓的有效直径 D 为 4.1 m，再通过磨机中心测量从研磨体面到顶部衬板的垂直距离 H 为 2.70 m，计算 H/D 得 0.659，根据表 3.21 的 H/D 并运用内插法查得填充率 φ 为 30.16%，根据式(1)计算得知磨机二仓的实际装载量为 55.90 t，由于磨机二仓设计装载量为 58.56 t，所以需要补充 ϕ 18 mm×18 mm 的钢段 2.66 t。

同理，在基本空出磨内物料的情况下，测量磨机三仓的有效直径 D 为 4.1 m，再通过磨机中心测量从研磨体面到顶部衬板的垂直距离 H 为 2.68 m，计算 H/D 得 0.654，根据表 3.21 的 H/D 并运用内插法查得填充率 φ 为 30.75%，根据式(1)计算得知磨机三仓的实际装载量为 127.83 t，由于磨机二仓设计装载量为 135.50 t，所以需要补充 ϕ 14 mm×14 mm 的钢段 7.67 t。

(8) 磨机级配计算软件

磨机在水泥工业中占有相当重要的位置，每生产 1 t 水泥，需要粉磨的各种物料就有 3 t 之多；在水泥厂的总电耗中，磨机的电耗占 65%～70%；它们的生产成本占水泥总成本的 35%左右；磨机的钢铁消耗占总钢铁消耗的 55%以上；磨机及其附属设备的维修工作量约占全厂的 60%。生料磨和煤磨的成品质量直接决定和影响着窑的各项技术参数和熟料质量；水泥磨则是控制水泥质量最后也是最关键的一环，在一定程度上，粉磨质量可以弥补熟料质量的缺陷，保证出厂水泥的合格率。

因此，磨机在水泥厂中占有相当重要的地位，磨机产(质)量的高低不仅影响水泥的产(质)量，而且直接影响水泥厂的经济效益。在磨机流程、规格和物料性质固定以后，磨机的产(质)量好坏就主要决定于磨机的研磨体级配，搞好磨机的研磨体级配是提高水泥厂经济效益的前提，其重要性显而易见。欲搞好磨机研磨体的级配，需要考虑许多因素，如磨机的各仓长度、隔仓板及篦板篦缝大小、球段装载量、入磨物料粒度、入磨物料水分、各仓填充率、各仓球段平均直径、磨机循环负荷率、选粉效率等。人工计算，需要相当高的技术和经验。

近年来，随着计算机技术的飞速发展，计算机的应用已经渗透到了社会的各个领域，特别是在工业上计算机对系统的分析、控制和管理显得尤其重要。为了普遍提高水泥厂磨机工艺技术员的技术水平，作者总结了上百家水泥厂磨机工艺技术员的工作经验，结合长期的实验室研究成果，并针对水泥厂普遍存在的一些问题，于 2001 年研发了“水泥厂球磨机专家系统”，并经历了多次软件升级更新。

“水泥厂球磨机专家系统”是适用于所有水泥厂的球磨机级配计算软件，可自动综合磨机规格、物料种类、粉磨流程、助磨剂使用情况、隔仓板状况、物料粒度和水分等因素。自动给出磨机各仓的最佳研磨体级配，即使是不懂磨机级配计算的人员，也可熟练地进行磨机研磨体级配计算，使磨机产(质)量得以提高。下面利用“水泥厂球磨机专家系统”进行【例 2】的级配计算。

① 输入磨机参数

打开“水泥厂球磨机专家系统”软件后，按提示在各个下拉式菜单中选择或输入磨机的各种参数，如图 3.21 所示。

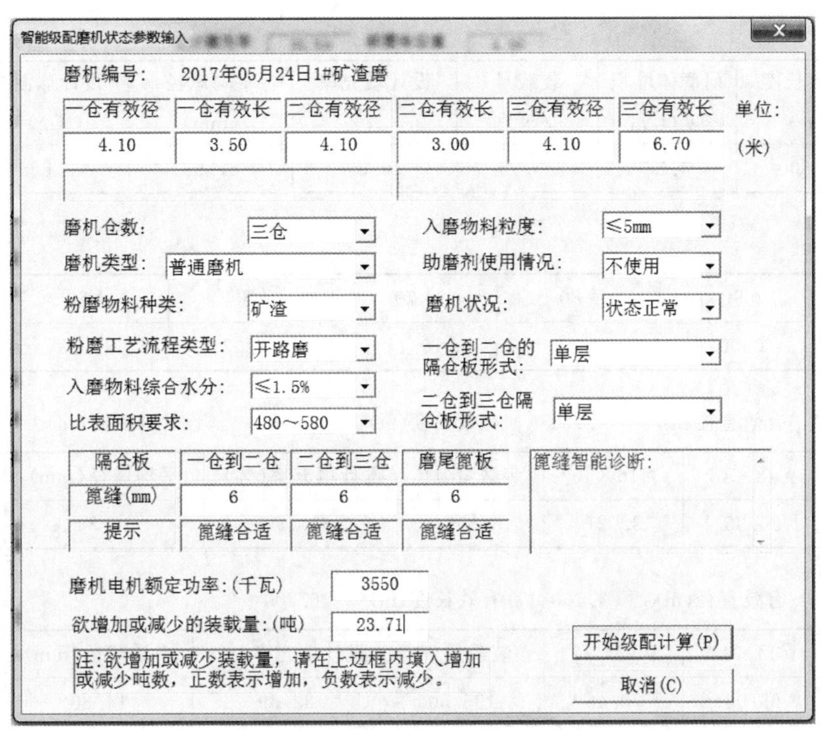

图 3.21 输入磨机参数

② 计算研磨体级配

输入各种磨机参数后，按【开始级配计算】按钮，即可得到如下的计算结果，如图 3.22 所示。

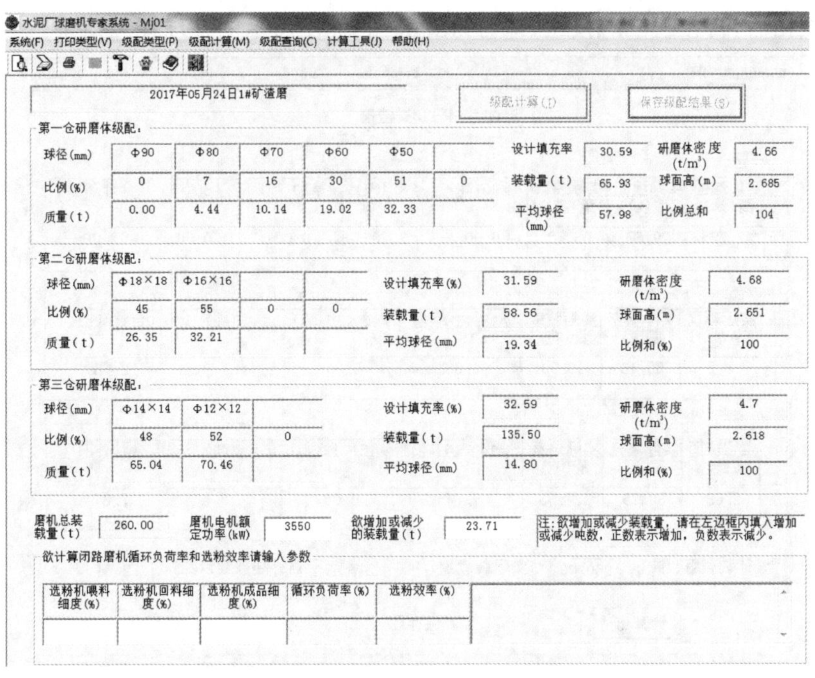

图 3.22 级配计算

③ 打印结果

在【打印类型】下拉式菜单中选择【打印级配】，即可打印出如图 3.23 所示的级配计算结果。

1# 矿渣磨球锻智能级配

第一仓　　　　　　　　　　　　　　　　　　　　　　　　　　武汉亿胜科技有限公司

1. 磨机参数

有效直径(m)	有效长度(m)	研磨体堆积密度(t/m^3)	装载量(%)	设计填充率(%)	平均球径(mm)	设计球面高(m)	实测球面高(m)
4.100	3.600	4.66	65.93	30.59	57.93	2.685	

研磨体级配

球径(mm)	ϕ 90	ϕ 80	ϕ 70	ϕ 60	ϕ 50	合计(t)
质量(t)	0.00	4.44	10.14	19.02	32.33	65.93

第二仓　　有效直径(m)　4.100　　有效长度(m)　3.00　　设计球面高(m)　2.651

球径(mm)	ϕ 18×18	ϕ 16×16	装载量(t)	设计填充率(%)	平均球径(mm)	实测球面高(m)
质量(t)	26.35	32.21	58.56	31.59	19.34	

第三仓　　有效直径(m)　4.100　　有效长度(m)　6.700

球径(mm)	ϕ 14×14	ϕ 12×12	装载量(t)	设计填充率(%)	平均球径(mm)	实测球面高(m)
质量(t)	65.04	70.46	135.50	32.59	14.80	2.618

图 3.23　打印级配计算结果

④ 补球计算

磨机生产一段时间后，由于研磨体的磨损，需要进行补球，打开“水泥厂球磨机专家系统”后，按提示选择相应编号的磨机，在【级配计算】下拉式菜单中选择【磨机补球】，即可进入补球计算程序，按提示输入“实际球面高”的数据后，再按【计算】按钮，即可得到如图 3.24 所示的补球计算结果。

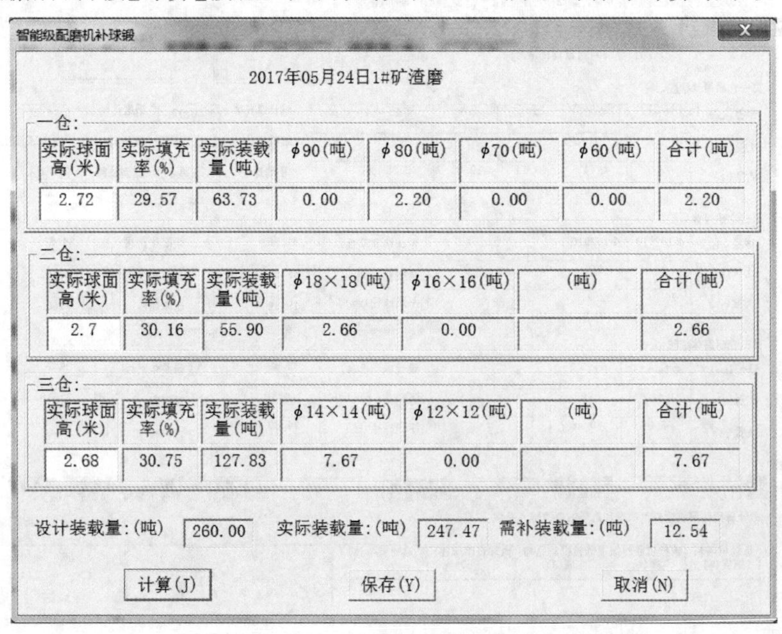

图 3.24　磨机补球计算

3.76 如何绘制和分析球磨机内的筛余曲线

(1) 取样

在磨机正常喂料和正常运转的情况下，把磨机和喂料机突然停止，开仓取样，从进料端起，沿磨机纵向每隔 0.3～0.5 m(大磨 0.5 m，小磨 0.3 m)划分取样断面(磨头和隔仓板处为必须取样断面)每个断面设 5 个取样点，即靠近两边筒体的地方 2 个点(此 2 点为必须取样点)中间 3 个点，在各点用小勺挖取 2～3 勺(挖入深度为 50～100 mm)，然后将此断面的 5 个点试样混合为 1 个样品，约 400 g，将其混合均匀，编号记录。其余断面的样品也照上述方法处理。

(2) 筛分

把样品按照做筛余细度的方法求出筛余。一般用 0.2 mm 方孔筛和 0.08 mm 方孔筛作筛余分析，算出筛余百分数。

(3) 绘出筛余曲线

以筛余的百分数为纵坐标，以磨机长度为横坐标，将各断面上混合样的筛余百分数，对应取样断面在磨机长度方向的位置绘点，将点连成曲线，即为筛余曲线。

某厂球磨机按上述方法检验各样品的筛余，结果见表 3.26 所示。以筛余检测数据为纵坐标，以取样点间隔距离(磨头→磨尾)为横坐标，在平面坐标系中标记出点并连接成线，制作出筛余曲线，如图 3.25 所示。

表 3.26 球磨机内各取样点试样的筛余检测结果

序号 筛余	1仓(3.34 m)						2仓(2.67 m)					3仓(6.18 m)												
	1	2	3	4	5	6	1	2	3	4	5	1	2	3	4	5	6	7	8	9	10	11	12	13
80 μm (%)	32.0	29.6	27.2	25.6	23.2	23.2	17.6	14.4	14.4	13.6	12.0	10.4	9.6	8.0	8.0	7.2	4.8	4.8	4.8	4.0	3.2	2.4	2.2	1.6
200 μm (%)	10.4	9.6	8.8	5.6	6.4	6.4	3.2	2.4	1.6	1.6	1.6	0.8	0.8	0.8	0.8	0.8	0.8	0.7	0.7	0.7	0.7	0.7	0.7	0.4
距离 (m)	0.54	1.08	1.63	2.17	2.71	3.25	4.45	4.95	5.45	5.95	6.45	6.95	7.45	7.95	8.45	8.95	9.45	9.95	10.45	10.95	11.5	12.0	12.5	13.0

注：1 仓有效直径 3.64 m，填充率 29.38%；2 仓、3 仓有效直径 3.68 m，填充率分别为 31.04%、31.19%。

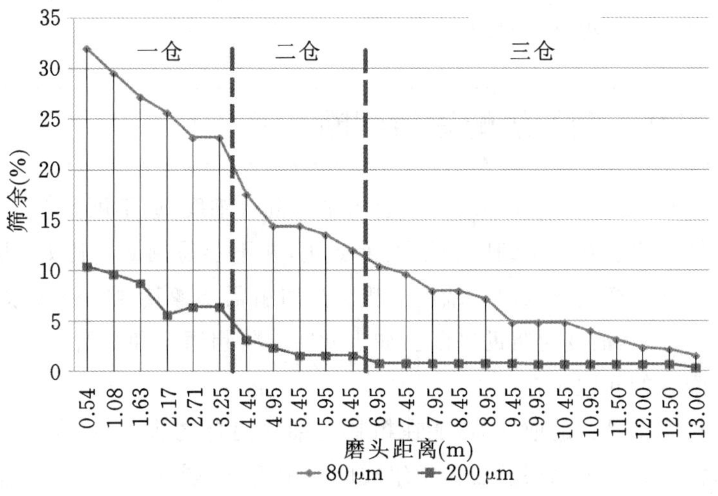

图 3.25 某 φ3.8 m×13 m 水泥磨筛余曲线

工作良好的磨机筛余曲线应该是：全线平滑下降，第一仓入料端有倾斜度较大的下降(大约一半左右)，接近磨尾处有一小段(0.5～0.8 m)趋于水平，此段不能太长，若靠近入料端的一段筛余曲线下降不显著或者根本没有此段陡线，说明一仓破碎能力不足，则需要调整一仓的研磨体，提高一仓的平均球径或装载量。若在细磨仓曲线出现接近水平的线段，说明细磨仓研磨能力不足，应重新级配或清仓，提高细磨仓的填充率；在各仓中如果出现较长水平段，表示这一段细度变化不大，研磨体的作业情况不良，应适当考虑改进研磨体级配或清仓剔除破碎的研磨体。若隔仓板前后细度变化超过 3.0%，说明前后仓能力不平衡，应检查隔仓板篦孔是否符合要求，调整前、后仓研磨体装载量或隔仓板的位置。如果篦板孔被堵塞，应清除堵塞物；如果篦孔过宽，超过规定两毫米，则应堵补或更换。另外，解决两仓的能力不平衡，除调整研磨体的级配外，还可调整研磨体的装载量和仓位长度。

磨机筛余曲线反映了物料在磨内不同位置被粉磨的快慢情况，因此，根据筛余曲线可较准确地调整和优化磨内研磨体的级配。

3.77 如何判断磨机研磨体级配是否合理 

(1) 根据磨机的产(质)量情况判断

① 若磨机产量低，产品细度粗，可能是研磨体装载量不足，或者已磨损严重。

② 若磨机产量较高，但产品细度较粗，可能是由于大球太多，小球太少，即平均球径太大；也可能是前仓的钢球偏多，细磨仓的钢球(段)太少。

③ 若磨机产量较低，但产品细度很细。一个可能是研磨体装载量太多，填充率过大，导致冲击破碎作用较弱，而研磨作用较强；另一个可能是平均球径太小所致。

(2) 直观检查

停下磨机，打开磨门，检查磨内钢球和料面的情况，正常生产的开路粉磨的磨机，一仓的钢球应露出料面半个球高，即所谓的“露半球”。若外露太多，说明装载量过多或钢球过大或喂料太少。二仓的研磨体应与料面平，或稍低于料面不超过 20 mm。

(3) 绘制筛余曲线

以筛余的百分数为纵坐标，以磨机长度为横坐标，将各断面上混合样的筛余百分数，对应取样断面在磨机长度方向的位置绘点，将点连成曲线，即为筛余曲线。根据筛余曲线，即可判断磨机研磨体级配是否合理。合理的筛余曲线应该是一条不断下降的曲线，在靠近磨尾有一小段平直段。如果发现某仓筛余曲线下降太快，说明该仓粉磨能力太强，可能物料流速过快或者填充率太高，粉磨能力有浪费现象。如果发现某仓筛余曲线过缓，说明该仓粉磨能力不足，可能是物料流速过慢或者填充率太低造成了饱磨，应该增加填充率或者增加平均球径，并提高物料流速。

3.78 如何对中卸磨的钢球级配进行判断 

由于中卸磨的出磨细度是粗磨仓和细磨仓两仓出来的混合细度，此细度虽然能反映磨机钢球级配变化的部分情况，但是具体是粗磨仓还是细磨仓发生了变化，并不容易判断。比如：细磨仓粉磨能力不够，或粗磨仓破碎能力偏大，都同样会导致出磨细度变粗。这时就需要像其他类型的球磨机一样，借助磨音、磨机电流或提升机电流等因素的变化帮助判断。如果此时能将粗磨仓和细磨仓的出仓物料分别取出，进行筛分，则很容易判断配球的问题所在。

为此，需要设计一种简单易行的取样器，能在粗料与细料混合之前，分别取出粗料仓与细料仓的料。这种取样器为了密封，需要有两道插板及后盖板组成的一根管子(图 3.26)。安装在磨机卸料仓最下部、在进入斜槽之前的溜子上，如图 3.27 所示。两侧的取样器可以取出顺着卸料仓两侧壁的物料，分别是粗仓与细仓的料。

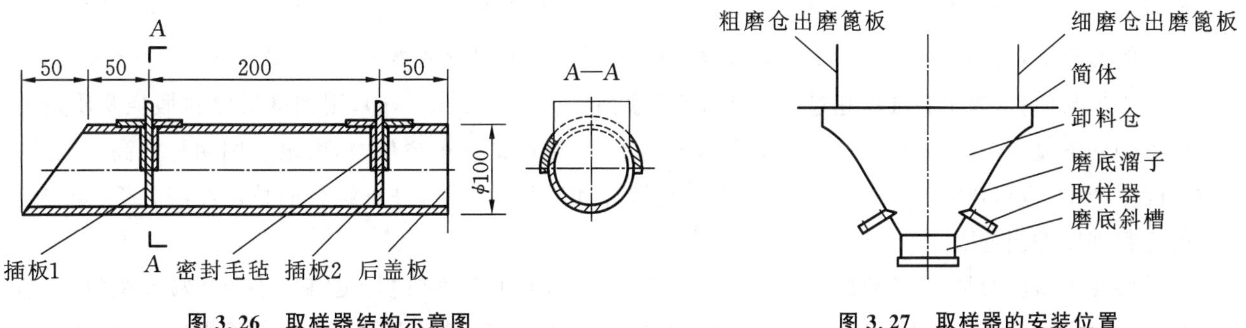

图 3.26 取样器结构示意图

图 3.27 取样器的安装位置

取样的操作步骤是，先打开后盖板及两道插板，让负压将取样器内物料抽净，关闭后盖板及插板 2，让物料流进取样器，再将插板 1 关闭后，打开插板 2 与后盖板，即可取出样品。

（摘自：谢克平. 新型干法水泥生产问答千例操作篇[M]. 北京：化学工业出版社，2009.）

3.79 影响球磨机产(质)量的因素有哪些

(1) 入磨物料的粒度

入磨物料的粒度大小，是影响磨机产量的主要因素之一。入磨粒度小，可显著提高磨机产量、降低单位产品电耗。

(2) 入磨物料水分

入磨物料水分对于磨机粉磨效率影响很大。当入磨物料平均水分较大时，磨内会产生细粉黏附在研磨体和衬板上，并容易堵塞隔仓板的篦缝，阻碍物料和气流流动，使粉磨效率降低。但是物料过于干燥也不必要，因为保持入磨物料中含少量水分，可以降低磨内温度，有利于减少静电效应，提高粉磨效率。因此，入磨物料平均水分一般控制在 0.5%～1.0%为宜。对于辊磨，入磨物料含有一定水分有利于稳定磨内料床，且由于辊磨烘干能力较强，故入磨物料水分可控制在 5%～10%，当入辊磨物料水分太低，以至料床不能稳定时，还须在磨内喷水稳定料床。

(3) 入磨物料的易磨性

物料的易磨性(或易碎性)表示物料本身被粉碎的难易程度。

不同原料、不同生料配比及不同组成的熟料易磨性差别较大。对生料磨而言，有条件时，选择地质年代近而不用地质年代久远的石灰石；选择燧石含量少而不用燧石含量多的石灰石；选择硫酸厂废渣(铁粉)而不用块状铁矿石；选择粉砂岩、硅藻土、蛋白石而不用河砂等。

熟料中 C_3S 含量增加时，则熟料易磨性好，易于粉磨。当熟料中 C_2S 和 C_4AF 含量增加时，易磨性就差。水泥熟料的易磨性还与煅烧情况有关，如过烧料或黄心熟料，易磨性较差；快冷的熟料易磨。磨制水泥时，掺入的混合材种类和含量不同，易磨性也不同。

(4) 磨内物料温度

粉磨作业时，磨机的部分机械能会转化成热能，使磨内物料温度升高。磨机物料温度对磨机产量和水泥质量都有影响。入磨物料温度过高，磨内温度高，易产生水泥粉黏附在研磨体表面的所谓包球现象，影响磨机的粉磨效率。

另外，磨内温度过高还会引起石膏脱水成半水石膏甚至产生少量无水石膏，使水泥产生假凝，影响水泥的质量。

(5) 产品细度

对水泥磨而言，粉磨的物料要求产品细度越细，物料在磨内停留时间就越长。为使磨内物料充分粉磨，达到要求细度，就必须减少物料喂入量，以降低物料在磨内流速；另一方面，要求细度越细，磨内产生细粉越多，缓冲作用越大，黏附现象也较严重，这些都会使磨机的产量降低。因此，在满足水泥品种和强度要求的前提下，要确定经济合理的粉磨细度指标，通常水泥的比表面积控制在 320～380 m^2/kg 之间。

对于生料而言，当生料细度超过一定程度（比表面积大于 500 m^2/kg），则细度对熟料煅烧及质量的积极影响并不显著，且随着粉磨产品的细度越来越细，磨机产量愈来愈低，粉磨电耗则明显升高。因此，在实际生产中，应结合磨机的产量、电耗及对熟料煅烧和质量的影响，进行综合的技术经济分析，确定合理的生料细度控制范围。

需要着重指出的是，由于粉磨产品的粒度是不均匀的，有的粒度较粗，也有较小的颗粒及微粒，当微细颗粒和较小颗粒反应已经结束时，可能较粗颗粒尚未反应完毕，特别是石英和方解石颗粒，它们的反应速度较慢而且又难磨，因此，应控制生料中的粗粒含量。有关试验表明，当生料细度在 0.2 mm 方孔筛筛余大于 1.4%时，熟料中 f-CaO 含量显著增加。但是，如果生料中含有过多的微粉，会造成预分解窑的预热器分离效率下降，增加物料在预热器系统内的内循环量和在预热器系统外的外循环量，使窑产量下降，热耗增加。

合理的生料粉磨细度包括两个方面的含义。一是使生料的平均细度控制在一定范围内，二是要尽量避免粗颗粒。一般用 0.2 mm 方孔筛和 0.08 mm 方孔筛的筛余量来表示生料的细度，其中粗颗粒由 0.2 mm 方孔筛来控制。一般情况下，干法生料的细度控制在 0.2 mm 方孔筛筛余为 1.0%～1.5%，立窑生料 0.08 mm 方孔筛筛余为 8%～11%；预分解窑生料 0.08 mm 方孔筛筛余为 14%～18%。当生料中含有石英、方解石时（一般小于 4.0%），或生料的 KH、SM 偏高时，生料的细度应稍细些，用 0.2 mm 方孔筛筛余应控制在 0.5%～1.0%。

(6) 磨机通风

磨内通风状况，是影响粉磨效率的重要因素之一。加强磨机通风可将磨内微粉及时排出，减少过粉碎现象和缓冲作用，从而可提高粉磨效率；另外加强磨内通风，能及时排出磨内的水蒸气，减少黏附现象，防止隔仓板篦孔堵塞；加强磨内通风还可以降低磨内温度、防止磨头冒灰，改善环境卫生，减少设备磨损。

(7) 分级效率与循环负荷率

闭路粉磨系统选粉机的分级（选粉）效率的高低对磨机产量影响很大。因为选粉机将进入选粉机的物料中的合格细粉分离出来，改善了磨机的粉磨条件，提高了粉磨效率。然而分级效率高，磨机产量不一定高，因为选粉机本身并不起粉磨作用，也不能增加物料的比表面积。所以，选粉机的作用一定要与磨机的粉磨能力及循环负荷率相配合，才能提高磨机的产量。

在闭路粉磨系统中，出磨机的物料在进入选粉机后分选为合格的产品和需要返回磨机重新粉磨的粗粉（回磨粉），在稳定操作后，回磨粉量保持稳定。这个稳定的回磨粉质量称为闭路粉磨系统的循环量。循环量与产品质量之比称为循环负荷率。循环负荷率愈大，进入磨机的物料总量也愈大。物料由喂料端向出料端的运动速度也增大，缩短了物料在磨内的被粉磨时间，大大减少了过粉磨现象，对提高磨机产量有好处。但如果循环负荷率过大，不但要增大出磨物料提升设备的负荷，而且会使选粉机的分级效率降低太多，所以一般将循环负荷率和分级效率控制在一定范围内。对于水泥磨循环负荷率控制在 50%～150%，生料磨控制在 150%～300%。

(8) 球料比及磨内物料流速

球料比是指磨内研磨体的质量与物料质量之比。根据生产经验，对正常生产的磨机停磨检查，第一仓钢球大部分应露出料面半个球为宜。在第二仓，研磨体应埋于物料下面 1～2 cm。

磨内物料流速是影响产（质）量、能耗的重要因素。磨内物料流速太快，容易跑粗料，难以保证产品细度；若流速太慢，易产生过粉碎现象，增加粉磨阻力，降低粉磨效率。所以生产中必须把物料的流速控制适当。物料的流速可以通过磨内球料比、隔仓板形式、篦缝形状大小、研磨体级配及装载量来调节。

3.80 如何用计算法测定磨内物料流速及停留时间

先测定存料量，然后按下式计算磨内物料流速：

$$u=lA/60g$$

$$A=T(L+100)/100$$

式中 u——磨内物料流速，m/min；

l——磨(仓)有效长度，m；

A——磨内物料的通过量，t/h；

g——磨内存料量，t；

T——磨机喂料量，t/h；

L——循环负荷，%。

物料在磨内停留时间：

$$t=\frac{60g}{A}$$

式中 t——物料通过磨内一次的停留时间，min。

闭路磨机物料通过磨内总的停留时间：

$$\sum t=t\frac{L+100}{100}=t\cdot\tau$$

式中 $\sum t$——物料通过磨内总停留时间，min；

τ——物料通过磨内平均循环次数；

L——磨机循环负荷率，%。

【例 3】 一台 $\phi 3$ m×9 m 闭路水泥磨，测得其喂料量 $T=30$ t/h，循环负荷=250%，磨内存料量 $g=10$ t。求其物料流速及停留时间。

【解】 物料流速 $u=\frac{l\cdot A}{60g}=\frac{l\cdot T\frac{L+100}{100}}{60g}=\frac{9\times30\times\frac{250+100}{100}}{60\times10}=1.575(\text{m/min})$

停留时间 $t=\frac{60g}{A}=\frac{60\times10}{30\times\frac{250+100}{100}}=5.7(\text{min})$

$$\sum t=t\frac{L+100}{100}=5.7\times\frac{250+100}{100}=19.95(\text{min})$$

3.81 湿法棒球磨一仓乱棒是何原因，如何预防

在水泥生产过程中，湿法棒球磨极易乱棒。造成这种现象的原因也较复杂，如水、料、篦缝是否含有杂物、断棒和串球等。棒仓中能堵塞篦缝的杂物比较少，不会影响通料面积，只有因掉篦板或篦板断裂以及窜球才会造成乱棒。雷丕显认为，乱棒主要是由以下三种原因造成的：

① 窜球。窜进一仓的球减弱了棒仓的粉磨能力，棒面升高，易造成乱棒。

② 篦板活动后，在运动状态中，篦板前后上下晃动，使篦板面高低不平，对靠近隔仓板的棒端产生了一个向上的推力，棒被带起的高度不均，造成棒群混乱排列。

③ 掉篦板使得二仓球窜入一仓，一仓棒部分进入二仓，造成乱棒。

所以加强一仓篦板固定、篦板面与筒体垂直且平整，才能预防因窜球而造成的乱棒现象。

预防措施：

① 篦板螺丝的螺栓直径要合适，不宜过小，螺纹长度不宜过长，以免应力集中，影响螺栓的使用寿命。

② 垫片不宜过厚，过厚会使螺帽暴露在篦板面外，由于二仓的球和料浆的冲刷，极易磨损。

③ 篦板间隙应靠实，必要时加焊钢筋以减少过大的缝隙，延长螺栓的使用寿命。

④ 确定篦板螺丝的使用寿命，在使用寿命以内进行检查更换，减少事故的发生。

⑤ 在加棒时剔除一些过细棒。

3.82 湿法磨磨头水压不稳有何危害

某厂是湿法生产，生料浆水分大，能耗高，产、质量不稳定。经过反复研究后发现，除了工艺布置等原因外，磨头喂料时水压的稳定性经常得不到保证也是问题的关键。采用生产对比试验的方式(即单台磨机和双台磨机分别生产)来进行数据测定。在试验中发现，两台磨机同时生产和单台磨机生产时，生料浆的水分、能耗和磨机台时产量等均有很大差距，前者在各方面都不及后者。其主要原因是前者生产中水压的稳定性不如后者。两台磨机和一台磨机对比试验数据见表 3.27。

表 3.27　两台磨机和一台磨机对比试验数据

项目	台时产量(t/h)	出磨料浆合格率(%)		电耗(kW·h/t)	研磨体消耗(kg/t)	喂料工操作情况	磨头水压稳定性	其他生产条件
		水分	细度					
两台	31.6	80	85	22.30	0.33	难控制	差	不变
单台	35.21	92.1	90	20.10	0.21	较好	较好	不变

从表 3.27 可知，磨头水压稳定性的好坏影响生产中生料浆的产、质量及物料的吨电耗和研磨体的消耗。

为此，程帆提出了改造方案，在生料磨磨头喂料口两侧增设了 2 个容积各为 5 m^3 的水压稳定箱。同时建造一座总容积为 100 m^3 的地下蓄水池(图 3.28)，通过水泵，将蓄水池的水压入稳压水箱。生料浆水分发生了明显变化，生产中生料浆水分比原来下降 4～5 个百分点，物料吨消耗及磨机的台时产量分别有了较大幅度的减少和提高。生料浆平均台时产量提高 2.7 t/h，生料浆水分、细度、出磨合格率分别提高 5.16% 和 1.3%，电耗及研磨体消耗也分别降低 2.93 kW·h/t 和 0.14 kg/t。

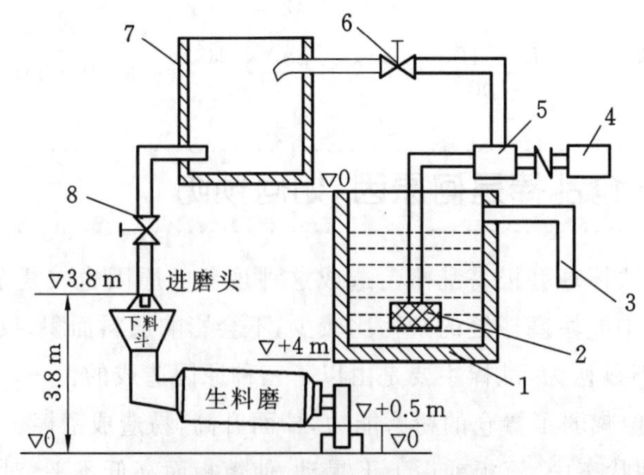

图 3.28　改造后水压稳定装置

1—蓄水池；2—过滤网；3—进水管；4—电机；5—水泵；6—阀门；7—稳压水箱；8—调节阀门

3.83 水泥磨产量为什么会发生突发性或阶段性地降低 

(1) 物料变化

① 物料易磨性突然变差。某厂曾测定熟料的相对易磨性系数从 1.02 降到 0.92 时,水泥磨台时产量下降 1.5 t/h 以上。

② 物料中有一定数量难磨的组分。如熟料中有较多的黄心料、急烧料,混合材难磨等(这种物料用比面积法测定的相对易磨性系数并不一定小)。对这种物料若正常喂料,则细度必然跑粗,为了保证细度,必须大幅度降低喂料量,延长物料在磨内的停留时间,从而使台时产量突然下降。

③ 熟料中含有黄心料和欠烧料。黄心料和欠烧料很容易黏附于研磨体和衬板表面,形成"缓冲垫层",大大影响了粉磨效率,从而使台时产量突然下降。

④ 物料中含有大块。磨内的最大研磨体是根据常规情况的最大入磨物料粒度而确定的,对非正常情况的大块物料(如熟料中大块窑皮、耐火砖、烧结大块、混合材有大块等)破碎能力明显不足,所以必须大幅度减少喂料量,延长物料在磨内的停留时间,才能保证水泥细度。这种物料会使水泥磨的台时产量突然下降 10%～20%。

(2) 研磨体

① 研磨体装载量过少。一般确定的装载量都允许有一定的波动范围,以适应研磨体补加周期内装载量从多到少的需要,在此范围内,台时产量波动不大。但如果不及时补加研磨体,当装载量降到一定程度时,台时产量会大幅度下降,特别是一仓最为明显。

② 研磨体窜仓。当隔仓板间因有大缝或篦板连接螺丝断裂,盲板、篦板断裂等原因会发生研磨体窜仓。窜仓后研磨体级配打乱了,粉磨效率大幅度降低,同时隔仓板的作用大大减弱或失效。此时必须减少喂料量,才能满足水泥细度的要求。因此应防止研磨体的窜仓,一旦窜仓应及时清仓处理。

③ 研磨体清仓不及时。清仓不及时,仓内小规格研磨体增多,级配变得极不合理,平均球(段)径下降到一定程度,台时产量大幅度降低。一仓清仓最重要,清仓不及时可使台时产量下降 5%～10%。

(3) 通风变差

由于袋式收尘器清灰不利,风机风叶磨损严重,风机和电机的传动皮带松弛,风管积灰等原因引起磨内通风变差时,会使台时产量突然下降。有时通风差可降低台时产量达 17%以上。

(4) 水泥细度指标降低

细度指标的降低,细度平均值的下降,立即可引起台时产量下降。

(5) 包球和糊磨

当发生包球和糊磨时,台时产量大幅度下降,特别是糊磨时台时产量更低,包球时还伴随细度偏大。

(6)其他原因

除上述原因外,如磨机操作跟不上,入磨物料温度过高且筒体水冷却不足时,研磨体级配极不合理时,输送设备计量及能力变化而影响主机能力发挥时,喂料设备故障,混合材石膏水分过大,等等,也会引起台时产量突然下降。

3.84 球磨机电动机发热的原因和处理措施 

(1) 发热原因

① 电动机本身质量欠佳(这种情况很少)。

② 电动机有超温运转史,致绝缘老化、电阻降低、匝间短路,三相电流不平衡;或电动机正在超负荷下运行。

③ 环境潮湿，致绝缘电阻降低(磨机的工作环境多不存这一问题)。

④ 设备安装质量不良，如传动轴与筒体中心线不平行，大小齿轮啮合不好等。

⑤ 电动机工作电压过高或过低(超过定额±10%)，特别是电压过低，致转子、定子电流增大过多。

⑥ 磨内的研磨体装载量过多，或兼有喂料量过大问题。

⑦ 冷却不良，或环境温度过高，有时是电机碳刷和滑环过热。

(2) 处理措施

① 于电机大修时，增设电机定子温度指示仪表，并把仪表接至操作岗位，以便操作工随时监视电机运转温度。

② 制定并坚持电动机巡回检查、记录制度，建立运行档案，并给巡回检查工配备钳型电流表、点温计等检测仪表，以便及时检查、记录，为设备的运行、保养和故障分析提供原始资料。

③ 若系电机绝缘老化或安装不当，应于停磨较久时处理。

④ 若系研磨体装载量过大，应及时酌情减少。

⑤ 若系电机的碳刷或滑环发热或散热不良，可外加冷却风机散热。

若生产任务很紧，电动机短期内不至于烧毁，可采用风机冷却措施，待有机会时彻底处理；若电机存在隐患，一旦有机会须立即检修。

3.85 磨机负荷如何控制，用何参数，如何组合 

常用的控制信号有磨音、提升机信号、粗粉回磨量、喂料量和管磨机主轴瓦座的振动幅度五种。

磨音与磨内存料量关系密切：存料量大，磨音低；反之，则磨音高。

提升机功率与磨机负荷有密切关系：功率大时，磨内料量多，磨机负荷大；反之，则磨机负荷小。

喂料量固定时，粗粉回磨量大，磨机负荷高；粗粉回磨量小，磨机负荷低。粗粉回料量固定时，喂料量的多少与磨机负荷的大小成正比。

磨机转数和研磨体装载量固定时，主轴瓦座的振动幅度与磨机负荷的大小成反比。

这五种信号，有的可单独使用，但多为两种或三种并用。常见的使用形式有：

(1) 单独以磨音作控制参数

这种形式以安装于磨内钢球落下侧的磨音测量装置(电耳或特制的探头)测量磨音信号，该信号转换成电信号并经放大后，送到控制部分。控制部分据信号的大小控制喂料机的喂料量：磨音低时少喂料，磨音高时多喂料。这种形式的优点是系统简单，反应迅速，容易实施。它的缺点：磨房内有多台磨机时，邻近磨机的磨音会相互干扰。

采用这种方式应注意：

① 磨房内有两台磨以上时，应采取抗干扰措施。

② 使用维护中注意：

a. 由于季节不同，致入磨物料温湿度出现较大幅度的变化时，应据该条件下出磨物料的细度，磨尾提升机和选粉机的工作状态，适当调整电耳系统的信号等级和模糊控制规则。

b. 吸附在传感器端面上的铁粉须及时清除，以免传感器的灵敏度受影响。

c. 每 3 个月校准一次零点和量程，防止飘移。

(2) 独以提升机功率作控制参数

这种形式的原理，基于提升机功率反映了磨机的负荷，而磨机负荷又与磨内的存料量直接相关。调节器把收到的提升机信号与给定信号比较后，调节喂料机的喂料量，使磨机负荷稳定在一定范围内。

磨内有糊磨现象时，出磨料量减少，提升机功率下降。在这种情况下，此控制形式的反应是增大喂料量,与操作要求不符(操作要求是减少或停止喂料量)。故当磨机出现糊磨现象时,此系统应暂停使用。

单独以提升机功率作控制参数的优点是系统简单,不需增加设备和更改工艺流程,缺点是提升机功率的变化不明显,滞后现象较严重。

(3) 单独用主轴瓦座的振动幅度作控制参数

管磨机运转时,研磨体和物料偏于磨机的一侧,并在磨内不断地滚动和下落,使磨机筒体产生振动,筒体振动传给主轴瓦座的振动幅度可间接反映磨机负荷的大小。在磨机转数和研磨体装载量固定的条件下,磨内料多时,主轴瓦座的振动幅度小;磨内料少时,主轴瓦座的振动幅度大。主轴瓦的振动幅度以振动式传感器量,振动幅度小则减少喂料量,反之,则增大喂料量。

单以主轴瓦座振动幅度进行管磨机负荷控制的优点是不需增加设备,不必改变工艺,系统简单,但振动幅度与安装位置及安装方法有关,且易产生零点飘移,用于布基酚醛树脂瓦时,灵敏度较低。

(4) 用提升机功率和磨音两者作控制参数

以某种信号作主控参数,另一种信号作监控参数。提升机功率大、磨音低,说明磨机负荷大;提升机功率小、磨音高,说明磨机负荷小;提升机功率小、磨音低,说明有糊磨现象。这种形式,比仅用其中的一种信号可靠。

(5) 以粗粉回磨量和喂料量作控制参数

它是基于:在闭路粉磨系统中,粗粉回磨量与喂料量之和即是磨内物料通过量,而磨内物料通过量与磨机负荷有密切关系。

在喂料量和选粉机性能都未变动的情况下,若物料的易磨性发生变化,粗粉回磨量就相应的发生变化。

粗粉回磨量作控制参数的优点:系统精度高(粗粉回磨量的变化尚未显著影响磨机负荷时,计算机便通过秤控制器及早调整喂料量,稳定磨机负荷),抗干扰能力强;缺点:需要增添计量设备,要求有较大的安装空间,一般的老生产线由于空间不足,难以采用。

(6) 用粗粉回磨量、喂料量和提升机功率三者作控制参数

(7) 用提升机功率、磨音和粗粉回磨量作控制参数

这种形式在入磨物料的易磨性发生变化时,可及早通过粗粉回磨量参数的变化调整喂料量,稳定磨机负荷。冀东水泥厂生料磨的磨机负荷控制以磨音和粗粉回磨量作主控参数,提升机功率作监控参数。

采用三种控制参数,如以粗粉回磨量、喂料量加提升机功率,或以磨音、粗粉回磨量加提升机功率进行控制时,具有可靠性强、效果好的优点,但流程复杂,投资较高;另外,粗粉回磨量参数需用粉体流量计测量,磨房需有一定的空间高度,老厂改造往往难以实现。

3.86 球磨机磨尾出料圆筛堵塞的原因及处理

当出现磨机生产能力下降,听一仓磨音发闷,磨尾出料圆筛振动较大等现象时,应该判断是磨尾出料圆筛堵了。

(1) 原因分析

造成磨机磨尾出料圆筛堵塞的原因主要有以下几方面:

① 入磨物料水分较高,尤其在雨季更厉害,若非烘干磨,必然导致粉尘黏附在出料圆筛孔上,以致堵塞圆筛。

② 入磨物料粒度太大,造成出磨水泥(或生料)中的粗颗粒较多,磨尾筛中的粗颗粒不能及时被排出,以致磨尾筛在回转运转中被粗颗粒堵塞,降低了物料流速,加大了磨尾筛的负荷,影响了磨机通风,降

低了磨机生产能力，也缩短了磨机法兰的寿命。

③ 磨机设计结构不尽合理，也会造成磨尾筛堵塞频繁。目前，磨机出料圆筛的结构主要有两种形式：

a. 用钢板冲制或钻削加工筛孔而制成圆筛。这种结构使用寿命较长，但筛孔极易堵塞，从而影响出料率。

b. 用钢丝(一般直径约为 3 mm)编制成钢丝网，再与圆筛骨架铆接在一起，制成圆筛。这种结构使用寿命较短，在物料水分较大时，也会有物料黏附堵塞圆筛网孔。

磨尾筛的两种设计结构一般都没有快速出渣装置，使得部分筛余渣料、碎铁块等不能及时排出磨外，只有当渣料高出筛尾端封边缘时才能溢出来，筛内始终有渣料，加快了圆筛的磨损，又极易堵塞圆筛。

(2) 处理方法

磨尾出料圆筛堵塞后应立即停机处理。为有效防止圆筛堵塞，可采取以下一些预防措施：

① 当物料水分较大，却无法用烘干等措施有效降低物料水分时，可在磨尾圆筛处上半部正中间靠中心线位置上开孔，用旁路连通办法与加热炉连通。安装加热炉后，一般可解决物料水分大而引起的堵塞问题。

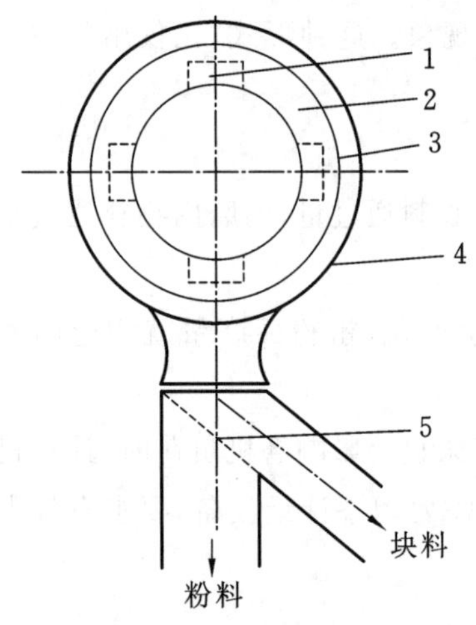

图 3.29 筛箱尾部改进示意图

1—缺口；2—挡料圈；3—磨尾筛；4—磨尾筛箱；5—筛网

② 当入磨物料粒度较大，粗颗粒多引起堵塞，可采取调整研磨体级配，减少粗颗粒的办法，也可采用下述办法对磨尾筛箱尾部进行改进，即在磨尾筛挡料圈上割去 4 个缺口(缺口沿圆周均布，长为 100～120 mm，高为 40～50 mm)，并顺着磨机运行方向焊接倾斜角为 35°左右的钢板(A3 钢板)。将磨尾筛箱尾部改成“神杈形”出口，并在交叉处装设筛网，细粉出磨进入磨尾绞刀或提升机，粗颗粒或铁块进入预先放置在那里的小推车(图 3.29)。

③ 对出料圆筛的结构予以改进。增设振打、导渣装置，提高磨尾筛出料能力和防堵性能。

a. 在圆筛内部设置 4 个振打锤，随圆筛运转，不停地振打。

b. 在圆筛外表面沿轴向方向均布 4～5 排振打锤轨道。振打锤一端位于轨道，另一端被铰接在罩体上。圆筛内尾部设置 2 个导渣装置。当磨机运转时，振打锤沿其轨道有规律地振圆筛，筛内渣料、铁块等到达尾端并沿导渣装置及时排出。

3.87 磨机拖动系统常见故障与处理

在中小水泥生产企业磨机拖动系统中，高压绕线式异步电动机应用频敏变阻器降压起动的控制形式较广泛。但因其系统所处生产环境一般较差，磨机负荷较大，且又多处于重荷启动，启动电流大，峰值维持时间长，加之因现场管理、使用维护不当，不能及时发现隐患或未能采取妥善措施排除，导致事故进一步扩大，由此造成的停机停产事故占很大比例。

(1) 频敏变阻器发热或一相烧毁

原因分析：造成频敏变阻器发热的主要原因是因时间继电器动作整定时间太长或在启动结束后时间继电器拒动，交流接触器不能及时投入切换，使频敏变阻器不能及时从启动回路中切除而长期处于启动状态所致。修复过的频敏变阻器则要考虑线包的匝数和导线截面是否有误。一相烧毁则多是在上述原因下，绝缘相对薄弱的那一组频敏变阻器过热烧坏，严重情况下可造成二组甚至三组同时烧坏。

处理与预防：根据负荷情况，合理确定时间继电器的切换动作时间，经常检查交流接触器触头接触情况，保证接触面积和触头压力平衡适中，检查各继电器动作情况，防止触头、接点烧熔粘接不脱离。做好过热和过流保护装置的整定，并对整定值按期进行试验，保证机构动作灵敏、可靠。

(2) 滚动轴承发热

滚动轴承发热，严重时造成电动机堵转卡死；滑动轴承发热，严重时造成合金咬粘、熔化(烧瓦)。

原因分析：润滑脂过量；滚子与内外套间隙超大，轴承体点蚀或剥离，内外套转动，保持架损坏；轴瓦刮研不好，轴、瓦接触面小；轴瓦与轴颈间隙太小或超大；断油或油环运转不灵活，带不起足够的润滑油；润滑油脂牌号不对或油内有杂质破坏了油膜的形成；实行强迫机械供油的还有可能因水冷却器泄漏使油水混合，油脂物理性能遭到破坏。

处理与预防：滚动轴承在新装或清洗换油时必须用汽油或柴油清洗干净，待干燥后方可加注规定牌号的合格润滑脂，润滑脂的加注不宜过满，以二级电动机充填其腔的 1/2，二级以上的电动机充填其腔的 1/3～1/2 为宜。对滚动轴承定期进行检查，发现上述异常症状则需及时更换，同时在日常维护中要加强密封，定期换油，轴承盖和电动机端盖要安装到位。对于轴颈较大的滚动轴承在安装时，可采用在小于 110 ℃的机油中煮后热装，防止损坏轴承和拉伤轴颈。对不明原因的瓦温升高，要及时检查合金瓦的磨损情况，保证油线畅通，接触点每平方厘米不得小于 6 个点，轴颈与轴瓦接触面不小于 80%，沿瓦径向垂线左右不小于 35°。轴颈与轴瓦配合间隙：合金瓦为轴颈的 1‰，磨损极限不大于 4‰；铜瓦为轴颈的 1.2‰，磨损极限不大于 5‰。配合间隙不可超大或超小，超小须重新刮研，超大则须更换新瓦或重新补挂合金后再行按标准刮研。油环带油不足，可实行强迫机械供油以弥补之，杜绝断油现象发生。按设计要求使用合格牌号的润滑油脂，按规定进行冬、夏季油脂更换，搞好密封，防止污物、粉尘和碎屑混入润滑油中，换下的油脂复用时必须进行过滤和化验，保证其物理性能符合标准规定要求。定期检查水冷却器的使用情况，防止因锈蚀造成泄漏。

(3) 噪声振动增大

电动机运行过程中，噪声振动增大，电流表指针来回摆动。

原因分析：滚动轴承滚子与内外套间隙超大，轴承体点蚀或剥离，保持架损坏，内外套转动；轴瓦与轴颈配合间隙超大；转子失衡；一相电刷接触不良或断路。

处理与预防：因轴承原因造成故障，其处理方法与预防措施与第(2)条所述相同。转子失衡在生产中多为受机械力破坏风翅断离或因轴承、轴瓦间隙超大，转子因离心力、长期振动发生弯曲。风翅断离停机焊接即可，转子弯曲失衡一般非专业人员处理起来就相当困难。检查和调整电刷压力和接触面积，特别是对新安装电刷要进行研磨后再安装，保证每个电刷接触面积不小于 90%，杜绝电刷断路。

(4) 电刷打火

电刷打火，刷辫烧红或烧断。

原因分析：滑环表面有污垢或烧痕，造成表面不圆或不光滑，电刷接触面积和压力时大时小；电刷压力大小不当或不均；电刷选用牌号不当，尺寸不符，接触面小，载流量不够；电刷在刷盒内随动性差。

处理与预防：注意清理污垢和用 120 号以上细砂布打磨滑环表面的烧痕，保证电刷与之良好接触。经常检查和调整电刷压力至均衡适当位置，防止压力松紧大小不均。按原厂家设计要求选好电刷牌号和尺寸，保证电刷接触面积和载流量符合要求。清理刷盒或将电刷略微缩小，使之在刷盒内能够随动自如。

(5) 转子引线线鼻烧坏

原因分析：线鼻载流量小；因振动造成松动或接线时压接不紧，造成局部接触电阻增大而发热。

处理与预防：此问题较直观，只要注意选用合适材质、合适截面的接线鼻并注意经常检查，及时消除振动源，防止接头氧化和松动。

(6) 转子绕组端部焊点开焊甩锡造成断路或接地

原因分析：因绝缘受潮、老化、水泥粉尘腐蚀、振动造成绝缘层龟裂，加之端部用钢丝或钢圈绑扎固定不牢造成绝缘磨损;接头处焊接不良,载流截面减小,局部接触电阻增大造成过热。尤其对修复过的转子,因维修质量造成三相直流电阻不平衡,其误差超过±5%时就有可能造成直流电阻高的那一相或二相绕组发热,当温度达到焊锡的熔点时就会造成开焊甩锡。

处理与预防:对电动机要进行认真维护保养,防止油水浸渍绕组,注意定期清扫灰尘,及时消除振动源,端部固定用钢丝或钢圈要用合成树脂浸渍的无纬玻璃丝布加垫或布带包裹浸漆后再行固定,绑扎牢靠,防止松动造成相互摩擦,破坏绝缘。接头焊接时要注意接触面积不能低于连接导线的1.5倍,保证连接牢靠,必要时进行铆接后再灌锡。焊接完毕要用精度不低于0.05%的双臂电桥对每一绕组的直流电阻测量三次,保证各相绕组平均直流电阻误差应不大于±5%。

(7) 电动机转速不正常或难以启动

原因分析:多为缺相、绕组断路或频敏变阻器接触不良;饱磨情况下启动;电源电压过低(大功率电动机在重荷情况下启动或端电压在小于额定电压5%的情况下)。

处理与预防:认真检查电控柜至电动机各部分的动作、接触及连接情况,查明原因,排除故障。均匀喂料,尽量减少饱磨情况下停机;事故状态下造成饱磨停机,再启动时可利用辅助电动机使磨机运转后再行高压启动,防止高压强行启动,禁止频繁点动后硬启动。检查电源电压,根据电源系统具体情况可调整动力变压器电源侧分接开关,使之达到额定电压,满足启动要求。

(8) 电动机运转异常,严重时造成定子和转子相擦(扫膛)

原因分析:滚动轴承间隙超大、滚子点蚀或剥离、裂纹、内外套转动、保持架损坏;滑动轴承轴瓦与轴颈间隙超大。定子定位和地脚螺栓损坏或松动。轴承间隙超大和定子移位,均可造成电动机运行过程中的定子、转子不同心,气隙不均甚至定转子相擦(扫膛)。

处理与预防:因轴承原因造成运转声音不正常、定转子相擦,其处理方法与预防措施同第(2)条所述相同。检查和校正定转子同心度,保证沿圆周各处气隙相同,定子定位准确、紧固。

以上所述仅仅是在生产过程中可能发生的常见故障,以及处理方法与预防措施,如遇特殊情况,可具体分析,对症处理。

3.88 管磨机电动机的操作与维护事项

(1) 遵守电动机安全操作规程。

(2) 防止油、水及杂物落入电动机。

(3) 注意轴承是否润滑良好,轴承处不得有渗油、漏油现象。

(4) 定期检查润滑油质量。发现油色变暗、油中含水或有杂质,应及时更换。

(5) 电动机每运行半年更换润滑油一次。换时,先用煤油洗净轴承及轴承挡。

(6) 保持集电环工作表面光滑,电刷和集电环接触良好。

(7) 电刷下面出现火花时应查清原因,是电刷卡住、位置偏斜,还是压力不适当。

(8) 定期检查轴瓦的间隙是否均匀,以防定子与转子发生摩擦而发生事故。

(9) 检查电动机机壳温度,如达80 ℃以上,不仅应从电器上找原因,还应检查有无超负荷现象。

(10) 检查电动机有无振动,电动机与机械设备连接对轮的间隙是否适当,倾听轴承运转声是否正常。

(11) 经常检查电动机的接地线是否完好,发现问题,及时妥善处理。

3.89 何谓球磨机的理论适宜转速和实际工作转速

当磨机的转速达到理论临界转速时,研磨体贴附筒壁做不抛落的圆周运动,因而对物料几乎没有粉

碎作用；当磨机的转速极低时，研磨体几乎不会被提起来，这时研磨体的粉碎效率很低，由此可见，只有当研磨体的升举高度达到某一适宜数值，即研磨体升举到某一适宜的脱离角而抛落下来时，研磨体对物料才会产生最大的冲击粉碎功。而研磨体的升举高度是与转速有关的，也就是说，在研磨体填充率一定的条件下，磨机中研磨体对物料的粉碎功是磨机转速的函数。使研磨体产生最大粉碎功的磨机转速，称为理论适宜转速。

经分析，最外层钢球适宜的脱离角 $\alpha=54°40'$，将此值代入钢球运动基本方程，得：

$$n=42.4\sqrt{\frac{\cos 54°40'}{D}}=\frac{32.2}{\sqrt{D}}$$

式中 n——磨机筒体适宜转速，r/min；

D——磨机筒体有效内径，m。

磨机理论适宜转速没有考虑研磨体随磨机筒体上升过程中所产生的滑动和滚动现象，没有考虑衬板的形式，事实上这些因素不但直接影响研磨体的提升高度，而且还使筒体衬板与研磨体造成附加磨损。因此，对磨机的理论适宜转速计算公式应加以修正。经过修正的适宜转速就是磨机的实际工作转速。

对在一定工艺条件下操作的某一具体磨机，必然存在一个最适宜的工作转速，这个适宜的转速应全面的考虑到磨机的结构、生产方式、衬板形式、填充率、被磨物料的物理化学性能、入磨物料的粒度、粉磨细度等因素，通过试验、比较才能确定。

磨机实际工作转速随磨机直径的增大而减小，可参考下列公式计算：

当 $D>2$ 米时
$$n_{实}=\frac{32.2}{\sqrt{D}}-0.2D$$

当 $D\leqslant 2$ 米时
$$n_{实}=n=\frac{32.2}{\sqrt{D}}$$

当 $D<1.8$ 米时
$$n_{实}=\frac{32.2}{\sqrt{D}}+(1\sim 1.5)$$

湿法磨的实际工作转速比相同条件下的干法磨高 2%～5%。

3.90 球磨机常见故障如何排除

表 3.28 球磨机常见故障、产生原因及排除方法

故障现象	产生原因	排除方法
主轴承温度过高、发烫、冒烟或熔化	1. 供油中断或油量不足； 2. 油质不良或轴承内进入砂粒、杂物等； 3. 主轴承安装不正不平； 4. 筒体或传动轴弯曲； 5. 油沟过深或开法不合理以及瓦垫和轴接触使油进不到瓦内； 6. 供油装置失灵，供油中断或不足； 7. 轴承间隙不合要求及与轴接触不良； 8. 润滑油黏度不合格； 9. 联轴器安装不正； 10. 主轴承冷却水不足或冷却水温度高	1. 散热降温，然后停磨检查调整加大油量； 2. 清洗，更换新油； 3. 调整找平； 4. 调整找正； 5. 检查、修理、调整； 6. 检查、修理； 7. 调整间隙，刮研轴瓦或修理轴颈； 8. 更换适宜黏度润滑油； 9. 调整找正； 10. 增加供水量或降低供水温度

续表 3.28

故障现象	产生原因	排除方法
中空轴摆动大	1.中空轴与磨头或磨头与磨筒体的连接螺栓松动； 2.各法兰台阶配合间隙过大； 3.中空轴筒体轴线的同心度或垂直偏差大	1.紧固连接螺栓； 2.铲平配合台阶中的灰垢，重新装配中空轴； 3.校正同心度或垂直度，使之偏差符合规定范围
齿轮轴承振动，噪音过大，并伴有撞击声	1.轴承盖或轴承座螺栓松动； 2.轴承磨损过大； 3.轴承安装不良； 4.齿轮磨损过大，润滑油过脏或缺少润滑油； 5.齿轮啮合不当，大齿轮径向或轴向跳动量过大； 6.大齿轮连接螺栓松动或对口螺栓松动； 7.齿轮加工精度不合要求； 8.中空轴瓦座或传动轴承座地脚螺栓松动或胶圈磨损； 9.联轴器螺栓松动或胶圈磨损	1.紧固； 2.更换； 3.找正调整； 4.修理或更换齿轮，加强润滑； 5.调整修理； 6.紧固； 7.修理或更换； 8.紧固； 9.紧固或更换
传动轴窜动	1.传动轴不水平； 2.齿轮啮合侧隙偏大	1.调整找平； 2.调整齿轮啮合间隙
减速机齿轮断齿	1.加工精度不良，齿形不正确； 2.齿间进入金属物料； 3.冲击负荷及附加负荷过大； 4.启动次数过于频繁，操作启动速度过快，启动负荷过大； 5.齿轮疲劳； 6.装配不当，材质不佳	1.修理或更换； 2.杜绝金属物料进入； 3.控制负荷； 4.遵守操作规程； 5.更换； 6.调整改进
齿轮齿面磨损过快	1.润滑不良或润滑油混有杂质、金属等； 2.啮合间隙过大或过小，接触不良； 3.齿轮加工质量不合要求； 4.材质不佳，齿面硬度不够； 5.装配不良； 6.齿间进入矿砂及其他磨粒	1.加强润滑或更换润滑油； 2.调整； 3.修理、改进； 4.调质处理； 5.重新调整； 6.清洗
传动轴和轴承座连接螺栓断裂	1.大小齿轮啮合不正确，尤其当齿磨损过甚时，振动大； 2.轴承安装及配合不正确或螺栓螺帽松动； 3.轴、联轴同心度及水平度偏差过大； 4.轴上固定键松动或配合不当； 5.负荷过大； 6.强度不足或材质不佳	1.检查、调整或更换； 2.调整找正； 3.调整找正； 4.检查修理； 5.调整负荷； 6.提高材质强度
减速机漏油	1.机壳结合面黏附污垢或密封胶涂层太厚不均，连接螺栓松动，造成结合面处漏油； 2.出油端因橡胶密封圈损坏或老化造成漏油	1.清洗结合面，铲除污垢，密封胶层均匀，厚度 0.1～0.2 mm，对称拧紧螺栓； 2.更换橡胶密封圈

续表 3.28

故障现象	产生原因	排除方法
磨机负荷明显增大	1.磨机中装载量过多； 2.轴承润滑不良； 3.传动系统有严重磨损或振动过大； 4.传动轴承不水平或联轴器偏斜； 5.有其他附加负荷(如有障碍物等)	1.调整装载； 2.加强润滑； 3.检查和修理传动系统； 4.调整找平； 5.检查处理
润滑系统油压降低或增高	1.油路中产生漏油； 2.油路中产生堵塞	1.停磨检查油路及时堵漏； 2.清除堵塞

3.91 球磨机磨头漏灰的原因及处理 

(1) 故障现象

当物料源源不断地被喂入球磨机时，有部分粉状物料从磨头进料口法兰、毛毡及进料斗的连接缝隙中冒出来，污染磨房环境，粉状积灰进入轴瓦还会带来更严重后果。磨头进料情况如图 3.30 所示。

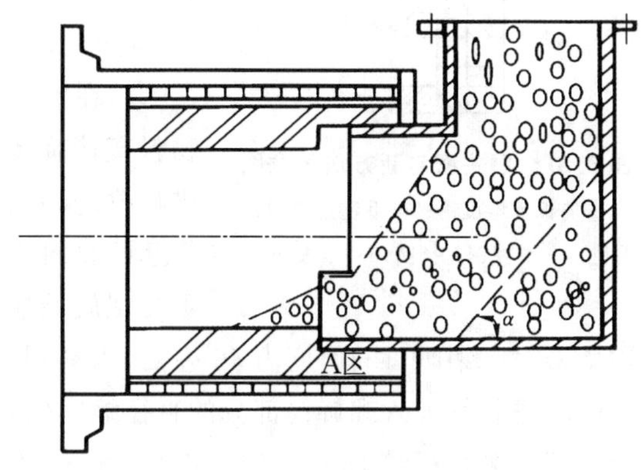

图 3.30 磨头进料示意图

(2) 原因分析

磨头漏灰(又称吐料冒灰)是球磨机生产中的一大“顽疾”。分析造成这一故障的原因主要有以下几方面：

① 进料斗外径表面粗糙，而且不圆，工业毛毡浸油后固定在它上面，随同中空轴一起旋转，故毛毡极易磨损。毛毡与进料斗相互摩擦一段时间后就会出现缝隙，进料斗(担料管)倒圆锥处有一空间，物料在此不易被输送，会产生滞留和返料，为漏灰提供了前提条件。毛毡磨损后，由于更换毛毡不太容易，频繁更换更不可能，因而缝隙越来越大，吐料冒灰越来越严重。

② 中空轴内螺旋槽的输送能力达不到要求，再加上进料螺旋叶片由于长期运送块状物料而造成了叶片磨损或者螺旋叶片设计高度本来就不够，以致物料料位高出叶片高度，特别是当进料速度超出它的输送速度时，高出螺旋叶片的一部分物料进磨速度减小，不能被及时输入磨内，粉料就会后溢漏出。

③ 研磨体级配和装载量不合理，片面强调了提高一仓研磨体平均球径或增大装载量可以提高磨机产量，使得磨内研磨体填充率提高，进而球料整个填充率提高，料面超过螺旋叶片高度，喂料螺旋筒内始终有部分物料积存，造成磨头漏灰。

④ 选粉机循环负荷率过高，回料多，进料速度超过螺旋筒输送速度，回料不能及时进入磨内，在磨头缝隙处形成堆料死角，加大了封闭缝隙处由螺旋始端运转带来的向外压力，使密封缝隙受到堆积物料和向外压力的双重挤压而加大了，导致磨头漏灰。

⑤ 磨机正压操作或微负压操作，致使磨头处灰料溢出。

(3) 处理方法

① 对磨头密封方法进行改进。在进料螺旋筒外端增设一节长 200 mm 的螺旋筒，螺旋叶片现场焊接，加长节用螺钉与原螺旋筒一起与磨机连接。然后在加长节外端增加一只毛毡定位圈，工业毛毡对开后安装，一面涂满黄油，该圈与加长节 200 mm 螺旋筒用沉头螺钉连接。随后，在毛毡外端设一摩擦密封挡圈，套在进料斗上，现场制作并焊接两个挡杆，使之不能旋转，后面用若干只弹簧顶住，弹簧座与进料斗焊在一起，使挡圈端面始终与毛毡相贴，而不受毛毡部分磨损的影响。密封挡圈与进料斗圆筒外径要有 5 mm 的间隙，这个间隙用棉花酸黄油堵住，挡圈外加一块压板，该压板用螺钉与密封挡圈拧紧。在安装

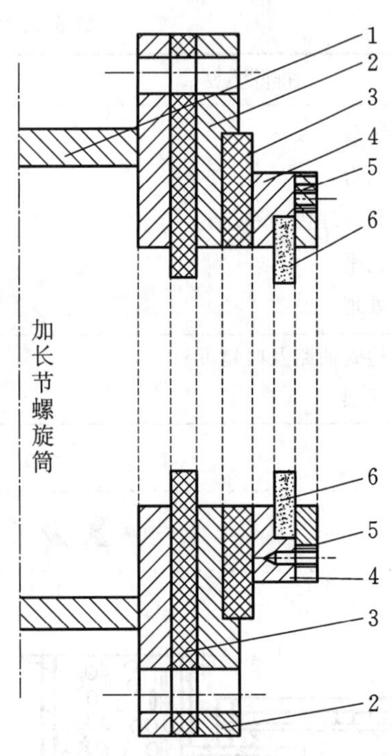

图 3.31　磨头密封新方法示意图

1—加长节螺旋筒；2—毛毡定位圈；3—毛毡；4—摩擦密封挡圈；5—压板；6—棉花

进料斗时要注意安装位置退开 200 mm，让出加长节螺旋筒的长度。磨头密封新方法（图 3.31）效果非常好，而且寿命长、维修方便。

② 缩小喂料嘴直径，增加中空轴螺旋叶片高度，借以增强螺旋槽的输送能力，使物料不向图 3.30 所示 A 区挤压。根据正常停机时磨头进料端料面高度即料位进行估算，将厚约 7 mm（或按原叶片厚）的钢板剪裁成宽为 60～80 mm 的条状，按中空轴内螺旋的螺距和螺旋角预弯曲好，然后用电弧焊焊牢即可。大志公司将 ϕ2.2 m×7 m 水泥磨喂料嘴直径由 ϕ600 mm 缩小为 ϕ450 mm，螺旋叶片较原来增高 75 mm，改进后再不漏灰。

③ 把进料斗（接料管）内螺旋叶片改为与中空轴内螺旋叶片等螺距，在倒圆锥处增设内螺旋叶片，使物料进入接料管就被输送走，杜绝物料在倒圆锥处滞留与返料现象。同时把下料溜子加长 150～200 mm，使物料远离密封口，不再滞留。将原有密封装置改为迷宫式密封，这样做可减轻毛毡的磨损。

④ 改进磨机入料端。具体做法有三种：

a. 在磨头入料端焊装（必须满焊，不留小缝眼）一个旋转喇叭口，使物料直接旋转滑入螺旋内顺利向前运动。同时，对入料圆口倒出斜角进行改进，安装一个与内旋转螺旋接料口保持同心的入料嘴，使旋转中带起的物料正好落在斜角上滑入螺旋内。这样做，使封闭缝隙处基本不受螺旋始端运转的影响，密封缝隙也不再受积灰物料等的挤压，从而保护了密封。喇叭口的斜度为 46°左右，入料圆口倒出斜角为 24°左右。

b. 将进料管伸入螺旋筒部分的直径缩小（约 200 mm），并在进料管上焊接一只厚度为 8 mm、外径为超出原螺旋筒直径约 15 mm 的挡灰圈。这样做，既增大了进料管与螺旋筒壁间的间隙，使之不易填满物料，又多了一层挡灰圈，阻止了物料外挤。

c. 调整好选粉机回料管上翻板阀，使选粉机回灰尽可能均匀地进入螺旋筒，与此同时，对螺旋筒结构进行局部改进。改进后进料装置结构（图 3.32）。

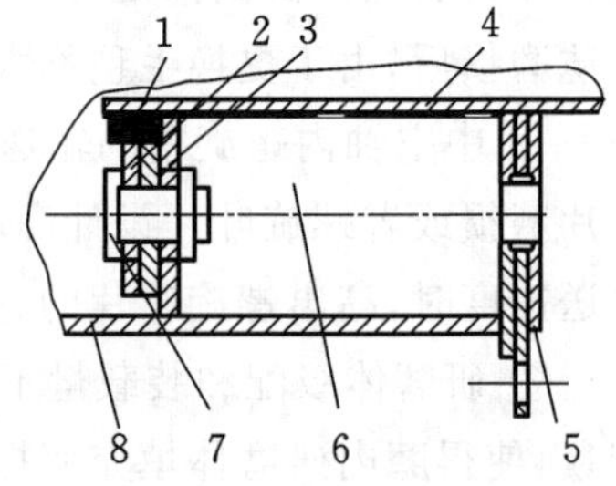

图 3.32　进料装置结构示意图

1—密封毛毡；2—法兰 2；3—法兰 1；4—进料筒；5—原密封毛毡；6—提升钢板；7—连接螺栓；8—螺旋筒

路口水泥厂将 ϕ2.2 m×7 m 球磨机进料筒出口处至螺旋筒法兰处的螺旋去掉，将法兰 1 焊在螺旋筒上，法兰 1 内径尺寸以不与进料筒相摩擦为限。法兰 2 用螺栓与法兰 1 连接，中间夹以毛毡（为了安装方便，法兰 1 和法兰 2 加工后分成两半）。再在法兰 1 和原螺旋筒法兰之间成 12 等分加焊 12 块提升钢板，使提升钢板沿原螺旋方向与螺旋筒轴线成 10°左右的夹角，然后在进料筒上方开一缺口。改进后，法兰 1 和法兰 2 以及毛毡将物料阻挡，使其远离原螺旋筒法兰密封处，即使有少量粉料通过法兰 1 密封处，进入提升钢板段，也会被提升，由进料筒上方开口处重新进入进料筒后被螺旋筒送入磨内。同时由于进料筒上方有缺口，在磨尾收尘器作用下，使提升钢板段产生负压，粉尘也不会从原法兰处外扬。

⑤ 在磨机操作上采取有效措施，减少磨头物料滞留。

a. 调整研磨体级配和装载量，始终保持料面高度低于导料螺旋叶片高度。

b. 磨机一仓内第一排和第二排衬板可安装平衬板或分级衬板，利用自然倾斜及适当加大隔仓板篦缝尺寸，加强磨机通风等强制措施，加快磨机进料口处物料及磨内物料的流速，减少物料积灰滞留在喂料螺旋筒附近的可能性，进而减少磨头漏灰。

c. 调整选粉机循环负荷率，适当降低回料量，减少封闭缝隙处由螺旋始端运转带来的向外挤压力和积料的相互挤压力，从而减少磨头漏灰。

d.确保磨机内特别是磨头处负压操作，杜绝正压操作和微负压操作，减少磨头灰料外溢的可能性。

通过以上推荐的种种措施，磨头漏灰这一难题相信不难解决。

3.92 如何保证球磨机停转时磨门在一个合适的位置

球磨机在维修或者调整球段级配时，常常需要将磨机的磨门调到一定位置，刘中才利用干簧管等器件做了一个调整磨门的小电路，效果良好。

用502胶将一块永久性磁铁粘到磨机机体上，把干簧管固定在磨机上方3 cm处。如图3.33所示，当磨机转动一圈时，磁铁到达干簧管的正下方，干簧管内触点吸合一次。利用这一特点设计电路如图3.34所示，当按动停止按钮SB时，中间继电器ZJ1吸合，ZJ1的常开触点接通。当磁铁转动到干簧管g正下方时，中间继电器ZJ2动作，时间继电器SJ启动。当磨门转动到合适位置时，磨机停止转动。由于磨机转动的惯性，所以调试时要反复调整时间继电器SJ，直到磨机每次停转时都在一个合适的位置静止。

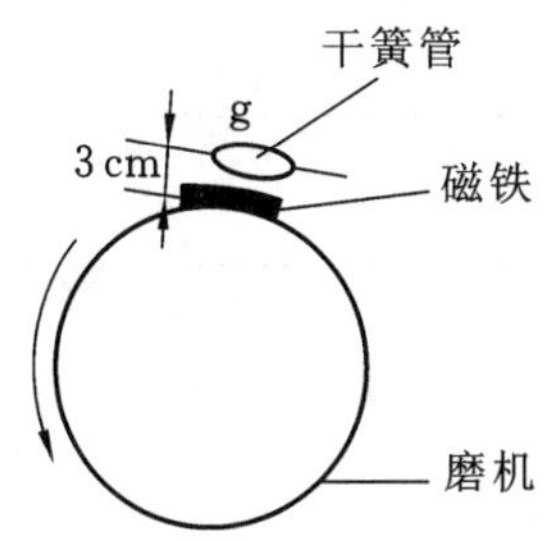

图3.33 干簧管安装示意图

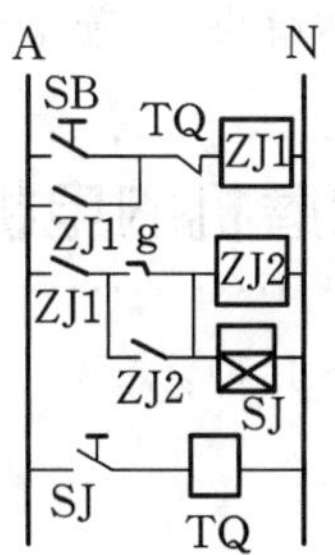

图3.34 调整磨门的电路图

SB—停磨按钮；g—干簧管；TQ—脱闸线圈；

ZJ1、ZJ2、SJ—继电器

3.93 如何改进磨头给料结构，防止磨头漏料

某水泥厂生料磨和水泥磨运行多年，一直存在着磨头漏料问题，尽管先后改过几次，效果均不理想，在实际生产中每班(8 h)漏料达1 t左右，特别是闭路系统生产时，由于磨头回粉量较多，而且较细，磨头漏料现象更为严重，既给岗位工人增加了劳动强度，也给生产环境带来了不良影响。改进前磨头给料结构如图3.35所示。

图3.36为改进后的磨头给料装置。改进后，新增加回料环4、固定压圈6(两件焊接在一起)，固定压圈和原磨头密封法兰丝孔配钻。然后将回料环和固定压圈用螺栓固定在磨机进料端。回料环内周，均匀地布置16块弧形扬料板，给料导管比改进前适当加长，并在和回料环结合处，根据磨机的旋转方向，在水平中心线处至上部顶端，开适当尺寸的二次进料口，开口角度为90°～100°，宽度稍大于回料环内弧形扬料板的宽度，以便物料被回料环带起后，能顺利回到给料导管。

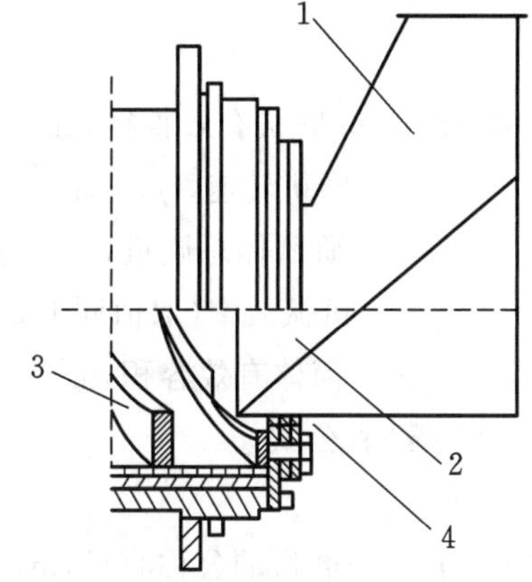

图3.35 改进前磨头给料结构

1—下料溜管；2—给料导管；

3—螺旋叶片；4—漏料处

磨机运行时，物料由下料溜管1，经给料导管2，再由磨头进料螺旋叶片3，将物料送入磨内粉磨，少量的由给料导管端漏出未被送入磨内的物料，落入回料环4内，由于回料环是随磨机一起回转的，这样落入回料环内的物料，经弧形扬料板5带起，送进给料导管的二次进料口后，再次经螺旋叶片把物料送入磨内粉磨，如此循环。经改进的

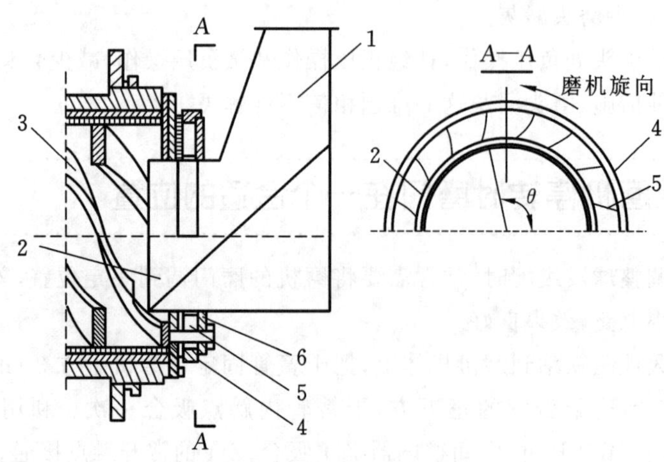

图 3.36　改进后磨头给料结构

1—下料溜管；2—给料导管；3—螺旋叶片；
4—回料环；5—弧形扬料板；6—固定压圈

磨头漏料问题得到了根本解决，改善了环境，增加了效益。

3.94　如何计算球磨机的电机功率

常用计算公式有以下几种：

(1) 理论推导公式

$$N=\frac{0.4GRn}{\eta}$$

式中　G——研磨体总质量，t；

R——磨机筒体净空半径，m；

N——磨机转速，r/min；

η——磨机的机械效率。

对于中心传动的磨机 $\eta=0.92\sim0.94$，

对于边缘传动的磨机 $\eta=0.86\sim0.90$。

在实际配用电机时，应按上式计算结果加大 10%～15%，作为储备功率。

(2) B. B. 托瓦洛夫公式

$$N=0.2VD_0n\left(\frac{G}{V}\right)^{0.8}\cdot\frac{1}{\eta}(\mathrm{kW})$$

式中　D_0——磨机有效直径，m；

n——磨机转速，r/min；

G——研磨体总质量，t；

η——机械效率(取值同上式)；

V——筒体有效容积，m^3。

(3) 经验公式

$$N=7.6D^{2.5}L(\mathrm{kW})$$

式中　D——磨机的公称直径，m；

L——磨机的公称长度，m。

例如 ϕ1.83 m×6.1 m 的磨机，其电机功率为：

$$N=7.6\times1.83^{2.5}\times6.1\approx210(\mathrm{kW})$$

3.95 尾卸提升烘干磨操作中常见故障的原因及排除方法 

(1) 饱磨

饱磨是物料在磨内不能被有效地粉磨和排出，导致磨内积料过多而造成的。出现饱磨后，磨音沉闷；电流表读数下降，且指针摆动范围大；磨机进出口风压差增大；磨尾卸料量少；严重时，磨头有返料现象。

下列各情况可引起饱磨：

① 喂料量过多，或入磨物料粒度大、硬度硬，未及时减少喂料量。

② 入磨物料含水量过多，以致料粉粘球、隔仓板篦缝堵塞、钢球冲击力减弱、磨内通风不良、物料在磨内的流速减慢。

③ 入磨热风量偏少，或入磨风温较低。

④ 钢球级配不当。多为小球量太多，或钢球磨损严重，未及时补充，以致钢球的冲击粉碎作用偏弱。

⑤ 隔仓板损坏，研磨体窜仓。

⑥ 选粉机回磨粗粉量过多。

以上诸原因中，前三者较常见。

发生饱磨后，应适当减少喂料量，并增加热风量或提高热风温度。待磨音正常后，逐步增大喂料量，直至恢复正常操作。若无效，应停磨处理。由于可采用增大热风量和热风温度的方法，故烘干磨的饱磨问题不以加干煤的方法处理，以保证质量。饱磨严重时，应停止喂料，并将大部分回磨粗粉调入粗磨仓中，以恢复细磨仓的粉磨功能。这样做，可大大缩短排除故障时间。

(2) 结圈

饱磨现象若不及时处理，筒体上黏附的料量增多至一定程度时，便发生结圈。在通风管道阻塞、入磨热风量不足、燃烧炉温度显著下降或物料水分突然升高时，结圈容易发生，且多出现在一仓。结圈后，在结圈部位，钢球冲击声明显下降；仓内料面升高，少数钢球窜入烘干仓，烘干仓内有钢球冲击声。

结圈后，须减少喂料量，增加热风量，以促使湿物料脱离筒体。这时，结圈料层可能大量脱落，并迅速涌入磨尾回转筛，致回转筛堵塞，应立即打开回转筛出渣溜管闸板，使结块排至筛外。

(3) 磨机衬板掉落

主要原因：

① 螺栓松动后，由于衬板在筒体回转时不断窜动，衬板螺栓在拉伸、剪切作用下断裂。

② 衬板间隙过小，衬板受热膨胀变形的伸展余地不足，以镶砌法固定的衬板会因此而鼓起或脱落；以螺栓固定的衬板会因衬板鼓起而引起螺栓断裂，致衬板脱落。

③ 镶砌法固定的衬板间隙过大，环向缝隙中的楔铁板松脱，导致衬板松动、螺栓断脱而引起衬板脱落。

④ 磨机开车时，预热风温太高。磨内受热不均，衬板螺栓在衬板受某些部件(如隔仓板)急剧膨胀力的挤压下被卡断。

⑤ 螺栓质量不好。衬板掉落时，螺孔漏料，容易发现。但若该螺栓在筒体外的部分未脱落，则不易发现。故看磨工还应据磨音判断。若磨机每回转一周或几周，筒体某固定部位即发出较响的钢球冲击声，说明那里的衬板已掉落。发现衬板掉落，须及时装好，以免损坏筒体。

(4) 隔仓板损坏

在正常情况下，烘干仓内只有颗粒物料的摩擦声。若隔仓板损坏，钢球窜入了烘干仓，烘干仓内便有明显的钢球冲击声。若隔仓板只是局部损坏，窜入烘干仓的球少，烘干仓的钢球冲击声与粗磨仓饱磨窜球时的相似。区别钢球窜仓是隔仓板局部损坏还是饱磨所造成的方法：若停止喂料后，冲击声逐渐消失，便是“饱磨”所引起；若冲击声依旧，则是隔仓板损坏。这是因为，虽然扬料板将钢球移入了粗磨仓，但钢球又从隔仓板损坏处窜入了烘干仓。

发现隔仓板损坏，应停机更换，并将窜入烘干仓的钢球捡回粗磨仓。

(5) 入料螺旋筒松动

出现此问题时，螺旋筒与中空轴连接处缝隙增大，该处有摩擦碰撞声。松动的原因有：

① 开停车时温度急剧变化；

② 卡在螺旋筒叶片内的大石块随磨机回转时，碰撞喂料溜槽、卡坏固定螺栓；

③ 热气烟道支架强度不足，在高温下倾斜，螺旋筒回转时与其摩擦。

(6) 磨机轴承发热。

主要原因有：

① 冷却水不足或中断，可能系水管堵塞或水压过低。

② 冷却水中渣子多，增大了轴瓦与轴颈间的摩擦力。

③ 润滑油供给不足或中断。或系油量不足，或系供油系统有故障，如漏油，堵塞，油环断开，喷油嘴被油环碰掉或移位等。

④ 油的黏度小，或长期使用后，油质变差。

⑤ 轴承密封不良，进入了灰尘或杂物。

⑥ 入磨风温过高，断料时未停热风，或保护中空轴的隔热石棉绳脱落。

⑦ 安装质量欠佳。如轴瓦间隙过小，联轴器安装不正等。

(7) 磨机启动负荷大。

主要原因有：

① 磨内湿料因长期停磨而结硬，磨机启动时，研磨体抛不起来。可卸出部分研磨体，并松动磨内剩余的球和料。

② 中空轴表面氧化生锈。停磨后，中空轴在温度高且表面沾水的情况下生锈。生锈后，摩擦阻力增大，启动负荷大。故不宜经常停磨，停磨后，待中空轴冷却后方可停水，并在中空轴上加点油。

3.96 球磨机正常运转时，遇到什么情况需要紧急停车

磨机正常运转，发生下列情况之一者，要立即停机检查排除：

(1) 减速系统或磨机齿轮运转声音不正常，振动较大时。

(2) 大小轴瓦温度超过规定范围以上，或振动严重以及润滑系统失灵。

(3) 衬板或磨门的螺栓松动、掉落漏灰或漏浆时。

(4) 输送设备发生故障，阻碍物料输送时。

(5) 磨机电动机电压太低，电流太大，或电机超过规定温度时。

(6) 有关附属设备或其他零件发生故障损坏时。

3.97 磨内喷水的做法和效果

磨内喷水是用空气压缩机以 147.1～196.1 kPa(1.5～2.0 kg/cm^2)的空气压力将水以雾状形式喷至磨内温度较高的区域，使雾状水在高温下迅速吸热蒸发，从而降低磨内温度，减轻细粉在静电效应下的成团聚集及在研磨体和衬板表面的吸附，还可利用水分的蒸发，使已形成的凝聚体瓦解，从而提高粉磨效率。

磨内喷水有磨尾喷水、磨头喷水和磨尾与磨头同时喷水三种形式。

粉磨纯熟料水泥时，若入磨物料温度超过 20 ℃，向磨内喷入产品量 1.0%～1.5%的水，可降低出磨物料温度 15～20 ℃，提高磨机产量 8%以上，降低单位电耗 7%以上。详见表 3.29。

表 3.29 磨内喷水的效果

磨机规格(m)	喷水量(水泥产量%)	产量提高(%)	电耗下降(%)	出磨水泥温度降低(℃)	喷水位置
ϕ2.2×14	1.0～1.5	18.53	15.82	13～20	磨头
ϕ2.6×13	1.0～1.3	8	7.4	15～20	磨头
ϕ2.2×12	1.0～1.5	20	18.2	30～60	磨尾
ϕ2.2×11	0.9～1.2	8～10	7.3	16～21	磨尾

向磨内喷水应注意：

(1) 喷入的水须彻底雾化，并喷至高温区域。喷入二仓的效果比喷入一仓的明显，但入磨熟料温度高于 85 ℃时，一仓喷水的效果很好。

(2) 喷水量不宜过多。以控制在产品量的 1.0%～1.5%，且出磨水泥水分含量以小于等于 0.5%为宜。夏季，入磨熟料温度高时，喷水量可达 1.8%；入磨熟料温度低、一仓温度低于 100 ℃时，一仓不宜喷水；喷水量最好以出磨物料温度测量装置和微机控制，避免喷水过多而致粉磨作业恶化；火山灰有助磨作用，粉磨火山灰水泥时，不宜常喷水。

(3) 保持磨内通风良好，并加强通风管道和收尘设备的保温，防止其中的水汽冷凝。

(4) 喷水用的空气压缩机应为单独系统，以有利于稳定喷水压力。

(5) 喷水应在下述条件下进行：磨机正在运转；喷水区域的温度高于设定的最低值；压缩空气已投入系统工作。

(6) 在冬季，喷水系统的水泵和管路需注意防冻。

(7) 测温装置应处于正常状态。

3.98 中卸烘干磨的操作影响因素和操作要点

衬板形式、研磨体级配和装载量、磨机转速、循环负荷率、选粉效率、物料的含水量和粒度、喂料量、热气流的温度和流速等都影响中卸磨的操作。而烘干能力和粉磨能力的平衡程度对中卸烘干磨的操作有较大的影响，并对中卸烘干磨的实际生产能力起决定性的作用。

中卸烘干磨的操作要点：

(1) 喂料量的调整：一般据磨音(主要是一仓的磨音)和提升机运转电流调整喂料量。磨机正常喂料时，若一仓磨音和提升机电流均符合要求，则不作调整；若一仓的磨音过响，且提升机电流偏低，则增大喂料量；若一仓磨音高，粗粉提升机电流高，应调整粗粉提升机出料的分料闸板，增加粗粉返回粗磨仓的比率，反之，则适当减少返回粗磨仓的粗粉比率。

(2) 热风的调整。调整热风的目的是调节烘干速度，在保证设备安全运转的前提下，使烘干能力与粉磨能力相平衡。热风的调整包括调整入磨热风的温度和风量，以及控制出磨废气的温度。操作中应注意：

① 入磨热风的调节：在磨机轴承温度允许的情况下，力求保持较高的热风温度；在热风温度受到限制的情况下，保证入磨热风量充足；入磨热风温度不可骤然升降，以防衬板、螺栓、篦板等构件产生裂纹。

② 保证废气温度符合规定要求。一旦废气温度接近规定范围的上下限，即及时调整入磨热风的温度或流量。废气温度符合要求，才能烘干物料，并保证热耗较低，水蒸气不冷凝。

③ 加强密闭，防止漏风，保持磨内通风良好。经常认真检查，保证卸料口密封良好，保持锁风阀门的锁风性能良好，且开关灵活。

④ 加强通风管道的保温，以保证正常操作，降低烘干热耗。

(3) 控制产品细度。主要从研磨体级配和装载量的调整、选粉机的调节、喂料量的增减和入磨热风的调节上进行工作。

① 研磨体装载量不足和平均球径过大都会导致产品的细度偏粗,故研磨体的装载量应恰当,并应及时补球和调整级配。

② 若粉磨条件正常,出磨物料细度适当,但选粉机选出产品的细度不符合要求,则调节选粉机。对离心式选粉机而言,减少大风叶片数,增加小风叶片数,推进隔仓板伸入程度均可使产品细度变细。

③ 若粉磨能力和选粉效率都正常,但产品细度偏粗或偏细,应适当减少或增多喂料量。喂料量直接影响进入选粉机物料的数量和细度,因而喂料量的变化直接影响选粉机的操作状况。为保持选粉机操作正常,喂料量须适当,并保持稳定。

④ 若通过喂料量或选粉机的调节,产品细度仍过粗或过细,则应调节入磨热风。产品过粗,减少入磨热量(减少热风量,或降低热风温度);反之,则增大入磨热量。调整热风时,须保证风量和风温满足烘干要求,风温不超过最高允许范围,且风温的变化不可太猛。

(4) 防止喂料中断。黏土含水量高时,料仓下料口易堵塞,仓内易棚料,下料溜子易堵塞,这些现象都可导致喂料中断。为克服这些问题,应注意:控制入仓黏土水分不可过高;在黏土仓进料口应设置阻止大团块黏土入仓的工字钢栅网;在仓锥体侧壁设置振打装置或空气炮;操作中发现堵塞、棚料征兆时,及时处理。

(5) 严格控制入磨物料的含水量。一般入磨黏土含水量须小于 20%,入磨物料综合水分须小于 5%,以防钢球和衬板粘料、隔仓板篦缝堵塞,致粉磨效率下降,甚至发生"饱磨"。

(6) 经常保持各轴承和减速机润滑良好。

(7) 检查磨机所有固定螺栓,特别是入料螺旋筒和筒体衬板螺栓有无松动现象。

(8) 检查并及时清除燃烧炉出口烟道和斜度小、风速低管道中的积灰。

(9) 开车前先预热磨机,做到磨机运转后即可进行烘干、粉磨作业。预热时风温不宜过高,并以辅助传动设备慢转磨机。

(10) 停车时,注意磨机主轴承的降温。停车顺序:先熄燃烧炉,再停喂料,最后停磨。打开冷风入磨阀门,关闭热风阀门,使燃烧炉内的余热气体从辅助烟囱排出;磨机则进行慢转,待温度降到一定程度后停磨。

(11) 喂料中断时,停止送热风;事故停车时,进行磨机降温;运转中突然停电时,间断地向轴瓦间倒些冷油。

(12) 粗磨、细磨两仓能力不平衡时,用调节粗磨仓回磨粗粉量的措施处理。

(13) 严格控制磨机进出口和排风机的风温及风压。

3.99 如何解决中卸磨头热风管道堵塞的问题

某水泥厂生料粉磨采用的是 ϕ 3.2 m×10 m 中卸烘干磨。在使用过程中,发现中卸磨磨头热风管道堵塞频繁,使入磨热风管道有效通风面积减小,入磨热风量减少,磨机烘干能力下降,导致了磨机粉磨能力不能很好地发挥,影响着磨机的产量,制约着整个系统的正常生产。

(1) 堵塞原因

磨头热风管道堵塞的原因有二:一是进料百叶窗的进料板较短(图 3.37),入磨物料(约 60 t/h)与进料板碰撞反弹,一部分物料很容易进入管道中沉积下来形成堵塞;其次,窑尾废气入磨时的管道与入磨热风管道几乎成直角连接(图 3.38),热风在转弯处形成涡流,从而使废气中的粉尘在涡流处逐步沉积而形成堵塞。

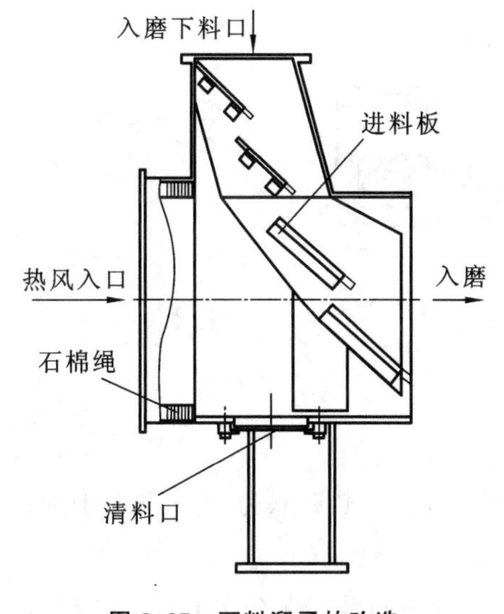

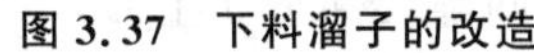
图 3.37 下料溜子的改造

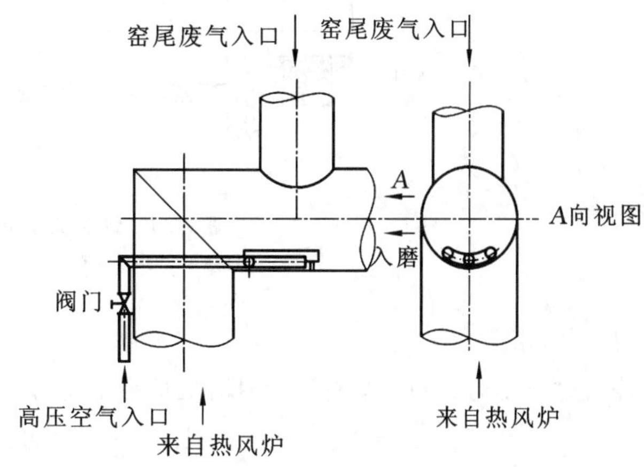

图 3.38 高压风管安装图

(2) 解决堵塞的方法

把进料板加长 10 cm,既能解决物料外溅导致堵塞问题,又对入磨热风管道的通风影响不大,改造后与改造前热风管道的通风面积比仅为 0.98∶1,因此说这是一种比较理想的解决问题的方法。于是,该厂将进料板(共 4 块)加长 10 cm。通过一年多来的实际应用,效果较好。

对于磨头热风管道,由于受诸多因素的影响,不可能改变管道的走向来解决窑尾废气中粉尘沉积而堵塞管道的问题。针对这种状况,在粉尘易堆积地方装上三根 $D=20$ mm 的高压风管,定期或不定期地吹扫管道,从而解决了粉尘沉积而堵塞管道的问题(图 3.38)。

通过以上两种方法的实施,解决了磨头热风管道的堵塞问题,使磨机烘干能力得以发挥,促进了整个系统的正常生产。

3.100 如何确定球磨机的热膨胀间隙

设备在安装过程中膨胀间隙的预留,对于设备的日后运转情况将产生较大影响。预留的间隙不得当,加剧机械磨损,不利于正常生产。

轴瓦端面与轴肩的轴向间隙量,应符合设计图纸的要求,设计无明确要求时,间隙计算可依据《水泥机械设备安装工程施工及验收规范》按下式计算:

$$\Delta l = El|C_1 - C_2|$$

式中 Δl——最冷态时的冷缩量或最热态时的热胀量,mm;

E——轴的线膨胀系数($E_{钢}=1.2\times10^{-5}$/℃);

l——安装时轴的长度(两端轴肩中心距),mm;

C_1——安装时温度,℃;

C_2——最冷态或最热态时的温度,℃。

如图 3.39 所示,左端大瓦与中空轴的轴向配合限制磨机的轴向窜动,右端大瓦与中空轴之间需留轴向间隙,作为磨机轴向热变形的预留间隙,而这间隙的留法需检验把关,否则,势必增加左瓦右端面和右瓦左端面以及轴肩的磨损,消耗动力,增加大小齿轮的磨损,对设备的局部产生不良影响。

以 ϕ2.4 m×7 m 管磨机为例:

两主轴承底板中心线间距为 $l=8230$ mm。

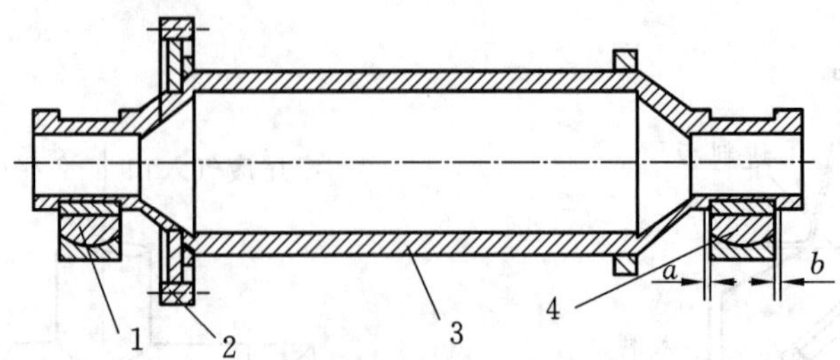

图 3.39　管磨机预留间隙示意图

1—左端大瓦；2—大齿轮；3—筒体；4—右端大瓦

(1) 水泥磨

停机时温度为 20 ℃，夏季运转时磨机最高温度为 110 ℃，则最高温时热膨胀为(磨机长度增加量)：

$$\Delta l = El|C_1 - C_2| = 1.2\times10^{-5}\times8230\times(110-20) = 8.9(\text{mm})$$

也就是说右端大瓦与中空轴之间必须留有 $a+b\geqslant8.9$ mm 的轴向间隙。在分布上 $a>b$ 较为合理。设夏季磨机运转时最高温度为 110 ℃，冬季停磨时最低温度为 −2 ℃，停机检修时温度为 20 ℃，检修时气温与磨机最高温度差为 90 ℃，与磨机最低温差为 22 ℃，这两个温度差与右瓦两边间隙 a 及 b 成比例，即：

$$90:22 = a:b，而\ a+b = 8.9\ \text{mm}$$

则两式计算得近似值：$a=7.2$ mm，$b=1.7$ mm。

(2) 生料磨

ϕ2.4 m×7 m 生料磨规格同水泥磨，但带悬臂烘干仓，尽管用于同一工厂(地区)，温度不同显然热膨胀量不同，故留的间隙也不同。取热风炉最高温度为 350 ℃，生料磨最高温度为(350+100)/2=225 ℃，则：

$$\Delta l = 1.2\times10^{-5}\times8230\times(225-20) = 20(\text{mm}),$$

同理计算出：$a=18$ mm，$b=2$ mm。

将上述方法用于几个水泥厂的实践，结果证明是可行的，都未因预留间隙不足而出现问题。对于磨机轴向间隙的分布，应根据磨机的温度所引起的膨胀量来决定，不同地区、不同情况作不同的处理，现场把关尤为重要。

3.101　球磨机正常工作中，如何进行维护

在磨机起动前需检查轴承、传动设备，包括筒体与中心轴连接螺栓，大齿轮连接螺栓及出料输送设备等，并清除磨机周围有碍运转的杂物和检查安全设施。开机时应按出料输送设备、磨机、喂料设备的顺序进行启动，停机时则按相反顺序进行。

在运转期间应严格遵守操作规程，做到：经常注意减速机齿轮啮合声音及筒体运转声音是否正常，检查轴承润滑情况及轴承温度是否正常，经常检查电动机的温升和电流，检查传动设备的运转情况，磨机停运后，检查主轴承、中空轴、筒体及减速机等重要部件的连接情况及磨损情况，发现问题及时处理。

正常操作维护工作中，润滑油的选择、使用、保管是很重要的工作。因为润滑油的作用可以避免机械零件表面直接接触，减少摩擦阻力，减轻摩擦，同时利用油的导热性能可传递因摩擦所产生的热量，故应该保持润滑油清洁和一定的黏度，同时要保证油量充足，流动畅通。若作较长时间的停磨，应把钢球卸出，避免筒体弯曲变形。结冻的地区，冬季要将轴承冷却水放出，以免冻裂。

3.102 球磨机不同部位的螺栓为何要采用不同的扭紧力矩

目前,我国还有许多水泥厂没有认识到磨机不同部位的连接固定螺栓虽然规格相同,但扭紧力矩却应不同这一要求,或没有意识到其重要性。磨机设计部门如果不作要求,安装和使用部门也就凭经验扭紧。扭紧力矩是否恰当,同一部位的螺栓扭紧力矩是否均匀便被忽略了,也无法进行检查。这种落后的安装维护方法,是导致螺栓连接经常出现问题的最基本原因,应该迅速改变。国外进口的磨机,许多螺栓都要求用扭力扳手紧固,而且都给出扭紧力矩值和具体的操作控制方法。如冀东、宁国、柳州、珠江、淮海、顺昌等水泥厂使用的磨机全都如此。现以丹麦史密斯(F. L. Smidth)公司的磨机为例加以说明,他们把同一规格的螺栓用在不同部位时的扭紧力矩分成四类,详见表 3.30。

表 3.30 螺栓和螺钉扭紧力矩的分类

扭紧力矩类别	Ⅰ	Ⅱ	Ⅲ	Ⅳ
螺栓螺母材料	Mat. 202 Mat. 213	Mat. 202	Mat. 202	ISO4. 6
应力 σ(MPa)	147.1	196.1	122.6	6.9σ_S
螺纹规格 d(mm)	螺母的扭紧力矩 M_V(N·m)			
(10)	—	—	—	(13.7)
(12)	—	—	—	(24.5)
(16)	—	—	—	(49.0)
(20)	—	—	—	(107.9)
(22)	—	—	—	(127.5)
24×2(24)	264.8	343.2	215.7	(176.5)
27×2(27)	353.0	490.3	294.2	(235.4)
30×2(30)	529.6	686.5	441.3	(333.4)
33×2(33)	715.9	931.6	588.4	(421.7)
36×3(36)	833.6	1127.7	686.5	(588.4)
39×3(39)	1127.8	1471.0	931.6	(657.0)
42×3(42)	1422.0	1863.3	1176.8	(833.6)
45×3(45)	1765.2	2353.6	1471.0	(1039.5)
48×3(48)	2157.5	—	—	(1294.5)
52×3	2745.9	—	—	—
56×4	3334.3	—	—	—
60×4	4118.8	—	—	—
64×4	5099.5	—	—	—
68×4	6178.2	—	—	—
72×4	7355.0	—	—	—
76×4	8826.0	—	—	—
80×4	10297.0	—	—	—

注:表中带括号的为普通标准螺纹的数据,其余为细牙螺纹的数据。普通标准螺纹为 ISO4.6 级。

Ⅰ类的扭紧力矩用于磨体主要件的连接固定，如中空轴大法兰与筒体端盖、大齿圈与筒体上外法兰、悬臂烘干仓与中空轴小法兰、磨头与筒体外法兰等的连接铰孔螺栓和大孔螺栓。

Ⅱ类的扭紧力矩用于隔仓板的安装连接，如支撑架与筒体、隔仓篦板和盲板与其支承板、支承板与支撑架的连接固定螺栓等。

Ⅲ类的扭紧力矩用于各种铸造衬板的固定，如筒体衬板、磨头端衬板、出料篦板、单层隔仓板、挡球圈和挡料圈等的连接固定螺栓。

Ⅳ类的扭紧力矩均用于粗牙标准螺栓，如进、出料装置，主轴承，齿轮罩等的连接固定螺栓。

这四类螺栓都要求用扭力扳手扭紧，否则无法控制扭紧力矩的大小。而且在拧紧时都有具体的操作要求，如Ⅱ类扭紧力矩的螺栓，在扭紧过程中要求螺栓头必须用锤子不断敲打，拧到要求力矩后，螺母应用点焊固定，防止松脱。但隔仓篦板和盲板的固定螺栓，其螺母初次扭紧后不能点焊，以备再次拧紧。这些螺栓都需要在磨机带料运转后一定的时间内进行重新扭紧，直到扭紧力矩不变时为止。Ⅰ类和Ⅲ类螺栓要求运转 8 h 后重新扭紧一次，Ⅱ类则要求运转 2 h 后就进行重新扭紧。除Ⅳ类外，都要求以后每隔 12 h 重新扭紧一次，每次都达到表 3.30 中要求的扭紧力矩值，直到重新拧紧而扭紧力矩保持不变时为止。

在安装这些螺栓时，除要求检查所有的螺栓和螺母的螺纹完好无损、保证摩擦最小外，还要求螺栓的螺纹用含二硫化钼类添加剂的润滑油润滑。

可是，到现在为止，规范的安装维修仍然没有引起广泛、足够的重视。在设计上，以前不论多大的磨机，衬板固定螺栓一律采用 M30×2 或 M30 的螺栓，进出料螺旋筒或锥形衬套法兰与中空轴端面的连接螺栓，规格小，数量也少，同时连接结构也不尽合理，更对其扭紧力矩没有控制要求。在安装和维护时，对扭紧力矩没有控制，仅凭感觉扭紧，不能保证均匀吃力。常常因螺栓出现问题，造成较长时间的停磨。如某厂因磨机中空轴法兰与筒体端盖的连接螺栓折断，造成一个星期的停磨，损失很大。

3.103 怎样测定磨机的实际产量

常用的测定法有四种：

(1) 量仓法

接班后用绳子吊锤量出仓的净空高度，下班前再量一次。两次所得的净空高度之差乘以仓的横截面积和物料堆密度（水泥取 1.5 t/m^3，生料取 1.3 t/m^3），再除以实际粉磨时间即为磨机的小时产量。

若两台或多台磨的产品同时进入一个仓，不能用此法测量某一台磨的小时产量。

(2) 喂料溜槽瞬时流量测量法

在喂料溜子上装一个分叉支管，支管上装一可翻动的闸板，平时，闸板封闭着测量支管，物料全部入磨。计量时翻动闸板，使其封闭进料支管，物料全部由测量支管流出。记录测量时间并称量流出料重，以下式计算磨机的小时产量：

$$Q=\frac{60G}{1000T}$$

式中 A——磨机的小时产量，t/h；

G——测得的料量，kg；

T——测量时间，min。

容纳卸出物料的容器容量有限，测量的时间短，测量准确性受到限制。为保证测量结果的准确度，应注意以下三点：

① 翻动闸板的动作须迅速，开、关闸板时都须同时记下该项动作的开始时间；在接料容器容量允许的原则下，尽量延长测量时间。

② 在喂料正常且设备运转正常的情况下进行测定。

③ 测量工作应进行两次以上，以平均值作为测量结果。

(3) 通过喂料设备自动计量装置显示的数据计算

用恒速电子皮带秤喂料时，磨机产量可据下式计算：

$$Q=qn/1000$$

式中 Q——磨机的实际产量，t/h；

q——每跳1个字代表的喂料量，kg/字；

n——每小时的跳字个数。

(4) 以喂料皮带每米长度上的料量计算

在正常生产情况下，同时停止喂料及喂料皮带的运转。刮下并称量皮带上的料量，测量皮带的运行速度，以下式计算磨机的小时产量：

$$Q=3600Gv/1000$$

式中 Q——磨机的小时产量，t/h，一台磨机同时由几条皮带喂料时，Q值为各条皮带上的料量之和；

G——每米皮带长度上的料量，kg/m；

v——皮带的运行速度，m/s。

3.104 两台磨机共用一条喂料线时如何避免成分偏差

某水泥厂7号、8号两台生料磨，共用一个磨头喂料系统，微机配料。改造前生料粉磨系统工艺流程如图3.40所示。

微机配好的物料经皮带输送机送入磨头仓，由圆盘喂料机分别对7号、8号生料磨进行喂料，此喂料系统运行11个月后，发现：两磨出磨生料T_C值极差大，一般在5%～15%，磨机运行不正常时达20%以上。

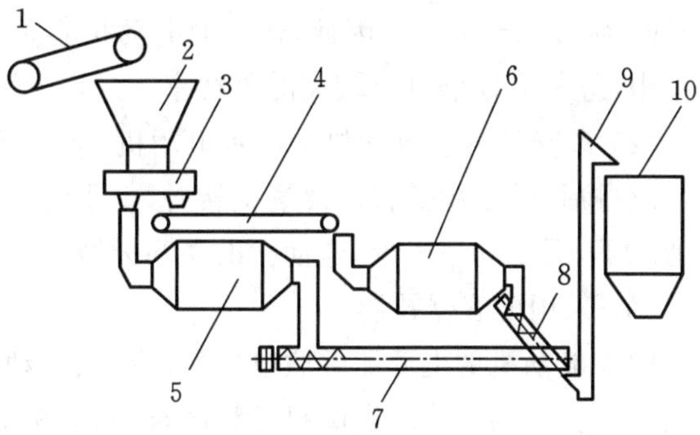

图3.40 改造前生料粉磨系统工艺流程

1—横皮带输送机；2—磨头仓；3—圆盘喂料机；4—入7号磨皮带输送机；5—8号生料磨；6—7号生料磨；7—8号磨出料螺旋输送机；8—7号磨出料螺旋输送机；9—提升机；10—生料圆库

经分析，产生较大极差的原因是7号、8号两磨共用磨头喂料系统设计不合理。主要是：

① 磨头仓容积过小，石灰石、黏土等粒度不均匀，造成圆盘喂料机上物料分级；

② 圆盘喂料机喂料刮板安装位置不对称，造成喂入两磨的物料T_C值不同，产生极差；

③ 圆盘喂料机喂料精度差，不能有效控制喂入两磨物料的流量，使出磨生料细度产生差异，加大了T_C值的极差。

另外，7号磨出料螺旋输送机搁在8号磨出料输送机上，综合料再经提升机入生料圆库，但螺旋输送机只起推料作用，没有均化功能，加上单库生料入窑煅烧，因此T_C值波动很大，入窑螺旋输送机中白一阵黑一阵，严重影响窑的热工制度，出窑熟料平均强度不高。

由于7号、8号两磨共用磨头喂料系统设计不合理，导致出磨生料T_C值产生较大极差，影响熟料质量。因此，必须改造磨头喂料系统，使两磨出磨生料T_C值极差小于1%，经过论证，确定改造方案如下：

① 去掉圆盘喂料机，在磨头仓上设置翻板，将物料均衡地喂给两磨；

② 利用横皮带输送机滚筒牵引翻板，既不新增动力，又能保证皮带输送机、翻板动作同步，送料、喂料同步，如图3.41所示。

改造后的磨头喂料系统可将物料均衡地喂给两磨，从而有效地消除产生极差的因素，保证生料质量，两磨出磨生料T_C值平均极差降为0.30%，稳定了窑的热工制度，提高了熟料质量。

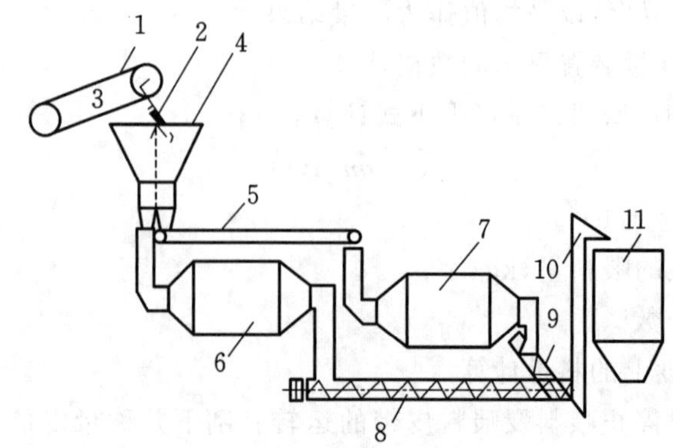

图 3.41 改造后生料粉磨系统工艺流程

1—横皮带输送机；2—曲柄摇杆机构；3—翻板；4—磨头仓；5—入 7 号磨皮带输送机；
6—8 号生料磨；7—7 号生料磨；8—8 号磨出料螺旋输送机；9—7 号磨出料螺旋输送机；10—提升机；11—生料圆库

3.105 提高磨机电动机功率因数的意义和措施

管磨机主电动机的功率很大，且多为交流绕线式异步电动机。这种电动机在额定工况下运行时，功率因数一般只有 0.8～0.9，导致粉磨电耗偏高。因此，应采取措施，提高其功率因数。常用的措施有：

(1) 正确选择电动机的容量

电动机在不同负载下的功率因数约为：满载时为 0.92～0.79；负载率 75％时为 0.90～0.74；负载率 50％时为 0.85～0.63。因此，选择的电动机容量不宜过大，且在确定研磨体填充率时，及在磨机的喂料过程中，应争取使磨机有较高的负载率。

(2) 改交流异步电动机为同步电动机，或将异步电动机改为同步运行

改进后，转子中的直流磁场旋转时，定子绕组产生的感应电势可补偿电动机的无功电流，在负载不变的情况下，无功功率减少，电动机的功率因数相应地提高。

(3) 采用电容器补偿

即在电动机的电源侧并联电容器以补偿电动机的无功功率。补偿方式有集中补偿、分散补偿和就地补偿三种。有两台或多台磨机的粉磨车间，磨机的负荷变动较大时，采用功率因数自动补偿方式的节电效果较好。

《三相异步电动机经济运行》(GB/T 12497—2006)中明确规定：运行功耗大和功率因数低的电动机，必须采用无功就地补偿方式，以提高功率因数，保证电动机经济运行。

无功就地补偿器本身是无功源，电动机中的无功电流可由补偿器提供，减少了从电网中索取的电流，从而达到节电的目的。补偿器的原理是把电机滞后于电压的电流相位前移，使其与电压同相，大大减少电机的合成电流；移相电容器和它的超前作用，抵消一部分电感电流，使电感电流和合成电流减少，功率因数提高。

无功就地补偿器装在电网终端，方法简单，节电效果显著。其特点：

① 平均节电 20％以上。对负荷较轻、距离供电设备又较远电动机的节电，效果更加显著。

② 变压器可增容 30％左右。

③ 电压损失相应减小，用电设备的供电得到保障。由于线电流减小，线内发热现象改善，不但导线截面积减小(约减小 30％)，而且导线的使用寿命因绝缘衰老减慢而大大延长。

④ 投资省。仅为安装进相机投资的 1/400。

⑤ 补偿器自身的安全措施齐全(自带放电电阻、限涌流线圈和温度保护装置，有自愈功能)，加上该补偿器无旋转零件，使用寿命长(可达 15 年)。

唐山某水泥厂在三台主要设备的电动机(一台 180 kW，另两台都是 210 kW)上安装补偿器后，电流

分别减少 60 A、45 A 和 45 A，厂配电盘电流减少 250 A，功率因数从 0.84 提高到 0.95，本来需要增容，这样改进后，不但不再增容，还可再增加 1 台 210 kW 的设备。

(4) 配进相机

即在电动机转子的回路上串联进相机。进相机又称纯转子激磁相位补偿机，是一种特种电机，与高低压三相绕线式异步电动机匹配后可以：

① 使线路电压升高，定子电流下降 20%左右，电动机的功率因数由 0.83 左右提高为 0.95 甚至 0.99 以上，补偿大量的无用功；

② 使电动机的最大转矩增大，过载能力提高，从而在 350V(或 5700V)左右的电压下，能正常启动和运行，提高设备运转率；

③ 适当增加研磨体装载量，从而提高磨机的生产能力；

④ 使线路损耗大幅度下降。

采用进相机与采用电容器、同步电机等相比，具有投资少、施工时间短、占地面积小、操作方便、维护费用低、安全可靠、节能效果显著(每台年节电 100000 kW·h 以上)的优点。

3.106 解决水泥中残留粗粒有何方法

某水泥厂的水泥粉磨系统磨机规格为 ϕ 2.6 m×13 m，开流三仓磨，中心传动，磨尾筛为回转筛。由于湿法短窑带有蒸发机，因此出窑熟料中常常混有蒸发机三眼圈碎片，这些碎片进入磨机后往往被磨成片状，而隔仓板和磨尾筛对片状物是很难筛出的，因此这些碎片就很容易随出磨水泥进入水泥库。

另外在粉磨过程中，必然有一些小的熟料颗粒和混合材颗粒通过篦缝进入回转筛，还有一些磨小的钢段及一些研磨体小碎块也通过篦板进入磨尾回转筛，从而造成出磨水泥中粗粒较多。这就要求磨尾筛要有很强的筛分能力。而该厂使用的磨尾回转筛筛板采用薄钢板冲眼制作。在实际使用过程中，效果不理想，小颗粒和碎铁片很难筛出，即使筛出粗粒也混有很多水泥，污染了工作环境。虽然采取过改变筛孔形状及尺寸，以及卸料口形式，还增加了振打装置等措施，取得了一定的效果，但还是没有从根本上解决问题，致使出磨水泥中的残留粗粒仍较多，这不仅给用户造成了麻烦，还使后几道工序的设备故障明显增多。

为此，该厂采用了一种专门为包装机配套使用的振动筛，这种振动筛振动力由振动源直接带动筛网，因而该机具有结构简单、可靠、质量轻、体积小的特点，比较适合老厂对磨尾筛的改造。该振动筛的设备性能为：振动电机 0.75 kW/h、筛孔为 4 mm×4 mm(后改为 3 mm×3 mm)、处理量为 60 t/h。设备外形尺寸为 940 mm×1420 mm×765 mm。安装后经 3 个月连续运转，使用效果良好。改后水泥输送管道已听不到残余颗粒在水泥输送过程中敲击管道的声音。水泥磨单仓泵与改前以及其他未改造的磨机相比，故障率下降 50%以上。

3.107 扭力扳手有何作用

以前，磨机筒体衬板螺栓的紧固方法基本上都是采用自制土扳手加上钢套管几个人同时去推拧。扭紧程度凭感觉和经验，开磨后转不了几转，就有螺栓折断，必须迅速停下处理，影响磨机的运转率。

为避免上述问题的出现，衬板螺栓应用扭力扳手拧紧。这种大扭矩的扭力扳手我国已能供应，而且扭紧力矩在一定的范围内是可调的，见表 3.31。有不少厂使用这种扭力扳手取得了很大的经济效益。

使用扭力扳手紧固螺栓，可使每个螺栓的扭紧力矩均匀一致。这种扭力扳手，当达到事先调定的扭紧力矩时便会发出信号——“咔”的响声或“嘀”的叫声，从而保证螺栓的适宜受力状态，既不会使螺栓拧成欲断未断的缩颈，也不会产生扭紧力矩不足的现象。

表 3.31 AC 型可调扭力扳手的主要参数

型号规格	适用力矩范围(N·m)	外形尺寸(mm)	传动方头尺寸(mm)	力臂长度(mm)	质量(kg)
AC-20	4～20	305×38×40	6.3×6.3	235	0.5
AC-100	20～100	450×46×62	12.7×12.7	345	1.2
AC-300	80～300	614×45×61	12.7×12.7	488	1.6
AC-760	280～760	810×43×77	19×19	668	4.3
AC-2000	750～2000	928×66×70	25.4×25.4	1507	5.4
AC-3000	1800～3000	955×60×69	25.4×25.4	1507	5.6

注:1. AC-2000 和 AC-3000 型的力臂长度包括加力杆;

2. 扭紧力矩精度,上点为±4%,下点为±7%。

3.108 怎样用沥青润滑油剂润滑管磨机的传动齿轮

沥青润滑油剂以石油沥青和机械油混合冶炼而成的。它的黏度较大,油膜承载力强,原料便宜,货源充分,加工容易。使用它可减轻机械摩擦对传动齿轮的磨损,延长齿轮的寿命;可不必经常添加和更换润滑油剂,减少操作工的劳动强度;可降低油脂消耗和水泥成本。

(1) 油剂的自制方法

先将 30# 石油沥青(其中不应有砂粒和石子等杂物)破碎成半个拳头大小的碎块,用清水冲去混杂物,置于通风处晾干,按表 3.32 的配比将沥青和机械油置于冶炼锅内,以明火加热至 80～100 ℃,撤去明火,并保持油温。在加热和保温过程中,以搅棒认真搅拌,并经常以 150～200 ℃的温度计检查,直到沥青充分溶解,且拌和均匀。以 1.0～1.5 mm 的筛网过滤,装入容器。加热温度为 80～100 ℃,低于 80 ℃,沥青不易充分溶解和拌匀,高于 100 ℃,油剂的质量变差。

表 3.32 沥青和机械油的配比

原料名称	配比(%)		说　明
	南方	北方	
30# 石油沥青	70	60	江南地区的冬季可参考北方地区的配比;江北地区的夏季可参考南方地区的配比
50# 或 40# 机械油	30	40	

(2) 使用注意事项

① 大小齿轮应置于密封良好的防护壳内。原有防护壳者,应保持密封良好,并将壳内外的油污清理干净;改制过程中进行电焊或气焊时,须注意安全;原为敞开式的齿轮,须添置防护壳。

② 将齿轮清洗干净,用木条将沥青润滑油剂涂遍各齿,盖上防护壳,搞好密封。开磨时再经观察孔一次加入需用量的沥青润滑油剂,油剂最好达齿根端,达节圆端与齿根端之间亦可。ϕ2.2 m×13 m 边缘传动磨的油剂加入量约为 60 kg。

③ 防护壳密封前,检查各齿是否均已涂上油剂,壳内是否肯定无异物。

④ 启动时,应先慢转 3～5 min,待各齿之间形成良好油膜后再转入正常运转。在冬季,若天气较冷,应在开机前检查油剂是否冻结。若冻结,可用燃烧的木柴在油箱底部加热一小段时间后再启动磨机慢转,并通过观察孔查看齿轮间的油层情况,一旦正常,即撤除明火。

⑤ 油箱内的油剂量每班应检查一次,每周应停机检查一次,一般每月补充油剂一次。为便于检查,应自制油标尺,以油面达齿顶面为最低线,达齿根端时为最高线,达节圆端时为适中线。

3.109 新安磨机如何进行试运转

(1) 设备安装完毕，经有关部门检验，对安装质量确认合格后方可进行试运转。

(2) 启动磨机之前，应对磨机及其附属设施进行全面检查，达到下列要求方可启动磨机：

① 所有螺栓要把牢拧紧；

② 各液压、润滑、冷却系统要符合设计要求或有关文件规定，各阀门必须灵活可靠，系统内不得有渗漏现象，所有润滑油要符合要求，并加注到位；北方冬季启动磨机时，应将润滑油加热到5 ℃以上；

③ 检查所有仪表，指示器必须准确可靠，各安全信号、安全保护装置应当灵敏可靠；

④ 检查电机旋转方向，应与磨机设计方向相匹配(单试电机时已确定)；

⑤ 清理电机气隙，不得存在有杂物，并检查气隙是否达到要求；

⑥ 清理现场；

⑦ 启动辅助传动装置，慢转3～5圈，检查有无碰撞或阻碍运动的地方。

(3) 试运转程序和时间要求：

① 无负荷试车

a. 主电机单独空负荷试运转4 h；

b. 主电机带减速机一起试运转8 h；

c. 带磨机试运转12 h(煤磨为8 h)。

② 有负荷试车

a. 加入总装载量1/3的研磨体，运行42 h；

b. 加入总装载量2/3的研磨体，运行90 h；

c. 加入总装载量5/6的研磨体，运行90 h；

d. 加入总装载量100%的研磨体，运行72 h。

有负荷试车时必须加入适量的物料。

(4) 磨机空负荷试运转应达到如下要求：

① 各润滑部位润滑正常；

② 各密封部位及润滑、冷却系统不得有渗漏现象；

③ 整个磨机工作平稳，传动无异常噪声；

④ 减速机振动振幅不大于0.05 mm，传动轴振动振幅不大于0.08 mm，主轴承振幅不大于0.1 mm；

⑤ 主轴承温度不大于60 ℃。

(5) 磨机在负荷试运转时应当达到如下要求：

① 主电机电流应在规定范围内，无异常波动；

② 检查各部位的螺栓是否有松动、断裂、脱落等，一经发现及时处理；

③ 磨机工作平稳，没有急剧的周期性振动；

④ 磨机各密封部位工作正常，无油、水、灰的渗漏现象；

⑤ 各润滑部位工作正常；

⑥ 主轴承轴瓦温度不大于60 ℃。

(6) 磨机启动和停磨的操作顺序

启动：

① 启动主轴承、传动装置的润滑系统和冷却系统；

② 启动出料后的输送设备、选粉设备等；

③ 启动高压油泵；

④ 启动磨机；

⑤ 关闭高压油泵。

停磨：

① 正常停磨：按生产流程反顺序进行。

a. 喂料系统停止喂料；

b. 停磨；

c. 启动高压油泵；

d. 当磨机停止不转时，关闭高压油泵；

e. 主轴承和减速机温度降至室温后再关闭润滑及冷却系统；

f. 停止输送、选粉及收尘系统。

② 紧急停磨：当磨机出现突发事故，为确保设备安全运行而采取的措施。此时应立即停止给料，切断电源后再进行处理。发现如下现象应采取的措施：

a. 设备突然发生较大振动，主轴承振动振幅大于 0.1 mm；

b. 主轴承轴瓦温度已超过 65 ℃并继续上升；

c. 润滑系统出现故障不能正常供油；

d. 主轴承、传动轴承、减速机、电动机等地脚螺栓松动；

e. 减速机发生异常声响、振动等；

f. 磨机内零部件断裂、脱落；

g. 减速机轴承温度超过 75 ℃，电动机轴承温度高于 65 ℃；

h. 电动机电流过大超过规定值时。

③ 长时间停磨应注意事项：

a. 将磨内物料和研磨体全部卸出；

b. 对两端主轴承均为固定轴承的磨机，在筒体温度未降至常温的时候应间断启动高压油泵，直至筒体温度降至常温为止；

c. 北方冬季长期停磨时应将各部位冷却水全部放尽。

3.110 水泥磨系统故障分析及处理 

(1) 饱磨(一仓满磨)

① 判断：磨主电机功率下降，斗式提升机功率下降，磨入口负压减小，出口负压增大，出磨水泥温度上升，入库成品减少。

② 处理：

a. 降低入磨物料量或停止喂料，空磨一定时间。

b. 增大磨内通风。

c. 调整研磨件级配。

(2) 空磨

① 判断：喂料量小或断料，回料少，磨音大。

② 处理：

a. 立即喂料或加大喂料量。

b. 断料时间较长无法恢复时须停磨。

(3) 磨尾斗式提升机功率过大

① 判断：回粉量大，功率超标。

② 处理：

a. 斗式提升机掉斗或刮壳体，水泥磨停机检查。

b. 斗式提升机下游输送设备或斗式提升机出口斜槽堵塞，破损必要时停机处理。

c. 喂料量大，回粉大，适当减小喂料。

(4) 磨尾斗式提升机功率过低

① 判断：回粉量小，功率降低。

② 处理：正常喂料，斗式提升机功率突然下降，检查磨机尾仓是否饱磨或出磨篦板堵塞。

(5) 磨机收尘器跳停

① 判断：收尘器电机跳停。

② 处理：

a. 打开收尘器，检查是否被掉袋卡死。

b. 打开收尘器，检查水泥下料溜子是否水泥结块造成压料。

(6) 磨尾斗式提升机跳停

① 判断：斗式提升机跳停。

② 处理：

a. 检查斗式提升机速度开关是否损坏。

b. 检查斗式提升机链条是否过长。

c. 是否磨机喂料过多，循环负荷率过大。

(7) 主电机跳停

① 原因：

a. 由于其他设备跳停，连锁引起主电机跳停；

b. 主电机单独跳停。

② 处理：中控保留报警状态，通知电气人员检查后方可复位，电气人员确认正常才可开机。

(8) 磨内通风不良

① 判断：进口负压低。

② 处理：

a. 检查磨尾收尘器袋子集灰情况，风门是否打开。

b. 停磨检查隔仓板是否堵料。

c. 检查磨头进风口有无积料。

3.111 球磨机轴承过热或熔化是何原因

(1) 润滑油中断或供油量太少；

(2) 润滑油不纯或黏度不合适；

(3) 轴承内进入物料；

(4) 主轴承安装不正确；

(5) 筒体或传动轴有弯曲；

(6) 轴颈轴瓦接触不良；

(7) 主轴承冷却水不足或水温高。

3.112 对运行中的水泥管磨需要检查哪些内容

(1) 检查磨头、磨尾滑履润滑油站及冷却系统，油箱油位、油温，供油口的油温；磨机启动或停机时，应该先检查高压油泵系统的工作状态。

(2) 检查主电机、主减速机润滑装置及冷却系统，按说明书的要求进行。

(3) 每小时检查磨头、磨尾滑履的温度,主电机轴承、主减速机各轴承的温度是否正常,轴承温度不得超过设计值。如温度异常,要检查冷却水是否畅通,冷却水温度是否正常;低压油泵的供油压力、油温是否正常;冷却器阀门是否打开等情况。

(4) 检查磨机各油站低压油泵的出口压力,滤后压力是否正常,若滤差大于 0.05 MPa,就要清洗过滤器。

(5) 磨机应运转平稳,不应有不正常的振动和噪声。各密封部位要密封良好,不准出现金属间的摩擦。特别注意因热膨胀而可能产生的零件变形、膨胀、升温等,一旦发现应立即停磨处理。

(6) 检查筒体螺栓是否松动、漏灰;检查进料装置及出料装置是否有漏料、漏灰现象。新衬板在运转一定时间后应利用停机时间重新紧固。

(7) 冬季磨机运转前,应开启各润滑油站的电加热器,将各部分的润滑油加热,以免油凝固而影响设备正常运转。

(8) 检查现场仪表、信号装置是否完好,并核对显示数字与中控室的显示一致。

(摘自:谢克平. 新型干法水泥生产问答千例操作篇[M]. 北京:化学工业出版社,2009.)

3.113 磨机技术标定的主要内容 

(1) 列出或计算出磨机以及选粉机等的原始数据,包括规格性能、装球填充率、功率、原料配比、产品种类以及对细度的要求等。

(2) 入磨物料物理性能的测定。包括表面温度、含水量、堆密度和相对密度、粒度特性及易磨性的测定等。

(3) 磨机粉磨能力(小时产量及瞬时喂料量)。包括磨内各仓存料量及单位容积物料通过量,粉磨系统物料筛余分析,绘制筛余曲线,测算磨机循环负荷和创造细粉量。

(4) 选粉机选粉能力(每小时选出成品量)。包括每小时喂料量、循环风量和选粉效率等。

(5) 磨机通风与收尘系统的测定。包括通风量、磨内风速、排出气体含尘量;收尘器进出口风压和风量、含尘量以及收尘效率的测定。

(6) 烘干磨和辊式磨热平衡计算。包括热风量、热收入和热支出、散热损失和流体阻力、收尘和通风量计算等。

3.114 球磨机中空轴异常磨损的处理 

某水泥厂 2 台 ϕ2.2 m×6.5 m 水泥磨由于磨头漏灰严重,粉尘进入润滑油,中空轴与球面轴瓦发生摩擦,1997 年 4 月轴承合金全部消耗,磨机中空轴有很大的磨损,在球面轴瓦燕尾槽对应处表现为凸起,其他为凹陷,共有 9 个台阶,高低相差 0.5 mm(图 3.42 所示)。

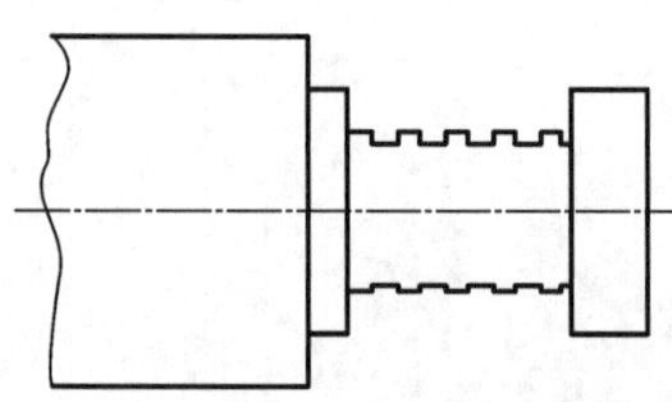

图 3.42 中空轴轴颈的磨损

根据处理瓦面轻度烧伤的经验,该厂认为,在轴与瓦的摩擦中,可控制一定的温度,让瓦面的受力部分合金熔化,并在中空轴运转过程中带出,在运转中,让轴与瓦面自然找平,最后达到完全配合。具体做法如下:

(1) 用油石、细砂皮对轴颈被拉毛处进行修理,除 9 个台阶外,其余基本磨平。

(2) 对新瓦已不能使用正常的刮研方法,故只对轴承合金两瓦口部位进行了刮研,以形成导油槽,其余未刮研。

(3) 将新瓦放入瓦座内,开动磨机,在中空轴的左边、右边、上面用 2 根皮管分别冲水,对受热的中空轴进行强制冷却及润滑。在运转中,开始会有合金薄片或合金被拉起,但随着运转时间的推移,将会越来越少，甚至没有。

(4) 运转 7 d 后，中空轴发热部位面积已很小，停机将球面轴瓦抽出，此时，轴承合金面已形成与中空轴对应的 9 个台阶，只是凹凸相反，将熔化在瓦口的合金全部刮去如初，将中间发黑的部分轻轻刮去，粘在中空轴上的合金也用细砂皮磨平，清洗整个磨机主轴承。将球面轴瓦放还轴承磨内，用正常的油润滑方式润滑，磨机即可正常运行。

用以上方法对这次中空轴异常磨损处理取得了成功，共停机 16 h，且轴承合金损耗较小，在 0.5～1.0 mm 之间，大约到 1998 年 10 月份，中空轴上的 9 个台阶已经完全消失。

3.115 如何在运行中对磨机大型减速机进行维护和检查 

(1) 减速机在运转中不能有异常振动、窜动和杂音，一般出力轴的最大窜动量不超过 0.20 mm，摆动量不超过 0.10 mm。

(2) 定期打开小盖，检查各齿轮的啮合与磨损情况，齿轮是否有断裂现象。

(3) 定期检查润滑情况，滚动轴承不得超过 65 ℃，滑动轴承不得超过 60 ℃。根据不同季节的环境，可以比规定适当提高一些轴承温度，如果发现轴承温度突然升高，应立即停机检查处理。

(4) 减速机在运转中，不应有漏油现象，如漏油应及时处理并检查油量，要经常观察呼吸器（通风口）是否冒出轻微的油雾。对通风口要定期清洗。

(5) 经常检查减速机的润滑系统是否畅通无阻，各点油温与油压是否正常，过滤器、冷却水是否畅通。有条件时，应定期进行润滑油的取样，作油质分析，以便及时掌握齿轮磨损情况。

(6) 经常检查所有固定螺栓是否发生松动，如发现松动应立即紧固。

(7) 经常用听音器（棒）听减速机的运转声音，确定运转是否良好。一般在正常运转时，应是均匀的嗡嗡声，声音可以有强度的变化，但不能有强烈的冲击声和异常响声。

(8) 对新安装的减速机基础及相应的磨机基础应设置基础沉降观测点，定期观测并做好记录。如发现有不均匀沉降，要迅速采取得力措施。

（摘自：谢克平，新型干法水泥生产问答千例操作篇[M]. 北京：化学工业出版社，2009.）

3.115 如何在运行中对磨机大型减速机进行维护和检查

立　磨 4

Vertical mill

4.1 辊式磨粉磨原理,结构特征和工作参数

辊式磨是通过相对运动的辊轮和碾盘,主要施以挤压力并兼施摩擦力使物料粉碎。辊式磨的结构形式可分为碾盘固定式和转动式两类;根据辊轮施力的加载方式,分为悬辊式和弹簧辊式或液压辊式。辊式磨主要用于脆性或中等硬度物料的粉磨。由于结构和材质的不断改进,辊式磨在水泥生产中的应用发展较快,已逐步成为水泥生产中粉磨各种物料的主流设备。

(1) 辊式磨工作原理

辊式磨利用压碎和料床粉碎原理进行粉磨。所谓料床粉碎是指:被粉碎颗粒聚集成料床,颗粒的移动均受邻近颗粒所限。当外力施于颗粒层表面,料床中的应力主要通过颗粒本身传递和释放,致使颗粒产生裂缝和碎裂。

辊式磨类型虽多,但工作原理基本相同,主要由磨辊、磨盘、加压装置及选粉机(分离器)、底座、机壳、传动装置及润滑装置组成,如图 4.1 所示。电机经减速机驱动磨盘旋转并带动磨辊转动,当物料由下料管进入磨内并堆积在磨盘中间时,受离心力作用向磨盘外圆移动,被啮入磨辊与磨盘之间受挤压和剪切作用而粉碎。然后越过挡料圈进入风环气流作用区,被高速气流带起,大颗粒回落到磨盘,小颗粒随气流进入选粉机分选。选粉机分选后,其中较粗的颗粒重新回落到磨盘再行粉磨,粒径合格的颗粒随气流排出机外作为产品被捕集。

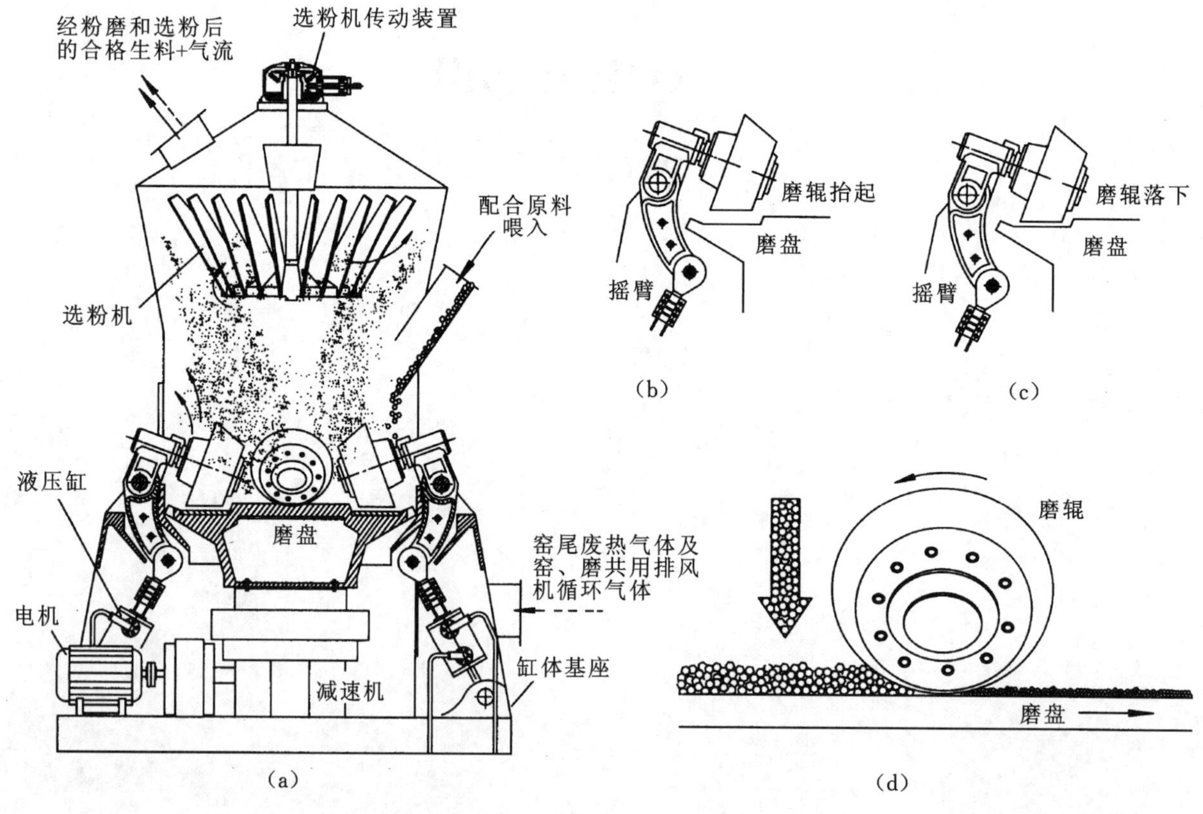

图 4.1 立磨(莱歇磨)的构造及工作原理

(a)立磨(莱歇磨)的粉磨过程;(b)启动前磨辊抬起;(c)粉磨时磨辊落下;(d)物料在辊下被压碎

(2) 辊式磨结构特征

① 磨辊与磨盘

辊式磨的核心部分的磨辊和磨盘,其形状和相互组合结构的不同是辊式磨类型的区别所在。图 4.2 是辊式磨的辊盘类型,有观点认为:平盘与锥或柱形辊组合,物料移动阻力小,磨损均匀,磨损后可调整辊

压以弥补对产(质)量的影响;沟槽盘与轮胎形辊组合,物料移动平稳,能保持良好的接触面,磨损均匀,磨损后可调整间隙以减少对产(质)量的影响。生产实践表明,辊式磨的磨损是其应用的核心问题,因此,耐磨件的使用寿命和维护更换是否方便是关键。表 4.1 为不同辊式磨的磨盘和磨辊组合类型。

表 4.1 不同辊式磨的磨盘和磨辊组合类型

代号(图 4.2)	磨盘形状	磨辊形状	磨机名称
(a)	平形盘	圆锥斜辊	莱歇磨
(b)	沟槽形盘	轮胎形斜辊	费尔夫磨、CK 磨、IHI 磨、OK 磨
(c)	蝶形平盘	圆柱斜辊	雷蒙磨
(d)	沟槽形盘	轮胎形半分直辊	伯力休斯磨
(e)	平形盘	圆柱直辊	ATOX 磨
(f)	沟槽形盘	球形辊	匹托磨、E 形磨

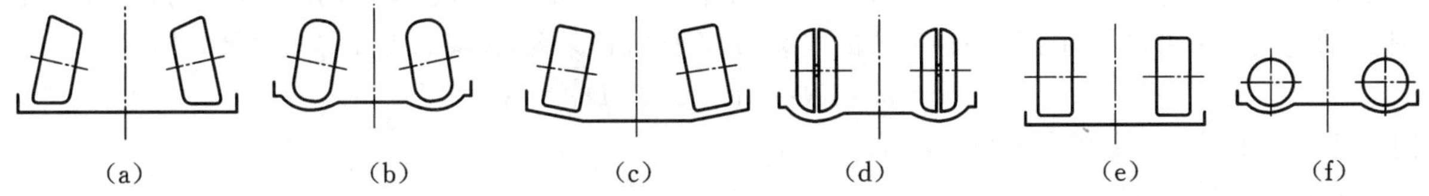

图 4.2 辊式磨磨辊和磨盘的类型

② 加压方式

早期及小型辊式磨采用弹簧加压及悬辊式离心力加压,而现代大中型辊式磨均采用液压式加压。液压式由油缸和蓄能器等液压装置组成,压力调整便捷,蓄能器可缓减粉碎中的冲击波动,且可吸收过载压力。液压辊式磨分为单辊加压和多辊统一加压两类,前者调整灵活,后者稳定性好。

③ 选粉机

大部分辊式磨采用风扫式操作,为了控制产品粒度,设有内置式选粉机,且类型也较多,大致可分为两类:

a. 静态选粉机　通过一些固定设置的切向叶片、导流板和锥壳结构,利用离心力等惯性作用,使粗、细颗粒分流,其中粗颗粒撞壁失速回落到碾盘继续粉磨,细颗粒作为产品排出。通过调整切向叶片的角度及导流间隙来调整产品粒度,但调整幅度不大,产品粒度也较粗。

b. 动态选粉机　通过回转的柱形或倒锥形叶轮所产生的离心力,对粗细颗粒进行分级。叶轮的转速可调,以改变产品粒度。动态选粉机结构较静态选粉机复杂,但选粉效率较高,产品粒度细,且调整便捷。动态选粉机也辅助设置有一些导向风叶,使选粉效率得到进一步提高。

(3) 辊式磨主要工作参数

① 工作转速

辊式磨属于中速粉磨设备(故称中速磨),其圆周速度是根据物料在碾盘内的运动速度和粉磨速度相平衡的原理设计的。而粉磨速度取决于磨辊压力、数量和规格,磨盘尺寸和转速,料床厚度,磨内风速等因素。由于不同类型的辊式磨设计参数不同,故工作转速也不同。适宜的工作转速可使磨机产量提高,单位功耗降低。

② 磨辊压力

辊式磨基于料床粉碎原理,随着压力增加,粉碎粒度减小,但压力达到某一临界值后,粒度不再变化,该临界值取决于物料的性质和给料粒度。但辊式磨又是一种多级、循环式粉碎,因此,实际工作压力并未达到临界值,一般为 10～35 MPa。增加磨辊压力可增加产量,但功率也增加,且加剧磨辊和磨盘的磨损。选择和调整一个经济的压力对辊式磨的使用是十分重要的。

③ 风量与风速

辊式磨大都兼有烘干作用,烘干用风量正比于磨机的处理能力,可通过热平衡计算确定。但磨内风速对粉磨和分级有重要影响,须控制好两处关键风速:一是风环处风速,其作用是将从磨盘溢出的物料反吹回磨盘再次粉磨,并将一部分较细的颗粒携带至上部分级区。因此,该风速可以控制物料的循环量和料床厚度。同时风速大有利于传热,但阻力增加。二是筒体截面风速,即风扫风速,其作用是将物料提升至分级区进行分级。风扫用风量须满足磨机最低风量要求,一般不低于正常风量的 70%(正常风量由风环处风速决定)。烘干用风量应与风扫用风量匹配,否则须采取循环或提高热风温度等措施。

辊式磨规格有多种表示方式,多为磨盘直径或磨盘直径/磨辊直径表示。

4.2 立磨转速如何确定

立磨属于中速磨。其圆周速度是根据物料在磨盘内的运动速度和粉磨速度相平衡的原理设计的。粉磨速度决定于辊压,辊子数量、规格,盘径,转速,料床厚度,风速等因素。不同型式的立磨设计参数不同,故粉磨速度也不同。物料在盘上的运动速度则由物料所受离心力和运动时的摩擦阻力相等,物料做等速运动的关系来求得。对于同一种型式的立磨,其不同规格系列,按离心力相等来设计。即:

$$F=mv^2/R=mRw^2=K_1Dn^2=K$$

式中 F——生料在盘上所受离心力,kN;

m——物料质量,kg;

v——磨盘圆周速度,m/s;

R——磨盘半径,m;

w——磨盘角速度,s^{-1};

D——磨盘直径,m;

n——磨盘转速,r/min;

K_1、K——常数。

上式说明:立磨的转数 n 与磨盘直径 $D^{-0.5}$ 次方成正比。

由于不同型式立磨所采用的其他参数不同,故所取的磨盘转速不同。任何一种磨机均有其合宜的转速,此时能力高,单位电耗低。

不同型式的立磨转速和盘外径之间的相互关系见表 4.2。

表 4.2 立磨转速和盘外径的关系式

磨机名称	$n=K_n \cdot D^{-0.5}$ 关系式	相对于球磨的百分比(%)
LM	$n=58.5D^{-0.5}$	182.8
ATOX	$n=56.0D^{-0.5}$	175.0
RM	$n=54.0D^{-0.5}$	168.8
MPS	$n=51.0D^{-0.5}$	159.4
球磨	$n=32.0D^{-0.5}$	100.0

需要说明的是以上这些关系式只是一般的规律。在某一个具体规格设计时会根据情况作适当的调整。有的磨机大规格时 K_n 值还应适当降低。

从表中也可看出:LM 磨的转速最快,MPS 磨最低,而 ATOX 和 RM 磨介于二者中间。

4.3 立磨辊压如何确定

立磨是对料床施以高压而粉碎物料的。随着压力的增加,粒度变小,但压力达到某一临界值,粒度不

再变化。该临界值决定于物料的性质和喂料粒度。对于石灰石，当压力低于 50 MPa 时，通过 90 μm 的成品量随压力的增加而迅速增加；超过 50 MPa 后，增加幅度变小；达临界值 120 MPa 后不再增加。

立磨是多级粉碎，循环粉磨，逐步达到要求的粒度，其实际使用压力远未达到临界值，一般生料磨在 7.5～15 MPa。

理论上辊盘之间仅是线接触，物料所受真实辊压很难计算，所以用相对辊压来表示。一般常用磨辊投影面积压力。

$$P_T=\frac{F}{D_R B}$$

式中 P_T——磨辊投影面积压力，kN/m^2；

F——每个磨辊所受总力，kN；

D_R——磨辊平均直径，m；

B——磨辊宽度，m。

不同磨机其辊压也不尽相同。相对几个常见的立磨来说，辊压的大小次序是 LM 磨、RM 磨、ATOX 磨、MPS 磨。其波动值为 400～800 kN/m^2。

辊压增加，产量增加，但相应的功率也增加，为此对于单位能耗来说，有一个经济压力问题。也就是说在实际操作时，应尽可能调整到适宜的辊压。该值决定于物料性能和入磨粒度，同样也决定于磨机的结构形式和其他工艺参数。

在适宜辊压时，磨机的功率称为磨机的需用功率。磨机电机的实际功率大于需用功率而留有备用，一般备用系数为 1.15～1.20。配用功率时的压力就是最大限压。实际操作时压力有时要低于限压 25% 以上。在机械强度设计时，还需考虑一些特殊原因引起的超压，例如进入铁件、强力振动等，所以设计压力取值将更高。

4.4 立磨的功率如何确定 

立磨的功率可以由磨辊的力矩和角速度的乘积求得：

$$\begin{aligned}N_0 &= i\mu T\omega \\ &= i\mu F\cdot\frac{D_m}{2}\cdot\frac{v}{D_m/2} \\ &= i\mu F v \\ &= i\mu P_T D_R B D_m\cdot\pi\cdot\frac{n}{60}\end{aligned}$$

式中 N_0——立磨需用功率，kW；

i——磨辊数量，个；

μ——摩擦系数；

T——每个磨辊的力矩，kN·m；

ω——磨盘角速度，s^{-1}；

F——每个磨辊所受总力，kN；

D_m——磨辊平均辊道直径，m；

v——D_m处磨盘线速度，m/s；

P_T——磨辊投影面积压力，kN/m^2；

D_R——磨辊平均直径，m；

B——磨辊宽度，m；

n——磨盘转速，r/min。

在计算公式中关键是 μ 值。它决定于物料的性质和料层厚度。我们根据实际生产磨机的反馈，对于水泥生料立磨，μ 值可取 0.105±0.005。

在实际配用电机时，要留有备用，可按下式计算：

$$N=K_n N_0 \tag{1}$$

式中 N——立磨配用电机功率，kW；

K_n——备用系数，由于辊磨操作波动较大，故可取 1.15～1.20。

如果 D_R、B、D_m 与磨盘外径 D 遵循一定比例关系，转速又服从 $D^{-0.5}$ 的关系式，则式(1)将简化成：

$$N_0=i\mu P_T D^{2.5} \tag{2}$$

但是，实际上当磨机规格扩大到某一范围或者特殊要求时，它们并不遵循一定的相关关系，所以式(2)不再成立。往往会出现 $N_0 \propto D^n$，$n \leqslant 2.0$ 的情况。

4.5 立磨的风量和风速如何确定

立磨大部分为烘干兼粉磨，在粉磨过程中要通入大量热风以满足烘干的需要。烘干用风量正比于磨机的产量，可以通过热平衡计算求得。磨机的粉磨能力，一般认为，中小型磨正比于磨径的 2.5 次方，而大型磨正比于磨径的 2.0 次方。因此烘干风速对中小型磨将随磨径的 0.5 次方增加，而大型磨则不变。

磨机的通风量还与成品的选粉浓度有关。由于立磨内选粉机的循环负荷较高，因此其选粉浓度不能太高，一般为 0.5～0.7 kg/m^3。这样其选粉风量也与产量成正比。相应的磨内风速和直径的关系，同烘干风速一样。

立磨操作一般为风扫式，磨内风扫风速将对磨机生产起主要作用。可将筒体截面风速视作风扫风速，其作用是将物料提升至选粉机进行分选。由于筒体截面和盘径之间有一定的比例关系，因此可以用以盘径计算的假想截面风速来表示。风扫风速将决定被提升物料的粒度，从而影响磨内的循环量和盘上的料床厚度。首先必须保证要高于一个最低限速。在此基础上适当提高风速有助于提高产量。但风速又不能过大，否则将造成大量物料循环，成品过粗等问题。因此任何一台磨机，根据其结构、规格和工艺参数的不同，均有一个适宜的风扫风速。磨机内部在磨盘上方各水平面处的料流浓度和粒度将随风速的增加而增大，同时将随高度的增加而减小。为保证入选粉机处的浓度、粒度一定，适宜的风扫风速将随磨机直径的增加而增大，其范围是 6～12 m/s。12 m/s 将是风扫式立磨的最大极限风速。超过此值，即使磨机再大也难以正常操作。在同样盘径条件下，几种常见的不同型式磨机的风扫风速大小顺序为：LM 磨＞ATOX 磨＞MPS 磨＞RM 磨。

如果烘干用风低于风扫用风，则需要循环；如果高于烘干用风，则只有提高风温或降低产量运行。

对操作起重要作用的另一个关键处风速为风环处的喷口风速。其作用是将从磨盘溢出的物料返吹回磨盘再次粉磨。风速的大小一方面控制掉落的粗颗粒大小，另一方面也控制循环量和料床厚度。该风速在纯风扫操作条件下为 60～90 m/s。这么大的风速有利于传热，但阻力大大增加。风环的压损可达 0.5～0.7 kPa，约占整个系统的 60%。为降低此处的压损，一个办法是进行部分外循环，将部分掉料由提升机返回。这样喷口风速可大大降低至 30～50 m/s。另一个办法是适当调整风环圆周方向各区段之间的风速。在实际操作中四周的溢出料流是不均匀的。在磨辊的咬料区料流少，而排料区料流多。料流少的区域，风环风速可低一些，料流多的区域，风环风速可高一些。这可以通过风环的插板，改变风环通风面积来做到。这样可以使风环的平均风速适当降低，因而可以降低此处的阻力 20%左右。

4.6 立磨粉磨能力如何确定

立磨对一定物料在一定细度下的粉磨能力，应该是辊磨的需用功率除以物料的单位功耗，即：

$$Q_R = N_o / E_o \qquad (1)$$

式中 Q_R——立磨的粉磨能力，t/h；

N_o——立磨的需用功率，kW；

E_o——物料的单位功耗，kW·h/t。

物料的单位功耗必须从物料的立磨易磨性求得。立磨易磨性试验方法不同，表达值也各异，但最终均可换算到工业磨机的单位粉磨电耗 kW·h/t，难磨的 kW·h/t 大，易磨的 kW·h/t 小。天津院立磨易磨性用 TM_F 指数表示。TM_F 值和工业磨机所需单位电耗的关系见表 4.3。

表 4.3 TM_F 值与单位电耗 E_o 的关系

产品细度 R90 μm(%)		6	8	10	12	14	16
TM_F 值	0.7	12.7	11.8	10.9	10.2	9.6	9.1
	0.8	10.8	10.0	9.4	8.8	8.4	8.0
	0.9	9.6	8.9	8.3	7.9	7.4	7.1
	1.0	8.6	8.1	7.5	7.1	6.7	6.4
	1.1	7.8	7.4	6.8	6.5	6.1	5.8
	1.2	7.3	6.8	6.4	6.0	5.7	5.4

如果磨机要求产量一定，也可反过来进行磨机规格选择。以 2000 t/d 工艺线为例：要求能力 160 t/h，产品细度 R0.08 mm 为 13%（相当于 R0.09 mm 为 10%），易磨性指数为 TM_F0.9，此时 E_o 为 8.3 kW·h/t。

要求立磨需用功率为：　　$N_0 = 8.3 \times 160 = 1328(kW)$

辊磨配用功率为：　　$N = (1.15 \sim 1.20) \times 1328 = 1527 \sim 1594(kW)$

由配用功率可以在设备系列中找到合适的磨机规格。TRM32.4，1600 kW；LM32.4，1600 kW；ATOX37.5，1750 kW；MPS37.5，1500 kW；RM41/20，1650 kW，均可满足要求。

前述说明立磨的配用功率是根据需用功率乘以一定的备用系数确定的。不能任意扩大某一规格的配用功率来提高产量。实际上某一规格的立磨其工艺参数改变不会太大，需用功率根据设计和生产参数确定，从而也就决定了磨机的能力。

如果没有进行立磨易磨性试验，也可以根据 W_i 功指数值进行估算，但误差较大。如图 4.3 所示。

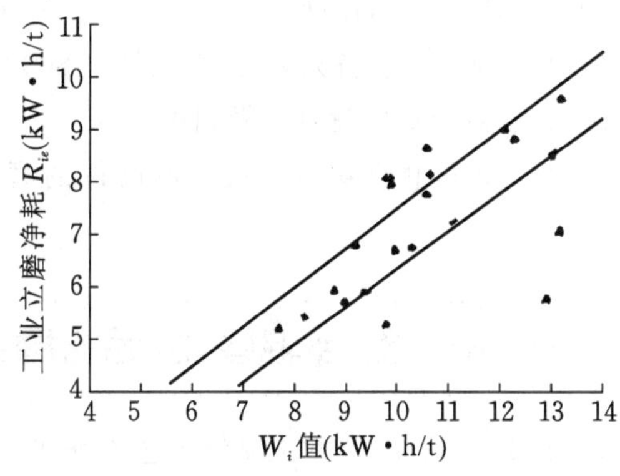

图 4.3 立磨净耗和 W_i 值关系

立磨烘干能力的关键是供热。在一定温度条件下，供热量决定于供风量。而供风量又决定于磨内风速和盘径 D 的 2 次方的乘积。如前所述，磨内风速可用适宜的风扫风速来代表。该风速在一定的范围内随 D 的增加而增加，而达到极限值后不能再增加。因此在磨机大型化后供风量将正比于 $D^{2.0}$。总的来说中小型磨机烘干能力一般大于粉磨能力；而大型化后必须要进行热平衡计算来确定烘干能力能否和粉磨能力相适应。如果不足则将限制其产量。

4.7 立式磨有何优点

(1) 采用局部受限料床粉碎原理，提高粉磨效率，系统单位电耗比圈流球(管)磨节省 20%～30%。

(2) 通风烘干能力强，充分利用窑尾废气在磨内烘干生料中的水分，可高达 20%以上，不会像球磨那样，随着磨机规格和产量的增大而出现烘干能力下降的缺陷（图 4.4），也没有辊压机那样只能粉磨干物料的局限。

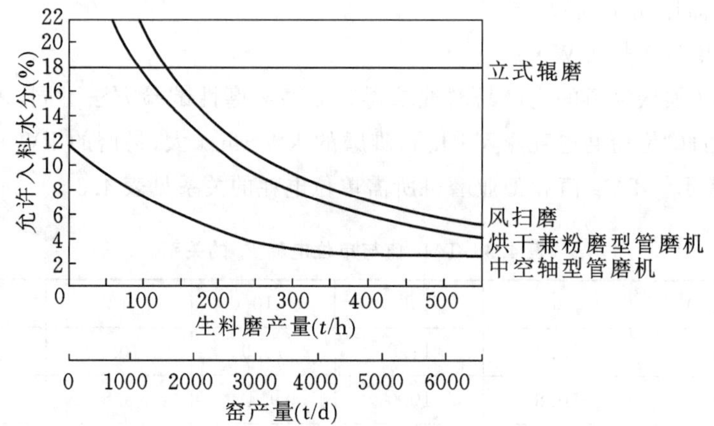

图 4.4　各种类型生料磨的烘干能力

(3) 允许入磨粒度可达 80 mm，放宽了破碎机的出料粒度，节约破碎机电耗。因为层间料床粉碎在入料粒度大到磨辊直径 5%以下时，仍能有效地进行粉碎作业，而不像球磨或辊压机对入料粒度的变化那样敏感。

(4) 操作运转中的噪声很小，距磨机 1 m 处的声强为 80 dB 以下，比球磨机低得多。

(5) 集中碎、粉磨、烘干、选粉与气力输送五项单元操作于一体，设备少、系统简单、占地少，主机可置于露天，无需厂房，土建及安装费用均较球磨的低不少。

(6) 物料在磨内的停留时间短，对生料配比或细度改变的响应迅速（2～3 min），生产调节控制方便。过粉磨现象少，生料粒度组成趋于均匀，有利煅烧。而球磨系统改变配料后的响应时间一般为 15 min，同时产生大量的过渡性生料。

(7) 对各种性能原料的适应性强，其易磨性、磨蚀性、入料水分、粒度或出料细度在相当大的变化范围内，都能通用。

(8) 金属磨耗少，磨辊与磨盘衬板的寿命可高达 8000～12000 h，年运转率可达 85%以上。

(9) 系统漏风少，比球磨系统的少一半多，可降低处理废气的电收尘器的规格、投资与电耗。

(10) 适应水泥装备大型化，大于等于 8000 t/d 的生产线都可以采用一窑一磨的配置，简化工艺流程与车间布置，圈流球磨就难以做到这一点。

(11) 立式辊磨成功地解决了耐磨件的磨损与寿命、辊磨振动、对硬质或石英质原料的适用性等难题。

4.8　HORO 磨（卧辊磨）水泥粉磨系统的基本原理 

HORO 磨（卧辊磨）水泥系统工艺流程如图 4.5 所示，经 HORO 磨粉磨后的物料由提升机送至动态选粉机分选，合格物料经袋式收尘器收集送入水泥库，粗粉经回料皮带返回 HORO 磨再磨，系统配有循环风机、热风炉以及相关输送设备。

HORO 磨主要由传动部分、工作机、液压装置和润滑装置四部分组成，如图 4.6 所示。其中传动部分由电机、减速机、传动轴、大小齿轮组成；工作机部分由筒体、磨辊、物料推进装置、刮刀、滑履瓦、密封壳体组成；液压装置由液压站、拉伸器、压壁、扭力杆、储气罐等组成；润滑装置由 6 台油泵（包括 2 台启动泵、2 台磨辊轴承润滑泵、1 台滑履主油泵、1 台齿轮润滑和筒体润滑泵）组成。

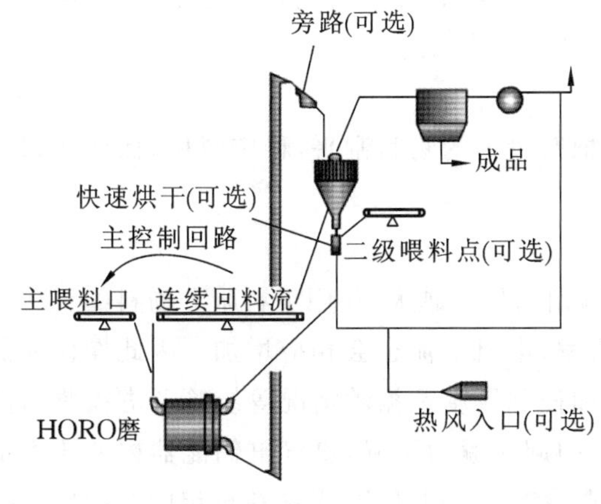

图 4.5 HORO 系统工艺流程

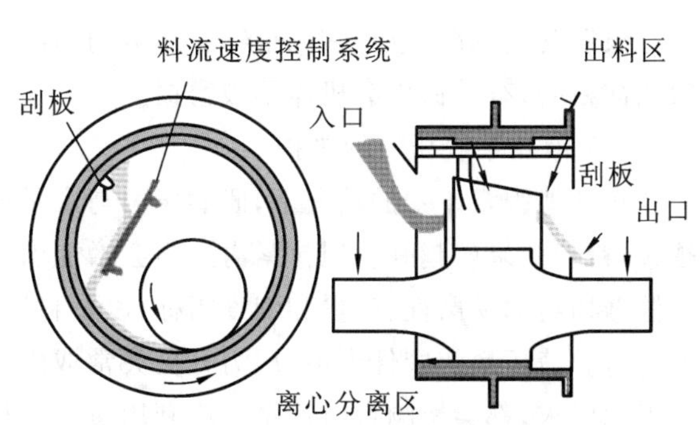

图 4.6 HORO 磨工作机部分组成结构

其工作原理为：四块滑履瓦之上水平放置筒体，磨辊穿过筒体，由磨辊施加粉磨力，物料带动磨辊运转，不需要驱动装置；磨辊的压力来自安装在磨体外的两个拉力液压装置，其铰接在压臂上，筒体的旋转是靠安装在其边缘的大齿轮来驱动的。润滑站保证滑履瓦和大小齿轮的润滑。筒体转速为 35.5 r/min，物料进入磨内后，因重力落入筒体内的低位，然后随筒体一起做离心运动，筒体上部的刮板（其长度为整个磨长度）将沿筒体旋转的物料刮下；刮下的物料落在物料推进装置的调整板上，物料推进装置把物料导向出料方向，并通过调整物料推进装置的位置，可以改变物料进入的速度，从而控制通过磨辊的物料量。物料通过磨辊整个长度后，输送到卸料槽出磨。

4.9 原料立磨如何维护管理

（1）磨辊和磨盘衬板的维护

从立磨的工作原理中可知，立磨在工作时是通过磨辊给物料施加碾磨压力粉磨物料的，所以磨辊面和磨盘面衬板，随着运转时间的延长会不断磨损，磨辊和磨盘的形状会变得凹凸不平和不规则，研磨效率下降，产量大幅度下降。在这种情况下，应定期检查衬板的磨损情况，当磨损严重时，及时更换，以免因衬板磨损导致振动大等其他问题而影响主机安全。可通过磨辊倒面、适当调低挡料圈高度来延长衬板的使用寿命。某公司的立磨，采用印度生产的陶瓷辊套和北京嘉克公司生产的磨盘衬板，由于物料因素磨盘磨损严重，停机时不但要处理磨机系统的一些故障，还要进行在线焊接磨盘。另外，内部其他附件如喷口环导风板、刮料板、物料导板、磨体挂板、喷水管道等磨损也比较严重。因此，规定在每次停机前，根据上次停机时检查的磨内情况，制定下一次的检修计划项目。根据检修项目，合理安排检修时间和人员，要求各个检修项目按时完成，确保能够长期安全运转。

（2）挡料圈的维护和调整

挡料圈的作用是使物料在磨盘上得到充分研磨。挡料圈的高度决定了料层厚度。当料层厚度较高时，磨机振动会加大，粗粉没有得到充分粉磨就在离心力的作用下进入外循环，这样入磨总量就增加了，降低了台时产量，且磨机振动大。挡料圈太低时，很难保证平稳的料层厚度，在拉紧力和磨辊本身自重的作用下，会出现间断的辊盘直接接触撞击的机会，引起振动，不能正常生产。所以，随着辊盘的不断磨损，应根据生产状况，不断降低挡料圈的高度，直至完全割除挡料圈。

（3）喷口环的维护

喷口环的主要作用是通过导风叶片改变风向，保证气流旋向一致。导风叶片的倾角、高度、磨损状况都对气流产生影响。导风叶片角度的大小决定了风、料从分离到达选粉区的时间，时间的长短影响磨机的内部工况。导风叶片的损坏会使通过风环处的风量不均匀分配，不能形成稳定旋向的上升气流，气流产生紊乱，使气体的携带能力较弱，物料返回磨盘或落入喷口环底部刮料腔，引起料层厚薄不一，增加循环量，影响磨机台时产量。所以，每次停机检修时，应更换已损坏的导风板。

(4) 物料挡板的维护

根据磨损状况，应经常调整物料挡板的高度，使它可以把磨盘上的物料刮平，稳定料层，保证物料均匀地被粉磨，有效保护磨机体不被磨损。

(5) 液压系统压力的维护

在其他因素不变的情况下，研磨压力与产量成正比关系，研磨压力越大，作用于料床上物料的正压力越大，粉碎效果就越好。但拉紧力过高会增加引起振动的概率，电机电流也会相应增加。因此操作人员要根据物料的易磨性、产量和细度指标，以及料床形成情况和控制厚度及振动情况等统筹考虑拉紧力的设定值。液压系统阀件失灵、压力开关失常或内部泄漏都会引起拉紧力下降，氮气缸储能器内的压力值达不到要求，都会影响台时产量。应利用每次停机时间，认真检查氮气缸压力，保证在规定的范围内。生产中，检查各液压缸的回油管道内的量，判断其泄漏情况。

(6) 日常检查

配备相关的测温、测振工具，保证巡检工能定时、定点、定内容对每台设备进行认真检查。加强对巡检工的标准化巡检监督、处罚力度。

(7) 停机检查

规定停机检查内容：磨辊的油位；各磨辊拉杆、吊环、销子的磨损状况；磨辊的磨损数据；挡料圈、风翅、导风板的焊补；选粉机静叶片和迷宫密封的焊补，轴承的检查与测量；补焊密封风机管道、检查软连接；测量主减速机高速轴的轴向窜动量，检查伞齿的发展状态；检查循环风机的支撑杠和风叶的补焊；检查循环斗式提升机的料斗、板链、销子、高速齿，定期清理尾部积料；除临时停机外，每计划停机三次后要对磨盘的内、外辊道分别在线焊补，计划停机 24 h，每次的焊补量为 200～400 kg。

4.10 如何操作和控制原料立磨

(1) 料层厚度的控制

立磨是料床粉碎设备，粉碎效果取决于物料的易磨性及施加的拉紧力和承受这些挤压力的物料量。拉紧力的调整范围是有限的，如果物料难磨，新生单位表面积消耗能量较大，此时若料层较厚，吸收能量的物料量增多，造成粉碎过程产生的粗粉多而达到细度要求的减少，产量低、能耗高、循环负荷大、压差不易控制，使工况恶化。在难磨的情况下，应适当减薄料层厚度，增加合格粒度的比例。如果物料易磨，在较厚的料层时也能产生大量的合格颗粒，应适当加厚料层，提高产量。一般控制料层厚度在 50～80 mm 以内。喂入磨机物料的量和出磨成品的量要平衡。稳定料层厚度的重要条件之一是喂料粒度和颗粒级配合理。

(2) 喷水控制

立磨喷水的主要作用是调节出磨温度、稳定料层、降低磨内压差。磨内喷水量的多少和喷水方式合理与否，可以改变磨盘上物料的运动阻力，影响物料的流速，控制物料被粉磨时间的长短，影响研磨效果。磨内风料的磨蚀常常会导致磨内喷水装置的损坏，在计划检修当中应给予处理，确保其工况稳定。

(3) 压差的控制

压差的控制是提高产品质量和产量的关键因素。压差主要由两部分组成，一是热风入磨的喷口环造成的局部通风阻力，另一部分是从喷口环上方到取压点之间充满悬浮物料的流体阻力，这两个阻力之和构成了磨床压差。喂料量的大小、磨腔内循环物料量的大小会引起磨腔内流体阻力的变化，导致压差的变化。保持磨内压差稳定，这标志着入磨物料量和出磨物料量达到了动态平衡，循环负荷稳定，是稳定磨机正常生产的前提。生产中要及时有效地控制压差值在 7000 Pa 左右，压差降低表明入磨物料量少于出磨物料量，循环负荷降低，料床厚度逐渐变薄，薄到极限时会发生振动而停磨；压差增高的原因是入磨物料量大于出磨物料量，有时是因为各个工艺环节不合理，造成出磨物料量减少。如果料床粉碎效果差，也会造成出磨物料量减少，循环量增多。另外，选粉效率低，也会造成出磨物料量减少。

(4) 外循环量控制

外循环料一般是出磨后的物料，和新鲜来料一起入磨共同粉磨。它可以调节入磨物料的颗粒级配，增强研磨效果。根据外循环料的颗粒状态和量的多少可判断研磨效果的好坏。操作中控制循环斗式提升机的电流在100A以下，保证磨机在适度负荷的状态下生产。须稳定操作，加减料要适当，不允许强制喂料，否则将导致主机超负荷生产。

(5) 振动控制

立磨正常运行时应严格控制磨机振动值在合理范围内，瞬间值不允许超过0.9 mm/s。立磨的下料量必须适应立磨的能力，当物料易碎性好、硬度低、拉紧力较高时，在瞬间有压空的可能，会引起振动。下料量过大、分离器转速过高、磨内通风量不足，将导致产生的粉料量过多，超过了通过磨内气体的携带能力；系统大量漏风或调整不合适都会使磨内循环负荷增大，产生饱磨，发生振动。

(6) 风量控制

产品的电耗是和磨机产量紧密相关的。产量越高，单位电耗越低。产量越低，用风量很大，势必增加风机的耗电量。在满足喷口环风速和出磨风量含尘浓度的前提下，不应使用过大的风量；根据功率消耗，合理分配磨主机、循环风机、尾排风机之间的负荷；控制各闸板阀门开度和温度，合理调节通风量。生产中，根据物料中的水分和易磨性，适当调节各风机阀板开度。比如，当入磨物料较湿时，出磨温度较低，会增加循环风机的负荷。这时，应关闭循环风，加大高温风机的转速，提高出磨温度，降低循环风机负荷。

(7) 工艺系统方面控制

① 余热发电对立磨的影响

由于余热发电的生产，窑尾排出的烟气温度比起以前有大幅度的降低，入磨温度一般在190 ℃左右。由于立磨是烘干磨，入磨温度的降低，给生料磨生产带来的是台时产量的降低。操作中，应保持磨内的喷水量适当，充分利用有限的热风，调整喷口环的挡板开度以适应当前的工况。

② 原料性能的影响

立磨对物料方面的要求，主要表现在易磨性和粒度上。物料的硬度越高，物料被粉磨为成品的时间越长，增加磨内循环，加大设备的磨损。矿区石灰石夹层土多，含大量湿黏土的石灰石输送进调配库后，在库内黏结，堵塞下料溜子，磨机无法正常生产。应根据实际情况，及时疏通下料溜子，利用空气炮辅助清堵，全力保障磨机的生产。含大量湿黏土的石灰石导致入磨溜子黏结堵塞，回转喂料器因超负荷频繁停机。针对这种情况，适时采取了以下措施全力保障生产。在入磨溜子的底部装设了四台空气炮辅助清堵；配备气动风镐，逢停机时人工清理溜子内的积料。

③ 系统漏风方面

应把片区内的所有设备及管道包干到人，每周由生产部对系统进行检查，如发现有漏风、漏料、漏灰，对责任人进行处罚，并限期整改，保证系统的正常。

4.11 MLS3626立式辊磨机操作、巡检与维护指南 

(1) 运行中检查的要点

① 观察磨机的噪声和振动是否异常，地脚螺栓是否松动，各润滑点管接头是否漏油。

② 主电机运行是否平稳，外壳温度是否正常。

③ 检查液压装置油位(1/2～2/3)、油压(11.5～20 MPa)。

④ 检查主减速机油位(1/2～2/3)、低压油泵压力(0.1～0.4 MPa)、高压油泵压力(4～20 MPa)、低压出油口温度(＜45 ℃)、油箱油位。

⑤ 检查 3 支液压杆是否漏油，密封布条是否完好，避免粉尘黏附液压杆。

⑥ 检查、清洗密封风机过滤器。

⑦ 检查左右各八块压力表压力是否一致。

⑧ 检查壳体各焊缝是否有裂纹，各连接螺栓有无松动、断裂。

⑨ 主减速机油站内有无积油，有的话清除，避免机油侵蚀基础。

⑩ 检查选粉机轴承润滑点，温度小于 70 ℃，每天至少注一次二硫化镍润滑脂；检查小油泵工作是否正常，连接是否牢固。

⑪ 及时清除除铁器上吸附的铁块，保证除铁器性能完好，减少磨振。

(2) 进磨检查的内容

① 检查磨辊衬板和压板的紧固情况、磨损情况，扇形压板有无裂缝。

② 检查 3 根喷水管磨损情况，是否被磨穿或折断。

③ 检查磨辊轴承端盖螺栓有无松动，注油螺栓止退铁丝有无断裂。

④ 检查钢丝绳有无断裂。

⑤ 检查回料箱刮板磨损情况，有无变形。清除回料箱的积料和铁块。

⑥ 观察密封空气管路是否有漏气现象，开密封风机观察。

(3) 操作中的注意事项

① 当立磨连续两次振停时，必须进磨检查磨内情况。

② 密封风机压力小于 5000 Pa 时，应检查风管有无裂缝，测压管接头有无脱落，小于 4500 Pa 时应停机。

(4) 十天一次定时检修内容

① 包括日检内容。

② 检查磨辊衬板、磨辊压板紧固情况，有无松动，磨损情况如何，有无裂缝，止退圆条有无脱焊。

③ 检查磨辊支架、辊覆板磨损情况。

④ 检查喷口环衬板、架体衬板磨损情况，紧固情况。

⑤ 检查密封空气风管各法兰紧固情况，风管磨损情况，焊缝有无裂缝，固定支座有无脱焊。

⑥ 检查清洗主减速机稀油站双筒滤油器，主电机油站双筒滤油器，看滤片有无破损，有则必须更换。

⑦ 更换损坏或显示不准确的推力轴承压力表，并调整压力保证 16 块表的显示压力值一致。

(5) 计划检修的内容与要求

① 包括日检和定检。

② 检查磨盘衬板磨损情况、紧固情况。

③ 检查磨辊轴承油质、油位(美孚油)，检查周期为 1 个月，换油周期为 4 个月；检查张紧装置油站(46# 抗磨液压油)、选粉机上的减速机(中负齿轮油 N320)油质、油位，换油周期为 4～7 个月。

④ 检查密封风机过滤器，破损严重时更换；检查风机叶轮磨损情况。

⑤ 检查液压缸氮气囊压力，工具为测压表，标准为(8±0.25) MPa，测量时张紧站必须处于卸压状态。

⑥ 检查进料口下料溜槽磨损情况。

⑦ 检查主电机油站进出油是否畅通，清洗滤油器，检查油质、油位，换油周期为 6～12 个月(防锈汽轮机油 L-TSA:N46)。

⑧ 检查主减速机油站油质、油位，检查清洗双筒滤油器，油脏时用滤油车过滤，并清洗油箱，换油周期为 7～14 个月(中负齿轮油 N320)。

⑨ 检查选粉机叶片是否脱落、结疤，连接螺栓有无松动、脱落；测量叶片磨损情况，工具为游标卡尺，方法为测叶片厚度，测量周期为 3 个月。

⑩ 测量磨辊衬板磨损情况，方法为测磨辊衬板最厚处厚度是多少，周期为 3 个月。

⑪ 主减速机内部检查，周期为 3 个月。内容为检查齿轮啮合情况、检查有无铁屑及其他异常情况。

⑫ 单独试验每台高压泵的压力，试验方法为：

a. 关闭出口平衡阀，关闭溢流阀。

b. 张紧装置加压至工作压力。

c. 慢转磨机。如果不能慢转磨机，也应在磨机停下不超过 30 min 内试验。磨机停下太久会造成试验不准确。

d. 开启高压泵，记录单台泵的油压、油温，周期为 3 个月。

⑬ 检查压力框架与两边撞击板的间隙，理想状态为两侧各 8 mm，偏向一边时为 16 mm。偏差太大时给予调整。

4.12 立磨生料粉磨系统启动前应做好哪些准备工作

(1) 现场设备的准备工作

① 设备润滑油的检查及调整

设备的润滑对保证设备的长期稳定运转起着关键性作用，润滑油量既不能过多也不能过少，油量过多会引起设备发热，油量过少设备会因缺油而损坏。另一方面，要定期检查更换润滑油，用油品种、标号不能错，而且要保证油中无杂质。

检查的主要项目有：

a. 三道锁风阀液压装置的油量、油路及阀门情况

b. 磨辊润滑装置的油量、油路及阀门情况

c. 磨辊液压装置的油量、油路及阀门情况

d. 磨机减速机润滑装置的油量、油路及阀门情况

e. 选粉机润滑装置的油量、油路及阀门情况

f. 磨机主电机润滑装置的油量、油路及阀门情况

g. 循环风机润滑装置的油量、油路及阀门情况

h. 所有运动部件、传动链条、联轴器的加油情况

i. 所有的电动机轴承的加油情况

j. 所有的阀门及其执行器的加油情况

② 冷却水的检查

冷却水对设备保护至关重要，设备启动前要检查冷却水管路上的阀门是否打开，并控制合适的流量。需冷却水保护的设备有：

a. 三道锁风阀液压装置

b. 生料磨主减速机润滑装置

c. 生料磨主电机润滑装置

d. 循环风机主电机润滑装置

e. 电收尘器排风机轴承

③ 喷水系统检查

a. 生料磨需喷水，系统启动之前要检查水箱进水管是否通畅，浮动球阀的动作是否灵活；管路上的过滤器要进行清洗，防止堵塞。

b. 生料磨及检查

系统启动前生料磨喷嘴要进行清洗，无堵塞，装好后水压试验无渗漏。

④ 压缩空气检查

生料粉磨及废气处理部分所需压缩空气由空气压缩机站供给，系统启动之前须检查空压机站是否启动，各储气罐是否按规定进行排污，压力是否达到额定压力，压缩空气管道及阀门有无漏气现象，有问题

及时处理。

需压缩空气的设备为气箱式脉冲袋式收尘器和气动两路阀

⑤ 原料调配库、设备内部、人孔门、检查门的检查

原料调配库加料之前应清除安装或检修时掉在库内部的杂物，防止仓口堵塞或金属物体进入生料磨，调配库内应保持干燥。在设备启动前要对设备内部进行全面的检查，清除安装或检修时掉在设备内部的杂物，以防止设备运行时卡死或打坏设备，造成损失。

待设备检查完后，所有人孔门、检修(查)孔要严格密封，防止生产时漏水、漏料、漏油。

⑥ 阀门检查

a. 各原料仓下棒阀及闸板阀，全部开到适当的位置，保证物料畅通。

b. 所有的手动阀门，在设备启动前都应打到适当的位置。

c. 所有的电动、气动阀门，首先在现场确认灵活开闭，阀轴与连杆是否松动，然后由中央控制室遥控操作，确认中控与现场的开闭方向一致，检查开度与指示是否准确，如果阀门上带有上、下限位开关，要与中控室核对限位信号是否返回。

⑦ 设备的紧固检查

检查设备的紧固情况，如磨机、风机、减速机、电机的地脚螺栓等不能出现松动，设备的易松动件，传动连杆等都要进行严格的检查，提升机斗子和链子之间的连接部分也要检查。

⑧ 电收尘器的检查

由于电收尘器使用高压电源，能构成人身危险，因此在电收尘器的检查和调整中，必须严格按照《电收尘器说明书》执行。

⑨ 原料调配站内物料的检查

确认各原料储存量合适，料位计指示准确，仓内物料位置与中控显示一致，试生产期间仓内物料不宜过满，一般为仓储量的 50%～60%。

⑩ 生料磨及其附属设备的检查

请根据设备制造厂家的技术文件要求严格进行检查。

⑪ 生料均化库检查

a. 库底透气层无破损，库内不得使用电焊、气割。

b. 库内及充气箱内无积水，有问题及时处理。

c. 库顶、库侧防水完好，密封性好。

d. 管道连接准确，耐压试验无漏气。

e. 库内无任何杂物，清除库顶及库壁施工时遗留的任何物件。

f. 库内充气箱角度和充气分区程序是否正确。

g. 生料库首次进料 7 d 前必须对库内进行吹库干燥。生料库干燥后，所有孔洞应封闭好。

(2) 电气设备及仪表检查

① 电气设备的检查

a. 检查电源是否已供上，设备的备妥信号是否全部返回。

b. 电气开关柜是否推到工作位置，电气保护整定值要合适。

c. PC 柜的电源是否合上。

d. 设备的现场开关是否按要求打到“集中”位置。

e. 确认高压电设备送电条件，并送电。

② 现场仪表的检查

现场有许多仪表，可以帮助巡检人员及时了解生产及设备的运行情况，在开车前，都要进行系统的检查，并确认电源已供上、有指示。若有送信号进入中控室指示的仪表，还要与中控室人员配合，核实传输信号的准确性。

4.13 立磨生料粉磨系统启动与停车应如何操作

(1) 设备的启动操作顺序

① 回转窑单独运行时废气处理系统的操作步骤(表 4.4)

表 4.4 废气处理系统的操作步骤

序号	操作步骤	检查与调整
1	确认开车范围,做好启动前系统内设备的检查准备工作,确认压缩空气站工作状态正常	废气处理系统的窑灰入生料均化库
2	启动库顶收尘组、生料输送入库组	选择不启动取样器
3	①确认至生料磨风管阀门全关,生料磨循环风机出口阀门全关; ②启动窑灰输送组、窑尾 EP 组(EP 风机组、EP 回灰组、EP 低压装置组)	①注意观察电收尘排风机的启动电流变化; ②逐渐打开排风机进口阀门,调整窑尾高温风机出口气体压力; ③呈微负压后,通知窑尾高温风机可以启动
4	启动增湿塔喷水组	
5	窑系统投料稳定后,若电收尘入口 CO 浓度不超过规定值,可以向电场送电	注意各电场的电压和电流

② 窑系统运行正常时,生料磨的操作步骤(表 4.5)

表 4.5 生料磨的操作步骤

序号	操作步骤	检查与调整
1	①确认原料的物料储量合适,并且原料供应部分输送设备可以保证随时供料; ② 确认生料均化库允许进料	确认开车范围,做好启动前系统内设备的检查工作
2	启动立磨减速机润滑站、循环风机稀油站组及磨辊液压站组	冬季气温低时,应提前启动油站电加热器
3	启动磨机密封风机组	
4	启动循环风机组	确认系统内各阀门的开关位置:循环风阀门全开,冷风阀门全关,循环风机至电收尘器管道阀门全开;热风炉出口热风阀门全关; ① 注意观察循环风机的启动电流变化; ② 循环风机启动后,注意调整 EP 风机进口阀门,保持电收尘器进口负压和窑尾高温风机出口负压稳定; ③ 打开去生料磨的热风阀门预热磨机,主要注意温度要求及其变化
5	启动选粉机组	设定合适的选粉机启动转速
6	启动辅助传动组(用于铺料)	注意磨盘上料床厚度变化和粉磨压力设定
7	启动立磨主电机组	注意主电机电流变化
8	在保持电收尘器进口负压和窑尾高温风机出口负压不超出正常范围的前提下,调整生料磨系统量和风温	①逐渐打开高温风机至生料磨管道阀门,同时逐渐关小高温风机至电收尘器管道阀门; ②逐渐打开循环风机进口阀门,调节冷风阀门开度控制出磨气体温度逐渐提高至 95 ℃左右,磨机风环压差控制在 1.5~2.0 kPa

续表4.5

序号	操作步骤	检查与调整
9	启动喂料组	冬季气温低时，回转锁风喂料机的液压站，应考虑现场提前启动油站电加热器
10	启动原料配料组	①设定原料喂料总量； ②设定磨辊压力； ③设定满足生料细度的选粉机转速
11	必要时启动磨内喷水组	启动前确认进水电磁阀开，喷水电磁阀关，喷嘴手动阀开，水泵进口流量阀全关
12	调试初期启动热风炉组	喷油量应配合磨机设定产量和粉磨系统参数要求

(2) 系统运转中的检查与调整

系统正常运转之后，为保证各设备顺利工作，必须进行必要的检查与调整，见表4.6。设备运行时，应经常观察各参数(电流、电压、温度、喷水量)的数值及变化趋势，判断运行情况，并采取适当的措施进行调整处理，使系统正常而稳定地运行。

表4.6　系统运转中的检查与调整

序号	检查项目	原因分析	调整处理方法
1	废气处理系统正压	①窑尾废气量增加； ②系统阀门位置不合适	①检查电收尘器排风机进口阀门开度，并调整； ②检查所有阀门，并调整
2	电收尘器的收尘效果差	观察烟囱排出气体中含尘量高	①检查电收尘器各电场的电流、电压； ②检查系统漏风情况； ③检查气体温度是否过高； ④检查增湿塔及生料磨内喷水情况； ⑤若系统拉风过大，须调整
3	电收尘器排风机轴承温度高	冷却水量偏小或机械原因	调整冷却水量
4	系统内各点气体压力不正常	系统内阀门位置不合适	调整系统内阀门开度
5	生料磨生产能力低	①喂料速率低； ②粉磨压力低； ③产品细度太细； ④系统风量低	①增加喂料速率； ②增加粉磨压力； ③降低选粉机转速； ④加大系统排风量
6	生料磨生产能力过高	①粉磨压力偏高； ②产品太粗	①减少粉磨压力； ②提高选粉机转速； ③减小系统排风量
7	生料磨振动太大	①喂料不均匀； ②喂料突然变细； ③磨盘料层过薄； ④内循环量过大； ⑤金属件进入磨机	①均匀喂料； ②稳定入磨物料粒度； ③调整喂料速度或降低粉磨压力； ④适当降低选粉机转速和风速； ⑤检查金属探测器、磁铁分离器工作是否正常
8	磨机风环压差过大	①粉磨压力低； ②喂料量高； ③产品太细	①增加粉磨压力； ②降低喂料速率； ③降低选粉机转速

续表 4.6

序号	检查项目	原因分析	调整处理方法
9	磨机风环压差过小	①喂料速率低； ②产品太粗	①慢慢增加喂料速率； ②提高选粉机转速
10	产品太细	①选粉机转速过高； ②系统风量过低	①降低选粉机转速； ②增加系统风量
11	产品太粗	①选粉机转速过低； ②系统风量过大	①提高选粉机转速； ②减少系统风量
12	生料水分超标	出磨气体温度低	提高出磨气体温度
13	磨系统风量不合适	生料磨循环风机阀门开度不合适	调整阀门开度
14	磨机出口气体温度不合适	入磨循环风量不合适	调整循环风阀门开度
15	生料化学成分不合格	各种原料配合比不合适	调整各计量秤给料比例

(3) 系统的停车操作顺序

正常情况下的停车操作要求如下：

① 停窑(生料磨未开)时废气处理系统的停车操作顺序

a. 确认停车范围。

b. 将自动控制转为手动控制。

c. 慢慢关小 EP 风机进口阀门，控制窑尾高温排风机出口气体压力范围为－200～－300 Pa。

d. 随风量的减小，根据增湿塔出口温度判断是否停增湿塔喷水。

e. 等待窑系统允许废气处理系统停车时，停窑尾电收尘组、窑灰输送入库组。

f. 停生料入库组。

② 烧成系统正常运转情况下的生料磨的停车操作顺序

a. 确认停车范围。

b. 将生料磨喂料总量设定值降至生料磨允许的最低负荷，调整粉磨压力。

c. 调整系统内各阀门开度、磨内喷水量，维持磨机出口气体温度，同时稳定高温风机出口压力，确保烧成系统正常运行。

d. 停磨内喷水组。

e. 停原料配料组。

f. 待磨辊位置达到设定的最低点时，停生料磨主电动机组。

g. 调整系统内各阀门开度，关闭高温风机至生料磨管道阀门，逐渐开大高温风机至电收尘器管道阀门开度，调整循环风阀门，维持磨内气流流动，调整冷风阀门开度，保证出磨气体温度在正常范围之内。

h. 停选粉机组。

i. 停循环风机组。

j. 慢慢关闭生料磨循环风机至电收尘器风管截止阀门，同时调整 EP 排风机进口阀门开度，保证高温风机出口负压稳定。

k. 停生料磨附属设备各组。

(4) 设备故障停车及紧急停车的处理程序

在设备运行过程中，由于设备突然发生故障或电机过载跳闸、保护跳闸，现场停车按钮按下时，系统的部分设备会连锁停车。另外在某种紧急情况下，为了保证人身及设备安全，也会使用紧急停车按钮，使系统内设备紧急停车，为了保证能顺利地再次启动，必须进行处理操作。

当设备突然停机时，基本的处理程序是：

① 马上停止与之有关的部分设备。

② 查清事故原因，判断能否在短时间内处理完毕，以决定再次启动时间，并进行相应的操作。

③ 生料磨系统内部分设备突然停车，可能会导致系统内温度升高，超过设备允许的界限，应及时调整系统内(包括废气处理系统)的阀门开度，降低风温，保护设备，同时尽量不要影响窑系统的正常操作。

4.14 立磨生料粉磨系统试生产及生产中应注意事项

(1) 试生产的安排及其目的

① 日程安排

所有的设备安装完毕，并且经过单机试车和无负荷联动试车，各个设备经过全面检查，确认没有问题后，就可以进入系统的试生产阶段，废气处理、原料磨及烧成系统尽量同步进行。

② 目的

为了使轴承齿轮等设备的运转部件适应运转的需要，进行无负荷试车是必要的，同时为了避免投料试车中出现故障，以下几处必须给予充分的检查：

a. 各设备的润滑油供应情况；

b. 运动部件与固定部件之间有无不正常接触；

c. 安装时的精度。

经过各阶段的试车，能使各轴承更好地磨合，让操作人员学会如何实际地操作、调整，为满负荷试车做好准备。

系统的满负荷试生产，主要是为了根据控制各点工艺参数来选择最佳设定值及运转参数，找出最好的运行条件及效果。

(2) 试生产准备

在充分细致地对系统中所有的设备进行检查后，应进行下述生产准备工作：

① 在向轴承及减速机中加入润滑油之前，要仔细地进行内部检查、清洗，然后按各自设备的要求注入润滑油，油量要符合要求。

② 密封检查

为保证系统正常工作，必须严格控制漏入系统的冷风量，对容易漏风的部位进行检查，并进行密封处理。

③ 高压静电收尘器送电试验

对电收尘器进行送电试验，并观测电压、电流是否符合要求，对振打装置进行开机检查。

④ 生料磨喷水试验

将全部喷嘴放到外面，启动水泵，观察喷嘴在不同水量及压力情况下的雾化情况，是否有渗漏现象，测定最大水量及最小雾化量，并对开一台水泵与开两台水泵及不同喷嘴数量的情况进行测定，校对流量计精度，为试生产做好充分准备。

(3) 试生产要领

生料粉磨、废气处理的试生产情况好坏，是直接影响整个生产线的关键。

① 各设备的单机试车

在整个系统运行之前，为了确认各设备是否具备带负荷试车的条件，必须检查各部位的润滑状况、轴承温度、冷却水量、异常声响及振动等，认真进行所有设备的单机试车，直至验收合格为止。

② 联动试车

当单机试车完成后，即可进行联动试车，由中央控制室进行遥控操作，并进行必要的连锁试验，主要有以下几点：

a. 对每台设备进行模拟故障试验，检查程序连锁是否准确无误；

b. 对设备保护接点的连锁试验；

c. 检查紧急停车是否起作用。

③ 无负荷试车

将全部设备启动，连续运行 24 h，检查各润滑系统、电收尘器电场情况及各设备的温升等。

若无异常情况，无负荷试车阶段即告结束，否则应进行检查、调整，然后再进行试车，直至确认异常解除。

在无负荷试车阶段，要定时检查、记录、测定各设备各部位的声音、振动、润滑状态、温度、压力、电压、电流等。

(4) 生产中的注意事项

① 轴承温度

在所有的部件中，最重要的部件之一是轴承，而最容易损坏的部件之一也是轴承，为了避免重大事故的发生，必须认真检查各轴承的温度及润滑情况。

② 热风温度

电收尘器的工作温度，应该保持在正常的废气露点温度+30 ℃以上，否则，将出现电收尘器内壁的局部结露，形成粉尘的局部堆积，造成极板间放电、极板及电收尘器壳体腐蚀等问题。

③ 磨机出口气体温度的设定

通过改变循环风量，调节磨机出口气体温度，通常磨机出口气体温度设为 95 ℃。

④ 磨机风环压差的设定

磨机风环压差根据设备供货方经验确定并在实际操作中加以调整。

⑤ 磨机通风量

生料磨烘干需要热风，磨机料床稳定是靠磨内有足够的通风量。通风量不足，磨机振动大，吐渣多，甚至不能连续工作。随着磨机喂料量增大，通风量应增大。正常生产时，尽可能用选粉机转速控制生料细度，避免用拉风控制细度。

⑥ 电动机电流

电动机电流变化较大时，很可能出现某种故障，应进行检查和调整，使其正常。

⑦ 关于阀门的操作及风量的平衡

生料粉磨、废气处理和烧成系统的操作密切相关，运行过程中要及时调整系统内各阀门的开度，使窑尾高温风机出口压力保持在－200～－300 Pa。

⑧ 成品的细度

成品细度主要通过改变选粉机转速调整。增加转速，成品较细；降低转速，成品变粗。

⑨ 成品的化学成分

化验室及时取样分析成品的化学成分，发现问题及时调整原料配比。

4.15 一则立磨生料制备系统的操作经验

某水泥厂生料磨采用 POLYSIUS AG RMR57/28-555 立式辊磨，其配置如下：

磨盘 ϕ 5700 mm，磨辊 ϕ 2800 mm，共 4 个(2 对辊)，磨盘转速 23.7 r/min；

主电机 4200 kW，辅传电机 110 kW；

循环风机电机 4000 kW，Q=930000 m^3/h；

旋风筒 ϕ 5200 mm，共 4 个，Q=236000 m^3/h；

选粉机 ϕ 5550 mm，传动电机 340 kW，0～1500 r/min；

循环提升机传动电机 75 kW，输送能力 170 t/h；

喂料量 380～420 t/h，入磨物料≤80 mm 的占 95%，入磨物料水分≤6%，出磨物料水分≤0.5%，成品细度为 0.08 mm 方孔筛筛余 12%～14%，出磨气体温度≤90 ℃，出磨气体量≥800000 m^3/h；喷水量 15～20 m^3/h。

该立式辊磨优质、高产、节能、降耗的操作实践如下。

(1) 启磨

该磨机启动快，一般从开辅机到主机运行需要 3 min 时间。辅机的组启动(生料均化库库顶收尘器、入库斜槽风机、入库输送提升机、长斜槽风机、磨机减速机润滑站、主电机和循环风机油站、液压站、旋风筒下分格轮、密封风机、回转下料器、循环提升机、选粉机、循环风机等)需要 1 min。

磨机启动条件满足后，开动辅传电机(减小了主传电机启动时的负荷)。辅传运转期间需喷水 8 m^3/h 左右，磨辊将磨盘上的物料碾成料垫，确保启动后的料层。辅传电机运行时间为 120 s，此时间内可以调节各系统阀门开度，将循环风机进出口阀门开至 95%，同时将入窑尾袋式收尘器短路阀门关至 0，循环风阀门开至 95%，让窑尾废气全部从磨内通过。阀门调节后，辅传电机仍有运行时间，后来，该厂将辅传电机运行时间从 120 s 改成 90 s 后主电机运行，且配料站给料机和入磨皮带同时启动。启磨时间节省了 30 s，磨机按理想台时喂入，完成磨机的启动。

(2) 风量调节

磨机启动前将循环风机进、出口阀门全开，确保充足的风量满足磨机的启动。开启循环风主要为了调节入磨风温，节约能源。磨机运转正常后，若有多余风量，调节入袋式收尘器短路阀门开度将其排入收尘器；若风量不足，可以掺入部分冷风(在确保入磨风温的前提下)，调节袋式收尘器出口风机阀门开度，确保入袋式收尘器进口风压为－650～－800 Pa，保证窑磨风量匹配。出磨气体中的含尘(成品)浓度为 550～800 m^3/h。出磨风压为－9000 Pa 左右，入磨风压为－800 Pa 左右，入磨风速喷嘴环处达到 90 m/s，出磨风速为 20 m/s，避免出磨管道水平布置，防止积料。

(3) 喂料量

该立磨属料床式粉磨，磨辊压力大，双重挤压，压力油缸属单行程拉力式，磨辊能压而不能抬，这就要求连续、稳定喂料，且不能有金属等异物，否则，磨机就不能安全高效运行。

该立磨设计台时喂料量为 380～420 t/h，因所用石灰石易碎性好，实际运行台时为 460～500 t/h，除满足 5500 t/d 水泥熟料回转窑生产外，每天都能在用电高峰期停磨避峰 4 h。所以在运行中只要合理地调整各相关运行参数，稳定喂料量，控制入磨物料粒度、水分及磨内的喷水量，尽量提高入磨物料的均匀性，稳定料层厚度，调整好磨辊压力，磨机将会安全、平稳地运行。

(4) 风温的控制

立磨出磨风温小于 90 ℃，否则，软连接受损，旋风筒下分格轮受热膨胀卡停，料层不稳。为此，控制入磨风温在 280～310 ℃之间，喷水量 16 m^3/h，出磨风温 80 ℃左右，磨机正常运行时为了确保入磨风温，停止增湿塔喷水。

(5) 辊压

启磨后，根据料层厚度辊压从 7.5 MPa 加至正常运行的理想压力。液压油缸的拉紧力越大，磨辊对物料的正压力越大，粉碎效果越好。但如果辊压过高，会破坏料垫，引起振动，同时，磨机负荷增加，主电机电流升高。所以一般把辊压控制在 14～155 MPa。

(6) 料层

该磨机设计有外循环提升机，100%～200%循环率，初磨后的物料再次入磨，合理地调节了物料的颗粒级配，挡料环的高度(140 mm)是确保料层厚度的主要因素，料层过厚会出现过粉磨现象，过薄会引起磨机振动，操作中料层控制在 50～70 mm。

(7) 喷水量

进磨风温为 280～310 ℃，除满足烘干物料外，用喷水量可以控制出磨风温。喷水量小，磨盘上形不成较好的料垫，磨机不能安全运行，出磨风温过高，反之，料层过厚，出磨风温低，出磨气体流动性差，压差过高。喷水量与入磨物料的水分有直接关系，一般控制在 16 m^3/h 为宜。

(8) 压差

压差是磨机进口压力与出口压力之差,它反映了磨腔内循环物料量与磨机动态平衡。压差过低,喂料量小于出料量;过高,则喂料量大于出料量。压差一般控制在 7500～8000 Pa 为宜。

(9) 循环量

磨机设置外循环和内循环,外循环量小则增加喷口环处风量,足够的风量将物料带入选粉机内,导致内循环增大,压差增高。外循环料一般都是初磨后的物料,和混合料一同入磨可以调节入磨物料的颗粒级配,所以外循环量小会降低粉磨效率,反之外循环过大,也会影响粉磨效率。在其他环节不变的情况下,可以调节喷嘴环通风横截面,将挡风板推进或拉出,调节进磨风量、风速。外循环提升机电流 80～100 A 为宜。

(10) 循环提升机负荷增大的几种情况

① 磨机刚启动后,因研磨压力(7.5 MPa)达不到负荷要求,刚入磨的物料粉碎性差,外循环量相对较大。但随着辊压(14.5 MPa)的增高,外循环量很快稳定正常。

② 磨机提升侧和电机侧中间喷口环上某一盖板脱落,在风量不变的情况下,增加了通风横截面,降低了风速,即风速小于 90 m/s,物料不能被高速风带起,增加了外循环量。这时的外循环料粒度与原来相比偏小。

③ 磨机入磨溜子磨透,一部分原料没有落到磨盘上而是直接落入喷口环内进行外循环。这时的外循环料粒度较原来相比偏大。

④ 出磨外循环量减小,循环提升机电流增高(80～100 A)后稳定,经检查,发现提升机出磨溜子或入磨溜子内堵一异物,缩小了溜子的横截面,部分物料循环在提升机内。

⑤ 出磨外循环量减小,循环提升机电流不断增高。若不采取措施,提升机将超负荷(200 A)跳停。经检查,发现提升机出磨溜子或入磨溜子堵死。

(11) 磨机振动

喷水量小,磨盘上形不成较好料垫;给料量少时,料层薄,给料量大时,磨辊埋在料层内;磨内进铁块或异物等,都会引起磨机振动。振动值一般控制在 0.5 mm/s 左右,磨机运转时现场感觉不到振动,现场检测噪声为 90 dB。

(12) 选粉机调节

转速主要是调节出磨生料的细度。风速不变时,选粉机转速越快,通过的物料直径越小,产品细度越细,内循环大,降低了产量,浪费能源,影响压差的控制。反之,产品的细度较粗,内循环小,外循环过大。选粉机转速一般控制在 800～900 r/min,产品细度控制在 0.08 mm 方孔筛筛余小于等于 16%。但是,生产过程中,发现有时单用调节选粉机转速这个方法不能够完成控制指标,这里面既有设备方面的问题,也有操作方面的问题。下面就生料立磨生产过程中,生料细度的控制遇到的问题及处理作一简介。

① 选粉机可调导向叶片的角度,可根据各地原料的性质、磨机产量、通风量等因素来调节。该厂一般不予调节,定为 65°。

② 在磨机满负荷运转、工况稳定、压差控制在 8000 Pa 的情况下,控制生料细度为 0.08 mm 方孔筛筛余小于等于 16.0%,选粉机转速 850 r/min 左右即可。如调节选粉机转速小于 850 r/min 或大于 850 r/min,生料细度 0.08 mm 方孔筛筛余都会相应大于 16.0%或小于 16.0%。

③ 磨机工况稳定的情况下,压差小于等于 7800 Pa,相对偏低,选粉机转速增加 10～20 r/min,相反,压差大于等于 8000 Pa,选粉机转速减 10～20 r/min;这时,生料细度都能控制在 0.08 mm 方孔筛筛余小于等于 16.0%。

④ 原料有离析料块集中下料时,磨机工况稳定,即使压差在 8000 Pa 的情况下,选粉机转速也应该增加 10～20 r/min,压差控制在 8000～8300 Pa;原料有细、碎料集中下料时,选粉机转速减小 10～20 r/min,压差控制在 7800～8000 Pa,这两种情况都能确保生料细度控制在 0.08 mm 方孔筛筛余小于等于 16.0%。

⑤ 当磨机工况变化,限台时产量在 450 t/h 以下,压差控制在小于等于 7800 Pa 以下时,选粉机转速增加 100～200 r/min,生料细度 0.08 mm 方孔筛筛余仍然大于等于 16.0%。这时就说明相对磨机产量、

工况，循环风机拉风量偏大，应该将循环风机进口阀门开度由 98%关小至 80%，循环风机负荷由 200 A 降至 180 A(循环风机进相机进相状态)，循环风机进口压力由－9400 Pa 降至－8400 Pa。这时，就可以将生料细度控制在 0.08 mm 方孔筛筛余≤16.0%。

⑥ 短路风的影响。生产初期，磨机工况稳定，原料稳定，选粉机转速增加 100～200 r/min，循环风机拉风量减小至进口压力为－8400 Pa，生料细度 0.08 mm 方孔筛筛余仍然≥16.0%。又将循环风机拉风量增加至进口压力为－9400 Pa，发现生料细度更粗，0.08 mm 方孔筛筛余为 18%～20%。怀疑选粉机有短路风影响，经检查发现选粉机转子外圈与磨机壳体内圈高度密封处有漏风现象。

磨机壳体内圈高度高于选粉机转子外圈 30 mm，也就是说有 30 mm 高空隙，产生短路风，部分生料没有经过选粉机选粉直接出磨，所以，出现了选粉机转速越高，生料细度越粗的现象，用 30 mm 宽扁铁将选粉机转子外圈上沿补焊了一圈，将其空隙消除，结果发现磨机在原来台时、辊压、风量一样的情况下生料细度 0.08 mm 方孔筛筛余降低了 3.0%左右。

(13) 系统漏风

磨机筒体、进出口管道等处漏风，不仅恶化磨机工况，还加重风机负荷，浪费能源，百害而无一利。所以应该经常检查管道软连接有无破损、磨机筒体有无磨损，一经发现及时处理，尽力减少系统漏风。

(14) 停磨后的操作

停磨后应迅速关闭热风阀，全开入窑尾收尘器风阀，并及时将增湿塔喷水，确保其出口温度控制在 190～200 ℃。如果增湿塔喷水全开(回水阀门全关)，窑尾收尘器入口温度仍超过 200 ℃，应迅速打开窑尾收尘器进口冷风阀，保证其入口温度。

(15) 立磨系统改进

① 取消外排料系统。该立磨运行状况良好，每天都能在用电高峰期停车 4 h。但磨机停车后，循环提升机出料翻板自动打外排，一次外排混合料平均 4 t，外排混合料的运输不仅增加成本，与原料配用还影响配料的稳定性。经过实践，每次停磨前 5 min 降低 30 t/h 的喂料(原料从配料站到入磨需 100 s)，停磨后，提升机外排料进入磨内，下次开磨时，磨机负荷、外循环量均能达到设计要求。所以在现场固定循环提升机翻板打入磨位置，杜绝提升机外排料。原设计入磨皮带发现铁块后，物料在入磨前自动外排。后来在入磨皮带上又增加了一台圆盘式除铁器，实行双重除铁，并取消了自动外排设施，同样杜绝了入磨皮带外排料问题。

② 增大了磨机出风口与管道连接处的横截面积，增大了出磨通风量。

③ 原料出仓离析现象严重影响立磨产量和配料，采取了以下办法：石灰石仓保持 10 m 以上料位，石灰石取料机和磨机同步运行；砂岩在场地上实行平堆竖取，每班保证下料 2 次以上，保证 2/3 料位(仓位 15 m)；铁矿石在场地上实行平堆竖取，保证 2/3 以上仓位(仓位 15 m)。以上办法效果明显。

④ 衬板式入磨溜子改成了同弧度立筋凹槽式入磨溜子，凹槽内有一定的物料，实现了入磨物料在溜子上料磨料，避免了因入磨溜子磨透，部分入磨物料直接落入磨盘下腔，增大外循环量的现象。

⑤ 减少磨机壳体磨损。磨腔内风料流动时对磨机壳体特别是选粉机壳体(没有衬板)磨损很大，经常因壳体磨透漏风。改进措施为在每个挡风板端面上加上向内倾斜 15°弧形耐磨板，改变了入磨气流方向，使风料向磨机中央流动，减少了风料对磨机壳体的磨损。

4.16 立磨的操作要点是什么

(1) 稳定料层厚度。料层稳定可通过控制风量、进出口风压、喂料量、喷水量得以实现。理论上讲，料层厚度应为磨辊直径的 2%±20 mm。此外，料层厚度还取决于原料粒度及其粒度级配、原料易磨性和含水量等因素。如在挡料圈高度一定的条件下，喂料平均粒径太小或细粉太多时，料层将变薄；平均粒径太大或大块物料太多时，则料层将变厚，磨机负荷上升。

(2) 稳定研磨压力。立磨出厂时制造商对研磨压力有明确的控制范围，但考虑入磨物料的粒度及颗粒级配、易磨性及磨辊/磨盘的磨损程度的影响，在生产控制过程中要通过实践摸索才能确定其适宜的研磨压力控制值；另外，要尽量降低操作员的人为因素影响，要避免片面追求高产而增加研磨压力，以免影响立磨的安全运行。

(3) 保证一定的出磨温度。立磨是烘干兼粉磨系统，出磨气温是衡量烘干作业是否正常的综合性指标。为了保证原料烘干良好，出磨物料水分小于 0.5%，一般控制磨机出口温度在 90 ℃左右。如温度太低则成品水分大，使粉磨效率和选粉效率降低，有可能造成收尘系统冷凝；如温度太高，表示烟气降温增湿不够，也会影响到收尘效果。

(4) 控制合理的风速。立磨主要靠气流带动物料循环，合理的风速可以形成良好的内部循环，使盘上的物料层适当、稳定，粉磨效率高。但风量是由风速决定，而风量则和喂料量相联系，如喂料量大，风量应大；反之则减小。风机的风量受系统阻力的影响，可通过调节风机阀门来调整。磨机的压降、进磨负压、出磨负压均能反映风量的大小。压降大、负压大表示风速大、风量大；反之则相应的风速、风量小。这些参数的稳定就表示了风量的稳定，从而保证了料床的稳定。

(5) 控制成品细度。成品细度受分离器转速、系统风量、磨内负荷等影响。在风量和负荷不变的情况下，可以通过改变转速来调节细度，调节时每次增加或减少量不要太大，过大会导致磨机振动加大甚至跳闸。

4.17 立磨磨辊偏离轨道是何原因，如何解决

某厂生料粉磨采用 MPS3150 立磨，运行过程中出现磨辊偏离轨道现象，杜秀玲、林存柱等进行了详细研究分析，取得了一些经验，可供大家参考。

(1) 产生的原因

由于进磨的原材料铁粉是用铁矿石来代替，在进立磨之前没有进行预破碎，有个别的大块铁矿石进入磨中。不但增加了立磨的粉碎难度，而且振动大，由于铁矿石在磨机中要比大理岩、粉煤灰、黏土难磨，所以它的研磨时间要长一点，导致料床薄厚过于不均(主要是由于在磨盘上大块难磨铁矿石的落点概率高的地方料层厚一些，而落点概率低的地方料层薄)。

如果这时再遇上石灰石离析，进入磨中的石灰石比正常比例要多。由于石灰石含水分少，所以在磨机中烘干时所需的热量少，磨机出口温度升高。当磨机进口温度不变，出口温度超过 115 ℃时，就很危险了，磨机振动加大，此时的料床很不稳定，料床中的料粒之间水分子少，黏土、粉煤灰含量少，这时料粒之间的黏合力很小。或者在立磨停车时，热风阀关闭不严，部分热风进入磨中，使磨内及磨机出口温度过高，导致料床上的物料所含的水分少，料粒之间的黏合力就会变小，料床上的物料很松散，已经没有很稳定的料床了。

在上述情况下，磨辊与磨盘之间的摩擦力就会变小。再加上大块难磨的铁矿石导致的料层薄厚过度不均，或者在操作中短时间内频繁地加料、减料都会导致料层薄厚过度不均(从料位指示计上看，指示的料层厚度波动特别大)，磨机振动加大。使磨辊保持在原轨道运行的能力减弱，容易偏离原来的轨道，歪到轨道以内或拐到轨道以外。

(2) 解决办法

① 对大块的铁矿石进行预破碎，减少振动，稳定料床。

② 在混合料仓上设高料位和低料位报警，这样预均化堆场的岗位工通过报警能及时上料、停料，杜绝了离析和混合料冒料的现象。如图 4.7 所示，高料位报警设在离仓顶 0.5 m B—B 线处，低料位报警所设的位置是大约在物料开始离析处的以上 0.5 m 的 A—A 线处。当料坑的最低点 F 到达 C—C 线以下时，物料开始离析。所以应该让料坑的最低点 F 始终保持在 C—C 线以上，这样就避免离析现象的发生了。同时设置高料位报警是为了防止岗位工因上料过多而产生冒仓现象。

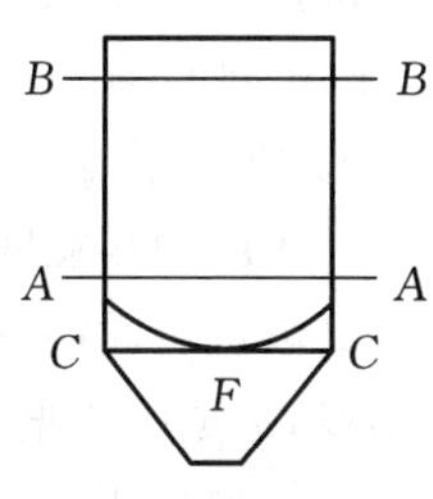

图 4.7 料位报警器

③ 在操作上应密切注意磨机出口温度的变化。当使用窑尾废气进行烘干时，在夏季，由于外界环境

温度高，遇上比较干燥且松散的物料，在启车之前的辅传盘车时应该视情况晚开或把热风阀尽量开小些，同时也可以适当地开冷风阀，或者在辅传盘车时适当地少开些喷水，目的是为了稳定料层。在冬季由于北方外界环境温度低，或者遇到比较湿的物料时可采取关冷风阀，在立磨未运转之前适当地提前开热风阀，对磨内物料进行烘干预热，然后再启车。在操作中如果发现磨机出口温度过高，应该及时调整冷风阀和热风阀风门的开度，来调整入磨气体的温度，从而调整磨机出口温度。如果磨机出口温度还是过高调不下来的话，就要及时通知现场的岗位工开喷水，并且严格控制好喷水量的大小。如果喷水量大，磨机出口温度过低，会造成饱磨现象。如果喷水量小，就会起不到稳定料层的作用。在操作中避免在短时间内频繁地改变喂料量，以便于控制均匀稳定的料层。

④ 选择合适的拉紧站压力。一般情况下，大块而硬的物料不易粉磨，磨机负荷增大，磨机振动大，料层不稳定，磨机也不稳定，应适当地提高拉紧力。对于粉状物料比例较多的物料，特别比较干燥的粉状物料，物料的流动性特别大，不易被磨辊捕获，不易形成稳定的料层，应适当地降低拉紧力，增加料层厚度，减少磨机振动，增加磨机的稳定性。该厂原来的拉紧站压力是 9～12 MPa，现在由于物料性质有所改变(难磨成分较多)改为 10～13 MPa，效果不错。

4.18 立磨吐渣是何原因，如何处理

某预分解窑生产线的生料粉磨系统采用 MPS3150 立式磨，一段时间来，吐渣量由最初每班几吨发展到几十吨，吐渣由汽车运回到预均化堆场，重新搭配，再一次入磨粉磨。由于吐渣量的增多，导致立磨台时产量降低，增加了工人劳动强度及相应电耗，增加了生产成本，为此，赵尊伟进行详细的研究，取得了一些经验，可供大家参考。

(1) 吐渣与正常运转时的参数对比

立磨吐渣与正常运转时各参数对比情况见表 4.7。

表 4.7 立磨吐渣与正常运转时各参数对比情况

项目	磨机主电流(A)	磨机入口负压(Pa)	磨机压差(kPa)	磨机出口温度(℃)	磨机振动值(mm/s)
正常时	90～100	−400～−500	4.5～5.0	85～95	2～3
吐渣时	125～135	−100～−200	5.4～5.9	70～75	8～10

(2) 吐渣原因

① 设备原因

a. 喷口环磨损及喷口环上盖板损坏，入磨检查发现喷口环已磨掉约 1/3，这使磨内风速达不到设计风速，不能将物料及时托起，造成吐渣。

b. 磨盘环磨损严重，最初设计为间隙 8 mm，后入磨检查发现间隙已达 20～40 mm，漏风严重，造成吐渣。

c. 导向锥磨损严重，不能有效地起到导向物流、气流的作用。

d. 磨辊辊皮及磨盘衬板磨损严重，辊皮最初为 135 mm，现最薄处仅剩 30 mm，磨盘最初为 80～100 mm，现仅剩 50 mm 左右，导致研磨压力下降，研磨效果不好，使磨内循环负荷增大造成吐渣。

② 物料原因

a. 入磨物料粒度大，正常要求入磨粒度小于 80 mm，大块物料占总物料的 5%是允许的，但实际生产中入磨粒度有时高达 100～160 mm，且大块物料比例远大于 5%，这势必增加磨内循环负荷，引起磨内料层不稳，造成吐渣增多。

b. 物料离析。由于物料本身原因以及上料时间不及时造成入磨块料过分集中，使循环负荷增大，引起吐渣。

c. 物料易磨性差。原设计采用大理岩、铁粉、黏土三组分配料，后改为大理岩、铁矿石、粉煤灰配料。由于物料难磨成分增加，使磨内循环负荷加大，造成吐渣。

d. 粉煤灰的影响。粉煤灰代替黏土配料，由于雨季粉煤灰水分大，最高达 20%，未经烘干即与石灰石在均化堆场配料，立磨运转时，粉煤灰黏结在各下料溜子及入磨三道阀板处，越挂越多，到一定程度突然垮落入磨，使磨内负荷突然增大，吐渣急剧增多。

③ 系统漏风及风量不足的原因

a. 入磨三道阀板不灵活、常开或因物料水分大，将阀板摘除后，系统漏风严重，远大于 15% 的设计允许，漏风造成吐渣。

b. 磨机进口热风管处因物料沉积造成入磨气体流量少，风量不足造成吐渣。

（3）减少立磨吐渣措施

① 设备方面

定期补焊喷口环、磨盘环，修复喷口环上损坏盖板，即时更换导向锥及磨辊辊皮和磨盘衬板。

② 物料方面

a. 及时更换矿山锤式破碎机锤斗及下料篦子，降低入磨物料粒度。加大生产管理力度，及时上料，减少物料离析程度，保持混合料仓料位在 2/3 以上。

b. 减少易磨性差的物料的用量。

c. 降低入磨物料水分，在堆棚晾晒、翻动，在入磨三道阀底部加一预热风管，热风由入磨热风管处供给，这样减少了湿物料在三道阀处的黏结，利于磨内料层稳定，减少吐渣。

③ 系统风量方面

恢复三道阀，定期清理入磨热风管处积料。

④ 工艺操作方面

a. 工艺操作上做到早发现、早预防、早处理，及时大幅度减料，如从正常 150 t/h 降至 100～110 t/h，并可同时适当降低分离器转速，从而降低磨内负荷，待磨内状态回升后及时调至正常操作状态。

b. 稳定入磨风量，保证入口负压，同时注意风、料合理匹配。

通过以上措施，吐渣量由每班十几、几十吨到现在 1～2 吨，甚至不吐，立磨运行情况良好。

4.19 立磨振动原因及解决方法

某 2000 t/d 预分解窑生产线，生料制备系统采用 MPS3150 立磨。针对立磨运行中引起振动的原因，于加滨和杨书慧等结合生产实际情况进行了分析，并提出了解决措施。

（1）物料粒度

入磨物料的粒度是引起磨机振动的一个因素，粒度过大易引起磨辊起伏超限，振动大，跳停。

解决办法是加强工艺管理，保证入磨原料石灰石粒度小于立磨允许最大粒度(80 mm)。

（2）金属异物

金属异物来源有两种，一是除铁器未除去的金属或非铁磁性金属；二是磨内脱落的金属。金属异物入磨会导致磨机振动，大块金属异物导致立磨异常振动；小块金属异物导致立磨间歇性小幅振动。

解决办法是停磨机，人工入磨取出金属。另外加强上一工序管理以及磨内本身焊接件质量，保证金属异物不入磨。

（3）磨机压差

压差是气体在磨内的压损，是磨机工艺控制的主要参数之一。压差升高，磨内循环负荷增大，磨机运行不稳定；压差降低，磨内循环负荷减小，磨机运行也不稳定。

解决办法是中控室根据磨内状况的变化，及时调整工艺参数，加强工艺操作。现场加强管理，杜绝因工艺或机械原因而造成的磨机压差的变化。

（4）本体漏风

大量漏风没有起到携带物料的作用，特别是立磨本体喷口环以上的漏风，破坏磨内风的旋流流场，磨内状况恶化,气流波动紊乱,导致磨机负荷增大,立磨运行不稳定,振动值变大。

解决办法是加强系统堵漏,在立磨本体、各工艺管道阀门、膨胀节、旋风筒等漏风处进行了堵漏处理,并定期检查维护,减少漏风系数,特别是喷口环以上立磨本体的漏风尤其要重视。

(5) 磨内温度

生产实践和相关研究表明,由于磨内持续长时间高温,会出现静电效应,使微细粉产生二次聚集,从而降低粉磨效率,影响立磨产量,导致立磨运行不稳定。有一段时间增湿塔喷水不畅,入磨冷风阀变形损坏无法开启,造成入磨热风温度高,致使磨内温度偏高,立磨运行不稳,产量低,振动值逐渐升高,直至振动大跳停。另当出磨温度高于 100 ℃时,立磨内部密封件易受损老化,减少寿命。

解决措施是恢复磨内雾化喷水,降低磨内温度,控制出口温度在正常范围之内,保证立磨稳定运行。

(6) 挡料环高度

挡料环的作用是维持一定的磨床料层。挡料环高,料层厚;挡料环低,料层薄。生产初期对挡料环高度引起磨机振动的认识不足,实行厚料层操作,料层厚度 100～120 mm,挡料环高度 90 mm。这样不但粉磨效率低、产量低,而且磨机稳定运行变得比较脆弱,受外界因素影响明显,生产中磨机振动频繁,每班振磨次数达十几次,损坏附属设备。经分析是因为采用厚料层操作,磨辊与三角框架的整体重心高,增加了不稳定因素。运行中磨辊与三角框架的动态平衡,受外界因素影响适应能力差,动态平衡易破坏,引起磨机振动。

通过不断积累经验,确定挡料环的高度为 50 mm。运行中料层厚度为 60～80 mm,相当于磨辊与三角框架的整体重心高度降低了 40 mm,增加了磨机运行的动态稳定性。运行中磨辊与三角框架的动态平衡,受外界因素影响适应能力强,振磨次数明显减少。挡料环高度降低前后生产情况对比见表 4.8。

表 4.8　挡料环高度降低前后生产情况对比

项目	振磨次数(次)	停机时间(h)	项目	振磨次数(次)	停机时间(h)
挡料环高度 90 mm	512	86	挡料环高度 50 mm	38	6

(7) 研磨压力

研磨压力的大小可影响立磨的产量和运转的稳定。压力大,研磨作用强,主电机电流大,粉磨效率高;压力小,研磨作用弱,主电机电流小,粉磨效率低。但压力不易过大,否则会增加主电机负荷,加剧振动。生产初期研磨压力为 13.5±1 MPa,磨机运行不稳定,主电机电流大,振动值约为 4 mm/s,易受来料波动等偶然因素而导致突发性振动。

解决措施是根据物料特性与运行实际情况,确定研磨压力 10±1 MPa。立磨额定喂料量时,运行平稳,振动值为 2 mm/s,效果良好。研磨压力与振动值实测数据见表 4.9。

表 4.9　研磨压力与振动值实测数据

压力(MPa)	10±1	11±1	12±1	13±1	13.5±1
振动值(mm/s)	2	2.5	3	3.5	4

通过采取以上各项措施,振磨次数明显减少,立磨运行平稳,提高了设备完好率和运转率。

4.20　立磨生产如何设定研磨压力

(1) 研磨压力应根据物料的量和易磨性设定合理的范围

立磨研磨压力要根据物料的易磨性和设计产量等设定。研磨压力小将导致物料粉碎量少,外循环量增大,造成料层增厚、压差增大,影响磨内通风,产量降低,同时影响刮料板的安全使用;研磨压力过大将导致料层过薄,造成物料碎而不细,增加内循环负荷和磨内压差,同时增大主电机负荷,造成粉磨功率浪费，不利于长时间的稳定运行和节能降耗目标的实现。

(2) 研磨压力加载的时机和幅度要根据磨内物料量而定

判断磨内料量多少最直观的参数是磨内压差，压差为磨机喷口环处的静压损失。立磨刚开时，系统拉风要参照立磨出口压力，压差不可太大。物料入磨后，压差逐渐提高到一定幅度时，落辊加压粉磨。待料层均匀、振动稳定后，逐渐加大研磨压力。若磨机出现急停现象是由于磨内存料较多，可以提前落辊加压粉磨。这就要求操作者在实际生产中总结经验，根据压差、外循环量、入磨皮带电流、入磨皮带上的摄像头等准确判断磨况，判断好加压时机，过早则料层不稳，容易造成振动较大，过迟则造成磨内物料多，压差大，易饱磨，这些均不利于后续的提产操作。

加载幅度要依据液压泵最小工作压力差而定，换言之，就是使液压泵在输入新的压力设定值时要有动作，一般每次加载幅度不应超过 5 Bar(1 Bar$=1\times10^5$ Pa)，待液压压力反馈稳定后，再根据磨内压差增减情况决定是否再加压或减压，最后逐渐根据喂料量决定最终的研磨压力。

(3) 研磨压力的卸载

研磨压力的卸载常在止料停磨时开始，在操作中要做到“快而不急”，减压在止料时开始，每次减 4～5 Bar 左右，待反馈稳定后再减压，直到减至最小压力。过急减压将导致溢流阀一直处于开状态，不利于液压站的稳定工作。且在止料时，因入磨皮带上的物料走空需要一定的时间，同时考虑到磨机内外循环量，通常在这段时间内将研磨压力减到最小是不会造成磨机振动变大的。待磨内压差和主电机电流降低时，可以停磨，此时，磨内物料基本磨空，方便以后开磨。

4.21 不同粉磨压力对立磨运行有何影响 

在使用 LV 技术改造之前的很多磨机，由于风机的性能不足，并不能吸收磨盘上的全部能量。这些磨机实际是在以比供应商设计的数据要低的粉磨压力下运行，原因很简单，较高的粉磨压力使磨机振动加剧。而当磨机改造后，大多数情况下，增加粉磨压力并从磨盘上最大限度地吸收电机功率成为可能和必要。表 4.10 是 UBE40.4 立磨磨辊压力与运行参数影响的运行实例。

表 4.10 UBE40.4 立磨磨辊压力与运行参数

磨辊压力(kPa)	6500	6620	6750	6870	7000
产量(t/h)	290	295	300	305	310
磨机功率[kW·h/(t·s)]	9.0	9.0	9.0	9.0	9.0
振动(mm/a)	4～5	4～5	4～5	4～5	4～4.5
磨内压差(10^3 Pa)	54	53.5	53	52.5	52

可以看出，在较高粉磨压力下的磨机特性在各方面都表现较好，结论是磨机内部的循环在随着粉磨压力的增加而降低。

所以，立磨应当以尽可能高的粉磨压力运行，即单位粉磨压力最小是 9000 kPa。

（摘自：谢克平，新型干法水泥生产问题千例操作篇）

4.22 如何防止生料立磨循环提升机的跳停 

某 5000 t/d 生产线生料制备采用 RMR57/28/555 立磨，外循环斗式提升机型号为 NSE300×33350，输送能力为 450 t/h，电动机功率为 75 kW，额定电流为 140 A，报警值为 150 A。在生产中，常常会因原料突然变化、来料不稳等原因，使磨况发生改变，造成外循环物料多、提升机电流高。在生产初期，通常采用的操作方法是迅速减少喂料量，同时加大研磨压力，适当降低选粉机转速，让尽量多的细粉随气体排出磨外,减少磨内物料量,从而降低外循环物料量。但在实际操作中发现,此种操作方法调整时间过长,大量的物料来不及排出磨外,最终将循环斗式提升机压死。由于该提升机与磨机是连锁关系,提升机跳停后磨机同样会停机。

通过摸索和实践发现,当循环斗式提升机电流达到临界值 140 A,甚至达到报警值 150 A 时,迅速采取以下措施,可有效避免循环斗式提升机的压死。

① 急停入磨皮带,禁止物料入磨。

② 迅速降低研磨压力,使物料在磨盘上暂时形成较厚的料层,使进行外循环斗式提升机的物料锐减。

③ 适当降低选粉机转速,使磨内细粉尽快排出磨外(选粉机转速不宜过低,以防生料细度过粗)。

④ 当循环斗式提升机电流有下降趋势,并降至 140A 左右时,可以较少的喂料量(200～300 t/h)开启入磨皮带喂料,调整磨况至稳定状态,再进行正常操作。

采用此操作方法,可在较短时间内迅速降低外循环物料量,有效避免了因外循环物料量大造成循环斗式提升机压死、磨机跳停的现象,对磨机的长期运行起到了至关重要的作用,从而保证了回转窑的正常供料,也大大降低了生料粉磨系统电耗。

4.23 如何判断和处理立磨堵料 

(1) 立磨堵料的判断

① 从中控操作参数判断

a. 主电动机功率异常升高

通常研磨压力、料床厚度及其对应的主电动机功率是在一定范围内小幅度波动。料床厚度越高,主电动机功率越大。如果料床厚度较薄(在正常范围内),而主电动机功率却高出几百千瓦,则预示着刮板腔里有积料的可能,所以主电动机功率是堵料的最敏感参数。

b. 磨机压差升高和入口负压降低

磨机热风管道的交汇处为磨机的刮板腔,热风从刮板腔向上经喷环处倾斜的导向叶片产生强大的旋流进入粉磨腔,进行烘干和提升作业。刮板腔里积料,必然导致通风面积减小,通风受阻,其磨机入口负压降低,而出磨风机拉风不变,导致磨机压差上升,磨机振动持续在较高的水平线上波动。这种振动不同于正常运行时小幅度振动,也不同于因磨腔里进铁件而产生的突发性振动(瞬间有很高的峰值),它是在比正常振动值高 1～2 mm/s 的振幅上始终振动。

c. 磨机入口温度缓慢降低

磨机入口气温检测热电偶安装在刮板腔里,如果排除掉热电偶本身故障和窑尾废气温度影响外,则说明是热电偶探头已埋在吐渣料中,与气流接触不到的缘故。

在同一时间上述 4 个参数都发生异常的话,则可以明确地判定立磨刮板腔里积料。

② 现场巡检判断看吐渣料的量,如果吐渣料的量比平时大,则应检查磨机吐渣料卸料斗,听卸料斗处卸料的声音。若卸料斗里没有积料,则被立磨刮板刮落的吐渣料很清脆地落在斗子里。也可用手锤敲击斗壁,若声音发闷,则料斗里积料。如果堵料严重,则会从减速器上部立磨运转部位与静止部位的密封处向外喷灰。

(2) 造成立磨堵料的因素

① 石灰石易磨性差

立磨喂料中,石灰石掺量占绝大部分,砂岩和铁粉只占一小部分。即使砂岩易磨性差,也对立磨操作上无大的影响。石灰石易磨性差,则立磨运行中吐渣料大幅度增加,操作上调整不及时,则会产生堵料。

② 操作不当

操作上单纯地追求台时产量。在石灰石易磨性差、吐渣料增大的情况下,仍长时间地维持较高的台时产量。而入库气力提升泵的罗茨风机电流值却没有升高,则表明增加的喂料并未粉磨成生料入库,而只是吐渣循环而已。另一方面与操作上增加喂料量过快，研磨压力和风量设定值未能跟上有关。

③ 吐渣料卸料口堵塞

造成卸料口堵塞的因素主要有两类：一类是卸料口卡铁块，造成吐渣料通过量变小，另一类是操作上磨机喷水量过大，磨机喷水管断开，造成水未雾化而流下来，使吐渣料受潮，堵住下料口。

(3) 磨机堵料的处理

磨机堵料时应立即减喂料量 50～100 t/h 左右（正常喂料量 320 t/h），同时加大系统拉风，适当提高研磨压力。通常经过 1～2 h 的调整，可以恢复到正常状态。若不行，则只有止料，甩空刮板腔里的积料，然后重新喂料。

如果卸料口被卡，可以在不停磨喂料的情况下，用气割切开孔后，用铁丝固定住铁块，取出卡铁，但要防止铁块掉落划伤下游皮带。如果因为料潮而堵，则必须停磨处理。振动喂料机卸料能力小时可以在停机状态，调节振动喂料机偏心锤的角度，使之达到设计输送能力。

4.24 生料易磨性和喂料速率对立磨运行有何影响

(1) 原料的矿物组成决定了粉磨的难易程度

水泥生产所需原料的矿物组成和结晶形态决定了其破碎和粉磨的难易程度，也是决定粉磨工艺参数的重要条件。

(2) 合适的料层厚度可以保持较高的粉磨效率和减小磨机振动

稳定料层厚度是立磨操作的关键，料层薄则粉磨效率高，但易振动；料层厚则振动小，但粉磨效率低，料层不均匀将造成振动增大。理论上讲，料层厚度应为磨辊直径的 2%±20 mm，如立磨磨辊直径为 3000 mm，适宜的料层厚度是 60±20 mm。

料层厚度受挡料圈高度、系统拉风、喂料量、喷水量等影响。挡料圈高度一般在安装时根据喂料粒度及粒度级配等确定。操作中调节料层厚度的前提是做到系统拉风与喂料量的匹配，拉风过大将造成磨内物料走空，料层变薄，振动变大；拉风过小则物料进出不平衡，料层增厚，粉磨效率下降，甚至造成饱磨。喷水的调节是在拉风与喂料量匹配的情况下，对料层厚度进行微调，在振动值稳定的前提下保持较薄的料层厚度，可以提高粉磨效率。

(3) 喂料速率的大小取决于磨况的平衡稳定程度

所谓磨况，是指磨机的粉磨平衡稳定程度，即磨机处在平衡稳定或不稳定的粉磨状态，其中磨内压差、主机电流、内外循环量、振动、料层等参数是衡量它的主要标志。

喂料量的大小要根据磨况来决定，刚开磨时由于磨内较空，可以预加 70%左右的物料，待压差、主机电流、料层、磨机振动稳定后，随着研磨压力和系统排风的加大，若磨机有富余的粉磨能力，可以适当加料。

操作中要求能使磨机逐渐由一系列低端的粉磨平衡逐步地向高端的粉磨平衡过渡，过渡中尽量减少波动。当磨机加料到额定能力时，此时应稳定运行一段时间，使磨机达到物料进出平衡、破碎平衡、风料平衡的稳定状态，此时可以选择是否增产。我们知道，任何平衡都是具有一定弹性的，在这个平衡下，适当的加减一些料，对磨况的影响是不大的。

4.25 立磨生产如何用风

(1) 系统风机（循环风机）的工作性能应满足立磨所需的风量和风速

立磨是靠风力输送成品的，风量的大小直接决定了可以被携带的成品量，然而，风量并不是唯一的因素，风速的大小同样至关重要，因为受喷口环面积、选粉机转速以及磨内结构所造成的磨机压降的影响，粉体必须有足够的出口动能才能被带出磨机出口，进入细粉分离器进行风料分离，风速的大小影响着细粉分离器的分离效率。

喷口环处的出口风速和风量是影响立磨成品量的重要因素之一，为达到工艺要求，通常都要求系统风机的风量满足立磨的需要，在实际生产中需要调整高温空气量和循环空气量即入磨总风量，以保证立磨适宜的喷口环风速(一般不小于 45～55 m/s)和适当的入磨风温。

(2) 喷口环面积大小影响立磨的稳定运行

立磨的喷口环的面积大小可以通过遮挡喷口环的挡板来调节，过大将导致出口风速减小，物料带不到合适的高度，造成外循环变大，主电机负荷加重；过小将导致出口风速变大，细粉带起量增多，造成内循环大，选粉机负荷加重。这些都将影响风、料混合均化效果，降低磨机换热效率，导致出口温度升高和出磨成品水分增大。

受不同生产线设备选型、原料物理性能等因素影响，喷口环的面积应根据实际生产情况作适当的调节，找到适合各企业粉磨系统的最佳喷口环面积，使磨机形成稳定的料层、合理的外循环与内循环，保证磨机均衡稳定地运行。

(3) 选粉机合适的转速可保证产品细度和减缓设备磨损

立磨通常采用的是鼠笼式高效选粉机，它通过导向叶片将随风携带的粉体以一定的角度喷射在旋转的笼子上，在离心力的作用下，细粉克服重力和叶片的摩擦阻力，随风进入细粉分离器进行气固分离，其成品入库；粗粉则落入选粉机底部，再通过底部的卸灰口落到磨盘上重新研磨，形成内循环，通常要经过多次循环，才能使全部粉体达到要求的细度。其选粉效率通常在 90%以上。一般调试要求选粉机转速为 1250 r/min(80%的额定转速)，然而，随着使用时间的延长，磨机耐磨衬板磨损造成研磨效率下降，选粉机叶片磨损导致分级效果降低，有些中控操作者往往只知道通过提高转速来降低细度，而不知在磨况稳定不减产的情况下适当地降低风速也可以明显降低细度，这种操作习惯造成转速的提高是错误的，无形中增加了对选粉机叶片的磨损。由此应该在设备使用寿命和产、质量之间做出权衡，找出最佳的转速范围，使之达到最佳的经济效益。

(4) 磨机供风系统的设计差异对系统风量的影响

一般而言，5000 t/d 生产线常用的磨机供风系统布局分为无循环风路和有循环风路。无循环风路布局的供风系统将磨机循环风管和高温废气风管合为一个，能起到处理窑尾废气和风循环的双重作用，这种设计投资较少，但造成磨机系统风量的稳定性差。

例如，某厂立磨系统是无循环风管的风路布局，在开磨用风时无法避免进入热风，喂料稍迟时就造成磨内温度急剧上升，若完全关闭热风阀，只开冷风阀，则产生立磨系统风路不能循环，导致窑尾袋式收尘器正压过大；若进口风路全部关闭，将造成喷口环出口风速低，磨盘上的积料在开启主电机时会从振动筛观察孔中涌出；当因配料秤故障或断料时，短时间的止料都会导致温度升高，使用极不方便。

而有循环风路布局的供风系统因其风量自动及时补偿，且可以在开、停磨时不掺入热风，不会出现上述无循环风路系统的弊端，有利于操作。

因此，中控操作者应根据生产线的工艺布局特点，在磨机刚启动时参照生料入磨的速度把握好拉风、喷水、加压的时机，力争保持良好的粉磨状态，为后续的快速加料创造条件。

4.26 使用立磨粉磨矿渣粉应如何控制

(1) 入磨物料粒度、水分控制

某炼铁厂有两座出渣场，由于高炉工艺不同导致矿渣粒度波动较大，渣中杂质含量较高，同时部分矿渣长期露天堆放产生结块，一旦金属物和大块进入立磨，振动值立刻增加，严重时会引起主电机跳停。基于此，设置三个矿渣上料口，首条皮带输送机机头设置振动筛除去大块矿渣和金属物，同时每条皮带上安装带式除铁器，入磨皮带头部还装有金属探测器、外排系统并实行连锁金属探测器报警，当探测到金属时气动翻板阀由入磨动作到外排位置。因此，多点喂料和除去金属物、大块矿渣安全措施，保证了入磨物料粒度均匀性。

入磨矿渣的水分太高，经常会造成磨机下料口堵塞，煤耗增大。入磨矿渣水分含量是矿渣粉生产控制重中之重，对刚进厂的矿渣应预堆放，以除去里面大量水分，同时要求化验室对入厂矿渣全线跟踪检测，巡检人员目测矿渣水分，准确及时地报告给中控操作员，使他们有针对性地改变工艺参数，保证磨机稳定运转。矿渣水分保持在10%左右，效果最佳。

(2) 风量和风速的控制

立磨属于高速风扫磨，所以一定的风量和风速是使磨机形成一个合理的内循环的首要条件，只有适宜的风量和风速才能使磨机稳定运行。在运行中风量小时，碾磨完的细粉不能及时带出，使磨盘上料层变厚，回料增多，主电机电流增大，造成磨机振动、饱磨跳停等现象。反之，风量过大，料层将会变薄，磨辊波动大，影响磨机稳定运行，也使成品合格率下降。风量过大还会造成收尘器阻力过大，造成负荷过大，影响收尘器正常收尘效果。因此，磨机的风量和风速要与磨机给料量相匹配，在生产中应保持磨内的风量和风速的稳定，在调节时变量不应过大，以2%的变量调节为宜。调节风量和风速时首先要考虑磨机负荷的稳定，要使磨机的振动值达到最小，回料要少。在实际操作中可根据收尘风机的转速与风机入口风门、磨机电流、压差、给料量、入磨和出磨负压的情况来调整。一般通过调节收尘风机的转速和风门来达到一个合理的风速，通过循环风门的开度来调节一个最佳的风量。在生产操作中要注意，涨料时不加风，降料时不降风，都会使压差异常变化，磨机电流不稳，造成磨机振动、跳停等。

(3) 吐渣量的控制

正常情况下，立磨可调风环的风速达90 m/s左右，这个风速可以将物料吹起，又允许夹杂在物料中的金属和大密度的杂石从可调风环处跌落，经刮料板清出磨外，所以有少量的杂物排出是正常的，这个过程称为吐渣。

如喂料过多，料层过厚，磨辊压力不够，回料量会增加而且粒度粗。当回料量超过一定极限时，磨机振动值加大，主电机电流上升，回料过多时还会引起主电机跳停。此时可慢慢增加磨辊压力，回料量会逐渐减少，粒度变细，而且粉状料变多，料层厚度变薄，磨机工况渐渐平稳。

(4) 磨辊压力控制

磨辊压力的大小也是决定磨机产量的一个重要因素，磨辊压力不能过大，否则将导致磨机电流上升，减速机负荷增大，振动值加大，损坏磨机零件也造成没必要的功率浪费。磨辊压力过低，影响粉磨效率，导致产量下降、回料增多等现象。在实际操作中，可根据物料的易磨性、磨机振动值和磨机电流来找出一个合理的磨辊压力。

LS56.2+2S立磨的磨辊为两大两小，交错安装。大辊称为M辊(主辊)，起粉磨作用，小辊称为S辊(辅辊)，起准备料床的作用。辅辊有一套独立液压系统，该系统功能是在磨盘和辅辊之间保持一定的距离，该距离决定了主辊粉磨矿渣料层的厚度。辅辊转速太快，会起到研磨作用，加速辊面磨损，适宜转速为5～10 r/min。主辊有一套独立液压系统，每个辊子上有两个液压缸，每个液压缸上有四个皮囊蓄能器，两个柱塞蓄能器，皮囊蓄能器主要为液压缸提供操作压力，柱塞蓄能器为其提供反压力。在运行过程中，由于磨盘上有矿渣，主辊被抬高，主辊位置反映了料层厚度，摇臂缓慢转动，液压缸中的活塞随连杆上移，并将上缸室的油排入皮囊蓄能器，将氮气压缩，既储备能量，又可以通过活塞和摇臂反作用于磨辊。压缩得越多，反弹力越大。因此料层越厚，所需的压力越大。操作压力反映研磨作用的效率，研磨压力过低，导致产量下降，磨盘的料层厚度增加和排风量压力过高，主电机电流增加，振动值上升，会对磨件产生高的磨损，并不能按比例提高粉磨能力。通过慢慢改变工艺参数，对有关指标进行对比分析调整，最后确定该立磨适宜辊压力在7 MPa左右，适宜料层厚度为60 mm左右。

(5) 压差的控制

压差是指磨机入口喷口环处与磨机出口分离器下端的风压损失。压差反映着磨内物料的流动状况，在立磨操作中是一个非常重要的控制参数，也是经常在变化的一个参数。在磨机运行中，压差的变化可从磨机电流、料层厚度、磨机的振动、出口温度上表现出来。在操作中可以利用压差的变化来判断磨内物料的流动情况和调节磨机的给料量来稳定磨机运行。磨机运转中影响压差变化的因素很多，如风量风速的变化、分离器的转速、给料量、磨内喷水量等，因此在生产中要控制好以上各参数来稳定磨机的压差从而确保磨机的稳定运行。

(6) 磨内喷水的控制

向磨内喷水是使物料在磨盘上形成一个稳定料层，使物料的刚性和韧性增加，磨内喷水的原则是宁少不多，以料层稳定为主，磨盘上料层稳定的物料水分在15%为最佳。在磨机运转中，如出现压差变大，磨机电流下降，分离器电流上升，料层变薄，出口温度上升，磨辊开始振动时说明磨盘上物料过干，料层无法保持，应加大磨内喷水。如果压差变小，磨机电流上升，磨辊浮动大，出口温度下降时，说明料层过厚，应降低喷水，以保证料层稳定来保持磨机的稳定运行。在实际操作中可根据料层厚度、出磨温度及随时观察入磨矿渣水分来调节磨内喷水量以稳定料层，使磨机稳定运行。

(7) 磨机出口温度的控制

立磨属于一个高效率的烘干机兼粉磨系统。磨机的出口温度稳定才能使磨机达到一个稳定的烘干和粉磨物料的效果，使磨机碾磨效率发挥至最佳状态。磨机出口温度过高，可导致机械受损、软连接老化、分离器卡停、收尘器布袋烧坏等现象，影响磨机正常运转，也造成能源的浪费。出口温度过低，将达不到烘干效果，产量也会下降，出磨成品水分大，造成收尘器粘料，影响收尘效果，特别是在冬季很容易使收尘器结露。

磨机出口温度控制在105～110 ℃为宜，不应超过120 ℃，出磨成品水分应小于0.5%。正常运转中要保持热风炉的稳定燃烧，出口温度才能稳定，在实际操作中可根据热风炉温度、热风出口门开度、循环风门开度和磨内喷水量调节进行控制，在调节热风出口门时变量不应过大，一次的调节范围在5%为宜，调节动作大会使热风炉温度、负压变化大，影响热风炉的操作。

(8) 料层的控制

稳定而且合理的料层厚度是立磨稳定运行的基础。有的立磨设有刮料板，料层的厚度在运转前已经被刮料板的高度决定。刮料板的高度可根据磨机产量和磨辊与磨盘的大小来调节，刮料板不能过高，也不能过低，过高或过低会导致回料增多、磨机振动。在运转中料层不稳定如不及时调整，会导致磨机电流上升、压差变化大、振动加剧或跳磨等故障，在实际操作中可根据磨内喷水量、给料量、风量来控制稳定料层。在磨机运转中要时刻观察料层的变化及时调节，料层稳定才能使磨机电流、振动值、压差稳定。

(9) 成品细度的控制

立磨配有高效动静态分离器，在磨机加载不变和风量风速稳定的情况下，调节分离器的转速是控制成品细度的一个重要手段。分离器的转速越快出磨物料将会越细，反之越粗。但分离器的转速也不能过高，分离器的转速过高，磨机内循环阻力将会加大，造成料层变厚，压差增大，磨机振动，电流上升，饱磨，产量也会随着下降。分离器转速过低时将达不到要求的细度。另外，风量过大也容易把粗料拉走，造成细度下降，所以在加载压力不变的情况下要保持给料量、风量和分离器转速三者合理匹配。在实际操作中成品的细度可根据给料量、加载压力、风量风速和分离器的转速来调节，但是分离器转速调节速度不应太快，调节太快会造成料层不稳，引起磨机振动、压差不稳定。每次调节转速的变量最大应在2%以内为宜。

(10) 粉磨时异常情况的处理

① 磨机振动过大

a. 喂料不均匀或太小，当入磨的矿渣时大时小，差异较大时，导致磨盘上料层厚薄不均，甚至磨辊撞击减振器，造成磨振。解决的方法是稳定入磨物料的量，适当调整喂料速度或减小操作压力，在保证需要物料比表面积的前提下，适当降低选粉机转速。

b. 金属物进入磨机，检查金属探测器、磁鼓分离器工作是否正常。增加上料及喂料系统、物料循环系统的除铁装置，以减少入磨金属。

② 磨机生产能力过低可能的原因：

a. 烘干能力低；

b. 粉磨压力低；

c. 产品比表面积控制太高；

d. 系统风量低。

解决的方法为保证喂料能力的前提下增加热风炉的供热能力，增加粉磨压力，降低选粉机转速，加大系统排风量。

③ 喂料不足

当发现喂料仓储料不足时应停机，此时如果继续运转有空磨的危险，应停止磨机喂料，待来料充足稳定后再投料运转，否则会使料床变薄，造成磨机振动，减速机损坏。但必须控制好磨机温度，防止因缺料时温度太高造成收尘器烧袋。

④ 磨机压差太大或太小

压差太大时，应立即减少供料，观察压差指示装置。检查其可能的原因：

a. 喂料装置故障，喂料过多；

b. 磨盘挤料孔堵塞；

c. 风量过低或不稳定；

d. 选粉机调整的细度过细。

压差过小的原因：

a. 喂料量过低或喂料中断；

b. 产品的细度太粗；

c. 抽风能力过强。

另外还应检查压力表是否工作正常。

⑤ 系统温度过低

应立即检查整个系统，检查可能出现的原因：

a. 喂料量太大或物料过湿；

b. 热风炉供热能力下降；

c. 各控制阀门失灵或不准确。

反之造成系统温度过高也应作相应的检查，并作出相应的处理。

⑥ 系统的操作压力下降

应检查：

a. 油管是否泄漏；

b. 压力控制电磁阀是否失灵或损坏；

c. 压力泵是否正常工作；

d. 压力开关是否失常，压力表是否显示正常。

如果上述设备检查后完好无损，此时可重新启动压力泵工作，关闭压力泵后压力正常，则不需停机，反之则停机检查，排除故障方可启机运行。

4.27 影响立磨产(质)量的因素有哪些

影响立磨产(质)量的因素有很多，邹波等根据多年来的生产经验，总结了以下几个影响因素，供大家参考。

(1) 物料的影响

喂料量的稳定是影响立磨正常运行的关键，特别是粉磨矿渣超细粉，喂料不均匀会导致料床产生磨振，温度也不好控制；风量及负压调节过于频繁也会影响到热风炉的控制，严重时可能导致热风炉结焦而停产。其次物料中含铁量的多少也会影响到立磨的产(质)量，随着粉磨时间的增加，磨床内存积细铁颗粒就越多，不仅影响磨机的粉磨效率，增加辊套及磨盘的磨损，在同等条件下还会减小出磨成品的比表面积。而物料中粗颗粒铁、大块铁较多或物料中有大块的输送胶带等杂物的话，还会造成叶轮喂料机的卡死导致停磨，即使入磨，也会增加立磨的振动，以致无法控制造成停机，严重影响磨机的正常运行。因此要求入料稳定及多级除铁来稳定物料。

粉磨熟料时，由于熟料的物理性质不同，喂料量的均匀与否对立磨的运行不会有太大的影响，但会影响回料量的控制，太大时也会影响到出磨成品的比表面积。熟料中细粉量的多少会影响到立磨的振动，如同时入磨的细粉太多(如清理收尘器的大量积灰等)，入磨后控制不好会带来较大的振动，造成停机。而熟料中大颗粒物料(一般大于 60mm)太多，就会增加磨机回料，相应地会减少磨机产量。

(2) 磨机操作压力的影响

磨机操作压力的大小，会直接影响粉磨能力。随着操作压力的增加，粉磨能力会不断增强，粉磨功耗也会随之增加，压力的大小和产(质)量之间应有适当的范围，在保证产(质)量的前提下，压力不应设得太大。一般粉磨矿渣超细粉时压力设定较高，产量也高；而粉磨熟料时，熟料的易磨性相对较好，压力设定相对较小，因为压力太大不一定会带来产量的提高，还有可能增加回料量，增大磨机损耗，因此应根据磨况适时调节操作压力。

压力参考对比值：粉磨熟料为 8.0～9.0 MPa；粉磨矿渣为 9.0～9.5 MPa。

(3) 选粉机的影响

选粉机的选粉能力直接影响粉磨质量，选粉效率高，回磨合格细粉就少，成品产量就高，反之则低。但选粉机转速的设定会带来不同的磨况。粉磨矿渣超细粉时，由于矿渣水分含量较高，水蒸气压力较大，选粉负荷会增加，因而高的选粉机转速会带来选粉机的高负荷(不过高出磨温度可以减少一定的选粉机负荷)，且会增加回料量，因此要根据磨况及控制结果，适时选择合适的选粉机转速。而粉磨熟料时，由于熟料易磨性较好，其转速相对较低，由于没有水蒸气负荷的影响，因此其选粉负荷也较低，控制相对容易，在保证出磨比表面积合格的情况下降低选粉机转速，以保证能有较高的产量及合格的产品。

选粉机转速参考值：粉磨熟料为 105～120 r/min；粉磨矿渣为 130～145 r/min。

(4) 风量的影响

磨机风量是影响产量最大的因素，风量的不足会带来扬尘能力的不足，而风量过大又会增加风机负荷及收尘器的负荷，还会影响出磨成品的质量。因此，不同的磨况，不同的产量，不同的控制结果要求不同的风量来适应。

粉磨矿渣粉时，由于控制结果要求相对较高(一般要求比表面积达到 450 m^2/kg)，因此所要的风量相对要小一些，但配合着选粉机、操作压力、控制结果及适时的磨况，应尽可能地增加扬尘风量，以减小回料量、提高磨机产量。

粉磨熟料时，由于其易磨性较好，且单颗粒物料较大较重，则需要更高的风量来扬尘以减小回料量，配合选粉机及操作压力，使磨机更好地运行。粉磨熟料控制结果较容易达到要求(一般要求比表面积达到 380 m^2/kg 即可)，较大的风量能带来较好的磨况，但也要注意对收尘器的影响。

大风量会给收尘器带来较大的负荷，如果收尘器压差较大，说明收尘器负荷过重，会影响到收尘器的正常工作，严重时还会造成爆袋等情况，因此在增加风量提高产量的同时还应考虑收尘器的承受能力。其中回料的情况也能反应风量的情况，如果回料中细粉太多，说明风量不足，同时也会增加磨外的扬尘，产量也会受到影响。在其他控制参数不变的情况下，出磨物料控制结果较低或主收尘器压差过大，则说明风量过大，应适当调节。

风量参考控制值：粉磨熟料为 550000～580000 m^3/h；粉磨矿渣为 480000～550000 m^3/h。

(5) 控制阀门的影响

风量调节阀调节系统风量大小，直接影响系统的扬尘能力及抽风负压。热风阀门调节入磨热风量，特别是粉磨矿渣粉时，直接影响着磨机的烘干能力，决定着产量的高低(粉磨矿渣一般为全开，粉磨熟料一般开度为 0～40%)。

冷风阀门是调节磨机温度的辅助工具，以保证磨机在适宜的温度下正常运行，间接影响着磨机的产量。冷风阀门还有补风功能，其开度的大小决定着系统额外风量的补给，在粉磨熟料时，可降低系统温度，尽可能地补给系统风量以提高磨机的扬尘能力，增加磨机的产量。

循环风阀决定着系统的负压，开度越小，系统风速越快，但同时带来的是系统风量的减小，扬尘能力的不足；因此，粉磨矿渣超细粉时，由于所需的系统风量相对较小，而需要较大的负压以补给热风炉供热，因此开度相对要小；而粉磨熟料时，所需热量很少，需要较小的负压、较大的扬尘能力以保证达到较高的产(质)量，要求其开度相对较大(参考值：粉磨矿渣开度为40%～50%，粉磨熟料开度为75%～90%)。

大气排风阀门的开度直接影响着排入大气的风量，开度大则排入大气风量大，相对而言循环风量会减小，系统负压也会随之增大，系统热量损失也会增加。在粉磨矿渣超细粉时，需要较多的热量以烘干物料、提高产量，因此需要其开度相对较小；而粉磨熟料时，由于系统热量足够，可以增加其开度以配合其他阀门来稳定磨况，增加磨机产量。

当然，几个阀门需要配合使用，根据不同磨况进行调节，只要知道其功用及对磨机产生的不同影响，就能更好地使用以提高磨机产(质)量。

(6) 调节用水量的影响

立磨在粉磨矿渣超细粉时，由于其自身所含水分较高，不需要再额外地补给水分来稳定料床。但在粉磨熟料时，由于熟料中几乎不含水分，因此需要额外补水才能保证磨机料床稳定，从而正常运行。而用水量的大小又直接影响着磨机产量，并且不同的熟料其需水性不同，所需的额外喷水量也有很大差别，应根据不同的磨况、熟料以及粉磨时熟料的温度进行相应的调节。一般情况下，粉磨新型干法回转窑熟料时，由于其颗粒相对均匀且较小，温度相对低，其所需的喷水量较小；而如果粉磨颗粒较大且相对不均匀，温度又较高的熟料，需要较大的喷水量以适应磨况提高台产(可根据实际情况选择磨外补水，但磨内喷水是必需的)。

(7) 成品收尘器的影响

当成品收尘器运行良好时，其通风正常，系统阻力正常，磨机产量较高；反之，当收尘器有糊袋、漏风等现象时，其阻力会大大增加，供给磨机的风量会随之减少，从而影响到磨机的产量。因此要经常检查收尘器，及时换袋或处理漏风等，保证收尘器在良好的状态下使用。

(8) 温度的影响

温度的高低对立磨产(质)量影响也较大。粉磨矿渣超细粉时，由于矿渣水分含量较高，需要在烘干的情况下进行辗磨，温度过低，物料不能烘干，则磨细相对困难，产(质)量都会受到影响；而温度过高又会影响磨况，增大回料量，还可能对收尘器布袋造成影响，因此适宜的出口温度也是粉磨的关键。在更换新辊套和堆焊磨盘后，由于磨机辗磨能力较强，出口温度控制可相对低一些(在95～100 ℃)，产(质)量较好；而在面临更换辊套和堆焊磨盘时，由于辗磨能力下降，出口温度控制可相对高一些(在100～110 ℃)，产(质)量较好。而粉磨熟料时，由于物料自身温度较高，补水时还会放出部分热量，因此不需要太多的热量来烘干物料，甚至可以不用热风炉供热，粉磨出的产品含水量仍可达到要求；出口温度控制较低时(80～90 ℃)，磨况相对湿度控制较高时会更好，配合喷水量，能较好地控制回料量，从而提高产量。

(9) 系统漏风的影响

整个立磨系统几乎是在密闭循环的状态下运行的，因此整个系统如果漏风较多，则会影响到系统的风量及负压，随之影响到系统的扬尘能力，影响产量。其中主收尘器顶部、主收尘器卸料锁风处、叶轮给料机的磨损部位、立磨回料锁风处等都是造成立磨漏风的关键地方，因此要常检查，及时修补以保证磨机的良好运行。

总之，除了这些因素可能影响到立磨产(质)量外，主辊及磨盘的磨损程度、辅辊的使用、热风炉的控制等对产(质)量也有影响。辅辊本身用于铺料，协助主辊进行辗磨，其中转速控制相对于位置控制也更容易。这些可能影响到立磨运行的因素，应根据适时磨况作相应的处理、调节，以保证立磨平稳运行，达到优质高产的目的。

4.28 生料磨系统的操作 

(1) 运行前的准备

① 检查系统连锁情况；

② 开机前 1 h 通知巡检工做好开机前的检查工作，如小于 1 d 的短时间停磨，应提前 15 min 通知巡检工。

③ 通知电气总降、自动化、化验人员准备开磨；

④ 检查配料站各仓料位，根据质量通知单，确定各入磨物料的比例；

⑤ 检查仪表各测点显示是否正常；

⑥ 检查各风门、阀门是否在中控位置，动作是否灵活；

⑦ 将所有控制仪表由输出值调至初始位。

(2) 开机操作过程

① 生料磨通风前，则必须先启动密封风机组；再开启废气处理及生料输送部分。

② 在不影响窑操作的情况下，启动生料磨循环风机。启动前，如生料磨短时间内不准备开机，则必须关闭入磨热风风门磨出口风门，全开旁路风门。

③ 启动袋式收尘器；启动生料入库设备。

④ 先后启动窑尾电收尘器卸灰设备；启动增湿塔卸灰控制设备。

⑤ 窑已运行时，对电收尘器后的排风风门应向大的方向开启，保持窑用风的稳定。根据增湿塔出口温度适时调节增湿塔喷水量，并通知巡检工检查增湿塔是否有湿底现象；如利用热风炉开磨，须确认高温风机出口风门关闭、旁路风门关闭、磨出口风门全开，通知巡检工做好热风炉点火的准备；按《热风炉操作规程》将热风炉投入运行；通过调节热风炉燃油量、循环风风门、冷风风门来控制磨出口温度。

⑥ 如利用窑尾废气开磨，打开热风风门、磨出口风门对磨机进行升温烘磨，可调节冷风风门、循环风风门、旁路风门、热风风门对磨出口温度进行控制(注：在烘磨过程中，温度控制回路、压力控制回路均打至手动控制)。

⑦ 启动生料磨润滑、选粉机、吐渣循环设备。

⑧ 在主电机所有连锁条件满足，并确认无其他主机设备启动的情况下启动生料磨主电机。

⑨ 在磨机充分预热后，启动磨喂料设备。刚开始喂料时，手动控制喂料量，其设定值要比正常值低 20～50 t/h。通过中控工业电视监视屏观察喂料皮带上有物料后，通过调节系统排风机风门调整磨机通风量，根据质量要求选择合适的选粉机转速。当磨机差压达到 3500 Pa 以上时，可下磨辊，并设定好合适的研磨压力。

⑩ 为稳定操作，可适时开启生料磨喷水组。

⑪ 根据石灰石调配库的料位，可适时启动原料调配袋式收尘器及石灰石输送系统；根据页岩仓、铁粉仓料位情况，通知现场，保持页岩、铁粉的连续稳定供料。并注意废料仓经常保持排空。

(3) 正常操作要求

① 根据原料水分含量及易磨性，正确调整喂料量及热风风门，控制喂料量与系统用风量的平衡；如加大喂料量，其调整幅度可根据磨机振动、出口温度、磨机压差及吐渣量等因素决定，在增加喂料量的同时，调节各风门开度，保证磨机出口温度。

② 减少磨机振动。振动是影响立磨产量和运转率的主要因素，操作中力求振动量少且平稳，磨机的振动与许多因素有关，其中操作应注意以下几点：

a. 喂料要平稳，每次加减料幅度要小。

b. 通风要平稳，每次风机挡板动作幅度要小。

c. 防止磨断料或来料不均，断料主要原因有料仓堵料和生料输送系统故障。

如断料确实发生，应立即按故障停机处理。

③ 重视控制磨机压差：压差的变化主要取决于磨机的喂料量、通风量、磨机的出口温度，在压差变化时，先看喂料是否稳定，再看磨入口温度变化。

④ 控制磨机出入口温度：磨机的出口温度对保证原料水分合格和磨机稳定具有重要作用，出口温度通过调整喂料量、热风风门和冷风风门来控制（出口温度控制在 80～90 ℃范围内）；磨机入口温度主要通过调整热风风门和冷风风门来控制；升温要求平缓，冷态升温要烘磨 60 min，热态要烘磨 30 min。

⑤ 质量控制指标的实现

a. 对各组分化学成分的控制是通过 X 荧光仪对来样进行分析后，经计算与给定值比较，如有偏差，自动计算后将自动调整各组分皮带秤，以保持生料合格率恒定。操作者应随时观察化验人员送来的检验结果，如发现偏差过大，应立即与化验人员共同分析原因：或取样无代表性，或进厂原料波动过大，或计量秤及料仓堵塞、不准确，或 X 荧光仪标准曲线有偏移等。总之，要有措施，有结果，如连续 3 h 仍不合格，应停磨检查。

b. 来料水分过大或过小应通过对热风及冷风调节实现，如过小应适当对来料喷水。

c. 产品细度不符合时应通过调整选粉机转速来实现合格。

⑥ 注意吐渣料量，如过多应首先减料并迅速采取对策改善。

⑦ 运行中参数控制范围

根据出入口温度、磨内压差、振动、料层等参数的变化情况来调整喂料量、各风门开度、磨内喷水、选粉机转速等各参数范围如下（仅作参考）：

正常喂料量：410～450 t/h

磨机入口温度：180～260 ℃

磨机出口负压：－7500 Pa 左右

磨机出口温度：85 ℃左右

磨机差压：5000 Pa 左右

磨主电机功率：3300 kW 左右

研磨压力：7500 Pa 左右

磨机振动：2.5 mm/s 左右

料层厚度：80 mm 左右

磨机入口负压：－500 Pa 左右

磨机喷水量：根据实际需要，最大 17.5 t/h

选粉机转速：70％左右

生料水分：≤0.5％

生料细度：80 μm 筛余≤14％

⑧ 原料系统自动控制回路

a. 磨机负荷控制回路

用压力变送器测得磨机压差与设定值相比较，用其差值去调节磨机喂料量，以保持磨负荷稳定。

b. 磨出口温度控制回路

用热电阻测得磨出口温度与设定值相比较，用其差值去调节循环风风门开度。

c. 磨入口负压控制回路

用压力变送器测得立磨入口压力与设定值相比较，用其差值去调节热风风门开度。

(4) 计划停机操作

① 接到停磨通知后，根据页岩仓、铁粉仓放空的需要，停止石灰石入库；30 min 后，可停止袋式收尘器。

② 通知现场停止向页岩仓、铁粉仓进料。

③ 停止生料磨喷水。

④ 停止生料磨喂料。

⑤ 磨辊自动抬起,将三通阀打至吐渣料仓侧,无吐渣料后,可停止磨主电机组。

⑥ 将来自窑预热器废气的热风风门缓慢关闭,打开旁路风门和冷风风门。

⑦ 停止选粉机。

⑧ 停止吐渣料循环。

⑨ 根据增湿塔出口气体温度,适时停止增湿塔喷水。

⑩ 及时与窑操联系,根据窑废气冷却需要及时停生料磨循环风机;通知现场停止对电收尘器荷电。

⑪ 现场确认增湿塔内物料放空后,停止增湿塔卸灰控制。

⑫ 现场确认电收尘器灰斗内物料放空后,停止窑尾电收尘器卸灰控制。

⑬ 停止生料入库设备。

⑭ 确认袋式收尘器灰斗无灰后,停止袋式收尘器。

⑮ 在磨主电机停机至少 4 h 后,方可停止生料磨润滑。

⑯ 磨内停止通风 2 h 后,方可停止密封风机。

(5) 计划外故障停机操作

① 停止石灰石输送组,将磨喂料打入吐渣料仓侧。

② 如停车时间较长,通知现场适时停止向页岩仓、铁粉仓进料。

③ 停止生料磨喷水组。

④ 停止生料磨主电机组。

⑤ 如利用窑尾废气开磨,打开旁路风门、冷风风门,逐渐减小热风风门;如须入磨检查,则须关闭热风风门、磨出口风门;如利用热风炉作为烘干热源,则停止热风炉。

⑥ 停止吐渣料循环。

4.29 原料立磨的烘磨

原料立磨粉磨作业前,需要一定温度的热风通过磨机,用以对磨机衬板、磨辊等进行加热,热源由窑尾废气提供。为保护设备部件免受热剧烈变化损坏,每次系统开车前应进行烘磨预热,预热时间视环境温度及停机时间而定,通热风即可。具体如下:

(1) 烘磨操作

原料立磨烘磨过程可借助窑尾废气处理排风机拉风完成。烘磨前确保磨机内无人作业,磨机各人孔门、检查孔等关闭并密封。

① 启动密封风机,建立磨辊密封风压,防止飞尘进入密封损伤轴承。

② 关闭循环风阀门,打开循环风机入电收尘器阀门及风机入口阀门。

③ 根据升温时间确定升温速度,逐步开大入磨热风阀门,调节循环风机出口入电收尘器阀门,配合关小入磨冷风阀门及增湿塔入电收尘器阀门。

④ 通过窑尾废气处理排风机拉力通热风进行烘磨,使磨机系统按升温速度缓慢升温预热。

⑤ 开启磨辊润滑油站。

(2) 烘磨注意事项

① 磨机通风前必须开启密封风机且密封风压力正常,否则磨机内不允许通风,防止灰尘侵入磨辊轴承。

② 温度控制:出磨温度控制目标值为 90 ℃;入磨风温初期不超过 150 ℃,逐步加热,出磨风温不超过 90 ℃。

③ 升温速度根据升温时间及烘磨要求确定，连续升温，避免急热、回头。

④ 循环风机开启应在投料前 0.5 h 内投入运行。

(3) 烘磨要求

① 短时停磨情况($t<10$ h)

a. 夏季等环境温度较高时，停磨后系统降温幅度不大，要求烘磨时间 30 min。

b. 冬季等环境温度较低时，停磨后系统降温幅度较大，要求烘磨时间 1 h。

② 较长时间停磨情况(10 h$\leqslant t<$96 h)

较长时间停磨时，停磨后系统降温幅度较大，开磨时需延长烘磨时间。

a. 10 h$\leqslant t<$24 h：夏季烘磨 1 h，冬季烘磨 2 h。

b. 24 h$\leqslant t<$48 h：夏季烘磨 2 h，冬季烘磨 3 h，其中出磨温度达 90 ℃时恒温 0.5 h。

c. 48 h$\leqslant t<$96 h：夏季烘磨 3 h，冬季烘磨 4 h，其中出磨温度达 90 ℃时恒温 1 h。

③ 长时间检修停磨情况($t\geqslant$96 h)

长时间检修后，磨内降温较彻底，且可能有新换大体积铸件，要求开磨前烘磨时间 5 h，其中出磨温度达 90 ℃时恒温 2 h。

4.30 原料立磨的运行与调整

(1) 原料立磨系统工艺流程图(图 4.8)

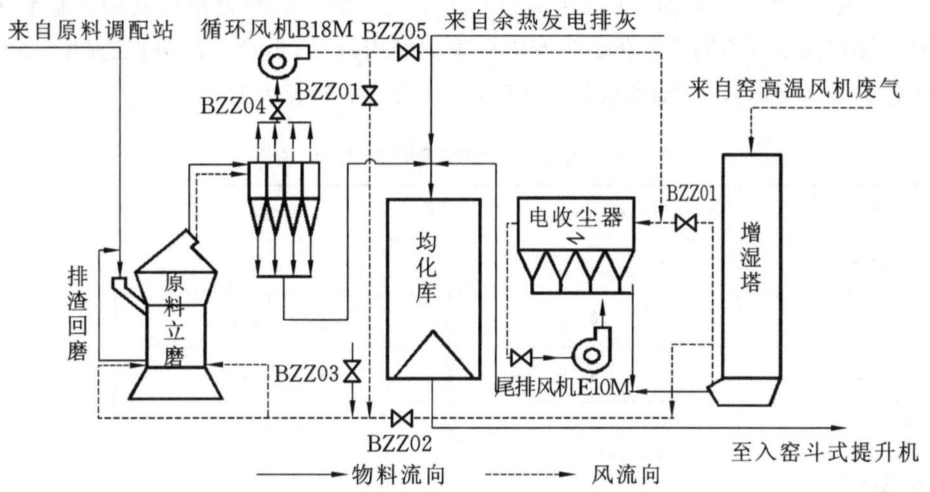

图 4.8 原料立磨工艺流程图

(2) 运行参数控制

表 4.11 磨机运行基本参数控制值

项目	控制值	项目	控制值
磨机额定台时喂料量	400 t/h	电收尘器入口温度	95 ℃
入磨风温	190～250 ℃	电收尘器出口负压	<－2000 Pa
出磨风温	75～85 ℃	电收尘器入口 CO 浓度	<0.5%
入磨负压	－500～－800 Pa	石灰石仓料位	不低于 12 m
出磨负压	－7000±500 Pa	砂岩仓料位	不低于 6 m

续表 4.11

项 目	控制值	项 目	控制值
磨机压差	6000±500 Pa	硫酸渣仓料位	不低于 6 m
排渣斗式提升机电流	30～40 A	红煤矸仓料位	不低于 6 m
密封风压	≥3000 Pa	生料库料位	30～38 m
振动值	<2.5 mm/s	液压站油箱温度	17～55 ℃
研磨压力	11～12.5 MPa	减速机油站油箱温度	25～55 ℃
增湿塔出口负压	－250～－450 Pa	减速机入口供油温度	25～42 ℃
增湿塔出口温度	120～250 ℃	磨辊油站油箱温度	43～65 ℃
增湿塔水箱水位	1～2 m	磨辊润滑回油温度	<65 ℃

(3) 运行中参数监控及调整

系统运行时处于稳定的平衡状态，各参数波动均在合理范围之内，为保证各设备顺利工作，必须进行必要的检查及调整。设备运行时，应经常观察各参数(电流、风压、温度、压差、振动值等)的数值及变化趋势，判断运行情况，并采取适当的措施进行调整，稳定运转。主要变量控制如下：

① 喂料量

磨机额定台时喂料量为 400 t/h，实际台时最高可达到 420 t/h，喂料量控制随衬板磨损、易磨件磨损、物料易磨性、操作控制等不同而变化。生产中应根据磨内压差、出磨负压、料层厚度、排渣量大小、主机电流等实际情况适当增减，以保证磨机稳定运转，其对应关系见表 4.12。

表 4.12　各参数与喂料量调节的对应关系

参数变化	喂料量调节	参数变化	喂料量调节
磨内压差↑	↓	磨内压差↓	↑
料层厚度↑	↓	料层厚度↓	↑
排渣量↑	↓	排渣量↓	↑
出磨负压↑	↓	出磨负压↓	↑
主电机电流↑	↓	主电机电流↓	↑

操作中应根据各参数综合判断磨况变化，确定喂料量调节方向及调节幅度，调节原则为勤于观察、提前预见、小幅调整，避免磨况大幅波动。

② 风量

a. 循环风机拉风是保证成品生料顺利外排以及磨内工况正常稳定的前提，通过改变风机入口阀门(BZZ04)开度完成。拉风调整应在保证提供足够风量(系统密封条件好时风机电流正常为 350～380 A)、台时不受大影响的前提下，综合考虑，力求最小，节能降耗。

b. 运行中适度打开循环风阀门能提高入磨风量，但会影响入磨风温。当入磨风温较高、风量不足时，可适当打开循环风阀门；当入磨风温较低时，打开循环风阀门将会出现弊大于利，为提高入磨风温，可关闭循环风阀门。操作中要灵活运用循环风阀门，根据磨机需要调整循环风阀门开度，达到提高台时、降低消耗的目的。

c. 原料立磨运行时，通过窑尾废气处理排风机间接调节入磨负压，调整排风机转速使入磨负压为－500～－800 Pa，调整时应兼顾电收尘器出口负压不超过－2000 Pa 并力争更低，以降低电收尘器电场内风速，提高收尘效果。

d. 原料立磨停车时，尾排风机拉风保证增湿塔不产生正压即可。

e. 煤立磨开停车时因风量风压变化，对原料立磨会造成影响。煤立磨开磨时，随着风量变化应逐渐降低窑尾废气排风机转速，调节量为 10 rpm/次，共降低约 50 rpm 至风机转速约为 350 rpm，以稳定原料立磨入磨负压在－500～－800 Pa 为准，并适当减少磨内喷水量，稳定出磨温度。煤立磨停磨时，随着用风的减小应逐渐提高窑尾废气处理排风机转速，调节量为 10 rpm/次，共提高约 50 rpm 至约 400 rpm，稳定原料立磨入磨负压，并适当增加磨内喷水量，稳定出磨温度，同时兼顾电收尘器出口负压不超过－2000 Pa。

③ 磨内喷水量

磨内喷水主要用于稳定料层。在料层厚度稳定的前提下，磨内喷水量应适当减少，以提高物料物理活性，有利于磨机台时产量提高。余热发电投炉时，磨内喷水量一般约为 10 m^3/h；余热发电不投炉时，磨内喷水量一般约为 14 m^3/h，操作中可灵活调整，适当增减。

注意：磨内喷水应小幅调整，调节量每次为 1%，避免大波动，防止磨机出现料层不稳定及振动大的现象。

④ 出磨温度

磨机烘磨时要求控制出磨温度不超过 95 ℃，磨机正常运行时要求控制出磨温度为 75～85 ℃。一般通过调节入磨冷风阀门开度，使出磨温度在控制范围内，但同时应提高窑尾排风机转速以稳定入磨负压。

⑤ 产品细度

生料细度控制≤16%(80 μm 方孔筛筛余)，通过调整选粉机转速控制，一般在 1100～1250 rpm 之间。生料细度正常控制范围应在 12%～16%之间，过细会造成磨机台时产量降低、电耗增加，过粗会影响熟料烧成。生料细度的控制应综合选粉机转速、循环风机拉风等综合考虑，力求小风低转运行，节能降耗。

⑥ 研磨压力

磨机研磨压力设定操作范围为 9.2～17 MPa，一般根据磨机运行情况在 11～12.5 MPa 之间固定一个值，落辊时一般给定研磨压力约 11 MPa，待磨辊落下后根据磨况逐渐提高至约 12 MPa。高研磨压力会加重衬板磨损及设备负荷，缩短使用寿命，操作中应避害求利，寻找台时产量与研磨压力的最佳结合点。

注意：研磨压力每次调整幅度不超过 0.2 MPa。

(4) 设备故障及异常情况操作

某个设备因负荷过大、温度超高、压力不正常时，均可发生设备跳停，这是保护设备的需要，发生设备跳停时，有连锁条件的设备连锁跳停，按顺序手动快速关停故障点所属工艺流程之前无连锁条件设备，待跳停设备正常开启后按顺序重新开启。

① 喂料故障

a. 原材料断料情况：因各原材料仓空、断料、喂料秤故障停车等原因，造成主料石灰石中断供应的，立即采取止料措施，按正常停磨程序操作；造成除石灰石外各辅料断料达 10 min 的，采取止料措施，按正常停磨程序操作。

b. 入磨皮带故障停车情况：入磨皮带故障停车，磨机喂料中断，应立即启动“抬辊”按钮，防止磨机振停及损坏衬板。停排渣仓小皮带，按正常停磨程序进行抬辊后操作。

② 磨机故障

磨机跳停时，入磨喂料设备及磨内喷水连锁停车，磨辊自动抬起。手动停排渣仓小皮带，逐渐关小循环风机阀门开度至 30%，打开入磨冷风阀，调整废气处理排风机转速至增湿塔不产生正压(出口约－250 Pa)；若增湿塔水泵未运行，启动水泵；降低选粉机转速至 800 rpm；逐渐调节打开增湿塔入电收尘器阀门；如磨机不能及时开启，按正常停磨程序进行停磨后，其他设备停车操作及调整。

③ 风机故障

循环风机跳停时，磨机连锁停车，磨辊自动抬起，入磨喂料设备、磨内喷水连锁停车。停排渣仓小皮带，打开入磨冷风阀，调整废气处理排风机转速至增湿塔不产生正压(出口约－250 Pa)；若增湿塔水泵未运行，启动水泵；降低选粉机转速至 200 rpm；逐渐调节打开增湿塔入电收尘器阀门；按顺序进行其他设备停车操作及调整。

窑尾排风机跳停时，应立即启动“抬辊”按钮，同时停止入磨皮带运行(喂料秤连锁停车)，停排渣仓小皮带，结合磨机甩渣大小情况逐渐关小循环风机入口阀门开度(防止甩渣量过大造成排渣斗式提升机过负荷)直至 30%，打开入磨冷风阀。在磨机部分调整的同时应及时调整窑尾排风机转速至 200 rpm，等待再次启动。若窑尾排风机不能及时开启，按正常停磨顺序停磨机及其他设备。

④ 选粉机故障

选粉机跳停时，磨主电机、循环风机、入磨皮带及喂料秤、磨内喷水均连锁停车。停排渣仓小皮带；逐渐打开增湿塔入电收尘器阀门；打开入磨冷风阀；调整废气处理排风机转速使增湿塔不产生正压；若增湿塔水泵未运行，启动水泵；调整选粉机转速至 200 rpm，等待故障排出后再次启动。若选粉机不能及时启动，停排渣皮带及斗式提升机等其他设备。

⑤ 密封风机故障

密封风机风压达下限 2000 Pa 时磨机连锁停车；密封风机故障跳停时，选粉机、磨机、循环风机等主机均连锁停车。密封风机风压低限磨机跳停时，按②述磨机跳停后措施操作；密封风机跳停后，打开增湿塔入电收尘器阀门，关闭入磨热风阀及循环风机入口阀门切断入磨风量(防止灰尘进入磨辊轴承)；打开入磨冷风阀；停排渣仓小皮带；调整废气处理排风机转速使增湿塔不产生正压；若增湿塔水泵未运行，启动水泵。若密封风机不能及时恢复正常，停排渣皮带及斗式提升机等其他设备。

⑥ 磨内喷水中断

磨内喷水水箱水位出现“水位低报警”报警时，应及时通知岗位工补水。因水位过低或水泵故障等造成磨内喷水中断时，应采取抬辊、快速止料措施：启动“抬辊”按钮，同时停入磨皮带(喂料秤连锁停车)；停排渣仓小皮带，按正常停磨程序进行止料后操作。若不能及时恢复供水，按主机设备停车要求停磨及其他设备。

因磨内喷水中断已导致磨机振停的，按②述磨机故障顺序操作。

⑦ 输灰设备故障

出磨斜槽风机至入库斜槽风机生料输送工艺流程中任一输送设备跳停后，工艺流程前设备包括磨主电机均连锁跳停。按②述磨机跳停后措施操作并通知岗位检查输灰设备堵料情况。

⑧ 窑高温风机减风

窑尾废气是磨机用风的主要来源，窑系统遇非正常情况减料减风时，磨机风量供应将受到限制。

在窑高温风机减风不多，能提供磨机运行所需最低风量时，应适当降低磨机喂料量，加大循环风机入口阀门开度加大拉风，稳定磨机工况；窑高温风机减风较快或幅度较大时，磨机供风量骤降，不能满足磨机运转需求，此时将影响磨机正常运转，甚至造成饱磨振停，为防止设备损坏，可按正常停磨程序采取止料停磨措施。

(5) 生产中常见异常判断及处理方法

① 入磨溜子堵塞

现象判断：入磨皮带电流异常升高；磨机负荷下降，各参数均显示磨空；振动值升高，甚至振停；出磨温度升高等。

原因：有大块或异物卡死。

处理措施：当出现以上现象判断入磨溜子可能堵塞时，立即通知现场岗位工检查处理。

a. 解锁“Engr”操作权限，启动“抬辊”按钮，停入磨皮带(喂料秤连锁停车)，磨内喷水连锁停车；停排渣仓小皮带，逐渐关小循环风机入口阀门开度至 30%甩出磨内物料；打开入磨冷风阀，调整废气处理排风机转速至增湿塔不产生正压(出口约－250 Pa);若增湿塔水泵未运行,启动水泵;降低选粉机转速至800 rpm;逐渐调节打开增湿塔入电收尘器阀门或磨循环风阀门;全部关闭循环风机入口阀门(便于现场处理),现场清堵。

b.因发现或操作不及时,磨机已振停时,喂料及磨内喷水连锁停车。关闭循环风机入口阀门开度至30%;若增湿塔水泵未运行,启动水泵;逐渐调节打开增湿塔入电收尘器阀门或磨循环风阀门,打开入磨冷风阀;全部关闭循环风机入口阀门,现场清堵。

注:如不能及时疏通,按正常停磨程序进行停磨操作及调整。

② 排渣腔放料口堵塞

现象判断:磨机台时变化不大情况下,排渣量大幅减小或排渣斗式提升机空载,随着排渣腔物料蓄积,磨主电机电流逐渐升高,但磨机出现磨空,系统负压及磨内压差均相对下降。

原因:大块或异物卡排渣口或翻板阀活动不灵活。

处理措施:当根据参数判断排渣腔放料口可能堵塞时,通知现场确认排渣情况。确定排渣腔堵塞时,若现场活动翻板阀能够疏通,适当调整降低台时给定量,通知现场手动控制翻板阀缓慢放料,直至排渣腔内积料排空后,调整翻板阀重锤使其活动灵活;若现场无法放料,按正常停磨程序采取止料停磨措施,现场进排渣腔检查是否有异物卡死并处理,再次启动磨机时,应通知现场手动控制翻板阀放料,防止排渣斗式提升机过负荷。

③ 饱磨

现象判断:运行曲线记录变化明显;磨内压差、磨机出口负压、旋风收尘器出口负压、磨主电机电流、料层厚度均较高且呈上升趋势;磨机排渣量增多,排渣斗式提升机电流明显升高;入库斗式提升机电流呈下降趋势;较严重时引起磨机突然振动大或振停。

原因:喂料量大;排渣集中排放时未及时调整给定喂料量;石灰石粒度不均或石灰石仓位低造成入磨物理粒度变大。

处理措施:

a.磨机喂料量大,造成磨机入料与出料失衡时,应降低台时(幅度约10 t/h),必要时可降低选粉机转速(约1000 rpm),当磨内压差呈下降趋势时逐渐提高选粉机转速直至正常,当磨内压差及各参数趋于正常控制值时逐渐提高台时直至稳定运转。

b.饱磨较严重,造成磨内平衡严重破坏,影响磨机运转甚至造成磨机振动大时,应大幅降低台时(幅度20 t/h左右),同时降低选粉机转速(900 rpm),适当提高研磨压力(0.2 MPa/次),当磨内压差呈下降趋势时逐渐提高选粉机转速直至正常,当磨内压差趋于正常控制值时逐渐提高台时直至稳定运转。若饱磨造成磨机振停时,按磨机跳停操作程序操作。

④ 磨机风量不足

磨机运行需要足够的风量与风速,当磨内风量及风速不能满足生产需要时(密封条件较好时循环风机电流一般不低于350 A),磨内物料被大量甩出不能研磨。

现象判断:循环风机电流低;排渣量大、排渣斗式提升机电流高;出磨成品量少,入库斗式提升机电流低;严重时磨机失去研磨状态,物料大量甩出;磨机振动值高。

原因:磨机出口至循环风机管路或旋风收尘器漏风严重;循环风机入口阀门部分闸板脱销或卡死、导致未能打开。

处理措施:

上述情况应在开磨前提前预见、提前处理。运行中出现上述情况时应及时采取止料措施,按正常停磨程序停磨;如磨机甩料较严重,威胁出磨输送皮带及斗式提升机安全运行的,应果断采取停磨措施。现场检查系统漏风或循环风机入口阀门闸板,并修复。

4.31 一则生料立磨系统提产降耗的经验

某公司拥有一条 2500 t/d 熟料生产线，采用增湿塔后置工艺布置且带余热发电系统，生料制备采用立磨终粉磨系统，主要设备配置为：HRM3700E 四辊立磨，设计台时产量为 280 t/h，功率 2500 kW，电流 171 A；循环风机风量 530000 m^3/h，全压 11000 Pa，功率 2240 kW，电流 150 A；窑尾排风机风量 520000 m^3/h，全压 3500 Pa，功率 710 kW，电流 48.9 A；排渣提升机功率 30 kW，电流 59.3 A。

1）提产降耗的措施

（1）降低磨机电流

用排渣提升机将料提升起来的效率远远大于用循环风机将料拉起来的效率，而且提升机为低压设备，循环风机为高压大功率设备。

去除原厂家立磨自带挡料环（高度为 100 mm），用等离子切割机将磨盘边缘去除 50 mm。将磨内料层厚度由 120 mm 降至 70 mm，由于料层厚度减少，单位体积物料所受作用力增加，故磨辊压力降低 1.5 MPa，磨机压差降低 900 Pa，磨机电流下降 26 A，排渣提升机电流上升 15 A。

去除或降低挡料环的注意事项：排渣提升机要有足够的工作余量；去除挡料环后排渣量会增大，排渣内会含有大量细粉，磨机振动可能增大，此时应加大拉风确保排渣不出现细粉，以稳定料层、降低振动；摸索新的磨辊压力值。

（2）降低循环风机及窑尾排风机电流

① 降低系统阻力

循环风机电流与风量、风压及风机做功效率有关，系统阻力大则风机做功效率变差，需要加大拉风，势必会导致循环风机电流上升，故减少系统阻力会有效提升风机做功效率而降低电流。

判断系统阻力来源的方法：在入磨管道、喷口环出口、选粉机与磨机壳体交界处、选粉机出口、双级旋风筒出口等处安装压力表，对比各处压差来判断阻力来源的部位。

改造前该公司磨机正常运行时入磨负压高达－750 Pa、双级旋风筒压差为 1620 Pa，而磨内及选粉机压差并不高，故判定系统阻力主要来自入磨前及双级旋风筒。而且在停磨、窑正常运行期间（生料磨入磨及循环风机出口风门关闭），高温风机出口与窑尾袋式收尘器入口温差达到 22 ℃，说明漏风严重。对入磨之前的管道及增湿塔漏风、积料进行排查，发现入磨水平管道积料严重，增湿塔中部悬空部位保温层下漏风严重。

a. 由于增湿塔悬空部位大面积漏风，处理难度大，而且平时生产不用增湿塔，故对增湿塔弃用，对增湿塔进风口及出风口进行封堵，来降低入磨阻力、减少热风损失。增湿塔弃用改造示意如图 4.9 所示。

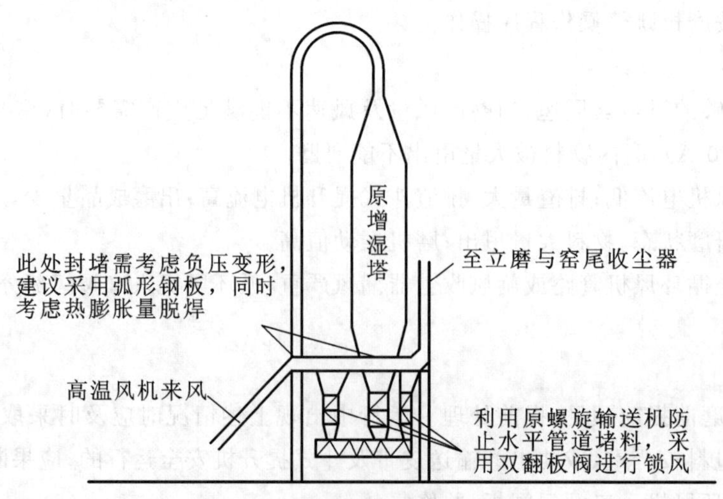

图 4.9 增湿塔弃用改造示意图

增湿塔弃用改造注意事项：余热发电设备运行可靠，不能轻易解并；入窑尾收尘器冷风阀灵活可靠，在窑刚投料余热发电未并网时根据收尘器入口温度调节。

b. 由于双级旋风筒阻力偏大，并且现场观察窑尾收尘器下拉链机物料量偏小，故双级旋风筒内筒底部割除 200 mm，双级旋风筒压差降低 270 Pa。

c. 在入磨水平管道做放料阀，定期对水平管道积料进行外放，减少入磨阻力。

② 治理系统漏风

增湿塔、立磨及收尘器是主要的系统漏风点。立磨设计漏风系数小于 10，容易漏风的部位包括入磨锁风装置、磨辊密封、外循环排渣口、连接法兰、膨胀节等。收尘器主要的漏风点包括箱体的盖板、连接法兰、灰斗锁风阀等，尤其是箱体的盖板，往往是漏风最严重的地方。由于系统漏风严重，拉风不足，需要加大拉风，导致风机电动机电流上升，系统电耗增加，严重时会影响磨机产量，间接提高了系统的电耗。所以系统漏风问题看似很小，影响却很大，不可轻视。判断漏风的简单方法是看温差，例如：窑尾袋式收尘器进出口温差应小于等于 5 ℃。

a. 由于该公司地处西南地区、阴雨绵绵，造成石灰石、页岩水分较大，入磨三道锁风阀经常被堵死、造成事故停机，为了维持生产，三道锁风阀长期人为打开，造成严重漏风。对此，改原三道锁风阀为耐磨溜槽，同时增加一台密闭板式喂料机，在密闭板式喂料机上设置一个容量为 50 t 的小仓稳定磨机喂料，彻底解决堵料和漏风的问题。

b. 自制磨辊连通轴处的密封，如图 4.10 所示，此磨辊密封经实践检验可用 14 个月左右。

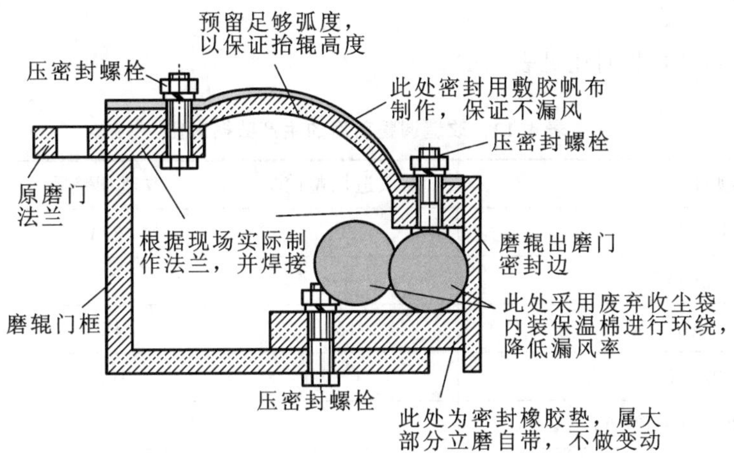

图 4.10　改造后磨辊连通轴处密封

第 1 步：磨辊四周焊制固定螺栓和制作压条。

第 2 步：用装满保温棉的废旧收尘袋作为柔性材料填满整个磨辊轴处的空腔，既作为密封又保护了外层密封。

第 3 步：用压条把填充物固定。

第 4 步：用废旧的空气斜槽透气布袋密封。

第 5 步：用螺栓锁紧布袋的连接处。

第 6 步：用双层帆布整体密封并固定。

c. 排渣口制作双层翻板阀。

d. 收尘顶部压盖制作胶条密封；法兰盘等易漏风处内部用生胶带密封，外部涂抹一层耐火泥；定期检查刚性叶轮给料机，确保叶轮与壳体间隙不能过大，以免造成内漏风。

(3) 日常操作维护重点

严格控制入磨物料粒度小于 80 mm。定期根据磨辊与磨盘的磨损量，调整磨辊与磨盘之间的间隙在 16～22 mm 之间。重视金属杂物对磨机的影响，定期维护除铁设备。定期检查蓄能器压力，一般为工作压力的 60%左右。

(4) 中控操作注意事项

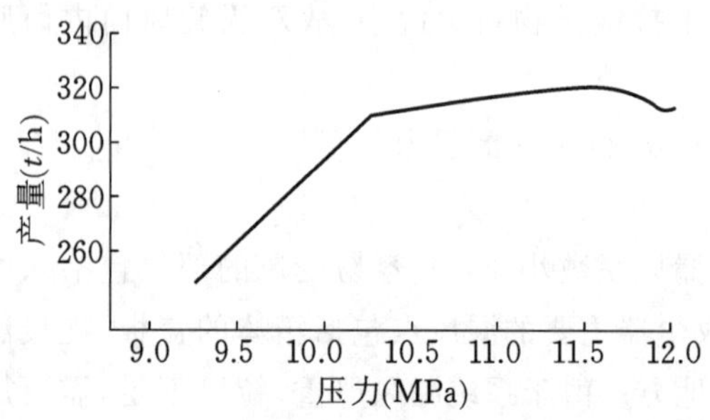

图 4.11　研磨压力与磨机产量对应关系

① 研磨压力并非越高越好,当达到某一临界值时产量不再变化,继续加大不但会使主电动机电流升高、磨机电耗增加,而且会影响设备的安全运转,须在生产中摸索最佳压力值,最好作压力与产量对应关系曲线(图 4.11)。

② 出磨气体温度控制在 85 ℃左右,并且稳定。过高或过低都会影响粉磨及选粉效率。

③ 入磨风阀门、循环风阀门、循环风机出口阀门、旁路风阀门建议全打开,否则会造成系统阻力大。验证旁路风阀门是否需要打开的简单方法:将旁路风阀门关闭,如果入磨负压增大,入磨风量减少,说明旁路风会补充磨内进风,则需要将旁路风门打开;反之亦然。

④ 窑尾袋式收尘器入口负压须控制在－500 Pa 以内,此负压不仅关系到磨内补风量的大小,而且还能降低窑尾排风机电流。若此负压降不下来,则在现场观察,通知中控逐步降低尾排,哪一个部位冒灰就处理哪一个部位。

⑤ 重视开停磨时间控制。规定操作员从开第一台辅机设备到投料不能超过 4 min,停磨时在不检修的情况下磨内物料不必甩空。

2) 改造效果

改造调整前后的生产数据对比见表 4.13。

表 4.13　改造调整前后的生产数据对比

项目	改造调整前	改造调整后	对比
生料台时产量(t/h)	295	334	↑39
生料工序电耗(kW·h/t)	17	13.3	↓3.7
磨机运行电流(A)	153	127	↓26
磨辊压力(MPa)	12.3	10.8	↓1.5
排渣提升机运行电流(A)	25	43	↑18
入磨压力(Pa)	－750	－380	↑370
磨内压差(Pa)	8200	7300	↓900
选粉机压差(Pa)	1450	1400	↓50
双级旋风筒压差(Pa)	1620	1350	↓270

经过减小内循环、增加外循环,摸索新的研磨压力值,调整用风保证排渣没有细粉,立磨振动值未见增加,磨机电流下降 26 A,磨机电耗降低 2.05 kW·h/t;通过堵漏、系统降阻等技术措施,循环风机电流降低 15 A,窑尾排风机电流降低 6 A,循环风机电耗降低 1.54 kW·h/t;两大高压设备共降低电耗 3.59 kW·h/t。并且该公司注重平时的设备维护及工艺参数的优化稳定,将生料台时产量提高到 334 t/h,生料工序电耗降到 13.3 kW·h/t,公司年产熟料 75 万 t、生料 116.3 万 t,每年可节约费用 3.7 kW·h/t×116.3 万 t×0.33 元/kW·h(电价)＝142 万元。

4.32　影响立磨粉磨效果的因素

(1) 液压拉紧装置的拉紧力

在其他因素不变的情况下,液压拉紧装置的拉紧力越大,作用于料床上物料的正压力越大,粉碎效果就越好。但拉紧力过高会增加引起振动的概率,电机电流也会相应增加。因此操作人员要根据物料的易磨性、产量和细度指标,以及料床形成情况和控制厚度及振动情况等统筹考虑拉紧力的设定值。

(2) 料床厚度

在拉紧力已定的前提下,不同的料床厚度,承受这已定的压力效果也就不同。尤其是易碎性不同的物料,其要求的破坏应力不一样,因此料床厚度的最佳值也不一样。

(3) 磨盘和磨辊的挤压工作面

在生产过程中,伴随着磨盘、磨辊的磨损,粉碎效果会下降,由于种种原因造成盘与辊之间的挤压工作面凹凸不平时,将会出现局部过粉碎、局部挤压力不够的现象,造成粉碎效果差。因此磨盘和磨辊衬板磨损严重时最好一起更换,否则会降低粉碎效果。

(4) 物料的易碎性

物料的易碎性对于粉碎效果影响很大,立磨选型设计都是根据所用原料的试验数据和产量要求而确定规格型号。在这里值得注意的是:

同一台磨使用不同矿山、不同易碎性的原料时,要注意及时调节有关参数以免造成压差变动。

分离效果是影响循环负荷的主要因素之一。它是指把已符合细度要求的物料,及时地分离排出磨外这项工作完成的情况。分离效果取决于由分离器转速和磨内风速所构成的流体流场。通常状况下,分离器转速提高,出磨产品变细,而在分离器转速已定的情况下,磨内风速提高,出磨产品变粗,一般这两项参数是稳定平衡的。

4.33 引起立磨突然停车的因素有哪些

立磨的突然停车(俗称"跳停"),是磨机运转中经常碰到的头疼事。

由于立磨在运行中的安全保护条件较多,只要有一个条件不能满足,就会使磨机突然停车,以避免更大的故障发生。但如果这类停车次数过于频繁,势必影响磨机的正常运转,影响生料的产量与单位电耗。因此,对每次突然停车应当找出原因,予以防止。如果采取措施后开车不久,突然停车仍然发生,说明原因尚未查对,或解决得不彻底。必须继续查找和处理,直到不再发生这类停车为止。

引起突然停车的原因可能有如下几种:

① 磨机振动频率过大,超过允许值。

② 回转下料锁风阀停止转动(等于已停止喂料)。

③ 立磨溢出量变化较大时(磨辊液压压力不足等原因造成),磨机跳停。

④ 喂入物料中含有金属异物,为保护磨辊、磨盘的耐磨材料不受损伤,磨机必须跳停。

⑤ 磨辊轴承密封风压不足,引起报警跳停。

(摘自:谢克平.新型干法水泥生产问答千例操作篇[M].北京:化学工业出版社,2009.)

4.34 水泥立磨常见故障与处理

(1) 常见故障与分析

① 氮气囊破损

水泥立磨设备使用液压装置调节加载压力完成粉磨生产。液压系统的蓄能器除实现必要的蓄能工作,还起着保存压力、降低振动的作用。蓄能器中的氮气囊起压力传导的作用,对液压系统有一定的缓冲作用。如果水泥立磨设备出现工作不稳定,设备的收缩频率过快,可能导致氮气囊破损,内部的氮气出现泄漏,不仅影响设备的工作,还可能造成安全事故,危害工人的安全。实践证明,合理增加蓄能器的数量,可以有效减少磨机振动。

② 油封损坏

水泥立磨设备工作过程中会产生大量的粉尘，这些粉尘会进入到设备中，经过长年累月的积累，会封堵设备通风口。如果外部被堵塞而导致立磨设备内部的风压降低，在这种情况下，当设备停止工作或者在设备放入原料时，会由于风压降低形成设备内部的拉风现象。由于内部的风压不稳定，又会导致外部的粉尘被吸入立磨设备的内部，造成设备轴承的损坏，油封装置受损，设备出现漏油问题。

③ 磨辊加压故障

水泥立磨设备液压系统，是整个设备的关键，同时也是非常容易出现问题的部分。除了氮气囊破损，还容易出现磨辊故障。磨辊故障最常见的是加压问题，导致这一问题的原因很多，进行设备检查时要仔细。首先检查系统压力是否正常，系统是否有泄漏，其次是检查阀门的问题，主要阀门是油路截止阀，出现问题会导致压力的泄漏，影响加压。除此之外，还要对油路的管道、溢流阀、过滤器、冷却器等进行检查，避免有异物堵塞，造成管道不畅。

④ 液压漏油

液压系统需要使用大量的油来保证正常工作，液压系统漏油是水泥立磨设备比较常见的问题，主要原因有，设备长期运行后，油管或密封件老化造成泄漏；设备用油的品质差，杂质进入到设备中，导致设备的密封层受到破坏而漏油；设备工作过程中，外部的物体也有可能通过操纵杆等进入设备内部，在操纵杆的作用下破坏设备表面导致漏油。

(2) 故障检验与排除措施

① 氮气囊的故障检测

通常依靠工人常年的经验进行判断。氮气囊出现破损问题时，设备外表温度会发生变化，可能会出现温度的上升或降低。通过用手触摸表面可以感觉出来，由于温度变化幅度较大，一般不会判断错误。如果为提高判断的准确性可使用检测仪器，在设备停机后利用压力检测器检验内部气压。破损的氮气囊要及时更换。购买备用氮气囊时，要加强质量检查，选择正规厂家生产的合格产品，可以延长其使用时间和保证使用效果。

② 油封故障的排除

设备油封出现问题时，轴承的磨损程度会因漏油而加剧。设备维护人员要及时清理设备外部积累的粉尘，避免粉尘堵塞出口。设备的内部也要定期检查，将进入内部的各种粉尘及时清理，避免油封密封件受到破坏。如果密封油层已经损坏，要及时更换新的密封件，并保证内部的油料处于充足的状态，减少油料不足导致的磨损加剧。

③ 磨辊无法抬升

首先检查是否系统压力不足，是否有泄漏。除了压力原因，还可能是液压系统的过滤装置受到堵塞，导致油料无法正常输送。对此，要检查过滤器装置，将内部存在的异物彻底清除或更换滤网。另外，内部的油泵损坏也有可能导致油缸内没有油料注入。此时需要更换新的油泵。有时还需要关闭一些重要的阀门，例如管路上的密封阀门等，保证内部的压力不会泄漏，提供足够的压力保护。

4.35 影响立磨回转下料锁风阀正常运行的因素有哪些

立磨的喂料装置对防止漏风有严格要求，否则会影响磨机的产量与电耗。为此，制造商先后开发了三道闸板锁风阀及回转锁风阀两种装置用于锁风。从使用实际效果看，前者的结构过于复杂，容易堵料，润滑系统漏油严重，后者已被普遍使用，但是它在运行中也会因为以下因素造成停车。

(1) 物料将锁风阀卡住

这是由于物料粒径较大，尤其是片状颗粒较多时，这种颗粒更容易卡在转子叶片与壳体之间。可以通过控制破碎机产品粒径及改变喂料管道内的导料板方向解决该现象。

(2) 联轴节自动脱开

驱动电机与锁风阀的连接是靠摩擦式联轴节，目的是保证锁风阀受卡时，不会有过大的力矩使电机烧毁。但这类摩擦式联轴节要求必须有足够的摩擦力，否则自身就会由于脱开而使回转阀停转，磨机便会因此而跳停。解决的办法是，增加联轴节的摩擦力，而不应轻易地将摩擦式联轴节更换为刚性联轴节威胁电机的安全。

(3) 内部的耐磨易损件磨损

尤其当回转阀壳体内的橡胶衬料及隔板磨损后，应当及时更换。

(4) 物料潮湿堵塞

一般回转锁风阀在设计时均考虑可以在壳体夹层中通热风，使湿物料不易粘在壳体上。

总之，回转锁风阀突然停车的影响因素虽然较多，但是都可以解决。千万不能一拆了之，用一个直通的溜子代替，这种做法无异于"因噎废食"，会造成产量降低 1/10 以上，电耗提高较多。

（摘自：谢克平. 新型干法水泥生产问答千例操作篇[M]. 北京：化学工业出版社，2009.）

4.36 原料立磨主要经济技术指标的影响因素

原料立磨的主要经济技术指标有产量、电耗、化学成分合格率、产品细度、水分等。

(1) 影响产品细度的主要因素就是分离器转速和该处风速，一般风速不能任意调整，因此调整分离器转速为产品细度控制的主要手段，分离器是变频无级调速，转速越高，产品细度越细。立磨的产品细度是很均齐的，但不能过细，应控制在要求范围内，理想的细度应为 9%～12%(0.08 mm 筛)。产品太细，既不易操作又造成浪费。

(2) 影响产品水分的因素一个是入磨风温，一个是风量。风量基本恒定，不应随意变化。因此入磨风温就决定了物料出磨水分。在北方，为防均化库在冬季出现问题，一般出磨物料水分应在 0.5%以下，不应超过 0.7%。

(3) 影响磨机产量的因素除物料本身的性能外，主要是拉紧压力与料层厚度的合理配合。拉紧压力越高，研磨能力越大，料层越薄，粉磨效果越好。但必须要在平稳运行的前提下追求产量，否则事与愿违。当然磨内的通风量应满足要求。

(4) 产品的电耗是和磨机产量紧密相关的。产量越高，单位电耗越低。另外电耗与合理用风有关，产量较低，用风量很大，势必增加风机的耗电量，因此通风量要合理调节，在满足喷口环风速和出磨风量含尘浓度的前提下，不应使用过大的风量。

4.37 如何降低立磨(辊磨)的电耗

凡是有利于提高磨机台时产量的措施一般都有利于降低电耗。

(1) 控制磨机总排风的合理风量

因为总排风量直接影响风环风速的大小。如果用风相对过小，磨好的物料不能及时被带出，会造成磨机压差加大，磨机料床很厚，甚至造成磨机"塌料"而使磨机振停；但如果用风过大，也会因为物料被过多带出，磨盘上料层变薄，不仅不易控制产品质量，而且磨机易振，这种情况多发生于调试阶段。

(2) 控制磨机压差

在一定喂料量、研磨压力及系统风量不变的前提下，磨内压差增大时，主电机负荷大、波动大、内循环量大、外循环量小、提升机负荷小，导致系统风量极不稳定，塌料振停的可能性大。此时，应适当降低喂料量，在产品细度合格的情况下降低选粉机转速，并加大系统风机的抽力；磨内压差低时，说明磨机料层变薄而易振，此时应检查系统风量及配料站下料是否有故障，并迅速排除。根据磨机大小，一般控制压差为

5500～6200 Pa。

磨机压差的大小不只取决于排风能力，还取决于喷口环的开度及气流方向。开度大，降低喷口风速，立磨外循环量增加，此时，磨内的压差明显下降，磨主电机的负荷变小。同时，喷口环的气流方向直接影响粉碎后的成品在立磨上方选粉区的数量，因此，必须调试喷口环的方向以谋求该区细粉的最大化。

除此之外，还要防止系统漏风，尤其喂料锁风阀及外旋风筒锁风阀的良好密封是提高产量不可缺少的条件。但因为回转锁风阀容易卡料、堵料，或是由于摩擦联轴器打滑，使磨机频繁跳停，于是有些厂甚至将锁风阀取消，或增设了旁路溜子。其结果是磨机总排风对物料的拉力大为减弱，如果不减产，势必要更大开启风机风门，增加电耗。

(3) 控制磨辊研磨压力

磨辊研磨压力决定料层在磨盘上所承受的粉磨力量，压力过小，物料无法压碎；压力越大越有利于产量的提高，但增大压力要消耗更多电能，当压力达到一定数值后，产量增加的幅度远低于能耗增加的幅度，更何况，磨机耐磨件及磨辊轴承的寿命会变短。满负荷操作时，此压力保持在 10 MPa 左右最为适宜，每次调整的幅度要控制在 0.2 MPa 以内。

(4) 控制磨机废气温度

根据入磨物料的含水量，调节烘干气体温度及磨体内的喷水量，以保持磨机废气温度在 90 ℃左右。温度过低说明烘干能力不足，料层与生料含水量过大，不利于磨机稳定运行；温度过高虽有利于磨机提产，但不仅会使料层过干，还会使磨机轴承温度升高，缩短设备寿命。为保证生料的含水量小于 1%，一般控制磨机废气温度为 90～95 ℃最好。

(5) 适当调整细度指标

细度指标的控制过高，将会影响磨机产量的提高。

(6) 克服不顾消耗片面追求高产的操作

比如，当风机风量超过某一数值后，磨机的产量已到此时条件的最大值，再过多开大风门，其结果只能无端增加电耗，而无效果；再比如，当磨机的溢出量已经不小，仍继续增加喂料量，其结果只能增加物料在磨体外的循环量。

(7) 减少不应有的开停车次数

消灭由于某种原因使磨机突然“跳停”的故障，比如，由于振动的“跳停”、回转锁风阀卡住引起的“跳停”、物料过干的“跳停”等。引起诸如此类“跳停”的原因很多，需要逐项摸索排除，合理调度开停车时间。掌握生料库存料线，料线过低，影响生料均化效果，料线过高，开停车次数频繁；合理利用峰谷电价价差开停车，降低峰价的运转时间，而充分利用谷价时间。

(8) 正确制定产品细度的考核指标。

(9) 减少辅助设备的运行时间

以下现象应该避免，如磨机正常运行中，无料外排时外排设备却在运行，无须喷水时水泵也在运转，而磨机停机时，相关的收尘设备仍在开启等。

4.38 如何降低立磨(辊磨)的磨耗

可以从两方面考虑：一是降低物料对磨损件的磨蚀性；二是提高磨损件对物料的耐磨性。前者即为粉磨的功耗，后者即为粉磨的磨耗。

对于降低物料磨蚀性问题，实践证实，原料中的游离氧化硅含量对物料的磨损性影响最大。因此，在选择原料，尤其是硅质原料时，最好避免使用含游离氧化硅高的原料，尽管有些原料的粒度并不大，可以省去破碎甚至烘干的工序，但也应该少用。

为提高磨辊与磨盘的耐磨程度，以往主要从耐磨件的材质及热处理工艺上着手，国内外厂家都在这方面付出了极大努力，展开了激烈的技术竞争，最终在耐磨件的使用寿命上有了显著提高。而在研究磨辊比磨盘磨损约快一倍的原因时，专家们发现了研磨磨损与喷射磨损的不同概念，喷射磨损与气流速度、喷射角度、夹带物料的浓度及物料磨蚀性有关。一般磨辊受到的喷射磨损比磨盘要大得多，因此，在设计立磨的粉磨功能时，如何降低喷射磨损量则是重要思路之一。作为用户选择立磨类型时，也应关注这方面的特点。

（摘自：谢克平，新型干法水泥生产问题千例操作篇[M].北京：化学工业出版社，2009.）

4.39 立磨操作中的主要控制参数

（1）振动值

振动是辊式磨机工作中普遍存在的情况，合理的振动是允许的，但是若振动过大，则会造成磨盘和磨辊的机械损伤，以及附属设备和测量仪表的毁坏。料层厚薄不均是产生振动的主要原因，其他原因还有：磨内有大块金属物体；研磨压力太大；耐磨件损坏；储能器充气压力不等；磨通风不足等。

在操作上应当严格将振动控制在允许范围内，才能为稳定运行创造先决条件。

（2）料层厚度

立磨稳定运转的另一重要因素是料床稳定。料层稳定，风量、风压和喂料量才能稳定，否则就要通过调节风量和喂料量来维持料层厚度。若调节不及时就会引起振动加剧，电机负荷上升或系统跳停等问题。理论上讲，料层厚度应为磨辊直径的 2%±20 mm，如立磨磨辊直径为 3000 mm，因此 60±20 mm 是适宜的料层厚度。此外，最佳料层厚度主要取决于原料质量，如含水量、粒度、颗粒分布和易磨性。运转初期，为了找到最佳的料层厚度，得调试挡料圈的高度。而在挡料圈高度一定的条件下，稳定料层厚度的重要条件之一是喂料粒度及粒度级配合理。喂料平均粒径太小或细粉太多，料层将变薄；平均粒径太大或大块物料太多时料层将变厚，磨机负荷上升。可通过调整喷水量、研磨压力、循环风量和选粉机转数等参数来稳定料层。喷水是形成坚实料床的前提，适当的研磨压力是保持料床稳定的条件，磨内通风是保证生料细度和水分的手段。

（3）压差

压差是指风环处的压力损失，也是重要的控制参数之一。由于风对立磨运转的影响较大，因此，保持压差恒定，磨的运行状态才好。压差还是磨内情况的一面镜子，操作员可通过观察压差了解磨内情况，判断料多、料少、风大、风小、粉磨效率等。而且随着喂料量的变化，磨通风量的大小、压差的稳定值也有所不同，这在平常的操作中应注意观察、注意积累经验。若压差过大，说明磨内阻力大，内循环量大，此时应采取减料措施，加大通风量，加大喷水，稳定料层，也可暂时减小选粉机转数，使积于磨内的细粉排出磨外，待压差恢复正常，再适当恢复各参数，以避免过粉磨现象，防止因振动加剧发生磨跳停、满磨事故。若压差过小，说明磨内物料太少，研磨层会很快削薄，引起振动增大，因此应马上加料，增加喷水，使之形成稳定料层。

（4）磨功率消耗

立磨传动功率决定于磨辊给磨盘所施加的压力及有关设计参数，若磨盘上物料过多，研磨压力又未跟上，则粉磨效率低，磨功率消耗大；若研磨压力过大，也会增大磨功率，都会对设备造成不利影响。

（5）磨机出口温度

向磨内供热风是干燥物料和提升物料的需要，磨机出口气体温度的高低是衡量磨机运行状况的重要因素，过热会导致内部机械受损；过低，则达不到干燥目的。根据运行经验，磨机出口温度最好控制在 90 ℃左右。若出口温度较高，则适当打开循环风机挡板，或打开冷风挡板；若出口温度低，则适当增加热风供给量，以保证生料水分不超标。

（6）磨内通风量的控制

立式磨的风量直接影响磨内进出口压差值及出磨生料细度。风量不足，磨细的料不能及时被带出，致使料层增厚，排渣量增多，产量降低；风量过大，料床过薄，也影响操作。当喂料量一定时，磨内通风量要保持稳定。一般以磨机循环风机功率来控制风机进口阀门的开度，来调节磨内通风量。

（7）入磨喂料量的控制

喂料量的控制是根据磨机进、出口的压差值来调节，在一定风量、风速的情况下，压差增加，说明料层增厚，磨内负荷加大，反之料层变薄。稳定的料层是立磨粉磨的基础、正常运转的关键，操作中通过喂料量的控制来使压差值处于正常范围内，从而稳定磨内料层厚度，以减少磨机振动。

（8）研磨压力的控制

研磨压力随磨机喂料量的多少可以进行调节，也可根据原料料层厚度和易磨性来调整，此外，为了保持磨盘上有一定厚度的料层，减小磨机振动，保证运转稳定，也必须控制好研磨压力。

（9）入口负压值的控制

磨内气体负压值大可有效防止吐渣，要保证磨内气体负压足够，首先应及时清理排渣口的积料，保证排渣口畅通，减少排渣口漏风，其次要减少系统漏风，如三道闸门及其软连接处的密封，操作上可通过调节排风量来控制。

（10）产品细度

产品细度主要靠选粉机转速来调节，转数大，产品细；转数小，产品粗。磨内用风量的大小对产品细度也有很大影响。

（11）产量

立磨产量标定恰当与否，对稳定运行、充分发挥其节能降耗、降低成本的优势亦很重要。在增加产量的同时，操作员应注意热风、磨通风量、研磨压力、喷水量等参数的适当增加，保证压差稳定。

4.40 立磨的辅助设备常见故障及处理

（1）密封风机

密封风机的作用是向磨辊轴承气封腔鼓入一定压力的气体，使气封腔里呈正压，防止磨机跳停或运行中偶尔出现的正压气流携带粉尘进入轴承腔里损坏轴承。其常见故障是密封风机电流波动和密封压力低报。

中控显示密封风机电流降低性的波动，则多为风机三角带因磨损出现裂口打滑导致，停机后应着重检查风机三角带并予以更换。

密封压力低报会造成磨机跳停。首先应检查风机入口滤网是否积灰，排除此类因素后应检查密封风管是否破损，对于 MLS 立磨，则多为磨腔里环状密封风管与磨辊连接的关节轴承处法兰脱开。

（2）主减速器润滑站

1 台低压循环加热泵、1 台循环泵和 4 台高压泵组成主减速器润滑站。

循环加热泵用于加热润滑油；循环泵用于向齿轮腔里提供一定流量和压力的润滑油；4 台高压泵则向磨减速器上部的承载磨机负荷的 12 块滑块提供高压油，以形成高压油膜。

常见故障及处理：

① 主减速器输入轴轴承温度高

通常因润滑油温高造成，应检查冷却水管路上的温控阀是否打开，水过滤器滤芯是否被污泥堵塞，并相应处理。

② 减速器油位低报

如果油位低报发生在油站起动阶段，则现场调节向上下油腔供油的油路上的截流阀，重新分配油流量，运行一段时间后，即可消除。如果发生在磨机停机后，油站还在运行时，此时多半因为油路泄漏造成，应检查油冷器是否发生泄漏，并重新补油。

③ 止推滑块油压低报

如果并排的2块滑块压力低报或间隔的4块滑块压力低报，则会造成磨机跳停。通常现场应核对压力低报的滑块供油压力表上实际读数，若读数正常，则为继电器误报警，仪表工处理即可。还有一种情况，因冷却水管路上的温控阀动作不灵（不能根据油温高低来关闭），导致油温过高，也引起滑块压力低报，它一般会造成磨机停机，可修理或干脆拆除温控阀，完全由人工来开关冷却水阀门开度。

④ 高压泵入口油压低报

高压泵入口油压低报也是因为油温变化引起，需在磨机运行较长时间过程中，手动调节管路上的压力调节阀，使油压值稳定在0.1 MPa。

(3) 张紧站（液压站）

张紧站由1台循环过滤泵、1台压力泵构成，用于向磨辊施加研磨压力和提升磨辊（仅ATOX磨机有提升功能）。

常见故障及处理：

① 磨辊提升不起来

磨辊提升不起来是因为油管老化更换后，有外界空气混入油路里，未排气。通过检测孔排气后，即可正常。

② 辊位报警

在磨机磨辊提升过程中发生辊位报警，是因为3个接近开关未能同时感应到信号，也即磨辊提升的高度不一致导致的。一般多为探头故障或感应片积灰。

(4) 磨辊润滑站

磨辊润滑站由1台循环过滤泵、3台供油泵和3台回油泵构成，每1个磨辊对应1台供油泵和1台回油泵，向磨辊轴承提供冷却过滤后的润滑油。

常见故障及处理：

① 油温报警

磨辊润滑系统对油温的波动最为敏感，它要求油箱油温在52～53 ℃之间波动。冬季，在管路上投入线性加热器，辅以太阳灯烘油箱；夏季，投入2个油冷器和用轴流风机对着油箱吹风冷却。

② 真空开关报警

真空开关安置在每台回油泵入口前，用于控制跟回油泵相对应的供油泵的开停，以防止磨辊里油位过高造成泄漏。油温低时，供油泵的运行是不连续的。

如果某一个磨辊的真空开关报警不停，则应考虑油管连接是否正确，更换磨腔里的金属软管后，更应认真检查。比如1号辊的供油管和2号辊的供油管互相接错，在控制系统上，1号辊真空开关控制着向2号辊进油的1号泵，如果1号辊真空开关动作，则2号辊停止进油，而2号辊真空不会动作，2号泵继续运行，向1号辊供油，则1号辊真空开关始终报警。

③ 磨辊漏油

应考虑油管接头漏气和软管部分老化破损漏气，导致真空开关不动作。

4.41 立磨对喂料粒度的要求是什么 

过去总认为，立磨需要大颗粒喂料以避免振动。但在经过LV技术改造后却得到另一种结论，经LV技术改造后的磨机的运行是以小粒径喂料为最好，最大粒径应为30 mm。

没有用LV技术系统的磨机，由于选粉效率低，使立磨中物料的内循环量较大，而改造后使得磨盘上的细粉量减少。表4.14给出了LM38.4磨在LV技术改造前后，磨机急停时在磨盘中心取样的粒径分布比较。

表 4.14 LM38.4 磨在 LV 技术改造前后的取样粒径分布

粒径	改造前(%)	改造后(%)	粒径	改造前(%)	改造后(%)
>5 mm 筛孔筛余	10.2	12.2	>0.5 mm 筛孔筛余	56.2	73.0
>2 mm 筛孔筛余	20.3	21.3	>0.2 mm 筛孔筛余	90.0	97.4
>1 mm 筛孔筛余	33.4	47.9	<0.09 mm 筛孔筛余	2.3	0.8

显然，改造后磨盘上的物料平均粒径已经大大提高。这就证明，磨机在降低喂料尺寸之后，仍然能获得稳定运行而不振动。

表 4.15 所列为喂料尺寸和立磨运行参数之间的关系，可以看出，正如预期所料，随着喂料粒径变小，磨机能耗在降低，而且由于物料在磨内的循环量减少，磨机的压降也减少。

表 4.15 喂料尺寸和立磨运行参数的关系

最大入磨物料粒径(mm)	90	60	30
产量(t/h)	240	248	262
磨机功率[kW·h/(t·s)]	8.05	7.85	7.41
磨内压差(10^3 Pa)	76	75	73
振动(mm/s)	5～7	5～6	4～6

由此得出结论，生料立磨的最好性能是将喂料破碎到最大粒径在 30 mm 左右。

4.42 立磨几种运行参数的选择

(1) 拉紧力的选择

立磨的研磨力主要来源于液压拉紧装置。通常状况下，拉紧压力的选用和物料特性及磨盘料层厚度有关，因为立磨是料床粉碎，挤压力通过颗粒间互相传递，当超过物料的强度时物料被挤压破碎，挤压力越大，破碎程度越高，因此，越坚硬的物料所需拉紧力越高；同理，料层越厚所需的拉紧力也越大。否则，效果不好。对于易碎性好的物料，拉紧力过大是一种浪费，在料层薄的情况下，还往往造成振动，而易碎性差的物料，所需拉紧力大，料层偏薄会取得更好的粉碎效果。拉紧力选择的另一个重要依据为磨机主电机电流。正常工况下不允许超过额定电流，否则应调低拉紧力。

(2) 关于分离器转速的选择影响

产品细度的主要因素是分离器的转速和该处的风速。在分离器转速不变时，风速越大，产品细度越粗，而风速不变时，分离器转速越快，产品颗粒在该处获得的离心力越大，能通过的颗粒直径越小，产品细度越细。通常状况下，出磨风量是稳定的，该处的风速变化也不大。因此控制分离器转速是控制产品细度的主要手段。立磨产品粒度是较均齐的，应控制合理的范围，一般 0.08 mm 筛筛余控制在 12%左右可满足回转窑对生料、煤粉细度的要求，过细不仅降低了产量，浪费了能源，而且提高了磨内的循环负荷，造成压差不好控制。

(3) 关于料层厚度的选择

立磨是料床粉碎设备，在设备已定型的条件下，粉碎效果取决于物料的易磨性及所施加的拉紧力和承受这些挤压力的物料量。拉紧力的调整范围是有限的，如果物料难磨，新生单位表面积消耗能量较大，此时若料层较厚，吸收这些能量的物料量增多，造成粉碎过程产生的粗粉多而达到细度要求的减少，致使产量低、能耗高、循环负荷大、压差不易控制，使工况恶化。因此，在物料难磨的情况下，应适当减薄料层厚度，以求增加在经过挤压的物料中合格颗粒的比例。反之，如果物料易磨，在较厚的料层时也能产生大

量的合格颗粒，应适当加厚料层，相应地提高产量。否则会产生过量粉碎和能源浪费。

4.43 立磨减速机断齿、轮壁开裂的原因与预防

(1) 立磨减速机的事故表现

立磨减速机的进轴断齿及末级行星机构的行星轮断齿或开裂，往往前期没有明显征兆或征兆时间比较短暂，非常突然。比如减速机输入轴断齿前，振动参数没有超标，可能略有增加，尚未来得及采取措施，齿已断了；行星轮的轮齿折断或开裂更是如此，振动参数反映均不明显，但事故就发生了。例如，有两台减速机，一台是发现进轴出现断齿，全面检查时发现四个行星轮内壁均已出现了裂纹，且有的深度已到边缘状态，如果不检查，回装好的减速机用上就会出现行星轮炸裂事故；另一台减速机振动值比平时有所增加但仍在允许范围内，且远远小于平时因磨机料床不稳引起的大幅振动值时，就赶快进行了降压运行，但几个小时后，行星轮却全部炸裂了。

(2) 立磨减速机输入轴断齿事故的原因分析

作为立磨主减速机，设计富余量应该是很大的，一般情况下并不容易发生断齿损坏。断齿的原因主要是接触精度不足、偏载挂角，比如螺旋伞齿轮，仅前端很少的部分接触，结果就是前端吃力后端不吃力，全部传动扭矩由前端承担，局部超载在所难免，再加上现在的齿轮均为硬齿面，宁断不弯，结果就可想而知了。细分原因主要有以下几个：

① 加工精度不足，一对齿轮副的螺旋角及齿形不符，很难保证正常接触。

② 安装时没有对齿轮副进行精确修研，间距没有正确调整，造成接触高度、接触宽度不足，甚至挂角。

③ 减速机仅对温度、振动进行检测而对噪声没有检测，因检测不全面，当温度、振动表征还在允许范围内的时候，减速机已经发生事故了。若有噪声检测的话，起码多了一道关卡。

④ 相关人员对事故判断的经验不足，延误了问题的解决，甚至造成事故扩大。

⑤ 不排除齿轮在加工、热处理中，齿轮已经存在如微裂纹等缺陷。

(3) 立磨输入轴断齿的预防措施

立磨输入轴断齿、点蚀情况比较多，应从以下几个方面解决：

① 在加工精度上必须保证一对齿轮副的螺旋角匹配，齿形精度达到设计精度。

② 安装时必须对齿轮副进行接触精度着色检验，使其接触长度、高度达到要求，必要时要对齿形修研，通过调整使其接触高度、宽度达到要求，避免如挂角等局部的不良现象，使应力得到分散，避免局部过载使得轮齿折断。

③ 在操作管理上必须严格观察振动参数、温度的变化，发现有升高的现象，必须认真分析、确定原因，到现场查看噪声情况，同时对温度、振动进行手工测试并与仪表比对，判断是否存在问题，防止事故发生或防止事故恶化。

④ 定期对减速机、电机的地脚螺栓的松紧程度进行检查，防止因振动造成其位置变化，影响对中。

⑤ 经常检查联轴器的运行情况，防止因螺栓松动引起的对中偏离，引起附加载荷的增加。对于查出的问题必须先排除再开机，如对中偏离必须重新找正，若轴承存在问题则必须调整或更换，绝不可让设备带病运行。

⑥ 缩小振动控制参数。

⑦ 在有条件的情况下，增设轴向振动检测仪表，以便判断振动的原因。

(4) 立磨行星轮开裂的预防措施

对于立磨行星轮开裂事故，以下几项措施可供参考：

① 从设计来讲，可考虑适当扩大外形尺寸，给行星轮增加壁厚提供空间；有了空间就可增加轮壁厚

度，以增大行星轮抵抗变形的能力，减小轮壁应力。

② 制造商必须保证加工精度，组装时必须注意轴承游隙的检查，保证轴承游隙一致，防止行星轮受力偏载；组装也必须按规范进行，不得野蛮装卸，造成零部件的损伤。要知道该处一旦一个齿轮故障，会使该处整体机构遭到破坏。

③ 组装时也要对齿轮的接触精度进行着色检验，使其达到规范要求，组装完毕后必须对机壳内部清理干净，防止造成不必要的零件干涉损坏；

④ 在使用管理上严格执行操作规程，发现振动、温度参数发生变化，必须认真检查，判断是否存在问题，查不出问题绝不能随意开机，防止事故扩大，若查出有问题更不能开机，必须使问题得到处理。

⑤ 加强巡检，认真比较减速机内部噪声的变化，弥补自动化上仅有温度、振动参数检测的缺陷。

⑥ 加强工艺管理，稳定磨机料床，防止设备振动造成附加载荷的增加。

⑦ 加强润滑管理，定期检测润滑油的变化，当发现油内有异常金属杂质时，要分析杂质来源，若判断为减速机内某零件磨蚀而来，则必须处理；还要注意油温的变化，不正常的油温变化，来自轴承的可能性最大，必须结合噪声、振动的变化查清问题。需要说明的是因为立磨润滑油流量很大，有时候温度变化并不明显，特别是突发性故障，所以必须全面观察、全面分析、综合判断。

⑧ 与前者一样，缩小振动参数的设定控制值，以便及时提醒关注。

⑨ 在有条件的情况下，增设内齿圈的振动检测，以便观察行星机构的运转情况。

4.44 衡量立磨（辊磨）性能的主要指标是什么

能耗与磨耗是衡量立磨（辊磨）主要性能的两项指标，也是评价任何粉磨系统优劣的两项指标。

立磨（辊磨）的最大特点就是比其他磨机系统节能，这正是它的生命力所在，为此它使每吨生料的成本大幅下降。但不同的立磨，其节电幅度也有较大差距；先进的立磨系统单位电耗为 12～14 kW·h/t 生料，落后的则要高达 16～18 kW·h/t 生料。产生差距的原因有各立磨的台时产量高低、选粉效率高低、用风量大小、细度指标高低、连续运转时间长短及开停次数多少不等。

另外，立磨（辊磨）的运行成本主要受磨辊与磨盘的磨损快慢的影响，而且更换辊套与衬板需要时间较长，技术要求也要比球磨机中的补充钢球及更换衬板复杂得多。因此，磨辊与磨盘的耐磨性，即磨耗——单位产量所消耗的耐磨材料，也是衡量磨机性能的重要指标。

4.45 粉料对立磨操作的影响

(1) 入磨粉料过多造成立磨振动的原因分析

虽然入磨物料粒度越小产量越高，但对于立磨来说，要稳定运行还必须在磨辊和磨盘之间形成一定厚度的料层，以避免两者接触而产生磨损和振动。当入磨的粉料达到一定的比例时，由于粉料的流动性比块状料大得多，所以经过磨辊挤压形成的料层较薄，这样就极易产生振动。另外，外溢的粉料被喷口环的高速风带起，经选粉后，只有小部分合格的细粉被选出，其余在磨内循环，这样就使得磨内循环粉料量加大，而且细粉颗粒之间又有相互吸附的趋势，当循环量达到一定程度时，表现为入口负压降低，出口负压增高，磨内循环在逐步恶化，进出口压差在增加，这时风量不足以浮起越聚越多的粉料时，就会突然大量落至磨盘上，造成料层细粉增多，辊子咬不住料层，磨辊产生滑移现象，压破料层，从而会剧烈振动导致停磨。而跳停前料层厚度无明显变化，是因大量粉料在磨内处于悬浮循环状态，而在跳磨前看似平稳运行，到磨跳停总共不到 1 min，连调整的时间都没有。而跳磨瞬间料层急剧变薄，是因为塌料后磨盘上粉料过多，磨辊无法咬住物料产生滑移压破料层，而实际磨内物料已相当多，这与打开磨机实际检查相符，若这时用辅传转动磨就会发现料层较正常运行时厚许多。

(2) 如何提前预防判断

① 料层厚度虽无明显变化,但磨入口负压有降低趋势,磨机进出口压差在增加,振动值也略有增加。还有就是在别的条件未变化情况下(比如立磨所有风门、增湿塔出口温度和入磨物料未变化的情况下)磨出口温度在逐渐降低,说明磨内悬浮料在增加,如不及时加以调整,悬浮料会越聚越多,必然会造成塌料停磨。这时可适当降低分离器转速,及时释放部分悬浮粉料,并适当减产,待控制的各参数恢复正常后,方可恢复正常操作。

② 当物料发生变化时(比如现在提倡循环经济,废渣利用,不少厂家用各种工业废渣、硅石、黄沙、砂岩、硫铁渣等来代替黏土),这些物料与标准的三组分石灰石、黏土、铁质校正料相比,易磨性差,在磨内不易磨成成品,等磨到一定程度时,这些物料始终在磨内处于循环悬浮状态,因未落到磨床上被粉磨,也就达不到成品细度而无法出磨,当越聚越多到磨内风不足以托浮起时就会集中落下。在这种情况下,要改变以往的一些控制方法和参数。具体方法:适当降低入磨负压,目的是使未达到成品细度而出不了磨的悬浮料能够重新落回到磨盘上粉磨;适当降低料层厚度,提高研磨效率,研磨压力不应降低,这样有利于把这些易磨性差的物料,迅速磨成合格细粉而抽出磨外。

③ 为了提高立磨产量,可适当掺入一定量的粉状料,但一定要掺和均匀,不至于造成粉料集中进磨,使磨振动跳停。并且只能掺入适当比例,应和块状料有一定的粒度级配,而不是粉状料越多越好。

总之,立磨入磨粉料比例过多,可造成磨机突然振动停机。在操作过程中当参数发生变化时,要及时判断并加以调整,避免造成频繁跳停(不仅对设备造成损害,而且频繁启动还增加电耗)。

4.46 避免立磨磨辊、磨盘过快磨损应注意什么

(1) 原材料的易磨性与磨辊、磨盘的质量

磨辊、磨盘是直接与物料接触的部件,如果物料的易磨性很差,如硅石、页岩之类,便会致使磨辊、磨盘的衬板磨损严重,并造成不均匀沟槽、裂纹和断边现象。选择易磨的原材料能被动防止磨辊和磨盘的过快磨损,那么选择一副质量好的磨辊、磨盘才能主动延长其使用寿命,以达到降低生产成本的目的。

(2) 磨辊间的平衡度是否一致

磨辊间的平衡度是指将全部磨辊静态下放在磨盘上,其磨辊的中心线是否处在同一水平线上面。这跟磨盘的安装平整度有着直接的关系,跟磨盘的加工精度也同样有关。如若不平衡,运行中,磨盘和磨辊在研磨加压的情况下,离磨盘近的磨辊将会磨损得很快。

(3) 磨辊的限位高度是否一致

限位高度准确地说是用来控制料层厚度的,当限位高度不一致时,磨盘上料层的厚度同样不一致,这样在磨机运转的过程中会造成一定的振动,振动的加剧是造成磨损的主要因素之一。限位高度不一致,离磨盘近的磨辊在加压研磨的过程中受力是较大的,故磨损也较快。

(4) 研磨张紧压力是否过大,料层是否过薄

在操作中要习惯加产加压、减产减压的做法。特别是在减产的过程中很多操作员为了控制的稳定和操作的省事,一般都未减掉富余的那一点张紧压力,或者在生产控制的过程中,也同样让磨机的张紧压力始终保持有一点富余。

其实这种做法在一定程度上可以达到控制省事的目的,但是过一段时间后,会发现磨盘上料层在不断地变薄,随之而来的是磨机逐渐加大的振动,因为研磨压力大于喂料量。料层薄、振动大、张紧压力过高,这些无疑都是造成磨辊、磨盘过快磨损的重要因素。

(5) 防止磨内进入金属异物

要防止磨内进入金属异物,有效的办法就是用好系统的每一个除铁器。一般生料磨系统都配有两个除铁器:一台在原材料配料后综合进入磨机的皮带机上方,起到将原材料中带过来的金属异物排出的功

能。另一台应该在外循环提升机下料点之后的皮带机上方，或者在磨机的外排皮带机上方，起到将从磨内掉出的金属排出的作用，如磨机刮料板、大螺栓等。

大块或者过硬的金属进入磨机会造成激烈的振动，导致磨机跳停，损坏减速机，更有可能金属异物被磨辊碾压后，造成磨辊辊皮出现大块脱落，这种情况的出现对于磨辊和磨盘来说比过快磨损更为可怕。

(6) 氮气压力的使用及平衡

氮气压力的高低必须根据实际研磨压力的 60%～70% 来给定，氮气囊主要的作用就是蓄能减振。所以在使用氮气压力和研磨压力时必须遵循以上的比例关系。

① 研磨压力高、氮气压力低，会产生振动；

② 氮气压力高、研磨压力低，磨辊克服不了氮气的反弹同样产生振动。

合理使用就能有效克制这方面的振动，从而有效地防止磨辊和磨盘的磨损。

另外，各个氮气囊之间的氮气压力必须一样，否则在各个磨辊之间产生的动力效应就不一样，打破平衡就会产生振动，磨损的概率就会增加。

(7) 防止磨辊和磨盘疲劳运行造成塑性变形

所有在运转的系统、设备都需要合理的休息，否则就会产生疲劳，造成过负荷运转从而产生设备事故。

在生产中，须定期对立磨系统进行定检，留出一定的时间让磨机休息。在出磨物料温度和烘干能力都能达到要求的情况下，尽可能地降低出磨温度。因为金属材质的东西温度越高，塑性变形的概率就越大，那么一个带着极大张紧力在运转的磨辊产生了塑性变形，其磨损也是非常快的。

磨辊及磨盘的磨损是客观存在的消耗，不能杜绝，但可以延缓过程。而要防止其过快磨损，就需要在平时的操作中注意做好每一个细节，时刻反思改变操作、管理陋习，再加以合理的考核机制予以推动，才能在真正意义上防止立磨磨辊及磨盘超出合理以外的磨损。

4.47 立式辊磨机安装应符合哪些要求

(1) 基础画线

① 根据工艺布置图，在基础上画出磨机的纵横向中心线，确定基准点标高，并应符合下列要求：

a. 基础纵横向中心线与设计图纸上的纵横向中心线偏差不得大于 2 mm。

b. 基础基准点的标高偏差不应大于 0.5 mm。

② 安装前，应在地基四周加 100～200 mm 厚的卵石或其他隔振材料垫层。

(2) 主机基座安装

① 主机基座各构件应按标记安装，其安装中心与基础中心偏差不应大于 0.5 mm。

② 主机基座的水平度，在全长上不应大于 0.2 mm。

③ 基座各分点应正确定位搭焊，焊接过程中不应出现扭曲应力，焊口应磨平。

(3) 减速器底座安装

① 安装前，应清除减速器底座加工表面的防锈漆及其他杂物。

② 为了防止挠曲，减速器底座应紧密地结合在主机基座上，其间隙用薄垫片调整。

③ 减速器底座上平面的纵横中心线与基础中心线偏差不应大于 0.5 mm。

④ 在减速器底座的标记测量点上测其水平，其水平度见表 4.16。

表 4.16 水平度偏差(mm)

磨型	MPS2250	MPS2450	MPS2650	MPS3150	MPS3450
水平度	0.2	0.2	0.22	0.25	0.29

⑤ 减速器底座与主机基底焊完后，应再次调平，如超差时，应进行表面磨光，允许偏差不应大于 0.6 mm/m。

(4) 磨机减速器安装

① 减速器吊装前，应保持底面清洁，减速器与底座的结合应均匀、紧密。

② 减速器中心线与基础中心线允许偏差不应大于 0.5 mm。

③ 减速器与底座配铰的定位销，应在整个长度上接触良好。

(5) 下架体安装

① 下架体中心与减速器中心允许偏差应为 ϕ0.5 mm。

② 下架体上部水平度允许偏差不应大于 0.2 mm/m。

③ 主机基底上缘至下架体上缘的高度，应符合图纸设计尺寸。

④ 下架体开口处的焊缝端部须磨光。

(6) 磨盘座安装

① 在安装磨盘座绝热板时，应呈 180°对称布置刮板开口。

② 磨盘座装在减速器上之前，其接触表面应彻底清除杂物和油漆，并保证表面平正，对其止口直径尺寸再次检查测量。

③ 当磨盘座放置在减速器上时，应保证在止口处不倾斜，磨盘与减速器应接触均匀、紧密，其间隙不应大于 0.1 mm。

(7) 磨盘(衬板与支座)安装

① 有衬板支座的结构，其衬板支座对磨盘座的外侧定位面和磨盘衬板对衬板支座接触面的平面度为 0.05 mm。衬板与衬板支座的接触率应大于 75%。

② 无衬板支座的结构，其衬板与磨盘座的接触面的平面度为 0.05 mm，衬板与磨盘座的接触率不应小于 75%。

③ 衬板支座在磨盘座上调整好后，其相互间隙应大致相等，并将调整板打入各衬板支座的间隙里，以便撑紧加固。

④ 把磨盘衬板铺放好以后，将楔形垫圈揳入各磨盘衬板之间的空隙里。

(8) 磨辊安装

① 一个磨辊放在主电机一侧，另外两个磨辊间隔 120°均布放置。

② 将磨辊放置在磨盘上倾斜 15°，并使其轮缘中心与研磨轨道中心相一致。

③ 三角形压力框架和张紧拉杆的悬挂结构，应确保三个磨辊承受均布压力。

④ 压力框架的尺寸偏差不大于±3 mm。

⑤ 压力框架的调整衬板和上架体的硬化衬板之间的间隙应符合设计规定，可用薄垫片进行调整。

(9) 分离器安装

① 依照出厂标记进行组装，叶片紧固，螺栓不许松动。

② 安装时应保证旋转体与压力框架之间的距离，并进行中心调整。

③ 分离器壳体内的立轴垂直度为 0.1 mm/m。

(10) 驱动装置安装

① 主电机底座水平度为 0.1 mm/m。

② 主电机输出轴与减速器输入轴的同轴度为 0.1 mm。

③ 联轴器的径向跳动公差，应符合现行国家标准《机械设备安装工程施工及验收通用规范》(GB 50231—2009)的有关规定。

4.48 TRM 立磨磨辊漏油问题分析及处理

TRM 立磨在使用中，有些出现磨辊漏油问题，直接影响了立磨的正常运转。现以泸州赛德水泥有限公司的 TRMS32.3 立磨为例，结合磨辊结构和现场使用情况，分析磨辊漏油的原因，并提出相应的处理措施。

(1) 问题及分析

漏油主要有以下现象：

① 辊套靠外下侧、喇叭套下侧、磨盘及挡料圈外侧出现大量油迹。

② 空滤器和加压摇臂上面出现大量外露油迹。

③ 润滑站油位周期性下降，进油压力表压力为 0.8 MPa，回油压力表压力为 0.006 MPa。

根据漏油位置，推断油封和空滤器两处润滑油异常流出，参照润滑站技术要求(表 4.17)，结合磨辊结构(图 4.12)分析，原因主要有以下几个方面：

① 润滑站油压力不符合要求

该立磨采用“乙顿”公司润滑站，要求最大工作压力 0.5 MPa，但实际生产压力调到 0.8 MPa。分析原因为没有采用推荐的 N320 润滑油，而是使用其集团统一采购的英国 BP 公司 GR-XP1000 润滑油。该润滑油黏度过高，实际生产中通过提高进油压力，保证供油量，在出现漏油后，油位下降，更是通过提高进油压力来保证进油量。另外，GR-XP1000 在 40 ℃的运动黏度为 1000 cst，比规定的 N320 在 40 ℃时 320 cst 黏度大得多，回油效果更差。

② 磨辊内油位过高

多处部位出现的漏油证明磨辊内油位严重过高，不仅超出规定油位线(图 4.12)，更是严重超油封位置处。润滑油过多易造成工作时磨辊内温度升高、压力增大，过高的压力甚至造成润滑油从空滤器处喷出。

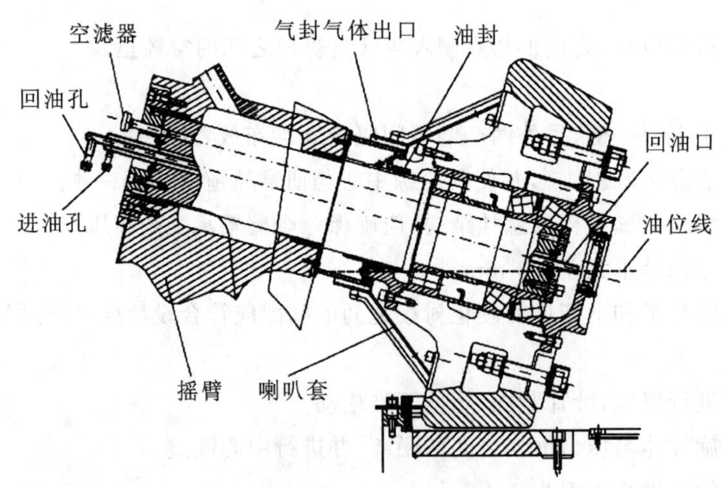

图 4.12 TRM 立磨磨辊构造

③ 通气孔堵塞，压力失衡

空滤器处有溢出的润滑油，证明空滤器已经失效，空滤器上油层更易粘上灰尘，造成通气不畅，磨辊内进、回油压力失衡。

④ 回油不畅

漏油磨辊的回油压力为 0.006 MPa，远低于正常值(0.02～0.04 MPa)，回油量很小，循环不畅。

表 4.17 润滑站主要参数

参数	进油压力(MPa)	回油压力(MPa)	润滑油名称	润滑油型号
推荐值	0.5	0.02～0.04	硫磷型中负荷工业齿轮油	N320

(2) 处理措施及效果

① 更换同规格的优质骨架油封组件及空滤器，特别注意油封安装的规范性，空滤器做好日常保护和保养。

② 按照技术手册要求更换推荐黏度的 N320 润滑油，润滑油滤清器定期更换，保证润滑油清洁度。

③ 清理润滑管路，尤其是回油管路，保证润滑油循环顺畅；清理气封装置各出气口，保证磨辊上气封出口出风顺畅，防止进入灰尘，损坏油封。

④ 调整润滑站进油压力至润滑站规定值，跟踪回油压力并做好记录、保证回油顺畅；调节流量阀，保证进油、回油流量平衡，密切跟踪润滑站油位，及时发现磨内润滑油异常状况。

通过以上分析，对磨辊漏油采取有针对性的处理措施后，未再出现漏油现象，取得良好的效果。

(摘自：朱贺. TRM 立磨磨辊漏油问题分析及处理[J]. 水泥，2015,2.)

4.49 立磨排渣是何原因

(1) 喂料量过大，物料经磨辊碾压而溢出磨盘，其中大颗粒不能被气体带起，形成排渣。

(2) 入磨物料易磨性差，使磨盘上大颗粒物料堆积而溢出，形成排渣。

(3) 由于系统风量不足，使喷口环处气流不能充分将物料吹起，物料下落，形成排渣。

(4) 磨辊研磨力下降，不能充分研碎物料，致使大颗粒物料从磨盘上溢出，形成排渣。

(5) 挡料圈破损，起不到应有的作用，使未碾碎的大颗粒物料沿磨盘边缘溢出，形成排渣。

4.50 辊磨操作的注意事项

(1) 控制磨机进出口压差

磨机进出口压差的变化是反映磨内负荷量变化最有代表性的数据。压差增大，说明料床增厚，磨内负荷加大；压差减小，表示料床减薄，磨内负荷下降。这两种情况都是料床不稳的现象，都会引起振动加剧、粉磨阻力增大、磨机输入功率上升和磨机电流大幅度变化。

辊磨运转时，通常以调整喂料量的方式控制压差。MPS3150 磨机的压差有的厂控制在 3950～4050 Pa。RM25/15 磨有些厂控制在 5800～6500 Pa。压差超过允许上限值时，可采取适当减少喂料量、暂时降低分离器转速、放粗产品细度、增加出磨量的应急措施。

(2) 控制磨内通风量

风量不足，磨细的料不能及时带出，致料床增厚，排渣量增多，产量降低；风量过大，料床过薄，也影响设备的操作。从稳定磨机操作的角度考虑，磨内通风量与产量相匹配有利于磨机负荷的相对稳定。

在实际操作中，可借助风机特性曲线，通过控制循环风机电流、磨机通风量，稳定入磨风压。MPS3150 磨机的循环风机电流可控制在 85～95 A。RM25/15 磨，当喂料量为 50～52 t/h 时，有的厂控制风量在 11500 m^3/h 左右。

(3) 控制磨机出口热风的温度

磨机出口热风温度反映了磨内温度。磨内温度须基本稳定。温度变化太大会导致磨体振动，甚至跳闸，还可能损伤选粉机轴承；温度太低，不利于物料的烘干，且影响收尘作业的正常进行。磨机出口温度正常时，磨内的烘干、粉磨作业和收尘系统的收尘状态良好，出磨产品的水分适当(一般为 0.5%左右)。

MPS3150 磨机出口热风的温度一般控制在 80～110 ℃，最高不高于 120 ℃；RM25/15 磨出口热风的温度一般控制在 70～90 ℃，不低于 60 ℃，不高于 120 ℃。

(4) 控制磨机入口的负压

磨机入口负压一般通过调整磨机入口热风管上冷风阀的开度实现。MPS3150 磨机的入口负压应控制在－600～－570 Pa。

(5) 控制粉磨液压

磨机拉紧装置向磨辊施的压力称为粉磨液压。粉磨液压加上磨辊自身的重压为研磨压力。研磨压力是稳定磨机运行的重要因素，也是影响主机输入功率、产量和粉磨效率的主要因素。

在磨机运转过程中，根据原料粒度和易磨性调整粉磨液压，使磨机的振动和磨耗达到最低值。原料的粉料量多和易磨性好时，调小研磨压力；块料多和易磨性差时，调大研磨压力。粉磨液压调在某一定值时，缓慢调整喂料量，喂料量调至最佳值时，料床厚度较稳定，吐渣量最少，振动最小，磨机运转电流较小。MPS3150 辊磨的粉磨液压有的厂控制在 8.5～9.0 MPa，RM/25/15 磨有的厂控制在 13～14 MPa。有的厂通过改变油泵开启时间及切断加压系统回油油路，使 RM25/15 磨粉磨液压的波动由±2 MPa 下降为±0.5 MPa。

(6) 保持磨内料层厚度稳定

磨盘上的料层稳定，辊磨才能高产。MPS160C 型磨正常运转时的料层厚度，有的厂控制在 60～70 mm，超过上下限 10 mm 以上时，磨体振动加剧，甚至跳停。TRM25 磨正常运转时的料层厚度，有的厂控制在 35～50 mm，小于 20 mm 时，磨机易振动，大于 60 mm 时，辊子的研磨力下降，造成吐渣。

料层薄时可采取的措施：

① 降低辊子压力。

② 增加喂料量。

③ 保持产品细度，增大分离器转速，提高内部循环量。

④ 在磨盘上喷适量的水，以增加物料的内摩擦系数，从而增大料层厚度。喷水装置可为 3～4 个均布于磨盘上方的喷头，水压约 0.6 MPa。喷出的水应雾化良好。

喂料量波动还会引起辊磨压差和吐渣量发生变化，致辊磨振动。喂料量的波动大于 5%时，辊磨的工作将不正常。

(7) 稳定原料质量

特别要稳定石灰石的粒度和成分，以有利于稳定入磨物料配比和磨内料层厚度，防止磨体振动、电流增大和发生吐渣。

(8) 控制入磨物料水分

力求将入磨物料水分控制在适当范围内，且波动较小，以有利于辊磨的平稳运行。

(9) 控制出磨生料细度

生料细度受分离器转速、系统风量、磨内负荷量等因素的影响。后两者一般不变动，则细度的调整一般只是调节分离器的转速。转速的调节只能逐步进行(每次最多只能改变 2 r/min)，否则可能引起磨体振动加剧，甚至跳闸。

(10) 严禁大块硬物料和铁件入磨

(11) 严格控制并缩小入磨物料粒度

入磨物料中的大块，对辊磨生产影响很大，如 TRM25 磨要求入磨物料粒度小于 25 mm，若入磨料中有 40 mm 以上的大块，虽然数量很少，也会严重影响辊子的压力，既加大磨辊摇臂的摆动幅度，又增加吐渣量，降低产量。故应严格控制入磨物料粒度，以有利于辊磨的正常运转。

(12) 选择合理的挡料圈高度

挡料圈高度太大时，磨盘周边集料量多，阻力大，磨盘上的碎粉不能及时分离，引起磨辊压力大，主电动机电流高,电耗上升;挡料圈高度太小时,磨盘上的物料少,风环的负担过重。

(13) 搞好辊磨密封,提高入磨气体负压值

磨内气体负压值大(即气体流速大)可有效地防止吐渣。为保证磨内气体负压足够,首先,须及时清除排渣口的集料,保持排渣口畅通,减少排渣口漏风;其次,需定时更新磨辊与筒体间的密封材料,密封材料宜采用带帆线的胶带,应做双层密封,并应 3 个月更换一次。

(14) 力求降低磨机的振动

一般要求振动小于 3 mm/s,若磨机因振动过大(如大于 12 mm/s)而跳闸,应认真查找原因,排除故障。

(15) 设备正常时,若主电机电流低于控制值,则增大喂料量;反之,则减少喂料量。

(16) 经常了解入磨物料的粒度、成分、配比和综合水分等参数,适时调整油缸工作压力和入磨风量及风温。就 TRM 辊磨而言,保持分离器进出口负压差在 500～800 Pa,以减少吐渣和振动。

操作参数的调整原则见表 4.18。

表 4.18 辊磨的操作参数

参数 / 调整原则	台时产量		石灰石粒度		入磨物料水分		物料易磨性		石灰石中杂质含量	
	高	低	大	小	高	低	好	差	多	少
入磨风温	↑	↓	↓	↑	↑	↓	↑	↓	↓	↑
入磨风量	↑	↓	↑	↓	↑	↓	↑	↓	↑	↓
入磨气体负压	↑	↓	↑	↓	↓	↑	↓	↑	↑	↓
磨辊油缸压力	↑	↓	↑	↓	↓	↑	↓	↑	↑	↓

注:"↑"表示增大;"↓"表示减少。

(17) 尽量保证辅机安全运转,以减少辊磨和排风机的频繁开停和空转。

(18) 定期检查易磨损件(如排风机叶片、辊套等)的磨损状况。发现磨损,及时修复。

(19) 实行规范式操作法。岗位工须经培训,确实掌握基本知识和操作技能后方可上岗。

4.51 MPS3450 立磨产生振动是何原因

(1) 磨内进入粒度大于 40 mm 的异物(主要为铁器)和粒度大于 90 mm 的石灰石。

(2) 料层过厚,达 150 mm 以上时,致使磨辊抬高。

(3) 料层过薄,在 50 mm 以下时,容易造成磨辊和磨盘接触而引起振动。

(4) 入磨物料量不稳定,料层厚度波动范围大于 40 mm。

(5) 系统风量不足或过大,即超出 2.0～3.0 m^3/kg 生料范围。

(6) 当分离器转速过低,低于 20 r/min。

(7) 入磨物料太细,0～10 mm 范围内物料占 70%以上。

(8) 张紧装置的拉紧力过高或过低,超出 8～16 MPa 范围。

(9) 张紧装置三个拉紧杆拉力不平衡,任何两个拉力差超过 2.0 MPa。

4.52 TRM25 立磨发生振动是何原因,如何预防

预防 TRM25 立磨振动是厂家一直关心和探讨的课题,引起立磨振动的原因比较复杂,但可归纳为

三个方面:入磨物料成分与性能,工艺操作参数;设备故障。立磨振动的表现形式可概括为两种:持续性振动,其振幅和噪声较小;突发性振动,其振动剧烈,噪声较大,具有一定的破坏性,是立磨生产中最忌讳发生的故障。

(1) 立磨产生持续振动的原因与预防

① 物料成分与性能对振动的影响

a. 石灰石粒度:入磨石灰石粒度大,则立磨运转中振动值也相应增大,为减少立磨振动,要避免大于 50 mm 的颗粒入磨。控制石灰石粒度≤25 mm,是减少振动、提高台时产量的基础。

b. 石灰石易磨性:粉磨功指数升高,不但容易引起立磨持续振动,而且影响立磨产量。为此,要定期检测石灰石的易磨性,尽量使粉磨功指数达到 $W_i \leqslant 9.5$ kW·h/t。

c. 入磨物料配比:用立磨来粉磨生料,其适宜的物料配比种类为石灰石、黏土、铁粉三种原料,当采用土砂、砂岩和铝矾土代替黏土配料时,立磨台时产量要降低控制指标,否则会因磨盘不易形成相对稳定的料层,而产生持续或突发性振动。

d. 石灰石中 CaO 和其他氧化物含量:CaO 含量增大时,有两点好处。一是确保物料配比,相应稳定入磨物料综合水分;二是有利于稳定立磨盘上的料层厚度,能有效地减少立磨振动,进而提高台时产量,降低产品电耗。另外,要求石灰石中的 SiO_2、Al_2O_3、Fe_2O_3 和 MgO 含量要低,这些氧化物含量的变化对立磨的平稳运转以及台时产量和振动都有直接影响。

② 操作参数对振动的影响

生产控制参数主要指立磨生产中的通风量、风压、风温和加给磨辊的油缸压力等。生产中,这些参数的调整是依据入磨物料的性能和产量等参数来调整的。调整不及时就容易导致立磨吐渣并振动。调整原则见表 4.19。

表 4.19 操作参数调整原则

参数	台时产量		石灰石粒度		入磨物料水分		物料易磨性		石灰石杂质含量	
	高	低	大	小	大	小	好	差	高	低
入磨风量	↑	↓	↑	↓	↑	↓	↑	↓	↑	↓
入磨风温	↑	↓	↓	↑	↑	↓	↑	↓	↓	↑
入磨气体负压	↑	↓	↑	↓	↓	↑	↓	↑	↑	↓
磨辊油缸压力	↑	↓	↑	↓	↓	↑	↓	↑	↑	↓

注:表中"↑"表示增;"↓"表示减。

操作工在生产中经常了解入磨物料的粒度、成分配比和综合水分等参数,适时调节油缸工作压力和入磨风量及风温,保持立磨的进出分离器负压差在 500~800 Pa,这样可减少 TRM25 立磨吐渣和振动。

③ 设备故障对持续振动的影响

a. 蓄能器充氮气胶囊破裂:蓄能器与立磨辊的加压缸并联,它是立磨安全运行的减振器。生产运行中,要求蓄能器中充装的氮气压力控制在系统压力的 60%~70%。当蓄能器胶囊发生破裂之后,在磨辊因磨盘料层的厚薄而上下运动时,油缸中的压力油就失去了缓冲,导致持续不断的冲击性振动,同时也加速油缸密封件和高压胶管的损坏。胶囊破裂后的表现是:磨辊抬起或加压所需时间明显延长。为避免上述故障,要定期检测蓄能器内压力,发现内压为零时要及时检查或更换胶囊。

b. 立磨衬板翘起:衬板翘起后,衬板在随磨盘转动时会间断强行改变磨辊与磨盘之间的料层并形成立磨的振动和吐渣。当发现立磨运行中有间歇性振动且随着磨辊油缸压力增大而加剧时,应停车检查。衬板翘起多发生在衬板调面使用之后,主要原因是物料从两衬板的间隙中被挤到衬板下面。预防衬板翘起的办法:一是在调面安装衬板时先用砂浆把磨损部位填满;二是把衬板相互之间或与压铁之间的缝隙用钢板挤紧并焊牢。

c. 衬板的磨损变化与振动：新装或调面使用的衬板，由于平面衬板不易稳定料层，在立磨台时较高时往往引起振动和吐渣。衬板表面磨深在 5～25 mm 时，立磨运行平稳，振动与吐渣现象显著减少。立磨衬板磨深大于 25 mm 后，特别是衬板表面出现凹凸不平的特征后，TRM25 立磨运行中的吐渣量会增大，振动值也会增加。

(2) 立磨产生突发振动的原因与预防

TRM25 立磨生产中出现突发振动，往往是因磨辊与磨盘间的料层厚度发生突然变化造成的，它出现在开磨、停磨和突发故障过程中。

① 开磨时的振动原因与预防

TRM25 立磨开磨之前，磨辊处于抬起位置，保证立磨电机在无负荷情况下启动。在开磨到投料生产过程中，多因落辊加压时间控制不当造成立磨的振动。预防的办法有：当磨盘上有料时，应随着供料设备的开启，给落辊加压，并在 30 s 内把油缸压力加到生产控制值；当磨盘上无料时，应在喂入物料的 30 s 后再落辊加压，加压完成时间仍为 30 s。TRM25 立磨磨辊油缸加压控制值参考表 4.20。入磨物料石灰石易磨性差或粒度较大时，油缸压力取大值。

表 4.20　TRM25 立磨磨辊油缸加压控制值

指标	参数控制与油缸压力
石灰石：黏土：铁粉	(79～81)：(16～18)：(1.2～1.8)
石灰石粉磨功指数(kW·h/t)	W_i≤9.52
石灰石粒度	≤25 mm，≥83%
衬板磨损量(mm)	≤30
台时产量(t/h)	65～74，75～84，≥85
磨辊油缸压力(MPa)	4.0～5.2，4.6～5.8，≥5.3

② 停磨时的振动预防

停磨时发生振动是由磨辊油缸压力降低后，磨辊在抬起过程中受磨盘料层变化而引起的。因此，要求在停止供料的同时，用正常生产时的油缸压力迅速反向抬起磨辊。如果在停料生产时，采取先对油缸减压再反向加压抬起磨辊的操作方法，因延长了抬辊过程，往往引起立磨较为剧烈的振动。

③ 立磨生产中的突发振动起因与预防

a. 供料中断或者配比突然变化：在生产中，入磨物料流量由配料微机控制，但在各下料溜子处时有堵卡现象发生并造成供料的中断或配料的突发变化。特别是黏土配比中断时，往往引发立磨的振动。为预防此种现象的发生，在没有良好监控设备情况下，要求配料工与立磨操作工密切协作，一旦发现堵料或皮带秤显示为零时，在积极排除故障的同时要及时通知立磨工或中央控制室。断料时间在 1 min 以内时，则不会引发立磨的突发振动。

b. 立磨通风量或负压突发变化：某厂的 TRM25 立磨采用回转窑废热对磨内物料进行烘干。窑系统的突发故障，如高温风机跳停、旋风筒堵塞或废气 CO 爆炸等情况，都会引发立磨的突发振动。这种现象虽不多见，但由此而引起的振动危害较大。有效避免这种现象发生的措施就是加入 CO 气体监测和设备开停车连锁装置。

c. 石灰石或黏土中夹杂大块石头：某厂石灰石采用一级双转子反击式破碎机来破碎，黏土无破碎装置。石灰石或黏土中夹杂的大于等于 50 mm 石头进入磨内，特别在夹杂量较多时，在被粉碎过程中会引起短暂的振动。此种振动对立磨运转影响不大，可通过增设黏土破碎和加强对反击式破碎机打击板的定期维修得到避免。

d. 石灰石易磨性发生变化：石灰石中的 Si 和 Al 含量高之后，会使它的易磨性明显降低。生产操作中如果没有同步降低台时或增大磨辊油缸压力，随着磨内物料被一次性碾碎能力的降低，磨盘上物料会逐步增多，抛散到进风环处的物料一是阻碍了风量通过，二是迫使入磨气流负压降低。当入磨气体负压小于等于 650 Pa 后，立磨会突然大量吐渣并产生剧烈振动。

e. 磨辊不转：磨辊不转多是由于内部轴承损坏造成。磨辊不转之后，不转方向的吐渣门出现大量吐渣，转动方向的磨辊发生突发振动，此时的主电机工作电流会突然增大。发生这种现象时要立刻停车。预防磨辊轴承损坏的有效措施：一是加强对轴承的润滑并定期检查磨辊内油质；二是改进润滑路径和轴端气体密封结构，防止粉尘从轴承压紧透盖处进入轴承内部。

f. 粗粉分离器不转：粗粉分离器安装在立磨壳体内顶部，其转速的变化起着调节产品细度的作用。当粗粉分离器因设备故障不转及粉尘气流通过阻力突然减小，使磨内正常的气流运动轨迹发生变化，大量的小于等于 1 mm 粒径的颗粒通过粗粉分离器。同时，磨盘上的料层厚度出现严重分布不均现象，从而引起立磨突发振动。预防的措施：一是加强对设备的润滑和定期检修；二是注意对粗粉分离器电机运行电流的观察记录，发现电流增大或降低时，要停车检查。

4.53 HRM 立式磨常见故障如何解决

(1) 油液污染

① 油液中侵入空气：它使油液变质、液压系统振动，产生噪声；液压元件工作不稳定，运动部件爬行，换向冲击大。解决方法：更换不良密封件，检查管接头及液压元件的连接处并及时将松动的螺栓拧紧。

② 油液中混入水分：油液成乳白色，它使液压元件生锈，磨损加快。解决方法：将油静置 0.5 h，从油箱底部放出部分油水混合物，严重时更换新油。

③ 油液中混入杂质(切屑、砂土、灰渣等)：它使油液变质，使泵、阀等元件中活动件卡死，小孔缝隙堵塞，严重影响液压系统的工作性能，还会使元件磨损加快，降低元件的使用寿命。解决方法：在灌油前清洗油箱，加油时需加过滤网，并及时清洗过滤器，定期更换新油。

(2) 液压系统产生噪声和不正常工作

① 液压泵吸空：进油管密封不良、泵本身密封不好，漏气，油量不足，油液稠度不当。解决方法：拧紧管路螺母，更换不良密封件，加足油量，油液稠度适当(本系统用油是耐磨液压油 32 号或 46 号)。

② 液压泵故障：泵轴向间隙大，输油量不足，泵内铜套、齿轮等元件损坏或精度差，压力板磨损大。解决方法：要及时检修或更换零件，严重时换齿轮泵。

③ 液压泵压力不足或无压力：电机线反接或电机功率不足，转速不够，泵的进出油口反接，吸油不畅。解决方法：调换电机电线，检查电压、电流大小，泵进出油口连接正确，保证吸油畅通。

④ 控制阀故障：控制阀的调节弹簧永久变形，扭曲或损坏，阀座磨损，密封不良，阀芯拉毛、变形，移动不灵活、卡死、阻尼小孔堵塞，阀芯与阀孔配合间隙大，高低压油互通，阀开口小，流速高，产生空穴现象。解决方法：及时检修、调整，更换元件，尽量减小进出口压差。

⑤ 机械振动：油管振动或互相撞击。解决方法：加支承管夹。

⑥ 液压冲击：液压缸缓冲失灵，背压阀调整压力变动。解决方法：进行检修、调整或更换元件。

⑦ 液压缸故障：装配或安装精度差，活塞密封圈损坏，间隙密封的活塞缸壁磨损大，内漏多，缸盖处密封圈摩擦力过大，活塞杆处密封圈磨损严重或损坏，运动爬行。解决方法：要认真及时检修、调整，更换不良元件和密封圈。

4.54 HRM立式磨液压系统如何保养

(1) 操作者必须熟悉液压元件控制机构的操作要领，熟悉各液压元件调节旋钮的转动方向与压力大小变化等。例如：蓄能器是压力容器，搬运和装拆时应将充气阀打开，排出充入空气；油口向下垂直安装；充气压力是工作压力的75%左右，等等。

(2) 液压泵启动前，若油温小于10 ℃，则需空转10 min，才能加载运行。

(3) 液压油要定期检查更换，不足时要加足到规定要求。

(4) 注意滤油器工作情况，滤芯定期清理或更换。

(5) 在日常检查、定期检查和综合检查中，要做好记录，加强管理。

4.55 HRM立式磨液压系统中各元件有何作用

(1) 齿轮泵通过电机把机械能转化为液压能。

(2) 溢流阀利用控制油路的压力与阀芯上弹簧力相平衡，在系统中起保压、卸荷的作用。

(3) 换向阀改变液流的方向，在系统中起抬辊的作用。

(4) 液控单向阀控制油路中液流回油，在系统中起保压作用，在液流改变方向时背压。

(5) 液压缸把液压能转化为机械能。

(6) 蓄能器(气囊式)依靠气体(N_2)膨胀或收缩，在系统中起保压与缓冲的作用。

4.56 怎样做好辊磨液压系统的保养工作

(1) 操作人员须熟悉液压元件控制机构的操作要领，熟悉各液压元件调节旋钮的转动方向与压力大小的关系，如：搬运和装拆蓄能器时应先打开充气阀，排除充入的空气；安装时，油口向下垂直安装等。

(2) 启动液压泵时，若油温低于10 ℃，需先空转10 min左右，方可加载运行。

(3) 液压油需定期检查和更换；不足时，需加至规定要求。

(4) 注意滤油器的工作情况，定期清洗或更换滤芯。

(5) 日常检查、定期检查和综合检查结果均需详细记录。

4.57 辊磨系统操作中常见故障的原因及处理措施

辊磨系统操作中常见故障的原因及处理措施见表4.21。

表4.21 辊磨系统操作中常见故障的原因及处理措施

故障	产生原因或造成的结果	处理措施
生产能力太低	1.喂料量太少； 2.辊套和磨盘衬板磨损； 3.空气流量太大或太小； 4.系统压力降低； 5.研磨压力太低； 6.挡料圈高度太低； 7.产品太细	1.加大喂料量； 2.更换磨损件； 3.调节气流流量； 4.从压力分布图上分析原因； 5.增加研磨压力，并重调蓄能器压力； 6.增加挡料圈高度； 7.降低选粉机转速
生产能力太高	1.研磨压力太大； 2.产品太粗	1.降低研磨压力，并重调蓄能器压力； 2.提高选粉机转速

续表 4.21

故障	产生原因或造成的结果	处理措施
磨辊高、振动大	1.喂料量过多； 2.入磨物料水分突然增大； 3.入磨物料粒度大或夹杂大块； 4.产品细度变细； 5.喂料中有较大铁件	1.减少喂料量； 2.控制入磨物料水分； 3.控制入磨物料粒度，TRM 磨应不大于 25 mm； 4.调节产品细度； 5.禁止铁件入磨
磨辊低、振动大	1.喂料量过少，或中断； 2.入磨物料水分突然变小； 3.入磨物料粒度小； 4.风扫气流量过大； 5.挡料圈高度太低	1.增大喂料量； 2.控制入磨物料水分； 3.控制入磨物料粒度； 4.调节气流量； 5.增加挡料圈高度
磨辊高度正常，振动大	1.喂料量与性能不适应； 2.挡料圈高度不均匀，或挡料圈破损； 3.蓄能器预加压太低	1.控制喂料的性能； 2.修理挡料圈； 3.检查并调节蓄能器的预加压情况
磨机压降大	1.研磨压力低； 2.喂料量太多； 3.内部循环负荷高； 4.挡料圈高度太低； 5.产品太细	1.增大研磨压力，并重调蓄能器压力； 2.减少喂料量； 3.通过进风环和分离器 ΔP 找原因并解决； 4.调节挡料圈高度； 5.降低选粉机转速
磨机压降小	1.喂料量太少； 2.产品太粗； 3.挡料圈太高	1.缓慢增大喂料量； 2.提高分离器转速； 3.降低挡料圈高度
产品太细	1.分离器转速高； 2.磨内气流量太小	1.降低分离器转速； 2.增大气流量
产品太粗	1.分离器转速太低； 2.气流量太大； 3.流量适宜，但进风环风速太高	1.提高分离器转速； 2.减少气流量； 3.检查给定气流下的进风环截面面积
尾料量大	1.磨内气流量太少； 2.喂料量突然增大； 3.入磨物料水分突然增大； 4.研磨压力太低； 5.挡料圈高度低； 6.气流量适当，但进风环风速太低	1.增加气流量； 2.控制喂料量的增加率； 3.控制入磨物料的水分含量； 4.增大研磨压力，并重调蓄能器压力； 5.提高挡料圈高度； 6.检查给定气流下的进风环截面面积
研磨压力高	1.磨机电机电流高； 2.止推轴承压力增大； 3.磨机压降低； 4.内部循环负荷变小	降低研磨压力，并重调蓄能器压力
研磨压力低	1.磨机电机电流低； 2.气流量和 ΔP 一定时，产量低； 3.尾料量增大； 4.进风环和分离器 ΔP 较高	增加研磨压力，并重调蓄能器压力

续表 4.21

故障	产生原因或造成的结果	处理措施
挡料圈太高	1.磨机电机电流高； 2.磨机 ΔP 较低	降低挡料圈高度
挡料圈太低	1.磨机电机电流低； 2.通过进风环的 ΔP 较高。 3.尾料量较大； 4.产量较低； 5.磨辊振动大	增大挡料圈高度
入磨物料过于干燥	1.出磨气流温度高； 2.物料在磨盘上的摩擦力减小； 3.气流扫过磨盘,降低了磨辊的作用； 4.产品变粗； 5.电机电流低； 6.因循环负荷低,ΔP 下降； 7.磨辊振动小	控制入磨物料含水量,降低热输入,调节磨机运行参数,以校正连续喂入干料的影响
入磨物料太湿	1.出磨气流温度太低； 2.物料在磨盘上的凝聚结团； 3.磨辊振动大； 4.电机电流高； 5.进风环处的 ΔP 高； 6.产量下降	控制入磨物料含水量,增大热输入,调节磨机运行参数,以校正连续喂入湿料的影响
内部循环负荷高	1.ΔP 较高； 2.产品太细； 3.分离器堵塞； 4.防护环角度太小或太大； 5.研磨压力较低； 6.气流量小	降低分离器转速;增加研磨压力,并重调蓄能器压力;分析气流
吐渣	1.入磨物料粒度过大,或易磨性变差； 2.辊套和衬板磨损,两者的间隙增大； 3.因漏风引起磨内负压降低； 4.喂料量波动大	1.降低入磨粒度,有条件时,选择易磨性好的物料,力求入磨物料功指数 $W_i \leqslant 9.5$ kW·h/t； 2.辊套和衬板选用高耐磨材料； 3.加强密封,减少漏风； 4.力争喂料量稳定,磨盘上始终保持一定厚度的料层
油液中侵入空气,致油液变质	液压系统振动,有噪声;液压元件工作不稳定,运动部件爬行;换向冲击大	更换不良密封件;检查管接头及液压元件连接处,并拧紧松动的螺栓
油液中混入水分	油液呈乳白色,导致液压元件生锈,磨损加快	油液静置半小时,从油箱底部放出部分油水混合物,或换新油
油液中混入砂土、灰渣、切屑等	泵、阀等元件的活动件卡死,小孔缝隙堵塞,影响液压系统工作性能欠佳,元件磨损快	灌油前清洗油箱,加油前以滤网滤油;及时清洗过滤器;定期更换新油
液压泵吸空	进油管密封不良;泵本身密封不好,漏气;油量不足;油液稠度不当	拧紧管路螺母;更换不良密封件;加足油量;更换油液(采用 32 号或 46 号耐磨液压油)
液压泵故障	泵轴向间隙大;输油量不足;泵内铜套、齿轮等元件损坏或精度差;压力板磨损大	及时检修,或更换零件,达到间隙适当;必要时,更换齿轮泵

续表 4.21

故障	产生原因或造成的结果	处理措施
液压泵压力不只或无压力	电机线接反,电机功率不足或转速低;泵的进出油口接反;吸油不畅	调换电机电线;检查电压电流是否正常;把泵的进出油口接正确,保证吸油畅通
控制阀故障	控制阀调节弹簧永久变形、歪曲或损坏;阀座磨损,阀芯拉毛、变形,移动不灵活;阻尼小孔堵塞;阀芯与阀孔间隙大;高低压油互通;阀开口小,流速大	及时检修、调整、更换元件,尽量减小进、出口处的压差
机械振动	油管振动或互相撞击	加支承管夹
液压冲击	液压缸缓冲失灵,背压阀调整压力变动	及时检修、调整、更换不良元件和密封圈
磨体振动	1. 液压拉杆装置与底座的固定不牢固; 2. 磨辊上下运动和轴向滑动的功能欠佳; 3. 磨辊和磨盘的间隙不当; 4. 辊压不稳定; 5. 料层厚度变化大; 6. 喂料量、通风量、出口风温调节不当	1. 加强拉杆装置与底座的固定; 2. 根据具体原因处理; 3. 4、5、6 条在操作中加以调节
磨体持续振动	1. 蓄能器充氮气胶囊破裂,表现在磨辊抬起或加压所需的时间明显增大; 2. 衬板翘起,表现在有间歇性振动,且磨辊油缸压力增大时,振动加剧; 3. 衬板磨损厚度大于 25mm,特别是衬板表面出现凹凸不平现象时	1. 定期检查蓄能器内压力,发现内压为零时及时检查或更换胶囊; 2. 停机处理。预防方法:①衬板调面时,用砂浆把磨损部位填满;②衬板间或衬板压铁间的缝隙用钢板挤紧并焊牢; 3. 更换衬板
开磨时磨体振动	开磨到投料过程中,落辊和加压时间控制不当	磨盘上有料时,应随供料设备的开启,给落辊加压,在 30 s 内把油缸压力加到控制值;磨盘上无料时,喂入物料 30 s 后才落辊加压,加压完成时间也是 30 s
停磨时磨体振动	是因磨辊油缸压力降低后,磨辊在抬起过程中受磨盘料层变化而引起的,如停磨时,先对油缸减压,再反向加压抬起磨辊,由于抬起辊过程延长,磨体振动更甚	在停止供料的同时,用正常生产时的油压力迅速反向抬起磨辊
磨辊不转	多是由于内部轴承损坏。这时,不转方向的吐渣门大量吐渣,转动方向的磨辊发生突然振动,主电机工作电流突增	立即停机处理,防止磨辊轴承损坏的措施:①加强对轴承的润滑,并定期检查磨辊油质;②改进润滑油质和轴端整体密封结构,防止粉尘从轴承透盖处进入轴承内部

4.58 辊磨系统的日常检查维护工作有哪些 

(1) 在粉磨过程中,经常观察磨辊的位置是否恰当,压力表、温度计、流量计和功率表的指示是否正常；观察入磨物料的粒度大小、料径分布及含水量是否正常；查看氧气分析仪显示的气流成分，并借其分析漏风量是否过大（一般应在10%以内），液压系统的运行是否正常。发现不正常情况，及时处理。

（2）按照磨机制造厂操作手册规定的润滑要求（包括润滑剂的类别、规格、时间、用量和更换规定）对设备进行润滑。

（3）利用停机时间检查磨损件的磨损状况，以便确定更换时间，保证设备正常运行。主要检查与高速气流接触的部件（包括进风环、分离器叶片和挡料圈）和研磨部件。

（4）在运行过程中经常检查各螺帽、螺栓是否有松动现象，并及时拧紧。

4.59 辊式磨吐渣是何原因，如何处理 

（1）开停磨时吐渣

辊式磨在开停磨时吐渣，主要有以下几个原因：

① 落辊加压迟于入料时间，造成开车吐渣；

② 辊减压提前于停料时间，造成停车吐渣。

处理方法如下：

① 正常开车加压必须稳而快，1 min内辊压力加至所需压力；停机检修后磨盘无料开车时先落辊不加压，待物料厚度增至50～60 mm时逐渐加压，3 min内完成加压过程；

② 停料后30 s慢慢减压继而抬辊。同步操作也可避免。

（2）生产中吐渣

辊式磨在生产中吐渣，主要有以下几个原因：

① 入磨气体负压值过低；

② 磨盘料层薄；

③ 入磨物料量过大；

④ 磨辊压力不足；

⑤ 入磨风量小，风环风速低。

处理方法如下：

① 保持排渣口畅通不积料，减小排渣口漏风；并定期更换磨辊与筒体的密封；

② 建立稳定的料层，增加物料湿度；

③ 适当减少喂料量；

④ 适当提高磨盘挡料圈的高度；

⑤ 适当减少风环面积，控制风速为50～70 m/s。

4.60 混入原料中的金属异物对立磨运行有什么危害 

如果有金属异物随原料混入立磨，它对磨机的正常运行将造成很大威胁。较大或较长的金属异物会直接卡在喂料锁风阀处，使立磨跳停；体积中等的金属异物进入磨盘后，会被甩到磨盘外成为溢出料；而粒度较小的金属异物虽然不会引起磨机剧烈振动而跳停，但已经对磨辊与磨盘造成伤害，严重降低了磨辊外套与磨盘衬板的使用寿命。因此，如何将金属异物从即将进入磨机的物料中及时剔除出去，成为立磨正常运行的重要条件。

一般工艺设计中，在生料磨前设有除铁器及金属探测仪配套装置，但管理水平不同，使用的效果差异较大。效果不理想的情况有如下几种：

① 生料本身就有铁质校正原料参加配料，在除铁器灵敏度不高时，或是有金属异物不动作，或是频频动作却未发现金属异物。所以，需要购置能调整灵敏度而且可靠性高的电磁除铁器，而永久磁铁很难

满足这种要求。

② 因为混入原料中更多的是损坏的合金配件，只有靠金属探测仪报警，并靠电动三通阀将其打出系统外，才能达到清除金属异物的效果。这套环节如经常不用，有可能在遇到金属异物时失灵。因此，开车前用合金钢定期检查它的可靠性是必要的。

有些设计对大型磨机的溢出料在返回磨机之前再加装一台除铁器，这种为了可靠增加的工艺流程，不仅增加输送设备，使工艺复杂化，而且没有必要。因为进磨前的金属探测仪一旦动作，就可将疑有金属异物的物料经三通阀排出系统之外，而金属异物在生产中出现的频率不会高，完全可以用小车拉到堆场，人工剔除即可。多加一套除铁器还可能事与愿违，当返回料的除铁器失灵，金属探测仪就要反复工作，反而增加了含铁杂物漏进磨机的风险。

（摘自：谢克平. 新型干法水泥生产问答千例操作篇[M]. 北京：化学工业出版社，2009.）

4.61 加大磨机外循环可以降低立磨电耗吗

为说明此问题，可以将波里休斯内循环 51/26 立磨与外循环 54/27 立磨的运行数据进行比较。波里休斯立磨与其他类型磨机不同，因为它的磨辊在磨内的方式是悬浮的，所以磨体内不可能得到均匀的气流。波里休斯立磨的典型喷嘴环范例在图 4.13 中表示，还有来自这种喷嘴环设计所形成的气流模拟。

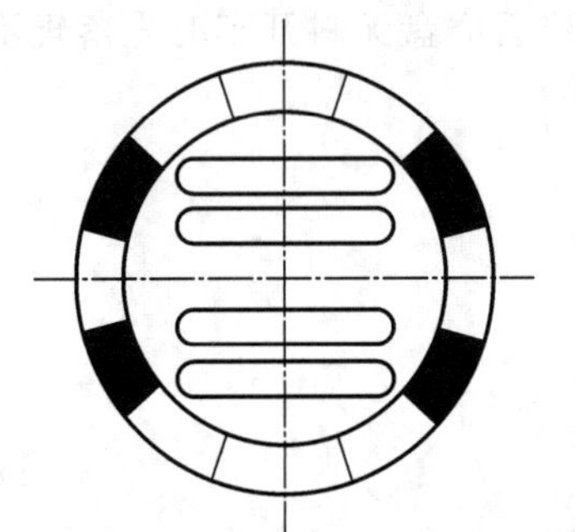

图 4.13 波里休斯立磨典型喷嘴环

尽管一般情况下，其他类型立磨的出口气体至少每立方米可以承载 600g 的产品，但对于波里休斯立磨则不可能。正常时，这种磨喷嘴环落下的物料是以很高的外循环运行，这样会使它由于较低的压降而获取较低的磨机单位电耗。这是特别正确的，除了节约了部分高气流所带来的单位电耗，也更多地节约了磨机的单位电耗，为了这种极大的外循环，必须保持高的挡料环。这正是波里休斯立磨的设计特点。

表 4.22 中给出了波里休斯 51/26 磨在被 LV 技术改造前的最优数据，而改造后使用相同的风机，却增加了磨内的气流量。从此看出，增加的风量提高了产量，表 4.23 表示出波里休斯 54/27 磨的外循环与运行数据的关系。

表 4.22 波里休斯立磨风量与运行数据的关系

项目	改造前	改造后	项目	改造前	改造后
风量(m^3/h)	520000	500000	磨机功率[kW·h/(t·s)]	9.30	9.11
生产能力(t/h)	292	315	风机功率[kW·h/(t·s)]	6.78	7.05
含粉尘量(g/m^3)	560	525			

表 4.23 波里休斯立磨外循环与运行数据之间的关系

外循环占新喷料比例(%)	10	50	150	风机功率[kW·h/(t·s)]	5.80	5.90	7.40
生产能力(t/h)	295	300	305	磨机内压差 ΔP(10^5 Pa)	58	60	64
产品细度筛余(90 μm)	10	10	10	喷嘴环速率(m/s)	30	30	30
磨机功率[kW·h/(t·s)]	8.50	8.90	9.10	磨盘喷水量(m^3/h)	0	6	12

结果表明，高外循环带来的生产能力增加有限，而其他运行数据都很糟糕。所以，想用高外循环来改善磨机性能并不现实，除了能得到很少的生产能力增加外，相反，恶化了所有各方面的运行数据。

（摘自：谢克平. 新型干法水泥生产问答千例操作篇[M]. 北京：化学工业出版社，2009.）

4.62 立磨磨辊单侧磨损多少就应当调面使用

一般情况下，磨辊单侧磨损量达到总厚度的1/3时，就应调换工作面，或彻底更换磨辊。而不应该简单按照生产的产量及使用的时间机械地执行。这是由于不同生料的磨蚀性有很大差别，各种磨辊、磨盘材质的耐磨性也大不相同。另外，磨机的操作与台时产量不同也都可导致每副磨辊的使用时间不同。

当然，对于同一条生产线，使用相同材质的磨辊、磨盘，可以在有两年以上的运转经历之后，按照每一套磨损件的寿命周期、实际的产量及时间的对应关系，总结出磨辊调面使用的规律。

（摘自：谢克平．新型干法水泥生产问答千例操作篇[M]．北京：化学工业出版社，2009.）

4.63 立磨内通风及进出口温度控制

(1) 入立磨风的来源及匹配

立磨入磨热风大多采用回转窑系统的废气，也有的工艺系统采用热风炉提供热风，为了调节风温和节约能源，在入磨前还可兑入冷风和循环风。

采用热风炉供给热风的工艺系统，为了节约能源，视物料含水率可兑入20%～50%的循环风。而采用预分解窑废气作热风源的系统，希望废气能全部入磨利用。若有余量则可通过管道将废气直接排入收尘器。如果废气全部入磨仍不够，可根据入磨废气的温度情况，确定兑入部分冷风或循环风。

(2) 风量、风速及风温的控制

① 风量的选定原则

出磨气体中含尘(成品)浓度应在550～750 g/m³之间，一般应低于700 g/m³；

出磨管道风速一般要大于20 m/s，并避免水平布置；

喷口环处的风速标准为90 m/s，最大波动范围为70%～105%；

当物料易磨性不好，磨机产量低，往往需选用大一个型号的立磨。相比条件下，在出口风量合适时，喷口环风速较低，应按需要用铁板挡上磨辊后喷口环的孔，减少通风面积，增加风速。挡多少个孔，要通过风平衡计算确定；允许按立磨的具体情况在70%～105%范围内调整风量，但窑磨串联的系统应不影响窑的烟气排放。

② 风温的控制原则

生料磨出磨风温不允许超过120 ℃，否则软连接要受损害，旋风筒分格轮可能膨胀卡停。煤磨出磨风温视煤质情况而定，挥发分高的，则出磨风温要低些，反之可以高些，一般应控制在100 ℃以下，以免系统发生燃烧、爆炸等。

在用热风炉供热风的系统，只要出磨物料的水分满足要求，入收尘器风温高于露点16 ℃以上，可以适当降低入、出口风温，以节约能源。

烘磨时入口风温不能超过200 ℃，以免使磨辊内润滑油变质。

(3) 防止系统漏风

系统漏风是指立磨本体及出磨管道、收尘器等处的漏风。在总风量不变的情况下，系统漏风会使喷口环处的风速降低，造成吐渣严重。

由于出口风速的降低，使成品的排出量少，循环负荷增加，压差升高，进而导致总风量减少，易造成饱磨、振动停车。还会使磨内输送能力不足而降低产量。另外，还会降低入收尘器的风温，易出现结露。如果为了保持喷口环处的风速，而增加通风量，这将会加重风机和收尘的负荷，浪费能源。同时也受风机能力和收尘器能力的限制。因此系统漏风百害而无一利，必须予以消除。对于MPS立磨，德国要求系统漏风小于4%，根据我国国情，应按漏风小于10%作风路设计，因此系统漏风量一定不能大于10%。

4.64 立磨停机后应该检查哪些内容

（1）进入磨体内检查易损件的磨损情况，并进行修复。特别是测量磨盘、磨辊的磨损量，并做好记录。

（2）检查风室内的刮料板、挡料环、支架、衬板磨损情况，修理缺陷。

（3）检查筒体法兰螺栓及各部连接螺栓有无松动，并紧固。

（4）对外排提升机进行常规检查；检查回转锁风阀的锁风效果，如有严重磨损，应该立即修补。

（5）检查液压和润滑系统，处理缺陷。

（6）检查磨辊轴承的高压密封系统及喷水系统的压力及管路是否正常。

（摘自：谢克平．新型干法水泥生产问答千例操作篇[M]．北京：化学工业出版社，2009.）

4.65 立磨停机时要做哪些工艺调整

（1）调整挡料环高度。当磨辊辊皮及磨盘衬板磨损后，尤其是超出合理磨损范围时，如果挡料环高度不变，则它与磨盘衬板的高度差相应增大较多，于是增加了物料向磨盘边缘移动的阻力，使物料在磨盘上的停留时间增加，相对电耗也要增加。因此，利用停磨机会将挡料环的高度降低是必须要进行的。

（2）调整喷口环压板宽度。如果磨机喷口环处风速快、风量小时，磨内循环量大，压差过高，不利提高台时产量。适当将压板宽度调整变小些，而且压板磨盘之间的间隙要小于 10 mm，磨机通风状况得到改善，磨机台时产量可提高 5%左右。

（3）检查喷口环压板、空气导向锥、喷口环导风板等部件，如果有脱落应及时补充，如果有磨损应及时补焊。

（摘自：谢克平．新型干法水泥生产问答千例操作篇[M]．北京：化学工业出版社，2009.）

4.66 立磨系统漏风有哪些表现形式

磨机系统在高负压下运行，因此需要严格控制外界空气漏入系统的可能性，从喂料锁风阀开始到收尘器后的排风整个系统过程中，只要漏风量占总风量的 10%～15%，就认为系统的密封有效，足可见绝对防止漏风是不易做到的。下面列举的各种现象，都是管理与操作中不胜枚举的漏风百态。

喂料锁风阀不带内套，经一定时间外壳磨蚀后，内表面已不圆，使漏风成为必然。磨机的设计者及制造商尽管有责任，但使用者不提出严格要求，为节省资金，其代价就是加大运行成本。

溢出料溜子防止漏风是设计时必须考虑的，但在操作中往往将起密闭作用的翻板阀拆除，理由是不漏风时，溢出料中会有细粉。这种现象的产生，正说明磨机磨盘四周向上的吹风不均，而且靠翻板阀一侧的风力不足。这时理应通过调整风环阻力解决，而不应人为拆除翻板阀以求平衡。

还有厂家为了煤粉立磨的运行安全，有意让磨机漏风进入冷空气，以降低温度。

再如进磨机的热风处设置的冷风阀处于常开状态，人为地漏入冷空气，使进入磨机的热风仅 200 ℃，造成磨机的烘干能力不足，入窑煤粉水分高达 5%，严重影响窑的产量与热耗。

只是诸如这些漏风所造成的高消耗，并未威胁生产运行，所以没有引起人们的重视。

（摘自：谢克平．新型干法水泥生产问答千例操作篇[M]．北京：化学工业出版社，2009.）

4.67 立磨压差的控制

立磨的压差是指运行过程中，分离器下部磨腔与热烟气入口静压之差。这个压差主要由两部分组成，一是热风入磨的喷口环造成的局部通风阻力，在正常工况下，大约有 2000～3000 Pa，另一部分是从喷

口环上方到取压点(分离器下部)之间充满悬浮物料的流体阻力,这两个阻力之和构成了磨床压差。在正常运行的工况下,出磨风量保持在一个合理的范围内,喷口环的出口风速一般在 90 m/s 左右,因此喷口环的局部阻力变化不大,磨床压差的变化就取决于磨腔内流体阻力的变化。这个变化的由来,主要是流体内悬浮物料量的变化,而悬浮物料量的大小一是取决于喂料量的大小,二是取决于磨腔内循环物料量的大小,喂料量是受控参数,正常状况下是较稳定的,因此压差的变化就直接反映了磨腔内循环物料量(循环负荷)的大小。

正常工况磨床压差应是稳定的,这标志着入磨物料量和出磨物料量达到了动态平衡,循环负荷稳定。一旦这个平衡被破坏,循环负荷发生变化,压差将随之变化。如果压差的变化不能及时有效地控制,必然会给运行过程带来不良后果,主要有以下几种情况:

(1) 压差降低表明入磨物料量少于出磨物料量,循环负荷降低,料床厚度逐渐变薄,薄到极限时会发生振动而停磨。

(2) 压差不断增高表明入磨物料量大于出磨物料量,循环负荷不断增加,最终会导致料床不稳定或吐渣严重,造成饱磨而振动停车。

压差增高的原因是入磨物料量大于出磨物料量,一般不是因为无节制的加料而造成的,而是因为各个工艺环节不合理,造成出磨物料量减少。出磨物料应是细度合格的产品。如果料床粉碎效果差,必然会造成出磨物料量减少,循环量增多;如果粉碎效果很好,但选粉效率低,也同样会造成出磨物料减少。

4.68 如何改善对立磨喷水量的控制 

立磨磨内喷水是操作中控制立磨振动的重要手段,当物料较干燥或较细时,为保证粉磨料层的稳定、改善物料在磨内的流动状态,就需要喷水。但这种操作完全可以优化,其目的是以尽可能少的磨内喷水,甚至不喷水,也能确保立磨的稳定运行,这就需要让进磨的石灰石等原料不要太干燥,甚至在堆场喷水。这样做有如下的好处。

(1) 物料水分均匀,有利于稳定立磨系统,也避免了将水喷到磨辊与磨盘上,不利其运转寿命。

(2) 提高生料的显热,可以使入库的物料含水量进一步降低,增加入窑热生料所带显热,降低熟料热耗。

(3) 控制出磨气体温度为 100±5 ℃,减少蒸发的水汽作为废气所占的排风量。

(4) 减少对喷头等供水部件的磨损。

(摘自:谢克平.新型干法水泥生产问答千例操作篇[M].北京:化学工业出版社,2009.)

4.69 如何减少立磨外循环提升机的故障率 

除了在机械的安装与设备质量上要严格遵循提升机安装规范要求外,操作中应做到如下几点:

(1) 合理控制立磨的排渣量。为了降低立磨能耗,操作者常常采取降低排风量、加大排渣量的途径,但这应在限度范围内,如果排渣量超过提升机的负荷,提升机会出现重大故障而停机。

(2) 合理控制挡环高度及液压压力,保持磨盘上料层的合理厚度。

(3) 料渣排出皮带端部的除铁设备要可靠,确保不要有大的铁件进入提升机。

(4) 将提升机入料口与提升机的外壳相交处的尖角改造为圆角(图 4.14),可以减少渣料中大块在进入斗子之前被卡在此角上,避免料斗变形和料斗螺栓断裂,甚至酿成提升机传动机械损坏的后患。

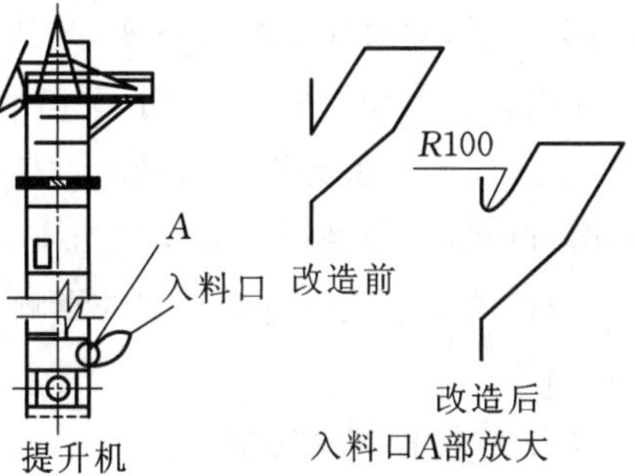

图 4.14 提升机改造

4.70 如何控制立磨磨盘上的料层厚度

(1) 磨盘上的料层厚度适宜是实现高产的必要前提,而影响料层厚度的因素又有很多,除了辊压、排风风压等操作参数外,还与挡料环高度的正确选择直接有关。它应该与磨辊及磨盘的磨损量相互对应(利用停机时检查)。料层过薄时,磨机会振动;但过厚时,会发现磨盘上存有一层硬料饼,磨辊与磨盘的碾压面也不光亮,此时主电机的电流很大,还降低了研磨效率。

一般说来,对于不同的物料特性,应该有不同的料层厚度。干而细、流动性好的物料不易形成料层。调试期间的主要任务就是摸索出合理的料层厚度。

调试的原则:喂料量不能过于偏离额定产量,尤其开始喂料时不要偏低;喂料中过粉碎的细粉不要太多;排风量与选粉效率能满足产量与细度要求,使回到磨盘上的粗粉中很少有细粉;严格控制漏风量;磨辊压力适中,保持立磨溢出料量不要过大,在调节中要注意液压系统的刚性大小,当蓄能器不起作用时,要适当降低蓄能器的充气压力;挡料环的高度不宜过低,一般为磨盘直径的 3%,运行中不断摸索与磨辊磨损量适宜的合理高度;物料过干或过湿都会破坏稳定的料层,所以,要掌握好喷水量及进入磨机的热风温度。

(2) 磨盘上的料层稳定是保证立磨稳定运行的前提条件。不仅与喂料角度及位置有关(因为随着喂料量的提高和物料的配比、水分等因素的变化,物料在磨盘上的落点就不一定会在磨盘中心);而且还受喷水量及喷水方式影响。为此,要求调整好入磨的下料溜子角度,确保物料落在磨盘中心位置,使物料在离心力作用下能均匀进入辊道下粉碎,并调整磨盘上方两侧的刮板,使其起到刮平料层的作用。对磨内喷水一定要有电动阀门控制,甚至在每个支管上也装有电动阀门,严格调整其水管的长度和角度,并在喷水出口加焊一个直径为 10 mm 的圆环,使每处喷水位置合适、流量均匀。

(摘自:谢克平.新型干法水泥生产问答千例操作篇[M].北京:化学工业出版社,2009.)

4.71 如何控制立磨溢出料量

(1) 为了保证吐渣量不能过大,开磨前应该检查、调整如下两个间隙。一是磨辊与磨盘之间间隙保持 5～10 mm,大于该尺寸的石块和金属从磨盘打落到强制鼓入的热风系统中,并被回转刮板通过能锁住漏风的溜子刮出。若吐渣量大于磨喂料量的 2%,可能是由于磨辊间隙已大于 15 mm。二是磨盘与通风环之间间隙不应超过 10 mm,否则穿过通风环所需要的气流速度就要大于 25 m/s。

(2) 正确控制磨机总排风与功率、磨辊压力及磨盘挡料环。对于大排风、高挡环,磨盘上的料层偏薄,其中大部分受负压作用在磨机内循环,不会成为溢出料,使溢出的物料量变小。此时,或利用磨机停车时间降低磨盘挡环;或暂先减少拉风;或对磨辊压力进行调整。反之,对于小排风、低挡环,磨机内循环负荷会很低,此时如喂料量不变,吐渣量将加大,导致磨机效率大幅度降低。假如磨损或挤坏了部分挡环,溢出料会周期性变大,此时,只有利用停车时间抓紧修理或更换。

还应正确掌握磨辊与磨盘的磨耗规律,一般磨辊磨损比磨盘快,磨损量约是 3∶2;对于磨损后的旧辊,磨机产量比新磨辊要减少 12.5%。

磨机内喷水能通过对料层的影响改变吐渣量,尤其在生料较干较细时,因此,需要重视喷水管路的完好及调整。

(3) 严格控制系统漏风。

(4) 做好原料中的清除金属异物工作。

(5) 使用自动化专家控制系统。不仅能优化操作,避免误操作,而且可以稳定料层高度,减小振动,提高产量。

比如，在没有专家系统控制时，磨机加料会引起剧烈地振动，难以继续运行。专家系统接入后，开始是减少喂料，以减少磨盘上的料层厚度，增加粉磨液压压力，使振动降低，然后产量便很快提高上去，并保持稳定。

（摘自：谢克平．新型干法水泥生产问答千例操作篇[M]．北京：化学工业出版社，2009.）

4.72 控制立磨溢出料量有何意义

对于正常运行的立磨，吐渣量可以反映它各种运转参数的平衡状态。在磨辊与磨盘间隙、磨盘与通风环间隙合理的条件下，吐渣量过大，说明磨机已有不正常的隐患存在，或排风负压不足，或磨辊液压不足，或喂料过大过多，或原料含铁等杂质多，或辊盘磨损严重等。如果吐渣量越来越大，则说明吐渣本身已经产生影响使进风口水平处风速过低，使积料增多，导致立磨通风更加不畅，进一步加剧了吐渣量，形成恶性循环。吐渣量过小，说明喂料量不足，或喂料粒度偏细，设备还有潜力。

对于不同立磨，实际运行的吐渣量相差很大，所以在设计的类型中就存在着有外循环与无外循环之分。有的基本没有吐渣量，有的吐渣量很多，有的吐渣粒度大，有的吐渣中各种粒径都有。操作人员可以通过吐渣量的变化，尽早发现上述系统不正常的征兆，及时调整。

（摘自：谢克平．新型干法水泥生产问答千例操作篇[M]．北京：化学工业出版社，2009.）

4.73 入磨粒度过小对立式磨系统的影响

（1）入磨粒度过小，粉状颗粒较多，入磨物料颗粒级配分配不合理，导致料层不稳，内循环量加大，磨机容易垮料层，造成磨机周期性的磨况波动，对生料质量有较大影响。

（2）粉状颗粒较多，磨盘上的物料黏聚性变差，料层不易稳定，这样操作员就会加大喷水，稳定料层，在入磨风温不能提高的情况下，增大磨机喷水势必会造成磨机的出磨温度降低，生料水分增大，对窑系统煅烧产生不利影响；在生料水分过大的情况下，物料在斜槽中的流动性下降，严重时会堵塞斜槽，造成工艺事故；磨机喷水过多，造成窑尾废气中的水蒸气含量大，会加速设备的锈蚀，影响设备使用寿命。

（3）过小的入磨粒度肯定会加大破碎的耗电量，这种耗电量的增加不但不会产生好的效果，反而还会造成磨况的不稳定。所以合适的入磨粒度可以在低电耗的情况下使磨机运行更加稳定。

4.74 入磨粒度太大对立式磨系统的影响

立式磨的入料粒度取决于磨辊的大小。在实际工作中，如果入磨物料的粒度 d 与磨辊的直径 D 的比值大于 0.05，那么就有可能发生以下情况：

（1）由于入磨物料太大，物料不能顺利被辊磨钳入，不能形成较好的研磨层。这种情形就同行使的汽车的车轮压不住一个篮球，但能压住一个乒乓球的情形一样。例如，有的企业使用的 ATOX32.5 生料磨，磨盘直径 3.25 m，辊子直径 1.95 m，设计生产能力为 160 t/h，按 $d/D \leqslant 0.05$ 计算，入料粒度应符合 $d \leqslant 97.5$ mm，实际要求为 $d=80$ mm，但该企业入磨粒度则远大于该控制范围，严重时一度达到 200 mm 以上，不仅不能达到设计产量，还致使磨机不能正常工作。当降低入磨物料粒度后，生产情况良好，台时产量稳定在 170 t/h 以上。

（2）入磨物料太大，造成的另一后果是振动加大，致使磨辊、磨盘的衬板磨损严重，并造成不均匀沟槽、裂纹和断边现象。由于一些较大的物料并非是球体，这样钳角就会发生变化。一些不规则的大块物料虽然能被磨辊钳入，但由于其粒度较大，会将磨辊稍微顶起，经压碎后，磨辊在液压系统的作用下，有一个回落，这种情形发生较多的情况下，磨辊的振动就非常明显。众所周知，过度振动对于机械的系统来说，将大幅增大零件的动载荷，这种冲击动载荷对于各种零部件都是十分有害的，致使磨辊、磨盘的衬板磨损加剧等不良工况频繁发生。

(3) 入磨物料太大还会造成立磨刮料板松动、脱落。磨盘甩出的细物料在风环处被气体吹起，不能吹起的大颗粒物料落进积料箱，通过装在磨盘的刮料板刮出。由于入磨物料颗粒较大，不易被粉磨到理想的细度，落入积料箱的物料较多。因此带负荷启动时刮板阻力大，使得固定刮板的螺丝松动，严重时，刮板脱落，产生填料现象，使得立磨主机负荷增大而跳机。

(4) 在正常的情况下，液压系统的拉力杆、液压缸都会磨损。立式磨本身在工作时的振动对这些零件的磨损影响就较大。如果入磨的粒度太大，振动将进一步加剧从而导致拉力杆、液压缸都会磨损更加严重，使密封装置受损导致液压系统渗油，使液压系统的压力提高困难，严重时无法正常工作。

(5) 入磨物料粒度过大，会使磨机的产量大幅度下降，这样虽然降低了石灰石破碎的电量，但会造成生料粉磨的电量大幅度上升，得不偿失。

以上仅仅分析了入磨物料太大造成的一些状况，已经说明与球磨机不同，立式磨的入磨粒度偏大影响的不仅仅是产量和质量，还会影响到立式磨的正常工作、机械零件寿命，带来系统的故障。

（摘自：黄泽森．入磨粒度对立式磨系统的影响[J]．四川水泥，2005，2．）

4.75 立磨液压拉杆频繁断裂是何原因，如何解决

一是检查液压缸是否有内漏现象，最直接的方法是停磨后将张紧液压站油泵断电，静止状态下观察液压站的油压是否逐渐下降，如下降说明液压缸有内漏现象，应及时对密封进行更换。

二是合理确定拉紧力的设定范围，若研磨压力设定范围窄，不但会使液压系统氮气囊的缓冲能力减弱，而且会使液压站的高压油泵在很短的时间内频繁启停，严重时会导致高压电机烧毁。通常应根据物料的易磨性来确定合理的研磨压力参数。

三是对液压阀进行检查和清洗，液压阀属于精密的零件，一旦有杂物挡在阀口就会造成泄压。

若是磨机振动大引起的拉杆频繁断裂，还要重点检查以下内容：

(1) 蓄能器氮气囊充气压力是否正常，氮气囊有无破损；

(2) 液压油是否有较高的清洁度；

(3) 磨辊、磨盘衬板磨损是否正常；

(4) 挡料圈高度是否合适；

(5) 磨辊和中心支架组合中心是否偏移磨盘中心，若有偏移要对磨辊位置及时进行调整，使磨辊和中心支架组合中心位于磨盘中心。

4.76 日产5000 t国产原料立磨操作与管理

1) 操作指导思想

(1) 在各专业人员及现场巡检人员的密切配合下，根据入磨物料水分、粒度、压差、出入口温度、系统风量等，及时调整磨机的喂料量和各挡板开度，努力做到立磨运行平稳，提高粉磨效率。

(2) 精心操作，不断总结。根据生产实际情况，充分利用计量监测仪表、计算机等先进的技术手段整定出最佳操作参数，实现优质、稳产、高效、低耗，长期安全文明生产。

2) 开磨前的准备工作

(1) 通知PLC人员将DCS投入运行。

(2) 通知总降做好上负荷准备。

(3) 通知电气人员给备妥设备送电。

(4) 通知质量控制人员及调度准备开机。

(5) 通知现场巡检工做好开机前的检查工作,并与其保持密切联系。

(6) 进行连锁检查,对不符合运转条件的,要找有关人员进行处理。

(7) 检查各挡板、闸阀是否在中控位置,动作是否灵活可靠,中控显示与现场显示是否一致,若不一致要找相关人员校正。

(8) 查看配料站各仓料位情况。

(9) 查分组图中启动程序:凡有红色的,说明有报警或不符合启动条件,应逐一找出原因进行处理,直到红色被清除。

3) 热风炉开磨操作管理

(1) 烘磨

联系现场确认柴油罐内要有合适的油位,如果是新磨的首次开磨,烘磨时间要长,一般 2 h 左右,且升温速度要慢和平稳,磨出口温度控制为 80～90 ℃。升温前先启动窑尾 EP 风机,将两旁路风阀门关闭,调节 EP 风机、磨出口和入口挡板,点火后可稍加大抽风。现场确认热风炉点着后,通过调节给油量,压缩空气压力,一、二次风机冷风挡板来达到合适的风量和风温。鉴于生料粉是通过窑尾电收尘器进行收集,热风炉点火时,窑尾电收尘器不能荷电,火点着后一定要保证油能充分燃烧,不产生 CO,这时窑尾电收尘器才可荷电。

(2) 布料

利用热风炉进行首次开磨时,应对磨盘进行人工铺料。具体方法是:

① 可以从入磨皮带上通过三道锁风阀向磨内进料,然后人进入磨内将物料铺平。

② 直接由人工从磨门向磨内均匀铺料。铺完料后,用辅助传动电机带动磨盘慢转,再进行铺料,如此反复几次。从而确保料床上物料被压实,料层平稳,最终料层厚度控制为 80～100 mm。同时也要对入磨皮带进行布料。即先将"取消与磨主电机的连锁"选择项选择,然后启动磨机喂料,考虑到利用热风炉开磨时,风量和热量均低,可将布料量控制为 120～140 t/h,入磨皮带速度以 25%运行,待整条皮带上布满物料后停机。

③ 开磨操作

当磨机充分预热后,可准备开磨。启动磨机及喂料前,应确认粉尘输送及磨机辅助设备已正常运行,磨机水电阻已搅拌,辅传离合器已合上等条件满足。给磨主电机、喂料和吐渣料组发出启动命令后,辅传电机会先带动磨盘转动一圈,时间 2 min,这时加大窑尾 EP 风机阀门挡板至 60%～70%,保证磨出口负压控制在 5500～6500 Pa 之间,磨出口阀门全开,入口第一道热风阀门挡板全关,逐渐开大第二道热风挡板和冷风阀门。如果系统有循环风阀门,应全开,待磨主电机启动后,入磨皮带已运转,这时可设定 65%～75%的皮带速度,考虑到热风炉的热风量较少,磨机台时喂料量可控制为 250～300 t/h,开磨后热风炉的供油量及供风量也同步加大,通过热风炉一、二次风的调节,使热风炉火焰燃烧稳定、充分。

由于入磨皮带从零速到正常运转速度需要将近 10 s 时间,导致磨内短时间物料少,具体表现在磨主电机电流下降至很低,料层厚度下降,振动大,处理不及时将会导致磨机振动跳停。这时可采取以下几种措施解决:

a. 磨主电机启动前 10～20 s,启动磨喂料,但入磨皮带速度应较低。

b. 可先提高入磨皮带速度至 85%左右,待磨机稳定后再将入磨皮带速度逐渐降下来。

c. 开磨初期减小磨机通风量,待磨机料层稳定后再将磨机通风量逐渐加大。

④ 系统正常控制

磨机运转后,要特别注意磨主电机电流、料层厚度、磨机压差、磨出口气体温度、振动、磨出入口负压等参数。磨主电机电流为 270～320 A,料层厚度为 80～100 mm,磨机压差为 5000～6000 Pa,磨出口气体温度为60～80 ℃，振动为5.5～7.5 mm/s，张紧站压力为8.0～9.5 MPa。

⑤ 停机

a. 停止配料站各个仓的进料程序，如果是长期停机要提前准备，以便将配料站各仓物料尽量用完。

b. 停止磨主电机、喂料和吐渣组。

c. 关小热风炉供油量及供风量，如果是长期停机应将热风炉火焰熄灭，减小窑尾EP风机冷风阀、磨进口阀门开度，保证磨内有一定通风即可。

4）用窑尾废气开磨（窑喂料量≥200 t/h）

（1）烘磨

利用窑尾废气烘磨时，控制两旁路风阀门在60%～80%，打开磨进出口阀门保证磨内通过一定热风量，烘磨时间控制为30～60 min，磨出口温度控制为80～90 ℃，如磨机为故障停磨，时间较短，可直接开磨。

（2）开磨操作

开磨前需掌握磨机的工况：磨内是否有合适的料层厚度，入磨皮带是否有充足的物料，如果料少，可提前布料。启动磨主电机、磨喂料和吐渣料循环组，组启动命令发出后，加大窑尾EP风机入口阀门至85%～95%，保证磨出口负压控制为6500～7500 Pa，逐渐关小两旁路阀门至关闭，逐渐打开磨出口阀门和两热风阀门直至全部打开，冷风阀门可调至20%左右开度（以补充风量）。在磨主电机启动前，上述几个阀门应动作完成。但不宜动作太早，从而导致磨出口气体温度过高。

磨主电机，喂料和吐渣料循环组启动后，即可给入磨皮带输入65%～75%的速度，喂料量控制为340～380 t/h，并可根据刚开磨时磨内物料多少，调节入磨皮带速度、喂料量、选粉机转速、磨机出口挡板等各种控制参数，使磨机状况逐渐接近正常。根据磨进、出口气体温度高低来决定是否需要开启磨机喷水系统。

针对增湿塔工艺布置位置不同，启动磨机时控制磨出口温度方法也有所不同，当增湿塔位置在窑尾高温风机之前，由于进磨热风已经过增湿塔喷水的冷却，故进磨气体温度较低，在250 ℃左右，相应磨进、出口气体温度也低。如果增湿塔位置在高温风机之后，从而导致进磨热气没有经过冷却，进磨气体温度为310～340 ℃，这时需要启动磨机喷水来控制磨出口温度。

（3）系统正常控制

主要参数控制：磨主电机电流为300～380A，料层厚度为100～120 mm，磨机压差为6500～7500 Pa，磨出口气体温度为80～95 ℃，磨机喂料量为380～450 t/h，张紧站压力为8.0～9.5 MPa，振动5.5～7.5 mm/s。磨机正常操作，主要从以下几个方面来加以控制：

① 磨机喂料量

立磨在正常操作中，在保证出磨生料质量的前提下，尽可能提高磨机的产量，喂料量的调整幅度可根据磨机振动、出口温度、系统风量、压差等因素决定，在增加喂料量的同时调节磨内通风量。

② 磨机振动

振动是磨机操作中一重要参数，是影响磨机台时产量和运转率的主要因素，操作中力求振动平稳。振动与诸多因素有关，单从中控操作的角度来讲应注意以下几点：

a. 磨机喂料要平稳，每次加减幅度要小，加减料速度适中。

b. 防止磨机断料或来料不均。如来料突然减少，可提高入磨皮带速度，关小出磨挡板。

c. 磨内物料过多，特别是粉料过多，要及时降低入磨皮带速度和喂料量，或降低选粉机转速，加强磨内拉风。

③ 磨机压差

立磨在操作中，压差的稳定对磨机的正常工作至关重要，它反映磨机的负荷。压差的变化主要取决于磨机的喂料量、通风量、磨机出口温度。在压差发生变化时，先查看配料站下料是否稳定，如有波动查出原因后通知相关人员处理，并作适当调整，如果下料正常可通过调整磨机喂料量、通风量、选粉机转速、喷水量来调节。

④ 磨机出口温度

立磨出口温度对保证生料水分合格和磨机稳定具有重要的作用，出口温度过高(大于 95 ℃)，料层不稳，磨机振动加大，同时不利于设备安全运转。出口温度主要通过调整喂料量、热风阀门、冷风阀门及磨机和增湿塔喷水量等方法控制。

⑤ 出磨生料水分和细度

对于生料粉水分控制指标小于等于 0.5%，为保证出磨生料水分达标，可根据喂料量、磨进出口温度，入磨生料水分等情况，通过调节热风量和磨机喷水量等方法来解决。对于生料粉细度可通过调节选粉机转速、磨机通风量和喂料量等方法解决。若细度或水分超标，要在交接班记录本上分析其造成原因及纠正措施。

(4) 停机

正常停机时，可先停止磨主电机、喂料及吐渣组，同时打开旁路风阀门，调小窑尾 EP 风机入口、磨出口和进口阀门，全部打开冷风阀门，开启或增大增湿塔喷水，停止配料站相关料仓供料。

(5) 故障停窑后磨机维持运行的操作

鉴于大部分生产厂的窑的产量受生料供应的影响较大，为延长磨的运转时间，停窑后可维持磨的运行。当窑系统故障停机时，由于热风量骤然减小，这时应及时打开冷风阀门，适当减小 EP 风机挡板开度，停止喷水系统，关闭旁路风阀门，大幅度减小磨机喂料量至 250～300 t/h，从而保证磨机状况稳定。为防止进入窑尾高温风机气流温度过高，可适当打开高温风机入口冷风阀，高温风机入口挡板可根据风机出口温度和出磨温度进行由小到大的调节。保证高温风机入口温度在 450 ℃以下，出磨温度高于 40 ℃。当窑系统故障解除恢复投料时，应做好准备，及时调整，避免投料时突然增大的热风对磨机的冲击。

(6) 注意事项

① 当磨机运转中有不明原因振动跳停，应进磨检查确认，并且密切关注磨机密封压力，减速机 12 个阀块径向压力、料层和主电机电流。如果出现异常的大范围波动和报警应立即停磨检查相关设备和磨内部状况，确保设备安全运行。

② 加强系统的密封堵漏，尤其是电收尘器拉链机、风管法兰连接处、三通闸阀等。系统漏风对磨机的稳定运行和磨机的产量影响都非常之大。

4.77 如何对立磨进行带负荷调试 

生料立磨的首次带负荷调试往往会由于窑系统尚不具备提供热风的条件而存在困难，为此，有很多企业专门配置了热风炉，但是以后又很少再用，不论是烧煤还是烧油，都增加了调试成本。现在有些厂成功地采用冷态调试的办法，既生产了合格生料，又对设备进行了考核。具体做法如下：

(1) 做好立磨带负荷试车的各项准备工作。逐个对粉磨系统中风量调节阀的阀位准确程度进行校正，包括高温风机入口阀、热风阀、冷风阀、系统风机入口阀、循环风阀及废气风机入口阀；对原料配料站定量给料机进行砝码标定及外排实物标定；检查系统漏风点，特别是喂料锁风阀和旋风筒锁风阀的密封；检查立磨进风通道是否畅通等。

(2) 向磨盘布料。利用磨机辅助传动铺上粒度与成分合格的配料，料层厚度在 110 mm 左右。布料过薄易引起磨机振动，布料过厚磨辊容易被料挤偏甚至翻辊。

(3) 喂料量的确定。这是冷态调试成功的关键，取决于物料的含水量：当易磨性好、综合水分小于 2%时，喂料量可以设定在磨机额定产量的 75%；当易磨性较差，综合水分大于 5%时，喂料量则可设定在额定产量的 65%。但喂料量过少，开磨后料层迅速变薄，甚至连调整参数的时间都没有，磨机就会振停。而当开磨后，发现吐渣量大、料层变厚、出磨压力及压差变大时，说明喂料量偏大，此时磨机也会有较小振动，但能有时间迅速调整。

（摘自：谢克平. 新型干法水泥生产问答千例操作篇[M]. 北京：化学工业出版社，2009.）

4.78 如何防止立磨磨辊润滑系统发生故障

ATOX立磨的磨辊润滑系统采用外循环方式，对三个磨辊分别有三组管路，每组管路都由供油管、回油管和平衡管组成。润滑油由供油泵经供油管进入磨辊腔内，为保持磨辊腔内的油位相对稳定，回油泵一直处于运行状态，而供油泵则根据回油泵进口的负压进行启停，因此对负压的调整一定要慎重，否则会危及磨辊轴承的润滑状态。平衡管连接磨辊腔和油箱腔。回油泵抽回的油在过滤器过滤后回到油箱。该系统常见的故障有：平衡管堵塞；磨辊密封圈渗油及漏油；回油泵进口出现正压。为防止这些故障的出现，在安装及维护中要做到以下几点：

(1) 定期为密封圈添加润滑脂。

(2) 保证密封风机系统的正常运行，风管无破裂，密封风机出口组件之间的配合间隙合理、无磨损，防止物料进入磨辊密封风腔内。

(3) 磨辊回油管负压决定了磨辊腔内的油位，尽量不要调整。保证磨辊腔内的正常油位。

(4) 保持润滑油清洁，定期更换。

(5) 为防止平衡管的堵塞，磨辊润滑油站的位置要合理，尽量缩短管道距离；平衡管与油箱的连接不要出现U形或V形，而是缓慢降低；在北方冬季要保证平衡管线上的线型加热器按照要求敷好，停机时要保证油箱温度正常。

（摘自：谢克平. 新型干法水泥生产问答千例操作篇[M]. 北京：化学工业出版社，2009.）

4.79 如何简易预测磨衬的更换时间

由于磨辊与磨盘的更换都要有提前准备的时间，而且不同的磨辊材质、不同的物料磨蚀性，使这种磨损的时间不同。因此，采取如下办法可以较为方便而又相对可靠地预测磨辊与磨盘衬板的更换时间。

(1) 自行设计分别为磨辊与磨盘加工的两个标准规格的模板，用于今后磨损量的检测。

(2) 在新换磨辊与磨盘衬板后，用此模板测出基准尺寸。

(3) 对每个辊按圆周等分3～4个测点，并作上永久标记；同时，对磨盘也做出4～5个测点标记。

(4) 事先设计好测量记录表格，内容有测量时的运行累计时间、两次测量的间隔时间、与该时间对应的产量及台产、按模板刻度测量的磨损量等。

(5) 测量时，填表登记然后分析磨损量与时间及产量的关系，便可很快预测出需要更换磨辊与磨盘衬板的时间。

（摘自：谢克平. 新型干法水泥生产问答千例操作篇[M]. 北京：化学工业出版社，2009.）

4.80 如何克服生料立磨使用钢渣时的不利影响

当立磨使用带钢渣的配料时，会遇到如下不利情况：

磨辊与磨盘的磨损量异常加快，尤其是磨辊大径端的磨损更明显，如不及时采取措施，产量将会下降很快；原料的堆密度加大，使循环负荷增加，不利于设备的安全运行。

对此所采取的措施如下：

(1) 适当加大总排风量，并减小喷口环面积，使通过喷口环的风速提高。以使循环料减少，外循环斗式提升机的功率降低，外循环皮带上的料层变薄。

(2) 定期对磨辊与磨盘的磨损量进行测量，并据此及时调整挡料环的高度，保证磨盘上的料床厚度适宜。以使含铁量较高的钢渣颗粒能被甩出磨盘。

(3) 提高除铁器的功能，改永磁铁为自动电磁除铁器，以调整磁通量，并适当调整悬挂高度，加之通风量增加后的皮带上料层的变薄，使除铁的效果增加，如此彻底降低铁渣的富集程度，而形成良性循环。

（摘自：谢克平.新型干法水泥生产问答千例操作篇[M].北京：化学工业出版社，2009.）

4.81 如何选择立磨磨辊的修复方式

立磨磨辊磨损后的修复是立磨维护工作中的重中之重，它直接影响设备的运转率和消耗水平。一般有如下几种方式。

(1) 以中碳钢为材质铸造磨辊母体，以高铬铸铁为材质铸造耐磨衬板。当衬板磨损到一定程度后，更换新的耐磨衬板。此种方法只是更换衬板，停磨时间较短，如果能利用与窑的整体大修一起进行，基本不影响运转率。这种高铬铸铁硬度越高越耐磨，但断裂的风险越大，尤其对于较大的磨辊，硬度的均匀性越差，越易断裂；而且更换新磨辊的成本较高，旧磨辊不能利用，单位产量所消耗的耐磨材料高，拆换费用也高。

(2) 以中碳钢为材质铸造预留磨耗部分，上部用硬面焊丝或焊条堆焊到辊外径尺寸，待这部分堆焊层磨损到一定程度后，再进行堆焊。此时有两种方式：或在线修补，或离线修补。前者无需拆装，直接在磨上架设堆焊设备实施修复，这种方式省去拆装时间，但只能进行小范围的修补，否则需要停车时间较长。而且现场无热处理设备，局部加热会使高铬铸铁母材断裂。

为了提高再次堆焊的质量，最好的方法还是离线到专业工厂修补。此时不会再有断裂的风险，但如果焊丝的质量不好，或施工工艺不正确，或操作人员责任心不强，仍会有耐磨层的剥落，而且耐磨层越厚越易剥落。此方法需要增加一套备用辊的投资，而且还会发生到专业工厂的往返运费。不过，从长远利益出发，此方法可能是最为经济的。

（摘自：谢克平.新型干法水泥生产问答千例操作篇[M].北京：化学工业出版社，2009.）

4.82 巡检立磨时应检查哪些项目

(1) 检查高压油站、主减速机油站、主电机油站的油位、油温；检查油泵的系统压力是否正常，有无渗漏现象。

(2) 检查立磨有无振动、异响；检查各部连接螺栓是否松动；检查液压缸有无渗漏；定期检查液压油是否变质。

(3) 观察磨盘的料层厚度变化，听辨风道有无异声，排渣量大小是否正常。排渣量大，就要检查判断是物料发生变化，还是有其他原因；排渣量小，就要注意观察刮板是否脱落、磨损或通道是否堵塞。

(4) 检查现场仪表显示有无异常，对各部温度、压力、振动等数值的变化，要密切关注。如现场无显示，要经常与中控室联系，询问磨机的工作电流，磨辊的温度等情况。

(5) 检查选粉机减速机的油位、电机减速机的振动、温度是否正常。定期为选粉机转子轴承加油。

(6) 检查回转锁风阀的运转情况，除铁器、金属探测仪的工作情况。

(7) 检查外排提升机工作情况。

(8) 如磨机振动跳停，未察明原因时，必须进入磨体内检查是否有金属异物。否则高锰钢件如篦条、碎锤头等，会对磨辊、磨盘产生破坏性的后果。

（摘自：谢克平.新型干法水泥生产问答千例操作篇[M].北京：化学工业出版社，2009.）

4.83 中卸式柱磨机的结构和工作原理

中卸式柱磨机的粉磨原理与立磨、辊压机和卧辊磨(HORO 磨)同为辊压粉磨,即均借助滚动的压力辊直接将能量传递给被粉磨的物料,实现多次挤压而完成粉磨过程。

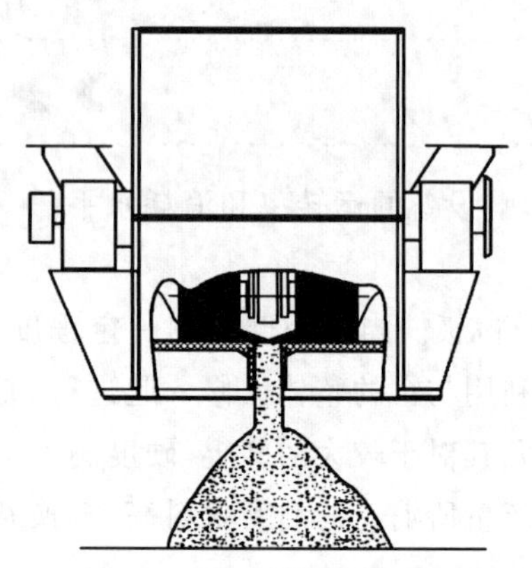

图 4.15 中卸式柱磨机的结构示意图

中卸式柱磨机属于双回转体设备,内、外回转体分别通过电机经减速机驱动以不同速度旋转。内回转体是数个中速回转的辊轮组,外回转体是一个以超临界转速回转的镶有特殊结构衬板的筒体。物料由机体两个侧面进料,中间卸料,筒体旋转,磨辊组随主轴公转本身又自转(图 4.15),采用中速、中低压对料层实施反复滚压及搓揉粉碎。通过调整内回转体的施压装置,可调整辊轮对料层施加的压力大小,以便满足不同的工况要求(辊轮的压力是内回转体的施压装置施加的压力和内回转体旋转产生的辊轮离心力的叠加合力)。通过调整内回转体上的调整装置可以调整辊轮与衬板之间的间隙大小,并与挡料环配合最终控制料层厚度。

中卸式柱磨机虽然属于辊压粉碎,但其结构完全不同于立磨、辊压机和卧辊磨,既有其可比共性,也有明显区别的差异性特点。

中卸式柱磨机是在借鉴和综合了卧辊磨、立磨、辊压机等各类辊式磨特点的基础上发展起来的。目前主要采用中速、中低压实施反复多次碾压粉碎,实现物料的细碎作业($P_{80} \leqslant 1 \sim 3$ mm),针对中、低硬度物料(如非金属矿石)在改变工艺等条件下也可实现(800～1250 目)超细粉碎,具有结构简单、操作方便、节能降耗等特点,具有广泛的适用性。同时中卸式柱磨机最明显的特征是:

(1) 筒体以超临界转速方式旋转,使物料环筒体 360°范围内得到合理分布;

(2) 筒体内衬板和受主轴驱动的辊轮组,这两个直接工作元件分别通过电机直接驱动,均为主动工作件,能量传递有效利用率高;

(3) 物料在筒体 360°范围内紧贴筒体旋转运动,并受到辊轮组多次反复碾压,不受工作区域局限,效率高。

中卸式柱磨机若进一步完善机理和结构,采用中速、中压的运行方式,则可采用简单结构实现立磨的功能,并克服立磨的一些缺陷,其应用前景是广泛的,对粉磨领域带来的节能降耗意义也是深远的。

5 辊压机

Roller press

5.1 何为辊压机

辊压机是由两个速度相同、辊面平整、相对转动的辊子组成。物料由辊子上部喂料进入两辊间隙内,在高压力的作用下,物料受到挤压变成了密实而且充满裂纹的扁平料片,这种料片机械强度很低,用手指可捻碎,据测定料片中含有大量细粉,其中小于 90 mm 的成品细小颗粒约占 30%。粗颗粒的内部结构已被破坏,产生许多微裂纹,易磨性很高,经 V 选粉机打散、打碎后,产品中的粒度在 2 mm 以下的细粉占 80%左右,对进一步粉磨极为有利。

辊压机的两个辊子必须保持平行,以便使物料均匀受压,辊子由耐磨材料制成套筒靠锥形座等固定在辊轴上。一个辊子用螺栓固定在机架上,另一个辊子的轴承装在滑块上,以便按喂料量和物料性质随时间调节辊子间隙。粉磨压力由液压系统通过滑块施加给活动辊,辊间压力在 50~300 MPa,该液压系统由四个油缸,两个氮气罐组成。氮气罐起到压力缓冲保护的作用,一旦在喂料中混有铁块等硬物时,可使活动辊瞬间退出原来的位置,两辊间隙加大,放走铁块,保护设备不受损失。辊子转动的线速度一般在 0.5~2 s/m,最高可达 3 m/s。两辊间隙一般为 6~12 mm,最大喂料量粒度为辊子直径的 7%~8%。

应用辊压磨的粉磨流程有三种:①预粉磨;②终粉磨;③预终粉磨。

辊压机作为预粉磨设备比单独用球磨机粉磨时节能 3~6 kW·h/t,电耗下降 10%~20%,产量提高 15%~30%。

5.2 辊压机粉碎物料是何机理

辊压机是根据料床粉碎的原理设计的。如图 5.1 所示,两个辊子做慢速度的相对运动,其中一个辊固定,另一个辊可以做水平方向的滑动。物料由辊压机上部连续地喂入并通过双辊间的间隙,给活动辊施以一定的作用力,物料受压而粉碎。

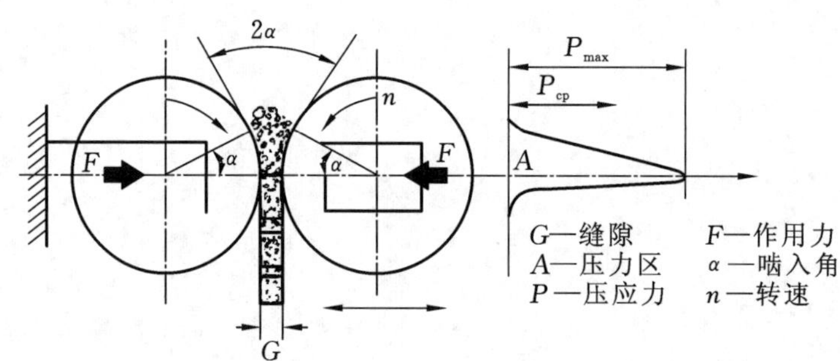

图 5.1 辊压机粉碎机理示意图

在辊压机上部,物料首先进行类似于辊式破碎机的单颗粒破碎。物料向下运动,间隙减小,双辊之间充满物料,进入料床粉碎。

对“料床粉碎”德国 Claustal 学院 Schonert·K 教授做出了明确的阐述:物料不是在破碎机工作面或其他粉碎介质间作单个颗粒的破碎或粉磨,而是作为一层或一个料床得到粉碎。料床在高压下形成,压力导致颗粒压迫其他邻近颗粒,直至其主要部分破碎、断裂,产生裂缝或劈开。

料床粉碎的基本前提是双辊之间一定要有密集的料层。粉碎作用主要决定于粒间的压力,而不决定于两辊的间隙。作用在物料上的压力决定于作用力 F 和受力面积 A,其平均压力为 F/A。但是实际上压力分布是一条曲线,在中间达到最大值。粉碎效应是压力的函数,在平均压力 80~120 MPa 时,粉碎效率最高。超过此压力,产品中细颗粒不再增加。实际上真正起作用的是在压力角 1.5°~2°的最大压力区,而平均压力角为 6°~8°,最大压力区的压力将是平均压力的 2 倍左右。由于平均压力涉及压力角,而压力角在一定范围内随辊面、物料而变。所以对设计参数，一般统一用辊子投影压力来计算，即 $P_T = F/D \cdot B$。早期辊压机主要用于预粉磨，P_T 为 8000～9000 kN/m^2，现在辊压机主要用于联合粉磨和终粉磨，P_T 已降至 5000～6000 kN/m^2。

辊压机的能力与其速度有关。转速快，能力大，在 0～1.5 m/s 范围内两者是线性关系。但超过一定速度，能力不再增加。其极限速度为 1.8 m/s。辊压机的实际速度过去为 1.0～1.2 m/s，现在已提高到 1.5～1.6 m/s；远比辊式破碎机的速度慢。

所以概括起来辊压机的特征是高压、慢速、满料、料床粉碎。而辊式破碎机压力较小、速度较快、破碎腔内料不满、单颗粒破碎。两者有着本质的区别。

通过辊压以后，物料将发生以下效应：粒度减小，颗粒的裂缝增加，料饼的易磨性改善。

5.3 辊压机技术特点

(1) 辊压机多为大直径、小宽度压辊，即 $D/W>2.5$。当压辊对物料的径向压力 N、物料颗粒与压辊表面的摩擦力 R 以及压辊间隙 S 相同时，大直径压辊对物料施加的垂直分力分别为 R 和 N，由于 $R>N$，故物料颗粒容易被压辊啮住，因啮合困难向外反弹的大颗粒很少。小直径压辊则相反。

(2) 由点负载、线负载和径向挤压构成的压力区的高度较大，物料受压过程较长，颗粒有较多的机会调整受压位置，使料床各部位受压均匀。

(3) 辊径大、惯性也大，运转平稳。当物料粒度与辊径的比值为 3.5%时，负荷稳定，若将粒度加大 1 倍，负荷波动会增大 5 倍。

(4) 辊径大、轴承也大，更有利于受力，且有足够的空间便于轴承安装与维护。

5.4 辊压机挤压粉磨流程

辊压机在生料粉磨系统中，一般采用挤压半终粉磨工艺，如图 5.2 所示。

在这个流程中，小于 45 mm 的块状物料经挤压成粉粒状料饼，经打散机打散即入球磨机粉磨，再经过选粉机分选出成品，粗粉少部分返回辊压机，起提高入机物料密实度的作用，其余则入球磨机重新粉磨。与中卸烘干磨配套的挤压粉磨系统，物料烘干主要在磨内和选粉机中完成，利用窑尾预热器的 320～350 ℃热废气，最高可烘干水分 6%～7%的原料。

随着装备技术的进步，生产实践中注意到，辊压机挤压后的生料中实际含有大量的细粉，其中小于 0.08 mm 的合格成品量可占 30%左右。若将这部分细粉在进入球磨机之前就被选粉机分选为成品，则可以大幅度提高系统产量。因此，许多厂采用如图 5.3 所示的挤压半终粉磨工艺流程。

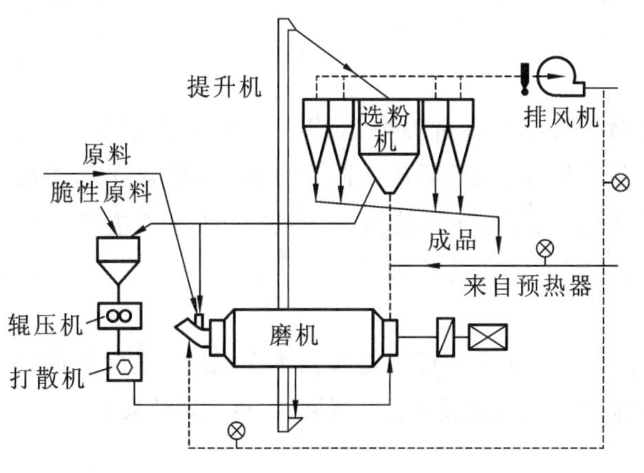

图 5.2 辊压机半终粉磨系统工艺流程

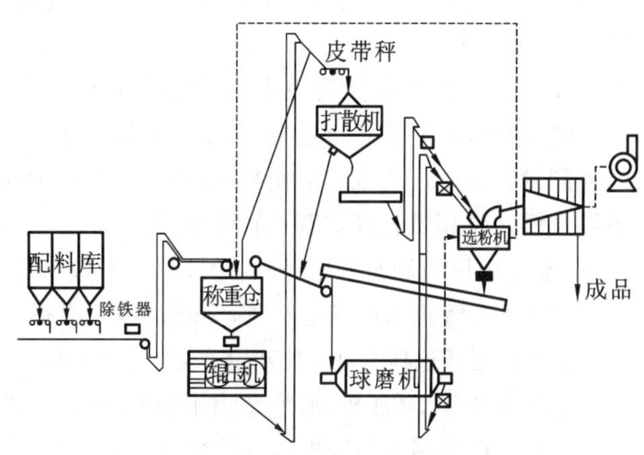

图 5.3 挤压成品量较高时采用的半终粉磨流程

与图 5.2 相比，两者的主要不同点按物料路线可简述为：前者物料通过辊压机—打散分级机—球磨机—选粉机完成作业；后者则采用辊压机—打散分级机—选粉机—球磨机。这种流程的优点是减轻球磨机的负担，使之更有利于控制生料 80 μm 尤其是 200 μm 筛余。但系统生产能力提高的同时，选粉机的分级性能要求也较高，需采用第三代选粉机与之配套。正因为其生产效率高的特点，这种工艺在新建和老厂改造中都得到推广应用，老厂改造可使系统增产 100%～150%。

生料挤压粉磨工艺还包括挤压联合粉磨和早期常用的挤压预破碎等工艺流程，如图 5.4 所示。

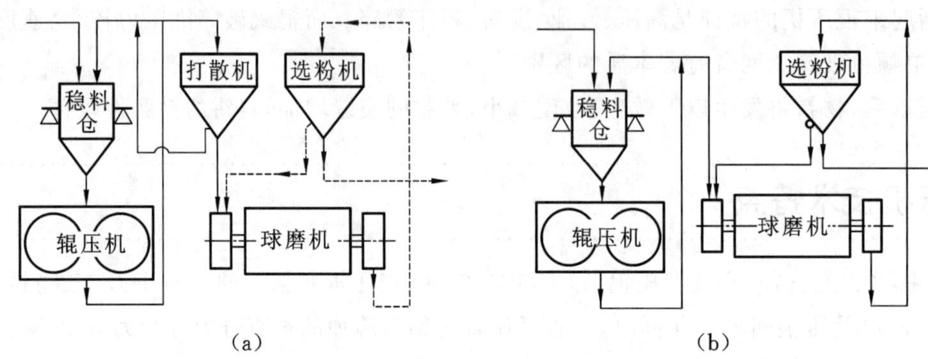

图 5.4 挤压联合粉磨和预破碎工艺流程

(a)挤压联合粉磨工艺流程；(b)挤压预破碎工艺流程

挤压联合粉磨中辊压机为闭路，大量细粉对水泥粉磨有利，但对生料粉磨不必控制过低的筛余；而预破碎主要起降低球磨机入磨粒度的作用，增产节能有限。按生产实践经验，同为高效选粉机的生料挤压粉磨系统，应用效果以半终粉磨最佳，可比原球磨系统增产 100%～150%；联合粉磨次之，增产幅度约为 80%；预粉磨工艺则只能增产 30%～40%。

5.5 辊压机运行有何技术要求 

(1) 必须保持完好的辊面

辊压机是依靠慢速旋转的双辊间产生的高压力区域完成物料的挤压粉碎，辊子线速度一般在 1.5～1.8 m/s 之间。在慢速挤压处理过程中，通过辊缝的物料，微观结构被破坏，内部产生大量的微裂纹，显著提高了易碎性与易磨性，对后续管磨机系统的产能发挥与降低粉磨电耗，起到了决定性作用。

辊压机运行中，双辊面必须保持良好的完整状态，即辊面硬面层一字纹或其他形式的硬面花纹应保持完好，一旦磨损成为光面或产生剥落、凹陷，对入机物料的摩擦、牵制能力变差，必将会产生中部漏料而显著影响物料挤压效果，应及时进行辊面修复，恢复完好辊面。否则，即使再提高辊压机的工作压力，仍难以形成稳定料床，物料从辊缝逃逸现象不可避免，严重降低了物料的挤压效果，导致系统生产能力下降，粉磨电耗上升。

(2) 料床必须受限，进料比例实现灵活可控

辊压机采用垂直管道进料，属于流动性料床。物料循环挤压处理过程中，双辊边缘物料不易受限、易产生侧漏。在辊压机推广应用初期，由于使用斜插板控制入机物料量，料床受限程度较差，进料比例调控不够灵敏。辊压机杠杆式双进料装置，解决了这一技术难题。采用特殊结构的侧挡板，杜绝了边部漏料问题，使辊压机两侧面料床进一步受限，为有效挤压做功奠定了坚实的基础。

(3) 垂直管道形成稳定料压，实现过饱和喂料

辊压机运行过程中，必须实现连续状、过饱和喂料，使物料均匀压在辊面上被拉入工作辊缝。若管道内部物料呈断续状进入辊压机，则严重影响其稳定挤压，易造成物料瞬间逃逸或从辊缝泄漏，物料处理效果差。

(4) 严格控制入辊压机物料粒径与水分

辊压机对粗颗粒物料的挤压处理有效，对细颗粒与粉状物料的处理效果差，细粉物料与脱硫石膏应

不进入辊压机，有条件的企业可直接入磨。对于处理湿度较大的物料，同样处于做功不良状态。入机物料水分大，极易黏附称重仓壁、下料管道及循环提升机料斗与壳体，加剧链条磨损，且进入V型气流分级机的料饼强度高，亦难以实现均匀分散，直接影响正常分级，增加了辊压机段的循环负荷与风机、提升机的电耗。从辊压机出力的角度考虑，如粉煤灰、矿渣粉、钢渣粉等细粉物料，应直接计量入磨，不宜进入辊压机，避免影响辊压机正常挤压做功。虽然脱硫石膏配入比例较少，也应直接入磨（脱硫石膏入磨前应采取堆棚堆放、加强进料水分控制）。从系统运行的稳定性考虑，进入辊压机物料综合水分不宜>3.0%。

（5）选择合理的工作压力

按料床粉磨理论分析可知，提高辊压机工作压力，能够增加出机物料中细粉含量，挤压后的物料产生微观裂纹，易碎性与易磨性显著改善，有利于后续磨机增产，但同时辊压机主电机电耗也会增加。如果系统生产能力的发挥，不足以抵消增加的电耗部分，则得不偿失。现阶段联合粉磨系统或半终粉磨系统的辊压机以“低压大循环”为操作宗旨，这里的“低压”指的是整个粉磨系统电耗在较低水平时，辊压机适宜的工作压力。由于每个粉磨系统中所用物料的易磨性、水分、温度不同，辊压机均存在一个合理的工作压力操作范围，并不是越高越好。

同时，辊压机工作压力越高，会导致辊面磨损量加剧，增加维护成本，应在操作中引起高度重视。

（6）消除铁质对辊面磨损的影响

熟料中的金属材料多来自掉落的预热器挂片与篦冷机篦板等耐热钢配件，对辊面损伤大，铁磁性较差。其次是混合材料中带入的铁质材料（如含有游离铁的钢渣、矿渣、硫黄渣、磷渣等）。对此需要从配料站、输送皮带等部位设置多道强磁除铁，并恢复金属探测器，以彻底解决金属材料对辊面的伤害。

（7）采用复合耐磨合金辊套

如前所述，辊压机辊面完好程度对稳定挤压做功影响极大，必须保持完好。针对辊压机辊面磨损及工作寿命问题，可采用复合耐磨合金辊套。该辊套具有良好的抗冲击韧性，抵抗破损能力良好，可有效延长辊面的工作寿命。

（8）低能耗、高效率的半终粉磨系统

与联合粉磨系统相比，半终粉磨系统是将预粉磨段经过V型气流分级机后的合格成品分选一部分出来，一般提取比例在15%～25%（过多则影响水泥性能），使系统获得明显的增产效果，粗粉进入管磨机，有效避免磨内“过粉磨”现象，提高了管磨机段的粉磨效率。通过动态组合选粉机分离出来的部分成品，有效地降低了水泥温度。总体来讲，两套不同的粉磨系统，在辊压机和磨机规格配置完全相同的前提下，由于半终粉磨系统在预粉磨段提取了一部分成品，其产量和粉磨工序电耗指标均优于联合粉磨系统。

［摘自：邹伟斌．水泥联合（半终）粉磨系统节能要素分析．新世纪水泥导报，2018，1．］

5.6 水泥工业用辊压机有何技术要求

1）基本要求

（1）辊压机应符合标准《水泥工业用辊压机》（JC/T 845—2011）的要求。并按规定程序批准的设计图样和技术文件制造、安装和使用。《水泥工业用辊压机》（JC/T 845—2011）标准图样和技术文件未规定的技术要求应符合国家标准、建材行业和机电行业有关通用标准的规定。

（2）图样上未注公差尺寸的极限偏差应符合《一般公差　未注公差的线性和角度尺寸的公差》（GB/T 1804—2000）的规定，其中机械加工件尺寸为m级。型钢焊接件非机械加工尺寸为c级。

（3）焊接件应符合《建材机械钢焊接件通用技术条件》（JC/T 532—2007）的规定。

2）主要零部件要求

（1）机架

① G100×40以上（含G100×40）的机型，机架中顶梁、下机架和端部件中的主要承载板材。要求性能不低于《碳素结构钢》（GB/T 700—2006）中Q235-C钢的材料。

② 端部件机上、下机架焊缝应饱满、均匀整齐，咬边深度不大于 0.5 mm，连续咬边长度不大于 50 mm。

③ 连接顶梁、端部件和下机架的螺栓或螺柱性能不低于《紧固件机械性能　螺栓、螺钉和螺柱》(GB/T 3098.1—2010)中 8.8 级的规定，螺母性能不低于《紧固件机构性能　螺母》(GB/T 3098.2—2015)中 8.0 级的规定(见图 5.5 机架组装图)。

④ 端部件朝轴承座的平面对下机架顶面的垂直度不低于《形状和位置公差　未注公差值》(GB/T 1184—1996)中 8 级。端部件朝轴承座面的平行度不低于《形状和位置公差　未注公差值》(GB/T 1184—1996)中 7 级(见图 5.5 机架组装图)。

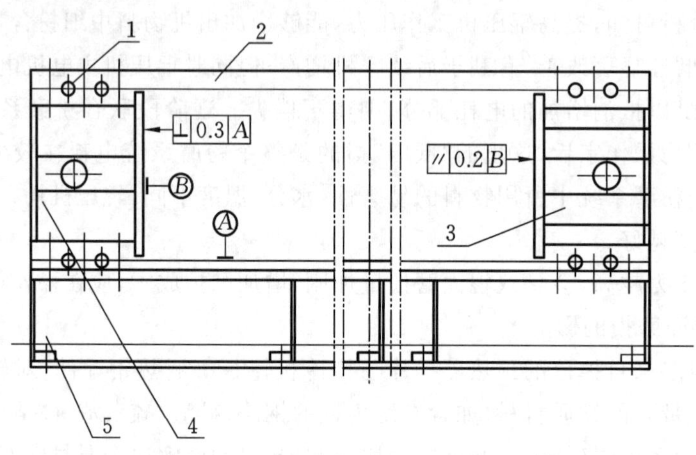

图 5.5　机架组装图

1—剪力销；2—机架上部；3—端部件 2；4—端部件 1；5—机架下部。

(2) 轴承座

① 轴承座体为铸造件时，G100×40 以上(含 G100×40)的机型采用机械性能不低于《一般工程用铸造碳钢件》(GB/T 11352—2009)中规定的 ZG270-500 钢的材料，轴承座体为锻造件时，采用性能不低于《优质碳素结构钢》(GB/T 699—2015)中 35 号钢的材料。

② 有冷却水道的轴承座，如采用镶套式，冷却水道内圈为钢卷制焊接而成，其纵、环焊缝应做超声波探伤检查，并符合《焊缝无损检测　超声检测技术、检测等级和评定》(GB/T 11345—2013)中ⅢB 级的规定；也可直接在轴承座上采用迷宫式冷却结构。

③ 轴承座与轴承轴线平行的四个工作面，相对面平行度公差为 8 级，相邻面的垂直度公差为 8 级。

(3) 辊子

① 辊体(轴)为锻钢件，粗加工后调质处理。

② 辊体(轴)可采用整体锻造或轴、套分体热装两种形式。锻件应符合《交、直流电机轴锻件　技术条件》(JB/T 1271—2014)的规定，探伤按《焊缝无损检测　超声检测技术、检测等级和评定》(GB/T 11345—2013)中Ⅲ的规定执行：

a. 辊体(轴)采用整体锻件时，当辊宽大于或等于 400 mm，采用 34CrNiMo 钢的材料或机械性能相近的其他合金钢材料，其性能应符合《合金结构钢》(GB/T 3077—2015)；辊宽小于 400 mm，采用不低于《优质碳素结构钢》(GB/T 699—2015)中 45 号钢的材料；

b. 分体热装的压辊，辊轴材质选用机械性能不低于《优质碳素结构钢》(GB/T 699—2015)中 45 号钢的材料；辊套材质选用机械性能不低于《优质碳素结构钢》(GB/T 699—2015)中 35 号钢的材料。

③ 辊轴与辊套要进行热装，在安装和使用过程中不应出现辊套轴向位移和开裂现象。

④ 轴承位轴颈对辊轴中心线同轴度公差不低于 GB/T 1184—1996 中的 5 级。

⑤ 辊子动力输入端轴颈表面粗糙度不大于 $Ra3.2\ \mu m$，与辊轴中心线的同轴度公差及圆柱度公差均不低于 GB/T 1184—1996 中 6 级的规定。

⑥ 辊子上的所有轴肩，轴台与轴颈过渡部位均应采用圆角过渡，圆角表面粗糙度值不大于$Ra\ 1.6\ \mu m$。

⑦ 辊子与物料接触的圆柱面应耐磨，耐磨层硬度不低于 HRC55，其厚度不小于 8 mm。在正常工况条件下(生产纯熟料水泥)，耐磨层使用寿命不低于 8000 h。

⑧ 堆焊辊子端面硬层厚度 4 mm，辊端面硬层加工后表面粗糙度值不大于 *Ra* 50 μm，硬层表面外形尺寸应符合《焊接结构的一般尺寸公关和形位公差》(GB/T 19804—2005)中的有关规定，硬层磨损修复后，厚度为 4 mm。

⑨ 辊面硬层与网纹允许有龟裂状裂纹，但龟裂状裂纹宽度不大于 0.3 mm，每条长度不大于30 mm；而且在使用中不允许因裂纹而引起块状剥落。

⑩ 辊子工作面堆焊完成后圆度公差不大于 2 mm。

(4) 液压加压系统

① 辊压机液压加压系统应设有蓄能器。

② 液压系统各管路应采用冷拔无缝钢管，冷拔无缝钢管的机械性能应符合《冷拔或冷轧精密无缝钢管》(GB/T 3639—2009)的相关规定。

③ 液压系统各管路组装前应进行酸洗，用弱碱液中和后清洗干净，干燥后检查无杂质才能组装。管子弯曲处应圆滑、无皱褶，管路布置应合理，避免管路交错。

(5) 传动装置

① 传动装置的传动部分应设有安全罩。

② 万向联轴器动平衡精度不低于 6.3G。

③ 喂料装置辊端压力区挡板需做耐磨处理，硬度不低于 HRC60。挡板与轴端面间隙可调。

3) 装配与安装条件

① 辊压机应在制造厂完成整机组装(不含传动)。

② 轴承座上平面与机架上顶梁之间应有 0.3～0.8 mm 间隙。

③ 两辊靠到原始辊缝位置，辊面间隙(不含花纹高度)应在 10～15 mm 范围内，两辊端面错边量应不大于 2 mm。

④ 液压系统应在制造厂整体组装(不含油缸)，压力测试时系统压力降低不大于 10%，油缸单独进行 20 MPa 压力测试，保压 15 min 无渗漏。

⑤ 轴承座冷却水道在制造完成后，组装前应做 0.6 MPa 水压测试，保压 15 min 无渗漏。

⑥ 机架现场安装后，下机架上平面水平偏差不大于 0.04 mm/m，且下机架两上平面的倾斜方向应一致。

⑦ 减速机输入轴与电动机输出轴的同心度允差不大于 ϕ 0.05 mm；端面跳动不大于 0.1 mm。活动和固定辊的减速机及电动机应在符合安装总图给定的位置处进行安装及调整。

4) 试运转要求

(1) 空载试运转

① 整机安装合格后，方能进行试运转。

② 连续运转时间不少于 8 h。

③ 轴承温升不大于 30 K，最高温度不大于 70 ℃。

④ 设备运转时，减速机输入轴的水平、垂直振动速度值不大于 15 mm/s。电动机输出轴的水平、垂直振动速度值不大于 5 mm/s(在减速机输入轴及电动机输出轴处测量)。

(2) 负载试运转

① 空载试运转合格后，方能进行负载试运转。

② 主轴承温升不高于 40 K。有强制冷却机型，主轴承最高温度不高于 75 ℃；无强制冷却机型，主轴承温度不高于 80 ℃。

5) 涂漆要求

产品的涂漆防锈应符合《水泥机械涂漆防锈技术条件》(JC/T 402—2006)的规定。

5.7 辊压机系统中的几个关键设备

(1) 稳流称重仓

辊压机必须满料操作，运行过程中两辊之间必须保证充满物料，不能间断，因此在辊压机进料口上部设置稳流作用的称重仓是必要的，称重仓的容量设计也不能太小，否则缓冲余地太小，影响辊压机的正常运行，造成辊压后料饼质量的较大波动。另外要控制好称重仓的料位，如果料位过低，辊压机上方不能形成稳定的料柱，使称重仓失去靠物料重力强制喂料的功能，且容易形成物料偏流入辊现象，引起辊压机振动或跳停。

(2) 除铁装置

辊压机辊面耐磨层容易磨损，尤其对金属异物反应敏感，因此喂入辊压机的物料应尽可能地除铁彻底。系统中除了在进料皮带上设置除铁器外，还有必要在选粉机的喂料皮带上设置金属探测仪。而且在生产过程中，应确保金属探测仪与气动三通阀连锁畅通，反应快捷，以便及时排除物料中混杂的金属异物，避免金属异物损伤辊面耐磨层。

(3) 辊压机斜插板

辊压机斜插板位置不当，会造成辊压机入口处料柱压力过大或过小，对形成稳定料床有影响。位置过高，料柱压力过大，入辊压机物料多，辊缝大，物料会冲过辊压机或形成料饼过厚，增大下道工序负荷，挤压效果变差，成品含量低；位置过低，料柱压力小，入辊压机物料少，难以形成稳定厚实的料床，产量降低，严重时还可能造成设备振动，对辊压机安全稳定运行造成威胁。

(4) 辊压机料床粉碎原理

辊压机是根据料床粉碎原理设计而成，其主要特征是高压、满速、满料、料床粉碎。由于辊压机的高压负荷通过双辊直径传递到被粉磨的物料层，大部分能量被用于物料之间的相互挤压、磨剥，物料摩擦产生的声能、热能被转化为物料的变形能，使其变形、撕裂、粉碎，因此辊压机是能量利用率较高的设备。同时，辊压后的物料不仅粒度大幅度减小，邦德功指数也明显降低，从而大大改善了后续磨机的粉磨状况，使整个粉磨系统的单位电耗明显下降。

5.8 辊压机与立式磨的异同

辊压机和立式磨的粉磨原理类似，都具有料床挤压粉碎特征。但两者又有明显的差别，立式磨是借助于磨辊和磨盘的相对运动碾碎物料，属非完全限制性料床挤压；辊压机是利用两磨辊对物料实施挤压粉碎，作用近似于完全限制性。因此，决定了两者的工作压力不同，结构也完全不同。

辊压机作为一种高效节能的新型粉磨设备，在国内水泥生产中的应用日趋增多，特别是在大型水泥生产线中，多用于水泥和生料粉磨系统，均具有显著的高产低耗效果。只是针对物料与产品的要求不同，采用的粉磨工艺有所区别。水泥粉磨目前以挤压联合粉磨工艺系统居多，生料则以挤压半终粉磨为主。

5.9 辊压机的生产能力及功率如何确定

(1) 辊压机的生产能力

辊压机的生产能力可按通过间隙的料饼来计算。

$$Q=3600BS_2 v r_2$$

式中 Q——辊压机生产能力，t/h；

B——辊压机宽度，m；

S_2——料饼厚度，基本同间隙，m；

v——辊子圆周线速度，m/s；

r_2——料饼密度，t/m^3。

由图可得：

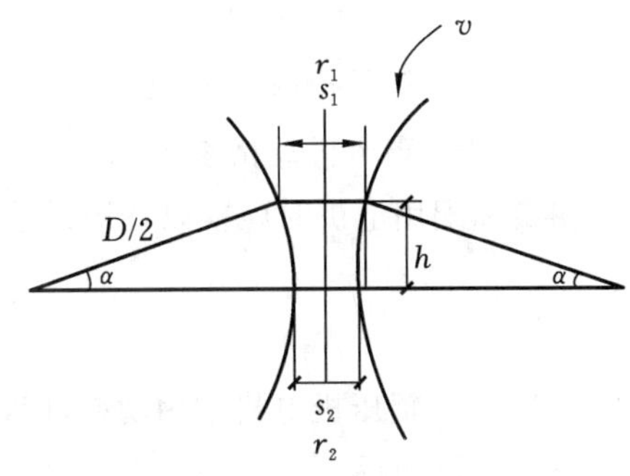

图 5.6 辊压机物料通过图

$$\frac{S_2}{2}=\frac{S_1}{2}\left(\frac{D}{2}-\frac{D}{2}\cos\alpha\right)$$

$$S_1 r_1=S_2 r_2$$

$$S_2=\left(\frac{r_1}{r_2-r_1}\right)D(1-\cos\alpha)$$

$$Q=3600\left(\frac{r_1 r_2}{r_2-r_1}\right)\cdot(1-\cos\alpha)DBv$$

$$Q=K_Q V_Q \tag{1}$$

式中 S_1——压力区开始间隙宽度，m；

D——辊压机辊径，m；

r_1——压缩前物料密度，t/m^3；

K_Q——物料压缩特性参数，t/m^3·(s/h)；

$$K_Q=3600\left(\frac{r_1 r_2}{r_2-r_1}\right)\cdot(1-\cos a)$$

V_Q——辊压机规格参数，m^3/s；

$$V_Q=DBv$$

r_1 决定于物料的粒度组成，对于水泥熟料为 1.5～1.6 t/m^3，石灰石为 1.4～1.5 t/m^3。

r_2 则与辊压有关，最大可压至真密度的 80%，当辊压高时，生料的 r_2 可达 2.1～2.2 t/m^3，辊压低时，生料的 r_2 为 1.9～2.0 t/m^3。

α 决定于物料性能及辊面状况，一般为 6°～8°。

如果 r_1、r_2、α 不变，则 S_2 仅与 D 成正比。对于生料可计算得，$S_2=(0.02\sim0.03)D$。

由公式(1)可知：一定规格的辊压机，其生产能力决定于 K_Q 值。而 K_Q 值不仅与物料有关，还与操作辊压有关。操作压力高，料饼密实，能力小；操作压力低，料饼松散，能力大。所以辊压机的能力与应用系统有关。一般情况，生料的 K_Q 值为 190～220 t/m^3·(s/h)。

如果 K_Q 值一定，则辊压机的能力仅与 V_Q 成正比。

(2) 辊压机的功率

辊压机的功率可由力矩和角速度的乘积求得。

双辊的传动力矩为：

$$T=2F\sin\beta\cdot\frac{D}{2}=DF\beta$$

式中 T——力矩，kN·m；

F——每个辊的作用总力，kN；

β——作用角，rad，约 0.037～0.045(rad)。

双辊的功率为：

$$N=T\omega=2T\cdot\frac{v}{D}=2\beta Fv=2\beta P_T V_Q$$

式中 N——辊压机需用功率，kN；

ω——辊子角速度，rad/s；

v——辊子圆周线速度，m/s；

P_T——辊子投影压力，kN/m^2；

V_Q——辊压机规格参数，m^3/s。

在实际配用电机时应乘以备用系数 1.15～1.20。

即：

$$N_i=(1.15\sim1.20)N$$

式中 N_i——辊压机电机配用功率，kW。

可得单位功耗：

$$W_g=\frac{N}{Q}=2\beta P_T\cdot\frac{V_Q}{K_QV_Q}=2\beta\cdot\frac{P_T}{K_Q}$$

式中 W_g——单位产品功耗，kW·h/t；

Q——辊压机生产能力，t/h；

K_Q——物料压缩特性参数，t/m^3·(s/h)。

实际上 β、K_Q 均与 P_T 有关。所以 W_g 主要决定于 P_T。对于生料在 5000 kN/m^2 的低压情况下 W_g 为 2.0 kW·h/t。

5.10 辊压机的正常操作

(1) 系统工艺设备的启动顺序

通常工艺系统设备均由计算机程序控制其启闭关系，但在调试或计算机出现故障，需手动时，必须按规定程序开启或关闭。

① 启动出料系统各设备，由后往前至辊压机。

② 启动进料系统中除铁器和金属探测仪。

③ 打开主机电源及控制柜，检查确认各仪表工作正常。

④ 开启集中润滑系统。

⑤ 开启进料系统各设备。

⑥ 启动辊压机主电机。

⑦ 开启液压油泵电机进行加压，使系统压力达到设定数值。

⑧ 观察称量仓的粒位显示，调节进料插板使料饼达到适当厚度。

(2) 系统工艺设备停机顺序

① 关闭辊压机主电机。

② 关闭进料系统各设备。

③ 关闭除铁器及金属探测仪。

④ 关闭液压泵电机。

⑤ 关闭集中润滑系统。

⑥ 关闭控制柜。

⑦ 关闭所有出料系统设备。

(3) 辊压机长时间停机必须采取措施

① 卸掉液压系统压力。

② 将各润滑点加好充足润滑油脂，防止设备零部件生锈或杂质进入设备密封腔内。

③ 将蓄能器充气压力降至 5 MPa 左右。

④ 在设备重新启动之前，必须先按程序进行检查、试车。

(4) 设备运行主要参数选择及其调整

① 根据被挤压物料性质，选择适当的粉碎力，以得到最佳节能效果。GYJ140 系列辊压机粉碎力与液压系统压力的关系见表 5.1。

表 5.1 GYJ140 系列辊压机粉碎力与液压系统压力的关系

液压系统压力(MPa)	总粉碎力(kN)	单位辊宽粉碎力(kN/cm)		
		140-65	140-70	140-80
5	2512	47.4	44.1	38.6
6	3014	57.1	52.9	46.4
7	3516	66.5	61.7	54.1
7.5	3768	71.3	66.1	58.0
8	4019	76.0	70.5	61.8
9	4521	85.6	79.3	69.6
10	5024	95.1	88.1	77.3

② 辊压机处理量可以通过设置在进料装置上的调节插板，改变挤压出的物料饼厚度加以调节。辊压机工作辊缝原则是根据工艺要求的辊压机处理量来确定，但它下限受到原始辊缝和设备运行状态的限制，当工作辊缝过小时，料饼太薄，缺乏弹性，使设备振动大，它上限受主电机额定负荷的限制。若新加入料的平均粒径较大(在 25～30 mm 以上)、物料较硬，除如前所述加大回料量外，还应适当加大工作辊缝，这样有利设备稳定运转，但料饼厚度调节范围一般不宜过大，以免料饼厚度过厚或过薄，对挤压效果和设备本身都会产生不利影响，一般调节范围：生料为 25～40 mm，水泥为 25～40 mm(注：这里厚度为料饼的平均厚度)。

③ 工艺设备连锁控制

除铁器、金属探测器—出料输送设备—集中润滑系统—主轴承温度检测—辊缝检测—液压系统压力检测—主机启动—喂料系统设备—称量料仓控制。

(5) 辊压机检测报警

① 辊缝检测报警

a. 当移动辊一侧的轴承座或移动辊整体后退量过大，达到设定的最大辊缝时，系统控制柜报警，其特征是报警铃响，同时闪光报警器发出闪光指示，从其上可以知道辊缝过大的情况。

b. 发生此种情况一般是因为辊缝中有较大且很硬的异物，也有可能是由于进料插板调得过大，另外系统操作失误也有可能报警。

c. 当发生报警，应及时处理，查明原因。若因异物造成，则应立即停车，排除异物；若因操作失误，液压系统未加压力，则应检查启动液压系统；若因辊缝过大、料饼过厚，则应将插板适当下调。

② 液压系统压力报警

当液压系统压力超过设定工作压力一定数值后，控制系统发生报警。当压力超过规定的上、下限，控制系统自动关闭主机。

③ 润滑脂泵贮油筒油报警

a. 当润滑脂泵贮油筒内油脂超过规定的下限位时，控制系统发生报警。

b. 当发出贮油筒空报警，不必停主机，及时用充填泵向贮油筒打油即可，一般加脂量小于 30 L。

(6) 设备运行中的检查

为保证设备能正常运转，提高运转率，延长设备使用寿命，必须按表 5.2 对设备进行经常的检查。

表 5.2　辊压机运行中的检查

序号	检查系统	检查内容	检查调期	处理方法
1	电气控制系统	a. 电气控制柜仪表工作发热状况 b. 主机控制柜各仪表工作状况	每天	更换元器件或导线;重新拧紧接头增加冷却设备
2	主电机及传动系统	a. 主电机发热正常,工作电源正常 b. 万向节传动轴承座与底座的连接螺栓 c. 行星减速器润滑油位 d. 行星减速器法兰螺栓 e. 缩套联轴器缩紧螺栓 f. 扭矩支承铰链座螺栓	a. 每天 b. 每周 c. 每周 d. 每月 e. 每半月 f. 每周	a. 检查电气控制:检查主电动机 b. 按规定拧紧力矩重新拧紧 c. 补充润滑油 d. 重新拧紧 e. 按规定力矩拧紧 f. 重新拧紧
3	主轴轴承	a. 轴承温度 b. 磨辊辊面耐磨层堆焊厚度 c. 磨辊辊面"一"字形花纹 d. 端盖密封圈 e. 内六角螺栓是否松动	a. 每天 b. 不定期 c. 不定期 d. 每天 e. 每天	a. 若需要则更换轴承 b. 重新补焊修复 c. 局部补焊 d. 多加润滑脂,更换密封圈 e. 拧紧螺栓
4	液压系统	a. 所有管接头、法兰连接 b. 系统保压性能 c. 各压力保护阀的功能 d. 液压油油位高度 e. 液压油油质 f. 蓄能器充气压力	a. 每天 b. 不定期 c. 不定期 d. 每周 e. 不定期 f. 不定期	a. 重新拧紧,更换密封圈 b. 更换检修有关元器件 c. 重新调节或更换元件 d. 补充液压油(同型号) e. 更换液压油 f. 补充氮气
5	润滑系统	a. 润滑脂油位高度 b. 泵站安全片 c. 分油工作状况 d. 泵站出油口滤网	a. 每月 b. 每天 c. 每天 d. 每月	a. 检修、更换空油报警装置 b. 更换安全片 c. 检修各润滑油路 d. 清洗滤网
6	进料装置	a. 进料挡板、侧挡板 b. 调节插板的端部 c. 侧挡板下端衬板	a. 每二月 b. 每月 c. 每周	a. 更换挡板、侧挡板 b. 修复或更换插板 c. 修复、更换衬板
7	检测系统	a. 各一次仪表工作状况 b. 标准检测仪表	a. 每天 b. 每半年	a. 更换一次仪表 b. 重新调试
8	主机架	a. 上、下横梁与立柱的连接 b. 地脚螺栓	a. 每天 b. 每天	a. 按规定拧紧机架各螺栓 b. 重新拧紧

5.11　生料辊压机操作规程

(1) 开机前的准备

① 检查系统设备是否处于备妥状态。

② 检查与辊压机连锁的设备和系统是否符合设计要求。

③ 各输送设备应运转正常,控制可靠。

④ 进料系统中的除铁器和金属探测仪必须调整正常。

⑤ 进料系统中喂料仓的称重传感器是否满足工艺控制要求。

⑥ 出料系统运转可靠。

⑦ 主机的前后设备应处于待启动状态。

⑧ 主机液压油、润滑油和润滑脂油量、油位是否正常。

⑨ 进料系统插板装置开度调整是否合理,原则上逐步调整到合理开度。

⑩ 掌握设备状况和工艺状况,做到开机和运行心中有数,保证安全生产。

⑪ 检查调配库料量,通知输送岗位及时进原料。

(2) 开机启动

① 电气控制系统处于工作状态。

② 启动辊压机主轴承润滑系统。

③ 启动辊压机主电机。

④ 启动液压系统电机,给液压系统加压。

⑤ 从后向前依次启动出料系统及生料输送设备。

⑥ 启动循环风机、袋式收尘器、选粉机及回灰输送设备。

⑦ 启动除铁器和金属探测仪,使之进入工作状态。

⑧ 从后向前启动喂料系统。

⑨ 启动喂料系统的同时,缓慢打开喂料仓下的气动闸门,使物料通过。

⑩ 根据系统的状况,控制加料速度,大约 0.5 h 内加到正常量。调好系统风量、风压、料量。密切观察各参数变化,保证安全,顺利生产。

⑪ 生料制备系统开机顺序:

辊压机机组→生料输送斜槽→双旋风分离器回转卸料器→高效分离器→出料提升机→中央循环提升机→胶带输送机→电磁除铁器及金属探测器→皮带秤→棒条闸阀。

⑫ 辊压机机组开机顺序:

主轴承润滑系统→主减速机润滑油站→辊压机主电机→液压加压系统电机→辊压机进料装置气动闸阀→进料系统插板装置。

⑬ 停机顺序:

棒条闸阀→皮带秤→胶带输送机→电磁除铁器及金属探测器→中央循环提升机→辊压机机组→出料提升机→高效分离器→双旋风分离器回转卸料器→生料输送斜槽。

辊压机停机顺序与开机顺序相反。

(3) 设备正常操作注意事项

① 辊压机的润滑必须保证润滑状况良好。

② 要求同时对辊压机主减速器、主轴承和辊轴进行通水冷却。供水系统和现场配管必须满足冷却要求,供水压力不得低于 0.2 MPa,供水温度不得高于 28 ℃。

③ 辊压机在投产初期的通过产量、压力均应选低于设计工作值,禁止采用最大值,经过一定的生产考验时间后,根据整个流程的要求予以调整,使之逐步趋于安全正常。

④ 辊压机主电机要求空负荷启动,对于故障停机后的再启动,应首先在无挤压力的情况下将存料排空,然后按要求启动加载挤压。

⑤ 辊压机正常生产的挤压力调整应根据测定情况进行,不许盲目加压。

⑥ 辊压机正常停机后重新启动前应检查受力连接螺栓的拧紧情况和各润滑点的润滑情况。

⑦ 物料条件改变时,应综合分析调整各参数。

冬季开机暖机操作:在开机之前,往辊压机辊子冷却系统中加注热水或热蒸汽(40～80 ℃),待轴芯和套的温度升至 20 ℃以上(50 ℃以下)，且温差小于 5 ℃时，再将辊子冷却系统接回冷却水管路，迅速按正常程序开机带料运行。

(4) 运行过程中的检查

① 检查辊压机系统工艺参数，及时调节阀门开度、喂料量，保证磨机稳定，安全运转。

② 检查设备工作参数，严禁超负载运行，发现异常情况及时调整或通知有关人员进行处理。

③ 与岗位人员密切联系，根据物料变化，及时进行调整，保证成品生料的细度、水分合格。

④ 进行调节时，及时与窑操作员取得联系，进行相应调节，防止对窑系统产生影响。

⑤ 检查辊压机活动辊子在机架内的滑动是否良好，两轴承是否发生偏斜。

⑥ 检查辊压机两辊子间设定的最小辊缝值能否满足实际要求。

⑦ 检查辊压机主轴承的温升是否正常，润滑是否良好，并记录。

⑧ 检查进料装置、传动系统等活动调节处是否灵活，能否满足工作要求。

⑨ 检查辊压机两侧的主液压缸和液压系统是否有渗漏现象。

⑩ 检查主减速器的油位、干油站的油脂富余量及液压系统压力变化是否正常。

⑪ 检查各设备冷却水系统是否按要求正常工作。

⑫ 检查各处连接螺栓有无松动情况。

⑬ 检查电气系统与检测元件是否正常工作(包括灵敏情况)。

⑭ 检查各重要受力件的受载情况(包括地脚螺栓)。

(5) 正常停机及停机后的检查

辊压机在无故障情况下要求停机时，应按如下顺序操作并满足下列要求：

① 确认系统内生料输送干净后，其他设备依次停机。

② 应按照物料顺流方向，从前向后依次关停辊压机前的喂料系统和相关设备。

③ 解除除铁器和金属探测仪的工作状态。

④ 关停辊压机主电机和解除组成部分(如液压系统、润滑系统等)的工作状态。

⑤ 应按照物料顺流方向，从前向后依次关停辊压机后的出料系统和相关设备。

⑥ 各处的关停必须在物料排空后进行。但允许在衡重稳流料仓中储存一定量的物料，关闭料仓下的气动闸门，然后关停辊压机和出料系统。

⑦ 关闭 V 型选粉机进口热风阀，调整控制袋式收尘器入口废气温度，降低磨内温度。

⑧ 停机后应对液压系统进行卸压。

(6) 停机后的检查与处理

① 分析料片的挤压效果，合理调整实际工作压力。

② 分析料片情况和通过量，确定喂料装置插板的调整位置。

③ 检查润滑情况，完善润滑措施。

④ 检查保护环节，完善保护措施。

(7) 紧急事故处理：

① 发生下列情况，可以进行紧急停机：

a. 当发生电气突然跳闸；

b. 设备突然停止运行；

c. 危及人身及设备安全情况。

② 紧急事故处理方法：

a. 立即通知有关岗位进行检查；

b. 立即停止相应的设备，并进行相应的操作调整，防止事故扩大；

c. 尽快查明原因，恢复生产。

5.12 生料辊压机稳流仓与工作辊面之间的高度多少好 

一般来说，辊压机稳流仓与工作辊面之间的高度应根据入辊物料特性来确定，高度应适当，以满足形成稳定密实的料柱，同时又不易产生堵塞现象为佳。脆性物料容易满足这种要求，但是对于泥灰质、水分含量高的物料，不仅影响挤压效果，而且容易产生堵塞现象。因此各厂应根据入辊物料特性，在设备生产厂家或设计院推荐的高度上再逐步优化并增加清堵设备。

要想保持辊压机稳产、高产，关键是入仓的物料级配均匀，辊压后的细料及时选出，防止细粉过多重新入仓入磨造成塌料、冲仓。

稳流仓与辊压机进料口之间的高度通常应不小于 2 倍辊径的高度。

5.13 辊压机使用应注意的事项 

(1) 粒度对辊压机的影响：辊压机对物料的粒度较为敏感，应严格控制粒径大于 50 mm 的颗粒不超过 10%，当进料粒度偏大时，不应该将喂料装置的阀板调得过低，其原因一是易在固定辊与阀板之间棚料，二是这种工况辊压机将不易操作。

(2) 粒度对液压系统的影响：粒度大小对液压系统设定的压力有直接的影响，当粒度大时要将压力加大，反之要将压力降低，不然的话，实际的挤压压力要小于设定的压力，造成液压泵频繁或长时间工作、加压，使油箱油温升高，同时也会缩短液压泵的使用寿命。

(3) 稳流仓对辊压机的影响：辊压机的稳流仓一般控制在 60%～90%的料位。操作中要兼顾磨机的工况和辊压机循环量的大小，循环量过大，物料入磨少，稳流仓料位提升过快，循环提升机负荷加大；循环量过小，物料入磨多，稳流仓料位降低过快，磨机易饱磨。

(4) 合理调整分料阀：控制稳流仓的料位和辊压机循环量的大小以及磨机的工况是分料阀的主要作用，现场操作中要根据辊压机和磨机的能力平衡决定分料阀的开度。

(5) 辊缝的设定：辊压机正常生产后，要根据物料粒度的变化及时修正压力、辊缝、辊缝偏差的设定值，一般最小辊缝设定值范围为原始辊缝＋(0～2) mm，最大辊缝设定值范围为 22～40 mm，辊缝偏差设定值范围为 0～12 mm。

(6) 设备维护

① 螺栓紧固：由于辊压机的振动较大，每班都应对机器的紧固件进行检查，及时紧固。

② 润滑油及润滑脂：辊压机第一次运行，运转一个月应更换新油。液压系统每半年更换一次液压油。定期检查干油泵工作情况，及时添加润滑脂。扭矩支撑、球面关节轴承、喂料装置顶杆、万向联轴器要按润滑表定期加油。

③ 冷却水：冷却水对辊压机的运行十分重要，特别是在高温季节其重要性显得更加突出，冷却水的进口温度、流量、压力直接影响着主轴承的工作温度。

④ 蓄能器：定期检查蓄能器的压力有无变化，一般大蓄能器压力设定为 9.5 MPa，小蓄能器压力设定为 7.5 MPa。

⑤ 辊子检查及辊子磨损处理：每天清理一次轴承座滑道灰尘，每月检查一次喂料系统耐磨块和辊子的磨损情况，辊子的测量值记录在表格中存档，如果辊子硬层的磨损量超过 7 mm 要对辊子重新堆焊，在测量样板上的测点应有标记，要保证每次测量的是同一直线上的同一点。堆焊完成后对辊面进行测量的点沿轴向不少于 22 点，径向不少于 4 点(每 90°一点)。测点的位置应在轴端留下明显的标记，以备今后检测。

⑥ 液压系统及电器元件的检查：工作中要经常观察液压系统的情况，包括系统保压情况，两个加压阀、两个减压阀、溢流阀、油泵的情况。位移传感器、压力变送器、测温电阻等电器元件要经常检查，保证能正常工作。

⑦ 辊压机正常生产时，主轴承温度不能超过 60 ℃，行星齿轮减速器温度不能超过 75 ℃。

5.14 操作辊压机应注意的事项

(1) 喂料小仓的容积要足够，仓中应经常保持适当的料量和仓压，以稳定辊压机的喂料量，保持辊压机平稳运转，减少振动。

(2) 根据配套管磨机的生产能力调整辊压机的喂料量。调整方法：调整压辊转速（压辊的圆周速度一般为 1.0～1.5 m/s，最大也不超过 1.8 m/s）；调整进料装置上的插板开合度，以调整料饼厚度（ϕ 1000 mm×300 mm 辊压机的产量为 35～45 t/h 时，料饼厚度宜取 14～18 mm）。料饼太厚影响料饼质量，料饼太薄设备易损坏。

(3) 调整液压系统压力，使之适合于压辊挤压物料的需要。辊压机粉碎石灰石和熟料的压力一般取 50～180 MPa。须控制运转压力适当，并调整蓄能器的预定压力。ϕ 1000 mm×300 mm 辊压机的运转压力宜控制在±0.5 MPa 之内，蓄能器预定压力应调整为系统工作压力的 70%～90%，以保证系统的功能特性。压力低时，蓄能器作用减弱，辊压机振动加剧，粉碎效果差；压力太高，能耗上升，辊面磨损加快，液压系统和机械的使用寿命短。ϕ 1000 mm×300 mm 辊压机料床的平均压力以 120 MPa 为宜。

(4) 压辊间隙是保证辊压机能力的重要条件，宜控制在压辊直径的 2%。

(5) 喂料粒度适当。一般控制在不大于压辊间隙的 3.0 倍，或不大于压辊直径的 6%（最好在辊子直径的 3.5%以下）。喂粒粒度过大，辊隙增大，振动大，易跳闸，产品中≤0.080 mm 的颗粒减少；喂料粒度过小，辊隙偏小，产量低，振动也加剧。

(6) 潮湿且黏性较大的黏土不宜喂入辊压机中；矿渣粒度小于 3 mm、水分小于 1%或大于 8%时，由于其咬合角太小，不能形成料饼，不宜单独喂入辊压机中。

(7) 粗粉回入管磨机的量，宜控制在 25%左右，最多不超过新喂入料量的 40%，以维持中间仓重，减轻管磨机负荷，提高系统产量。回料量太少，辊压波动大，出机物料不易形成料饼；回料量太多，易导致入料口处扬尘。

(8) 辊子强烈振动时，应仔细寻找原因。物料粒度波动和矿渣水分波动都可能引起辊子强烈振动，而矿渣水分为 1%～2%时，辊压机的操作较稳定。

(9) 喂料斗的侧挡板损坏时，应及时修理或更换。

(10) 压辊磨损严重时应及时用堆焊法处理，必要时应更换。

(11) 物料进入辊压机喂料小仓提升机前，须先在皮带输送机上除去铁件。

5.15 辊压机常见故障分析与处理

1) 动/定辊故障分析及处理

(1) 左/右辊缝大故障

根据经验，通常我们把动辊相对定辊移动 40 mm 位置定为辊缝极限位，当辊缝达到极限位后，限位开关发出信号或程序里面出现响应信号，辊压机跳停。

① 原因：是辊压机气动闸板阀刚开启时料柱对辊子冲力大，液压系统来不及纠偏造成辊缝过大跳停。

② 处理：

a. 调整斜插板位置，使下料产生的冲击力适当，避免过大冲击力；

b. 设定辊压机左右两侧的初始压力，不能太低，一般 7 MPa 左右，且避免初始下料压力大卸荷情况出现；

c. 避免较大、较硬的物块进入超过辊压机粉碎能力，导致辊缝过大现象。

(2) 左右辊缝差大故障

一般当辊缝差大于4 mm时，辊缝较大的一侧自动加压，如果不能纠偏，当辊缝差大于8 mm时，称重仓气动阀关闭，停止下料纠偏；辊缝差大于10 mm时，辊压机跳停。

① 原因：

a. 称重仓没有稳定料柱，使称重仓失去靠物料重力强制喂料的功能；另外插板阀开度不适等造成料偏；

b. 物料粒度不均，内有较大颗粒物料，细料下卸过快；

c. 液压缸左右压力不一致，压力小侧被物料撑开；

d. 侧挡板螺栓松，导致一侧下料过快；

e. 有铁块或其他金属进入。

② 处理：

a. 保证称重仓的料位，使插板调节阀左右一致，并适当增加液压缸的初始压力，使物料不至于轻易撑开辊缝，下料过快，不能形成足够料压导致料偏；

b. 对于物料颗粒可在物料进入称重仓前增加筛网，对其进行筛选，较小物料可直接进磨机，较大物料排外或进行其他处理；

c. 对于压力不均衡现象，首先保证最低工作压力7 MPa左右，低于7 MPa自动加压，但加压增加1～1.5 MPa时停止，以保证满足工作压力的同时左右压力尽量均衡，另外应检查左右液压缸是否频繁加压，如果是，检查液压元件。

d. 定时检查侧挡板螺栓，防止螺栓松动；

e. 在称重仓前边工艺添加除铁器和金属探测仪，以保证铁块或其他金属不能进入辊压机料仓。

(3) 动/定辊轴承温度高故障

当辊子轴承温度高于50 ℃时产生报警，55 ℃时跳停。

① 动/定辊轴承温度高原因：

a. 轴承润滑不好；

b. 冷却系统问题；

c. 轴承内部混入异物；

d. 主轴承过度磨损或滚柱断裂；

e. 两辊经常在偏差较大的情况下工作；

f. 润滑脂的基本参数、性能和适用范围不满足辊压机的工况。

② 处理：

a. 现场倾听轴承运转是否正常，如果声响大，检查润滑系统是否正常；

b. 检查冷却水系统是否正常工作；

c. 清洗轴承，更换密封圈；

d. 更换轴承；

e. 注意进料情况，并进行纠正，尽量使左右辊缝一致；

f. 更换适合辊压机工况的油脂。

(4) 左右位移传感器信号故障

位移传感器信号输出显示不准确。

① 原因：a. 24 V电源问题；b. 输出电流不线性；c. 隔离器问题；d. 干扰问题。

②处理：a. 检查电源线路；b. 更换传感器；c. 更换隔离器；d. 排除干扰。

2) 主电机故障分析及处理

(1) 动/定辊电机电流故障

主电机的电流过载故障跳停。

① 原因：

a. 两挤压辊间有较大的铁块或其他异物；

b. 进料系统可调挡板调得过高，可调挡板端部过度磨损、断裂致使料饼过厚，造成过负荷；

c. 出料设备发生故障、物料堵塞住辊压机出料口，造成挤压辊驱动阻力加大；

d. 主电机的主回路或控制回路出现短路、断路、接触不良或元件损坏，造成过电流；

e. 辊面直径不一致；

f. 辊系轴承坏；

g. 主电机轴承坏；

h. 高压柜变送器故障、主控柜隔离变送器故障或线路破损；

i. 侧挡板磨损，细粉进入了侧挡板与辊子端面间，阻力过大引起的。

② 处理：

a. 卸掉液压系统高压，使移动辊退回，检查确认辊间是否有异物；若因铁块进入而造成的过电流，则应仔细检查铁块混入原因，检查除铁器、金属探测仪的工作性能。

b. 检查可调挡板的位置，重新调整好插板并锁紧；拆卸可调挡板进行检修。

c. 排除出料设备故障；清理被堵塞的出料口。

d. 检查主回路的接线情况及导线发热情况；检查元器件的工作情况及发热情况；检查控制回路各主要元器件的工作点；更换损坏的元器件和导线，重新调整控制回路主要元器件的工作点等。

e. 维护辊面。

f. 更换辊系轴承。

g. 更换主电机轴承。

h. 检查，若损坏更换。

i. 修复或更换磨损的侧挡板，并调整侧挡板与辊子端面的间距到合适位置。

(2) 动/定辊电机定子温度高故障

主电机定子温高报警一般在 90 ℃，故障跳停在 95 ℃。

① 原因：

a. 负载过大；

b. 缺相；

c. 风道堵塞；

d. 低速运行时间过长；

e. 电源谐波过大。

② 处理：

a. 控制下料及异物进入辊压机。

b. 检查开关接触是否良好；变压器或线路是否断线；熔断器是否完好；电机接线盒螺丝是否松动；内部接线焊接是否良好；电机绕组是否断线。

c. 清理风道，使其畅通。

d. 控制物料，保证其在额定转速下工作。

e. 对电源谐波进行处理。

(3) 动/定辊电机轴承温度高故障

电机轴承温度高报警一般在 80 ℃，故障跳停在 85 ℃。

① 原因：

a. 轴承内外圈配合过紧；

b. 零部件形位公差有问题，如机座、端盖、轴等零件同轴度不好；

c. 轴承选用不当；

d. 轴承润滑不良或轴承清洗不净，润滑脂内有杂物；

e. 产生轴电流；

f. 机组安装不当，如电机轴和所拖动的装置的轴同轴度不符合要求；

g. 轴承维护不好，润滑脂不足或超过使用期，发干变质。

② 处理：

a. 更换轴承，对滑动轴承可以刮瓦；

b. 进行检测处理；

c. 更换轴承；

d. 清洗轴承，并保证其良好润滑；

e. 消除脉动磁通和电源谐波(如在变频器输出侧加装交流电抗器)；电机设计时，将滑动轴承的轴承座和底座绝缘，滚动轴承的外圈和端盖绝缘。

f. 对影响轴温的安装进行校验；

g. 清理并保证润滑良好。

3) 干油系统故障分析及处理

(1) 左/右干油分配器故障

一般情况下干油泵在 1 h 内工作 10～20 min，左右分配器分别向润滑点喷油，干油分配器的行程开关在 2 h 内不动作将会出现报警信号；4 h 不动作辊压机跳停。

① 原因：

a. 分配器供油管道堵塞；

b. 干油润滑泵油桶中缺油；

c. 行程开关坏掉或固定螺钉松。

② 处理：

a. 检查管路是否堵塞。

b. 检查干油泵是否正常，油桶中是否缺油。对于中信重工的辊压机，专门设计有加油泵，当干油润滑泵油桶中干油液位低时，加油泵会自动加油，加到高限位自动停止加油。

c. 检查行程开关松紧，若损坏则更换。

(2) 干油泵过载保护故障

当干油泵过载跳停将会发出报警信号，1 h 后，发出让辊压机跳停信号。

① 原因：

a. 干油泵故障；

b. 管路堵塞；

c. 干油泵选型错误，不能满足负荷要求。

② 处理：

a. 检修或更换泵；

b. 清理管道并检查油中是否有异物；

c. 更换干油泵型号。

(3) 干油液位低报警

干油润滑泵油桶中的干油达到低限位发出报警信号。

① 原因：干油润滑泵油桶中油位很低。

② 处理：对于中信重工的辊压机来说干油到达低限位后将发出报警信号，同时加油泵工作对干油润滑泵油桶加油，如果报警一直存在，请检查干油加油泵是否故障或加油泵油桶中是否缺油，导致加油泵不能正常供油。

4）减速机系统故障分析及处理

（1）动/定辊减速机油温高故障

当减速器油温达到 60 ℃时，油冷器等冷却系统自动启动工作；当油温达到 70 ℃（或 80 ℃）时则系统开始报警，这时应立即采取抑制油温继续升高的措施；当油温升至 85 ℃（或 90 ℃）时，则设备自动停机。

① 原因：

a. 供油或润滑不足；

b. 油中有杂质；

c. 冷却器工作效果不足；

d. 冷却水的压力和水管管径不合适；

e. 减速机高速轴承问题。

② 处理：

a. 检查润滑泵、管道是否完好和润滑油量是否充足；

b. 检查滤油器是否完好，并对减速机油进行过滤或更换；

c. 检查冷却系统是否正常；

d. 检查冷却水量是否充足；

e. 检查减速机轴承是否损坏，如损坏须更换。

（2）动/定辊减速机油流低故障

当动/定辊减速机油流低于 70％时，系统产生报警；当油流低于 50％时，延时 30 s 跳停辊压机。

① 原因：

a. 减速机泵故障；

b. 滤油器堵；

c. 管道问题。

② 处理：

a. 检查泵工作是否正常；

b. 清洗滤油器；

c. 检查管道各部分是否漏气，管道接头处密封是否完好。

（3）动/定辊减速机油泵电机跳闸故障

动定辊减速机油泵电机跳闸停辊压机。

① 原因：

a. 电机空气开关同电机功率不对应；

b. 电机导线短路；

c. 有接地故障；

d. 热继电器过负荷保护动作；

e. 油泵损坏；

f. 滤油器堵，油流不畅；

g. PLC 模块和输出驱动继电器故障或断线；

h. 主控柜 24VDC 直流电源故障。

② 处理：

a. 更换相匹配的空气开关；

b. 排除短路现象；

c. 排除接地故障；

d. 检查油泵是否损坏、油路是否畅通；

e. 更换油泵；

f. 清洗或更换滤芯，检查油路是否畅通；

g. 检查 PLC 驱动回路，观察模块状态指示灯是否正常；

h. 24VDC 有短路导致保险烧坏。

(4) 动/定辊减速机振动大故障

减速机振动大于 6 mm/s 时系统报警；振动大于 10 mm/s 时，辊压机跳停。

① 原因：

a. 主电机同减速机的同心度不好；

b. 动定辊水平度差超限；

c. 辊面不均；

d. 调节板开口大(开机易造成辊缝大或辊缝差大)；

e. 减速机螺栓、地脚螺栓、侧挡板螺栓是否松；

f. 称重仓中细粉含量过多，辊缝不能拉开；

g. 稳流称重仓料位低，不能形成稳定料柱，料压达不到，且容易形成偏料现象，引起振动；

h. 入辊压机物料粒度不均，存在较大颗粒，容易造成辊缝偏差，不能形成稳定料层，引起振动；

i. 减速机轴承或齿面损坏；

j. 液压系统中的部件如氮气囊、安全阀、卸压阀等出现故障或损坏。

② 处理：

a. 检查主电机同减速机的同心度，保证同心度良好；

b. 在安装阶段一定做好，保证动定辊在同一水平面；

c. 进行补焊，使辊面均匀；

d. 减小调节板开口；

e. 检查并从新紧固各螺栓；

f. 在物料进入稳流称重仓前，对物料进行筛选，把部分较小的物料筛选出来，减少过多细粉；

g. 调整调节插板，中控合理操作，增加反料量和调整液压缸最低压力等，保证料位在 50%～80%；

h. 在物料进入辊压机称重仓前，把较大物料筛选出来；

i. 减速机轴承、齿面受损将引起辊压机振动和电流波动，应及时排查；

j. 检查相应设备元件是否损坏。

(5) 动/定辊减速机润滑压差报警

当动/定辊滤油器堵时，压差发讯器发出报警信号。

① 原因：油中脏物堵塞滤油器。

② 处理：对滤油器进行清理或更换滤芯。

5) 液压系统故障分析及处理

(1) 左/右压力信号故障

压力信号作为辊压机工作时的重要信号，它的准确与否直接关系到辊压机是否能够正常工作。位移传感器信号输出显示不准确。

① 原因：a. 24 V 电源问题；b. 输出电流不线性；c. 隔离器问题；d. 干扰问题。

② 处理：a. 检查电源线路；b. 更换传感器；c. 更换隔离器；d. 排除干扰。

(2) 左/右压力超限故障

左/右压力任何一侧超过 12.5 MPa 系统卸荷。

① 原因：有较大较硬的物块进入辊压机，压力很快达到 12.5 MPa。

② 处理：注意检查金属探测仪和除铁器等是否能够正常工作。

(3) 液压泵电机过载故障

液压泵电机过载故障跳停辊压机。

① 原因：

a. 电机空气开关同电机功率不对应；

b. 电机导线短路；

c. 有接地故障；

d. 热继电器过负荷保护动作；

e. 油泵损坏；

f. 出油口开度不足或油路堵塞；

g. PLC 模块和输出驱动继电器故障或断线；

h. 主控柜 24VDC 直流电源故障。

② 处理：

a. 更换相匹配的空气开关；

b. 排除短路现象；

c. 排除接地故障；

d. 检查油泵是否损坏、油路是否畅通；

e. 更换油泵；

f. 增大出油口开度并清理油路；

g. 检查 PLC 驱动回路，观察模块状态指示灯是否正常；

h. 24VDC 有短路导致保险烧坏。

(4) 液压泵连续运行 5 min 故障

液压泵持续工作 5 min，辊压机故障报警。

① 原因：工作压力偏低或左右辊缝偏差，液压泵不能正常供油，造成液压泵一直工作。

② 处理：保持液压油干净，经常清洗溢流阀、换向阀，各连接部位的密封圈发现破损需及时更换；另外，观察下料是否常出现偏料现象，并进行处理。

6) 模拟信号显示故障

模拟信号出现最大量程、信号显示不稳定或者上下波动。

(1) 原因：线断或接线端子松动、传感器掉电、传感器故障或者干扰问题。

(2) 处理：检查相应的模拟信号的接线是否完好；检查传感器是否完好；检查是否有干扰，一般模拟信号线采用屏蔽线。

(摘自：王希娟，张栓记，冯京晓，等. 辊压机常见故障保护跳停分析及处理[J]. 矿山机械，2011，7.)

5.16 挤压机振动较大是何原因

(1) 进料粒度过细或过大。在这种情况下，就应调节挤压机的回料量，若进料粒度过细，就应适当减少挤压机的回料量，这样不仅可解决振动问题，而且还可增大给料量，从而增加系统产量。反之，若进料粒度过大，就应增大回料量，以填充大颗粒间的间隙，实现料层粉碎。

(2) 料压不够，进料没有连续性。挤压机不仅对入料粒度有一定要求，而且还要求连续喂料，并保持一定的料压。为保证这一点，可以在挤压机上加设一稳流称重仓。但有些厂家选用的稳流装置不妥，如料位计，一来由于进料频繁，料位计容易磨损，造成料位计动作失灵；另一方面，料位计也不能很好地反映料仓内料的变化趋势，这样也就不能很好地起到稳流作用。另外，若称重仓体积过小，就易形成空仓，造成挤压机进料的非连续性，使挤压机运转不平稳，从而引起振动。

(3) 挤压压力过高。有的使用厂家认为挤压压力越高，挤压效果就越好，挤压出的料饼中的细粉含量就越多。其实不然，据研究试验表明：在挤压压力超过 7～8 MPa 的环境下，挤压出的细粉有重新凝聚成团的趋势。而且，压力过高，也易引起挤压机振动。因此，压力并不是越高越好，而是以挤压出的料饼中基本不含有难以搓碎的完整颗粒为设定依据。

5.17 辊压机振动是何原因，如何解决

辊压机在使用过程中，有时会伴随有振动，胡俊亚就这一现象进行了认真研究分析，并提出了解决措施，可供大家参考。

1）产生振动的原因

（1）扭矩支承装置调节不当。该装置是用来平衡辊压机运行过程中物料作用于辊子上的反作用力所引起的扭矩。若安装调节不当，则其上的调节螺母就易松动，碟形弹簧在运行过程中就会发出“啪嗒，啪嗒”的撞击声，严重的会导致碟形弹簧碎裂，从而引起辊子振动，导致辊压机振动。

（2）辊压机回料系统中细粉含量过多。这种情况下，由于细粉的密实度低，其间夹杂着气体，经过高压力区的挤压后密实度增高，夹杂气体聚集成气泡，而气泡在高压力作用下破裂，从而导致辊压机的振动。另外，细粉之间易于滑动，当其被拉入高压力区进行挤压时，易产生滑动，也会导致辊压机振动。

2）解决措施

（1）扭矩支承装置的调节。该装置的调节较为繁杂，可按下列程序逐步进行。

① 碟形弹簧的确定。依图5.7将各零部件按顺序预装好，在预装的过程中，应注意碟形弹簧的叠合方式。图5.7中A、B处碟形弹簧受压力作用，可采用图5.8所示的叠合方式进行叠合，使得A、B处碟形弹簧的刚度为C、D处的4倍，也使其在受压力作用下的压缩量最小。

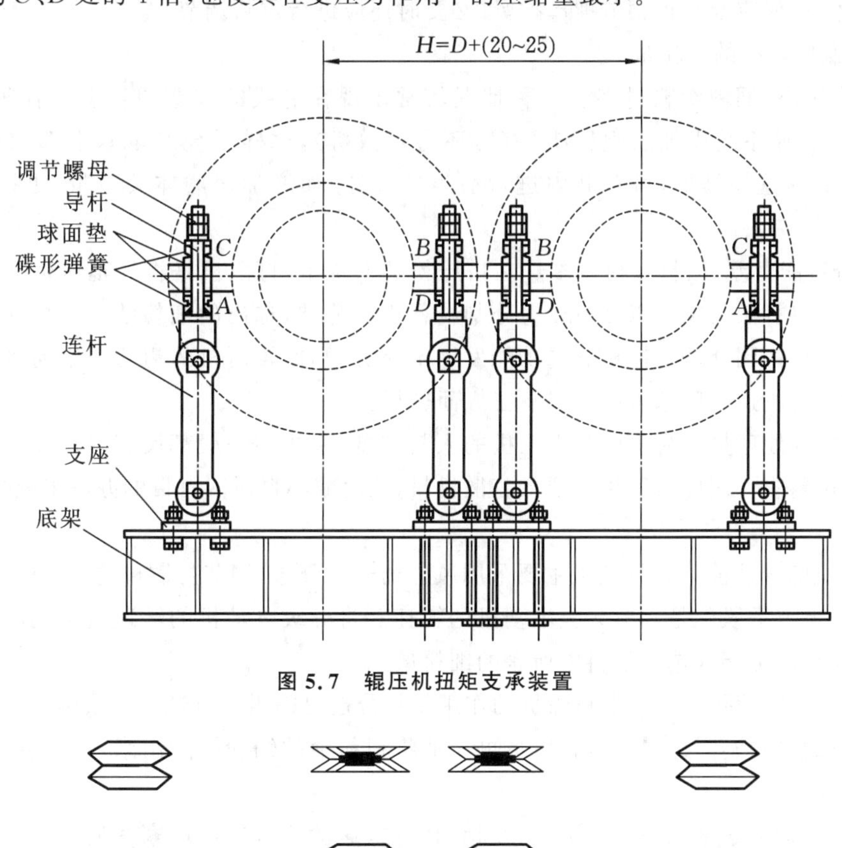

图5.7 辊压机扭矩支承装置

图5.8 碟形弹簧的叠合方式

② 临界点的确定。规定碟形弹簧组中碟形弹簧相互之间没有任何间隙的状态为临界状态，亦即碟形弹簧组即将受力而又未受力的状态。判定此状态是以手感作为一个大致的判断标准。判定过程如下：缓慢拧紧调节螺母，在拧紧调节螺母的同时，用手来回转动扭矩支承下部的碟形弹簧组，当感到碟形弹簧组由可转动到不可转动时，此位置即为临界位置。

③ 预紧量的确定。为确保碟形弹簧组所需的预紧力，需在各临界位置的基础上给予一定的预紧量。预紧量的确定依辊压机规格的不同而不同，其计算方法如下：

a. HFCG100-35 系列辊压机。该规格辊压机扭矩支承装置所需预紧量为：1.3×5＝6.5 mm，而调节螺母规格为 M48×5，因此只需在临界位置的基础上将调节螺母拧紧 6.5÷5＝1.3 圈，就可得到所需的预紧量。

b. HFCG120-40 系列辊压机。该规格辊压机扭矩支承装置所需预紧量为：2.6×5＝13 mm，而调节螺母规格为 M80×6，因此，只需在临界位置的基础上将调节螺母拧紧 13÷6＝2.16 圈，就可得到所需的预紧量。

④ 扭矩支承支座的紧固。

a. 固定辊侧扭矩支承支座的紧固。将扭矩支承装置找垂直后，用垫铁消除支座与底架之间的间隙，拧紧紧固螺栓。在螺栓拧紧后，用手来回扳动连杆，若能来回自由扳动，则表明已紧固好。若两手不能自由扳动，则应重新找直，紧固，直至能用手自由扳动为止。

b. 活动辊侧扭矩支承支座的紧固。一般辊压机运行时辊缝为 20～25 mm，为了确保运行时活动辊侧的扭矩支承基本处于垂直位置，在安装该侧扭矩支承时，可借助液压缸的作用将两辊中心距确定为：$H=D+(20\sim25)$，在此条件下，将此侧的扭矩支承找垂直，以下步骤同上。

至此，扭矩支承装置调节完毕。但在实际运行过程中，虽经以上调节步骤，也会出现调节螺母松动现象，发生此类现象时，就应及时将调节螺母拧紧，必要时还应进行重新调节。

（2）合理控制回料中的细粉量

① 磨机能力过小，回料细粉过多。这种情况较常出现在老线的改造项目上。有些厂家由于原磨机产量不够，大多在原系统中加入辊压机（有时还有打散机），这样系统产量基本都能翻番，原磨机就显得能力不够。针对这类情形，可对磨内进行适当的改造，如增加研磨体装载量、更换原磨机衬板及隔仓板的类型等。

② 打散机分选能力差，回料细粉过多。在挤压粉磨系统中，打散机是将经辊压机挤压的料饼打散，在风力场的作用下将打散的物料以 2 mm 为分割粒径进行分选，选出的细粉喂入磨机或选粉机，粗粉回辊压机进行重新挤压。因此若打散机分选功能发挥不充分，则回辊压机的粗粉中细粉含量偏多，从而引起辊压机的振动。解决这一问题可以从以下三方面进行：

a. 加大打散机的处理量。为了调节辊压机的入料粒度，系统中一般都设有料饼回路，而料饼回料中的细粉含量较新鲜料多。因此可采用多喂入打散机料，从而减小料饼回料量的办法来减少入辊压机物料的细粉量。

b. 增强打散机的分选能力。打散机主要采用风力场进行分选，调节打散机的分选能力主要是调节风力场风力的大小，调节手段就是调节分级电动机的转速。将分级电动机的转速适当调高，就可提高打散机的分选能力，从而尽可能地选出物料中所含的细粉量。

c. 加大下料筛板的筛孔尺寸。下料筛板的作用是将分选出的粗粉再进行一次筛分，从而减少粗粉中的细粉量。若将筛板的筛孔尺寸加大，就可尽可能地将粗粉中的细粉筛选出来，这样也就减少了辊压机物料的细粉量。

当然，以上三方面因素之间是互相影响、互相制约的，这就要求应用厂家在使用过程中，依据自己的实际情况摸索出一定的使用经验，以发挥粉磨系统的最大功效，获取可观的社会和经济效益。

5.18 辊压机为何会产生扭振，如何解决

辊压机扭振是指辊压机弹性扭矩支承装置弹性系统的高频振动，其现象是由被挤压物料的性质决定的，由于一些粒度为 1～2 mm 甚至呈粉状的混合材的掺入，细颗粒物料在两磨辊之间压力区发生物料之间的滑移，使辊压机的工作扭矩呈频繁的脉动规律变化，造成扭矩支承装置弹性系统的高频振动。解决

扭振现象的最有效方式是杜绝细颗粒物料进入辊压机。产生细颗粒物料主要有以下几个原因：

(1) 回粉偏多

在返回辊压机上方称重仓的粗粉中有相当数量的细粉，回粉偏多的原因主要有：

① 打散分级机风轮转速偏低

风轮转速偏低会造成风力场力度不足，大量细粉无法分离出来而汇入粗料返回辊压机，从而造成弹性扭矩支承装置的振动。频繁扭振会损坏弹性系统的弹性元件。

解决方法：适当上调风轮转速，强化风力场分级效果。

② 打散分级机环形通道堵塞

打散分级机的环形通道易于被异物堵塞，诸如铁丝、棉纱、废弃胶带等。环形通道是分割布置的，若干通道被堵塞后，大量打散后的物料只能从剩余畅通的通道通过，导致通过风力场分级区的物料料幕增厚，料幕内侧的细粉受料幕的阻力增大，难以在通过分级区时在风力场的作用下有效改变运动轨迹、落入细粉收集区；另外，堵塞的部分环形通道由于没有料幕形成，会形成一个风力场无阻力自由通过的走廊而形成风力的部分短路，参与分级的风力大打折扣，这样就会使分级效果更加恶化。大量细粉以近乎自由沉降的方式落下，汇入粗料进入辊压机造成扭振。

解决方法：定时检查并清理被堵塞的环形通道，恢复料幕的均匀形成。

③ 不合理的工艺流程

一些粒度较细的混合材没有直接入磨而喂入打散分级机。由于满负荷运行的辊压机已经给打散分级机喂入了足够待分级的物料，额外加入的细颗粒混合材无疑加重了打散分级机的负担，通过打散分级机环形通道的物料形成了过厚的料幕，料幕内侧的细粉在过厚料幕的阻碍下难以有效改变运动轨迹，而导致落入收集粗料的内锥筒体，造成分级效率的下降，细粉进入辊压机后造成设备的扭振。

④ 筛板堵塞

收集粗料内锥筒体锥体部分筛板的筛孔大量卡入物料颗粒，机械筛分功能弱化。由于筛板筛孔的截面略呈锥形，若筛板安装不当，使大孔径朝上，小孔径朝下，则极易发生筛孔卡料。所以在安装筛板时必须注意孔径方向，应使小孔朝上，大孔朝下。

解决方法：整改工艺流程，增设入磨提升机，让粒度较细的物料直接入磨。此方法适用于粒度已经呈粉状粒级，无须入辊压机挤压的混合材，如粉煤灰等。

(2) 物料离析

因细颗粒物料造成辊压机扭振的最终源头是物料离析。在对辊压机的喂料过程中，若细颗粒物料较多，混杂于较大粒度物料中的细颗粒物料将不会与粗颗粒物料均匀搭配进入辊压机的进料系统，而是在物料离析的作用下粗细物料之间相互分离：粗料滚动，细料聚积，粗颗粒物料首先进入进料系统，细颗粒物在仓内滞留聚积，此时的设备运行状况正常稳定，挤压效果良好。当细颗粒物料滞留聚积到一定程度后以塌落的方式倾泻而下，此时，在辊压机两磨辊之间压力区受挤压的均为细颗粒物料，细颗粒物料之间发生滑移，扭矩发生脉动变化，扭振因此产生。

解决方法：

① 低仓位操作

将料位限制在称重仓出料口处，形成仓空但下料溜管物料充满，由于仓空，物料无粗细离析、细料聚积的空间，可有效抑制物料离析；下料溜管物料充满仍能形成料柱保证料压满足辊压机过饱和喂料的要求。具体操作方式是：将称重仓物料放空，当下料溜管空料形成扬尘时逐步提升料位，此时需要注意的是控制料位的提升速度，以免矫枉过正。待扬尘刚刚消失时说明下料溜管中已充满物料，但称重仓内尚无料位，此时可根据辊压机系统控制柜称重传感器的数显表显示的料位数值作为系统平衡点稳定料位。此方法适用于粒度介于1～2 mm之间的有一定硬度的仍需挤压的混合材。

② 调整原始辊缝

在辊压机发生扭振现象时，由于两磨辊之间压力区充满细颗粒物料，磨辊的工作辊缝较被挤压物料粒度正常时明显减小，由于磨辊工作扭矩的脉动变化，主电机工作电流呈极不稳定的大幅度波动。不难发现，工作辊缝变小是一个可以利用的特性。我们可以通过调整原始辊缝的方式抑制磨辊对细颗粒物料的压力，加大原始辊缝。当无须挤压的细料通过时，工作辊缝趋向减小，但控制原始辊缝的调整垫板阻止活动辊进辊，此时磨辊相对于物料的作用接近于卸压状态，细颗粒物料在压力明显减弱的工作状态下通过，物料之间在磨辊压力作用下产生的滑移现象消失，从而消除扭振。

由于过大幅度地调整原始辊缝会影响辊压机对物料的挤压效果，弱化物料易磨性的改善幅度，尽管在打散分级机的分级作用下，入磨物料的粒度无显著变化，但由于物料易磨性的原因，多少会对球磨系统的产量产生负面影响。我们调整原始辊缝的具体措施应以兼顾完全消除扭振和尽可能保证挤压效果为原则，寻求两者兼顾的最佳位置。

③ 稳定无离析仓位

物料的离析现象尽管较为普遍，但并非不可避免。当称重仓内的物料处于某一特定料位有限波动区间时，无离析现象发生，粗细物料以均匀混合状态进入辊压机，此时两主电机均以正常稳定的工作电流运行。稳定无离析仓位的具体措施分两步进行，首先调整原始辊缝消除扭振，方式前已述及。然后将仓位由低到高缓慢上提，在仓位逐步变化的过程中我们可以看到两主电机的运行电流时有变化，其规律为在短时间内正常电流运行和低电流运行两种现象交替变化，间隔时间呈大致相近的有规律状态。

主电机处于正常电流的运行状态只能说明被挤压物料均为粒度较粗的物料，此时工作辊缝正常，活动辊轴承座与调整垫板无接触，但仓内的细颗粒物料正在物料离析的作用下滞留聚积，主电机以正常电流运行的时间极其短暂，细颗粒物料越多，正常运行时间越短。

主电机处于低电流运行状态说明仓内滞留的细颗粒物料聚积到一定程度，正在以塌落的方式进入磨辊压力区，由于调整垫板的控制作用，工作扭矩的脉动变化现象已经被消除，两磨辊间压力区的细颗粒物料处于承受压力较低、相对较为疏松的状态，此时的工作辊缝变小，活动辊轴承座已经紧贴调整垫板。磨辊在低扭矩状态下运行。

上述现象的交替变化说明称重仓内物料离析现象的普遍存在。然而在我们缓慢变化仓内料位时，发现当料位在某一个料位段时，两主电机的运行电流渐趋平稳正常，离析现象消失。我们可根据辊压机系统控制柜称重传感器的数据显示的无离析区间料位数值作为系统平衡段，将仓内料位控制在无离析区间以内，严格控制给料量以稳定料位。在此基础上可微调原始辊缝，稍稍减小调整垫板厚度，强化挤压效果。

④ 技术升级

采用上述方式进行调整虽然可以起到一定的控制作用，但仍然存在局限性，调整仓位需要反复摸索；垫板厚度的调整不仅需要反复摸索，而且由于连续生产，辊面正常的持续微量磨损需要进行阶段性的垫板厚度调整以减少对挤压效果的影响，尽管如此，对物料挤压效果的影响依然部分存在。最为可靠的方式是进行扭矩支承装置的技术升级，在目前的辊压机设备制造技术中，扭矩支承装置的技术已经更新换代，带有弹性系统的扭矩支承装置已经被大臂扭力板形式的扭矩支承装置所取代，这种扭矩支承装置的特点是大幅度降低了冲击峰值，对物料的适应性显著提高，在细颗粒物料进入两磨辊之间压力区时，扭矩脉动变化的幅度大幅度降低，扭振现象被基本消除，可以保证在对物料进行充分挤压的同时，设备仍然能够安全稳定地运行。

5.19 辊压机运行中出现的问题及解决措施

(1) 喂料斗式提升机功率选型偏小

辊压机下料不稳，波动时容易造成斗式提升机被压死，再次开启斗式提升机时电机带不动开不起来，每次只能打开斗式提升机尾部人孔门将积料全部清空后才能运行，费时费力。这说明喂料斗式提升机设计和制造能力均偏小，不适宜辊压机联合粉磨系统。

某厂斗式提升机型号为 NSE500×4000，输送能力为 900 t/h(最大)，电机功率为 132 kW，日常运行电流为 240～280 A，斗式提升机跳停时电流最高达到 320 A。经重新计算后，更换了全套驱动，包括电机、减速机和液力耦合器，电机改为 160 kW。此后很少再出现斗式提升机压死的情况，即使偶尔斗式提升机跳停，也能及时带料直接启动。

(2) 循环风机设计能力偏小

开辊压机时循环风机能力不够，风力不足，旋风收尘器进风处水平风道积灰严重，影响静态选粉机物料筛分能力，增大了辊压机循环负荷，制约着系统产量。

某厂循环风机能力偏小，而且风机固定位置和混凝土基础已定型，无法更换大功率的风机和壳体，于是决定改变叶片形状和尺寸来部分提高风机能力。利用现有风机壳体，将风机叶轮外形尺寸由 1800 mm 加大到 1900 mm。更换新型叶轮后，通风能力明显提高，满足了系统提产需求。

(3) 循环风机叶轮磨损严重

某厂由于物料中矿渣为炼钢厂下脚料，硬度大，做简易耐磨处理的 16Mn 材质的叶轮往往运行一个月便被磨蚀得千疮百孔。初期采用一家外资企业的耐磨涂料对新购叶轮表面进行处理，但运行两周后，发现该材料已被磨蚀殆尽，叶轮很快报废。后来，经过多次试验论证，最终采取了两种叶轮耐磨处理方式，一种是粘贴刚玉质陶瓷片，一种是氩弧堆焊耐磨材。两种叶轮寿命均可达到 4 个月，使用效果良好，每年仅需采购 2～3 个叶轮即可。

两种耐磨方式各有优缺点：陶瓷片叶轮因刚玉质瓷片硬度大，大于磨粒硬度，耐磨性强，但粘贴的陶瓷片一旦发生个别脱落，叶轮母材受到磨损，无法焊接修复；堆焊耐磨焊材叶轮无论母材还是焊材磨损后都易于修复，修复时间短，见效快，但焊材选择要求高，焊材硬度与磨粒硬度相差不多，耐磨性不如陶瓷片，而且焊接时的热应力易导致叶轮变形，焊后必须对叶轮重新做动平衡。

(4) 喂料斗式提升机壳体冲刷严重

某厂斗式提升机壳体整个高度下料面及两侧面运行不足一年即成筛状，跑冒粉尘原料，需每天不停修补。经分析主要原因是料斗料量太大，由高点运行至下料口时无法倒净，余料漏下冲刷壳体。于是，采取如下对策：

① 在头轮提升链条两侧加导料板，导料板过链轮中心线成大角度安装，减少斗式提升机的两侧面漏料；

② 在下料口下部 1.5 m 处开口制作第二下料点，同时安装和第一下料点相同方式的导料板，使倒不净的物料经第二下料口排出，减少斗式提升机下料面方向漏料。经过数月运行检验，该方法基本解决了物料对壳体的冲刷问题。

(5) 旋风收尘器下部锥体积料仓物料结块

某厂旋风收尘器下部锥体积料仓物料结块，无法清理，在加装树脂板的情况下仍然存在堵料隐患。分析原因为当生产水泥的混合材中矿渣含水量较高，物料流通不畅时易结块，于是降低了矿渣掺加比例，用部分石灰石替代，结块积料现象明显改善。

(6) 减速机稀油站冷却能力不足

某厂水泥磨主减速机各处轴承温度整体偏高，减速机稀油站冷却器能力不足（进出冷却器的油温相差仅 1 ℃），解决办法是在原冷却回路上串联增加一组循环水冷却器，将冷却面积由 30 m^2 改为 60 m^2，改造后减速机温度稳定在 54 ℃以下。

(7) 高效动态选粉机存在的问题

某厂高效动态选粉机设计不合理，下轴承漏油及进灰严重，每周都需稀油站补油，多时每天 40 kg。该选粉机型号为 N3500，上下两轴承为稀油站供油润滑，驱动方式为悬挂方式底部驱动。下部轴承密封处易积灰，导致密封损坏和轴面磨损，从而引起漏油。要更换油封，需进行选粉机抽轴，受位置所限，需动用 100 t 能力的吊车，施工时间不少于 7 d。

为解决这一难题，采用了某外资企业生产的一套剖分式组合油封装置（即油封可自由断开和合起），利用原瓦座，在未被磨损的轴位进行安装，同时制作了由盘根、黄油套筒组成的密封装置。此套装置运行良好，未再发生泄漏，只要定期给密封套筒注入黄油即可。

(8) 磨机磨尾滑履轴瓦温度高

某厂磨机磨尾滑履轴瓦温度高,常被迫停磨。

检查供油系统和轴瓦表面后未发现问题,后来进入磨尾卸料端检查,发现磨机滑履滚圈部位有部分保温棉隔热层的保护衬板松动脱落,大部分保温棉被冲刷磨损。认为滑履轴瓦温度高是由于高温的出磨水泥与滑履内壁接触,热传导所致。于是,对保温层重新进行了处理,将保温棉适当加厚,由 80 mm 改造为 160 mm,表层的保护衬板予以焊接加固,降低衬板与筒体之间的热传导率。同时在磨尾滑履稀油站上增加一组板式冷却器,结合回油管路较长的特点,在回油管路上加装了循环水冷却水套,修复后轴瓦温度恢复正常。

(9) 辊压机动辊电机前轴承温度高

某厂辊压机动辊电机前轴承温度较高,温升过快,电机有振动。对电机和减速机同轴度进行了找正,打开电机前端盖检查了轴承,更换了新润滑油,并且运行时采用压缩空气为其降温,但效果不明显。于是将电机和减速机之间传动的万向联轴节运到专业厂家做动平衡处理,安装后电机前轴承发热现象得到缓解。为了确保长期安全运行,将此国产万向联轴节用进口万向联轴节代替,再也未出现电机轴承温度高停车的情况,且振动消失。

(10) 辊压机下料斗式提升机尾轮处扬尘过大

某厂辊压机下料斗式提升机尾轮处扬尘过大,由于在地坑中,灰尘不扩散,导致巡检维护设备的工作无法正常进行。在斗式提升机尾轮上方新增袋式收尘器一台,由于物料水汽大,经常糊袋和结皮堵塞收尘器下料器,效果不明显。于是,从斗式提升机尾轮外接一根 ϕ 500 mm 风管引到静态选粉机进风管道上,通过循环风机拉风来达到收尘效果,同时风管表面设置保温层,防止结露。改造后彻底解决了斗式提升机扬尘问题。

(11) 静态选粉机导料板上的铸石衬板易脱落

某厂静态选粉机导料板铸石衬板全部脱落并堵塞下料口。由于块状物料冲击力大,联合粉磨系统运行不久,用胶粘接的导料板上的铸石衬板全部脱落,于是将铸石衬板更换为合金钢耐磨复合衬板,进行插槽和焊接固定,运行效果良好。

5.20 辊压机侧挡板的维护

侧挡板的作用就是防止物料没有经过辊压机挤压直接从辊面的两端下去,对提高物料细粉率和台时产量起着至关重要的作用。根据侧挡板的工作情况,由于没有受到冲击,侧挡板的磨损主要是磨料磨损,因此侧挡板磨损后表面修复所用的材料应该用高硬度的耐磨材料。侧挡板的尺寸设计的是否合理对辊压机辊子两侧边的磨损程度影响很大,有些水泥厂辊压机辊子侧边磨损深度大于 200 mm,辊面宽度减少 100 mm,其主要原因就是侧挡板尺寸设计不合理,与辊边重叠部分的尺寸太大;更有厂直接用一个矩形板做侧挡板,认为重叠部分越大,挡料效果越好,其实实际情况并非如此,这样只会增大辊边磨损,挡料效果也不会提高。合理的与辊子侧边重叠部分尺寸为 10~20 mm,侧挡板与辊子端面间隙应小于 2 mm,但不能与辊边接触,这样既能起到很好的挡料效果,也不会导致辊边磨损严重。另外,侧挡板必须经常检查,发现磨损漏料要及时更换修复,防止辊边磨损。

5.21 打散机如何操作和维护

(1) 打散分级机主要用于分级粗细物料,打散机转速越高,入磨物料量越大,同时入磨物料量越粗,磨机产量越高,但细度越粗。降低打散机转速,可使出磨物料细度变细,但同时磨机产量也降低。

(2) 一般打散机转速可在 300~600 r/min 之间调节,打散机转速越高,则会使打散机风轮磨损过快,不利于设备长期运行。打散机转速低于 300 r/min 时调节作用不明显。此时可通过调节打散机筛版上的铁板数量来进行粗调,转速低于 300 r/min,可在筛板上增加铁板盲板降低细粉筛出量。转速高于

600 r/min,可减少筛板上铁板数量,增加细粉筛出量。

(3) 应定时检查清理打散机打散盘下面分格出料口处的杂物,如碎布、皮带、手套等柔性物质。防止因分格出料口堵塞影响打散机分级效果。

(4) 打散机细粉筛余值一般控制在 $R0.08$ mm 为 50%~55%,若细粉变粗应及时检查打散机内筛板是否磨烂,细粉量小于 45%,易引起辊压机振动,影响辊压机稳定运行。

(5) 应定期检查打散机凸棱衬板和锤头的磨损情况,锤头磨损严重将影响打散机打散物料效果。

5.22 辊压球磨水泥粉磨系统启动前应准备哪些工作 

(1) 现场设备的检查

① 润滑设备和润滑油量的检查及调整

设备的润滑对保证设备的长期稳定运转,起着关键性的作用。润滑油量应达到设备的要求,即不能过多,也不能过少。油量过多,会引起设备发热;油量过少,设备会因缺油而损坏。另一方面,要定期检查、补充、更换润滑油。用油的品种、标号不能错,而且要保证油中无水无杂质。

主要检查的项目有以下几点:

a. 水泥磨主轴承稀油站的油量要适当,油路要畅通。

b. 水泥磨减速机稀油站的油量要适当,油路要畅通。

c. 所有设备的传动装置,包括减速机、电动机、联轴器等润滑点要加好油。

d. 所有设备轴承、活动部件及传动链条等部分要加好油。

e. 所有电动执行机构要加好油。

f. 辊压机液压系统的油箱要达到指定的油位。

g. 辊压机减速机润滑站的油量要适当,油路要通畅。

② 设备内部、人孔门、检查门的检查及密封

在设备启动前,要对设备内部进行全面检查,清除安装或检修时掉在设备内的杂物,以防止设备运转时卡死或损坏设备,造成不必要的损失。

在设备内部检查完后,将所有的人孔门、检修门严格密封,防止生产时漏风、漏料、漏油等。

③ 闸门

各物料定量给料机进口棒闸,要全部开到适当的位置,保证物料的畅通。

④ 重锤翻板阀的检查与调整

所有重锤翻板阀要根据磨机不同负荷进行调整,重锤位置调整要适当,使翻板阀在受到适当的力时,能自动灵活地打开,松手后能关闭严密。

⑤ 所有阀门的开闭方向及开度的确认

所有的手动阀门在设备启动前,都应打到适当的位置。

所有的电动阀门,首先在现场确认能否灵活打开,阀轴与连杆是否松动,然后由中央控制室进行遥控操作,确认中控与现场的开闭方向是否一致,开度与指示是否准确。

如果阀门带有限位开关,还要与中控核对限位信号是否有返回。

⑥ 冷却水系统的检查

冷却水系统对设备保护是非常重要的。在设备启动前检查冷却水系统管路阀门是否已打开。水管连接部分要保证无渗漏。特别是磨机主轴瓦和润滑系统的油冷却器,不能让水流到油里去。

对冷却水量要进行合理的控制。水量过小,会造成设备温度上升;水量过大,造成不必要的浪费。

⑦ 设备的紧固检查

检查设备的紧固情况,如磨机的衬板螺栓、磨内螺栓、基础地脚螺栓、提升机链斗固定螺栓等不能出现松动。设备的传动易松部位,都要进行严格的检查。

⑧ 现场仪表的检查

现场设有许多温度、压力及料位等仪表，可以帮助巡检人员及时了解设备的运行状态。在开车前，都要进行系统的检查，并确认电源已供上，是否有指示。还要与中控人员联系，核实联系信号的准确性。

⑨ 压缩空气的检查

检查各用气点的压缩空气管路是否能正常供气，压缩空气压力是否达到设备要求，管路内是否有铁锈等杂物，若有需清理干净。

(2) 水泥库进料前的检查

水泥库进料前必须进行认真的检查，若有问题，应得到彻底地解决，以免造成水泥库进料后，有了问题难以处理。检查项目如下：

① 库内充气箱采用涤纶织物作为透气层，很容易机械损伤、焊渣烧坏、长期受潮强度下降等，因此必须认真检查透气层是否有破损、小风洞，箱体边缘是否有漏气，以免进料后，充气箱透气层损坏而进料，使充气箱无法充气。

② 水泥库内各管道接头、焊缝处，要用肥皂水检查是否有漏气，以免进料回流到罗茨风机内，造成转子损坏。

③ 检查充气箱固定是否牢固，箱底与基础面接触是否整合，以免进料后因受力不均而变形，造成管道漏气。

④ 水泥库内各管道应固定牢固，以免因管道振动而使接头、焊缝处漏气。

⑤ 水泥库内进人检查时要穿软底鞋，库内、库顶施焊时，应用石棉板覆盖充气箱，或在库底铺一层水泥或细砂覆盖充气箱，以免烧坏透气层。

⑥ 水泥库壁预留管道孔洞，在管道安装后，用钢板焊死，孔隙用混凝土浇筑。

⑦ 施工后，水泥库内比较潮湿，进料后，水泥会黏结在水泥库壁或结块，影响水泥出料的顺畅。因此，必须确保水泥库顶及库壁不能有渗漏水，在水泥库进料前应启动库底罗茨风机向库内充气，直至库内不再潮湿。充气应打开各人孔门。

⑧ 管道布置是否与设计一致。

⑩ 检查完成后，务必清除库内杂物，如砖石、钢丝、棉纱等。

⑩ 密封库侧人孔门，不得漏料。

⑪ 检查库底罗茨风机出口安全阀是否能按要求泄气。

以上各项工作完成后，系统启动前的准备工作即完成。可以根据实际情况，启动所有的设备。

5.23 辊压球磨水泥粉磨系统如何进行启动与停车操作 

(1) 水泥粉磨系统中各设备的启动操作顺序(表 5.3)

表 5.3 水泥粉磨系统启动操作顺序

序号	操作步骤	检查与调整
1	1.确认水泥粉磨系统运转前的准备工作已完成； 2.与化验室联系，确认喂料比和水泥进库号； 3.确认压缩空气站已正常运转； 4.确认辊压机系统能正常运转	1.通知有关系统注意相互配合操作； 2.检查所进水泥库的料位
2	与原料输送系统及有关部门联系，水泥调配站进料	1.检查调配库的料位； 2.确认调配库的输送系统能正常运行
3	熟料库进料	1.检查熟料库的料位； 2.确认熟料输送系统能正常运行

续表 5.3

序号	操作步骤	检查与调整
4	确认各阀门位置	1. 选粉机收尘器风机入口阀门全关； 2. 辊压机喂料仓下插板阀已全关； 3. 水泥库顶电动推杆阀门全关
5	水泥磨润滑装置系统准备： 1. 与现场联系确认油泵的选择； 2. 如润滑油温度低，要启动加热器	1. 检查选择的油泵管路阀门是否打开； 2. 检查油箱的温度
6	润滑系统启动： 1. 磨机主轴承稀油站启动； 2. 磨减速机润滑油站启动； 3. 磨主电机稀油站启动	1. 注意油压和供油情况，注意过滤器前后油压，如油差高，应及时切换，清洗过滤器； 2. 试生产阶段高压油泵与磨机同步运行，90%负荷考核完后，改为磨机启动 15 min 后自动停车
7	水泥输送收尘组启动： 1. 收尘组启动； 2. 斜槽风机组启动	1. 现场确认选择设备是否正常； 2. 确认水泥进库正确
8	选粉机组启动	1. 注意选粉机的启动电流； 2. 慢慢调整选粉机转速至合适的速度
9	磨提升机组启动	注意提升机的启动电流
10	磨机通风机收尘组启动	1. 注意排风机的启动电流； 2. 慢慢打开排风机进口阀门至合适位置
11	准备启动主传动，磨机主电机备妥	再次确认润滑、冷却水系统及其他部分无异常现象
12	磨机组启动	1. 注意启动电流； 2. 注意磨音信号； 3. 如果主机第一次未能启动，检查后进行第二次启动，两次启动间隔时间不少于 50 min
13	喂料收尘组启动	现场确认选择设备是否正确
14	辊压机系统收尘组启动	注意排风机的启动电流
15	辊压机循环风机启动	注意排风机的启动电流
16	辊压机提升机组启动	注意提升机的启动电流
17	喂料输送组启动	1. 注意辊压机提升机的启动电流； 2. 现场确认选择设备是否正确
18	辊压机组启动	1. 注意辊压机启动电流及现场情况； 2. 启动辊压机前检查润滑系统是否正常，水冷系统阀打开； 3. 如果主机一次没能起来，进行检查后，再次启动间隔不少于 50 min
19	喂料组启动	1. 长时间不喂料，磨机会因钢球砸衬板、隔板仓而损坏，因此必须磨机启动 10 min 内向磨内喂料； 2. 注意水泥库的料位
20	调整定量给料机的供料比例，设定喂料量	根据化验室的要求设定物料比例
21	系统稳定后，投入自动调节回路	1. 观察回路运行稳定情况； 2. 注意水泥库的料位

(2) 水泥粉磨系统运转中的检查和调整

为了使水泥粉磨系统安全、稳定地运行，必须经常观察各测点值的变化情况，及时判断磨机的运转状态，同时采取适当的措施，进行检查处理(表 5.4)。

表 5.4　水泥粉磨系统运转中的检查和调整

序号	检查项目	检测判断方法	调整处理方法
1	磨机喂料过量	1. 电耳信号(磨音)低； 2. 磨机电流变小； 3. 斗式提升机功率上升； 4. 磨机出口负压上升	1. 斗式提升机功率变化时，应分析是由供料引起的，还是由堵料引起的，确定之后再做处理； 2. 降低喂料量，并在低喂料量的状态下运转一段时间； 3. 在各参数显示磨机较空时，慢慢地增加喂料量； 4. 注意观察，当各参数正常后稳定喂料量
2	磨机喂料量不足	1. 电耳信号高，现场听磨音脆响； 2. 磨机电流变大； 3. 斗式提升机功率降低； 4. 磨机出口负压变小	慢慢地增加磨机的喂料量直到各参数正常为止
3	粗磨仓堵塞	1. 电耳信号降低； 2. 斗式提升机功率下降； 3. 磨机出口负压上升； 4. 现场听粗磨仓磨音低沉，细磨仓磨音清脆	1. 降低或停止喂料进行观察； 2. 增大磨机通风量； 3. 若上述措施无效，停磨检查
4	细磨仓堵塞	1. 电耳信号降低，现场听磨音低沉； 2. 斗式提升机功率下降； 3. 磨机出口负压上升	1. 降低或停止喂料进行观察； 2. 增大磨机通风量； 3. 若上述措施无效，停磨检查
5	隔仓板破损或倒塌	电耳信号异常，在磨音趋势曲线图上有明显的峰值	立即停磨进行检查更换
6	出料篦板破损	出磨斜槽上有较大的钢球排出	立即停磨进行检查更换
7	磨机衬板螺栓或磨门螺栓松动	1. 现场观察衬板或磨门螺栓有松动； 2. 有漏料现象	立即停磨进行紧固
8	磨机掉衬板	1. 在磨音趋势曲线图上有明显的峰值； 2. 现场可听到明显的周期性冲击声； 3. 筒体衬板螺栓处冒灰	立即停磨进行处理，检查是否有砸坏的地方
9	磨机主轴瓦温度高	温度指示偏高	1. 检查供油系统，看供油压力、温度是否正常，若不正常，进行调整； 2. 检查润滑油中是否有水或其他杂质； 3. 检查冷却水系统是否运转正常
10	磨机减速机轴承温度高	温度指示上升	1. 检查供油系统，看供油压力、温度是否正常，若不正常，进行调整； 2. 检查润滑油中是否有水或其他杂质； 3. 检查冷却水系统是否运转正常

续表 5.4

序号	检查项目	检测判断方法	调整处理方法
11	辊压机主轴承损坏	1. 轴承温度迅速升高； 2. 不正常的运转声音	立即停机检查，更换轴承
12	蓄能器气压显著下降	辊压力下降	对蓄能器进行检查和重新充氮气
13	压辊磨损	测量压辊的磨损情况	若有必要，应重新堆焊
14	辊压机产量过大	在新喂料不变和分料阀开度不变的情况下缓冲仓质量逐渐下降	1. 调节辊压机的喂料插板，增加插入的深度，从而使辊缝减少，通过量减少； 2. 调整辊压机的压力使与喂料量及料饼厚度相匹配
15	辊压机形不成料饼	辊压机出料皮带	1. 喂料粒度太大，应减少； 2. 辊压机工作压力低
16	辊压机活动辊异常	剧烈振动或液压系统卸压	1. 检查卸料中或辊压机中有无铁件，辊面有无损坏； 2. 检查金属探测器和翻板阀的可靠性
17	斗式提升机掉斗子或斗子损坏	斗式提升机功率呈周期性变化	1. 立即停止磨机和喂料输送组； 2. 提升机采用慢转运行； 3. 打开提升机下部检查门，观察斗子运行情况
18	斗式提升机断轴或断链	1. 提升机功率接近于0； 2. 磨机出料斜槽堵塞； 3. 选粉机电流下降	全系统停车检修
19	选粉机速度失控	1. 转速有明显的波动； 2. 电流与速度指示不对应	1. 检查速度控制器是否有失控现象； 2. 停止选粉机上游设备，进行检修处理
20	入选粉机斜槽堵塞	1. 斗式提升机功率急剧上升； 2. 选粉机电流下降	立即停磨检查处理
21	空气输送斜槽的一般检查	1. 检查下槽体是否有灰； 2. 检查充气风机的阀门开度和转向； 3. 通过窥视窗观察上槽体内物料的流动情况	1. 若透气层破损，进行更换或修补； 2. 若阀门开度不够，加大阀门开度并固定
22	锁风阀	1. 现场观察阀的动作情况； 2. 检查物料流动是否畅通	现场调整重锤的位置至合适的位置
23	成品细度	成品测定	1. 成品细度粗时，加大选粉机的转速； 2. 成品细度细时，降低选粉机的转速
24	磨机通风量不足	1. 出磨气体温度高； 2. 磨尾气体压力低	加大磨机排风机进口阀门的开度
25	收尘器出口粉尘浓度大		1. 检查滤袋是否有破损； 2. 检查进口气体温度是否超过滤袋材质允许的使用温度； 3. 检查滤袋是否已超过使用寿命

续表 5.4

序号	检查项目	检测判断方法	调整处理方法
26	收尘器气缸不动作		1. 检查压缩空气压力是否正常； 2. 检查电磁阀是否正常； 3. 检查气缸给油器的油量和气缸润滑情况； 4. 检查油水过滤器，是否有水进入气缸； 5. 检查提升阀阀杆是否变形
27	水泥质量	根据化验室的分析结果	调整喂料比例，对各物料取样分析

(3) 水泥粉磨系统中各设备的停车操作顺序

正常情况下水泥粉磨系统的停车操作顺序见表 5.5。

表 5.5　水泥粉磨系统停车操作顺序

序号	操作步骤	检查与调整
1	将自动调节回路打到手动位置	
2	降低各物料的喂料量，直到把定量给料机的给料量降为零	
3	喂料组停车	
4	确认辊压机循环系统的物料已送空和磨机处于低负荷状态	1. 辊压机提升机和磨尾提升机功率下降； 2. 磨音信号增大
5	辊压机组停车	
6	喂料输送组停车	
7	喂料收尘组停车	
8	磨机组停车	磨机主轴承高压油泵自动启动
9	用辅助传动间隔慢转磨机	合上辅助传动离合器，现场操作
10	磨机收尘组停车	慢慢关闭排风机进口阀门
11	磨提升机组停车	
12	选粉机组停车	慢慢将选粉机转速降为零
13	慢慢关闭选粉机收尘风机入口阀门开度	
15	选粉机收尘组停车	
16	水泥输送组停车	现场确认组内设备已无物料
17	水泥输送收尘组停车	
18	润滑组停车	1. 磨机筒体温度接近环境温度时，磨机慢转停止； 2. 高压油泵有较长延时，一般磨机筒体温度到达环境温度时才停
19	水泥磨系统停车后，要对系统中的设备进行全面检查和维护	

(4) 设备的故障停车和紧急停车

在设备运行过程中，由于设备突然发生故障、电机过载跳闸、机电保护跳闸、现场停车按钮误操作等原因,系统中的全部或部分设备会连锁停车。另外,在紧急情况下,为了保证人身和设备的安全,使用紧急停车,也会使整个系统连锁停车。为了保证设备能顺利地再次启动,应采取必要的措施。

① 设备故障停车时的操作

a. 马上停掉与之有关的部分设备,对喂料量设定值,选粉机转速阀门开度等进行调整。

b. 为防止磨机等变形,应尽快恢复稀油站组设备的运行。

c. 尽快查清原因,判断能否在短时间(30 min)内处理完,以决定再次启动的时间,并进行相应的操作。

② 紧急停车操作

当出现紧急情况时,需要系统全部停车。设备紧急停车后,应对喂料量设定值、选粉机转速、阀门开度等进行调整。如果润滑设备没有故障,立即启动,慢转磨机,并尽快处理,恢复系统运行。

处理完紧急情况,再次启动时需注意:由于系统在紧急情况下停车,各设备内积存有物料,因此再次启动时,不能像正常情况那样立即喂入物料,要在设备内物料粉磨或输送完后,才开始喂料。

5.24 辊压球磨水泥粉磨系统试生产中应注意哪些事项

(1) 试生产的日程安排及目的

① 日程安排

当所有的设备全部安装完毕,经过单机试车和联动试车后,对所有设备需进行全面检查。确认没有问题后,水泥磨系统即进入试生产阶段。在试生产阶段,水泥磨在不同的负荷状态下,其装球量、要求运转时间各不相同,见表 5.6。

表 5.6 试生产阶段水泥磨不同状态参数

试车阶段	时间(h)	试车阶段	时间(h)
无负荷	24	75%负荷	120
30%负荷	24	100%负荷	长期
50%负荷	72		

注:上述研磨体装填量,应以设备厂提供资料为依据。

表中的时间为磨机和其他设备运转良好状态下的净时间。在试车阶段,如果有设备出现故障,则必须把用于检修和调整的时间扣除。

② 目的

为了使磨机主轴瓦及其他设备的轴承、齿轮等运转部件进行跑合,进行无负荷运转是非常必要的。同时,为了避免投料试车中出现大的故障,无负荷试车时,对以下部位进行充分的检查。

a. 各设备润滑油供应情况及润滑状态。

b. 运动部件与固定部件之间有无非正常接触。

c. 设备的安装精度。

为了考核设备的运转情况和为满负荷生产做准备,必须进行 30%、50%、75%负荷的试车。经过这一阶段,能使各设备更好地跑合,同时可以让操作人员学会如何实际地进行操作、调整,为满负荷生产打下良好的基础。

(2) 试生产的准备

在充分细致地检查所有的设备后,必须进行下述准备工作。

① 润滑油的注入

在向磨机主轴承稀油站加入润滑油之前,要进行润滑设备、高压启动装置的清洗,并仔细检查内部,然后按磨机说明书把合适的润滑油加入油箱,达到油位基准线为止。磨机减速机、主电机的润滑装置也要根据设备要求进行清洗和加油。

对其他所有设备的润滑部位,也必须按各设备说明书的具体要求进行清洗和加油。

② 密封部位的检查

要保证水泥磨系统正常工作,必须严格控制漏入系统中的冷风量。因此,必须对容易漏风的部位进行特别检查。在试车前,要根据各设备有关资料的要求,对磨机、选粉机及收尘器等设备的密封装置进行检查、调整。

(3) 试生产的要领

水泥磨系统试生产期间运转的好坏,将直接影响整条生产线能否尽快投入正常生产,因此要认真对待。

① 用辅助传动和主传动装置驱动磨机

当磨机主轴承、主减速机的润滑装置和主电机的润滑装置进入正常运行状态,高压顶升装置压力正常后,用辅助传动驱动磨机。在使用辅助传动时,不允许高压油泵停止运行。若磨机启动或运行时有异常现象,立即停车进行检查调整,特别是磨机减速机和主轴承部位。

磨机慢转时,要特别注意润滑状态,检查润滑效果。当确认无问题后,即可将辅助传动切换为主传动。此时,各润滑装置应处于正常运转状态。

② 单点试车

单点试车就是对每台设备进行与DCS联系的检查(可不带设备)。首先将现场转换开关转到中控位置,由DCS强制驱动,并在机旁停车。在此期间,主要核对以下内容:

a. 备妥信号。

b. 驱动是否正确。

c. 应答信号。

d. 故障报警。

e. 电机指示的对应。

③ 联动试车

单点试车完成后,即可进行联动试车。由中央控制室进行遥控操作,并进行必要的试验。试车时,可直接带设备,也可不带设备。联动试车时需完成以下内容:

a. 对每台设备进行故障模拟试验,检查程序连锁是否正确无误。

b. 模拟压力、温度等设备保护接点的连锁试验。

c. 检查正常开停车的时间延时设定。

d. 检查紧急停车是否起作用。

④ 无负荷试车

用主传动驱动,在不加钢球的情况下,系统运转24 h,检查各润滑系统,特别是磨机主轴承、主减速机的强制润滑系统运行是否正常。操作人员可通过各观察孔进行观察,当发现供油量或供油位置不合适时,应进行调整,同时检查主电机的定子温度,润滑油温度、压力,磨机主轴承和减速机各级轴承温度。若有问题,应进行检查、调整,然后再次运行,直至确认异常消失。若无异常情况,无负荷试车阶段结束。

在无负荷试车阶段,要定时检查、测定、记录磨机各部位及主要设备的振动和润滑状态、温度、压力等。

对O-Sepa选粉机,在转子最高转速下,连续运行2～4 h,空载应满足下列要求:

a. 运转平稳,无异常振动和噪声。

b. 各轴承温升不超过30 ℃。

c. 监视仪表及控制系统正常。

⑤ 带负荷试车

a. 在设备无负荷试车中发现的问题得到彻底解决并确认后,即可进行磨机装球工作。研磨体装填量，应以设备厂提供资料为依据，生产中可根据实际情况进行调整。

b. 在负荷试车各阶段装球前，为防止磨机衬板、隔仓板的损伤，必须在磨内装入适量的物料。磨机不允许长时间空转，如果磨机启动后，5 min 内不能喂料，则应停磨；在运行中，如果终止喂料 10 min，则应停磨。

c. 在各试车阶段，要特别注意对衬板螺栓、磨门螺栓的紧固，发现松动时要随时停磨紧固。如不及时处理，有可能掉衬板。

各阶段试车完成后，都要进入磨机进行全面检查，检查磨内衬板、隔仓板、卸料部分有无严重磨损，筒体内所有紧固螺栓有无松动、折断或脱落现象，清除夹在隔仓板篦缝里的杂物等。

d. 磨机刚开始运行时，喂料量应逐步加到要求值，同时注意磨音和提升机功率的变化。

e. 实际操作中，应根据物料粉磨后的颗粒级配情况及产量，来调整钢球量和级配。

f. 在低负荷试车阶段，由于物料喂料量较少，所以要特别注意辊压机的操作。

g. 辊压机试运转初期，应严格按从低压到高压分步进行。

(4) 试生产中的注意事项

① 关于物料供应

a. 在水泥磨的运转过程中，要保持物料供应的连续性，定时观察各调配库的料位变化，及时进料，防止物料供应中断。

b. 要定期对各种物料的成分进行分析，了解入磨物料的情况，便于质量控制。

② 轴承温度

在所有的运转部件中，最重要的是轴承，而最易损坏的部件之一也是轴承。为了避免重大事故的发生，必须认真检查轴承的温度，润滑油的温度、油量、油压等。主要的轴承有：

a. 水泥磨前后主轴承。

b. 磨机减速机轴承。

c. 磨机主电机轴承。

d. 磨机排风机轴承。

e. 选粉机轴承。

f. 斗式提升机轴承。

特别需注意的是，当磨机负荷加到 50% 以后，要密切注意磨机主轴承的温度变化情况。

③ 停磨后的操作

磨机停车后，为避免磨机筒体变形，应继续运行磨机轴承润滑装置和高压泵，现场操作慢转翻磨，直至磨机筒体完全冷却。磨机翻转间隔时间见表 5.7。

表 5.7 磨机翻转间隔时间

序号	间隔时间(min)	磨机操作
1		停车
2	10	磨机翻转 180°
3	10	磨机翻转 180°
4	20	磨机翻转 180°
5	20	磨机翻转 180°
6	30	磨机翻转 180°
7	60	磨机翻转 180°
8	60	磨机翻转 180°
9	60	磨机翻转 180°

冬季长时间停磨时，待磨机筒体温度完全降到与环境温度相同时，停掉冷却水，并用压缩空气将主轴瓦、托瓦内冷却水吹干净。长期停磨时，需将磨机内研磨体倒出，防止磨机筒体变形。

④ 关于成品的细度

影响水泥成品细度的因素很多，如磨机的钢球量与级配，磨机的通风量，辊压机的辊压效果，选粉机的转速与风量等。系统运行时主要靠调节选粉机的转速来调节水泥成品的细度。至于钢球量与级配是否合适，一定要对磨内物料进行颗粒分析，作出判断后才能调整。

⑤ 关于 O-Sepa 选粉机的操作

O-Sepa 选粉机一、二、三次风的比例一般为 67.5%∶22.5%∶10%。这些空气调节阀门的开度要依据磨内物料流速、产品细度、循环负荷率等因素确定，一旦确定后，一般不需要经常调节。试生产时，一、二次风的空气调节阀门基本是全开，三次风的空气调节阀门开度基本上是 50%。

选粉机产品细度的调整是通过调整选粉机转子的转速来实现的，不提倡通过调整风量来实现。因为工作风量比规定值增大或减小都会影响选粉机的选粉效率和产品的颗粒级配。

⑥ 关于辊压机的操作

a. 辊压机的喂料粒度应符合辊压机的技术要求，粒度过大会引起辊压机的运转不平稳。

b. 为保证辊压机的挤压效果，要求饱和喂料，即辊压机上面要始终有一定高度的料柱形成。

c. 辊压机内很多零件是不能耐高温的，所以物料温度应控制在 120 ℃以下。

d. 主轴承冷却系统是向轴承座和压辊中心通水冷却。在正常运转情况下，轴承座是通水的而压辊中心是不通水的。压辊中心点在补焊和挤压过热的物料时才通水。

e. 在初次向系统蓄能器和油缸供油时，应打开蓄能器和油缸上的排气阀，避免管路中含有气体。在试生产时，蓄能器的充氮压力和系统压力按单机说明书给定值分步进行。与此同时根据挤压结果和料饼的厚度来调节喂料装置调节板的位置。

f. 在试生产中，通过对样品的测定、检测，将得出随着喂料量、物料粒度和挤压压力改变的尽可能好的操作参数和最佳操作结果。

5.25 辊压机使用中常见的工艺问题及解决方法 

水泥粉磨系统采用辊压机作为球磨机的预粉磨设备或半终粉磨设备，其粉磨系统的台时产量可以提高 20%以上，相应的电耗也可以得到较大幅度的降低。辊压机以其显著的节能效果，得到越来越广泛的应用。马同岭、陈清顺等对辊压机在使用中出现的一些问题进行研究，取得了一些经验，可供大家参考。

(1) 分料挡板高度太低，不能有效分离边料和中间料

辊压机挤压效果差的主要原因在于分料挡板高度太低(400 mm)，挡板上缘距离辊子下缘还有 800 mm 的空间。物料经辊压机处理后，在下落过程中，边料就通过此空间混入中间料中，由此造成边料和中间料不能有效分离，从而降低了辊压机的挤压效果。针对此问题，并结合设备实际情况，将分料挡板直接上延 650 mm，并将其开度固定，从而有效地解决了边料和中间料混料的问题。

(2) 边料量太大且边缘效应严重

导致边料量太大且边缘效应严重的一个重要原因是侧挡板位置难以固定。边缘效应是难以避免的，而辊压机带料工作时由于辊缝变化而产生的侧向力很容易将侧挡板推离原位置，则加剧了边缘效应。较厚的料饼厚度(29～32 mm)也是造成边料量过大的一个重要原因。针对此情况，在将侧挡板调整到位后直接将其调整螺栓焊死，并将辊子定位挡块厚度从 25 mm 降低到 20 mm。同时，经常检查固定侧挡板的关节轴承，保证其有效发挥作用，也是一种非常必要的手段。另外，适当的调整分料挡板开度也是降低边料量的一种常用手段。

(3) 设备带料工作时，两端辊缝偏差较大

辊压机运行中常见问题之一便是两端辊缝差值较大，其偏差超过 5 mm 已司空见惯，为解决此问题，

在尽量改善入辊压机物料粒度分布的同时，在稳流仓物料入口处加一个 600 mm×800 mm×600 mm 的小溢流箱，并在溢流箱的前后两个侧面上各开一个 ϕ 400 mm 的圆孔，以保证物料入稳流仓后均匀分布，从而有效地降低了物料在稳流仓内的离析现象。此外，辊子两侧压力均衡稳定和纠偏措施有效也是解决两侧辊缝偏差过大的有效措施。

(4) 侧挡板漏料

辊压机的侧挡板与辊子端面的间隙不好调整，经常由于磨损等原因间隙变大，造成漏料。辊压机要保证过饱和喂料，挡板必须起到很好的密封作用。一般情况下在保证与端面不摩擦的情况下，挡板与辊子端面越近越好。所以，要解决漏料问题，必须做好以下几点：

① 必须保证挡板与辊子端面平行，且要保证两个辊子的端面平齐。

② 因为侧挡板安装在喂料机构上，因此必须保证喂料机构安装的位置正确，否则会导致挡板位置变动。

③ 侧挡板磨损后要随时调整，可利用下部丝杠调整挡板与端面的缝隙。

(5) 稳流称重仓

称重仓的主要作用并非是为计量仓内物料的质量，而是通过称重仓传感器的显示信号反映仓内料流变化趋势。再通过调节回路调整进稳流称重仓的综合料流量，实现对稳流称重仓料位的动态控制。从设备角度来说，稳流称重仓虽不属于辊压机，但在工艺系统中却是挤压粉磨系统中必不可少的一部分。通过称重仓的料位调节始终使辊压机处于过饱和喂料，实现连续料层粉碎，保证最佳的挤压效果。至于称重仓的料位控制多少，各厂要根据实际情况，摸索出最佳参数。

(6) 液压系统压力

选择液压系统压力的依据是喂入辊压机物料的物理性能以及辊压机后序设备的配套情况和能力。一般来说，物料的强度高，后序设备粉磨能力弱，液压压力就取高值；物料粒度大，颗粒分布窄或后序设备粉磨能力强，液压压力就取低值。

判断辊压机液压压力取值效果，可以通过料饼中成品含量的分析来进行。如果压力过低，料饼成品含量当然会少，但压力过高，由于料饼不易分散，反而导致成品含量的降低。根据工艺操作结果，混合料成品含量在 45%左右。在现场也可以从料饼中找出完整的物料颗粒，以手碾搓的方式来判断液压系统压力选择是否恰当。

(7) 料饼厚度

调整料饼厚度就是调整辊压机的处理量，而调整时必须使用辊压机进料装置的调节插板才能有效。其他方式调节都将破坏辊压机料饼粉碎的工作原理。

由于辊压机以料层粉碎的方式对物料进行挤压具有选择性的特征，也就是说在同一横截面的料饼中，强度低的物料将首先被粉碎，而强度高的则不易被粉碎。这种现象随着料饼的增厚愈加明显。因而当追求料饼中成品含量时料饼厚度不易过厚。但是，由于物料在被挤压成饼的过程中，本身就处于两辊压之间的缓冲物体，因而增大了料饼厚度，也就增厚了缓冲层，可以减小辊压机传动系统的冲击负荷，使辊压机运行相对平稳。因此作为一般料饼厚度调节准则是在满足工艺要求的前提下应适当加大料饼厚度，尤其是所喂料的粒度较大时，不但要增大进料装置，调节插板的开度，而且必须增加打散机的回料量，以提高入辊压机物料密实度，可以降低设备的负荷波动，有利于设备安全运转。

(8) 液压系统压力与料饼厚度的搭配

不同的压力与料饼厚度的搭配将对挤压后的物料产生不同的效果。假设输出量保持不变，那么高压力薄料饼操作时，因辊压机特有的边缘效应影响将使输出料的粒度分布较宽，既有较高成品含量，同时又有相当比例未经挤压或挤压好的大颗粒；当压力低厚料饼操作时，由于回料量增加，使边缘效应所产生的大颗粒返回辊压机重新挤压的比例增大，因而输出物料的颗粒均匀性好，即大颗粒减少，但成品含量有所降低。

(9) 磨辊压力

辊压机液压系统向磨辊提供了高压，这个压力是否完全作用于物料是确保挤压效果的关键所在。正确的压力传递过程应该是液压缸—活动辊—料饼—固定辊—固定辊轴承座，最后液压缸的作用力在机架上得到平衡。而有时现场辊压机其液压缸的压力仅仅是活动辊轴承座传递到固定辊轴承座，并未完全通过物料，此时虽然两磨辊转动，液压系统压力也不低，但物料未受到充分挤压，整个粉磨系统台时产量低。因此辊压机运行状况的好坏不仅仅取决于液压系统的压力，更重要的是作用于物料上的压力大小。这可以从以下两个方面确认。

① 辊压机活动辊已脱离中间架挡板做规则往复移动，这标志着液压压力完全通过物料传递。

② 两台主电机电流大于空载电流，在额定电流范围内做小幅度摆动，这标志着辊压机对物料输入了粉碎所需的能量。

(10) 辊压机振动

引起辊压机振动的主要原因是进入辊压机的细粉太多，其次是辊压机的料饼厚度较薄。细粉多的原因如下：

① 配料中，特别是熟料中含有大量的细粉，熟料飞砂太多。

② 辊压机称重仓内无新鲜物料(含有较多大颗粒)进入，只有打散机回粉(细粉含量大)。

③ 入料皮带处漏风太多，造成布料器通风少，细粉不能从旋风筒处排除。

④ 打扫卫生时，瞬时有大量的细灰进入称重仓。

因此，应避免以上各种情况的出现。

5.26 辊压机使用中常见设备故障及解决方法

对辊压机在使用中常见的一些设备故障，马同岭提出了解决方法，可供大家参考。

(1) 辊面损坏

① 辊面组成

辊压机的辊面是由几层复合金属堆焊而成，辊子的基体是合金锻钢制作，在过渡层上堆焊洛氏硬度大于 50 的合金硬化层，在硬化层上再堆焊更硬的耐磨花纹。为了使辊面寿命大于 8000～10000 h，最表面的耐磨花纹硬度可达 60～65HRC，以提高耐磨性能。

② 辊面损坏的原因

a. 辊压机在运转过程中，辊面的损坏是一种较常见的现象。其主要表现为辊面产生裂纹，扩展为裂缝，导致辊面硬质耐磨层的剥落。从辊压机的工作状况可以看出，辊面的磨损类型属于典型的高应力磨料磨损。在磨料磨损过程中，物料颗粒在压力作用下会使辊面产生弹性和塑性变形，从而在辊面亚表层不同深处会形成循环压应力和拉应力，当循环应力超过辊子材料的疲劳强度时，将会在表面层引发裂纹。在循环载荷作用下，亚表层的塑性变形继续发展，在离开表面一定深度的位置也将产生裂纹，并逐步扩展。当裂纹扩展后，使裂纹以上的材料断裂剥落，这种现象就是疲劳磨损。所以，辊子的磨损机理是辊面的高应力磨料磨损和辊面亚表层的疲劳磨损共同作用的结果。

b. 在运行过程中，喂入辊压机的物料中若混入金属杂物或有玻璃等硬质物料，在两个辊子间强大的压力作用下，金属杂物就有可能直接破坏辊面，使辊面产生凹坑或硬质耐磨层崩落，从而产生辊面缺陷。如果情况严重，将直接影响辊子母体寿命。缺陷的增多，将直接影响辊压机产生的料饼质量达不到预期的辊压效果。

c. 设备本身制造存在缺陷。

③ 辊面损坏后的处理方法

a. 在线修复，在堆焊过程中注意控制好温度。

b. 离线修复。

(2) 辊压机轴承损坏

辊压机的四盘轴承是整台设备的关键部件，辊压机粉碎物料的压力通过液压缸施加于轴承座上，两个辊子则通过电机驱动而相向转动，这都要通过轴承才能得以实施。

① 轴承损坏的原因

a. 轴承本身的制造质量问题。

b. 有可能是过载、负荷加剧造成的，如：设定工作压力过高、两辊转速不同、料饼过厚、液耦加油量不等等原因。

c. 振动过于剧烈也有可能造成轴承损伤。引起振动的原因是多方面的，如：物料中细粉含量过多（如粒径小于 5 mm 的物料含量大于 50%）；入辊压机物料过于密实，物料形成料饼时由于孔隙率的降低，气体无法通过上部的物料排出；辊压机入料口一侧被异物堵塞或稳料仓料位低引起的下料不均等。

d. 有可能是安装不当留下了隐患，如：两辊中心线不平行或虽平行但不在同一水平面上；两辊间限位挡块厚度过薄，空转时可能引起两辊面接触等原因；安装时，轴承游隙的过盈量未达到要求的数据（即 0.25～0.35 mm）。

e. 有可能两端辊缝偏差较大，且长期持续运行。引起辊缝偏差的原因：控制系统有问题，两端压力不等，且长时间不能调节；物料本身的问题，物料进入缓冲仓后，产生程度不等的离析现象，粒度分布不均的物料进入辊压机后，辊子两端受力不均，辊缝偏差必将产生；侧挡板一侧失效，物料在辊子两端通过量不等，不受限的一侧通过量大且压力偏低；入料口沿辊子方向宽度偏差较大或入料口一侧被异物堵塞，造成物料通过两辊间隙时，辊子两端通过量不等。

f. 轴承冷却不良，循环冷却水不畅或冷却水量不足也能引起轴承温度过高而损坏。

g. 对于采用干油润滑的系统而言，轴承密封失效、干油供应不足等可能造成轴承润滑不良，从而损坏轴承。

h. 油品变质、油品进灰，造成轴承损坏。

② 防止轴承损坏的措施

a. 购买轴承时严格控制质量。

b. 保证控制系统正常有效工作。

c. 辊压机开始喂料时，先加一定压力，在物料将辊压机撑开一定的辊缝时，再逐渐加压到工作压力，这样动辊的移动量不是从最小到最大，可以有效减小振动。

d. 确保轴承安装质量。必须严格控制轴承游隙的过盈量；保证两辊中心线平行且在同一水平面上；对于不同规格的辊压机，挡块厚度亦应不同。应以辊压机空转时，两辊面不相蹭为原则，一般来讲，以 18～30 mm 为宜。

e. 关于工作压力，据有关资料介绍，物料受力范围在 30～100 MPa 时是有效的。但是，考虑到设备的现状，以不超过 50 MPa 为宜。

f. 适当控制入辊压机物料中的细粉含量，粒径在 20～25 mm 的颗粒含量在 60%以上为宜。

g. 尽量控制辊缝偏差，如在稳料仓上部加布料器、内部加溢流箱、仓内加隔离板等。

h. 保证物料通过量可以自由调节。

i. 加强滑润管理和现场管理。规范的设备管理和良好的环境是保证润滑系统正常工作的必要条件。

(3) 辊轴及减速机中空轴拉伤

辊压机的动力由电机通过减速机传递给辊子，辊子和减速机是通过锁紧盘固定的。锁紧盘是靠拧紧高强度螺栓使包容面产生的压力和摩擦力实现负载传送的一种无键连接装置。为了保证一定的扭矩和轴向载荷值，一定要按规定的拧紧力矩锁紧。安装辊压机时，如果未按锁紧盘所要求的数据拧紧螺丝，则有可能造成辊压机轴和减速机中空轴滑动，使辊压机轴和减速机中空轴拉伤。

辊压机轴一旦拉伤，其修复方法一般采用热喷涂和冷焊。

(4) 液压缸漏油

① 原因分析

a. 设计存在缺陷，液压缸缸体与压板接触面为平面，这种结构不能自动调心，在轴承座偏移的情况下会导致液压缸缸体与缸套摩擦，造成密封圈磨损，液压缸漏油。且由于缸体自身重量，导致缸体移动时，缸体与缸套上下两个半圆弧摩擦程度不同，从而引起液压缸漏油。

b. 现场环境卫生差，有粉尘进入液缸缸体与缸套结合面，造成密封圈磨损，液压缸漏油。

c. 工作压力偏高，影响密封圈的密封效果。

d. 液压缸缸体本身存在质量问题，加工精度不高，存在凸点，使之与缸体不能很好地配合。

② 改进方法

a. 液压缸前端加装球面结构，当轴承座运动使液压缸轴线与轴承座表面不垂直时，外球面在内球面中旋转，从而消除了可能对缸杆产生的径向力。

b. 在缸套的前端新加一道或两道密封，该密封是油封；将回油口用软管与油箱或其他容器连接，保证接头部分完好，不泄漏。采用上述改进措施后，当液压油产生内泄漏时，泄漏的液压油通过柱塞上的密封到达柱塞与缸套的配合部分，但因缸套前端有密封，而且此处油的压力接近为零，因此油不会从缸套前端泄漏。当油汇集较多时会通过回油口由软管导入油箱或其他容器中，避免了油的外泄。

c. 在液压缸前端加帆布软连接，将露在外部的缸杆保护起来，可有效防止灰尘进入到缸体内部。总之，检修时严格遵守有关作业规程，运行中保持环境卫生对于保护设备非常重要。

(5) 主电机控制系统过电流

① 两磨辊间有较大的铁块或其他异物，处理方法如下：

a. 卸掉液压系统高压，使用液压系统将移动辊退回来，检查确认是否有异物存在；

b. 若是因铁块进入而造成的过电流，则应仔细检查铁块混入原因，检查除铁器的工作性能；

c. 清除异物。

② 进料系统调节插板调得过高，调节插板端部过度磨损、断裂致使料饼厚度过大，造成过负荷，处理方法：

a. 检查调节插板调节的位置，重新调整好插板，并用锁紧螺母固定好；

b. 拆卸、检修调节插板。

③ 主传动系统零部件损坏，传动阻力加大，查找的方法：

a. 检查传动系统各零部件的工作温度，确定损坏的零部件；

b. 根据停车前设备发出的异常声音，确定损坏的零部件；

c. 将各部分拆开，确定损坏的部位。

④ 出料设备发生故障，物料堵塞住辊压机出料口，造成磨辊驱动阻力加大，解决方法：

a. 排除出料设备故障；

b. 清理被堵塞的出料口。

⑤ 主电机的主回路或控制回路出现短路、断路、接触不良或元件损坏，造成过电流。

a. 检查主回路的接线情况及导线发热情况；

b. 检查元器件的工作情况及发热情况；

c. 检查控制回路各主要元器件的工作点；

d. 更换损坏的元器件和导线，重新调整控制回路主要元器件的工作点。

(6) 系统工艺设备按程序自动停车

系统工艺设备没有任何人操作的情况下，由计算机控制，顺序停车。出现此情况可能是由如下原因造成的：

① 系统工艺设备中有某一设备过负荷，检查各系统工艺设备的工作状况，排除设备故障。

② 系统控制柜元器件接触不良。应仔细检查系统控制柜各元器件，尤其是接触器的接点，看其工作状况是否正常。

③ 系统控制计算机本身出现故障，应请专业人员对其进行检修和更换。

(7) 主传动系统工作异常

① 行星减速机出现异常声音：

a. 减速机内齿面过度磨损或折断，应拆卸减速机、更换齿轮。

b. 减速机内轴承损坏，更换新轴承。

c. 十字轴断裂，更换十字轴。

d. 十字轴轴承断油，应补充润滑脂。

② 扭矩支承工作异常：

a. 关节轴承损坏，应更换。

b. 轴套磨损过度或损坏，应更换。

③ 主轴与减速机输出轴产生相对移动：

a. 在设备安装时未按规定要求进行，重新清理主轴轴颈和减速机输出轴，重新按规定安装。

b. 若不能运动，则应与制造单位联系，商讨解决方案。

c. 轴承内部混入异物，应考虑清洗轴承，更换密封圈。

(8) 液压工作不正常

① 液压的压力打不上去或打上去很短时间就降下来，造成油泵频繁工作。

a. 确定油泵电机工作是否正常。

b. 确定泵站溢流阀是否完好。

c. 确定油泵是否工作正常。

d. 电磁溢流阀阀芯未完全闭合。(注：可启动闭合几次电磁溢流阀，若不能排除故障则应清洗或更换电磁溢流阀。)

e. 系统中有泄漏，应停机修复。

f. 电磁换向阀因堵塞或其他原因使其阀芯未到位，应按动几下电磁阀的按钮或清洗。

g. 系统中油缸密封圈过度磨损或电磁换向阀、主溢流阀的阀芯过度磨损造成内泄漏，此时应更换这些过度磨损的零部件。

h. 蓄能器皮囊破损。

② 液压系统发生振动：

a. 压力控制阀，主要是组合阀的电磁换向阀和锥阀中有杂质堵塞，使其不能动作到位，启动几次电磁阀，仍不能解除，则应拆除清洗这些阀，特别是电磁溢流阀。

b. 由于液压系统工作压力与蓄能器充气压力接近，造成蓄能器频繁振动。

(9) 润滑系统不能正常供油

① 润滑泵站溢流阀口溢流：

a. 润滑泵站限压阀压力调得过低。处理方法：适当增大所限压力。

b. 安全片破裂。处理方法：更换安全片。

c. 在润滑油路中，有油路被堵塞。应从分油器检查被堵塞的油路，清洗被堵塞的分油器、管路和进油口。发生此种情况，一般是因对所用油品管理不善，在润滑泵充油时，未按要求使用充填泵充油，或油泵出口过滤器过滤网已经损坏造成的。

d. 无论因何种原因发生溢流口溢流，都必须处理完毕后对限压阀重新进行调节，检查安全片和清洗过滤网。

② 润滑泵正常工作，但分油器不动作：

a. 润滑泵储油桶空，空油报警装置失灵。

b. 润滑泵活塞杆或活塞套过度磨损，失去功能。

c. 装在机器内输送管或接头漏油，失去功能。

(10) 挤压出物料质量下降或粗粒增多

① 挤压出物料质量下降：

a. 液压系统压力过低，达不到预定的粉碎效果，需重新调整液压系统工作压力。

b. 进料装置调节插板调得过低，使液压系统施加的挤压粉碎力未完全作用于被挤压物料上。（注：具体表现，移动辊只是偶尔做水平移动，主电机电流较小。）

c. 两轴承座被物料堵塞，造成两辊间原始辊缝加大，使液压系统施加的挤压粉碎力未完全作用于被挤压物料上。

② 挤压出物料粗粒增多：

a. 上述 a、b 两项均使挤压出物料粗粒增多。

b. 因侧挡板下端过度磨损，使磨辊边缘影响区加大，造成大量物料未经挤压通过磨辊，此时应更换侧挡板。

（11）侧挡板漏料

辊压机的侧挡板与辊子端面的间隙不好调整，经常由于磨损等原因使间隙变大，造成漏料。辊压机要保证过饱和喂料，挡板必须起到很好的密封作用。一般情况下在保证与端面不摩擦的情况下，挡板与辊子端面越近越好。所以，要解决漏料问题，必须做好以下几点：

① 必须保证挡板与辊子端面平行，且要保证两个辊子的端面平齐。

② 因为侧挡板安装在喂料机构上，因此必须保证喂料机构安装的位置正确，否则会导致挡板位置变动。

③ 侧挡板磨损后要随时调整，可利用下部丝杠调整挡板与端面的缝隙。

5.27 如何解决辊压机冲料的问题

某生产线为开路联合粉磨系统，配备有一台 HFCG140-80 辊压机和一台 SF600/140 打散分级机，台时产量可达到 120 t/h，水泥粉磨系统工艺流程如图 5.9 所示。投产初期，频繁出现辊压机冲料将料饼提升机压死现象，杜帅等经过分析研究，问题得到有效解决。

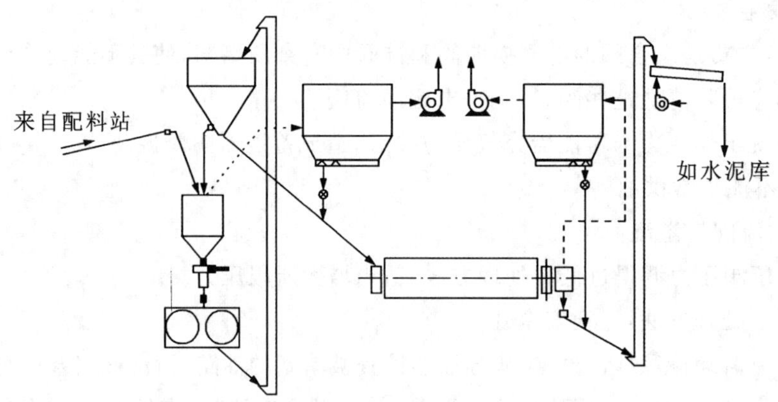

图 5.9 水泥粉磨系统工艺流程

（1）原因分析

辊压机冲料将料饼提升机压死的现象，经研究发现是由于入辊压机配料粒度不稳定造成的。因辊压机的工作方式是在两个相向转动的磨辊之间形成高压力区，采用过饱和喂料（即强制喂料的方式），在磨辊上方设置用于保证仓内料位的称重仓，料位由称重传感器以负反馈方式控制，形成具有一定料压的料柱，通过喂料装置喂入磨辊间，磨辊以匀速将物料拉入辊缝压力区以高压将物料压成料饼，然后从辊缝间落下经提升机输入下道工序。为了确保辊面安全，原始辊缝通过调整垫片定位，该公司按照设计要求把原始辊缝设定为 30 mm。由于熟料库内熟料粗细粒度并非均匀分布，当细料区熟料（粒度小于 20 mm 占 75%以上）进入中间仓后，料柱在辊缝间无法形成压力区，而在料压作用下迅速通过辊缝漏入提升机，使提升机负荷突然增大而压死。

(2) 处理措施

针对以上分析，杜帅等提出了两个解决方案。

方案一：提高料饼提升机输送能力。增加驱动功率，将 75 kW 电动机更换为 90 kW 电动机；适当提高链速。

方案二：对料饼提升机供料加以控制。通过比较选择了经济、易行的方案二。具体措施是：将辊压机喂料装置与棒状闸阀间的方形管道改造为一台气动翻板阀（图5.10），该气动阀门控制开关与料饼提升机运行电流连锁，当提升机运行电流高于 72A（正常运行时为 65～70A）时气动阀门得到信号关闭，停止向辊压机供料。当提升机运行电流低于 40A 时气动阀门得到信号打开，继续给提升机供料。从而保证了辊压机的正常运行，避免了冲料将提升机压死现象的发生。

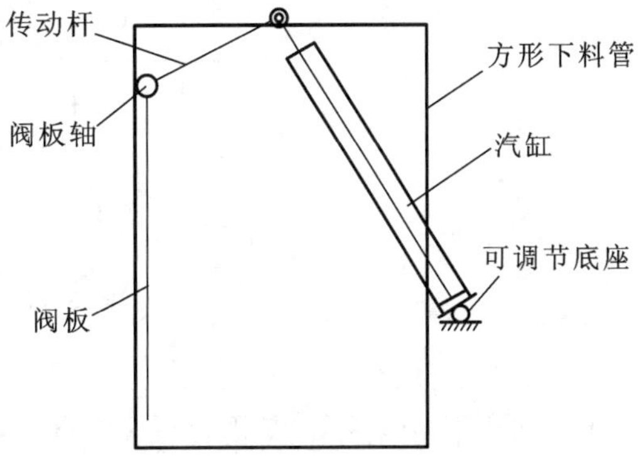

图 5.10 改造后的气动翻板阀

(3) 使用效果

改造后，经几个月运行，再没有出现辊压机冲料将料饼提升机压死的现象。事实证明通过加装控制阀门，控制辊压机的喂料量可解决料饼提升机被压死的问题。

5.28 影响辊压机压力的因素有哪些

辊压机压力是保证实现辊压机高效稳定的重要参数。压力过小，辊压机的挤压力不足，使后续工序的磨机、选粉机的电流升高，产量降低；压力过大时，尽管动、静辊电流都很高，但台时产量却增加很少。影响辊压机压力的因素主要如下：

(1) 入机物料粒度控制在 25 mm 以下，但细粉不要过多，最为合理。为此，需设有喂料的稳料仓，仓下设有自动插板和推杆，并通过自动控制系统平衡投料量与料柱的关系，保持喂料的连续性和稳定性。

(2) 辊面完好程度是影响辊压机压力稳定的前提。

(3) 液压系统的工作状态，当电磁阀及氮气囊和油箱油位出现故障时，辊压机压力就会较快卸压而无法保持。

（摘自：谢克平. 新型干法水泥生产问答千例操作篇[M]. 北京：化学工业出版社，2009.）

5.29 一则处理辊压机浮动辊倾斜问题的经验

某厂有 2 条 ϕ3.2 m×11 m 开流水泥磨配伯力休斯 15/8-5-S 型辊压机联合粉磨生产线，辊压后的物料通过打散机进入选粉机，选出的细粉进磨机，粗粉返回辊压机小仓。2 号线辊压机出现浮动辊倾斜报警、跳停（中控设定值：倾斜 8 mm 报警、10 mm 跳停），使水泥粉磨系统无法正常生产。

为此，孟庆杭等通过认真分析研究，发现辊压机对物料粒度有一定要求，颗粒状物料挤压效果最佳；粉状物料易被挤压成料饼，过多则影响挤压质量，必须与颗粒物料按一定的比例均匀混合后，才能获得较满意的挤压效果。该厂辊压机是闭路系统，粗粉回料量大，回料粗粉与熟料混合后进入辊压机小仓。在小仓上两条皮带输送机（一条送熟料，另一条送粗粉回料）下料口中间装有一块均料板，当熟料和粗粉冲击均料板后就会左右散开，均匀混合后落入小仓。检查小仓时发现均料板下部被物料冲刷出一个大缺口，如图 5.11 所示，两股物料在缺口处集中混合，因回料量与熟料之比为 3∶1，其结果是粒度较大的熟料被冲向一侧，粗粉更多地集中在另一侧，这样在辊压机两辊之间出现物料粒度不均匀，造成浮动辊倾斜。

把 2 号线辊压机小仓入口处均料板缺口补焊好后，浮动倾斜立即消除。不久 1 号辊压机也出现浮动辊倾斜跳停，用同样的方法处理，收到很好的效果。

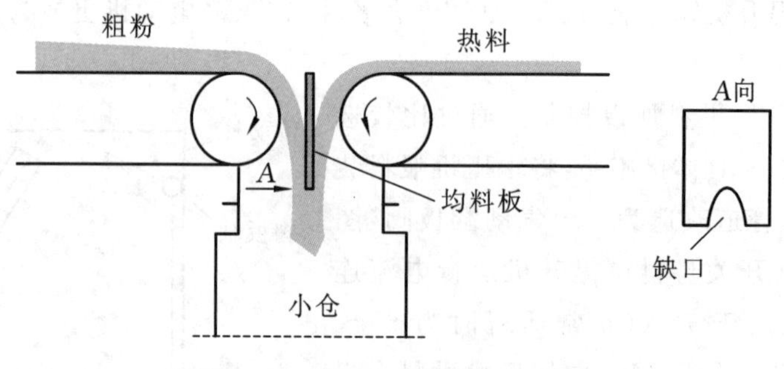

图 5.11　辊压机入料装置示意图

5.30　辊压机挤压效果的影响因素

(1) 入辊压机物料对挤压效果的影响

① 物料粒度

某厂辊压机设计最大入料粒度为 80 mm，合理粒度级配为 10～40 mm 之间且粒度分布应是均匀连续的。若物料粒度太过均齐或含有较多大于 80 mm 颗粒时，则物料的密实度低、孔隙率大，因而随物料进入辊压机的空气量增加，在受挤压过程中，颗粒间隙的空气溢出反冲入辊压机内的物料，将影响料饼的稳定连续形成，影响辊压机挤压效果；颗粒组成过细，物料会直接从辊间冲过，容易造成塌料，达不到挤压效果，严重时还会造成设备剧烈振动，使下道工序的提升机负荷激增而压死跳停。

② 物料的水分含量

若入辊压机粒度级配在 10～40 mm 之间，且粒度均匀分布，则物料水分对挤压效果影响甚微；若物料中粉状料过多，水分过小，其通过辊压机时咬合角就小，不能形成稳定料饼，水分过大，其咬合角亦小，辊压间隙变小，物料通过量变小，料床粉碎的功效则大打折扣。该厂通过调节熟料外加水来控制适宜的入磨水分，一般水分含量控制在 1%～1.5%，挤压效果较好。

③ 物料的易磨性

辊压机对脆性且空隙较多的物料挤压效果好，如 C_3S 含量高的熟料、快冷效果好的熟料、放置一段时间后的熟料等，这些物料的易磨性较好。而 *KH* 值低、C_2S 含量高的熟料及死烧熟料、黄心料等易磨性差的物料及软质料石膏等挤压效果就差。

(2) 挤压力的大小对挤压效果的影响

辊压机的挤压力是辊压机安全稳定运行的重要参数，其压力大小直接影响挤压效果及挤压质量，压力过小则颗粒间空隙较多，达不到物料破碎所需要的压力，也形不成致密的料饼，影响料床粉碎力功效；压力过大，则易使颗粒间产生重聚合现象，造成打散分级困难，且使辊面磨损加剧，该厂辊压机控制压力对挤压效果的影响见表 5.8。

表 5.8　辊压机控制压力对挤压效果的影响

压力(MPa)	5.0	6.0	6.5	7.0	7.5	8.0	8.5
动辊电流(A)	29.8	30.2	35.1	36.6	39.4	41.1	43.1
静辊电流(A)	25.5	27.0	30.4	30.8	33.7	35.0	39.9
<2 mm 物料比例(%)	50.1	56.7	60.2	63.8	66.4	67.8	69.1
<0.08 mm 物料比例(%)	18.2	25.6	29.6	32.9	35.2	35.6	35.4

根据生产经验，该厂将辊压机的运行压力定在 7.0～8.0 MPa，此时挤压效果最好，综合效益也最高。

(3) 喂料装置对挤压效果的影响

① 稳流称重仓

辊压机上方称重仓的作用并非是计量仓内物料的质量，而是通过料流量调节回路，调整进称重仓的综合料流量，是起稳流作用，从而实现对稳流称重仓的动态控制，避免因稳流称重仓料位忽高忽低带来料压的变化而影响辊压机，使之负荷波动大，引起设备振动。合理的稳流称重仓料位能保证辊压机处于过饱和喂料要求，且使物料颗粒级配更加合理，密实度增加，能连续实现料层粉碎，使物料始终处于密实状态通过辊压机。根据经验，该厂的稳流称重仓料位控制在 60%～80%。

② 辊压机斜插板

辊压机斜插板位置不当，会造成辊压机入口内料柱压力过大或过小，均对形成稳定料床有影响，位置过高，料柱压力大，入辊压机物料多，辊缝大，物料会冲过辊压机或形成的料饼过厚，增大下道工序负荷，挤压效果变差，成品含量低；位置过低，料柱压力小，入辊压机物料少，难以形成稳定厚实的料床，产量降低，严重时还可能造成设备振动无法运行。该厂调整插板位置使料饼厚度在 25～40 mm 波动，效果良好。

③ 辊压机侧挡板

辊压机所固有的"边缘效应"使侧挡板的作用至关重要。在生产过程中，应每班对侧挡板的压紧螺栓进行检查，及时紧固，确保侧挡板与辊子端面间隙小于 2 mm，并密切注意侧挡板的磨损情况，及时维修或更换，防止漏料。

(4) 打散分级机与辊压机对挤压效果的影响

由于挤压联合粉磨系统的特点，辊压机相当于粗磨仓，打散分级机相当于选粉机。因此，辊压机与打散分级机组成的系统是相互关联，密不可分的。打散分级机能及时把挤压过的物料中的合格品分选出来，这是保证辊压机良好挤压效果和高产的前提，因此打散分级机作用发挥的好坏，直接影响辊压机的正常运行和挤压效果。

而影响打散分级机性能的因素主要有：打散盘上的锤头磨损情况，风轮磨损情况，筛板的磨损及筛孔的堵塞情况，挡风圈的磨损情况，内锥筒的完好情况等都要经常检查，及时维修处理。该厂打散机转速一般可在 300～600 r/min 之间。

(5) 辊面磨损对挤压效果的影响

若辊面磨损严重时，势必会造成物料未被完全挤压住，只产生较少微裂纹甚至未产生，直接影响挤压产品中成品的含量和易磨性，尤其是当辊面磨损严重时，辊面凹凸不平，操作者会因个别地方会发生碰撞而不敢加大压力，这时，成品含量会更少，成品质量会更差。

（摘自：匡三浩，王硕．影响辊压机挤压效果的原因分析[J]．中国水泥，2015，12.）

5.31 如何调节辊压机的工作效率

(1) 正确的操作理念

在操作上我们要有意识地使辊压机能力最大化。比如 ϕ 140-65 的辊压机，其生产能力在 240～295 t/h，假如需向球磨机系统提供 100 t/h 物料，辊压机在下限运行时处理能力为 240 t/h，需从中分选出 100÷240＝41.7%的细粉料；而辊压机在上限运行时能力为 295 t/h，需从中分选出 100÷295＝33.9%的细粉料，后一个 100 t/h 与前一个 100 t/h 物料中的细粉含量是不一样的，后一个 100 t/h 由于分选的比例低（仅 33.9%），物料中的细粉含量要高于前一个 100 t/h。这种操作理念无形中"放大了"辊压机的规格，系统产量更高。

(2) 从称重仓至辊压机入口必须通畅

辊压机能力的发挥与进料是否顺畅有直接关系。在称重仓至辊压机的溜子上安装有棒阀、电液阀或气动阀，这些阀门在辊压机工作时应全部打开。从称重仓至辊压机的溜子里应该充满着物料并整体垂直向下流动，不允许断断续续流动。溜子内侧应是光滑平面，不允许有任何阻碍物料流动的东西，比如为防止溜子磨漏焊接了角钢或内部增加的衬板等，都会阻碍物料流动。在称重仓内粗细物料混合在一起，形成最大堆积密度，通过溜子整体向下流动进入辊压机，对辊压机实行过饱和喂料，辊压机的能力就能充分发挥。

(3) 压力的合理调节

调节辊压机液压系统的压力，从而调节辊子对物料的挤压力。挤压力大，物料被挤压的效果就好，但有两个前提必须注意，辊压机活动辊的左右两侧必须形成辊缝，所加的压力才能完全作用在物料上，否则加压是无效的；另一点须注意的是压力增加后辊压机主电机的电流是否增加，如果没有增加，说明此次加压无效，应该退回到原来的设置。

(4) 辊压机侧挡板调节要合理

物料进入两辊的压力区时开始受到挤压，部分物料会向辊子的两侧逃逸，侧挡板的作用正是为了阻止物料的逃逸，使物料通过辊压机的压力区得到有效挤压。侧挡板紧靠两辊侧面，在不接触辊侧的前提下应尽量靠近，使侧漏现象尽量减小。

(5) 斜插板合理调节

调节斜插板可以控制辊压机的处理量，由于各厂的物性有差别，有的流动性差，此时辊压机辊缝小、电流低，向上提拉斜插板以提高辊压机的处理量；相反，有的厂物料流动性特别好，辊压机辊缝大、电流高，严重时造成辊压机的提升机超负荷，此时应向下移动斜插板，控制进入辊压机的量。

(6) 合理调节活动辊垫块

活动辊垫块要适度，太厚太薄都不好。辊压机正常工作时，左右两侧辊缝保持在 10～30 mm 且基本相等为好，太小时要减薄垫块，太大时要加厚。

(7) 操作中粗料、细料搭配

不要轻易中断配料，配料中断时，进入称重仓的全是分级机返回的细料，这些物料在仓内形成细料层，细料层在仓内不稳定，造成仓位不稳难操作。所以仓位偏高时，可以减少喂料量而不要停止喂料。

(8) 称重仓仓位的控制

稳定仓位是系统操作的基本要求，但仓位有高仓位、中仓位、低仓位甚至空仓位几种操作模式。各粉磨线有一个最佳仓位，在最佳仓位操作，系统稳定、辊压机效果发挥充分，产量高、细度好。仓位的变化有时还可以调节偏辊现象。所以新投产的粉磨线要尝试几种仓位的操作，从中选择一种最佳的操作仓位。

(9) 石膏、混合材粒度要与熟料粒度一致

许多企业石膏和混合材粒度太大，这会影响挤压效果。石膏或混合材中的大块通过辊压机时，将辊子撑开，粒度相对较小的熟料颗粒所受的挤压力偏小，挤压效果不好，不能有效改善它的易磨性，难磨细。熟料磨细才能发挥强度，这种情况下只有牺牲产量来保证水泥强度。

(10) 矿渣掺入的影响

辊压机系统对颗粒小、易磨性差的物料适应性差。比如矿渣，矿渣属难磨物料，它们被挤压效果的好坏，直接对水泥磨的细度产生影响。但矿渣颗粒又比较小，夹杂在熟料空隙之间，通过辊压机时，所受到的挤压力要低于大颗粒物料，低于物料所受的平均压力，易磨性没有得到很好的改善。所以，以矿渣作混合材的厂家要控制矿渣掺入量，最好在 5%以下。

5.32 影响辊压机效率的因素中可调的参数是什么

在影响辊压机效率的三大因素（挤压力、磨辊转速及料饼厚度）中只有料饼厚度是操作中可以调整的。

形成料饼厚度的基本条件是：磨辊能将足够的压力传递到物料上。只有以下两方面具体途径控制料饼厚度，能表明物料已经承受磨辊压力。

(1) 磨辊必须有足够的压力。大型进口辊压机的液压系统应该向磨辊提供 50～200 MPa 的高压。该压力由泵站溢流阀、电磁溢流阀与回路溢流阀控制。当系统压力不足时，应检查泵站溢流阀；若进缸压力上不去，可能是电磁溢流阀渗漏，此时可多次加卸压操作，经反复冲洗将脏物冲开后才能正常运转。否则需要检修。

(2) 物料必须能承受足够的压力。通过稳流称重仓的控制料流量调节回路，保证辊压机的喂料过饱和，使通过的喂料处于密实状态。同时，通过料饼返回入料的作用，不仅使辊压机通过量大于球磨机产量的那部分得以平衡，而且也能改善入料的颗粒分布，增加物料的紧密程度。这里还应考虑热料的粒度变化，当粒度偏细时，辊压机及打散分级机通过物料能力过大，不仅有时会压死提升机，而且分选后入磨的物料量偏多，水泥细度偏粗，分级机回料少，挤压效果反而差，产量上不去。只要将分级机的通过能力控制住，这种状况就会改善。另外，物料的含水量变化，也将影响它所承受的压力。

实现磨辊压力已传递给物料的标志有两方面：活动辊脱离中间架挡块做有规律的水平往复运动；两台主电机电流大于空载电流。

（摘自：谢克平. 新型干法水泥生产问答千例操作篇[M]. 北京：化学工业出版社，2009.）

5.33 辊压机辊缝偏差大而跳停的原因

(1) 物料粒度超标

一般情况下要求入辊压机物料平均粒度要小于 30 mm，最大不能超过 50 mm。水泥生产配料选用熟料、火山灰、小碎石和石膏，其中熟料、火山灰、石膏粒度都能达到要求，唯独小碎石是由矿山小破碎提供，粒度不稳定。在破碎机新换锤头时，小碎石粒度很小，能满足辊压机的粒度要求。当锤头磨损一段时间后，尤其是后期，出破碎机的小碎石粒度严重超标，平均粒度达 60 mm，最大的直径超过 120 mm，从而造成辊压机振动增大，系统跳停。

(2) 安全销故障

为了保证电机的安全运转和防止辊面的损坏，某厂特别在电机和减速机之间设计了一种机械式安全销，电机和减速机之间的联轴节由安全销的 3 个凸形块和 3 个凹形块连接，当辊压机内进入铁器或大块坚硬物料时，从辊子传递给减速机、电机的扭矩将会急剧上升，安全销内凹形块和凸形块间的作用力和反作用力也随之增大。当凸形块受到的反作用力 F 的轴向分力大于碟形弹簧设定的弹力时，安全销就会向后运动，直至脱离凹形块，使主电机空转。监测定辊转动的速度监测器马上报警，使整个辊压机系统跳停。安全销损坏或碟形弹簧失效，会造成安全销频繁脱出，系统跳停。

(3) 液压系统故障

液压系统中的部件如氮气囊、安全阀、卸压阀等出现故障或损坏都会造成辊压机振动、跳停。

(4) 辊面磨损

辊压机辊面磨损后，表面凹凸不平，对物料形不成有效的挤压，出料中颗粒料多，料饼少，磨机产量下降，辊压机系统内的循环量大大增加，粉料越来越多，造成称重仓频繁“冲料”，回料皮带及入称重仓斗式提升机压死，系统跳停。

5.34 辊压机辊面的损坏有几种原因及类型

辊面寿命取决于表面耐磨层的材质，以及被挤压物料的磨蚀性与硬度。辊面损坏的原因及类型有六种：

(1) 长时间运行之后的均匀磨损，这种磨损的速度取决于被磨物料的磨蚀性，如立窑熟料要比旋窑熟料具有更大的磨蚀性；还取决于耐磨的堆焊材料耐磨程度。

(2) 短时间运行之后的过度磨损，但磨损程度均匀，这是耐磨材料的材质与被磨物料的高磨耗不相适应的结果。

(3) 未达到使用寿命就造成耐磨层大面积的剥落。这与辊体材质、堆焊材质及工艺、辊压机的运行有关。

(4) 超预期运行而又未及时维护的辊体本身损坏。这时只能更换辊体。

(5) 辊体本身材质不符合要求,缺乏韧性,或混有杂质所导致的辊体本身内部出现开裂,特别是挤压辊。

(6) 铁件等异物混入磨辊之间,使局部耐磨层脱落。

(摘自:谢克平.新型干法水泥生产问答千例操作篇[M].北京:化学工业出版社,2009.)

5.35 辊压机频繁冲料怎么办

辊压机“频繁冲料”,主要与辊面磨损、物料粒度、水分及温度、侧挡板的开度及磨损有关,因此要针对上述原因采取相应的措施。

(1) 辊面磨损严重,辊子咬不住料,则需进行堆焊修补。

(2) 物料粒度级配不佳,如:

① 细粉较多(V 型选粉机带回的细粉量太多),或 70%以上物料粒度小于工作辊缝宽度(离析料),则必须进行粒度的调整(如增加 V 型选粉机风量,提高分选效果;对小仓下料点进行改造及控制合理仓位 70%~80%,减少物料离析等),以满足物料粒度级配的要求。

② 含有粒径较大的大块,大块经过工作辊面处,会将辊缝撑大,其他粒径小的物料则直接通过造成冲料。因此须对大块物料进行控制或筛分。

(3) 当入辊物料综合水分和温度不满足要求,也易引起冲料;特别是物料入辊温度高时,可适当提高物料综合水分(0.8%~1.2%)。

(4) 侧挡板的管理:在辊压机运行中,侧挡板与辊子间的缝隙会变动,因此要常检查并确认没有过度磨损,否则及时进行更换。

5.36 辊压机辊面损坏的原因及处理方法

辊压机辊面损坏主要表现是辊面产生裂纹,逐渐扩展为裂缝,导致辊面产生凹坑或辊面硬质耐磨层剥落。

(1) 原因分析

① 辊压机辊面的微裂纹,一般是在辊面堆焊时堆焊工艺措施不当而产生的,如果微裂纹没有相互贯通,没有延伸扩展,辊面还能使用,否则将会造成辊面破坏的后果。

② 在运行过程中,往辊压机中喂进的物料里混入了块状金属杂物,它们在两个辊子间强大的挤压粉磨力的作用下,就会直接对辊面构成挤压、冲击、摩擦等,加剧辊面微裂纹的扩展延伸、贯通,使辊面产生凹坑或硬质耐磨层崩落。

③ 辊压机辊面是由几层复合金属堆焊而成,辊子的基体是合金锻钢制造,在工作圆周面有一层中等硬度的过渡层,在过渡层上堆焊合金硬化层,在硬化层上堆焊更硬的耐磨花纹。硬化层虽然坚硬无比,但韧性相对差些,当碰到较硬的物质时,就会导致辊面缺陷,损坏辊面。

(2) 处理方法

① 辊压机制造厂要采取有效措施,改进堆焊工艺,确保辊面堆焊硬质耐磨层的质量。辊压机用户要严格检查进厂辊子的辊面质量,还要掌握必要的辊面堆焊工艺技术。

② 在辊压机喂料皮带输送机上加设磁性金属分离器(即除铁器)和金属探测器,将喂料皮带上混杂在物料中的铁磁性金属物吸起来,甩到一个带快速执行机构的分叉翻板溜子里排掉。

混杂在物料中无法被除铁器剔除的非磁性金属物如高铬的耐磨、耐热钢之类的材料碎零件,则被金属探测器捕获到信息，迅即报警并反馈给分叉翻板的执行机构，当非磁性金属物到达分叉溜子口时，执行机构动作，把挡板从正常进料位置切换到另一方，将金属异物连同物料一起排到料桶中或预先放好的小车上，执行机构动作，把挡板切换到正常进料位置。整个过程无需停车，避免了各种金属异物进入辊压机而损坏辊面。而连同金属异物一起排到料桶或小车上的物料，在将异物人工捡出后仍可送回喂料皮带。

金属探测器与皮带执行机构的分叉翻板溜子应实现连锁控制，并采用报警措施。

5.37 辊压机轴承损坏的原因及处理方法

(1) 原因分析

辊压机的轴承是辊压机的重要部件。辊压机粉碎物料的粉磨力通过液压缸施加于轴承座推动辊子由电机驱动使得压辊转动，这些关键动作都离不开轴承。一旦轴承损坏，辊压机就必须停机。

导致辊压机轴承损坏的原因主要有以下几方面：

① 辊压机轴承在制造过程中有质量问题，存在自身缺陷，有微裂纹。

② 辊压机在使用过程中过载、非正常振动等，导致辊压机轴承负荷加剧，最终损坏。

③ 辊压机安装不当留下了隐患，产生轴承失效。

④ 辊压机轴承润滑不良，过度磨损和剥落，轴承密封失效，轴承座及辊轴冷却不好导致轴承内外圈温差太大极易造成轴承爆裂损坏。轴承内进灰，供油不足，致使油脂干枯，轴承发热，若发现不及时，就会烧坏轴承。

(2) 处理方法

① 辊压机轴承制造厂要采取有效措施，改进生产工艺技术，确保出厂轴承的质量个个过硬。辊压机轴承用户要严格检查进厂轴承的质量，轴承质量不过关不能进厂，更不能投入使用。

② 严格控制喂料量，避免辊压机过载。同时对辊压机的振动，特别是非正常振动，要查明原因，及时处理，提高辊压机的运转平稳性，避免辊压机剧振。

③ 辊压机一般应布置在地面上，但由于工艺流程需要而将辊压机布置在楼面上或钢结构平台上时，应充分考虑辊压机的工作载荷系数，若楼面或钢结构平台无加强梁，设计单薄，平台刚性太差，应予以重新考虑加强措施，避免机体剧振导致的轴承当量负荷成倍增长而损坏轴承。

④ 切实重视轴承润滑工作和轴承密封事宜。由轴承寿命公式可知，在轴承选型即轴承的额定动载荷和当量动载荷已经确定的情况下，轴承的寿命很大程度上取决于一个与材料和润滑有关的系数。要精心选择润滑油脂的牌号特征，选用既有一定黏度(较大值)又易流动的适合本厂辊压机轴承使用的润滑油脂(必要时，可进行一些平行试验，加以确定)。此外，还要控制进入辊压机物料的温度，一般情况下进机物料温度不得超过 500 ℃；还要注意轴承的密封，加强对轴承座和辊轴的冷却，降低润滑脂的工作温度，减少轴承内外圈温度差。定期清洗冷却水道，确保轴承安全运转。

某厂将 HFCK1000X300 型辊压机活动辊主轴承油脂润滑方式改成了稀油循环润滑方式。润滑油采用 N100 号机械油，专门设计了油箱，由油泵供油，分四路分别进入两只主轴承的内外侧。进入轴承处专门设计了喷嘴，用两路油管回油，另外还设计了放油管。在油箱内设计了过滤装置，在出油箱管路上设计了冷却装置，还设计了油泵故障报警器，同时对主轴承的密封加以改进，增加了毛毡及端盖上迷宫槽两道密封，跟踪测试结果表明，润滑装置运行可靠，润滑油可用半年以上，轴承无磨损痕迹，无杂质和进灰现象，设备运转率达到 92%以上，主轴承平均温度比改进前降低 10 ℃以上。

5.38 如何选择辊压机辊面的堆焊材料及焊接工艺

水泥粉磨系统采用辊压机预粉磨工艺，可起到了增产节能的作用，但辊压机辊面的磨损很快，需要经常停机补焊，否则，会严重影响设备的运转率及整个粉磨系统生产能力的发挥。对辊压机辊面进行过补

焊,如果焊条或者焊接工艺选择不当,将达不到焊接效果,甚而还会出现严重的局部剥落现象。

某水泥厂水泥粉磨系统采用 RPV1000-400 辊压机配 ϕ 3.0 m×6.5 m 圈流磨工艺。辊压机辊面结构及尺寸如图 5.12 所示。曾采用 ZD-3 及 D65 焊条对辊压机辊面进行过补焊,可效果不佳,辊面磨损仍然较快,辊压机辊面堆焊合金大面积脱落,深度伤及过渡层,并且过渡层已因严重磨损而失效。为此,该厂采用了如下修复措施。

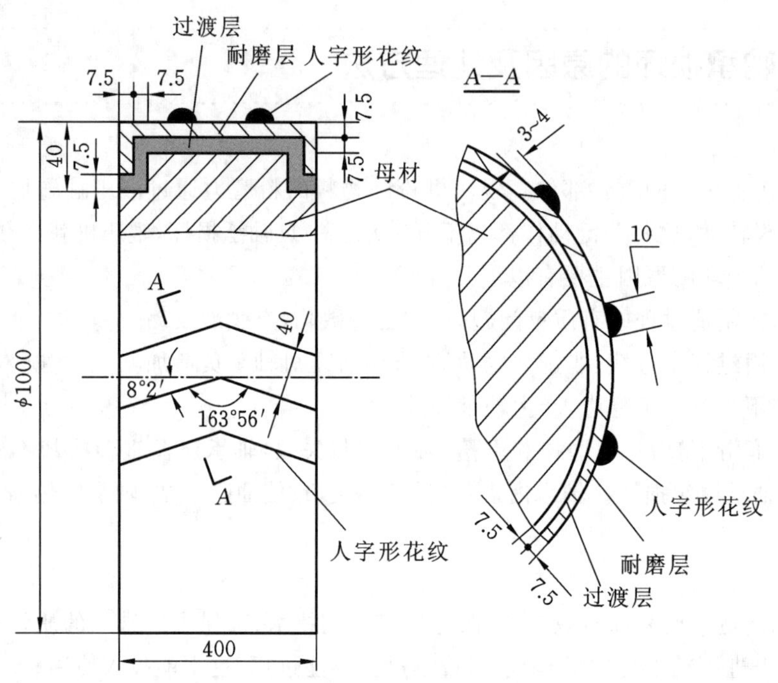

图 5.12 辊面结构及尺寸

首先用碳弧气刨碳棒刨去人字形花纹、耐磨层及过渡层,并在母材上刨出若干条沟槽,沟槽方向与磨辊轴向成 15°夹角,沟槽深约 10 mm,彼此间隔为 150～200 mm,若在两道沟槽间的辊面上尚存在完整的径向裂纹,应刨出轴向沟槽将其从中间横向切断,以控制裂纹的扩展。然后用手砂轮对母材表面进行打磨,并用钢丝刷清除辊轴面上的杂物,随后用 B302 型不锈钢电焊条将沟槽逐一堆焊,并使其焊缝高出母材面 1～2 mm,如图 5.13 所示。再用结 506 普通电焊条堆焊过渡层,最后采用堆 910-3 焊条堆焊耐磨层及人字形花纹。在堆焊人字形花纹时,为了改善物料的咬入条件,将人字形花纹的角度由原设计的 163°56′改为 120°,花纹本身的宽度由原设计的 10 mm 改为 15 mm。

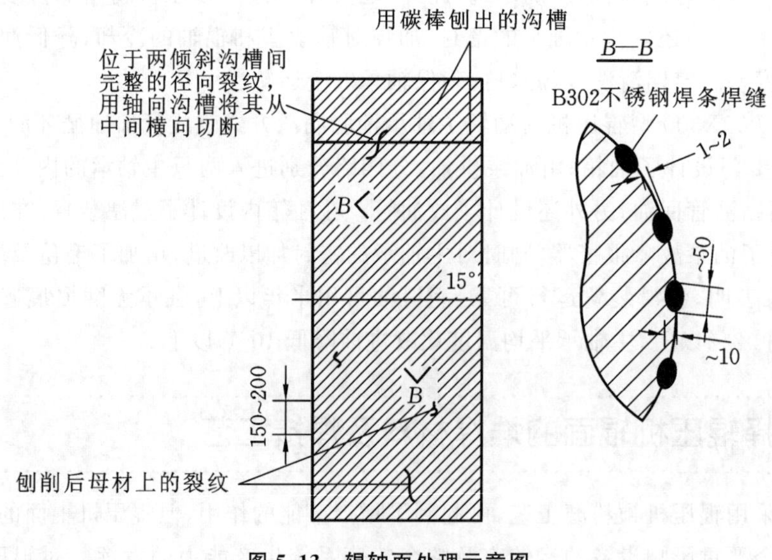

图 5.13 辊轴面处理示意图

在现场堆焊过程中，必须严格按照各种电焊条的使用说明进行作业，如调整直流弧焊机的电流值至规定范围，焊条在 120 ℃下烘干 2 h 左右等。为了保证磨辊外圆的椭圆度公差，除在堆焊各层时严格控制每道焊缝的高度和焊道间距外，还应在堆焊完过渡层和耐磨层后分别对磨辊外圆作检验，磨掉高点，补焊不足点，尽量减少因手工焊接而引起的磨辊椭圆度误差，降低设备的动载荷。

表 5.9 列出了该厂在修复过程中所用焊条的名称、型号、规格等，供参考，具体选用时应结合实际情况予以调整。

表 5.9 修复辊压机磨辊所用焊条情况

使用场合	焊条名称	型号	规格(mm)	所用设备
刨削辊面各层及沟槽	碳弧气刨碳棒	B508	ϕ8×335	直流弧焊机及空压机
堆焊沟槽	不锈钢电焊条	B302	ϕ4.0×350	交流或直流电焊机
过渡层	结 506 电焊条	TH-J506	ϕ4.0×400	直流弧焊机
耐磨层及人字形花纹	合金堆焊条	D910-3	ϕ4.0×400	直流弧焊机

5.39 对辊压机辊面有几种修复方式 

辊压机辊面的修复方式取决于辊面损坏的程度，一般有三种方式。

当磨损到一定程度后需要整体补焊。既可以现场补焊，也可运至专业堆焊厂家进行恢复性大修，这完全取决于企业所具备的条件。当水泥生产厂家无备用辊而又自备“自动堆焊机”及耐磨焊丝时，采取现场堆焊为最快捷、低价。但现场预热、保温等热处理条件较差，使得焊接质量不能达到最佳，而且停磨时间较长。当辊子磨损较为严重时，就需要运至专业堆焊厂进行恢复性大修，质量会得到保证，但费用较高，而且企业必须配备备用辊。

对于局部磨损，就需要及时进行局部气保护焊的补焊修复，或用焊条人工堆焊。当局部磨损厚度在 10 mm 以上的面积达到总面积的 50％以上时，则只有进行整体补焊。

为了保证辊面耐磨层的长期使用，应当定期检查辊面的磨损情况。新的磨辊应该每半个月检查一次，使用三个月后，应该做到每周检查一次。有使用经验的工厂，这种定检的间隔时间很快能摸索出规律而成为制度。认真维护好的辊面寿命可达一年左右。

再好的辊子一般也只可堆焊 5～6 次，当焊接的微裂纹不断扩展和延伸时，就会出现大面积剥落而使主轴报废。为此，现在已开发出一种镶套式磨辊的技术，当辊套多次补焊后，便可便捷地更换新的辊套，大大降低更换成本。

（摘自：谢克平. 新型干法水泥生产问答千例操作篇[M]. 北京：化学工业出版社，2009.）

5.40 辊压机辊面堆焊保养技术 

(1) 辊压机辊面的磨损机理

辊压机是由两个速度相同、相对运动的辊子组成，物料由辊子上部喂料口卸下，进入辊间的缝隙中，在高压液压力的作用下(辊间压力在 50～300 MPa 之间)，物料受到挤压，受压物料变成了密实但充满裂纹的扁平料饼。

物料在两个辊面之间相互挤压和摩擦。从辊压机的工作状况可以看出，辊面的磨损类型属于典型的高压力磨料磨损。在磨料磨损过程中，物料颗粒在压力作用下会使辊面产生弹性和塑性变形，从而在辊面亚表面层不同深度处会形成循环压应力和拉应力，当循环应力超过辊子材料的疲劳强度时，在表面层将引发裂纹。在循环载荷作用下，亚表层的塑性变形继续发展，在离表面一定深度的位置也将萌生裂纹，并逐步扩展。表面层裂纹的扩展方向是与外加应力成45°角，经过两三个晶粒后，即转向与应力垂直的方向。而亚表层处萌生的裂纹扩展方向是平行于表面，或与表面成10°～20°的角。当裂纹扩展后，裂纹以上的材料断裂剥落，这种现象就是疲劳磨损。综上所述，辊子的磨损机理是辊面的高应力磨料磨损和辊面亚表层的疲劳磨损共同作用的结果。

(2) 辊体及辊面材料的选用

目前在国内外辊压机制造中，常用的辊体材料多为Cr-W-Mo-V合金钢、45号钢等锻件，国外也有采用铸件的。但铸件不如锻件使用效果好。

长期以来，对辊压机辊面保养技术的研究，国内外均进行了大量的工作。其中，整体铸造式、堆焊式、硬质合金柱钉式等方法就是不同时期的研究成果。整体铸造式属于早期技术，目前已不多用；硬质合金柱钉式则因其对物料中的异物过于敏感及造价过于昂贵而难以推广使用。从对耐磨性、对工况的适应性以及使用、维护的方便性等诸多因素考虑，目前认为堆焊方法的效果最好。

(3) 辊面堆焊修复

① 堆焊层数要求

根据辊压机辊面的工作条件以及磨损机理，要求辊面硬度高，耐磨性好，抗剥落性好，辊体抗裂性及抗疲劳性好，要达到以上条件，保证辊子运转良好，对制造新辊材料的选用就非常重要。新辊的制造一般都是先根据设计要求锻造好辊体，然后再在辊体表面进行堆焊，根据辊子的工作条件，辊面的堆焊层分为四层，分别为打底层、过渡层、耐磨层和花纹层。

打底层的作用是保证堆焊层与辊体结合良好，防止整个堆焊层剥落，同时要求抗裂性好，能够有效阻止辊面的焊接裂纹和疲劳裂纹向辊体延伸、发展，保护辊体不受破坏；过渡层的作用是既要保证与打底层和耐磨层具有非常良好的结合性，又要对耐磨层有很好的支撑作用，这就要求过渡层材料的硬度要高于打底层；耐磨层要求堆焊金属具有较高的焊态硬度和良好的抗裂性，具有优异的抗磨粒磨损和抗挤压磨损综合性能，要求耐磨层材料的硬度要高于过渡层；花纹层是直接工作面，要求比耐磨层具有更加优异的耐磨粒磨损性能和抗挤压磨损性能，材料的硬度最高。辊子堆焊完以后，堆焊层的硬度从内到外呈梯度分布，逐渐升高，这样既能保证辊面耐磨性好，又能保证其能够承受强大的冲击力，具有较好的抗裂性能和抗疲劳性能。

② 修复方式

堆焊成功的关键在于合理设计辊面的耐磨材质和花纹形式，以及制定辊面局部和整体的现场修复工艺。局部修复需根据损伤深度确定修复层。修复耐磨层前应对表面水泥灰和辊面疲劳层进行清理，补焊材料应与原辊体有良好的相容性和良好的冷焊效果，同时应焊过渡层，以避免焊接应力太大，破坏原辊体。局部修复一般采用焊条或CO_2气保护焊丝等进行堆焊。整体修复是指对辊体局部反复修复5～8次后，由于母体反复承受高压挤压应力作用，焊接微裂纹不断扩展，辊体会产生一定厚度的疲劳层，用碳弧气刨在磨损比较严重的辊面上刨出几道槽检查裂纹情况，会发现辊子深处有很多层状裂纹，较浅的距辊面约10 mm，较深的距辊面20～30 mm，局部深达50～60 mm，并且多数裂纹都沿辊子周向延伸。从刨掉的料块来看，下表面呈植物年轮状，一圈沿着一圈向外扩展。由此也可看出，辊子的破坏形式是高应力磨料磨损及疲劳磨损的综合表现。此时若再直接补焊，易产生层间脱落，故需对辊体疲劳层进行彻底修理后进行耐磨堆焊整体修复，同时配合适当的热处理。疲劳层的清理一般采用碳弧气刨或电熔刨，用砂轮打磨表面，用车床车圆，彻底清理可能存在的增碳层，然后采用埋弧堆焊的方法进行修复。无论局部或整体修复，辊体的圆度误差和两辊直径误差都不能太大，否则会引起辊压机水平振动和两挤压辊不均匀载荷加大。

③ 辊面花纹选择

辊压机辊面的磨损为高应力磨损，其耐磨效果决定于辊面耐磨材料的表面硬度及韧性。对辊面进行花纹处理，有以下几个优点：增加辊子扒料力度，提高挤压效率；辊面有效形成料饼，提高辊体耐磨性；磨损首先从花纹开始，对辊体是一个有效的保护。从长期的应用发现，采用横条纹具有许多显著的优点。首先，操作工艺简单，人为影响因素减少；其次，用作耐磨花纹焊接的材料大都耐磨性很好，但抗裂性稍差，花纹焊层上或多或少地存在裂纹，采用横条花纹，裂纹行走方向单一，均为横向裂纹，裂纹止于横条，不会延伸至辊体，花纹之间不交错，裂纹不会相互延伸交叉，辊面应力小，辊面运行过程裂纹不会对辊体造成破坏，不会出现辊体剥落掉块现象；同时在进行局部维修中，工艺简单，只需对磨损严重的花纹进行处理，而不会影响其他部位花纹的使用。采用菱形花纹，耐磨花纹相对面积增加，对耐磨性的提高有好处，存在的问题是堆焊层交错相连，裂纹纵横交错，受各方向应力影响，裂纹会延至母体。虽然这种花纹形式有好的扒料作用，形成的料饼效果好，但由于裂纹多，走向复杂，在辊压机高应力作用下容易出现剥落，局部出现剥落后，由于裂纹影响到辊体，且重新修复菱形条又与原先菱形条纵横交叉，对母体影响更大，经常导致整体修复后，使用过程中一旦出现剥落，就止不住，以至于一个月一修，维修量特别大。短棒状和点状不易形成料垫，对辊体保护不足；锯齿状花纹工艺复杂，对设备及人员要求很高，不利于推广及现场操作。综合实际经验及研究结果得出，对辊面进行横条纹处理是最简便易行的方法。

④ 对辊压机辊面的要求

辊压机挤压辊要求辊面有很高的硬度，一般要求 HRC≥55，而且对表面裂纹的数量及分布都是有比较严格限制的，以免裂纹在高应力反复作用下扩展、连网。同时在辊体运行中，不允许出现局部或大面积剥落、掉块现象。因此，对挤压辊用堆焊材料及其工艺有很高的要求。

⑤ 堆焊修复材料的选择

根据辊压机的工况及辊面磨损情况，决定材料必须硬度、耐磨性及韧性相结合。同时硬层材料不易堆焊过厚，否则在高应力作用下易剥落。这就需要在母体与硬层之间堆焊过渡层材料，在辊体径向形成硬度递增的梯度，提高辊体堆焊层的结合。

5.41 辊面磨损后不能及时修复会带来什么后果

随着辊压机的普及应用，辊面磨损的及时修复已越发得到重视，但毕竟有较长的停机时间，还需较高的费用，所以有些生产指挥者总是想办法予以拖延。这种做法所带来的后果是损失更大。

(1) 当辊面磨损后，辊压机的振动就不可避免。其结果是对传动设备产生破坏力，动辊与定辊的轴承及减速机的传动齿轮都会损伤，最后反而还要对减速机停机大修。

(2) 辊压机的台产大幅降低。这是因为辊面磨损后，功率波动加大，磨辊对物料挤压功率降低。辊面的坑洞使循环量加大，甚至会发生辊子间隙变大，物料从辊隙中窜出，将外循环提升机压死。

(3) 使液压系统负荷超载。辊面磨损后，动辊两侧轴承座频繁移动，氮气囊内缓冲气体经反复冲压而出现高温，对液压缸密封圈与气囊袋的寿命产生重大威胁，液压油质难免降低，会使液压系统高压油泵及比例电磁阀增加动作频次而提早损坏。

（摘自：谢克平．新型干法水泥生产问答千例操作篇[M]．北京：化学工业出版社，2009.）

5.42 辊式磨的热平衡计算包括什么

辊式磨的热平衡计算见表 5.10。基准：0 ℃、1 h。平衡范围：辊式磨进出口（以进机干物料计）。

表 5.10 辊式磨的热平衡计算

	计算项目	计算公式/(kJ/h)	符号说明
热收入	废气或热空气带入热量	$Q_1=L_1e_1T_1$	L_1——入磨热风量(标况),m^3/h; e_1——入磨热风在 T_1 温度下的平均比热容,$kJ/(m^3\cdot ℃)$; T_1——入磨热风温度,℃
	粉磨产生热量	$Q_2=3599N_0\eta kf$	N_0——磨机需用功率,kW; η——动力传递有效系数,$\eta=0.8\sim0.9$; k——研磨能转换成热量的系数,$k=0.7$; f——辊式磨相对球磨的修正系数,$f=0.5\sim0.7$
	系统漏风带入热量	$Q_3=k_aL_1T_ac_a$	k_a——系统漏风系数,用小数表示; T_a——环境温度,℃; c_a——环境空气的平均比热容,$kJ/(m^3\cdot ℃)$
	循环风带入热量	$Q_4=V_2T_2c_2$	V_2——循环风量(标况),m^3/h; c_2——循环风在 T_2 温度时的比热容,$kJ/(m^3\cdot ℃)$; T_2——循环风温度,℃
	湿物料带入热量	$Q_5=G_sT_s\left[c_s+\frac{4.185(W_1-W_2)}{100-W_1}\right]$	G_s——磨机小时产量,t/h; T_s——湿物料温度,℃; c_s——物料在 T_s 温度下的比热容,$kJ/(m^3\cdot ℃)$; W_1、W_2——入磨和出磨物料的水分,%
热支出	水分蒸发耗热	$Q'_1=G_w(2490+1.883T_2-4.185T_s)$ $G_w=G_s(W_1-W_2)/(100-W_1)$	G_w——水分蒸发量,kg/h; T_2——出磨气体的湿度,℃
	加热物料耗热	$Q'_2=\frac{G_w(100-W_2)}{100}\times\left(c_s+\frac{4.185W_2}{100-W_2}\right)(T_{s1}-T_{s2})$	T_{s1}、T_{s2}——入磨和出磨物料温度,℃
	出磨气体带走热量	$Q'_3=V_3c_2T_2$	V_3——出磨气体量,m^3/h
	设备散热	$Q'_4=0.05(Q'_1+Q'_2)$	Q'_1,Q'_2——水蒸发和加热物料的耗热,kJ/h
	其他损失	$Q'_5=0.056Q_1$	Q_1——废气或热空气带入热量,kJ/h

5.43 辊压机辊面耐磨层厚度检测方法

辊压机磨辊由轴身、过渡层、耐磨层及"一"字形花纹所组成,其材料、化学成分及金相组织均不相同。其中轴身为中碳钢锻件,其余各层均是堆焊上的。耐磨层及"一"字形花纹构成磨辊面强硬的抗磨损层,直接与物料接触,过渡层的作用是用以连接轴身与耐磨层,解决轴身的可焊性,它与轴身同样不具备耐磨性能。

在磨辊工作中,只要"一"字形花纹及耐磨层可以参与磨损,而过渡层及磨辊轴身是绝对不能让其与高压下的物料相接触,否则将会使这些材料及零件发生极度磨损而失效。因此,在磨辊整个工作周期中必须定期、严格检查耐磨层的实际高度,防止因磨损而损伤过渡层及轴身。

磨辊辊面的磨损可分为两种情况:其一是整个耐磨层均匀磨损,各个方向上磨损量相差不大,其二是因为磨辊耐磨层某一点或一块堆焊合金剥落,造成局部磨损。两种形式均可使耐磨层失效。为防止其发生，必须在对耐磨层做定期厚度检测的同时，还应不定期地经常观察耐磨层有无剥落，以便及时修复。

对磨辊耐磨层所做的定期检测，称为标准检测。在新辊层开始使用后，每个月检测一次。

对磨辊剥落点或剥落块的检测，称为特殊检测，从磨辊开始工作之日起就应保证每天对辊面进行一次观察(可不必停机)，发现剥落点或块，应立即停车检测其深度，确定是否应立即修复。

具体耐磨层高度检测方法如下：

(1) 停机，将罩上观察门打开；

(2) 将辊压机检测圆柱段圆周表面清洗干净；

(3) 以辊段的圆弧表面为基准，将检测仪的"V"形块卡于其上，前后滑动几次，确信在其接触面上无异物；

(4) 用深度尺以检测仪的基准梁(下侧)为基准，检测磨辊耐磨层距基准梁的高度，并作记录；

(5) 标准检测时，深度尺应在基准梁上所刻位置上依次测量。沿圆方向 30°检测一组，并将每次每组的数据记录在表 5.11 上；

(6) 特殊检测时，必须准确测出耐磨层上最深点至基准梁的高度。

表 5.11 标准检测记录表

(第　　次检测)　　　　　　　　　　　　　　　　　　　　年　月　日

序号数值(mm)										
a_1										
a_2										
…										
a_{12}										
a_{max}										
a_{min}										

5.44 辊压机停机后应检查哪些内容

(1) 辊面的磨损情况，至少应该每半个月检查一次。

(2) 液压系统是否渗漏，干油站及管路供油是否正常。

(3) 测试金属探测仪、除铁器的灵敏度，并根据运行情况调整。

(4) 润滑油管路如有渗漏现象，应进行修补或更换管路。

(5) 轴承的冷却水如发生渗漏，应及时修补。

5.45 辊压机液压系统的控制原理是什么

辊压机的液压系统由泵站、阀台和油缸三大部分组成。所谓对它的控制主要是对泵站中的几大阀门及液压泵的控制。

(1) 对液压泵的控制。它随总加压阀的启动与停止而开停，如果启动 10 min 后压力仍然没有到达上限，辊压机系统停机并输出报报警信号。

(2) 对总加压阀的控制。它随左右加压阀任意之一启动而启动，随两分阀同时停止而停止。

(3) 对左右分加压阀的控制。当左侧压力传感器检测现场压力低于左侧压力设定值的下限时,启动左加压阀;反之,高于设定值上限时,停止左加压阀。右侧加压阀也同理受控。

(4) 对左右卸压阀的控制。下述三个条件之一,要求持续卸压 5 s:启动后;检测到任一主电机电流超过上限设定值时;检测到任一条辊缝值超过上限设定值时。

(摘自:谢克平.新型干法水泥生产问答千例操作篇[M].北京:化学工业出版社,2009.)

5.46 辊压机液压系统有哪些控制方面的故障

(1) 开机后主电机运转后压力低于下限,但液压系统不动作。多为压力传感器损坏,表现是触摸屏的压力显示与现场压力表显示不同;也有可能由于启动柜的主要接触器连接触点接触不良,导致辊压机主电机运行信号没有返回。

(2) 液压泵长时间加压仍达不到上限,导致超时报警。有四种可能:液压泵坏;泵站输出压力低于设定的压力上限值;电磁溢流阀堵塞使油路与油箱直通;油箱中缺少液压油使系统无法提供后续压力。

(3) 液压泵频繁启动加压,严重时导致泵和电磁阀回路接触器易损坏。三种原因:液压系统存在内泄漏或外泄漏点,使系统压力难以保持;设定的压力上下限范围为 1.5～2 MPa,未与喂料的颗粒不均匀程度对应;信号隔离器损坏导致压力传感器信号受到干扰,控制系统经常接收到压力低于下限的信号。

(4) 未达到压力上限的一侧停止加压,而另一侧则达至上限后仍继续加压而超限。这种现象多属于左右侧压力传感器信号线装反所致,多发生在调试过程或检修传感器后。

(5) 加压速度过慢。由于蓄能器充气压力过低造成。一般充气压力越高,加压时间越短。但充气压力与操作压力过于接近会引起液压系统振荡,使蓄能器菌形阀的频繁启动,阀帽撞击阀体发出冲击声。一般充气压力值取工作压力的 65%～75%为宜。

(6) 正常运行时卸压。当电流过大或辊缝过大时,系统为保护设备安全而卸压,此时多是入辊压机物料粒度太大所导致,应该控制入料粒度。

(摘自:谢克平.新型干法水泥生产问答千例操作篇[M].北京:化学工业出版社,2009.)

5.47 辊压机液压系统与蓄能器的常见故障有哪些

液压系统最常见的问题就是漏油,进而压力上不去。其主要原因大致如下。

(1) 密封圈损坏。液压系统中的各溢流阀、换向阀及各连接部位都有密封圈,只要破损,就必须及时更换。

(2) 油缸漏油。除密封圈原因外,主要是由于液压油中有脏物混入,导致缸体与活塞表面被磨损出沟槽;或活塞杆与端盖内孔不同心而磨损。这种情况只有对液压缸体内表面与活塞杆外壁镀膜后重新磨研。

蓄能器的常见故障是皮囊破裂,由于此时油路失去弹性功能,使活动辊没有移动,此时只能卸压更换皮囊。为使皮囊不易损坏,而且保证对物料的挤压效果,操作中对蓄能器的充气压力要满足如下要求:与液压系统压力的下限接近程度不应小于液压压力波动值的 1.5～2 倍;同时又大于液压系统操作压力上限的 60%。

一般地,液压系统的操作压力的上下限差值越小,挤压出的物料性能越稳定,但由于工作时的压力会波动,所以要求上下限的差值应按波动值的 3 倍设定。

(摘自:谢克平.新型干法水泥生产问答千例操作篇[M].北京:化学工业出版社,2009.)

5.48 辊压机在运行中要检查哪些内容

(1) 检查液压缸的压力是否正常，以前曾控制在 8 MPa 左右，它对终粉磨和半终粉磨的工艺布置可能会更有利。而现在的水泥粉磨中，多为预粉磨及联合粉磨布置，则对液压缸的压力要求偏低，控制在 4～6 MPa 更为适宜。因为压力低，辊压机的轴承负荷大为减轻，使用寿命可以延长，液压管路不易渗漏。而且此时物料的挤压效果仍能满足工艺需要。

(2) 检查液压系统是否有漏油现象。液力耦合器是否漏油，定期检查液压油是否变质，轴承冷却水是否渗漏。

(3) 检查辊压机减速机的润滑冷却系统是否工作正常，有无油、水渗透现象。

(4) 检查轴承的工作温度是否正常；干油站供油是否正常；轴承的冷却水是否畅通。

(5) 辊压机是否振动或有异常响声；动辊、定辊电流是否正常。

(6) 除铁器、金属探测仪工作是否正常。

(7) 对电机、减速机的检查按常规进行。有条件的应对减速机取润滑油样进行油质分析，判断齿轮磨损情况。

(摘自：谢克平. 新型干法水泥生产问答千例操作篇[M]. 北京：化学工业出版社，2009.)

5.49 洪堡型辊压机安装应符合哪些要求

(1) 在开始安装之前，除应满足以下要求外，还应参照设备的安装操作说明书，以及符合有关的通用设备安装规范。

(2) 机架的纵横中心线与安装基准线偏差不得大于 1.5 mm。

(3) 机架中心标高的偏差不得大于 2 mm。

(4) 机架两底座的平行度为 0.5 mm，其轨道平面的平行度为 1 mm。

(5) 机架两底座导轨的水平度为 0.1 mm/m。

(6) 装在中心架上的两挡铁端面的连线和装有橡胶支承的端部件的内端面的连线，对装有液压缸的端部件的内端面的连线的平行度均为 0.2 mm。

(7) 装有液压缸的端部件的内端面的连线，对机架底座侧面的基准面的垂直度为 0.3 mm。

(8) 两平行辊之间所形成的最小辊隙为 10 mm。

(9) 使两压辊端面对齐，然后调节两夹板，使其与压辊端面相平行，并保持 1 mm 间隙。

(10) 在拧紧套在行星减速器输出轴上的胀紧联结套时，应用力矩扳手对角、交叉、均匀地拧紧每个螺栓，螺栓的拧紧力矩为 M 值，应符合该产品规定，并按下列步骤进行：

① 以 $1/3M$ 值拧紧；

② 以 $1/2M$ 值拧紧；

③ 以 M 值拧紧；

④ 以 M 值检查全部螺钉。

(11) 用电机底座上的螺杆来张紧三角皮带，使其张紧力满足要求。

(12) 液压系统安装后，应做耐压试验，试验压力为 0.32 MPa，保压 15 min，泄漏量不得大于规定值。

5.50 联合粉磨系统的操作中应掌握哪些原则

(1) 认真控制进入辊压机的物料料柱中所含细粉比例，不大于 1 mm 细料应在 15%～20%。细粉过

多时，由于细粉的密实度低，中间夹杂有大量气体，在挤压层中受高压挤压聚集成气泡，气泡受压破裂就会引起辊压机的剧烈振动；而且细料难以形成稳定密实的料柱，并易产生细料之间的滑动，不利于辊压机的平稳运行。反之，当细粉过少时，粗颗粒之间间隙过大，同样会导致进入挤压区间的料柱不密实，受挤压时也会产生剧烈振动。因此，当细粉过多时，有必要让新喂料与辊压机挤压后的物料混合进入静态选粉机，使新喂料中的细粉在进入辊压机之前即被分选出来。

（2）可采用低压大循环的操作方式。对于辊径 1200 mm，辊宽 450 mm 的辊压机液压系统的操作压力控制在 4.8～5.5 MPa 即可，辊压机系统的循环负荷加大，出辊压机物料中细物料含量增加，这就为后续管磨机的高产需求提供了细粉保障。而且工作压力适当降低，能降低料饼中成品含量，减少后续管磨机中的过粉磨现象。这种操作还有利于降低挤压物料对辊压机辊面的磨损。

（3）合理分配循环风机的风量。既要防止风量进入磨机系统过少，导致磨机的过粉磨现象，尤其是高细内筛分磨；也不能过多，避免静态选粉机的选粉效率过高，进入辊压机的细粉过少而无法运行稳定。

5.51 辊压机挤压辊常见的辊面形式

（1）光滑辊面

① 光滑辊面制造、维修成本较低，辊面腐蚀易修复。

② 当喂料量不稳定时，会产生振动和冲击。

③ 咬合角小，挤压后的料饼较薄，产量较低。

（2）沟面辊面

克服光滑辊面的缺点，其结构形式通过堆焊来实现，如图 5.14 所示。

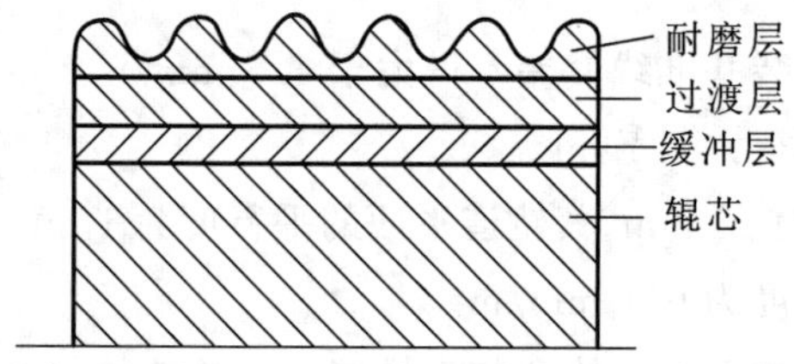

图 5.14 沟面辊面结构形式

沟面辊面的三种结构形式如图 5.15 所示。

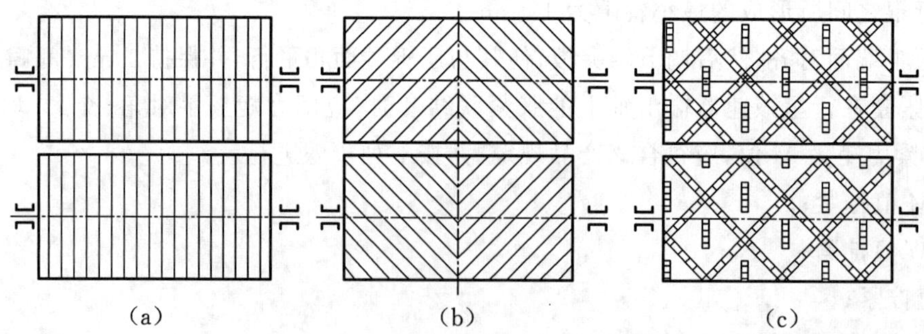

图 5.15 沟面辊面的三种结构形式

(a)环状波纹堆焊层；(b)人字形波纹；(c)斜井字波纹

6 选粉机

Powder classifier

6.1 何为分级,分级机械的分类

分级是对粉体(包括粒体)按尺寸大小进行不同粒度级别分离的过程。由于工艺和经济性要求,通常将粉体的粒度大小与分布控制在一定范围内,但实际生产中,大多数粉碎装置的产品粒度分布范围可能过宽,或粒级间级配不适宜,其中,突出的问题可能是粒径过粗,或者部分粒径过细。前者关系到产品质量,后者还涉及所谓"过粉碎"现象,即额外消耗粉碎能量的问题。因此,粉碎通常与分级组成"闭路"或"圈流"粉碎系统,而无分级的粉碎,称为"开路"粉碎系统。在闭路粉碎系统中,分级装置不仅可控制粉碎产品的粒度大小和分布,且可以提高粉碎效率、降低能耗。此外,高性能分级装置是粉碎法制备超细粉体不可或缺的前提条件。

分级机(选粉机)可按分级方法和分级力场分类,见表6.1。其中,流体分级又可分为:以气体(通常是空气)为介质的分级,称为气力分级,又称干法分级;以液体(通常是水)为介质的分级,称为水力分级,又称湿法分级。

表6.1 分级机的分类

分类依据	分级名称	分级原理	操作方式
按分级方法	筛分分级	利用具有一定孔径尺寸的筛面分级	干法或湿法
	流体分级	利用颗粒在流体中的力学作用分级	干法或湿法
按分级力场	重力场分级	利用不同粒径颗粒的重力差异分级	干法或湿法
	惯性力场分级	利用不同粒径颗粒做局部惯性运动的惯性力差异分级	干法或湿法
	离心力场分级	利用不同粒径颗粒做旋转运动的离心力差异分级	干法或湿法
	静电力场分级	利用不同粒径颗粒荷电量不同的静电力差异分级	干法

6.2 分级(选粉)机的性能评价

当粉体按颗粒尺寸大小进行分级时,以某一目标粒径 D_k(称为分级粒径)为基准,将粉体分为粗粉和细粉两组,较粒径 D_k 大的颗粒被分入粗粉组,而较粒径 D_k 小的颗粒被分入细粉组。

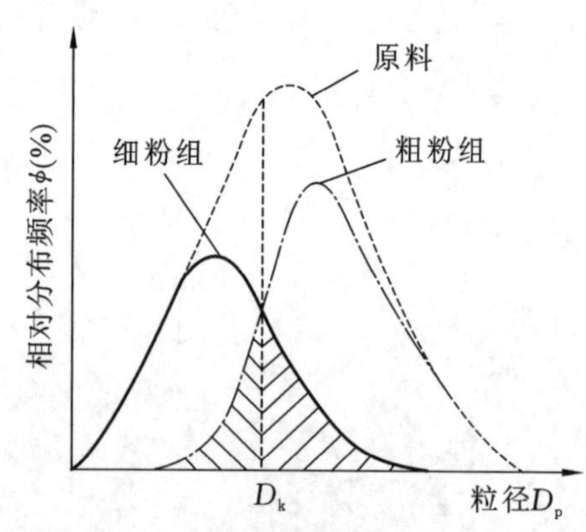

图6.1 理想与实际分级曲线

在理想情况下,分级后粒径大于 D_k 的颗粒全部进入粗粉组,而粒径小于 D_k 的颗粒全部进入细粉组。但是,实际的分级情况却是:一部分粒径较 D_k 大的颗粒混入了细粉组,而另一部分粒径较 D_k 小的颗粒混入了粗粉组,使分级产生了误差,如图6.1所示。

在图6.1中,阴影部分为实际分级中粗粉和细粉两组粉体的细颗粒和粗颗粒的交叉混合部分。显然,所谓理想分级,在对应的分级粒径 D_k 处是截然分开的。对分级机的性能评价,主要是基于对这种误差大小的表征(即阴影部分面积的大小与构成)。

对分级机的分级效果进行评价的指标有:较简单的回收率以及综合分级效率(又称为Newton分级效率)或部分分级效率。

(1) 细颗粒(或粗颗粒)回收率

细颗粒的回收率:实际回收到细粉组中的细颗粒与原料中细颗粒的质量的比率,以符号 γ_f 表示。

$$\gamma_f = x_f m_f / x_r m_r \quad (1)$$

粗颗粒的回收率：定义为实际回收到粗粉组中的粗颗粒与原料中粗颗粒的质量的比率，以符号 γ_c 表示。

$$\gamma_c=(1-x_c)m_c/(1-x_r)m_r \tag{2}$$

式中 m_r、m_f、m_c——原料、细粉组和粗粉组的质量；

x_r、x_f、x_c——原料中细颗粒的含量、细粉组中细颗粒的含量和粗粉组中细颗粒的含量（质量分数，%）。

在水泥工业中，细颗粒回收率，又称为选粉效率。

(2) 综合分级效率

综合分级效率，又称为 Newton 分级效率，是将细颗粒回收率 γ_f 和粗颗粒回收率 γ_c 结合起来综合地评价分级效率，以符号 η_N 表示。它不仅考虑了细粉组中回收的细颗粒的含量（质量分数，%），即有用成分的回收率，也考虑了细粉组中混入的粗颗粒的含量（质量分数，%），即无用成分的残留率。

因此，定义综合分级效率 η_N 为：

$$\eta_N=\gamma_f-(1-\gamma_c)=\gamma_f+\gamma_c-1 \tag{3}$$

根据分级前后物料质量平衡的条件，可获得回收率和综合分级效率的实用计算公式，如式(4)所示。

$$\gamma_f=\frac{x_f(x_r-x_c)}{x_r(x_f-x_c)};\quad \gamma_c=1-\frac{(1-x_f)(x_r-x_c)}{(1-x_r)(x_f-x_c)};\quad \eta_N=\frac{(x_r-x_c)(x_f-x_r)}{x_r(1-x_r)(x_f-x_c)} \tag{4}$$

(3) 部分分级效率

部分分级效率，可分别用于分析分级后的细粉或粗粉。例如，针对细粉组中任意粒径 D_i 的颗粒，其部分分级效率 $\eta_i(D_i)$，是指经过分级后原料中粒径为 D_i 的颗粒被分入细粉组的比率（对于粗粉的部分分级效率，则是经过分级后原料中粒径为 D_i 的颗粒被分入粗粉组的比率）。部分分级效率 $\eta_i(D_i)$ 的计算公式，如式(5)所示。

$$\eta_i(D_i)=\frac{\lambda_f[R_f(D_i)-R_f(D_{i+1})]}{R_r(D_i)-R_r(D_{i+1})} \tag{5}$$

式中 $\eta_i(D_i)$——部分分级效率，%；

λ_f——细粉的获得率，即分级后细粉组的质量与分级原料的质量之比，%；

D_i，D_{i+1}——细粉组中第 i 个与第 $(i+1)$ 个粒级的颗粒粒径，mm；

$R_f(D_i)$，$R_f(D_{i+1})$——细粉组中粒径小于 D_i 与 D_{i+1} 的颗粒累积筛余量（质量分数，%）；

$R_r(D_i)$，$R_r(D_{i+1})$——原料中粒径小于 D_i 与 D_{i+1} 的颗粒累积筛余量（质量分数，%）。

将粒径为 D_i 的各粒级颗粒对应的部分分级效率 $\eta_i(D_i)$ 作图所获得的部分分级效率曲线，如图 6.2 所示。通过该曲线可查得任意粒径颗粒的部分分级效率。由图也可看出，粒径越小的颗粒，其分级效率越低。

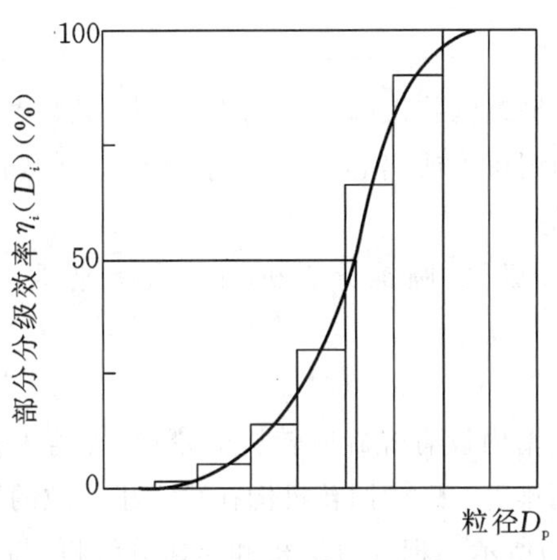

图 6.2 部分分级效率曲线

6.3 何为筛分分级

筛分分级是利用具有一定尺寸的孔径或缝隙的筛面进行固体颗粒的分级。当粉粒料通过筛面时，被分级成筛上料和筛下料两部分。若使用 n 层筛面筛分，则可同时获得($n+1$)个粒级的分级物料。筛分分级可分为干法作业和湿法作业。

筛面是筛分机的主要工作部件。筛面的筛孔形状有方形、长方形、圆形和条缝形等，其中，筛面的有效面积(筛面开孔率)以长方形最大，方形次之，圆形最小。若筛面的有效面积越大，则筛分效率和处理能力越大，但是，筛分颗粒的形状不均匀性也增大。

常用的筛面有如下三类：

(1) 棒条筛

棒条筛是由一组平行设置的具有一定断面形状的钢棒条组成，筛孔为长方形，用于粒度大于 50 mm 的大块物料预先筛分。

(2) 冲孔筛板

冲孔筛板是由钢板冲孔而制成，筛孔为圆形、方形和长方形等，尺寸为 12～50 mm，用于中等粒级物料的筛分。

(3) 编织筛网

编织筛网是由金属或尼龙丝编织而成，用作工业筛和试验筛。编织筛网的筛孔尺寸与网丝直径有多种标准，我国现行标准筛采用 ISO 制，即以方孔的边长来表示筛孔的大小。此前，多采用公制筛号，即以每 1 cm^2 筛面面积上所含筛孔数目来表示筛孔的大小，以 1 cm 长度上筛孔的数目来表示筛号。而英国和美国等国家，则采用英制筛，即以每 1 in(25.4 mm)长度上筛孔的数量来表示筛目。

工业中使用的筛分机的种类很多，大致可分为两大类：物料运动方向与筛面垂直的振动筛，做旋回运动的旋转筛。其中，振动筛包括直线振动筛、圆或椭圆振动筛、电磁式振动筛等；旋转筛包括回转筛、罗德斯型筛等。其他筛分机还包括回转振动筛、旋风式筛、弧形筛等。

评价筛分作业的技术指标主要是筛分效率和处理能力。筛分效率是指实际得到的筛下产品质量与给入筛分机的物料中所含粒径小于筛孔尺寸的物料质量之比。影响筛分效率的因素很多，但可归纳为物料性质和筛分机性能两个方面。物料性质包括粒度大小与分布、颗粒形貌与密度、凝聚与黏附性等；筛分机性能包括筛面和筛孔尺寸与形状、筛面倾角与弹性、筛面运动形式与运动强度、物料在筛面运动的均匀性与分散性、防筛孔堵塞的措施等。

6.4 何为湿法分级机

湿法分级装置有：利用某种机械结构将沉降分级的大(或小)颗粒及时从液体中排出，例如，螺旋分级机、耙式分级机、浮槽分级机等；利用重力或离心力将不同沉降速度的颗粒分离排出，例如，圆锥水力分级机、水力旋流器、多室水力分级箱等。

湿法分级机分为三种：螺旋分级机、圆锥分级机和水力旋流器。湿法分级机的结构原理示意如图 6.3 所示。

(1) 螺旋分级机

螺旋分级机是在倾斜的半圆形槽内设有螺旋回转机构，颗粒浆料从槽下端给入，粗颗粒沉在槽底并由螺旋回转机构连续输送至槽上端而排出。螺旋回转机构在输送粗颗粒的同时，连续搅拌浆料以阻止颗粒团聚沉积，提高分级效率，如图 6.3(a)所示。耙式分级机和浮槽分级机，与螺旋分级机的工作原理类似。

(2) 圆锥分级机

圆锥分级机是颗粒浆料给入立式圆锥筒体内，并在液体中按沉降速度的差异分级，细小颗粒从圆锥

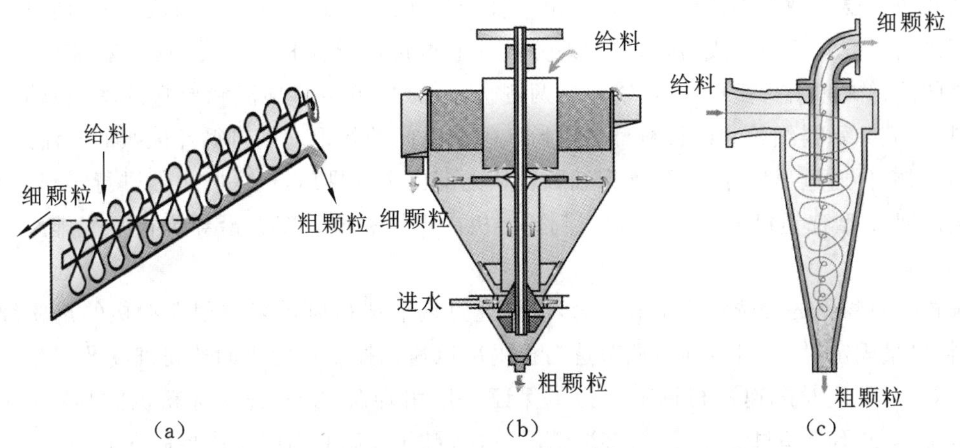

图 6.3 湿法分级机的结构原理示意图

(a)螺旋分级机;(b)圆锥分级机;(c)水力旋流器

上部溢流槽排出,粗大颗粒沉降在锥体下部排出,如图 3.20(b)所示。圆锥分级机主要有脱泥斗自动排料圆锥分级机、胡基(Hukki)圆锥分级机和虹吸排料圆锥分级机等。

(3) 水力旋流器

水力旋流器是颗粒浆料以一定压强进入旋流器上部柱体内形成涡流,在离心力作用下,粗大的颗粒运动至边壁,并沿器壁下落沉积到锥体下部排出,细小颗粒则从上部溢流口排出,如图 3.20(c)所示。

6.5 何为 V 型选粉机

V 型选粉机是节能型、无动力的选粉机,是完全靠重力打散、靠风力分选的静态选粉机,如图 6.4 所示。主要用于辊压机的料饼打散,具有打散、分级、烘干等功能,与打散分级机有类似的功能。但它的结构简单,无回转部件,无动力、易操作、维修量小、维修费用低、使用可靠性高,出粉细度可以通过调节风速来控制,同时消除了辊压机入料偏析的问题,如果通入适当的热风,还可起到烘干的作用(如用于矿渣粉磨系统)。V 型选粉机一般用作较粗粒物料的初步选粉,不将其单独用于成品生料或水泥的选粉设备。

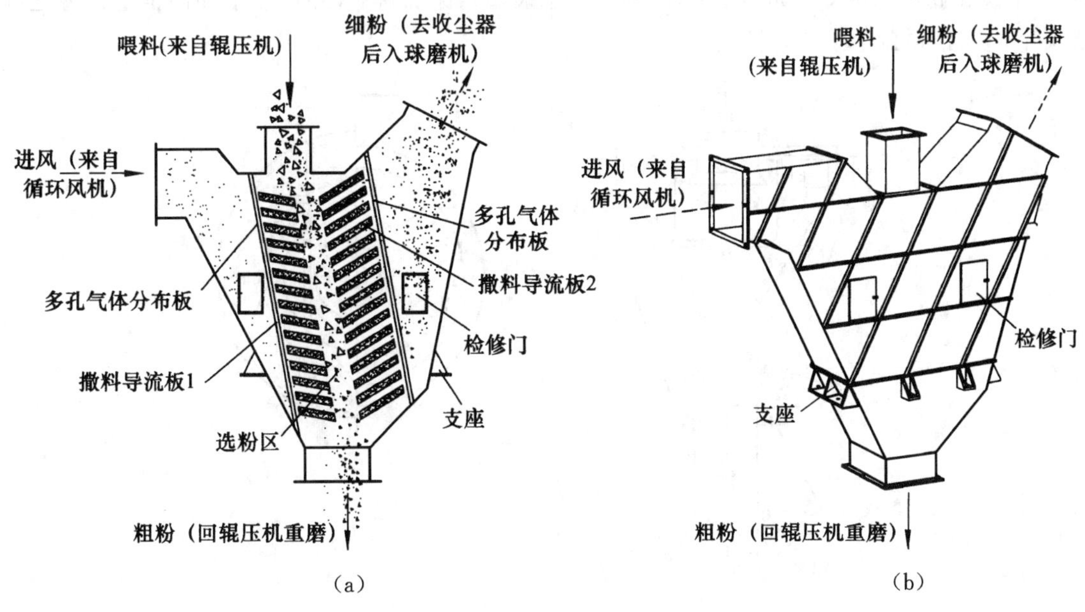

图 6.4 V 型选粉机

(a)结构原理图;(b)立体图

V 型选粉机主要由撒料导流板、进风管、出风管、调节阀、检修门、支座等组成。来自辊压机粉碎后的物料由上部进料口喂入机内形成料幕，均匀地分散并通过进风导流板进入分选区域，被机内入口侧和出口侧所设置的阶梯式倾斜折流板冲散，物料在两侧折流板（折流板起导流和导料的功能）端部来回碰撞，达到打散料块、充分暴露细粉和延长料幕在选粉区停留时间的效果。来自循环风机的气流从进风口穿过均匀散下的物料，再通过出风导流板，携带细颗粒从上部出风管排出，送入收尘器进行料、气分离，气体经收尘器风机送回 V 型选粉机内，细颗粒喂入到球磨机内继续粉磨。粗料沿导流板下落排出，再回到辊压机重新粉碎。

V 型选粉机对物料的分选完全依靠风力，可以通过调节选粉风量来控制选粉机的选粉细度和产量。另外，在选粉风量固定时，也可以通过调节选粉机内部风速来控制选粉机的选粉细度及产量，调风装置的调节可以有效、方便地对风速进行调节。为了保证其使用寿命，要求进入选粉机的物料温度不要超过 200 ℃，气流温度也不要超过 200 ℃，大多数情况下，物料和气流的温度应该控制在 50～100 ℃为宜。

6.6　V 型选粉机使用应注意什么

由 V 型选粉机与辊压机组成的联合粉磨工艺，在采用辊压机作为预粉磨方案中，是比较先进的工艺布置。但是，有时会发现预粉磨系统的循环风机超负荷运转，而且风机叶轮磨损较快，进而影响预粉磨产量，无法满足磨机的连续运转。

出现此现象的原因主要是，V 型选粉机的入料口与角度不合理，不利于物料进入选粉机后的分散程度，使不少物料沿选粉机侧壁而下，走了短路。为此，或对入口角度改变，或在入口处增加挡板，并对 V 型选粉机内的阶梯形导流板进行优选，堵上能造成物料短路的导流板，提高机内风速，均有利于物料在机内的分散。只要物料在选粉机内分散均匀，上述问题便迎刃而解。

6.7　粗粉分离器结构及工作原理是什么

粗粉分离器是一种通过式分级机，常用于风扫式煤磨系统及风扫式生料磨系统中。

粗粉分离器常见结构如图 6.5 所示。分离器的主体部分是由外锥形筒 2 和内锥形筒 3 组成。外锥上有顶盖，下接粗粉出料管 5 和进气管 1，内锥下方悬装着反射锥体 4，外锥盖下和内锥上边缘之间装有可调导风叶 6，外锥顶盖中央装有排气管 7。

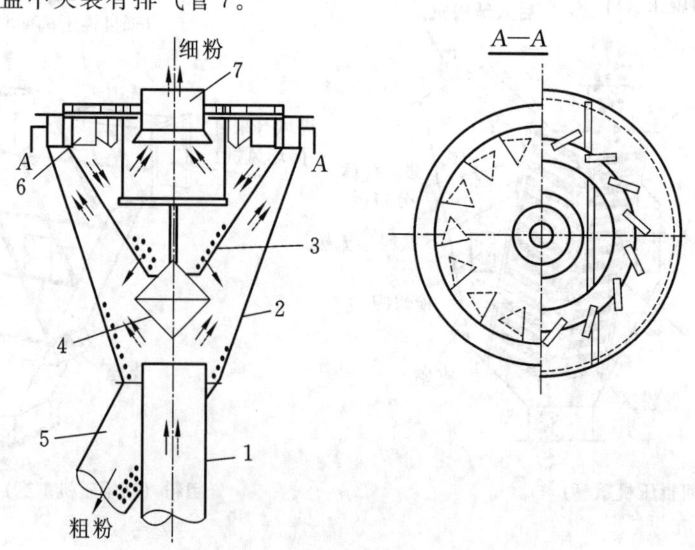

图 6.5　粗粉分离器

1—进气管；2—外锥形筒；3—内锥形筒；4—反射锥体（吊钟）；5—粗粉出料管；6—导风叶；7—（细粉）排气管

粗粉分离器的工作原理是，夹带粉体的空气在负压下以 10～20 m/s 的流速自下而上从进气管 1 进入内外锥之间的空间。当气流刚出进气管口时，特大颗粒由于惯性作用碰到反射锥体 4，首先被撞落在外锥下部。由粗粉出料管 5 排出。在两锥间继续上升的气流因上部截面积扩大，气流速度降至 4～6 m/s，因此又有部分粗粉颗粒在重力作用下被分选出来，顺外锥壁向下由粗粉出料管 5 排出。气流从两锥间上升至顶部后，经由导风叶 6 进入内锥。由于方向突变，部分粗颗粒再次被分选出并落下，同时，由于气流在导风叶 6 的作用下做旋转运动，较细的粗粉由于离心力而甩向内锥内壁，沿壁落下，最后也进入粗粉出料管 5。细粉随气流经中心排气管 7 排出。最后被收尘装置捕集下来作为成品。

6.8 粗粉分离器调整细度有几种方法

有两种调整细度方法：

(1) 改变气流速度

气流速度低时，选出的合格细粉就细；气流速度高时，选出的细粉就较粗。

(2) 改变折流装置叶片的角度

叶片与轴点处圆的切线间夹角越大，气流旋转能力越小，选出的料粉越粗；反之，夹角越小，选出的料粉就越细。

6.9 粗粉分离器的检查维护要点有哪些

(1) 检查调节叶片手轮及杆，并使其保持灵活。

(2) 检查各防爆阀是否安装严密，阀片选用是否合适(阀片应经压力试验)。

(3) 检查出料管及下料阀门并使其保持灵活，避免煤粉或其他物料在出料管和阀门处积存。

(4) 检查进气管和出气管连接法兰是否严密，有无漏风情况。

(5) 检查内外壳体的磨损情况，及时检修。

(6) 检查进出管道及机体上检测温度和压力等参数的检测仪器，并保持其正常使用。

(7) 用于烘干兼粉磨生料系统的粗粉分离器，应特别注意机体和管道部分的积灰情况，要及时清除积灰，保持机体和管道畅通。

6.10 粗、细粉分离器安装应符合哪些要求

(1) 壳体纵横中心线对安装基准纵横中心线的位置偏差，不应大于 3 mm。

(2) 壳体垂直度为 1 mm/m，但全长上不应大于 3 mm。

(3) 壳体标高偏差不应大于 3 mm。

(4) 所有连接处要求密封严密，不得有漏气现象。

(5) 调节风门在圆周方向的角度应一致且方向相同，调整风门机构应灵活、无卡滞现象。

(6) 分离有易燃、易爆的物料时，应安装防爆阀。

(7) 解体运输的壳体，安装组对应符合下列要求：

① 对接侧的两圆筒周长偏差为：直径大于 5000 mm 时，允许偏差不应大于 6 mm；直径不大于 5000 mm 时，允许偏差不应大于 5 mm。

② 圆筒横断面上直径允许偏差不应大于 $0.0015D$。

③ 接口处形成的棱角，用长 $L=D/6$ 且不小于 800 mm 的样板检查(图 6.6)，凹凸值 E(棱角度)均不

应大于 2 mm。

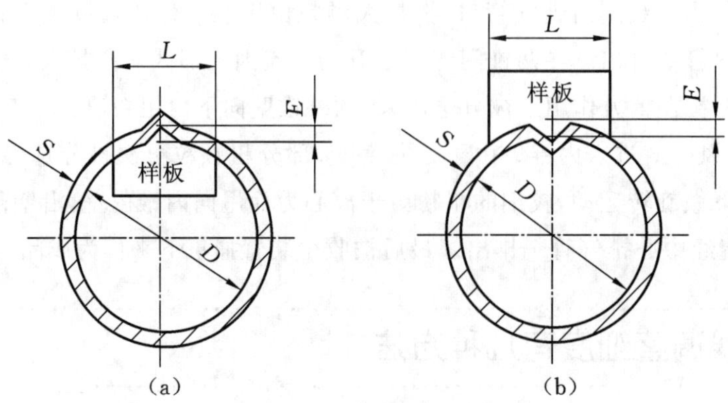

图 6.6 棱角度示意图

(a)凸值示意图;(b)凹值示意图

6.11 打散机及打散分级机基本原理及结构

早期的挤压粉磨系统中的打散机,类似于锤式破碎机,仅对挤压后的料饼有打散作用,在需要分级时则是由选粉机完成。这样,有大量粗料进入选粉机,不但增大选粉机负荷,还会使磨损加剧,影响系统设备运转率。随后,国内外研发了集打散机与高效选粉机于一体的打散分级机。例如:伯力休斯研发的SEPOL-IP 型打散选粉机,洪堡公司的 SKS-D 型打散选粉机,中国合肥水泥研究院 SF 型打散分级机等,如图 6.7~图 6.9 所示。这些打散分级机上部为打散部分,类似于水平冲击式破碎机,下部为涡流式高效选粉机。料饼喂入后,先经上部打散装置打散,同时物料颗粒间互相撞击、摩擦改善颗粒形貌,必要时可引入热风对物料进行烘干作业。

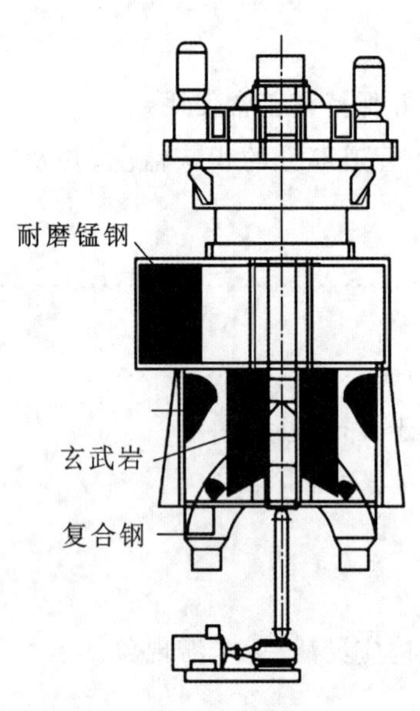

图 6.7 SEPOL-IP 选粉机

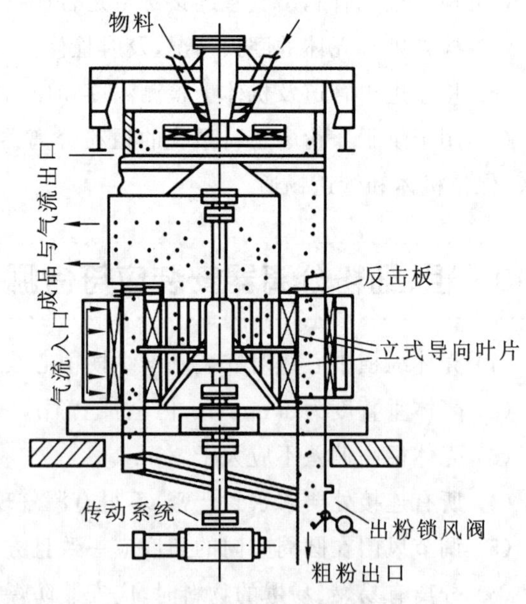

图 6.8 SKS-D 选粉机

6.12 何谓选粉机的循环负荷率

选粉机的循环负荷率(L)是指选粉机的回粉量(即粗粉)(T)与成品量(G)之比,它是一项直接关系到

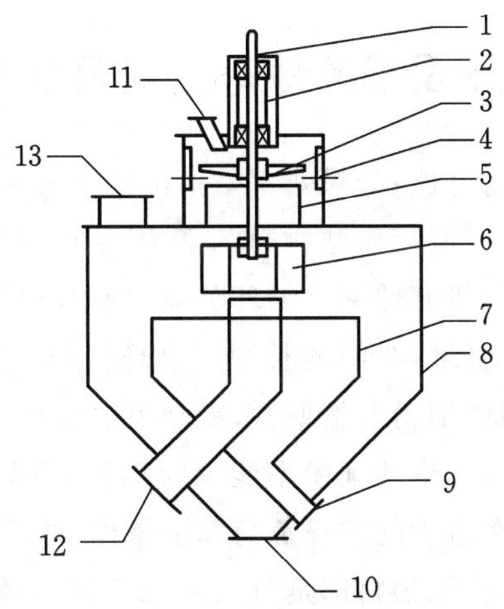

图 6.9 SF型打散分级机结构示意图

1—主轴；2—轴套；3—打散盘；4—反击衬板；5—挡料环；6—风轮；7—内锥壳体；
8—外锥壳体；9—粗粉卸料口；10—细粉卸料口；11—进料口；12—热风入口；13—热风出口

闭路粉磨系统产(质)量的重要工艺参数。

循环负荷率由下式计算：

$$L=\frac{T}{c}=\frac{c-a}{a-b}\times 100\%$$

式中 L——循环负荷率，%；

a——出磨物料(即入选粉机的物料)通过指定筛孔筛的物料量，%；

b——回粉(指选粉机粗粉)通过指定筛孔筛的物料量，%；

c——产品(指选粉机细粉)通过指定筛孔筛的物料量，%。

6.13 什么是选粉机的选粉效率，怎样计算

选粉机的选粉效率是指选粉后的成品中所含的通过规定孔径筛网的细粉量与进选粉机物料中通过规定孔径筛网的细粉量之比，称为选粉效率，它也是一项直接关系到闭路粉磨系统产(质)量的重要工艺参数，用下式计算：

$$\eta=\frac{c}{a}\times\frac{a-b}{c-b}\times 100\%$$

式中 η——选粉效率，%；

a——出磨物料(即入选粉机的物料)通过指定筛孔筛的物料量，%；

b——回粉(指选粉机粗粉)通过指定筛孔筛的物料量，%；

c——产品(指选粉机细粉)通过指定筛孔筛的物料量，%。

例题：ϕ 1.83 m×6.12 m水泥磨与ϕ 1.5 m旋风式选粉机组成的闭路系统中，粉磨425号矿渣硅酸盐水泥，台时产量为9.5 t/h，产品细度筛余3%、出磨细度筛余29%，粗粉细度55%(以上三种细度为0.08 mm筛的筛余百分数)，求选粉效率、循环负荷率各为多少？

解：

$$\eta=\frac{c}{a}\times\frac{a-b}{c-b}=\frac{97}{71}\times\frac{71-45}{97-45}=68.3\%$$

$$L=\frac{c-a}{a-b}\times 100\%=\frac{97-71}{71-45}=100\%$$

答：选粉效率为68.3%，循环负荷率为100%。

6.14 循环负荷率、选粉效率及粉磨效率之间有何关系

循环负荷率是选粉机粗粉与细粉之比;选粉效率是指出口中某一粒级的细粉量与选粉机喂料量中该粒级含量之比;粉磨效率是指磨机单位能耗粉磨物料的能力大小,它们之间有着密切的关系。循环负荷率过大,磨内物料量过多,影响磨机的粉磨效率。循环负荷率反映出磨机和选粉机的配合情况,循环负荷率的高低也代表着物料在球磨机内的停留时间的长短。循环负荷率过高,说明物料在磨内停留时间短、其被粉磨的程度可能不足,出磨物料中细粉含量偏低,粉磨系统的台时产量提高受到限制;若循环负荷率过低,说明物料在磨内停留时间过长,合格的细粉不能及时出磨,容易发生过粉磨现象,也会造成粉磨效率降低,影响磨机产量。因此,必须在适当的循环负荷率下操作,才能提高磨机的产(质)量。

众所周知,球磨机一仓内产生的较细物料都是打碎的或者说击碎的,从磨头进入的回料从球的空隙里很快穿过一仓通过隔仓板进入二仓,二仓内的研磨体对物料只存在研磨,不存在破碎,或者说对物料破碎的作用较小。小的研磨体在磨机筒体的带动下,运动状态为蹭动、滚动和滑动,在此过程中对物料颗粒进行研磨和剥离。假如说有一个大颗粒不是回料颗粒,可以称它为原颗粒,该颗粒从隔仓板开始运动到磨尾。对于开路磨来说,运动到磨尾时要求它小于 80 μm,甚至更小;对于闭路磨来说,从开始研磨到出磨,不要求它小于 80 μm,只要求它将原始颗粒表面剥离一部分下来,从颗粒表面剥离下来的部分大部分是 30 μm 以下的颗粒。当原颗粒一次、两次地进入磨机后,随着体积的逐渐变小,剥离和研磨的难度越来越大,原因是颗粒一小,软化程度就增大,当颗粒小到一定尺寸时,就完全软化了,任何物体都是一样。也就是说,进入磨机二仓的大颗粒越多,粉磨效率就越高。

要想增加磨内的大颗粒的量,就要适当增加循环负荷率。更重要的一点是所用的选粉机对某一范围内的特定颗粒的选尽度要高。据有关资料报道,日本一般磨机的循环负荷率大于 250%,最高达到 1000%。循环负荷率越高,3～30 μm 的量相应也就越高;循环负荷率越低,水泥颗粒中的 3～30 μm 的量相对越少,水泥强度也就相应越低。循环负荷率高,选粉效率必定相应降低,一般的高效选粉机的选粉效率能够达到 65%已经不错了,选粉效率已不能作为衡量选粉机的一项主要指标。对于任何一台选粉机组,都能够将选粉机的选粉效率调到 90%以上,最简单的方法就是把出磨细度调到成品细度,走到极端,这样闭路粉磨就失去了意义。

在实际生产中很难使粉磨能力与选粉能力达到平衡,那么选粉能力与磨机的粉磨能力如何匹配呢?通常情况下,选粉能力要大于粉磨能力,决不能因选粉能力的不足而影响粉磨能力的发挥。粉磨效率的提高是一个系统工程。木桶理论说明盛水的多少不是取决于最长的板而是取决于最短的板,粉磨机组同样如此。在生产过程当中,经常要将“最短的板”提一提,例如球段级配、磨内通风、选粉效率等。众所周知:磨内物料通过量随循环负荷率的增加而增高。如果选粉机成品细度不变,而磨内物料的通过量增大,或磨内物料通过量不变而成品细度减小,则循环负荷率也增加。循环负荷率的数值取决于选粉机的回料量中粗级别含量与合格颗粒量的比值。比值愈大,即排料愈粗,循环负荷率也就愈大;反过来讲,循环负荷率愈大,则选粉机回料中粗级别含量愈高,磨机中的粗级别含量就高,从而磨内物料的通过量也就提高。但是,选粉效率又随循环负荷率的增加而降低,回磨头的物料中粗级别的含量减少,也就是磨内粗颗粒的量减少,磨机的粉磨效率又将降低。

从某种意义上讲,粉磨效率也将随选粉效率的提高而提高,随选粉效率的降低而降低。对于一台选粉机,如果选粉效率低、循环负荷率大,那么回料中未选清的合格颗粒也就越多,小于 30 μm 的颗粒重新回到磨头的量相应就多,导致过粉磨现象严重,使粉磨效率下降、台时产量低、颗粒级配不合理;如果选粉效率高,那么回料量就相对少,过粉磨现象减少,粉磨效率高,产量一定能够提高。在闭路粉磨系统中如果适当增加选粉机的选粉能力,使选粉机处理物料的能力有富余,则选粉效率就能提高,回料量肯定就少,循环负荷率也就低。选粉效率高的选粉机,回料量必然少,粉磨效率也高。

在产品细度要求相同的情况下，当磨机配球平均直径过大时，钢球之间空隙大，物料流速快，出磨物料太粗，选粉效率低。循环负荷率过大，磨内物料量过多，影响磨机的粉磨效率。反之，磨机配球平均直径过小时，出磨物料细度太细，循环负荷率过小，磨机和选粉机的作用也同样不能充分发挥。因此，选择合理的平均球径，把选粉机的选粉效率、循环负荷率控制在最佳范围内，才能使磨机达到优质、高产、低消耗的目的。

此外，适当提高循环负荷率可提高粉磨系统的产量和降低系统单位产品的电耗，但循环负荷率提得过高，将导致磨内存料量过多，球料比太小，使粉磨效率下降，引起磨机饱磨，造成产量降低。

6.15 简述离心式选粉机的工作原理 

离心式选粉机是由减速机主轴、大风叶组成的翼轮、小风叶、撒料盘、撒料罩、回风叶、挡风板、内锥体、外锥体、进料管、粗粉回料管、细粉回料管、电动机组成，如图6.10所示。

物料从喂料口，经中心管落到旋转的撒料盘上，受离心力的作用向四周抛出，而气流由内筒下部向上，穿过撒料盘甩出的物料，其中较细的颗粒随气流穿过小风叶，由于小风叶产生的离心力又将一部分较大的颗粒甩出，沿内筒壁下落排出，细的颗粒穿过小风叶，经由内筒顶进入内外筒间的空间。由于通道扩大，气体流速减慢，被带出去的细颗粒陆续下沉，由细粉出口排出。气流经回风叶又回到内筒循环。粗颗粒落于内锥底部由粗粉出口排出。

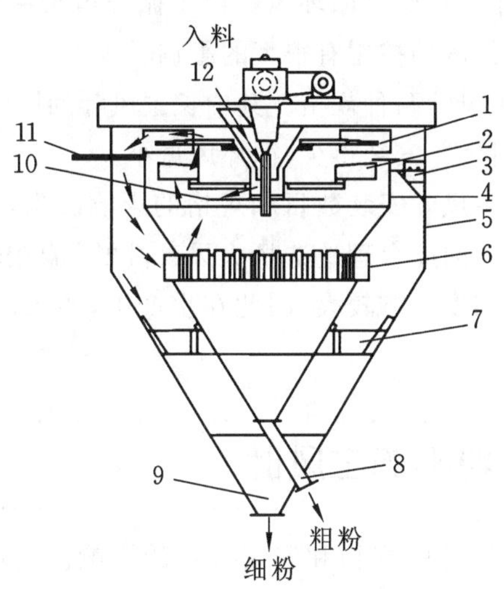

图6.10 离心式分级机结构

1—大风叶；2—小风叶；3—支架；4—内筒；5—外筒；6—固定导向叶片；
7—支架；8—粗粉出口；9—细粉出口；10—撒料盘；11—挡风板；12—加料管

6.16 离心式选粉机产品细度如何调节 

调节产品细度的方法很多，究竟用哪些方法能提高选粉机的选粉效率，必须根据离心式选粉机的分级性能和磨机的粉磨效率来确定。通常用下列三种方法进行调整。

(1) 增加或减少辅助风叶的片数。

(2) 增加或减少主风叶的片数。

(3) 改变选粉机喂入物料的细度(可通过改变磨机的喂料量和调整研磨体的级配来获得)并注意传动三角带松紧时对选粉机转速的影响。

6.17 离心式选粉机控制板起什么作用

离心式选粉机控制板具有调节风量的作用，能用来调节产品细度，当打进控制板时，产品细度变细，反之产品细度变粗。但是这种调整方法只有在产品细度变动不大时才有效。如要求产品细度变动较大，就需停机调整辅助风叶，甚至调整主风叶的片数。

6.18 离心式选粉机内筒体磨损的防护措施有哪些

离心式选粉机的内筒体上段直接受到粗颗粒的冲刷磨损，所以必须安装衬板保护筒体。用于水泥选粉时，用 3～4 mm 碳素钢板做衬板。其使用周期为 2～3 个月，用 8 mm 厚生铁铸成的衬板使用周期为 6～8 个月，用铸石板做成的衬板使用周期可达一年以上。高锰钢做衬板，可安装在离心式选粉机的内筒体撒料盘周围，衬板使用周期可延长到两年。它不但提高了选粉机的运转率，而且也降低了材料消耗。

6.19 离心式选粉机主风叶起什么作用

离心式选粉机主风叶的主要作用是产生循环风。由于循环风量决定着内部上升气流的速度，因此，主风叶片数和规格的变动，对产品细度的控制有很大的影响。

主风叶一般有长主风叶和短主风叶两种规格。其中长主风叶的回转直径大，产生的循环风量大。主风叶片数安装得多，产生的循环风量大，安装得少，循环风量小。

选粉机产品的细度大小，也受主风叶安装数目和规格的影响。当增加叶片数或加大回转直径时，产品细度变粗，反之则产品细度变细。因此合理地选择大风叶片数，能在较大范围内调整选粉机产品细度和选粉能力，由于它的变动对产品细度影响较大，因此在生产中，要求产品细度变动不大的情况下，一般不调整大风叶片数。

6.20 如何调整离心式选粉机的主风叶

选粉机产品的细度大小，受主风叶的规格和安装数目的影响。当增加主风叶片数或增大回转直径时，产品细度变粗；反之，产品细度变细。注意，安装时大风叶的回转直径与规格必须一致，在减少大风叶时，必须对称。目的是为了保证回转部分的平衡。

6.21 如何解决离心选粉机引起磨房晃动的问题

许多使用离心选粉机的水泥厂都发现，在离心选粉机运转时，球磨机房会出现程度不同的晃动现象，层高越高晃动越明显。球磨机房晃动的危害是显而易见的，一方面由于晃动而影响球磨机房的使用寿命和安全性，另一方面也影响到工人的操作和设备的维护。

球磨机房的晃动是由于离心选粉机运转不平衡引起的，但是更准确的说法应该是由于离心选粉机在运转时与球磨机房产生共振而引起了球磨机房的晃动。可采取如下几个措施：

(1) 改变刚度

防止球磨机房晃动最有效的方法是在其结构上采取措施。由于离心选粉机的转速不可能作较大的改变，因此为了避免共振的发生，可以采取措施使球磨机房的固有频率离开共振区。改变球磨机房的刚度就可以改变球磨机房的固有频率。改变球磨机房的刚度主要可从以下几方面入手：

① 增加或减少球磨机房框架柱的数量；

② 增大或减小球磨机房框架柱的截面面积；

③ 在框架柱之间的填充墙中增加或减少构造柱的数量；

④ 局部增加钢筋混凝土剪力墙；

⑤ 土建部分施工时先砌墙后浇筑框架柱；

⑥ 将两座以上球磨机房合在一起建成联合球磨机房；

⑦ 如有可能将配电房、工具房、维修间等与球磨机房建在一起，也能改变球磨机房的刚度。

以上几项措施，可单独采用其中一项，也可数项结合起来考虑。应根据各厂具体情况灵活掌握。

(2) 调整荷载

改变球磨机房的楼层质量也可以改变球磨机房的固有频率。而改变楼层质量则可以在工艺设计时通过调整各楼层的荷载来实现。例如，增加或减少磨头仓的容量；对收尘、输送等设备进行不同的布置；减少部分没有实用意义的楼板；改变框架填充墙的材质等。

(3) 中心重合

进行球磨机房工艺设计时，离心选粉机的位置应尽可能与球磨机房平面的刚度中心重合。

(4) 运转平稳

离心选粉机的运转是否平稳对球磨机房的晃动也存在一定的影响。为了保证离心选粉机的运转平稳，离心选粉机的设计也有一些可改进之处。目前各水泥厂正在使用的离心选粉机的减速箱中第一级传动绝大多数都是采用直齿圆锥齿轮进行传动。从实际使用情况来看，效果非常不理想。不仅传动不平稳，而且噪声很大，设备故障较多。有的水泥厂将直齿圆锥齿轮改为曲线圆锥齿轮(也称为螺旋圆锥齿轮)传动。改进后虽然运转的平稳状况大为改善，噪声也小得多，但仍存在一些问题。曲线圆锥齿轮传动的轴向推力较大。根据曲线圆锥齿轮的设计原则，应将推力方向选成使主动及从动圆锥齿轮沿其轴线方向趋向于分离，以增大轮齿间的间隙，免得重载时卡住。但离心选粉机减速箱的设计并未考虑这部分轴向推力。因此一些改为曲线圆锥齿轮传动的选粉机经常发生轴承和端盖被顶坏等设备事故。有的厂家只好将电机反转。但这样一来又会发生齿轮咬死、电机烧坏等设备事故。而且一般选粉机都是规定旋转方向的，改变转向后极大地影响了选粉机的选粉效率。鉴于以上原因，建议选粉机生产厂将离心选粉机由普通电机拖动改为立式电机拖动，如图 6.11 所示。这样既使结构更为紧凑，又能将圆锥齿轮传动改为圆柱齿轮传动，不仅可改善运转状况，也提高了传动效率。

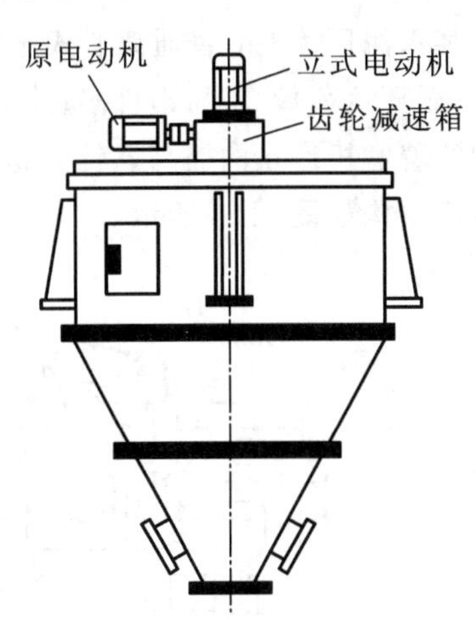

图 6.11 离心选粉机电动机对比安装示意图

(5) 改变固有频率

对已投入使用的球磨机房发生的晃动现象，此时仍应以改变球磨机房的固有频率作为首选方案。如改变球磨机房的固有频率确有困难，则可设法将离心选粉机转动部分的平衡校正好，以降低振动的策动力。离心选粉机转动部分平衡的校正主要有以下方法。

① 静平衡校正法。采用这种方法需要在安装离心选粉机的同一楼层上，靠近选粉机旁边有一个较大的空间。预先做一个支架，校正平衡时先将选粉机转动部分的各个部件包括撒料盘和大、小风叶等全部装好。然后将选粉机主轴水平放在支架上。要求主轴轴线保持水平，转动部分可以转动自如。如果主轴的某个方向偏重，则这个方向将始终向下。这时可在主轴另一边与其对应的位置固定大风叶的螺栓上增加一个适当重量的配重以抵消其偏重。这样的过程也许要反复进行几次。最后当大风叶转动后停止时可以停在任意随机的位置，则其静平衡校正就已完成。虽然静平衡与动平衡并不等同，但一般情况下保持选粉机的转动部分有较好的静平衡，对解决球磨机房的晃动确实是很有效果的。

② 称重校正法。这种方法比较简单易行。就是在更换离心选粉机大、小风叶特别是更换大风叶时，

对每一片风叶都分别称出质量，然后将质量相当的两片风叶装在主轴两边对应的位置。大风叶全部安装好后转动大风叶，用车床上调校工件位置的划针盘校正大风叶的最大外径，确保各个大风叶以及与其相对应的大风叶的最外边都在同一个圆周上，最后紧固所有风叶螺栓。称重校正法虽然没有静平衡校正法效果好，但因其简单易行，所以目前应用最为广泛。但由于绝大多数水泥厂仅称出大风叶质量对称安装，而没有注意用划针盘找准其安装位置，因此在许多厂有时效果并不太理想。

③ 增加配重逐步逼近法。这种方法一般用于 ϕ 4 m 以上离心选粉机的校正。先用划针盘大致找出大风叶可能偏重的方向，并在主轴对面固定大风叶的螺栓上增加配重。然后开动选粉机比较一下球磨机房的晃动是否有变化。根据晃动的变化再决定增减配重的质量或移动配重的位置。采取这种校正法需要比较丰富的经验，而且经常要反复多次才能完成。

(6) 及时更换磨损件

离心选粉机大风叶、小风叶、撒料盘以及主轴轴承的磨损都会使选粉机的运转失去平衡。特别是大风叶的不均匀磨损对球磨机房晃动的影响非常大，而且还会明显地影响选粉机的选粉效率。因此当离心选粉机的大风叶、小风叶、撒料盘和主轴轴承等磨损时应及时更换。还有主轴联轴节的装配是否正确，减速箱中传动齿轮的啮合是否良好都会影响到选粉机的平稳运转，也应给予足够的重视。另外有不少水泥厂介绍，他们用槽钢或工字钢对离心选粉机上端盖进行加固，对保证选粉机的平稳运转、防止球磨机房的晃动也有较为明显的效果。

6.22 一则改造普通离心式选粉机的经验

某水泥厂 ϕ 3 m 普通离心式选粉机结构如图 6.12 所示。在使用过程中，一直存在着振动大、选粉效率低、循环负荷偏高、易损件多、故障频繁、维修工作量和维修费用大等问题，降低了磨机的运转率，严重地制约着磨机产量的提高。针对这些问题，该厂从如下几方面对选粉机进行了全面、系统的综合改造。改造后结构如图 6.13 所示。

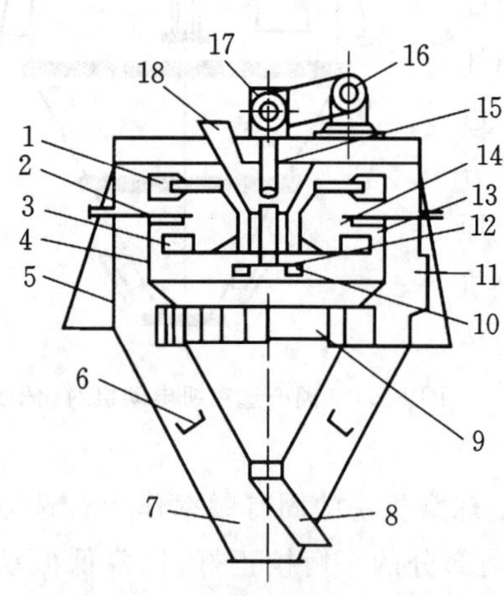

图 6.12 改造前离心式选粉机

1—大风叶；2—挡风板；3—小风叶；4—内壳体；5—外壳体；6—连接板；7—细粉出口；8—粗粉出口；9—回风叶；10—辅助风叶；11—细粉空间；12—撒料盘；13—粗粉空间；14—通风口；15—轴 16—电动机；17—圆锥齿轮传动；18—进料管

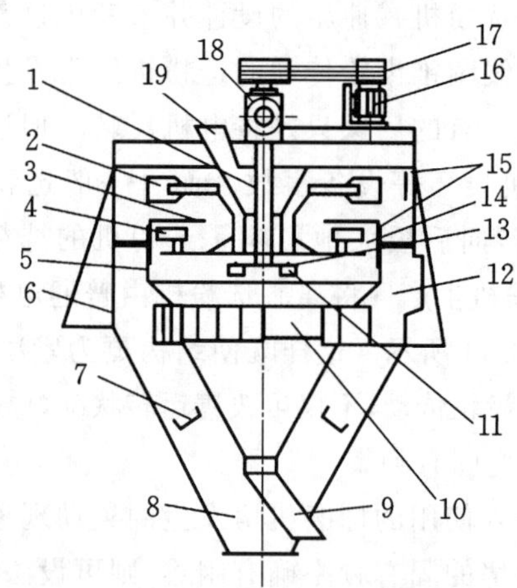

图 6.13 改造后离心式选粉机

1—轴；2—大风叶；3—通风口；4—小风叶；5—内壳体；6—外壳体；7—连接板；8—细粉出口；9—粗粉出口；10—回风叶；11—辅助风叶；12—细粉空间；13—撒料盘；14—粗粉空间；15—橡胶板；16—电动机；17—三角皮带传动；18—圆锥齿轮传动；19—进料管

(1) 将图 6.12 中圆锥齿轮传动 17 改为图 6.13 所示三角皮带传动 17；电机由 Y180-4、功率 22 kW，改为 Y225M-8、功率 22 kW，考虑到生料粉湿度较大，物料不易被充分扬起，将主轴转速从理论转速 256 r/min 增加到 272 r/min。改造后，设备运行平稳，无噪声，消除了原有设备的振动，由于设备构造简化，易损件减少，极大地减小了设备的维修工作量和维修费用，提高了磨机的有效运转率。

(2) 根据长期的生产实践证明图 6.12 中的挡风板 2 没有起到应有的调节产品细度的作用。排风口选定为内壳体 ϕ 1.5 m 的通风口径时，将 20 片小风叶逐步减为 8 片，成品细度仍然偏小，选粉效率低，循环负荷大，再由 8 片小风叶减为 4 片，效果也不明显，说明内壳体 ϕ 1.5 m 的通风口径偏小。将通风口径扩大，经反复试运行，由 ϕ 1.50 m 扩到 ϕ 1.65 m，扩大 150 mm，且小风叶安装使用 8 片时，较为合理。

(3) 将图 6.12 中的撒料盘 12 沿圆周焊上一高度为 30 mm 的挡料圈(见图 6.13 中 13)，将原分布在撒料盘上的 L30×50 角钢的内部空间堵塞，提高物料甩出盘边的速度。

(4) 在大风叶顺着回转方向的上端部焊上 30 mm 的径向挡风板(参看图 6.13 中的大风叶 2)，减少气流回旋现象。

(5) 在小风叶的固定连接螺栓部位增加 60 mm 衬垫，增加小风叶与撒料盘的距离，保证物料被充分扬起。

(6) 将 8 片辅助风叶(图 6.12 中 10)沿径向加长，使之伸出撒料盘 150 mm，根据主轴回转方向，安装成与主轴横切面成 30°角，产生向上的排风力，增加系统的循环风量。

(7) 将原有粗灰出料口进行加大改造，确保下料畅通，考虑到生产能力提高，GX300 的回灰螺旋输送机不能适应，将 2 台 GX300 螺旋输送机改为 1 台 GX400 螺旋输送机。

(8) 严格控制系统漏风量，确保选粉机内的循环风量和风速。由于在成品下料管上无法安装锁风阀，该厂就在成品 GX400 螺旋输送机内距入料口 1 m 处，将螺旋装置去掉一个导程的螺旋叶片，并安装一块橡胶板作为锁风装置。

(9) 在内外机壳易磨损处，增加图 6.13 所示橡胶板衬垫，减少了维修工作量，提高了设备的运转率。

(10) 在工艺布置上，将原来磨尾收尘器积灰进入选粉机，改为直接进入成品提升机，减少了选粉机的工作负荷；在工艺指标上，严格控制入磨物料水分，确保选粉机生产能力的正常发挥。

6.23 选粉机的机体振动是何原因

选粉机的机体振动，通常由以下原因造成：

(1) 选粉机的基础强度和刚度不够。许多水泥厂在技改过程中，由开路系统直接改成闭路系统，忽视了选粉机的基础，从而引起选粉机机体振动。对于这种情况，水泥厂可采取加固选粉机的基础予以解决。

(2) 安装精度不高。若电动机与减速器的同轴度误差较大，而电动机是用联轴器与减速器相连，减速器与选粉机上盖直接连接，减速器振动，便引起选粉机机体振动。解决这一问题的办法是：先松开联轴器上的连接螺栓和电动机与底座上的连接螺栓，移动电动机，把电动机和减速器上的联轴器卸下来，然后在减速器输入轴上装一只百分表，百分表测头靠在电动机轴上，用垫铁调整电动机，旋转电动机轴头，使百分表上的示值不大于 0.8 mm，再装上联轴器，拧紧所有螺栓即可。

(3) 转子不平衡。转子的平衡与否，对选粉机的振动影响很大，尤其是 ϕ 4 m 的离心式选粉机，大多是采用大、小风轮的结构，使用一段时间后，大、小风轮变形，或风轮叶片磨损不均，由于大风轮的回转直径较大，稍有不平衡，离心力就很大，引起机体振动。解决的办法是先调整大、小风轮，如效果不明显，可在大风轮上加配重，配重的大小及位置可根据情况而定。

6.24 离心式选粉机撒料盘及大小风叶的改造经验

离心选粉机撒料盘通常为圆盘式，堆料面为平面，物料落下时在高速旋转撒料盘上打滑、打转，即使物料抛出也远小于撒料盘边缘的线速度，使粉磨系统产量低、质量不稳定、能耗大。纪毅友提出改进的措施如下：

(1) 改进撒料盘。为了使落到撒料盘上的物料具有较高的动能，把平面撒料盘改成波纹面，即在撒料盘平面上均匀地焊接 6～8 根角钢，角向上，从而减少或避免物料在撒料盘上打滑、打转现象，使物料具有较高动能。物料在抛出撒料盘时能以较高的速度撞击壳体，进行二次碎散。

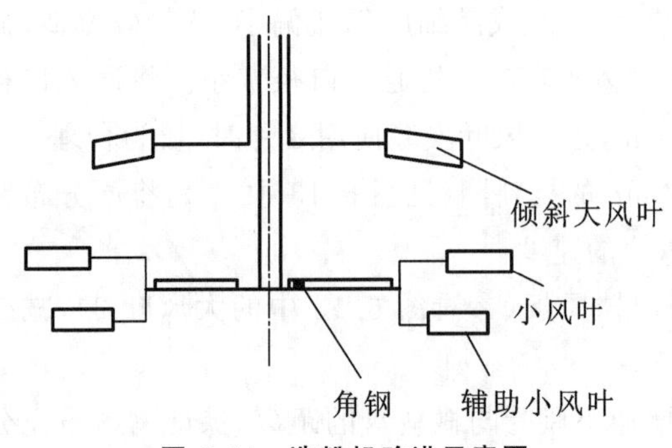

图 6.14　选粉机改进示意图

(2) 改进大风叶。把原平行于撒料盘的大风叶改成同撒料盘成一定角度，使之具有排风扇功能，可把气流向上排，在大风叶上方产生较高的气流速度，下方产生负压，把撒料盘、二次碎散中的细粉吸入。

(3) 增设辅助小风叶。在改进了大风叶角度后，形成了一定负压区间，但不能充分地把粗粉中的细粉吸入，为此在撒料盘下方增设一组小风叶，使物料在抛出撒料盘和撞击内壳壁时(二次碎散)被吹扬(细粉喷腾)，在负压状态下，细粉便较充分地被吸入，达到粗、细粉分离效果，结构示意如图 6.14。

6.25　一则选粉机联轴节的改进经验

某厂 ϕ3.5 m 离心式选粉机与 ϕ2.2 m×6.5 m 球磨机配套。在生产过程中，发现减速机与选粉机联轴节柱销经常磨损或折断，将柱销孔磨成椭圆形状，并引起振动，必须更换联轴节才能解决问题。更换时，需要将减速箱吊开，费工又费时，给检修带来不便。

产生此原因主要是选粉机运转过程中，柱销弹性橡胶圈承受不了运转过程中的挤力，加上有时撒料盘撒料不均匀，引起冲击和振动，使弹性橡胶圈很快磨损，形成柱销直接与联轴节接触，造成联轴节损坏。为此，该厂作了如图 6.15 所示的改进。

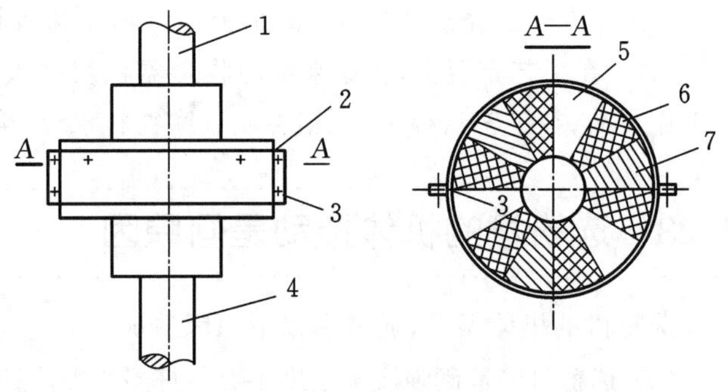

图 6.15　改进后的胶块联轴器

1—减速器立轴(上)；2—对开抱箍；3—固定螺栓；4—选粉机立轴(下)；5—下立爪；6—胶块；7—上立爪

改进后的联轴节运转良好，除更换中间橡胶块外，两年多来一直运转正常，从而保证了生产的连续性，也减少了不必要的检修。

它具有如下特点：

(1) 更换胶块方便，只需将联轴节外部的对开固定套卸下。

(2) 有消振作用，消除了刚性接触的可能。

(3) 微量的中心误差，可以维持生产至下一个检修周期。

6.26　把离心选粉机小风叶改成可调长度有何效果

某厂一台 ϕ4 m 选粉机与 ϕ2.2 m×7 m 生料磨配套使用，通过一年的使用发现存在许多问题。因该选粉机的细度调节是用增减小风叶的数量来控制的，即细度粗时增加小风叶；细度细时减少小风叶。但为了使选粉机的运行达到平稳，小风叶的增减必须偶数对称，否则选粉机将产生振动，影响设备的使用寿命。

因为该厂的细度控制范围很小(目标值 5%～6%)，而每增减一个小风叶将影响 2%的细度。因此，要想达到合格的产品细度及理想的循环负荷率很困难，有时不得不采用降低台时产量的消极手段来达到细度合格的目的。

为了解决这个矛盾，殷宪平提出采用改变小风叶的数量作为粗调节，用改变小风叶的径向长度作为细调节的方法。具体做法是：

在小风叶的前端 60 mm 处钻两个间距 80 mm、直径为 14 mm 的小孔，再取 1 块厚度($\delta=4\sim5$ mm)、宽度与小风叶相同，长度等于小风叶长度的 2/3 的铁板。并在小铁板上割出两道间距 80 mm 的滑槽，槽宽为 15 mm，长度为 100 mm，用螺丝将小铁板固定在小风叶上，使小铁板和小风叶的相对位置随意可调，如图 6.16 所示。

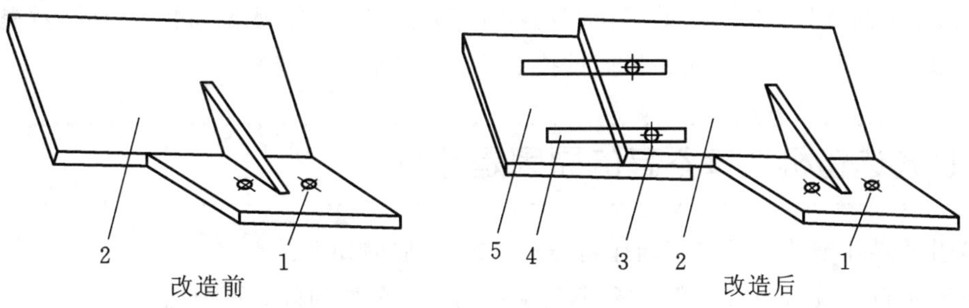

图 6.16　小风叶改造前后示意图

1—小风叶固定螺栓；2—小风叶；3—外加铁板固定螺栓；4—滑槽；5—外加铁板

使用时只要将固定螺丝松开，根据控制指标可调节小铁板的径向长度。

改进后可收到以下效果：

(1) 解决了因增减小风叶的数量引起的细度变化太大的矛盾。使细度的调节范围可缩小到 1% 以内。尽可能在细度控制指标范围内提高台时产量。

(2)把小铁板安装在小风叶的受力面，不但对小风叶起到保护作用，而且减少了它的更换次数。

6.27　降低离心选粉机电动机电流的一个措施

离心式选粉机电动机电流过高而且不稳定的主要原因是：物料在离心力的作用下粘到分级圈座内管壁上逐渐堆积(图 6.17)，将下料管与分级圈座管之间的间隙堵死，使下料管直管部分与堆积在分级圈座管上的物料形成硬摩擦，电动机负荷过大，电流过高，并且因长期摩擦，下料管直管部分磨损严重，每年需更换两次以上，影响了生产和经济效益。

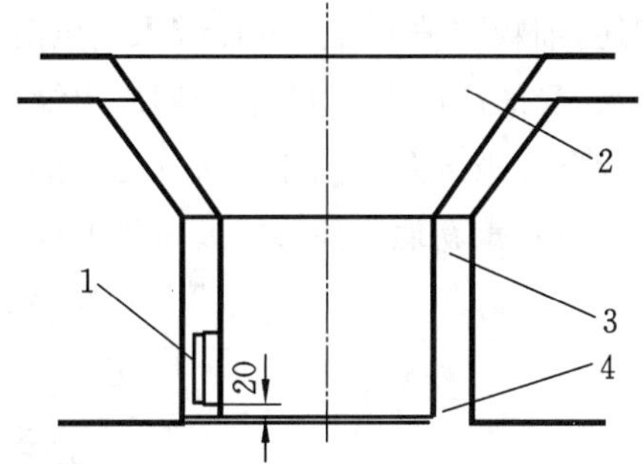

图 6.17　分级圈管部分示意图

1—钢丝刷；2—固定的卸料斗；
3—旋转的分级圈管；4—堆积的物料

为此，史中来提出了改进措施，用松解开的钢丝绳做一把钢丝刷(图 6.18)点焊在固定的卸料斗直筒部分的下面，将黏附在分级圈内管壁上的积灰及时刮下来，不让其堆积。

改进后电流下降了十几安培，并且比较稳定。9 个月下来，下料管完好无损，收到了明显的效果。

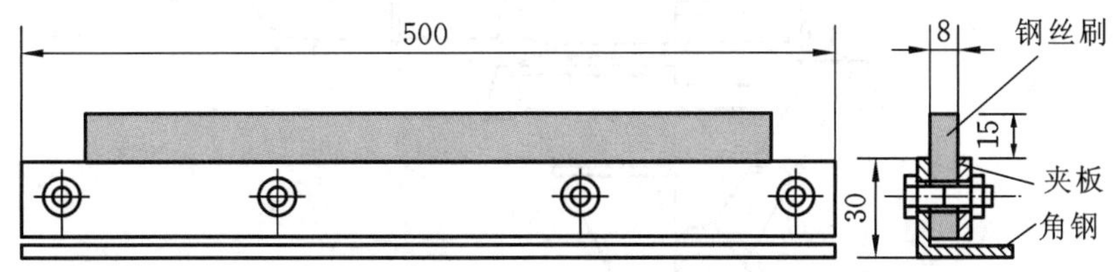

图 6.18　钢丝刷安装示意图

6.28　选粉机撒料盘起什么作用，对选粉效率有什么影响

选粉机撒料盘借立轴的转动，使物料向四周分散；物料离开撒料盘后，受离心力作用向内壳壁飞去，

形成了一层物料伞幕，循环风从回风叶上升时，冲洗这个物料伞幕，使粗细物料开始分离开来。物料分散的程度对粗细物料的分离效果有很大影响。而撒料盘的回转速度直接影响物料分散程度，物料撒出速度过高时会增加细物料碰撞内壳壁的机会，使选粉效率降低。反之，撒出速度过低时，会将粗细物料粘在一起，不易分离，同样会降低选粉效率。

近年来，为了提高选粉机的选粉效率，将撒料盘改为螺旋叶片式，或增加螺旋风叶，对提高磨机产量、降低电耗具有良好效果。这表明，选粉机通过技术改造是有潜力可挖的。

6.29 离心式选粉机效率不高的原因是什么

新型干法生产线上越来越不应该选择离心式选粉机，原因如下：

(1) 撒料时物料颗粒的分散程度不高，靠气流将粗细料分离的效果不理想。

(2) 机内气流含料浓度高，相当部分的颗粒相互干扰，混入的粗颗粒不易被分选，分选出的颗粒也会发生碰撞而沉落。因此，在返回磨机的粗粉中会混入数量不等的细粉。严重降低效率。

(3) 选粉的过程中，各种作用力在选粉机内随处改变，不同位置的分选临界尺寸也在变化，因此作为产品的粒径范围必然较宽。

（摘自：谢克平，新型干法水泥生产问答千例操作篇[M]. 北京：化学工业出版社，2009.）

6.30 简述旋风式选粉机的工作原理

小风叶和撒料盘由主轴带动旋转。离心风机代替了离心式选粉机的大风叶，产生循环气流。进入选粉机后，经滴流装置的间隙旋转上升，进入选粉室，物料从进料口落到撒料盘上后立即被抛出与上升气流相遇，细颗粒被上升的气体带入旋风筒内，借离心力收集下来，从细料出口卸出。而大颗粒的物料由于质量大，受的离心力也大，故向四周边缘运动，当它与内锥壁相撞击后，丧失了速度，便被收集下来，落到滴流装置处被上升的气体再次分选后落入内下锥作为粗粉，经粗粉口卸出，从旋风筒出来的气体经集气管和回风管重新返回离心式鼓风机形成了循环风流。旋风式选粉机示意图如图 6.19 所示。

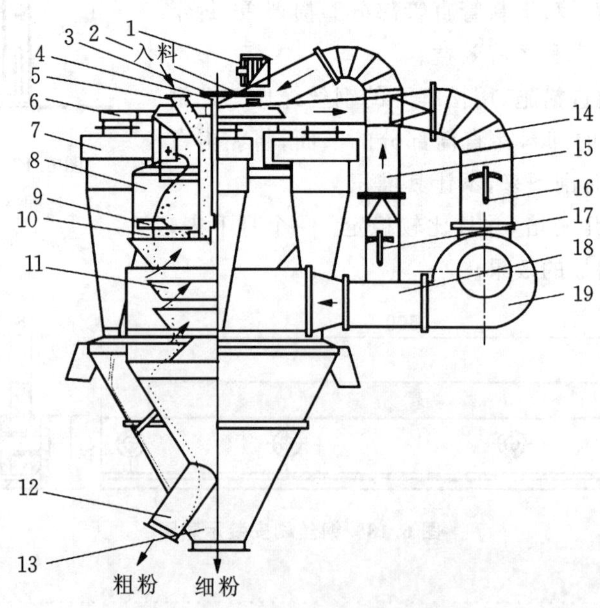

图 6.19 旋风式选粉机示意图

1—电动机；2,3—皮带传动装置；4—旋转轴；5—进料管；6—集风管；7—旋风筒；8—出风管；9—小风叶；10—撒料盘；11—滴流装置；12—粗粉出口；13—细粉出口；14—导风管；15—支风管；16—气阀；17—支管调节气阀；18—风管；19—风机

6.31 旋风式选粉机规格的表示方法和优缺点

旋风式选粉机的规格以选粉区圆柱体直径大小表示。如 ϕ 1.5 m 旋风式选粉机。

旋风式选粉机是利用外部风机产生的循环风来代替离心式选粉机中的主风叶，用旋风筒代替离心式选粉机内外筒细粉收集室的一种选粉机，其优点是：

(1) 选粉机内和旋风筒的循环气流，由专用的风机通风，其风量可以单独调节控制。

(2) 选粉机内的辅助风叶可以变速调节，以控制产品细度。

(3) 细粉通过旋风筒收集，使循环气流中含尘浓度降低，选粉效率高。

(4) 散热面积大，有利于冷却水泥。

主要缺点是：设备庞大，占有空间位置较大。

6.32 旋风式选粉机的主轴转数怎样计算

旋风式选粉机的主轴转数可按下式估算：

$$nD=300\sim500$$

式中 n——选粉机主轴转数，r/min；

D——选粉机直径，m。

例：ϕ 1.5 m 旋风式选粉机主轴转数

$$nD=300\sim500$$

$$n1.5=300\sim500$$

$$n=200\sim333$$

选粉机直径大，取 n、D 值也大些。

6.33 旋风式选粉机产品细度如何进行调节

调节旋风式选粉机产品细度的方法很多，通常有以下几点：

(1) 调节主轴转速。改变主轴转速就是改变辅助风叶和撒料盘的转速，加快转速，产品细度就细；反之产品细度就粗。

(2) 改变辅助风叶的片数。增加辅助风叶的片数，产品细度变细；反之产品细度变粗。

(3) 改变选粉室上升气流速度。提高上升气流速度，能使产品细度变粗；反之使产品细度变细。通常是改变支风管的闸门开启大小来改变选粉室上升气流速度。支风管闸门开时，产品细度变细；反之产品细度变粗。

6.34 旋风式选粉机粗粉和细粉的出口为什么要安装锁风装置

旋风式选粉机进风口锥体处在正压状态，从这里到粗粉排出口部分，如发生大量风向外泄漏，不但造成车间粉尘飞扬，而且也破坏了循环气流平衡与稳定，使循环风量降低，选粉效率将大幅度下降，破坏磨机各仓与选粉机间平衡，影响生产。另外，细粉的收集为六个单筒旋风收尘器，如细粉出口负压区发生漏风就直接影响细粉收集。因此，旋风式选粉机粗粉和细粉的出口必须安装锁风装置。

6.35 旋风式选粉机的产量怎样计算

生产水泥时，旋风式选粉机的产量按下式计算：

$$G=(4.7\sim5.5)D^2$$

式中 G——旋风式选粉机产量，t/h；

D——选粉室直径（即内锥体直径），m。

例如：ϕ 1.5 m 旋风式选粉机，生产水泥时，设计台时产量为多少？

解：生产水泥时，

$$\begin{aligned} G &=(4.7\sim5.5)D^2 \text{（取中值 5.1）} \\ &=5.1\times1.5^2 \\ &=11.5\ (\text{t/h}) \end{aligned}$$

6.36 旋风式选粉机的风量怎样计算

当操作温度在 100 ℃左右，成品筛析细度为 6%～8%，选粉浓度为 500 g/m^3 时，取内锥体气流上升风速 ω=3.4～4.0 m/s，计算循环风量。在选择风机时，按此风量再增加 10%～15%储备量后进行风机选型。风机的风压一般选铭牌 249 mm 水柱(2.4 kPa)左右即可。

例如：计算 ϕ 1.5 m 旋风式选粉机的风量，已知 ω=3.7 m/s(取平均值)，D=1.5 m。

解：

$$\begin{aligned} Q &=\frac{\pi}{4}D^2\omega\times3600 \\ &=\frac{3.1416}{4}\times1.5^2\times3.7\times3600 \\ &=23538\ (\text{m}^3/\text{h}) \end{aligned}$$

增加 10%储备风量得：

$$23538\times1.1=25892\ (\text{m}^3/\text{h})$$

6.37 如何正确操作旋风式选粉机

(1) 选粉机的循环负荷率控制在 100%～150%为宜。

(2) 产品细度主要由主轴转速来调节，其次调节小风叶的片数。

(3) 采用全风操作降低选粉机的选粉浓度，回风管闸门应全开或拆除。在调节产品细度时，支风管可少开。

(4) 稳定选粉机的循环风量。稳定旋风式选粉机循环风量是保证选粉机正常操作，提高磨机产(质)量的重要措施。在生产中选粉机循环风量变化应注意以下几点：

① 通风机采用三角皮带传动时转速要稳定，通风机转速降低，选粉机内部循环风量减少。

② 通风机叶轮的磨损情况。叶片磨损呈现缺口时风量减少，且产生振动。

③ 通风机的风量，随管路中阻力的大小而变化。管路阻力包括选粉机内部通道、旋风筒和风管三部分阻力的总和，约为 150 mm 柱(1.47 kPa)。必须保持管路中总阻力不变，风机的风量才能保持稳定。

④ 选粉机粗粉和细粉的出口锁风装置防止漏风。

(5) 选粉机选型时规格要满足磨机不同产品细度时的最大产量要求。

6.38 何为高效转子式选粉机，有何特点

高效转子式选粉机也称转子式旋风选粉机，是将笼型转子选粉机原理嫁接于旋风选粉机而开发成功的一种高效选粉机。由调速电机、主轴、分级圈、进风管、出风管、内筒、滴流装置、撒料盘、旋风筒和盖板组成，如图 6.20 所示。

高效转子式选粉机的技术关键是“分散”“分级”和“收集”，在结构上比旋分式选粉机有明显的改进。其在一台设备中，串联上、中、下三个选粉室，根据物料在选粉过程中的粗、细粉比例变化，合理安排分级

气流的方向、速度和流量，将涡流分级、惯性分级、离心分级等科学地组合于一体。选粉效率高，正常操作可稳定在85%以上，且结构紧凑、工艺布置简单，操作方便可靠，稳定性好。具有如下几个特点：

(1) 采用高抛撒能力的撒料盘，使物料分散均匀、充分。主轴传动选用了调速电机，可改变撒料盘转速，调节产品细度更加方便。

(2) 在撒料盘上方增加了一个笼形转子，其倒锥形的表面旋转产生的旋流及切向剪力，强化和稳定了离心力分级力场，增大了分散能力，提高了分级效率。

(3) 采用高效低阻的旋风筒收集细粉，增大了进风涡旋角，延长了含尘气流在旋风筒内的停留时间，从而提高了各级细粉和超细粉的收集量。

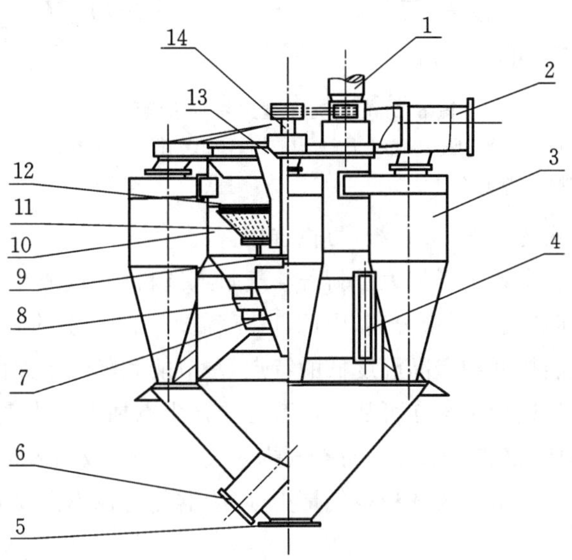

图 6.20 高效转子式选粉机结构示意图

1—调速电机；2—出风管；3—旋风筒；4—进风管；5—细粉出口；6—粗粉出口；7—内筒；8—滴流装置；9—撒料盘；10—选粉室；11—分级圈；12—盖板；13—进料口；14—主轴

6.39 O-Sepa 型高效选粉机基本原理及特点

O-Sepa 型空气选粉机可称选粉机的第三代产品。它是日本小野田公司针对普通空气选粉机分散性能差，颗粒容易聚集，参加分选过程的各种力和机内颗粒轨迹不确定，从而使选粉效率降低等缺点而研制的一种新型选粉机。这种选粉机于1979年通过工业试验，随后用于工业生产。其结构如图6.21所示。物料通过进料管9喂入机内，经撒料盘1和缓冲板4充分分散后，切向进入管10和11形成的分选气流之中。在分选区间，由于笼式回转调节叶片3和水平分料板2而形成了水平涡流，物料首先在此进行粗选，细粉排出并被收集，粗粉在导向叶片涡旋向下运动时，受到来自管10或11下部的空气的漂洗，然后用三次风12再次分选，最后粗粉从机底部卸出。

O-Sepa 型选粉机能为物料颗粒提供多次分选机会，在选粉区内由笼式叶片和水平分料板组成的回转涡轮，使内外压差在整个选粉区高度保持一定，从而使整个选粉区内的气流均匀稳定，为精确的选粉创造了良好条件。其特点是：

(1) 物料粒径分选精确，选粉效率高；

(2) 可在较大范围内控制产品细度，并且改进了粒径分布，有利于提高水泥质量；

(3) 能处理高浓度含尘气体，并将含尘气流作分选气流使用，而不影响选粉性能；

(4) 磨机可采取强力通风，并且选粉机内可引入大量冷风，有利于降低系统温度，提高粉磨效率；

(5) 产品温度低，不需要水泥冷却器，简化了工艺流程；

(6) 机体小，叶片和轮叶磨损率低，布置紧凑，维修简单；

(7) 可使磨机产量增加22%～24%，节能8%～20%。

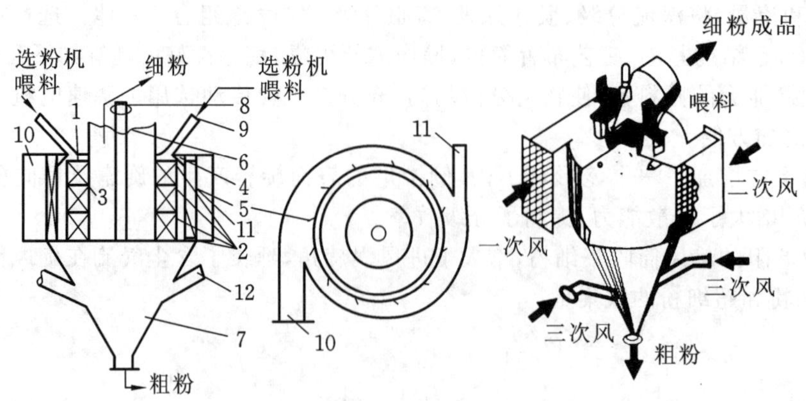

图 6.21 O-Sepa 型选粉机示意图

1—撒料盘;2—水平分料板;3—笼式回转调节叶片;4—缓冲板;5—导流叶片;6—细粉出口管;7—粗粉出口料斗;8—竖直回转轴;9—原料入口;10—含尘空气入口管;11—二次风入口管;12—三次风入口管

小野田公司推荐两种型式的 O-Sepa 系统,可供选用。

系统一:如图 6.22 所示。本系统可将大量新鲜空气引入选粉机内,全部选粉气流均被抽至能处理含尘浓度 500～1000 g/m³ 的高效收尘器中分离,因此,既不需要一次收尘的旋风筒,也不需要专门的水泥冷却器,具有工艺流程简单、能耗低和产品温度低的特点,是节能和降低水泥温度的理想系统。

系统二:如图 6.23 所示。这种系统亦可从磨机系统的含尘点抽吸含尘气体作为分选空气加以利用。但由于有较多的空气进行循环,仅有一部分选粉空气排入收尘器内,故引入机内的新鲜空气量较少,对水泥的冷却效果较差。由于排入收尘器的选粉空气量少,收尘器能力也不需要太高。

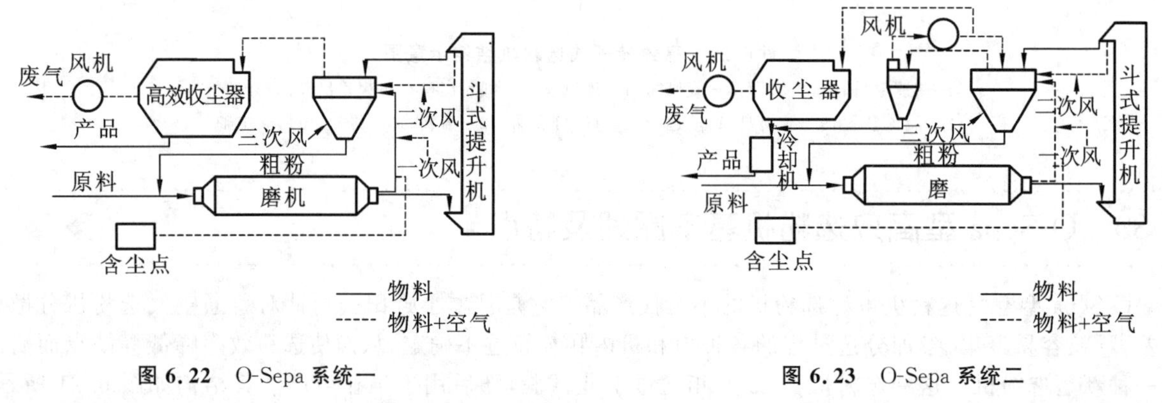

图 6.22 O-Sepa 系统一　　**图 6.23** O-Sepa 系统二

6.40 O-Sepa 选粉机的先进性表现在哪些方面

称为第三代的 O-Sepa 选粉机内有一个可调速笼形转子,转子上有竖向叶片及水平隔板。物料从顶部进入后由旋转的撒料盘向壳体四周抛出,在向下落的过程中,在转子与固定在壳体上的导流叶片构成的主分级区内形成了连续的垂直料幕,并在不同直径的位置准确分级,细粉被从一、二次风管吹入的分级气流一起带入后置的收尘器中作为产品收下,粗粉从下部的出料口返回磨机重新研磨。因此,O-Sepa 选粉机有如下优点:

(1) 因为它能将物料高度分散,而且均齐精细地分级,所以选粉效率高,处理高浓度粉尘气体的能力强,与前两代选粉机相比,不但可使磨机系统有 20%～30%增产及节电幅度,而且简化了系统流程。

(2) 由于分级精度高,可以使成品有较理想的颗粒级配,提高 3～30 μm 颗粒组成的比例,有利于水泥质量的改善。相同强度时可以降低比表面积 10～30 m²/kg。

(3) 通过改变转子转速,就可完成细度调节,而且细度控制的范围较宽。

(4) 引用冷空气作为分级气流,有利于降低水泥温度。原设计的三次风目的是对即将出机的粗粉再次清洗，事实上干扰了水平涡旋流场的分级，所以已经不用。

(5) 选粉机本体体积小、质量轻。但必须配备效果可靠的袋式收尘器，否则自身没有任何产品。

（摘自：谢克平，新型干法水泥生产问答千例操作篇[M]. 北京：化学工业出版社，2009.）

6.41 如何防止 O-Sepa 选粉机时而细度跑粗现象

O-Sepa 选粉机投产一段时间后，会出现细度突然变粗的现象，80 μm 筛筛余可以从 0.8%上升到 2.0%，甚至筛余物中混入大颗粒物料，并且调整风量与转速均无明显改善。这种情况多属于选粉机壳体上的密封槽和转子上的密封环组成的密封装置已严重磨损所致。

为此，有的厂对此进行了有效的改造尝试(图 6.24)。

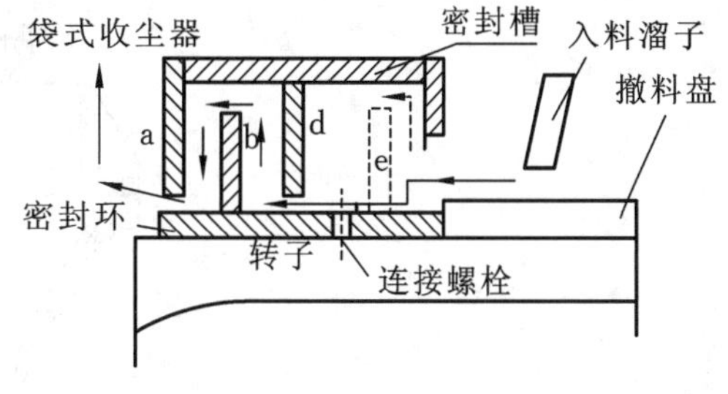

图 6.24 密封装置的改造

为了防止密封装置磨损后，使极少部分物料未进入选粉机就直接短路至收尘器成为产品(图中箭头所示)，在密封环上加焊一块密封板 e(图中虚线)，高度与密封板 b 相同，从而形成两个迷宫式密封，加强了密封效果。

施工中要做到，连接螺栓紧固后应在密封环与转子上表面满焊连接，防止螺栓失效松动。选粉机下料溜子上的挡料板加长使其距选粉机撒料盘 50 mm，使料尽量多地落在撒料盘上，以在选粉区分选。为了安装方便，密封环可按一周四块制作，保证 a、b、d、e 的间隙均匀，运转后不能有摩擦碰撞发生，就位后再焊接为一个整体。

（摘自：谢克平，新型干法水泥生产问答千例操作篇[M]. 北京：化学工业出版社，2009.）

6.42 REC 型选粉机基本原理及特点

REC 型选粉机如图 6.25 所示。出磨物料经提升机及空气斜槽喂入选粉机内，粗粉在机内沉降进入磨头，细粉则随气流进入外部旋风筒分离。分离后的气流经风机抽引可再返回选粉机中部气体入口进行循环。这种选粉机的特点是选粉效率高，产品细度可以在较宽的范围内调节。实际生产中，产品细度可通过改变选粉机主轴转速及气流速度进行调节。

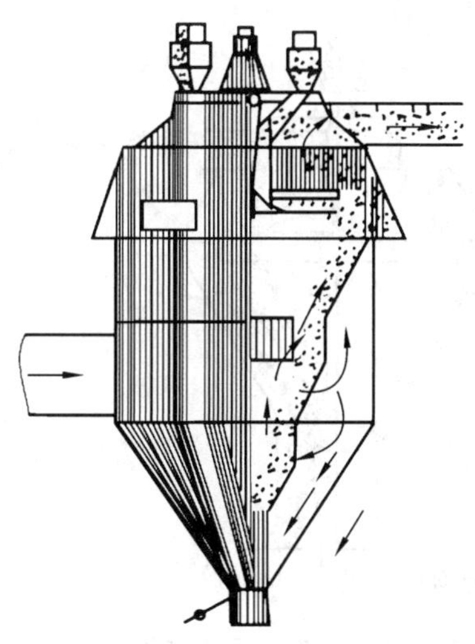

图 6.25 REC 型选粉机

6.43 RTE 型选粉机基本原理及特点

RTE 型选粉机如图 6.26 所示。它适合用于出磨物料采用提升机的磨机。出磨物料随气流从底部进入选粉机,同时,一部分物料由提升机从上部喂入选粉机。磨机的废气通过选粉机排出,然后经旋风筒、风机进入其他收尘设备。产品细度通过改变循环空气量进行调节,循环空气量调节范围很大,在产量高时选用这种选粉机十分适宜。

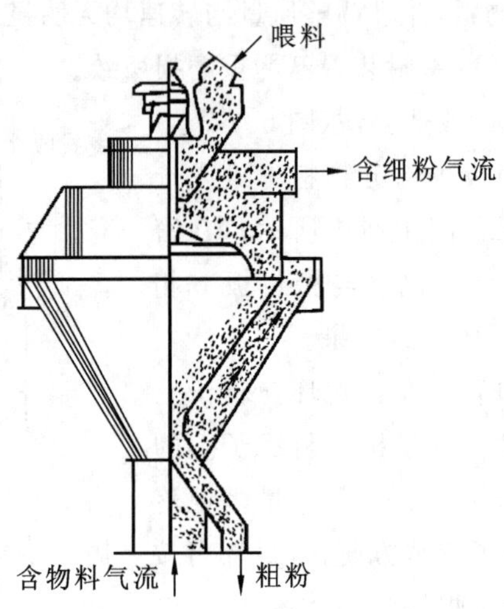

图 6.26 RTE 型选粉机

6.44 RT 型选粉机基本原理及特点

RT 型选粉机的原理与 RTE 型相同,采用外循环,它适用于风扫磨系统。磨机粉磨后的所有物料都是随出磨气流进入选粉机,粗粉由机底返回磨内,细粉则随气流经旋风筒分离,分离后的气流再经风机至收尘器处理后排出。由于这种选粉机是用旋风筒和风机单独控制风量,有利于细度的调节,以使风量满足烘干和粉磨的要求。其结构如图 6.27 所示。

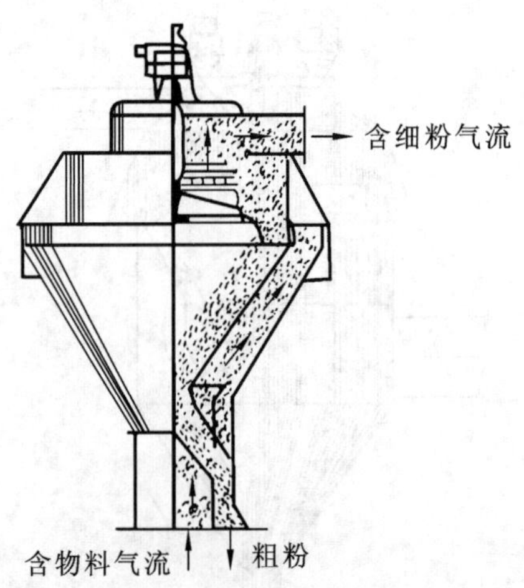

图 6.27 RT 型选粉机

6.45 SD型选粉机基本原理及特点

这种选粉机是日本石川岛公司产品，其结构如图6.28所示。

SD型选粉机的撒料盘为螺旋桨形，它与圆盘形撒料盘的对比示于图6.29。物料颗粒在机内分散，由于飞行距离长，故受到气流分选机会多；同时，在选粉室下部设有冲击板(图6.30)，它紧压在机内壁上呈层状，可使下降的颗粒群碰撞再次分散，并由上升气流把混入粗粉中的细粉再次排出。

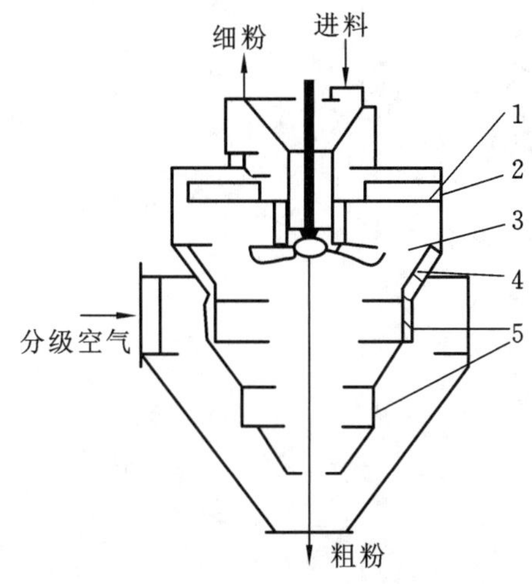

图6.28 SD型选粉机结构示意图

1—选粉室；2—分选叶片；3—螺旋形撒料盘；4—冲击板；5—导向叶片

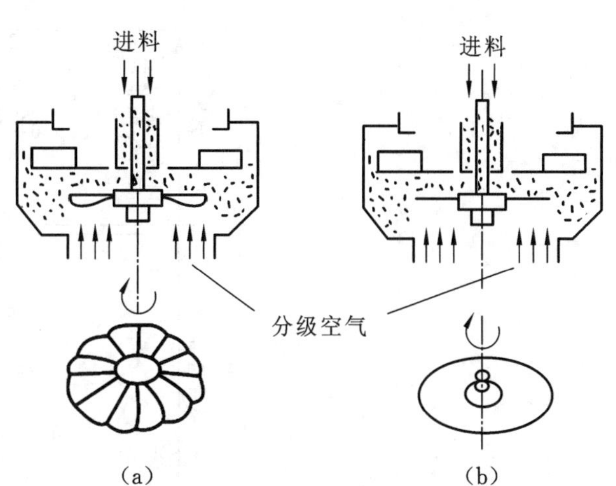

图6.29 螺旋桨形与圆盘形撒料盘

(a)螺旋桨形撒料盘；(b)圆盘形撒料盘

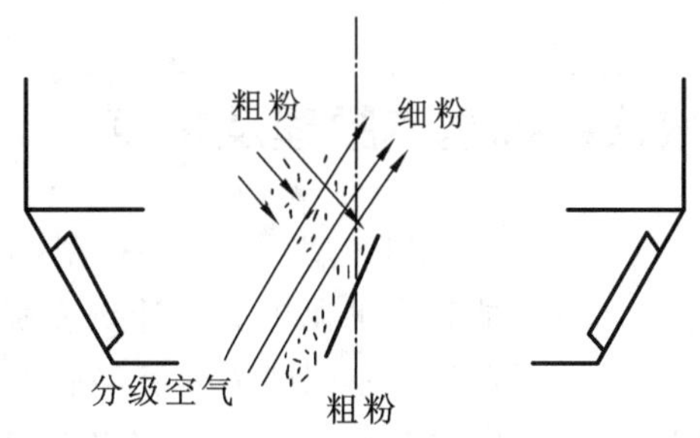

图6.30 冲击板示意图

SD型选粉机由于具有螺旋桨形撒料盘和选粉室下部设有冲击板，有利于提高磨机的粉磨效率和选粉机的分级效率，其特点是：

(1) 分级敏锐，选粉效率高。

(2) 产品细度可用分级叶片转数调整，分级性能稳定。

(3) 选粉空气量少，分级性能不受物料浓度影响，便于减小机体。

(4) 结构与普通空气选粉机基本相同，只需更换撒料盘和增设冲击板即可对普通空气选粉机进行改造，从而提高分级性能和粉磨系统生产能力。

(5) 由于机体小、处理物料量大，可降低基建投资和运转费用。

6.46 Sepax型选粉机基本原理及特点

Sepax型选粉机是丹麦史密斯公司的产品。它属回转笼式选粉机系列，生产中通过改变转子速度调

节产品细度。其结构如图 6.31 所示。出磨物料被送入选粉机下面的上升管道之中进行有效的分散，从而保证物料在进入选粉机之前得到完全的分散。物料在机内分选后，细粉随气流进入袋式收尘器或几个旋风筒中被收集下来，即为成品。粗粉在锥体下部沉降再返回磨内。循环风经风机返回到选粉机上升管道底部。碎研磨体等杂物落入上升管道底部排出，这样，就可最大限度地减轻选粉阶段的磨损，还可减少其重新入磨引起的磨机篦板堵塞事故。

这种选粉机壳体系由锥形截面组成，具有牢固、轻便的特点。其细长结构特别适合用于把开流磨机改成圈流，亦适合于一般选粉机的改造。

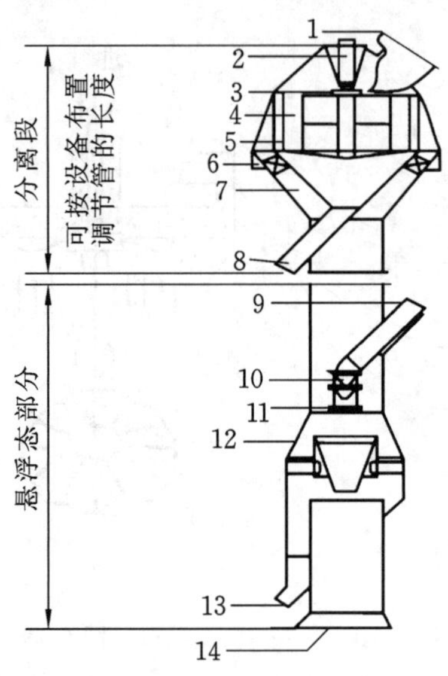

图 6.31 Sepax 选粉机

1—细粉出口；2—轴承箱；3—旋转轴接头；4—旋转风叶；5—导向风叶；6—支架；7—锥形粗粉室；8—粗粉出口；9—进料口；10—气封阀；11—撒料盘；12—碎研磨体排出管；13—碎研磨体出口；14—进气口

6.47 TLS 型组合式高效选粉机基本原理及特点

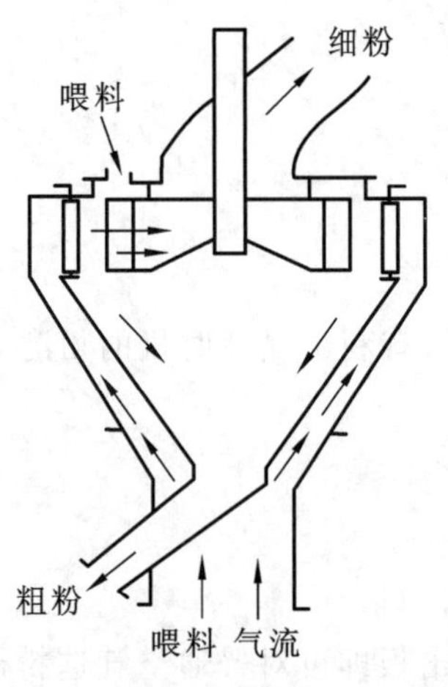

图 6.32 TLS 型选粉机基本结构示意图

TLS 型(含 TLS-C 型、TCX 型)组合式高效选粉机系列是天津水泥工业设计研究院吸取国际第三代笼式选粉机特别是O-Sepa型选粉机经验基础上研发的。其基本结构如图 6.32 所示。TLS 型选粉机实际上是笼式高效选粉机与粗粉分离器的紧密组合。它分为上下两个部分，上部为笼式选粉机，下部为粗粒分离笼。

TLS 型选粉机的物料主要从上部喂入，出磨含尘气流或窑系统废气由选粉机下部风管由下而上的进入粗粉分离器，因此它适用于生料制备作业中钢球磨及挤压粉磨等各种生产流程。

TLS-C 型选粉机是专为风扫式磨机设计，物料随出磨气流从下面进入选粉机内，通常用于风扫式钢球磨机系统。

TCX 型选粉机笼式转子由垂直叶片和水平隔板组成，并增加了消除涡流装置；选粉机内部无循环气流，降低了选粉区的选粉浓度；采用圆环状布置导叶风片，消除边壁效应；风量由外部风机控制；细度由转子转速控制，调节范围宽，分离粒径减小；同时，改进了设备耐磨及密封性能等。

6.48 TSU 型涡旋式选粉机基本原理及特点

伯力休斯公司生产的 TSU 型涡旋式选粉机如图 6.33 所示。其特点是主风叶采用涡旋型结构，而不是一般的板型结构，故效率高、转速低、磨损小；既可由上部进料又可从侧面进料（TSU-SE 型），有利于降低建筑物高度；上部进料时，采用扩散钟形罩作为分散装置，侧面进料时，斜槽卸料端装有集料斗，把部分物料堆集在轴心附近，均匀下到撒料盘上，有利于物料的均匀分散；既可采用单传动（TSU-E 型），又可采用双传动（TSU-D 型），采用双传动时，主风叶低速运转，撒料盘及辅助风叶变速传动，只要调整其转速即可调节产品细度；既可用于烘干生料（图 6.34）又可用于水泥成品冷却（图 6.35）。

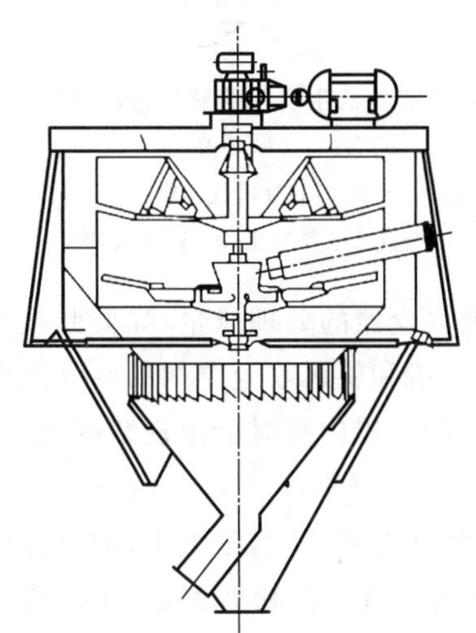

图 6.33 TSU 型涡旋选粉机

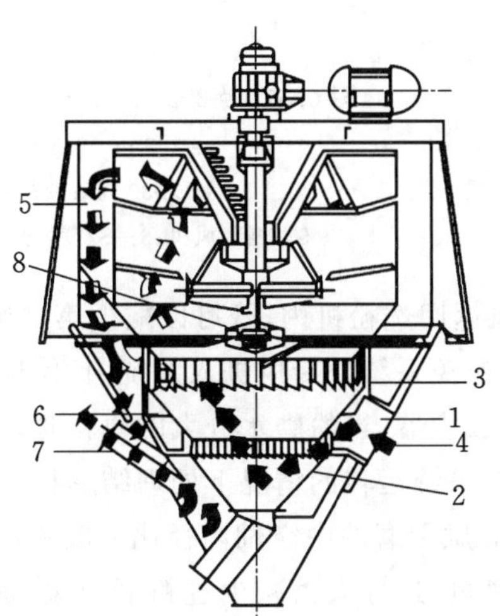

图 6.34 涡旋选粉机烘干物料结构

1—热气体入口；2—导入热气体用百叶窗；3—循环气体用百叶窗；4—热气体；5—循环气体；6—热气体分布区；7—排风管；8—控制下端轴承温度的冷却套

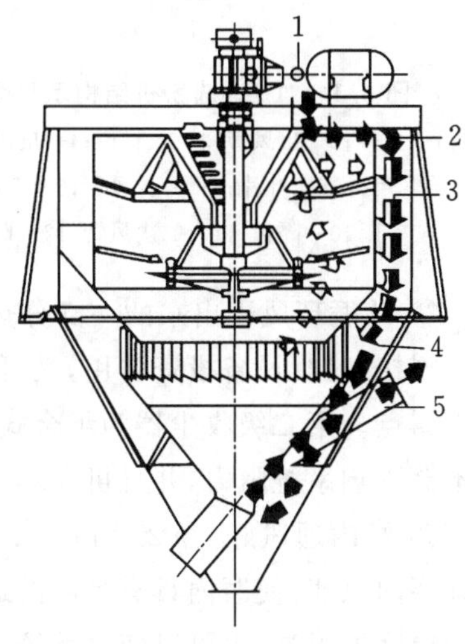

图 6.35 涡旋选粉机内冷却水泥结构

1—冷空气入口；2—冷却空气；3—循环空气；4—细粉集料区；5—排气管

6.49 HES 高效选粉机的基本原理及系统流程有何特点

(1) HES 高效选粉机的结构及原理

HES 高效选粉机属于第三代选粉机，其结构如图 6.36 所示。工作原理为：选粉气流由一、二次风管处切向进入，经导风叶片进入选粉室，然后通过叶片进入中心，从出风管排出。物料从入料口喂入，被撒料盘分散后进入分级室的气流中，经选粉后，细粉随气流从出风管排出，进入机外的收尘器，被收集下来即为成品。粗粉在选粉室内从上而下，回转降落，受到由一、二次风带来的气流的反复多次分级后落入灰斗，再受到三次风的冲洗，充分地除去混在粗粉中的细粉，然后由灰斗下部的出料口排出。

(2) 工艺流程

某厂 300 t/d 五级预热器工艺线上的 ϕ 2.2 m×7.5 m HES 选粉机生料闭路磨采用的是双风机循环系统，其工艺流程详见图 6.37 所示。

(3) 系统流程的特点

① 出磨气体连同气体中夹带的生料半成品直接进入选粉机内，由选粉机进行分级，从而可以确保生料成品颗粒级配合理且无粗颗粒，这样的生料粉有利于固相反应和熟料煅烧。

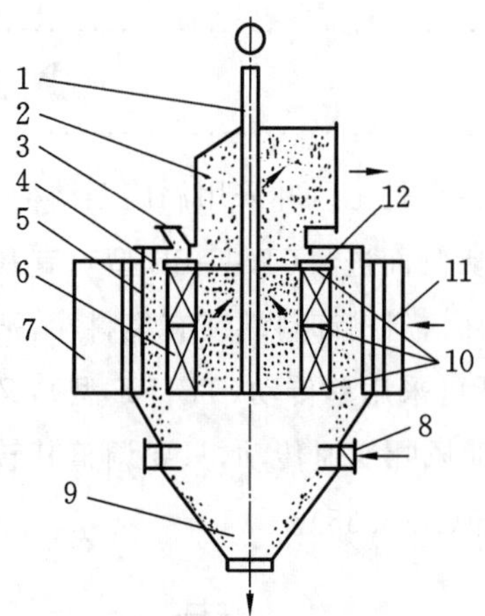

图 6.36　HES 选粉机结构示意图

1—立轴；2—出风管；3—入料口；4—反击板；
5-导风叶片；6—叶片；7——次风管；8—三次风管；
9—灰斗；10—隔板；11—二次风管；12—撒料盘

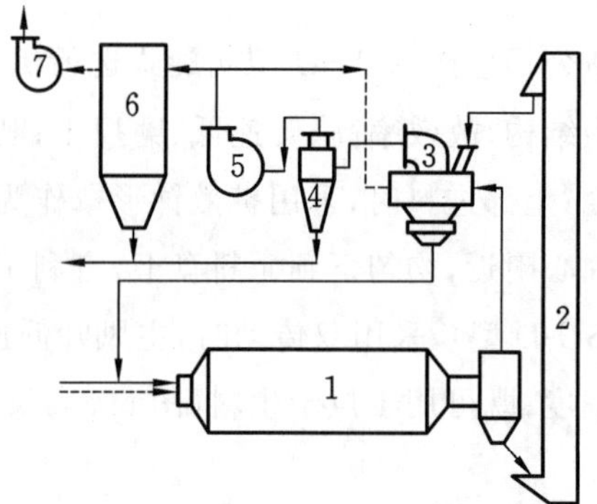

图 6.37　φ2.2 m×7.5 m HES 选粉机生料闭路磨工艺流程图

1—φ2.2 m×7.5 m 磨机；2—TH500 斗式提升机；
3—HES-30 高效选粉机；4—XS-30 高效旋风收尘器；
5—循环风机；6—SZD/3-φ1600 组合式电收尘器；7—后排风机

② 从循环风机出来的一部分热风返回选粉机内，既可以减少第二级收尘器的处理风量，降低此收尘器的规格，减少设备投资费用，又可以避免系统外冷风进入系统内，使选粉机和旋风收尘器内的空气温度高于露点。第二级收尘器为组合式电收尘器，当粉磨水分大的原料时，电收尘器内有时会出现结露现象，但不会影响系统阻力，并且可在不影响系统运转的情况下处理结露料。

③ 磨内通风好。φ2.2 m×7.5 m 烘干磨的中空轴内径比一般 φ2.2 m 的磨机大，阻力小，加上合理设计磨内风速，使磨内具有足够的通风量，这样大大减少过粉磨现象，提高了磨机的粉磨效率，使系统产量大幅度地提高，也可以使该系统对入磨综合水分的变化具有很强的适应性。在雨季，入磨综合水分高达 4%～5%时，HES 选粉机生料闭路磨系统仍能在不用加热炉的情况下正常运转，不糊磨，产量降低幅度也较小。这一优点使其适用于没有烘干机或烘干机效果不好的水泥厂。

④ 系统处于负压下操作，车间内无粉尘泄漏，环境污染小，也有利于延长车间内设备（如电机等）的使用寿命。

⑤ 操作简便，成品细度容易控制，只需在调好循环风机风门开度的情况下，调整选粉机立轴的转速，就可以大幅度调节产品的细度，不需要像离心式选粉机那样停机拆换风叶，大大减轻了劳动强度。另一方面，整个系统中的设备都是水泥厂常用的设备，操作容易掌握，运转可靠，易达标达产。

⑥ 电耗低，由于系统产量高，单位电耗也相应降低，一般降至 15～18 kW·h/t。

6.50　采用 TSU 型涡旋选粉机时如何调节成品的细度

(1) 改变小风叶-撒料盘系统的驱动直流电机的转速，以增减小风叶转速。若转速加快，成品变细；反之变粗（此时可不必停机）。

(2) 调整小风叶的径向位置。若往中心移动，成品变粗；反之变细（此时必须停机，并注意要对称布置，以防止不平衡）。

(3) 增减小风叶叶片数。若增加小风叶叶片数，成品变细；反之变粗（此时必须停机，并注意要对称布置，以防止不平衡）。

另外，下述两种方法，在万不得已时方可采用：

(4) 调整回风风叶的角度。α 角（叶片与圆切线之夹角）增大，成品变粗；反之变细。

(5) 调整与主电机相连的液力耦合器的注油量，以改变其输出轴的转速（但要注意，功率会随之改变）。

不管采用哪一种方法，必须注意要使选粉机的运行状况与磨机运行情况相匹配，不能顾此失彼，造成得不偿失。

6.51 DS 型组合式高效选粉机基本原理及特点

DS 型选粉机由中国合肥水泥研究设计院研制，它实际上是两台选粉机的紧密串联组合，其结构示意如图 6.38所示。在选粉机内串联了三个不同的分级室，上部分级室保留了笼型转子，中部分级室采用水平放置小叶片和新型撒料盘，下部分级室为涡壳和导向叶片。它利用同一选粉气流对物料进行三次分级，后两次分级都是对上一个分级室的粗粉再次分选，可使排出机外的粗粉中尽量少含合格的细粉，以提高选粉效率。分选气流是从下部分级室的切向入口进入机内，物料则是由上部分级室喂料口喂入。

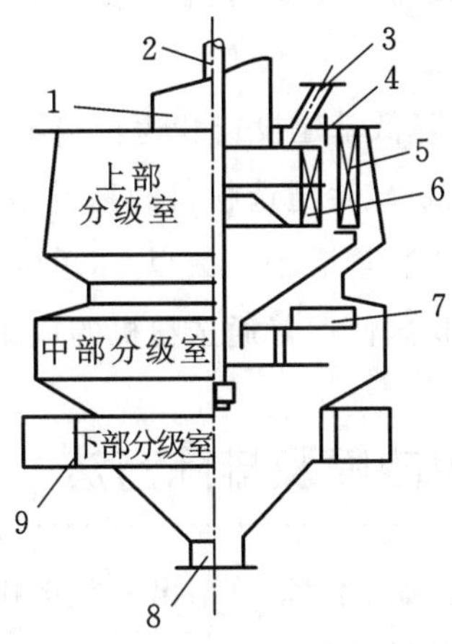

图 6.38 DS 型选粉机结构示意图

1—出风口；2—立轴；3—喂料口；4—反击板；5—导向叶片；6—上转子；7—下转子；8—粗粉；9—切向进风口

6.52 MDS 型选粉机基本原理及特点

MDS 型选粉机系日本三菱公司研制，称三菱双重选粉机，同该公司生产的三菱中卸磨配套使用，称MCD(Mitsubishi Center Discharge)系统。出磨含尘气流从选粉机底部进入，出磨物料经提升机等输送设备从机上喂入，分选后的粗粉从机内锥体返回磨机两端，细粉则随气流被风机抽出，经旋风筒收集成为成品，气流则经收尘器收尘后排出。MDS 型选粉机的结构示意如图 6.39 所示。

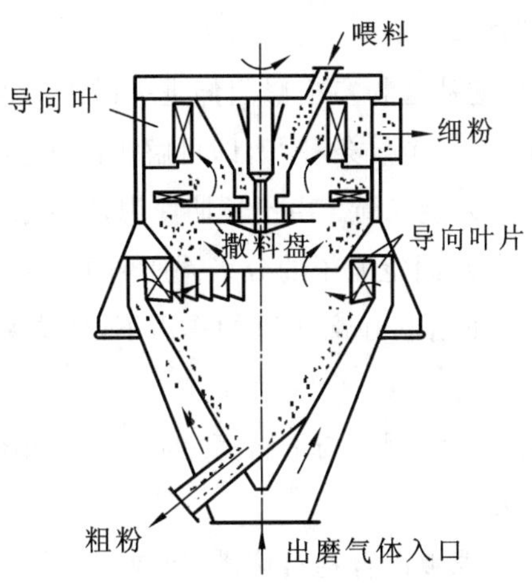

图 6.39 MDS 型选粉机结构示意图

6.53 具有螺旋桨形撒料盘的选粉机的特点是什么

SD 型选粉机由于具有螺旋桨形撒料盘和选粉室下部设有冲击板，有利于提高磨机的粉磨效率和选粉机的分级效率，其特点是：

(1) 分级敏锐，选粉效率高；

(2) 产品细度可用分级叶片转数调整，分级性能稳定。

(3) 选粉空气量少，分级性能不受物料浓度影响，便于减少机体质量。

(4) 结构与普通选粉机基本相同，只需更换撒料盘和增设冲击板即可对普通空气选粉机进行改造，从而提高分级性能和粉磨系统生产能力。

(5) 由于机体小，处理物料量大，可降低基建投资和运转费用。

据日本石川岛公司资料，SD 型选粉机较普通选粉机的物料循环比低 65%，选粉机的直径缩小 20%，分级风量降低 26.5%，单位截面积处理物料量增加 30%以上，单位处理风量降低 15%，分级效率为 80%～85%(细粉选出百分比)，这个经验值得我国使用普通选粉机的厂家借鉴。

6.54 转子式高效选粉机常见故障及排除方法

左学中通过长期对选粉机的改造、调试、维修，总结出有关选粉机在生产中常见故障及排除方法。使用该方法能在很短时间内找出故障，并及时排除。

(1) 选粉机产量突然下降

经检查，风管堵塞严重，特别是旋风筒上面的回风管、岔风管(图 6.40)，由于风管截面积减小，风机循环风明显减少，没有足够的风量将混合粉吹入转笼分离，就落到滴流装置成为回粉进入磨机。这是产量突然下降的原因。

排除方法：定期清理回风管。如回风管及岔风管上没有清灰门，要开设清灰门。

(2) 粗细粉不分，产品达不到指标

① 选粉机粗粉内锥体磨破，在高压风的作用下将粗粉吹到细粉外锥体内，结果部分粗粉混进成品内。可分别在旋风筒捅料门处和细粉下料管处取样。如旋风筒处样品筛析符合标准，而细粉下料管处样品筛析不合格，即可诊断为内锥体磨破。

处理方法：在停机后用 1 个电灯泡从选粉室检修门伸进去吊进内锥体，维修人员钻进外锥体内检查，发现内锥体有光亮处就是磨破的地方，用电焊条补好，即可解决问题。

② 部分混合粉未经转笼分级而进入旋风筒。由于长期使用，转笼上面的小风叶磨损变小，加大了笼子上法兰与筒壁及环状压风板之间的间隙；固定笼子的分级圈座与下料筒的密封圈磨坏，加大了转笼分级圈座内圈与下料筒之间的间隙。使部分混合料在高压风的作用下，从这两个间隙吹进旋风筒，如图 6.41(a)所示。

处理方法：安装标准小风叶，调整分级圈座与下料筒之间密封，如图 6.41(b)所示。

(3) 选粉机主轴电动机电流增大

转筒分级圈座与下料筒之间的间隙被混合物料堵满，形成很大的摩擦力，影响主轴的正常运转，使电动机的负荷增大，电流增大，直至烧坏电动机。

处理方法：①调整分级圈座与下料筒之间的密封；②在分级圈座内壁装上用 8 mm 钢板做的小刮刀，将黏附在下料筒上的混合料刮下来(图 6.41)，即可解决电流大的问题。

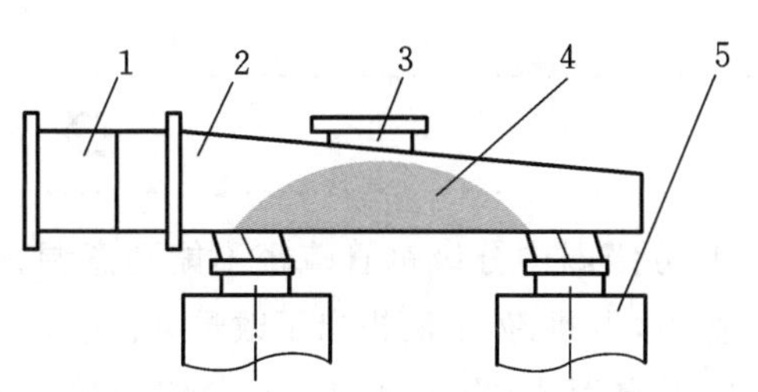

图 6.40 回风管积灰情况

1—岔风管;2—回风管;3—清灰门;4—积灰;5—旋风筒

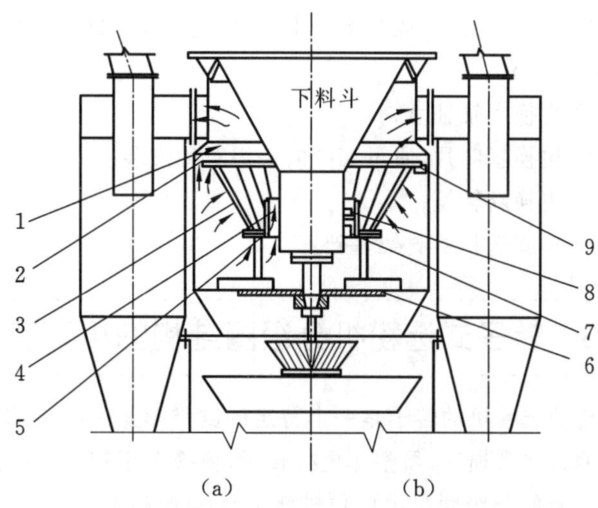

图 6.41 旋风筒处改进前后示意图

1—圆环板;2—小风叶磨损的间隙;3—转笼分级圈;4—密封圈磨损后的间隙;5—分级圈座;6—撒料盘;7—刮刀;8—密封圈;9—小风叶

(4) 选粉效率低,循环负荷率高

① 撒料不均匀,分级不清

处理方法:

a. 将平板式撒料盘改为螺旋桨式撒料盘;

b. 将光滑的选粉室内壁改成波纹式(图 6.42)。混合料经撒料盘撒在波纹状的筒壁上,不会直接下落,而是向中心二次扬起;

c. 在滴流装置处安装无动力撒料盘或下转笼,混合粉进行二次扬起,进一步分离。

② 混合料撒不开

a. 主轴轴承进灰,影响运转,使主轴转速低;

b. 主传动轮皮带太松,虽然调速表达到规定值,但因皮带松,主轴转速仍高不了。

处理方法:加强主轴轴承润滑,调紧皮带。

(5) 选粉机严重跑风、漏风

选粉机在工作时,有时会从各法兰处漏风,或风从选粉机下料管返到提升机,造成环境污染。

各法兰密封不严,或回风管及细粉锁风阀坏了,外部风从回风管、细粉锁风阀吸入,干扰了正常的循环风量。造成正负压不平衡,大于循环风量的风从下料管跑到提升机内,又从提升机跑到磨内,影响选粉机产量。

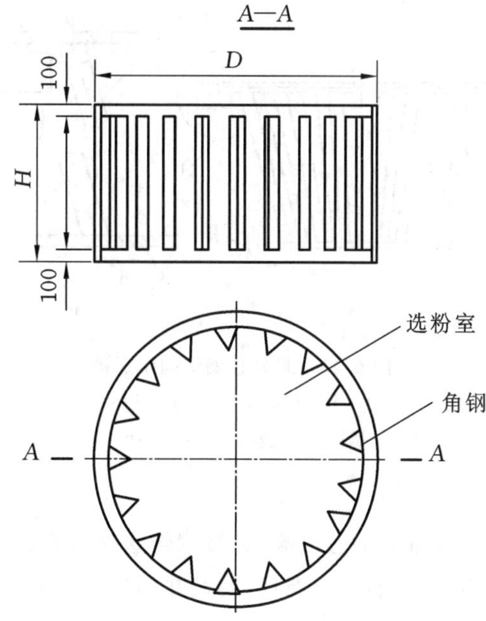

图 6.42 波纹式选粉室内壁

处理方法:

① 填好各道法兰的石棉绳,紧固好螺栓;

② 修好锁风阀及回风管。

(6) 选粉机振动太大

① 主轴轴承间隙大,使转子产生不平衡,造成选粉机振动;

② 支撑选粉机的支架脱焊;

③ 选粉机大、小风叶磨损不一致，或选粉机转笼笼栅磨破，引起转笼不平衡，使选粉机产生振动。

处理方法：

① 更换主轴轴承；

② 更换新叶片，质量相同的一组对称安装；

③ 更换新转笼；

④ 加固选粉机支架基础。

6.55 转子式选粉机分级圈结构的小改造

转子选粉机的转子是一个特定的倒锥形笼式固定结构，其分级圈中分级钢管疏密不能随意调整，且分级钢管在磨损后，须整体更换转子，更换费用较大，且费时费力，为此，孙苗法提出了改进办法。

原来的分级圈是由定位轴将分级钢管和上盘、下盘焊接固定而成(图 6.43)。其分级钢管不能像旋风式选粉机小风叶一样随意增减来调整物料的细度。针对这一情况，把原来的分级圈进行修改(图 6.44)，在上盘、下盘的对应面上均匀焊接相互与轴线对称的固定环座，并与固定环盖用螺栓连接(每个固定环座的固定环盖可分 2 块，以便安装)，在上盘、下盘的固定环座、固定环盖之间分别放有相同等份数(6 等份)的上圈环和下圈环，在每一等份的上圈环、下圈环上分别套有相对应数量的挡圈，并将分级钢管均分套在上圈环和下圈环上(隔一定数量的挡圈，套 1 根分级钢管)，并用轴用挡圈将分级钢管拉耳和挡圈揳紧并均布于与主轴轴线相对称的平面上。调整或更换分级钢管时，只需拆下固定环盖，调整或调换分级钢管和挡圈数量，再用轴用挡圈揳紧挡圈和分级钢管拉耳，使分级钢管均布即可。

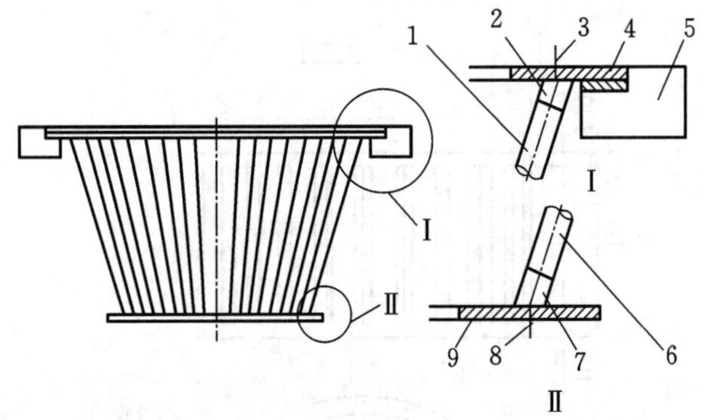

图 6.43 原分级圈结构示意图

1,6—分级钢管；2,7—定位轴；

3,8—螺栓；4—上盘；5—小风叶；9—下盘

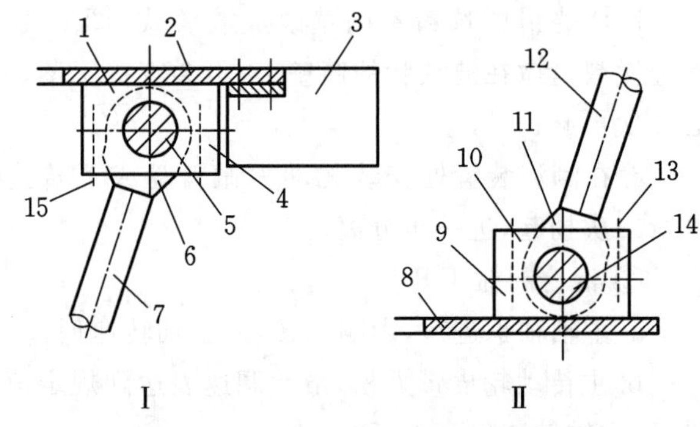

图 6.44 改进后分级圈结构示意图

1,9—固定环座；2—上盘；3—小风叶；

4,10—固定环盖；5—上圈环；6,11—拉耳；

7,12—分级钢管；8—下盘；13,15—螺栓；14—下圈环

改进后的分级圈、分级钢管磨损后或需调整分级钢管疏密程度时，不需整体更换转子，只需拆下固定环盖及上圈环、下圈环，调换并调整分级钢管数量，再用挡圈和轴用挡圈使分级钢管均布并对称布置于整个分级圈中。

分级钢管备件单一，磨损件较少，安装更换方便，维修周期短。原需 4～5 人，改造时间需要 3～4 d，且转子备件价格高。改造后，只需 1 人进入选粉室，1 人在选粉机外通过检修孔对分级钢管进行调换调整，1 d 之内即可完成，且 1 套分级钢管的备件价格只是原来的 1/5。

安装要点：

(1) 分级钢管均布于整个圆周，并与主轴轴线对称，如不对称或不均布可用增减轴用挡圈数量调整。

(2) 静平衡试验，其不平衡力矩不大于 1.8 N·m。

(3) 安装在水泥磨上的选粉机，分级钢管数量建议为 42 根或 48 根；安装在生料磨上的选粉机，分级钢管数量建议为 30 根或 36 根。

6.56 选粉机卸料管漏风的原因及处理

（1）故障现象

离心式选粉机卸料管漏风问题，在水泥生产中往往得不到重视，但漏风的危害，不仅体现在污染车间环境，影响岗位工身体健康，更严重的是影响选粉机的工作状况。粉尘从卸料管与选粉机及输送设备连接处冒出，或从卸料管磨损处溢出，致使车间乌烟瘴气，岗位工苦不堪言，选粉机工作效率也因漏风大为降低。

（2）原因分析

造成选粉机卸料管漏风的主要原因是：

① 选粉机系统锁风不好；

② 卸料管长期受到粉尘冲刷、磨损，致使在管壁穿洞、连接处密封失效。

（3）处理方法

① 经常检查选粉机锁风装置是否正常，发现问题及时排除。

② 对于磨损比较严重的卸料管要及时予以更换或焊补，防止漏风。

③ 在选粉机粗粉卸料管和选粉机进料提升机之间，增加一根连通管，让粗粉管漏出的风排入提升机。据介绍，这种疏导式锁风方法效果很好，不仅喷灰现象彻底消除，而且还可提高选粉效率。增设连通管工艺布置如图 6.45 所示。

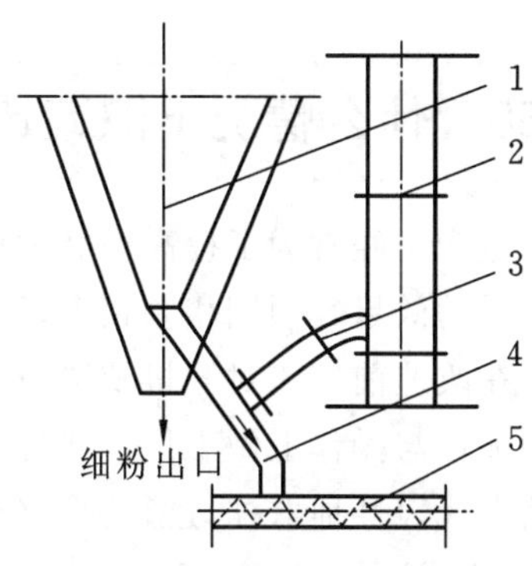

图 6.45　增设连通管工艺布置示意图

1—选粉机；2—混合提升机；3—连通管；4—粗粉出口；5—粗粉螺旋输送机

6.57 选粉机安装应符合哪些要求

（1）本问题适用于离心式选粉机、旋风式选粉机安装，也适用于电动回转式粗粉分离器安装。

（2）壳体纵横中心线位置度允许偏差不应大于±3 mm。

（3）上盖型钢梁的水平度允许偏差不应大于 0.2 mm/m。

（4）壳体标高偏差不应大于 5 mm。

（5）转子部分的零部件，必须按制造厂指定的标记进行组装，并进行静平面试验复查，其许用平衡力矩应符合图纸要求。

（6）主轴垂直度允许偏差不应大于 0.1 mm/m，可在主轴部分的上底加工面测量，允许在壳体支脚下加垫调整。

（7）主轴回转方向

① 离心式选粉机主轴回转方向与导流叶片位置如图 6.46 所示；

② 旋风式选粉机主轴回转方向与筒体进风管位置如图 6.47 所示；

③ 电动回转式粗粉分离器主轴回转方向与筒体出风管位置如图 6.48 所示。

（8）主轴、内外壳体的同轴度允许偏差不应大于 4 mm。

（9）旋风筒垂直度允许偏差不应大于 1 mm/m，全长不应大于 3 mm。

（10）所有连接处要求密封严密，不得有漏气现象。

（11）减速器输出轴不能压在主轴上，安装完毕的转动部分转动应轻快、灵活，无卡滞、碰撞现象。

（12）调整机构的调整极应刚好与内筒体顶面接触，手轮调节机构转动应轻快、灵活，无卡滞现象。

（13）冷却水管安装后，应做水压试验，水压在 0.4 MPa 时，不得有漏水、渗水现象。

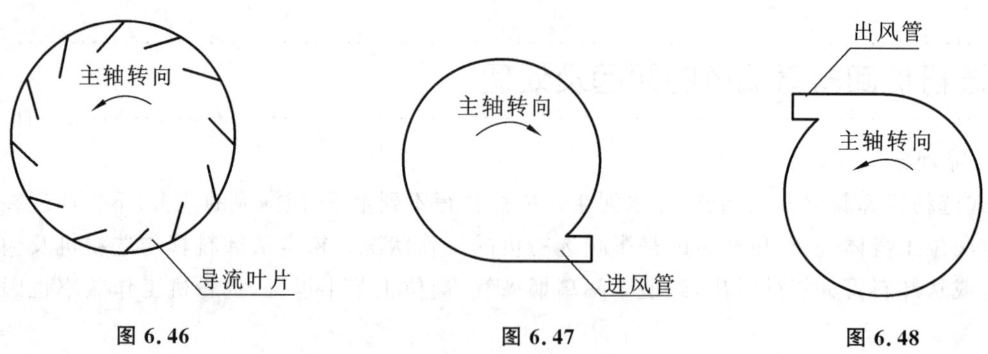

图 6.46　　图 6.47　　图 6.48

6.58 什么情况下改造选粉机才会有效

生产中经常为了提高粉磨效率、降低循环负荷，在改造现有选粉机上做文章。但是，有些企业改造选粉机后的效果与预期相差很多，可见再好的选粉机也要有适宜的应用条件。

在改造前应该对磨机及选粉机的运行状态进行评价，如果原有选粉机的选粉效率并不差，就应在磨机的配球与操作上做工作。评价选粉机的通常方法是泽普（Tromp）曲线法，即对磨机出料、选粉回料和产品有代表性地取样，进行粒度分析，得到在回料与产品中各个粒级范围的分级回收率，两个回收率之和理论上应该是 100％，通过对各级回收率的修正制得泽普曲线如图 6.49 所示，旁通量（回粉中的细粉含量）越小，选粉性能越好。只有旁通量大于 20％以上时，选粉机的改造才有效益。

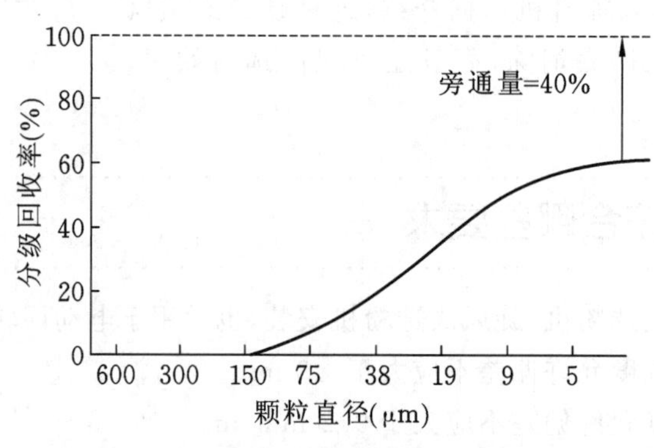

图 6.49　泽普曲线

制作泽普曲线进行比较时，循环负荷应当相同。因为循环负荷率小时的泽普曲线斜率会比循环负荷率大时的还要陡，但不见得它的选粉机效率就高。

另外，在改造选粉机后，对如下三个环节加以优化，方能使效益显著：减少磨内阻力及加大收尘系统能力，相应加大通风量；通过喂料量与磨机产量的关系，确定最佳喂料量；通过筛余曲线的制作，表明磨内研磨体的配置合理。

（摘自：谢克平，新型干法水泥生产问答千例操作篇[M]. 北京：化学工业出版社，2009.）

6.59 水泥磨采用高效选粉机为何细度小比表面积又小

在水泥厂中，表示水泥细度大小的指标主要有两个，一个是细度（筛余量），另一个是比表面积。水泥细度通常是指 0.08 mm 方孔筛筛余量，以质量百分比表示。筛余量越大表示水泥细度越粗，筛余量越小（通常称细度小）表示水泥细度越细。比表面积是表示单位质量水泥颗粒的外表面积的总和。相同质量的水泥，如果所有颗粒的外表面积总和越大，就说明该水泥越细，反之就越粗。

假设水泥的颗粒直径都在 0.06～0.08 mm 之间，显然该水泥的实际细度是很粗的，但用 0.08 mm 方孔筛去筛显然筛余量为零。如果用比表面积表示该水泥细度，就会发现该水泥的比表面积很小。

开路磨磨制的水泥颗粒分布比较广，通常既含有比较多的微粉，又有较多的大颗粒，所以，筛余量又大(通常说细度大)，比表面积也大。而闭路磨刚好相反，颗粒分布比较窄，既没有多少微粉，又没有多少的大颗粒，所以，筛余量又小(通常说细度小)，比表面积也小。选粉机的效率越高，这种现象越明显。

一般认为，对水泥强度发展起重要作用的是 3～32 μm 颗粒，其总质量占比应大于等于 65%，16～24 μm 的颗粒部分对水泥性能尤为重要，含量愈多愈好；小于 3 μm 颗粒应小于等于 10%；大于 65 μm 的颗粒活性很小，最好没有。

采用高效选粉机后，往往会由于水泥的比表面积下降太多而使水泥强度下降。

6.60 选粉机停机后应检查哪些内容

(1) 清理选粉机内的积料，并观察积料位置及原因，设法减少或消除。

(2) 检查导流叶片、笼子小叶片、撒料盘的磨损情况，磨损严重者应立即更换。

(3) 检查耐磨陶瓷片是否有脱落，对脱落面积较大的位置，必须修补。

(4) 检查转子是否灵活，有无摩擦和撞击声。

(5) 转子如有黏料，应予清除，并要注意维持转子的平衡。

(6) 检查减速机的油位，联轴节的同轴度及各连接螺栓的紧固情况。

(7) 清理稀油站，清洗滤油器。

6.61 选粉机在运行中应检查哪些内容

(1) 按常规要求检查电机与减速机。

(2) 稀油站工作是否正常。

(3) 检查主轴承润滑状况。对于稀油润滑的主轴承，要检查下轴承的空气密封状况，要求气压在 0.18～0.25 MPa，否则，稀油站会严重漏油；对于油润滑的主轴承，要定期加油并做好记录，重点监测转子主轴承温度。

(4) 看机体是否振动，有无异常响声。

(5) 壳体是否漏灰、漏风，是否有磨穿等情况。

(6) 检查回粉物料在斜槽中是否流动，翻板锁风阀动作是否灵活。

(7) 定时观察取样中粗粉与细粉的含量，以及物料颜色，判断选粉效果及粉磨系统的效率。

其 他 7

Others

7.1 何为助磨剂，其作用机理和使用效果如何

在粉磨过程中，加入少量的外加剂，可消除细粉的黏附和聚集现象，加速物料粉磨过程，提高粉磨效率，降低单位粉磨电耗，提高产量。这类外加剂统称为助磨剂。

关于助磨剂的助磨机理，较为普遍的看法是：加入助磨剂以后，磨内消除了静电所引起的黏附与聚结；表面活性物质由于它们具有强烈的吸附能力，可吸附在物料细粉颗粒表面，而使物料之间不再黏结；而且吸附在物料颗粒的裂缝间，减弱了分子力所引起的"愈合作用"，促进外界做功时颗粒裂缝的扩展，从而提高粉磨效率。

实际上助磨机理是一个复杂的问题。对于粉磨的不同阶段，助磨剂的作用有所差异。如果我们将粉磨过程的粗磨、细磨及超细磨划分为粉磨的初期、中期和后期，那么，粉磨初期助磨剂的作用主要是促进裂纹形成和扩展，直至断裂。助磨剂随物料加入磨内后，首先吸附在物料表面降低其表面能，也就降低物料的断裂强度，随微裂纹的形成和不断扩展，助磨剂分子进一步渗入裂缝内表面，起到了阻止裂缝愈合的作用。在粉磨的中后期，助磨剂主要起分散作用，延缓或减轻了细物料的聚结，尤其对高细磨物料效果更为显著。试验发现，不加助磨剂的空白料磨到一定筛余后细度就很难下降，这是由于随粉磨时间增加颗粒不断微细化，新生表面的表面能不断增加，抵消甚至超过机械粉碎作用力，达到研磨平衡。继续延长粉磨时间，会发现筛余有回升，说明物料发生了聚结。助磨剂的加入，能在物料表面产生选择性吸附，极性基团的定向排列起到桥联和键合作用，产生电性中和，消除了静电效应。减少了微细颗粒聚集的能力和机会，磨内粘球、粘衬板的现象减少，提高机械能的利用率，从而提高了粉磨效率。

目前磨机常用的助磨剂种类有：煤、木质纤维素、石油酸钠、多缩乙二醇、三乙醇胺等助磨剂。

加入适量的助磨剂的效果：

(1) 可以消除研磨体、衬板的黏附现象；

(2) 可以增加物料的流动性，可提高粉磨效率；

(3) 使"饱磨"现象可在短时间内消除。

7.2 助磨剂的助磨机理

提高管磨机粉磨效率的附加剂称作助磨剂，它能消除研磨体被物料黏附而形成的包裹层，并能分散已磨细的物料，不使聚集成块。

助磨剂的助磨机理有三种学说：

(1) 强度学说。认为助磨剂吸附在被磨固体物料的表面后，可降低该物料的表面硬度和强度，从而有利于粉碎过程的进行。助磨剂分子吸附在固体物料裂纹的内壁上，起到类似"楔子"的作用，不仅阻止裂纹闭合，而且促使裂纹扩大，加速断裂的产生。

(2) 分散学说。认为助磨剂中和微粒表面电荷，从而提高细粒物料的分散度，防止细粉黏附于粗物料表面，或彼此黏聚在一起。在选粉过程中，可使小颗粒更好地被选出。因而提高选粉效率，降低循环负荷率。

(3) 衬垫学说。助磨剂能消除或大大减少钢和磨机内壁上黏附细粉的作用，从而消除或大大减轻磨内的"衬垫效应"，增强钢球对物料的打击作用，提高粉磨效率。

实际上，在管磨机的粉磨过程中，上述三种作用助磨剂都具备。助磨剂的存在，既降低物料的强度，使物料易于粉磨；又消除、减轻衬垫效应，提高冲击研磨作用；还可防止细粉间成团聚集，加快磨内物料流速，提高粉磨效率；并能增加物料的分散作用，提高选粉效率，以及便于产品输送，还减轻水泥在贮存过程

中的压实和结块问题。

用大型管磨机粉磨水泥，或用一般规格管磨机粉磨高细水泥，或用微介质和高冲击频率的新型粉磨设备（如振动磨）粉磨水泥时，采用助磨剂可使物料在磨内的流速加快，过粉磨现象减少，产品中小于 30 μm 的颗粒多，产品强度高，且粉磨作业受高温的影响较轻，“包球”现象较少、程度较轻，有较好的经济效果。

7.3 如何选用水泥助磨剂

目前，我国水泥助磨剂产业发展得越来越快，水泥助磨剂产品已被大多数水泥企业所接受。然而，部分水泥企业在助磨剂的选用方面仍有些盲目。孙传胜认为，要科学选用助磨剂，应遵循以下几条原则：

(1) 应根据企业自身工艺状况合理选用助磨剂

助磨剂是一个个性化很强的产品，不能做到一种型号产品包打天下。水泥企业要根据自身的生产情况和工艺状况，合理选择助磨剂。

在市场上，既有粉体助磨剂产品也有液体助磨剂产品，其基本成分大都属于有机表面活性物质。粉体助磨剂掺量一般在 0.4%～1.0%范围内，液体助磨剂掺量一般在 0.025%～0.1%范围内。助磨剂按作用类型可分为助磨提产型、增加早期强度型、增加后期强度型、早期与后期强度同步增长型等。这些不同类型的助磨剂可以适应国内各区域不同熟料的特点和当地不同混合材的特性。因此，对不同的水泥企业来说，就应该针对自己企业的实际需求和要达到的目标，首先确定采用哪种功效的助磨剂。

(2) 应根据混合材特征选用不同的助磨剂

生产水泥时，如果所用的混合材是掺石灰石的，水泥强度将大幅下降，因此要选用能增加后期强度的助磨剂；如果是用矿渣作混合材的，就要选用增加早期强度型的助磨剂；如果混合材是掺粉煤灰的，就要选用同步增长型的助磨剂。总之，助磨剂的选用，应考虑到所要改善的混合材的种类和特性。

(3) 应选用符合国家标准和行业标准要求的助磨剂

国家标准《通用硅酸盐水泥》(GB 175—2007)及《水泥助磨剂》(GB/T 26748—2011)，是评定水泥粉磨用工艺外加剂能否用于水泥生产的技术依据。水泥企业在选用助磨剂时，一定要对助磨剂生产厂家的生产许可证、产品检验合格证进行必要的确认。确认为其签发证件的单位是否具备国家承认的认证资格，检验报告内容是否符合水泥新标准及行业标准的要求。这是确定选用哪种品牌助磨剂产品的首要条件。此外，水泥企业所选用的助磨剂产品必须以保证产品质量安全为前提，要求质量稳定，对人体无毒无害，对环境无污染。由于某些助磨剂的原材料是采用化工厂的下脚料或工业废料，因此生产时必须进行相应处理，以确保产品质量绝对稳定。助磨剂产品必须无毒、无腐蚀性，且无刺激性气味，保质期在一年以上。

(4) 应确保助磨剂掺量准确

助磨剂的合理掺量在 0.025%～0.5%范围，因此应选用掺量在 0.5%以内的助磨剂产品。如果掺量偏小，助磨剂将不能完全覆盖物料颗粒的表面，从而影响其作用的发挥；如果掺量在一定范围内偏高，助磨剂的效果会随着掺量的增多变得更好，但其使用成本也相应提高；但当掺量过大时，助磨剂的吸附作用会增强，导致其分散性降低，得到的效果反而不佳。

(5) 应选用不含盐、碱等有害成分的助磨剂

水泥助磨剂中若含有盐和碱，虽然能够激发水泥的早期强度，却对水泥的后期强度帮助不大，甚至使 28 d 以后的强度下降，从而影响到混凝土工程质量。因此，一定要选用不含盐、碱等有害成分的助磨剂。这是对混凝土工程质量的最基本的保障。

(6) 应选用与混凝土外加剂相适应的助磨剂

随着助磨剂在我国的推广应用，越来越多的水泥企业选择在水泥粉磨过程中掺入助磨剂。由于水泥

成品的变化，一些商品混凝土生产企业提出掺助磨剂的水泥与超塑化剂之间存在适应性问题，因此，水泥企业应选用与混凝土外加剂相适应的助磨剂产品。

7.4 助磨剂对水泥颗粒级配有何影响

众所周知，水泥产品必须磨制到一定细度状态时才具有胶凝性。细度状态可用多种方式表达：如细度指标(80 μm 和 45 μm 筛筛余)，其主要反映水泥中粗颗粒含量(%)；再如比表面积指标(m^2/kg)，其主要反映水泥中细颗粒含量；而颗粒级配分析可以全面反映水泥中粗细颗粒分布状态，是当前水泥企业调整、控制水泥性能的先进手段。

颗粒级配对水泥性能的影响在国内外已经进行了长期系统的调查、分析、研究，并取得了基本结论：对于高等级硅酸盐水泥来说，3～32 μm 的颗粒对水泥强度增长起主导作用，这类颗粒含量应大于 65%，其中 16～24 μm 的颗粒含量尤为重要；而小于 3 μm 的颗粒含量应小于 10%；1 μm 颗粒容易风化、结团，遇水会水化，对水泥性能不利；而大于 65 μm 的颗粒越少越好，最好为零。

使用水泥助磨剂后，磨机中的过粉磨现象会减少或消失，因此水泥中小于 3 μm 的颗粒含量会有所减少，大颗粒的比例也会因粉磨强度的增加而降低。如果水泥企业要改善自己产品的颗粒组成，可以在水泥粉磨过程中加入助磨剂，这是一种非常简便的方法；但要组合水泥的颗粒级配，则需要通过其他工艺措施才能实现。

不同厂家的水泥助磨剂，其配方、选料、生产工艺各不相同，即使同一厂家的助磨剂，也会因其目的不同，在粉磨过程中会有不同的效果。由于不同的助磨剂其性能存在较大的差异，水泥企业在使用时应针对本企业的实际情况进行科学选择。

7.5 助磨剂达不到使用效果的原因

(1) 由于各水泥企业的工艺条件千差万别，加入助磨剂后，助磨剂不能充分发挥自身的作用，因而使用效果达不到客户的预期目标，致使企业的经济效益不明显。助磨剂具有十分敏感的适配性，其组分和含量、掺量的多少均会影响使用效果，应根据不同客户的实际条件调整水泥助磨剂的组分及用量。助磨剂对不同企业的水泥、不同品种的水泥其适配性是不同的，对不同熟料、不同混合材及不同物料水分的适配性是不同的，对不同规格的磨机其适配性也是不同的。

(2) 一些中小水泥企业，特别是粉磨站，由于其熟料都是外购的，购进的熟料内在质量不稳定，且又不能较好均化，加之进厂的矿渣水分很大，又不具备烘干条件，这些都直接影响到助磨剂的使用效果。使用助磨剂后，在物料的使用上要保持均衡稳定，工艺设备应保持在良好状态，能适时、适当调整工艺技术参数，同时要控制好混合材的水分，把握好混合材的掺量与台时产量的合理平衡，才能充分发挥助磨剂的功效。

(3) 使用助磨剂后，可能使磨机的台时产量提高，但部分水泥企业的某些设备运行能力明显不足，如选粉机电流超高、出磨提升机能力不足、配料秤下料量达到极限等，这些因素都可能制约助磨剂的使用效果。使用助磨剂后，要求物料的配比、计量、喂料量要准确稳定，附属设备要有一定的富余能力，系统的通风及密封状况要保持良好。磨内的物料流速通常会加快，可适当调整磨机通风量和各仓研磨体级配、装载量等，将物料流速控制在合理的水平上。

(4) 使用助磨剂后，出磨水泥的细度(筛余或比表面积)指标不合理，对这些控制指标未作及时调整。使用助磨剂后，磨机内的粉磨工况将发生变化，出磨水泥的细度与颗粒级配的相关性、与水泥物理性能的相关性将发生变化，细度的控制指标需要根据物理性能的变化重新确定。

(5) 在使用前对助磨剂的选配、小磨试验、大磨试用、助磨剂调整等工作不够认真；在使用中对这些重要的工作，甚至在工艺、物料发生变化的情况下，都很少做，甚至干脆不做。

（6）应该特别强调的是，助磨剂产品的质量好坏，不仅仅表现在产品本身，其技术服务水平也是产品质量的重要组成部分。优质的服务水平、良好的服务态度、友好的沟通环境，是用户用好助磨剂的前提，而这恰恰也是我们助磨剂行业最需要完善的地方。

7.6 助磨剂使用注意事项

（1）保持助磨剂掺入量及入磨物料稳定：必须经常检查助磨剂流量，保证掺入量准确；避免大幅度调整助磨剂掺入量及大幅度提产，应在稳定生产中逐步调整，以免破坏磨况。

（2）跑粗或饱磨的处理：如出现产品细度、出磨细度（闭路磨）变粗，或出现循环负荷过高并产生饱磨现象，应适当降低助磨剂掺入量，或需通过降低产量来调整饱仓、跑粗等现象。

（3）入磨物料颗粒的大小与稳定：入磨物料的颗粒大小应该控制合适并保持稳定，颗粒尺寸的频繁变动易导致磨内粉磨情况不稳定，影响助磨剂使用效果。

（4）如出现粗仓容易饱磨而细仓偏空的状况，一般是因为提产幅度过大，导致粗仓破碎能力不足、粗细仓能力不平衡所致，应适当调整磨机研磨体的级配，适当增加粗磨仓的破碎能力。

（5）要适时适当地调整粉磨工况：磨机系统的各工况参数（如磨内的风速和风量，选粉机的风量和转速，磨机各仓填充率和研磨体级配等）应该根据粉磨情况进行调整。

（6）对于增强型助磨剂，在入磨物料调整后（混合材适当增加，产量不变时）磨音可能会格外响亮。应降低磨内通风以降低物料流速，调整选粉机以增加回粉量，使物料得到充分研磨，而不要以增加产量的方法降低磨音。

7.7 试用水泥助磨剂应该有哪几个步骤

试用助磨剂时，必须做好如下工作：

（1）首先应将使用助磨剂的主要目的及本厂的粉磨工艺及装备特点，如实告诉助磨剂的供应商，由供应商推荐助磨剂的品种。按照供应商所预计的加入量及价格，以及加入后所获得的经济效益对比，确定是否有必要进行试验。

（2）小磨试验能准确控制助磨剂的掺加量，能准确得到各种水泥性能指标的变化情况。但它毕竟不同于生产现场。

（3）工业生产性试验的工作量较大，但非常必要。在磨机运转稳定后，通过计量（如用固体助磨剂，计量设施较复杂）准确加入助磨剂后，观察磨机提升机负荷是否加大，磨音变脆，磨机的喂料量可以增加。如果没有这些表现，试验就不必进行下去。记录运行中的如下数据：磨机喂料量、系统电耗、循环负荷、产品温度、各设备功率、产品细度及成品化学分析。磨机急停后应进磨测量料面高度、钢球与料面的相对高度，观测隔仓板、衬板、钢球表面与物料的黏结状况，并取样品做筛余曲线。对磨机运行的各种参数进行调整，以实现新的最佳平衡。取样做掺加助磨剂后的水泥强度等各种性能的测试。

（4）向商品混凝土搅拌站提供加助磨剂后的水泥，听取用户的评价及意见。

（5）综合评价使用助磨剂前后的经济效益，以决定使用某种助磨剂的可行性。

（摘自：谢克平，新型干法水泥生产问答千例操作篇[M]. 北京：化学工业出版社，2009.）

7.8 助磨剂对水泥性能有何影响

助磨剂影响产品的颗粒形状、尺寸和级配，加上本身的存在，无疑会对水泥产品性能有影响。不同助

磨剂对水泥性能的利弊不一,情况复杂,成为使用中引起关注的又一问题。这方面的研究取得了如下一些经验。

(1) 二醇类、醇胺类助磨剂增大水泥浆标准稠度需水量,影响的大小取决于助磨剂本质。

(2) 二醇类、醇胺类助磨剂使凝结时间有不同程度的延缓,但也有人提出能缩短凝结时间。0.01%~0.02%的木质素化合物可稍为加速凝结,但延缓硬化。

(3) 二醇类、醇胺类助磨剂都使早期强度增高,胺盐、地沥青亦有类似效果。油酸显著延缓强度发展。乙二醇、甘油、向日葵油皂等可能使 3 d 内早期强度降低,但 7 d 后得以恢复。一般说来,助磨剂对水泥强度没多大影响,虽然有的可能会使早期强度降低,但 28 d 强度大致保持正常。同时,醇类等助磨剂使 28 d 强度增长 12%~20%。

(4) 助磨剂可能对水泥浆早期收缩有轻微影响,有的也可能影响水化初期物相和水化程度,二甘醇可使水化热增大。

(5) 助磨剂对孔隙体积和孔隙表面的分布有重要影响,还能影响水化硅酸钙凝胶的成分和表面积。

(6) 一些助磨剂有不同程度的起泡和引气作用,有助于改善水泥拌合物的流动性。脂肪酸类助磨剂能使水泥有疏水性,贮存时不易风化结块,拌和时则需仔细搅拌方能湿润。

(7) 助磨剂对水泥性能的影响也进而影响到混凝土性能。二甘醇能增大低水灰比混凝土的早期至 28 d 强度,稍微增加裹入空气量。多缩乙二醇等能改善混凝土的抗渗性,提高其与钢筋的黏结力。

7.9 木质素磺酸钙可否作为生料的助磨剂 

由于窑的产量提高,很多水泥厂的生料磨显得能力不足。陈益兰等通过一系列的小磨试验及工厂生产性试验证明木质素磺酸钙可作为水泥生料的助磨剂,显著提高生料磨的台时产量。

木质素磺酸钙是造纸厂和化学纤维纸浆厂的副产品,简称木钙,基本结构是苯基丙烷衍生物。木钙分子具有极性很强的磺酸基,是一种能降低界面张力的表面活性剂。

黑生料配比为:石灰石:黏土:铁粉:煤=74.5:10.5:3.0:12.0,生料化学成分见表 7.1。

表 7.1 生料的化学成分

烧失量	SiO_2	Al_2O_3	Fe_2O_3	CaO	MgO	Σ	*KH*	*SM*	*IM*
38.75%	11.97%	4.22%	2.81%	40.8%	1.45%	100%	0.98	1.7	1.5

选用 ϕ 400 mm×400 mm 球磨机,转速 60 r/min,装球量 82 kg,填充系数 40%。间歇式操作,每次喂料量 8 kg。入磨物料粒度≤10 mm。助磨剂随料一次加入,添加量分别为 0、0.1%、0.2%、0.3%。木钙粉和水配成 30%、40%浓度加入。取样检测时间为粉磨 20 min、30 min、40 min、50 min。

图 7.1 绘出了试验粉磨产品的筛余-时间曲线。曲线表明:添加助磨剂的生料筛余下降比空白样快。同样粉磨 20 min,空白样筛余是 14%,掺 0.1%~40%浓度的试样筛余降到 5.1%,而空白样筛余降到 5.1%需要 29 min。

图 7.2 绘制出了粉磨物料透气比表面积-时间曲线。曲线表明:随时间增加,空白样与加助磨剂试样的比表面积都上升,但后者比前者上升速度快(曲线斜率较大)。其中以 0.1%的 40%浓度溶液的添加量时曲线斜率最大,粉磨产品的比表面积最大。此掺量的 *S*-*t* 曲线近似于直线,表明粉磨遵从 Rittinger 定律(粉碎功与新生的比表面积成正比)。而空白样的 *S*-*t* 曲线稍往下弯,说明粉磨到一定细度的物料发生了某种程度的聚结。

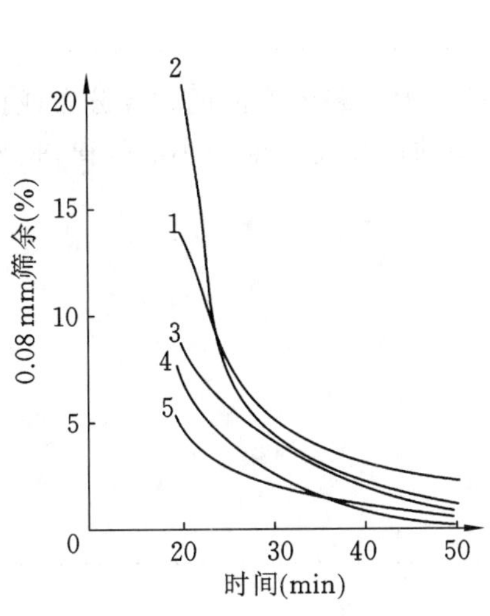

图 7.1 筛余-时间曲线

1—空白；2—0.3%的30%浓度；3—0.1%的30%浓度；
4—0.3%的40%浓度；5—0.1%的40%浓度

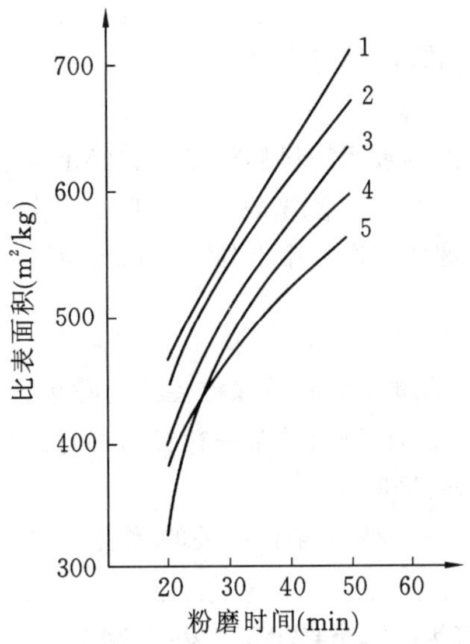

图 7.2 比表面积-时间曲线

1—0.1%的40%浓度；2—0.3%的40%浓度；
3—0.1%的30%浓度；4—0.3%的30%浓度；5—空白

因为生料含多种组分，一般说来黏聚现象较轻。但很多情况下，粉磨到一定细度时同样产生黏聚。将粉磨样品做电镜分析可见，加助磨剂的生料试样比空白试样的细度更高，比表面积更大，分散得更好。

将粉磨 20 min 的试样用日本岛津 SA-CP3 型自动粒度测定仪检测其颗粒分布，数据见表 7.2。可见加入助磨剂，粗颗粒含量减少。同时，小于 5 μm 的细颗粒明显减小，粒度趋于均匀，有利于减轻过粉磨现象。

表 7.2 颗粒组成分析数据(%)

试样 \ 粒度(μm)	>120	100～120	80～100	60～80	40～60	20～40	10～20	5～10	<5
空白	5.6	2.5	5.5	5.9	10.3	17.7	18.8	11.5	22.2
0.1%的30%浓度	3	2.1	3.7	4.5	12.5	19.7	20.8	13.4	20.3
0.1%的40%浓度	3.8	0.7	2.2	3.3	12.5	21	16.2	24.3	16
0.3%的30%浓度	12.3	3.1	6	5.6	12.8	19.8	20.9	25	20.1
0.3%的40%浓度	3.4	1.2	2.8	3.8	12.4	16.7	20.3	21.4	18

根据以上试验结果，助磨剂添加量以 0.1%并配成 40%的溶液加入为最佳。添加量达到 0.3%助磨效果变差。据有关工厂试验，ϕ 2.2 m×6.5 m 闭路球磨机的入磨物料粒度小于 15 mm，助磨剂从磨头均匀加入，试验结果见表 7.3，如果维持细度不变，添加助磨剂可以提高磨机产量，降低粉磨电耗。表 7.3 中数据说明，按本试验条件，磨机产量提高 25%～30%，电耗下降 20%～25%。

表 3 ϕ 2.2 m×6.5 m 球磨机试验结果

厂别	原料及配比(%)					细度(%)	助磨剂掺量	原产量(t/h)	加后产量(t/h)	产量增加(%)	原电耗(kW·h/t)	加后电耗(kW·h/t)	电耗下降(%)
	石灰石	黏土	煤矸石	铁粉	煤								
A	74.5	10.5		3.0	12.0	<5	0.1%的40%浓度	20.8	27.1	30.3	24	18.0	25.0
B	74.0	11.5		3.0	11.5	<6		22.9	29.2	27.5	25	19.6	21.6
C	73.5		14.5	3.0	9.0	<6		22.5	28.3	25.8	24	19.1	20.4

7.10 何谓粉磨速度

单位时间内被磨物料粒径缩小的变化速率称粉磨速度。一般以粉磨产品的粒径分布或比表面积的增加速度[$m^2/(kg \cdot s)$]来表示。在磨机中粗颗粒随粉磨时间的增加而逐渐减小的规律，是粉磨动力学研究的重要课题。通常用下列方式来决定。

$$\frac{dR}{dt}=R_0 e^{-kt^m}$$

式中 R——粉磨 t 时间后该粒径筛的筛余量；

R_0——起始物料的某一粒径筛的筛余量；

t——粉磨时间；

k,m——与磨矿条件有关的常数。

7.11 何为邦德粉磨工作指数

邦德(F. C. Bond)于 1952 年提出：粉碎物料所需的有效功与生成的碎粒直径的平方根成反比。在原始物料粒度为无限大，成品碎粒直径为 P 时，其表达式为：

$$W=K\frac{1}{\sqrt{P}} \tag{1}$$

在原始物料粒度直径为 F，成品粒径为 P 时，则：

$$W=K\left(\frac{1}{\sqrt{P}}-\frac{1}{\sqrt{F}}\right) \tag{2}$$

式中 W——粉磨每短吨(907 kg)物料输入的功率，kW·h/t；

P——成品粒径，以 80%通过的筛孔尺寸表示，μm；

F——粉碎前的原始物料粒径，以 80%通过的筛孔尺寸表示，μm；

K——系数。

如果将物料从理论上无限大粒度，粉碎到 100 μm，并将求得的有效功定义为物料的粉磨工作指数(W_i)，则：

$$W_i=K\frac{1}{\sqrt{100}} \tag{3}$$

从而

$$K=\sqrt{100}W_i$$

将此 K 值代入式(2)，则得：

$$W=W_i\left(\frac{10}{\sqrt{P}}-\frac{10}{\sqrt{F}}\right) \tag{4}$$

此公式即为用邦德粉磨工作指数求粉磨物料需要有效功的基本公式。

邦德在理论分析的基础上，搜集了大量的粉磨设备的生产数据，用多种物料在 ϕ 305 mm×305 mm 的试验球磨机上进行了大量试验，确定出粉磨工作指数的试验方法及计算公式。在选定分级筛径及标准试验条件下的原始物料及成品粒度后，在确定的闭路粉磨系统中粉磨，直至循环负荷稳定在 250%时为止，求得磨机每一转平均生产的通过 P_1 筛的物料量 G，即可求得 W_i 值。为了将试验磨机的粉磨工作指数与工业生产磨机的功耗联系起来，邦德又选择了有效内径为 ϕ 2.44 m 的溢流式球磨机，在采用湿法闭路粉磨时，以其驱动电机的输出功作为计算依据，找出粉磨工作指数的计算式为：

$$W_i=\frac{4.9}{P_1^{0.23}\cdot G^{0.82}\left(\frac{1}{\sqrt{P}}-\frac{1}{\sqrt{F}}\right)} \tag{5}$$

由以上公式，即可根据试验磨机测得的数据，直接计算出物料的粉磨工作指数(W_i)。虽然，世界各国水泥设备制造厂都有各自对磨机需要功率的计算式，但邦德的粉磨工作原理却是它们的基础。

邦德提出的各类物料的粉磨工作指数列于表7.4。它表示1短吨(907 kg)物料从理论上的无限大粒度粉碎到80%通过100 μm方孔筛所需要功的MJ(或 kW·h)数。它适用于闭路湿法磨机，当用于干法闭路粉磨时，应乘以系数1.30。

表7.4 邦德粉磨工作指数

物　料	相对密度	工作指数	物　　料	相对密度	工作指数
矾土	2.38	34.02(9.45)	石膏岩	2.69	29.38(8.16)
水泥熟料	3.09	48.42(13.45)	生产水泥的石灰石	2.68	36.65(10.18)
水泥生料	2.67	38.05(10.57)	僵烧菱镁矿	5.22	60.48(16.80)
黏土	2.23	25.56(7.10)	砂岩	2.68	41.51(11.53)
烧黏土	2.32	26.75(7.43)	矿渣	2.93	56.74(15.76)
煤	1.63	40.93(11.37)	炼铁高炉矿渣	2.39	43.78(12.16)
白云石	2.82	40.72(11.31)			

注：工作指数栏中，括弧外为MJ数，括弧内为kW·h数。

如前所述，邦德粉磨工作指数是在试验磨机测定后，选取ϕ2.44 m湿法溢流球磨机的驱动电机的输出功率作为计算基础的。当与上述磨机规格、粉磨条件、粉碎方式等条件不同时，必须对计算进行修正。几项主要修正系数如下：

(1) 磨机直径的修正系数(C_1)

对有效内径1.8～3.6 m的磨机，在计算功率消耗时，应乘以磨机直径修正系数C_1。

由于磨机输入功率与磨机有效内径的2.4次方成比例，粉碎能力与磨机有效内径的2.6次方成比例，从而这个幂数差0.2次方决定着磨机的机械效率，故对应有效内径2.44 m的磨机，其修正系数C_1应以下式表示：

$$C_1=\left(\frac{2.44}{D_i}\right)^{0.2}$$

对有效内径在3.6 m以上的大型磨机，能否适用，有各种意见，需从实践中判断。

(2) 开流粉磨的修正系数(C_2)

邦德提出的修正系数C_2见表7.5，它适用于干、湿法的各种开流磨机。

表7.5 开流磨机的修正系数(C_2)

90 μm生产用筛的筛余量(%)	C_2	90 μm生产用筛的筛余量(%)	C_2
50	1.035	10	1.40
40	1.05	8	1.46
30	1.10	5	1.57
20	1.20	2	1.70

(3) 微粉碎的修正系数(C_3)

邦德取成品粒径P为70 μm作为微粉碎的分界粒径，当产品粒径小于70 μm时，输入功率需以C_3修正：

$$C_3=\frac{P+10.3}{1.145P}$$

(4) 粉碎比的修正系数(C_4)

当粉碎比($R=F/P$)小于4时，按下式修正：

$$C_4=\frac{R-1.22}{R-1.35}$$

(5) 干法闭路粉磨的修正系数(C_5)

一般取

$$C_5=1.30$$

(6) 安全储备系数(C_6)

除以上修正系数外，尚有一些未知因素影响磨机动力消耗，故尚需考虑一定的安全储备系数。

因此，在考虑上述各种修正系数后，在磨机的产量为 Q/h，驱动电机功率效率为 η_m 时，参照式(4)，可用下式求得实际生产中磨机需要的动力：

$$N=\frac{W_i}{\eta_m}\left(\frac{10}{\sqrt{P}}-\frac{10}{\sqrt{F}}\right)Q(C_1\sim C_6) \tag{6}$$

式中 N——磨机驱动电机功率，MJ 或 kW·h。

同时，在工厂生产中，测定出实际的 N、η、P、F、Q 值，又根据上述条件确定了 $C_1\sim C_6$ 各项修正系数，则可求出生产磨机相当于 W_i 的实际粉磨工作指数 W_0。在已知 W_i 及计算出 W_0 时，利用下式可求得磨机的相对效率 η，以此可对磨机及选粉机的生产操作条件进行评价，并寻求改进生产的途径。

$$\eta=\frac{W_i}{W_0} \tag{7}$$

由上可见，粉磨工作指数(或易磨性)表征物料对粉碎的阻抗，它可定量地表示将物料粉磨到某一粒度所需的功。因此，许多国家的学者都很重视对物料粉磨工作指数的研究。通过不同的试验磨机，所装研磨体的规格及不同的质量，一般在磨机达到一定转速或粉磨物料达到一定细度时，测定其消耗的能量，试验的结果就是粉磨工作指数。邦德、托瓦洛夫(Tovarov)、哈特格罗夫(Hardgrovo)等所引用的粉磨工作指数都是这样得来的。

7.12 如何进行水泥原料易磨性试验(邦德法)

国家标准《水泥原料易磨性试验方法(邦德法)》(GB/T 26567—2011)规定了水泥原料易磨性试验的试验设备、试样准备、试验步骤及试验结果的计算等，可据此标准进行水泥原料的易磨性试验。其原理是用规定的磨机对试样进行间歇式循环粉磨，根据平衡状态的磨机产量和成品粒度，以及试样粒度和成品筛孔径，计算试样的粉磨功指数。

(1) 试验设备

① 球磨机

内径 305 mm、内长 305 mm 的铁制圆筒状球磨机，转速 70 r/min。

② 钢球

符合《滚动轴承　球　第 1 部分：钢球》(GB 308.1—2010)的规定，其构成见表 7.6，总质量不小于 19.5 kg。新钢球使用前需通过粉磨硬质物料消减表面光洁度。

表 7.6　钢球

直径(mm)	个数	直径(mm)	个数
36.5	43	19.1	71
30.2	67	15.9	94
25.4	10	合计	285

(2) 试样准备

按《煤样的制备方法》(GB 474—2008)，制备粒度小于 3.35 mm 的物料约 10 kg，以 100～110 ℃烘干，缩分出 5 kg 作为试样，其余作为保留样。

(3) 试验步骤

① 将试样混匀,用规定的漏斗和量筒测定 1000 mL 松散试样的质量,乘 0.7 即为入磨试样的质量。

② 按《煤样的制备方法》(GB 474—2008),缩分出约 500 g 试样,用筛分法测定其成品含量和 80%通过粒度。

③ 按《煤样的制备方法》(GB 474—2008),缩分出入磨试样。当试样的成品含量超过 1/3.5 时,先筛除该入磨试样中的成品,并补充试样至筛前质量。

④ 将试样倒入已装钢球的磨机;根据经验选定磨机第一次运行的转数(通常为 100~300r)。

⑤ 运行磨机至预定的转数;将磨内物料连同钢球一起卸出,扫清磨内残留物料。

⑥ 分离物料和钢球;用成品筛筛分卸出磨机的全部物料,称得筛上粗粉质量。

⑦ 按式(1)计算磨机每转产生的成品质量。

$$G_j=\frac{(w-a_j)-(w-a_{i-1})m}{N_j} \tag{1}$$

式中 G_j——第 j 次粉磨后,磨机每转产生的成品质量,g/r;

w——入磨试样的质量,g;

a_j——第 j 次粉磨后,卸出磨机的全部物料经筛分未通过成品筛的粗粉质量,g;

a_{j-1}——上一次粉磨后,卸出磨机的全部物料经筛分未通过成品筛的粗粉质量,g;当 $j=1$ 时 a_{j-1} 通常为 0,但若首次入磨的试样曾筛除过成品,则 a_{j-1} 还为未通过成品筛的粗粉质量;

m——试样中由破碎作用导致的成品含量,%;

当组成试样的各原料:

① 自然粒度都小于 3.35 mm,完全不需要破碎制样时,m 为 0;

② 部分需要破碎制样时,测定已破物料的成品含量,结合试样组成计算 m;

③ 全部需要破碎制样时,按试样组成将已破物料混匀后统一测定 m;

④ 当单一原料的自然粒度不完全小于 3.35 mm 时,需用 3.35 mm 筛将其筛分为两部分,并按两种原料来处理。

N_j——第 j 次粉磨的磨机转数,r。

⑧ 以 250%的循环负荷为目标,按式(2)计算磨机下一次运行的转数。

$$N_{j+1}=\frac{w/(2.5+1)-(w-a_j)m}{G_j} \tag{2}$$

⑨ 按《煤样的制备方法》(GB 474—2008),缩分出质量为($w-a_j$)的试样,与筛上粗粉 a_j 混合后一起倒入已装钢球的磨机。

⑩ 重复⑤~⑨的操作,直至平衡状态,如图 7.3 所示。

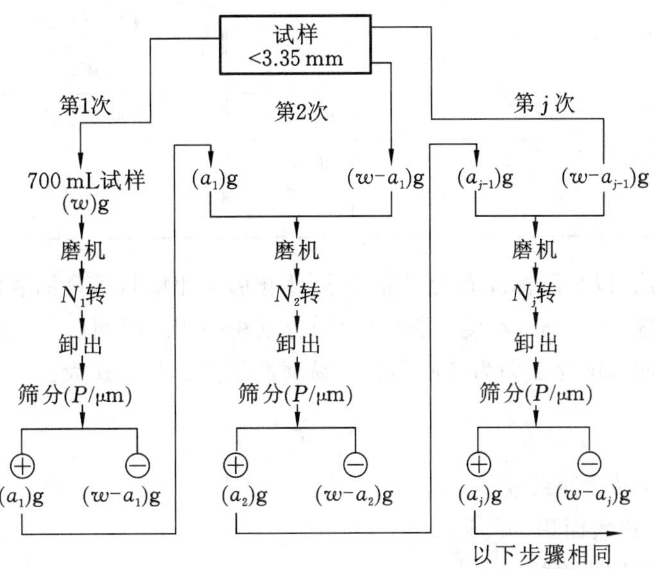

图 7.3 试验步骤示意图

⑪ 计算平衡状态三个 G_j 的平均值。

⑫ 将平衡状态所得的成品一起混匀，用筛分法测定其粒度分布，测定方法如下：称取成品 100.0 g，先用 40 μm 水筛洗去微粉，收集筛余物烘干后，再用 6 个 40～71 μm 的套筛进行筛分。根据粒度分布求成品的 80%通过粒度。

(5) 试验结果

① 计算方法

按式(3)计算粉磨功指数。

$$W_i=\frac{176.2}{P^{0.23}\times G^{0.82}\times(10/\sqrt{P_{80}}-10/\sqrt{F_{80}})} \tag{3}$$

式中 W_i——粉磨功指数，MJ/t；

P——成品筛的筛孔尺寸，μm；

G——平衡状态三个 G_j 的平均值，g/r；

P_{80}——成品的 80%通过粒度，μm；

F_{80}——试样的 80%通过粒度，μm。

当原料的自然粒度小于 3.35 mm 而无需破碎制备试样时，F_{80} 用 2500 代替。

② 表示方法

表示粉磨功指数时应注明 P，例如：W_i＝59.8 MJ/t(P＝80 μm)。

7.13 何为易磨性及易磨性系数 

易磨性是物料粉磨难易的性质，它与物料的种类和性能有密切关系。矿渣比熟料难磨、熟料比石灰石难磨是由于它们的种类不同；种类相同时，硬度小的物料比硬度大的易磨，因此，水淬快冷矿渣比自然慢冷矿渣易磨，高饱和比熟料比低饱和比熟料易磨，地质年代短的石灰石比地质年代长的石灰石易磨。

易磨性系数又称相对易磨性系数、相对可磨性系数，或相对可磨度。它表示物料的相对易磨性能。某物料的易磨性系数是该物料易磨性与标准物料易磨性的比值。该值愈大，易磨性愈好。物料的易磨性系数是影响磨机产量和电耗的主要因素之一。根据物料的易磨性可评价磨机的设计和操作情况。水泥工业几种典型物料的易磨性系数列于表 7.7。

表 7.7 水泥工业几种典型物料的易磨性系数

物料名称	易磨性系数	物料名称	易磨性系数
回转窑熟料 70%加矿渣 30%(质量比)	0.90	硬质石灰石	1.27
		泥灰岩	1.45
干法旋窑熟料	0.94	中硬石灰石	1.50
湿法旋窑熟料	1.00	软质石灰石	1.70
立窑熟料	1.12		

易磨性系数的测定法：以平潭标准砂为标准样品，用化验室小磨将等量标准样品和被测物料(取日平均样，破碎较大料块后，选 5～7 mm 粒度的料作试样)分别粉磨相同时间后，测定比表面积。被测物料比表面积与标准物料比表面积的比值即为被测物料的易磨性系数。其算式为：

$$K=\frac{S}{S_0}$$

式中 K——被测物料的易磨性系数；

S——被测物料的比表面积，m^2/kg；

S_0——标准样品的比表面积，m^2/kg。

7.14 改善入磨物料易磨性的措施

(1) 选择易磨性好的入磨物料

对生料磨而言,有条件时,选择地质年代近而不用地质年代久的石灰石;选择燧石含量少而不用燧石含量多的石灰石;选择硫酸厂废渣(铁粉)而不用块状铁矿石;选择粉砂岩、硅藻土、蛋白石而不用河砂等。

所用原料和配料率值不同,生料的单位粉磨功耗相差很大;即使同一个工厂,当原料不同时单位粉磨功耗也可差 2.5 kW·h/t 以上。

对水泥磨而言,宜用经过较长时间贮存、温度已大幅度下降且已出现许多裂纹的熟料,而不用刚出窑或出窑时间很短的熟料。据试验,粉磨已贮存 2~3 周的熟料,比粉磨刚出窑的熟料,粉磨电耗下降 25% 左右;粉磨贮存 6 个月的熟料,比粉磨贮存 20 d 的熟料,粉磨功耗降低 11.7%。另外,应选用易磨性好的混合材料,如用粉煤灰而不用煅烧后的块状煤矸石;用水淬矿渣而不用慢冷矿渣;用石灰石而不用矿渣或钢渣等。

水泥粉磨站,有选择熟料的条件时,宜用新型干法回转窑或湿法回转窑熟料,而不用老式干法回转窑熟料;用立窑熟料,而不用回转窑熟料。

(2) 条件允许时,有意识地生产易磨性较好的熟料

窑型相同,但所产熟料的粉磨功指数可以有很大差异。例如,都是湿法回转窑熟料,粉磨功指数低者仅 13.12 kW·h/t,高者达 23.27 kW·h/t;同为中空窑(包括中空余热发电窑、立波尔窑)熟料,粉磨功指数低者为 17.41 kW·h/t,高者达 25.28 kW·h/t;同为立窑熟料,低者为 15.61 kW·h/t,高者达 22.09 kW·h/t。熟料粉磨功耗之所以有这样大的差别,与原料性能、熟料率值和煅烧操作的关系很大。因此,应有意识地生产易磨性较好的熟料。

① 从率值上讲,生产饱和系数稍高、硅酸率稍低的熟料。有的资料记载,饱和系数由 0.90 提高为 0.95 时,熟料的易磨性系数提高 0.10;硅酸率从 2.4 降为 2.0 时,熟料的易磨性系数约提高 0.08。

改进配料方案,采用原料预均化和复合矿化剂技术,使用生料配料率值控制系统,制备成分、细度适宜且稳定的生料,进行生料均化,提高窑的煅烧操作水平,都有利于生产高 KH 值熟料,改善熟料的易磨性。

② 从矿物成分上讲,应生产 C_3S 含量高的熟料。因熟料的易磨性系数随 C_3S 含量的增多而直线性地增大。据报道,熟料的 C_3S 含量由 40%增为 50%时,其易磨性系数约提高 0.10;再增为 60%时,易磨性系数又提高约 0.10。另有资料指出,应生产 C_2S 含量低的熟料,因为熟料的易磨性与 C_2S 含量有表 7.8 所示的对应关系。

表 7.8 C_2S 含量与熟料易磨性的关系

C_2S 含量(%)	5	10	15	20	25	30	35	40
易磨性系数 K	1.10	1.05	1.00	0.95	0.89	0.82	0.75	0.68

从化学成分上讲,在 Al_2O_3 和 Fe_2O_3 含量都不高的情况下,熟料的易磨性随 Al_2O_3 和 Fe_2O_3 含量的升高而变好:熟料的 Al_2O_3 含量由 5.0%升为 6.0%时,易磨性约提高 0.16,Fe_2O_3 含量由 3%增为 4%时,易磨性约提高 0.07。但 $A1_2O_3$ 特别是 Fe_2O_3 含量很高且慢冷的熟料很难磨。

③ 从煅烧操作上讲,应当注意以下事项:

a. 防止窑温过高及物料在烧成带停留过久而结成大块,或使主要矿物的晶体尺寸过大而致熟料难磨。用立窑生产时,须防止煤粒过大和煤量过多,并应采用小料球大风、浅暗火操作。

b. 避免还原气氛,以防结圈及形成黄心熟料,致熟料结构致密而不易粉磨。立窑煅烧须避免湿料层过厚,保持窑内通风良好,以免高温度带的物料在缺氧及上部物料重压下形成死烧块。

c. 力争熟料快冷。快冷可使熟料的 C_3S 量稍有增加,玻璃体量提高,且形成的矿物晶体尺寸较小,而

易于粉磨。因此，富勒篦冷机急冷熟料的粉磨功耗比单筒冷却机慢冷熟料的低；自然冷却熟料的粉磨功耗为15.61 kW·h/t，急冷熟料的为13.06 kW·h/t，比自然冷却的下降16.34%。立窑生产，宜采用小料球、全黑生料、浅暗火、大风、快烧、快冷的操作方法。

d. 力求稳定窑情，生产出晶体发育较好、C_3S含量多、密度大的熟料。据资料报道，熟料的密度由3.13 t/m³上升为3.17 t/m³时，其易磨性约提高0.20。

④ 防止熟料在贮存过程中受潮，以免其易磨性下降。同一种熟料，粉磨至0.08 mm方孔筛筛余10%时，含水2.4%的比含水0.4%的每吨多耗电约8 kW·h。据此，在刚出窑的熟料上洒水或掺湿矿渣时，必须保证洒水量和掺湿矿渣量适当而均匀，以免引起不良后果。

7.15 影响生料易磨性的主要因素是什么

影响生料易磨性的因素，一是原料本身的粉磨难易程度，二是生料的配比。石灰石作为主要配料组分，无论其易磨性如何，都不可能仅仅以此来决定取舍。只有通过合理配料来改善易磨性，使生料W_i值尽量接近所配石灰石的水平才较为现实。实测表明，以石灰石、黏土和铁粉配料的生料均具备良好的易磨性，大多数厂的生料W_i值均偏低于石灰石3%～8%，一些厂以8%～16%砂岩代替黏土的配料也可达到同样效果。与之形成反差的是，许多厂的生料W_i远高于石灰石。表7.9列出不同原料及其配比对易磨性的影响。

表7.9 不同原料及配比对生料易磨性的影响

原料配比(%)					生料W_i (kW·h/t)	主要组分W_i(kW·h/t)	
石灰石	黏土	铁粉	煤	其他		石灰石	其他
87.0	10.0	3.0	—	—	11.86	11.67	—
84.68	13.97	1.35	—	—	9.20	9.54	—
89.90	—	1.48	—	砂岩8.62	12.09	12.88	砂岩16.20
84.14	—	1.80	—	砂岩14.06	11.70	12.85	砂岩14.40
82.58	12.81	—	—	铁矿石3.22	15.68	15.49	铁矿石19.20
69.0	—	3.0	—	矿渣28.0	10.68	9.37	—
63.5	—	4.0	—	矿渣32.5	14.05	12.05	矿渣18.37
66.0	—	4.0	—	矿渣+熔渣30.0	11.42	9.61	熔渣17.86
74.6	13.1	3.3	5.0	萤石+石膏4.0	11.75	12.85	—
78.34	13.71	2.95	5.0	—	12.89	12.25	—
71.0	14.0	4.0	11.0	—	15.09	12.40	—
75.0	8.0	2.6	12.2	—	15.86	12.98	—

由表7.9可见，钢渣、矿渣一类难磨材料的配入，将使生料W_i增大16%～25%。这类原料的适宜配入量应小于12%。铁矿石、砂岩等虽然也具有难磨性质，但配比在表列范围内并未构成影响。某些原料即使配入量低，但影响作用却十分明显，例如，在W_i为11.26 kW·h/t和16.05 kW·h/t的石灰石中配入5%的河砂，其W_i值即升至12.62 kW·h/t和17.16 kW·h/t；掺入8%的煤矸石配料，W_i值也由石灰石的11.51 kW·h/t升至13.06 kW·h/t，增大幅度均在10%以上。

全黑生料中配入的煤固然有利于烧成，但对易磨性的影响却一直被忽视。实际上，煤对生料W_i的影响更大。在所测几十组生产配料中，配煤量大于等于10%的生料，W_i值均大幅度高于所配石灰石，许

多厂以 W_i 为 10 kW·h/t 左右的石灰石配制生料，W_i 均普遍升至 13 kW·h/t 以上，增幅通常可达 25%～30%。相反，配煤量只占生料的 5%，W_i 值相对于石灰石则变化甚微。上述现象在大量实测中均反映出一致的规律性。取生产试样进一步试验探讨了不同掺煤量对生料易磨性的影响程度，其结果也符合这一规律，如表 7.10 所示。

表 7.10 配煤量对生料易磨性的影响

生产厂	试样号	原料及配比(%)						生料 W_i (kW·h/t)	W_i 比值 (%)	配料原料 W_i(kW·h/t)
		石灰石	黏土	铁粉	煤	铁矿石	萤石			
甲厂	S-193	100	—	—	—	—	—	15.49	100	煤 W_i:22.16 铁矿石 W_i:19.8
	S-195	82.58	12.81	—	—	3.22	1.38	15.68	101.2	
	S-194	77.58	12.81	—	5.0	3.22	1.38	16.32	105.4	
	S-192	72.58	12.81	—	10.0	3.22	1.38	24.08	155.5	
	C-185	67.58	12.81	—	15.0	3.22	1.38	27.66	178.6	
乙厂	S-190	100	—	—	—	—	—	12.25	100	煤 W_i:18.64 黏土 W_i:3.41
	S-188	78.34	13.71	2.95	5.0	—	—	12.89	105.2	
	S-189	73.83	13.71	2.95	9.5	—	—	15.13	123.5	
	C-176	70.59	13.71	2.95	12.75	—	—	16.54	135.0	

表 7.10 中，两组不掺煤的生料易磨性均与石灰石一致，配入较难粉磨的铁矿石后，W_i 值变化也不明显，表明该原料在这一掺量下不构成对易磨性的影响。掺煤 5%的生料，易磨性即发生改变，但 W_i 值仍与石灰石保持在通常的 ±5%的变化范围。当配煤量≥10%时，生料 W_i 值迅速增大，由图 7.4 可见其增大幅度与煤本身的易磨程度和掺入量成正比。显然，煤的易磨性愈差，配入量愈大，两者的共同作用决定了生料的粉磨电耗愈高。这与通常认为的煤易于粉磨且具助磨作用的观点截然相反。试验认为，生料中配入煤仅对改善粘球、粘磨的现象有利，并不具备助磨和节电作用。这对于采用全黑生料配料，而且配煤量均为 10%～16%的我国众多立窑水泥厂，应当引起充分注意。

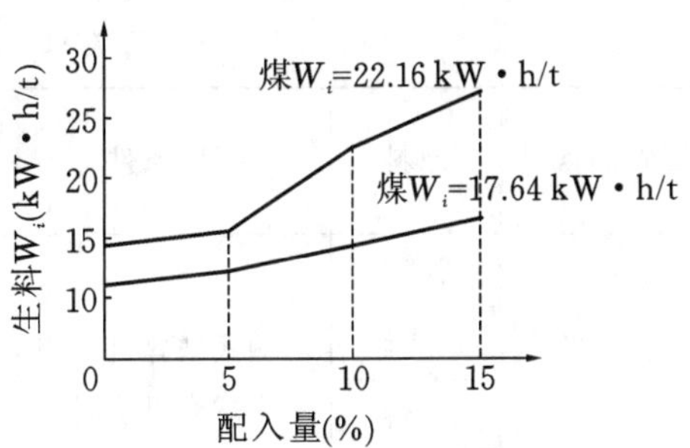

图 7.4 煤质和掺入量对生料易磨性的影响

7.16 影响石灰石易磨性的主要因素是什么

石灰石的纯度、硬度、体积密度、理化组成和次生变质程度等是影响石灰石易磨性的主要因素。这些因素均由石灰石矿床地质成因及其生成环境所决定。例如，地热水溶液或含硅酸地下水的作用，可使矿石硅质增高，变为致密坚硬的硅化灰岩；火成岩浆窜扰会使有害组分增多、品质变差，等等。它们对烧成和粉磨的影响具有共性。以石灰石中的燧石含量为例，当超过一定量时，生料易烧性变差，窑产量下降，甚至涉及窑衬的使用寿命。对于粉磨，产量则明显降低。经实测的黄龙和栖霞两种石灰石，前者 W_i 为 9.99 kW·h/t，后者 W_i 为 11.98 kW·h/t，其间近 20%的粉磨电耗增量即是由燧石质 SiO_2 含量较高所致。以此计算相同条件下的磨机产量，两者相差也近 20%。

此外，石灰石中游离 SiO_2、杂质的含量以及理化指标的稳定性也直接影响到易磨性。但总体而言，石灰石相对于其他原料均易粉磨。

7.17 影响熟料易磨性的主要因素是什么

一般认为熟料易磨性与窑型有关。中空窑、立波尔窑熟料较难粉磨，W_i 为 20 kW·h/t 以上的熟料多集中于此类窑型；立窑次之；湿法回转窑熟料相对易磨。但这并非决定因素，同为 ϕ3.5 m×145 m 回转窑，熟料的 W_i 值分布即为 15～20 kW·h/t，相近生产条件下烧成的立窑熟料，各厂 W_i 分布更宽，为 17～23 kW·h/t。显然，生产过程的控制与管理是影响熟料易磨性的主要因素之一。表 7.11 从下述生产环节进行了试验对比。

不同组成熟料易磨性差别较大，通常随着熟料硅率提高，易磨性变差；随着 Al_2O_3 含量提高，易磨性变好；随着 Fe_2O_3 含量提高，易磨性变好；随着 C_3S 含量提高，易磨性变好；随着 C_2S 含量提高，易磨性变差。水泥熟料的易磨性还与煅烧情况有关，如过烧料或黄心熟料，易磨性较差。因此，生产 C_3S 含量适当高的、正常煅烧、快冷的熟料是合理的；刚出窑的熟料不仅易磨性差，且熟料温度较高，存放一段时间后再入磨是合适的。熟料在急冷状态下的液相生成比例较高，矿物晶体较小而易于粉磨。贮存期长的易磨性优于短期出窑熟料。即：急冷熟料可比自然冷却降低 W_i 值 12%～19%；贮存 40～60 d 的熟料粉磨较之短期（7～10 d）出窑熟料可降低 W_i 值 10%～13%。难磨混合材的配入量愈大，粉磨愈难，细度控制严格时尤为如此。

试验认为，选择粉磨工艺设备有助于改善物料易磨性。表 7.11 中挤压机的高压料层粉碎，振动磨的超重力场粉碎，对熟料颗粒结构的破坏程度都比球磨机的研磨作用大得多。因此，无论是原料、生料或熟料，通过机械作用力强化粉磨即可降低 W_i 值 12%～38%。实际应用中的挤压机大幅度节电效果主要得益于此。

表 7.11　影响熟料易磨性的生产因素比较

影响因素	原料	试验条件	W_i 标准测试值（kW·h/t）	对比试验条件	W_i 对比测试值（kW·h/t）	差值（%）
粉磨工艺与设备	熟料 1	由颚式破碎机粉碎入球磨机粉磨	18.60	由挤压机粉碎，入球磨机粉磨	16.03	−14.1
	矾土矿		20.68		18.14	−14.0
	生料		11.80		8.54	−38.2
	熟料 2		21.95	振动粉碎，其余同上	19.62	−11.9
冷却与贮存	熟料	自然冷却	15.61	急冷	13.06	−19.5
		出窑 7 d 测试	20.07	贮存 40 d 测试	18.12	−10.8
原产与配比	水泥	熟料 95%	17.67	熟料 80%，矿渣 15%	19.08	+7.4
		熟料 90%，沸石 6%	20.77	熟料 84%，沸石、矿渣各 6%	21.95	+5.7
		熟料 96%	15.35	熟料、钢渣、矿渣各 32%	22.15	+44.3
粉磨细度	水泥	80 μm 筛筛余 4%	19.70	60 μm 筛筛余 3.8%	23.67	+20.7
				100 μm 筛筛余 5.2%	19.32	−2.0

7.18 使用辊式磨的物料易磨性试验如何进行

国际著名的辊式磨生产公司，如德国莱歇、费弗尔、伯力休斯，日本宇部兴产、神户制钢、三菱材料、石川岛，丹麦史密斯，美国富勒等，均采用同系列工业辊式磨中最小规格辊式磨作为试验设备，进行易磨性试验，可同时测定产量、电耗、金属磨耗等，以指导辊式磨选型，所以辊式磨的易磨性试验也就是辊式磨的选型试验。

天津水泥工业设计研究院以 TRM3.6 立式辊磨为试验磨，测定物料易磨性、磨蚀性，即在一定的粉磨时间内，测定产品的质量、电能消耗和辊套磨损质量，计算试验磨单位时间内产量、单位产品电耗和单位产品金属磨损量。

物料的易磨性，系指抵抗研磨能力的难易程度，一般用粉磨功指数 W_i 表示，参见表 7.12。

表 7.12　水泥原料易磨性分类

物料硬度	软	中硬	较硬	硬	坚硬
W_i(kW·h/t)	<8	10	12	14	>16

易磨性主要有三种测定法：Hardgrove 法、Bond 法和 Zeisel 法，但辊式磨的选型最好用上述的辊式磨易磨性测定法，我国一般认为 W_i 值在 10 以下选用辊式磨较为合适，然而由于国情的不同，德国一些公司、丹麦史密斯公司等就没有这样的概念，他们认为物料含水量较大，是选用辊式磨的主要原因，因辊式磨是粉磨与烘干作业同时进行，可以粉磨水分超过 15%的物料。

是否选用辊式磨，一般各公司有自己的规定，例如 MPS 磨允许磨耗量为 3～4 g/t、游离硅含量低于 2%的软物料，磨盘和磨辊辊套的使用寿命为 3 年。丹麦史密斯公司规定，原料中大于 45 μm 的游离硅含量超过 5%、磨耗量超过 10 g/t 时，不宜采用辊式磨。

7.19　粉煤灰容易磨细吗

一般认为粉煤灰的易磨性好，然而德国 H. G. Ellerbrock 用 Zeisel 法对熟料、矿渣、粉煤灰和石灰石做了易磨性试验，结果得出石灰石的易磨性最好，可以很容易地粉磨到比表面积达 600 m^2/kg 以上，矿渣比熟料稍感难磨，易磨性范围有交叉，最难磨细的是粉煤灰。当时取了两种粉煤灰，一种为液态排渣的粉煤灰，很难磨细，另一种为干排的粉煤灰，比较易磨，两种粉煤灰都很难磨细，能耗达到 100 kW·h/t 时比表面积变化也不大，都未超过 320 m^2/kg。这个试验表明，在粉煤灰与水泥熟料及矿渣等共同粉磨时，其中的细粉实际上是没有受到粉碎的，仅是一些粗颗粒，未燃尽的炭粒得到粉碎。所以在使用粉煤灰作混合材时应考虑它的易磨性不好这个因素，它会影响砂浆及混凝土的性能。

7.20　不同煤质对生料粉磨电耗有何影响

通常意义上的煤质泛指包括热值在内的各项理化指标。这些指标在很大程度上决定了煤的粉磨难易程度，即易磨性。罗帆采集了国内几种煤，其 W_i 值在 16～30 kW·h/t 之间，最大差值几近半数。因此，不同煤质必然会影响到生料的粉磨效果。

由表 7.13 可见，在石灰石中分别配入不同 W_i 值的煤，即便配入量相同，其试验结果也发生改变，以 W_i 值较低的煤配料相对易磨，在表列范围内，两者所需的粉磨电耗相差 7%～10%。可见，煤质和配入量的共同作用，是构成黑生料粉磨电耗偏高的主要原因。同时也说明生产中在配制黑生料时，若选用 W_i 较低的煤配料，对控制配入量引起的粉磨电耗的大幅度增加，可起到一定的改善作用。

表 7.13　不同煤质配料对粉磨的影响

石灰石 W_i (kW·h/t)	煤 W_i (kW·h/t)	配比(%)		配料 W_i (kW·h/t)	增幅(%)
		煤	石灰石		
9.67	18.33	10	90	12.72	31.5
	27.09	10	90	13.39	38.5
11.91	22.16	15	85	16.77	40.8
	28.72	15	85	17.91	50.4

7.21 何为 RRSB 方程

颗粒分布常以 RRSB 方程表示，RRSB 方程是用以表述经粉磨制备的细粉颗粒分布的数学方程式，也有的简称为 RRB 方程。

$$D(x)=1-R(x)=1-e^{-(\frac{x}{x'})^n} \tag{1}$$

或

$$R(x)=e^{-(\frac{x}{x'})^n} \tag{2}$$

式中 $D(x)$——粒径 x 的筛析通过量，%；

$R(x)$——粒径 x 的筛余量，%；

x——粒径，μm；

x'——当量粒径或特征粒径，μm；

n——曲线斜率或均匀性系数。

方程(2)取 2 次对数便得出一直线方程：

$$\ln\ln\frac{1}{R(x)}=n\cdot\ln x-n\cdot\ln x' \tag{3}$$

由方程(3)得出：

$$n=\frac{\ln\ln\frac{1}{R(x)}}{\ln x-\ln x'} \tag{4}$$

n 值为该直线的斜率，我国又称为均匀性系数，它能反映出最大颗粒与最小颗粒间的范围，也就是颗粒分布宽度。n 值越大颗粒分布越窄。计算 n 值时建议统一以特征粒径 x' 为基准，用式(4)计算，粒径 x 应在 2～32 μm 的中间区间内选取，如 8 μm 或 16 μm，因为这样统一起来便于不同水泥之间的横向比较，实际的颗粒分布曲线并非直线，但中间这一段更具代表性，对水泥性能影响也最大。

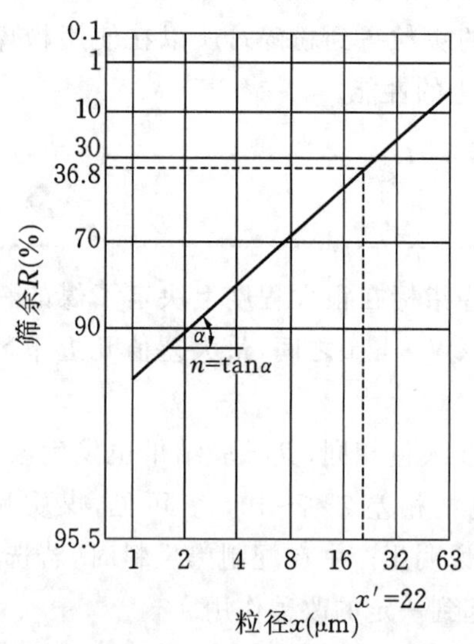

图 7.5 RRSB 方程曲线均匀性系数 n 与特征粒径 x'

这里顺便提一下粒径分组的划分，我国习惯以 5 或 10 的级差来划分，欧洲一些国家规定以 0～1 μm，1～2 μm，2～4 μm，4～8 μm，8～16 μm，16～32 μm，32～63 μm，63～125 μm 的几组进行划分，每组的粒径尺寸都相差一倍。它的好处是便于绘制颗粒分布曲线，因为这样划分在 $\ln\ln(1/R)$-$\ln x$ 坐标系中横坐标 $\ln x$ 的级差都相等，如图 7.5 所示；另外，在混凝土的集料颗粒分级中很早就有一种说法，将筛孔尺寸相差 1 倍的两筛之间的集料称为单一颗粒集料，相差为$\sqrt{2}$的两筛之间的集料称为同样尺寸集料，同理这里也可以将上述分组中的粒料称为单一颗粒粒料便于其他方面的计算。选定 125 μm 而不是 128 μm 是因为在混凝土工艺中将小于 125 μm 的固体材料都划归为细粉材料，包括水泥、填充料和集料带入的细粉。选 63 μm 是因为 125 μm 的一半为 63 μm。

在方程(2)中当 $x=x'$ 时，$R(x)=e^{-1}=1/2.718=36.8\%$。$x'$ 称为"当量粒径"，因为 x' 能较好地反映曲线所在位置，即磨细度，所以又称"位置系数"，在我国常称为"特征粒径"。特征粒径的纵坐标为 $\ln\ln(1/36.8\%)=-0.00033$，近似为 0.00，计算 n 值时比较方便，如方程(4)。

7.22 何为理想筛析曲线

关于最佳堆积密度的颗粒分布问题，欧美一些学者多数主张使用 20 世纪 90 年代初 Fuller 和

Thompson 提出的理想筛析曲线，简称 Fuller 曲线。Fuller 曲线原本是计算粗集料的，其数学式为：

$$A=100\sqrt{\frac{d_i}{D}}=100\cdot\left(\frac{d_i}{D}\right)^{0.5} \tag{1}$$

式中 A——筛析通过量，%；

d_i——筛孔尺寸，mm；

D——混合集料中最大颗粒的直径，mm。

早期的 Fuller 曲线没有考虑颗粒形状和表面特性，后来 A. Hummel 和 K. Wesche 等学者将此式改为：

$$A=100\cdot(d/D)^m \tag{2}$$

式中 d——各分级筛孔尺寸或分级粒径，mm；

m——指数，视集料颗粒形状特性而定。砾石类集料取 0.4，即

$$A=100\cdot(d/D)^{0.4} \tag{3}$$

在德国水泥厂协会发表的专题研究报告中就将计算式(3)用作水泥颗粒分布的理想筛析曲线，并依此对水泥、砂浆及混凝土进行评价。

按计算式(3)计算的各级颗粒累计含量，即可绘出 Fuller 理想筛析曲线，如图 7.6 所示为 0～2000 μm 粒径的 Fuller 曲线。图中横坐标为 d，纵坐标为 $A=100\cdot(d/D)^{0.4}$。

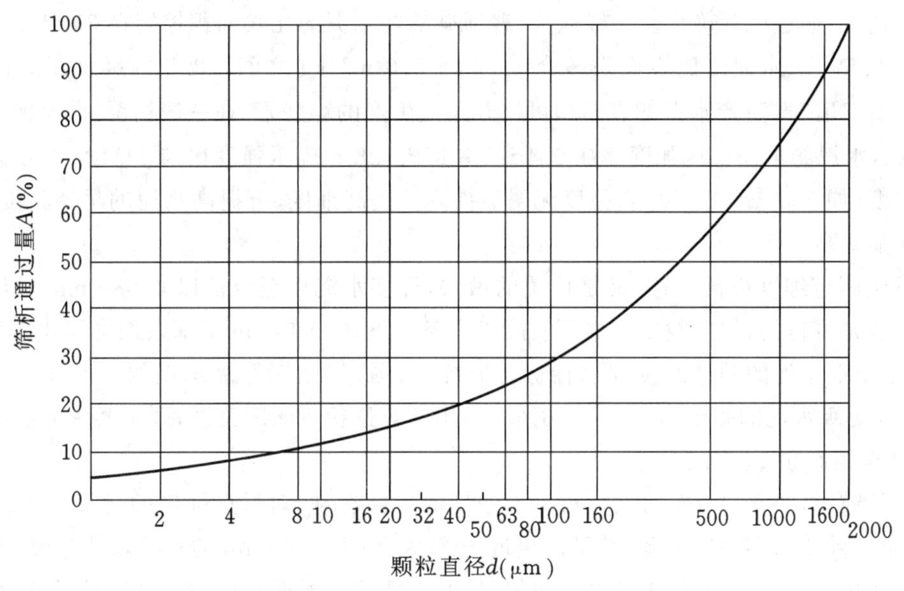

图 7.6 0～2000 μm 粒径的 Fuller 曲线

7.23 合理确定粉磨产品细度控制指标的重要意义

粉磨产品细度控制指标控制产品的细度，而产品细度对粉磨作业各项指标完成的好坏有很大的影响：产品细度指标定得过粗，虽然电耗低，但对生料言而，却难于烧成，甚至影响熟料的质量和窑的产量，造成水泥质量不合格；对水泥而言，可能引起凝结时间、安定性或强度不合格。产品的细度控制指标定得过细，则过粉磨现象加重，磨机产量急剧下降(0.080 mm 筛筛余在 5%～10%范围内，筛余值每降 2%，产量降低 5%或更多；筛余值控制在 5%以下时，产量下降得更严重)。细度过细，还会引起粉磨电耗、研磨体消耗、衬板消耗和工耗上升，成本增高；此外，细度太细的水泥还容易风化，施工后干缩性较大；水泥磨得过细，还会引起粉磨温度太高，致水泥假凝及在库内结块，并引起包装纸袋破损率增大等问题。因此，必须合理确定粉磨产品的细度控制指标。

7.24 控制出磨水泥细度的目的及其控制范围

控制出磨水泥的细度,一是为了使水泥具有一定的颗粒组成,使水泥的质量符合国家标准,满足土木工程的施工要求;二是为了经济合理。

细度细的水泥加水后,水化反应快,凝结硬化快,早期强度高。但细度过细,也会引出一些问题:水泥的需水量增多,浆体硬化后的孔隙率增高,当孔隙率增高使强度下降的影响超过细磨对强度上升的影响时,水泥的强度便下降;在贮存期中,过细的水泥活性下降较快;另外,水泥磨得过细时,磨机的产量猛减,粉磨电耗急增,研磨体和衬板消耗也显著上升。

为了挖掘熟料强度的潜能,提高水泥强度和标号,或是为了多掺混合材,适当增大水泥的比表面积,是一种可取的手段。有的立窑厂的经验是:水泥的比表面积增大 100 m^2/kg,水泥的 3 d 抗压强度提高4～8 MPa。

水泥的细度过粗时,水化速度慢,凝结、硬化缓慢,水泥强度,尤其是早期强度低,甚至质量下降。

可见,水泥的细度过细过粗都不适宜。细度恰当,既可保证质量,又可控制成本。

水泥的细度指标应据熟料的质量、配比、粉磨条件、水泥的品种和标号,以及混合材料的类型、性能和掺加量等实际情况,通过试验确定。一般认为,普通硅酸盐水泥的比表面积控制在 350±20 m^2/kg 为宜。据统计,国产 42.5 等级水泥的比表面积多介于 350～390 m^2/kg 之间,32.5 等级水泥的比表面积多为 300～340 m^2/kg(闭路磨生产水泥的表面积可比开路法生产的小些)。在一般情况下,水泥的比表面积每增加 10 m^2/kg,水泥的早期抗压强度增加 0.4～0.8 MPa,28 d 抗压强度增加 1 MPa 左右。但比表面积增大到一定限度(如 500 m^2/kg)以后,强度无明显提高。提高细度,可提高水泥的早期强度,但 3 个月以后的强度无明显提高。

由于筛析法测定细度简便迅速,又是传统的做法,许多水泥厂至今仍以 0.080 mm 筛筛余控制出磨水泥的细度。这是可行的,但应找出在本厂实际生产条件下,0.080 mm 筛筛余细度与比表面积的对应关系,并据此确定出磨水泥的筛余细度控制指标。据统计,国产 42.5 等级水泥的 0.080 mm 筛筛余多为 1%～3%,32.5 等级水泥的筛余多为 3%～6%。如用高效选粉机的闭路磨,则出磨水泥的细度往往控制在 2%以下,甚至控制在 1%以下。

在水泥的颗粒中,小于 3 μm 的微粒对早期强度的发挥有利,对后期强度的增长无益;小于 3 μm 的微粉过多,甚至会导致后期强度下降,其量以接近 10%为宜;大于 60 μm 的粗粒水化过慢,其中相当一部分只起微集料作用。3～32 μm 的细粒对水泥早、后期强度的发挥都有利,故这部分细粒应在水泥总颗粒量中占较大的比率。其中,16～24 μm 的细粒对勃氏比面积为 350～400 m^2/kg 水泥的强度具重要意义,水泥中应有足够的数量。一般认为,3～32 μm 的细粒的适宜含量应是:普通水泥 40%～50%,高强水泥 55%～60%,超高强水泥大于 70%。

7.25 为何要控制出磨生料的细度,控制范围多少合适

细度细的生料,物料颗粒小,成分较均匀,煅烧反应快且较完全,有利于熟料产、质量的提高。但若磨得太细,磨机的产量显著下降,粉磨电耗大幅度上升,且烧成过程中产生的飞灰量增多。而过细生料对烧成速度和质量的改善幅度却有限。因此,从综合效果上看,生料不必磨得太细,只要能较好地满足烧成的要求即可。

生料的细度主要取决于原料的易烧性、工艺流程、窑型、烧成温度及水泥品种等。若原料中结晶石英、燧石与结晶方解石的比率较多,磨细一些;若用白垩、泥灰岩配料,可磨粗些;烧成温度高可磨粗些;回转窑煅烧可磨粗些;立窑由于温度不均匀,应磨细些;生产快硬、高强水泥应磨细些;闭路粉磨可比开路粉磨磨粗些。

湿法窑湿法棒球磨生料的 0.080 mm 筛筛余细度多控制为 13%～15%，0.20 mm 筛筛余多控制为 2%～4%；新型干法窑生料的 0.080 mm 筛筛余一般控制为 12%～14%，0.20 mm 筛筛余控制在 1.0% 以下；某些矿渣配料新型干法窑生料的 0.080 mm 筛筛余细度甚至可放宽为 20%～25%；普通干法回转窑生料的 0.080 mm 筛筛余一般控制在 12%以下，0.2 mm 筛筛余控制在 1.0%以下；立窑生料的 0.080 mm 筛筛余一般控制在 10%以下，0.2 mm 筛筛余控制在 1.0%以下，最好少于 0.5%。用闭路方式粉磨的生料，因为粗颗粒较少，0.080 mm 筛筛余宜为上述范围的上限或稍粗。原料中含结晶石英时，生料细度应细些，0.2 mm 筛筛余须严格控制，不应大于 0.5%，最好为不大于 0.3%。

生料颗粒分布愈窄(即粒度愈均齐)愈好。粒度分布太宽时，粗的与细的都多。这时，粗颗粒聚集，致成分不均；细颗粒却易被气流带走而造成损失。因此，生料采用闭路粉磨比采用开路粉磨优越。生料的均匀性(即生料粒度的均齐性)n 用下式计算：

$$n=\frac{\lg\lg\frac{100}{R_1}-\lg\lg\frac{100}{R_2}}{\lg X_1-\lg X_2}$$

式中 R_1、R_2——粒径为 X_1、X_2(μm)的累计筛余，%；

X_1、X_2——粒径，μm。

在一定细度下，细度愈均匀，即 n 值愈大，生料愈好烧。在生产中，n 值控制在 0.6～1.0。如果生料的 0.080 mm 筛筛余值较小，n 值可小些；反之，n 值应大些。为使颗粒均匀，尽量采用闭路粉磨。

7.26 为何磨机由开路改为闭路时细度指标应作调整 

当磨机由开路改为闭路后，细度指标应作必要的调整。这是因为在同样筛余细度下，开路磨由于存在过粉磨现象，微细颗粒较多，单位质量颗粒比表面积较大，水化速度较快。闭路磨由于减少了过粉磨现象，微细颗粒较少，颗粒组成均匀，比表面积要小，水化速度较慢，水泥强度偏低，为此，水泥磨的 0.080 mm 方孔筛的筛余控制指标应比开路磨细 2%～3%；而对生料磨来说，开路磨改为闭路磨后，过大的生料颗粒不易被选为成品入窑，因此，可适当放宽 0.20 mm 方孔筛的筛余指标。

7.27 球磨机、辊式磨、辊压机和筒辊磨各自有何特点 

(1) 球磨机

优点：

① 对物料的物理性能(粒度、水分、硬度等)适应性强；

② 粉碎比大，颗粒级配、细度容易调节；

③ 结构、维护简单，操作可靠；

④ 可适应不同作业要求，如干或湿法生产、开或闭路系统、单一粉磨或兼干燥与烘干作业等；

⑤ 易损件容易检查和更换。

缺点是粉磨效率低、电耗高、设备笨重、研磨体消耗高、噪声大。随着料床粉磨技术的发展，逐渐有被辊式磨等取代的趋势。

(2) 辊式磨

优点：

① 能量利用率高；

② 集粉磨、烘干、选粉等功能于一体，可利用大量余热，允许相对高水分(≤8%)物料入磨，烘干能力强；

③ 占地面积小，可露天设置，节省土建投资；

④ 设备噪声小；

⑤ 物料在磨内停留时间短，生料成分能很快得到校正或便于更换生产品种。

缺点是不宜处理磨蚀性高的物料，否则增大磨辊和磨盘消耗，从磨内物料运行轨迹看，存在物料无效循环现象(磨盘上只有在磨辊下的物料才能接触到粉磨，而盘上从磨辊挤出的物料，具有未经粉磨的可能性)。

(3) 辊压机

优点：

① 采用料床粉磨技术，颗粒受压后，内部产生大量裂纹，便于粉磨；

② 施给物料的压力为纯高压(150～200 MPa)，这种压力所产生应力是剪力的 5 倍；

③ 辊面为耐磨损材料，金属消耗低，可在不拆机情况下堆焊；

④ 能量利用率高，增产、节能效果好；

⑤ 占地面积小，易于布置，投资相对较省。

缺点是要求备品备件质量高；辊面补焊技术要求高；维修费用高；辊压机无烘干功能，限制使用高水分物料；产品存在球形度和石膏脱水等问题，需水量高。这些缺点影响其应用于水泥终粉磨，待解决。

(4) 筒辊磨

优点：

① 中等压力下的料层粉碎，粉碎效率高，且运行可靠性好；

② 料层较厚，对喂料粒度及其组成，较辊压机、辊式磨有所放宽。

筒辊磨的缺陷主要是设备结构尚未妥善解决造成的。

不同粉磨设备比较见表 7.14，粉磨电耗见表 7.15 所示。

表 7.14　不同粉磨设备的技术特性简介

粉磨设备	球磨机	辊式磨	辊压机	筒辊磨
粉磨机理	四周不限	部分受限料床式	受限料床式	部分受限料床式
受力状况	冲击、研磨，多次	挤压、剪切，多次辊压	挤压一次通过	挤压、剪切、研磨，多次辊压
工作压力(MPa)		10～35	100～180	50～100
入料粒度(mm)	25～30	0.05d(d 为辊径)	0.03d～0.05d(d 为辊径)	＜50
允许水分(%)	烘干磨(利用余热/热风炉) ＜8/＜14 风扫磨(利用余热/热风炉) ＜8/＜12 水泥磨 0.5～1	利用余热 6～8 热风炉 15～20	一般物料 2～3 矿渣 1～8	＜20
停留时间	15～20 min	2～4 min	0.3～0.4 s 受压	循环 5～10 次，受压仅几秒
料层厚(mm)	用料球比表示	0.02d±20	0.02d	
线速度(m/s)		3.0～7.5	1.0～1.8	3.7～7.5
啮入角(°)		约 12	约 6	约 18
施力体形状	球点击	板至圆柱	圆柱至圆柱	筒体至圆柱
水泥均匀性系数	低	较高	高	与球磨机近似
噪声(dB)	约 110(1 m 处)	约 85	低于球磨机	低于球磨机

表 7.15　不同粉磨设备配置的粉磨电耗分布　(单位：kW・h/t)

工序系统	工序电耗	单位熟料电耗	单位水泥电耗	比例(%)	粉磨设备	水泥节电
原料粉磨	23	35	26.3	25.5	中卸烘干磨	
	16	24.3	18.2	32.5	辊式磨	8.1

续表 7.15

工序系统	工序电耗	单位熟料电耗	单位水泥电耗	比例(%)	粉磨设备	水泥节电
煤粉制备	35	4.8	3.6	3.5	风扫球磨	
	25	4.1	3.1	3.8	辊式磨	0.5
熟料烧成	28	28	21	20.4	中等规模	
	28	28	21	25.6	中等规模	
水泥粉磨	40		40	38.8	圈流球磨	
	27		27	33.3	料床终粉磨	13
其他	12		12	11.8	原料包装等	
	12		12	14.8	原料包装等	
合计			102.9	100	球磨方案	
			81.3	100	料床粉磨方案	21.6

7.28 分别粉磨矿渣水泥的质量控制

分别粉磨矿渣水泥的生产工艺过程比混合粉磨复杂，技术要求高，对员工的技术和素质要求也较高，必须加强产品质量控制和生产过程管理，以免造成质量事故。

(1) 工艺过程控制

王学敏等对搞好分别粉磨工艺过程控制，提出了如下几点建议：

① 原料预均化与计量准确

与传统的混合粉磨工艺一样，分别粉磨也需要将熟料、混合材、石膏等原料进行均化，因为这些原料存在由不同生产厂家或不同生产时间所带来的成分波动，因此这些原料在入磨计量前的成分均匀非常重要。这样就需要足够大的原材料堆场和计量前的储库。有些厂为减少投资费用建设较小的原料堆场或用开放式的漏斗仓进行入磨前的计量都是非常错误的。

在保证原材料均化的情况下，计量设备的准确率和高效运转率显得非常重要。选用合适的计量设备是保证产品质量的重要手段，尤其是生产过程中，复杂工况下的物料动态计量，要保证物料的准确性和连续性。在选择计量设备时应综合分析物料的粒度、水分、给料量等因素，先进的设备必须与现场工艺相结合，并非设备越先进计量越准确。

② 比表面积的达标

分别粉磨与混磨工艺相比的优点是，通过对不同物料粉磨成不同的细度和比表面积，来实现不同物料性能的充分发挥和各种能耗的最低投入。各种物料的细度和比表面积低于标准，会影响产品质量；高于标准会增加能耗，从而增加生产成本。物料比表面积要结合物料易磨性、单位产品电耗、当地电价、最终产品质量等因素来确定。

③ 混料设备节能高效

水泥混料机是分别粉磨工艺中的关键设备，它对分别粉磨后的水泥质量至关重要。但有不少厂家漠视混料机的价值，认为有无混料机作用不大，分别粉磨后的各物料经过输送和提升设备后会自然均匀，殊不知没有混料机的做法不仅不能多掺混合材，而且极容易造成质量事故。在水泥生产中混料机虽不是主机设备，但其所起的均化效果与水泥质量息息相关。

分别粉磨中的主要混料设备是机械混料机，在《水泥产品生产许可证实施细则》中明确规定分别粉磨工艺的水泥生产企业应配备混料设备。目前市场主要有单轴、双轴的机械混合机，还有气力与机械复合式双轴混料机。

混料机在分别粉磨工艺中的安装位置也非常重要。它不是随便安装在粉磨后的某一区段，在以往有些厂把混料机安装在包装仓之前而省去入库均化的程序是非常危险的。

通常的做法是把混料机装在熟料磨或混合材磨的磨尾，这样出磨的物料会在第一时间进行混合搅拌，当然两磨不在一起可在主磨附近安装辅料储罐，该辅料通过计量后与主料一起进入混料机，通过混合的合格成品再进入成品储库，如果分别粉磨后的物料不能在交汇后第一时间进行充分混合，很可能出现类似于“泾渭分明”一样的一种混合物料，即混合物料的颗粒在微观意义上不均匀，从而影响成品的质量。

④ 均化储库是出厂前的最后一道保证

同混合粉磨一样，出厂前的均化储库是保证质量的重要一环，之前存在的不足可通过库内均化或多库间搭配来弥补或改进，因此忽视均化库的作用是非常错误的，在生产中应坚决杜绝单库包装，散装水泥应杜绝未进行均化的库侧包装。

⑤ 严格管理不容懈怠

严格的生产管理是质量保证的根本，分别粉磨的每个环节都离不开严格的生产管理，从原料进厂、均化、配料、粉磨、混合再均化的每一个环节，如疏于管理，都可能造成质量事故，给企业、社会带来不应有的经济损失。

(2) 生产控制指标

① 细度和比表面积

矿渣粉比表面积的控制指标，应根据矿渣的活性大小、矿渣掺量多少、产品质量要求、粉磨工艺流程与设备，以及电耗和电价等因素综合考虑决定。球磨系统通常控制矿渣比表面积为 370～420 m^2/kg。立磨系统通常控制矿渣比表面积为 400～450 m^2/kg。生产控制时矿渣粉只需控制比表面积而不必控制筛余。

通常控制比表面积比控制筛余更准确和科学，但熟料粉中经常掺有石膏、石灰石或沸石，如果控制熟料粉的比表面积，由于石膏、石灰石、沸石粉磨时比表面积均较高，其掺量、水分等因素的变化会引起熟料粉比表面积较大的变化。因此通常熟料粉不控制比表面积，只控制筛余量。通常开路球磨机的熟料粉控制 0.08 mm 筛筛余量小于 7%，闭路球磨机熟料粉控制 0.08 mm 筛余量小于 2%。采用高效选粉机时，由于熟料粉中大颗粒很少，熟料粉的剩余量可以控制得更低一些，或改用 0.045 mm 的标准筛控制。

② 入磨矿渣水分

对于球磨粉磨系统，入磨矿渣水分存在一个最佳值，其大小与磨机尺寸、隔仓板孔隙率、磨机通风情况和研磨体平均球径、第一仓填充率大小等因素有关。通常矿渣水分宜控制在 1%～3%之间，最佳值应根据各厂具体情况通过生产实践确定（通常为 1.5%～2.0%）。水分过低(小于 1%)，物料流速过快，磨机产量和矿渣粉比表面积都难以提高。水分过高(大于 3%)，在磨机一仓平均球径和填充率较小时，就有可能造成磨机一仓饱磨，甚至磨机出现堵塞，磨头反料影响生产。

对于球磨系统，入磨矿渣水分的高低往往决定了矿渣磨机的产量和出磨矿渣的比表面积大小。要想同时得到较高的磨机产量和较好的矿渣比表面积，首先必须稳定矿渣水分，使矿渣水分达到最佳值。因此，必须在矿渣磨磨头安一个备用水龙头，以便在矿渣较干时淋水加湿，以稳定矿渣水分。

对于立磨系统，虽然矿渣水分大小对矿渣粉比表面积及磨机产量的影响没有那么显著，但也会影响到生产工艺参数的稳定和烘干的热耗，因此刚进厂的矿渣由于水分往往很大(有时大于 30%)，应该堆放几天空出水分后，再用于生产。保持入磨矿渣水分的稳定，是稳定生产各工艺参数的前提。

③ 矿渣掺量及其测定方法

分别粉磨矿渣水泥中的矿渣掺量可在很大范围内变化(30%～70%)，除 3 d 强度外，对水泥 7 d 和 28 d 强度影响不大，通常掺量控制在 50%～60%。

分别粉磨矿渣水泥中的矿渣掺量的测定方法，可按国家标准《水泥组分的定量测定》(GB/T 12960—2007)进行。但此方法测定速度较慢，不便用于日常生产控制，只能用于出厂水泥的检验。日常矿渣掺量的控制可用以下的简便方法进行。

控制组每 1 h 测定一次熟料磨和综合水泥样（熟料粉和矿渣粉混合后的水泥样）的 SO_3(三氧化硫）含量。即可按下式计算矿渣掺量：

$$矿渣掺量=\frac{熟料粉\ SO_3-水泥\ SO_3}{熟料粉\ SO_3-矿渣\ SO_3}\times 100\%$$

有时为了降低水泥成本，在熟料磨中还加少量石灰石或沸石之类的混合材；或者由于磨机不配套，矿渣磨能力不足，在熟料磨中有时也加有少量的矿渣以提高水泥中矿渣掺量。此时混合材的总掺量可用下式计算：

$$Y=\frac{S_1-S}{S_1-S_2}(100-X)+X$$

式中 Y——水泥中混合材总掺量，(%)；

S——水泥中 SO_3 含量，(%)；

S_1——熟料粉中 SO_3 含量，(%)；

S_2——矿渣粉中 SO_3 含量，(%)；

X——熟料磨中混合材掺量，(%)。

矿渣粉 SO_3 含量变化不大，通过测定几次后，取其平均值即可固定不变，每次代入计算即可。为了提高测定准确度，样品必须连续取样。连续取样所得样品取回后必须用 0.2 mm 筛子多筛几遍以期达到充分均化。熟料磨中的混合材掺量经磨头标定后取其平均值即可当作常数代入计算。

④ 石膏及水泥 SO_3 含量

石膏对分别粉磨矿渣水泥性能有较大的影响。石膏可以使用天然二水石膏，也可使用天然硬石膏。为了提高水泥的性能，石膏中 SO_3 含量应大于 35%。

分别粉磨矿渣水泥中，通常存在一个最佳石膏掺量，而且影响因素较多，如石膏品位、矿渣掺量、熟料成分、矿渣成分等，一般需要通过试验来确定。但在大多数情况下，提高分别粉磨矿渣水泥中的石膏掺量，往往有利于提高水泥的强度，所以水泥中的 SO_3 含量通常都是偏高控制，一般控制在 2.5%～3.5%之间。

当使用工业副产石膏，如脱硫石膏、磷石膏、氟石膏等时，应特别注意这些石膏对水泥性能的影响。

湿法脱硫石膏对水泥性能影响不是很大，但干法脱硫石膏由于存在大量游离氧化钙等有害物质，不可直接使用，否则会对水泥性能产生巨大的影响。使用湿法脱硫石膏的最大问题是脱硫石膏中水分太大。与熟料一起粉磨，由于水分太大会加速熟料的风化，降低熟料的强度，有时还会堵塞管道等设备，所以一定要控制入磨脱硫石膏的水分，不可过高。

在分别粉磨工艺中，石膏是与熟料一起混合粉磨的，矿渣单独粉磨，而且矿渣掺量又高，所以熟料石膏粉中的石膏含量一般可达 10%～18%。为了使入熟料磨物料的综合水分小于 1%，相对应脱硫石膏的含水量就应小于 5.5%～10.0%，所以，通常都要求对脱硫石膏进行烘干。烘干脱硫石膏要特别注意温度不可过高，因为脱硫石膏温度超过 80 ℃就容易脱水成半水石膏，对水泥的需水量、流动度、凝结时间等会造成很大的影响。

由于磷石膏中含有磷、氟、选矿剂、硫酸等有害物质，会使水泥的凝结时间延长，特别是新鲜(刚从生产线出来)磷石膏影响更大，应特别注意。所以应使用在磷石膏堆场天然堆存 1 年以上的磷石膏，或者经过改性的磷石膏。

氟石膏虽然含水量较少，但常常含有半水石膏，对水泥的凝结时间和需水量有较大影响。常常使水泥的凝结时间变得不正常，需水量增大，水泥与外加剂的相容性变差。严重时，会造成混凝土几天不凝固，没有强度。所以，氟石膏进厂后应在堆场堆放一段时间，让半水石膏水化成二水石膏后再使用。

⑤ 水泥包装袋长度

由于分别粉磨矿渣水泥中矿渣掺量的增加，水泥的密度和堆积密度都有不同程度的下降。所以，水泥包装袋的长度应比原水泥袋长 2～3 cm，以保证水泥的袋重合格率。

(3) 异常情况处理

① 水泥颜色发白

分别粉磨矿渣水泥，由于矿渣掺量较高，水泥在还未加水使用前，通常颜色较淡(与普通水泥相比)。

但是，水泥加水使用后，随着养护龄期的增长，水泥石的颜色将不断加深，最终将变成墨绿色，与普通水泥或硅酸盐水泥相比，其颜色不但要深些，而且还要美观些。

但是，也有许多用户反映水泥使用后，颜色比较淡，通常是使用在粉刷墙壁之类的工程中。发生此现象主要是由于水泥在使用后，养护不好，迅速脱水造成。施工时墙体浇水不足，施工后又不浇水养护，造成水泥石早期缺水干养，这便会造成水泥石颜色发白。有时在同一墙上，某些部位水分较多，而某些部位水分又较少，这将会造成墙面颜色深浅不一，出现所谓“花脸”现象。要克服上述现象，关键是在水泥石养护期间，防止脱水，加强浇水养护。

② 水泥质量事故

采用分别粉磨生产矿渣水泥，虽然极少发生水泥质量事故，但也不能排除出现水泥质量事故的可能。发生水泥质量事故，主要有以下几个原因：

a. 矿渣比表面积波动太大，造成水泥强度波动很大，此时水泥如无多库搭配或均化措施，由于化验室取得是平均样，就有可能出现少数几包水泥强度特别低，达不到质量要求，从而出现质量事故。

b. 熟料粉断料，特别是采用库底混合时，由于熟料粉库结拱造成断料，如配料秤没有报警装置又不能自动停机，就有可能造成水泥中全是矿渣而无熟料，或者熟料粉很少，从而造成质量事故。

c. 水泥包装混乱，用 42.5 等级的袋子包装 32.5 等级的水泥，或用普通水泥的袋子包装矿渣水泥，使用户将 32.5 等级水泥当成了 42.5 等级水泥使用，或将矿渣水泥当成普通水泥用，从而造成混凝土达不到设计标号，出现质量事故。

③ 水泥强度低

分别粉磨矿渣水泥的强度，主要取决于矿渣粉的比表面积，其次才是熟料强度和熟料掺量。如发现水泥的强度不高，首先应提高矿渣粉的比表面积。只要矿渣粉比表面积达到要求，即使熟料强度不高，也可生产出高强度等级的矿渣水泥。比如熟料 28 d 抗压强度只有 46 MPa，只要矿渣粉比表面积能达到 400 m^2/kg 以上，即使矿渣掺量高达 60%，所生产的矿渣水泥的 28 d 强度仍可达到 47 MPa 以上，水泥的强度可高于熟料的强度。

其次，分别粉磨矿渣水泥的强度还与矿渣的活性有关，矿渣活性好坏对矿渣水泥强度影响很大。矿渣活性主要受矿渣成分和水淬质量的影响，不同厂家的矿渣，相同厂家不同高炉的矿渣，相同高炉而不同时段的矿渣，其活性大小有时也会有很大的区别。所以，进厂矿渣需要进行均化，以免影响水泥的质量或造成水泥质量的波动。

④ 用户反映混凝土脱模时间长

分别粉磨矿渣水泥与普通硅酸盐水泥相比，在性能上有一定的区别。矿渣水泥早期强度较低，但后期强度较高，相反普通水泥早期强度较高，而后期强度较低。而且温度对矿渣水泥的早期强度影响较大，在低温施工时，矿渣水泥早期强度降低的幅度比普通水泥大。厂家在刚转产分别粉磨的矿渣水泥后，用户在使用时就有可能会反映水泥凝结时间长，脱模时间延长等缺点。特别是冬季气温较低时，反映更加强烈。如何提高分别粉磨矿渣水泥的早期强度，主要有以下几条措施：

a. 提高矿渣粉的比表面积

提高矿渣粉比表面积，可显著提高水泥的早期和后期强度。

b. 调整石膏掺量

适宜石膏掺量可显著提高分别粉磨矿渣水泥的强度，一般情况下提高石膏掺量均可提高水泥的早期强度。分别粉磨矿渣水泥通常后期强度都很高，因此欲提高水泥的早期强度，通常可提高石膏的掺量。一般宜控制水泥中的 SO_3 含量在 2.5%～3.5%之间，但也有个别厂家例外，不过使用高品位的石膏对水泥的强度都将有利。

c. 使用高活性矿渣

矿渣的活性大小对水泥的早期强度也有较大的影响，矿渣质量系数越高，水泥早期强度也越高。矿渣玻璃体含量越高，水泥强度也越好。应彻底筛除矿渣中的黑大块，尽量采用质量系数大于 1.6 的高活性矿渣，控制矿渣中氧化锰含量不大于1%。

d.适当提高熟料掺量

在矿渣比表面积较大时，熟料掺量多少对分别粉磨矿渣水泥的后期强度影响不大，对水泥早期强度稍有影响，但在矿渣比表面积不大时，熟料掺量对水泥的早期强度有较大的影响。分别粉磨矿渣水泥中熟料掺量越多，早期强度越高。欲提高水泥的早期强度，应先采用前三条措施，最后才考虑降低矿渣掺量，提高熟料掺量。通常可将矿渣掺量控制在50%～60%之间。

⑤ 一切正常水泥强度却低

有极个别厂家，有时会发生一切情况正常，水泥强度却很低，甚至出不了厂的奇怪现象。矿渣比表面积很高、熟料强度也很高、水泥 SO_3 含量正常、水泥细度也合适，似乎什么都正常，就是水泥强度不高。此时，不妨仔细检查一下矿渣比表面积测定是否有错，U型管中的水位是否过高，仪器常数标定是否正确。在生产实践中，已发现有厂家由于矿渣比表面积测定结果高于实际值，造成生产时矿渣实际比表面积很低，而严重影响水泥的强度，以至水泥不能出厂的情况。

⑥ 矿渣比表面积低

有些厂家为了省钱或图省事，球磨机生产矿渣粉时不按要求进行磨机改造，不采用小研磨体，而是利用原来混合粉磨普通水泥时的大研磨体以及原来研磨体级配粉磨矿渣粉，造成矿渣粉磨细度过粗、产量低，矿渣比表面积无法达到要求，也严重影响了水泥强度。因此，必须按要求使用小研磨体和进行磨机改造。此外，矿渣粉比表面积低还有如下几个原因：

a.球磨机研磨体窜仓、漏段

对于粉磨矿渣的球磨机，由于采用了小研磨体，原有隔仓板和篦板的篦缝一般都过大，因此本技术通常要求更换隔仓板和篦板。而部分厂家为了省钱或省事，不更换隔仓板和篦板，而是在原有的隔仓板和篦板上加焊。由于加焊时焊缝极不规则，有的大有的小，或者隔仓板中心孔与隔仓板之间有漏缝以及每块隔仓板之间有漏缝等，都会造成研磨体窜仓或研磨体从磨内掉出，给生产带来极大麻烦。

球磨机在生产过程中，如发现矿渣粉磨比表面积变小，同时磨机电流下降，磨头内螺旋中空轴内有球段响声，就应考虑研磨体是否窜仓。

对于三仓磨也经常发现第三仓的研磨体窜至第二仓，造成第二仓填充率太高、第三仓过低，从而影响产量和矿渣比表面积。如果没有其他什么原因，而比表面积却下降较多，不妨打开磨门检查一下有否窜仓。

相反，有些厂家球磨机隔仓板或篦板的篦缝焊得太小，几乎全部焊死，使得物料很难通过，从而影响磨机产量。在生产过程中，如发现喂料量小、矿渣比表面积却很大时，且喂料量稍大就出现饱磨，就应考虑隔仓板篦缝是否焊得太小或篦缝是否被小铁渣堵塞。

b.物料太干或磨尾喷水太小

球磨机生产矿渣粉时，矿渣水分对矿渣比表面积的影响很大，水分太大，容易发生堵塞、糊磨，而水分太少，会使矿渣粉流动性增大，使矿渣在磨内的停留时间变短，从而使矿渣粉比表面积下降。

c.风速过快

球磨机粉磨矿渣粉时，磨内风速应控制在一定范围内，风速太快，会使矿渣粉在磨内的停留时间缩短，从而影响矿渣粉的比表面积。通常是通过磨尾收尘器风机的转速，来控制球磨机内的通风量和风速。由于从磨尾喷入的雾化水汽化后，会产生大量的水蒸气，会使风速加大，所以适宜的收尘器风机转速，通常是使磨头出现微负压，不往外冒灰，但也不能让太多空气进入磨内。否则，由于水蒸气和磨头进入的空气的叠加，往往会使磨机三仓的实际风速过大，从而使矿渣比表面积变小。

⑦ 矿渣球磨机产量低

矿渣球磨机产量低，主要有以下几个原因：

a.研磨体装载量小

对于球磨机而言，研磨体装载量越高，磨机产量越高。由于矿渣球磨机使用的是小研磨体，对磨机的冲击力减少，因此矿渣球磨机通常可以采用较高的填充率。但球磨机填充率增大，通常会增大磨机电机的电流，因此通常使用进相机以降低磨机的电流。有些厂家由于没有进相机而使磨机填充率提不高，从而影响了磨机产量。

b. 矿渣水分过大

也有部分厂家，由于矿渣水分偏大(大于 2.0%)，再加上磨机一仓又淋水冷却，一仓内磨温较低，水分难以蒸发，经常发生一仓饱磨、磨头出现吐料。虽然出磨矿渣粉的比表面积很高，但一仓由于饱磨喂不进去料，造成产量低。此时，应该控制入磨矿渣的水分，同时增大一仓的平均球径，缓解一仓的饱磨，从而提高磨机产量。

c. 磨机操作不当

磨工操作矿渣球磨机应有高度的责任心，时时观察入磨矿渣的颗粒、水分的变化，及时调整磨机的喂料量、通风量和磨尾的喷水量。尽量不让磨机出现饱磨、空磨等不正常现象，维持磨机的平稳运行。在磨机的运行过程中，如果长时间出现饱磨或空磨，必然会影响到磨机的产量，使磨机产量下降。

d. 矿渣易磨性差

矿渣易磨性对磨机产量有较大的影响，矿渣易磨性差，会使磨机产量明显下降。

e. 研磨体级配不合理

球磨机的研磨体级配好坏，对磨机产量有很大的影响。研磨体级配不好，特别是三个仓填充率设计不好，会使磨机各仓研磨能力不平衡，致使磨机研磨体研磨能力浪费，从而造成磨机产量下降。

比如，有些厂家为了解决一仓饱磨问题，错误地降低二仓(或三仓)的填充率，以期增加物料流速，造成二仓(或三仓)填充率大大低于一仓。结果由于二仓(或三仓)研磨能力不足，非但产量不高，还造成比表面积降低。遇到这种情况，应提高二仓(或三仓)填充率，使三个仓的填充率相等，并适当提高一仓的平均球径，即可提高磨机的产量。

此外，磨机研磨体窜仓、漏段、研磨体磨损没及时补充造成填充率下降，矿渣比表面积指标定得太高(大于 420 m^2/kg)，磨内铁渣子太多等，也会造成磨机产量降低。

⑧ 磨机糊磨堵塞

部分厂家由于矿渣烘干机能力不足或其他管理上的原因，造成矿渣水分过大(大于 5%)，此时，如果磨机通风不良就极易造成磨机堵塞，影响生产。

解决磨机糊磨堵塞的最好办法是降低矿渣水分，但如果无法办到，则应提高一仓的填充率和平均球径。一仓的填充率可提到 41%～42%，二仓和三仓可降到 36%～38%。同时提高一仓的平均球径，增加 ϕ 80 mm 甚至 ϕ 90 mm 的钢球，剔除 ϕ 40 mm 甚至 ϕ 50 mm 的钢球。这样，可以增加一仓研磨体的冲击力，加快物料的流速，以缓解一仓的饱磨现象。

也有部分厂家采用工业副产石膏，水分较高(有时高达 12%以上)，与熟料一起粉磨时极易造成糊磨，严重影响磨机产量和细度，此时应将石膏烘干或改用天然石膏。

⑨ 矿渣比表面积时大时小

部分厂家对矿渣烘干机水分控制不严或不重视，有时造成矿渣水分过低(小于 1.0%)，或者由于工艺上的原因造成矿渣时干时湿。当矿渣水分小于 1.0%时，矿渣磨就极易跑粗，矿渣比表面积显著降低。即使矿渣磨机产量降得再低，矿渣比表面积也达不到要求，严重影响水泥强度和磨机产量。此时应严格控制出烘干机的矿渣的水分(1.5%～2.5%)，此外还必须在矿渣磨头安装一个备用水龙头，在矿渣较干时加水增湿。加水量可按下式计算：

$$W=\frac{W_1-W_2}{6}\times T$$

式中 W ——磨头加水量，kg/min；

W_1——矿渣实际水分含量，%；

W_2——矿渣最佳水分含量，%；

T——磨机台时产量，t/h。

否则，不但矿渣比表面积达不到要求，影响水泥质量；而且还降低矿渣磨产量。当矿渣磨较空，磨音较大时，矿渣比表面积还达不到要求，此时说明矿渣水分太低，应立即在磨头加水，不必减料，矿渣比表面积即可提高。当然水也不可加得太多，否则容易堵磨。

⑩ 熟料磨包球包段

入磨熟料温度太高或者磨机筒体不淋水，或者磨机筒体结垢太厚冷却不良，往往会造成磨内温度太高，产生静电，引起包球包段，使熟料粉细度变粗，磨音发闷，产量下降。此时应尽量降低入磨熟料温度，清除磨机筒体上结垢，加强磨内通风。如熟料温度无法降低时，可在熟料磨尾喷入少量雾水，可显著降低磨内温度，有效防止包球包段产生。对于已经产生了包球包段的磨机，可在磨头加入一部分矿渣进行洗磨，待磨音恢复正常后再恢复生产。也可以在熟料磨使用助磨剂，可有效防止包球包段，提高磨机产量。熟料磨使用助磨剂后，出磨熟料粉的 0.08 mm 筛筛余量会下降，但比表面积也会下降，有可能会使熟料粉的强度降低。

⑪ 球磨机产量渐渐降低

由于矿渣对研磨体的磨损量较大，而且有些厂家又采用不耐磨的普通球段，使研磨体的磨损更快，如不及时给予补充，就会造成磨机产量降低。通常矿渣球磨机第一仓每隔 5～10 d 需要补一次球，每次补加该仓球量的 1%～2%，一般补充最大的钢球。第二仓和第三仓每隔 10～15 d 补充一次，一般也是补充最大的钢段。补球段时最好先将磨中的物料空干净、量仓并计算出所需的补充球段量后，再进行补充。待积累有足够的经验后，便可按吨熟料和吨矿渣球段耗以及生产量进行补充。

必须注意：不管哪一种磨机，经过一段时间运转后都应该测定球面的中心净高 H，以检查补球的误差，然后进行适当的调整。运转一定周期后，应当彻底清仓。一方面除去不合格的研磨体及其残骸，另一方面可检查各种规格的研磨体数量，观察是否符合原配球方案，并算出准确的球段耗。

有时由于第二仓到第三仓的隔仓板堵塞，造成第二仓饱磨，第二仓物料料位升高，料球比失调，第二仓粉磨效率下降，也会降低磨机产量。由于第一仓声音较大，很难判断第二仓是否饱磨，因此应经常停磨打开磨门观察并清除篦缝中的小铁渣。

⑫ 熟料磨跑粗

部分厂家熟料磨隔仓板的篦缝太大（大于 12 mm），一仓和二仓的长度比例失调（一仓过长，二仓过短），一仓长度有时高达 40%（占磨机总长度的百分数）以上，这样就容易造成熟料磨跑粗，产量低。

也有的厂家，隔仓板篦缝比磨尾篦板的篦缝大得多，造成一仓到二仓的物料流速过快，而二仓流速又不快，使得二仓经常出现饱磨，而且容易包段。一仓磨音很大，二仓磨音很小，通过调整两仓研磨体填充率也见效不大，磨机不仅产量低，而且细度粗。这时，应及时更换隔仓板，减小隔仓板的篦缝（7 mm），同时缩短一仓的长度，充分发挥一仓的能力，减小二仓的压力，使两仓趋于平衡，可有效解决熟料跑粗问题。

入磨熟料温度过高，磨内通风不良，磨机筒体无淋水或结垢太厚，造成冷却不良，也会由于磨内温度过高造成包段，从而引起跑粗。此时，应降低熟料入磨温度，磨尾喷入少量雾化水，同时加强筒体冷却，即可解决问题。

此外，部分厂家采用所谓的“高产磨”（尾仓采用小钢段的开路四仓球磨）粉磨熟料。由于物料中不再掺矿渣，物料流动速度慢得多，再加上三仓和四仓特别是四仓用的是 ϕ 14 mm×14 mm、ϕ 12 mm×12 mm 左右的小钢段，物料流速特慢，造成料位升得很高，料段比太大，段与段之间总隔着一层较厚的物料缓冲层，使之无法磨细，从而造成磨机跑粗，产量降低。虽说可降低四仓的料位，但由于物料在四仓粉磨时间过长，产生静电造成包段，还是照样跑粗。因此三仓和四仓采用小锻时，往往会造成熟料磨产量低，细度粗。熟料磨第三仓最好用 ϕ 30 mm×35 mm、ϕ 35 mm×40 mm 段各一半，第四仓最好用 ϕ 20 mm×25 mm、ϕ 25 mm×30 mm 段各一半，然后将一至四仓的填充率调平衡即可解决问题。

⑬ 熟料磨磨头反料、磨尾吐豆

熟料磨一、二仓填充率严重失调，一仓填充率大大高于二仓。有的一仓填充率高达 40%以上，熟料喂料困难，从磨头漏出，出现反料现象。如果此时隔仓板篦缝又偏大，二仓填充率过低，一仓的大颗粒熟料很容易窜至二仓，而二仓又无法将其破碎，便从磨尾吐出，造成磨尾吐豆现象。解决方法是增加二仓填充率，降低一仓填充率，使二仓填充率高于一仓或与一仓相同，必要时再焊小隔仓板篦缝。

⑭ 矿渣磨磨头反料

矿渣含水分过大，造成隔仓板堵塞糊磨，使一仓饱磨，从而造成磨头反料。此外，一仓的填充率过高(大于 43%)，即使矿渣水分不大，有时也会造成磨头反料。此时，通常表现为矿渣比表面积较高，磨机产量低，喂料困难，一喂多就从磨头反出。造成此现象往往是由于矿渣水分太大，同时一仓填充率又提得过高造成。

此外，磨头喂料器的下料点伸入磨内太短，特别是采用失重秤喂料时，由于是间歇式喂料，当一大股物料喂在磨头内螺旋时，内螺旋往往输送来不及就会从磨头反料。此时应将磨头喂料器的下料点再往磨内伸入一点即可解决问题。

⑮ 隔仓板篦缝堵塞

隔仓板篦缝堵塞，往往会影响物料流动，影响磨机通风，造成磨机产量下降。隔仓板篦缝堵塞主要有两个原因：一是矿渣中铁渣太多，容易卡在篦缝里，造成篦缝堵塞，这可通过安装除铁装置解决。另一个原因是篦缝形状不合适造成，篦缝的喇叭口角度太小，容易夹小段。此时，应加大喇叭口角度(80°～90°为宜)，降低喇叭口深度。

此外，隔仓板篦缝采用同心圆排列，可减轻夹段堵塞现象。隔仓板篦缝铸造表面毛刺太多，有时也容易造成夹段堵塞。采用不带喇叭口的直通式篦缝，也可减轻隔仓板夹段堵塞现象。最好采用圆钢并排焊接的隔仓板，可有效避免夹段堵塞现象的出现。

⑯ 用矿渣磨粉磨熟料后产量下降

矿渣球磨的研磨体级配不适应于粉磨熟料，部分厂家在熟料磨停机后或因其他原因，用矿渣球磨粉磨熟料。由于矿渣球磨破碎能力不足，就会在磨内的二仓和三仓中留有很多熟料粒子研磨不掉，填充在研磨体孔隙中，不仅降低了磨机产量，也影响了产品细度。当此磨机重新粉磨矿渣时，就会发现矿渣粉比表面积大大降低，产量和质量都远不如前。因此，通常要求不得将矿渣球磨用于粉磨熟料，实在必要时，必须将研磨体级配重新调整后才可以粉磨。

7.29 几种水泥冷却方式的特点、机理及其对比分析

(1) 水泥冷却方式的特点和机理

① 立筒螺旋式冷却器

立筒螺旋式水泥冷却器的外形似圆桶状，由钢板制成的圆柱形壳体及上、下盖和进、出料口组成。内部主要为类似于立窑中常用的双轴搅拌机的螺旋叶片构成。水泥从筒体底部沿筒体内壁提升至筒体顶部，通过筒壁实现与筒外冷却水的热交换。冷却水由独立的供水系统提供，包括水泵、冷却塔、循环水池和供水管路。冷却水从筒体顶部周围自上而下顺势流动形成淋水墙，使用后的冷却水被收集到底部的集水槽中，送回到水循环系统中，经冷却后循环使用。水泥从筒体底部的喂料口进入，由螺旋叶片沿筒体内壁提升至顶部的出料口，水泥在被提升的过程中，与筒内壁充分接触，将热量通过筒壁传递给筒壁外的水墙上。这是一种连续的间接的热交换过程。

② 斜槽式冷却器

斜槽式水泥冷却器是一种新发明的水泥冷却方式，它采用了一种称为能量分离系统所生成的 0～15 ℃的低能气体作为冷却介质，采用了热管技术，可同时对水泥进行间接和直接两种过程的热交换。该系统的基本结构为：在水泥用输送斜槽保留原输送功能的基础上进行了结构改进，每一节主要由热管、上气流室、透气层、气箱四部分组成；其中上气流室位于热管的上部和两侧，热管均布固定在上气流室的内壁，并位于透气层下部的空间，透气层的下部为气箱。工作过程是：由能量分离系统所产生低能气流，进入上气流室内扩散，使热管的冷端得到冷却，随后从上气流出口进入透气层下部的气箱中，与斜槽风机常温低

压气流汇合后通过透气层渗入到水泥中，对做流态化运动的水泥直接进行热交换。透气层上运动的水泥同时与低温状态的热管在紧密接触中进行着间接热交换。

③ 磨内喷水

水泥磨内喷水技术早在二十世纪八九十年代国外已应用，一般由密封水套、单向阀、减压阀、温度传感器、电动阀压力开关、调节器、润滑水泵、压缩空气、水泵、喷头等部件组成喷水系统。在出料端，水的喷注是由水泥温度进行控制的，进料端由挡水板的温度进行控制，水泥温度由磨机出料口或喷头附近的热电偶进行测量，信号放大后，与调节器中的可调基准信号进行比较，通过调节水阀开大或关小，直到水泥温度达到要求值为止。挡水板温度则由磨机挡水板内的铂电阻管进行测量，通过调节器将此信号与一个可调的基准信号进行比较，由调节器开大或关小，直到挡水板的温度达到所要求的值为止。

④ 能量分离系统

能量分离系统的组合冷却方式用于对出磨水泥的冷却，是以压缩空气作为动力源，通过能量分离产生的 0～15 ℃低能气体作为热交换介质，在水泥磨系统的出磨或入库提升机、空气输送斜槽等设备输送过程中采用的直接和间接的热交换方式。能量分离系统产生的低能气体被送到提升机进料口下部或提升机进料口前溜槽底部的进气管，使低能气体直接吹向进入提升机下落或流动的水泥中，与水泥进行气-固直接热交换，提升机内的空气温度明显下降，使提升机内的料斗和料斗内的水泥继续得到间接冷却。当机壳内的气压上升到略高于大气压时，低能气体通过提升机出料口随水泥一并进入选粉机内，在选粉机内继续对水泥进行直接冷却，随后通过选粉机的袋式收尘器排向大气。若是开路粉磨系统，低能气体便通过提升机出料口随水泥一并进入下一级输送设备(如螺旋输送机、链式输送机或空气斜槽等)之中，继续对水泥进行冷却，并经过输送设备上部空间与水泥一并进入水泥库，此时的低能气体温度与水泥温度达到平衡后低能气体由库顶袋式收尘器排向大气。空气能量分离系统在斜槽上冷却水泥的过程是：低能气体送入斜槽下层的气箱内，取代部分斜槽风机的风量，进气管与斜槽风机的风管出口处成 90°垂直放置，使得低能气体与常温气流充分混合均匀，随后一并穿过透气层渗透到上面做流态化运动的水泥中，从而对水泥进行直接冷却。

(2) 对比分析

水泥冷却的效果是选择水泥冷却方式的主要依据。从表 7.16 可以看出，立筒螺旋式和斜槽式的冷却效果明显，温度下降幅度大，速度快，效率高，水泥温度(110～130 ℃)可下降 40 ℃以上，其中斜槽式可达 45 ℃以上，而后两种冷却方式次之，尤其是磨内喷水方式的温度降低 30 ℃已是极限，若试图超过极限而加大喷水量将会引发事故。

表 7.16 水泥冷却方式的能效对比

项目	立筒螺旋式水泥冷却器	斜槽式水泥冷却器	磨内喷水系统冷却器	能量分离系统组合冷却器
热交换方式	间接	直接、间接	直接、间接	直接、间接
冷却效果	下降≥40 ℃	下降≥45 ℃	下降≤40 ℃	下降≥30 ℃
设备维护量	大	大	大	免维护
系统操作工作量	较大	较大	大	小
系统安装改造工作量	大	偏大	偏大	小
防止石膏脱水作用	无	无	大	中
安全可靠性	一般	一般	低	高
投资额(万元/吨水泥)	1.5～2.0	0.8～1.3	0.23～0.67	0.17～0.33
耗电量(kW·h/吨水泥)	1.2～1.75	0.6～1.0	0.27～0.36	0.45～0.71
耗水量(t/吨水泥)	2.0～2.8	无	0.015～0.025	无

从设备维护量和操作工作量两个方面来看，前三种方式的冷却方式不及后一种能量分离系统组合方式。立筒螺旋式由于体积大、结构复杂，筒外壁易结水垢、筒内壁水泥易结露引起水泥结皮硬化、球段碎渣易卡住螺旋叶片需经常清理；设备的锈蚀和磨损大，尤其是在设备磨损或局部损坏后的渗水所带来的事故隐患导致增大维护量。

斜槽式采用的热管技术在间接热交换过程中，热管与水泥的相对运动产生对热管的磨损，必须经常检查和更换，一旦热管被磨损穿透，热管内的导流液体进入水泥中也会发生事故。

磨内喷水方式的结构特征与工作方式决定了它的系统维护量和操作工作量大，由于这种方式以水作为冷却介质直接与水泥进行热交换，喷水量的控制在量的把握上要求十分准确，量大会产生事故，量小则影响冷却效果，因此要求设备自始至终应保持较高的完好率，操作工在操作中要尽心尽责，不可有丝毫疏忽。喷入磨内的水分虽防止了石膏脱水现象，但也增大了磨内空气的水蒸气饱和度和磨内气体出磨后与风管接触引起的结露现象，进入袋式收尘器会堵塞收尘袋，喷头上容易形成结球影响雾化效果，堵塞形成滴水现象。水密封部件的磨损老化及测温控制系统的灵敏程度等方面的维护检查增大了设备维护量和操作工作量。

能量分离系统组合方式由于工作原理简单，设备采用紧固封闭式结构特点，不需要进行维护，系统在工作过程中只有开启和关闭操作动作，没有其他需要看护的工作量，因此其设备维护量和操作工作量较前三种方式要小许多。在系统安全可靠性方面，由于能量分离系统组合方式是以压缩空气中分离出来的干燥低能气体作为冷却介质直接与水泥进行热交换，水蒸气饱和度极低的低能气体在与炙热的水泥热交换过程中，将其中尚存极少量的水分析出并融汇到水泥中被石膏颗粒吸收，起到抑制石膏脱水现象而不会产生结露现象的作用。这种冷却方式的安全可靠性明显高于前三种冷却方式，而磨内喷水冷却方式在安全可靠性上相对较立筒螺旋式和斜槽式显得更低一些。

从单位投资额和系统改造工作量方面比较，后两种的优势比前两种明显，在投资额度上前后相差 5 倍左右。在动力消耗上磨内喷水方式较其他三种方式优势最为明显，而以立筒螺旋式为最高，其耗电量不仅为其他几种方式的 2～4 倍，且耗水量也达 2～2.8 t/吨水泥，这对于北方缺水地区来说是不得不考虑的。

（摘自：郑用琦．几种水泥冷却方式的能效分析对比[J]．四川水泥，2008，4.）

7.30 当生料磨或煤磨产量不能满足窑的使用时怎么办 

不少生产线在窑的产量提高之后，就会面临生料产量或煤粉产量供不上的问题。此时很多企业会选择放粗细度的办法，尽管这样做的结果会使热耗增高、熟料质量下降，并且加剧煤粉供应紧张。更加得不偿失的是，生料变粗之后，关键是增加了 200 μm 以上的筛余，熟料游离氧化钙变高，或用煤量变大，窑的热负荷增加，窑衬寿命缩短，煤粉变粗之后，燃烧速度变慢所引起的一系列后患是显而易见的，其中包括二次风温度的降低，前结圈的形成等。

此时最好的解决思路应该是：

① 提高磨机产量；

② 降低单位熟料的料耗、热耗。

对于生料，前者更为重要；对于煤粉，两方面都可以挖掘潜力。

提高产量的手段，当磨机在配球等技术管理上都已达到较好状态后，应该更看重增加选粉效率的措施，只要是圈流磨，不论是立磨，还是球磨，都可以检查在回粉中是否有细粉存在（立磨要在磨盘中部取样），只要有细粉，就是提高产量的希望，凡是未应用 LV 技术改造选粉机者都应该积极采用，因为这不仅能增加产量，而且更能通过节约的电耗，很快收回改造投资。

降低生料消耗主要是减少粉尘排放量；降低煤粉消耗就是设法降低热耗。

（摘自：谢克平，新型干法水泥生产问答千例操作篇[M]．北京：化学工业出版社，2009.）

7.31 水泥粉磨时应注意哪些事项

熟料必须经过粉磨，并在粉磨过程中加入少量石膏或掺入适量的混合材料，达到一定的细度要求，才能成为水泥。水泥的细度愈细，水化和硬化的反应就愈快，强度愈高，还可改善水泥的安定性。反之，若水泥中有过粗的颗粒存在，则只能在其表面起反应而损失了有胶凝性能的熟料组分。

如果水泥粉磨得过细，产品中小于 10 μm 的颗粒占 50%以上，虽说水泥的早期强度有所提高，但后期强度则有所下降。这是因为水泥的颗粒过细，在加水拌和时流动度小，需水量增加。过多的水分蒸发后留下空隙，使水泥石的空隙率高，水泥石不致密，后期强度降低。另外，水泥细度过细，磨机的产量迅速下降，使水泥石的单位产品电耗、衬板和研磨体的消耗急剧增加。因此，水泥粉磨应随所生产水泥品种与标号、混合材掺加量、熟料强度以及粉磨方式等具体情况而定。

对水泥不但有一定的细度要求，而且要有合理的颗粒级配，要求 3～30 μm 的颗粒应占主要部分，同时也要求有少量大于 60 μm 和 90 μm 的颗粒，此部分颗粒虽然胶凝性能未全面发挥，但可以起微集料作用，可以使水泥石比较致密、孔隙小、强度提高。

值得注意的是，由于粉磨流程、研磨体级配的不同等，在筛余百分数相同时，其颗粒级配可能有很大差异。通常开路磨筛余量较大，比表面积也较大；闭路磨筛余量较小，比表面积也较小。闭路磨选粉机效率越高，水泥筛余量也越小，而比表面积也越难提高。采用离心选粉机时，水泥细度一般控制在0.08 mm方孔筛筛余量为 4%～6%，比表面积为 300～320 m^2/kg。采用高效选粉机时，要使水泥比表面积在 300～320 m^2/kg，水泥的细度一般应控制在 0.08 mm 方孔筛筛余量为 1%～3%。磨制快硬等特种水泥时，应主要控制水泥的比表面积，比表面积控制指标应更高些。

在水泥粉磨时，要特别重视石膏的掺量。石膏在水泥中除起调节凝结时间的作用外，还可以改善水泥的一些性能。其中最显著者是能提高抗压强度，改善抗硫酸盐性能、抗冻性、抗渗性和降低干缩湿胀等。

影响水泥中最佳石膏加入量的因素是比较多的。石膏最佳掺量通常会随原、燃材料的成分，生料成分，熟料矿物组成和操作条件等变化而变化。因此，确定水泥中最佳石膏加入量，一定要根据生产的实际条件，在强度-SO_3 曲线的基础上，摸索出加入石膏量的规律。除此以外，还应该考虑石膏的种类、性能。例如采用硬石膏时，由于其溶解速度慢，为了满足调节水泥凝结时间的要求，在参照强度-SO_3 曲线时，在其他因素不变的情况下，石膏的加入量以 SO_3%计，一般要比二水石膏有所增加。

7.32 粉磨系统为何要进行标定，标定的内容和应具备的条件

粉磨系统的技术标定就是对粉磨系统的工艺条件、技术指标、操作参数和作业效率进行全面的技术标定和检查。通过对系统中各物料的数量和粒度测定，性能试验，流体的工况测定和操作参数的测定，以及工作指标的计算，进行综合分析。可以帮助操作人员更加全面地了解设备性能，确定粉磨系统中的最佳操作参数，以选择最佳的操作方案。

(1) 磨机技术标定的条件

磨机在标定时，应使系统处于正常的粉磨状态下，应满足如下条件：

① 磨机的声音正常；

② 出磨提升机负荷处于正常负荷值，其电流表稳定在正常范围内；

③ 出磨物料细度或选粉机(或其他分级设备)成品细度已控制在合格范围内；

④ 检测喂料量为一特定值；

⑤ 磨机喂料设备计量正确无误；

⑥ 各机电设备和收尘设备运转正常。

(2) 磨机技术标定的主要内容

① 列出或计算出磨机及选粉机等的原始数据，包括规格性能、装球填充率、功率、原料配比、产品种类以及对细度的要求等。

② 入磨物料物理性能的测定。包括表面温度、含水量、密度、粒度特性及易磨性的测定等。

③ 磨机粉磨能力(小时产量及瞬时喂料量)，磨内各仓存料量及单位容积物料通过量，粉磨系统物料筛余分析，绘制筛余曲线，测算磨机循环负荷和创造细粉量。

④ 选粉机选粉能力(每小时选出成品量)，包括每个时喂料量、循环风量和选粉效率等测定。

⑤ 磨机通风与收尘系统的测定。包括通风量、磨内风速、排出气体含尘量、收尘器含尘量、出口风压和风量、含尘量以及收尘效率的测定。

⑥ 烘干磨和辊式磨热平衡计算，包括热风量、热收入和热支出、散热损失和流体阻力、收尘和通风量计算等。

7.33 采用棒球磨应注意哪些问题

(1) 棒仓的长径比宜为1.1～1.2。长径比过大，钢棒易发生形变或断裂，而且必然降低尾仓长度，对细磨不利；长径比过小，棒在仓内的运动难以保持轴向平衡，易发生“乱棒”。

(2) 钢棒的长度一般比棒仓长度短50～90 mm。

(3) 钢棒的材质应较硬且有韧性，以满足耐磨防断的要求。

(4) 棒仓的填充率应较低：一般为20%～25%。而管磨机一仓的填充率多为27%～33%。

(5) 选用适宜的隔仓板和出料篦板：棒仓与球仓间应采用放射形单层隔仓板，以求牢固且不易错位(双层隔仓板在这方面的性能不足)，并防物料过快地通过棒仓，致二仓的粉磨能力不能适应；尾仓的出料篦板也应为放射形篦板(同心圆形的易堵)；一、二仓间隔仓板的篦孔宽度宜取4～8 mm。篦孔过宽容易跑粗；过窄则引起一仓存料量过多，导致喂料量偏少，产量下降；隔仓板的弧度不宜过大：ϕ 2.2 m磨隔仓板的弧度可由30°缩小为22°30′(即由整圈12块改为16块)，以利于安装，并便于保证安装质量。

(6) 隔仓板螺栓直径不宜过细，以免螺栓易于断脱，致隔仓板松动，引起“乱棒”。

参考文献

[1] 林宗寿.水泥十万个为什么:1～10卷[M].武汉:武汉理工大学出版社,2010.

[2] 林宗寿.水泥工艺学[M].2版.武汉:武汉理工大学出版社,2017.

[3] 林宗寿.无机非金属材料工学[M].5版.武汉:武汉理工大学出版社,2019.

[4] 林宗寿.胶凝材料学[M].2版.武汉:武汉理工大学出版社,2018.

[5] 林宗寿.矿渣基生态水泥[M].北京:中国建材工业出版社,2018.

[6] 林宗寿.水泥起砂成因与对策[M].北京:中国建材工业出版社,2016.

[7] 林宗寿.过硫磷石膏矿渣水泥与混凝土[M].武汉:武汉理工大学出版社,2015.

[8] 周正立,周君玉.水泥矿山开采问答[M].北京:化学工业出版社,2009.

[9] 周正立,周君玉.水泥粉磨工艺与设备问答[M].北京:化学工业出版社,2009.

[10] 王燕谋,刘作毅,孙钤.中国水泥发展史[M].2版.北京:中国建材工业出版社,2017.

[11] 陆秉权,曾志明.新型干法水泥生产线耐火材料砌筑实用手册[M].北京:中国建材工业出版社,2005.

[12] 王新民,薛国龙,何俊高.干粉砂浆百问[M].北京:中国建筑工业出版社,2006.

[13] 王君伟.水泥生产问答[M].北京:化学工业出版社,2010.

[14] 贾华平.水泥生产技术与实践[M].北京:中国建材工业出版社,2018.

[15] 黄荣辉.预拌混凝土生产、施工800问[M].北京:机械工业出版社,2017.

[16] 张小颖.混凝土结构工程300问[M].北京:中国电力工程出版社,2014.

[17] 夏寿荣.混凝土外加剂生产与应用技术问题[M].北京:化学工业出版社,2012.

[18] 徐利华,延吉生.热工基础与工业窑炉[M].北京:冶金工业出版社,2006.

[19] 谢克平.新型干法水泥生产问答千例(操作篇)[M].北京:化学工业出版社,2009.

[20] 谢克平.新型干法水泥生产问答千例(管理篇)[M].北京:化学工业出版社,2009.

[21] 文梓芸,钱春香,杨长辉.混凝土工程与技术[M].武汉:武汉理工大学出版社,2004.

[22] 周国治,彭宝利.水泥生产工艺概论[M].武汉:武汉理工大学出版社,2005.

[23] 于兴敏.新型干法水泥实用技术全书[M].北京:中国建材工业出版社,2006.

[24] 诸培南,翁臻培,王天顿.无机非金属材料显微结构图谱[M].武汉:武汉工业大学出版社,1994.

[25] 丁奇生,王亚丽,崔素萍.水泥预分解窑煅烧技术及装备[M].北京:化学工业出版社,2014.

[26] 彭宝利,朱晓丽,王仲军,等.现代水泥制造技术[M].北京:中国建材工业出版社,2015.

[27] 宋少民,王林.混凝土学[M].武汉:武汉理工大学出版社,2013.

[28] 戴克思.水泥制造工艺技术[M].崔源声,等译.北京:中国建材工业出版社,2007.

[29] 陈全德.新型干法水泥技术原理与应用[M].北京:中国建材工业出版社,2004.

[30] 李楠,顾华志,赵惠忠.耐火材料学[M].北京:冶金工业出版社,2010.

[31] 陈肇友.化学热力学与耐火材料[M].北京:冶金工业出版社,2005.

[32] 高振昕,平增福,张战营,等.耐火材料显微结构[M].北京: 冶金工业出版社,2002.

[33] 李红霞.耐火材料手册[M].北京:冶金工业出版社,2007.

[34] 郭海珠,余森.实用耐火原料手册[M].北京:中国建材工业出版社,2000.

[35] 顾立德.特种耐火材料[M].3版.北京: 冶金工业出版社, 2006.

[36] 韩行禄.不定形耐火材料[M].2版.北京:冶金工业出版社,2003.

[37] 明德斯·弗朗西斯·达尔文.混凝土[M].2版.吴科如,张雄,等译.北京:化学工业出版社,2005.

[38] 梅塔.混凝土微观结构、性能和材料[M].覃维祖,王栋民,丁建彤,译.北京:中国电力出版社,2008.

[39] 冯乃谦.高性能混凝土结构[M].北京:机械工业出版社,2004.

[40] 蒋亚清.混凝土外加剂应用基础[M].北京:化学工业出版社,2004.

[41] 金伟良,赵羽习.混凝土结构耐久性[M].北京:科学出版社,2002.

[42] 张誉.混凝土结构耐久性概论[M].上海:上海科学技术出版社,2003.

[43] 水中和,魏小胜,王栋民.现代混凝土科学技术[M].北京:科学出版社,2014.

[44] 王俊.降低预分解窑窑衬消耗的措施[J].水泥工程,2001(2):14-18.